Manual para o Tratamento Cognitivo-Comportamental dos Transtornos Psicológicos

TODOS os capítulos que compõem o presente manual são originais e foram escritos (em inglês ou espanhol) expressamente para o mesmo. Os seguintes capítulos foram traduzidos e adaptados do inglês por V. E. Caballo: 1, 4, 5, 6, 7, 8, 9, 10, 12, 13, 14, 15, 16, 17, 18, 19 e 20.

O GEN | Grupo Editorial Nacional – maior plataforma editorial brasileira no segmento científico, técnico e profissional – publica conteúdos nas áreas de ciências da saúde, exatas, humanas, jurídicas e sociais aplicadas, além de prover serviços direcionados à educação continuada e à preparação para concursos.

As editoras que integram o GEN, das mais respeitadas no mercado editorial, construíram catálogos inigualáveis, com obras decisivas para a formação acadêmica e o aperfeiçoamento de várias gerações de profissionais e estudantes, tendo se tornado sinônimo de qualidade e seriedade.

A missão do GEN e dos núcleos de conteúdo que o compõem é prover a melhor informação científica e distribuí-la de maneira flexível e conveniente, a preços justos, gerando benefícios e servindo a autores, docentes, livreiros, funcionários, colaboradores e acionistas.

Nosso comportamento ético incondicional e nossa responsabilidade social e ambiental são reforçados pela natureza educacional de nossa atividade e dão sustentabilidade ao crescimento contínuo e à rentabilidade do grupo.

Manual para o Tratamento Cognitivo-Comportamental dos Transtornos Psicológicos

Transtornos de ansiedade, sexuais, afetivos e psicóticos

Vicente E. Caballo
Coordenador

- O autor deste livro e a editora empenharam seus melhores esforços para assegurar que as informações e os procedimentos apresentados no texto estejam em acordo com os padrões aceitos à época da publicação, *e todos os dados foram atualizados pelo autor até a data da entrega dos originais à editora*. Entretanto, tendo em conta a evolução das ciências, as atualizações legislativas, as mudanças regulamentares governamentais e o constante fluxo de novas informações sobre os temas que constam do livro, recomendamos enfaticamente que os leitores consultem sempre outras fontes fidedignas, de modo a se certificarem de que as informações contidas no texto estão corretas e de que não houve alterações nas recomendações ou na legislação regulamentadora.
- O autor e a editora se empenharam para citar adequadamente e dar o devido crédito a todos os detentores de direitos autorais de qualquer material utilizado neste livro, dispondo-se a possíveis acertos posteriores caso, inadvertida e involuntariamente, a identificação de algum deles tenha sido omitida.
- **Atendimento ao cliente: (11) 5080-0751** | faleconosco@grupogen.com.br

  © Siglo XXI de España Editores S.A.

  Título em Espanhol: Manual para el Tratamiento Cognitivo-Conductual de los Trastornos Psicológicos

  Título em Português: Manual para o Tratamento Cognitivo-Comportamental dos Transtornos Psicológicos

  Tradução: Magali de Lourdes Pedro

  Revisão Científica:
  - Coordenação: Liliana Seger Jacob (Professora da UNIP/SP)
  - Colaboradores: Myrna Elisa Chagas Coelho, Maria Rita Zoéga Soares, Jocelaine Martins a Silveira, Cynthia Borges de Moura, Maura Alves Nunes Góngora, Silvia Regina de Souza, Renata Moreira da Silva e Maria Luiza Marinho (*Professoras da Universidade Est. de Londrina/PR*). Eliane Mary de Oliveira Falcone (*Professora da Univ. do Est. do Rio de Janeiro/RJ*). Zilda Aparecida Pereira del Prette e Almir del Prette (*Professores da Univ. Federal de São Carlos/SP*).
- Direitos exclusivos para a língua portuguesa

  Copyright © 2003 (5ª impressão) by

  Guanabara Koogan Ltda.

  Uma editora integrante do GEN | Grupo Editorial Nacional

  Travessa do Ouvidor, 11

  Rio de Janeiro – RJ – 20040-040

  www.grupogen.com.br
- **Diagramação:** Adriano Volnei Zago
- **Revisão de Texto:** Maria Lúcia F. C. Bierrenbach
- **Capa:** Gilberto R. Salomão

CIP-BRASIL. CATALOGAÇÃO-NA-FONTE
SINDICATO NACIONAL DOS EDITORES DE LIVROS, RJ

M251

Manual para o tratamento cognitivo-comportamental dos transtornos psicológicos: transtornos de ansiedade, sexuais, afetivos e psicóticos / coordenador Vicente E. Caballo; [tradução Magali de Lourdes Pedro]. - [Reimpr.]. - Rio de Janeiro: Guanabara Koogan, 2021.
681p. : il.; 17 x 24cm

Tradução de: Manual para el tratamiento cognitivo-conductual de los trastornos psicológicos
Inclui bibliografia e índice
ISBN 978-85-7288-330-6

1. Terapia do comportamento. 2. Terapia cognitiva. I. Caballo, V. E. (Vicente E.), 1955- I. Título. II. Título: Transtornos de ansiedade, sexuais, afetivos e psicóticos.

11-2269   CDD: 616.89142
             CDU: 616.89-008.447

SUMÁRIO

PRÓLOGO, *Hans J. Eysenck* XVII
PREFÁCIO, *Vicente E. Caballo* XIX
RELAÇÃO DE AUTORES XXIII

Seção I
TRATAMENTO COGNITIVO-COMPORTAMENTAL
DOS TRANSTORNOS DE ANSIEDADE

1. FOBIA ESPECÍFICA, *Martin M. Antony e David H. Barlow* 3

    I.   INTRODUÇÃO 3
    II. FUNDAMENTOS TEÓRICOS DO TRATAMENTO BASEADO NA EXPOSIÇÃO 5
    III. DESCOBERTAS EMPÍRICAS SOBRE O TRATAMENTO DAS FOBIAS ESPECÍ-
        FICAS 7

        III.1. Espaçamento e duração das sessões de exposição 8
        III.2. O grau de envolvimento do terapeuta 9
        III.3. A distração durante as sessões de exposição 10
        III.4. A exposição ao vivo *versus* a exposição na imaginação 10
        III.5. Combinação de outras estratégias com a exposição 10

    IV. UM PROGRAMA PARA O TRATAMENTO COGNITIVO-COMPORTAMENTAL
        DA FOBIA ESPECÍFICA 11

        IV.1. Avaliação inicial e apresentação do tratamento 11
        IV.2. A preparação das práticas de exposição 14
        IV.3. Realizando as práticas de exposição 16
        IV.4. As práticas entre sessões 17
        IV.5. Outras estratégias de tratamento 18

    V.   CONCLUSÃO E TENDÊNCIAS FUTURAS 21
    REFERÊNCIAS 21
    LEITURAS PARA APROFUNDAMENTO 24

2. FOBIA SOCIAL, *Vicente E. Caballo, Verania Andrés e Francisco Bas* 25

    I.   INTRODUÇÃO 25
    II. DEFINIÇÃO E CARACTERÍSTICAS EPIDEMIOLÓGICAS E CLÍNICAS 26
    III. FUNDAMENTOS TEÓRICOS DO TRATAMENTO DA FOBIA SOCIAL 29
        III.1. Condicionamento clássico, operante e por observação 29
        III.2. Consciência pública de si mesmo 30

  III.3. Apresentação de si mesmo 31
  III.4. A vulnerabilidade 31
 IV. UM MODELO PARA A AQUISIÇÃO DA FOBIA/ANSIEDADE SOCIAL 32
 V. RESULTADOS EMPÍRICOS DA EFICÁCIA DOS TRATAMENTOS COGNITIVO-COMPORTAMENTAIS PARA A FOBIA SOCIAL 32
 VI. A AVALIAÇÃO 35
  VI.1. Entrevistas semi-estruturadas 36
  VI.2. Instrumentos de auto-informatórios 36
  VI.3. O auto-registro 37
  VI.4. Medidas comportamentais 37
  VI.5. Medidas fisiológicas 38
 VII. DESENVOLVIMENTO DE UM PROGRAMA PARA O TRATAMENTO COGNITIVO-COMPORTAMENTAL DA FOBIA SOCIAL 38
  VII.1. Primeira sessão 39
  VII.2. Segunda sessão 41
  VII.3. Terceira sessão 50
  VII.4. Quarta sessão 55
  VII.5. Quinta sessão 61
  VII.6. Sexta sessão 66
  VII.7. Sétima sessão 70
  VII.8. Sessões 8 a 13 76
  VII.9. Sessão 14 80
 VIII. CONCLUSÕES E TENDÊNCIAS FUTURAS 80
REFERÊNCIAS 81
LEITURAS PARA APROFUNDAMENTO 87

3. TRATAMENTO PSICOLÓGICO DA AGORAFOBIA, *Enrique Echeburúa e Paz de Corral* 89

 I. INTRODUÇÃO 89
 II. AVALIAÇÃO 90
 III. TERAPIA DE EXPOSIÇÃO 93
  III.1. Auto-exposição 93
  III.2. Auto-exposição com a ajuda de psicofármacos 97
  III.3. Psicofármacos ou exposição? 100
 IV. TÉCNICAS COGNITIVAS E DE ENFRENTAMENTO POTENCIALIZADORAS DA EXPOSIÇÃO 101
 V. CONCLUSÕES 103
REFERÊNCIAS 104
LEITURAS PARA APROFUNDAMENTO 108

 Apêndice 1. Registro de tarefas de exposição 109
 Apêndice 2. Programa de auto-exposição na agorafobia 110

4. TRANSTORNO DE PÂNICO, *Michelle G. Craske e Michael R. Lewin* 113

 I. INTRODUÇÃO 113
 II. FUNDAMENTOS TEÓRICOS E EMPÍRICOS DO TRATAMENTO 115

Sumário

III. ESTRATÉGIAS PARA O TRATAMENTO COGNITIVO-COMPORTAMENTAL ... 118
IV. O PROTOCOLO DE TRATAMENTO COGNITIVO-COMPORTAMENTAL ... 122
    IV.1. Sessão 1 ... 123
    IV.2. Sessão 2 ... 124
    IV.3. Sessão 3 ... 124
    IV.4. Sessão 4 ... 125
    IV.5. Sessão 5 ... 127
    IV.6. Sessão 6 ... 127
    IV.7. Sessão 7 ... 128
    IV.8. Sessão 8 ... 129
    IV.9. Sessão 9 ... 130
    IV.10. Sessões 10-11 ... 130
V. CONCLUSÕES E TENDÊNCIAS FUTURAS ... 131
REFERÊNCIAS ... 132
LEITURAS PARA APRONFUDAMENTO ... 136

5. ANÁLISE E TRATAMENTO DAS OBSESSÕES, *Mark H. Freeston e Robert Ladouceur* ... 137

    I. INTRODUÇÃO ... 137
    II. QUESTÕES DIAGNÓSTICAS ... 138
        II.1. Diagnóstico diferencial ... 138
        II.2. Comorbidade ... 138
    III. UM MODELO CLÍNICO DOS PENSAMENTOS OBSESSIVOS ... 139
        III.1. As obsessões ... 139
        III.2. A avaliação e a percepção da ameaça ... 140
        III.3. Rituais cognitivos, enfrentamento e neutralização ... 141
        III.4. Estado de ânimo e acontecimentos da vida ... 142
    IV. AVALIAÇÃO ... 143
    V. TRATAMENTO ... 145
        V.1. Características do tratamento ... 145
        V.2. Sessões de avaliação ... 146
        V.3. O auto-registro ... 146
        V.4. A primeira sessão de intervenção ... 147
        V.5. A segunda e a terceira sessões ... 150
        V.6. As sessões de exposição posteriores ... 156
        V.7. As técnicas cognitivas ... 157
        V.8. A prevenção das recaídas ... 162
        V.9. Tratamento cognitivo-comportamental e farmacológico combinados ... 163
        V.10. A eficácia do tratamento cognitivo-comportamental ... 164
REFERÊNCIAS ... 165
LEITURAS PARA APROFUNDAMENTO ... 168

6. TRATAMENTO COGNITIVO-COMPORTAMENTAL DO TRANSTORNO DE ESTRESSE PÓS-TRAUMÁTICO, *Millie C. Astin e Patricia A. Resick* ... 171

    I. INTRODUÇÃO ... 171
    II. A TEORIA DA APRENDIZAGEM ... 174

　　　　II.1. Técnicas para o controle da ansiedade 175
　　III. A TEORIA DO PROCESSAMENTO EMOCIONAL 177
　　　　III.1. As técnicas de exposição 178
　　IV. A TEORIA DO PROCESSAMENTO DA INFORMAÇÃO.................................180
　　　　IV.1. A terapia de processamento cognitivo 182
　　V. O REPROCESSAMENTO E A DESSENSIBILIZAÇÃO POR MEIO DE
　　　　MOVIMENTOS OCULARES 200
　　VI. DIRETRIZES FUTURAS 203
　　REFERÊNCIAS 204
　　LEITURAS PARA APROFUNDAMENTO 209

7. ANÁLISE E TRATAMENTO DO TRANSTORNO DE ANSIEDADE GENERALIZADA,
Michel J. Dugas e Robert Ladouceur 211

　　I. INTRODUÇÃO..211
　　II. CLASSIFICAÇÃO 212
　　III. COMORBIDADE 212
　　IV. O CONCEITO DE PREOCUPAÇÃO 213
　　　　IV.1. Temas de preocupação 213
　　　　IV.2. A preocupação e a solução de problemas 215
　　　　IV.3. A preocupação como comportamento de aproximação–evitação 216
　　V. O CONCEITO CLÍNICO DE PREOCUPAÇÃO NO TAG 217
　　VI. ESTUDOS SOBRE O RESULTADO DO TRATAMENTO 219
　　VII. TIPOS DE PREOCUPAÇÃO 221
　　VIII. AVALIAÇÃO 223
　　　　VIII.1. Entrevistas estruturadas 224
　　　　VIII.2. Medidas dos sintomas do TAG 224
　　　　VIII.3. Medidas de variáveis-chave associadas ao TAG 225
　　　　VIII.4. Medidas gerais de ansiedade e depressão 226
　　IX. ESQUEMA DO TRATAMENTO 227
　　X. O PROCESSO DO TRATAMENTO 227
　　　　X.1. Apresentação do tratamento..227
　　　　X.2. Análise comportamental e treinamento em perceber............................228
　　　　X.3. Intervenções específicas para a preocupação 231
　　　　X.4. Reavaliação da valoração da preocupação 233
　　XI. A EFICÁCIA DO TRATAMENTO...235
　　REFERÊNCIAS 235
　　LEITURAS PARA APROFUNDAMENTO 240

8. TREINAMENTO NO MANEJO DA ANSIEDADE GENERALIZADA,
Jerry L. Deffenbacher..241

　　I. INTRODUÇÃO..241
　　II. CARACTERÍSTICAS DO TRANSTORNO DE ANSIEDADE
　　　　GENERALIZADA (TAG)..241
　　III. O TREINAMENTO NO MANEJO DA ANSIEDADE: HISTÓRIA
　　　　E FUNDAMENTOS...243
　　IV. O TREINAMENTO NO MANEJO DA ANSIEDADE: BASE EMPÍRICA 244

Sumário

    V. PROCEDIMENTOS PARA O TMA INDIVIDUAL 246
        V.1. Primeira sessão 248
        V.2. Segunda sessão 251
        V.3. Sessão 3 253
        V.4. Sessão 4 254
        V.5. Sessão 5 255
        V.6. Sessão 6 e seguintes 256
    VI. PROCEDIMENTOS DE GRUPO PARA O TMA 257
    VII. INTEGRAÇÃO DO TMA A OUTROS ENFOQUES TERAPÊUTICOS 259
    VIII. CONCLUSÕES 260
REFERÊNCIAS 260
LEITURAS PARA APROFUNDAMENTO 263

Seção II
TRATAMENTO COGNITIVO-COMPORTAMENTAL DOS TRANSTORNOS SEXUAIS

9. TRATAMENTO COGNITIVO-COMPORTAMENTAL DAS DISFUNÇÕES SEXUAIS, *Michael P. Carey* 267

    I. REVISÃO HISTÓRICA E ESBOÇO DO CAPÍTULO 267
    II. AS DISFUNÇÕES SEXUAIS 268
    III. OS FUNDAMENTOS TEÓRICOS E EMPÍRICOS 271
        III.1. Fundamentos empíricos 271
        III.2. Fundamentos teóricos 275
    IV. TRATAMENTO COGNITIVO-COMPORTAMENTAL 276
        IV.1. O papel da avaliação 277
        IV.2. Considerações preliminares 277
        IV.3. Componentes da terapia sexual cognitivo-comportamental 278
    V. CONCLUSÕES E TENDÊNCIAS FUTURAS 295
REFERÊNCIAS 296
LEITURAS PARA APROFUNDAMENTO 298

10. ENFOQUES COGNITIVO-COMPORTAMENTAIS PARA AS PARAFILIAS: O TRATAMENTO DA DELINQÜÊNCIA SEXUAL, *William L. Marshall e Yolanda M. Fernández* 299

    I. INTRODUÇÃO 299
    II. TRATAMENTO 301
        II.1. Uma breve história 301
        II.2. Os desejos sexuais excêntricos 302
        II.3. Os delinqüentes sexuais 304
        II.4. Um programa cognitivo-comportamental amplo 305
    III. A EFICÁCIA DO TRATAMENTO 322
    IV. CONCLUSÕES E TENDÊNCIAS FUTURAS 323
REFERÊNCIAS 324
LEITURAS PARA APROFUNDAMENTO 331

Seção III
TRATAMENTO COGNITIVO-COMPORTAMENTAL DOS TRANSTORNOS SOMATOFORMES

11. TRATAMENTO COGNITIVO-COMPORTAMENTAL DA HIPOCONDRIA,
Cristina Botella e Mª Pilar Martínez 335

    I. INTRODUÇÃO 335
    II. CONCEITO E DIAGNÓSTICO 336
        II.1. A classificação da Associação Americana de Psiquiatria 336
        II.2. A classificação da Organização Mundial da Saúde 338
    III. MODELOS EXPLICATIVOS DE EMBASAMENTO COGNITIVO 339
        III.1. Amplificação somatossensorial 339
        III.2. Interpretações catastróficas dos sintomas 341
    IV. TRATAMENTOS COMPORTAMENTAIS E COGNITIVO-COMPORTAMENTAIS 344
        IV.1. Técnicas comportamentais 344
        IV.2. Programas cognitivo-comportamentais estruturados 345
    V. PROTOCOLO DE INTERVENÇÃO 349
        V.1. Fase de avaliação 349
        V.2. Fase de tratamento 354
    VI. CONCLUSÕES E TENDÊNCIAS FUTURAS 370
    REFERÊNCIAS 371
    LEITURAS PARA APROFUNDAMENTO 374

    Anexo 1. Diário simples 375
    Anexo 2. Questionário de avaliação do estado atual 377
    Anexo 3. Diário ampliado 379
    Anexo 4. Hora de preocupar-se 382

12. TRATAMENTO COGNITIVO-COMPORTAMENTAL PARA O TRANSTORNO DISMÓRFICO CORPORAL, *James C. Rosen* 387

    I. INTRODUÇÃO 387
    II. CARACTERÍSTICAS CLÍNICAS DO TRANSTORNO DISMÓRFICO CORPORAL .. 388
        II.1. Tipos de queixas sobre a aparência 388
        II.2. Características cognitivas e afetivas 390
        II.3. Características comportamentais 391
    III. A PESQUISA SOBRE A PSICOTERAPIA PARA O TRANSTORNO DISMÓRFICO CORPORAL 392
        III.1. Estudos de caso da psicoterapia não comportamental 392
        III.2. Estudos de caso das terapias comportamentais 393
        III.3. Estudos com grupo de controle 393
        III.4. Conclusão 394
    IV. DIRETRIZES PARA A AVALIAÇÃO E O TRATAMENTO DO TRANSTORNO DISMÓRFICO CORPORAL 395
        IV.1. Fase inicial de tratamento 396
        IV.2. Reestruturação cognitiva 400

IV.3. Procedimentos comportamentais 406
V. CONCLUSÕES 412
REFERÊNCIAS 413
LEITURAS PARA APROFUNDAMENTO 416

  Apêndice 1: Esquema do programa cognitivo-comportamental para o transtorno dismórfico corporal 417

Seção IV
TRATAMENTO COGNITIVO-COMPORTAMENTAL DOS TRANSTORNOS DE CONTROLE DE IMPULSOS

13. JOGO PATOLÓGICO, *Louise Sharpe* 421
  I. INTRODUÇÃO 421
  II. BASES EMPÍRICAS DO TRATAMENTO 422
  III. AVALIAÇÃO DO JOGO PROBLEMÁTICO 424
    III.1. Análise funcional 424
    III.2. Habilidades de enfrentamento 425
    III.3. Os impulsos de jogar 425
    III.4. As crenças irracionais 426
    III.5. Diagnósticos concorrentes 426
    III.6. A motivação 427
  IV. TRATAMENTO 428
    IV.1. Estabilização 428
    IV.2. A construção de um repertório comportamental alternativo ... 429
    IV.3. A percepção 431
    IV.4. O treinamento em relaxamento aplicado 431
    IV.5. A solução de problemas 432
    IV.6. A exposição 432
    IV.7. As estratégias cognitivas 433
    IV.8. A prevenção das recaídas 437
    IV.9. Tratamentos complementares 439
  V. CONCLUSÃO 441
REFERÊNCIAS 442
LEITURAS PARA APROFUNDAMENTO 444

14. OUTROS TRANSTORNOS DO CONTROLE DE IMPULSOS COM ÊNFASE NA TRICOTILOMANIA, *Dan Opdyke e Barbara O. Rothbaum* 445

  I. INTRODUÇÃO 445
  II. TRANSTORNO EXPLOSIVO INTERMITENTE 445
    II.1. Descrição 445
    II.2. Tratamento 448
  III. CLEPTOMANIA 449
    III.1. Descrição 449
    III.2. Tratamento 449

IV. PIROMANIA..450
    IV.1. Descrição..450
    IV.2. Tratamento 452
V. TRICOTILOMANIA...452
    V.1. Descrição...452
    V.2. Tratamento 454
VI. CONCLUSÕES E TENDÊNCIAS FUTURAS 465
REFERÊNCIAS 466
LEITURAS PARA APROFUNDAMENTO 469

Seção V
TRATAMENTO COGNITIVO-COMPORTAMENTAL DOS TRANSTORNOS DO ESTADO DE ÂNIMO

15. TRATAMENTO COMPORTAMENTAL DA DEPRESSÃO UNIPOLAR, *Peter M. Lewinsohn, Ian H. Gotlib e Martin Hautzinger* 473

I. INTRODUÇÃO..473
II. TEORIAS COMPORTAMENTAIS DA DEPRESSÃO..473
    II.1. Enfoques recentes 477
III. AVALIAÇÃO COMPORTAMENTAL DA DEPRESSÃO 479
    III.1. As entrevistas...479
    III.2. Os auto-relatos 479
    III.3. Os diários comportamentais..480
    III.4. Procedimentos de observação 481
IV. TRATAMENTO COMPORTAMENTAL DA DEPRESSÃO 483
    IV.1. Aumento das atividades agradáveis e diminuição das desagradáveis ...483
    IV.2. Terapia de habilidades sociais...492
    IV.3. Terapia de autocontrole...494
    IV.4. Terapia de solução de problemas 495
    IV.5. A terapia comportamental cognitiva 495
    IV.6. A terapia conjugal/familiar 497
    IV.7. O curso de enfrentamento da depressão (CED)......................................498
    IV.8. Ampliações do CAD para diferentes populações 501
    IV.9. A prevenção da depressão...507
V. TENDÊNCIAS FUTURAS...509
REFERÊNCIAS 512
LEITURAS PARA APROFUNDAMENTO 521

16. TERAPIA COGNITIVA DA DEPRESSÃO, *Arthur Freeman e Carol L. Oster* 523

I. INTRODUÇÃO..523
II. AS DISTORSÕES COGNITIVAS 525
III. OS ACONTECIMENTOS ESTRESSANTES E OS ESQUEMAS......................528
IV. A AVALIAÇÃO DOS ESQUEMAS 529
V. AS COGNIÇÕES SUPERFICIAIS...529

Sumário

VI. A TRÍADE COGNITIVA 530
VII. O MODELO INTEGRADOR 531
VIII. A TERAPIA COGNITIVA DA DEPRESSÃO 531
    VIII.1. A avaliação e a socialização para o modelo de terapia cognitiva 533
    VIII.2. A estrutura de uma sessão típica 535
    VIII.3. As primeiras sessões 536
    VIII.4. A fase intermediária da terapia 541
    VIII.5. A última fase da terapia 549
IX. CONCLUSÕES 551
REFERÊNCIAS 551
LEITURAS PARA APROFUNDAMENTO 554

17. TRATAMENTO COGNITIVO-COMPORTAMENTAL DOS TRANSTORNOS BIPOLARES, *Mónica Ramírez-Basco e Michael E. Thase* 555

I. O QUE É O TRANSTORNO BIPOLAR? 555
II. A QUE SE DEVE O FRACASSO DA TERAPIA FARMACOLÓGICA DE MANUTENÇÃO? 560
III. COMO UM TRATAMENTO PSICOSSOCIAL PODE AJUDAR A MODIFICAR UM TRANSTORNO "BIOLÓGICO"? 561
    III.1. Melhora do funcionamento psicossocial e prevenção da recorrência 562
    III.2. A melhora da adesão ao tratamento 562
    III.3. Controle do reaparecimento dos sintomas 564
IV. TERAPIA DE COGNITVO-COMPORTAMENTAL PARA OS TRANSTORNOS BIPOLARES 564
    IV.1. Educação do paciente e da família 565
    IV.2. A detecção dos sintomas 566
    IV.3. Representações gráficas de episódios do transtorno ao longo da vida ... 567
    IV.4. A folha de resumo dos sintomas 569
    IV.5. A representação gráfica do estado de ânimo 569
    IV.6. Procedimentos para melhorar a adesão ao tratamento 571
    IV.7. O controle dos sintomas cognitovs sub-sindrômicos 575
    IV.8. Avaliação e modificação das distorções cognitivas 575
    IV.9. O controle dos sintomas comportamentais subsindrômicos 578
    IV.10. A redução dos estímulos psicossociais estressantes 579
    IV.11. A solução de problemas psicossociais 580
    IV.12. A comunicação interpessoal 581
V. CONCLUSÕES E TENDÊNCIAS FUTURAS 582
REFERÊNCIAS 582
LEITURAS PARA APROFUNDAMENTO 586
FONTES DE MATERIAIS EDUCATIVOS 586

Seção VI
TRATAMENTO COGNITIVO-COMPORTAMENTAL
DOS TRANSTORNOS PSICÓTICOS E ORGÂNICOS

18. TRATAMENTO COGNITIVO-COMPORTAMENTAL DA ESQUIZOFRENIA, *Kim T. Mueser* 591

I. INTRODUÇÃO 591
II. OS SINTOMAS E A DETERIORAÇÃO DO FUNCIONAMENTO
   NA ESQUIZOFRENIA 591
III. O MODELO DE VULNERABILIDADE-ESTRESSE-HABILIDADES DE
   ENFRENTAMENTO 592
IV. AS INTERVENÇÕES COGNITIVO-COMPORTAMENTAIS 593
   IV.1. O treinamento em habilidades sociais (THS) 594
   IV.2. Terapia comportamental familiar 601
   IV.3. Habilidades de enfrentamento para os sintomas psicóticos residuais 605
   IV.4. Tratamento do abuso de substâncias psicoativas 608
V. CONCLUSÕES 612
REFERÊNCIAS 612
LEITURAS PARA APROFUNDAMENTO 613

19. TERAPIA COGNITIVA PARA AS ALUCINAÇÕES E AS IDÉIAS DELIRANTES,
Chris Jackson e Paul Chadwick 615

I. INTRODUÇÃO 615
II. UM ENFOQUE COGNITIVO DAS ALUCINAÇÕES AUDITIVAS 615
   II.1. A aplicabilidade do modelo cognitivo às vozes 617
   II.2. Crenças sobre as vozes: onipotência, malevolência e benevolência 618
   II.3. A conexão entre as crenças, o comportamento de enfrentamento e o afeto 619
   II.4. A conexão entre malevolência, benevolência e o conteúdo das vozes 620
   II.5. Terapia cognitiva para as vozes 621
III. UM MODELO COGNITIVO PARA AS IDÉIAS DELIRANTES 626
   III.1. Terapia cognitiva para as idéias delirantes 629
IV. CONCLUSÃO 632
REFERÊNCIAS 632
LEITURAS PARA APROFUNDAMENTO 634

   Apêndice 1. Questionário de crenças sobre as vozes (Beliefs about voices
   questionnaire, BAVQ) 636

20. INTERVENÇÃO COMPORTAMENTAL NOS COMPORTAMENTOS PROBLEMÁTICOS
ASSOCIADOS À DEMÊNCIA, *Barry Edelstein, Lynn Northrop e Natalie Staats* 637

I. INTRODUÇÃO 637
II. CONSIDERAÇÕES FISIOLÓGICAS 638
   II.1. Sistema sensorial 638
   II.2. Sistema músculo-esquelético 640
   II.3. Sistema cardiovascular 640
   II.4. O sistema respiratório 640
   II.5. O sistema excretor 641
III. INTERVENÇÃO COMPORTAMENTAL 641
   III.1. Incontinência urinária 641
   III.2. A memória 645

      III.3. A deambulação e a desorientação 648
      III.4. O comportamento agressivo e agitado 651
      III.5. Comportamentos para o cuidado pessoal.. 656
  IV. CONCLUSÕES 659
      IV.1. Ilustração de um caso hipotético 659
REFERÊNCIAS 663
LEITURAS PARA APROFUNDAMENTO 668

ÍNDICE 671

PRÓLOGO

HANS J. EYSENCK[1]

Segundo Kuhn, a ciência caracteriza-se por longos períodos de "ciência comum", trabalhando em aspectos paradigmáticos estabelecidos e consensuais, seguidos de "revoluções" que põem em dúvida o paradigma existente, introduzindo um novo paradigma. Freqüentemente os problemas surgem quando as novas definições, os novos critérios e os novos métodos tornam difícil, se não impossível, a discussão e a comparação entre o antigo e o novo paradigma. O paradigma anterior é destronado porque acumularam-se demasiadas anomalias durante seu longo reinado; suas regras para as explicações falharam com muita freqüência ao explicar os fatos claramente demonstrados; suas previsões fracassaram com uma freqüência alta demais para que ele pudesse ser considerado aceitável. Os cientistas treinados na antiga tradição aferram-se desesperadamente a ela, mas a nova geração adere com entusiasmo ao novo paradigma.

As mudanças de paradigma não acontecem somente nas ciências "duras". Uma das mudanças mais notáveis ocorreu na psicologia. Os métodos freudianos de psicoterapia deram o tom desde o começo do século, quase sem oposição, até a década de 1950. Ninguém parecia estar disposto a realizar a pergunta crucial: a psicanálise funciona realmente? O próprio Freud freqüentemente reconheceu a existência da remissão expontânea e a preocupante falta de êxito duradouro para o tratamento pscicanalítico, mas seus sucessores alegavam que a psicanálise, e somente a psicanálise, podia curar realmente os transtornos psicológicos.

Nos anos 50, vários autores levantaram dúvidas e questionaram essa crença carente de apoio empírico e mostraram que o rei estava nu – não existiam provas de que a psicanálise produzisse melhores resultados que a falta de tratamento (Eysenck, 1985). Esta continua sendo a posição. Svartberg e Stiles (1991) publicaram uma metanálise de 19 estudos comparando a eficácia da psicoterapia psicanalítica com a "falta de tratamento", sem observar nenhuma diferença nos resultados. Constataram também que outros métodos de intervenção funcionavam significativamente melhor.

Métodos diferentes e melhores já foram adiantados pela teoria de Watson, em 1920, sobre os sintomas neuróticos como respostas emocionais condicionadas, sugerindo que a terapia consista na extinção destas respostas condicionadas. Mas o zeitgeist

---

[1]Institute of Psychiatry, University of London (Reino Unido)
Traduzido e adaptado do inglês por V. E. Caballo.

resistiu com determinação a esta teoria; mesmo a demonstração por Mary Cover Jones de que os métodos de descondicionamento funcionavam muito bem não chegou a impressionar. Entretanto, a terapia comportamental, baseada nos princípios da teoria da aprendizagem, começou sua ascensão de forma gradual, e a revolução ganhou impulso. Agora sabemos que estes novos métodos são muito mais eficazes que os demais; cerca de 3.000 estudos comparativos nos permitem afirmar, com convicção, que o tratamento da psicopatologia tem um êxito proporcional ao grau em que incorpora esses princípios (Grawe, Donati e Bernauer, 1994).

Aprendemos muito nos últimos anos sobre a melhor forma de aplicar estes novos métodos a todos os diferentes tipos de psicopatologia e precisamente o presente manual está interessado nestas aplicações específicas. Os procedimentos correspondentes deveriam ser conhecidos por todo estudante que se interessa pelo tratamento e serão os estudantes, em particular, que se beneficiarão do conhecimento dos métodos e das teorias implicados. Os constantes avanços, sem dúvida, logo pedirão uma revisão deste excelente manual; uma grande quantidade de pesquisas se encontra em progresso constante, grande parte da qual é publicada em Behaviour Research and Therapy, a revista de investigação líder neste campo.

A terapia de comportamento sempre tem incluído os elementos cognitivos como uma parte importante da sua teoria básica; já Pavlov insistiu na linguagem como "um segundo sistema de sinais", incorporando a cognição na reflexologia, e a moderna teoria da aprendizagem insiste na relevância da cognição, inclusive nos processos de aprendizagem e condicionamento dos animais inferiores. O termo "cognitivo-comportamental" é, até certo ponto, redundante: todos os tratamentos comportamentais utilizam estratégias cognitivas; mas empregar essa terminologia tem a vantagem de que assim não é provável que sejam levadas a sério as objeções ignorantes que sustentam que nossas teorias se esquecem de elementos cognitivos essenciais.

A revolução ainda continua e está muito longe de terminar. A velha guarda não deixou de existir e ainda resta muito a ser feito na batalha para substituir métodos de tratamento pouco eficazes ou inclusive prejudiciais por outros satisfatórios; porém cientificamente a batalha já foi ganha. Todos os testes proclamam a superioridade dos novos métodos e teorias sobre os antigos. Este livro é um testemunho disso.

REFERÊNCIAS

Eysenck, J. J. (1985), *Decline and fall of the Freudian empire*, Londres y Nueva York, Viking.
Grawe, K., Donati, R. y Bernauer, F. (1994), *Psychotherapie im Wandel*, Toronto, Hogrefe.
Svartberg, M. y Stiles, T. (1991), Comparative effects of short-term psychodynamic psychotherapy: A meta-analysis, *Journal of Consulting and Clinical Psychology*, 59, pp. 704-714.

PREFÁCIO

VICENTE E. CABALLO[1]

A psicologia clínica comportamental ou cognitivo-comportamental está mais em voga hoje em dia do que nunca havia estado antes. Parece que a grande maioria dos profissionais da saúde reconhece atualmente que, para muitos transtornos "mentais", os procedimentos cognitivo-comportamentais são eficazes, se bem que em algumas disciplinas (como, por exemplo, a psiquiatria) continua sendo privilegiado o tratamento farmacológico, devido, às vezes, a um notável desconhecimento das intervenções cognitivo-comportamentais. Este manual pretende oferecer ao leitor interessado no tema um amplo panorama do que o campo do tratamento cognitivo-comportamental oferece atualmente aos profissionais da saúde. Já foram discutidas, em outro trabalho, as bases descritivas e as propostas teóricas comportamentais dos principais transtornos psicológicos/psiquiátricos em adultos (ver Caballo, Buela-Casal e Carrobles, 1995, 1996), assim como sua avaliação (Buela-Casal, Caballo e Sierra, 1996). As técnicas de intervenção mais utilizadas dentro do campo cognitivo-comportamental, com certa independência da sua aplicação a transtornos específicos, também foram descritas detalhadamente (Caballo, 1991). Para completar este aspecto da psicologia clínica comportamental, faltava-nos a presença de programas estruturados para transtornos concretos. É essa carência que o presente livro tenta amenizar.

Têm sido especificados tratamentos preferenciais (tanto comportamentais quanto farmacológicos) para transtornos "mentais" concretos. Assim, por exemplo, enquanto se postula que o tratamento indicado para o transtorno bipolar é o carbonato de lítio e para a esquizofrenia com sintomas positivos os antipsicóticos (Acierno, Hersen e Ammerman, 1994), indica-se também que para a insônia de início do sono o tratamento preferencial é o controle de estímulo, para a fobia simples a dessensibilização e para o transtorno obsessivo-compulsivo a exposição somada à prevenção da resposta (Acierno et al., 1994). O desenvolvimento de programas cognitivo-comportamentais estruturados para os diferentes transtornos "mentais" é uma forte tendência que se vislumbra atualmente no campo da psicologia clínica.

Este *Manual para o tratamento cognitivo-comportamental dos transtornos psicológicos* oferece um variado conjunto de programas estruturados para a intervenção em distintos transtornos psicológicos/psiquiátricos. A distribuição dos transtornos

---

[1] Universidade de Granada, Espanha.

incluídos neste primeiro volume foi guiada em boa medida pelos conteúdos do primeiro volume do manual de psicologia lançado recentemente (Caballo et al., 1995), que, por sua vez, segue muito de perto a classificação diagnóstica do *DSM-IV* (APA, 1994), enquanto o segundo volume do manual de tratamento seguirá de perto o segundo volume do manual de psicopatologia (Caballo et al., 1996). Desta forma, há uma coerência lógica na ordem de descrição dos transtornos e seu posterior tratamento.

Este manual divide-se em seis seções, que representam outros tantos grupos de transtornos do *DSM-IV* (APA, 1994), como os transtornos por ansiedade, os transtornos sexuais, os somatoformes, os transtornos de controle de impulsos, os transtornos do estado de ânimo e os transtornos psicóticos e orgânicos.

A seção relativa aos transtornos por ansiedade é a mais extensa do livro. Compreende tratamentos específicos para os diferentes transtornos incluídos neste grupo, embora algumas das estratégias de intervenção, como o relaxamento, a exposição, a dessensibilização ou a reestruturação cognitiva sejam empregados profusamente em vários desses transtornos. Embora todas estas estratégias já tenham sido descritas em outro trabalho (Caballo, 1991), aqui são apresentados programas de tratamento, em muitos casos passo a passo ou técnica a técnica, para contemplar cada um dos transtornos por ansiedade. Como mencionam Barlow e Lehman (1996), já existem estudos que demonstram a eficácia de novos tratamentos psicossociais quando comparados à falta de tratamento, com um "placebo" psicossocial ou inclusive com uma intervenção psicoterapêutica alternativa. "Para alguns transtornos o tratamento encontra-se bem-estabelecido; para outros existem tratamentos promissores, mas se encontram em um estado de desenvolvimento preliminar".

A seguir são abordados dois tipos de transtornos sexuais como as disfunções sexuais (um problema relativamente freqüente hoje em dia) e a delinqüência sexual (com um programa realmente inovador voltado a este difícil problema que aflige a sociedade atualmente).

A seção III do livro é dedicada ao tratamento dos transtornos somatoformes, detendo-se na hipocondria e no transtorno dismórfico corporal, com programas muito concretos para cada um deles. Os transtornos do controle de impulsos estão representados principalmente pelo jogo patológico e pela tricotilomania. Na sessão V inclui-se o tratamento dos transtornos do estado de ânimo, dedicando um capítulo aos transtornos bipolares (nos quais a terapia cognitivo-comportamental está começando a incursionar e com um êxito notável) e dois à depressão, tanto de uma perspectiva eminentemente comportamental quanto cognitiva.

Finalmente, na última seção, encontramos problemas considerados psicóticos ou com base orgânica. Embora este último termo não seja muito feliz (de fato, desapareceu da classificação diagnóstica do *DSM-IV*), é uma forma de reunir transtornos tais como as demências ou o retardo mental.

Esperamos que ao longo dos vinte capítulos que compõem este livro o profissional da saúde possa ter um guia estruturado com o qual possa começar a abordar toda uma série de transtornos "mentais". A utilização de outros textos será necessária caso se deseje um maior aprofundamento em um problema concreto, mas ao menos se pode ter uma certa idéia de para onde se dirigir no momento de buscar mais informações. A corrida para desenvolver programas estruturados de tratamento para transtornos específicos já começou. Nos próximos anos, assistiremos à plenitude do desenvolvimento destas propostas. Desejamos que tais programas sejam cada vez mais eficazes para um número cada vez maior de transtornos e com um menor custo econômico e de tempo para paciente e terapeuta.

REFERÊNCIAS

Acierno, R., Hersen, M. y Ammerman, R. T. (1994). Overview of the issues in prescriptive treatments. En M. Hersen y R. T. Ammerman (dirs.), *Handbook of prescriptive treatments for adults*. Nueva York: Plenum.
American Psychiatric Association (1994). *Diagnostic and statistical manual of mental disorders (4ª edición) (DSM-IV)*. Washington, D.C. APA.
Barlow, D. H. y Lehman, C. L. (1996). Advances in the psychological treatment of anxiety disorders. *Archives of General Psychiatry, 53*, 727-735.
Buela-Casal, G., Caballo, V. E. y Sierra, J. C. (1996). *Manual de evaluación en psicología clínica y de la salud*. Madrid: Siglo XXI.
Caballo, V. E. (1991). *Manual de técnicas de terapia y modificación de conducta*. Madrid: Siglo XXI.
Caballo, V. E., Buela-Casal, G. y Carrobles, J. A. (1995). *Manual de psicopatología y trastornos psiquiátricos, vol. 1: Fundamentos conceptuales, trastornos por ansiedad, afectivos y psicóticos*. Madrid: Siglo XXI.
Caballo, V. E., Buela-Casal, G. y Carrobles, J. A. (1996). *Manual de psicopatología y trastornos psiquiátricos, vol. 2: Trastornos de personalidad, medicina conductual y problemas de relación*. Madrid: Siglo XXI.

AUTORES

Verania Andrés, PhD, Centro de Psicología Bertrand Russell, Madri, Espanha.
Martin M. Antony, PhD, Clarke Institute of Psychiatry and University of Toronto, Canadá.
Millie Astin, PhD, Department of Psychology, University of Missouri at St. Louis, St. Louis, Missouri, Estados Unidos.
David H. Barlow, PhD, Department of Psychology, Boston University, Boston, Massachusetts, Estados Unidos.
Francisco Bas, PhD, Centro de Psicología Bertrand Russell, Madri, Espanha.
Cristina Botella, PhD, Unitat Predepartamental de Psicologia, Facultat de Ciències Humanes i Socials, Universitat Jaume I, Castellón, Espanha.
Vicente E. Caballo, PhD, Depto. de Personalidad, Evaluación y Tratamiento Psicológico, Facultad de Psicología, Universidad de Granada, Granada, Espanha.
Michael P. Carey, PhD, Department of Psychology and Center for Health and Behavior, Syracuse University, Syracuse, Nova York, Estados Unidos.
Paul Chadwick, PhD, Royal South Hants Hospital, Southampton, Reino Unido.
Paz de Corral, PhD, Depto. de Personalidad, Evaluación y Tratamientos Psicológicos, Facultad de Psicología, Universidad del País Vasco, San Sebastián, Espanha.
Michelle G. Craske, PhD, Department of Psychology, University of California at Los Angeles, Los Angeles, Estados Unidos.
Jerry L. Deffenbacher, PhD, Department of Psychology, Colorado State University, Fort Collins, Colorado, Estados Unidos.
Michel Dugas, PhD, Department of Psychology, Universite Laval, Quebec, Canadá.
Enrique Echeburúa, PhD, Depto. de Personalidad, Evaluación y Tratamientos Psicológicos, Facultad de Psicología, Universidad del País Vasco, San Sebastián, Espanha.
Barry Edelstein, PhD, Department of Psychology, College of Arts and Sciences, West Virginia University, Morgantown, West Virginia, Estados Unidos.
Hans J. Eysenck, PhD, Department of Psychology, Institute of Psychiatry, Londres, Reino Unido.
Yolanda M. Fernández, Department of Psychology, Queen's University, Kingston, Ontario, Canadá.
Arthur Freeman, Ed.D., Department of Psychology, Philadelphia College of Osteopathic Medicine, University of Pensilvania, Filadélfia, Pensilvânia, Estados Unidos.
Mark H. Freeston, PhD, Department of Psychology, Université Laval, Quebec, Canadá.
Ian H. Gotlib, PhD, Department of Psychology, Northwestern University, Evanston, Illinois, Estados Unidos.

Martin Hautzinger, PhD, Johannes Gutenberg University, Mainz, Alemanha.
Chris Jackson, PhD, All Saints Hospital, Birmingham, Reino Unido.
Robert Ladouceur, PhD, Department of Psychology, Université Laval, Quebec, Canadá.
Michael R. Lewin, PhD, Department of Psychology, California State University at San Bernardino, San Bernardino, California, Estados Unidos.
Peter M. Lewinsohn, PhD, Oregon Research Institute, Eugene, Oregon, Estados Unidos.
Maria José Lobato, Hospital Psiquiátrico Cabaleiro Goas, Toen, Orense, Espanha.
William L. Marshall, PhD, Department of Psychology, Queen's University, Kingston, Ontario, Canadá.
Maria Pilar Martínez Narváez, Depto. de Personalitat, Avaluació i Tractaments Psicològics, Facultat de Psicologia, Universitat de València, Valencia, Espanha.
Kim T. Mueser, PhD, New Hampshire-Dartmouth Psychiatric Research Center, Dartmouth Medical School, Concord, New Hampshire, Estados Unidos.
Arthur M. Nezu, PhD, Department of Clinical and Health Psychology, Allegheny University of the Health Sciences, Filadélfia, Pensilvânia, Estados Unidos.
Christine M. Nezu, PhD, Department of Clinical and Health Psychology, Allegheny University of the Health Sciences, Filadélfia, Pensilvânia, Estados Unidos.
Lynn Northrop, Department of Psychology, College of Arts and Sciences, West Virginia University, Morgantown, West Virginia, Estados Unidos.
Dan Opdyke, PhD, Department of Psychology, Georgia State University, Atlanta, Georgia, Estados Unidos.
Carol L. Oster, Psy. D., The Adler School of Professional Psychology, University of Illinois, Illinois, Estados Unidos.
Mónica Ramírez-Basco, PhD, University of Texas, Southwestern Medical Center at Dallas, Dallas, Texas, Estados Unidos.
Sergio Rebolledo, Psicólogo, Prática privada, Orense, Espanha.
Patricia Resick, PhD, Department of Psychology, University of Missouri at St. Louis, St. Louis, Missouri, Estados Unidos.
James C. Rosen, PhD, Department of Psychology, University of Vermont, Burlington, Vermont, Estados Unidos.
Barbara O. Rothbaum, PhD, Department of Psychiatry and Behavioral Sciences, Emory University School of Medicine, Atlanta, Georgia, Estados Unidos.
Louise Sharpe, Department of Psychology, West Middlesex University Hospital, Isleworth, Reino Unido.
Natalie Staats, Department of Psychology, College of Arts and Sciences, West Virginia University, Morgantown, West Virginia, Estados Unidos.
Michael E. Thase, MD, Western Psychiatric Institute and Clinic, University of Pittsburg School of Medicine, Pittsburg, Pensilvânia, Estados Unidos.

Seção I

**TRATAMENTO COGNITIVO-COMPORTAMENTAL
DOS TRANSTORNOS DE ANSIEDADE**

FOBIA ESPECÍFICA

Capítulo 1

Martin M. Antony* e David H. Barlow**

I. INTRODUÇÃO

No *DSM-IV* (APA, 1994), a fobia específica é definida como um medo pronunciado e persistente que é desencadeado pela presença ou antecipação de um objeto ou situação específicos. O indivíduo deve reconhecer que o medo é excessivo ou pouco razoável, tem que estar associado a um mal-estar subjetivo ou a uma deterioração funcional e normalmente é acompanhado por uma imediata resposta de ansiedade e pela evitação do objeto ou situação temidos. Em alguns indivíduos, a evitação fóbica é mínima, embora a exposição à situação produza com toda certeza níveis intensos de ansiedade. As fobias específicas podem ser diferenciadas de outros transtornos fóbicos, baseando-se nos tipos de situações evitadas, bem como nas características associadas ao transtorno. Por exemplo, é provável que os indivíduos que evitam um conjunto de situações específicas associadas de forma típica com a agorafobia (por ex., multidões, dirigir, lugares fechados) recebam um diagnóstico de transtorno de pânico com agorafobia, especialmente se o centro da apreensão na situação temida é a possibilidade de experimentar um ataque de pânico. Da mesma forma, é provável que uma pessoa que teme e evita situações que implicam na avaliação social (por ex., falar em público, conhecer novas pessoas) receba um diagnóstico de fobia social. No *DSM-IV* não se atribui um diagnóstico de fobia específica se o temor é mais bem explicado por outro transtorno mental.

O *DSM-IV* engloba cinco tipos principais de fobia específica: tipo animal, tipo ambiente natural, tipo sangue/injeções/sofrer danos, tipo situacional e outros tipos. A introdução destes tipos foi baseada em uma série de relatórios do grupo de trabalho para os transtornos de ansiedade do *DSM-IV* (ver Craske, 1989; Curtis, Himle, Lewis e Lee, 1989) que mostrava que os tipos de fobia específica tendem a diferenciar-se em um grupo de dimensões, incluindo a idade de surgimento, a composição por gênero, os padrões de covariação entre fobias, o centro da apreensão (por ex., ansiedade baseada em sensações físicas), o momento em que se apresenta, o grau de predição da resposta fóbica e o tipo de reação física durante a exposição ao objeto ou à situação temidos.

As *fobias de tipo animal* podem abranger medo de qualquer animal, embora os animais mais temidos sejam cobras, aranhas, insetos, gatos, ratos e pássaros. As *fo-*

---

*Clarke Institute of Psychiatry and University of Totonto (Canadá); **Boston University (EUA).

bias aos animais têm seu início normalmente na infância e a idade de surgimento costuma ser mais precoce que em outros tipos de fobia (Himle, McPhee, Cameron e Curtis, 1989; Marks e Gelder, 1966; Öst, 1987). Também são mais freqüentes entre as mulheres que entre os homens, apresentando porcentagens que vão de 75% de mulheres em estudos epidemiológicos (Agras, Sylvester e Oliveau, 1969; Bourdon et al., 1988) até 95% ou mais em estudos de pacientes clínicos (Himle et al., 1989; Marks e Gelder, 1966; Öst, 1987). Nas mulheres, as fobias aos animais encontram-se entre os tipos mais freqüentes de fobia específica (Bourdon et al., 1988).

As *fobias ao ambiente natural* compreendem medo de tempestades, água e altura. Estes temores são muito freqüentes; de fato, entre os homens, o medo de altura é a fobia específica mais freqüente (Bordon et al., 1988). Os medos do ambiente natural costumam começar na infância, embora existam evidências de que as fobias à altura surgem mais tarde que outras fobias do mesmo tipo (Curtis, Hill e Lewis, 1990). Amplos estudos epidemiológicos constataram que as fobias a tempestades e à água são mais freqüentes entre as mulheres que entre os homens. Por exemplo, de 78% (Bourdon et al., 1988) a 100% (Agras et al., 1969) dos indivíduos com fobias a tempestades tendem a ser mulheres. Com respeito à razão por sexo, as fobias à altura parecem ser diferentes de outras fobias ao ambiente natural, já que só 58% dos indivíduos com fobias à altura costumam ser mulheres. Estes dados, assim como outros achados recentes (por ex., Antony, 1994), sugerem que é possível que as fobias à altura não sejam representativas do tipo ambiente natural.

As *fobias a sangue/injeções/sofrer ferimentos* compreendem os medos de ver sangue, tomar injeções, observar ou sofrer procedimentos cirúrgicos e outras situações médicas similares. Costumam começar na infância ou no começo da adolescência e são mais freqüentes em mulheres, embora as diferenças devidas ao sexo sejam menos pronunciadas que nas fobias aos animais (Agras et al., 1969; Öst, 1987, 1992). Ao contrário de outras fobias, as fobias a sangue/injeções/sofrer ferimentos encontram-se associadas freqüentemente a uma resposta fisiológica bifásica durante a exposição às situações temidas. Esta resposta começa com um aumento inicial da ativação, seguido por uma brusca queda da taxa cardíaca e da pressão sanguínea, o que, às vezes, provoca desmaios. Aproximadamente 70% dos indivíduos com fobia a sangue e 56% dos que têm fobia a injeções relatam uma história de desmaios na situação temida (Öst, 1992). Como veremos em uma sessão posterior, a tendência a desmaiar dos indivíduos com medo de sangue e de injeções levou a estratégias de tratamento específicas para evitar os desmaios neste grupo.

As *fobias tipo situacional* compreendem fobias específicas a situações que muitas vezes os indivíduos com agorafobia temem. Exemplo típicos incluem locais fechados, dirigir, elevadores e aviões. As fobias situacionais costumam ter uma idade média de surgimento na casa dos vinte anos (Himle et al., 1989; Öst, 1987) e tendem a ser mais freqüentes em mulheres que em homens. É mais provável que as fobias situacionais estejam associadas a ataques de pânico demorados e imprevisíveis, segundo alguns estudos (Antony, 1994; Ehlers, Hofmann, Herda e Roth, no prelo), embora outros tenham chegado a resultados contraditórios (por ex., Craske e Sipsas, 1992).

Finalmente, no *DSM-IV* foi incluído uma sessão denominada "outros tipos" para descrever as fobias que não são facilmente classificadas utilizando os quatro principais tipos de fobia específica. Exemplos de fobias incluídas na sessão de "outros tipos" são o medo de asfixiar-se, de vomitar e de balões, embora qualquer fobia que não seja facilmente classificável como um dos outros quatro tipos se incluiria nesta categoria.

Em geral, a fobia específica é o diagnóstico mais freqüente dos transtornos de ansiedade e se encontra entre os de maior prevalência no conjunto dos transtornos psicológicos. A prevalência estimada durante toda a vida para a fobia específica gira em torno de 14,45 a 15,7% entre as mulheres e de 6,7 a 7,75% nos homens (Eaton, Dryman e Weissman, 1991; Kessler et al., 1994). Apesar da prevalência, ainda há muito o que se aprender sobre a natureza e o tratamento das fobias específicas. Embora os temores subclínicos em estudantes universitários tenham sido amplamente estudados por pesquisadores que procuram compreender a natureza do medo e os métodos para a redução do mesmo, poucos estudos examinaram a psicopatologia e o tratamento de fobias específicas em pacientes clínicos. Além disso, os estudos realizados costumam centrar-se em uma faixa relativamente restrita de fobias, o tamanho da amostra é pequeno e não foram exploradas as diferenças na resposta ao tratamento dos tipos de fobia específica. Entretanto, existem cada vez mais provas de que as fobias específicas encontram-se entre os transtornos que têm melhor tratamento. A maioria dos indivíduos com fobias a animais, ao sangue e às injeções é capaz de superará-las em apenas uma sessão de exposição sistemática à situação temida (Öst, 1989).

II. FUNDAMENTOS TEÓRICOS DO TRATAMENTO BASEADO NA EXPOSIÇÃO

Considera-se que a exposição ao objeto ou à situação temidos é um componente essencial de todo tratamento bem-sucedido da fobia específica (Marks, 1987), embora ainda não estejam claros os mecanismos pelos quais a exposição exerce seus efeitos. Barlow (1988) resumiu algumas das principais teorias que explicam o processo da redução do medo. Em primeiro lugar, Lader e Wing (1966) sugerem a *habituação* para explicar os efeitos terapêuticos da dessensibilização sistemática. A habituação é um processo de familiarização com o objeto ou a situação e, por conseguinte, responde-se cada vez menos a um determinado estímulo com o passar do tempo (ou seja, acontece o mesmo que quando notamos cada vez menos um cheiro particular com uma exposição prolongada). Este processo produz normalmente mudanças na resposta apenas a curto prazo e parece afetar as respostas fisiológicas (por ex., resposta galvânica da pele) mais que os sentimentos subjetivos. Supõe-se que o papel da aprendizagem na habituação é mínimo. As evidências sobre o papel da habituação na redução do medo são contraditórias.

Um modelo mais comum para explicar os efeitos terapêuticos da exposição tem sido o processo de *extinção*. Esta implica no enfraquecimento de uma resposta condicionada pela eliminação do reforço. Segundo o modelo bifatorial de Mowrer (1960) sobre o desenvolvimento do medo, um temor (por ex., uma fobia a cães) começa quando um estímulo neutro (p. ex., um cão) é associado, por meio do condicionamento clássico, a um estímulo não condicionado aversivo (p. ex., que mordam a pessoa). De acordo com Mowrer, o temor se mantém pelo reforço negativo resultante de uma evitação do estímulo condicionado. Em outras palavras, o comportamento de evitação impede que se manifestem os sintomas mais aversivos associados ao objeto temido e, por conseguinte, reforça-se de modo operante. Em teoria, a exposição termina com o reforço negativo associado à evitação e, como conseqüência, conduz à extinção do medo. Supõe-se que a extinção implica numa nova aprendizagem (ou seja, mudanças na forma pela qual se processa a informação) e costuma ter efeitos duradouros em comparação à habituação. Entretanto, existem evidências que põem em dúvida o valor da extinção como modelo da redução do medo. Por exemplo, alguns estudos (Rachman, Craske, Tallman e Solyom, 1986) demonstraram que a exposição parece ser eficaz para reduzir o temor, especialmente a longo prazo, inclusive quando um indivíduo foge da situação antes de atingir o nível máximo de ansiedade. Entretanto, contrariamente a este achado e consistente com a teoria da extinção, numerosos estudos mostraram que a exposição de longa duração é mais eficaz para reduzir o medo que a exposição de duração mais curta (Marks, 1987).

Segundo as modernas teorias do condicionamento (por ex., Rescorla, 1988) os *fatores cognitivos* desempenham um importante papel na diminuição do medo. Os dados estão começando a convergir, sugerindo que variáveis tais como o controle percebido (Sanderson, Rapee e Barlow, 1989), a presença de sinais de segurança, como o cônjuge (Carter, Hollon, Carson e Shelton, 1995) e o grau de previsibilidade da exposição (Lopatka, 1989) afetam os níveis de medo durante a exposição à situação temida.

Também foram propostas teorias sobre o *processamento emocional* (p. ex., Foa e Kozak, 1986; Rachman, 1980) para explicar o processo de redução do medo, empregando uma fundamentação teórica emocional (p. ex., Lang, 1985). Segundo Foa e Kozak (1986), a exposição a uma situação temida proporciona informações que são inconsistentes com as armazenadas previamente na memória emocional. Por exemplo, a habituação durante uma sessão determinada mostra que o medo não dura eternamente e que é possível estar na presença de um objeto anteriormente temido sem sentir-se assustado. Igualmente, a exposição repetida mostra ao indivíduo que a probabilidade de perigo na situação temida é baixa. Em teoria, o processamento emocional depende da ativação de estruturas de ansiedade apropriadas armazenadas na memória. As variáveis propostas que interferem no processamento emocional incluem a distração, uma ativação autônoma que seja alta demais (de modo que pode ser que não se produza a habituação dentro da sessão) e uma ativação autônoma que seja baixa demais (refletindo uma ativação incompleta da estrutura de ansiedade).

Neste caso, acontece o mesmo que com os outros modelos já comentados: as evidências que apóiam o processamento emocional como modelo da redução do medo são contraditórias (Barlow, 1988). Por exemplo, os estudos que examinam os efeitos da distração sobre a diminuição do medo durante a exposição chegaram a resultados díspares (Rodríguez e Craske, 1993b). Igualmente, Holden e Barlow (1986) observam que a relação entre a ativação e a ansiedade é mais complicada do que o previsto pelas teorias do processamento emocional. Especificamente, Holden e Barlow (1986) fizeram com que um grupo de indivíduos com agorafobia e outro sem nenhum transtorno mental passassem por um teste padrão de aproximação comportamental que implicava sair de um lugar seguro. Ambos os grupos começaram com taxas cardíacas elevadas e mostraram reduções graduais similares da taxa cardíaca durante o teste comportamental. Este dado ocorreu apesar de os sujeitos sem transtorno mental não terem se informado sobre ansiedade durante o teste comportamental.

É cedo demais para dizer exatamente como a exposição produz uma diminuição do temor. Também é possível que as teorias mencionadas anteriormente não sejam explicações mutuamente excludentes. Embora nenhuma das teorias explique totalmente o processo da redução do medo, cada uma delas explica alguma parte da história. Por exemplo, a habituação e a extinção podem estar envolvidas na redução do medo dentro das sessões e a extinção pode ser mais relevante para explicar a diminuição do medo entre sessões. Variáveis tais como o controle e a segurança percebidos, a previsibilidade e o processamento emocional podem mediar em parte as mudanças que ocorrem durante a habituação e a extinção. Finalmente, a exposição repetida pode ter impacto sobre determinadas variáveis fisiológicas que parecem estar relacionadas à experiência do medo. Como se pode ver na revisão de Barlow (1988), a exposição crônica aos estímulos temidos pode produzir uma redução geral da noradrenalina, que tende a associar-se a certas mudanças comportamentais que consistem no processo de "endurecer" ou desenvolver uma maior tolerância aos estímulos aversivos (Gray, 1985). Em suma, é possível que os mecanismos pelos quais a exposição produz uma diminuição do medo sejam determinados por múltiplos fatores. As teorias unidimensionais provavelmente são inadequadas para explicar o processo da redução do medo. À medida que os investigadores comecem a examinar como interagem as variáveis cognitivas, comportamentais e fisiológicas para produzir mudanças no medo durante o tratamento, começaremos a compreender como funciona a exposição.

III. DESCOBERTAS EMPÍRICAS SOBRE O TRATAMENTO DAS FOBIAS ESPECÍFICAS

Inúmeros estudos mostraram que os tratamentos baseados na exposição são eficazes para reduzir temores específicos. Especificamente, foi observado que a exposição é eficaz para a fobia ao sangue (Öst et al., 1984), às injeções (Öst, 1989), aos dentistas

(Liddel et al., 1991; Jerremalm, Jansson e Öst, 1986), aos animais (Foa et al, 1977; Muris et al., 1993; O'brien e Kelley, 1980; Öst, Salkovskis e Hellström, 1991), a lugares fechados (Booth e Rachman, 1992; Öst, Johansson e Jerremalm, 1982), a voar (Denholtz e Mann, 1975; Howard, Murphy e Clarke, 1983; Solyom et al., 1973), a alturas (Baker, Cohen e Saunders, 1973; Bourque e Ladouceur, 1980; Marshall, 1988) e a asfixiar-se (Ball e Otto, 1993; McNally, 1986).

Em muitos casos, a forma em que seja realizada a exposição pode ter impacto sobre sua eficácia. Os tratamentos baseados na exposição podem variar em diversas dimensões, incluindo o grau de envolvimento do terapeuta, a duração da exposição, a inclusão de estratégias adicionais de tratamento (por ex., reestruturação cognitiva, relaxamento), a intensidade da exposição, a freqüência e a quantidade de sessões, os sinais de estímulos aos quais se expõe o indivíduo (por ex., sensações internas *versus* situações externas) e o grau em que se enfrenta a situação na vida real *versus* na imaginação.

As relações entre estas variáveis e o sucesso do tratamento também podem variar, dependendo do tipo de fobia, da natureza da reação de medo e de outras variáveis que são diferentes conforme os pacientes. Por exemplo, Öst et al. (1982) demonstraram que indivíduos com claustrofobia que respondiam basicamente de forma comportamental (ou seja, cujo padrão principal de resposta era a evitação) se beneficiaram mais da exposição que do treinamento em relaxamento aplicado. Por outro lado, pacientes com claustrofobia que respondiam fundamentalmente de maneira fisiológica (ou seja, cuja resposta principal era um aumento da ativação ante a exposição à situação) respondiam melhor ao relaxamento. Entretanto, esta descoberta não foi confirmada em um grupo de indivíduos com medo de dentistas (Jerremalm et al., 1986).

III.1. *Espaçamento e duração das sessões de exposição*

Parece que, na maioria dos casos, as sessões de exposição mais longas são mais eficazes que as sessões mais curtas (Marks, 1987). A exposição também parece funcionar melhor se não houver muito distanciamento entre as sessões. Por exemplo, Foa et al. (1980) observaram que o tratamento da agorafobia é mais eficaz com dez sessões diárias de exposição que com dez sessões semanais. Entretanto, o grau de aplicação desta descoberta às fobias específicas não está claro, especialmente considerando o fato de que até 90% dos indivíduos com fobias aos animais e às injeções podem ser tratados com êxito (ou seja, muito melhor ou completamente curado) em uma única sessão de tratamento por meio da exposição e do modelo do terapeuta (Muris et al., 1993; Öst, 1989).

Os modelos sobre a redução do medo predizem que a exposição deveria funcionar melhor quando se evita que os pacientes fujam antes de que o temor tenha diminuído.

Os estudos que examinam esta variável obtiveram resultados contraditórios. Por exemplo, De Silva e Rachman (1984) e Rachman et al. (1986) constataram que sair antes de que o temor tenha chegado ao máximo não tinha efeito sobre a eficácia da exposição para a agorafobia. Por outro lado, Marks (1987) revisou numerosos estudos que mostravam que a exposição prolongada era mais eficaz que a exposição de duração mais curta. Em que momento termina a exposição? Gauthier e Marshall (1977) examinaram vários critérios pelos quais um clínico poderia decidir terminar as sessões de exposição no caso de uma fobia a cobras. Concretamente, examinaram a eficácia do tratamento quando a finalização das sessões de exposição estava determinada pela volta à linha base de cada uma das seguintes medidas: taxa cardíaca, ansiedade auto-informada por parte do paciente, a ansiedade do sujeito avaliada por dois observadores independentes e uma mescla das três medidas. Terminar as sessões baseando-se na redução da ansiedade avaliada por observadores produziu os maiores benefícios terapêuticos, em comparação com os outros métodos.

III.2. *O grau de envolvimento do terapeuta*

Os achados foram inconsistentes com respeito à importância de haver um terapeuta presente durante as sessões de exposição. Marks (1987) revisou numerosos estudos que mostravam que a auto-exposição era eficaz para o tratamento de distintos transtornos fóbicos, incluindo a agorafobia, a ansiedade social e o transtorno obsessivo-compulsivo. Entretanto, no caso das fobias específicas, parece que certo envolvimento do terapeuta parece melhor que a ausência do mesmo. Öst, Salkovskis e Hellström (1991) constataram que 71% dos indivíduos com fobia às cobras melhoraram clinicamente depois da exposição assistida pelo terapeuta enquanto quando a exposição era dirigida pela própria pessoa melhorava apenas 6%. No mesmo sentido, O'brien e Kelley (1980) observaram que as sessões de exposição que eram assistidas na maior parte pelo terapeuta foram significativamente mais eficazes para reduzir o temor às cobras que as sessões que eram na sua maior parte ou exclusivamente autodirigidas e ligeiramente melhores que as sessões que foram totalmente assistidas pelo terapeuta. Estes dados sugerem que o envolvimento do terapeuta é importante para superar as fobias aos animais, embora também se devesse ensinar aos pacientes a enfrentar a situação por si mesmos. Bourque e Ladouceur (1980) não encontraram diferenças entre a exposição levada a cabo com e sem o terapeuta presente, no tratamento da fobia a altura. Entretanto, o número de pacientes por grupo, neste estudo, era pequeno e os pacientes encontravam-se com o terapeuta antes e depois da sessão de exposição em todas as condições de tratamento. Em outras palavras, inclusive nas condições em que o terapeuta não estava presente durante a exposição, as sessões não eram totalmente autodirigidas. É evidente a necessidade de mais estudos para examinar os benefícios da auto-exposição para outros tipos de fobia específica.

III.3. **A distração durante as sessões de exposição**

Embora a maioria dos modelos sobre a redução do medo predigam que a distração deveria interferir só na eficácia da exposição, os estudos sobre os efeitos da distração obtiveram resultados contraditórios. Rodríguez e Craske (1993a) revisaram a literatura sobre a distração durante a exposição a estímulos fóbicos e concluíram que os efeitos específicos da distração podem depender de uma série de variáveis, incluindo a forma em que se avalia a ansiedade (por ex., ativação fisiológica *versus* ansiedade subjetiva), o tipo de distração (por ex., perceptiva *versus* cognitiva), o centro da distração (p. ex., distrair-se do estímulo ou da situação *versus* fazê-lo com respeito à resposta ou às sensações físicas), a qualidade afetiva do estímulo de distração e a intensidade do medo. Rodríguez e Craske (1993b) constataram que era mais provável que a distração reduzisse os efeitos da exposição sob condições de elevada intensidade no caso de fobias a animais. Muris et al. (1993) também sugeriram que determinadas diferenças no estilo de enfrentamento podem predizer os efeitos da distração para um indivíduo específico. Concretamente, constataram que indivíduos com fobia a cobras que eram "vigilantes" (ou seja, que costumavam procurar informações relevantes sobre o temor) respondiam menos à exposição focalizada que indivíduos "embotados" (ou seja, os que costumavam evitar as informações relacionadas ao temor). Sugeriram que os sujeitos vigilantes poderiam beneficiar-se mais do tratamento se fossem distraídos de vez em quando, embora esta hipótese ainda precise ser comprovada.

III.4. **A exposição ao vivo versus a exposição na imaginação**

A exposição pode ser realizada de determinadas formas. Embora a exposição na imaginação possa ser um método eficaz para reduzir o medo (p. ex., Baker et al., 1973; Foa et al., 1977), aceita-se geralmente que a exposição ao vivo é mais eficaz que a exposição por meio da imaginação (Marks, 1987). Logicamente, a exposição ao vivo nem sempre é possível, especialmente quando o enfrentamento direto da situação temida é perigoso (p. ex., fobia de ser atacado), impraticável (p. ex., fobia a monstros) ou difícil (p. ex., fobia a tempestades, a voar). Nestes casos, a exposição por meio da imaginação pode ser uma ajuda eficaz ou um substituto para a exposição direta ou ao vivo.

III.5. **Combinação de outras estratégias com a exposição**

Finalmente, certos tipos de fobia podem beneficiar-se de estratégias de tratamento especializadas. O melhor exemplo é o tratamento da fobia ao sangue por meio da tensão aplicada (Kozak e Montgomery, 1981; Öst e Sterner, 1987). Devido à alta porcentagem de indivíduos com fobia ao sangue que desmaiam na situação temida, foram desenvolvidas e postas à prova estratégias para evitar o desmaio em pessoas com fobia a sangue. O desmaio tende a ocorrer quando um indivíduo experimenta uma diminuição repentina da pressão sanguínea depois da exposição a uma situação com sangue. Por conseguinte, os pesquisadores estudaram o emprego da tensão aplicada (um método que aumenta temporariamente a pressão sanguínea) para o tratamento da fobia ao sangue. Foi demonstrado de forma repetida que a tensão aplicada é um tratamento eficaz para esta fobia (Öst et al., 1984; Öst e Sterner, 1987). De fato, a tensão aplicada pode ser um tratamento mais eficaz que a simples exposição (Öst, Fellenius e Sterner, 1991).

Também foram utilizadas outras estratégias isoladas ou em combinação com a exposição ao vivo, como a reestruturação cognitiva, a exposição interoceptiva (ou seja, a exposição às sensações temidas) e o relaxamento aplicado. Sabe-se muito pouco se estas estratégias acrescentam algo à exposição ao vivo para o tratamento das fobias específicas, embora existam evidências de que poderiam ter um impacto limitado sobre a redução do medo (Booth e Rachman, 1992; Öst, Sterner e Fellenius, 1989).

IV. UM PROGRAMA PARA O TRATAMENTO COGNITIVO-COMPORTAMENTAL DA FOBIA ESPECÍFICA

Nesta sessão descreveremos um programa de tratamento para as fobias específicas. Para uma descrição mais detalhada deste tratamento, remetemos o leitor ao nosso manual *Mastery of your specific phobia* (Antony, Craske e Barlow, 1995). Este manual inclui informações gerais sobre a natureza das fobias específicas, assim como capítulos detalhados sobre o tratamento dos tipos de fobia específica mais comuns (p. ex., à altura, aos animais, às injeções/sangue, claustrofobia, etc.).

IV.1. *Avaliação inicial e apresentação do tratamento*

Embora o mal-estar e a deterioração funcional associados às fobias específicas não sejam normalmente tão graves quanto os associados a outros transtornos de ansiedade, o desejo de evitar a situação fóbica é normalmente tão potente ou mais que o dos outros tipos de transtornos fóbicos. Não é raro que os indivíduos se neguem a expor-se ao objeto ou situação fóbicos, ou inclusive a discutir o motivo do seu medo. Por conseguinte, a apresentação de uma explicação do tratamento de forma clara e convincente é essencial para o sucesso da intervenção nas fobias específicas. A primeira parte da sessão é empregada para definir os parâmetros da fobia do sujeito, apresentar uma fundamentação que ajude a compreender a natureza e as possíveis causas da fobia e discutir como o tratamento ajudará a superá-la.

No nosso programa, a primeira sessão começa com uma breve discussão sobre a natureza da ansiedade e o medo. Concretamente, mostramos aos pacientes que o medo é uma emoção normal e adaptativa e que a maioria das pessoas teme alguma situação. Além disso, falamos sobre os possíveis fatores etiológicos da fobia do paciente (p. ex., condicionamento direto, aprendizagem por observação, informação errônea sobre a situação temida). Devido ao fato de que muita gente com fobia não pode recordar como começou seu temor, a pessoa é tranqüilizada ao tomar conhecimento de que não é necessário descobrir a causa inicial de uma fobia para superar o medo. Aliás, o tratamento aborda os fatores atuais que mantêm o temor (p. ex., a evitação, a informação inadequada sobre o objeto temido, etc.).

Os pacientes são estimulados a pensar em sua fobia em termos de *sentimentos*, *pensamentos* e *comportamentos* associados. Sobre os sentimentos experimentados durante a exposição, são solicitados a descrever a intensidade e a natureza da sua reação emocional (p. ex., chorar, gritar, aterrorizar-se, etc.). Além disso, são ajudados a fazer uma lista dos sintomas físicos (p. ex., taxa cardíaca acelerada, falta de ar, pernas trêmulas, náuseas, suores, desmaios) experimentados durante as exposições típicas.

Depois, os pacientes examinam as predições, as expectativas e os pensamentos específicos que ajudam a manter seu medo. Os pensamentos ansiogênicos estão associados freqüentemente à situação temida (p. ex., ser mordido por uma cobra, atingido por um raio, cair de um lugar alto, etc.), embora muitos pacientes relatem também apreensão sobre sintomas associados ao medo (p. ex., ansiedade sobre como reagiriam na situação). Como exemplo, o quadro 1.1 enumera alguns dos pensamentos ansiogênicos indicados freqüentemente pelos indivíduos com fobia específica a dirigir.

Mais tarde, o terapeuta ajuda o paciente a identificar os comportamentos associados com o objeto ou a situação temidos. Na maioria dos casos, estes comportamentos têm a função de ajudar o indivíduo a controlar seu medo por meio da evitação do objeto ou da situação fóbicos. A evitação pode ser manifesta ou mais sutil. Exemplos de estratégias de evitação manifesta incluem a rejeição a colocar-se na situação e fugir dela quando os próprios medos se tornam angustiantes. Formas sutis de evitação compreenderiam a distração, a ingestão de fármacos ou drogas, ou o emprego de outras engenhosas estratégias de enfrentamento. Por exemplo, um indivíduo com uma fobia à altura pode evitar olhar para baixo de um lugar alto ou insistir em agarrar-se ao parapeito. Uma pessoa que tem medo de cobras pode sentar-se na parte da sala que está mais distante de uma cobra que foi observada num canto. Alguém que tem medo de dirigir poderia fazê-lo somente em vias específicas ou em determinadas horas.

Muitas pessoas com fobias confiam em *sinais de segurança* quando enfrentam o objeto ou a situação fóbicos. Os sinais de segurança são estímulos que proporcionam uma sensação de tranqüilidade ou segurança em uma situação temida. Por exemplo, um indivíduo que tem medo de elevadores poderia utilizá-los unicamente quando acompanhado de um amigo ou parente, de modo que a ajuda se encontrasse disponível em caso de emergência. Finalmente, os sujeitos com fobias específicas freqüentemente demonstram comportamentos que são excessivamente protetores. A comprovação é um dos comportamentos mais habituais deste tipo.

Quadro 1.1. *Pensamentos de ansiedade relatados com freqüência por indivíduos com fobia a dirigir*

Pensamentos sobre a situação temida	Pensamentos sobre a reação de ansiedade
Sofrerei um acidente	Perderei o controle sobre o carro
Sairei ferido	Vou me distrair
Os outros motoristas não prestam atenção	Minha mente ficará em branco
	A ansiedade fará com que eu dirija mal
Não sobressaio como motorista	Terei uma crise ou um ataque do coração
Os outros motoristas não sabem dirigir	Cairei no ridículo
Os outros motoristas vão se irritar comigo	Vou morrer
	Vou me perder
Os outros motoristas pensarão que não sei dirigir	Minhas sensações físicas serão fortes demais
Vou me perder	Vou desmaiar
Vou entrar em um congestionamento	O medo vai me deixar angustiado
Meu carro vai quebrar	Não serei capaz de reagir com rapidez suficiente
As condições da estrada são perigosas	
Vou atropelar um pedestre ou um animal	
Minhas manobras confundirão os outros motoristas	

Fonte: Adaptado de Antony, Craske e Barlow (1995). *Copyright* © 1995 Graywind Publi-cations Incorporated. Reproduzido com autorização. Todos os direitos reservados.

É provável que uma pessoa com uma fobia a cobras examine a grama para descartar a presença de cobras antes de sentar-se por ocasião de um piquenique no campo. As pessoas com fobia a tempestades relatam com freqüência que passam tempo demais informando-se sobre o estado do tempo antes de planejar suas atividades diárias.

Embora a evitação, a distração, o excesso de confiança em sinais de segurança e outros comportamentos similares sejam métodos eficazes para controlar a ansiedade a curto prazo, diz-se aos pacientes que estes comportamentos são contraproducentes a longo prazo. Em primeiro lugar, estes comportamentos são reforçados negativamente pelo alívio que o indivíduo experimenta quando evita ou foge de uma situação, tornando mais difícil sua participação na situação no futuro. Em segundo lugar, a evitação impede que o indivíduo aprenda que a situação não é perigosa e que é muito pouco provável que suas predições ansiosas se transformem em realidade.

A seguir, introduz-se a *exposição sistemática* à situação fóbica como método principal pelo qual será tratada a fobia específica. Neste ponto, os pacientes às vezes expressam dúvidas sobre se serão capazes de enfrentar a situação ou se a exposição vai poder ajudá-los. Afinal, um indivíduo que tem medo de cobras pode ter encontrado freqüentemente cobras durante sua vida diária sem experimentar nenhum alívio. De fato, essa exposição poderia ter aumentado seu temor. Todas estas preocupações são abordadas em uma discussão sobre como a terapêutica é diferente dos tipos de exposição que costumam ocorrer de forma natural na vida do paciente.

Concretamente, a exposição terapêutica se prolonga no tempo e compreende práticas repetidas separadas por um curto espaço de tempo, ao contrário da exposição que acontece na vida diária, que é normalmente breve (ou seja, os pacientes costumam fugir rapidamente) e o menos freqüente possível. Além disso, a exposição terapêutica é predizível e se encontra sob o controle dos pacientes. São informados sobre o que podem esperar, nunca são surpreendidos e têm que dar sua autorização antes de que se dê um passo para aumentar a intensidade da exposição. A exposição da vida diária, ao contrário, é percebida normalmente como imprevisível e longe do alcance do controle do paciente. Finalmente, proporciona-se aos pacientes toda uma série de estratégias adaptativas de enfrentamento para substituir as estratégias empregadas anteriormente. Estas estratégias são descritas numa sessão posterior.

IV.2 A preparação das práticas de exposição

Para otimizar a eficácia das práticas de exposição, é importante determinar os parâmetros específicos que correspondem ao temor concreto do paciente. Por exemplo, algumas pessoas com fobia à altura têm mais medo quando se encontram à beira de um desnível sem proteção. Outras mencionam um maior temor quando dirigem em lugares elevados (p. ex., pontes, viadutos). Alguns sujeitos ficam mais ansiosos quando estão sozinhos; outros se sentem pior quando estão acompanhados. A identificação das variáveis que exercem influência sobre o medo de um indivíduo ajudará no desenvolvimento de exercícios práticos relevantes e a identificação e prevenção de comportamentos sutis de evitação (p. ex., olhar para outro lado) durante essas práticas. O quadro 1.2 enumera algumas variáveis que poderiam influir nos níveis de medo nas fobias específicas. Estão incluídos exemplos de uma fobia a cobras e de uma fobia a voar.

Já que os pacientes costumam evitar as situações que temem, pode ser difícil identificar todas as variáveis que exercem influência sobre o medo de um indivíduo. Por conseguinte, poderia ser útil um teste de aproximação comportamental (TAC). Durante o TAC, expõe-se o paciente ao objeto ou à situação temidos e pede-se que relate suas experiências. Os TAC podem ser uma estratégia útil para ajudar os pacientes a identificar as sensações, os pensamentos e os comportamentos ansiosos. Manipulando os parâmetros específicos, o terapeuta pode examinar o efeito dessas variações sobre o medo do paciente. Por exemplo, quando se trata de uma fobia às injeções, o terapeuta pode avaliar se o ponto no qual é inserida a agulha afeta o temor do paciente, colocando uma seringa em diversas partes (por ex., no braço, no antebraço, etc.). Se o paciente estiver ansioso demais para passar por um TAC antes da intervenção, então muitas dessas perguntas podem ser respondidas à medida que o tratamento progrida.

Quadro 1.2. *Variáveis que poderiam influir sobre os indivíduos com fobias específicas*

Exemplo: Fobia a voar	*Exemplo:* Fobia a cobras
Tamanho do avião	Forma da cobra
Ruídos do avião	Cor da cobra
Número de passageiros; ocupação	Tamanho da cobra
Demora do vôo; causas da demora	Tipo de pele da cobra
Mal tempo (p. ex., chuva, neblina)	Potencial de ser mordido/a
Hora do dia (luz *versus* escuridão)	Presença de outra pessoa
Assento (corredor, janela, etc.)	Lugar (p. ex., o jardim *versus* a cama)
Ouvir as instruções sobre segurança antes de decolar	Se a cobra está fechada (p. ex., em um vidro)
Turbulências	Forma de exposição
Neve ou gelo em terra	Imaginar cobras
Superfície que se encontra abaixo (p. ex., água ou terra)	Falar sobre cobras
	Assistir desenhos animados, ver brinquedos, fotos
Decolar	
Aterrissar	Observar cobras gravadas em vídeo
Duração do vôo	Observar cobras ao vivo
Altitude do avião (p. ex., por cima das nuvens)	Distância em relação à cobra
	Velocidade do movimento
Presença de amigos ou familiares	Imprevisibilidade do movimento
Quantidade de estresse na vida do paciente	Tipo de movimento (p. ex., saltar)
Tamanho do aeroporto	

Fonte: Adaptado de Antony, Craske e Barlow (1995). *Copyright* © 1995 Graywind Publications Incorporated. Reproduzido com autorização. Todos os direitos reservados.

Antes de começar com a exposição, o terapeuta deveria ter uma idéia dos tipos de situação que são evitados e da dificuldade relativa de tais situações. Uma vez que estas sejam identificadas, desenvolve-se então uma hierarquia de exposição. A hierarquia deveria incluir de 10 a 15 situações temidas colocadas em ordem de dificuldade. O quadro 1.3 é um exemplo de uma hierarquia de exposição desenvolvida para um indivíduo com fobia a cobras.

Quadro 1.3. *Hierarquia de exposição para uma fobia a cobras*

Olhar de longe para a imagem de uma cobra
Olhar de perto para a imagem de uma cobra
Ver um filme de uma cobra em movimento
Permanecer a três metros de uma cobra viva fechada dentro de um recipiente
Permanecer a meio metro de uma cobra viva fechada dentro de um recipiente
Tocar no recipiente que contém uma cobra viva
Empregar um pedaço de papel e uma garrafa para capturar uma cobra
Segurar uma cobra deslizando pelas mãos
Segurar uma cobra deslizando pelos braços

Fonte: Adaptado de Antony, Craske e Barlow (1995). *Copyright* © 1995 Graywind Publications Incorporated. Reproduzido com autorização. Todos os direitos reservados.

Finalmente, antes de começar com as práticas de exposição, o terapeuta e o paciente deveriam fazer uma lista de variações da situação temida. Em muitos casos, o paciente não será capaz de proporcionar estímulos para as práticas de exposição devido à ansiedade que sofre cada vez que se depara com esses estímulos. Por conseguinte, muitas vezes dependerá do terapeuta ou da família ou amigos do paciente localizar os estímulos para as sessões de exposição. Antony et al. (1995) enumeram modos de obter estímulos fóbicos para as fobias específicas mais freqüentes.

IV.3. Realizando as práticas de exposição

A duração e o número ideal das sessões de exposição depende das necessidades individuais do paciente assim como da tolerância do paciente e do terapeuta. Para alguns tipos de fobia (p. ex., aos animais, às injeções), uma única sessão pode ser suficiente para conseguir resultados duradouros. Para outros tipos de fobia (p. ex., de dirigir), pode ser mais difícil produzir os fatores específicos que desencadeiam a fobia (p. ex., o mal tempo, ser interceptado por outro motorista, etc.) durante as práticas e serem necessárias mais sessões de tratamento. Seja qual for o caso, as sessões deveriam durar de 1 a 3 horas, até que o paciente tenha experimentado uma redução do medo ou seja capaz de realizar tarefas mais difíceis (p. ex., aproximar-se mais de um animal temido) do que quando foi iniciada a sessão. A maioria das fobias específicas podem ser tratadas em um período que vai de 1 a 15 sessões, especialmente se o paciente praticar por conta própria, entre as sessões.

As práticas deveriam começar com os itens mais fáceis da hierarquia e progredir até os mais difíceis, até que o último seja realizado com sucesso. A velocidade com que se tenta fazer os itens mais difíceis dependerá do grau de ansiedade que o paciente estiver disposto a tolerar. Passar mais depressa pelos itens da hierarquia levará a uma redução mais rápida do medo, embora a intensidade do temor experimentada durante as práticas seja maior. Deslocar-se mais lentamente fará com que as práticas sejam menos aversivas, embora leve mais tempo para superar a fobia. Normalmente, recomendamos que os pacientes avancem pelos itens da hierarquia como estiverem dispostos a fazê-lo.

Finalmente, os pacientes deveriam atingir um ponto em que possam fazer mais que a maioria das pessoas que não têm medo estaria disposta a fazer na situação fóbica. Por exemplo, um indivíduo com fobia a cobras deveria atingir um ponto em que pudesse segurar uma cobra viva confortavelmente. Uma pessoa com claustrofobia deveria chegar a um ponto no qual pudesse permanecer em um armário pequeno e fechado durante um longo período. Ao levar as práticas de exposição a estes extremos, os tipos de situação que podem ser encontrados na vida diária dos pacientes serão muito mais fáceis. Logicamente, não se deveria pedir a eles nada que fosse pouco seguro (p. ex., pegar uma cobra viva no campo).

Podem ser utilizados vários métodos para ajudar os pacientes a superar passos cada vez mais difíceis durante as práticas de exposição. Em primeiro lugar, o terapeuta deveria ser continuamente o modelo de um comportamento sem medo diante do paciente. Por exemplo, durante as etapas iniciais da exposição a uma altura elevada, o terapeuta poderia estar com o paciente perto da borda. Se estiver trabalhando com um indivíduo que tem medo de pássaros, o terapeuta deveria ser capaz de demonstrar como segurar e manejar os pássaros. Não é raro que o terapeuta necessite praticar antes de trabalhar com o paciente. Além disso, o terapeuta deveria permanecer tranqüilo, apesar do mal-estar do paciente. Os pacientes deveriam ser estimulados a experimentarem a profundidade dos seus sentimentos ou sensações, em vez de lutar contra eles, distrair-se ou fugir. Deveriam ser tranqüilizados de que suas respostas (p. ex., chorar, gritar) constituem uma parte normal da superação de uma fobia. O terapeuta deveria preparar o sujeito para sentir um mal-estar intenso e explicar-lhe que o mal-estar finalmente desaparecerá. Deveria insistir com os pacientes para que medissem seu êxito pelas suas conquistas, em vez de fazê-lo pela maneira como se sentem na situação. Uma sessão com sucesso é aquela em que o paciente enfrenta a situação temida *apesar* do medo. A confiança do paciente aumentará com cada passo que seja suportado sem conseqüências catastróficas.

Se um paciente se recusa a realizar uma determinada tarefa, é função do terapeuta encontrar uma forma criativa para ajudar o paciente a progredir. Uma maneira de conseguir é tornando os passos menores. Por exemplo, um paciente com uma fobia a dirigir pode chegar a um ponto no qual dirija acompanhado, mas se negue a conduzir o carro sozinho. Um modo de resolver isso é fazer com que o paciente dirija e que o terapeuta o siga a curta distância com outro carro. Este modo de dirigir poderia ser um passo intermediário necessário para ajudar o paciente a dirigir sozinho. Gradualmente, vai sendo aumentada a distância entre o terapeuta e o paciente, até que este chegue a dirigir basicamente sozinho.

IV.4. *As práticas entre sessões*

Os pacientes deveriam ser estimulados a levar a cabo práticas de exposição entre as sessões. Normalmente, a exposição à situação temida é mais ameaçadora quando o terapeuta não está e pode ser que os sujeitos não estejam dispostos a realizar tarefas práticas que sejam tão difíceis quanto as que foram praticadas nas sessões. Uma vez que as práticas entre as sessões possam ser estruturadas (p. ex., planejar um número concreto de práticas e as ocasiões para as mesmas), é mais provável que os pacientes realizem as tarefas para casa. O terapeuta deveria antecipar possíveis razões pelas quais não pudessem ser executadas as tarefas para casa e tentar gerar soluções para aumentar a probabilidade de que o paciente realize suas práticas. Uma das razões mais comuns para não efetuar a tarefa para casa é a ansiedade excessiva causada pela tarefa. Por conseguinte, pode-se propor aos pacientes soluções alternativas de práticas no caso de acharem que a tarefa principal é difícil demais. Por exemplo, pode-se instruir um paciente a praticar a permanência em um armário com a porta fechada quando não houver ninguém em casa, a fim de superar seu temor a lugares fechados. Entretanto, se esta tarefa fosse demasiado difícil, o paciente poderia reduzir a intensidade da exposição deixando a porta do armário ligeiramente aberta ou realizando a prática quando um membro da família estiver em casa. A tarefa mais difícil pode ser deixada para outro dia. Realizar uma tarefa mais fácil é melhor do que não realizar nenhuma.

Às vezes, pode ser útil envolver a família ou os amigos do paciente nas práticas de exposição. Os membros da família podem proporcionar estímulos e modelar o comportamento sem medo na situação fóbica. Entretanto, o terapeuta deveria assegurar-se de que o/a amigo/a ou membro da família entenda os motivos da exposição, seja capaz e esteja disposto/a a apoiar e ajudar o paciente durante as práticas. Além disso, deveria observar algumas das sessões de exposição das quais o terapeuta participa para que as reações do paciente lhe sejam familiares e para saber como responder ao medo deste. Finalmente, o paciente deveria ser capaz de realizar as práticas sem a ajuda de familiares ou amigos.

IV.5. Outras estratégias de tratamento

Estratégias cognitivas – Além da exposição, podem ser empregados outros dois enfoques para ajudar a corrigir a informação errônea sobre o objeto ou a situação temidos. Em primeiro lugar, os pacientes deveriam ser instruídos a procurarem informações sobre o objeto ou a situação em questão. Por exemplo, se um indivíduo tem medo de cobras, deveria aprender o máximo possível sobre as cobras. Se o movimento de uma cobra é especialmente ameaçador, o paciente deveria ler sobre os movimentos das cobras e passar certo tempo observando o movimento das mesmas.

Em segundo lugar, os pacientes deveriam ser instruídos a identificar pensamentos ansiosos pouco realistas e considerar previsões alternativas mais realistas a respeito da situação fóbica. O primeiro tipo de pensamento ansiogênico que está freqüentemente associado às fobias é a *superestimação da probabilidade*. Este tipo de pensamento implica uma superestimação da probabilidade de que algum acontecimento previsto aconteça, como, por exemplo, no caso dos pacientes que têm medo de voar que, muitas vezes, superestimam a probabilidade de um avião cair. Para modificar este padrão de pensamento, os pacientes deveriam ser ensinados a avaliar as evidências a favor e contra seus pensamentos ansiosos. Por exemplo, além de fixar-se nas notícias divulgadas de vez em quando sobre a queda de aviões, os pacientes que têm medo de voar deveriam ser ensinados a examinar as evidências contrárias às suas previsões ansiosas (p. ex., todos os dias decolam e aterrissam milhares de aviões) e a avaliar a probabilidade real de que suas previsões venham a se tornar realidade.

O segundo tipo de pensamento ansiogênico que costuma manifestar-se em indivíduos com uma fobia específica é o *pensamento catastrófico*, que compreende uma superestimação do impacto negativo de um acontecimento, se este chegasse a ocorrer. Por ex., os pacientes com fobia a cobras muitas vezes acreditam que seria terrível e incontrolável serem tocados por uma cobra. As previsões catastróficas podem ser questionadas, mudando o centro de atenção dos próprios pensamentos, passando de como poderia ser terrível um encontro com o objeto fóbico até como poderia ser enfrentado tal encontro. Uma forma de conseguir isto é fazer a si mesmo perguntas como "O que de fato seria a pior coisa que poderia acontecer?" "Por que seria tão terrível me deparar com o objeto ou a situação?" ou "Como poderia enfrentar a situação?

A exposição tende a trabalhar muito bem por si mesma. Entretanto, para alguns pacientes, a reestruturação cognitiva pode ser uma ajuda válida para tal exposição. Estas estratégias poderiam constituir métodos úteis para ajudar o paciente a realizar uma prática de exposição difícil que, de outro modo, ele poderia haver evitado.

Exposição interoceptiva – É preciso lembrar que alguns pacientes indicam ansiedade com respeito às sensações físicas associadas ao medo, além da ansiedade ante o objeto ou a situação fóbicos. Por exemplo, embora os indivíduos que têm medo de altura possam sofrer de ansiedade diante da possibilidade de cair acidentalmente, ou de serem empurrados de um lugar elevado, muitas vezes comunicam a existência de ansiedade ante a eventualidade de perder o controle devido aos intensos sintomas físicos que também sentem. Além da exposição à situação fóbica, a exposição às sensações temidas pode ser útil para alguns indivíduos. Isto é especialmente verdadeiro para as fobias que estão associadas a uma elevada ansiedade interoceptiva (p. ex., claustrofobia). Para estes pacientes, podem ser acrescentados, de forma sistemática, exercícios de exposição interoceptiva às práticas de exposição situacional. Antony et al. (1995) descrevem como realizar esses exercícios. Do mesmo modo que acontece com a exposição situacional, os exercícios de exposição interoceptiva deveriam ser realizados de forma repetida até que deixem de provocar ansiedade. No quadro 1.4 são enumerados alguns exemplos de exercícios utilizados para provocar as sensações temidas.

Quadro 1.4. *Exercícios para provocar sensações de temor durante as práticas de exposição interoceptiva*

1. Mover a cabeça de um lado para o outro durante 30 segundos
2. Prender a respiração pelo maior tempo possível
3. Respirar através de um canudo durante uns minutos
4. Respirar rapidamente durante 60 segundos
5. Dar voltas em uma cadeira giratória durante 90 segundos
6. Tensionar todos os músculos do corpo durante 1 minuto

Fonte: Adaptado de Antony, Craske e Barlow (1995). *Copyright* © 1995 Graywind Publications Incorporated. Reproduzido com autorização. Todos os direitos reservados.

Tensão muscular aplicada – Como foi mencionado anteriormente, a tensão muscular aplicada tem sido aplicada com grande eficácia no tratamento da fobia ao sangue. A tensão aplicada implica em ensinar os pacientes a tensionar os músculos do corpo a fim de elevar a pressão sanguínea e, por conseguinte, evitar que desmaiem durante a exposição às situações que envolvem sangue. Esta técnica foi desenvolvida originalmente por Kozak e Montgomery (1981) e ampliada por Öst e Sterner (1987). Os passos específicos utilizados na tensão aplicada são enumerados no quadro 1.5.

Quadro 1.5. *Como realizar a tensão muscular aplicada para as fobias ao sangue e às injeções que incluem o desmaiar*

1. Sente-se em uma poltrona confortável e tensione os músculos dos braços, do tronco e das pernas. Mantenha a tensão durante 10 ou 15 segundos. Você deve manter a tensão tempo suficiente para sentir uma sensação de calor na cabeça. Solte a tensão e deixe que seu corpo volte à normalidade durante 20 ou 30 segundos. Repita o procedimento cinco vezes. Se quiser demonstrar a si mesmo que a tensão aumenta sua pressão sanguínea, tente medi-la com um esfigmomanômetro antes e depois de tensionar os músculos.
2. Repita o passo anterior cinco vezes por dia (um total de 25 ciclos de tensão por dia) durante uma semana. A prática ajudará a aperfeiçoar a técnica. Se você sentir dores de cabeça, diminua a força da tensão ou a freqüência das práticas.
3. Depois de praticar os exercícios de tensão durante uma semana, comece a utilizar as técnicas de tensão aplicada durante suas práticas de exposição. Leve em conta que, se tiver medo das seringas, será importante manter o "braço a levar a picada" relaxado durante a inserção da agulha. Você pode incorporar isto às suas práticas, tensionando todos os músculos exceto os de um dos braços.
4. Uma vez que possa praticar a exposição com uma ansiedade mínima, deixe de realizar os exercícios de tensão. Depois que o medo tiver diminuído, muitos indivíduos são capazes de estar em situações que impliquem sangue e seringas sem desmaiar. Se continuar sentindo que vai desmaiar, comece outra vez a utilizar os exercícios de tensão aplicada durante exposições.

Fonte: Adaptado de Antony, Craske e Barlow (1995). *Copyright* © 1995 Graywind Publications Incorporated. Reproduzido com autorização. Todos os direitos reservados. Baseado nas técnicas descritas por Öst e Sterner (1987).

Manutenção dos benefícios do tratamento – O sucesso dos tratamentos para a fobia específica baseados na exposição costuma ser duradouro (Öst, 1989). Entretanto, os pacientes devem ser preparados para enfrentar possíveis recaídas. No nosso programa, os pacientes são advertidos sobre vários fatores que poderiam levar a um aumento do medo no futuro. O primeiro destes fatores é o estresse elevado. Os pacientes são avisados de que o estresse da vida (p. ex., perder o emprego, problemas conjugais) poderia aumentar a dificuldade para enfrentar uma situação pela qual se havia sentido medo. Em segundo lugar, uma experiência traumática na situação temida (p. ex., um acidente de automóvel sofrido por um indivíduo que superou uma fobia a dirigir) poderia tornar as próximas exposições mais difíceis. Finalmente, longos períodos sem exposição à situação temida podem levar a uma volta do medo em uma pequena porcentagem de pacientes. Se um indivíduo percebe que o medo está de volta, recomendamos que comece outra vez com a exposição sistemática. Além disso, para evitar um retorno do medo, os pacientes deveriam ser estimulados a realizarem práticas adicionais de exposição quando surja a oportunidade. Por exemplo, os indivíduos que têm medo de cobras deveriam passar algum tempo olhando, e talvez pegando, as cobras que encontrarem em sua casa antes de soltá-las ao exterior. A exposição ocasional à situação temida fará com que uma recaída seja menos provável.

V. CONCLUSÃO E TENDÊNCIAS FUTURAS

As fobias específicas encontram-se entre os transtornos de ansiedade mais freqüentes e tratáveis. Até 90% dos indivíduos com fobias aos animais ou às injeções melhoram muito ou são curadas depois de uma sessão de terapia de exposição. Entretanto, os indivíduos com fobias específicas encontram-se entre os que com menor probabilidade procurarão tratamento para seu transtorno de ansiedade. As possíveis razões para esta tendência a evitar o tratamento podem incluir o grau relativamente pequeno de mal-estar e deterioração funcional experimentado pelas pessoas com fobias específicas e, talvez, um desconhecimento (por parte dos pacientes e dos profissionais da saúde mental) de que existe um tratamento eficaz.

Uma área de pesquisa que acaba de começar é a exploração das diferenças entre tipos específicos de fobias. Até o momento, a maioria dos estudos de tratamento estão concentradas em um número relativamente pequeno de fobias específicas. Embora uma única sessão de tratamento seja muitas vezes suficiente para as fobias aos animais, pouco se sabe sobre a eficácia dos tratamentos de uma única sessão para as fobias pouco freqüentes (p. ex., à altura, a dirigir, às tempestades, claustrofobia). Os estudos a serem realizados em um futuro próximo precisarão levar em conta as diferenças entre fobias com respeito à velocidade da habituação, à importância dos fatores cognitivos (p. ex., as informações errôneas sobre a situação temida), o centro da apreensão (p. ex., sinais situacionais *versus* sinais interoceptivos) e os possíveis papéis de outras respostas negativas diferentes do medo (p. ex., incômodo, surpresa, desmaio, etc.).

REFERÊNCIAS

Agras, S., Sylvester, D. y Oliveau, D. (1969). The epidemiology of common fears and phobias. *Comprehensive Psychiatry, 10,* 151-156.
American Psychiatric Association (1994). *Diagnostic and statistical manual of mental disorders* (4ª edición) *(DSM-IV).* Washington, D.C.: APA.
Antony, M. M. (1994). *Heterogeneity among specific phobia types in DSM-IV.* Tesis doctoral no publicada, University at Albany, State University of New York.

Antony, M. M., Craske, M. G. y Barlow, D. H. (1995). *Mastery of your specific phobia.* Albany, NY: Graywind Publications.

Baker, B. L., Cohen, D. C. y Saunders, J. T. (1973). Self-directed desensitization for acrophobia. *Behaviour Research and Therapy, 11,* 79-89.

Ball, S. G. y Otto, M. W. (1993, noviembre). *Cognitive-behavioral treatment of choking phobia: Three case studies.* Comunicación presentada en la convención anual de la Association for Advancement of Behavior Therapy, Atlanta, Georgia.

Barlow, D. H. (1988). *Anxiety and its disorders: The nature and treatment of anxiety and panic.* Nueva York: Guilford.

Booth, R. y Rachman, S. (1992). The reduction of claustrophobia-I. *Behaviour Research and Therapy, 30,* 207-221.

Bourdon, K. H., Boyd, J. H., Rae, D. S., Burns, B. J., Thompson, J. W. y Locke, B. Z. (1988). Gender differences in phobias: Results of the ECA community study. *Journal of Anxiety Disorders, 2,* 227-241.

Bourque, P. y Ladouceur, R. (1980). An investigation of various performance-based treatments with acrophobics. *Behaviour Research and Therapy, 18,* 161-170.

Carter, M. M., Hollon, S. D., Carson, R. y Shelton, R. C. (1995). Effects of a safe person on induced distress following a biological challenge in panic disorder with agoraphobia. *Journal of Abnormal Psychology, 104,* 156-163.

Craske, M. G. (1989). *The boundary between simple phobia and specific phobia* (Report to the DSM-IV Anxiety Disorders Work-group). Albany, NY: Phobia and Anxiety Disorders Clinic.

Craske, M. G. y Sipsas, A. (1992). Animal phobias versus claustrophobias: Exteroceptive versus interoceptive cues. *Behaviour Research and Therapy, 30,* 569-581.

Curtis, G. C., Hill, E. M. y Lewis, J. A. (1990). *Heterogeneity of DSM-III-R simple phobia and the simple phobia/agoraphobia boundary: Evidence from the ECA study.* (Report to the DSM-IV Anxiety Disorders Work-group.) Ann Arbor, Mi: University of Michigan.

Curtis, G. C., Himle, J. A., Lewis, J. A. y Lee, Y. (1989). *Specific situational phobias: Variant of agoraphobia?* (Report to the DSM-IV Anxiety Disorders Work-group). Ann Arbor, Mi: University of Michigan.

Denholtz, M. S. y Mann, E. T. (1975). An automated audiovisual treatment of phobias administered by non-professionals. *Journal of Behavior Therapy and Experimental Psychiatry, 6,* 111-115.

De Silva, P. y Rachman, S. (1984). Does escape behavior strengthen agoraphobic avoidance? A preliminary study. *Behaviour Research and Therapy, 22,* 87-91.

Eaton, W. W., Dryman, A. y Weissman, M. M. (1991). Panic and phobia. En L. N. Robins y D. A. Regier (dirs.), *Psychiatric disorders in America: The Epidemiological Catchment Area Study.* Nueva York: The Free Press.

Ehlers, A., Hofmann, S. G., Herda, C. A. y Roth, W. T. (en prensa). Clinical characteristics of driving phobia. *Journal of Anxiety Disorders.*

Foa, E. B., Blau, J. S., Prout, M. y Latimer, P. (1977). Is horror a necessary component of flooding (implosion)? *Behaviour Research and Therapy, 15,* 397-402.

Foa, E. B., Jameson, J. S., Turner, R. M. y Payne, L. L. (1980). Massed versus spaced exposure sessions in the treatment of agoraphobia. *Behaviour Research and Therapy, 18,* 333-338.

Foa, E. B. y Kozak, M. S. (1986). Emotional processing of fear: Exposure to corrective information. *Psychological Bulletin, 99,* 20-35.

Gauthier, J. y Marshall, W. L. (1977). The determination of optimal exposure to phobic stimuli in flooding therapy. *Behaviour Research and Therapy, 15,* 403-410.

Gray, J. A. (1985). Issues in the neuropsychology of anxiety. En A. H. Tuma y J. D. Maser (dirs.), *Anxiety and the anxiety disorders*. Hillsdale, NJ: Erlbaum.
Himle, J. A., McPhee, K., Cameron, O. J. y Curtis, G. C. (1989). Simple phobia: Evidence for heterogeneity. *Psychiatry Research, 28*, 25-30.
Holden, A. E. y Barlow, D. H. (1986). Heart rate and heart rate variability recorded in vivo in agoraphobics and nonphobics. *Behavior Therapy, 17*, 26-42.
Howard, W. A., Murphy, S. M. y Clarke, J. C. (1983). The nature and treatment of fear of flying: A controlled investigation. *Behavior Therapy, 14*, 557-567.
Jerremalm, A., Jansson, L. y Öst, L.-G. (1986). Individual response patterns and the effects of different behavioral methods in the treatment of dental phobia. *Behaviour Research and Therapy, 24*, 587-596.
Kessler, R. C., McMonagle, K. A., Zhao, S., Nelson, C. B., Hughes, M., Eshleman, S., Wittchen, H.-U. y Kendler, K. S. (1994). Lifetime and 12-month prevalence of DSM-III-R psychiatric disorders in the United States: Results from the National Comorbidity Study. *Archives of General Psychiatry, 51*, 8-19.
Kozak, M. J. y Montgomery, G. K. (1981). Multimodal behavioral treatment of recurrent injury-scene elicited fainting (vasodepressor syncope). *Behavioural Psychotherapy, 9*, 316-321.
Lader, M. H. y Wing, L. (1966). *Physiological measures, sedative drugs, and morbid anxiety*. Londres: Oxford University.
Lang, P. J. (1985). The cognitive psychophysiology of emotion: fear and anxiety. En A. H. Tuma y J. D. Maser (dirs.), *Anxiety and the anxiety disorders*. Hillsdale, NJ: Erlbaum.
Liddell, A., Ning, L., Blackwood, J. y Ackerman, J. D. (1991, noviembre). Long term follow-up of dental phobics who completed a brief exposure based behavioral treatment program. Comunicación presentada en la convención anual de la Association for Advancement of Behavior Therapy, Nueva York.
Lopatka, C. L. (1989). *The role of unexpected events in avoidance*. Tesis de máster sin publicar, University at Albany, State University of New York.
Marks, I. M. (1987). *Fears, phobias, and rituals*. Nueva York: Oxford University.
Marks, I. M. y Gelder, M. G. (1966). Different ages of onset in varieties of phobia. *American Journal of Psychiatry, 123*, 218-221.
Marshall, W. L. (1988). Behavioral indices of habituation and sensitization during exposure to phobic stimuli. *Behaviour Research and Therapy, 26*, 67-77.
McNally, R. J. (1986). Behavioral treatment of choking phobia. *Journal of Behavior Therapy and Experimental Psychiatry, 17*, 185-188.
Mowrer, O. (1960). *Learning theory and behaviour*. Nueva York: Wiley.
Muris, P., De Jong, P. J., Merckelbach, H. y Van Zuuren, F. (1993). Is exposure therapy outcome affected by a monitoring coping style? *Advances in Behaviour Research and Therapy, 15*, 291-300.
O'Brien, T. P. y Kelley, J. E. (1980). A comparison of self-directed and therapist-directed practice for fear reduction. *Behaviour Research and Therapy, 18*, 573-579.
Öst, L.-G. (1987). Age of onset of different phobias. *Journal of Abnormal Psychology, 96*, 223-229.
Öst, L.-G. (1989). One-session treatment for specific phobias. *Behaviour Research and Therapy, 27*, 1-7.
Öst, L.-G. (1992). Blood and injection phobia: Background and cognitive, physiological, and behavioral variables. *Journal of Abnormal Psychology, 101*, 68-74.
Öst, L.-G., Fellenius, J. y Sterner, U. (1991). Applied tension, exposure in vivo, and tension-only in the treatment of blood phobia. *Behaviour Research and Therapy, 29*, 561-574.

Öst, L.-G., Johansson, J. y Jerremalm, A. (1982). Individual response patterns and the effects of different behavioral methods in the treatment of claustrophobia. *Behaviour Research and Therapy, 20,* 445-460.

Öst, L.-G., Lindahl, I.-L., Sterner, U. y Jerremalm, A. (1984). Exposure in vivo vs. applied relaxation in the treatment of blood phobia. *Behaviour Research and Therapy, 22,* 205-216.

Öst, L.-G., Salkovskis, P. M. y Hellström, K. (1991). One-session therapist directed exposure vs. self-exposure in the treatment of spider phobia. *Behavior Therapy, 22,* 407-422.

Öst, L.-G. y Sterner, U. (1987). Applied tension: A specific behavioral method for treatment of blood phobia. *Behaviour Research and Therapy, 25,* 25-29.

Öst, L.-G., Sterner, U. y Fellenius, J. (1989). Applied tension, applied relaxation, and the combination in the treatment of blood phobia. *Behaviour Research and Therapy, 27,* 109-121.

Rachman, S. J. (1980). Emotional processing. *Behaviour Research and Therapy, 18,* 51-60.

Rachman, S. J., Craske, M. G., Tallman, K. y Solyom, C. (1986). Does escape behavior strengthen agoraphobic avoidance? A replication. *Behavior Therapy, 17,* 366-384.

Rescorla, R. A. (1988). Pavlovian conditioning: It's not what you think it is. *American Psychologist, 43,* 151-160.

Rodríguez, B. I. y Craske, M. G. (1993a). The effects of distraction during exposure to phobic stimuli. *Behaviour Research and Therapy, 31,* 549-558.

Rodríguez, B. I. y Craske, M. G. (1993b, noviembre). *Distraction during high and low intensity in vivo exposure.* Comunicación presentada en la convención anual de la Association for Advancement of Behavior Therapy, Atlanta, Georgia.

Sanderson, W. C., Rapee, R. M. y Barlow, D. H. (1989). The influence of perceived control on panic attacks induced via inhalation of 5.5% CO_2-enriched air. *Archives of General Psychiatry, 46,* 157-162.

Solyom, L., Shugar, R., Bryntwick, S. y Solyom, C. (1973). Treatment of fear of flying. *American Journal of Psychiatry, 130,* 423-427.

LEITURAS PARA APROFUNDAMENTO

Antony, M. M., Craske, M. G. y Barlow, D. H. (1995). *Mastery of your specific phobia.* Albany, NY: Graywind Publications.

Hagopian, L. P. y Ollendick, T. H. (1993). Simple phobia in children. En R. T. Ammerman y M. Hersen (dirs.), *Handbood of behavior therapy with children and adults.* Boston, Ma: Allyn and Bacon.

Rachman, S. (1990). The determinants and treatment of simple phobias. *Advances in Behaviour Research and Therapy, 12,* 1-30.

Stanley, M. A. y Beidel, D. C. (1993). Simple phobia in adults. En R. T. Ammerman y M. Hersen (dirs.), *Handbood of behavior therapy with children and adults.* Boston, Ma: Allyn and Bacon.

Taylor, C. B. y Arnow, B. (1988). *The nature and treatment of anxiety disorders.* Nueva York: The Free Press.

Thyer, B. A., Baum, M. y Reid, L. D. (1988). Exposure techniques in the reduction of fear: A comparative review of the procedure in animals and humans. *Advances in Behaviour Research and Therapy, 10,* 105-127.

FOBIA SOCIAL

Capítulo 2

VICENTE E. CABALLO*, VERANIA ANDRÉS** E
FRANCISCO BAS**

I. INTRODUÇÃO

Até há poucos anos, dizia-se que a fobia social era o transtorno de ansiedade mais esquecido (Liebowitz et al., 1985) e durante muitos anos foi o menos compreendido e pesquisado dos transtornos (Herbert, Bellack e Hope, 1991; Judd, 1994; Turner et al., 1989). A fobia social não foi reconhecida oficialmente como entidade diagnóstica até a publicação do DSM-III em 1980 (APA, 1980), embora já houvesse sido descrita clinicamente (p. ex., Marks, 1969; Shaw, 1976). Entretanto, este panorama mudou notavelmente nos últimos anos, produzindo-se um espetacular aumento do interesse e da pesquisa sobre a fobia social e seu tratamento (ver p. ex. Salaberría et al., 1996). A Associação Mundial de Psiquiatria inclusive criou um grupo de trabalho para o estudo da fobia social que recentemente expôs algumas de suas conclusões (Montgomery, 1996).

Entretanto, embora seja verdade que a pesquisa sistemática sobre a fobia social, tal como foi diagnosticada pelos sistemas de classificação da Associação Psiquiátrica Americana (APA, 1980, 1987, 1994) e da Organização Mundial da Saúde (OMS, 1992), começou a ter relevância desde o final dos anos oitenta, não é menos verdade que a pesquisa sobre ansiedade social e seu tratamento foi significativa, especialmente nos Estados Unidos, durante os anos setenta e oitenta. Grande parte da pesquisa nas áreas conhecidas então como "assertividade" e "habilidades sociais" é válida para o estudo da fobia social, sua avaliação e seu tratamento (ver Caballo, 1993). É provável que grande parte dos sujeitos tratados nesses anos em programas de "tratamento assertivo" e/ou "treinamento em habilidades sociais" recebesse, atualmente, um diagnóstico de fobia social. O *zeitgeist* atual defende um diagnóstico dos distintos transtornos psicológicos e, a partir daí, a busca de tratamentos específicos para cada um deles, principalmente de tipo cognitivo-comportamental e/ou farmacológico. Embora quase não se fale dos anos setenta quando se aborda o estudo da fobia social, as pesquisas realizadas nessa época se refletem atualmente e de forma destacada na avaliação e nos tratamentos psicossociais de tal transtorno.

Já foram mencionados uma série de motivos pelos quais se demorou tanto tempo em reconhecer a fobia social como um importante problema de saúde, motivos tais como uma informação inadequada sobre a falta de tratamento para a fobia social, a resistência a interagir com estranhos (e por conseguinte com um terapeuta) inerente a

---

*Universidade de Granada, Espanha e **Centro de Psicologia Bertrand Russel, Madrid (Espanha).

este transtorno, a freqüente comorbidade com outros transtornos (que faz com que se considere a fobia social como uma condição secundária), a pouca atenção prestada pela classe médica até há poucos anos a este problema ou as estratégicas de enfrentamento dos sujeitos com fobia social que muitas vezes adaptam seu estilo de vida a seu transtorno (Montgomery, 1995).

Outro motivo apontado foi a natureza universal de muitas das experiências de ansiedade social (Hazen e Stein, 1995a; Uhde, 1995). Quem não sentiu ansiedade ao ter que falar em público, ao entabular uma conversa com uma pessoa atraente do sexo oposto a qual não conhece ou ao dirigir-se a um superior para pedir alguma coisa? Um aspecto comum a estas situações que explica, pelo menos em parte, a ansiedade que sentimos nelas é o temor à avaliação negativa por parte dos demais. E este temor é uma característica básica dos sujeitos com fobia social quando se encontram nas situações que temem. Chegou-se inclusive a dizer que o termo "fobia social" talvez não seja apropriado para descrever a síndrome clínica assim definida (Stein, 1995). Este autor indica que o termo implica que o indivíduo teme as situações sociais, quando o que realmente teme é ser avaliado *negativamente* pelos demais; e levando em conta a universalidade deste temor, pergunta se não seria possível que os seres humanos tivessem sido preparados pela evolução para temer o escrutínio e a avaliação dos demais (Rosenbaum et al., 1994).

Embora sentir ansiedade em determinadas situações sociais seja algo relativamente freqüente entre as pessoas, tal ansiedade não costuma atingir uma intensidade tão alta a ponto de interferir na capacidade de alguém para funcionar adequadamente nessas situações. Então, a questão não é tanto se a pessoa tem ansiedade social, mas sim quanta ansiedade experimenta, quanto dura o episódio de ansiedade, com que freqüência volta a ocorrer essa ansiedade, que grau de comportamento de evitação desadaptativa provoca essa ansiedade e como a ansiedade é avaliada pelo indivíduo que dela padece (Falcone, 1995; Walen, 1985).

II. DEFINIÇÃO E CARACTERÍSTICAS EPIDEMIOLÓGICAS E CLÍNICAS

A *fobia social* é definida no *DSM-IV* (APA, 1994) como um "temor pronunciado e persistente diante de uma ou mais situações sociais ou de atuação em público nas quais a pessoa se vê exposta a desconhecidos ou ao possível escrutínio por parte dos demais. O sujeito teme agir de alguma maneira (ou mostrar sintomas de ansiedade) que possa ser humilhante ou embaraçosa" (APA, 1994, p. 416). O sujeito tem que *fazer* algo enquanto *sabe* que os demais estarão observando-o e, em certa medida, *avaliando* seu comportamento. A característica distintiva dos sujeitos com fobia social é o temor ao exame minucioso por parte dos demais (Heimberg, Dodge e Becker, 1987; Taylor e Arnow, 1988). Geralmente, os sujeitos com fobia social temem que esse escrutínio seja embaraçoso, humilhante, faça com que pareçam bobos ou sejam avaliados negativamente. Isto é claramente fobia "social", porque tais sujeitos não têm dificuldades quando realizam as mesmas tarefas em particular. "O comportamento se deteriora somente quando os outros estão observando-o" (Barlow, 1988, p. 535).

O *DSM-IV* (APA, 1994) indica também, dentro dos critérios diagnósticos para a fobia social, que a exposição à situação social temida provoca ansiedade de modo quase invariável no indivíduo com fobia social e que este reconhece que seu temor é excessivo ou pouco razoável. As situações sociais ou de atuação em público são evitadas ou suportadas com uma ansiedade intensa, os sintomas do transtorno interferem de maneira considerável no funcionamento do indivíduo em uma ou mais áreas e/ou se dá um notável mal-estar pelo fato de sofrer da fobia.

As situações sociais mais freqüentemente temidas pelos sujeitos com fobia social compreendem (Hazen e Stein, 1995a; Hope, 1993; Schneier et al., 1991; Turner et al., 1992a):

- Iniciar e/ou manter conversações
- Ficar (marcar um encontro) com alguém
- Ir a uma festa
- Comportar-se assertivamente (p. ex., expressar desacordo ou rejeitar um pedido)
- Telefonar (especialmente para pessoas que não conhece muito bem)
- Falar com pessoas com autoridade
- Devolver um produto à loja onde o comprou
- Fazer contato ocular com pessoas que não conhece
- Fazer e receber elogios
- Participar de reuniões, congressos
- Falar em público (p. ex., diante de grupos grandes ou pequenos)
- Atuar diante de outras pessoas
- Ser o centro das atenções (p. ex., entrar em uma sala quando as pessoas já estão sentadas)
- Comer/beber em público
- Escrever/trabalhar enquanto está sendo observado
- Utilizar banheiros públicos

Os sujeitos com fobia social tentarão evitar estas situações, mas às vezes não terão outra escolha senão suportá-las, embora com uma notável ansiedade. Os sintomas somáticos mais freqüentes da resposta de temor nestes sujeitos são (Amies, Gelder e Shaw, 1983): palpitações (79%), tremores (75%), sudorese (74%), tensão muscular (64%), sensação de vazio no estômago (63%), boca seca (61%), sentir frio/calor (57%), ruborizar-se (51%) e tensão/dores de cabeça (46%).

O sintoma comportamental mais habitual da fobia social é a evitação das situações temidas. Por definição, os sujeitos com fobia social temem ou evitam situações nas quais é possível a observação por parte dos demais (Caballo, 1995; Echeburúa, 1993). Os fatores cognitivos que podem estar envolvidos na manutenção ou agravamento da fobia social são relativamente numerosos. Entre eles encontram-se a supervalorização dos aspectos negativos do seu comportamento, a excessiva consciência de si mesmo, o temor à avaliação negativa, padrões excessivamente elevados para a avaliação da sua atuação, a percepção da falta de controle sobre seu próprio comportamento, etc. (Caballo, 1995).

Embora o *DSM-IV* (APA, 1994) reconheça apenas a fobia social (discreta) e a fobia social generalizada, foram propostos outros subtipos de fobia social. Assim, por exemplo, Heimberg (1995) propõe a existência de uma *fobia social discreta* ou circunscrita, que se dá quando o indivíduo só teme uma ou duas situações, uma *fobia social não generalizada*, quando são temidas várias situações sociais e *fobia social generalizada*, que é diagnosticada quando o sujeito teme a maioria das situações sociais. Foi sugerido que o *transtorno da personalidade por evitação* seria um problema psicopatológico mais pronunciado que a fobia social (p. ex., Marks, 1985; Turner et al., 1986) e inclusive em muitos casos se daria uma comorbidade da fobia social generalizada somada ao transtorno da personalidade por evitação (as porcentagens encontradas variam de 25 a 89%), que seria a condição mais grave. Nós duvidamos que com base em critérios diagnósticos do *DSM-IV* se possa distinguir entre fobia social generalizada e transtorno da personalidade por evitação (ver Caballo, 1995); por esse motivo, até que sejam refinados os critérios diagnósticos para ambos os transtornos, não consideramos apropriado, nem útil, nem cientificamente correto considerá-los como sendo transtornos diferentes.

O Comitê para a fobia social do *DSM-IV* considerou a possibilidade de adotar um sistema de classificação de três subtipos de fobia social: 1) *tipo atuação*, 2) *tipo interação limitada* e 3) *tipo generalizado*, embora finalmente tenha sido decidido incluir somente este último (Hazen e Stein, 1995b). Alguns autores propuseram a inclusão de *medo de falar em público* como um subtipo específico da fobia social (Stein, Walker e Forde, 1994), devido fundamentalmente à predominância deste tipo de ansiedade social sobre as demais.

Embora seja difícil estabelecer a idade média do surgimento da fobia social devido à nossa excessiva dependência dos relatórios retrospectivos, parece claro que é um transtorno que começa em uma idade precoce. Aparentemente um período crítico para o início do transtorno é a adolescência (APA, 1994; Kendler et al., 1992; Schwalberg et al., 1992; Turner, Beidel e Townsley, 1992a), especialmente os primeiros anos (Schneier et al., 1992); entretanto, também é preciso prestar muita atenção à etapa infantil, já que este último autor encontrou uma porcentagem de 33% de sujeitos que iniciaram o transtorno entre os 0-10 anos. Uma vez desenvolvido, o transtorno costuma ser crônico e durar toda a vida (ver Caballo, 1995).

A predominância da fobia social varia consideravelmente segundo os diferentes estudos, embora atualmente exista a tendência a considerá-la como um dos transtornos "mentais" mais freqüentes, com porcentagens que variam de 3 a 13% (APA, 1994), embora essas porcentagens possam ser superiores, como 14,4% (na França) encontrado por Weiller et al. (1996) ou inferiores, como 2,6% (nos Estados Unidos), 1% (em Porto Rico) e 0,5% (na Coréia) encontrado por Weissman et al. (1996), dependendo da cultura na qual se realiza o estudo e dos autores do mesmo. A distribuição por sexos é basicamente igual em amostras clínicas (ver Caballo, 1995) enquanto na população em geral a porcentagem de mulheres parece ser superior à de homens, constituindo de 59 a 72% das pessoas com fobia social (Davidson et al., 1993; Kessler et al., 1994; Myers et al.,

1984). Uma possível explicação para esta discrepância dos dados entre amostras clínicas e não clínicas estaria nas diferentes estratégias adotadas por homens e mulheres para enfrentar seu problema, sendo mais provável que os homens utilizem o álcool, ou as drogas em geral, como método de enfrentamento.

É freqüente a comorbidade da fobia social com outros transtornos do Eixo I, especialmente com problemas de ansiedade como a fobia específica, a agorafobia, o transtorno obsessivo-compulsivo ou o transtorno de ansiedade generalizada (Davidson et al., 1993; Sanderson et al., 1987). Às vezes, também é acompanhada por problemas com o álcool ou outras drogas, que costumam servir aos sujeitos com fobia social como método de enfrentamento (inadequado) da mesma. Entre os transtornos da personalidade que acompanham com mais freqüência a fobia social estão os transtornos obsessivo-compulsivos, por dependência e histriônico da personalidade (Jansen et al., 1994; Turner et al., 1992a), sem levar em conta o transtorno da personalidade por evitação, devido à impossibilidade de distingui-lo da fobia social generalizada.

Embora não exista muita informação sobre as limitações do funcionamento devidas à fobia social, foi indicado que esta pode ter um impacto muito significativo sobre o estilo de vida do sujeito (Montgomery, 1995). Assim, observa-se que é mais provável que as pessoas com fobia social, quando comparadas com sujeitos-controle (Davidson et al., 1993; Schneier et al., 1992): a) sejam solteiras; b) tenham menor *status* socioeconômico; c) tenham menos estudo; d) sejam dependentes economicamente; e) tenham menor poder aquisitivo; f) sofram de outros transtornos psicológicos; g) pensem em suicídio; h) suicidem-se; i) mudem de emprego com mais freqüência; j) não funcionem bem no trabalho; l) estejam socialmente isoladas e m) tenham apoio social deficiente.

III. FUNDAMENTOS TEÓRICOS DO TRATAMENTO DA FOBIA SOCIAL

A fobia social pode ser eficazmente tratada hoje em dia por meio de intervenções cognitivo-comportamentais. Embora ainda restem muitos problemas a serem resolvidos, podemos afirmar que a posição cognitivo-comportamental propõe tratamentos empiricamente validados para a fobia social. A seguir, apresentamos algumas das bases teóricas sobre as quais se apóia a aplicação de diferentes técnicas de tratamento para a fobia social.

III.1. *Condicionamento clássico, operante e por observação*

Embora a causa exata das fobias não seja conhecida, são consideradas normalmente como temores aprendidos, adquiridos por meio do condicionamento direto, do condicionamento por observação (quando o temor é aprendido ao observar o temor dos demais) ou pela transmissão de informações e/ou instruções (Caballo, Aparicio e Catena, 1995).

Entretanto, não é freqüente que um sujeito com fobia social descreva um único acontecimento traumático como início da fobia. O medo vai aumentando gradualmente como resultado de repetidas experiências que provocam temor ou por meio da aprendizagem social. Às vezes, isto ocorre em um momento de estresse ou de elevada ativação, quando as respostas de temor são aprendidas facilmente.

Uma interpretação ampla da teoria dos fatores de Mowrer serve para explicar a aquisição e manutenção das reações fóbicas. Os sintomas da fobia social constituem uma resposta condicionada adquirida por meio da associação entre o objeto fóbico (o estímulo condicionado) e uma experiência aversiva. Uma vez que se tenha adquirido a fobia, a evitação da situação fóbica impede ou reduz a ansiedade condicionada, reforçando conseqüentemente o comportamento evitativo. Esta evitação mantém a ansiedade, já que torna difícil aprender que o objeto ou a situação temidos não são de fato perigosos ou não tão perigosos quanto o paciente pensa ou antecipa. Os pensamentos podem servir também para manter o temor, pensamentos sobre sintomas somáticos, sobre as possíveis conseqüências negativas da atuação, etc.

Öst e Hugdahl (1981) constataram que 58% dos sujeitos com fobia social adquiriram suas fobias em conseqüência de uma experiência direta. Turner et al. (1992b) informam que, ao entrevistar uma amostra de 71 pacientes com fobia social, 50% aproximadamente relatava o que parecia ser uma experiência de condicionamento. Estes últimos autores também indicam que uma grande porcentagem de pacientes relatavam uma "timidez" pré-mórbida e seguem dizendo que é provável que para muitos indivíduos existam outros fatores que sejam importantes, além da experiência de condicionamento, incluindo variáveis tanto biológicas quanto não biológicas.

Outra forma de adquirir os temores sociais é o condicionamento por observação ou vicário. Segundo este paradigma, observar os demais experimentarem ansiedade em situações sociais pode levar o observador a temer essas situações. Bruch et al. (1988) afirmam que os pais dos sujeitos com fobia social evitavam as situações sociais, mas Öst e Hugdahl (1981) constatam que, em apenas 12% dos sujeitos com fobia social, o condicionamento por observação era responsável pelo desenvolvimento da fobia. Não obstante, é preciso salientar que uma relação entre os temores dos pais e dos filhos pode ser também o resultado de processos diferentes do condicionamento por observação, como, por exemplo, processos de informação, influências genéticas ou experiências traumáticas similares.

III.2. Consciência pública de si mesmo

Alguns autores (p. ex., Buss, 1980) sugerem que as pessoas com ansiedade social podem ter uma alta pontuação na dimensão "consciência pública de si mesmo". Esta é definida como perceber a si mesmo como objeto social (Heimberg et al., 1987). A consciência pública de si mesmo sugere que os estímulos relativos à avaliação social podem ser mais destacados e que o indivíduo pode reagir em maior grau ante os resultados dos acontecimentos sociais.

III.3. Apresentação de si mesmo

A ansiedade social é definida aqui como a ansiedade resultante da perspectiva ou da presença de avaliação pessoal em situações sociais imaginadas ou reais. Schlenker e Leary (1982) afirmam que tal ansiedade ocorre quando uma pessoa está motivada a criar determinada impressão nos outros, mas *duvida* da sua própria capacidade de ter sucesso em criar essa impressão, tendo expectativas de reações (relativas a essa impressão) pouco satisfatórias por parte dos demais. Segundo este enfoque, as pessoas experimentam ansiedade social quando estão presentes duas condições necessárias e suficientes. Primeiro, a pessoa tem que estar motivada para (ou ter o objetivo de) causar uma impressão determinada nos demais. A segunda condição necessária para produzir ansiedade é que o indivíduo acredite que não será capaz de transmitir as impressões que deseja transmitir e, portanto, não será visto do modo que deseja.

III.4. A vulnerabilidade

Beck e Emery (1985) apresentaram um modelo de ansiedade no qual o conceito de *esquema cognitivo* desempenha um papel fundamental. Os esquemas são estruturas cognitivas que se utilizam para rotular, classificar, interpretar, avaliar e atribuir significados a objetos e acontecimentos. Ajudam o indivíduo a orientar-se em relação à situação, a recordar seletivamente dados relevantes e prestar atenção apenas aos seus aspectos mais importantes. Nos transtornos de ansiedade, o indivíduo pode ser descrito como funcionando no *modo de vulnerabilidade*. A vulnerabilidade é definida por Beck e Emery como "a percepção que uma pessoa tem de si mesma, vendo-se sujeita a perigos internos e externos sobre os quais carece de controle ou este é insuficiente para permitir uma sensação de segurança" (p. 67). Quando o modo de vulnerabilidade está ativo, a informação que chega é processada em termos de fraqueza em vez de força, e a pessoa encontra-se mais influenciada por acontecimentos passados que enfatizam suas falhas que por fatores que poderiam prever o êxito. A sensação de vulnerabilidade no indivíduo se mantém ao excluir ou distorcer dados contraditórios por meio dos esquemas cognitivos predominantes: minimização das vantagens pessoais, magnificação das próprias fraquezas, atenção seletiva às fraquezas, descartar o valor dos êxitos passados, etc.

O sujeito com fobia social está hipervigilante ante a ameaça social, avaliando constantemente a gravidade de uma ameaça em potencial e sua capacidade de enfrentá-la. As distorções cognitivas fazem com que chegue a uma estimativa pouco razoável da ameaça ou dos recursos de enfrentamento.

Beck e Emery (1985) afirmam que o indivíduo socialmente ansioso teme conseqüências sociais que, em grande medida, parecem plausíveis e podem realmente suceder. A pessoa que espera sentir-se incômoda em um primeiro encontro, em uma entrevista para um emprego ou que teme ter dificuldades para encontrar algo que dizer quando tenta falar com uma pessoa que acha atraente estará certa, de vez em quando. Entretanto, o sujeito com fobia social é único entre as vítimas dos transtornos de ansiedade, porque o temor destas conseqüências pode servir para que se produzam realmente. Segundo Beck e Emery (1985) a inibição automática da fala, do pensamento e da lembrança são respostas "primárias" ante a ansiedade, podendo distrair a pessoa da tarefa social, proporcionando evidências adicionais para a avaliação negativa e mantendo a primazia do modo de vulnerabilidade.

IV. UM MODELO PARA A AQUISIÇÃO DA FOBIA/ANSIEDADE SOCIAL

A aquisição da fobia social pode ocorrer por diferentes vias (contato direto com a situação de temor, aprendizagem por observação, informação), mas outros fatores também influenciam de modo significativo. Assim, por exemplo, pode existir uma vulnerabilidade biológica, denominada *inibição comportamental* (Kagan, Snidman e Arcus, 1993) ou *expressividade emocional espontânea* (Buck, 1991), ou qualquer outro nome que estabeleça a base para uma possível ansiedade/fobia social. Além deste início biológico, as primeiras experiências de aprendizagem são cruciais para favorecer e reforçar a predisposição biológica ou para reduzi-la e desestimulá-la. Depois de certo tempo, o sujeito já possui um primeiro repertório de comportamentos e cognições relativos às situações e interações sociais. Esse primeiro repertório pode ser adequado e adaptativo ou inadequado e desadaptativo. Tal repertório vai sendo modificado por meio das interações interpessoais que o indivíduo experimenta diariamente, aprendendo por contato direto, por observação ou pelas informações que chegam até ele. Essa interação entre o repertório comportamental/cognitivo do sujeito e as interações sociais vai definindo um repertório adequado ou inadequado. No primeiro caso, as situações sociais não serão vistas como perigosas e o sujeito pensará que possui as habilidades suficientes para enfrentar as situações que vai encontrando, o que, por sua vez, fortalecerá e melhorará o repertório do sujeito. No segundo caso, o repertório inadequado fará com que as situações sociais sejam vistas como perigosas e que o sujeito pense que não é capaz de enfrentar eficazmente as situações com as quais se depara, produzindo problemas de interação que, por sua vez, mantêm ou deterioram ainda mais esse repertório inadequado.

Na figura 2.1 podemos encontrar uma representação gráfica do modelo que acabamos de descrever para a aquisição da ansiedade/fobia social.

V. RESULTADOS EMPÍRICOS DA EFICÁCIA DOS TRATAMENTOS COGNITIVO-COMPORTAMENTAIS PARA A FOBIA SOCIAL

Desde o começo dos anos oitenta tem-se prestado cada vez mais atenção à eficácia dos tratamentos cognitivo-comportamentais para os diferentes transtornos psicológicos. No caso dos transtornos de ansiedade, existem estudos com grupo-controle que demonstraram a eficácia dos novos tratamentos cognitivo-comportamentais comparan-

Fobia social

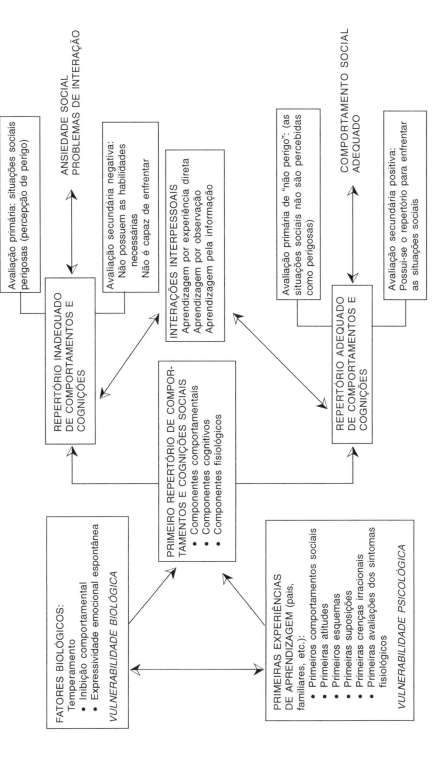

Fig. 2.1. Um modelo de aquisição da fobia/ansiedade social e outros problemas de interação.

do-os à falta de tratamento, com um "placebo" psicossocial convincente ou inclusive com outras intervenções psicoterapêuticas alternativas. Atualmente existem tratamentos bem estabelecidos para quase todos os transtornos anteriores. Embora tais tratamentos difiram dependendo do transtorno concreto, a maioria contém procedimentos baseados na exposição, algum tipo de terapia cognitiva ou de atenção a fatores cognitivos e emocionais que se encontram inclusive fora da consciência do paciente, e estratégias de enfrentamento ou de solução de problemas, além de fatores não específicos (Barlow e Lehman, 1996). Estes autores afirmam que existe também a tendência desses tratamentos prestarem mais atenção ao sistema interpessoal do paciente e a incorporar tais enfoques aos formatos de grupo.

Tradicionalmente o tratamento cognitivo-comportamental da fobia social é dividido em quatro tipos de procedimentos: 1) estratégias de relaxamento, 2) treinamento em habilidades sociais, 3) exposição e 4) reestruturação cognitiva (Heimberg e Juster, 1995; Schneier et al., 1995), embora freqüentemente o pacote de intervenção inclua vários desses procedimentos. O *treinamento em habilidades sociais* é um grupo de técnicas que tenta ensinar comportamentos interpessoais apropriados a fim de melhorar a competência interpessoal dos indivíduos em tipos específicos de situações sociais. Sua aplicação ao tratamento da fobia social é baseada na idéia de que as pessoas com fobia social carecem das habilidades sociais adequadas, tanto verbais quanto não-verbais (Schneier et al., 1995). Supõe-se que as reações de ansiedade sejam secundárias a estes déficits e que, portanto, a melhora das habilidades sociais produzirá uma redução da ansiedade. A aplicação das estratégias de *relaxamento* à fobia social baseia-se na noção de que estas técnicas proporcionarão ao paciente meios para enfrentar a ansiedade. A *exposição* às situações temidas da vida real foi aceita há muito tempo como um componente básico para a redução eficaz do medo (Mattick, Page e Lampe, 1995; Schneier et al., 1995) e seu objetivo é extinguir a resposta condicionada de temor (RC) ante os estímulos (ou situações sociais) condicionados (EC) ao expor repetidamente os sujeitos a estas situações condicionadas sem que ocorra um estímulo aversivo incondicionado (EI) (ver Caballo, Aparicio e Catena, 1995). Finalmente, considera-se que os fatores cognitivos são mais importantes no desenvolvimento da fobia social do que no caso de outros transtornos de ansiedade (Butler, 1985). O temor ao escrutínio ou à avaliação negativa por parte dos demais, que é uma característica básica da fobia social, constitui um problema na percepção do comportamento e dos motivos dos outros. Portanto, as intervenções que abordem as percepções e os pensamentos distorcidos podem ser especialmente importantes para o tratamento da fobia social.

Heimberg e Juster (1995) e Mattick et al. (1995) revisaram a eficácia dos procedimentos cognitivo-comportamentais para o tratamento da fobia social. Das suas revisões depreende-se que o procedimento mais freqüentemente utilizado era a *exposição*, seguida do *treinamento em habilidades sociais* e algum tipo de *reestruturação cognitiva* (terapia racional-emotiva, terapia cognitiva de Beck, treinamento em auto-instruções). Também foram utilizados em várias pesquisas, embora de forma muito menos freqüente, a *dessensibilização sistemática* e algum tipo de *relaxamento*. Analisadas em conjunto, a maioria das técnicas cognitivo-comportamentais empregadas no tratamento da fobia/ansiedade social parecem produzir resultados eficazes, pelo menos até certo ponto, fazendo com que possamos considerar seriamente a disponibilidade de procedimentos cognitivo-comportamentais apropriados para o transtorno do qual falamos, acumulando-se cada vez mais provas a seu favor (p. ex., Hope, Heimberg e Bruch, 1995; Turner, Beidel e Cooley-Quille, 1995). Entretanto, consideramos que são necessários mais estudos para esclarecer as dificuldades e preencher as lacunas que ainda existem neste campo.

Em primeiro lugar, muitos dos trabalhos examinados pelos autores não incluíam nenhum grupo controle, comparando unicamente diferentes procedimentos de tratamento entre si, o que pode pôr em dúvida parte da possível eficácia que possam ter. Em segundo lugar, uma grande quantidade de trabalhos incluía como únicas medidas dos resultados dos tratamentos, as medidas auto-informadas por parte do paciente (Mattick et al., 1995). Seria preciso considerar se as mudanças nas medidas auto-informadas e inclusive nas medidas comportamentais empregadas em alguns estudos referem-se a mudanças clinicamente significativas (Kazdin, 1977). Não parece que tenhamos avançado muito a este respeito, embora estejam sendo feitos grandes esforços nos últimos anos para encontrar medidas padronizadas para avaliar o estado final do funcionamento do sujeito tratado de fobia social (p. ex., Turner et al., 1993; Turner, Beidel e Wolf, 1994a). Estudos que avaliam as mudanças produzidas na "vida real" do paciente, devidas ao tratamento (p. ex., Cape e Alden, 1986), podem dar mais esclarecimentos sobre a verdadeira eficácia do tratamento que o fato de confiar unicamente em medidas auto-informadas preenchidas pelo próprio sujeito. Finalmente, seria necessário tentar descobrir as razões pelas quais um mesmo procedimento funciona bem em alguns casos e em outros não. O que é que muda de um estudo para o outro? A experiência dos terapeutas, variáveis do(s) paciente(s) não controladas, simpatia do(s) pesquisador(es) por um ou outro procedimento, o tipo de fobia (circunscrita *versus* generalizada), o número de sessões dedicadas ao procedimento em questão poderiam ser algumas das razões que estariam mescladas para explicar esses resultados contraditórios. Embora nos encontremos em um bom caminho, os próximos anos serão críticos para determinar quais são os procedimentos mais simples, com resultados mais eficazes, para que tipo de pessoa e com que tipo de fobia social.

VI. A AVALIAÇÃO

A avaliação da fobia social, do mesmo modo que as outras fobias, deveria ser estruturada para considerar de forma sistemática os sintomas fisiológicos, comportamentais e subjetivos e as reações a estes. A gravidade da fobia pode ser estimada se conhecermos o grau em que interfere na vida diária, incluindo a capacidade para trabalhar e ter relações normais. Pode ser útil perguntar ao paciente (Butler, 1989a): "O que a fobia o impede de fazer?" e "se você já não tivesse esse problema, que diferenças se produziriam na sua vida?" (p. 103).

Não é necessário uma história detalhada sobre a origem de uma fobia. É mais importante identificar os fatores que a mantêm, porque podem interferir no progresso. Geralmente, o fator que a mantém é a evitação. Os fatores cognitivos também costumam desempenhar um papel importante.

A seguir, enumeramos algumas das técnicas de avaliação mais utilizadas para o transtorno da fobia social.

VI.1. Entrevistas semi-estruturadas

A *entrevista estruturada para os* transtornos de ansiedade (*Anxiety disorders interview schedule, ADIS,* DiNardo et al., 1985) tem sido o formato de entrevista mais utilizado para os transtornos de ansiedade em geral. A versão atual da *ADIS* segue os critérios propostos pelo *DSM-IV* (APA, 1994). Tem sido empregada também com freqüência a *entrevista clínica estruturada para o DSM-III-R* (*Structured clinical interview for DSM-III-R,* SCID, Spitzer et al., 1992), já tendo surgido a versão para o *DSM-IV* (First et al., 1995). Contudo, este último formato de entrevista explora todos os transtornos do Eixo I, sendo muito menos específico para os transtornos de ansiedade, incluindo a fobia social. Finalmente, a *entrevista dirigida para habilidades sociais* (Caballo, 1993) é também muito útil para fazer uma amostra das relações sociais do paciente, incluindo a avaliação do comportamento específico (por meio de componentes moleculares) durante a interação com o entrevistador. Esta entrevista serve para coletar informações detalhadas sobre as situações, atividades e pessoas que o paciente evita e para saber como o paciente interpreta as situações que lhe causam ansiedade.

VI.2. Instrumentos auto-informatórios

Nas pesquisas sobre fobia social são empregados instrumentos auto-informatórios que poderiam ser divididos em quatro categorias (Glass e Arnkoff, 1989), como instrumentos para medir: *1)* Temor e ansiedade; *2)* Ansiedade social; *3)* Timidez e *4)* Habilidades sociais (ver Caballo, 1995, para uma lista destes instrumentos). Os mais específicos para a fobia social são os seguintes:

Escala de ansiedade social de Liebowitz (*Liebowitz social anxiety scale, LSAS*) (Liebowitz, 1987) – constam 24 itens que avaliam a ansiedade relativa à interação social e à atuação em público, assim como a evitação de tais situações.

Escala de fobia social (*Social phobia scale, SPS*) e *escala de ansiedade ante a interação social* (*Social interaction anxiety scale, SIAS*) Mattick e Clarke (1988). Ambas são compostas por 20 itens cada uma. A *SPS* avalia os temores de ser observado durante atividades diárias enquanto a *SIAS* avalia temores mais gerais sobre a interação social.

Inventário de ansiedade e fobia social (*Social phobia and anxiety inventory*, *SPAI*; Turner et al., 1989) – esta escala é composta por duas subescalas, uma dedicada à fobia social (32 itens) e outra à agorafobia (13 itens). Alguns dados sobre as propriedades psicométricas de escala com amostras espanholas podem ser encontrados em Caballo e Álvarez-Castro (1995).

Escala de ansiedade e evitação *social* (*Social avoidance and distress scale*, *SAD*) e *medo da avaliação negativa* (*Fear of negative evaluation*, *FNE*) Watson e Friend (1969) – estas duas escalas são talvez as mais utilizadas no campo da ansiedade social. A *SAD* é composta por 28 itens referentes à ansiedade e evitação associadas a interações sociais enquanto a *FNE* é composta por 30 itens e avalia as próprias expectativas de ser avaliado negativamente pelos outros. Dados com amostras espanholas nestas escalas podem ser encontrados em Caballo (1993).

VI.3. *O auto-registro*

O auto-registro é um método muito prático e eficaz para avaliar o comportamento social de um indivíduo no seu ambiente natural, fora da clínica ou no laboratório (McNeil, Ries e Turk, 1995). O auto-registro é um componente habitual de uma grande quantidade de programas cognitivo-comportamentais, incluindo os centrados na fobia social. Pode-se avaliar a freqüência dos contatos sociais, seus antecedentes e conseqüentes, a faixa ou número de diferentes pessoas com as quais os pacientes interagem, duração das interações, temas de conversação ou tipos de interação e auto-avaliações da ansiedade e da habilidade social. Também podem ser avaliadas em separado a ansiedade esperada (antecipada) e a ansiedade real que se experimenta quando se está na situação, assim como diferentes sintomas fisiológicos, pensamentos negativos, comportamentos de evitação, etc.

VI.4. *Medidas comportamentais*

Instrumentos gerados e usados para a avaliação das habilidades sociais (p. ex., o *simulated social interaction test*, *SSIT*, Curran, 1982; ver Caballo, 1987, para uma versão modificada desse instrumento) têm sido utilizados como instrumentos de avaliação para sujeitos com fobia social (p. ex., Mersch, Breukers e Emmelkamp, 1992). McNeil et al. (1995) mencionam também instrumentos originados inicialmente na investigação das habilidades sociais como apropriados para avaliar o comportamento dos sujeitos com fobia social (p. ex., *heterosocial adequacy test*, Perry e Richards, 1979; *taped situation test*, Rehm e Marstom, 1968; *social interaction test*, Trower, Bryant e Argyle, 1978). Em Caballo (1993), podemos encontrar um exame mais detalhado de muitos destes instrumentos. Estratégias similares são os *testes de ava-*

liação comportamental, nos quais se pode sugerir um diálogo com um desconhecido do mesmo sexo, com um desconhecido do sexo oposto ou uma conversa com um pequeno grupo de pessoas. Outros testes incluem interagir em uma conversa em grupo ou começar uma conversa com alguém atraente e em quem se está interessado/a sentimentalmente (McNeil et al., 1995).

VI.5. Medidas fisiológicas

As medidas fisiológicas não têm sido de muita ajuda para esclarecer características diferenciais dos sujeitos com fobia social, ao menos até o momento. Entretanto, parece existir um crescente interesse por utilizar este tipo de medida nos transtornos de ansiedade em geral (McNeil et al., 1995). Ao contrário destes autores, acreditamos que, no momento, não existem dados confiáveis sobre a relevância das medidas fisiológicas na pesquisa sobre a fobia social.

VII. DESENVOLVIMENTO DE UM PROGRAMA PARA O TRATAMENTO COGNITIVO-COMPORTAMENTAL DA FOBIA SOCIAL

Antes de expor o programa de tratamento para a fobia social, temos que fazer uma ressalva: distinguir fobia social discreta (uma ou duas situações sociais) de fobia social generalizada (a maioria das situações sociais). No primeiro tipo de fobia, a exposição costuma ser uma técnica altamente eficaz e recomendável, com taxas que às vezes podem chegar a 100% de eficácia (p. ex., Turner, Beidel e Jacob, 1994b). Não obstante, para os sujeitos com fobia social generalizada é conveniente acrescentar elementos para a reestruturação cognitiva e o treinamento em habilidades sociais (Caballo e Carrobles, 1988; Echeburúa, 1995).

O formato do nosso programa de tratamento é grupal, com 6 a 8 pessoas e, se possível, com a participação equilibrada de ambos os sexos. As sessões acontecem uma vez por semana, com duração de 2 horas e meia cada uma e o programa desenvolve-se ao longo de 14 sessões, além das de acompanhamento e apoio, uma vez por mês, durante seis meses. Entretanto, o número de sessões pode ser ampliado dependendo do andamento do grupo e das considerações do terapeuta.

É preciso criar no grupo uma atmosfera de aceitação incondicional e apoio aos membros, escutando com empatia e reforçando as aproximações sucessivas do comportamento objetivo e da realização deste. Deve-se explicar com clareza aos participantes do grupo os objetivos da terapia, o que devem e o que não devem esperar dela, a importância da motivação para realizar na vida real o que foi aprendido nas sessões e o autocontrole do seu próprio comportamento ao final da terapia.

Muitos sujeitos com fobia social esperam que o tratamento lhes proporcione regras sobre a forma como deveriam comportar-se em situações sociais. Embora o tratamento possa dar-lhes algumas diretrizes, especialmente no treinamento de habilidades sociais, é necessário ressaltar desde o princípio que é difícil obter regras claras, especialmente porque as situações sociais são muitas vezes pouco previsíveis e porque as pessoas podem ter opiniões diferentes sobre quais são as reações mais adequadas. Em vez de tentar encontrar regras, os pacientes poderiam tentar aprender a aceitar e lidar com sua incerteza de uma forma melhor, prestando atenção no modo como os demais se comportam, nos estímulos ambientais relevantes, pedindo informações quando precisarem ou aprendendo a considerar a relatividade das conseqüências (Scholing, Emmelkamp e Van Oppen, 1996).

O programa de tratamento compreende basicamente técnicas de educação, de relaxamento, de reestruturação cognitiva, de exposição e de treinamento em habilidades sociais. A seguir expomos, sessão a sessão, o programa do tratamento cognitivo-comportamental da fobia social.

VII.1 *Primeira sessão*

1. Apresentação do(s) terapeuta(s) e dos membros do grupo
2. Apresentação de algumas regras básicas para o funcionamento do grupo
3. Explicação sobre a ansiedade/fobia social
4. Explicação dos fundamentos do tratamento
5. Explicação dos objetivos, freqüência, duração, etc. do programa de tratamento
6. Avaliação da motivação e das expectativas com respeito ao programa
7. Treinamento no relaxamento progressivo de Jacobson
8. Ressalta-se a importância das tarefas para casa e são propostas as primeiras tarefas

1. Apresentação do(s) terapeuta(s) e membros do grupo

O(s) terapeuta(s) se apresenta(m) ao grupo e depois todos os demais fazem o mesmo. Nesta apresentação se pode incluir o nome, o que faz atualmente cada sujeito (estudar, trabalhar, etc.) e algumas das coisas de que gostam ou *hobbies*.

2. Apresentação de algumas regras básicas para o funcionamento do grupo

São apresentadas aos membro do grupo algumas regras básicas para o bom funcionamento do mesmo, como a confidencialidade do que for tratado no grupo, a freqüência habitual, a pontualidade, a participação ativa no grupo, a importância de realizar as tarefas para casa, etc.

3. Explicação sobre a ansiedade/fobia social

Oferece-se uma explicação atualizada sobre a natureza da ansiedade/fobia social. Esta explicação costuma incluir a definição de fobia social, suas características clínicas (comportamentais, cognitivas, fisiológicas), subtipos da mesma, as situações temidas mais freqüentes, a influência dos aspectos genéticos, epidemiologia e desenvolvimento do transtorno, e a possível etiologia (de uma perspectiva cognitivo-comportamental) do mesmo (ver Caballo, 1995, para informações detalhadas sobre esta questão). Insiste-se em que a fobia social é um comportamento aprendido e que, como tal, pode ser desaprendido. Explica-se como são formadas e mantidas as fobias (p. ex., utilizando a teoria bifatorial de Mowrer) e a necessidade de uma participação ativa do paciente para romper o círculo vicioso que mantém a fobia.

4. Explicação dos fundamentos do tratamento

São explicados os fundamentos do programa de tratamento, em que se baseia a utilização das diferentes técnicas como o relaxamento, a exposição, a reestruturação cognitiva e o treinamento em habilidades sociais para o tratamento da fobia social. Também é comentada a eficácia demonstrada por este tipo de tratamento sistemático do transtorno, que alguns elementos podem ser parecidos com tentativas que o paciente possa ter realizado anteriormente para enfrentar seus sintomas, mas que, executado de forma sistemática e dirigido por um profissional, tem maior probabilidade de obter sucesso.

5. Explicação dos objetivos, freqüência, duração, etc. do programa de tratamento

São explicados os objetivos que o tratamento pretende atingir, a freqüência proposta para as sessões, a duração aproximada do programa e são respondidas quaisquer dúvidas que os membros do grupo possam ter sobre essas questões.

6. Avaliação da motivação e das expectativas com respeito ao programa

Muitos pacientes já tentaram modos de enfrentar o problema da ansiedade/fobia social com pouco sucesso e podem ter reservas com respeito a utilizar métodos similares durante o tratamento. Por exemplo, os sujeitos com fobia social muitas vezes mantêm contato social porque têm que ir ao trabalho, têm que viajar em transportes públicos e têm de comprar comida e roupas, mas freqüentemente informam que esta exposição contínua não é útil para eles (Butler, 1989b). O terapeuta pode tentar descobrir por que provavelmente o método não foi eficaz, como, por exemplo, se o paciente continua evitando aspectos importantes da situação de modo sutil, concentra-se em pensamentos e expectativas negativas nessa situação, se não persiste quando se sente incomodado, se trata de abordar a situação mais difícil sem ter praticado antes tarefas mais fáceis, etc.

7. Treinamento no relaxamento progressivo de Jacobson

O relaxamento é uma forma de eliminar a tensão. Quando a pessoa se encontra sob estresse durante muito tempo, raramente permite que seus músculos relaxem. Isto provoca mal-estar no sujeito, uma apreensão constante, a pessoa pode sentir-se irritada, cansada, etc. Além disso, a ansiedade pode obstaculizar ou inibir muitas formas de comportamento social.

Ensina-se aos sujeitos o relaxamento progressivo de Jacobson. Deitados sobre colchonetes no chão, os membros do grupo tensionam e relaxam os diferentes grupos de músculos do corpo. Uma vez terminado o relaxamento, deve ter ficado claro para o sujeito como realizá-lo por si mesmo, já que será a primeira tarefa a ser realizada em casa. (Para uma descrição detalhada do método de Jacobson, ver Caballo, 1993.)

8. Ressalta-se a importância das tarefas para casa e são propostas as primeiras tarefas

É necessário que o paciente realize na vida real comportamentos aprendidos nas sessões de tratamento, a fim de que a aprendizagem se generalize. A função da prática é a mesma que quando se aprende uma nova habilidade, ou seja, é útil por si mesma e não por um propósito mais amplo (Butler, 1989a).

Como tarefa para casa, inclui-se o relaxamento diário pelo método de Jacobson e a leitura de mais informações sobre a ansiedade/fobia social. É dada ao sujeito uma folha de auto-registro para que vá anotando algumas situações sociais difíceis para ele.

VII.2. *Segunda sessão*

1. Revisão das tarefas para casa
2. Prática do relaxamento rápido
3. Determinação da ansiedade nas situações
4. Reestruturação cognitiva: apresentação dos princípios ABC da TREC
5. Atribuição de tarefas para casa

1. Revisão das tarefas para casa

Os 20 primeiros minutos de cada sessão, aproximadamente, são dedicados à revisão das tarefas para casa que foram programadas na sessão anterior. Cada sujeito descreve o que fez; são reforçadas as tarefas realizadas corretamente e esclarecidas as dificuldades que tenha encontrado.

2. Prática do relaxamento rápido

É mostrado aos membros do grupo como relaxar mais rapidamente. Os músculos já não são tensionados: são relaxados diretamente. A seqüência seguida é semelhante à da sessão anterior.

3. Determinação da ansiedade nas situações

São discutidos alguns possíveis "mitos" sobre a ansiedade que o terapeuta pode precisar corrigir. Por exemplo (Walen, 1985):

a. A ansiedade é perigosa: pode levar a um ataque do coração
b. Poderia perder o controle ou explodir
c. É um sinal de fraqueza
d. O ataque de ansiedade nunca vai passar

Indica-se ao paciente que a ansiedade tem um "ciclo de vida" e que, depois de atingir o pico, começa a diminuir e a desaparecer. Além disso, um pouco de ansiedade pode ser útil em algumas ocasiões. Entretanto, grande parte da tensão de cada dia é desnecessária.

A fim de reconhecer a tensão mais facilmente, o sujeito pode perceber alguns "sintomas" que possivelmente indicariam a presença de ansiedade. O quadro 2.1 apresenta uma lista de alguns desses sintomas que apontariam para a presença de ansiedade.

Depois se ensina aos membros do grupo a utilização da *escala de unidades subjetivas de ansiedade* (*SUDS*, se utilizarmos as siglas em inglês) da seguinte maneira (Cotler e Guerra, 1976):

> A escala *SUDS* (unidades subjetivas de ansiedade) é empregada para comunicar o nível de ansiedade experimentado de forma subjetiva. Ao empregar a escala, você vai avaliar seu nível de ansiedade a partir de 0, completamente relaxado, até 100, muito nervoso e tenso.
> Imagine que você está completamente relaxado/a e tranqüilo/a. Para algumas pessoas, isso acontece quando descansam ou lêem um bom livro. Para outras, acontece quando estão na praia ou flutuando na água. Dê uma pontuação "0" para o modo como você se sente quando está o mais relaxado/a possível.

Quadro 2.1. *Possíveis sinais na expressão de ansiedade ou nervosismo.* (Adaptado de Cotler e Guerra, 1976.)

1. Tremor nos joelhos
2. Braços rígidos
3. Automanipulações (coçar-se, friccionar-se, etc.)
4. Limitação do movimento das mãos (nos bolsos, nas costas, entrelaçadas)
5. Tremor nas mãos
6. Ausência de contato visual
7. Músculos do rosto tensos (caretas, tiques, etc.)
8. Rosto inexpressivo
9. Rosto pálido
10. Corar ou enrubescer
11. Umedecer os lábios
12. Engolir saliva
13. Respirar com dificuldade
14. Respirar mais devagar ou mais depressa
15. Suar (rosto, mãos, axilas)
16. Voz estridente
17. Gagueira ou frases entrecortadas
18. Correr ou apressar o passo
19. Balançar-se
20. Arrastar os pés
21. Pigarrear
22. Boca seca
23. Dor ou acidez no estômago
24. Aumento da taxa cardíaca
25. Balanço das pernas/pés quando está sentado ou com uma perna sobre a outra
26. Roer as unhas
27. Morder os lábios
28. Sentir náuseas
29. Sentir vertigens
30. Sentir como se estivesse se afogando
31. Ficar imobilizado
32. Não saber o que dizer

Em seguida, imagine uma situação na qual sua ansiedade seja extrema. Imagine que você se sente extremamente tenso/a e nervoso/a. Talvez nesta situação suas mãos estejam frias e trêmulas. Você pode sentir vertigens ou calor, ou sentir-se coibido/a. Para algumas pessoas, as ocasiões nas quais se sentem mais nervosas são aquelas em que uma pessoa próxima a elas sofreu um acidente, quando se exerce uma pressão excessiva sobre elas (exames, trabalhos, etc.); ou quando falam diante de um grupo. Dê uma pontuação de "100" ao modo como você se sente nessa situação.

Você já identificou os dois pontos extremos da *Escala SUDS*. Imagine a escala completa (como uma régua) que vá desde "0" SUD, completamente relaxado/a, até "100" SUD, muito nervoso/a.

0   5   10   15...   50   ...85   90   95   100
Completamente   **Totalmente**
relaxado/a   **nervoso/a**

Agora você tem a faixa completa da escala para avaliar seu nível de ansiedade. Para praticar como usar esta escala, escreva sua pontuação SUD neste momento.

A pontuação SUD pode ser utilizada para avaliar as situações sociais com as quais você se depara na sua vida real. O método de relaxamento que você vai aprender servirá para que você diminua sua pontuação na escala SUD. A experiência de elevados níveis de ansiedade é desagradável para a maioria das pessoas. Além disso, a ansiedade pode inibi-lo/a no momento de dizer o que você quer e interferir na sua forma de expressar a mensagem.

O grau em que você for capaz de reduzir sua pontuação SUD em qualquer situação dependerá de uma série de fatores, incluindo o nível de ansiedade que você experimenta geralmente, a pontuação SUD que tinha inicialmente, que tipo de comportamento se requer e a pessoa a quem você dirige o comentário. Não pensamos que seu objetivo seja atingir um 0 ou um 5 em todas as situações. Seu objetivo será reduzir seu nível de SUD até um ponto em que você se sinta confortável o suficiente para expressar-se.

Para praticar o uso da pontuação SUD, podemos descrever uma série de situações. Para cada situação, escute a descrição de cada cena e, a seguir, imagine que a situação está acontecendo com você. Depois de imaginar a situação, escreva a quantidade de ansiedade (pontuação SUD) que sente. Quando você se imaginar nesta situação, tente descrever como se sentiria se essa situação estivesse realmente ocorrendo. Finalmente, se estiver nervoso/a ou tenso/a enquanto imagina a cena, tente fixar-se nas partes do seu corpo nas quais sente mais ansiedade (veja quadro 2.1). Você sentia o estômago tenso? Sentia um nó na garganta? Estava com as mãos frias ou suadas? Sentia dor de cabeça? Tinha movimentos nervosos nas pálpebras? Se você localizar a área ou as áreas em que se sente mais tenso/a, poderá empregar melhor os exercícios de relaxamento.

Como tarefa para casa, é entregue ao sujeito uma folha de auto-registro na qual o paciente tem que identificar e registrar uma breve descrição das situações que acontecem na sua vida diária e que lhe causam diferentes níveis de relaxamento e ansiedade. Junto com a breve descrição da situação, pede-se ao paciente para descrever seus sintomas físicos (ver quadro 2.1). As pontuações SUD estão já anotadas na folha de auto-registro em divisões de 10 pontos, de modo que o paciente passará por toda a escala de 100 pontos. Durante o tempo que dura o emprego da folha de auto-registro, o paciente tem que descrever uma situação que lhe cause de 0 a 9 de ansiedade, outra que caia na faixa de 10 a 19, etc. (ver quadro 2.2).

A avaliação dos diferentes níveis de ansiedade produzidos por diferentes situações pode servir para vários propósitos. Por exemplo, pedir que os indivíduos registrem seu nível de ansiedade durante as interações faz com que pensem e se concentrem. Pensar e concentrar-se é, em parte, incompatível com a ansiedade. Portanto, é provável que o nível de ansiedade da pessoa se reduza. Também vigiar constantemente a pontuação SUD durante as interações interpessoais faz com que os sujeitos percebam melhor as situações nas quais reprimem suas emoções e não fazem ou dizem nada sobre elas.

Quadro 2.2. *Folha de auto-registro de unidades subjetivas de ansiedade (SUD)*

Nome: _____ Período: _____

Dia e hora	SUD	Descreva a situação	Descreva as respostas de ansiedade/ relaxamento
	0-9		
	10-19		
	20-29		
	30-39		
	40-49		
	50-59		
	60-69		
	70-79		
	80-89		
	90-100		

Indica-se aos sujeitos que muitos dos sintomas da ansiedade são conseqüência da ativação cognitiva negativa e dos comportamentos de evitação, assim como da rotulação subjetiva que se faz desta última. Explica-se que, às vezes, mesmo empregando o relaxamento, aparecerão alguns sintomas de ansiedade (p. ex., corar, suar, etc.). Nestes casos, devem perder o medo destas respostas e aprender a tolerá-las a fim de eliminá-las. Assim sendo, diz-se a eles que, para podermos ser aprovados em um exame, temos paradoxalmente que perder o medo de sermos reprovados; para acabar com a ansiedade temos que perder o medo da ansiedade e tolerar sua presença... A compreensão destes fatos é, em geral, de grande ajuda para o aumento da tolerância e, conseqüentemente, para a diminuição da freqüência de surgimento dessas respostas fisiológicas.

4. Reestruturação cognitiva: apresentação dos princípios ABC da TREC

Uma forma de introduzir o sujeito nos princípios da terapia racional emotivo-comportamental (TREC), descobrir defesas, mostrar-lhes como os pensamentos influenciam os sentimentos e fazer com que percebam que uma grande parte desses pensamentos é automática, é a seguinte: pede-se aos membros do grupo para se sentarem confortavelmente, fecharem os olhos, inspirarem profundamente pelo nariz e reterem o ar durante certo tempo nos pulmões, soltando lentamente pela boca. A seguir dar as seguintes instruções (Wessler, 1983):

> Vou pedir para vocês pensarem em alguma coisa secreta, algo sobre vocês mesmos que não diriam normalmente a ninguém mais. Poderia ser algo que fizeram no passado, algo que estão fazendo no presente. Algum hábito secreto ou alguma característica física (*Pausa*). Vocês estão pensando nisso? (*Pausa*). Bem. Agora vou pedir que alguém diga ao grupo em que pensou... que descreva com alguns detalhes. (*Pausa curta*). Já que sei que todo mundo gostaria de fazer isso e, como não temos tempo suficiente para todos fazerem, vou escolher alguém. (*Pausa – olhando para os membros do grupo*). Ah! Acho que já sei quem. (*Pausa*). Antes de chamar essa pessoa, gostaria de perguntar uma coisa: o que é que vocês estão sentindo neste momento? (p. 49).

Normalmente, as pessoas experimentam uma elevada ansiedade (se realmente vivenciaram o exercício), que pode ser quantificada perguntando aos sujeitos o nível de pontuação SUD. Nesse momento, o terapeuta mostra ao grupo que é o *pensamento* de fazer algo – e não o fazer – que provoca seus sentimentos. Então o terapeuta pergunta sobre os tipos de pensamento que conduziram a esses sentimentos.

Este exercício pode servir para introduzir o sujeito nos princípios da terapia racional emotivo-comportamental. Para Ellis, o pensamento anticientífico ou irracional é a causa principal da perturbação emocional já que, consciente ou inconscientemente, a pessoa "escolhe" transformar a si mesma em neurótica, com sua forma de pensar ilógica e pouco realista (Ellis e Lega, 1993; Lega, Caballo e Ellis, 1997). O comportamento socialmente inadequado pode provir de um pensamento irracional e incorreto, de reações emocionais excessivas ou deficientes ante os estímulos e de padrões de comportamento disfuncionais. O que costumamos apontar como nossas reações emocionais diante de determinadas situações são provocadas, principalmente, por nossas suposições e avaliações conscientes e/ou automáticas. Assim sendo, sentimos ansiedade não ante a situação objetiva, mas ante a interpretação que fazemos dessa situação. O modelo ABC da terapia racional emotivo-comportamental (ver figura 2.2) funciona da seguinte forma (Lega, 1991; Lega, Caballo e Ellis, 1997): o ponto "A" ou *acontecimento ativante* (atividade ou situação particulares) não produz diretamente e de forma automática o "C" ou *conseqüências* (que podem ser *emocionais* [Ce] e/ou *comportamentais* [Cc]), já que, se fosse assim, todas as pessoas reagiriam de forma idêntica ante a mesma situação. O "C" é produzido pela interpretação dada a "A", ou seja, pelas *crenças (Beliefs)* (B) que geramos sobre a situação. Se o "B" é funcional, lógico e empírico, é considerado "racional" (rB). Se, ao contrário, dificulta o funcionamento eficaz do indivíduo, é "irracional" (iB). O método principal para substituir uma crença irracional (iB) por uma racional (rB) é chamado *refutação* ou *debate* (D) e é, basicamente, uma adaptação do método científico à vida diária, método pelo qual são questionadas as hipóteses e teorias para determinar sua validade. A ciência não é somente o uso da lógica e de dados para confirmar ou rejeitar uma teoria. Seu aspecto mais importante consiste na revisão e mudança constantes de teorias e nas tentativas de substituí-las por idéias mais válidas e conjeturas mais úteis. É flexível em vez de rígida, de mente aberta em vez de dogmática. Luta por uma maior verdade, mas não por uma verdade perfeita e absoluta. Está ligada a dados e fatos reais (os quais podem mudar a qualquer momento) e ao pensamento lógico (o qual não contradiz a si mesmo mantendo simultaneamente dois pontos de vista opostos). Evita também formas de pensar rígidas, como "tudo-ou-nada" ou "um-ou-outro", e aceita que a realidade tem, em geral, duas caras e influencia acontecimentos e características contraditórias. O pensamento irracional é dogmático e pouco funcional e o indivíduo avalia a si mesmo, os outros e o mundo em geral de uma forma rígida (Ellis e Lega, 1993; Lega, 1991; Lega, Caballo e Ellis, 1997). Tal avaliação é conceitualizada por exigências absolutistas, dos "*devo*" e "*tenho que*" dogmáticos (em vez de utilizar concepções de tipo probabilista ou preferencial), gerando emoções e comportamentos pouco funcionais que interferem na obtenção e conquista de metas pessoais. Dessas exigências absolutistas derivam três conclusões: 1) *Catastrofismo*, que é a tendência a ressaltar em excesso o lado negativo de um acontecimento; 2) *Baixa tolerância à frustração* ou "não-posso-suportar", que é a tendência a exagerar o aspecto insuportável de uma situação; e 3) *Condenação*, que é a tendência a avaliar a si mesmo ou aos demais como "totalmente maus", comprometendo seu valor como pessoas em conseqüência do seu comportamento. Ellis e Lega (1993) afirmam que aprender a pensar racionalmente consiste em aplicar as principais regras do método científico à forma de ver a si mesmo, aos outros e a vida. Estas regras são:

1. É melhor aceitar como "realidade" o que acontece no mundo, embora não nos agrade e tentemos mudar isso.
2. Na ciência, teorias e hipóteses são postuladas de maneira lógica e consistente, evitando contradições significativas (bem como também "dados" falsos ou poucos realistas).
3. A ciência é flexível, não rígida. Não sustenta algo de forma absoluta e incondicional.
4. Não inclui o conceito de "merecer" ou "não merecer", nem glorifica as pessoas (nem as coisas) por seus "bons" atos nem as condena por seus "maus" comportamentos.
5. A ciência não tem regras absolutas sobre o comportamento e os assuntos humanos, mas pode ajudar as pessoas a atingir suas metas e serem felizes *sem* oferecer garantias (Ellis e Lega, 1993).

Alguns dos pensamentos irracionais mais comuns dos seres humanos, que Ellis condensou recentemente nas três conclusões que acabamos de assinalar (p. ex., Lega, 1991; Lega, Caballo e Ellis, 1997; Ellis, 1994), são os seguintes (Ellis e Harper, 1975):

1. *Tenho que* ser amado e aceito por todas as pessoas que sejam importantes para mim.
2. *Tenho que* ser totalmente competente, adequado e capaz de conseguir qualquer coisa ou, pelo menos, ser competente ou com talento em alguma área importante.
3. Quando as pessoas agem de maneira ofensiva e injusta, *devem* ser culpabilizadas e condenadas por isso, e serem consideradas como indivíduos vis, malvados e infames.
4. É *terrível* e *catastrófico* quando as coisas não ocorrem como eu gostaria.
5. A desgraça emocional tem origem em causas externas e eu tenho pouca capacidade para controlar ou mudar meus sentimentos.
6. Se algo parece perigoso ou temível, *tenho que* ficar preocupado por isso e sentir-me ansioso.
7. É mais fácil evitar enfrentar certas dificuldades e responsabilidades da vida que empreender formas mais reforçadoras de autodisciplina.
8. As pessoas e as coisas *deveriam* funcionar melhor e, se não encontro soluções perfeitas para as duras realidades da vida, tenho que considerar isso como *terrível* e *catastrófico*.
9. Posso conseguir a felicidade por meio da inércia e pela falta de ação ou tentando desfrutar passivamente e sem compromisso.

A aplicação das regras do método científico para a refutação dos pensamentos irracionais constitui um dos pontos-chave da terapia racional emotivo-comportamental. Por exemplo, um paciente com fobia social pensa que "não vai agradar"; depois de ter sido treinado na detecção e análise dessas idéias (ver mais adiante), pode reconhecer que nesse pensamento subjaz a primeira idéia irracional ("Tenho que ser amado e aceito por todas as pessoas que sejam importantes para mim."). Os passos para o questionamento de tal idéia seriam os seguintes (Ellis e Lega, 1993):

Fobia social

Fig. 2.2. *Modelo ABC da terapia racional emotivo-comportamental.* (Extraído de Lega, Caballo e Ellis, 1997.)

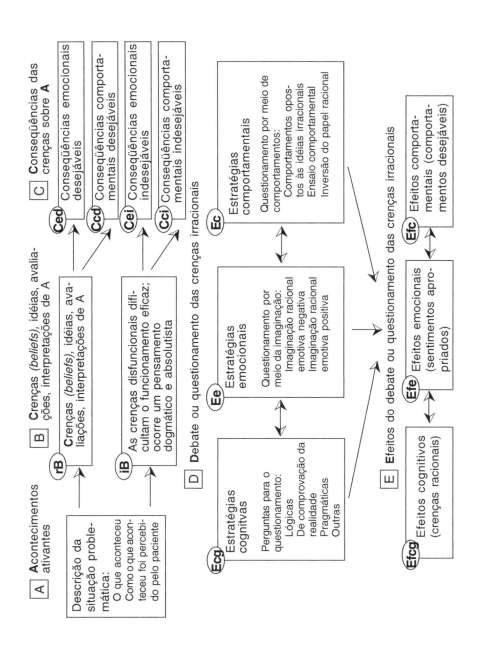

1. Conclusão *(catastrofismo)*;
2. Este pensamento é realista e verdadeiro? (Não, já que não existe nenhuma lei que diga que *devo* ser aceito por quem considero importante);
3. Este pensamento é lógico? (Não, porque o fato de eu considerar certas pessoas importantes não implica que elas *devam* me aceitar);
4. Este pensamento é flexível e pouco rígido? (Não, porque sustenta que sob *todas* as circunstâncias e durante *todo* o tempo as pessoas que considero importantes *devem* me aceitar, o que é muito inflexível);
5. Este pensamento prova que "mereço" algo? (Não, não se pode demonstrar que, embora agindo de modo muito adequado em relação a quem considero importante para mim, exista uma lei universal que *faça*, *exija* e *obrigue* a pessoa a me aceitar);
6. Esta forma de pensar prova que serei feliz, agirei corretamente o obterei bons resultados? (Não, ao contrário. Não importa quão obstinadamente eu trate de fazer com que as pessoas me aceitem, posso falhar facilmente – e se então pensar que *têm que* me aceitar, provavelmente me sentirei deprimido).

O pensamento de "tentar agradar sempre a todo o mundo", de "ter que ser aceito sempre de forma incondicional por todos aqueles que o rodeiam" é muito típico dos sujeitos com fobia social, de modo que qualquer comentário dos outros que seja minimamente crítico pode dar lugar ao aparecimento de sintomas de ansiedade, já que tais sujeitos são especialmente sensíveis a qualquer situação ou comentário que denote mal-estar, desaprovação ou desacordo por parte dos demais. Esses sujeitos costumam exagerar e dramatizar tais comentários, produzindo-se uma reação comportamental desadaptativa, com comportamentos agressivos ou de defesa, comportamentos inábeis (como são denominados por Trower e Turland, 1984) ou de evitação ou fuga.

5. Atribuição das tarefas para casa

Com a folha de auto-registro do quadro 2.2, os membros do grupo têm que escolher situações que tenham um nível subjetivo de ansiedade que correspondam a cada um dos intervalos indicados na folha de auto-registro.

Cada sujeito pratica o relaxamento rápido todos os dias em casa. Além disso, com leituras apropriadas, fará um aprofundamento maior em TREC (p. ex., Lega, Caballo e Ellis, 1997).

VII.3. *Terceira sessão*

1. Revisão das tarefas para casa
2. Prática do relaxamento diferencial
3. Reestruturação cognitiva: identificação dos pensamentos automáticos
4. Reestruturação cognitiva: determinar se os pensamentos são racionais

5. Reestruturação cognitiva: questionamento dos pensamentos
6. Atribuição das tarefas para casa

1. Revisão das tarefas para casa

Os 20 primeiros minutos de cada sessão, aproximadamente, são dedicados à revisão das tarefas para casa que foram programadas na sessão anterior. Cada sujeito descreve o que fez; são reforçadas as tarefas realizadas corretamente e esclarecidas as dificuldades que tenha encontrado.

2. Prática do relaxamento diferencial

Ensina-se aos membros do grupo o relaxamento diferencial. Assim, uma vez tendo realizado o relaxamento rápido em grupo, aprendem a utilizar (e tensionar) determinados grupos de músculos enquanto mantêm outros relaxados.

3. Reestruturação cognitiva: identificação de pensamentos automáticos

Uma vez que o sujeito tenha entendido os princípios da TREC e a importância dos pensamentos para produzir conseqüências emocionais, deve saber também identificar quais são as coisas que passam pela sua cabeça que o fazem sentir-se ansioso. Se o pensamento irracional ou disfuncional é habitual, é possível que seja difícil abordá-lo. Não é fácil descobrir o que se está pensando em determinada situação. Um dos motivos é que muitos dos pensamentos ocorrem de forma automática em resposta a situações que preocupam o indivíduo. Entretanto, quanto mais se praticar, mais facilmente serão detectados esses pensamentos.

Um modo de começar é utilizando sensações de ansiedade, temor ou mal-estar e trabalhar retrospectivamente. Ou seja, se alguém se sente ansioso, então deve haver algum pensamento subjacente que causou a emoção. Em qualquer situação ou interação na qual alguém se encontrar incômodo ou ansioso, pode perguntar a si mesmo (Andrews et al., 1994): *a)* Como estou me sentindo?, *b)* Em que situações tenho estado envolvido ultimamente?, *c)* O que penso sobre mim?, *d)* O que penso sobre a(s) outra(s) pessoa(s)? *e)* O que penso sobre a situação? Também pode pedir aos sujeitos que fechem os olhos, recordem vividamente uma situação da vida real que lhes cause ansiedade e se fixem na seqüência de pensamentos, sentimentos e imagens que ocorreram antes, durante e depois da fantasia. É importante que os pacientes expressem estes aspectos e que o terapeuta os ajude a reconhecer suas imagens e/ou cognições desadaptativas. O paciente tem que chegar a saber identificar as autoverbalizações negativas e, posteriormente, a reavaliar essas verbalizações mais cuidadosa e racionalmente. Beck et al. (1979) mencionam também quatro métodos de coleta de autoverbalizações: 1) Reservando meia hora por dia para deter-se nesses pensamentos;

2) Registrando os pensamentos negativos que acompanham uma emoção negativa importante; 3) Reunindo os pensamentos que se encontram associados a emoções negativas e os acontecimentos ambientais precipitantes, e 4) Durante a entrevista por parte do terapeuta. Palavras-chave para a identificação de pensamentos desadaptativos podem ser: "Devo", "Tenho que" , "Não posso suportar isso", "Não tenho direito", "É injusto", "Terrível", "Espantoso", "Catastrófico", "Sempre", "Nunca", etc.

Andrews et al. (1994) indicam igualmente algumas características que podem ajudar a identificar os pensamentos desadaptativos. Assim, tais pensamentos são: 1) Automáticos, ou seja, vêm à cabeça sem nenhum esforço por parte do sujeito, 2) Distorcidos, não encaixando nos fatos, 3) Pouco úteis, mantendo o sujeito ansioso, fazendo com que a mudança seja difícil para ele e impedindo-o de conseguir o que ele quer da vida, e 4) Involuntários, ou seja, o sujeito não escolhe tê-los e, além disso, pode ser muito difícil desembaraçar-se deles.

4. Reestruturação cognitiva: determinar se os pensamentos são racionais

Uma vez identificados os diálogos internos, é preciso determinar se são racionais ou irracionais. *O que uma pessoa diz a si mesma* (p. ex., autoverbalizações, imagens, auto-avaliações, atribuições) antes, durante e depois de um acontecimento constitui um determinante importante do comportamento que manifestará. Por exemplo, às vezes, as pessoas começam a concentrar-se sobre seu comportamento (consciência excessiva de si mesmo) até o extremo de perderem a percepção do que a outra pessoa faz, diz ou, talvez, sinta. As pessoas costumam experimentar ansiedade nas situações sociais porque *se entretêm* com pensamentos e autoverbalizações negativos, tais como o medo de parecer ridículo, o medo do que os outros possam pensar deles, de não agradá-los, de não saber o que dizer, etc. Não é a outra pessoa que faz com que nos sintamos desse modo: são nossas próprias autoverbalizações negativas. Não é correto dizer que a outra pessoa está nos deixando nervosos. É mais provável que o que está nos deixando nervosos seja o que estamos dizendo a nós mesmos.

Na tentativa de determinar se os pensamentos são racionais ou irracionais, podemos indicar que (Lega, Caballo e Ellis, 1997; Walen et al., 1992):

1. Uma crença irracional é inconsistente na sua lógica. Pode começar com premissas errôneas e/ou chegar a deduções incorretas, e muitas vezes é uma generalização. As crenças irracionais costumam ser exageros avaliativos extremos e muitas vezes se refletem em termos avaliativos como "terrível", "catastrófico", "espantoso", "horrível".
2. Uma crença irracional é inconsistente com a realidade empírica. Não provém de acontecimentos reais.
3. Uma crença irracional é absolutista e dogmática. Expressa-se por meio de exigências (não de desejos), de "deverias" absolutos (não de preferências) e de necessi-

dades. As crenças irracionais são muitas vezes super-aprendidas, são ensaiadas desde a infância e baseiam-se freqüentemente em exigências grandiosas ou narcisistas de si mesmo, dos outros ou do universo.
4. Uma crença irracional produz emoções perturbadas.
5. Uma crença irracional não nos ajuda a atingir nossos objetivos.

Padrões freqüentes de pensamento irracional são também conhecidos como distorções cognitivas. Algumas típicas são (Beck et al., 1979; Freeman e Oster, 1997):

1. Tirar conclusões quando falta a evidência ou inclusive é contraditória (inferência arbitrária).
2. Concentrar-se em um detalhe específico extraído do contexto, não levando em conta outras características mais relevantes da situação (*abstração seletiva*).
3. Chegar a uma conclusão a partir de um fato isolado (*generalização excessiva*).
4. Exagerar ou minimizar o significado de um acontecimento (*magnificação e minimização*).
5. Tendência a atribuir a si mesmo fenômenos externos (*personalização*).
6. Classificar todas as experiências em categorias opostas (*pensamento absolutista dicotômico*).

A explicação destes e outros erros cognitivos pode ajudar ainda mais o paciente a identificar suas cognições desadaptativas e a trabalhar para substituí-las por cognições mais adequadas e facilitadoras do comportamento socialmente adequado.

5. Reestruturação cognitiva: questionamento dos pensamentos

Uma vez que se saiba diferenciar pensamentos racionais dos irracionais, estes últimos são questionados. No questionamento, os pacientes enfrentam suas filosofias irracionais e é pedido a eles que as examinem, parte a parte, para que vejam se têm sentido e se são úteis. O questionamento é um processo lógico e empírico no qual se ajuda o paciente a parar e pensar. Seu objetivo básico é ensinar o paciente a internalizar uma nova filosofia, refletida em expressões como "Seria uma grande contrariedade se eu não conseguir, mas posso suportar isso. Simplesmente posso falhar e isso não é tão terrível".

As estratégias empregadas para o questionamento dos pensamentos irracionais podem ser cognitivas, comportamentais ou por meio da imaginação (Lega et al., 1997; Walen et al., 1992) (ver Fig. 2.2). Os *debates cognitivos* são tentativas de mudar as crenças errôneas do paciente por meio da persuasão filosófica, de apresentações didáticas, do diálogo socrático, das experiências de observação e outras formas de expressão verbal. Uma das mais importantes ferramentas do debate cognitivo é o emprego de *perguntas*. Algumas das que procuram consistência lógica ou clareza semântica no pensamento do paciente e que podem ser utilizadas para questionar qualquer idéia irracional são, por exemplo: É lógico? É verdade? Por que não? Por que é assim? Como você sabe disso? O que você quer dizer com esse termo? Por que tem que ser assim?

Um segundo grupo de perguntas requer que os pacientes avaliem se suas crenças são consistentes com a realidade empírica. Por exemplo, a maioria dos pensamentos de exigência ("tenho que", "devo") são inconsistentes com a realidade. Pode-se demonstrar que, embora os pacientes que têm crenças de baixa tolerância à frustração pensem que não podem tolerar a ocorrência de A, de fato a suportam seguidas vezes. As crenças de "catastrofismo" podem ser questionadas com perguntas que indicam que um A negativo não produziu um resultado 100% mau. Pode-se igualmente demonstrar que as crenças de autocondenação são incorretas porque todo o mundo faz alguma coisa bem e é importante para mais alguém no mundo. Exemplos de perguntas deste segundo grupo são: Qual é a prova? O que aconteceria se...? Você pode suportar isso? Sejamos científicos: o que os dados mostram? Por que você tem que fazer isso? Se isso fosse verdade, qual seria a pior coisa que poderia acontecer? O que acontecerá se isso suceder? De que modo poderia ser tão terrível?

Um terceiro grupo de perguntas tenta persuadir os pacientes do valor de "satisfação" do seu sistema de crenças. As crenças racionais ajudam-nos a atingir nossos próprios objetivos, de modo que as crenças podem ser avaliadas segundo esse critério funcional. Por exemplo, ajudam o paciente a solucionar os problemas pessoais? A reduzir seus problemas emocionais? Exemplos de perguntas são: Vale a pena? Até onde você pode perceber, como você se sente?

Por meio do *debate comportamental* o sujeito questiona seus pensamentos irracionais, comportando-se de modo oposto a eles. O debate comportamental proporciona aos pacientes experiências que vão contra o seu atual sistema de crenças irracionais; os pacientes agem contra suas idéias irracionais. Por exemplo, se acreditam que não podem suportar a rejeição, são estimulados a procurar isso ativamente. Os debates comportamentais são realizados normalmente fora da clínica, sendo habitualmente programados como tarefas para casa. Não obstante, freqüentemente é útil empregar estratégias comportamentais na sessão, como a *representação de papéis* ou a *inversão do papel racional* (o paciente representa o papel racional).

Finalmente, uma terceira estratégia é o *debate por meio da imaginação*. Neste procedimento, depois de um debate verbal, o terapeuta pode pedir que os pacientes imaginem a si mesmos outra vez na situação problemática; isto pode permitir que o terapeuta veja se a emoção mudou. Se isto aconteceu, o terapeuta pode perguntar aos pacientes o que estão dizendo agora a si mesmos como uma forma de ensaiar crenças mais racionais. Se a emoção não mudou, pode haver mais idéias irracionais presentes e um exercício utilizando a imaginação pode permitir que surjam. Se for necessário, pode ser realizada uma nova análise ABC e reexaminar os resultados repetindo os exercício da imaginação. O terapeuta pode utilizar um dos seguintes tipos de imagens racionais emotivas (Maultsby, 1984).

Nas *imagens racionais emotivas negativas,* os pacientes fecham os olhos e imaginam a si mesmos na situação problema (A), procurando experimentar seu transtorno emocional habitual (C). Espera-se até que os pacientes informem que estão experimentando C e, então, pede-se que se concentrem nos pensamentos internos que pareçam estar relacionados a estas conseqüências emocionais. Depois, os pacientes são instruídos a mudar os sentimentos de uma emoção perturbadora para uma emoção mais construtiva (p. ex., de ansiedade para preocupação). Deve-se assegurar aos pacientes que isso possa ser feito, mesmo que seja apenas por uma fração de segundo. Pede-se aos pacientes para abrirem os olhos tão logo tenham realizado a tarefa. Quando fizerem este sinal, pode-se perguntar simplesmente: como você fez? Quase sempre a resposta mostrará uma mudança cognitiva; normalmente os pacientes respondem que deixaram de catastrofizar.

Nas *imagens racionais emotivas positivas* (Maultsby, 1984; Maultsby e Ellis, 1974), os pacientes imaginam a si mesmos em uma situação problemática, mas se vêem comportando-se e sentindo de modo diferente. Por exemplo, os pacientes ansiosos por ter que falar em público imaginam-se falando em sala de aula ou em uma reunião e sentindo-se relativamente relaxados quando fazem isso. Tão logo os pacientes informem que tiveram essa imagem, o terapeuta pergunta: "E o que você estava dizendo a si mesmo para fazer isso?". Esta técnica é útil porque permite que os pacientes pratiquem um plano positivo e desenvolvam um conjunto de habilidades de enfrentamento.

6. Atribuição das tarefas para casa

Para casa são solicitadas as tarefas que utilizam o relaxamento diferencial em situações da vida real selecionadas previamente. O sujeito pratica também a identificação de pensamentos desadaptativos, distinguindo-os dos pensamentos racionais e questionando-os em situações sociais nas quais sinta ansiedade. São programados experimentos comportamentais para comprovar a irracionalidade de determinados pensamentos dos sujeitos.

VII.4. *Quarta sessão*

1. Revisão das tarefas para casa
2. Prática do relaxamento diferencial
3. Reestruturação cognitiva: a técnica das três colunas e a comprovação da hipótese
4. Reestruturação cognitiva: atribuições errôneas e autocontrole
5. Apresentação dos direitos humanos básicos
6. Apresentação da folha de auto-registro multimodal
7. Atribuição de tarefas para casa

1. Revisão das tarefas para casa

Os primeiros 20 minutos de cada sessão, aproximadamente, são dedicados à revisão de tarefas para casa, programadas na sessão anterior. Descreve-se o que cada sujeito fez, reforça-se as tarefas corretamente realizadas e são esclarecidas as dificuldades que tenha encontrado.

2. Revisão do relaxamento diferencial

Revisa-se o relaxamento rápido no grupo, imaginando-se situações sociais que lhes produzam ansiedade, utilizando este relaxamento.

3. Reestruturação cognitiva: a técnica das três colunas e a comprovação da hipótese

Uma vez que o sujeito tenha aprendido a identificar pensamentos pouco racionais, pode-se empregar também a *técnica da dupla ou tripla coluna* para modificar pensamentos irracionais por racionais. Assim, na coluna da esquerda o paciente escreve o pensamento negativo automático e na coluna da direita escreve várias respostas positivas alternativas. Pode fazer uso também de uma terceira coluna na qual reinterpreta o acontecimento ambiental. Um exemplo da técnica da dupla e tripla coluna seria o seguinte:

Pensamento irracional	*Pensamento racional*	*Reinterpretação*
Se ficar calado as pessoas pensarão que sou estranho, mas se falar pensarão que sou bobo e isso seria terrível.	As pessoas não pensarão necessariamente que sou estranho se ficar calado; também pode ser que não percebam por quanto tempo falo.	As pessoas gostam de conversas superficiais. Não tem sentido que cada comentário tenha que ser inteligente.

Os pacientes têm que aprender a discriminar entre o pensamento e a realidade e a mudar da análise dedutiva para a indutiva, ou seja, a considerar os pensamentos como teorias ou hipóteses a serem testadas, em vez de afirmações de fato (Caballo, 1993; Lega, Caballo e Ellis, 1997). A maioria dos pacientes com fobia social antecipam os problemas antes deles se manifestarem; do mesmo modo, quando realmente têm um problema, exageram a sua importância, dramatizam e evitam a situação, dando um significado ao comportamento dos outros que vai além dos próprios fatos. Por isso, as hipóteses têm que ser testadas empiricamente, buscando fatos que as confirmem ou invalidem.

Também é empregado o *contraste adaptativo*, que ajuda o paciente a comprovar as conseqüências negativas de pensar de modo desadaptativo, pois estes pensamentos só aumentam a probabilidade de que se produza aquilo que mais se teme, que é a rejeição dos outros. Uma análise das conseqüências positivas e negativas a curto, médio e longo prazo serve para que o paciente se dê conta de como esses pensamentos são desadaptativos, que não se justificam mesmo quando os demais o criticam. Deprimir-se, ficar irado ou ansioso não é uma solução para este problema, já que estas respostas apenas contribuem para criar mais problemas sociais. Neste ponto, ensinamos ao paciente que mesmo quando seus pensamentos negativos têm uma base empírica, nem por isso estão justificados. Damos exemplos como os seguintes: se um paciente objetivamente tem excesso de peso, ficar preocupado e repetindo continuamente para si mesmo que está gordo provavelmente vai levá-lo a comer em excesso, mais que a controlar sua dieta. O paciente deve entender que os pensamentos negativos surgem como resultado da sua história de aprendizagem, pois aprendeu a desconfiar das suas habilidades sociais e da sua capacidade de ser atraente socialmente para os demais. Entretanto, a presença, neste momento, das suas expectativas negativas não vai estar justificada, já que manter estas expectativas só acarretará conseqüências negativas, como a diminuição do estado de ânimo, o aumento da ansiedade e dos comportamentos inábeis, ou a evitação ou fuga das situações sociais, perpetuando o círculo vicioso ao acreditar ainda mais nestas expectativas por não colocá-las em contraste com a realidade.

Ajudaremos também o paciente na busca de expectativas realistas, mais ajustadas à realidade, não distorcidas, não irracionais e adaptativas, para que as ensaie nas situações conflitantes. Explicaremos que estas, ao princípio, não terão um grau elevado de credibilidade, mas, ao serem ensaiadas com envolvimento emocional nas situações problemáticas, irão aumentado gradualmente o nível de confiança em si mesmo ao perceber como, à medida que desaparecem as expectativas negativas, aumenta o bem-estar emocional, diminuindo a ansiedade e a preocupação e aumentam os comportamentos socialmente adaptados.

4. Reestruturação cognitiva: atribuições errôneas e autocontrole

O/a paciente tende a atribuir comportamentos negativos dos outros à sua própria atuação ou presença, de forma generalizada e negativa. Por exemplo, se um colega de trabalho está de mau humor e o cumprimenta de modo inadequado, é porque "ele/ela o ofendeu sem perceber". Se um vizinho não o cumprimenta na rua, é porque "o/a paciente deve ter feito alguma coisa inadequada". Se alguém de quem ele/ela gosta não lhe dá atenção, é porque o paciente "é pouco atraente e não é interessante para ninguém". Escutamos com freqüência como estes pensamentos são personalizados e, às vezes, atribuídos a uma intencionalidade negativa dos outros ("fazem isto para me chatear", "agem assim para me ofender", etc.) ou considerando-se o centro da atenção de todo o mundo ("na discoteca todo o mundo estava olhando para mim quando a tirei para dançar e ela disse que não"). O/a paciente com fobia social pode estar completamente controlado/a por estas atribuições, mantendo as intencionalidades negativas e chegando a apresentar um quadro de isolamento social que deteriora seu estado de ânimo e contribui de forma significativa para a presença de sintomatologia depressiva significativa que agravará, por sua vez, a sintomatologia fóbica.

Consideramos de grande utilidade para discutir estas atribuições *a explicação do modelo de desamparo* de Abramson, Seligman e Teasdale (1978), sobre o estilo atribuicional depressogênico que compreende atribuições *internas, estáveis* e *globais* para os fracassos. A apresentação e discussão deste estilo, adaptando esta explicação ao nível cultural do paciente, ajuda-o a perceber como realiza atribuições de responsabilidade de modo parcial e generalizado, sem a capacidade de discriminar as próprias responsabilidades das alheias, e suas distintas contribuições para o conflito que se apresenta com o outro (Bas e Andrés, 1993).

Costuma ser importante também, para os sujeitos com fobia social, o excesso de auto-observação e a direção deste processo, no qual o paciente presta atenção seletiva aos seus comportamentos sociais inadequados, aumentando-os e dramatizando a importância e as conseqüências negativas dos mesmos, o que contribui de forma particular para o aumento das respostas fisiológicas de ansiedade e, em conseqüência, para o aumento dos comportamentos inábeis. O controle dessa variável é de enorme importância, já que concluímos com freqüência que enquanto o paciente se *auto-observar* na situação social seu comportamento será inadequado.

Algumas das estratégias que utilizamos nestes casos são: a explicação desse fenômeno, de como funciona como uma profecia auto-realizadora e das conseqüências negativas do mesmo, insistindo na contribuição desta variável para o aumento da ansiedade fisiológica e o comportamento inábil; a discussão das distorções cognitivas já citadas que justificam, segundo o paciente, a necessidade de estar totalmente atento aos aspectos negativos da sua atuação social; a apresentação e crítica da idéia irracional de Ellis que se refere a "se alguma coisa é perigosa ou preocupante, você deve ficar continuamente preocupado com isso, concentrando-se na probabilidade de que venha a acontecer", já que, para os pacientes, esta crença novamente justifica a necessidade de estar observando a si mesmos; o controle dos pensamentos obsessivos com estratégias como a parada do pensamento ou a parada cognitiva, no caso de que o paciente careça de um mínimo de controle destas obsessões; o treinamento em técnicas de distração, que podem ser aplicadas no momento da interação social, com o objetivo de não estar concentrado em si mesmo. Por último, no caso da exposição *in vivo*, como prova de realidade que se leva a cabo na clínica, temos uma boa oportunidade para fazer com que o paciente veja as conseqüências negativas imediatas deste acesso de auto-observação que, como já comentamos, estará relacionado à atuação social inadequada do paciente na representação de papéis da situação simulada. Em suma, existem três modalidades principais para trabalhar a auto-observação: 1) manejar a atenção externa (distração), 2) a auto-atenção (parada, etc.) ou o 3) esquema negativo que controla a auto-atenção (reestruturação cognitiva, etc.), tal como ilustramos em outros trabalhos (Bas, 1991, no prelo).

Igualmente, é próprio destes pacientes o excesso de auto-avaliação, com critérios rígidos e perfeccionistas, e o déficit de auto-reforço na sua atuação social, juntamente com um excesso de autopunição por seus comportamentos inadequados, que se agravam à medida que se apresente uma sintomatologia depressiva associada ao quadro fóbico. Na exposição *in vivo* como comprovação da realidade, são trabalhadas estas variáveis, ajustando os critérios subjetivos, perfeccionistas e exigentes, observando as distorsões cometidas e estimulando a prática de auto-avaliações mais ajustada e adaptativa. O treinamento na observação de comportamentos positivos e o auto-reforço são estratégias úteis para a mudança deste estilo cognitivo negativo. Por outro lado, a discussão das conseqüências desadaptativas do estilo de autopunição é útil para diminuir a influência negativa desta variável, explicando ao paciente, especialmente, como a autopunição diminui o estado de ânimo e, em conseqüência, aumenta a probabilidade dos comportamentos de evitação, bem como a credibilidade nas crenças negativas acerca do interesse social que o paciente acredita ter para os demais, aumentando seu mal-estar e sua ansiedade.

5. Apresentação dos direitos humanos básicos

Nossos direitos humanos provêm da idéia de que todos somos criados iguais, em um sentido moral, e que temos que nos tratar como tais. Nas relações sociais entre dois iguais, nenhuma pessoa tem privilégios exclusivos, porque as necessidades e os objetivos de cada pessoa têm que ser avaliados igualmente. Um direito humano básico no contexto das HH SS (Habilidades Sociais) é algo que todo mundo tem direito a ser (p. ex., independente), ter (p. ex., sentimentos e opiniões próprias) ou fazer (p. ex., pedir o que se quer) em virtude de sua existência como ser humano.

Um tipo de direito que se confunde freqüentemente com os direitos humanos básicos é o direito de *papel*. Os direitos humanos podem ser generalizados para todo mundo enquanto os direitos de papel são aqueles que uma pessoa possui em virtude de um contrato formal ou informal para exercer certas responsabilidades ou empregar determinadas habilidades.

Dado que nem todas as pessoas reconhecem os mesmos direitos humanos básicos, podem ocorrer conflitos. Lange e Jakubowski (1976) apontam quatro razões pelas quais é importante desenvolver sistema de crenças que ajude as pessoas a sustentar e justificar sua atuação socialmente adequada: 1) a pessoa pode continuar acreditando no seu direito a agir como pensa, que tem de fazer, mesmo quando é criticada injustamente por este comportamento; 2) pode contra-atacar qualquer culpa irracional que possa acontecer mais tarde, como resultado de ter se comportado do modo como o fez; 3) pode estar orgulhosa de seu comportamento, inclusive no caso de que essa conduta não agrade a mais ninguém; e 4) será mais provável que se comporte do modo que quiser.

Para ilustrar a importância de acreditar nos direitos humanos básicos que todos possuímos, pode ser realizado o seguinte exercício: da folha com os direitos humanos básicos (ver quadro 2.3) diz-se aos membros do grupo para escolherem um direito da

Quadro 2.3. Amostra de direitos humanos básicos. (Tirado de Caballo, 1993.)

1. O direito de manter sua dignidade e respeito se comportando de forma habilidosa ou assertiva – inclusive se a outra pessoa se sente ferida – contanto que não viole os direitos humanos básicos de outros

2. O direito de ser tratado com respeito e dignidade

3. O direito de dizer não a pedidos sem ter de se sentir culpado ou egoísta

4. O direito de experimentar e expressar seus próprios sentimentos

5. O direito de parar e pensar antes de atuar

6. O direito de mudar de opinião

7. O direito de pedir o que quer (dando-se conta de que a outra pessoa tem o direito de dizer que não)

8. O direito de fazer menos do que é humanamente capaz de fazer

9. O direito de ser independente

10. O direito de decidir o que fazer com seu próprio corpo, tempo e propriedade

11. O direito de pedir informação

12. O direito de cometer enganos – e ser responsável por eles

13. O direito de se sentir bem consigo

14. O direito de ter suas próprias necessidades e que essas necessidades sejam tão importantes como as necessidades dos outros. Além disso, ter o direito de pedir (não exigir) aos outros que respondam a suas necessidades e de decidir se satisfará as necessidades dos outros

15. O direito de ter opiniões e as expressar

16. O direito de decidir entre satisfazer as expectativas das outras pessoas e comportar-se seguindo seus interesses – sempre que não viole os direitos dos outros

17. O direito de falar sobre o problema com a pessoa envolvida e esclarecê-lo, em casos em que os direitos não estejam claros

18. O direito de obter aquilo pelo que pagou

19. O direito de escolher não se comportar de maneira assertiva ou socialmente habilidosa

20. O direito de ter direitos e defendê-los

21. O direito de ser escutado e de ser levado a sério

22. O direito de estar sozinho quando assim o escolher

23. O direito de fazer algo contanto que não viole os direitos de alguma outra pessoa

lista que seja importante para eles, mas que normalmente não se aplica às suas vidas, ou que lhes seja difícil de aceitar. Depois se dá a eles as seguintes instruções: "Feche os olhos... coloque-se em uma posição confortável... inspire profundamente, retenha o ar pelo máximo tempo possível e depois solte lentamente... Agora imagine que você tem o direito que escolheu da lista... Imagine como sua vida muda ao aceitar esse direito... Como agiria? Como se sentiria com você mesmo? E com outras pessoas?". Esta fantasia continua durante dois minutos, depois dos quais o terapeuta continua, dizendo: "Agora imagine que você já não têm esse direito... Imagine como sua vida mudaria, em comparação com o que era há uns momentos... Como você agiria agora? E como se sentiria com você mesmo? E com outras pessoas?". Esta fantasia continua durante outros dois minutos. Depois, em pares, discutem as seguintes questões: o direito que escolheram, como agiram e como se sentiram quando tinham e quando não tinham o direito e o que aprenderam com o exercício (Kelley, 1979; Lange e Jakubowski, 1976).

6. Apresentação da folha de auto-registro multimodal

Apresenta-se aos membros do grupo a folha de auto-registro multimodal, na qual anotarão seus comportamentos, grau de ansiedade e pensamentos que ocorreram nas situações-objetivo das tarefas para casa (ver quadro 2.4).

7. Atribuições de tarefas para casa

São atribuídas tarefas para casa que consistirão principalmente em introduzir-se em situações, combinadas de antemão entre o terapeuta e os membros do grupo, que provoquem uma certa ansiedade (exercícios comportamentais de comprovação de hipóteses). São lembrados a empregar o relaxamento diferencial e a identificar e questionar os pensamentos desadaptativos que lhes vierem à cabeça. Também devem identificar os direitos presentes em cada uma das situações abordadas.

Utiliza-se a folha de registro multimodal para anotar o grau de ansiedade provocado pela situação, pensamentos desadaptativos que teve nela, pensamentos racionais com os quais os neutralizou, comportamento realizado, grau de ansiedade final e o que gostariam de ter feito (ver quadro 2.4).

VII.5. *Quinta sessão*

1. Revisão das tarefas para casa
2. Exposição gradual
3. Atribuição das tarefas para casa

Quadro 2.4. *Folha de auto-registro multimodal para empregar na avaliação da conduta social.* (Adaptada de Caballo, 1993.)

Nome: _____   Período: _____

Hora e dia em que ocorreu	Situação	Avaliação da ansiedade (0-100)	Pensamentos irracionais	Pensamentos racionais	Avaliação da ansiedade (0-100)	Comportamento social manifesto

1. Revisão das tarefas para casa

Os 20 primeiros minutos de cada sessão, aproximadamente, são dedicados à revisão das tarefas para casa que foram programadas na sessão anterior. Cada sujeito descreve o que fez; são reforçadas as tarefas realizadas corretamente e esclarecidas as dificuldades que tenha encontrado.

2. Exposição gradual

Ao começar esta sessão da exposição gradual pode-se voltar a propor a explicação da aquisição de temores com base na teoria dos dois fatores de Mowrer (estratégia básica da intervenção com pacientes com fobia social). Explica-se ao sujeito que, em vez de fugir da situação temida, o que não melhora em nada as coisas, é mais útil expor-se a ela até que a ansiedade diminua sensivelmente ou desapareça. Utiliza-se também a exposição ao vivo às situações temidas como *comprovação da realidade*.

O objetivo das pessoas com fobia social é superar a evitação e romper a associação entre a ansiedade e situações sociais concretas. Isto se realiza de modo gradual. Constrói-se uma hierarquia típica de situações sociais temidas que o paciente evita ou as que enfrenta com grande ansiedade e comportamentos inábeis. Começaremos a ensaiar esses comportamentos na clínica, com uma análise prévia das expectativas negativas: perguntaremos ao paciente quais são as suas expectativas de realizar o comportamento social adequado e ele indicará os conteúdos dos seus medos. Por exemplo, o paciente verbalizará que "não vou fazer isso bem". Nossa primeira tarefa consistirá em fazer uma descrição operacional desta crença para que possa ser checada, já que uma verbalização tão abstrata dificilmente pode ser contrastada com a realidade. Depois de várias perguntas, clarificaremos os conteúdos do medo: "não vai sair nem uma palavra, não vou ser capaz de dizer nada, vou gaguejar, não vou nem olhá-lo nos olhos, etc.". Estas expectativas podem ser avaliadas. A seguir, pediremos a ele o grau de certeza da crença, que tem de que isso vai irremediavelmente ser assim e passaremos logo após a ensaiar a situação da hierarquia associada a um menor nível de ansiedade. Gravaremos em vídeo a atuação para que o paciente possa perceber de forma objetiva qual foi seu grau de adequação. Em geral, observamos que, em pacientes com um repertório de habilidades sociais adequado, a realização da tarefa social será inadequada somente se estiverem pensando negativamente; as expectativas negativas funcionam como uma profecia auto-realizada, contribuindo para o surgimento de um mal-estar fisiológico que é percebido imediatamente pelo paciente e rotulado de modo irracional ("estou ficando vermelho, é terrível, não suporto isso"), favorecendo-se deste modo o surgimento dos comportamentos inadequados (gagueira, déficit de contato visual, excesso de loquacidade ou ficar calado, etc.). Por outro lado, se o paciente controlar essas expectativas negativas, o círculo se rompe e pode agir com naturalidade e espontaneidade, sem que surjam as respostas fisiológicas de ansiedade e os temidos comportamentos inábeis.

Como já dissemos, depois de o paciente avaliar o grau de crença nas suas expectativas e tiver o comportamento social que lhe é pedido, pergunta-se novamente como percebeu sua atuação. É freqüente que os pacientes com este transtorno mantenham claras distorções na avaliação do seu comportamento social, devido às distorções cognitivas que apresentam. Assim sendo, observamos que seu julgamento acerca da sua atuação é mais negativo do que se poderia esperar e, curiosamente para ele, não coincide com a opinião do restante dos colegas do seu grupo que julgam sua atuação melhor do que ele. Por exemplo, pede-se ao paciente (antes que veja no vídeo sua atuação) para avaliar em que medida se concretizaram suas expectativas negativas (em uma escala subjetiva, oscilando entre 0 e 100) e qual seria o grau de execução que teve (0 = atuação completamente inadequada e 100 = atuação totalmente adequada). Seus colegas realizam a mesma avaliação para que esta sirva de comparação para o paciente. A seguir, assiste-se o vídeo para que o paciente contraste seus critérios de avaliação com a realidade e observe se suas expectativas negativas foram concretizadas, e em que medida. Se o paciente esteve controlado pelas expectativas negativas durante toda a atuação, vai vê-las realizadas em grande parte, confirmando-se as hipóteses estabelecidas a respeito; então, faz-se com que o paciente veja como o problema começa por pensar de forma tão negativa. Se o paciente não se viu controlado por estas expectativas e manteve a calma, poderá confirmar como seu julgamento acerca da sua atuação não é correto e, em geral, suas expectativas não se concretizaram como ele temia e sua atuação foi mais correta do que ele esperava. Neste momento, seus graus de crença na realização de expectativas e de atuação correta são contrastados com a média do grupo, para confirmar suas distorções. É o momento no qual o paciente percebe como seus critérios de avaliação são distorcidos e são mais exigentes e inflexíveis que os do resto dos pacientes do grupo que, por outro lado, quando forem submetidos ao mesmo contraste, cometerão os mesmos erros enquanto que, como avaliadores objetivos do comportamento social dos outros companheiros do grupo, não cairão nas distorções cognitivas e apresentarão uma avaliação mais adequada da realidade.

Depois deste teste, pede-se ao paciente que se auto-reforce pelos comportamentos sociais adequados, e o restante do grupo e os terapeutas também reforçam os comportamentos sociais eficazes e as avaliações mais objetivas que o paciente chega a realizar do seu comportamento depois de toda essa discussão.

A seguir, continua-se ensaiando outro comportamento da hierarquia que seja de maior ansiedade que o anterior.

Os critérios para deixar de ensaiar estas situações são determinados pelas pontuações que os pacientes apresentam nos controles realizados depois de cada ensaio, efetivamente, sobre o grau de ansiedade subjetiva que o paciente apresenta quando realiza estas representações de papéis e sobre o grau de ajustamento das suas avaliações objetivas, bem como o controle da auto-observação.

Em geral, são efetuados os seguintes registros para cada paciente para cada comportamento ensaiado: a) o grau de ansiedade subjetiva durante a atuação (Escala SUD, de 0 a 100); b) o grau de cumprimento das expectativas negativas geradas antes da atuação; c) o grau de eficácia da sua atuação em uma escala subjetiva de 0 a 100 (0 = completamente incompetente e 100 = completamente competente); d) grau de eficácia da sua atuação segundo os colegas do grupo; e) grau de adequação das habilidades verbais e não-verbais pertinentes à tarefa (escala de 1 a 5, na qual 3 representa a adequação justa, 1 a falta de adequação e 5 a adequação total) segundo os observadores externos (veja Caballo, 1993).

Fazer um controle tão exaustivo, mesmo quando é complicado na prática clínica real, é de enorme utilidade para que os pacientes apreciem sua evolução e contrastem suas opiniões com a realidade objetiva que os demais observam, motivando-os assim a continuar na terapia e envolvendo-os mais na mesma. Pudemos notar, ao longo da nossa experiência clínica, como o controle do processo de evolução por meio de registros pertinentes dos comportamentos do paciente diminui a probabilidade de que este abandone a terapia, contribui para a sua motivação em relizar as tarefas terapêuticas e, conseqüentemente, promove a melhora.

Como dizíamos, o controle da auto-observação é um ponto determinante. Se o paciente se auto-observa enquanto atua, seu comportamento social será inadequado e inábil. Se o paciente concentra-se na situação controlando sua auto-observação inadequada e excessiva, aumentará a probabilidade de que seu comportamento social seja adequado. Para o paciente significará sempre um grande desafio diminuir a auto-observação que o prejudica de modo considerável na sua atuação. Mais adiante comentaremos a importância de controlar esta variável.

Esses ensaios serão realizados antes que o paciente pratique esses comportamentos em situações reais, garantido-nos que o paciente vai comportar-se na vida real de forma adequada e eficaz.

Pode-se também fazer com que algumas situações sociais sejam experimentadas primeiro por meio da imaginação, fazendo com que os sujeitos pensem em tais situações depois de haver relaxado de forma rápida. Pode-se avaliar o nível de ansiedade sentido pelos sujeitos utilizando a *Escala SUD* já vista em uma sessão anterior. Se a ansiedade do sujeito se elevar demais, suspende-se a cena e o sujeito volta a relaxar. Estas mesmas situações que o sujeito imaginou podem ser propostas como tarefas para casa, decompostas em pequenos passos no caso de serem complexas. Por exemplo, no caso de um sujeito com medo de comer em público, esse comportamento poderia ser decomposto em passos mais específicos (Andrews et al., 1994):

1. Tomar um café de manhã em uma padaria.
2. Tomar um aperitivo ao meio-dia.
3. Tomar um aperitivo e uns tira-gostos ao meio-dia.
4. Almoçar durante pelo menos vinte minutos.
5. Almoçar, terminar e pedir um café, ficando pelo menos 15 minutos depois.

Pode-se usar a *Escala SUD* para avaliar a ansiedade provocada por cada passo. Também são registrados os pensamentos desadaptativos surgidos em cada uma dessas etapas.

3. Atribuição das tarefas para casa

Utiliza-se a folha de auto-registro multimodal para anotar as diferentes situações nas quais o sujeito vai se ver envolvido durante a semana. São programadas várias situações sociais da hierarquia estabelecida na sessão para que o sujeito se exponha a elas utilizando o relaxamento diferencial e o questionamento dos pensamentos desadaptativos.

VII.6. *Sexta sessão*

1. Revisão das tarefas para casa
2. Introdução ao campo das habilidades sociais
3. Conversa e exercícios explicativos sobre os componentes moleculares das habilidades sociais
4. Diferenças entre comportamento assertivo, não assertivo e agressivo
5. Atribuição de tarefas para casa

1. Revisão das tarefas para casa

Os 20 primeiros minutos de cada sessão, aproximadamente, são dedicados à revisão das tarefas para casa que foram programadas na sessão anterior. Cada sujeito descreve o que fez; são reforçadas as tarefas realizadas corretamente e esclarecidas as dificuldades que tenha encontrado.

2. Introdução ao campo das habilidades sociais

Apresenta-se aos membros do grupo uma visão geral do que são as habilidades sociais. Introduzimos o conceito de habilidade social, apresentam-se as diferentes dimensões das habilidades sociais e se integra dentro do que é o problema da fobia social (Caballo, 1991, 1993).

3. Conversa e exercícios explicativos sobre os componentes moleculares das habilidades sociais

Apresenta-se ao sujeito informações básicas sobre os componentes não-verbais, paralingüísticos e verbais mais importantes para o comportamento socialmente habilidoso (ver Caballo, 1993). Propõe-se primeiramente uma visão geral da comunicação não-verbal e são descritas brevemente as características mais importantes de alguns elementos, como os seguintes:

O OLHAR – O olhar é definido como "olhar para outra pessoa ou entre os olhos, ou, de modo mais geral, para a metade superior do rosto. O olhar mútuo implica que se realizou um `contato ocular´ com outra pessoa" (Cook, 1979). Quase todas as interações dos seres humanos dependem de olhares recíprocos.

Alguns dos significados e funções das normas de olhares são: a) *Atitudes*. As pessoas que olham mais são vistas como mais agradáveis, mas a forma extrema de olhar fixo é vista como hostil e/ou dominadora. Certas seqüências de interação têm mais significados, p. ex., deixar de olhar primeiro é sinal de submissão. A dilatação da pupila indica interesse pelo outro; b) o olhar mais, *intensifica* a impressão de certas emoções, como a ira enquanto olhar menos intensifica outras, como a vergonha; c) *Acompanhamento da fala*. O olhar é empregado, juntamente com a conversação, para sincronizar, acompanhar ou comentar a palavra falada. Em geral, se o ouvinte olhar mais, provocará mais resposta por parte de quem fala e, se quem fala olhar mais, será visto como persuasivo e seguro.

A EXPRESSÃO FACIAL – O rosto é o principal sistema de sinais para mostrar as emoções. Há seis principais expressões das emoções e três áreas do rosto responsáveis pela sua manifestação. As seis emoções são: alegria, surpresa, tristeza, medo, ira e nojo/desprezo, e as três regiões faciais, a testa/sombrancelhas, olhos/pálpebras e a parte inferior do rosto. O comportamento socialmente habilidoso requer uma expressão facial que esteja de acordo com a mensagem. Se uma pessoa tiver uma expressão facial de medo ou de raiva enquanto tenta iniciar uma conversação com alguém, não é provável que tenha êxito.

Os GESTOS – Um gesto é qualquer ação que envia um estímulo visual a um observador. Para chegar a ser um gesto, um ato tem que ser visto por alguém e tem que comunicar alguma informação. Os gestos são basicamente culturais. As mãos e, em menor grau, a cabeça e os pés podem produzir uma vasta variedade de gestos, que são empregados para uma série de propósitos diferentes. Os gestos constituem um segundo canal que é muito útil, por exemplo, para a sincronização e a retroalimentação (ou *feedback*). Os gestos que forem apropriados para as palavras que estejam sendo ditas servem para acentuar a mensagem acrescentando ênfase, franqueza e calor. Os movimentos desinibidos podem sugerir também franqueza, confiança em si mesmo (salvo se o gesto for errático e nervoso) e espontaneidade por parte de quem fala.

A POSTURA – A posição do corpo e dos membros, o jeito de uma pessoa se sentar, como fica de pé e como caminha refletem suas atitudes e sentimentos sobre si mesma e sua relação com os outros. Algumas posturas comunicam traços como os seguintes: a) *Atitudes*: um conjunto de posições da postura que reduzem a distância e aumentam a abertura são calorosas, amigáveis, íntimas, etc. As posições "calorosas" incluem inclinar-se para a frente, com os braços e pernas afastados, mãos estendidas em direção ao outro. Outras posições que indicam atitudes compreendem: apoiar-se para atrás, mãos entrelaçadas sustentando a parte posterior da cabeça indicam dominância ou surpresa; braços pendurados, cabeça inclinada e para um dos lados indicam timidez; pernas separadas, mãos na cintura, inclinação lateral indicam determinação.

b) *Emoções*: existe evidência de que a postura pode comunicar emoções específicas (como estar tenso ou relaxado), incluindo ombros encolhidos, braços erguidos, mãos estendidas que indicam indiferença; inclinação para a frente, braços estendidos, punhos cerrados indicam ira; vários tipos de movimentos pélvicos, cruzar e descruzar as pernas (nas mulheres) indicam flerte. c) *Acompanhamento da fala*: as mudanças importantes da postura são usadas para marcar amplas unidades da fala, como nas mudanças de assunto, para dar ênfase e para indicar o tomar ou o conceder a palavra.

A ORIENTAÇÃO – os graus de orientação indicam o grau de intimidade/formalidade da relação. Quanto mais cara a cara é a orientação, mais íntima é a relação, e vice-versa. A orientação corporal que costuma ser a mais adequada para uma grande quantidade de situações é uma frontal modificada, na qual as pessoas que se comunicam encontram-se ligeiramente inclinadas com respeito a uma confrontação direta – formando um ângulo de aproximadamente 10 a 30º. Esta posição sugere claramente um alto grau de envolvimento, liberando-nos ocasionalmente do contato visual total.

DISTÂNCIA/CONTATO FÍSICO – há uma presença de normas implícitas dentro de qualquer cultura que se referem ao campo da distância permitida entre duas pessoas que falam. O grau de proximidade expressa claramente a natureza de qualquer interação e varia com o contexto social. Por exemplo, estar muito perto de uma pessoa ou chegar a tocar-se sugere uma qualidade de intimidade na relação, a menos que se encontrem em lugares superlotados. No âmbito do contato corporal, existem diferentes graus de pressão e diferentes pontos de contato que podem indicar estados emocionais, como medo, atitudes interpessoais ou um desejo de intimidade.

A APARÊNCIA PESSOAL – refere-se ao aspecto externo de uma pessoa. Embora haja traços que são inatos como, por exemplo, a forma do rosto, a estrutura do corpo, a cor dos olhos, do cabelo, etc., atualmente é possível transformar quase completamente a aparência das pessoas. Deixando de lado a cirurgia plástica e demais intervenções médicas, podemos mudar à vontade quase todos os elementos externos de uma pessoa. Desde tingir os cabelos, maquiar-se, aumentar a altura por meio de sapatos de salto alto até, inclusive, mudar a cor dos olhos por meio de lentes de contato.

As roupas e adornos desempenham também um papel importante na impressão que os outros formam do indivíduo. Os componentes nos quais se baseiam a atração e as percepções do outro são as roupas, o físico, o rosto, os cabelos e as mãos. "A principal finalidade da manipulação da aparência é a auto-representação, que indica como se vê a si mesmo quem assim se apresenta, e como gostaria de ser tratado" (Argyle, 1978, p. 44). A aparência é preparada com mais ou menos cuidado e tem um poderoso efeito sobre as percepções e reações dos outros (e algum efeito sobre quem a usa) (Argyle, 1975). As características da aparência pessoal oferecem impressões aos demais sobre atração, *status*, grau de conformidade, inteligência, personalidade, classe social, estilo e gosto, sexualidade e idade desse indivíduo. "Seria possível pensar que não vale a pena conhecer as pessoas que respondem a estes sinais externos, posto que se esquece do `interior da pessoa´. Entretanto, as pessoas podem nunca chegar a ter uma oportunidade de conhecer o interior da pessoa se forem rechaçadas pela aparência externa" (Gambrill e Richey, 1985, p. 215). A apresentação da própria imagem para os outros é uma parte essencial do comportamento social, mas isso tem que ser feito de um modo adequado.

O VOLUME DA VOZ – a função mais básica do volume consiste em fazer com que uma mensagem chegue até um ouvinte potencial e o déficit óbvio é um nível de volume baixo demais para servir a esta função. Um volume alto de voz pode indicar segurança e domínio. Entretanto, falar alto demais (o que sugere agressividade, ira ou rudeza) pode ter também conseqüências negativas – as pessoas poderiam ir embora ou evitar futuros encontros. As mudanças no volume de voz podem ser empregadas em uma conversação para enfatizar pontos. Uma voz que varia pouco em volume não será muito interessante de escutar.

A ENTONAÇÃO – a entonação serve para comunicar sentimentos e emoções. As mesmas palavras podem expressar esperança, afeto, sarcasmo, ira, excitação ou desinteresse, dependendo da variação da entonação de quem fala. Pouca entonação, com um volume baixo, indica cansaço, tédio ou tristeza. Um padrão que não varia pode ser cansativo ou monótono. As pessoas são percebidas como sendo mais dinâmicas e extrovertidas quando mudam freqüentemente a entonação das suas vozes, durante uma conversação. As variações da entonação podem regular também o ceder a palavra; pode-se aumentar ou diminuir a entonação da voz de uma pessoa para indicar que gostaria que uma outra falasse, ou pode diminuir o volume ou a entonação das últimas palavras da sua expressão ou pergunta. Uma entonação que sobe é avaliada positivamente (ou seja, alegre); uma entonação que decai, negativamente (deprimido); um tom fixo, como neutro. Muitas vezes, a entonação que se dá às palavras é mais importante que a mensagem verbal que se deseja transmitir.

A FLUIDEZ – as vacilações, falsos começos e repetições são bastante normais nas conversações diárias. Entretanto, as perturbações excessivas da fala podem causar uma impressão de insegurança, incompetência, pouco interesse ou ansiedade. Demasiados períodos de silêncio poderiam ser interpretados negativamente, especialmente como ansiedade, raiva ou inclusive um sinal de desprezo. Expressões com um excesso de "palavras de preenchimento" durante as pausas, p. ex., "você já sabe", "bom", ou sons como "ah" e "eh" provocam percepções de ansiedade ou tédio. Outro tipo de perturbação inclui repetições, gagueira, pronúncias erradas, omissões e palavras sem sentido.

O TEMPO DE FALA – este elemento refere-se ao tempo que o indivíduo se mantém falando. O tempo de conversação do indivíduo pode ser deficitário por ambos os extremos, ou seja, se quase não fala ou fala demais. O mais adequado é um intercâmbio recíproco de informações.

O CONTEÚDO – A fala é usada para uma variedade de propósitos, p. ex., comunicar idéias, descrever sentimentos, discutir e argumentar. As palavras empregadas dependem da situação em que a pessoa se encontra, seu papel nessa situação e o que está tentando conseguir. O assunto ou conteúdo da fala pode variar em grande medida.

Pode ser íntimo ou impessoal, simples, abstrato ou técnico. Alguns elementos verbais que são considerados importantes no comportamento socialmente habilidoso são, por exemplo, as impressões de atenção pessoal, os comentários positivos, o fazer perguntas, os reforços verbais, o emprego do humor, a variedade dos assuntos, as expressões na primeira pessoa, etc.

Com diversos exercícios (ver Caballo, 1993) pode-se mostrar a importância de todos estes elementos que acabamos de descrever para o comportamento social do indivíduo.

4. Diferenças entre comportamento assertivo, não assertivo e agressivo

Uma primeira distinção entre comportamentos assertivos, não assertivos e agressivos pode ser feita empregando um modelo bidimensional da assertividade, no qual uma dimensão se referiria ao tipo de expressão, *manifesta/encoberta* e a outra dimensão ao estilo de comportamento, *coercitivo/não coercitivo* (o estilo de comportamento coercitivo emprega a punição e a ameaça para atingir o objetivo). Na "assertividade" o comportamento seria expresso de forma manifesta e sem exercer coação sobre a outra pessoa enquanto o comportamento "agressivo" se expressaria de forma manifesta, mas de modo coercitivo sobre a outra pessoa. No "não-assertivo" ou há uma falta de expressão do comportamento ou se faz de forma indireta, mas sem intimidar o outro. Na "agressão passiva", o comportamento é expresso de modo indireto, mas coagindo a outra pessoa, ou seja, tenta-se controlar o comportamento da outra pessoa de um modo indireto ou sutil (p. ex., um olhar ameaçador). A figura 2.3 pode representar graficamente esses quatro estilos de resposta (Del Greco, 1983).

O quadro 2.5 apresenta uma série de diferenças nos níveis verbal, não-verbal e de conseqüências para esses três estilos de resposta. Depois são propostos diferentes exemplos sobre o comportamento assertivo, o não assertivo e o agressivo. Isto pode ser feito por meio de uma série de meios (vídeo, representação de cenas, explicação verbal, etc.).

5. Atribuição de tarefas para casa

A folha de auto-registro multimodal é utilizada para se anotar as diferentes situações sociais nas quais o sujeito vai ver-se envolvido durante a semana. São programadas várias situações sociais da hierarquia estabelecida na sessão para que o sujeito se exponha a elas, utilizando o relaxamento diferencial e o questionamento de pensamentos desadaptativos.

VII.7. *Sétima sessão*

1. Revisão das tarefas para casa.
2. Introdução ao ensaio comportamental como parte do treinamento em habilidades sociais.

Fig. 2.3. *Um modelo bidirecional da assertividade para explicar as diferenças entre os comportamentos assertivo, não assertivo e agressivo.* (Segundo Del Greco, 1983.)

3. Representação de uma situação própria de cada um dos membros do grupo.
4. Atribuição de tarefas para casa.

1. Revisão das tarefas para casa

Os 20 primeiros minutos de cada sessão, aproximadamente, são dedicados à revisão das tarefas para casa que foram programadas na sessão anterior. Cada sujeito descreve o que fez; são reforçadas as tarefas realizadas corretamente e esclarecidas as dificuldades que tenha encontrado.

2. Introdução ao ensaio comportamental como parte do treinamento em habilidades sociais

O ensaio das habilidades básicas necessárias, sem auto-observação nem auto-avaliação negativa e sem critérios perfeccionistas é necessário para que o paciente perceba que pode realizar os comportamentos sociais com êxito. Neste caso, o processo de exposição ao vivo como comprovação da realidade que temos na clínica, como já mencionamos, é de grande utilidade, já que contribui para que o paciente pratique com sucesso as habilidades apropriadas e perceba isto, avaliando seu comportamento de modo mais objetivo quando vê a si mesmo no vídeo e quando contrasta sua avaliação com a dos outros membros do grupo. Se não houver auto-observação, o paciente se comporta com normalidade e espontaneidade e seu comportamento, em geral, é adequado. Se avaliar a si mesmo enquanto atua, fica centrado nas suas respostas fisiológicas de ansiedade, rotulando-as de modo dramatizado e irracional, de tal forma que seus comportamentos inábeis surgirão quase irremediavelmente. Ao fixar-se nestes

Quadro 2.5. *Três estilos de resposta.* (Tirado de Caballo, 1993.)

NÃO ASSERTIVA	ASSERTIVA	AGRESSIVA
Pouco demais, tarde demais Pouco demais, nunca	O suficiente das condutas apropriadas no momento correto	Demasiado, cedo demais Demasiado, tarde demais
Comportamento não-verbal Olhos que olham para baixo; voz baixa; vacilações; gestos de desamparo; negando importância à situação; postura encurvada; pode evitar totalmente a situação; retorce as mãos; tom vacilante ou de queixa; risinhos "falsos"	*Comportamento não-verbal* Contato ocular direto; nível de voz de conversa; fala fluida; gestos firmes; postura ereta; mensagens na primeira pessoa, honesto/a; verbalizações positivas; respostas diretas à situação; mãos soltas.	*Comportamento não-verbal* Olhar fixo; voz alta; fala fluida/rápida; enfrentamento; gestos de ameaça; postura intimidadora; desonesto/a; mensagens impessoais.
Comportamento verbal "Talvez"; "Acho"; "Me pergunto se não poderíamos"; "Você se importa muito"; "Somente"; "Você não acha que"; "Ehh"; "Bom"; "Realmente não é importante"; "Não se preocupe"	*Comportamento verbal* "Penso"; "Sinto"; "Quero"; "Façamos"; "Como podemos resolver isso?"; "O que você acha?", "Qual é a sua opinião?"	*Comportamento verbal* "Você faria melhor se..."; "Faça", "Tome cuidado"; "Você deve estar brincando"; "Se você não fizer..."; "Você não sabe"; "Você deveria", "Mal".
Efeitos Conflitos interpessoais Depressão Desamparo Imagem pobre de si mesmo Prejudica a si mesmo Perde oportunidades Tensão Sente-se sem controle Solidão Não gosta de si mesmo nem dos outros Sente-se aborrecido	*Efeitos* Resolve os problemas Sente-se à vontade com os outros Sente-se satisfeito Sente-se à vontade consigo Relaxado Sente-se sob controle Cria e constrói a maioria das oportunidades Gosta de si mesmo e dos outros É bom para si e para os outros	*Efeitos* Conflitos interpessoais Culpa Frustração Imagem pobre de si mesmo Prejudica os outros Perde oportunidades Tensão Sente-se sem controle Solidão Não gosta dos outros Sente-se aborrecido

comportamentos inadequados, aumentará seu desejo de evitação e se dará o comportamento de fuga, apresentando um estado de ânimo negativo e, em casos graves, uma desesperança significativa, que contribuirão para manter a evitação. Se ante a elevação da ansiedade o paciente se dá instruções de "relaxe", "calma", "respire fundo", etc., minimiza a importância da situação e da sua atuação, deixa de observar-se e se concentra na tarefa social, diminuirá de forma considerável a probabilidade de que surjam os comportamentos temidos. Esses comportamentos são muito importantes para entender a reação do meio ambiente ante os pacientes com este transtorno. Várias vezes escutamos que a maior inabilidade se verifica diante das pessoas mais importantes para o paciente. Quando este não deseja que a outra pessoa perceba o interesse que ele tem por ela, pode chegar a comportar-se de forma manifestamente hostil ou tentar passar despercebido, de tal modo que aumenta a probabilidade de que o outro não responda de forma adequada ou não se relacione com o paciente. Isto é interpretado como um fato a mais que demonstra como os outros o rejeitam, sem perceber que seu próprio comportamento é o responsável, em grande medida, pela falta de atenção dos demais. Assim sendo, como podemos ver, o controle dos comportamentos inábeis, agressivos e de ocultação ante os demais é de grande importância para que o paciente se desenvolva em um contexto social de maneira tal que aumente a probabilidade de obter reforço social por parte das pessoas importantes para ele.

As falhas nas habilidades sociais, tanto as verbais (gagueira, incapacidade para articular uma palavra, etc.) quanto as não-verbais (déficit de contato visual, sorriso, etc.), são corrigidas nas sessões de ensaio das situações temidas já comentadas. Os pacientes têm muito medo de agir de forma incorreta e se percebem agindo dessa maneira, quando de fato, com freqüência, sua atuação é mais adequada do que eles pensam. Mas, como já mencionamos, necessitam ver-se no vídeo para ajustar seus critérios de observação e perceber suas distorções observacionais. Novamente, o controle dos colegas do grupo de tratamento servirá para que o paciente se dê conta de que seu julgamento sempre é mais rigoroso que o dos observadores externos. Nos casos mais graves, a opinião dos outros é desprezada por acreditar que não pode ser verdade o que dizem, apresentando afirmações do tipo "bom, claro, o que é que eles iam dizer?", "não vão me 'afundar' dizendo que realmente fiz mal", "dizem isso para me animar", etc. É útil nesses casos mostrar-lhes que quando é ele quem julga os outros, e reforça seu comportamento adequado, não faz isso para animá-los, não está enganando nem mentindo: está simplesmente dizendo o que pensa, como fazem os outros ao julgá-lo. O paciente mais "difícil" pode resistir a aceitar que suas habilidades são suficientes e, às vezes, bastante adequadas às exigências da situação. De qualquer maneira, alguns pacientes menos habilidosos necessitam de mais ensaios das situações temidas com a pertinente prática das habilidades verbais e não-verbais que apresentem déficits. Para isso é utilizado o ensaio comportamental.

No ensaio comportamental o paciente representa cenas curtas que simulam situações da vida real. Pede-se que o ator principal – o paciente – descreva brevemente a situação-problema real. As perguntas *o que, quem, como, quando e onde* são úteis para emoldurar a cena, bem como para determinar o modo específico como o sujeito quer atuar. A pergunta "por que" deveria ser evitada. O ator ou atores do outro papel ou papéis são chamados pelo nome das pessoas significativas para o sujeito na vida real. Uma vez que a cena começa a ser representada, é responsabilidade dos treinadores assegurar-se de que o ator principal representa o papel e tenta seguir os passos comportamentais enquanto atua. Se "sair do papel" e começar a fazer comentários, explicando acontecimentos passados ou outros assuntos, o treinador indicará com firmeza que entre outra vez no papel.

Se o participante tiver dificuldade com uma cena, deveria-se parar para discutir. Continuar quando alguém está ansioso ou incômodo, ou está mostrando um comportamento inapropriado ou não funcional não é construtivo. Por outro lado, se um sujeito mostra unicamente uma leve vacilação ou está se aproximando da conduta desejada, isso pode ser "apontado" a ele, dando apoio e ânimo. "Apontar" pode consistir em "qualquer tipo de instrução direta, indício ou sinal que se dá ao sujeito durante o ensaio de uma cena, seja de forma verbal ou não-verbal".

Se a situação escolhida para o ensaio comportamental se mostrar muito difícil, quem vai atuar deveria ser direcionado a praticar uma versão mais fácil da mesma situação.

Um número apropriado de ensaios comportamentais para um segmento ou para uma situação varia de três a dez. Salvo que a situação ensaiada seja curta, deveria ser dividida em segmentos que sejam praticados na ordem em que ocorrem.

Embora a seqüência de cada representação de papéis (ou seja, os passos comportamentais) seja sempre a mesma (podendo haver pequenas variações), o conteúdo das situações representadas muda de acordo com o que ocorre ou poderia ocorrer aos sujeitos na vida real. A seguir, descrevemos uma seqüência típica para realizar o ensaio comportamental em um formato grupal. Vários passos são expostos para dar uma idéia de como pode ser uma seqüência completa do ensaio comportamental (ajudado por outros procedimentos), embora freqüentemente não seja necessário passar por todos esses passos. Os passos são os seguintes:

1. *Descrição* da situação-"problema".
2. *Representação* do que o paciente faz normalmente nessa situação.
3. Identificação das possíveis *cognições desadaptativas* que estejam influenciando no comportamento socialmente inadequado do paciente.
4. Identificação dos *direitos humanos básicos* envolvidos na situação.
5. Identificação de um *objetivo adequado* para a resposta do paciente. Avaliação por parte deste dos objetivos a curto e longo prazo (*solução de problemas*).
6. Sugestão de respostas alternativas por outros membros do grupo e pelos treinadores/terapeutas, concentrando-se em *aspectos moleculares* da atuação.
7. Demonstração de uma destas respostas pelos membros do grupo ou pelos treinadores para o paciente (*modelagem*).

8. Utilizando o relaxamento diferencial, o paciente pratica *encobertamente* o comportamento que vai realizar como preparação para a representação de papéis.
9. *Representação* por parte do paciente da resposta escolhida, levando em conta a conduta do modelo, que acaba de presenciar, e as sugestões dadas pelos membros do grupo/terapeutas ao comportamento modelado. O paciente não tem que reproduzir como um "macaco" que imita o comportamento do modelo, mas sim integrá-lo ao seu estilo de resposta.
10. *Avaliação da eficácia* da resposta:

    a. Por quem representa o papel, levando em conta o nível de ansiedade presente e o grau de eficácia que acredita que a resposta obteve.
    b. Pelos outros membros/treinadores do grupo, baseando-se no critério do comportamento habilidoso. A *retroalimentação* proporcionada por eles é específica, destacando os traços positivos e apontando as condutas inadequadas de modo amigável, não punitivo. Uma forma de consegui-lo é que os terapeutas perguntem aos membros do grupo: "O que poderia ser melhorado?", considerando que devem referir-se a aspectos "moleculares" concretos e observáveis. Além disso, os terapeutas reforçarão as melhoras empregando uma estratégia de *modelagem* ou aproximações sucessivas.

11. Levando em conta a avaliação realizada pelo paciente e pelo restante do grupo, o terapeuta ou outro membro do grupo volta a representar (*modelar*) o comportamento, incorporando algumas sugestões feitas no passo anterior. Não é conveniente que em cada ensaio tente-se melhorar os elementos verbais e não-verbais ao mesmo tempo.
12. Repetem-se os passos 8 a 11 tantas vezes quanto for necessário, até que o paciente (especialmente) e os terapeutas/membros do grupo considerem que a resposta chegou a um *nível* adequado para ser realizada na vida real. Deve-se destacar que não é necessário repetir a modelagem do passo 11 cada vez que a cena volte ser a representada: o paciente pode incorporar diretamente as sugestões feitas à sua nova representação.
13. Repete-se a cena inteira, uma vez que tenham sido incorporadas, progressivamente, todas as possíveis melhorias.
14. São dadas as últimas instruções ao paciente sobre pôr em prática o comportamento ensaiado na vida real, as conseqüências positivas e/ou negativas com as quais pode se deparar e que o mais importante é tentar e não se focar somente no êxito (*tarefas para casa*). Indica-se também que, na próxima sessão, serão analisadas tanto a forma de executar tal comportamento quanto os resultados obtidos.

Se o paciente for incapaz de completar o ensaio satisfatoriamente, deve-se então decompor a cena que está sendo representada em partes menores e ensaiá-las passo a passo. "Também poderia ser decomposta em comportamentos verbais e não-verbais e praticada não verbalmente antes de acrescentar as palavras" (Wilkinson e Canter, 1982, p. 47). Estes mesmos autores afirmam que se pode dar uma oportunidade aos membros do grupo, antes da representação da cena, para praticarem durante uns poucos minutos em duplas ou em grupos de três, etc. (dependendo da situação).

Isto permite que o treinador dê uma volta pelo grupo e faça sugestões antes de que seja representada " em público".

3. Representação de uma situação própria de cada um dos membros do grupo

Cada um dos membros do grupo apresenta uma situação para ilustrar o ensaio de comportamento típico.

4. Atribuição de tarefas para casa

A cena representada na sessão é executada na vida real, sendo anotado o desenvolvimento na folha de registro multimodal. São escolhidas várias situações da hierarquia das temidas por cada paciente e o sujeito se expõe a elas na vida real, levando em conta tudo o que foi aprendido até agora.

VII.8. *Sessões 8 a 13*

1. Revisão das tarefas para casa
2. Ensaio de situações com relaxamento e reestruturação cognitiva
3. Exposição na vida real
4. Atribuição de tarefas para casa

Nas sessões 8 a 13, se começa e se termina revendo e atribuindo respectivamente as tarefas para casa. Essas sessões são dedicadas às principais técnicas de tratamento, ou seja, relaxamento, reestruturação cognitiva e exposição mais o treinamento de habilidades sociais, juntamente com as tarefas para casa. Cada sujeito apresenta uma situação própria, que é representada no grupo. Exemplos destas situações são: iniciar uma conversa com uma pessoa desconhecida do sexo oposto, falar em pequenos grupos, etc. Depois realiza-se a exposição a essas mesmas situações na vida real.

Pergunta-se aos membros do grupo sobre seus piores medos na situação e esses medos são incorporados às exposições simuladas. Deste modo, se um paciente tem medo de ser ridicularizado publicamente enquanto fala em um grupo, os participantes são instruídos a fazê-lo, mesmo que a probabilidade de que isso aconteça seja pequena. Durante as simulações, os sujeitos proporcionam avaliações periódicas da sua ansiedade na *Escala SUD* descrita anteriormente.

A exposição *in vivo* a todas as situações temidas, hierarquizada e graduada, previamente ensaiada na clínica, tal como já indicamos, é executada no restante do tratamento. Recomenda-se de forma especial que esta exposição seja realizada de modo prolongado e repetido, executando o maior número de exposições no menor tempo possível, já que o paciente verá como sua ansiedade diminui com mais rapidez e aumentam suas expectativas de auto-eficácia, diminuindo o mal-estar subjetivo, se é exposto de forma repetida.

A ordem da intervenção costuma ser a seguinte: a) exposição às situações temidas na clínica como prova de realidade; b) treinamento em rejeição; c) exposição *in vivo* controlada com os terapeutas e os colegas do grupo nas situações reais; d) exposição às situações temidas nos ambientes naturais, buscando generalização de respostas e diante de situações diversas muito calculadas.

Já comentamos os dois primeiros passos deste procedimento. Insistiremos agora que o terceiro passo está voltado a aumentar a probabilidade de que o paciente se exponha apenas às situações que teme. Às vezes, este passo intermediário não pode ocorrer devido à natureza da situação-problema, mas, em muitos casos, situações como cumprimentar ou iniciar conversações com pessoas desconhecidas que sejam atraentes ou interessantes para o paciente, ou expressar sentimentos negativos ou positivos, bem como marcar um encontro para outra ocasião, convidar alguém para tomar alguma coisa, etc. podem ser praticadas em grupo com a presença do terapeuta em situações reais na rua.

Nestes casos é freqüente que, em primeiro lugar, o terapeuta realize o comportamento específico e o paciente observe, para aprender por modelagem e perceber que as conseqüências deste comportamento não são tão negativas quanto ele havia imaginado. É comum que estes pacientes pensem que os outros vão inevitavelmente reagir de modo muito negativo diante de suas iniciativas sociais.

Em segundo lugar, o paciente realiza o comportamento enquanto é observado por dois terapeutas que, de modo dissimulado, registram a exatidão da sua conduta para poder dar ao paciente reatroalimentação específica acerca das suas habilidades.

Em terceiro lugar, o paciente recebe o comentário dos terapeutas que o observaram e dos outros pacientes que estiveram presentes para dar lugar a uma discussão acerca da sua atuação e dos comportamentos dos outros que interagiam com ele. Gera-se reforço social e auto-reforço pela atuação e avalia-se se ocorreram expectativas negativas, se o paciente concentrou a atenção em si mesmo enquanto se relacionava com o outro e qual foi o grau de ansiedade sentido durante a interação social.

A presença de um paciente que age como "modelo", que já recebeu alta e que sofreu em algum momento os mesmos sintomas do paciente, é de grande utilidade nos casos em que, trabalhando na rua, o paciente quer evitar a situação e apresenta comportamentos de resistência à atuação, tentando manipular o terapeuta com comportamentos de choro, sentimentos depressivos, etc.

O terapeuta de um grupo de pacientes com fobia social deve ser assertivo e saber controlar o reforço de comportamentos desadaptativos por parte do paciente, que pode tentar evitar sua atuação mesmo quando a tenha ensaiado com êxito, em repetidas ocasiões, na clínica. Embora se apresentem estas condições, o paciente com fobia social demonstra uma significativa tendência à evitação quando os comportamentos têm que ser praticados na rua. O terapeuta deve estar preparado para esta eventualidade e ter negociado, em cada caso e de antemão, a prática de um *custo de resposta* que será aplicado ante as condutas de evitação. É interessante não permitir que passe muito tempo desde que se decida que item da hierarquia vai ser executado até que esta prática seja posta em andamento. Quanto mais tempo o paciente permanecer com verbalizações do tipo "não posso fazer isso", "não estou em condições", "não estou me sentindo bem", "é melhor deixarmos para outro dia", etc., mais medo é autogerado e mais crenças se apresentarão para que ele tenha expectativas negativas, aumentando a probabilidade de que, ao final deste processo, o paciente evite enfrentar a situação temida. Se o terapeuta permite a evitação, esta provocará no paciente um alívio imediato da ansiedade, sendo uma vez mais reforçado negativamente seu comportamento evitativo e diminuindo a probabilidade de que se exponha da próxima vez. Não devemos nos esquecer que, mesmo quando o paciente imediatamente depois da evitação se sente melhor, a médio prazo se encontrará desanimado, aumentará sua desesperança, acreditando cada vez mais que seu problema não tem solução. Temos comprovado reiteradamente no nosso trabalho na rua que o paciente se anima consideravelmente quando executa a exposição, diminuindo o desamparo e seus sentimentos depressivos, e aumentando suas expectativas de auto-eficácia.

Outro tema que devemos levar em conta nessas práticas é que os pacientes não devem beber álcool antes ou durante a interação social, já que, como dissemos, alguns pacientes só foram capazes de relacionar-se socialmente no passado sob o efeito dessa substância psicoativa, que agiu como um desinibidor das suas condutas sociais.

De qualquer forma, o terapeuta deve ser sensível a dificuldades especiais que o paciente possa apresentar pontualmente (processo de separação, morte de um ente querido, etc.) e não pressionar excessivamente se o paciente estiver seriamente afetado, deixando os ensaios para outro momento.

Também devemos levar em contar que, se a outra pessoa apresenta uma reação negativa ante a iniciativa de relação do paciente, este deve agir como foi praticado no treinamento da rejeição, no qual foi previsto o que fazer no caso de o outro reagir com agressividade ou indiferença.

É de grande interesse que os outros reajam de modo inadequado para que o paciente possa praticar as habilidades de enfrentamento aos comportamentos negativos dos demais e aumente suas expectativas de auto-eficácia em relação a pessoas problemáticas. Às vezes, e como parte final do treinamento em rejeição na rua, precipitamos a resposta inadequada dos outros, com a presença de ajudantes (que o paciente desconhece) aos quais pedimos para reagir decididamente de forma negativa, embora o comportamento do nosso paciente seja o correto.

Outras vezes expomos o paciente de forma premeditada a relacionar-se com pessoas que sabemos de antemão que vão apresentar uma resposta negativa (garçons de um bar, vendedores de uma loja, etc., os quais conhecemos por haver realizado anteriormente outros trabalhos com eles).

Todas as situações temidas são ensaiadas na rua (obviamente nos referimos a todas as que preocupam o sujeito e que podem ser trabalhadas na rua) até que o paciente diminua de modo considerável seu grau de ansiedade (avaliado em unidades SUD). Às vezes, também medimos a pulsação do paciente antes e depois da interação, para ver a evolução da taquicardia. Todos estes dados são colocados em gráficos que o próprio paciente controla e que são de grande utilidade para ir observando seus progressos graduais, promovendo o auto-reforço e animando-o a seguir se expondo.

Depois deste trabalho na rua, consideramos que o paciente está preparado para expor-se sozinho às situações temidas. O controle das respostas de ansiedade continuará existindo durante todo o tempo, registrando o grau de ansiedade na *Escala SUD* (de 0 a 100) e pediremos ao paciente para realizar sucessivas exposições até que sua ansiedade seja mínima, ele considere que pode lidar com ela, não seja perturbadora e não o incapacite a agir com espontaneidade e sem condutas inábeis.

Durante todo o tratamento, insiste-se na importância de expor-se a situações que provoquem ansiedade e a utilizar as habilidades de relaxamento e cognitivas na vida real. São atribuídas tarefas para casa ao longo do tratamento para facilitar este processo e se mantêm associadas tanto quanto possível as exposições simuladas e ao ensaio comportamental.

Alguns dos temas comumente abordados nestas sessões são os seguintes:

1. *Estabelecimento e manutenção de relações sociais* – os membros do grupo propõem situações para se iniciar e manter conversações (na sala de aula, em uma festa, no ponto de ônibus, etc.). Ensaia-se quando e como começar uma conversa, a que elementos (principalmente não-verbais) prestar atenção para começar uma conversa. São utilizadas estratégias básicas para manter uma conversação, tais como perguntas com final aberto, livre informação, auto-revelação, escuta ativa, etc.

Mostra-se também como manter uma relação pedindo o número de telefone da pessoa, ligando de vez em quando em momentos adequados, mantendo a conversação durante certo tempo, etc. (ver Caballo, 1993).

2. *Falar em público* – situações freqüentemente produtoras de ansiedade para os membros do grupo são falar em aula, diante de pequenos grupos de pessoas, etc. Dependendo do tipo de situação problemática, faz-se uma aproximação gradual a partir de situações iniciais mais fáceis até situações mais difíceis (p. ex., perguntar em aula, perguntar e comentar, dar uma breve palestra, etc.). Ensaia-se primeiro na sessão, com os outros membros do grupo e o/os terapeuta/s servindo de audiência. As situações são mais difíceis nas sessões do que supostamente seriam na realidade.

3. *Escrever diante de outras pessoas* – esta situação, menos freqüente que as anteriores, pode ser que necessite ser ensaiada para alguns dos membros do grupo. Esta situação pode ser abordada por pequenos passos que vão se aproximando do objetivo final.

4. *Expressão de incômodo, desgosto, desagrado* – no ensaio deste tipo de comportamento, pode ser utilizada a estratégia DEEC (Bower e Bower, 1976): descrever, expressar, especificar e indicar as conseqüências (ver Caballo, 1993).

Outras situações que podem ser abordadas são as seguintes:

5. Realizar alguma atividade enquanto se é observado
6. Interação com pessoas com autoridade
7. Unir-se a conversas que já estão ocorrendo
8. Fazer e aceitar elogios
9. Rejeitar pedidos
10. Cometer erros diante dos demais
11. Revelar informações pessoais
12. Expressar opiniões
13. Enfrentar as críticas

VII.9. Sessão 14

Nesta última sessão, são repassadas as tarefas para casa realizadas durante a semana anterior. São revisados igualmente os progressos realizados por cada membro do grupo e planejadas as metas a curto e médio prazo para cada sujeito e estabelecida a próxima sessão de apoio (aproximadamente no prazo de um mês). Também são planejadas algumas tarefas que cada membro abordará durante esse mês, considerando o que foi aprendido em outras sessões.

VIII. CONCLUSÕES E TENDÊNCIAS FUTURAS

Neste momento são necessárias mais pesquisas para determinar qual é o melhor conjunto de procedimentos para o tratamento da fobia social. A exposição e a reestruturação cognitiva parecem ser componentes básicos do tratamento, mas também o relaxamento e o treinamento em habilidades sociais parecem ser elementos importantes. Contudo, nem todos os "pacotes" de tratamento estão de acordo quanto às estratégias de tratamento. Assim, enquanto alguns programas de intervenção estimulam a exposição e o treinamento em habilidades sociais como os procedimentos básicos para o tratamento da fobia social (p. ex., Turner, Biedel e Cooley, 1994), outros favorecem a reestruturação cognitiva como elemento essencial juntamente com a exposição (Heimberg et al., 1995; Scholing et al., 1996). Provavelmente todos os procedimentos sejam úteis se o paciente estiver suficientemente motivado para realizar as tarefas para casa, as exposições a situações da vida real, baseadas nesses procedimentos.

A fobia social pode estar circunscrita a uma ou duas situações ou pode ser generalizada. É preciso considerar o grau de deterioração da vida do sujeito devido à fobia social generalizada e o tempo que dura o tratamento desse problema, especialmente se teve início na infância. Neste último caso, o paciente pode ter adotado padrões de pensamento e comportamentos que limitam as relações sociais e manifestam poucas habilidades sociais. A intervenção exigirá a modificação desses padrões de modo gradual, empregando procedimentos cognitivos e comportamentais, e a duração da intervenção será mais prolongada.

Os próximos anos serão testemunha de uma consolidação do tratamento cognitivo-comportamental para a fobia social (circunscrita e generalizada), embora seja provável que a contribuição de cada um dos procedimentos incluídos nesse tipo de intervenção se torne mais conhecida, inclusive acrescentando alguma nova estratégia não empregada atualmente, de forma rotineira, no tratamento do transtorno. Mas, aparentemente, o caminho escolhido é o correto e as fututras pesquisas fornecerão elementos para melhorar e aumentar a eficácia da intervenção cognitivo-comportamental.

REFERÊNCIAS

Abramson, L. Y., Seligman, M. E. P. y Teasdale, J. D. (1978). Learned helplessness in humans: critique and reformulation. *Journal of Abnormal Psychology, 87*, 49-74.
American Psychiatric Association (1980). *Diagnostic and Statistical Manual of Mental Disorders (DSM-III)*, (3ª ed.). Nueva York: APA.
American Psychiatric Association (1987). *Diagnostic and Statistical Manual of Mental Disorders (DSM-III-R)*, (3ª ed. revisada). Nueva York: APA.
American Psychiatric Association (1994). *Diagnostic and Statistical Manual of Mental Disorders (DSM-IV)*, (4ª ed.). Nueva York: APA.
Amies, P. L., Gelder, M. G. y Shaw, P. M. (1983). Social phobia: a comparative clinical study. *British Journal of Psychiatry, 142*, 174-179.
Andrews, G., Crino, R., Hunt, C., Lampe, L. y Page, A. (1994). *The treatment of anxiety disorders*. Nueva York: Cambridge University.
Argyle, M. (1978). *Psicología del comportamiento interpersonal*. Madrid: Alianza.
Argyle, M. (1975). *Bodily communication*. Londres: Methuen.
Barlow, D. H. (1988). *Anxiety and its disorders*. Nueva York: Guilford.
Barlow, D. H. y Lehman, C. L. (1996). Advances in the psicosocial treatment of anxiety disorders. *Archives of General Psychiatry, 53*, 727-735.
Bas, F. (1991). *Hacia un modelo cognitivo-conductual del cambio*. Tesis doctoral, Microficha, Universidad Autónoma de Madrid.
Bas, F. (en prensa). Hacia una conceptualización cognitivo-conductual de los paradigmas de aprendizaje cognitivo: el caso de la autoatención.
Bas, F. y Andrés, V. (1993). *Terapia cognitivo-conductual de la depresión: un manual de tratamiento*. Madrid: Fundación Universidad-Empresa.
Beck, A. T. y Emery, G. (1985). *Anxiety disorders and phobias*. Nueva York: Basic Books.
Beck, A. T., Rush, A. J., Shaw, B. R. y Emery, G. (1979). *Cognitive therapy of depression*. Nueva York: Guilford.
Bower, S. A. y Bower, G. H. (1976). *Asserting yourself: A practical guide for positive change*. Reading, (Ma): Addison-Wesley.
Bruch, M. A., Heimberg, R. G., Berger, P. y Collins, T. M. (1988). Social phobia and perceptions of early parental and personal characteristics. Manuscrito sin publicar.

Buck, R. (1991). Temperament, social skills, and the communication of emotion: A developmental-interactionist view. En D. G. Gilbert y J. J. Connolly (dirs.), *Personality, social skills, and psychopathology.* Nueva York: Plenum.

Buss, A. H. (1980). *Self-consciousness and social anxiety.* San Francisco: Freeman.

Butler, G. (1985). Exposure as a treatment for social anxiety: some instructive difficulties. *Behaviour Research and Therapy, 23,* 651-657.

Butler, G. (1989a). Phobic disorders. En K. Hawton, P. M. Salkovskis, J. Kirk y D. M. Clark (dirs.), *Cognitive behaviour therapy for psychiatric problems.* Oxford: Oxford University Press.

Butler, G. (1989b). Issues in the application of cognitive and behavioral strategies to the treatment of social phobia. *Clinical Psychology Review, 9,* 91-106.

Caballo, V. E. (1987). *Evaluación y entrenamiento de las habilidades sociales: una estrategia multimodal.* Tesis Doctoral, Microficha, Universidad Autónoma de Madrid.

Caballo, V. E. (1991). El entrenamiento en habilidades sociales. En V. E. Caballo (dir.), *Manual de técnicas de terapia y modificación de conducta.* Madrid: Siglo XXI.

Caballo, V. E. (1993). *Manual de evaluación y entrenamiento de las habilidades sociales.* Madrid: Siglo XXI.

Caballo, V. E. (1995). Fobia social. En V. E. Caballo, G. Buela-Casal y J. A. Carrobles (dirs.), *Manual de psicopatología y trastornos psiquiátricos, vol. 1.* Madrid: Siglo XXI.

Caballo, V. E. y Álvarez-Castro, S. (1995, julio). Some psychometric properties of the Social Phobia and Anxiety Inventory (SPAI) in a Spanish sample. Comunicación presentada en el I World Congress of Behavioural and Cognitive Therapies, Copenhague (Dinamarca).

Caballo, V. E., Aparicio, C. y Catena, A. (1995). Fundamentos conceptuales del modelo conductual en psicopatología y terapia. En V. E. Caballo, G. Buela-Casal y J. A. Carrobles (dirs.), *Manual de psicopatología y trastornos psiquiátricos, vol. 1.* Madrid: Siglo XXI.

Caballo, V. E. y Carrobles, J. A. (1988). Comparación de la efectividad de diferentes programas de entrenamiento en habilidades sociales. *Revista Española de Terapia del Comportamiento, 6,* 93-114.

Cape, R. F. y Alden, L. E. (1986). A comparison of treatment strategies for clients functionally impaired by extreme shyness and social avoidance. *Journal of Consulting and Clinical Psychology, 54,* 796-801.

Cook, M. (1979). Gaze and mutual gaze in social encounters. En S. Weitz (dir.), *Nonverbal communication: Reading with commentary* (2ª ed.). Nueva York: Oxford University Press.

Cotler, S. B. y Guerra, J. J. (1976). *Assertion training: A humanistic-behavioral guide to self-dignity.* Champaign (Il): Research Press.

Curran, J. P. (1982). A procedure for the assessment of social skills: The Simulated Social Interaction Test. En J. P. Curran y P. M. Monti (dirs.), *Social skills training: A practical handbook for assessment and treatment.* Nueva York: Guilford.

Davidson, J. R. T., Hughes, D. L., George, L. K. y Blazer, D. G. (1993). The epidemiology of social phobia: findings from the Duke Epidemiological Catchment Area Study. *Psychological Medicine, 23,* 709-718.

Del Greco, L. (1983). The Del Greco Assertive Behavior Inventory. *Journal of Behavioral Assessment, 5,* 49-63.

DiNardo, P. A., Barlow, D. H., Cerny, J., Vermilyea, B. B., Himadi, W. y Waddell, M. (1985). *Anxiety Disorders Interview Schedule-Revised* (ADIS-R). Albany (NY): State University of New York at Albany.

Echeburúa, E. (1993). *Fobia social.* Barcelona: Martínez Roca.

Echeburúa, E. (1995). *Tratamiento de la fobia social.* Barcelona: Martínez Roca.
Ellis, A. (1994). *Reason and emotion in psychotherapy: Revised and updated.* Nueva York: Birch Lane.
Ellis, A. y Harper, R. A. (1975). *A new guide to rational living.* North Hollywood (Ca): Wilshire Books.
Ellis, A. y Lega, L. (1993). Cómo aplicar algunas reglas básicas del método científico al cambio de ideas irracionales sobre uno mismo, otras personas y la vida en general, *Psicología Conductual, 1,* 101-110.
Falcone, E. (1995). Fobia social. En B. Rangé (dir.), *Psicoterapia comportamental e cognitiva de transtornos psiquiátricos.* São Paulo: Psy.
First, M. B., Spitzer, R. L., Gibbon, M. y Williams, J. B. W. (1995). *Structured Clinical Interview for DSM-IV Axis I Disorders.* Nueva York: New York State Psychiatric Institute, Biometrics Research Department.
Freeman, A. y Oster, C. L. (1997). Terapia cognitiva de la depresión. En V. E. Caballo y R. M. Turner (dirs.), *Manual para el tratamiento cognitivo-conductual de los trastornos psicológicos, vol. 1.* Madrid: Siglo XXI.
Gambrill, E. D. y Richey, C. A. (1985). *Taking charge of your social life.* Belmont (Ca): Wadsworth.
Glass, C. R. y Arnkoff, D. B. (1989), Behavioral assessment of social anxiety and social phobia. *Clinical Psychology Review, 9,* 75-90.
Hazen, A. L. y Stein, M. B. (1995a). Social phobia: Prevalence and clinical characteristics. *Psychiatric Annals, 25,* 544-549.
Hazen, A. L. y Stein, M. B. (1995b). Clinical phenomenology and comorbidity. En M. B. Stein (dir.), *Social phobia: Clinical and research perspectives.* Washington, D.C.: American Psychiatric Press.
Heimberg, R. G. (1995, julio). Cognitive-behavioral treatment of social phobia. Workshop impartido en el World Congress of Behavioural and Cognitive Therapies, Copenhague, Dinamarca.
Heimberg, R. G., Dodge, C. S. y Becker, R. E. (1987). Social phobia. En L. Michelson y L. M. Ascher (dirs.), *Anxiety and stress disorders.* Nueva York: Guilford.
Heimberg, R. G. y Juster, H. R. (1995). Cognitive-behavioral treatments: Literature review. En R. G. Heimberg, M. R. Liebowitz, D. A. Hope y F. R. Schneier (dirs.), *Social phobia: Diagnosis, assessment, and treatment.* Nueva York: Guilford.
Heimberg, R. G., Juster, H. R., Hope, D. A. y Mattia, J. I. (1995). Cognitive-behavioral group treatment: Description, case presentation, and empirical support. En M. B. Stein (dir.), *Social phobia: Clinical and research perspectives.* Washington, D.C.: American Psychiatric Press.
Herbert, J. D., Bellack, A. S. y Hope, D. A. (1991). Concurrent validity of the Social Phobia and Anxiety Inventory. *Journal of Psychopathology and Behavioral Assessment, 13,* 357-368.
Hope, D. A. (1993). Exposure and social phobia: assessment and treatment considerations. *The Behavior Therapist, 16,* 7-12.
Hope, D. A., Heimberg, R. G. y Bruch, M. A. (1995). Dismantling Cognitive-Behavioral Group Therapy for social fobia. *Behaviour Research and Therapy, 33,* 637-650.
Jansen, M. A., Arntz, A., Merckelbach, H. y Mersch, P. P. A. (1994). Personality disorders and features in social phobia and panic disorder. *Journal of Abnormal Psychology, 103,* 391-395.
Judd, L. L. (1994). Social phobia. A clinical overview. *Journal of Clinical Psychiatry, 55(6, suppl.),* 5-9.
Kagan, J., Snidman, N. y Arcus, D. (1993). On the temperamental categories of inhibi-

ted and uninhibited children. En K. H. Rubin y J. B. Asendorpf (dirs.), *Social withdrawal, inhibition, and shyness in childhood.* Hillsdale (NJ): Erlbaum.
Kazdin, A. E. (1977). Assessing the clinical or applied importance of behavior change through social validation. *Behavior Modification, 1,* 427-452.
Kelley, C. (1979). *Assertion training: A facilitator's guide.* San Diego (Ca): University Associates.
Kendler, K. S., Neale, M. C., Kessler, R. C., Heath, A. C. y Eaves, L. J. (1992). The genetic epidemiology of phobias in women: The interrelationship of agoraphobia, social phobia, situational phobia, and simple phobia. *Archives of General Psychiatry, 49,* 273-281.
Kessler, R. C., McGonagle, K. A., Zhao, S., Nelson, C. B., Hughes, M., Eshleman, S., Wittchen, H. U. y Kendler, K. S. (1994). Lifetime and 12-month prevalence of DSM-III-R psychiatric disorders in the United States. *Archives of General Psychiatry, 51,* 8-19.
Lange, A. y Jakubowski, P. (1976). *Responsible assertive behavior.* Champaign (Il): Research Press.
Lega, L. (1991). La terapia racional emotiva: Una conversación con Albert Ellis. En V. E. Caballo (dir.), *Manual de técnicas de terapia y modificación de conducta.* Madrid: Siglo XXI.
Lega, L., Caballo, V. E. y Ellis, A. (1997). *Teoría y práctica de la terapia racional emotivo conductual.* Madrid: Siglo XXI.
Liebowitz, M. R. (1987). Social phobia. *Modern Problems in Pharmacopsychiatry, 22,* 141-173.
Liebowitz, M. R., Gorman, J. M., Fyer, A. J. y Klein, D. F. (1985). Social phobia: review of a neglected anxiety disorder, *Archives of General Psychiatry, 42,* 729-736.
McNeil, D. W., Ries, B. J. y Turk, C. L. (1995). Behavioral assessment: Self-report, physiology, and overt behavior. En R. G. Heimberg, M. R. Liebowitz, D. A. Hope y F. R. Schneier (dirs.), *Social phobia: Diagnosis, assessment, and treatment.* Nueva York: Guilford.
Marks, I. M. (1969). *Fears and phobias.* Nueva York: Academic Press.
Marks, I. M. (1985). Behavioral treatment of social phobia. *Psychopharmacology Bulletin, 21,* 615-618.
Mattick, R. P. y Clarke, J. C. (1988). *Development and validation of measures of social phobia scrutiny fear and social interaction anxiety.* Manuscrito sin publicar, University of South Wales, Sydney.
Mattick, R. P., Page, A. y Lampe, L. (1995). Cognitive and behavioral aspects. En M. B. Stein (dir.), *Social phobia: Clinical and research perspectives.* Washington, D.C.: American Psychiatric Press.
Maultsby, M. C. (1984). *Rational behavior therapy.* Englewoods Cliffs (NJ): Prentice-Hall.
Maultsby, M. C. y Ellis, A. (1974). *Technique for using rational-emotive imagery.* Nueva York: Institute for Rational-Emotive Therapy.
Mersch, P. P. A., Breukers, P. y Emmelkamp, P. M. G. (1992). The Simulated Social Interaction Test: a psychometric evaluation with dutch social phobic patients. *Behavioral Assessment, 14,* 133-151.
Montgomery, S. A. (1995) (dir.). *Social phobia: A clinical review.* Basilea: Hoffman-La Roche.
Montgomery, S. A. (1996) (dir.). *Prontuario de fobia social.* Londres: Science Press.
Myers, J. K., Weissman, M. M., Tischer, G. L., Holzer, C. E., Leaf, P. J., Orvaschel, H., Anthony, J. C., Boyd, J. H., Burke, J. D., Kramer, M. y Stoltzman, R. (1984). Six-

month prevalence of psychiatric disorders in three communities. *Archives of General Psychiatry, 41,* 959-967.
Organización Mundial de la Salud (1992). *Trastornos mentales y del comportamiento.* Madrid: Meditor.
Öst, L. G. y Hugdahl, K. (1981). Acquisition of phobias and anxiety response patterns in clinical patients. *Behaviour Research and Therapy, 16,* 439-447.
Perry, M. G. y Richards, C. S. (1979). Assessment of heterosocial skills in male college students: Empirical development of a behavioral roleplaying test. *Behavior Modification, 3,* 337-354.
Rehm, L. P. y Marston, A. R. (1968). Reduction of social anxiety through modification of self-reinforcement: An instigation therapy technique. *Journal of Consulting and Clinical Psychology, 32,* 565-574.
Rosenbaum, J. F., Biederman, J., Pollock, R. A. y Hirshfeld, D. R. (1994). The etiology of social phobia. *Journal of Clinical Psychiatry, 55(6, suppl.),* 10-16.
Salaberría, K., Borda, M., Báez, C. y Echeburúa, E. (1996). Tratamiento de la fobia social: un análisis bibliométrico. *Psicología Conductual, 4,* 111-121.
Sanderson, W. C., Rapee, R. M. y Barlow, D. H. (1987, noviembre). *The DSM-III-R revised anxiety disorders categories: Descriptors and patterns of comorbidity.* Comunicación presentada en el congreso anual de la Association for Advancement of Behavior Therapy, Boston.
Schlenker, B. R. y Leary, M. R. (1982). Social anxiety and self-presentation: a conceptualization and model. *Psychological Bulletin, 92,* 641-669.
Schneier, F. R., Johnson, J., Hornig, C. D., Liebowitz, M. R. y Weissman, M. M. (1992). Social phobia: comorbidity and morbidity in an epidemiologic sample. *Archives of General Psychiatry, 49,* 282-288.
Schneier, F. R., Marshall, R. D., Street, L., Heimberg, R. G. y Juster, H. R. (1995). Social phobia and specific phobias. En G. O. Gabbard (dir.), *Treatment of psychiatric disorders, vol. 2.* Washington, D.C.: American Psychiatric Press.
Schneier, F. R., Spitzer, R. L., Gibbon, M., Fyer, A. J., y Liebowitz, M. R. (1991). The relationship of social phobia subtypes and avoidant personality disorder. *Comprehensive Psychiatry, 32,* 496-502.
Scholing, A., Emmelkamp, P. M. G. y Van Oppen, P. (1996). Cognitive-behavioral treatment of social phobia. En V. B. van Hasselt y M. Hersen (dirs.), *Sourcebook of psychological treatment of adult disorders.* Nueva York: Plenum.
Schwalberg, M. D., Barlow, D. H., Alger, S. A. y Howard, L. J. (1992). Comparison of bulimics, obese binge eaters, social phobics, and individual with panic disorder on comorbidity across DSM-III-R anxiety disorders. *Journal of Abnormal Psychology, 101,* 675-681
Shaw, P. M. (1976). *The nature of social phobia.* Comunicación presentada en el congreso anual de la British Psychological Society, York.
Spitzer, R. L., Williams, J. B., Gibbon, M. y First, M. B. (1992). Structured Clinical Interview for DSM-III-R (SCID): History, rationale, and description. *Archives of General Psychiatry, 49,* 624-629.
Stein, M. B. (1995). Introduction. En M. B. Stein (dir.), *Social phobia: Clinical and research perspectives.* Washington, D.C.: American Psychiatric Press.
Stein, M. B., Walker, J. R. y Forde, D. R. (1994). Setting diagnostic thresholds for social phobia: Considerations from a community survey of social anxiety. *American Journal of Psychiatry, 151,* 408-412.
Taylor, C. B. y Arnow, B. (1988). *The nature and treatment of anxiety disorders.* Nueva York: Free Press.

Trower, P., Bryant, B. y Argyle, M., (1978). *Social skills and mental health*. Londres: Methuen.
Trower, P. y Turland, D. (1984). Social phobia. En S. M. Turner (dir.), *Behavioral theories and treatment of anxiety*. Nueva York: Plenum.
Turner, S. M., Beidel, D. C. y Cooley, M. R. (1994). *Social Effectiveness Therapy*. Charleston (SC): Turndel.
Turner, S. M., Beidel, D. C. y Cooley-Quille, M. R. (1995). Two-year follow-up of social phobics treated with Social Effectiveness Therapy. *Behaviour Research and Therapy, 33,* 553-555.
Turner, S. M., Beidel, D. C., Dancu, C. V. y Keys, D. J. (1986). Psychopathology of social phobia and comparison to avoidant personality disorder. *Journal of Abnormal Psychology, 95,* 389-394.
Turner, S. M., Beidel, D. C., Dancu, C. V. y Stanley, M. A. (1989). An empirically derived inventory to measure social fears and anxiety: the Social Phobia and Anxiety Inventory, *Psychological Assessment, 1,* 35-40.
Turner, S. M., Beidel, D. C. y Jacob, R. G. (1994b). Social phobia: A comparison of behavior therapy and atenolol. *Journal of Consulting and Clinical Psychology, 62,* 350-358.
Turner, S. M., Beidel, D. C., Long, P. J., Turner, M. W. y Townsley, R. M. (1993). A composite measure to determine the functional status of treated social phobics: the Social Phobia Endstate Functioning Index. *Behavior Therapy, 24,* 265-275.
Turner, S. M., Beidel, D. C. y Townsley, R. M. (1992a). Behavioral treatment of social phobia. En S. M. Turner, K. S. Calhoun y H. E. Adams (dirs.), *Handbook of clinical behavior therapy* (2ª ed.). Nueva York: Wiley.
Turner, S. M., Beidel, D. C. y Townsley, R. M. (1992b). Social Phobia: A comparison of specific and generalized subtypes and Avoidant Personality Disorder. *Journal of Abnormal Psychology, 101,* 326-331.
Turner, S. M., Beidel, D. C. y Wolff, P. L. (1994a). A composite measure to determine improvement following treatment for social phobia: the Index of Social Phobia Improvement. *Behaviour Research and Therapy, 32,* 471-476.
Uhde, T. W. (1995). Foreword. En M. B. Stein (dir.), *Social phobia: Clinical and research perspectives*. Washington, D.C.: American Psychiatric Press.
Walen, S. R. (1985). Social anxiety. En M. Hersen y A. S. Bellack (dirs.), *Handbook of clinical behavior therapy with adults*. Nueva York: Plenum.
Walen, S. R., DiGiuseppe, R. y Dryden, W. (1992). *A practitioner's guide to rational emotive therapy*. Nueva York: Oxford University.
Watson, D. y Friend, R. (1969). Measurement of social-evaluative anxiety. *Journal of Consulting and Clinical Psychology, 33,* 448-457.
Weiller, E., Bisserbe, J. C., Boyer, P., Lepine, J. P. y Lecrubier, Y. (1996). Social phobia in general health care: An unrecognised undertreated disabling disorder. *British Journal of Psychiatry, 168,* 169-174.
Weissman, M. M., Bland, R. C., Canino, G. J., Greenvald, S., Lee, C. K., Newman, S. C., Rubio-Stipec, M. y Wickramaratne, P. J. (1996). The cross-national epidemiology of social phobia: a preliminary report. *International Clinical Psychopharmacology, 11* (3, suppl.), 9-14.
Wessler, R. L. (1983). Rational-emotive therapy in groups. En A. Freeman (dir.), *Cognitive therapy with couples and groups*. Nueva York: Plenum.
Wilkinson, J. y Canter, S. (1982). *Social skills training manual: Assessment, programme design and management of training*. Chichester: Wiley.

LEITURAS PARA APROFUNDAMENTO

Caballo, V. E. (1993). *Manual de evaluación y entrenamiento de las habilidades sociales.* Madrid: Siglo XXI.
Echeburúa, E. (1995). *Tratamiento de la fobia social.* Barcelona: Martínez Roca.
Heimberg, R. G., Liebowitz, M. R., Hope, D. A. y Schneier, F. R. (dirs.) (1995). *Social phobia: Diagnosis, assessment, and treatment.* Nueva York: Guilford.
Scholing, A., Emmelkamp, P. M. G. y Van Oppen, P. (1996). Cognitive-behavioral treatment of social phobia. En V. B. van Hasselt y M. Hersen (dirs.), *Sourcebook of psychological treatment of adult disorders.* Nueva York: Plenum.
Stein, M. B. (dir.) (1995). *Social phobia: Clinical and research perspectives.* Washington, D.C.: American Psychiatric Press.
Turner, S. M., Beidel, D. C. y Cooley, M. R. (1994). *Social Effectiveness Therapy.* Charleston (SC): Turndel.

TRATAMENTO PSICOLÓGICO DA AGORAFOBIA

Capítulo 3

ENRIQUE ECHEBURÚA E PAZ DE CORRAL[1]

I. INTRODUÇÃO

A agorafobia é constituída por um conjunto de *medos de lugares públicos* – especialmente quando o paciente está sozinho –, como sair à rua, utilizar transportes públicos e ir a lugares muito freqüentados (supermercados, cinemas, igrejas, estádios de futebol, etc.), que produzem uma interferência grave na vida diária. A este medo nuclear podem somar-se alguns outros *medos externos*, como subir em elevadores, atravessar túneis, cruzar pontes, etc., bem como *medos internos*, como a preocupação excessiva com as sensações somáticas (palpitações, vertigens, enjôos, etc.) ou o medo intenso dos ataques de pânico, e inclusive medos da interação social (Echeburúa e Corral 1995). Entretanto, o sintoma patognomônico da agorafobia – e preditor do surgimento do conjunto de sintomas descritos – é o medo de lugares públicos que, ao contrário, não aparece nas fobias específicas. Os critérios diagnósticos desse transtorno de comportamento, segundo o *DSM-IV* (American Psychiatric Association, 1994), são apresentados no quadro 3.1.

O primeiro ataque de pânico pode surgir de modo inesperado em qualquer situação agorafóbica (ônibus, loja, igreja, etc.) quando o sujeito encontra-se em um contexto de ativação e estresse específico (desgosto, doença, preocupação insistente, etc.). Uma vez ocorrida esta crise, tende-se a evitar esta situação e, posteriormente, generaliza-se esta evitação a outras situações. Precisamente a evitação dos lugares públicos para reduzir o medo ou o pânico converte-se na causa nuclear da incapacidade dos pacientes que, nos casos mais graves, terminam por ficar reclusos nos limites das suas casas. Não são por isso pouco freqüentes como sintomas psicopatológicos associados à depressão, à ansiedade generalizada e aos medos hipocondríacos, bem como as ruminações obsessivas.

O desenvolvimento da agorafobia é flutuante, com agravamentos e remissões parciais mas, contudo, é pouco freqüente a remissão espontânea. A flutuação deste quadro clínico pode depender de fatores psicológicos (o estado de ânimo, os acontecimentos estressantes, etc.), de aspectos físicos (fadiga, doenças, etc.) e inclusive de variáveis ambientais (o calor e o excesso de luz agravam os sintomas) (Bados, 1993, 1995).

A agorafobia consitui o principal campo de pesquisa atual da terapia de comportamento na área dos transtornos de ansiedade. O caráter crônico do transtorno e a incapacidade que produz nos pacientes contribuem para isso.

---

[1] Universidade do País Vasco (Espanha).

Quadro 3.1. *Critérios diagnósticos da agorafobia sem história de transtorno por pânico segundo o* DSM-IV

A. A presença da agorafobia, ou seja, a ansiedade por encontrar-se em lugares ou situações dos quais resulta difícil ou embaraçoso fugir ou nos quais pode não haver ajuda disponível no caso de sintomas repentinos de pânico que o sujeito teme – pode ser incapacitante ou muito perturbadora. É o caso, por exemplo, do temor de sair à rua por medo de sofrer uma vertigem súbita ou um repentino ataque de diarréia. Os temores agorafóbicos envolvem habitualmente conjuntos característicos de situações como: sair sozinho de casa, estar em um lugar muito freqüentado ou ficar na fila, cruzar uma ponte e viajar de ônibus, trem ou carro.
B. São evitadas as situações agorafóbicas (como viajar, por exemplo) – ou, em todo caso, são suportadas com uma grande mal-estar ou com ansiedade antecipatória de experimentar sintomas de pânico – ou são enfrentadas somente com a presença de companhia.
C. O sujeito não se enquadra nos critérios diagnósticos do transtorno por pânico.
D. Se existir alguma doença médica geral associada, o temor descrito no critério A é claramente desproporcional ao que costuma ser habitual nestas circunstâncias.
E. A ansiedade ou a evitação fóbica não é conseqüência de outro transtorno de comportamento, como a *fobia específica* (por exemplo, a evitação limitada a uma situação concreta, como os elevadores), o *transtorno por ansiedade de separação* (por exemplo, a evitação da escola), ou o *transtorno obsessivo-compulsivo* (por exemplo, o temor à contaminação), o *transtorno por estresse pós-traumático* (por exemplo, a evitação de estímulos associados a um estímulo estressante intenso) ou a *fobia social* (por exemplo, a evitação limitada a situações sociais por causa do temor a uma aflição intensa nessas circunstâncias).
F. A agorafobia não é conseqüência direta dos efeitos de uma substância psicoativa, nem de uma enfermidade médica.

Fonte: APA, 1994.

De fato, a agorafobia apresenta uma taxa de prevalência de 1,2-3,8% da população geral (Weissman, 1985) que, embora seja inferior à das fobias específicas ou à do transtorno por ansiedade generalizada, representa, um problema clínico muito maior pelo grau de interferência que provoca na vida cotidiana. Por isso, este transtorno de comportamento representa entre 50 e 80% da população fóbica que solicita ajuda terapêutica.

II. AVALIAÇÃO

Os auto-relatórios carecem da necessária especificidade situacional e de resposta, mas são, sem dúvida, os instrumentos de avaliação mais utilizados na prática clínica para determinar a intensidade dos sintomas, por um lado, e para quantificar as mudanças ocorridas após uma intervenção terapêutica, por outro.

Nos parágrafos seguintes apresentamos uma descrição resumida dos principais instrumentos de avaliação da agorafobia atualmente disponíveis (Quadro 3.2). Uma

Quadro 3.2. *Principais inventários e questionários no tratamento da agorafobia* (Echeburúa, 1996)

Instrumento	Número de itens	Autores	Ano
FQ*	5	Marks e Mathews	1979
MI	29	Chambless et al.	1985
BSQ	17	Chambless et al.	1984
ACQ	15	Chambless et al.	1984
SPAI*	13	Turner et al.	1989
IA	69	Echeburúa e De Corral	1992

* O número de itens destes instrumentos, apresentado na coluna correspondente, refere-se apenas à subescala de agorafobia. *Fonte:* E. Echeburúa, 1996.

descrição mais detalhada dos mesmos, com as propriedades psicométricas correspondentes, pode ser encontrada em Echeburúa (1996).

O *Questionário de medos (FQ)* (Marks e Mathews, 1979) consta de uma subescala de agorafobia, que tem apenas cinco itens e que se limita a avaliar os comportamentos motores. Uma limitação adicional desta subescala é que o conteúdo dos itens não permite especificar se a evitação das situações se dá quando o paciente está sozinho ou acompanhado. Deve-se recordar que a companhia é um fator crítico na mobilidade dos agorafóbicos.

O *Inventário de mobilidade (MI)* (Chambless et al., 1985), composto de 29 itens, tem por objetivo avaliar a gravidade da evitação comportamental e o grau de mal-estar nos agorafóbicos e consta de três medidas: 1) evitação a sós, 2) evitação em companhia e 3) freqüência de ataques de pânico. Ao contrário do *FQ*, este inventário cobre um leque mais amplo de situações e distingue a medida de evitação quando o sujeito está só ou acompanhado.

O *Questionário de sensações psicofiológicas (BSQ)* e o *Questionário de cognições agorafóbicas (ACQ)* (Chambless et al., 1984) – o primeiro com 17 itens e o segundo com 15 – servem para avaliar as alterações cognitivas (o denominado medo do medo, especialmente) (Quadro 3.3) e psicofisiológicas e são, desta perspectiva, complementares do inventário anteriormente citado. Os pacientes têm que indicar que grau de medo experimentam diante dos sinais de ativação autônoma (como a taquicardia ou a sudorese, por exemplo) e com que freqüência têm pensamentos negativos quando estão ansiosos, do tipo "vou morrer", "vou ficar louco", etc.

O *Inventário de ansiedade e fobia social (SPAI)* (Turner et al., 1989) conta com uma subescala de agorafobia de 13 itens, que tem por objetivo determinar se o mal-estar social experimentado pelo paciente é derivado do medo da avaliação negativa (*fobia social*) ou do medo de um ataque de pânico (*agorafobia*). Este instrumento é interessante, portanto, sob a perspectiva do diagnóstico diferencial. O conteúdo dos itens do *SPAI* tende a ser mais concreto que o habitual em outros inventários similares.

Quadro 3.3. *Tipos de alterações cognitivas mais freqüentes na agorafobia*

1. Antecipação de conseqüências negativas

   "Se sair à rua, vou desmaiar."

2. Avaliação negativa dos próprios recursos

   "Não vou ser capaz de agüentar uma hora no cabeleireiro e vou dar vexame na frente dos outros."

3. Auto-observação constante e avaliação inadequada dos sintomas somáticos

   "Com esta opressão no peito vai me dar um ataque do coração."
   "Estas vertigens e estes tremores são sinal de que estou ficando louco(a)."

4. Ruminações de fuga/evitação

   "Preciso sair correndo desta loja; se não, alguma coisa vai acontecer comigo."

Fonte: Chambless e Goldsteins, 1983, modificado.

O *Inventário de agorafobia (IA)* (Echeburúa et al., 1992) – o único elaborado e validado em nosso meio – consta de 69 itens e mede, na primeira parte, diferentes tipos de respostas (motrizes, psicofisiológicas e cognitivas) do paciente nas modalidades de *sozinho* e *acompanhado* diante das situações estimulantes mais comuns. Na segunda parte, mede-se a variabilidade das respostas em função dos fatores que contribuem para aumentar e reduzir a ansiedade e possibilita, em última análise, uma avaliação individualizada de cada paciente. Esta possibilidade de levar a cabo uma análise funcional do comportamento e de prestar, portanto, atenção à especificidade situacional e de resposta não está presente em nenhum dos questionários anteriores.

O ponto de corte proposto para discriminar a população sadia da população acometida de agorafobia é de 176 na escala global e de 96, 61 e 30 nas subescalas de respostas motrizes, psicofiológicas e cognitivas, respectivamente. O *IA* mostra-se sensível para detectar a mudança terapêutica com a terapia de exposição (Echeburúa et al., 1991, 1993).

Em suma, as entrevistas estruturadas e as medidas subjetivas (auto-relatórios e auto-registros), sobretudo no formato de escalas de tipo Likert, permitem explorar um leque muito amplo de comportamentos – muitos deles inacessíveis à observação direta – em um tempo relativamente curto. Um dos desafios da pesquisa nos próximos anos é elaborar protocolos de avaliação curtos e específicos, que constem de instrumentos com boas propriedades psicométricas, que não se sobreponham entre si, que estejam validados com mostras espanholas e que se mostrem sensíveis à detecção precoce da agorafobia, bem como às mudanças terapêuticas.

III. TERAPIA DE EXPOSIÇÃO

A exposição regular ao vivo aos estímulos temidos é o tratamento psicológico mais eficaz atualmente disponível para enfrentar os comportamentos de evitação nos transtornos fóbicos. A avaliação cuidadosa dos *objetivos* e das *tarefas* é um processo fundamental na aplicação terapêutica desta técnica. Os *objetivos* são algo que o paciente teme ou evita e que lhe cria dificuldades na sua vida diária. As *tarefas* são os passos concretos para atingir cada um desses objetivos.

III.1. *Auto-exposição*

Nesta técnica, o terapeuta mostra aos pacientes que a evitação mantém a agorafobia, que é a fonte principal do transtorno e que pode ser superada com a ajuda de uma exposição regular às situações temidas. O terapeuta explica ao paciente a forma de levar a cabo a exposição, determina comportamentos-objetivo e ajuda-o a executar tarefas gradualmente estabelecidas e a avaliar seu próprio progresso. O planejamento das sessões tem inicialmente uma periodicidade semanal, espaçando-se à medida que a terapia avança.

III.1.1. *Descrição da técnica*

Os métodos atuais de tratamento tendem a reduzir o número de sessões terapêuticas e a mostrar ao paciente modos de auto-exposição ao vivo, que diminuem o tempo de terapia, reduzem a dependência em relação ao terapeuta e facilitam a manutenção das conquistas terapêuticas. A auto-exposição é mais eficaz quando se conta com um manual de auto-ajuda (por exemplo, Marks, 1978, capítulo 12; Mathews, Gelder e Johnston, 1981[2]), com a colaboração de algum parente como co-terapeuta nas primeiras sessões e com o registro em um diário estruturado – supervisionado pelo terapeuta – das tarefas de exposição (Marks, 1987) (ver o apêndice 1, neste capítulo). Em todo caso, a presença do co-terapeuta não é estritamente necessária (Emmelkamp et al., 1992), mas parece reduzir a porcentagem de abandonos do tratamento (Bados, 1993).

Os pacientes são estimulados a permanecerem diariamente na situação fóbica até que o ataque ou o mal-estar desapareçam ou, pelo menos, sejam reduzidos consideravelmente, o que costuma ocorrer normalmente em um período de 30-45 minutos. Deste modo, os pacientes aprendem a não fugir para sentir-se melhor, já que o mal-estar pode desvanecer-se caso se permaneça durante um período de tempo suficiente no lugar onde este se desencadeou.

---

[2] O apêndice do texto original (ou seja, o manual de auto-ajuda) foi traduzido para o espanhol com o título de *Práctica programada para a agorafobia. Manual del paciente*, pelo Serviço Central de Publicações do Governo Basco (Vitoria, 1986). Também foi traduzido o manual de auto-ajuda para os parentes com a mesma referência bibliográfica.

Os pacientes devem continuar com cada tarefa pelo menos até que tenha sido produzida uma diminuição de 25% da ansiedade (que é uma medida da habituação). As estratégias de enfrentamento adequadas para superar o mal-estar – inclusive o pânico – da exposição variam muito de pessoa para pessoa: respirações lentas e profundas, relaxamento, auto-instruções positivas, etc. São revisados os diários das tarefas de exposição no começo de cada sessão e estabelecidas, a seguir, novas tarefas de exposição. O quadro 3.4 apresenta um guia de apoio para a exposição entregue ao paciente.

Quadro 3.4. *Guia de apoio para a exposição*

As regras de ouro da exposição são:
  a) Quanto maior for o medo de alguma coisa, maior a freqüência com que você deve se expor a ela.
  b) O segredo do sucesso é a exposição regular e prolongada a tarefas anteriormente planejadas e com um grau de dificuldade crescente.

Para planejar o tipo de exposição adequado para cada caso podem ser úteis os seguintes passos:
  a) Fazer uma lista com as situações que você evita ou que lhe causam ansiedade. Os objetivos devem ser claros e precisos. Por exemplo: "conhecer pessoas novas" não é um bom objetivo; em compensação, "convidar os novos vizinhos na sexta-feira à noite" é.
  b) Ordená-las segundo o grau de dificuldade que você tem para enfrentá-las.
  c) Repetir a prática desta situação todas as vezes necessárias, até poder manejá-la sem dificuldade.
  d) Passar à situação seguinte da lista.
  e) Não subestimar as conquistas: isso faz com que você se sinta mal e é um obstáculo para continuar tentando. Muitas vezes é somando pequenas vitórias que se chega às grandes.

A exposição pode ser potencializada dos seguintes modos:
  a) Planejar as atividades de exposição sem pressa e sem outros contratempos somados (fome, falta de sono, doença, tensão pré-menstrual, etc.)
  b) Realizar respirações lentas e profundas antes e durante os exercícios de exposição. Inspira-se profundamente, prende-se a respiração (contando até três) e se expira, de modo a executar 8-12 respirações completas por minuto.
  Deste modo, uma respiração rápida e entrecortada pode ser substituída por uma mais lenta e relaxada.
  c) Abandonar a tarefa de exposição (ou distrair-se da mesma) por uns breves momentos, se você se encontrar muito mal, e retornar de imediato a ela quando encontrar-se um pouco melhor.

A graduação das tarefas de exposição pode ser realizada de acordo com as seguintes variáveis:
  a) Dificuldade da tarefa
  b) Presença ou não do co-terapeuta
  c) Duração da tarefa
  d) Número de pessoas presentes
  e) Importância hierárquica ou emocional do interlocutor

Relaxe e desfrute das tarefas bem feitas.

A eficácia da terapia está em função da exposição repetida e prolongada à maior parte possível dos componentes da configuração estimular ansiógena, bem como do envolvimento atencional nas tarefas de exposição (Echeburúa e Corral, 1991, 1993; Marks, 1992).

Não havendo complicações, a avaliação inicial pode durar uma hora e as sessões posteriores (de 6 a 10) meia hora. A média de contato clínico terapeuta–paciente é aproximadamente de sete horas no total.

Os principais parâmetros significativos na terapia de exposição estão expostos no quadro 3.5. O programa concreto de auto-exposição elaborado pelos autores (Echeburúa et al., 1993) está no apêndice 2. Por sua vez, uma descrição detalhada da aplicação de um programa de auto-exposição a um caso clínico de agorafobia pode ser encontrada em Borda e Echeburúa (1991).

Quadro 3.5. *Quadro-resumo sobre as técnicas de exposição*

Variáveis	Alternativas		Eficácia máxima
Modalidade	Imaginação	Ao vivo	Ao vivo
Agente da exposição	Auto-exposição	Com a presença do terapeuta	Auto-exposição
Intensidade	Gradual	Brusca	Tão brusca quanto o paciente possa suportar
Intervalo entre tarefas	Curto	Longo	Curto (diário)
Duração das tarefas	Curta	Longa	Longa a ponto de facilitar a habituação (30-120 minutos em média)
Ativação na tarefa	Alto grau de ansiedade	Baixo grau de ansiedade	Não importante
Envolvimento atencional	Atenção na tarefa	Distração cognitiva	Atenção na tarefa
Ajuda	Manual de ajuda	Ajuda de um co-terapeuta	Ambas
Estratégias de enfrentamento	Auto-instruções	Respirações lentas e profundas	Variáveis de paciente para paciente
Psicofármacos	Antidepressivos	Ansiolíticos	Nenhum (antidepressivos só no caso de um estado de ânimo disfórico)

III.1.2. Alcance terapêutico da técnica de exposição

A terapia de exposição age especificamente sobre os comportamentos de evitação e, por conseguinte, sobre a ativação autônoma, o pânico e as limitações sociais e do trabalho. A melhora obtida é perceptível a partir das primeiras sessões de tratamento, mas a realização do programa completo pode requerer vários meses, sobretudo para resolver as limitações sociais e de trabalho. Isso acontece porque a capacidade de generalização da exposição aos comportamentos não tratados é pequena.

A exposição age principalmente sobre a evitação, mas também sobre o pânico. Além do medo a lugares públicos – como na maioria dos casos denominados *transtorno de pânico* (Echeburúa e Corral, 1995) – o tratamento de exposição pode reduzir o pânico tanto inesperado quanto situacional (Klosko et al., 1988; Michelson, 1988).

A exposição tem também um efeito terapêutico sobre as distorções cognitivas. Na verdade, a redução do medo durante a exposição age em um leque muito amplo e se estende a uma melhoria em muitas dimensões: evitação, pânico, pensamentos catastróficos e mudanças fisiológicas, como a taquicardia ou a sudorese. Contudo, algumas dimensões podem melhorar mais rapidamente que outras. Assim, por exemplo, a evitação e a taquicardia podem diminuir antes que as distorções cognitivas (Clark, 1989; Echeburúa e Corral, 1993).

III.1.3. *Eficácia da auto-exposição*

As taxas de êxito obtidas com técnicas de exposição no tratamento da agorafobia oscilam entre 65 e 75% dos casos tratados (Echeburúa e Corral, 1993; Öst, 1989; Öst, Westling e Hellstrom, 1993), mas estas cifras podem, em alguns casos, reduzir-se a 50% se forem levados em conta os abandonos de tratamento e os acompanhamentos a longo prazo (Michelson, Mavissakalian e Marchione, 1988).

A seqüência habitual é que a melhoria tenda a aumentar ligeiramente nos primeiros meses do acompanhamento e a permanecer estável posteriormente (Echeburúa et al., 1993). A melhora obtida com a terapia de exposição mantém-se, pelo menos, por um período de 1 a 8 anos (Quadro 3.6), enquanto os pacientes não tratados não experimentam mudanças terapêuticas em 5 anos (Agras, Chapin e Oliveau, 1972). Estas afirmações podem ser feitas com certa consistência porque a perda de pacientes no acompanhamento, após controles de 1 e 2 anos, não costuma superar os 10% (Cohen, Monteiro e Marks, 1984).

O sucesso da auto-exposição – realizada no meio natural do sujeito, não no hospital ou no ambulatório – reside na posição de protagonista do paciente e na atribuição do sucesso aos seus próprios esforços.

Os fracassos terapêuticos estão relacionados, fundamentalmente, ao não cumprimento das prescrições terapêuticas (Emmelkamp e Van der Hout, 1983).

Tratamento psicológico da agorafobia

Quadro 3.6. *Resultados da terapia de exposição no tratamento da agorafobia*

País	Autores	Anos de acompanhamento	N	Resultados
Alemanha	Hand (1986)	6	75	Melhora estável
Espanha	Echeburúa et al. (1991)	1	31	Melhora estável
Grã-Bretanha	Marks (1971)	4	65	Melhora estável
Grã-Bretanha	Munby e Johnston (1980)	7	65	Melhora estável
Grã-Bretanha	McPherson et al. (1980)	4	56	Melhora estável
Grã-Bretanha	Burns et al. (1986)	8	18	Melhora estável
Grã-Bretanha	Lelliott et al. (1987)	5	40	Melhora estável
Holanda	Emmelkamp e Kuipers (1979)	4	70	Melhora estável

Em outros casos, a falta de sucesso está associada à dificuldade do paciente em habituar-se aos estímulos temidos, o que se relaciona, por sua vez, ao consumo de álcool ou de ansiolíticos ou com problemas específicos de adaptação a tais estímulos. E, por último, o fracasso terapêutico da exposição pode estar relacionado a um alto nível de depressão.

III.2. Auto-exposição com a ajuda de psicofármacos

As limitações apresentadas pelo tratamento de exposição, bem como as alterações psicológicas presentes na agorafobia (o estado de ânimo disfórico e o pânico especialmente), levaram a estudar a possível potencialização desta técnica com os psicofármacos.

Os antidepressivos tricíclicos, especialmente a imipramina (nome comercial: Tofranil), e as benzodiazepinas, sobretudo o alprazolam (nome comercial: Trankimazin), são os fármacos mais pesquisados no tratamento da agorafobia. O interesse de um tratamento combinado deriva da possível ação sinérgica de uma terapia voltada especificamente para os objetivos comportamentais – a terapia de exposição – e de outra – os psicofármacos – voltada às alterações de humor (disforia, pânico ou ambos) (Cox et al., 1992; Mavissakalian e Michelson, 1983; Telch, 1988).

III.2.1. Auto-exposição e antidepressivos

Os efeitos secundários dos antidepressivos (boca seca, prisão de ventre, dificuldade na acomodação visual, retenção de urina, sudorese, etc.) começam de modo imediato, mas os efeitos terapêuticos manifestam-se somente após 2-3 semanas de administração regular e adquirem a máxima potencialidade terapêutica por volta de 12 semanas.

As vias e formas de interação entre os antidepressivos e a exposição estão ainda por esclarecer. Embora os resultados estejam longe de ser claros, os fármacos antidepressivos agem *globalmente* sobre o pânico, a depressão e a ansiedade; as técnicas de exposição, entretanto, agem *antes* e mais *especificamente* sobre os comportamentos de evitação fóbica, com um papel menos significativo sobre o estado de ânimo do sujeito (Marks e O´Sullivan, 1992) (Quadro 3.7).

Quadro 3.7. *Estudos recentes com imipramina no tratamento da agorafobia*

Autores	Sem exposição	Intruções de auto-exposição	Exposição guiada pelo terapeuta
Sheehan et al. (1980)		+	
Zitrin et al. (1980)			+
Zitrin et al. (1983)		+	
Marks et al. (1983)		–	–
Mavissakalian et al. (1983)	+ ?		
Ballenger et al. (1984)		+	
Garakani et al. (1985)	+ ?		
Telch et al. (1985)	– ?		+
Munjack et al. (1985)	+ ?		
Mavissakalian e Michelson (1986)		+	+
Cox et al. (1988)		+	

+: com efeito terapêutico da imipramina; –: sem efeito da imipramina; ?: sem grupo de controle placebo.

A prescrição de antidepressivos (imipramina) em doses terapêuticas (faixa: 75-300 mg/dia) no tratamento da agorafobia é compatível com a prática da exposição e tende a potencializá-la (Mavissakalian, Michelson e Dealy, 1983; Telch et al., 1985), se bem que há alguns estudos (Marks et al., 1983) nos quais a imipramina só potencializa a auto-exposição no caso de pacientes deprimidos. De fato, a imipramina deixa de ter um efeito antifóbico (mas sem perder a ação antidepressiva) se forem dadas aos pacientes instruções contrárias à exposição (Telch et al., 1985).

Os efeitos secundários dos antidepressivos levam a um maior abandono do tratamento (em torno de 30-35%) em relação à terapia de exposição (10-15%). Também há uma maior taxa de recaídas após a suspensão do fármaco, no tratamento com imipramina (33%) (Mavissakalian, 1982) e no tratamento combinado (exposição mais imipramina) (em torno de 25-30%) do que no tratamento com apenas exposição, talvez pela atribuição de efeitos terapêuticos ao fármaco.

III.2.2. *Auto-exposição e ansiolíticos*

O imediatismo do efeito terapêutico e a relativa ausência de efeitos secundários dos ansiolíticos levaram ao desenvolvimento do alprazolam (faixa: 3-6 mg/dia) como uma benzodizepina com propriedades específicas antipânico no tratamento da agorafobia.

Em um estudo de vários centros sobre o transtorno por pânico com 526 pacientes – na maioria agorafóbicos – o alprazolam mostrou-se superior ao placebo em vários indicadores (ataques de pânico, comportamentos de evitação, medos fóbicos e ansiedade), mas esta superioridade se nivela e inclusive descende em relação ao placebo ao ser interrompida a medicação (Ballenger, Burrows e Dupont, 1988).

No estudo de Echeburúa et al. (1991, 1993) com 31 agorafóbicos, o alprazolam apresenta uma ação terapêutica muito fraca, que se dilui facilmente no decorrer do tempo, sendo nitidamente inferior à auto-exposição. Os resultados de outros estudos em que foi utilizado o alprazolam são expostos no quadro 3.8.

Quadro 3.8. *Estudos recentes com alprazolam no tratamento da agorafobia/transtorno por pânico*

Autores	N	Comparação entre	Resultados
Ballenger et al. (1988)	526	1. Alprazolam 2. Placebo	1 > 2 pós-tratamento 1 = 2 acompanhamento
Echeburúa et al. (1991)	31	1. Auto-exposição 2. Alprazolam 3. Auto-exposição + placebo 4. Auto-exposição + Alprazolam	1, 3 e 4 > 2 pós-tratamento 1 e 3 > 2 e 4 acompanhamento
Klosko et al. (1988)	60	1. Alprazolam 2. Placebo 3. TCC* 4. Grupo de controle	1 > 4 1 = 3 3 > 2 e 4
Rizley et al. (1986)	44	1. Imipramina 2. Alprazolam	1 = 2 Ação de 2 mais rápida que a de 1

TCC = Terapia cognitivo-comportamental.

A ação do alprazolam se diferencia da dos antidepressivos em dois aspectos: 1) produz uma melhora a curto prazo na ansiedade e no pânico, na primeira fase, e na depressão e evitação, na segunda; e 2) tende a surgir uma recaída quase imediata ao ser suspensa a medicação (Marks e O´Sullivan, 1992).

Os ansiolíticos e a exposição interagem de modo negativo. Os agorafóbicos expõem-se mais facilmente às situações temidas sob a influência de tranqüilizantes, mas o que se aprende sob o efeito de um ansiolítico não persiste quando tais efeitos se dissipam (Marks e O´Sullivan, 1992). Este tipo de fármaco pode interferir nos processos de memória a longo prazo e, em último caso, dificultar o processo de habituação entre sessões.

III.2.3. Auto-exposição e placebo

Em um estudo recente (Echeburúa et al., 1991, 1993) demonstrou-se a interação positiva a longo prazo existente entre a auto-exposição e o placebo. Após os controles de acompanhamento de 1, 3, 6 e 12 meses, o grupo de auto-exposição + placebo tendia a melhorar nitidamente com o passar do tempo enquanto o grupo de exposição tendia a manter os resultados terapêuticos.

Se bem que o placebo pode ter efeitos positivos por si só no tratamento da agorafobia (Klosko et al., 1988; Mavissakalian, 1987), a interação positiva entre a auto-exposição e o placebo pode estar relacionada por um lado à eficácia terapêutica da exposição e, por outro, à atribuição de grande eficácia terapêutica por parte dos pacientes a um tratamento percebido como completo e duplo (um psicofarmacológico e outro psicológico) (Echeburúa et al. 1991).

III.3. Psicofármacos ou exposição?

A atração pelos psicofármacos de via oral deriva da facilidade com que podem ser prescritos pelo médico e tomados pelo paciente, com pouca dedicação por parte do terapeuta (Quadro 3.9).

Quadro 3.9. *Efeitos dos psicofármacos sobre a agorafobia e o transtorno por pânico*

- Os efeitos são de *amplo espectro* (patolíticos), não especificamente antifóbicos. Melhoram os sintomas fóbicos, mas *também* a depressão, o pânico, a ansiedade e a irritabilidade.
- Com os antidepressivos, a maioria dos sintomas melhoram *ao mesmo tempo*.
- Com o alprazolam, a ansiedade e o pânico melhoram *antes* que a evitação e a depressão.

Fonte: Marks e O´Sullivan, 1989.

Entretanto, a recaída após a interrupção dos psicofármacos e os efeitos secundários a longo prazo, que, mesmo desconhecidos, não devem ser desprezados, não tornam aconselhável a medicação como primeira linha de tratamento da agorafobia. A exposição, ao contrário, é uma alternativa terapêutica eficaz e mais duradoura, que economiza tempo e esforço do terapeuta pela apresentação atual dos programas de auto-exposição, que quase não tem efeitos secundários (Basoglu, 1992).

Quanto à percepção por parte do paciente, os tratamentos psicológicos (de exposição e cognitivos) são mais aceitáveis e eficazes, sobretudo a longo prazo, que os baseados na administração de fármacos (Norton, Allen e Hilton, 1983). De fato, a taxa de rejeição ao tratamento de exposição oscila em torno de 10% dos casos enquanto a taxa de rejeição aos tratamentos farmacológicos pode oscilar em torno de 20% dos casos (Telch et al., 1985).

Sob a perspectiva dos tratamentos combinados, os ansiolíticos e o álcool interagem negativamente com a exposição se ultrapassarem o equivalente a 10 mg diárias de diazepam ou a dois copos de vinho diários. Mesmo pequenas quantidades abaixo destes limites podem interferir negativamente se consumidas no decorrer das quatro horas anteriores às tarefas de exposição. Já os antidepressivos são compatíveis com a exposição e podem ser úteis (antes inclusive de empreender um programa de exposição) se os pacientes estiverem muito deprimidos (Marks e O´Sullivan, 1992).

Por outro lado, as benzodiazepinas no tratamento da agorafobia requerem doses altas e de longa duração (Tyrer, 1989). Estes são fatores que predispõem à dependência. De fato, depois de um tratamento de curta duração de oito semanas, cerca de um de cada três pacientes tratados com alprazolam para a agorafobia com pânico desenvolveu uma síndrome de abstinência ao ser suspensa a medicação (Pecknold et al., 1988).

IV. TÉCNICAS COGNITIVAS E DE ENFRENTAMENTO POTENCIALIZADORAS DA EXPOSIÇÃO

A presença de alterações cognitivas na agorafobia, como a ansiedade antecipatória, a avaliação negativa dos próprios recursos e a avaliação inadequada dos sintomas somáticos (quadro 3.3), mostrou ser aconselhável acrescentar técnicas cognitivas à exposição e/ou estender a exposição aos estímulos internos (Hoffart, 1993; Michelson e Marchione, 1991).

As técnicas cognitivas utilizadas foram, fundamentalmente, a terapia racional-emotiva, a reestruturação cognitiva, a solução de problemas e o treinamento em auto-instruções, sem que tenha ficado demonstrada uma nítida superioridade de uma técnica sobre as outras. A evidência empírica sobre a eficácia destas técnicas é contraditória (por exemplo, Beck et al., 1992; Chambless e Gillis, 1993).

O enfoque terapêutico cognitivo mais atual de Clark (1989) e Barlow (1993) consiste, em primeiro lugar, em induzir os sintomas (palpitações, vertigens, etc.) de um ataque de pânico por meio da hiperventilação voluntária; em segundo lugar, em desmontar as crenças equivocadas sobre o resultado catastrófico de tais sintomas por meio do questionamento socrático e de outras técnicas utilizadas na terapia cognitiva da depressão; em terceiro lugar, em estimular o paciente a realizar comportamentos planejados para pôr à prova suas crenças anteriores e em reforçá-lo por meio de sistemas de pensamento mais realistas em relação aos sintomas.

O esforço terapêutico investido na aplicação destas técnicas não corresponde aos resultados obtidos (Marks, 1987). Lembremos que a exposição por si só age também sobre as alterações cognitivas, independentemente de que a melhora destas não esteja em sincronia com a dos comportamentos motrizes.

Uma alternativa mais adequada às terapias cognitivas estruturadas é combinar a exposição com métodos cognitivos simples, tais como dar uma explicação clara ao paciente sobre a natureza dos ataques de pânico e ensinar-lhe algumas habilidades simples para o controle sobre a ansiedade, como técnicas de respiração, relaxamento e auto-instruções (Mathews et al., 1981).

Alguns dos programas terapêuticos recentes são orientados especificamente retreinamento da respiração para enfrentar o problema da hiperventilação involuntária (Van der Molen et al., 1989). Entretanto, ainda não se sabe em que porcentagem de pacientes ansiosos encontra-se presente o problema da hiperventilação e quantas pessoas, portanto, podem ser beneficiadas pelo treinamento em respiração (Quadro 3.10). É ainda prematuro recomendar sistematicamente exercícios de respiração profunda na terapia de exposição para os agorafóbicos. Os resultados obtidos ainda não são conclusivos (Marks, 1987; Rijken et al., 1992).

Quadro 3.10. *Retreinamento da respiração como controle da hiperventilação voluntária*

Quando alguém percebe os primeiros sinais de hiperventilação involuntária, deve dar os seguintes passos:

1. Interromper o que está fazendo e sentar-se ou, pelo menos, concentrar-se nas instruções indicadas a seguir.
2. Reter a respiração, sem fazer inalações profundas, e contar até 10.
3. Ao chegar a 10, espirar e dizer a si mesmo, de um modo suave, a palavra "calma".
4. Inspirar e expirar em ciclos de 6 segundos (3 para a inspiração e 3 para a expiração), dizendo para si mesmo a palavra "calma" cada vez que expirar. Haverá, portanto, 10 ciclos de respiração por minuto.
5. Ao final de cada minuto (depois de 10 ciclos de respiração), reter a respiração novamente durante 10 segundos. A seguir, voltar aos ciclos de respiração de 6 segundos.
6. Continuar respirando deste modo, até que tenham desaparecido todos os sintomas da hiperventilação involuntária.

As técnicas de *biofeedback* (pelo menos as referentes à taxa cardíaca e à condutância da pele) não potencializam o valor específico da exposição (Marks, 1987). Contudo, a pesquisa em técnicas de *biofeedback* aplicadas à agorafobia revela um caminho diferente. Em primeiro lugar, porque a melhora dos sentimentos subjetivos tende a estar por trás da melhora da evitação e do ritmo cardíaco. E, em segundo lugar, porque a recaída é mais provável se o paciente já não evita as situações fóbicas, mas manifesta ainda um nível alto de ativação autônoma (Barlow e Mavissakalian, 1981). Neste caso, pode ser interessante a aplicação de técnicas de *biofeedback*.

Muitos dos programas terapêuticos atualmente utilizados (Bados, 1993; Barlow, 1993; Botella, 1991; Clark, 1989) recorrem a estratégias múltiplas cognitivas e psicofisiológicas como potencializadoras da exposição, mas não se conhece o peso específico de cada uma delas nem há uma justificativa clara da perspectiva da eficiência terapêutica (custos e benefícios). Em suma, a eficácia das diversas estratégias de enfrentamento – treinamento em respiração, relaxamento, auto-instruções positivas, etc. – na potencialização da exposição não está totalmente contrastada e depende provavelmente de diferenças individuais. Ou seja, os agorafóbicos hiperventiladores podem beneficiar-se das técnicas de respiração e de relaxamento (Öst, 1988); ao contrário, os agorafóbicos acometidos de uma ansiedade antecipatória muito intensa podem reagir positivamente ao treinamento em auto-instruções. Mas mesmo estas afirmações requerem pesquisas posteriores.

V. CONCLUSÕES

De uma perspectiva psiquiátrica, conceitualiza-se o pânico como o reflexo de um desequilíbrio químico. Segundo este enfoque, a medicação deve estar na linha de frente no tratamento da agorafobia/transtorno por pânico e a exposição deveria ser, em todo caso, um mero complemento dos psicofármacos (Sheehan, Coleman e Greensblatt, 1984). As pesquisas existentes permitem concluir, ao contrário, que a exposição modifica as alterações fisiológicas (inclusive com mudanças sinápticas), assim como a evitação e as alterações cognitivas, e que a medicação é apenas uma segunda opção em alguns casos (Echeburúa et al., 1993; Marks e O´Sullivan, 1992).

Os efeitos secundários, especialmente dos antidepressivos, e as recaídas após o abandono da medicação tornam aconselhável a terapia de exposição como primeira linha de ação terapêutica. Os ansiolíticos não devem ser utilizados. Somente no caso de uma falta de resposta terapêutica adequada parece recomendável a inclusão complementar de antidepressivos, especialmente se os pacientes apresentam um estado de ânimo disfórico.

O tratamento de exposição é, em suma, uma terapia potente no controle da agorafobia, mas apresenta ainda alguns problemas não resolvidos. Em primeiro lugar, a recusa ou o abandono da terapia, mesmo sendo menores do que nas terapias farmacológicas, pode afetar 25% dos pacientes. Em segundo lugar, a eliminação dos comportamentos de evitação pressupõe uma melhora substancial do paciente, mas não leva a uma melhora clínica total em todos os casos. E, em terceiro lugar, continua a tendência dos pacientes fóbicos com um histórico de depressão anterior ao tratamento a experimentar episódios depressivos, embora o tratamento de exposição tenha tido sucesso.

O poder preditivo das variáveis envolvidas na terapia de exposição modifica-se muito de um estudo para outro. Entretanto são, em geral, bons indicadores de êxito terapêutico mostrar comportamentos evitativos nitidamente definidos, ter um estado de ânimo normal, seguir as prescrições terapêuticas e não se submeter à exposição sob o efeito de álcool ou de ansiolíticos. Ao contrário, o tempo de duração ou a intensidade do problema não constituem um indicador confiável do resultado terapêutico. Já, durante a terapia, o melhor indicador de sucesso terapêutico é o progresso nas primeiras sessões. Os pacientes que obtêm um maior benefício terapêutico inicialmente são os que vão mantê-lo mais a longo prazo e nos quais seja menos provável o surgimento de episódios depressivos (Echeburúa et al., 1991, 1993; Lelliott et al., 1987).

É difícil, por outro lado, avaliar a eficácia das técnicas cognitivas em relação à exposição, já que todas elas incluem componentes de exposição; se bem que, na revisão de Marks (1987), as técnicas cognitivas são, por um lado, inferiores à exposição e, por outro, não forneceram nenhum componente adicional à exposição por si só no caso dos tratamentos cognitivo-comportamentais, entretanto, não se pode, menosprezar seu valor. No começo da terapia, podem atuar sob a forma de estratégias de motivação para o tratamento; durante a terapia, como meio de conseguir a observância das prescrições terapêuticas e como ensaios cognitivos preparatórios para a ação terapêutica da exposição (Salkovskis e Warwick, 1985); e ao final da mesma, como forma de aumentar as expectativas de auto-eficácia e, em última análise, de prevenir as recaídas (Butler, 1989).

Finalmente, restam ainda vários problemas a serem resolvidos nos programas de exposição de grande significado terapêutico, como o papel desempenhado pela evitação manifesta e encoberta, a forma de conseguir uma habituação mais rápida e uma generalização mais ampla, a determinação do gradiente ótimo de exposição e da duração da mesma, bem como a possível potencialização da exposição com o acréscimo de técnicas cognitivas e/ou com a exposição aos estímulos internos (cognitivos e psicofisiológicos) que suscitam ansiedade.

REFERÊNCIAS

Agras, S., Chapin, H. N. y Oliveau, D.C. (1972). The natural history of phobia: Course and prognosis. *Archives of General Psychiatry, 26,* 315-317.

American Psychiatric Association (1994). *Diagnostic and statistical manual of mental disorders (4th. edition).* Washington, D.C.: APA.

Bados, A. (1993). Tratamiento en grupo de la agorafobia. En D. Macià, F. X. Méndez y J. Olivares (dirs.), *Intervención psicológica: programas aplicados de tratamiento.* Madrid: Pirámide.

Ballenger, J. C., Burrows, G. D. y Dupont, R. L. (1988). Alprazolam in panic disorder and agoraphobia: I. Efficacy in short-term treatment. *Archives of General Psychiatry, 45,* 413-422.

Ballenger, J. C., Peterson, G. A., Laraia, M. y Hucek, A. (1984). A study of plasma catecholamines in agoraphobia and the relationship of serum tricyclic levels to treatment

response. En J. C. Ballenger (dir.), *Biological aspects of agoraphobia*. Washington: APA.
Barlow, D. H. (1993). Avances en los trastornos por ansiedad. *Psicología Conductual, 1,* 291-300.
Barlow, D. H. y Mavissakalian, M. (1981). Directions in the assessment and treatment of phobia: The next decade. En M. Mavissakalian y D. H. Barlow (dirs.), *Phobia: Psychological and pharmacological treatment.* Nueva York: Guilford Press.
Basoglu, M. (1992). Pharmacological and behavioural treatment of panic disorder. *Psychotherapy and Psychosomatics, 58,* 57-59.
Beck, A. T., Sokol, L., Clark, D. A. y Berchik, R. (1992). A crossover study of focused cognitive therapy for panic disorder. *American Journal of Psychiatry, 149,* 778-783.
Borda, M. y Echeburúa, E. (1991). La autoexposición como tratamiento psicológico en un caso de agorafobia. *Análisis y Modificación de Conducta, 17,* 993-1012.
Botella, C. (1991). Tratamiento psicológico del trastorno de pánico: adaptación del paquete cognitivo-comportamental de Clark. *Análisis y Modificación de Conducta, 17,* 871-894.
Burns, L. E., Thorpe, G. L., Cavallaro, A. y Gosling, J. (1986). Agoraphobia 8 years after behavioral treatment. *Behavior Therapy, 17,* 580-591.
Butler, G. (1989). Phobic disorders. En K. Hawton, P. M. Salkovskis, J. Kirk y D. M. Clark (dirs.), *Cognitive behaviour therapy for psychiatric problems: A practical guide.* Oxford: Oxford University.
Chambless, D. L., Caputo, G. C., Bright, P. y Gallagher, R. (1984). Assessment of fear in agoraphobics: the body sensations questionnaire and the agoraphobic cognitions questionnaire. *Journal of Consulting and Clinical Psychology, 52,* 1090-1097.
Chambless, D. L., Caputo, G. C., Jasin, S. E., Gracel, E. J. y Williams, C. (1985). The movility inventory for agoraphobia. *Behaviour Research and Therapy, 23,* 35-44.
Chambless, D. L. y Gillis, M. M. (1993). Cognitive therapy of anxiety disorders. *Journal of Consulting and Clinical Psychology, 61,* 248-260.
Chambless, D. L. y Goldstein, A. J. (1983). *Agoraphobia: Multiple perspectives on theory and treatment.* Nueva York: Wiley.
Clark, D. M. (1989). Anxiety states. Panic and generalized anxiety. En K. Hawton, P. M. Salkovskis, J. Kirk y D. M. Clark (dirs.), *Cognitive behaviour therapy for psychiatric problems. A practical guide.* Oxford: Oxford Medical Publications.
Cohen, S., Monteiro, W. y Marks, I. M. (1984). Two-year follow-up of agoraphobics after exposure and imipramine. *British Journal of Psychiatry, 144,* 276-281.
Cox, D. J., Ballenger, J. C., Laraia, M. y Hobbs, W. R. (1988). Different rates of improvement of different symptoms in combined pharmacological and behavioral treatment of agoraphobia. *Journal of Behavior Therapy and Experimental Psychiatry, 19,* 119-126.
Cox, B. J., Endler, N. S., Lee, P. S. y Swinson, R. P. (1992). A meta-analysis of treatments for panic disorder with agoraphobia: Imipramine, alprazolam, and in vivo exposure. *Journal of Behavior Therapy and Experimental Psychiatry, 23,* 175-182.
Echeburúa, E. (1996). Evaluación psicológica de los trastornos de ansiedad. En G. Buela-Casal, V. E. Caballo y J. C. Sierra (dirs.), *Manual de evaluación en psicología clínica y de la salud.* Madrid: Siglo XXI.
Echeburúa, E. y Corral, P. (1991). Eficacia terapéutica de los psicofármacos y de la exposición en el tratamiento de la agorafobia/trastorno de pánico. *Clínica y Salud, 2,* 227-241.
Echeburúa, E. y Corral, P. (1993). Técnicas de exposición: variantes y aplicaciones. En F. J. Labrador, J. A. Cruzado y M. Muñoz (dirs.), *Manual práctico de modificación y terapia de conducta.* Madrid: Pirámide.

Echeburúa, E. y Corral, P. (1995). Agorafobia. En V. E. Caballo, G. Buela-Casal y J. A. Carrobles (dirs.), *Manual de psicopatología y trastornos psiquiátricos, vol 1*. Madrid: Siglo XXI.

Echeburúa, E., Corral, P., García, E. y Borda, M. (1991). La autoexposición y las benzodiacepinas en el tratamiento de la agorafobia sin historia de trastorno de pánico. *Análisis y Modificación de Conducta, 17*, 969-991.

Echeburúa, E., Corral, P., García, E. y Borda, M. (1993). Interactions between self-exposure and alprazolam in the treatment of agoraphobia without current panic: an exploratory study. *Behavioural and Cognitive Psychotherapy, 21*, 219-238.

Echeburúa, E., Corral, P., García, E., Páez, D. y Borda, M. (1992). Un nuevo inventario de agorafobia *(IA)*. *Análisis y Modificación de Conducta, 18*, 101-123.

Emmelkamp, P. M. y Kuipers, A. C. (1979). Agoraphobia: A follow-up study 4 years after treatment. *British Journal of Psychiatry, 134*, 352-355.

Emmelkamp, P. M. G., Van Dyck, R., Bitter, M. y Heins, R. (1992). Spouse-aided therapy with agoraphobics. *British Journal of Psychiatry, 160*, 51-56.

Emmelkamp, P. M. G. y Van den Hout, A. (1983). Failure in treating agoraphobia. En E. B. Foa y P. M. G. Emmelkamp (dirs.), *Failures in behavior therapy*. Nueva York: Wiley.

Garakani, H., Zitrin, C. M. y Klein, D. F. (1985). Treatment of panic disorder with imipramine alone. *American Journal of Psychiatry, 141*, 446-448.

Hand, I. (1986). Exposure in-vivo with panic management for agoraphobia: Treatment rationale and long-term outcome. En I. Hand y H. U. Wittchen (dirs.), *Panic and phobias*. Berlín: Springer-Verlag.

Hoffart, A. (1993). Cognitive treatments of agoraphobia: A critical evaluation of theoretical basis and outcome evidence. *Journal of Anxiety Disorders, 7*, 75-91.

Klosko, J. S., Barlow, D. H., Tassinari, R. B. y Cerny, J. A. (1988). Alprazolam versus cognitive behaviour therapy for panic disorder: A preliminary report. En I. Hand y H. U. Wittchen (dirs.), *Panic and phobias*. Nueva York: Springer Verlag.

Lelliott, P. T., Marks, I. M., Monteiro, W. O., Tsakiris, F. y Noshirvani, H. (1987). Agoraphobics 5 years after imipramine and exposure. Outcome and predictors. *Journal of Nervous and Mental Disease, 175*, 599-605.

Marks, I. M. (1971). Phobic disorders: four years after treatment. *British Journal of Psychiatry, 118*, 683-688.

Marks, I. M. (1978). *Living with fear*. Nueva York: McGraw-Hill.

Marks, I. M. (1987). *Fears, phobias, and rituals*. Nueva York: Oxford University (traducción, Martínez Roca, 2 vols., 1991).

Marks, I. M. (1992). Tratamiento de exposición en la agorafobia y el pánico. En E. Echeburúa (dir.), *Avances en el tratamiento psicológico de los trastornos de ansiedad*. Madrid: Pirámide.

Marks, I. M., Gray, S., Cohen, D., Hill, R., Mawson, D., Ramm, E. y Stern, R. S. (1983). Imipramine and brief therapist-aided in agoraphobics having self-exposure homework. *Archives of General Psychiatry, 40*, 153-162.

Marks, I. M. y Mathews, A. M. (1979). Brief standard self-rating for phobic patients. *Behaviour Research and Therapy, 17*, 263-267.

Marks, I. M. y O'Sullivan, G. (1992). Psicofármacos y tratamientos psicológicos en la agorafobia/pánico y en los trastornos obsesivo-compulsivos. En E. Echeburúa (dir.), *Avances en el tratamiento psicológico de los trastornos de ansiedad*. Madrid: Pirámide.

Mathews, A. M., Gelder, M. G. y Johnston, D. W. (1981). *Agoraphobia. Nature and Treatment*. Nueva York: Guilford.

Mavissakalian, M. (1982). Pharmacological treatment of anxiety disorders. *Journal of Clinical Psychiatry, 43*, 487-491.

Mavissakalian, M. (1987). The placebo effect in agoraphobia. *Journal of Nervous and Mental Disease, 175,* 95-99.

Mavissakalian, M. y Michelson, L. (1983). Self-directed in vivo exposure practice in behavioral and pharmacological treatments of agoraphobia. *Behavior Therapy, 14,* 506-519.

Mavissakalian, M. y Michelson, L. (1986). Two-year follow-up of exposure and imipramine treatment of agoraphobia. *American Journal of Psychiatry, 143,* 1106-1112.

Mavissakalian, M., Michelson, L. y Dealy, R. S. (1983). Pharmacological treatment of agoraphobia: imipramine versus imipramine with programmed practice. *British Journal of Psychiatry, 143,* 348-355.

McPherson, F. M., Brougham, L. y McLaren, S. (1980). Maintenance of improvement in agoraphobic patients treated by behavioural methods -a four-year follow-up. *Behaviour Research and Therapy, 18,* 150-152.

Michelson, L. (1988). Cognitive, behavioral, and psychophysiological treatments and correlates of panic. En S. Rachman y J. D. Maser (dirs.), *Panic: Psychological perspectives.* Nueva York: Lawrence Erlbaum.

Michelson, L. y Marchione, K. (1991). Behavioral, cognitive and pharmacological treatments of panic disorder with agoraphobia. Critique and synthesis. *Journal of Consulting and Clinical Psychology, 59,* 100-114.

Michelson, L., Mavissakalian, M. y Marchione, K. (1988). Cognitive, behavioral and psychophysiological treatments of agoraphobia: A comparative outcome investigation. *Behavior Therapy, 19,* 97-120.

Munby, M. y Johnston, D. W. (1980). Agoraphobia: The long-term follow-up of behavioural treatment. *Bristish Journal of Psychiatry, 137,* 418-427.

Munjack, D. J., Rebal, R. y Shaner, R. (1985). Imipramine versus propanolol for the treatment of panic attacks: A pilot study. *Comprehensive Psychiatry, 26,* 80-89.

Norton, G. R., Allen, G. E. y Hilton, J. (1983). The social validity of treatments for agoraphobia. *Behaviour Research and Therapy, 21,* 393-399.

Öst, L. G. (1988). Applied relaxation versus progressive relaxation in the treatment of panic disorder. *Behaviour Research and Therapy, 26,* 13-22.

Öst, L. G. (1989). One-session treatment for specific phobias. *Behaviour Research and Therapy, 21,* 393-399.

Öst, L. G., Westling, B. E. y Hellstrom, K. (1993). Applied relaxation, exposure in vivo and cognitive methods in the treatment of panic disorder with agoraphobia. *Behaviour Research and Therapy, 31,* 383-394.

Pecknold, J. C., Swinson, R. P., Kuch, K. y Lewis, L. P. (1988). Alprazolam in panic disorder and agoraphobia: results from a multicenter trial: III. Discontinuation effects. *Archives of General Psychiatry, 45,* 429-436.

Rijken, H., Kraaimaat, F., De Ruiter, C. y Garssen, B. (1992). A follow-up study on short-term treatment of agoraphobia. *Behaviour Research and Therapy, 30,* 63-66.

Rizley, R., Kahn, R. J., McNair, D. M. y Frankentheler, L. M. (1986). A comparison of alprazolam and imipramine in the treatment of agoraphobia and panic disorder. *Psychopharmacological Bulletin, 22,* 167-172.

Salkovskis, P. M. y Warwick, H. M. C. (1985). Cognitive therapy of obsessive-compulsive disorder. Treating treatment failures. *Behavioral Psychotherapy, 13,* 243-255.

Sheehan, D. V., Ballenger, J. y Jacobsen, G. (1980). Treatment of endogenous anxiety. *Archives of General Psychiatry, 37,* 51-59.

Sheehan, D. V., Coleman, J. H. y Greensblatt, D. J. (1984). Some biochemical correlates of panic attacks with agoraphobia and their response to a new treatment. *Journal of Clinical Psychopharmacology, 4,* 66-75.

Telch, M. J. (1988). Combined pharmacological and psychological treatment. En C. G. Last y M. Hersen (dirs.), *Handbook of anxiety disorders*. Nueva York: Pergamon Press.

Telch, M. J., Agras, W. S., Taylor, C. B., Roth, W. T. y Gallen, C. C. (1985). Combined pharmacological and behavioral treatment for agoraphobia. *Behaviour Research and Therapy, 23*, 325-335.

Turner, S. M., Beidel, D. C., Dancu, C. V. y Stanley, M. A. (1989). An empirically derived inventory to measure social fears and anxiety: the Social Phobia and Anxiety Inventory. *Psychological Assessment, 1*, 35-40.

Tyrer, P. (1989). *Classification of neurosis*. Chichester: Wiley and Sons (traducción, Díaz de Santos, 1992).

Van der Molen, G. M., Van den Hout, M. A., Merckelbach, H., Vandieren, A. C. y Griez, E. (1989). The effect of hypocapnia on extinction of conditioned fear responses. *Behaviour Research and Therapy, 27*, 71-77.

Weissman, M. M. (1985). The epidemiology of anxiety disorders: Rates, risks and familial patterns. En H. Tuma y J. Maser (dirs.), *Anxiety and anxiety-related disorders*. Hillsdale, NJ: Lawrence Erlbaum.

Zitrin, C. M., Klein, D. F. y Woerner, M. G. (1980). Treatment of agoraphobia with group exposure in vivo and imipramine. *Archives of General Psychiatry, 37*, 63-72.

Zitrin, C. M., Klein, D. F., Woerner, M. G. y Ross, D. (1983). Treatment of phobias: I. Comparison of imipramine hydrochloride and placebo. *Archives of General Psychiatry, 40*, 125-138.

LEITURAS PARA APROFUNDAMENTO

Agras, S. (1989). *Pánico. Cómo superar los miedos, las fobias y la ansiedad*. Barcelona: Labor (original, 1985).

Bados, A. (1993). Tratamiento en grupo de la agorafobia. En D. Macià, F. X. Méndez y J. Olivares (dirs.), *Intervención psicológica: Programas aplicados de tratamiento*. Madrid: Pirámide.

Bados, A. (1995). *Agorafobia* (2 vols.). Barcelona: Paidós.

Echeburúa, E. y Corral, P. (1992). *La agorafobia. Nuevas perspectivas de evaluación y tratamiento*. Valencia: Promolibro.

Marks, I. M. (1991). *Miedos, fobias y rituales* (2 vols.). Barcelona: Martínez Roca (original, 1987).

Mathews, A. M., Gelder, M. y Johnston, D. W. (1985). *Agorafobia. Naturaleza y tratamiento*. Barcelona: Fontanella (original, 1981).

Peurifoy, R. Z. (1993). *Venza sus temores. Ansiedad, fobias y pánico*. Barcelona: Robinbook (original, 1992).

Apêndice 1. REGISTRO DE TAREFAS DE EXPOSIÇÃO (ECHEBURÚA E CORRAL, 1991)

Data	Hora de Início	Hora de Fim	Tarefas de exposição	Ansiedade máxima (0-10) Antes	Ansiedade máxima (0-10) Depois	Sozinho ou com o co-terapeuta	Estratégias de enfrentamento
			Comportamento-objetivo 2ª: *Ir ao cinema ou a um show nos fins de semana com os amigos*				
19/11	19:30	21:30	* Ir com a minha irmã ao cinema numa segunda-feira à tarde e sentar-me no fundo da sala na ponta da fila.	7	3	Co-terapeuta	*Auto-instruções positivas:* "Vou desfrutar do filme; minha irmã está ao meu lado".
23/11	22:30	00:30	* Ir com a minha irmã ao cinema numa sexta-feira à noite e sentar-me na parte central da sala na ponta da fila. Minha irmã senta-se em outro lugar, não próximo.	8,5	4	Co-terapeuta	*Auto-instruções positivas:* "Vou ser capaz de fazer o que os outros fazem; eu não sou diferente".
26/11	19:30	21:30	* Ir sozinho ao cinema numa segunda-feira à tarde e sentar-me na parte central, na ponta da fila.	9	4,5	Sozinho	*Respirações profundas. Auto-instruções positivas:* "Vou respirar bem, assim me sinto capaz".

Apêndice 2. PROGRAMA DE AUTO-EXPOSIÇÃO NA AGORAFOBIA (Echeburúa et al., 1991)

1. Âmbito global

Requisitos da auto-exposição
- Manuais (do paciente e do co-terapeuta)
- Registro das tarefas de exposição
- Presença de um co-terapeuta
- Número de sessões como terapeuta: 7

Estrutura do programa de auto-exposição
- Participação ativa, gradual e contínua
- Freqüência: 6 dias/semana
- Duração: 2 horas/dia
- Registros diários das tarefas de exposição

Função do terapeuta
- Explicar o programa de exposição
- Precisar com exatidão o que deve ser feito
- Envolver o paciente de modo ativo
- Não falar sobre o problema, e sim sobre o programa
- Objetivo principal: fazer com que o paciente se volte para os comportamentos-objetivo por meio das tarefas adequadas

Função do paciente
- Seguir estritamente as instruções do terapeuta
- Expor-se às tarefas necessárias (que agora evita) em cada um dos comportamentos-objetivo
- Reforçar a si mesmo ao comprovar que é capaz de enfrentar essas tarefas e que não lhe acontece nada de mal por fazê-lo

Função do terapeuta
- Servir de apoio e de modelo, bem como reforçar o paciente diante da extinção dos comportamentos de evitação
- Acompanhar o paciente de acordo com a seguinte programação:

  – 1ª semana: 100% do tempo das tarefas
  – 2ª semana: 80% do tempo das tarefas
  – 3ª semana: 60% do tempo das tarefas
  – 4ª semana: 40% do tempo das tarefas
  – 5ª semana: 20% do tempo das tarefas
  – 6ª semana: 0% do tempo das tarefas

No restante do tempo, deve ser localizável pelo paciente.

2. Conteúdo das sessões com o terapeuta

1ª sessão (45 minutos)

- Levantar as hipóteses do problema
- Explicar o papel ativo do paciente e a necessidade terapêutica de interromper os comportamentos de evitação
- Descrever a auto-exposição em função dos comportamentos-objetivo
- Comentar os manuais de auto-ajuda
- Mostrar o registro e fazer referência à necessidade de preenchê-lo
- Instruir o paciente no manejo do controle do pânico
- Precisar com detalhes o papel do terapeuta
- Insistir na importância do co-terapeuta como modelo
- Indicar o emprego adequado do reforço e do auto-reforço
- Preparar as tarefas a serem realizadas entre a 1ª e a 2ª sessões. São trabalhados, no mínimo, dois objetivos por semana
- Fazer um calendário de sessões

2ª sessão (45 minutos)

- Revisar os registros do paciente
- Reforçar o paciente e o co-terapeuta pelas tarefas realizadas
- Tratar das dificuldades surgidas nas tarefas de exposição
- Comentar com o paciente e com o co-terapeuta as dúvidas surgidas em relação ao livro de auto-ajuda
- Preparar as tarefas da semana seguinte

3ª sessão (30 minutos)

- Revisar os registros do paciente
- Reforçar o paciente e o co-terapeuta pelas tarefas realizadas
- Tratar das dificuldades surgidas nas tarefas de exposição
- Comprovar o manejo da ansiedade por parte do paciente
- Analisar os comportamentos adaptativos reforçadores (sociais, de lazer, etc.)
- Preparar as tarefas da semana seguinte

4ª sessão (30 minutos)

- Revisar os registros do paciente
- Reforçar o paciente e o co-terapeuta pelas tarefas realizadas
- Tratar das dificuldades surgidas nas tarefas de exposição
- Explicar o conceito de generalização: incorporação de comportamentos alternativos, tarefas espontâneas, etc.
- Preparar as tarefas da semana seguinte

4ª sessão (30 minutos)

- Revisar os registros do paciente
- Reforçar o paciente e o co-terapeuta pelas tarefas realizadas
- Tratar das dificuldades surgidas nas tarefas de exposição
- Explicar o conceito de generalização: incorporação de comportamentos

5ª sessão (30 minutos)

- Revisar os registros do paciente
- Reforçar o paciente e o co-terapeuta pelas tarefas realizadas
- Tratar das dificuldades surgidas nas tarefas de exposição
- Discutir os planos de longo prazo: a) prática contínua; b) estabelecimento de novos objetivos; c) aumento das atividades sociais; d) antecipação das recaídas e e) reler os manuais de auto-ajuda na solução dos problemas
- Preparar as tarefas da semana seguinte

6ª sessão (30 minutos)

- Revisar os registros do paciente
- Reforçar o paciente e o co-terapeuta pelas tarefas realizadas
- Tratar das dificuldades surgidas nas tarefas de exposição
- Estimular o paciente e seu cônjuge a estabelecer objetivos que estejam além da rotina diária e que sejam reforçadores (compras em shoppings, viagens a longa distância, férias, etc.)
- Explicar a prevenção da recaída: sinais precoces de recaída, estratégias imediatas de intervenção, sessões de recondicionamento, etc.
- Preparar as tarefas da semana seguinte

7ª sessão (30 minutos)

- Revisar os registros do paciente
- Reforçar o paciente e o co-terapeuta pelas tarefas realizadas
- Tratar das dificuldades surgidas nas tarefas de exposição
- Realizar um balanço global das tarefas realizadas
- Realizar uma avaliação do programa em relação aos comportamentos-objetivo: confiança, segurança, autocontrole, etc.
- Recordar a releitura do manual
- Insistir em que a manutenção da prática é a chave para o sucesso futuro
- Preparar um programa de acompanhamento
- Agradecer tanto ao paciente quanto ao co-terapeuta pela sua participação e mostrar-se disponível no caso de surgir qualquer contratempo no futuro

TRANSTORNO DE PÂNICO

Capítulo 4

MICHELLE G. CRASKE[*] E MICHAEL R. LEWIN[**]

I. INTRODUÇÃO

Nos últimos anos, progressos significativos têm sido realizados com respeito ao tratamento cognitivo-comportamental dos transtornos de pânico (com e sem agorafobia). Como se indica neste e em outros trabalhos recentes (p. ex., Craske e Barlow, 1993), os resultados destes tratamentos recém-desenvolvidos são muito promissores. Os enfoques cognitivo-comportamentais são considerados entre os tratamentos preferenciais para os indivíduos que apresentam transtorno de pânico (National Institute of Mental Health, 1993). Estes avanços são especialmente importantes, considerando a freqüência do transtorno de pânico (de 2 a 6% da população geral; Myers et al., 1984) e a gravidade das repercussões sociais e pessoais, incluindo o abuso de substâncias psicoativas, a depressão e as tendências suicidas (p. ex., Markowitz et al., 1989). Os progressos nos enfoques de tratamento cognitivo-comportamental foram impulsionados em grande medida pelos avanços na conceitualização do transtorno de pânico. Estes desenvolvimentos conceituais reconhecem o papel dos estímulos desencadeantes internos e específicos, e dos fatores atribucionais cognitivos para o pânico. Neste capítulo, apresentamos um panorama das intervenções cognitivo-comportamentais para o transtorno de pânico e de sua eficácia. Também são apresentadas as bases teóricas para estes procedimentos de tratamento.

Segundo o *DSM-IV* (American Psychiatric Association, 1994), o transtorno de pânico envolve basicamente a experiência de períodos discretos de repentino e intenso temor ou mal-estar (ou seja, pânico). A experiência de pânico caracteriza-se por um conjunto de sintomas físicos e cognitivos, que ocorrem de forma inesperada (ao menos em algumas oportunidades) e recorrente, e se distingue da ativação ansiosa que cresce gradualmente e das reações fóbicas ante estímulos circunscritos, claramente discerníveis. Igualmente, a profunda apreensão com os ataques de pânico desenvolve-se sob a forma de uma preocupação persistente com ataques futuros, preocupação com as conseqüências físicas, sociais ou mentais dos ataques, ou mudanças significativas do comportamento em resposta aos ataques.

No *DSM-IV* reconhece-se a ubiqüidade dos ataques de pânico nos diferentes transtornos de ansiedade (APA, 1994); um ataque de pânico é descrito como um estado emocional que pode estar associado a qualquer transtorno de ansiedade. De modo específico, os ataques de pânico podem ser diferenciados em três tipos:

---

[*] University of California em Los Angeles; [**] California State University em San Bernardino (EUA).

1. Ataques de pânico *espontâneos*, nos quais não são conhecidos os estímulos situacionais desencadeantes;

2. Ataques de pânico *situacionalmente determinados*, nos quais invariavelmente identifica-se um estímulo situacional específico, ou

3. Ataques de pânico *situacionalmente predispostos*, nos quais é provável, embora não de modo invariável, a identificação de um estímulo situacional específico como precursor do ataque de pânico.

Embora não existam regras absolutas para o diagnóstico, os ataques de pânico inesperados são associados mais freqüentemente com o transtorno de pânico (de fato, são necessários ao menos dois ataques de pânico inesperados para o diagnóstico do transtorno de pânico), tais ataques situacionalmente determinados estão associados com mais freqüência com transtornos fóbicos mais circunscritos (p. ex., fobias específica e social) e os ataques de pânico situacionalmente predispostos ocorrem com mais freqüência no transtorno de pânico com agorafobia (em especial posteriormente no decorrer do transtorno), mas podem ocorrer também em fobias mais circunscritas. A descrição dos ataques de pânico é feita deste modo a fim de ajudar no diagnóstico diferencial do transtorno de pânico em relação a outros transtornos de ansiedade nos quais pode-se verificar também ataques de pânico, mas em que o centro da apreensão não se encontra no próprio ataque (p. ex., fobias sociais, fobias específicas, transtorno obsessivo-compulsivo).

A agorafobia é descrita separadamente do transtorno de pânico no *DSM-IV* para ressaltar a ocorrência do mal-estar e da evitação agorafóbicos em indivíduos com ou sem um histórico de transtorno de pânico. Entretanto, observa-se que o pânico precede a agorafobia na maioria das pessoas que procuram por tratamento (p. ex., Craske et al., 1990).

Em raras oportunidades é feito o diagnóstico de transtorno de pânico/agorafobia como problema isolado. Os transtornos do Eixo I que co-ocorrem freqüentemente com o anterior compreendem as fobias específicas, a fobia social e a distimia (Sanderson et al., 1990). Várias pesquisas independentes mostram que de 25 a 60% das pessoas com transtorno de pânico com/sem agorafobia satisfazem os critérios de um transtorno da personalidade, especialmente os transtornos por evitação e por dependência (Chambless e Renneberg, 1988; Mavissakalian e Hamman, 1986; Reich, Noyes e Troughton, 1987). Entretanto, a natureza da relação entre o transtorno de pânico e os transtornos de personalidade não está muito clara. Por exemplo, as taxas de comorbidade dependem muito do método utilizado para estabelecer o diagnóstico do Eixo II (Chambless e Renneberg, 1988), bem como da ocorrência de um estado de ânimo deprimido (Alnaes e Torgersen, 1990), e há remissão de alguns "transtornos de personalidade" com o tratamento satisfatório do pânico e da agorafobia (Mavissakalian e Hamman, 1986; Noyes et al., 1991).

II. FUNDAMENTOS TEÓRICOS E EMPÍRICOS DO TRATAMENTO

Recentemente foram propostas várias conceitualizações convergentes sobre o pânico, diferenciando-se unicamente nos pontos que enfatizam. Por exemplo, alguns ressaltam a avaliação cognitiva errônea (Beck, 1988; Clark et al., 1988), outros salientam a aprendizagem associativa e o processamento emocional (Barlow, 1988; Wolpe e Rowan, 1988), ou insistem nas sensibilidades fisiológicas (Ehlers e Margraf, 1989). Nesta sessão, sugere-se uma revisão das conceitualizações recentes, pois constituem as bases teóricas dos tratamentos cognitivo-comportamentais mais recentes para o transtorno de pânico.

O ataque de pânico inicial foi conceitualizado por Barlow (1988) como um disparo errôneo do "sistema do medo", sob circunstâncias estressantes da vida, em indivíduos fisiologicamente vulneráveis (um fator de vulnerabilidade biológica explica a elevada coincidência familiar para o transtorno de pânico [Crowe et al., Moran e Andrews, 1985; Torgersen, 1983]). Entretanto, um ataque de pânico isolado não leva necessariamente ao desenvolvimento de um transtorno de pânico, tal como prova a discrepância entre as estimativas da prevalência de um ataque de pânico espontâneo nos últimos 12 meses (que vai de 10 a 12%; p. ex., Telch, Lucas e Nelson, 1989) e do transtorno de pânico com/sem agorafobia nos últimos 6 meses (que vai de 2 a 6%; Myers et al., 1984).

Barlow e outros autores (p. ex., Clark et al., 1988) afirmam que uma vulnerabilidade psicológica explica o desenvolvimento da apreensão ansiosa sobre a recorrência do pânico que, por sua vez, conduz ao surgimento do transtorno de pânico. A vulnerabilidade psicológica é conceitualizada como um conjunto de crenças com conteúdo de perigo sobre os sintomas do pânico (p. ex., "Estou perdendo o controle") e sobre o significado dos ataques de pânico em relação ao conceito do indivíduo sobre si mesmo e sobre o mundo (p. ex., "Os acontecimentos estão se sucedendo de modo incontrolável e imprevisível; estou fraco demais para controlar minhas emoções"). Supõe-se que estas crenças surjam a partir de diferentes experiências vitais (como a transmissão observacional e de informação por parte de outras pessoas importantes do ambiente do paciente, sobre os perigos físicos e mentais associados a determinados sintomas corporais), incluindo os estímulos vitais estressantes próximos do primeiro ataque de pânico.

Levando em conta a natureza traumática do(s) primeiro(s) ataque(s) de pânico, propõe-se (Barlow, 1988) que sejam desenvolvidas associações de medo, condicionadas classicamente com diferentes aspectos do contexto em que ocorreu o ataque de pânico, incluindo as proximidades da situação e os sintomas da ativação. O temor aprendido ante os sinais de ativação é semelhante à descrição de Razran (1961) do "condicionamento interoceptivo": uma forma de condicionamento que é relativamente resistente à extinção e não consciente. Ou seja, as respostas de temor condicionadas interoceptivamente não dependem do conhecimento consciente sobre os estímulos desencadeantes. Segundo este modelo, pode parecer que os ataques de pânico não são provocados por um estímulo, ou que ocorrem de repente, por serem desencadeados por alterações sutis, inócuas, do estado fisiológico, sobre o qual o indivíduo não é totalmente consciente.

Além disso, é provável que as avaliações cognitivas errôneas do perigo (como o medo de morrer ou de perder o controle) aumentem a ativação de medo que, por sua vez, intensifica os já temidos sinais de medo. Em conseqüência, mantém-se um círculo vicioso de "medo do medo" (ou medo das sensações), até que o sistema fisiológico de ativação fique exausto ou até que se consigam evidências que o questionem (Clark et al., 1988).

Levando em conta este fato, o transtorno de pânico é considerado basicamente uma fobia aos estímulos corporais internos. Entretanto, ao contrário dos estímulos externos temidos, os estímulos internos dos quais se sente medo são *geralmente* menos previsíveis e é mais difícil fugir deles, o que provoca um temor mais intenso, mais repentino, menos previsível e uma maior ansiedade antecipatória sobre a recorrência do medo (Craske, 1991; Craske, Glover e De Cola, 1995). Barlow (1988) afirma que a antecipação ansiosa do pânico pode aumentar a probabilidade da sua ocorrência, pois é provável que tal ativação intensifique os sintomas que chegaram a se converter em sinais condicionados para o pânico, e/ou aumente o grau de vigilância em relação a esses sinais. Deste modo, se estabelece um ciclo de manutenção entre a apreensão ansiosa sobre o pânico e o próprio pânico.

Continuam sendo produzidas evidências empíricas que confirmam essa hipótese. Por exemplo, as pessoas que sofrem de ataques de pânico têm crenças e temores mais pronunciados sobre o prejuízo físico ou mental que poderia advir de sensações corporais específicas associadas aos ataques de pânico (Chambless et al., 1984; Clark et al., 1988; Holt e Andrews, 1989; McNally e Lorenz, 1987; Van den Hout et al., 1987). Existem também evidências parciais do aumento da percepção ou da capacidade para detectar as sensações corporais da ativação (Antony et al., 1995; Ehlers e Margraf, 1989; Van der Hout et al., 1987) devido, supostamente, a um mecanismo de vigilância atencional. As pessoas com um transtorno de pânico também têm medo dos procedimentos que provocam sensações corporais similares às experimentadas durante os ataques de pânico, incluindo exercícios cardiovasculares, respiratórios e audiovestibulares inócuos (Zarate et al., 1988). Também tem surgido apoio proveniente dos estudos que mostram que a correção das avaliações errôneas de perigo com respeito a determinadas sensações corporais parecem diminuir o temor. Por exemplo, há informações de um pânico consideravelmente inferior quando os sujeitos percebem que a hiperventilação e a inalação de dióxido de carbono (que produzem fortes sintomas físicos, similares aos do pânico) são seguros e controláveis (Rapee, Mattick e Murrell, 1986; Rapee, Telfer e Barlow, 1991; Sanderson, Rapee e Barlow, 1989). O papel da avaliação cognitiva pode estender-se aos ataques de pânico noturnos, ou seja, aos ataques que ocorrem em um estado de sono profundo (Craske e Freed, 1995).

Entretanto, não há evidências suficientes com respeito aos fatores de vulnerabilidade ou de predisposição propostos. São necessários estudos longitudinais sobre populações de alto risco para estabelecer o papel das vulnerabilidades biológicas e psicológicas e a importância da aprendizagem que pode ocorrer como conseqüência dos primeiros ataques de pânico (p. ex., a sensibilidade e o temor ante os sinais interoceptivos). Contudo, existe um estudo preliminar que demonstra que a tendência a interpretar erroneamente as sensações corporais como algo prejudicial aumenta a probabilidade dos ataques de pânico no decorrer de um período de três anos (Maller e Reiss, 1992).

Os indivíduos com agorafobia que recorrem a tratamento relatam normalmente que uma história de pânico precedeu o surgimento do comportamento de evitação (Craske et al., 1990; Noves et al., 1986; Pollard, Bronson e Kenney, 1989; Swinson, 1986; Thyer et al., 1985). Não obstante, nem todas as pessoas que têm ataques de pânico desenvolvem uma evitação agorafóbica e o grau de esquiva que se manifesta é muito variável. As razões destas diferenças individuais não estão claras (ver Craske e Barlow, 1988, para uma revisão). Embora muitos indivíduos agorafóbicos costumem experimentar pânico por longos períodos, a relação com a cronicidade é relativamente fraca, pois uma porcentagem significativa tem ataques de pânico durante muitos anos sem desenvolver um estilo agorafóbico. A esquiva agorafóbica também não está relacionada com a idade de surgimento, nem com os perfis de sintomas de pânico, as porcentagens dos diferentes tipos de ataque (ou seja, com/sem estímulo desencadeador e esperado/espontâneo), com a freqüência dos ataques de pânico, o temor e as sensações corporais, ou com o grau de apreensão sobre a possiblidade de ter um ataque de pânico (Craske et al., 1990; Noyes et al., 1986; Pollard, Bronson e Kenney, 1989; Swinson, 1986; Thyer et al., 1985).

Por outro lado, à medida que o grau de agorafobia se torne mais grave, observa-se um predomínio das mulheres na mostra (Reich et al., 1987; Thyer et al., 1985). É possível que os comportamentos e as expectativas de *papel* sexual influenciem no grau em que a apreensão sobre o pânico conduz à esquiva agorafóbica (Barlow, 1988). Também sugere-se que os estilos individuais de enfrentamento ante as situações aversivas ou estressantes em geral (p. ex., aproximação *versus* fuga) podem moderar o grau em que a apreensão em relação ao pânico leva à esquiva agorafóbica (Craske e Barlow, 1988). Em suma, considera-se a evitação agorafóbica como um estilo de enfrentamento ante a apreensão ao pânico. Convém destacar que outro estilo de enfrentamento que pode ser mais freqüente nos homens que têm ataques de pânico é encarar as situações antecedentes com a ajuda do álcool ou das drogas (Barlow, 1988).

Uma implicação desta hipótese sobre o pânico e a agorafobia é que o tratamento direto do pânico pode melhorar o tratamento da evitação agorafóbica. Tradicionalmente, a evitação agorafóbica era o objetivo principal das intervenções comportamentais, deixando que o pânico diminuísse em conseqüência do aumento do comportamento de mobilidade e aproximação ou do controle por meio de medicação. Entretanto, muitos indivíduos que aprendem a ser menos agorafóbicos continuam tendo ataques de pânico (Arnow et al., 1985; Michelson, Mavissakalian e Marchione, 1985; Stern e Marks, 1973). A continuidade dos ataques de pânico também é associada à possibilidade de uma recaída agorafóbica (Craske, Street e Barlow, 1989; Arnow et al., 1985). Por conseguinte, os tratamentos cognitivo-comportamentais que têm como objetivo principal o pânico são de grande valor para os indivíduos com e sem agorafobia.

III. ESTRATÉGIAS PARA O TRATAMENTO COGNITIVO-COMPORTAMENTAL

Alguns estudos demonstram a eficácia de uma combinação de estratégias comportamentais de tratamento para os ataques de pânico, incluindo o relaxamento, o treinamento assertivo, a exposição ao vivo, o treinamento em *biofeedback* e a reestruturação cognitiva (p. ex., Gitlin et al., 1985; Sear et al., 1991). Foi demonstrado que os efeitos de tratamentos multicomponentes similares são superiores à simples passagem do tempo (Wadell, Barlow e O´Brien, 1984). Os componentes mais recentes de tratamento compreendem o retreinamento da respiração, o relaxamento aplicado, as técnicas de inervação vagal, a reestruturação cognitiva e a exposição às sensações corporais temidas.

O retreinamento da respiração – Vários pesquisadores examinaram a eficácia do retreinamento da respiração (ou seja, treinamento em respiração lenta, diafragmática), pois de 50 a 60% dos sujeitos com ataques de pânico descrevem que os sintomas de hiperventilação são muito semelhantes aos sintomas desses ataques (DeRuiter et al., 1989). Contudo, é necessário ressaltar que pesquisas relativamente recentes mostram que o relato de sintomas de hiperventilação não representa de forma adequada a fisiologia da hiperventilação (Holt e Andrews, 1989); a maioria dos pacientes costumam relatar em excesso sintomatologia deste tipo.

Na abordagem dos ataques de pânico que enfatiza a hiperventilação, tais ataques são considerados como induzidos por estresse, mudanças respiratórias que ou provocam medo, porque são percebidas como ameaçadoras, ou aumentam o temor já existente provocado por outros estímulos fóbicos (Clark, Salkovskis e Chalklev, 1985; Ley, 1991). Kraft e Hoogduin (1984) constataram que seis sessões bissemanais de retreinamento da respiração e de relaxamento progressivo reduziram a freqüência dos ataques de pânico de 10 para 4 por semana. Entretanto, o tratamento não foi mais eficaz que a hiperventilação repetida e o controle dos sintomas pela respiração dentro de um saco plástico ou a identificação dos estímulos vitais estressantes e a solução de problemas. Em um relato de dois casos, descreve-se a aplicação satisfatória do retreinamento da respiração no contexto de tratamentos de base cognitiva, nos quais os pacientes aprendiam a reinterpretar as sensações como inócuas (Rapee, 1985; Salkovskis et al., 1986). Clark et al. (1985) realizaram um estudo em maior escala, embora sem grupo de controle, no qual 18 sujeitos com ataques de pânico participaram de duas sessões semanais de controle da respiração e de treinamento com reatribuição cognitiva. Os ataques de pânico reduziram-se consideravelmente nesse breve período de tempo, especialmente em sujeitos que não tinham uma agorafobia significativa.

Salkovskis et al. (1986) utilizaram quatro sessões semanais de hiperventilação forçada, informação corretiva e retreinamento da respiração com nove pacientes que sofriam de ataques de pânico, depois das quais lhes proporcionava exposição ao vivo para as situações agorafóbicas, se necessário. A freqüência dos ataques diminuiu, em média, de 7 para 3 por semana, depois do treinamento no controle da respiração.

Embora estes estudos mostrem resultados significativos a partir de intervenções terapêuticas breves, é necessário examinar várias questões. Em primeiro lugar, os sujeitos são escolhidos, normalmente, por apresentarem sintomas de hiperventilação e, por conseguinte, não está clara a generalização para os sujeitos que não relatam sintomas de hiperventilação. Segundo, DeRuiter et al. (1989), empregando sujeitos selecionados de modo semelhante, não replicaram a eficácia de uma combinação de retreinamento da respiração e reestruturação cognitiva. Em terceiro lugar, os protocolos de retreinamento da respiração habitualmente incluem reestruturação cognitiva e exposição interoceptiva que, como descreveremos mais adiante, demonstraram ser um tratamento muito eficaz para os ataques de pânico. Por conseguinte, é difícil atribuir os resultados fundamentalmente ao controle da respiração. Quarto, não se conhece o grau em que as intervenções no retreinamento da respiração reduzem a ansiedade antecipatória e outros índices que, segundo se acredita, são subjacentes ao transtorno de pânico (p. ex., a vigilância atencional para os sintomas de ativação, etc.). Finalmente, é pouco provável que o sucesso do retreinamento em respiração seja atribuído às mudanças na respiração real (Garsen, DeRuiter e Van Dyck, 1992); a distração e/ou a melhora no controle percebido se apresentam como mecanismos possíveis que subjazem à eficácia do retreinamento da respiração.

O relaxamento – uma forma de relaxamento conhecido como *relaxamento aplicado* mostra resultados promissores como tratamento para os ataques de pânico. O relaxamento aplicado representa o treinamento em relaxamento muscular progressivo (RMP) até que o sujeito mostre-se habilidoso no emprego de procedimentos de controle por meio de sinais; nesse momento, a habilidade do relaxamento aplica-se a itens de uma hierarquia de tarefas que provocam ansiedade. Não foi elaborada nenhuma base teórica para o emprego do relaxamento para os ataques de pânico, além da hipótese de uma resposta somática oposta à tensão muscular que é provável que ocorra durante a ansiedade e o pânico. Entretanto, as evidências de outras fontes não apóiam esta idéia (Rupert, Dobbins e Mathew, 1981). Sugere-se que o temor e a ansiedade diminuem à medida que o relaxamento proporcione uma sensação de controle ou de domínio (Bandura, 1977, 1988; Rice e Blanchard, 1982). Os procedimentos e mecanismos que explicam os benefícios terapêuticos estão obscurecidos, no caso das formas aplicadas do RMP, pela implicação dos procedimentos de exposição.

Öst (1988) obteve resultados muito favoráveis para o RMP aplicado: 100% de um grupo de sujeitos com RMP aplicado (N = 8) ficou livre de ataques de pânico depois de 14 sessões, em comparação com 71,1% de um grupo sem a aplicação de RMP (N = 8). Os resultados do primeiro grupo também se mantiveram no acompanhamento (aproximadamente 19 meses depois de finalizado o tratamento) enquanto a manutenção dos benefícios verificou-se em apenas 57% do segundo grupo. Todos os sujeitos do grupo de RMP aplicado foram classificados com um elevado funcionamento final, em comparação com os 25% do grupo de RMP. Por outro lado, Barlow et al. (1989) observaram que o RMP aplicado era relativamente ineficaz no controle dos ataques de pânico. Esta discrepância pode ser devida aos diferentes tipos de tarefas aos quais foi aplicado o relaxamento controlado por sinais. A condição de RMP aplicado de Öst (1988) incluía a exposição a sinais interoceptivos (ou seja, a sensações corporais temidas) enquanto Barlow et al. (1989) limitaram sua condição de RMP a tarefas situacionais externas. Mais recentemente, Michelson et al. (1990) combinaram o RMP com o re-treinamento da respiração com o treinamento cognitivo em 10 pacientes com transtorno de pânico. Ao final do tratamento, todos os sujeitos estavam livres de ataques de pânico "espontâneos", todos, exceto um, já não tinham nenhum tipo de ataque de pânico e todos satisfaziam os critérios de um elevado funcionamento final. Entretanto, não se conhece a contribuição específica do RMP aplicado a estes resultados.

A inervação vagal – a inervação vagal é uma técnica de controle somático pouco conhecida. O controle da taxa cardíaca é ensinado por meio da massagem na carótida, fazendo pressão em um olho durante a expulsão do ar ou pressionando sobre o peito. Resultados preliminares sugerem certo êxito com este procedimento (Sartory e Olajide, 1988).

A reestruturação cognitiva – as estratégias cognitivas para o transtorno de pânico derivaram-se da extensão do modelo cognitivo de Beck (1988) para a depressão à ansiedade e ao pânico. O tratamento cognitivo concentra-se em corrigir as avaliações errôneas das sensações corporais tidas como ameaçadoras. As estratégias cognitivas são executadas juntamente com as técnicas comportamentais, embora suponha-se que o mecanismo eficaz da mudança seja subjacente ao aspecto cognitivo. Em um estudo sem grupos de controle, Sokol e Beck (1986; citado em Beck, 1988) trataram 25 pacientes com técnicas cognitivas em combinação com exposição ao vivo e interoceptiva durante uma média de 17 sessões individuais. Os ataques de pânico desapareceram nos 17 pacientes que não tinham um diagnóstico agregado de transtorno de personalidade nas avaliações pós-tratamento e após 12 meses. Em um estudo mais recente, muito bem controlado, Clark et al. (1993) compararam a terapia cognitiva (que incluía auto-exposição) ao relaxamento aplicado e à imipramina. Após uma média de 10 sessões de tratamento, 18 dos 20 pacientes que terminaram a terapia cognitiva estavam livres de ataques de pânico, bem como 17 desses pacientes em uma avaliação de acompanhamento após um ano. Embora estes resultados sejam chamativos, é difícil atribui-los exclusivamente às estratégias cognitivas, se considerarmos sua combinação com estratégias comportamentais.

Por outro lado, um relatório preliminar de Margraf, Gobel e Schneider (1989) sugere que as estratégias cognitivas aplicadas sem procedimentos de exposição são meios altamente eficazes para controlar os ataques de pânico. No mesmo sentido, Salkovskis, Clark e Hackmann (1991) apresentam resultados a partir do recorte de um caso único de linha-base múltipla no qual examinaram os efeitos de duas semanas de terapia cognitiva com instruções anti-exposição. Os ataques de pânico diminuíram ou cessaram em todos, exceto um dos 7 pacientes. Embora estes resultados sejam promissores, recomenda-se prudência, já que esse estudo foi criticado em seus aspectos metodológicos (Acierno, Hersen e Van Hasselt, 1993).

Em geral, esses resultados contribuem para a crescente evidência que confirma a eficácia das técnicas cognitivas. Entretanto, como observam Salkovskis et al. (1991), as estratégias comportamentais podem continuar sendo o meio mais eficaz para realizar a modificação cognitiva. A avaliação da mudança limita-se, normalmente, à freqüência do pânico. Como ficou demonstrado pelos estudos que avaliam o retreinamento da respiração, é necessário um exame mais completo sobre o grau em que as estratégias fundamentalmente cognitivas reduzem a vigilância atencional nos sintomas de ativação, o nível de ativação crônica e a antecipação da recorrência do pânico.

A exposição interoceptiva – o propósito da exposição interoceptiva, do mesmo modo que o da exposição aos estímulos fóbicos externos, consiste em romper ou debilitar a associação entre os sinais corporais específicos e as reações de pânico. A base teórica da exposição interoceptiva é a extinção do temor, por considerar os ataques de pânico como alarmes aprendidos ou "condicionados" diante de determinados sinais corporais (Barlow, 1988). A exposição interoceptiva é executada por meio de procedimentos que provocam de forma confiável sensações similares às do pânico como exercícios cardiovasculares, inalações de dióxido de carbono, girar em uma cadeira e a hiperventilação. A exposição é realizada utilizando um formato graduado. Em estudos preliminares, Bonn, Harrison e Rees (1971) e Haslam (1974) observaram uma diminuição da reatividade com infusões repetidas do lactato de sódio (uma droga que provoca sensações corporais semelhantes às do pânico, do mesmo modo que outras substâncias químicas, como a cafeína e a yohimbina). Entretanto, o pânico não foi avaliado nestas investigações. Mais recentemente, Griez e Van der Hout (1986) compararam seis sessões de inalações graduadas de dióxido de carbono frente a um tratamento de propanolol (um betabloqueador, escolhido porque suprimia os sintomas provocados por inalações de dióxido de carbono), realizadas ao longo de duas semanas. Esse tratamento de inalação teve como resultado uma diminuição de 12 para 4 ataques de pânico, o que era superior aos resultados com propanolol. Esse tratamento também produziu reduções do temor significativamente maiores às sensações corporais. Uma avaliação realizada após seis meses de acompanhamento refletia a permanência dos benefícios do tratamento, embora não tenha sido indicada a freqüência dos ataques de pânico.

No primeiro estudo controlado sobre tratamento comportamental para o transtorno de pânico, Barlow et al. (1989) compararam as seguintes quatro condições: 1) RMP aplicado; 2) exposição interoceptiva mais retreinamento da respiração e reestruturação cognitiva; 3)sua combinação e 4) uma lista de espera como grupo de controle.

A exposição interoceptiva compreendia exposições repetidas utilizando técnicas de indução, como a hiperventilação forçada, girar em uma cadeira e o esforço cardiovascular. As duas condições que incluíam a exposição interoceptiva e a reestruturação cognitiva eram significativamente superiores às condições do RMP aplicado e da lista de espera, em termos da freqüência dos ataques de pânico. Dos dois primeiros grupos de tratamento, 87% encontravam-se livres de ataques de pânico no pós-tratamento. Klosko et al. (1990) utilizando o enfoque do tratamento combinado descrito por Barlow et al. (1989), relataram taxas similares de sucesso. Os resultados do estudo de Barlow et al. (1989) mantiveram-se ao longo de 24 meses depois de terminado o tratamento no grupo que recebeu a exposição interoceptiva e a reestruturação cognitiva sem RMP enquanto o grupo combinado tendia a apresentar deterioração durante o acompanhamento (Craske, Brown e Barlow, 1991). Este estudo demonstra a superioridade da exposição interoceptiva e dos procedimentos cognitivos, a curto e a longo prazo, para o controle dos ataques de pânico. Entretanto, o RMP era tão eficaz quanto a exposição e as estratégias cognitivas para a redução da ansiedade geral. Além disso, apenas 50% de cada condição de tratamento foi classificada com um alto nível de funcionamento; ou seja, apesar da eliminação do pânico, uma proporção significativa de sujeitos continuava experimentando ansiedade, mal-estar e/ou interferências no funcionamento. Medidas mais específicas sobre a vigilância atencional dos sintomas da ativação ou sobre a antecipação do ressurgimento do pânico poderia ter identificado as fontes do contínuo mal-estar. Em um artigo recente, Telch et al. (1993) referem altas taxas de sucesso em um enfoque de tratamento em grupo que utilizou a terapia cognitiva e a exposição interoceptiva. Após 12 sessões de tratamento, 64% atingiu um alto nível de funcionamento no pós-tratamento, sucedendo o mesmo com 63% no acompanhamento por seis meses.

IV. O PROTOCOLO DO TRATAMENTO COGNITIVO-COMPORTAMENTAL

Esquema geral – o protocolo seguinte foi desenvolvido no Center for Stress and Anxiety Disorders (Craske, Rapee e Barlow, 1988) e encontra-se disponível como um detalhado manual de tratamento (Barlow e Craske, 1989). Nos protocolos de pesquisa, o tratamento normalmente é realizado em 11 sessões individuais de uma hora, embora também tenha sido realizado em formato de grupo. As sessões são programadas uma vez por semana, embora também seja possível um tratamento diário intensivo.

O objetivo do protocolo de tratamento consiste em intervir diretamente sobre o aspecto cognitivo, de interpretação errônea, da ansiedade e dos ataques de pânico sobre a resposta de hiperventilação e sobre as reações condicionadas aos sinais físicos. Isto é feito, primeiramente, proporcionando informações precisas sobre a natureza dos aspectos fisiológicos da resposta de luta/fuga. Em segundo lugar, são ensinadas técnicas específicas para modificar as cognições, incluindo a identificação e o questionamento das idéias errôneas. Mais tarde, são proporcionadas informações específicas sobre os efeitos da hiperventilação e seu papel nos ataques de pânico com uma ampla prática de retreinamento da respiração. Finalmente, realiza-se a exposição repetida aos sinais internos temidos, com o objetivo de "descondicionar" as reações de medo.

IV.1. *Sessão 1*

Os objetivos da primeira sessão são descrever a ansiedade, proporcionar uma explicação e descrição do tratamento, e insistir na importância do auto-registro e da prática em casa entre as sessões de tratamento. A terapia começa com a identificação dos padrões de ansiedade e das situações nas quais é provável que se manifestem a ansiedade e os ataques de pânico. Muitos pacientes têm dificuldades na hora de identificar antecedentes específicos, contando que a ansiedade parece ocorrer quase que espontaneamente. São enfatizados, especialmente, os sinais internos que podem desencadear a ansiedade e o medo, especialmente nas cognições negativas, nas imagens catastróficas e nas sensações físicas.

Apresenta-se aos pacientes o modelo dos três sistemas de resposta para descrever e compreender a ansiedade e o pânico, de modo que formem uma concepção alternativa não ameaçadora sobre a ansiedade e o pânico e uma percepção de si mesmos mais objetiva. Pede-se aos pacientes que descrevam os aspectos cognitivos, fisiológicos e comportamentais do seu modo de responder: que identifiquem o que *sentem*, o que *pensam* e o que *fazem* quando estão ansiosos e quando têm ataques de pânico. São ressaltadas as diferenças entre os perfis de resposta da ansiedade e do pânico. Por exemplo, o componente cognitivo na ansiedade geral poderia implicar as preocupações sobre acontecimentos futuros enquanto o componente cognitivo no pânico/medo pode implicar preocupar-se com o perigo eminente; o componente comportamental da ansiedade geral poderia consistir em agitação e nervosismo enquanto este componente no pânico/medo pode implicar fuga ou esquiva; o componente fisiológico na ansiedade geral poderia significar tensão muscular enquanto o mesmo componente no pânico/medo pode significar palpitações. Também são descritas as interações entre os sistemas de resposta (p. ex., a exacerbação da ativação fisiológica pelas cognições de temor).

A seguir, os pacientes são informados de que não é necessário entender os motivos pelos quais começaram a experimentar ataques de pânico para obterem benefícios do tratamento, porque os fatores envolvidos no início não são necessariamente os mesmos que estão presentes na permanência de um problema. Entretanto, o ataque de pânico inicial é considerado uma manifestação de ansiedade/estresse. São explorados, com o paciente, os estímulos estressantes que estiveram presentes no primeiro ataque de pânico, especialmente em termos de como fizeram com que aumentassem os níveis de ativação fisiológica e como favoreceram determinados esquemas cognitivos com conteúdo de perigo.

A primeira sessão termina com uma explicação e uma descrição do tratamento completo. O trabalho para casa inclui o auto-registro de cada ataque de pânico, com avaliações da intensidade e dos sinais desencadeadores, bem como registros diários da depressão, da ansiedade e das preocupações com o pânico. Pede-se aos pacientes que registrem seu medo e sua ansiedade sob o formato dos três sistemas de resposta descritos nesta sessão.

IV.2. Sessão 2

Os objetivos desta sessão são a descrição da fisiologia subjacente à ansiedade e ao pânico e os conceitos da hipervigilância e do condicionamento interoceptivo. Dá-se aos pacientes um folheto detalhado que resume a parte didática da sessão.

Os principais conceitos focalizados nesta fase educativa são: 1) o valor de sobrevivência ou a função protetora da ansiedade e do pânico; 2) a base fisiológica das distintas sensações experimentadas durante o pânico e a ansiedade e 3) o papel dos temores específicos, aprendidos e mediados cognitivamente, sobre determinadas sensações corporais. Explica-se o modelo de pânico descrito anteriormente no presente capítulo. Concretamente, explica-se o conceito do condicionamento interoceptivo para interpretar os ataques de pânico que parecem ocorrer sem razões aparentes; considera-se que esses ataques de pânico ocorrem em resposta a sensações físicas ou sinais internos muito sutis.

As tarefas para casa consistem em continuar o desenvolvimento de um modelo conceitual e de um "perceber a si mesmo" objetiva *versus* subjetivamente. Isto se consegue por meio do auto-registro do pânico, levando em conta os princípios indicados até este momento e lendo novamente o folheto.

IV.3. Sessão 3

O objetivo principal da terceira sessão é o treinamento para a correção da respiração. Pede-se aos pacientes que hiperventilem voluntariamente, permanecendo de pé e respirando rápida e profundamente, como se estivessem enchendo um balão durante 1 a 1 ½ minutos. Discute-se a experiência em termos do grau em que provoca sintomas similares aos que ocorrem de forma natural durante a ansiedade ou o pânico. Freqüentemente, os sintomas são semelhantes e confundem-se com os da ansiedade. Devido a este exercício ser executado em um ambiente seguro e que os sintomas têm uma causa óbvia, a maioria dos pacientes avaliam que a experiência provoca menos ansiedade do que se esses mesmos sintomas tivessem ocorrido de modo natural. É importante fazer esta distinção, já que demonstra a importância das percepções de segurança com respeito ao grau de ansiedade experimentado. Discute-se a experiência de hiperventilação em termos dos três sistemas de resposta, do papel das avaliações errôneas e do condicionamento interoceptivo descrito na sessão anterior.

A seguir, os pacientes recebem informações sobre a base fisiológica da hiperventilação. Do mesmo modo que sucedia em uma sessão anterior, o objetivo da apresentação didática consiste em esclarecer as interpretações errôneas sobre os perigos da hiperventilação e proporcionar uma base de informação sobre a qual se apoiar quando essas interpretações incorretas forem ativamente questionadas, conforme progride a terapia.

O controle da respiração começa enfatizando a implicação do músculo diafragmático *versus* a dependência excessiva dos músculos do tórax. Também ensina-se os pacientes a se concentrarem na respiração, contando as inalações e pensando na palavra "relaxe" durante as exalações (a respiração lenta será introduzida na sessão seguinte). O terapeuta modela os padrões de respiração sugeridos e proporciona retroalimentação corretora aos pacientes enquanto praticam na clínica.

O controle da respiração é uma habilidade que exige uma prática considerável antes de poder ser aplicado com êxito para controlar os episódios de uma alta ansiedade ou de pânico. As reações iniciais ante os exercícios também podem ser negativas para os pacientes que temem as sensações respiratórias (já que o exercício implica a concentração na respiração) ou para os pacientes que são hiperventiladores crônicos e nos quais a interrrupção dos padrões de respiração aumenta inicialmente a sintomatologia do excesso de respiração. Em ambos os casos, é aconselhável a prática contínua, assegurando ao paciente que sensações tais como a falta de ar ou a tontura não são prejudiciais.

Finalmente, insiste-se na integração das técnicas de controle da respiração e das estratégias cognitivas. Às vezes, os pacientes intrepretam erroneamente o controle da respiração como uma forma de desembaraçar-se dos sintomas que os aterrorizam, caindo assim na armadilha de temer conseqüências terríveis se não conseguirem modificar sua respiração. As tarefas para casa desta sessão incluem um auto-registro contínuo e a prática da respiração diafragmática pelo menos duas vezes por dia, durante no mínimo 10 minutos cada vez.

IV.4. Sessão 4

Os objetivos desta sessão consistem em conseguir o controle da respiração e começar com a reestruturação cognitiva ativa. O terapeuta dá o modelo e, a seguir, proporciona retroalimentação corretiva para tornar mais lento o ritmo de respiração (de modo que um ciclo completo de inalação e exalação dure mais de 6 segundos). Na próxima semana, ensina-se aos pacientes a praticar a respiração lenta em ambientes "seguros" ou relaxantes durante a semana seguinte. São desaconselhados a aplicar a respiração lenta para controle da ansiedade até serem muito experientes na sua aplicação.

É introduzida a reestruturação cognitiva, explicando que os erros no pensamento ocorrem de forma natural durante os períodos de ansiedade elevada, preparando assim o paciente para que ele consiga "perceber a si mesmo" mais objetivamente, e crie expectativas de que seu pensamento está distorcido. São explicados os conceitos de pensamentos automáticos e previsões concretas, a fim de estimulá-lo a ser um astuto observador das suas próprias verbalizações habituais em situações específicas. A identificação do pensamento "eu me sinto péssimo – alguma coisa ruim pode acontecer" é insuficiente, não terapêutico, e poderia servir para intensificar a ansiedade em virtude da sua natureza global e não diretiva. Em compensação, o reconhecimento do pensamento "estou com medo de ficar nervoso/a demais enquanto estiver dirigindo, perder o controle do volante, sair da estrada e morrer" permite um questionamento muito construtivo de suposições errôneas.

São descritos os principais tipos de erro nas cognições. O primeiro é a *superestimação*, ou o tirar conclusões negativas e tratar os acontecimentos negativos como prováveis, quando de fato não se tem certeza de que virão a ocorrer. Pede-se ao paciente para identificar as superestimações durante os incidentes de ansiedade e pânico ao longo das duas últimas semanas: "Você pode recordar os acontecimentos que tinha certeza de que iam acontecer quando se sentia ansioso, mas que no final percebeu que não ocorreram de modo algum".

São exploradas as razões pelas quais persistem as superestimações apesar da contínua falta de confirmação. Normalmente, a ausência de perigo é atribuída erroneamente a *comportamentos ou sinais de segurança externas* (p. ex., "Consegui porque encontrei ajuda a tempo", "Se não tivesse tomado Trankimazin na semana passada, quando tive um ataque de pânico no supermercado, tenho certeza de que teria desmaiado" ou "Não teria conseguido se não tivesse saído da estrada a tempo"), ou à sorte, em vez de dar-se conta da falta de acerto da previsão original. Do mesmo modo, os pacientes podem supor erroneamente que a única razão de estarem ainda vivos, sadios, etc., é porque ainda não aconteceu "o grande ataque de pânico". Neste caso, supõe-se, erroneamente, que os ataques de pânico mais intensos aumentam os riscos de morrer, de perder o controle, etc.

O método para resistir aos erros de superestimação consiste em questionar as evidências dos juízos de probabilidades. O formato geral é tratar os pensamentos como hipóteses ou pressupostos, em vez de como fatos, e examinar as evidências das previsões enquanto são consideradas outras previsões alternativas, mais realistas. A melhor forma de fazer isso é por meio de um estilo socrático, de modo que os pacientes examinem o conteúdo das suas afirmações e proponham alternativas. Questionar a lógica específica do paciente (p. ex., "De que maneira um coração acelerado leva a um ataque cardíaco?") ou as bases a partir das quais são feitos os juízos (p. ex., informação incorreta proveniente dos outros, sensações pouco habituais) são úteis neste caso.

As tarefas desta sessão para casa consistem em praticar o controle da respiração, registrar exemplos de superestimação e refutar os erros do pensamento questionando a probabilidade atribuída e examinando as evidências de modo mais realista.

IV.5. Sessão 5

Os objetivos desta sessão são a aplicação do controle da respiração e a extensão da reestruturação cognitiva ao segundo tipo de erro cognitivo, ou seja, a *catastrofização*. Pede-se aos pacientes para praticarem o controle da respiração em ambientes que o exijam, como estar sentados no trabalho ou esperarem no carro enquanto o semáforo está vermelho. São incitados a fazer, com freqüência, "mini-práticas" durante o dia.

Este segundo tipo de erro cognitivo surge da interpretação incorreta dos acontecimentos como "perigosos", "insuportáveis" ou " catastróficos". Como tipos de erros catastróficos típicos temos: "Se eu desmaiar, as pessoas pensarão que sou fraco, e isso será insuportável", ou " Os ataques de pânico são a pior coisa que posso imaginar" e "A tarde inteira estará perdida se eu começar a ficar ansioso". A descatastrofização refere-se a perceber que os acontecimentos não são tão "catastróficos" como se pensava, isto pode ser conseguido se o paciente centrar-se em como enfrentar os acontecimentos negativos, em vez de pensar em como são "maus". Por exemplo, no caso da pessoa que afirma que os juízos negativos provenientes dos outros são insuportáveis, é importante discutir o que ela faria se tivesse que enfrentar um juízo negativo explícito feito por outro indivíduo. Do mesmo modo, no caso da pessoa que afirma que os sintomas físicos do pânico são intoleráveis, a discussão pode concentrar-se no enfrentamento dos sintomas e em resultados realistas, baseando-se em experiências anteriores.

A tarefa para casa é o controle da respiração, aplicado à identificação e refutação das superestimações e dos estilos catastróficos de pensamento.

IV.6. Sessão 6

O objetivo desta sessão é começar com a exposição interoceptiva. A explicação da exposição interoceptiva é muito importante para facilitar a generalização das práticas que ocorrem nas sessões às experiências cotidianas da vida real. Examina-se o conceito de condicionamento interoceptivo e se explora a forma como a evitação das sensações temidas serve para manter o temor. Pode ser que a evitação das sensações físicas não seja imediatamente óbvia para o paciente, embora as atividades evitadas por esses motivos normalmente incluam o exercício físico, as discussões emocionais, os filmes de suspense, os lugares cheios de vapor (p. ex., tomar banho com as portas e janelas fechadas), determinados alimentos e os estimulantes. O propósito da exposição interoceptiva é provocar de forma repetida as sensações temidas e debilitar o medo por meio da habituação e da aprendizagem de que não ocorre nenhum perigo real. As provocações contínuas também permitem a prática das estratégias cognitivas e do controle da respiração. Como conseqüência, reduz-se o temor às sensações físicas que ocorrem de forma natural.

O procedimento começa avaliando a resposta do paciente a uma série de exercícios padronizados. O terapeuta primeiro dá um modelo de cada exercício. A seguir, depois que o paciente tiver terminado o exercício, são registradas as sensações, o nível de ansiedade (de 0 a 8), a intensidade da sensação (de 0 a 8) e a semelhança com as sensações de pânico que lhe ocorrem habitualmente. Os exercícios incluem: mover a cabeça de um lado para o outro durante 30 segundos; colocar a cabeça entre as pernas durante 30 segundos e levantar rapidamente a cabeça até que ela fique reta; correr sobre o mesmo lugar durante um minuto, prendendo a respiração durante 30 segundos ou durante todo o tempo que puder; tensionar todos os músculos do corpo durante um minuto ou manter uma posição para fazer flexões tanto tempo quanto possível; dar voltas em uma cadeira giratória durante um minuto; hiperventilar durante um minuto; respirar através de um canudo estreito (com os orifícios nasais fechados) durante dois minutos e olhar fixamente para um ponto da parede ou para a própria imagem em um espelho durante 90 segundos. Se nenhum destes exercícios produzir sensações ao menos moderadamente semelhantes as que ocorrem de forma natural durante os ataques de pânico, criar outros exercícios adaptados ao indivíduo. Por exemplo, se a principal sensação temida é a dor no peito, pode-se provocar opressão no peito respirando profundamente antes de hiperventilar.

Se os pacientes informam pouco ou nenhum temor porque se sentem seguros em presença do terapeuta, pede-se que tentem fazer os exercícios sozinhos (o terapeuta sai da sala) ou em casa. Para uma pequena parte dos pacientes, conhecer o curso e a causa das sensações domina a resposta de temor. A maioria dos pacientes teme ao menos alguns dos exercícios, apesar de conhecer a causa das sensações e a possibilidade de serem controladas.

Os exercícios que provocam sensações parecidas (pontuados com pelos menos um 3 na escala de semelhança de 0 a 8) com os ataques de pânico são escolhidos para uma exposição repetida na sessão seguinte. A partir dos exercícios selecionados, estabelece-se uma hierarquia de acordo com as pontuações em ansiedade. A tarefa para casa inclui um registro cognitivo e o questionamento dos pensamentos.

IV.7. *Sessão 7*

O objetivo principal desta sessão é realizar uma exposição interoceptiva contínua; mas, primeiro, revisa-se o controle da respiração. Os pacientes são estimulados a aplicar a partir de agora o controle da respiração em momentos de ansiedade ou de sensações físicas desagradáveis. A comprovação de hipótese também é introduzida para facilitar a reestruturação cognitiva. A comprovação de hipótese implica a identificação de superestimações ou de previsões catastróficas sobre as situações com as quais provavelmente o paciente vai defrontar-se em um futuro próximo. Avalia-se, nesta sessão, a probabilidade de que a previsão seja verdadeira. Na sessão seguinte, o paciente e o terapeuta examinam as evidências que confirmam ou refutam as previsões feitas na sessão anterior. Deste modo, o paciente obtém provas mais concretas de que poucas ou nenhuma das suas terríveis previsões se tornaram realidade.

Emprega-se um enfoque graduado para a exposição interoceptiva, começando com o item mais baixo da hierarquia estabelecida na sessão anterior. Em cada ensaio de exposição, pede-se ao paciente para começar a indução, indicar quando começam a ser experimentadas as sensações e a continuar com a indução durante pelo menos 30 segundos mais, a fim de evitar a tendência a fugir das sensações. Depois de terminada a indução, avalia-se a ansiedade e aplicam-se estratégias cognitivas e de controle da respiração. E, finalmente, o terapeuta repassa a experiência de indução e a aplicação das diferentes estratégias de controle junto com o paciente. Durante esta revisão, o terapeuta insiste na importância de experimentar totalmente as sensações durante a indução, de concentrar-se objetivamente sobre as sensações em vez de tratar de se distrair delas, e a importância de identificar cognições específicas e questioná-las, levando em conta todas as evidências. O terapeuta também faz perguntas-chave para ajudar o paciente a perceber sua segurança (p. ex., "o que teria acontecido se você tivesse continuado a girar durante mais 60 segundos?" e para que generalize experiências que ocorrem de modo natural (p. ex., "em que isto se diferencia de quando você se sente tonto no trabalho?"). Em outras palavras, o questionamento cognitivo amplia o reprocessamento cognitivo que está ocorrendo como conseqüência da exposição interoceptiva contínua. São repetidos os ensaios tantas vezes quanto necessário, até que os níveis de ansiedade para um exercício determinado não sejam superiores a 2 (ou leves). A seguir, repete-se o procedimento para o exercício seguinte da hierarquia, seguindo adiante até terminar os itens.

A prática para casa é muito importante, já que os sinais de segurança presentes na clínica ou que provêm da presença do terapeuta podem limitar a generalização para o ambiente natural. Os pacientes são instruídos a praticar diariamente em casa os itens interoceptivos da sessão.

IV.8. *Sessão 8*

Os objetivos desta sessão consistem em continuar com a comprovação de hipóteses e a exposição interoceptiva da sessão anterior. É especialmente importante revisar a prática diária da exposição interoceptiva. Deveria ser avaliada a possibilidade de evitação; esta pode dar-se por meio de uma clara falta de prática ou da esquiva encoberta, minimizando a intensidade ou a duração das sessões induzidas, ou limitando as práticas aos casos em que um sinal de segurança esteja presente (como uma pessoa do seu meio próximo) ou às ocasiões em que o paciente não se sente ansioso. As razões para a evitação incluem as interpretações errôneas contínuas dos perigos das sensações corporais (p. ex., "não quero hiperventilar porque tenho medo de não ser capaz de parar de respirar rapidamente e ninguém ao meu redor me ajudará") ou a interpretação incorreta de que os níveis de ansiedade diminuirão com a repetição do exercício. As motivações da evitação são mais bem abordadas cognitivamente, utilizando os princípios descritos nas sessões anteriores. A tarefa desta sessão para casa consiste em continuar avançando na hierarquia de exposição interoceptiva, na comprovação de hipóteses e na reestruturação cognitiva quando se encontrar ansioso.

IV.9. Sessão 9

O objetivo principal desta sessão consiste em ampliar a exposição interoceptiva a tarefas da vida real. Também se dá continuidade à reestruturação cognitiva, por meio da comprovação de hipóteses, e as cognições negativas são registradas e questionadas quando a ansiedade aumenta.

A exposição interoceptiva na vida real consiste na exposição a tarefas ou atividades diárias que foram evitadas ou suportadas com medo por causa das sensações associadas. Exemplos típicos incluem o exercício aeróbico ou a atividade física vigorosa, subir correndo as escadas, ingerir alimentos que criam uma sensação de estar cheio ou que estejam associados a sensações de afogamento, levantar-se rapidamente da posição de sentado, saunas ou duchas com muito vapor, dirigir com as janelas fechadas e o ar condicionado ligado, o consumo de cafeína, etc. (estes exercícios podem ser modificados, obviamente, no caso de complicações médicas reais, como a asma ou a pressão sanguínea elevada). Estabelece-se uma hierarquia a partir de uma lista de atividades temidas normalmente e são gerados itens específicos para a própria experiência do indivíduo. Cada item é ordenado em função do seu nível de ansiedade. Os pacientes aprendem a identificar cognições desadaptativas e a ensaiar dentro da sessão a preparação cognitiva antes de começar cada atividade. Esse ensaio da preparação cognitiva permite que o terapeuta proporcione retroalimentação corretiva. É importante identificar e eliminar (gradualmente, se necessário) os sinais de segurança ou os comportamentos de proteção como telefones celulares, amuletos da sorte e estar perto de centros médicos. Pede-se aos pacientes para praticarem os itens da hierarquia, pelo menos três vezes cada um, antes da sessão de tratamento seguinte, programada para dentro de duas semanas.

IV.10. Sessão 10-11

As sessões 10-11 repassam as práticas da exposição interoceptiva na vida real e comprovam as estratégias de registro cognitivo e de controle da respiração. Estas duas últimas sessões são programadas a cada duas semanas, a fim de melhorar a generalização a partir do local de tratamento. A última sessão de tratamento repassa todos os princípios e habilidades aprendidos e proporciona aos pacientes um padrão de técnicas de enfrentamento para futuras situações de alto risco em potencial.

V. CONCLUSÕES E TENDÊNCIAS FUTURAS

Os procedimentos de reestruturação cognitiva, o retreinamento da respiração, o relaxamento aplicado e a exposição interoceptiva têm demonstrado poder controlar os ataques de pânico na maioria dos indivíduos, chegando a resultados que duram mais de dois anos no acompanhamento realizado, uma vez finalizado o tratamento. Entretanto, mesmo que terminem os ataques de pânico, uma porcentagem significativa pode continuar experimentando ansiedade ou mal-estar. Considerando a relativa falta de medida dos resultados baseados em construtos (p. ex., medição da vigilância atencional para os sintomas de ativação da antecipação do ressurgimento do pânico), não foi completamente avaliada a natureza dessa ansiedade. Do mesmo modo, vários estudos mostram que a evitação agorafóbica pode continuar, apesar do desaparecimento dos ataques de pânico (Clark et al., 1985; Craske et al., 1991; Salkovskis et al., 1991), o que sugere que o tratamento mais eficaz combina procedimentos para o controle do pânico com procedimentos para o controle da agorafobia.

Ainda não está comprovado que as estratégias para o controle do pânico, tais como a exposição interoceptiva, melhoram a eficácia da exposição ao vivo para a agorafobia. Algumas pesquisas sugerem que os métodos para o controle do pânico podem minimizar a recaída depois do tratamento de exposição ao vivo. Logicamente, o controle do pânico poderia diminuir os abandonos e melhorar também a redução da evitação agorafóbica. O efeito combinado das estratégias de controle do pânico e de exposição ao vivo encontra-se atualmente em estudo em vários centros de investigação clínica.

Outra área que necessita ser pesquisada é a combinação do tratamento cognitivo-comportamental para o pânico com a farmacologia. A maioria dos estudos realizados até o momento examinam a combinação das terapias farmacológicas e a exposição ao vivo para a agorafobia (p. ex., Marks et al., 1983; Mavissakalian e Michelson, 1986; Mavissakalian, Michelson e Dealy, 1983; Zitrin, Klein e Woerner, 1980; Zitrin et al., 1983; Telch et al., 1985). Atualmente, está em andamento um amplo projeto de colaboração (Barlow, Gorman, Shear e Woods) para pesquisar os efeitos únicos e combinados da imipramina e os procedimentos cognitivos/de exposição para os ataques de pânico em indivíduos sem níveis significativos de evitação agorafóbica.

Finalmente, ainda precisam ser identificadas as diferenças individuais que podem pôr obstáculos ao êxito do tratamento cognitivo-comportamental para os ataques de pânico. Por exemplo, as características de personalidade, a depressão grave e/ou o consumo de substâncias psicoativas (todos são transtornos de uma relativa comorbidade com o transtorno de pânico) necessitam de mais investigação como obstáculos em potencial para o sucesso do tratamento.

REFERÊNCIAS

Acierno, R. E., Hersen, M. y Van Hasselt, V. B. (1993). Interventions for panic disorder: A critical review of the literature. *Clinical Psychology Review, 13,* 561-578.

Alneas, R. y Torgersen, S. (1990). DSM-III personality disorders among patients with major depression, anxiety disorders, and mixed conditions. *The Journal of Nervous and Mental Disease, 178,* 693-698.

American Psychiatric Association (1994). *Diagnostic and statistical manual of mental disorders* (4ª edición) *(DSM-IV).* Washington, D. C.: American Psychiatric Press.

Antony, M., Brown, T. A., Craske, M. G., Barlow, D. H., Mitchell, W. B. y Meadows, E. (1995). Accuracy of heart beat perception in panic disorder, social phobic, and nonanxious subjects. *Journal of Anxiety Disorders, 9,* 355-371.

Arnow, B. A., Taylor, C. B., Agras, W. S. y Telch, M. J. (1985). Enchancing agoraphobia treatment outcome by changing couple communication patterns. *Behavior Therapy, 16,* 452-467.

Bandura, A. (1977). Self-efficacy: Toward a unifying theory of behavioral change. *Psychological Review, 84,* 191-215.

Bandura, A. (1988). Self-efficacy conception of anxiety. *Anxiety Research, 1,* 77-98.

Barlow, D. H. (1988). *Anxiety and its disorders: The nature and treatment of anxiety and panic.* Nueva York: Guilford.

Barlow, D. H., Cohen, A., Waddell, M., Vermilyea, J., Klosko, J., Blanchard, E. y DiNardo, P. (1984). Panic and generalized anxiety disorders: Nature and treatment. *Behavior Therapy, 15,* 431-449.

Barlow, D. H. y Craske, M. G. (1989). *Mastery of your anxiety and panic.* Albany, NY: Graywind.

Barlow, D. H., Craske, M. G., Cerny, J. A. y Klosko, J. S. (1989). Behavioral treatment of panic disorder. *Behavior Therapy, 20,* 261-282.

Beck, A. T. (1988). Cognitive approaches to panic disorder: Theory and therapy. En S. Rachman y J. D. Maser (dirs.), *Panic: Psychological perspectives.* Hillsdale, NJ: Erlbaum.

Bonn, J. A., Harrison, J. y Rees, W. (1971). Lactate-induced anxiety: Therapeutic application. *British Journal of Psychiatry, 119,* 468-470.

Chambless, D. L., Caputo, G., Bright, P. y Gallagher, R. (1984). Assessment of fear in agoraphobics: The body sensations questionnaire and the agoraphobic cognitions questionnaire. *Journal of Consulting and Clinical Psychology, 52,* 1090-1097.

Chambless, D. L. y Renneberg, B. (septiembre, 1988). Personality disorders of agoraphobics. Comunicación presentada en el World Congress of Behavior Therapy, Edimburgo, Escocia.

Clark, D., Salkovskis, P. y Chalkley, A. (1985). Respiratory control as a treatment for panic attacks. *Journal of Behavior Therapy and Experimental Psychiatry, 16,* 23-30.

Clark, D. M., Salkovskis, P., Gelder, M., Koehler, C., Martin, M., Anastasiades, P., Hackmann, A., Middleton, H. y Jeavons, A. (1988). Tests of a cognitive theory of panic. En I. Hand y H. Wittchen (dirs.), *Panic and phobias II.* Berlín: Springer-Verlag.

Clark, D. M., Salkovskis, P., Hackmann, A., Middleton, H., Anastasiades, P. y Gelder, M. (1993). A comparison of cognitive therapy, applied relaxation, and imipramine in the treatment of panic disorder. *British Journal of Clinical Psychology.*

Craske, M. G. (1991). Phobic fear and panic attacks: The same emotional state triggered by different cues? *Clinical Psychology Review, 11,* 599-620.

Craske, M. G. y Barlow, D. H. (1988). A review of the relationship between panic and avoidance. *Clinical Psychology Review, 8,* 667-685.

Craske, M. G. y Barlow, D. H. (1993). Panic disorder and agoraphobia. En D. H. Barlow (dir.), *Clinical handbook of psychological disorders* (2ª edición). Nueva York: Guilford.
Craske, M. G., Brown, T. A. y Barlow, D. H. (1991). Behavioral treatment of panic disorder: A two-year follow-up. *Behavior Therapy, 22,* 289-304.
Craske, M. G. y Freed, S. (1995). Expectations about arousal and nocturnal panic. *Journal of Abnormal Psychology, 104,* 567-575.
Craske, M. G., Glover, D. y DeCola, J. (1995). Predicted versus unpredicted attacks: Acute versus general distress. *Journal of Abnormal Psychology, 104,* 214-223.
Craske, M. G., Miller, P. P., Rotunda, R. y Barlow, D. H. (1990). A descriptive report of features of initial unexpected panic attacks in minimal and extensive avoiders. *Behaviour Research and Therapy, 28,* 395-400.
Craske, M. G., Rapee, R. M. y Barlow, D. H. (1988). *Manual for panic control treatment.* Manuscrito sin publicar.
Craske, M. G., Street, L. y Barlow, D. H. (1989). Instructions to focus upon or distract from internal cues during exposure treatment for agoraphobic avoidance. *Behaviour Research and Therapy, 27,* 663-672.
Crowe, R. R., Noyes, R., Pauls, D. L. y Slymen, D. J. (1983). A family study of panic disorder. *Archives of General Psychiatry, 40,* 1065-1069.
DeRuiter, C., Rijken, H., Garssen, B. y Kraaimaat, F. (1989). Breathing retraining, exposure and a combination of both, in the treatment of panic disorder with agoraphobia. *Behaviour Research and Therapy, 27,* 647-656.
Ehlers, A. y Margraf, J. (1989). The psychophysiological model of panic attacks. En P. M. G. Emmelkamp (dir.), *Anxiety disorders: Annual series of European research in behavior therapy,* vol. 4. Amsterdam: Swets.
Garssen, B., DeRuiter, C. y Van Dyck, R. (1992). Breathing retraining: A rational placebo. *Clinical Psychology Review, 12,* 141-154.
Gitlin, B., Martin, M., Shear, K., Frances, A., Ball, G. y Josephson, S. (1985). Behavior therapy for panic disorder. *Journal of Nervous and Mental Disease, 173,* 742-743.
Griez, E. y Van den Hout, M. A. (1986). CO_2 inhalation in the treatment of panic attacks. *Behaviour Research and Therapy, 24,* 145-150.
Haslam, M. T. (1974). The relationship between the effect of lactate infusion on anxiety states and their amelioration by carbon dioxide inhalation. *British Journal of Psychiatry, 125,* 88-90.
Holt, P. y Andrews, G. (1989). Hyperventilation and anxiety in panic disorder, agoraphobia, and generalized anxiety disorder. *Behaviour Research and Therapy, 27,* 453-460.
Klosko, J. S., Barlow, D. H., Tassinari, R. y Cerny, J. A. (1990). A comparison of alprazolam and behavior therapy in treatment of panic disorder. *Journal of Consulting and Clinical Psychology, 58,* 77-84.
Kraft, A. R. y Hoogduin, C. A. (1984). The hyperventilation syndrome: A pilot study of the effectiveness of treatment. *British Journal of Psychiatry, 145,* 538-542.
Ley, R. (1991). The efficacy of breathing retraining and the centrality of hyperventilation in panic disorder: A reinterpretation of experimental findings. *Behavior Research and Therapy, 29,* 301-304.
Maller, R. G. y Reiss, S. (1992). Anxiety sensitivity in 1984 and panic attacks in 1987. *Journal of Anxiety Disorders, 6,* 241-247.
Margraf, J., Gobel, M. y Schneider, S. (septiembre, 1989). Comparative efficacy of cognitive, exposure, and combined treatments for panic disorder. Comunicación presentada en la reunión anual de la European Association for Behavior Therapy, Viena.

Markowitz, J. S., Weissman, M. M., Ouellette, R., Lish, J. D. y Klerman, G. L. (1989). Quality of life in panic disorder. *Archives of General Psychiatry, 46,* 984-992.

Marks, I., Grey, S., Cohen, S. D., Hill, R., Mawson, D., Ramm, E. y Stern, R. (1983). Imipramine and brief therapist-aided exposure in agoraphobics having self-exposure homework: A controlled trial. *Archives of General Psychiatry, 40,* 153-162.

Mavissakalian, M. y Hamman, M. (1986). *DSM-III* personality disorder in agoraphobia. *Comprehensive Psychiatry, 27,* 471-479.

Mavissakalian, M. y Michelson, L. (1986). Two-year follow-up of exposure and imipramine treatment of agoraphobia. *American Journal of Psychiatry, 143,* 1106-1112.

Mavissakalian, M., Michelson, L. y Dealy, R. (1983). Pharmacological treatment of agoraphobia: Imipramine versus imipramine with programmed practice. *British Journal of Psychiatry, 143,* 348-355.

McNally, R. y Lorenz, M. (1987). Anxiety sensitivity in agoraphobics. *Journal of Behaviour Therapy and Experimental Psychiatry, 18,* 3-11.

Michelson, L., Marchione, K., Geenwald, M., Glanz, L., Testa, S. y Marchione, N. (1990). Panic disorder: Cognitive-behavioral treatment. *Behavior Research and Therapy, 28,* 141-151.

Michelson, L., Mavissakalian, M. y Marchione, K. (1985). Cognitive-behavioral treatments of agoraphobia: Clinical, behavioral, and psychophysiological outcome. *Journal of Consulting and Clinical Psychology, 53,* 913-925.

Moran, C. y Andrews, G. (1985). The familial occurance of agoraphobia. *British Journal of Psychiatry, 146,* 262-267.

Myers, J., Weissman, M., Tischler, C., Holzer, C., Orvaschel, H., Anthony, J., Boyd, J., Burke, J., Kramer, M. y Stoltzam, R. (1984). Six-month prevalence of psychiatric disorders in three communities. *Archives of General Psychiatry, 41,* 959-967.

National Institute of Mental Health (1993). *Understanding panic disorder.* Washington, D. C.: U.S. Department of Health and Human Services.

Noyes, R., Crowe, R. R., Harris, E. L., Hamra, B. J., McChesney, C. M. y Chaudhry, D. R. (1986). Relationship between panic disorder and agoraphobia: A family study. *Archives of General Psychiatry, 43,* 227-232.

Noyes, R., Reich, J., Suelzer, M. y Christiansen, J. (1991). Personality traits associated with panic disorder: Change associated with treatment. *Comprehensive Psychiatry, 32,* 282-294.

Öst, L.-G. (1988). Applied relaxation vs. progressive relaxation in the treatment of panic disorder. *Behaviour Research and Therapy, 26,* 13-22.

Pollard, C. A., Bronson, S. S. y Kenney, M. R. (1989). Prevalence of agoraphobia without panic in clinical settings. *American Journal of Psychiatry, 146,* 559.

Rapee, R. M. (1985). A case of panic disorder treated with breathing retraining. *Behavior Therapy and Experimental Psychiatry, 16,* 63-65.

Rapee, R. M., Mattick, R. y Murrell, E. (1986). Cognitive mediation in the affective component of spontaneous panic attacks. *Journal of Behavior Therapy and Experimental Psychiatry, 17,* 245-253.

Rapee, R. M., Telfer, L. y Barlow, D. H. (1991). The role of safety cues in mediating the response to inhalations of CO_2 in agoraphobics. *Behavior Research and Therapy, 29,* 353-356.

Razran, G. (1961). The observable unconscious and the inferable conscious in current soviet psychophysiology: Interoceptive conditioning, semantic conditioning, and the orienting reflex. *Psychological Review, 68,* 81-147.

Reich, J., Noyes, R. y Troughton, E. (1987). Dependent personality disorder associated

with phobic avoidance in patients with panic disorder. *American Journal of Psychiatry, 144*, 323-326.
Rice, K. M. y Blanchard, E. B. (1982). Biofeedback in the treatment of anxiety disorders. *Clinical Psychology Review, 2*, 557-577.
Rupert, P. A., Dobbins, K. y Mathew, R. J. (1981). EMG biofeedback and relaxation instructions in the treatment of chronic anxiety. *American Journal of Clinical Biofeedback, 4*, 52-61.
Salkovskis, P., Clark, D. y Hackmann, A. (1991). Treatment of panic attacks using cognitive therapy without exposure or breathing retraining. *Behaviour Research and Therapy, 29*, 161-166.
Salkovskis, P., Warwick, H., Clark, D. y Wessels, D. (1986). A demonstration of acute hyperventilation during naturally occurring panic attacks. *Behaviour Research and Therapy, 24*, 91-94.
Sanderson, W. S., Rapee, R. M. y Barlow, D. H. (1989). The influence of an illusion of control on panic attacks induced via inhalation of 5.5% carbon dioxide enriched air. *Archives of General Psychiatry, 48*, 157-162.
Sanderson, W. S., DiNardo, P. A., Rapee, R. M. y Barlow, D. H. (1990). Syndrome co-morbidity in patients diagnosed with a DSM-III-Revised anxiety disorder. *Journal of Abnormal Psychology, 99*, 308-312.
Sartory, G. y Olajide, D. (1988). Vagal innervation techniques in the treatment of panic disorder. *Behaviour Research and Therapy, 26*, 431-434.
Shear, M. K., Ball, G., Fitzpatrick, M., Josephson, S., Klosko, J. y Francis, A. (1991). Cognitive-behavioral therapy for panic: An open study. *Journal of Nervous and Mental Disease, 179*, 467-471.
Stern, R. S. y Marks, I. M. (1973). Brief and prolonged flooding: A comparison of agoraphobic patients. *Archives of General Psychiatry, 28*, 270-276.
Swinson, R. (1986). Reply to Kleiner. *The Behavior Therapist, 9*, 110-128.
Telch, M. J., Agras, W. S., Taylor, C. B., Roth, W. T. y Gallen, C. (1985). Combined pharmacological and behavioral treatment for agoraphobia. *Behaviour Research and Therapy, 21*, 505-527.
Telch, M. J., Lucas, J. A. y Nelson, P. (1989). Nonclinical panic in college students: An investigation of prevalence and symptomatology. *Journal of Abnormal Psychology, 98*, 300-306.
Telch, M. J., Lucas, J. A., Schmidt, N. B., Hanna, H. H., LaNae Jaimez, T. y Lucas, R. A. (1993). Group cognitive-behavioral treatment of panic disorder. *Behaviour Research and Therapy, 31*, 279-288.
Thyer, B. A., Himle, J., Curtis, G. C., Cameron, O. G. y Nesse, R. M. (1985). A comparison of panic disorder and agoraphobia with panic attacks. *Comprehensive Psychiatry, 26*, 208-214.
Torgersen, S. (1983). Genetic factors in anxiety disorders. *Archives of General Psychiatry, 40*, 1085-1089.
Van den Hout, M. A., Van der Molen, G. M., Griez, E. y Lousberg, H. (1987). Specificity of interoceptive fear to panic disorders. *Journal of Psychopathology and Behavioral Assessment, 9*, 99-109.
Waddell, M. T., Barlow, D. H. y O'Brien, G. T. (1984). A preliminary investigation of cognitive and relaxation treatment of panic disorder: Effects on intense anxiety vs. "background" anxiety. *Behaviour Research and Therapy, 22*, 393-402.
Wolpe, J. y Rowan, V. (1988). Panic disorder: A product of classical conditioning. *Behaviour Research and Therapy, 26*, 441-450.
Zarate, R., Rapee, R. M., Craske, M. G. y Barlow, D. H. (1988, noviembre). Response

norms for symptom induction procedures. Comunicación presentada en la 22nd Annual AABT convention, Nueva York.

Zitrin, C. M., Klein, D. F. y Woerner, M. G. (1980). Behavior therapy, supportive psychotherapy, imipramine, and phobias. *Archives of General Psychiatry, 37,* 63-72.

Zitrin, C. M., Klein, D. F., Woerner, M. G. y Ross, D. C. (1983). Treatment of phobias I. Comparison of imipramine hydrochloride and placebo. *Archives of General Psychiatry, 40,* 125-138.

LEITURAS PARA APROFUNDAMENTO

Barlow, D. H. (1988). *Anxiety and its disorders: The nature and treatment of anxiety and panic.* Nueva York: Guilford.

Barlow, D. H., Craske, M. G., Cerny, J. A. y Klosko, J. S. (1989). Behavioral treatment of panic disorder. *Behavior Therapy, 20,* 261-282.

Barlow, D. H., Brown, T. A. y Craske, M. G. (1994). Definition of panic attacks and panic disorder in the DSM-IV: Implications for research. *Journal of Abnormal Psychology, 103,* 553-564.

Beck, A. T. y Emery, G. (1985). *Anxiety disorders and phobias: A cognitive perspective.* Nueva York: Basic Books.

Craske, M. G., Brown, T. A. y Barlow, D. H. (1991). Behavioral treatment of panic disorder: A two-year follow-up. *Behavior Therapy, 22,* 289-304.

Pastor, C. y Sevillá, J. (1995). *Tratamiento psicológico del pánico-agorafobia.* Valencia: Centro de Terapia de Conducta.

ANÁLISE E TRATAMENTO DAS OBSESSÕES

Capítulo 5

MARK H. FREESTON E ROBERT LADOUCEUR[1]

I. INTRODUÇÃO

Até meados dos anos oitenta, com a publicação do *Ecological catchment area survey* (Myers et al., 1984; Robins et al., 1984) e de outros amplos estudos na população, o transtorno obsessivo-compulsivo (TOC) era considerado um transtorno raro, com estimativas da ordem de 0,05% (ver Rassmussen e Eisen, 1992). Embora alguns pacientes manifestem sofrer de "ruminações", de "obsessões puras" e de fenômenos similares nos quais não estão presentes compulsões manifestas (p. ex., Rachman, 1971, 1976), este tipo é considerado tradicionalmente pouco freqüente entre os pacientes com TOC, estimando-se em 20-25% de todos os casos desse transtorno (Emmelkamp, 1982; Marks, 1987; Rachman, 1985). Um dado importante é que se acredita que esta variação do TOC é muito resistente ao tratamento (ver Beech e Vaughn, 1978; Greist, 1990; Jenike e Rauch, 1994; Foa, Steketee e Ozarow, 1985).

Durante os últimos dez anos, tem ocorrido um número significativo de avanços. Em primeiro lugar, dados provenientes dos Estados Unidos (Karno et al., 1988) e, recentemente, de um estudo epidemiológico transcultural em seis países mostram que o TOC é muito mais prevalente do que se pensava anteriormente: estimativas recentes colocam a prevalência do TOC a um ano entre 1,1 e 1,8% e, ao longo da vida, entre 1,9 e 2,5% (Weissman et al., 1994). Em segundo lugar, estes mesmos autores informam que a proporção de casos de TOC sem compulsões (ou seja, que só relatam obsessões) pode chegar a 50-60%, embora a entrevista estruturada empregada nesses estudos possa ajudar a incluir um excesso de obsessões. Em terceiro lugar, Salkovskis (1985), trabalhando nas descrições, análises e recomendações para o tratamento propostos por Rachman e colaboradores (Rachman, 1971, 1976, 1978; Rachman e De Silva, 1978; Rachman e Hodgson, 1980) para os transtornos obsessivos, proporcionou um abrangente modelo dos pensamentos obsessivos e esboçou um enfoque de tratamento (Salkovskis e Westbrook, 1989). Em quarto lugar, tem surgido na literatura uma série de relatórios de caso e de estudos de caso único que descrevem o tratamento com êxito das obsessões por meio de alguma forma de exposição (Headland e McDonald, 1987; Himle e Thyer, 1989; Hoogduin, De Haan, Schaap e Arts, 1987; Milby, Meredith e Rice, 1981; Salkovskis, 1983; Salkovskis e Westbrook, 1989). Estes achados mudaram o *status* das obsessões puras, que deixaram de ser

---

[1] Université Laval, Quebec (Canadá).

consideradas uma variação rara do TOC, resistente ao tratamento, passando a serem vistas como uma forma relativamente freqüente, com interessantes possibilidades de tratamento.

II. QUESTÕES DIAGNÓSTICAS

II.1. *Diagnóstico diferencial*

Os critérios do *DSM-IV* (APA, 1994) para o TOC conservam muitas das características clássicas do TOC descritas na literatura psicopatológica. O TOC pode ser diagnosticado pela presença de obsessões ou de compulsões. Há várias mudanças significativas com respeito ao *DSM-III-R* (APA, 1987). Em primeiro lugar, as obsessões são agora definidas como "pensamentos, impulsos ou imagens recorrentes e persistentes que são experimentadas, pelo menos em algum momento enquanto dura o transtorno, como invasores e inapropriados e provocam mal-estar ou ansiedade em um grau significativo" (p. 422). A palavra "sem sentido" foi substituída por "inapropriado" e o critério de "inicialmente" por "em algum momento". Em segundo lugar, as obsessões "não são simples preocupações excessivas com os problemas da vida real", distinguindo desse modo o TOC do transtorno por ansiedade generalizada (ver Dugas e Ladouceur, cap. 7 deste volume). Como ocorria anteriormente, embora não seja necessário que as compulsões estejam presentes para se fazer um diagnóstico de TOC, se requer que "a pessoa procure ignorar ou suprimir esses pensamentos ou impulsos ou neutralizá-los com algum pensamento ou ação". A necessidade de que os pensamentos sejam percebidos como de procedência interna segue sem alteração. Uma terceira melhora é que a definição de compulsões inclui explicitamente atos mentais: as compulsões são "comportamentos repetitivos [.] ou atos mentais [.] que a pessoa se sente impulsionada a realizar em resposta a uma obsessão ou segundo regras que se tem que aplicar rigidamente" cujo "objetivo é evitar ou reduzir o mal-estar ou algum objeto ou situação temidos; entretanto, estes comportamentos ou atos mentais não estão conectados de forma realista com o que se procura neutralizar ou evitar, ou são claramente excessivos" (p. 423). Finalmente, uma questão importante é que o grau de introspecção do sujeito é reconhecido como muito variável: "Em algum momento durante o curso do transtorno, a pessoa reconheceu que as obsessões ou as compulsões são excessivas ou pouco razoáveis. Nota: isto não se aplica às crianças" (p. 423). De fato, o tipo com pouca introspecção é definido como um subtipo do TOC, quando a pouca introspecção não existe no episódio atual.

II.2. *Comorbidade*

Antes de começar o tratamento, é importante estabelecer que o transtorno obsessivo não está afetado pela existência de outros transtornos do Eixo I ou do Eixo II: é normal esperar um certo grau de comorbidade. O recente estudo epidemiológico transcultural mostrou taxas de comorbidade ao longo da vida de 27% para a depressão severa e de 52% para outro transtorno por ansiedade (Weissman et al., 1994) e os valores podem ser inclusive mais elevados nas nossas clínicas, especialmente para a depressão severa (ver Rasmussen e Eisen, 1992). Em alguns casos, a terapia cognitivo-comportamental dos pensamentos obsessivos deveria ser adiada ou, inclusive, ser contra-indicada. Por exemplo, no caso de um transtorno de pânico ou um transtorno de estresse pós-traumático comórbidos, poderia estar indicado o tratamento dos transtornos comórbidos em primeiro lugar, já que a exposição eficaz aos estímulos da obsessão poderia ser difícil. Do mesmo modo, a depressão severa pode requerer tratamento antes da intervenção sobre os pensamentos obsessivos (ver também Steketee, 1993; Riggs e Foa, 1993). O abuso de substâncias psicoativas ou os transtornos psicóticos comórbidos apresentam problemas especiais de tratamento e intervir nos pensamentos obsessivos com técnicas cognitivo-comportamentais poderia ser contra-indicado. Não há valores disponíveis para os transtornos de personalidade entre este subgrupo de pacientes, embora onze estudos que realizaram uma avaliação sistemática dos transtornos de personalidade segundo o *DSM-III* e o *DSM-III-R*, constataram que uma média de 52% de pacientes com TOC têm um ou mais transtornos de personalidade (ver também Molnar et al., 1993; Steketee, 1993). As características de personalidade podem interferir no tratamento, especialmente nos traços esquizotípicos, que podem contribuir para uma escassa introspecção, e as características do transtorno limítrofe, que poderiam evitar a exposição (Steketee, 1993).

III. UM MODELO CLÍNICO DOS PENSAMENTOS OBSESSIVOS

O modelo apresentado a seguir (Freeston e Ladouceur, 1994a) é uma síntese de modelos cognitivo-comportamentais anteriores (p. ex., Rachman e Hodgson, 1980; Salkovskis, 1985) e da nossa própria experiência clínica e de pesquisa sobre obsessões sem compulsões manifestas.

III.1. *As obsessões*

Os conteúdos relatados pelos pacientes referem-se habitualmente à agressão e à perda de controle, a ferir alguém, à negligência, a ser pouco honesto, aos acidentes, à sexualidade, à religião, à contaminação e às doenças. Entretanto, muitas vezes, ocorrem obsessões referentes a pequenas ambigüidades da vida diária (p. ex., pisei justo na fresta, ou pisei um pouco antes ou um pouco depois?), perguntas existenciais (p. ex., quando a alma entra no corpo?) ou pensamentos aparentemente neutros. Na maioria dos casos, o indivíduo reconhece geralmente os aspectos egodistônicos e irracionais do conteúdo. Mas, em alguns casos, os pacientes não estão convencidos de que os pensamentos sejam irracionais (ver Kozak e Foa, 1994, para uma discussão). À medida que o tratamento avança, os pacientes reconhecem gradualmente os aspectos inapropriados, pouco realistas, do pensamento.

As explicações atuais do TOC coincidem ao afirmar que o conteúdo dos pensamentos como tal é menos importante do que o significado que o paciente lhes atribui. Deste modo, as obsessões são conceitualizadas como um estímulo interno que está sujeito a um processamento posterior. Podem ocorrer espontaneamente ou ser desencadeadas por estímulos internos ou externos. Os estímulos internos incluem sensações físicas, estados emocionais e acontecimentos cognitivos enquanto os estímulos externos incluem objetos, situações e pessoas (ver Fig. 5.1).

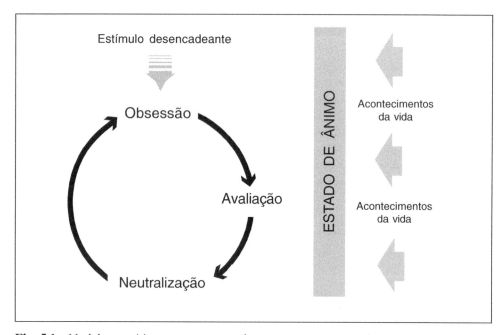

Fig. 5.1. *Modelo cognitivo-comportamental para os pensamentos invasores.*

III.2. *A avaliação e a percepção da ameaça*

Em concordância com outros modelos de ansiedade (p. ex., Beck e Emery, 1985; Clark, 1986), a avaliação é um processo por meio do qual o indivíduo atribui um significado ao pensamento em termos de valor, importância ou implicações. Se o pensamento é avaliado adequadamente (p. ex., "este é um pensamento estranho, mas não significa nada"), interpretado pelo indivíduo como um evento cognitivo que não tem necessariamente referentes na vida real, então se considera que o pensamento tem pouca importância, não tem nenhum valor especial ou não representa implicações pessoais especiais. Por outro lado, se o pensamento é avaliado de modo inadequado, de maneira que lhe sejam atribuídas implicações negativas para o indivíduo (p. ex., "este pensamento pode significar que realmente alguém vai me atacar"), então ocorrerá algum processamento posterior. Deste modo, por meio do processo de avaliação, um elemento invasor adquirirá um significado pessoal e, em caso de avaliação negativa, terá como conseqüência a percepção de ameaça.

III.3. Rituais cognitivos, enfrentamento e neutralização

Acreditamos firmemente que a chave do tratamento cognitivo-comportamental dos pensamentos obsessivos por meio da exposição e da prevenção da resposta consiste em compreender a neutralização. Historicamente, os rituais cognitivos têm sido definidos normalmente de um modo bastante limitado. Por exemplo, "um ritual cognitivo define-se como um ato mental executado de uma maneira específica e que consiste em uma série de passos concretos" (Turner e Beidel, 1988, p. 3). Rachman e De Silva (1978) distinguiram entre *neutralização* e *mecanismo de enfrentamento*. O primeiro, que se refere a "tentativas de pôr as coisas em ordem" (Rachman, 1976), consiste em atos que tentam escapar de, ou evitar, a obsessão. A neutralização, neste sentido limitado refere-se a qualquer ato que possa "emendar, neutralizar, reparar, corrigir, prevenir ou restaurar" (Rachman e Hodgon, 1980, p. 273). As estratégias de enfrentamento não foram definidas, mas foram dados alguns exemplos: dizer "chega", distrair-se contando, cantando ou rezando. A evitação física e a busca de elementos tranqüilizadores também foram incluídas entre os mecanismos de enfrentamento.

Realizamos um amplo programa de estudos sobre o que fazem os sujeitos normais e os pacientes com suas obsessões e pensamentos invasores utilizando questionários e entrevistas estruturadas (Freeston et al., 1991a, 1991b, 1992; Freeston e Ladouceur, 1994b, Freeston et al., 1995). O panorama geral que se obtém dos estudos poderia ser resumido da seguinte maneira:

1. A maioria dos indivíduos utilizam uma série de respostas diferentes ante os pensamentos invasores, incluindo não fazer nada, alguma forma de tranqüilizar-se, elaborar o pensamento, procurar elementos tranqüilizadores, substituir o pensamento por outro, realizar uma ação mental ou específica para eliminar o pensamento, empregar uma atividade para distração, distrair-se com aspectos do ambiente e deter o pensamento. Podem utilizar diferentes estratégias com diferentes pensamentos ou com um pensamento determinado.

2. A escolha da resposta depende de uma série de fatores, como pensamento concreto, sua avaliação, o contexto situacional, outras estratégias e o estado de ânimo.

3. Nenhuma estratégia é sempre mais eficaz que outra, embora estratégias específicas possam ser relativamente eficazes para determinados indivíduos. Algumas pessoas relatam uma grande variabilidade na eficácia de uma estratégia concreta.

4. Embora muitos pacientes obsessivos relatem o emprego de atividades que satisfaçam a limitada delimitação da neutralização e os rituais cognitivos expostos anteriormente, todos empregavam uma ampla faixa de estratégias de enfrentamento para lidar com seus pensamentos.

Baseando-nos neste conhecimento, adotamos uma definição muito ampla da neutralização que engloba rituais cognitivos, tentativas de pôr ordem e estratégias de enfrentamento. A *neutralização* é definida como algo voluntário e que exige esforço, cujo objetivo é eliminar, evitar ou atenuar o pensamento. Deste modo, é possível que muitas formas de neutralização não satisfaçam a definição do *DSM-IV* (APA, 1994) da compulsão cognitiva, já que pode não ser repetitiva, nem "impulsionar a agir [...] ou a seguir algumas regras" (p. 423). Isto não evita um diagnóstico de TOC, já que as diferentes formas de neutralização são tentativas de ignorar, suprimir ou neutralizar pensamentos, tal como estabelecem os critérios do *DSM-IV* para as obsessões.

III.4. *Estado de ânimo e acontecimentos da vida*

Considera-se que o estado de ânimo desempenha um papel modulador no transtorno obsessivo-compulsivo (ver Freeston e Ladouceur, 1994a). De modo específico, postula-se que os estados de ânimo negativos: 1) aumentam a freqüência e a duração das obsessões (Rachman, 1981), 2) aumentam a possibilidade de avaliações inadequadas, probabilidades subjetivas infladas, conseqüências extremas, etc. enquanto diminuem a possibilidade de avaliações adequadas (Freeston e Ladouceur, 1994c), 3) diminuem a eficácia da neutralização (Freeston et al., 1995), 4) aumentam a hipervigilância ante estímulos desencadeadores (Mathews, 1990) e 5) diminuem a motivação ou a capacidade para executar as estratégias aprendidas durante a terapia.

Embora acontecimentos importantes da vida possam estar associados ao surgimento de TOC ou ao início do episódio atual (McKeon, Bridget e Mann, 1984; Khanna, Rajendra e Channabasavana, 1988), acredita-se que os pequenos problemas cotidianos são responsáveis pelas típicas flutuações envolvidas nos níveis sintomáticos (Freeston e Ladouceur, 1994c, Rasmussen e Eisen, 1991). Estes problemas cotidianos podem ser vistos como desencadeadores indiretos, associados ao agravamento dos sintomas; entre eles, os que afetam os pacientes com mais freqüência são: ser criticado, ficar doente, descanso insuficiente, dormir pouco, medo da rejeição, problemas para tomar decisões, incapacidade de relaxar, erros bobos, excesso de responsabilidade, doença de um familiar, ruídos, perder coisas, obrigações sociais, pensar sobre o futuro, visitas inesperadas, excesso de coisas para fazer, não ter tempo suficiente, conflitos e, para as mulheres, problemas com a menstruação (Freston e Ladouceur, 1994c).

IV. AVALIAÇÃO

O sucesso da terapia cognitivo-comportamental depende de uma análise comportamental precisa. Os instrumentos a seguir têm demonstrado serem úteis na avaliação dos pensamentos obsessivos:

Psicopatologia geral – A "Escala para as obsessões-compulsões, de Yale-Brown" (*Yale-Brown obsessive-compulsive scale*) (Goodman et al., 1989a, 1989b) é uma escala de avaliação clínica amplamente utilizada em comparações recentes dos métodos cognitivos, comportamentais e farmacológicos de terapia. A lista de sintomas que precede essa escala é especialmente útil para proporcionar um panorama geral da sintomatologia obsessivo-compulsiva atual e anterior. A subescala sobre obsessões e os itens de avaliação geral são também úteis para avaliar a gravidade atual do TOC, embora possa ocorrer que a subescala sobre compulsões não seja sempre tão fácil de aplicar às estratégias de neutralização.

Para o TOC em geral e para os sintomas associados em particular, são recomendados também três instrumentos de auto-relato. O *Inventário de Pádua* (*Padua inventory*, Sanavio, 1988) é um amplo inventário de 60 itens sobre a sintomatologia obsessivo-compulsiva com quatro subescalas: 1) "Perda de controle mental", 2) "Contaminação", 3) "Comprovação" e 4) "Impulsos e preocupações com a perda de controle". Existe também uma versão abreviada de 40 itens (Freeston et al., 1994). O "Inventário de depressão, de Beck" *(Beck depression inventory)* e o "Inventário de ansiedade, de Beck" *(Beck anxiety inventory)* (Beck et al., 1988; Beck et al., 1979) são medidas breves e úteis da sintomatologia depressiva e ansiosa.

Diário de auto-registro – Os diários de auto-registro que utilizamos avaliam o mal-estar associado aos pensamentos, à freqüência e à duração total dos mesmos numa escala de 9 pontos em cadernos adaptados de Marks e colaboradores (Marks et al., 1980). O mal-estar é a variável mais simples de ser comparada entre sujeitos por dois motivos principais: em primeiro lugar, a freqüência ou a duração do pensamento são difíceis de comparar entre sujeitos: alguns podem relatar só dois ou três pensamentos por dia, mas passam duas horas dando voltas em torno de cada pensamento enquanto outros sujeitos narram centenas de breves "rajadas" que duram poucos segundos, no máximo. Em segundo lugar, a literatura sobre os pensamentos invasores (ver Freeston et al., 1991a) estabelece que esses pensamentos invasores de tipo obsessivo constituem uma experiência quase universal que varia amplamente em freqüência e duração. Deste modo, uma resposta normal (p. ex., uma redução do mal-estar) frente às obsessões parece a variável mais óbvia com que considerar os resultados até que sejam estabelecidos parâmetros para a freqüência e a duração. É importante assegurar-se de que os pacientes utilizam as escalas de modo realista, de forma que a pontuação máxima seja definida como o pior dos sintomas durante o último mês e não o pior da vida inteira.

Avaliação cognitiva – O "Questionário de invasões cognitivas" (*Cognitive intrusions questionnaire*) (*CIQ*, Freeston et al., Freeston e Ladouceur, 1993) é uma medida muito específica das características formais do pensamento mais problemático, das reações ao pensamento e das avaliações do mesmo. O *CIQ* identifica primeiro o pensamento obsessivo de interesse, que em seguida é avaliado com base numa série de itens empregando escalas tipo Likert de 9 pontos: freqüência, preocupação, tristeza, dificuldade de eliminá-lo, culpa, probabilidade, desaprovação, responsabilidade percebida, desencadeadores, evitação dos estímulos desencadeadores, esforço para resistir ao pensamento, alívio depois de enfrentá-lo e sucesso em eliminá-lo. Os pacientes indicam a seguir se o pensamento invasor tomou a forma de uma idéia, uma imagem, um impulso, uma dúvida ou um pensamento. Informam também quais são as estratégias (entre dez) que empregam para enfrentar o pensamento quando este se apresenta. Utilizamos o *CIQ* amplamente com amostras clínicas e não clínicas e ele tem demonstrado uma confiabilidade e uma validade adequadas (Freeston et al., 1991a; Freeston e Ladouceur, 1993).

A "Entrevista estruturada sobre neutralização" (*Structured interview on neutralization*) (Freeston et al., 1995) avalia estratégias empregadas para enfrentar o pensamento mais problemático identificado no CIQ como o pensamento de interesse (Freeston et al., 1991a; Freeston e Ladouceur, 1993). Solicita-se aos pacientes formarem o pensamento nitidamente no começo da entrevista. O entrevistador utiliza então 10 perguntas de exploração para provocar exemplos de estratégias. Continua-se com perguntas mais específicas até que sejam obtidas descrições operacionais e são procurados mais exemplos semelhantes. Uma vez estabelecido o repertório, analisa-se cada estatégia de acordo com os seguintes parâmetros: contexto específico no qual é utilizado, seqüência específica, probabilidade de que o pensamento se transforme em realidade, intensidade do elemento invasor, estado de ânimo, intensidade do estado de ânimo, eficácia imediata da estratégia e número de vezes que se repete a estratégia. A probabilidade, a intensidade do pensamento, a intensidade do estado de ânimo e a eficácia são avaliados por meio de uma escala tipo Likert de cinco pontos (0, *nada em absoluto*, até 4, *muito alta*).

O "Inventário de crenças sobre as obsessões" (*Inventory of beliefs related to obsessions*) (*IBRO,* Freeston et al., 1993) é uma medida de crenças disfuncionais relativas aos pensamentos obsessivos, composta por 20 itens, que desenvolvemos e validamos seqüencialmente com seis amostras independentes. O *IBRO* é confiável (teste-reteste, $r = 0,70$; alfa de Cronbach = 0,82). A validade de critério (grupos conhecidos) foi demonstrada comparando-se pacientes clínicos com grupos de controle e sujeitos muito perburbados pelos pensamentos invasores com sujeitos menos perburbados. A análise fatorial revelou fatores que mediam responsabilidade, elevada estimativa da ameaça e intolerância frente à incerteza.

Além de calcular as pontuações totais dos instrumentos de avaliação, é importante continuar com perguntas específicas sobre os sintomas, as avaliações e as crenças. Deveriam ser explorados os itens com pontuações extremas ou pontuações inesperadamente altas ou baixas (p. ex., quando um determinado item está em desacordo com os dados da entrevista ou com a hipótese de trabalho do clínico), a fim de se tomar conhecimento do que o paciente quer dizer com a pontuação.

V. TRATAMENTO

Os tratamentos atuais mais eficazes são diferentes variações dos métodos de exposição descritos originalmente por Rachman e colaboradores, como o treinamento em saciação ou o treinamento em habituação. Embora haja vários estudos de caso e alguns desenhos de caso único (Headland e McDonald, 1987; Himle e Thyer, 1989; Hoogduin et al., 1987; Ladouceur et al. 1993, 1995; Martin e Tarrier, 1992; Moergen et al., 1987; Milby, Meredith e Rice, 1981; Salkovskis, 1983; Salkoviskis e Westbrook, 1989), neste momento só há um estudo que inclui um grupo de controle de lista de espera (Ladouceur et al., 1994a). O pacote de tratamento apresentado a seguir foi avaliado sistematicamente com 28 pacientes. No total, tratamos mais de 45 pacientes com estes métodos.

V.1. Características do tratamento

O objetivo do tratamento consiste em mudar o conhecimento do paciente sobre as obsessões, evitar a neutralização e permitir, assim, que os pacientes se habituem com os pensamentos obsessivos. A freqüência e a duração dos pensamentos e o mal-estar causado por eles diminuirá conseqüentemente. Os objetivos específicos são:

1. Proporcionar uma explicação adequada das obsessões.
2. Fazer com que o paciente entenda o papel da neutralização na manutenção dos pensamentos obsessivos.
3. Preparar o paciente para a exposição aos pensamentos e às situações que desencadeiam as obsessões.
4. Corrigir, quando necessário, a superestimação do poder e da importância dos pensamentos.
5. Expor o paciente aos pensamentos e pôr em prática a prevenção da resposta (ou seja, neutralizar a atividade de neutralização).
6. Corrigir, quando estiver presente, o exagero das conseqüências de medo específicas associadas ao pensamento.
7. Corrigir, quando presente, o perfeccionismo e a responsabilidade excessiva.
8. Fazer com que o paciente perceba as situações em que está mais vulnerável à recaída.
9. Preparar as estratégias a serem utilizadas quando ocorrer a recaída.

O programa é padronizado e cada paciente recebe todos os componentes do tratamento. Por outro lado, também é individualizado, já que o tipo de exposição, os objetivos da prevenção da resposta e da correção cognitiva variam de acordo com as características de cada paciente. O formato que empregamos para realizar o tratamento é baseado em sessões de uma hora e meia durante os primeiros dois terços da terapia. Havia, normalmente, de três a quatro sessões de avaliação, seguidas por duas sessões de tratamento por semana, até que se dominasse a exposição aos pensamentos objetivos e a prevenção da resposta, diminuindo a duração e a freqüência das sessões na última fase e produzindo-se um desvanecimento ou atenuação gradual do apoio de tratamento. Os pacientes recebem normalmente de quatro a cinco meses de tratamento, incluindo cerca de três meses com duas sessões por semana.

V.2. Sessões de avaliação

Uma vez que se tenha estabelecido o diagnóstico, a avaliação normalmente é realizada durante, pelo menos, três sessões. A primeira aborda geralmente os principais sintomas que caracterizam os pensamentos obsessivos, as respostas de neutralização, as situações evitadas, etc. Pode ser útil aqui a "Escala para as obsessões e compulsões de Yale-Brown" e o *BDI*; o *BAI* e o "Inventário de Pádua" que podem ser entregues como tarefas para casa, a fim de completar uma visão global dos sintomas principais e associados. A segunda sessão pode ser usada para recolher a história geral, como o surgimento e o curso do transtorno, o tratamento anterior (psicológico ou farmacológico), as exacerbações devidas ao estresse, o funcionamento social e o conhecimento sobre o TOC. Os questionários cognitivos (*CIQ, IBRO*) podem ser distribuídos como tarefa para casa. A terceira sessão pode centrar-se nas estratégias utilizadas e em alguns aspectos da avaliação.

V.3. *O auto-registro*

O auto-registro deveria ser introduzido tão logo fosse possível – por exemplo, quando os sintomas pertinentes tiverem sido identificados. Alguns pacientes ficam apreensivos em relação ao auto-registro, acreditam que suas obsessões aumentarão e, então, ficam mais preocupados. É importante informar ao paciente que isto não ocorre com muita freqüência e que existem inúmeras vantagens no auto-registro para a aplicação do tratamento com sucesso. Por exemplo, o auto-registro permite que o paciente e o terapeuta descubram elementos que podem estar modulando a variabilidade e a gravidade dos sintomas (p. ex., flutuações associadas ao ciclo menstrual nas mulheres) e, por último, ajudar a prevenção das recaídas. Também permite que o paciente e o terapeuta saibam quando e por que a terapia está funcionando e, quando não estiver, por que não. É muito importante realizar um trabalho em conjunto com o paciente nas sessões posteriores, até que o auto-registro se apresente como válido e significativo.

V.4. A primeira sessão de intervenção

Em todas as sessões, o que o terapeuta faz em primeiro lugar é apresentar o programa da sessão, verificar o auto-registro e qualquer outra tarefa que tenha atribuído ao paciente. Repassar os relatórios das tarefas para casa aumenta a informação disponível para o terapeuta e mostra também a importância das tarefas solicitadas. A primeira sessão tem dois objetivos principais: 1) estabelecer o contato terapêutico e 2) fornecer o modelo dos pensamentos obsessivos que serão empregados ao longo do tratamento.

V.4.1. Estabelecimento do contrato terapêutico

O terapeuta esclarece que está pronto para explicar totalmente cada passo do tratamento e para responder a todas as perguntas pertinentes. Incita os pacientes a fazer perguntas, de modo que todas as tarefas possam ser realizadas com êxito. O terapeuta explica que o objetivo de cada exercício será identificado pelo terapeuta e pelo paciente, conjuntamente. Quando os pacientes entendem isso, podem participar ativamente no processo e adotar um enfoque de solução de problemas. Os pacientes se envolvem ativamente em todas as decisões, como, por exemplo, os objetivos para a exposição, verbalizam se acreditam ser capazes de realizar o exercício e sugerir mudanças a fim de fazer com que o exercício seja mais relevante pessoalmente. O terapeuta estimulará insistentemente o paciente a realizar os exercícios, mas sem forçá-lo a fazer as coisas contra sua própria vontade, recordando os acordos existentes. O terapeuta buscará a retroalimentação do paciente. Este deve informar com franqueza se os exercícios foram executados ou não, a fim de fazer ajustes em virtude de qualquer dificuldade que possa ter surgido.

V.4.2. O estabelecimento de um modelo

O modelo apresentado ao paciente deve ser adaptado segundo a sofisticação deste e, seja qual for o caso, ilustrado com as próprias obsessões, avaliações, crenças, estratégias de avaliação, etc., do paciente.

O primeiro passo consiste em proporcionar uma explicação sobre pensamentos invasores:

> Pensamentos desagradáveis passam pela cabeça das pessoas contra a sua vontade em 99% da população. Estudamos estes pensamentos em mais de duas mil (2.000) pessoas de todas as idades e ocupações e encontramos alguns conteúdos comuns. Habitualmente referem-se à sexualidade, à religião, a ferimentos, a doenças, à contaminação, à agressão, a erros, à desonestidade, mas também incluem a ordem, a simetria e pequenos detalhes sem importância.

Os pensamentos freqüentemente parecem sair do nada, embora possam ser provocados por estímulos desencadeadores específicos. Por exemplo, pensamentos sobre ferir pessoas podem ser desencadeados por uma faca grande, etc.

Neste ponto, o terapeuta entrega ao paciente uma lista de pensamentos obtida com a população em geral e convida-o a ler. Em seguida, o terapeuta ajuda o paciente a fazer a conexão entre seus próprios pensamentos e os da população em geral. Na lista há exemplos suficientes provenientes da população normal, abrangendo todos os temas importantes relatados pelos pacientes. O objetivo é estabelecer que o conteúdo dos pensamentos não difere entre o relatado pelos pacientes e o encontrado na população em geral.

Há poucas diferenças entre o conteúdo dos pensamentos da população em geral e o das pessoas que acorrem ao consultório por causa dos seus pensamentos obsessivos. As diferenças são subjacentes à freqüência dos pensamentos, sua duração, o mal-estar produzido, a importância que a pessoa dá aos mesmos e o esforço empregado pelo sujeito para lidar com eles. Os pensamentos invasores estranhos constituem uma experiência normal que, em cerca de 2% da população, convertem-se em problemáticos e então passam a ser denominados "obsessões". Como é normal ter alguns pensamentos desagradáveis, o objetivo da terapia não é eliminar esses pensamentos, porque isto tornaria você diferente dos outros. O objetivo é mudar as suas reações aos pensamentos, modificando a importância atribuída a eles, mudando as estratégias que você emprega. Em seguida, a freqüência e a duração dos pensamentos, juntamente com o mal-estar que causam, diminuirão. Os pensamentos se tornarão muito menos freqüentes e menos incômodos e você será capaz de lidar com eles nas ocasiões em que passarem pela sua cabeça.

Neste ponto, os pacientes freqüentemente perguntam: "Por que tenho este tipo de pensamento?". No momento, infelizmente, ainda não temos respostas totalmente convincentes para esta pergunta. Entretanto, uma explicação que tem se mostrado satisfatória é a seguinte:

Precisamos da capacidade de ter pensamentos espontâneos a fim de sermos capazes de resolver problemas e de sermos criativos. Deste modo, podemos saber como agir numa situação nova, ou ter idéias novas ou inventar alguma coisa nova. Necessitamos de um gerador de pensamentos que possa nos dar novas idéias. Entretanto, este produtor pode gerar também outros tipos de pensamentos e acreditamos que os pensamentos desagradáveis também provêm do gerador de idéias. Temos também a capacidade de reagir ao perigo de modo útil, e de antecipá-lo. O sistema de detecção do perigo existe para nos proteger: este é o papel da ansiedade. Por uma série de motivos diferentes, o gerador de idéias e o sistema de detecção do perigo parecem estar, em algumas pessoas, mais fortemente associados. Este sistema parece reagir em excesso, atuando como se houvesse um tigre esperando-o na esquina quando, na verdade, o que existe é um gatinho. De modo que, quando o gerador de idéias e o sistema de detecção do perigo reagem conjuntamente em excesso, são produzidas as obsessões. Qualquer que seja a razão exata, podemos aprender a fazer com que o gerador de idéias e o sistema de detecção do perigo reajam de uma maneira mais apropriada, de modo que persistam as características úteis, enquanto os traços superativos associados às obsessões diminuam consideravelmente.

O passo seguinte do modelo refere-se à importância que a pessoa concede aos pensamentos. Embora isto seja denominado teoricamente de *avaliação*, nossa experiência com os pacientes sugere que a "importância dada aos pensamentos" é um termo mais acessível, insistindo no papel ativo do paciente na avaliação.

> O motivo pelo qual o mesmo tipo de pensamentos desagradáveis causa incômodos consideráveis em algumas pessoas, mas não em outras, deve-se a como a pessoa interpreta os pensamentos ou a quanta importância lhes concede. Não é por coincidência que vemos obsessões de ferir alguém entre pessoas educadas, obsessões religiosas entre pessoas religiosas, obsessões sobre a sexualidade entre indivíduos com uma grande moralidade e pensamentos sobre erros entre pessoas cuidadosas: quanto mais importante é alguma coisa, pior parece ser o pensamento negativo sobre ela.

O passo seguinte do modelo refere-se à idéia de neutralização:

> Quando alguém atribui muita importância aos pensamentos, quer seja à sua presença ou ao seu conteúdo, e conclui que o pensamento é negativo, perigoso, inaceitável, etc., então é normal querer eliminá-lo, controlá-lo ou solucioná-lo de um jeito ou de outro. Para dar um exemplo, faremos um pequeno experimento. Feche os olhos e tente pensar em um camelo durante dois minutos. Cada vez que o camelo desaparecer da sua cabeça, indique levantando um dedo. (O terapeuta registra o número de vezes em que o paciente perde o pensamento). Como foi? Foi fácil manter o camelo na cabeça? Agora vamos mudar as coisas. Feche os olhos e tente *não* pensar em um camelo durante dois minutos. Levante o dedo cada vez que o pensamento desaparecer. (O terapeuta registra o número de vezes em que o paciente não controla o pensamento). O que aconteceu? Foi difícil manter o pensamento afastado? O que isto lhe mostra sobre tentar controlar seus pensamentos?

Em todos os casos que vimos, tanto com sujeitos clínicos quanto com sujeitos não clínicos, é difícil manter o pensamento presente e totalmente impossível manter o pensamento afastado. O terapeuta convida o paciente a comentar a experiência e o leva a concluir que nosso controle mental, mesmo com imagens ou idéias que não têm um significado importante para nós, está muito longe de ser perfeito. O mais importante é que, quanto mais tentamos não pensar em alguma coisa, mais freqüentemente o pensamento nos vem à cabeça. Pode ser útil sugerir ao paciente que tente a mesma experiência com alguém que não tenha obsessões. A maioria dos pacientes estabelece espontaneamente uma conexão entre esta experiência e suas próprias obsessões. O terapeuta pode então definir formalmente a neutralização.

> Todas as estratégias – que, a princípio, podem ser muito lógicas – terminam por transformar-se em parte do problema. Todos os esforços para controlar, eliminar ou evitar os pensamentos são formas do que denominamos neutralização. (Acrescentam-se ao modelo exemplos

específicos do repertório do paciente, obtidos durante a entrevista estruturada.) Quantas estratégias diferentes você já tentou? Quantas funcionaram? Quantas funcionam sempre?

Já foi mostrado o modelo básico e pode-se afirmar o seguinte:

> É possível pensar nas obsessões como um círculo vicioso no qual os pensamentos podem ser desencadeados por estímulos ou ocorrer espontaneamente. Você dá uma importância muito grande aos pensamentos; tenta eliminá-los ou controlá-los e, como acontecia com o efeito camelo, eles voltam novamente.

Neste ponto, apresenta-se a distinção básica entre os aspectos voluntários e involuntários do modelo. Os pensamentos obsessivos e o "efeito camelo" são considerados involuntários enquanto a importância dada aos pensamentos e à neutralização são considerados voluntários. Com um pouco de ajuda, o paciente chega a estabelecer que os dois aspectos voluntários do modelo, ou seja, a importância dada aos pensamentos e às estratégias de neutralização, são os elementos no quais a modificação é possível.

Solicita-se ao paciente um resumo dos principais pontos do modelo como tarefa para casa, e que observe os tipos de interpretação ou a importância atribuída aos pensamentos.

V.5. *A segunda e a terceira sessões*

O objetivo da segunda sessão de tratamento consiste em comprovar que o modelo foi entendido, acrescentar qualquer detalhe que esteja faltando e preparar o paciente para a exposição e a prevenção da resposta.

V.5.1. *O papel da ansiedade*

O terapeuta explica o papel da ansiedade (ou de outras emoções negativas experimentadas pelo paciente, como o mal-estar, o estresse ou a tensão), seguindo o modelo:

> Quando se dá uma grande importância ao pensamento em termos de perigo ou dano, é habitual que a ansiedade aumente. Esta é uma experiência desagradável e é normal que as pessoas tentem fazer alguma coisa com o pensamento para diminuir a ansiedade. A neutralização conduz, freqüentemente, embora nem sempre, a uma diminuição temporária e parcial da ansiedade. Como causa um certo alívio, a redução do mal-estar aumenta a probabilidade de que se produza de novo a neutralização (por meio do reforço negativo). À medida que a ansiedade piora, a freqüência do pensamento aumenta.
> Embora seja normal querer evitar ou reduzir a ansiedade, a neutralização implica que, devido ao "efeito camelo", o pensamento retorne. Não só a ansiedade será experimentada novamente, como também, devido à sensação de perda de controle, muitas vezes piorará a cada nova sessão. É um pouco parecido com jogar *Monopoly:* cada vez que você passa pela saída, ganha mais dinheiro!

O terapeuta pode mostrar então uma curva de ansiedade para a neutralização e compará-la com uma curva de habituação (Fig. 5-2).

Fig. 5.2. *Ansiedade associada às obsessões.*

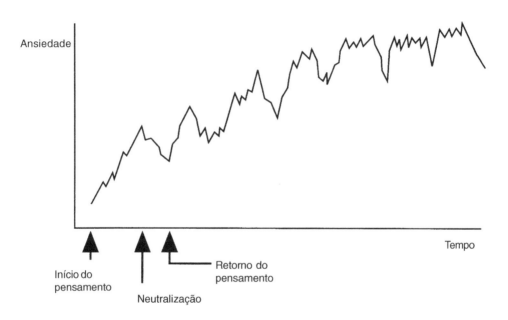

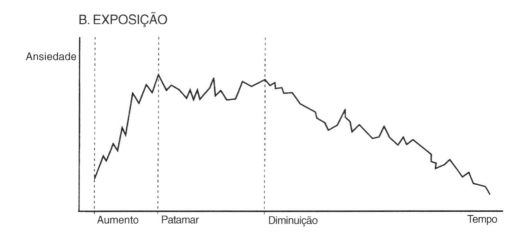

Observe como a ansiedade aumenta depois do pensamento obsessivo e como diminui parcialmente depois da neutralização, aumentando novamente ainda mais com o pensamento seguinte. Por outro lado, há uma curva de habituação natural para a ansiedade que implica uma primeira fase de aumento da ansiedade, uma segunda fase de patamar e, finalmente, uma terceira fase de diminuição. Este tipo de curva foi estudado em milhares de pessoas com todo tipo de ansiedade, incluindo a ansiedade associada às obsessões. De modo que, se empregarmos a neutralização, nunca aprenderemos que a ansiedade diminuirá por si mesma, mesmo se não fizermos nada.

V.5.2. A evitação

Embora na maioria dos casos a neutralização signifique fazer alguma coisa para lidar com os pensamentos, alguns pacientes sempre – e muitos pacientes algumas vezes – empregam também a evitação passiva para tentar controlar os pensamentos. A evitação, ao acrescentar mais importância aos pensamentos, mantém as obsessões ao aumentar a classe de estímulos em potencial. A evitação impede que o paciente aprenda que a ansiedade provocada pelos pensamentos ou pelos estímulos diminuirá, mesmo quando ele estiver frente a frente com o estímulo.

V.5.3. Busca de elementos tranqüilizadores

A busca de elementos tranqüilizadores é considerada como uma outra forma de neutralização. Pode ser necessário estabelecer implicitamente a conexão entre certas características dessa busca e as de outras formas de neutralização como, por exemplo, o efeito temporário, a necessidade de repetir a demanda e a variabilidade da eficácia dos elementos tranqüilizadores.

V.5.4. A exposição

Agora que o modelo foi completamente estabelecido e ilustrado com exemplos do próprio repertório de pensamentos, interpretações e estratégias do paciente, mostra-se que, para romper o círculo vicioso, é necessário aprender a tolerar os pensamentos. Isto implica pensar de modo deliberado no pensamento (exposição) sem empregar a neutralização (prevenção da resposta). Quando isto for conseguido, a ansiedade diminuirá, a importância dada ao pensamento será reduzida, qualquer conseqüência temida sucederá ou não com, exatamente, a mesma probabilidade de antes, e os pensamentos diminuirão gradualmente de intensidade, duração e freqüência.

É preciso ter em mente que os pacientes, quando recorrem à terapia, estão normalmente em busca de outro truque, outra estratégia ou de uma forma nova de eliminar as obsessões. Assim sendo, poderia parecer que a exposição e a prevenção da resposta vão contra a intuição. Neste momento, pode ser útil apresentar algo que ilustre o princípio de exposição. Por exemplo, como o paciente ajudaria uma criança a superar o medo (p. ex., de cães) ou como o paciente superou o temor no passado? Também é possível introduzir a idéia de exposição progressiva. O método descrito pelo paciente pode ser reformulado em termos relativos à exposição. Então, o terapeuta pode apresentar as obsessões como se tivesse uma fobia às próprias idéias e à qual pode-se aplicar os mesmos métodos de tratamento.

Pode-se utilizar um aparelho de fita contínua (como as usadas em muitas secretárias eletrônicas) na exposição, com o principal objetivo de proporcionar ao terapeuta certa capacidade para manipular um evento encoberto: os pensamentos obsessivos são muito menos previsíveis do que as fontes de contaminação ou do que os estímulos associados à conduta de comprovação, encontrados nas formas mais freqüentes de TOC. A apresentação regular do pensamento por meio de uma fita permite ao paciente praticar de modo constante a prevenção da resposta. As sessões com uma exposição duradoura são mais fáceis com essas fitas que com outras técnicas que requerem ensaios repetidos na imaginação, falar em voz alta, etc. Não estamos afirmando que o uso da fita contínua seja imprescindível, nem tampouco que seja necessariamente a melhor forma de atuar, pois a apresentação verbal do pensamento pode interferir, sob certas circunstâncias, numa formação satisfatória da imagem. Entretanto, pensamos que a fita contínua proporciona um meio prático e eficaz de treinar o paciente na exposição e na prevenção da resposta para os eventos encobertos. À medida que o paciente domina a exposição e a prevenção da resposta, a gravação nem sempre será necessariamente para os itens superiores da hierarquia. Quando há vários pensamentos, pode-se pôr como primeiro objetivo o pensamento que provoca menos ansiedade (ver Quadro 5.1).

Quadro 5.1. *Hierarquia para distintos pensamentos*

Nível de ansiedade	Pensamentos
2	Dizer palavrões em voz alta
3	Empurrar alguém quando se está andando pela rua
5	Dar um soco na cara de alguém
7	Atacar alguém com uma faca
8	Ficar completamente louco, comportar-se violentamente e matar muita gente

Entretanto, se houver um pensamento principal, pode ser que não seja possível dispor de uma série de elementos de exposição ordenados hierarquicamente em função do conteúdo. Neste caso, o que vai variar é o contexto da exposição:

- Com o terapeuta na clínica (nível de ansidade 3);
- Com o terapeuta na clínica, com uma faca e uma foto do filho (nível de ansiedade 4);

- Com o terapeuta em casa (nível de ansiedade 5);
- Sozinho em casa (nível de ansiedade 7) e, finalmente,
- Sozinho em casa com o filho presente (nível de ansiedade 8).

A construção de hierarquias pode exigir certa criatividade, mas o emprego de um aparelho tipo *walkman* facilitará a exposição a contextos físicos específicos. Não temos provas de que a exposição gradual seja superior à exposição direta ao pensamento mais ansiógeno. Entretanto, levando em conta a natureza encoberta das obsessões e da maioria das estratégias de neutralização, freqüentemente é difícil conseguir inicialmente a exposição funcional. Assim sendo, sob um ponto de vista puramente prático, pode ser aconselhável começar com pensamentos ou contextos menos ameaçadores até que se tenha total domínio das técnicas de exposição e de prevenção da resposta.

Uma vez que o paciente e o terapeuta tenham identificado em conjunto o primeiro objetivo, o terapeuta pede ao paciente para descrever o pensamento em detalhes. O terapeuta faz perguntas até que sejam obtidos detalhes suficientes como, por exemplo, as cores, as palavras, a textura, os sons e os odores concretos, as reações cognitivas e emocionais aos pensamentos e qualquer resposta física, em geral. A seguir, o terapeuta pede ao paciente que escreva o pensamento com o máximo de detalhes possível. Estamos de acordo com outros autores (p. ex., Riggs e Foa, 1993; Steketee, 1993) que não é necessário exagerar e acrescentar mais conseqüências. Entretanto, acreditamos que é necessário que os pacientes se exponham enquanto se mantiverem as conseqüências temidas. Por exemplo, se o resultado final de uma obsessão em ferir é ser preso, ser levado a julgamento e ficar preso para o resto da vida numa instituição para doentes mentais, é importante que o sujeito se exponha até este último ponto. Pode ser desagradável para os terapeutas escutar as cenas aterrorizantes relatadas pelos pacientes e as perturbadoras reações que podem ocorrer durante a exposição. A técnica é eficaz quando executada adequadamente e o incômodo do terapeuta diminuirá com a habituação depois de várias experiências com a técnica.

Um exemplo do texto para a exposição ao segundo pensamento do caso anterior poderia ser:

> Vou andando pela rua. Vejo uma velhinha que vem caminhando na minha direção. De repente, me vem o pensamento: "O que aconteceria se eu perdesse o controle e a empurrasse?". Meu estômago fica tenso, minhas mãos começam a suar e tenho dificuldades para respirar. A velhinha já se encontra muito mais perto. Fecho os punhos e luto para manter o controle. Ela chega bem perto e começo a sentir pânico. Passa rapidamente ao meu lado e eu continuo andando. Pergunto a mim mesmo se a empurrei. A dúvida começa a aumentar. Vejo-a estirada no chão com os ossos quebrados. Chega a ambulância. Sinto-me horrível, sou um assassino e serei condenado.

O texto pode ser muito breve ou tratar-se de uma cena muito elaborada. O terapeuta se assegura de que não seja incluído nenhum elemento neutralizador (ou seja, nenhum fator que diminua a ansiedade) na seqüência. A seguir, o terapeuta lê em voz alta o pensamento do paciente, de modo que este pode ver se falta algum aspecto. Então, o paciente lê o pensamento em voz alta, a fim de que o terapeuta possa calcular o texto para escolher uma fita de duração suficiente e também para garantir que o pensamento seja lido com a expressão adequada, num ritmo apropriado e fazendo pausas para permitir que as imagens sejam formadas. Pede ao paciente para ler de modo tal que o terapeuta possa experimentar a sensação de ter o pensamento. Ler rápido, mecanicamente, ou com um afeto embotado podem ser formas de evitação cognitiva. A seguir, grava-se o pensamento numa fita que dá voltas continuamente e que tem uma duração apropriada (p. ex., 15 segundos, 30 segundos, 1 minuto, 3 minutos), com o número de repetições necessário para encher a fita quase completamente.

Uma vez que o pensamento tenha sido gravado e verificado, começa a sessão de exposição. As instruções são as seguintes:

> Em alguns momentos, começaremos a primeira sessão de exposição, que levará normalmente de 25 a 45 minutos, embora possa durar mais. Continuaremos até que o seu nível de ansiedade tenha diminuído. Feche os olhos e escute a fita sem empregar elementos neutralizadores, não... (nomeie as estratégias específicas empregadas pelo paciente). Mantenha o pensamento, não o bloqueie, não o distorça, nem o elimine. Depois de cada repetição do pensamento, informe sobre o seu nível de mal-estar na escala habitual (geralmente, a escala utilizada para o auto-registro). Agora me diga o que vamos fazer.

Se não houver tempo suficiente para executar a exposição durante a sessão (ou seja, no mínimo 50 minutos), deve ser programada para a sessão seguinte. O terapeuta pede para o paciente preencher uma folha de auto-registro antes de começar o exercício de exposição. Esta folha refere-se habitualmente ao nível de ansiedade atual, ao nível máximo de ansiedade esperado durante a exposição e ao nível de ansiedade esperado depois da sessão de exposição. É útil que o terapeuta represente as avaliações da ansiedade num gráfico durante a sessão de exposição.

Se o nível de mal-estar não tiver aumentado depois de várias exposições, por exemplo, depois de 6 a 10 minutos, o terapeuta pára a exposição, a fim de realizar uma análise comportamental da situação. Há várias razões possíveis para que a ansiedade não aumente. Em primeiro lugar, o registro pode estar inadequado. Por exemplo, é possível que as palavras empregadas não sejam suficientemente representativas do pensamento real ou que o tempo seja insuficiente para formar imagens. Em segundo lugar, alguns pacientes não têm a capacidade de imaginar o pensamento de forma suficientemente clara para a exposição funcional. Se a pessoa for incapaz, após várias tentativas de praticar com cenas positivas ou neutras, de colocar-se na situação, devem ser consideradas outras formas de exposição (ver Ladouceur et al., 1993). Em terceiro lugar, o paciente pode estar neutralizado, seja por empregar estratégias já identificadas ou por utilizar outras estratégias que ainda não foram descobertas. Se for este o caso, o terapeuta reitera a importância de não utilizar elementos neutralizadores, fazendo um chamamento para o modelo. O terapeuta deveria investigar também as razões do comportamento de neutralização no caso de o paciente antecipar conseqüências negativas. Se for assim, é necessária uma intervenção de natureza cognitiva para explorar, reformular ou enfrentar estas antecipações.

A exposição continua se a ansiedade aumentar. Deve-se considerar que o aumento e a diminuição do nível de ansiedade não são necessariamente uniformes. O terapeuta observa de perto o paciente a fim de descobrir qualquer sinal físico, como as mudanças no ritmo de respiração, tremores, a expressão facial, e para ver se há sinais que manifestem um desacordo entre os sinais físicos e o relatório verbal do paciente. A exposição continua até que o mal-estar seja inferior ao nível inicial durante, pelo menos, duas apresentações e, se for possível, até que o ní- vel de ansiedade tenha diminuído, ficando muito abaixo do nível inicial. Uma vez terminada a exposição, o terapeuta pede ao paciente para preencher a segunda parte da folha de auto-registro, avaliando a ansiedade atual e a ansiedade máxima experimentada durante a exposição. O paciente indica também se ocorreu o comportamento de neutralização e, em caso positivo, de que forma utilizou e se voltou a expor-se ao pensamento imediatamente.

O terapeuta pede em seguida para o paciente descrever as reações à experiência. As reações são reformuladas nos termos do modelo e nos das expectativas prévias do paciente. Em nossa experiência, é raro que a primeira sessão de exposição seja altamente eficaz devido às dificuldades para realizar a prevenção da resposta a todas as formas de neutralização. Por este motivo, é muito importante não solicitar a exposição como tarefa para casa até que o paciente tenha tido sucesso durante a sessão de terapia.

Uma vez que a exposição tenha se desenvolvido satisfatoriamente na clínica, pode ser executada em casa. Isto pode acontecer, embora nem sempre, após duas sessões de exposição. Nossa recomendação atual é que escutem o cassete duas vezes ao dia. É importante identificar o momento e a situação nos quais, com uma alta probabilidade, os exercícios de exposição serão realizados satisfatoriamente.

V.6. *As sessões de exposição posteriores*

Em todas as sessões nas quais a exposição tenha sido solicitada como tarefa para casa, é importante examinar ao início da sessão as folhas de auto-registro sobre a exposição. Deveriam ser abordadas a duração, as pontuações e as notas acerca da neutralização.

Quando os pacientes forem capazes de terminar a exposição sem empregar elementos de neutralização, podem, então, começar a realizar a exposição quando os pensamentos ocorrerem de forma espontânea. A instrução aqui é a seguinte:

> Quando os pensamentos aparecerem, preste atenção neles. Observe como vêm e como vão embora sem reagir a eles; deixe-os onde estão sem fazer nada de especial com eles.

Com o objetivo de aumentar a generalização, a fita pode ser modificada quando estiver provocando menos ansiedade (já ocorreu uma certa habituação entre sessões). Estas modificações exigem criatividade por parte do paciente e do terapeuta, com finalidade de criar uma exposição funcional ótima e incluir variações do estímulo, da intensidade do pensamento e do estado de ânimo.

V.7. As técnicas cognitivas

As técnicas cognitivas podem ter como objetivo toda uma série de diferentes temas que se observam habitualmente nos pacientes com pensamentos obsessivos. Estes são:

1. Superestimar a importância dos pensamentos e suas derivações, como a fusão do pensamento com a ação, e o pensamento mágico.
2. Exagero da responsabilidade.
3. Controle perfeccionista sobre os pensamentos, as ações e a necessidade associada à certeza.
4. As conseqüências relacionadas ao conteúdo dos pensamentos, que implicam estimativas exageradas sobre a probabilidade e a gravidade das conseqüências dos acontecimentos negativos.

Os objetivos específicos variam de acordo com os pacientes e os tipos de avaliação realizados. O *CIQ* e o *IBRO* nos darão informações sobre as avaliações disfuncionais específicas e as crenças subjacentes.

Utilizamos as técnicas cognitivas de dois modos: no primeiro caso, podem ser empregadas como um meio para facilitar a exposição, abordando primeiramente preocupações do paciente tais como o poder dos pensamentos para causar atuações, a natureza da responsabilidade e as conseqüências da ansiedade. Neste caso, existe um pré-requisito ou co-requisito para a exposição eficaz. No segundo caso, podem ser utilizadas como um complemento da exposição para integrar completamente a nova informação gerada pela mesma, fomentar a generalização e criar condições que minimizarão as possibilidades de recaída. Assim sendo, para alguns pacientes, determinados objetivos podem ser abordados no começo da terapia enquanto para outros serão abordados desde que tenham domínio dos aspectos essenciais da exposição.

Uma vez identificadas as avaliações que constituem o objetivo, pode ser empregada uma série de técnicas cujo único limite é a criatividade do terapeuta e a capacidade do paciente de participar ativamente. Uma das melhores formas de identificar as suposições subjacentes consiste em utilizar a "flecha descendente" (Burns, 1980), conhecida também como a técnica do "e daí?", por meio da qual o pensamento original é examinado seqüencialmente, buscando-se as conseqüências próximas e distantes. Não é raro, no decorrer do emprego desta técnica, encontrar vários tipos de suposições subjacentes: as avaliações errôneas de ferimento encontram-se associadas freqüentemente com avaliações equivocadas da gravidade e da probabilidade das conseqüências, bem como uma responsabilidade exagerada. As suposições errôneas podem ser questionadas por meio de qualquer técnica apropriada. Apresentamos a seguir alguns exemplos de intervenções que têm demonstrado serem úteis com os pacientes no nosso programa de tratamento e na prática particular.

V.7.1. *Superestimação da importância dos pensamentos*

Isto pode ocorrer de vários modos. O primeiro exemplo refere-se ao *pensamento mágico*, ou seja, à idéia de que o pensamento pode produzir acontecimentos reais.

Uma mulher casada tinha imagens aterrorizantes de que seu marido sofria um acidente de automóvel e empregava uma oração para enfrentar a imagem cada vez que esta lhe aparecia. A seguir, apresentamos a flecha descendente associada a este pensamento:

Se eu continuar pensando que o meu marido vai sofrer um acidente e não rezar cada vez que pensar nisso, ele realmente sofrerá um acidente
⇓
Será por minha culpa
⇓
Nunca vou me perdoar por isso
⇓
Vou ficar deprimida e vou me suicidar

A suposição básica aqui é que os pensamentos podem causar ações, embora a responsabilidade também esteja presente. Uma forma de questionarmos satisfatoriamente este tipo de pensamento é por meio de experiências comportamentais. Por exemplo, o paciente compra um bilhete de loteria na segunda-feira e imagina que ganha na loteria durante meia hora todos os dias da semana (as probabilidades são de 1 em 100.000 para a loteria nacional da Espanha). Simultaneamente, escolhe-se um pequeno eletrodoméstico, que se sabe que funciona bem (p. ex., a torradeira). O paciente pensa cem vezes ao dia, durante a semana seguinte, que o aparelho quebrará. O resultado é comparado com a previsão.

V.7.2. *Exagero da responsabilidade*

Um jovem universitário estava obsecado com a idéia de que, se deixasse a água correr enquanto escovava os dentes ou enquanto lavava a louça, seria responsável pela instalação de registros de água em todas as casas.

Se eu deixar a água correr enquanto escovo os dentes,
estarei desperdiçando água
⇓
Seu eu desperdiçar água, instalarão registros de água
para controlar a quantidade de água que as pessoas usam
⇓
Isto custará muito dinheiro para todos
⇓
As pessoas pobres terão ainda menos dinheiro
⇓
Isto pesará na minha consciência

A suposição básica aqui se encontra no excesso de responsabilidade pessoal que funciona em dois níveis: o primeiro refere-se ao emprego da água por parte do indivíduo comparado a como o restante da cidade usa a água. De fato, se todo o mundo na área fechasse a torneira enquanto escova os dentes, a economia de água seria considerável, mas o papel de um indivíduo seria insignificante. Utilizando um gráfico em forma de pizza para determinar o volume de água utilizada pelo indivíduo enquanto escova os dentes (o que pode ser medido), comparado com o volume que se emprega na indústria, em todas as outras casas, para regar o jardim, etc., podem ser estabelecidas as contribuições respectivas. A técnica é atribuir responsabilidade a todas as outras fontes, antes de buscar a responsabilidade que corresponde ao indivíduo. Deste modo, a idéia de um poder fundamental é nitidamente errônea: de que modo a mínima proporção de água utilizada pelo paciente poderia influir sobre a política pública?

O segundo nível consiste em abordar a responsabilidade pessoal do indivíduo comparada com a responsabilidade coletiva para o uso racional da água: embora atribuir-se um papel determinante seja claramente errôneo, um cidadão responsável considera que tem um certo grau de responsabilidade. Contudo, o uso racional da água é uma responsabilidade coletiva e não individual. Novamente, emprega-se o gráfico em forma de pizza para determinar com precisão a responsabilidade pessoal. Por exemplo, a responsabilidade é atribuída ao papel dos políticos e de quem planeja a distribuição da água (40%), à prefeitura para educar a população sobre o uso responsável da água (15%), ao cumprimento das regulamentações impostas às indústrias (25%), aos grupos ecológicos na conscientização do público (5%), à educação nas escolas (5%) e, finalmente, ao número de casas que houver na cidade (suponhamos umas 10.000) (10%) (ver Fig. 5.3). Deste modo, sendo uma das 10.000 casas e com cinco membros na família, a responsabilidade pessoal do indivíduo é de 10% x 1/10.000 x 1/5 = 0,0002%.

Uma outra forma de questionar este tipo de avaliação é que o paciente atue como advogado de acusação e/ou advogado de defesa no caso. Muitas vezes é mais difícil para o paciente ser o advogado de acusação, já que a única evidência de culpabilidade (ou seja, a responsabilidade) é, por meio do raciocínio emocional, sua experiência subjetiva de culpa. O paciente tem que provar sua "culpabilidade" encontrando argumentos sólidos, com provas empíricas reais ("Quais são os fatos?"). Quando o paciente representa ambos os papéis, pode considerar e comparar dois pontos de vista opostos,

Fig. 5.3. *Atribuição adequada da responsabilidade para o consumo de água.*

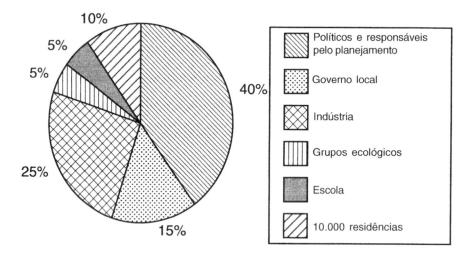

ressaltando assim a natureza modificável da avaliação. O papel do terapeuta é representar o juiz e "fazer com que não constem" as provas inadmissíveis, como os boatos ("uma vez ouvi dizer que...") ou os argumentos irracionais.

A chave para questionar as avaliações da responsabilidade é estabelecer, em primeiro lugar, uma percepção (p. ex., por meio do auto-registro) das situações nas quais o paciente adquire uma responsabilidade excessiva. Os sinais emocionais, como sentir-se culpado ou incômodo por algo, são, muitas vezes, a melhor forma de desvelar a responsabilidade excessiva. Quando os pacientes assumem uma responsabilidade excessiva por acontecimentos específicos, uma forma de expor essa natureza excessiva é transferir a responsabilidade (temporariamente) ao terapeuta, por meio de um contrato, por qualquer prejuízo que pudesse se produzir durante um período específico (ver Rachman, 1993). Os pensamentos são registrados, o comportamento e as reações são comparadas com um período semelhante quando a responsabilidade volta a ser transferida para o paciente. Outro modo de destacar a exagerada responsabilidade consiste em prever as reações do paciente (cognitivas, emocionais ou comportamentais) quando a responsabilidade é transferida para outra pessoa; por exemplo, paga-se a alguém uma grande quantia em dinheiro para que se encarregue da situação. Pergunta-se para o paciente: "Você continuaria a empregar elementos neutralizadores se tivesse que pagar 5.000 reais a uma pessoa para dirigir atrás de você, a fim de assegurar que você não atropelou ninguém?"

V.7.3. *Responsabilidade exagerada e conseqüências de um resultado negativo*

Este tipo de avaliação é freqüente em distintos transtornos de ansiedade e existe uma série de bons exemplos na literatura (Beck e Emery, 1985; Van Oppen e Arntz, 1994).

A flecha descendente é usada para identificar todos os passos da cadeia que leva à conseqüência temida. Avalia-se a probabilidade subjetiva de cada passo para calcular, em seguida, a probabilidade acumulada. Uma vez identificados todos os passos, questiona-se a lógica das conseqüências em cada um deles e seu grau de probabilidade.

V.7.4. Perfeccionismo

As avaliações perfeccionistas dos pensamentos apresentam-se sob uma série de formas. Um tipo de perfeccionismo é a necessidade de ter certeza de que se vai realizar completamente uma tarefa (ver Rasmussen e Eisen, 1991). Um jovem estudante universitário, com uma série de obsessões sobre diferentes ambigüidades, sofria de obsessões contínuas de que não entendia perfeitamente as coisas que lia. Começou a ler cada vez mais devagar; ler ia se tornando cada vez menos agradável e se distraía com outras tarefas, tentando ver se havia compreendido o que leu, explicando o texto a si mesmo.

Se eu não compreendi tudo o que li
⇓
É como se não tivesse entendido nada
⇓
Não saberei o que preciso saber
⇓
Terminarei sem saber nada
⇓
Vou ser reprovado

Isto foi questionado de três maneiras: em primeiro lugar, o pensamento dicotômico ("Se não entendi tudo é como se não tivesse entendido nada"). Em segundo lugar, foram expostas as vantagens e desvantagens de tentar compreender tudo perfeitamente.

Vantagens	Desvantagens
Saber que sei	Dúvidas sobre si mesmo e frustração quando não se obtém sucesso (geralmente)
Certeza sobre algumas coisas	Ler menos
	Perda do prazer da leitura
	Preocupação e distração, fadiga

Uma vez estabelecidas as vantagens e desvantagens, foi questionada a validade das primeiras. Neste caso, o paciente tinha que identificar o número de vezes que tinha certeza do que leu. De fato (tal como se poderia prever), admitiu que isto aconteceu de modo pouco freqüente. Assim sendo, não só estava: 1) entregue à inútil perseguição das denominadas vantagens que quase nunca obtinha, como também 2) sofria todas as desvantagens de buscar uma compreensão perfeita. Isto abriu as portas para modificar os pensamentos subjacentes, mudando o comportamento.

Para refutar a previsão ("Se não entendo tudo o que leio, não saberei o que preciso saber e, no final, vou ser reprovado"), foi elaborado um experimento comportamental. As coisas que deviam ser lidas foram divididas em três categorias:

1. Coisas que tinha apenas que ler (publicidade, folhetos, jornais, etc.).
2. Coisas que tinha que ler e compreender em termos gerais (ler por prazer).
3. Coisas que tinha que ler e compreender bem (conteúdo de provas, anúncio de emprego, etc.).

Na primeira categoria, tinha que ler as coisas tão rápido quanto possível, sem retroceder. Na segunda categoria, lia a primeira página em velocidade normal e as páginas seguintes lia um terço mais rápido. A terceira categoria permanecia intacta no momento. Não só não era correta a previsão (que terminaria sem saber nada e fracassaria), como também o paciente achou que lia com mais prazer, a velocidade aumentou, a distração diminuiu e terminou sabendo mais, porque lia mais e se preocupava menos. Foi capaz finalmente de adentrar-se em um texto da terceira categoria e ler algumas partes mais rapidamente que outras, de acordo com sua importância relativa.

Os experimentos comportamentais são úteis para questionar a responsabilidade exagerada e as atitudes perfeccionistas, cometendo deliberadamente, por exemplo, um pequeno erro ou mudando um hábito rígido e, a seguir, prever as conseqüências negativas específicas e compará-las com o resultado real. Quando propostos de modo apropriado, estes experimentos permitem que sejam feitas previsões mais precisas.

V.8. *A prevenção das recaídas*

O estudo formal das recaídas e da sua prevenção no TOC encontra-se ainda numa etapa inicial, embora textos recentes (p. ex., Emmelkamp, Kloek e Blaauw, 1992; Salkovikis, 1985; Steketee, 1993) estejam abordando a questão de modo mais explícito. Não há dados sobre a recaída nos pensamentos obsessivos sem compulsões manifestas. Nossa própria experiência nos diz que a melhor forma de fazer com que o pensamento se desvaneça é aumentar o período de tempo entre sessões e fazer com que, de vez em quando, haja um contato com o terapeuta para se "chegar a um acordo" e para aprender a reagir de modo adequado a novas situações. Embora muitas das informações necessárias para lidar com a recaída encontrem-se implícitas ao longo do tratamento, deveriam ser identificadas de modo explícito nas sessões posteriores e anotadas em um documento que o paciente possa guardar. As informações essenciais do pacote incluem:

• Uma compreensão clara do modelo e de como o estado de ânimo e os acontecimentos da vida podem modular o modelo, ajudando o paciente a compreender as mudanças em termos dos sintomas residuais e a identificar os primeiros sinais de recaída. Deveria ser representado no papel o modelo e as informações básicas. Também podem ser gravadas as sessões de prevenção de recaídas.

• Expectativas claras sobre os sintomas residuais: o paciente pode esperar ter, em algumas ocasiões, manifestações de pensamentos mais freqüentes e intensos, mas será capaz de enfrentá-los. Em particular, as situações desencadeantes com baixa freqüência são mais difíceis de ajustar devido à falta de prática e à novidade. Deste modo, as férias, as mudanças imprevistas da vida, as situações de "azar" encontram-se muitas vezes associadas aos aumentos de sintomas obsessivos.

• Instruções escritas sobre o que deve ser feito em caso de recaída: isto pode ser resumido nos pontos a seguir, embora seja melhor apresentá-las com exemplos e detalhes personalizados:

1. Não entre em pânico.
2. Repasse o modelo.
3. Não dê importância aos pensamentos, nem catastrofize.
4. Não empregue elementos neutralizadores, nem comportamentos de evitação, nem procure fatores tranqüilizadores, etc.
5. Faça práticas de exposição.
6. Analise as situações chave, aplique técnicas de reestruturação para reavaliar a probabilidade, atribua responsabilidades, etc.
7. Identifique estímulos estressantes e aplique a solução de problemas; procure ajuda quando necessário.
8. Identifique o que você fazia quando as coisas iam melhor e o que você deixou de fazer.
9. Considere as recaídas como uma oportunidade para pôr a teoria em prática e manter-se em dia, mas não como um retrocesso ou um fracasso.

Convém observar que outros autores sugerem toda uma série de apoios complementares que pode ser útil para os pacientes com TOC no momento de prevenir recaídas (Emmelkamp et al., 1992; Riggs e Foa, 1993; Salkovskis, 1989; Steketee, 1993; Turner e Beidel, 1988; Warren e Zgourides, 1991). O consenso geral é desenvolver modos de superar as dificuldades diárias nos dias normais. Os apoios complementares podem incluir treinamento em assertividade, terapia conjugal ou familiar, treinamento no controle do estresse, planejamento das atividades, treinamento em solução de problemas, etc.

V.9. *Tratamento cognitivo-comportamental e farmacológico combinados*

Nos últimos anos, tem ocorrido um aumento do interesse pela combinação das terapias cognitivo-comportamentais e farmacológicas no tratamento do TOC. Uma recente meta-análise, de 87 estudos sobre tratamento (Van Balkom et al., 1994), constatou que a terapia comportamental era significativamente superior ao placebo nas avaliações dos sintomas obsessivo-compulsivos. Formam observados também alguns resultados secundários significativos para a terapia cognitiva. Nos sintomas auto-informados, a terapia comportamental apresenta-se como mais eficaz que os fármacos antidepressivos clomipramina, fluoxetina ou fluvoxamina considerados em combinação e não havia evidência de que esses antidepressivos somados à terapia comportamental fossem superiores à terapia comportamental isolada. Como não existem estudos comparativos sobre pensamentos obsessivos sem rituais compulsivos manifestos, não é possível proporcionar recomendações com base empírica. Entretanto, tal como afirmamos em outro trabalho (Ladouceur, Freeston e Gagnon, 1994b), nossa experiência nos demonstrou que, em alguns casos, combinações apropriadas de antidepressivos e terapia cognitivo-comportamental podem facilitar o tratamento ao estabilizar o paciente, melhorar os sintomas depressivos e estabelecer uma primeira sensação de controle, permitindo-lhe assim dedicar mais recursos à terapia cognitivo-comportamental.

É necessária uma estreita colaboração entre o médico e o terapeuta para permitir um desvanecimento apropriado do tratamento e/ou uma substituição da medicação alternativa (p. ex., de um antidepressivo com efeitos anti-obsessivos não comprovados), de modo que possam ser praticadas as habilidades com níveis de sintomas adequados e que permitam uma atribuição apropriada dos benefícios do tratamento às novas habilidades que tenham sido aprendidas durante a terapia cognitivo-comportamental. Isto pode diminuir a probabilidade de recaídas quando a medicação for retirada. Observamos que alguns pacientes com história prévia de depressão ou de recaídas, quando se retirava a medicação, puderam beneficiar-se da manutenção de uma baixa dose de medicação, inferior aos níveis normais recomendados enquanto as mudanças no estilo de vida ocorrem depois de uma terapia cognitivo-comportamental bem-sucedidas. Com uma "rede de proteção" à sua volta, o paciente se sentirá mais seguro e mais capaz de enfrentar o desafio de aprender a viver sem obsessões, de temer menos a recaída.

V.10. A eficácia do tratamento cognitivo-comportamental

Além dos casos tratados com sucesso já relatados (Ladouceur et al., 1993, 1995), recentemente 28 pacientes participaram de um estudo que avaliava resultados. No pós-teste, havia uma melhora significativamente superior no grupo de tratamento comparado ao grupo de controle na escala para as obsessões-compulsões de Yale-Brown (*Yale-Brown obsessive-compulsive scale*), do mesmo modo que em medidas de funcionamento global e auto-relatos de ansiedade, depressão, sintomas obsessivo-compulsivos e variáveis cognitivas. O benefício médio obtido por todos os pacientes no tratamento foi 57% de redução na pontuação inicial da escala anterior. Para os pacientes que completaram o tratamento, 82% havia melhorado muito. Diminuíram os sintomas obsessivos, depressivos e ansiosos auto-informados, bem como os pensamentos irracionais e a avaliação dos pensamentos objetivos, e três quartos das pontuações dos pacientes encontrava-se dentro da faixa normal depois do tratamento. Um acompanhamento realizado seis meses depois mostrou que os ganhos permaneciam estáveis. O acompanhamento dos pacientes que haviam terminado o tratamento 2-3 anos antes mostrou que os ganhos se mantiveram estáveis, embora alguns continuem sendo vulneráveis às perturbações do estado de ânimo e a ocasionais ataques de raiva em resposta a acontecimentos estressantes. No momento, estamos planejando adaptar o pacote de tratamento para intervir, em um futuro próximo, em adolescentes com TOC.

REFERÊNCIAS

American Psychiatric Association (1987). *Diagnostic and statistical manual of mental disorders* (3ª edición-Revisada) *(DSM-III-R)*. Washington: APA.
American Psychiatric Association (1994). *Diagnostic and statistical manual of mental disorders* (4ª edición) *(DSM-IV)*. Washington: APA.
Beck, A. T. y Emery, G. (1985). *Anxiety disorders and phobias: A cognitive perspective*. Nueva York: Basic Books.
Beck, A. T., Epstein, N., Brown, G. y Steer, R. A. (1988). An inventory for measuring clinical anxiety: Psychometric properties. *Journal of Consulting and Clinical Psychology, 56*, 893-897.
Beck, A. T., Rush, A. J., Shaw, B. F. y Emery, G. (1979). *Cognitive therapy of depression*. Nueva York: Guilford.
Beech, H. R. y Vaughn, M. (1978). *Behavioural treatment of obsessional states*. Chichester: Wiley.
Burns, D. D. (1980). *Feeling good: The new mood therapy*. Nueva York: New American Library.
Clark, D. M. (1986). A cognitive approach to panic. *Behaviour Research and Therapy, 24*, 461-470.
Emmelkamp, P. M. G. (1982). *Phobic and obsessive-compulsive disorders*. Nueva York: Plenum.
Emmelkamp, P. M. G., Kloek, J. y Blaauw, E. (1992). Obsessive-compulsive disorders. En P. H. Wilson (dir.), *Principles and practice of relapse prevention*. Nueva York: Guilford.
Foa, E. B., Steketee, G. S. y Ozarow, B. J. (1985). Behavior therapy with obsessive compulsives. En M. Mavissakalian, S. M. Turner y L. Michelson (dirs.), *Obsessive-compulsive disorder*. Nueva York: Plenum.
Freeston, M. H. y Ladouceur, R. (1993). Appraisal of cognitive intrusions and response style: Replication and extension. *Behaviour Research and Therapy, 31*, 181-190.
Freeston, M. H. y Ladouceur, R. (1994a). «From intrusions to obsessions: An account of the development and maintenance of obsessive-compulsive disorder». En preparación.

Freeston, M. H. y Ladouceur, R. (1994b). «What do patients do with their obsessive thoughts?». En preparación.
Freeston, M. H. y Ladouceur, R. (1994c). «Mood, cognitive appraisal, daily life events and obsessional severity in OCD without overt compulsions». En preparación.
Freeston, M. H., Ladouceur, R., Gagnon, F. y Thibodeau, N. (1991a). Cognitive intrusions in a non-clinical population. I. Response style, subjective experience, and appraisal. *Behaviour Research and Therapy, 29,* 585-597.
Freeston, M. H., Ladouceur, R., Gagnon, F. y Thibodeau, N. (1991b, noviembre). *Les intrusions cognitives: Implications pour le trouble obsessionnel-compulsif.* [Intrusives thoughts: Implications for obsessive compulsive disorder]. Comunicación presentada en la reunión anual de la Société Québécoise pour la Recherche en Psychologie, Trois-Rivière, Quebec.
Freeston, M. H., Ladouceur, R., Gagnon, F. y Thibodeau, N. (1992, junio). *Intrusive thoughts, worry, and obsessions: Empirical and theoretical distinctions.* En P. Salkovskis (dir.), *Clinical and non-clinical intrusive thoughts.* Comunicación presentada en el World Congress of Cognitive Therapy, Toronto.
Freeston, M. H., Ladouceur, R., Gagnon, F. y Thibodeau, N. (1993). Beliefs about obsessional thoughts. *Journal of Psychopathology and Behavioral Assessment, 15,* 1-21.
Freeston, M. H., Ladouceur, R., Provencher, M. y Blais, F. (1995). Strategies used with intrusive thoughts: Context, appraisal, mood, and efficacy. *Journal of Anxiety Disorders, 9,* 201-215.
Freeston, M. H., Ladouceur, R., Letarte, H., Rhéaume, J., Gagnon, F. y Thibodeau, N. (1994). Measurement of obsessive-compulsive symptoms with the Padua Inventory: Replication and extension. Manuscrito enviado para publicación.
Goodman, W. K., Price, L. H., Rasmussen, S. A., Mazure, C., Delgado, P., Heniger, G. R. y Charney, D. S. (1989a). The Yale-Brown Obsessive Compulsive Scale. II. Validity. *Archives of General Psychiatry, 46,* 1012-1016.
Goodman, W. K., Price, L. H., Rasmussen, S. A., Mazure, C., Fleischmann, R. L., Hill, C. L., Heniger, G. R. y Charney, D. S. (1989b). The Yale-Brown Obsessive Compulsive Scale. I. Development, use and reliability. *Archives of General Psychiatry, 46,* 1006-1011.
Greist, J. H. (1990). Treatment of obsessive compulsive disorder: Psychotherapies, drugs, and other somatic treatment. *Journal of Clinical Psychiatry, 51,* 44-50.
Headland, K. y McDonald, B. (1987). Rapid audio-tape treatment of obsessional ruminations. A case report. *Behavioural Psychotherapy, 15,* 188-192.
Himle, J. y Thyer, B. A. (1989). Clinical social work and obsessive-compulsive disorder. *Behavior Modification, 13,* 459-470.
Hoogduin, K., De Haan, E., Schaap, C. y Arts, W. (1987). Exposure and response prevention in patients with obsessions. *Acta Psychiatrica Belgica, 87,* 640-653.
Jenike, M. A. y Rauch, S. L. (1994). Managing the patient with treatment-resistant obsessive-compulsive disorder: Current strategies. *Journal of Clinical Psychiatry, 55,* 11-17.
Karno, M., Golding, J. M., Sorenson, S. B. y Burnam, M. A. (1988). The epidemiology of obsessive-compulsive disorder in five US communities. *Archives of General Psychiatry, 45,* 1094-1099.
Khanna, S., Rajendra, P. N. y Channabasannava, S. M. (1988). Life events and onset of obsessive-compulsive disorder. *The International Journal of Social Psychiatry, 34,* 305-309.
Kozak, M. J. y Foa, E. B. (1994). Obsessions, overvalued ideas, and delusions in obsessive-compulsive disorder. *Behaviour Research and Therapy, 32,* 343-353.

Ladouceur, R., Freeston, M. H., Rhéaume, J., Letarte, H., Thibodeau, N., Gagnon, F. y Bujold, A. (1994a, noviembre). *Treatment of obsessions: A controlled study*. Comunicación presentada en la reunión anual de la Association for the Advancement of Behavior Therapy, San Diego, California.

Ladouceur, R., Freeston, M. H. y Gagnon, F. (1994b). *Cognitive and behavioral treatment of obsessive-compulsive disorder*. Manuscrito enviado para publicación.

Ladouceur, R., Freeston, M. H., Gagnon, F., Thibodeau, N. y Dumont, J. (1995). Cognitive-behavioral treatment of obsessions. *Behavior Modification, 19*, 247-257.

Ladouceur, R., Freeston, M. H., Gagnon, F., Thibodeau, N. y Dumont, J. (1993). Idiographic considerations in the cognitive-behavioral treatment of obsessional thoughts. *Journal of Behavior Therapy and Experimental Psychiatry, 24*, 301-310.

Marks, I. M. (1987). *Fears, phobias, and rituals*. Nueva York: Oxford University Press.

Marks, I. M., Stern, R. S., Mawson, D., Cobb, J. y McDonald, R. (1980). Clomopramine and exposure for obsessive-compulsive rituals: I. *British Journal of Psychiatry, 136*, 1-25.

Martin, C. y Tarrier, N. (1992). The importance of cultural factors in the exposure to obsessive ruminations: A case example. *Behavioural Psychotherapy, 20*, 181-184.

Mathews, A. (1990). Why worry? The cognitive function of anxiety. *Behaviour Research and Therapy, 28*, 455-468.

McKeon, J., Bridget, R. y Mann, A. (1984). Life events and personality traits in obsessive-compulsive neurosis. *British Journal of Psychiatry, 144*, 185-189.

Milby, J. B., Meredith, R. L. y Rice, J. (1981). Videotaped exposure: A new treatment for obsessive-compulsive disorders. *Journal of Behavior Therapy and Experimental Psychiatry, 12*, 249-255.

Moergen, S., Maier, M., Brown, S. y Pollard, C. A. (1987). Habituation to fear stimuli in a case of obsessive-compulsive disorder: Examining the generalization process. *Journal of Behavior Therapy and Experimental Psychiatry, 1*, 65-70.

Molnar, C., Freund, B., Riggs, D. y Foa, E. B. (1993, noviembre). *Comorbidity of anxiety disorders and DSM-III-R axis II disorders in obsessive-compulsives*. Comunicación presentada en la reunión anual de la Association for the Advancement of Behavior Therapy, Atlanta, Georgia.

Myers, K., Weissman, M., Tischler, L., Holzer, E., Leaf, J., Orvaschel, H., Anthony, C., Boyd, H., Burke, D., Kramer, M. y Stoltzman, R. (1984). Six-month prevalence of psychiatric disorders in three communities: 1980-1982. *Archives of General Psychiatry, 41*, 959-967.

Rachman, S. J. (1971). Obsessional ruminations. *Behaviour Research and Therapy, 9*, 229-235.

Rachman, S. J. (1976). The modification of obsessions: A new formulation. *Behaviour Research and Therapy, 14*, 437-443.

Rachman, S. J. (1978). An anatomy of obsessions. *Behavior Analysis and Modification, 2*, 255-278.

Rachman, S. J. (1981). Part I. Unwanted intrusive cognitions. *Advances in Behaviour Research and Therapy, 3*, 89-99.

Rachman, S. J. (1985). An overview of clinical and research issues in obsessional-compulsive disorders. En M. Mavissakalian, S. M. Turner y L. Michelson (dirs.), *Obsessive-compulsive disorder: Psychological and pharmacological treatment*. Nueva York: Plenum.

Rachman, S. J. (1993). Obsessions, responsibility and guilt. *Behaviour Research and Therapy, 31*, 149-154.

Rachman, S. J. y De Silva, P. (1978). Normal and abnormal obsessions. *Behaviour Research and Therapy, 16,* 233-248.
Rachman, S. J. y Hodgson, R. J. (1980). *Obsessions and compulsions.* Englewood Cliffs, N.J.: Prentice Hall.
Rasmussen, S. y Eisen, J. L. (1991). Phenomenology of OCD: Clinical subtypes, heterogeneity and coexistence. En J. Zohar, T. Insel y S. Rasmussen (dirs.), *The psychobiology of obsessive-compulsive disorder.* Nueva York: Springer.
Rasmussen, S. A. y Eisen, J. L. (1992). Epidemiology of obsessive-compulsive disorder. *Journal of Clinical Psychiatry, 53,* 4-10.
Riggs, D. S. y Foa, E. B. (1993). Obsessive compulsive disorder. En D. H. Barlow (dir.), *Clinical handbook of psychological disorders.* Nueva York: Guilford.
Robins, L. N., Helzer, J. E., Weissman, M. M., Orvaschel, H., Gruenberg, E., Burke, J. D. y Regier, D. A. (1984). Lifetime prevalence of specific psychiatric disorders in three sites. *Archives of General Psychiatry, 41,* 949-959.
Salkovskis, P. M. (1983). Treatment of an obsessional patient using habituation to audiotaped ruminations. *British Journal of Clinical Psychology, 22,* 311-313.
Salkovskis, P. M. (1985). Obsessional-compulsive problems: A cognitive-behavioral analysis. *Behaviour Research and Therapy, 23,* 571-583.
Salkovskis, P. M. (1989). Cognitive-behavioral factors and the persistence of intrusive thoughts in obsessional problems. *Behaviour Research and Therapy, 27,* 677-682.
Salkovskis, P. M. y Westbrook, D. (1989). Behaviour therapy and obsessional ruminations: Can failure be turned into success? *Behaviour Research and Therapy, 27,* 149-160.
Sanavio, E. (1988). Obsessions and compulsions: The Padua Inventory. *Behaviour Research and Therapy, 26,* 169-177.
Steketee, G. S. (1993). *Treatment of obsessive compulsive disorder.* Nueva York: Guilford.
Turner, S. M. y Beidel, D. C. (1988). *Treating obsessive-compulsive disorder.* Nueva York: Pergamon.
Van Balkom, A. J. L. M., Van Oppen, P., Vermeulen, A. W. A., Nauta, M. M. C, Vorst, H. C. M. y Van Dyck, R. (1994). *A meta-analysis on the treatment of obsessive-compulsive disorder: A comparison of antidepressants, behavior and cognitive therapy.* Manuscrito enviado para publicación.
Van Oppen, P. y Arntz, A. (1994). Cognitive therapy for obsessive-compulsive disorder. *Behaviour Research and Therapy, 32,* 79-87.
Warren, R. y Zgourides, G. D. (1991). *Anxiety disorders: A rational-emotive perspective.* Nueva York: Pergamon.
Weissman, M. M., Bland, R. C., Canino, G. J., Greenwald, S., Hwu, H.-G., Lee, C. K., Newman, S. C., Oakley-Browne, M. A., Rubio-Stipec, M., Wickramarathe, P. J., Wittchen, H. U. y Yeh, E. K. (1994). The cross national epidemiology of obsessive-compulsive disorder. *Journal of Clinical Psychiatry, 55,* 5-10.

LEITURAS PARA APROFUNDAMENTO

Mavissakalian, M., Turner, S. M. y Michelson, L. (dirs.) (1985). *Obsessive-compulsive disorder: Psychological and pharmacological treatment.* Nueva York: Plenum.
Rachman, S. J. y Hodgson, R. J. (1980). *Obsessions and compulsions.* Englewood Cliffs, N.J.: Prentice Hall.

Riggs, D. S. y Foa, E. B. (1993). Obsessive compulsive disorder. En D. H. Barlow (dir.), *Clinical handbook of psychological disorders*. Nueva York: Guilford.

Steketee, G. S. (1993). *Treatment of obsessive compulsive disorder*. Nueva York: Guilford.

Turner, S. M. y Beidel, D. C. (1988). *Treating obsessive-compulsive disorder*. Nueva York: Pergamon.

# TRATAMENTO COGNITIVO-COM-
PORTAMENTAL DO TRANSTORNO
DE ESTRESSE PÓS-TRAUMÁTICO

Capítulo 6

MILLIE C. ASTIN E PATRICIA A. RESICK[1]

I. INTRODUÇÃO

O transtorno de estresse pós-traumático (TEP) descreve um padrão de sintomas que podem desenvolver-se em indivíduos que sofreram estímulos traumáticos estressantes. O TEP foi apresentado como diagnóstico oficial em 1980, com o surgimento do *DSM-III-R* (American Psychiatric Association, 1980), embora muitos dos sintomas do TEP já tivessem sido reconhecidos anteriormente. Os critérios derivaram em grande medida, do estudo de ex-combatentes de guerra, mas, desde então, o TEP tem sido aplicado a uma ampla faixa de grupos com traumas, incluindo as vítimas de estupro, de abuso sexual infantil, abuso físico (incluindo as surras), as vítimas de delitos e os que sofreram desastres naturais ou provocados pelo ser humano.

Para receber um diagnóstico de TEP segundo o *DSM-IV* (APA, 1994), o indivíduo precisa, em primeiro lugar, ter experimentado, sido testemunha ou enfrentado um acontecimento que representasse uma ameaça de morte, uma morte real, uma lesão grave ou uma ameaça à integridade física. Em segundo lugar, a resposta do indivíduo ao acontecimento deve ter incluído um medo intenso, terror ou impossibilidade de defender-se. Deste modo, um evento é definido como traumático quando implica a morte ou uma lesão grave ou a ameaça de morte ou lesão, e o indivíduo experimenta um forte afeto negativo em resposta ao acontecimento. Em versões anteriores do *DSM* (APA, 1980, 1987), um estímulo estressante traumático era definido como um evento que se encontrava fora da faixa da experiência humana habitual e que quase todo o mundo consideraria nitidamente estressante. Infelizmente, isto eliminava tecnicamente experiências traumáticas relativamente comuns como o abuso infantil, a violência entre casal/família e as agressões sexuais devido à sua elevada freqüência. A definição do *DSM-IV* elimina este problema e insiste em que a natureza da ameaça direta ou indireta à vida ou ao bem-estar e a forma como um indivíduo responde a essa ameaça constituem elementos que fazem de um determinado acontecimento um evento traumático. Estas formulações foram obtidas de várias pesquisas que constataram que a experiência da ameaça à vida era um preditor significativo do desenvolvimento de um TEP (Blank, 1993; Davidson e Smith, 1990; Kilpatrick e Resnick, 1993; March, 1993).

Estas manifestações dos sintomas são divididas em três amplas categorias. Estas compreendem lembranças intrusivas, sintomas de evitação e de falta de sensibilidade

---

[1] University of Missouri (EUA).

e hiperexcitação fisiológica. As lembranças intrusivas são consideradas como uma característica do TEP e consistem em reviver o evento traumático, de alguma maneira. As lembranças do trauma podem invadir a consciência repetidas vezes, de repente, sem sinais desencadeadores que as provoquem. Outras lembranças que se têm, em estado de vigília, incluem lembranças retrospectivas *(flashbacks)* ou experiências intensamente vívidas nas quais o mal-estar psicológico e o medo traumático originais são reativados e revividos. As lembranças intrusivas podem ocorrer também durante o estado de sono, sob a forma de pesadelos com conteúdo relacionado à situação traumática. O indivíduo, ao deparar-se com sinais associados ao evento traumático, sejam reais ou simbólicos, pode apresentar intensas reações psicológicas (terror, repugnância, depressão, etc.) e/ou respostas fisiológicas (aumento dos batimentos cardíacos, suor, respiração rápida, etc.). Os sinais, às vezes, são óbvios, como no caso do ex-combatente que se atira ao chão aterrorizado quando ouve o ruído seco do escapamento de um carro, devido à semelhança com um disparo. Entretanto, muitas vezes, a relação entre o trauma e o sinal não é clara à primeira vista. Por exemplo, uma vítima de estupro começou a ter medo do ventilador que se encontrava no teto do seu quarto. Somente quando enfrentou a lembrança do trauma na terapia pôde associar o ventilador à sensação de que alguém que se aproximava dela por trás, como a que havia tido antes do estupro. Em geral, são experimentados como desconfortáveis e intrusivos, já que o indivíduo não tem controle sobre quando ou como ocorrem e provocam as emoções negativas associadas ao trauma inicial (Janoff-Bulman, 1992; Resick e Schnicke, 1992).

A vítima do trauma pode experimentar também um aumento da excitação fisiológica. Isto sugere que o indivíduo está em um contínuo estado de "lutar ou fugir", semelhante ao modo como o corpo do indivíduo respondeu durante o evento traumático real. Neste constante estado de alerta, o indivíduo está preparado para reagir frente a novas ameaças de perigo, inclusive em situações relativamente "seguras". Durante uma crise, isto é adaptativo porque favorece a sobrevivência. Entretanto, como estado constante, a hiperexcitação interfere no funcionamento diário e leva ao esgotamento. Nesta condição, o indivíduo gasta uma grande quantidade de energia vigiando o ambiente em busca de sinais de perigo (hipervigilância). É provável que o sujeito tenha perturbações do sono, uma diminuição da concentração, irritabilidade e uma hiperatividade diante de determinados estímulos (resposta de sobressalto exagerada). Há experimentos que sugerem que esta contínua situação de tensão tem um efeito pernicioso sobre a saúde física global (Kulka et al., 1990).

Os sintomas de evitação e a falta de sensibilidade refletem a tentativa do indivíduo de distanciar-se psicológica e emocionalmente do trauma. Alguns autores sugerem que os sintomas de evitação constituem uma resposta à sintomatologia intrusiva (Creamer, Burgess e Pattison, 1992). Do mesmo modo que as lembranças traumáticas invadem a consciência, também o fazem as emoções negativas associadas ao trauma original. O indivíduo pode evitar os pensamentos e as emoções sobre o trauma, evitar as situações e os acontecimentos que recordem o trauma ou pode esquecer aspectos importantes do mesmo. Da mesma forma, os sintomas de desapego ou falta de sensibilidade constituem uma tentativa de interromper os sentimentos aversivos associados às lembranças intrusivas (Astin et al., 1994; Resick e Schnicke, 1992). Isto pode chegar a generalizar-se, resultando em um desapego de todas as emoções, tanto positivas quanto negativas. As vítimas do trauma afirmam normalmente que já não têm sentimentos intensos ou que se encontram insensíveis. Este tipo de desapego profundo pode interferir consideravelmente na capacidade do indivíduo para relacionar-se com os demais, desfrutar da vida cotidiana, ser produtivo e planejar o futuro. As vítimas de um trauma relatam, com freqüência, estilos de vida muito limitados após a experiência traumática, devido à necessidade de evitar sinais que recordem a situação traumática e as emoções associadas.

Todos estes sintomas precisam ser experimentados durante pelo menos um mês, para que se possa receber o dignóstico de TEP. Uma porcentagem significativa dos que sofreram um trauma apresenta sintomas completos do TEP imediatamente depois do evento traumático. Entretanto, esta porcentagem se reduz quase à metade durante os três meses seguintes ao trauma, tendendo então a estabilizar-se. Por exemplo, quando pessoas que haviam sofrido um estupro foram examinadas um mês, três meses, seis meses e nove meses depois, manifestaram os sintomas de TEP em 94%, 65%, 47% e 42%, respectivamente (Rothbaum e Foa, 1993). Após três meses, a porcentagem de pessoas que manifestavam TEP não diminuiu de modo substancial. Se os sintomas não remitirem dentro deste período de tempo, o TEP costuma persistir e inclusive piorar sem a intervenção apropriada. Vários estudos sobre sujeitos que sofreram um trauma mostram a presença de um TEP diagnosticável muitos anos depois do evento (Kilpatrick et al., 1987; Kulka et al., 1990; Resick, 1996). Numa amostra aleatória nacional (Estados Unidos) de 4.008 mulheres, Resnick et al. (1993) encontraram as seguintes porcentagens de TEP sem remissão: violação completa, 32%; outras agressões sexuais, 31%; agressão física, 39%; homicídio de um familiar ou amigo/a, 22%; ser vítima de outro delito, 26%; trauma não devido a um delito (desastres naturais ou provocados pelo ser humano, acidentes, lesões, etc.), 9%.

Embora tenham sido encontradas altas porcentagens de TEP entre os sujeitos que sofreram um trauma, os indivíduos com TEP têm também um maior risco de desenvolver transtornos como depressão, ansiedade, idéias suicidas e abuso de substâncias psicoativas (Helzer, Robins e McEnvoy, 1987; Kessler et al., 1995; Kilpatrick et al., 1992; Kulka et al., 1990; Resick e Schnicke, 1992). Entretanto, os dados sugerem que pelo menos alguns transtornos comórbidos podem estar diretamente associados à presença do TEP. Encontra-se bem documentado um maior abuso de substâncias psicoativas em sujeitos que sofreram um trauma, que poderia representar outra forma de evitação ou falta de sensibilidade. A pesquisa sobre depressão em pessoas com TEP mostra respostas biofisiológicas diferentes das encontradas em indivíduos somente com depressão. Isto poderia indicar que a depressão que acompanha o TEP tem uma base diferente da depressão não associada ao TEP (Pitman, 1993; Yehuda et al., 1993). Deste modo, embora se possa alegar que os sujeitos que sofreram um trauma precisem ser tratados de outros transtornos distintos do TEP, pode ocorrer também que o tratamento do TEP esteja ligado de modo decisivo ao desaparecimento dos transtornos comórbidos.

Além de transtornos formais, a vítima de um trauma pode desenvolver distorções cognitivas que refletem a grave desorganização ocorrida na visão de mundo da vítima (Janoff-Bullamn, 1992; Resick e Schnicke, 1993). Assim sendo, em resposta ao trauma, pode ser desenvolvida uma extrema culpabilidade, incapacidade para confiar nos outros, medo constante relacionado a segurança pessoal, transtornos nas relações interpessoais e baixa auto-estima. Todos estes fatores são importantes para o desaparecimento dos sintomas do TEP (McCann e Pearlman, 1990).

II. A TEORIA DA APRENDIZAGEM

A maioria dos tratamentos comportamentais e cognitivo-comportamentais do TEP baseiam-se na teoria comportamental da aprendizagem. Seguindo a teoria bifatorial de Mowrer (1947), vários autores sugerem que o TEP pode ser explicado por meio do condicionamento clássico e operante (Becker et al., 1984; Holmes e St. Lawrence, 1983; Keane, Zimering e Caddell, 1985; Kilpatrick, Veronen e Best, 1985; Kilpatrick, Veronen e Resick, 1982). Em primeiro lugar, o condicionamento clássico foi empregado para explicar o desenvolvimento dos sintomas do TEP, especialmente os altos níveis de sintomas de excitação e mal-estar. Nesse modelo, o trauma é o estímulo incondicionado (EI) que provoca um medo extremo, a resposta incondicionada (RI). O trauma (EI) está associado à "lembrança do trauma", que se converte, então, no estímulo condicionado (EC). Assim, cada vez que se lembra do trauma, essa lembrança (EC) provoca um medo extremo que se transforma na resposta condicionada (RC). Então, por meio da generalização do estímulo e do condicionamento de segunda ordem, não só a lembrança do trauma, mas também os sinais associados à lembrança e os sinais neutros evocados por esses estímulos desencadeadores, convertem-se em estímulos condicionados, que provocam um temor extremo (RC). Por exemplo, se, no estacionamento, de um supermercado, uma mulher é seqüestrada sob a ameaça de arma de fogo por um homem com barba, que a introduz num furgão e a abandona num matagal depois de estuprá-la, muitos estímulos, anteriormente neutros, podem transformar-se em estímulos condicionados que provocam ansiedade. Embora a lembrança do seqüestro e do estupro não seja perigosa em si mesma, representa o evento traumático e torna-se um estímulo condicionado que provoca ansiedade quando o trauma é lembrado. Outros estímulos neutros também podem provocar ansiedade, tais como homens com barba, furgões, o campo, os supermercados e estacionamentos (Foa, 1995).

Normalmente, em um modelo de condicionamento clássico, seria de esperar que esta associação entre o EC e a RC se extinguisse com o tempo se não se apresentasse o EI original. Por conseguinte, utiliza-se o condicionamento operante para explicar o desenvolvimento dos sintomas de evitação do TEP e a manutenção desses sintomas ao longo do tempo, mesmo que o EI ou estímulo estressante traumático não volte a ocorrer. Como a lembrança do trauma (EC) provoca uma ansiedade extrema (RC), evita-se a lembrança do trauma (EC) e o resultado é uma redução da ansiedade (RC). Deste modo, a evitação da lembrança do trauma (EC) é reforçada negativamente, o que impede a extinção da associação entre a lembrança do trauma (EC) e a ansiedade (RC). Utilizando o exemplo anterior, a mulher que foi raptada pode ficar muito ansiosa quando pensa no seqüestro e no estupro. Também pode sentir-se muito perturbada cada vez que vê um homem com barba, quando tem de parar num estacionamento ou ir a um supermercado, porque tudo isso lhe traz à mente a lembrança do trauma. Então poderia tratar de evitar, tanto a lembrança do trauma quanto qualquer pessoa ou coisa que lhe trouxesse à mente essa lembrança, tal como homens com barba, supermercados ou estacionamentos. Infelizmente, isto impede que se aprenda que estas situações e inclusive a lembrança do estupro não são realmente perigosas e, então, os sintomas do TEP podem tornar-se crônicos.

II.1. Técnicas para o controle da ansiedade

O treinamento em inoculação de estresse (TIE) é uma técnica cognitivo-comportamental baseada na teoria da aprendizagem e desenvolvida originalmente por Meichenbaum (1974) para o controle da ansiedade. Posteriormente, o TIE foi adaptado para ser empregado em vítimas de estupro em formatos individual e de grupo (Kilpatrick et al., 1982; Resick e Jordan, 1988; Veronen e Kilpatrick, 1983). O objetivo principal do TIE consiste em ajudar os pacientes a compreender e controlar suas reações de temor associadas ao trauma. O protocolo do TIE é composto de três fases: 1) educação, 2) aquisição de habilidades e 3) aplicação. O protocolo dura de 8 a 20 sessões, dependendo das necessidades do paciente, mas todas as versões utilizam basicamente as mesmas técnicas.

As primeiras sessões são dedicadas à fase educativa. Esta inclui a apresentação do tratamento, informações sobre o desenvolvimento das respostas de medo, baseando-se na teoria da aprendizagem e na educação sobre a excitação do sistema nervoso simpático. Ensina-se ao paciente o relaxamento muscular progressivo, pedindo que se pratique na sessão e como tarefa para casa. O terapeuta também ajuda o paciente a identificar os sinais que desencadeiam as reações de medo. Em sessões posteriores, repassa-se esta informação e se oferece outra mais detalhada sobre as respostas específicas de medo tal como se manifestam em três canais: o corpo (as respostas fisiológicas), a mente (as respostas cognitivas) e as ações (as respostas comportamentais). Como tarefa para casa, o paciente tem que praticar o relaxamento muscular progressivo e identificar os sinais que desencadeiam respostas de medo.

Na segunda fase de tratamento, o paciente aprende uma série de habilidades de enfrentamento para controlar as respostas de medo identificadas nos três canais de resposta. Estas incluem normalmente a respiração diafragmática, a parada de pensamento, o ensaio encoberto, o autodiscurso e o desempenho de papéis (Kilpatrick et al., 1982; Resnick e Newton, 1992; Resick e Jordan, 1988). Outras técnicas incluídas em alguns protocolos são a técnica de relaxamento denominada "reflexo tranqüilizante" (*quieting reflex*) (Stroebel, 1983) e as habilidades de solução de problemas (Resick e Jordan, 1988). O relaxamento muscular progressivo e a respiração diafragmática ajudam o paciente a relaxar ao longo de uma série de situações que provocam ansiedade. Isto se baseia na idéia de que a ansiedade e o relaxamento não podem ocorrer ao mesmo tempo. Emprega-se a parada de pensamento (Wolpe, 1958) para controlar pensamentos invasivos ou obsessivos que favoreça a ansiedade. O autodiscurso e a reestruturação cognitiva ajudam o paciente a identificar os padrões de pensamento irracionais, errôneos ou desadaptativos e a substituí-los por cognições mais positivas e adaptativas. As habilidades de solução de problemas ajudam os pacientes a gerar e avaliar opções em potencial. Finalmente, o desempenho de papéis e a modelagem encoberta (na qual o paciente imagina o terapeuta e posteriormente a si mesmo solucionando com sucesso um problema específico) abordam a evitação comportamental. Ambas as técnicas ensinam o paciente a comunicar-se eficazmente e a solucionar os problemas empregando as habilidades sociais apropriadas.

Na terceira fase do tratamento, o paciente aprende a aplicar, passo a passo, estas habilidades de enfrentamento a situações da vida diária que provocam ansiedade. Os passos da inoculação de estresse incluem: 1) avaliar a probabilidade de que ocorra o acontecimento temido; 2) controlar o comportamento de evitação e o reflexo tranqüilizante; 3) controlar a crítica a si mesmo por meio do autodiscurso e da reestruturação cognitiva; 4) manifestar o comportamento temido, utilizando as habilidades de solução de problemas e as habilidades aprendidas por meio do desempenho de papéis e da modelagem encoberta e 5) reforçar a si mesmo por utilizar as habilidades na situação temida. Antes de terminar o tratamento, o terapeuta ajuda o paciente a fazer uma hierarquia de acontecimentos temidos não abordados diretamente na terapia e nos quais continuará empregando as habilidades aprendidas.

Foa et al. (1991) compararam 45 vítimas de estupro, que foram distribuídas aleatoriamente às condições de TIE, exposição prolongada (EP), assessoramento de apoio e controles sem tratamento, e constataram que os pacientes do TIE e da EP melhoraram significativamente em medidas de TEP, de depressão e de ansiedade. Entretanto, as pontuações dos pacientes do TIE foram as que melhoraram mais no pós-tratamento enquanto nos pacientes da EP houve uma tendência das pontuações do TEP melhorar mais em um seguimento após três meses. Contudo, seria conveniente assinalar que os pacientes na condição de TIE não se depararam com as situações temidas, tal como descritas anteriormente, porque o protocolo da EP empregava essa técnica (exposições graduadas *ao vivo*). Porém, quando Foa et al. (1994) compararam o TIE, a EP e a combinação de TIE/EP, os pacientes da EP foram os que melhoraram mais nos sintomas do TEP. Empregando formatos de terapia de grupo, Resick et al. (1988) compararam o TIE, o treinamento assertivo, a psicoterapia de apoio e um grupo de controle sem tratamento. Estes autores constataram que os três tratamentos reduziram significativamente os sintomas do TEP, de depressão, de baixa auto-estima, os medos associados ao estupro e os medos sociais, ao compará-los com os sujeitos do controle, mas em um seguimento de seis meses só foram mantidas as melhoras nos medos associados ao estupro. Em estudos não controlados, o TIE foi eficaz para reduzir os sintomas de ansiedade, medo e depressão associados os TEP em vítimas de estupro (Veronen e Kilpatrick, 1982; Veronen e Kilpatrick, 1983).

O TIE tem sido empregado e estudado principalmente em vítimas de estupro. Constata-se que o *biofeedback* combinado com o relaxamento progressivo reduziu os sintomas em 6 ex-combatentes (Hickling, Sison, Vanderploeg, 1986). Entretanto, não havia um grupo de controle e os médicos enviavam apenas os pacientes que eles acreditavam que fossem beneficiar-se deste tratamento. As técnicas de *biofeedback* foram eficazes também para diminuir os sintomas de taquicardia em vítimas de estupro, mas novamente não foi incluído um grupo de controle (Blanchard e Abel, 1976).

III. A TEORIA DO PROCESSAMENTO EMOCIONAL

Embora a teoria da aprendizagem explique boa parte do desenvolvimento e da manutenção do TEP, não explica os sintomas intrusivos, ou seja, as lembranças recorrentes do trauma, que invadem os pensamentos da vítima em estados conscientes e não conscientes. Alguns autores sugerem que os indivíduos que sofreram estímulos estressantes traumáticos desenvolvem estruturas de medo que contêm lembranças do evento traumático, bem como emoções associadas e planos de fuga. Baseando-se no conceito de Lang (1977) sobre o desenvolvimento da ansiedade, Foa, Steketee e Rothbaum (1989) sugerem que o TEP se manifesta devido ao desenvolvimento de uma estrutura de medo interna que provoca o comportamento de fuga e evitação. Qualquer coisa associada ao trauma poderia evocar o esquema ou estrutura de medo e o posterior comportamento de evitação. Chembot et al. (1988) propõem que estas estruturas são ativadas constantemente em indivíduos com TEP, guiando a interpretação dos acontecimentos como potencialmente perigosos. Segundo a teoria do processamento emocional, a exposição repetida à lembrança traumática num ambiente seguro terá como resultado a habituação ao medo e a mudança posterior da estrutura de medo. À medida que a emoção diminui, os pacientes com TEP começarão a modificar os elementos que têm um significado para eles, mudarão as autoverbalizações e reduzirão a generalização.

III.1. As técnicas de exposição

Têm sido empregadas satisfatoriamente uma série de técnicas comportamentais com diferentes grupos que sofreram trauma, baseando-se na teoria da aprendizagem e na teoria do processamento emocional. Essas técnicas incluem a inundação ou exposição prolongada (denominada também "exposição terapêutica direta") e variantes da dessensibilização sistemática. Todos esses procedimentos compreendem um enfrentamento dos estímulos temidos até que diminuam as respostas de medo condicionadas anteriormente. No caso das vítimas de uma trauma, a lembrança e os sinais associados a ele constituem tais estímulos. A inundação ou exposição prolongada implica exposições repetidas e prolongadas à lembrança do trauma, seja diretamente (conhecido como "inundação ao vivo") ou indiretamente, por meio da imaginação (conhecido como "inundação *in vitro* ou exposição na imaginação"). Por exemplo, a um ex-combatente com um TEP poderiam ser mostrados vídeos de guerra com imagens e sons de combate, poderia dar uma volta de helicóptero, etc. Outra possibilidade poderia ser pedir a um ex-combatente que narrasse uma história de suas experiências de combate e ser exposto a esta história repetidas vezes. A dessensibilização sistemática, desenvolvida originalmente por Wolpe (1958), pode ser realizada também diretamente (ao vivo) ou indiretamente (*in vitro*), mas é uma técnica de exposição mais gradual, na qual é apresentada ao paciente uma série graduada de estímulos provocadores de ansiedade até que se tenha extinguido.

Foa e Kozak (1986) argumentam que as técnicas de exposição baseiam-se nas teorias da aprendizagem e do processamento emocional porque, uma vez que o paciente processa emoções relacionadas ao trauma permitindo que se habituem, ele é capaz também de processar a lembrança traumática que anteriormente havia evitado. Foa et al. (1991) sugerem que, por meio da exposição repetida à lembrança traumática, gera-se um registro da memória mais preciso, permitindo que o paciente reavalie os significados ligados à lembrança do trauma e que os integre mais facilmente aos esquemas cognitivos existentes.

Embora em sua origem tenha sido utilizado amplamente com ex-combatentes, a exposição prolongada (EP) tem sido aplicada mais recentemente a vítimas de estupro e de delitos violentos (Foa et al., 1991). A EP, tal como foi desenvolvida por Foa e colaboradores, é apresentada como um tratamento de 9 a 12 sessões, que incorpora a exposição na imaginação e exposições ao vivo, graduadas (um tipo de dessensibilização sistemática). Os componentes centrais incluem: educação sobre o TEP e explicação fundamentada do tratamento (sessão 1); padronização das reações ao trauma e o desenvolvimento de uma hierarquia de medos para as tarefas de casa de exposição ao vivo (sessão 2); e a exposição repetida aos estímulos temidos durante as sessões de terapia (sessões 3-9). (Podem ser acrescentadas mais sessões de exposição caso o terapeuta considere que são necessárias para um processamento adequado da lembrança do trauma e das emoções associadas).

Durante as sessões de terapia, pede-se para o paciente fechar os olhos e reviver o que lhe aconteceu, relatando os detalhes do estupro como se estivesse ocorrendo no momento. O terapeuta pede à paciente as suas avaliações baseadas na Escala de Unidades Subjetivas de Mal-Estar (*Subjective Units of Distress*, SUDS), várias vezes, durante a exposição na imaginação. Pede-se também para proporcionar o máximo de detalhes possível, incluindo detalhes sensoriais como cheiros, sons, o que disse, etc., bem como as emoções e as sensações físicas vividas. Isto é realizado durante 60 minutos na 3ª sessão e durante cerca de 45 minutos nas sessões posteriores. Normalmente, a história é repetida 2 a 3 vezes em cada sessão, dependendo da duração da narração. As sessões são gravadas em cassetes e a paciente as escuta entre sessões, mantendo um registro dos seus níveis de ansiedade, utilizando as Unidades Subjetivas de Mal-Estar (SUDS). Espera-se que a ansiedade seja elevada durante as exposições iniciais. Com a repetição das exposições em um lugar seguro, a ansiedade diminui. A associação entre a lembrança do trauma (estímulo condicionado) e o medo (resposta condicionada) se rompe.

Como já mencionamos, quando Foa et al. (1991) compararam a EP com o TIE, o assessoramento de apoio e um grupo de controle sem tratamento, em uma mostra de 45 vítimas de estupro, constataram que apenas a EP e o TIE apresentavam uma eficácia significativa para reduzir os sintomas de TEP, de depressão e de ansiedade, comparadas à condição de controle. No pós-tratamento, os pacientes do TIE eram os que mais haviam melhorado, mas em um seguimento de três meses verificou-se que os pacientes da EP tendiam a apresentar menos sintomas de TEP que os demais pacientes. Foa et al. (1991) alegam que isto se deve ao fato de que o TIE proporciona um alívio da ansiedade a curto prazo por meio de seu controle, enquanto a EP poderia proporcionar um alívio a um prazo mais longo porque o processamento cognitivo-emocional que ocorre durante as exposições pode produzir mudanças permanentes nas lembranças traumáticas.

Em um esforço por discriminar os efeitos diferenciais do TIE e da EP, Foa et al. (1994) distribuíram aleatoriamente vítimas de estupro em três condições de tratamento: apenas EP, apenas TIE e um protocolo combinado de EP e TIE. Utilizando uma medida do funcionamento psicológico, constataram uma melhora maior nos pacientes que receberam apenas a EP, comparados aos de TIE exclusivo ou aos da combinação EP e TIE. Também houve melhora de uma faixa maior de sintomas com a EP (gravidade da intrusão, evitação, excitação e depressão) do que com o TIE, que estava associado unicamente a menores níveis de gravidade da evitação. Entretanto, Foa admite que estes resultados podem refletir que, ao combinar o TIE à EP, mas mantendo o tempo total de tratamento equivalente ao de somente TIE e ao de somente EP, poderia ocorrer que o tempo de tratamento dedicado a cada um deles não tivesse sido suficiente para que fossem eficazes. No estudo de um caso que utilizava e ampliava a versão do protocolo do TIE/EP com uma vítima de estupro que tinha uma complicada história traumática prévia, Nishith et al. (1995) constataram diminuições significativas dos sintomas do TEP em todos os níveis, ocorrendo o mesmo com os sintomas dissociativos e de ansiedade, durante o pós-tratamento. Estas melhoras mantiveram em um seguimento de três meses e os sintomas depressivos se reduziram de modo significativo do pós-tratamento até os três meses do seguimento. Para os pacientes muito ansiosos, é possível que o treinamento em habilidades de enfrentamento do TIE não seja suficiente por si só, mas pode ajudar o paciente a controlar a ansiedade a ponto de tolerar o tratamento com EP.

Em um estudo de 24 ex-combatentes da Guerra do Vietnã, Keane et al. (1989) compararam a inundação combinada com o relaxamento frente a controles de lista de espera. Os sujeitos que receberam o tratamento relataram menos depressão, ansiedade, medo, hipocondria e histeria, de modo significativo, tanto no pós-tratamento quanto nas avaliações efetuadas no seguimento de seis meses. As avaliações por parte do terapeuta dos sintomas de intrusão, reações de sobressalto, amnésia, problemas de concentração, impulsividade e irritabilidade foram também significativamente inferiores para o grupo de tratamento, comparado ao grupo de controle.

Em outros experimentos e estudos de caso sem grupos de controle, vários pesquisadores informaram que a inundação era eficaz para reduzir os sintomas em vítimas de agressões físicas e sexuais (Haynes e Mooney, 1975), em sujeitos que haviam sofrido incesto (Rychtarik et al., 1984), em ex-combatentes (Fairbank, Gross e Keane, 1983; Fairbank e Keane, 1982; Johnson, Gilmore e Shenoy, 1982; Keane e Kaloupek, 1982; Schindler, 1980) e em vítimas de acidentes (McCaffrey e Fairbank, 1985).

Constatou-se também que a dessensibilização sistemática ou a exposição ao vivo são eficazes para reduzir os sintomas específicos do TEP, especialmente os sintomas de invasão e de excitação. Peniston (1986) distribuiu aleatoriamente 16 ex-combatentes em dois grupos: um submetido a uma condição de ausência de tratamento e o outro a um protocolo de 48 sessões, durante 4 meses, que utilizava a dessensibilização monitorizam por *biofeedback* EMG. O grupo de tratamento relatou menos tensão muscular, menos pesadelos e lembranças retrospectivas (*flashbacks*), de modo significativo, que o grupo que não recebia tratamento. Em um estudo sem grupo de controle, com 10 ex-combatentes, Bowen e Lambert (1986) constataram também que a dessensibilização sistemática foi eficaz para reduzir os sintomas de excitação. Em outras pesquisas e estudos de caso sem grupo de controle, constatou-se que a dessensibilização sistemática foi eficaz para reduzir os sintomas de medo, ansiedade, depressão e de TEP e para melhorar a adaptação social em vítimas de estupro (Frank e Stewart, 1984; Turner, 1979; Wolff, 1977) e em vítimas de acidentes (Fairbank, DeGood e Jenkins, 1981; Muse, 1986).

IV. A TEORIA DO PROCESSAMENTO DA INFORMAÇÃO

Resick e Schnicke (1992, 1993) sugerem que o efeito pós-traumático não se limita ao medo e que os indivíduos com TEP podem igualmente experimentar outras fortes emoções, tais como vergonha, raiva ou tristeza. Estas emoções surgem não só do trauma, mas também das interpretações que os indivíduos fazem do evento traumático e do papel que desempenharam nele. Embora baseando-se também na teoria da aprendizagem, esses autores propuseram uma teoria mais cognitiva que o TEP, baseada na teoria do processamento da informação. Esta teoria está relacionada com como a informação é codificada, organizada, armazenada e recuperada na memória (Hollon e Garber, 1988). As pessoas desenvolvem esquemas cognitivos ou mapas mais genéricos para ajudarem neste processo. Por conseguinte, as informações, se interpretadas normalmente em termos de esquemas cognitivos. As novas informações, se forem congruentes com as crenças prévias sobre si mesmo ou sobre o mundo, serão assimiladas rapidamente e sem esforço, já que a informação encaixa-se nos esquemas e é necessária pouca atenção para incorporá-la. Por outro lado, quando acontece alguma coisa que é discrepante, os indivíduos têm que reconciliar este acontecimento com suas crenças sobre si mesmos e sobre o mundo. Seus sistemas de crenças ou seus esquemas devem modificar-se ou adaptar-se para incorporar esta nova informação. Entretanto, evita-se freqüentemente este processo devido ao forte afeto associado ao trauma e porque a modificação das crenças pode fazer com que as pessoas sintam-se mais vulneráveis diante de acontecimentos traumáticos futuros. Por exemplo, muitas pessoas acreditam que as coisas ruins acontecem apenas a pessoas más e as coisas boas às pessoas boas. Esta crença precisaria ser modificada depois de algum evento traumático. Porém, mesmo quando as vítimas aceitam que lhes podem acontecer coisas ruins pelas quais não são responsáveis, podem sentir-se mais ansiosas diante da possibilidade de algum mal no futuro. Deste modo, em vez de adaptar suas crenças para incorporar o trauma, as vítimas podem distorcer (assimilar) o trauma para manter intactas suas crenças.

No caso de um afeto intenso, o processamento cognitivo pode não ocorrer, já que as vítimas do trauma evitam tal afeto e, por conseguinte, nunca adaptam a informação, porque nunca se recordam completamente do que aconteceu ou não pensam no que significa (ou seja, não processam o acontecimento). Algumas pessoas acreditam que as emoções constituem um sinal de fraqueza ou que deveriam ser evitadas. Embora as pessoas possam ser capazes de distrair-se ou de desviar-se da experiência afetiva normal, os acontecimentos traumáticos estão associados a uma emoção muito maior que não pode ser totalmente evitada. Pode ser que os indivíduos com TEP tenham que trabalhar duro para interromper sua resposta afetiva. Como as informações sobre o evento traumático foram processadas, categorizadas e adaptadas, as lembranças do trauma continuam surgindo durante o dia como lembranças retrospectivas (*flashbacks*) ou estímulos recordatórios intrusivos, ou durante a noite, sob a forma de pesadelos. Surgem também as respostas emocionais e a excitação, que fazem parte da lembrança do trauma, o que desencadeia um aumento da evitação.

Considerando-se este modelo de processamento da informação, é necessária a expressão afetiva, não para a habituação, mas com a finalidade de que a lembrança do trauma se processe totalmente. Supõe-se que o afeto, uma vez que se tenha tido acesso a ele, desaparecerá rapidamente e pode ser dado início ao trabalho de adaptar as lembranças aos esquemas.

IV.1. A terapia de processamento cognitivo

A terapia de processamento cognitivo (TPC) foi desenvolvida a fim de facilitar a expressão do afeto e a adaptação apropriada do evento traumático aos esquemas mais gerais sobre si mesmo e sobre o mundo (Resick e Schnike, 1993). Desenvolvida originalmente para ser empregada com vítimas de estupro e de delitos, a TPC foi adaptada de técnicas cognitivas básicas propostas por Beck e Emery (1985). Depois de apresentar o componente educativo no qual são descritos os sintomas do TEP e de serem explicados com base na teoria do processamento da informação, pede-se aos pacientes que considerem o que significa para eles o fato de lhes ter ocorrido o evento traumático. Então, mostra-se como identificar a conexão entre acontecimentos, pensamentos e sentimentos. A fase seguinte da terapia consiste na lembrança detalhada do trauma. Nesta terapia particular, pede-se ao paciente para descrever o acontecimento por escrito, incluindo detalhes dos pensamentos, dos sentimentos e das sensações. O paciente lê essa descrição diante do terapeuta e volta a lê-la diariamente. Depois de escrever novamente a descrição, a terapia passa à fase de questionamento cognitivo. O terapeuta ensina o paciente a fazer perguntas sobre suas suposições e autoverbalizações, a fim de começar a refutá-las. Ensina também a utilizar folhas de trabalho para questionar sistematicamente e substituir as crenças e pensamentos desadaptativos.

Resick e Schnike (1992) compararam vítimas de estupro que receberam terapia de processamento cognitivo com uma amostra de lista de espera e constataram que a TPC era muito eficaz. Houve uma diminuição dos sintomas do TEP e da depressão e uma melhora significativa na adaptação social. Seis meses após o tratamento, em nenhuma das mulheres tratadas foi diagnosticado TEP. Nos achados preliminares de um teste com grupo controle, que comparava a TPC e a EP, Resick, Astin e Nishith (1996) constataram que a TPC e a EP são ambas muito eficazes no tratamento do TEP; mas a TPC mostra-se superior na redução dos sintomas de depressão. Em nenhum dos estudos das amostras de comparação, não tratadas, foi relatada melhora. A terapia cognitiva de Beck foi comparada também à dessensibilização sistemática para abordar a depressão em vítimas de estupro (Frank et al., 1988) e não foram observadas diferenças entre tratamentos. Entretanto, não foi incluído grupo de controle. Também não foram avaliados os sintomas do TEP. Resick e Schnike (1993) ressaltaram que um dos motivos pelos quais não foram constatadas diferenças entre tantos estudos sobre comparação de transtornos pode ser o de que quase todos os transtornos incluem, formal ou informalmente, informação corretiva que poderia facilitar o processamento da informação.

A sessão seguinte descreve a terapia com mais detalhes. São utilizados exemplos de vítimas de estupro. Entretanto, a TPC também foi adaptada para uma série de populações que sofreram um evento traumático, incluindo vítimas de delitos, ex-combatentes, vítimas de roubos a banco e vítimas de desastres. Foi desenvolvida uma adaptação para sujeitos que sofreram abusos sexuais na infância (Chard, Weaver e

Resick, 1996), levando a uma melhora signiticativa dos sintomas de TEP, de depressão e de mal-estar geral. Neste momento, estão sendo realizadas pesquisas com grupos de controle dessa adaptação.

IV.1.1. A terapia de processamento cognitivo sessão a sessão

SESSÃO 1

I. Descrição geral do tratamento
II. Educação: o TEP e a manutenção dos sintomas
III. Coleta de informações: os sintomas do TEP e outros relacionados à paciente
IV. Educação: teoria do processamento da informação
V. Coleta de informações: a agressão sexual à paciente
VI. Explicações sobre o tratamento e seus objetivos
VII. Atribuição das tarefas para casa: relatório do impacto

Os principais objetivos da sessão são a educação, a coleta de informações e a formação de uma boa relação terapêutica. Apresenta-se à paciente informações sobre o TEP, sobre a teoria do processamento da informação (incluindo a assimilação e a adaptação), porque o TEP se desenvolve e como se mantém. O terapeuta convida a paciente a descrever os sintomas que são mais problemáticos para ela e insiste que é normal que os indivíduos que sofreram traumas tenham esses sintomas. No contexto desta informação, o terapeuta apresenta uma explicação sobre o tratamento, fornece uma descrição geral dos seus componentes e expõe os principais objetivos do mesmo.

O propósito de tudo, isto é, ajudar à paciente a entender o que o tratamento representará e insistir na importância de aderir a ele. Como o comportamento de evitação é o componente principal do TEP e poderia interferir no tratamento, deve-se deixar a paciente de sobreaviso e estimulá-la a perceber o desejo de faltar às sessões de tratamento ou de não completar as tarefas para casa. Normalmente, por meio da antecipação do comportamento de evitação e da nomeação de qualquer esforço para impedir qualquer coisa como "evitação", consegue-se fazer com que a maioria dos pacientes sigam o protocolo de tratamento. Também é importante levar a paciente a considerar o tratamento como uma colaboração entre ela e o terapeuta e a compreender que o sucesso depende dos esforços de ambos.

O terapeuta também pedirá que a paciente relate brevemente tudo o que lhe aconteceu. A maioria dos nossos pacientes já passaram por uma ampla avaliação, de modo que neste momento não é necessário fazer um aprofundamento, nem considerar os aspectos específicos do trauma ou os sintomas da paciente. Entretanto, ao perguntar sobre o trauma, o terapeuta apresenta o protocolo de tratamento sem fazer avaliações, informando que o centro do mesmo indicará diretamente a experiência traumática.

Isto permite também que o terapeuta e a paciente conheçam-se mutuamente e que aquele comece a antecipar os pontos de bloqueio desta. Ao final da sessão, a paciente é instruída a escrever pelo menos uma página sobre o que significa um trauma para ela, com especial referência às suas crenças sobre si mesma e sobre os outros.

SESSÃO 2

I. Revisão das tarefas para casa: a paciente lê o que escreveu sobre o impacto do evento traumático
II. Identificar os pontos de bloqueio[2]
III. Introduzir a conexão entre os pensamentos e os sentimentos
IV. Introduzir as folhas com o A-B-C
V. Atribuir as tarefas para casa: as folhas com o A-B-C

O objetivo desta sessão é começar a identificar os pontos de bloqueio da paciente. No início, o terapeuta pergunta à paciente como foi escrever o relatório sobre o impacto e o que aprendeu com isso. Isto se processa brevemente e a paciente é elogiada por começar a pensar sobre a experiência traumática. A seguir, pede-se que leia em voz alta o relatório sobre o impacto. A tarefa do terapeuta é escutar os pontos de bloqueio que são evidentes no relatório. Quando a paciente tiver terminado, o terapeuta a ajuda a identificar os pontos de bloqueio e faz breves perguntas sobre eles.

Nesta fase, não se propõem questionamentos. De vez em quando, o terapeuta pode explorar com mais profundidade um ponto de bloqueio para determinar até que ponto uma crença está arraigada. Por exemplo, no caso de uma paciente que afirma que não pode confiar em homem algum, o terapeuta poderia perguntar: "Não existe *nenhum* homem em que você confie? Nem um, pelo menos?". A maioria das pacientes pode pensar em pelo menos um ou dois homens nos quais pode confiar e isso pode ajudar a perceber que esta crença não é absoluta. Outras pacientes podem manter firmemente a posição de que nunca conheceram um homem em que se pudesse confiar. Isto dá ao terapeuta uma idéia do grau de flexibilidade da paciente e do trabalho que lhe resta por fazer. Este processo também dá à paciente a idéia de que existem outras perspectivas.

A maioria das pacientes completam esta tarefa. Entretanto, quando os comportamentos de evitação são poderosos, algumas pacientes podem ir à sessão sem ter realizado suas tarefas para casa. Nestes casos, é essencial que o terapeuta classifique amavelmente este comportamento como "evitação" (seja qual for a desculpa da paciente) e a seguir faça com que a paciente execute a tarefa para casa na própria sessão

---

[2] Os "pontos de bloqueio" ou "pontos de conflito" podem implicar um conflito entre as crenças anteriores da pessoa e o incidente traumático ou ser simplesmente aspectos a respeito dos quais o indivíduo tem problemas para seguir em frente (ou seja, encontra-se "bloqueado" ou "imobilizado").

e lhe atribui novamente a mesma tarefa, o que transmite a mensagem de que esta atividade é importante e de que a evitação não será recompensada.

Depois, introduz-se a conexão entre os pensamentos e os sentimentos. Em outras palavras, o que pensamos afeta o que sentimos e vice-versa. Por exemplo, um estudante é reprovado em um exame. Diz a si mesmo "Sou burro". Este pensamento leva-o a sentimentos de tristeza e de raiva (contra si mesmo). Entretanto, se disser a si mesmo "Você não estudou muito; precisa estudar para o próximo exame", é mais provável que o estudante se sinta menos desconfortável por não ter estudado e se proponha a fazê-lo melhor da próxima vez. Os pensamentos ou autoverbalizações corretos conduzem a sentimentos apropriados enquanto as verbalizações errôneas ou imprecisas geram sentimentos sem validade ou desnecessários. Os pontos de bloqueio constituem uma forma de autoverbalizações imprecisas ou mal-adaptativas que são o resultado de um excesso de adaptação e de uma assimilação errônea. Entender esta conexão é fundamental na hora do tratamento, quando se ensina o paciente a questionar os pontos de bloqueio.

A fim de ensinar a paciente a separar os pensamentos dos sentimentos, são apresentadas as folhas A-B-C (ver Fig. 6.1). A coluna A é para os acontecimentos, a coluna B para os pensamentos e a coluna C para os sentimentos. No exemplo anterior, "Fui reprovado no exame" estaria incluído na coluna A; "Sou burro" na coluna B e "Eu me sinto triste e com raiva" seria colocado na coluna C. Às vezes, colocamos o termo "Eu me sinto..." antes de um pensamento (p. ex., "Eu me sinto burro") e o consideramos como um sentimento, quando é realmente um pensamento ("Sou burro"), o que gera sentimentos (tristeza, raiva, etc.). Então, são apresentadas à paciente quatro emoções básicas: raiva, tristeza, alegria e medo. Cada uma delas pode variar em intensidade e podem misturar-se a outros sentimentos para criar novos. Então, é pedido à paciente que se concentre nestes quatro sentimentos a fim de identificá-los. Como tarefa para casa, a paciente deve preencher pelo menos duas folhas com o A-B-C por dia. Uma deveria girar em torno de um pensamento sobre o estupro e a outra sobre um acontecimento cotidiano, negativo ou positivo. Como a maioria das pessoas considera mais fácil identificar acontecimentos e/ou sentimentos, a paciente é instruída a começar pela coluna A ou C.

SESSÃO 3

I. Rever e esclarecer a tarefa para casa – folhas com o A-B-C
II. Atribuir tarefas para casa: descrição por escrito do estupro; continuar com as folhas A-B-C

A maior parte desta sessão é dedicada a rever as folhas A-B-C com a paciente. O terapeuta se assegura de que os pensamentos e os sentimentos sejam corretamente colocados nas respectivas colunas, que os pensamentos não sejam confundidos com os sentimentos e vice-versa, e que os sentimentos apropriados encontram-se associados

Fig. 6.1. *Folha A-B-C*

Data: _____ Paciente: _____

EVENTO ATIVANTE	CRENÇA	CONSEQÜÊNCIA
A ⟶	⟶ B	⟶ C
"Aconteceu alguma coisa."	"Disse alguma coisa para mim mesmo."	"Senti e fiz alguma coisa."
Alguém no meu andar apagou a luz. Está muito escuro. Comecei a suar e a tremer.	Alguém está na entrada, planejando me atacar.	Assustada, em pânico
	Perdi o controle; deveria controlar-me. Deveria ter imaginado que...	Com raiva (de mim mesma)
Bateram em mim de modo selvagem e me estupraram.	Poderia acontecer (vai acontecer) outra vez. Meus entes queridos e eu nunca estaremos a salvo.	Assustada Com raiva Triste
	Cedo ou tarde alguém vai causar dano a mim ou a minha filha.	

Você acha razoável dizer "B" na situação anterior? _____

O que você pode dizer para si mesma neste tipo de situação, no futuro? _____

aos pensamentos corretos. Em relação a este último aspecto, as pacientes, às vezes, escrevem pensamentos e sentimentos sem indicar quais aparecem juntos. Um pensamento pode gerar um ou vários sentimentos. Do mesmo modo, vários pensamentos podem gerar o mesmo sentimento. Entretanto, quando há vários pensamentos ou sentimentos, o terapeuta deveria tentar encontrar as associações e verificar se existem outros pensamentos ou sentimentos. Isto é importante porque, freqüentemente, existe uma auto-verbalização ou crença mais problemática subjacente à crença que a paciente identificou. Se o pensamento subjacente não for identificado, continuarão sendo gerados os sentimentos associados.

Como tarefa para casa, pede-se à paciente para descrever por escrito o estupro. Deve escrever o que lhe aconteceu com o máximo de detalhes possível, incluindo detalhes sensoriais (o que viu, sentiu, ouviu, os cheiros e gostos que sentiu, etc.) e o que estava pensando e sentindo naquele momento. A paciente recebe instruções para não começar esta tarefa imediatamente à sessão e também não um dia antes do próximo encontro. Se precisar parar por sentir-se aflita com as emoções, deve sublinhar onde parou e retomar mais tarde. Freqüentemente, os pontos nos quais a paciente teve que parar proporcionam indícios importantes sobre os seus pontos de bloqueio. Ela é estimulada a se permitir experimentar os sentimentos à medida que forem surgindo. O terapeuta deveria insistir que é normal surgirem emoções e que constitui uma indicação do processamento emocional. As emoções relacionadas ao trauma necessitam ser processadas e, uma vez que ela comece a fazê-lo, as emoções aumentam de intensidade e a seguir diminuem. É também útil informar à paciente que ela pode experimentar sintomas fisiológicos (p. ex., náuseas, taquicardia, etc.) enquanto estiver escrevendo sobre o estupro e que isto é também uma parte normal do processamento das emoções associadas ao trauma. Ela é instruída a ler sua descrição pelo menos uma vez antes da sessão seguinte. Também se solicita que continue preenchendo as folhas A-B-C, a fim de fortalecer a conexão entre os pensamentos e os sentimentos.

SESSÃO 4

I. Repassar e dar esclarecimentos sobre as folhas A-B-C
II. A paciente lê a descrição do estupro
III. Questionamento dos pontos de bloqueio
IV. Atribuição das tarefas para casa: segunda descrição por escrito do estupro; continuar com as folhas A-B-C

No começo desta sessão, o terapeuta e a paciente repassam as folhas A-B-C e esclarecem qualquer problema que se apresente. A seguir, o centro da atenção volta-se para a descrição por escrito do estupro. O terapeuta pergunta como a paciente experimentou a tarefa, que tipos de emoção sentiu e se houve alguma surpresa. Depois pede para a paciente ler a descrição em voz alta e devagar. Novamente ela é estimulada a se permitir sentir qualquer sentimento que surja durante a leitura da descrição. O propósito desta tarefa é duplo: em primeiro lugar, funciona como um componente de exposição que permite que a paciente processe a lembrança traumática e o afeto associado. Em segundo lugar, proporciona ao terapeuta (e, em última análise, à paciente) informações básicas sobre a seqüência de acontecimentos da experiência traumática e informações adicionais sobre os pontos de bloqueio da paciente. Por exemplo, a descrição contém normalmente informações que indicam que a paciente não causou o trauma, mesmo que ela acredite que tenha feito. O terapeuta utilizará estas informações quando começarem a ser questionados os pontos de bloqueio referentes a colocar a culpa sobre si mesma.

Na sua forma ideal, a descrição do trauma será rica em detalhes e a paciente será capaz de expressar um considerável afeto durante a leitura expositiva. Entretanto, é muito freqüente que os pacientes se contenham na primeira vez que descrevem por escrito o trauma, e o relato resultante pode ser breve ou do tipo do que Resick e Schnike (1992) denominam como versão "registro policial" do trauma, ou seja, os fatos básicos mínimos sem detalhes ou emoções essenciais. Depois da leitura, o terapeuta ajudará a paciente a processar o que acaba de ler, especialmente em termos de afeto. Que tipo de emoções sentiu? Qual era sua intensidade? Sentiu mudanças fisiológicas à medida que lia (aumento de ritmo cardíaco, etc.?) Se pareceu não expressar emoções, o que aconteceu? Com relação ao conteúdo ou à seqüência, houve algumas surpresas? Tudo isto se processa no contexto da explicação do tratamento, ou seja, que as emoções dolorosas associadas à lembrança traumática têm que ser sentidas e é preciso deixar que sigam seu curso a fim de que se rompa a conexão entre a lembrança traumática e as emoções e que estas diminuam de intensidade. Em outras palavras, é normal que a paciente sinta emoções negativas intensas à medida que aborda a lembrança traumática, mas se ela se permitir sentir e processar estes sentimentos, eles diminuirão com o tempo. Deve-se insistir nesta explicação, especialmente se a paciente resiste a sentir os sentimentos associados ao trauma, já que isto é essencial para o processo de recuperação.

Neste ponto, o terapeuta começa a questionar amavelmente os erros de assimilação da paciente (culpar a si mesma, negação e minimização), mas de modo mais sistemático. Isto é realizado normalmente de forma indireta, por meio do questionamento socrático e com o terapeuta demonstrando confusão. Assim, o terapeuta não diz à paciente que ela não tem que se culpar porque não tinha como saber o que ia acontecer, mas poderia pedir à paciente que explicasse porque a culpa foi dela. Por exemplo, o terapeuta poderia dizer: " Não tenho certeza de que entendi bem. Um homem atacou-a com um revólver, mas você disse que o estupro era culpa sua porque você não lutou o suficiente. Conte-me outra vez: o que se supunha que você tinha que fazer e quando teve uma oportunidade de fazer alguma coisa diferente do que fez?" Freqüentemente o terapeuta fará com que a paciente volte à sua descrição e que repasse a seqüência de acontecimentos a fim de encontrar provas de suas afirmações. Neste ponto, a paciente começa a desenvolver um certo conhecimento de que o evento traumático realmente foi um estupro e que não foi causado por ela.

Como tarefa para casa, pede-se que volte a escrever a descrição do estupro. Insiste-se para que acrescente mais detalhes e experiências sensoriais, bem como seus pensamentos e sentimentos, à medida que estiver descrevendo. Como antes, tem que ler esta explicação pelo menos uma vez antes da sessão seguinte, mas seria preferível que o fizesse diariamente. O propósito desta segunda exposição é assegurar-se de que ocorreu um processamento emocional adequado. Do mesmo modo, como ocorreu um certo questionamento formal dos erros de assimilação, a paciente tem agora a oportunidade de começar a desenvolver perspectivas novas, mais exatas, sobre o estupro, à medida que processa a lembrança do trauma. Se o trauma da paciente é composto por múltiplos eventos, o terapeuta poderia pedir também que escrevesse uma descrição de outro evento traumático importante. Novamente, pede-se à paciente para continuar com as folhas A-B-C.

SESSÃO 5

I. Rever e esclarecer as folhas A-B-C
II. A paciente lê a segunda descrição do estupro
III. Questionamento dos pontos de bloqueio
IV. Introduzir as perguntas de questionamento
V. Atribuir as tarefas para casa: perguntas de questionamento

A estrutura e os objetivos desta sessão são semelhantes aos da sessão 4. As folhas com o A-B-C são repassadas brevemente e são dados esclarecimentos, se necessário. O terapeuta e a paciente comentam a experiência da descrição escrita pela segunda vez. Se ela escreveu uma descrição muito detalhada da primeira vez e foi capaz de sentir as emoções associadas, normalmente relatará que não pareceu tão angustiante da segunda vez. Isto se explica no contexto da concepção do tratamento, ou seja, quando a paciente processa de modo adequado suas emoções, que diminuem de intensidade com o tempo. Se da primeira vez a paciente fez uma descrição escrita sem muitos detalhes ou evitou sentir as emoções associadas, muitas vezes relatará que a segunda descrição foi mais difícil de escrever e que se sentiu pior. Isto novamente é explicado em termos do conceito do tratamento, ou seja, da primeira vez ela não estava processando as emoções de modo adequado, mas, agora que não está evitando o processo, estão sendo provocadas as emoções negativas dolorosas, o que é um sinal de processamento. A seguir, a paciente lê a segunda descrição em voz alta e, novamente, é estimulada a experimentar seus sentimentos. Dependendo do grau em que a paciente tenha processado estas emoções ao final desta sessão, o terapeuta pode atribuir-lhe a tarefa de continuar lendo a descrição entre sessões.

A seguir, o terapeuta questiona sistematicamente os pontos de bloqueio, especialmente os erros de assimilação, incluindo o culpar a si mesma. Aqui novamente o terapeuta manifesta confusão sobre como se encaixam de modo lógico o evento real e as crenças da paciente. Normalmente, ao final desta sessão, a paciente obtém uma certa compreensão de que não tem sentido e já não está tão convencida de que suas crenças sobre o estupro estejam corretas.

Neste ponto, o terapeuta introduz a "Folha de perguntas de questionamento", adaptada de Beck e Emery (1985). Estas doze perguntas (ver Tabela 6-1). Foram elaboradas para ajudar a paciente a questionar seus pontos de bloqueio sozinha. O terapeuta explica o que significa cada um deles e propõe o exemplo com um dos pontos. Como tarefa para casa, pede-se que ela utilize as perguntas para questionar dois deles. O terapeuta a ajudará a escolhê-los (normalmente estarão relacionados com jogar a culpa em si mesma), a fim de assegurar-se de que estes pontos de bloqueio foram propostos adequadamente. Geralmente é útil para o terapeuta ajudar a paciente a fazer uma lista por escrito de seus pontos de bloqueio nesta fase. O questionamento de tais pontos e de outros que sejam acrescentados mais tarde será o principal centro de atenção durante o restante do tratamento.

Tabela 6.1. *Folha de perguntas para o questionamento*

A seguir, apresentamos uma lista de perguntas para ajudá-la a questionar suas crenças problemáticas ou mal-adaptativas. Nem todas as perguntas serão apropriadas para a crença que você escolheu questionar. Responda o máximo de perguntas possível a respeito da crença que você escolheu.

Crença: _____

1. Quais são as evidências a favor e contra esta idéia?

2. Você está confundindo um hábito com um fato?

3. Suas interpretações da situação afastam-se demais da realidade para serem precisas?

4. Você pensa em termos de "tudo ou nada"?

5. Você emprega palavras ou frases que são extremas ou exageradas? (p. ex., sempre, nunca, preciso, deveria, tenho que, não posso, etc.)

6. Você está pegando exemplos escolhidos fora de contexto?

7. Você está arrumando desculpas (p. ex., "não é que eu tenha medo, é que não quero sair"; "as pessoas esperam que eu seja perfeita", ou "não quero ligar porque não tenho tempo")?

8. A fonte de informação é confiável?

9. Você está pensando em termos de certezas em vez de em termos de probabilidades?

10. Você confunde uma pequena probabilidade com uma grande?

11. Os seus julgamentos são baseados em sentimentos e não em fatos?

12. Você está se concentrando em fatores irrelevantes?

SESSÃO 6

I. Revisão das tarefas para casa: perguntas de questionamento sobre os pontos de bloqueio
II. Introdução dos padrões errôneos de pensamento
III. Atribuir as tarefas para casa: padrões errôneos de pensamento

A sessão 6 é dedicada a revisar, corrigir e esclarecer o questionamento por parte da paciente dos seus pontos de bloqueio. O terapeuta continua questionando qualquer ponto de bloqueio relativo a culpar a si mesma que ainda estiver presente. Então o terapeuta introduz os "Padrões errôneos de pensamento" (ver Tabela 6.2), adaptados também de Beck e Emery (1985). Os sete padrões se sobrepõem consideravelmente às perguntas de questionamento, mas representam tipos mais globais de erros de pensamento. O terapeuta se detém em cada um deles e dá exemplos de cada tipo de padrão errôneo de pensamento. Como tarefa para casa, pede-se à paciente que reflita que tipo de padrão errôneo de pensamento representa cada um dos seus pontos de bloqueio, que escreva estes pontos, assim como os motivos pelos quais acredita que representam o padrão correspondente.

Tabela 6.2. *Padrões errôneos de pensamento*

A seguir, apresentamos vários tipos de padrões errôneos de pensamento que as pessoas empregam em diferentes situações da vida. Estes padrões muitas vezes se transformam em pensamentos automáticos, habituais, fazendo com que nos comportemos de modo derrotista.

Considerando seus próprios pontos de bloqueio, encontre exemplos para cada um dos padrões. Escreva o ponto de bloqueio sob o padrão apropriado e descreva como se encaixa esse padrão. Pense em como este padrão a afeta.

1. Tirar conclusões quando faltam provas ou estas são até contraditórias.

2. Exagerar ou minimizar o significado de um acontecimento (você "exagera" as coisas ou diminui a sua importância de modo inadequado).

3. Não prestar atenção a aspectos importantes de uma situação.

4. Simplificar demais os acontecimentos ou crenças como bom/mau ou correto/incorreto.

5. Fazer generalizações a partir de um único incidente (você considera um acontecimento negativo como um padrão de derrota irremediável).

6. Ler a mente (supor que as pessoas pensam negativamente sobre você quando não existem provas claras de que isso ocorra).

7. Raciocinar emocionalmente (você raciocina de acordo como se sente).

SESSÃO 7

I. Revisão das tarefas para casa: padrões errôneos de pensamento e pontos de bloqueio
II. Introdução das folhas de trabalho para o questionamento das crenças
III. Introdução dos conceitos de segurança
IV. São atribuídas tarefas para casa: folhas de trabalho para o questionamento das crenças sobre segurança

O terapeuta e a paciente repassam e discutem as tarefas para casa sobre os padrões errôneos de pensamento. Os pontos de bloqueio de algumas pacientes se limitariam apenas a alguns padrões enquanto outras incluiriam a maioria deles. O terapeuta ajuda a paciente a centrar-se nos tipos de padrões errôneos de pensamento que são mais problemáticos para ela e discute de que modo isto a tem impedido de recuperar-se do estupro. O terapeuta continua questionando os pontos de bloqueio. Entretanto, neste momento, as pacientes normalmente são capazes de realizar grande parte do questionamento sozinhas, com a direção do terapeuta.

Nesta fase, o terapeuta introduz as folhas de trabalho para o questionamento das crenças (ver Tabela 6.3). Esta folha de trabalho reúne todas as técnicas que a paciente aprendeu até este momento, incluindo: as folhas A-B-C (colunas A e B); as perguntas de questionamento (coluna C) e os padrões errôneos de pensamento (coluna D). A estas folhas de trabalho foram acrescentadas colunas para ajudar a paciente a substituir os pensamentos automáticos ou pontos de bloqueio por novos pensamentos, mais precisos, baseados nas evidências que a paciente foi capaz de encontrar por meio do processo de questionar cada ponto de bloqueio. O terapeuta explica cada coluna e trabalha com a paciente com a ajuda de um exemplo.

Nas cinco sessões seguintes (sessões 8-12), são explorados os pontos de bloqueio de excesso de ajustamento com respeito aos cinco temas seguintes: *segurança, confiança, poder/controle, estima e intimidade*. Como os temas se encontram entrelaçados, os pacientes, às vezes, pulam de um tema para outro. É preferível seguir a ordem na qual são apresentados, porque cada um deles costuma estar construído sobre o anterior. Geralmente, estes cinco temas são pertinentes para a maioria das vítimas de traumas interpessoais (estupro, violência doméstica, abuso infantil, etc.) e alguns podem ser também importantes para indivíduos com outros tipos de trauma, como a experiência de combate ou desastres naturais. Consideramos que estes temas cobrem a maioria das áreas de perturbação cognitiva para as pessoas estupradas. Entretanto, outras áreas propensas ao excesso de ajustamento podem ser únicas para determinados traumas e o terapeuta deveria considerá-las quando tratar outros tipos de trauma. Por exemplo, é possível que os sujeitos que sofreram abusos sexuais na infância necessitem tratar de questões específicas de desenvolvimento que foram distorcidas como conseqüência do abuso. Assim, uma pessoa poderia adotar a cognição "Relação sexual e amor são a mesma coisa. Só serei amada por meio da relação sexual".

Tratamento cognitivo-comportamental do transtorno de estresse pós-traumático 193

Tabela 6.3. *Folha de trabalho para o questionamento das crenças*

Coluna A	Coluna B	Coluna C	Coluna D	Coluna E	Coluna F
Situação	Pensamentos automáticos	Questionamento dos seus pensamentos automáticos	Padrões errôneos de pensamento	Pensamentos alternativos	Descatastrofização
Descreva o(s) acontecimento(s), pensamento(s) ou crença(s) que a levou à emoção(ões) desagradável(veis)	Escreva o pensamento automático que precedeu a emoção Avalie a crença no(s) pensamento(s) alternativo(s) de 0 a 100%	Utilize a folha com as perguntas para o questionamento examinar seu(s) pensamento(s) automático(s) da Coluna B	Utilize a folha dos padrões errôneos de pensamento para examinar seu(s) pensamento(s) automático(s) da Coluna B	O que mais poderia dizer além do que está na Coluna B? De que outro modo posso interpretar o acontecimento em vez de fazê-lo como na Coluna B? Avalie a crença no(s) pensamento(s) alternativo(s) de 0 a 100%	De modo realista, que é o pior que poderia acontecer? As pessoas continuarão pensando que podem me fazer mal durante a vida inteira
Percebo que me fizeram mal	Alguma coisa tem que funcionar mal em mim de modo que ele pudesse pensar em estuprar justamente eu 60%	Existem poucas evidências reais, exceto o modo como me sinto comigo, "permitindo" ser traída e engajada por pensar que ele não me faria mal Confundir um hábito de pensar sobre mim mesma com ser ferida devido ao que outras pessoas fizeram na minha vida. A realidade demonstra que não tem nada a ver com alguma coisa da minha pessoa com ter sido estuprada Minha opinião é baseada em sentimentos, o que constitui uma fonte pouco confiável	Tirando conclusões: – Os homens estupram por motivos que têm a ver com eles mesmos, não com as mulheres Exagerando um acontecimento – o ocorrido indica que ele foi violento, não que haja alguma coisa errada comigo	Não fui estuprada porque havia alguma coisa errada comigo, mas sim porque havia alguma coisa errada com ele 75%	Mesmo se fosse assim, o que eu poderia fazer? Só podem fazer isso se eu permitir
Emoções Especificar: triste, com raiva, etc. e avaliar o grau em que sente cada emoção de 0 a 100%. Triste – 75% Assustada – 50%					*Resultado* Avalie novamente a crença no(s) pensamento(s) automático(s) na Coluna B de 0 a 100% 30% Especifique e avalie a(s) emoção(ões) posterior(es) de 0 a 100% Triste – 25% Assustada – 25%

Na última parte desta sessão, o terapeuta introduz temas sobre segurança. A paciente recebe um folheto sobre os pontos de bloqueio habituais que se desenvolvem sobre a sua segurança e a dos outros, depois de um estupro. Recebe também uma amostra da folha de trabalho para o questionamento das crenças, que ilustra como poderia ser questionado um ponto de bloqueio sobre a segurança. O terapeuta repassa o material com a paciente. A sua segurança tem a ver com o que a paciente pensa sobre sua capacidade de conseguir manter-se a salvo. A segurança dos outros refere-se às crenças da paciente sobre a segurança ou a periculosidade dos outros. Se a paciente tinha pensamentos positivos gerais sobre ambos os tipos de segurança antes do estupro, estes pensamentos poderiam ter sofrido perturbações e a paciente poderia supor que nunca vai estar a salvo, seja devido à sua própria incapacidade para conseguir um ambiente seguro ou pela capacidade de outros indivíduos perigosos de invadir sua vida. Se seus pontos de vista anteriores ao estupro eram negativos de modo pouco realista, o estupro poderia confirmar estas crenças. O terapeuta ajuda a paciente a estabelecer se suas crenças sobre a segurança eram positivas ou negativas antes do estupro e que pontos de bloqueio sobre a segurança são mais importantes para ela. Como tarefa para casa, é solicitada a preencher pelo menos duas folhas de trabalho para o questionamento das crenças, uma das quais deve ser um tema sobre segurança. Muitas vezes, é útil fazer com que a paciente preencha uma folha de trabalho sobre um dos mais importantes pontos de bloqueio relativos a culpar a si mesma que ela questionou previamente, de modo que tenha uma folha de trabalho completa que inclua pensamentos alternativos.

SESSÃO 8

I. Revisão e emprego das folhas de trabalho para o questionamento das crenças sobre segurança
II. Revisão de outras folhas de trabalho para o questionamento das crenças, de acordo com a necessidade
III. São introduzidas as questões de confiança
IV. Prescrevem-se as tarefas para casa: folhas de trabalho para o questionamento das crenças sobre confiança

Nesta reunião, o terapeuta e a paciente repassam as folhas de trabalho para o questionamento das crenças que a paciente preencheu sobre os pontos de bloqueio referentes à segurança (e qualquer outra folha de trabalho, como a que trata do culpar a si mesma). O terapeuta e a paciente revisam as folhas de trabalho juntos. O trabalho do terapeuta consiste em assegurar-se de que a paciente identificou adequadamente as emoções e os pontos de bloqueio e que questionou apropriadamente o ponto de bloqueio, empregando as perguntas de questionamento e os padrões errôneos de pensamento. O terapeuta pode acrescentar mais material para estimular o questionamento do ponto de bloqueio que a paciente pode não ter levado em consideração. Algumas pacientes têm dificuldades para provocar afirmações alternativas. O terapeuta e a paciente examinarão as afirmações alternativas desta para assegurar-se de que são realistas e precisas. Por exemplo, uma paciente cujo ponto de bloqueio é "Todas as pessoas são perigosas" poderia desenvolver uma afirmação alternativa totalmente oposta: "Não há razão para pensar que os outros são perigosos". Esta afirmação alternativa não reflete a realidade de que há algumas pessoas que são perigosas ou que não levam em conta os interesses dela. Por conseguinte, o terapeuta ajudaria a paciente a incorporar esta realidade e a desenvolver outra afirmação alternativa. Por exemplo, "Há muitas pessoas com as quais se está seguro (e posso pensar em exemplos específicos deste tipo de pessoa) e outras que são perigosas. É correto adotar uma posição neutra e observar as evidências do perigosa que cada pessoa oferece".

Na última parte da sessão, o terapeuta introduz questões sobre confiança. A paciente recebe um folheto sobre pontos de bloqueio habituais que se desenvolvem em torno da confiança em si mesma e nos outros depois de um estupro e uma amostra da folha de trabalho para o questionamento das crenças que ilustra como poderia ser questionado um ponto de bloqueio sobre a confiança. O terapeuta a repassa com a paciente. Confiar nos demais tem a ver com o grau em que se pode confiar neles. Confiar em si mesmo refere-se ao grau em que a paciente confia em seu próprio julgamento. Se a paciente tinha pensamentos positivos gerais sobre ambos os tipos de confiança antes do estupro, estes pensamentos podem ter se perturbado e a paciente pode supor que não se pode confiar em ninguém ou que não pode confiar no seu próprio julgamento. Se seus pontos de vista anteriores ao estupro eram negativos de modo pouco realista, pode parecer que o estupro confirmaria essas crenças. O terapeuta a ajuda a estabelecer se suas crenças acerca da confiança eram positivas ou negativas antes do estupro e que pontos de bloqueio sobre a confiabilidade são os mais importantes para ela. Como tarefa para casa, solicita-se que preencha pelo menos duas folhas de trabalho para o questionamento das crenças, uma das quais deveria ser sobre um tema de confiança.

SESSÃO 9

I. Revisão e emprego das folhas de trabalho para o questionamento das crenças sobre confiança
II. Revisão de outras folhas de trabalho para o questionamento das crenças, conforme se fizer necessário
III. São introduzidas os temas de poder/controle
IV. Prescrevem-se tarefas para casa: folhas de trabalho para o questionamento das crenças sobre poder/controle

O terapeuta e a paciente repassam as folhas de trabalho para o questionamento das crenças que a paciente preencheu sobre pontos de bloqueio relativos à confiança. Neste ponto, a paciente normalmente é capaz de questionar os pontos de bloqueio sozinha e pode ser que necessite apenas de pequenas ajudas e retoques por parte do terapeuta. Conceitua-se que a confiança existe sobre um *continuum*. Em outras palavras, pode-se confiar totalmente em algumas pessoas, em outras pode-se confiar em algumas coisas, mas não em outras e, em alguns indivíduos, não se pode confiar de modo algum. A fim de descobrir as diferenças, estimula-se a paciente a adotar uma posição neutra em relação aos outros, nem confiando nem deixando de confiar, mas esperando evidências que sugiram que é apropriado confiar nesse indivíduo.

Na última parte desta sessão, o terapeuta introduz os temas de poder e controle. A paciente recebe um folheto sobre pontos de bloqueio habituais que se desenvolvem em torno dos temas de poder e controle. Novamente, proporciona-se à paciente uma amostra da folha de trabalho para o questionamento das crenças que ilustra como podem ser questionados os temas de poder e controle. O terapeuta repassa com a paciente. Os temas de poder e controle com respeito a si mesma e aos outros está relacionado com a percepção de não ter poder ou controle enquanto outros têm. Se a paciente tinha crenças positivas sobre o poder e o controle antes do estupro, estas crenças podem ter sido destruídas e a paciente pode responder a estes pontos de bloqueio tornando-se claramente passiva e preparando-se para ser novamente uma vítima. Uma posição alternativa seria tratar de controlar todas as facetas da sua vida que pudessem interferir nas relações interpessoais. Se seus pontos de vista antes do estupro eram negativos de modo pouco realista, pode parecer que o estupro confirme suas crenças. O terapeuta ajuda-a a estabelecer se suas crenças sobre o poder e o controle eram positivas ou negativas antes do estupro e que pontos de bloqueio são mais importantes para ela. Como tarefa para casa, ela deve preencher pelo menos duas folhas de trabalho para o questionamento das crenças, uma das quais deveria ser o poder e o controle.

SESSÃO 10

I. Revisão e emprego das folhas de trabalho para o questionamento das crenças sobre poder e controle
II. Revisão de outras folhas de trabalho para o questionamento das crenças, de acordo com a necessidade
III. Introduz-se o tema da auto-estima
IV. Faz-se com que a paciente preencha a folha para a identificação de suposições comuns
V. Atribuição de tarefas para casa

O terapeuta e a paciente repassam as folhas de trabalho para o questionamento das crenças que a paciente preencheu sobre pontos de bloqueio relativos ao poder e ao controle. Uma questão relevante para muitas pacientes, dependendo da cultura e do ambiente familiar em que foram educadas, é se as emoções são permissíveis e se as emoções têm que ser controladas o tempo todo. Isto normalmente se evidencia pela maneira como a paciente respondeu à incitação do terapeuta a experimentar os sentimentos nas primeiras sessões e talvez seja necessário abordar isso nesta sessão como um ponto de bloqueio relacionado ao poder/controle. As pacientes, muitas vezes, mantêm crenças dicotômicas com respeito ao controle (p. ex., "Se eu não tenho o controle total, então perdi totalmente o controle"). Poderia também ficar claro para as pacientes que, embora não tivessem controle sobre a experiência traumática, isso não significa que não tenham controle sobre os acontecimentos de suas vidas.

Na última parte desta sessão, o terapeuta introduz os temas da estima. A paciente recebe um folheto sobre os pontos habituais de bloqueio que se desenvolvem sobre a estima. Entrega-se à paciente uma amostra de uma folha de trabalho para o questionamento das crenças que ilustre como poderia ser questionado um tema de estima. O terapeuta o repassa com a paciente.

Os temas de auto-estima relacionam-se com as percepções de si mesma como válidas e boas. A estima para com os outros tem a ver com as percepções da paciente de que os demais têm valor e são bons ou são maus e sem valor. Se a paciente mantinha crenças positivas sobre si mesma e os outros antes do estupro, essas crenças podem ter sido destruídas. Se seus pontos de vista antes do estupro eram negativos de modo pouco realista, pode ser que o estupro confirme essas crenças. O terapeuta ajuda-a a estabelecer se suas crenças sobre estima eram positivas ou negativas antes do estupro e quais os pontos de bloqueio são mais relevantes para ela. Além disso, apresenta-se a folha para a identificação de suposições comuns (ver Tabela 6.4) e pede-se que indique as que percebe que são verdadeiras. Isto pode ajudá-la a esclarecer que áreas de controle e auto-estima são problemáticas. Com relação às tarefas para casa, atribui-se o trabalho de preencher pelo menos duas folhas de trabalho para questionamento das crenças, uma das quais deve ser um tema de estima. Também se atribui a tarefa de fazer e aceitar elogios diariamente e fazer alguma coisa agradável para si mesma todos os dias, sem ter feito nada de especial que o justifique e escrever tudo isso. Os últimos exercícios procuram ajudá-la a voltar a envolver-se com as pessoas e estimulam a auto-estima.

SESSÃO 11

I. Revisão e emprego das folhas de trabalho para o questionamento das crenças sobre a estima
II. Revisão de outras folhas de trabalho para o questionamento das crenças, conforme se fizer necessário
III. Introdução dos temas da intimidade
IV. São atribuídas tarefas para casa: folhas de trabalho para o questionamento das crenças sobre a intimidade; segundo relatório sobre o impacto do evento traumático

O terapeuta e a paciente repassam as folhas de trabalho para o questionamento das crenças que a paciente preencheu sobre os pontos de bloqueio referentes ao tema. Qualquer outro tema referente a jogar a culpa em si mesma pode necessitar ser abordado em relação à auto-estima. O terapeuta e a paciente discutem sobre outras tarefas para casa (aceitar elogios e fazer coisas agradáveis para si mesma) e sua conexão com a auto-estima. Por exemplo, sentir-se desconfortável ou desconfiada quando lhe fazem um elogio ou sentir-se culpada quando realiza coisas agradáveis

Tabela 6.4. *Identificação das suposições*

A seguir, são descritas uma série de crenças que algumas pessoas mantêm. Por favor, faça um círculo em torno do número que se encontra à esquerda das crenças que *são verdadeiras para você*.

A. *Aceitação*
   1. Tenho que ser cuidado/a por alguém que goste de mim
   2. Necessito que me compreendam
   3. Não podem me deixar sozinho/a
   4. Não valho nada a menos que gostem de mim
   5. Ser rejeitado/a é a pior coisa que pode me acontecer
   6. Não suporto que os outros fiquem furiosos comigo
   7. Tenho que ser simpática com os outros
   8. Não posso suportar ficar separado/a dos demais
   9. As críticas significam uma rejeição pessoal
   10. Não sou capaz de ficar sozinho/a

B. *Competência*
   1. Eu sou o que eu faço
   2. Tenho que ser alguém importante
   3. O sucesso é tudo
   4. Na vida existem ganhadores e perdedores
   5. Se não estou por cima, sou um fracasso
   6. Se diminuir meus esforços, vou fracassar
   7. Tenho que ser o/a melhor naquilo que faço
   8. O sucesso dos outros diminui o meu
   9. Se cometer um erro, vou fracassar
   10. O fracasso é o fim do mundo

C. *Controle*
   1. Tenho que ser meu próprio chefe
   2. Sou o/a único/a que pode resolver meus problemas
   3. Não posso suportar que os outros me digam o que tenho que fazer
   4. Não sou capaz de pedir ajuda
   5. Os outros sempre tentam me controlar
   6. Tenho que ser perfeito/a para ter controle
   7. Ou tenho tudo sob controle o estou totalmente fora de controle
   8. Não posso suportar estar fora de controle
   9. As regras e as normas me aprisionam
   10. Se permitir que alguém consiga conhecer-me demais, esta pessoa vai me controlar

para si mesma sugere um ponto de bloqueio subjacente referente à auto-estima, p. ex., "Não vale a pena fazer isto para mim mesma".

Na última parte desta sessão, o terapeuta introduz os temas referentes à intimidade. A paciente recebe um folheto sobre os habituais pontos de bloqueio que se desenvolvem sobre a intimidade. O terapeuta fornece uma amostra da folha para o questionamento das crenças que ilustra como se poderia questionar um tema de intimidade. O terapeuta repassa com a paciente.

Os temas sobre intimidade em relação aos outros têm a ver com as percepções da paciente sobre o que significa ter intimidade com os outros. Os temas de intimidade com si mesma relacionam-se com a capacidade para utilizar recursos internos, a fim de acalmar a si mesma quando se sente mal. Se a paciente mantinha crenças positivas sobre relacionar-se com os demais e sobre sua própria capacidade para proporcionar tranqüilidade a si mesma antes do estupro, estas crenças podem ter sofrido alterações. Se seus pontos de vista antes do estupro eram negativos de modo pouco realista, o estupro poderia confirmar estas crenças. O terapeuta a ajuda a estabelecer se suas crenças sobre a intimidade eram positivas ou negativas antes do estupro e que pontos de bloqueio eram os mais relevantes.

Como tarefa para casa, solicita-se que preencha pelo menos duas folhas de trabalho para o questionamento das crenças, uma das quais deveria ser sobre um tema ligado à intimidade. Pede-se que continue fazendo e aceitando elogios diariamente e que faça uma coisa agradável para si mesma todos os dias, sem ter que fazer nada de especial para merecê-la. Pede-se também que escreva um segundo relatório sobre o impacto do evento traumático no qual expressa o que significa para ela, neste momento, o fato de ter sido estuprada. Como anteriormente, pede-se que escreva como foi afetada sua visão de si mesma, dos outros e do mundo e como afetou as cinco áreas-objetivo do tratamento: segurança, confiança, poder/controle, estima e intimidade.

SESSÃO 12

I. Revisão e emprego das folhas de trabalho para o questionamento das crenças sobre a intimidade
II. Revisão de outras folhas de trabalho para o questionamento das crenças, conforme se fizer necessário
III. O segundo relatório sobre o impacto do evento traumático é lido e revisado
IV. São repassados os ganhos obtidos e os objetivos futuros. Término da terapia

O terapeuta e a paciente repassam as folhas de trabalho para o questionamento das crenças que a paciente completou sobre os pontos de bloqueio referentes à intimidade. A seguir, pede-se que leia sua nova opinião sobre o que significa para ela ter sido estuprada. Depois o terapeuta e a paciente discutem sobre como mudaram os pontos de vista sobre si mesma, sobre os outros e sobre o mundo durante o curso do tratamento. Neste ponto, o terapeuta pode ler o primeiro relatório da paciente sobre o impacto do evento traumático (da sessão 2), compará-lo e contrastá-lo com ela. (Caso haja pouco tempo, o terapeuta pode preferir entregar o primeiro relatório para a paciente e ressaltar as diferenças.) O propósito é ajudá-la a ver os ganhos e as mudanças conseguidas durante o curso da terapia, identificar áreas ou pontos de bloqueio que continuam tendo que ser trabalhados e lidar com aspectos do fim da terapia. A terapia é proposta como o começo do caminho para a recuperação, proporcionando um conjunto de ferramentas e habilidades com as quais abordar os pontos de bloqueio que ainda restam. É dada retroalimentação sobre as pontuações das medidas de autorelatório em TEP e depressão. Lembra-se que a recuperação é um processo e que não é raro que alguns sintomas aumentem e diminuam ao longo do tempo, especialmente quando a paciente se depara com estímulos estressantes ou experiências que lhe recordam o trauma. Se as lembranças intrusivas retornarem, constitui um sinal de que necessita de um pouco mais de tratamento e ela é estimulada a não evitá-las e, sim, a se permitir pensar sobre o estupro e sentir os sentimentos associados. Se a paciente faz isto e continua identificando pontos de bloqueio e questionando-os quando for necessário, os sintomas continuarão diminuindo cada vez mais com o passar do tempo.

V. O REPROCESSAMENTO E A DESSENSIBILIZAÇÃO POR MEIO DE MOVIMENTOS OCULARES

A terapia de reprocessamento e dessensibilização por meio de movimentos oculares (*Eye Movement Desensitization and Reprocessing therapy*, *EMDR*) é a técnica mais recente com aplicação ao TEP. Desenvolvida originalmente por Shapiro (1995), a *EMDR* não é baseada em achados teóricos ou empíricos da literatura de pesquisa, mas na observação casual de que os pensamentos problemáticos da autora eram solucionados quando seus olhos seguiam o movimento compassado das folhas durante um passeio pelo parque. Shapiro desenvolveu a *EMDR* com base nessa observação, afirmando que os movimentos oculares laterais facilitavam a iniciação do processamento cognitivo do trauma por parte do paciente. Posteriormente, a *EMDR* foi conceitualizada como um tratamento cognitivo-comportamental voltado a facilitar o processamento da informação dos eventos traumáticos e a reestruturação cognitiva dos pensamentos negativos relacionados ao trauma.

A *EMDR* é descrita como um tratamento de oito fases que inclui: anamnese, preparação do paciente, avaliação do problema, dessensibilização, instalação, exploração corporal, conclusão e reavaliação dos efeitos do tratamento. No protocolo básico da *EMDR*, pede-se à paciente que identifique e concentre a atenção na lembrança ou imagem traumática (fase de avaliação do problema). A seguir, o terapeuta provoca a expressão de cognições ou crenças negativas sobre a lembrança. Então pede-se à paciente que atribua uma avaliação à lembrança e às cognições negativas com base em uma escala SUDS de 11 pontos (0 = nada de ansiedade; 10 = a maior ansiedade possível) e que situe a localização física da ansiedade. Posteriormente, o terapeuta provoca cognições positivas no paciente que se associarão à lembrança. Esta será avaliada com base em uma escala para a validade das cognições (*Validity of Cognitions Scale, VOC*; Shapiro, 1989) de 7 pontos, na qual 1 = totalmente falso e 7 = totalmente verdadeiro. Uma vez que o terapeuta tenha instruído o paciente no procedimento básico da *EMDR*, pede ao paciente que faça quatro coisas simultaneamente (fase de dessensibilização): i) visualizar a lembrança; ii) ensaiar as cognições negativas; iii) concentrar-se na sensação física da ansiedade e iv) seguir visualmente o dedo indicador do terapeuta. Enquanto o paciente faz isso, o terapeuta movimenta rapidamente o dedo indicador num movimento de vaivém da direita para a esquerda, a uns 30-35 cm do rosto do paciente, com dois desses movimentos por segundo. Isto se repete 24 vezes. Então pede ao paciente para deixar a mente em branco e inspirar profundamente. Posteriormente este volta a trazer a lembrança e as cognições e atribui um valor SUDS. Os grupos de movimentos oculares são repetidos até que o valor SUDS seja igual a 0 ou 1. Neste ponto, pergunta-se ao paciente como se sente a respeito das cognições positivas e se dá uma avaliação *VoC* (fase de instalação).

A *EMDR* provoca controvérsias por vários motivos, incluindo a falta de fundamentos teóricos e a carência de dados empíricos com uma metodologia sólida. Em seu próprio estudo com grupos de controle, Shapiro (1989) informou que foram tratados com sucesso 22 ex-combatentes com TEP, empregando uma sessão de 90 minutos de *EMDR*. Infelizmente, esta sessão foi baseada em avaliações muito subjetivas de SUDS e *VoC*, em vez de fazê-lo com medidas objetivas e padronizadas. Embora haja uma série de estudos de caso, estudos sem grupo controle e haja dados informais que indicam um melhora dos sintomas do TEP utilizando a *EMDR* (Kleinknecht e Morgan, 1992; Lazrgrove et al., 1995; Lipke e Botkin, 1992; Marquis, 1991; McCann, 1992; Puk, 1991; Spector e Huthwaite, 1993; Wolpe e Abrams, 1991), só recentemente começaram a surgir na literatura estudos empíricos com grupos de comparação adequados.

Vários destes estudos encontraram reduções significativas dos sintomas do TEP e da sintomatologia associada, como a depressão ou a ansiedade, em sujeitos que receberam *EMDR* em comparação com sujeitos do controle sem tratamento (Rothbaum, 1995; Wilson, Becker e Tinker, 1995a). Outros autores constataram melhoras significativas em sujeitos que receberam EMDR, mas não observaram diferenças ao compará-lo com outros tratamentos para o TEP (Boudewyns et al., 1995; Carlson et al., 1995; Vaughan et al., 1994). Infelizmente, a maioria destes estudos têm graves falhas metodológicas, como: a inclusão de estímulos estressantes que não se enquadram na definição do critério A do *DSM-IV* (APA, 1994) de um estímulo estressante traumático (Wilson et al., 1995a); a inclusão de um número significativo de sujeitos que não se enquadram nos critérios diagnósticos para o TEP (Vaughan et al., 1994; Wilson et al., 1995a); e amostras extremamente pequenas (menos de 5 por célula) (Carlson et al., 1995; Rothbaun, 1995; Vaughan et al., 1994).

Entretanto, em uma amostra de 61 ex-combatentes, na qual todos se enquadravam nos critérios diagnósticos para o TEP, Boudewyns et al. (1995) constataram que a *EMDR* era tão eficaz quanto a exposição prolongada para reduzir os sintomas do TEP, a depressão, a ansiedade e os batimentos cardíacos. Neste estudo, os sujeitos foram distribuídos aleatoriamente em três grupos. Os três grupos receberam o tratamento padrão, composto por oito sessões de terapia de grupo e algumas poucas sessões individuais não programadas. Um grupo recebeu somente este tratamento padrão. O segundo e o terceiro grupos receberam também 5-8 sessões de *EMDR* ou 5-8 sessões de exposição prolongada. Os três grupos melhoraram significativamente os sintomas do TEP. O grupo que recebeu somente terapia de grupo não melhorou em depressão e mostrou aumento da ansiedade e da taxa cardíaca enquanto os outros melhoraram em todas as medidas.

Dois estudos obtiveram resultados negativos ou confusos para a *EMDR*. O estudo de Pitman et al. (1993) com 17 ex-combatentes comparou 12 sessões de *EMDR* com um procedimento de fixar os olhos, no qual o terapeuta dava um pequeno golpe alternando em cada perna do sujeito. O grupo *EMDR* relatou uma melhora significativamente maior em medidas de mal-estar subjetivo, medidas de auto-relato de intrusão e de evitação do TEP e sintomas psiquiátricos. Entretanto, não foram observados efeitos em outros auto-relatórios e entrevistas estruturadas do TEP. Jensen (1994) comparou 2 sessões de *EMDR* com a falta de tratamento, em 25 ex-combatentes, e não constatou melhora em qualquer dos grupos em medidas padronizadas do TEP. Em ambos os estudos, mostrou-se preocupação pela experiência dos terapeutas com a *EMDR*.

Embora Shapiro sustente que os movimentos osculares laterais constituam um componente terapêutico essencial da *EMDR*, pesquisas realizadas neste sentido chegaram a resultados contraditórios. Renfrey e Spates (1994) trataram uma amostra de 23 vítimas de traumas heterogêneos com a *EMDR* padrão, com uma variante na qual os movimentos oculares sacádicos eram produzidos por meio de uma tarefa de acompanhamento de uma luz, ou com outra variante, na qual não eram induzidos movimentos oculares sacádicos e os sujeitos eram instruídos a fixarem sua atenção visual. Os três grupos melhoraram significativamente em medidas do TEP, de depressão, de ansiedade, de taxa cardíaca, nas pontuações SUDS e nas *VoC* no pós-tratamento e em um seguimento que ocorreu 1-3 meses depois. Não foram encontradas diferenças entre os tratamentos. Ao contrário, em uma amosta de 18 vítimas de traumas diversos, Wilson, Silver, Covi e Foster (1995b) constataram uma melhora significativa em sujeitos que receberam *EMDR*, mas não em sujeitos que foram instruídos a fixar sua atenção visual ou em sujeitos que davam batidinhas alternadas com os polegares direito e esquerdo, seguindo um metrônomo. Foram utilizadas medidas fisiológicas, SUDS e *VoC* para avaliar os resultados, mas não medidas padronizadas do mal-estar. Pitman et al. (1993), como foi mencionado anteriormente, obtiveram resultados confusos.

Não fica claro, portanto, se os movimentos oculares laterais constituem um componente essencial da *EMDR* ou não. A *EMDR* força o paciente a pensar sobre o trauma, a identificar as cognições negativas associadas ao trauma e a trabalhar no caminho das cognições positivas, à medida que processam as lembranças traumáticas. Sem os movimentos oculares sacádicos, a *EMDR* é muito semelhante a um modo de terapia de processamento da informação que facilita o processamento da lembrança traumática. Por conseguinte, qualquer eficácia demonstrada pela *EMDR* pode ser mais atribuível à implicação da lembrança traumática e à facilitação do processamento da informação que aos movimentos oculares.

VI. DIRETRIZES FUTURAS

Desde a introdução do TEP como diagnóstico formal em 1980, muito se tem aprendido sobre a etiologia e o tratamento do TEP em indivíduos traumatizados. Foram desenvolvidos pelo menos 3-4 tipos de tratamentos cognitivo-comportamentais que tem se mostrado eficazes no tratamento dos sintomas do TEP. Entretanto, nenhum tratamento até o momento tem se mostrado mais eficaz que os demais. Isto pode ser resultado da pequena magnitude do efeito e do uso de amostras relativamente pequenas em estudos comparativos complexos, ou simplesmente pode significar que cada um dos tratamentos tem a mesma eficácia. Outra explicação é que isto pode refletir uma sobreposição dos tratamentos. Cada um dos que foram anteriormente revisados é realmente um pacote de tratamento que consta de vários componentes, alguns dos quais são semelhantes nos distintos tratamentos. Em outras palavras, devido a todos os tratamentos poderem incluir estes elementos em certo grau, não está claro se é o processamento emocional ou o processamento da informação o elemento fundamental para a eliminação dos sintomas do TEP, ou se ambos são necessários para um tratamento eficaz. Será importante compreender isto para o aperfeiçoamento destas técnicas, bem como para o desenvolvimento de novos tratamentos.

    Um tema de interesse adjacente é averiguar quais são os tipos de indivíduos que se beneficiam mais de que tipo de tratamento. Embora neste momento todos pareçam eficazes, não sabemos ainda se um tipo de tratamento será preferível para determinados indivíduos ou para transtornos comórbidos particulares. Por exemplo, uma vítima, cujo principal afeto associado ao trauma é o medo, pode beneficiar-se mais das técnicas de exposição. Por outro lado, as vítimas que estão tão ansiosas que não podem funcionar, podem beneficiar-se mais das técnicas para o controle da ansiedade. As vítimas com uma complicada história de vitimização, que culpam a si mesmas por seus traumas, podem beneficiar-se mais da terapia de processamento cognitivo. Também não sabemos ainda quantos transtornos comórbidos – como os transtornos de personalidade, o abuso de substâncias psicoativas, a depressão e outros transtornos de ansiedade – complicarão a escolha do tratamento. Embora estes exemplos sejam especulativos, ilustram a necessidade de examinar e aperfeiçoar nossa compreensão de como tratar os sintomas do TEP.

    Finalmente, são necessários mais trabalhos para adaptar estes tratamentos a um número maior de pessoas que tenham sofrido traumas. Os três foram estudados com vítimas de estupro e algumas partes dos três foram empregadas com ex-combatentes. Está começando a ser explorada a aplicação dos tratamentos cognitivo-comportamentais a outros grupos, como as crianças que sofreram abusos e mulheres maltratadas. Embora se possa supor que serão necessárias poucas adaptações para passar de um grupo para o outro, os aspectos mais importantes de cada trauma podem ser consideravelmente diferentes. Por exemplo, as crianças que sofreram abusos experimentam freqüentemente perturbações no desenvolvimento que o tratamento deve abordar. Além disso, a cronicidade do trauma sofrido pode requerer mais adaptações do protocolo para que seja eficaz. São necessárias mais pesquisas e aplicação clínica para atingir estes objetivos no tratamento do TEP.

REFERÊNCIAS

American Psychiatric Association (1980). *Diagnostic and statistical manual of mental disorders* (3ª edición) *(DSM-IV)*. Washington, D. C.: APA.
American Psychiatric Association (1987). *Diagnostic and statistical manual of mental disorders* (3ª edición-revisada) *(DSM-III-R)*. Washington, D. C.: APA.
American Psychiatric Association (1994). *Diagnostic and statistical manual of mental disorders* (4ª edición) *(DSM-IV)*. Washington, D. C.: APA.
Astin, M. C., Layne, C. M., Camilleri, A. J. y Foy, D. W. (1994). Posttraumatic stress disorder in victimization-related traumata. En J. Briere (dir.), *Assessing and treating victims of violence*. San Francisco: Jossey-Bass.
Beck, A. T. y Emery, G. (1985). *Anxiety disorders and phobias: A cognitive perspective*. Nueva York: Basic Books.
Becker, J. V., Skinner, L. J., Abel, G. G., Axelrod, R. y Cichon, J. (1984). Sexual problems of sexual assault survivors. *Women and Health, 9*, 5-20.
Blanchard, E. B. y Abel, G. G. (1976). An experimental case study of the biofeedback treatment of a rape induced psychophysiological cardiovascular disorder. *Behavior Therapy, 7*, 113-119.
Blank, A. S. (1993). The longitudinal course of posttraumatic stress disorder. En J. R. T. Davidson y E. B. Foa (dirs.) *Posttraumatic stress disorder: DSM-IV and beyond*. Washington, D. C.: American Psychiatric Press.
Boudewyns, P. A., Hyer, L. A., Peralme, L., Touze, J. y Kiel, A. (agosto de 1995). *Eye movement desensitization and reprocessing (EMDR) and exposure therapy in the treatment of combat-related PTSD: An early look*. Comunicación presentada en la reunión anual de la American Psychological Association, Nueva York.
Bowen, G. R. y Lambert, J. A. (1986). Systematic desensitization therapy with posttraumatic stress disorder cases. En C. R. Figley (dir.), *Trauma and its wake*, Vol. II. Nueva York: Brunner/Mazel.
Carlson, J. G., Chemtob, C. M., Rusnak, K., Hedlund, N. L. y Muraoka, M. Y. (junio de 1995). *Eye movement desensitization and reprocessing for combat-related posttraumatic stress disorder: A controlled study*. Comunicación presentada en la 4ª reunión anual de la European Conference on Traumatic Stress, París, Francia.

Chard, K. M., Weaver, T. L. y Resick, P. A. (1996). Adapting cognitive processing therapy for work with survivors of childhood sexual abuse. Manuscrito enviado a revisión.

Chemtob, C., Roitblat, H. L., Hamada, R. S., Carlson, J. G. y Twentyman, C. T. (1988). A cognitive action theory of post-traumatic stress disorder. *Journal of Anxiety Disorders, 2*, 253-275.

Creamer, M., Burgess, P. y Pattison, P. (1992). Reactions to trauma: A cognitive processing model. *Journal of Abnormal Psychology, 101*, 452-459.

Davidson, J. R. T. y Smith, R. D. (1990). Traumatic experience in psychiatric outpatients. *Journal of Traumatic Stress, 3*, 459-476.

Fairbank, J. A., DeGood, D. E. y Jenkins, C. W. (1981). Behavioral treatment of a persistent post-traumatic startle response. *Journal of Behavior Therapy and Experimental Psychiatry, 12*, 321-324.

Fairbank, J. A., Gross, R. T. y Keane, T. M. (1983). Treatment of posttraumatic stress disorder: Evaluation of outcome with a behavioral code. *Behavior Modification, 7*, 557-568.

Fairbank, J. A. y Keane, T. M. (1982). Flooding for combat-related stress disorders: Assessment of anxiety reduction across traumatic memories. *Behavior Therapy, 13*, 499-510.

Foa, E. B. (noviembre de 1995). *Cognitive-behavioral approaches to the treatment of PTSD*. En J. Fairbank (Chair), *Psychodynamic and cognitive-behavioral approaches to the treatment of PTSD*. Plenary Symposium realizado en la reunión anual de la International Society for Traumatic Stress Studies, Boston, Ma.

Foa, E. B., Freund, B. F., Hembree, E., Dancu, C. V., Franklin, M. E., Perry, K. J., Riggs, D. S. y Moinar, C. (noviembre de 1994). *Efficacy of short-term behavioral treatments of PTSD in sexual and nonsexual assault victims*. Comunicación presentada en la 28 reunión anual de la Association for the Advancement of Behavior Therapy, San Diego Ca.

Foa, E. B. y Kozak, M. J. (1986). Emotional processing: Exposure to corrective information. *Psychological Bulletin, 99*, 20-35.

Foa, E. B., Rothbaum, B. O., Riggs, D. S. y Murdock, T. B. (1991). Treatment of posttraumatic stress disorder in rape victims: A comparison between cognitive-behavioral procedures and counseling. *Journal of Counseling and Clinical Psychology, 59*, 715-723.

Foa, E. B., Steketee, G. y Rothbaum, B. O. (1989). Behavioral/cognitive conceptualizations of post-traumatic stress disorder. *Behavior Therapy, 20*, 155-176.

Frank, E., Anderson, B., Stewart, B. D., Dancu, C., Hughes, C. y West, D. (1988). Efficacy of cognitive behavior therapy and systematic desensitization in the treatment of rape trauma. *Behavior Therapy, 19*, 403-420.

Frank, E. y Stewart, B. D. (1984). Depressive symptoms in rape victims. *Journal of Affective Disorders, 1*, 269-277.

Haynes, S. N. y Mooney, D. K. (1975). Nightmares: Etiological, theoretical, and behavioral treatment considerations. *Psychological Record, 25*, 225-236.

Helzer, J. E., Robins, L. N. y McEnvoy, L. (1987). Post-traumatic stress disorder in the general population: Findings of the Epidemiological Catchment Area Survey. *New England Journal of Medicine, 317*, 1630-1634.

Hickling, E. J., Sison, G. F. P. y Vanderploeg, R. D. (1986). Treatment of posttraumatic stress disorder with relaxation and biofeedback training. *Behavior Therapy, 16*, 406-416.

Hollon, S. D. y Garber, J. (1988). Cognitive therapy. En L. Y. Abramson (dir.), *Social cognition and clinical psychology: A synthesis*. Nueva York: Guilford.

Holmes, M. R. y St. Lawrence, J. S. (1983). Treatment of rape-induced trauma: Propo-

sed behavioral conceptualization and review of the literature. *Clinical Psychology Review, 3,* 417-433.
Janoff-Bulman, R. (1992). *Shattered assumptions.* Nueva York: Free Press.
Jensen, J. A. (1994). An investigation of eye movement desensitization and reprocessing (EMD/R) as a treatment for posttraumatic stress disorder (PTSD) symptoms of Vietnam combat veterans. *Behavior Therapy, 25,* 311-325.
Johnson, G. H., Gilmore, J. D. y Shenoy, R. Z. (1982). Use of a flooding procedure in the treatment of a stress-related anxiety disorder. *Journal of Behavior Therapy and Experimental Psychiatry, 13,* 235-237.
Keane, T. M. y Kaloupek, D. G. (1982). Imaginal flooding in the treatment of post-traumatic stress disorder. *Journal of Consulting and Clinical Psychology, 50,* 138-150.
Keane, T. M., Zimering, R. T. y Caddell, J. M. (1985). A behavioral formulation of posttraumatic stress disorder in Vietnam veterans. *Behavioral Therapist, 8,* 9-12.
Kessler, R. C., Sonnega, A., Bromet, E., Hughes, M. y Nelson, C. B. (1995) Posttraumatic stress disorder in the national comorbidity study. *Archives of General Psychiatry, 52,* 1048-1060.
Kilpatrick, D. G., Edmunds, C. N. y Seymour, A. K. (1992). *Rape in America: A report to the nation.* Arlington, Va: National Victim Center, Washington, D. C.
Kilpatrick, D. G. y Resnick, H. S. (1993). Posttraumatic stress disorder associated with exposure to criminal victimization in clinical and community populations. En J. R. T. Davidson y E. B. Foa (dirs.) *Posttraumatic stress disorder: DSM-IV and beyond.* Washington, D. C.: American Psychiatric Press.
Kilpatrick, D. G., Saunders, B. E., Veronen, L. J., Best, C. L. y Von, J. M. (1987). Criminal victimization: Lifetime prevalence reporting to police, and psychological impact. *Crime and Delinquency, 33,* 479-489.
Kilpatrick, D. G., Veronen, L. J. y Best, C. L. (1985). Factors predicting psychological distress among rape victims. En C. R. Figley (dir.), *Trauma and its wake: Vol.1. The study and treatment of posttraumatic stress disorder.* Nueva York: Brunner/Mazel.
Kilpatrick, D. G., Veronen, L. J. y Resick, P. A. (1982). Psychological sequelae to rape. En D. M. Doleys, R. L. Meredith y A. R. Ciminero (dirs.), *Behavioral medicine: Assessment and treatment strategies.* Nueva York: Plenum.
Kleinknecht, R. y Morgan, M. P. (1992). Treatment of post-traumatic stress disorder with eye movement desensitization and reprocessing. *Journal of Behavior Therapy and Experimental Psychiatry, 23,* 43-49.
Kulka, R. A., Schlenger, W. E., Fairbank, J. A., Hough, R. L., Jordan, B. K., Marmar, C. R. y Weiss, D. S. (1990). *Trauma and the Vietnam War generation.* Nueva York: Brunner/Mazel.
Lang, P. J. (1977). Imagery in therapy: An information processing analysis of fear. *Behavior Therapy, 8,* 862-886.
Lazgrove, S., Triffleman, E., Kite, L., McGlashan, T. y Rounsaville, B. (noviembre de 1995). *The use of EMDR as treatment for chronic PTSD: Encouraging results of an open trial.* Comunicación presentada en la reunión anual de la International Society for Traumatic Stress Studies, Boston, Ma.
Lipke, H. y Botkin, A. (1992). Brief case studies of eye movement desensitization and reprocessing with chronic post-traumatic stress disorder. *Psychotherapy, 29,* 591-595.
March, J. S. (1993). What constitutes the stressor? The criterion A issue. En J. R. T. Davidson y E. B. Foa (dirs.), *Posttraumatic stress disorder: DSM-IV and beyond.* Washington, D. C.: American Psychiatric Association.
Marquis, J. N. (1991). A report on seventy-eight cases treated by eye movement desensitization. *Journal of Behavior Therapy and Experimental Psychiatry, 22,* 187-192.

McCaffrey, R. J. y Fairbank, J. A. (1985). Post-traumatic stress disorder associated with transportation accidents: Two case studies. *Behavior Therapy, 16*, 406-416.

McCann, D. L. (1992). Post-traumatic stress disorder due to devastating burns overcome by a single session of eye movement desensitization. *Journal of Behavior Therapy and Experimental Psychiatry, 23*, 319-323.

McCann, I. L. y Pearlman, L. A. (1990). *Psychological trauma and the adult survivor: Theory, therapy, and transformation.* Nueva York: Brunner/Mazel.

Meichenbaum, D. (1974). *Cognitive behavior modification.* Morristown, NJ: General Learning Press.

Mowrer, O. H. (1947). On the dual nature of learning: A reinterpretation of "conditioning" and "problem solving." *Harvard Educational Review, 17*, 102-148.

Muse, M. (1986). Stress-related, posttraumatic chronic pain syndrome: Behavioral treatment approach. *Pain, 25*, 389-394.

Nishith, P., Hearst, D. E., Mueser, K. T. y Foa, E. B. (1995). PTSD and major depression: Methodological and treatment considerations in a single case design. *Behavior Therapy, 26*, 319-335.

Peniston, E. G. (1986). EMG biofeedback-assisted desensitization treatment for Vietnam combat veterans' posttraumatic stress disorder. *Clinical Biofeedback and Health, 9*, 35-41.

Pitman, R. K. (1993). Biological findings in posttraumatic stress disorder: Implications for DSM-IV classification. En J. R. T. Davidson y E. B. Foa (dirs.), *Posttraumatic stress disorder: DSM-IV and beyond.* Washington, D. C.: American Psychiatric Press.

Pitman, R. K., Orr, S. P., Altman, B., Longpre, R. E., Poire, R. E. y Lasko, N. B. (mayo de 1993). *A controlled study of EMDR treatment for post-traumatic stress disorder.* Comunicación presentada en la reunión anual de la American Psychological Association, Washington, D. C.

Puk, G. (1991). Treating traumatic memories: A case report on the eye movement desensitization procedure. *Journal of Behavior Therapy and Experimental Psychiatry, 22*, 149-151.

Renfrey, G. y Spates, C. R. (1994). Eye movement desensitization: A partial dismantling study. *Journal of Behavior Therapy and Experimental Psychiatry, 25*, 231-239.

Resick, P. A. (julio de 1996). *The sequelae of trauma: Beyond posttraumatic stress disorder.* Keynote address presented at the annual meeting of the British Association for Behavioural and Cognitive Psychotherapies, Southport, Inglaterra.

Resick, P. A., Astin, M. C. y Nishith, P. (noviembre de 1996). Preliminary results of an outcome study comparing cognitive processing therapy and prolonged exposure. En P. A. Resick (Chair), *Cognitive-behavioral treatments for PTSD: New findings.* Symposium conducted at the annual meeting of the International Society for Traumatic Stress Studies, San Francisco, Ca.

Resick, P. A. y Jordan, C. G. (1988). Group stress inoculation training for victims of sexual assault: A therapist manual. En P. A. Keller y S. R. Heyman (dirs.), *Innovations in clinical practice: A source book* (Vol. 7). Sarasota (Fl): Professional Resource Exchange.

Resick, P. A., Jordan, C. G., Girelli, S. A., Hunter, C. K. y Marhoefer-Dvorak, S. (1988). A comparative outcome study of behavioral group therapy for sexual assault victims. *Behavior Therapy, 19*, 385-401.

Resick, P. A. y Schnicke, M. K. (1992). Cognitive Processing Therapy for sexual assault victims. *Journal of Consulting and Clinical Psychology, 60*, 748-760.

Resick, P. A. y Schnicke, M. K. (1993). *Cognitive processing therapy for rape victims: A treatment manual.* Newbury Park, Ca: Sage.

Resnick, H. S., Kilpatrick, D. G., Dansky, B. S., Saunders, B. E. y Best, C. L. (1993). Prevalence of civilian trauma and posttraumatic stress disorder in a representative national sample of women. *Journal of Consulting and Clinical Psychology, 61*, 984-991.

Resnick, H. S. y Newton, T. (1992). Assessment and treatment of post-traumatic stress disorder in adult survivors of sexual assault. En D. W. Foy (dir.), *Treating PTSD: Cognitive-behavioral strategies*. Nueva York: Guilford Press.

Rothbaum, B. O. (noviembre de 1995). *A controlled study of EMDR for PTSD*. Comunicación presentada en la reunión anual de la Association for the Advancement of Behavior Therapy, Washington, D. C.

Rothbaum, B. O. y Foa, E. B. (1993). Subtypes of posttraumatic stress disorder and duration of symptoms. En J. R. T. Davidson y E. B. Foa (dirs.), *Posttraumatic stress disorder: DSM-IV and beyond*. Washington, D. C.: American Psychiatric Press.

Rothbaum, B. O., Foa, E. B., Riggs, D. S., Murdock, E. T. y Wayne, W. (1992). A prospective examination of posttraumatic stress disorder in rape victims. *Journal of Traumatic Stress, 5*, 455-475.

Rychtarik, R. G., Silverman, W. K., Van Landingham, W. P. y Prue, D. M. (1984). Treatment of an incest victim with implosive therapy: A case study. *Behavior Therapy, 15*, 410-420.

Schindler, F. E. (1980). Treatment of systematic desensitization of a recurring nightmare of a real life trauma. *Journal of Behavior Therapy and Experimental Psychiatry, 11*, 53-54.

Shapiro, F. (1989). Efficacy of the eye movement desensitization procedure in the treatment of traumatic memories. *Journal of Traumatic Stress, 2*, 199-223.

Shapiro, F. (1995). *Eye movement desensitization and reprocessing: Basic principles, protocols, and procedures*. Nueva York: Guilford.

Spector, J. y Huthwaite, M. (1993). Eye-movement desensitization to overcome posttraumatic stress disorder. *British Journal of Psychiatry, 163*. 106-108.

Stroebel, C. F. (1983). *Quieting reflex training for adults: Personal workbook (or practitioners guide)*. Nueva York: DMA Audio Cassette Publications.

Turner, S. M. (1979). *Systematic desensitization of fear and anxiety in rape victims*. Comunicación presentada en el congreso de la Association for the Advancement of Behavior Therapy, San Francisco, Ca.

Vaughan, K., Armstrong, M. S., Gold, R., O'Connor, N., Jenneke, W. y Tarrier, N. (1994). A trial of eye movement desensitization compared to image habituation training, and applied muscle relaxation in posttraumatic stress disorder. *Journal of Behavior Therapy and Experimental Psychiatry, 25*, 283-291.

Veronen, L. J. y Kilpatrick, D. G. (1982, noviembre). *Stress inoculation training for victims of rape: Efficacy and differential findings*. Comunicación presentada en la reunión anual de la Association for the Advancement of Behavior Therapy, Los Ángeles Ca.

Veronen, L. J. y Kilpatrick, D.G. (1983). Stress management for rape victims. En D. Meichenbaum y M. E. Jaremko, (dirs.), *Stress reduction and prevention*. Nueva York: Plenum.

Wilson, S. A., Becker, L. A. y Tinker, R. (1995a). Eye movement desensitization and reprocessing (EMDR) treatment for psychologically traumatized individuals. *Journal of Consulting and Clinical Psychology, 63*, 928-937.

Wilson, D. L., Silver, S. M., Covi, W. G. y Foster, S. (mayo de 1995b). *Eye movement desensitization and reprocessing: Effectiveness and autonomic correlates*. Comunicación presentada en la reunión anual de la American Psychiatric Association, Miami, Fl.

Wolff, R. (1977). Systematic desensitization and negative practice to alter the aftereffects of a rape attempt. *Journal of Behavior Therapy and Experimental Psychiatry, 8*, 423-425.

Wolpe, J. (1958). *Psychotherapy by reciprocal inhibition*. Stanford, Ca: Stanford University Press.

Wolpe, J. y Abrams, J. (1991). Post-traumatic stress disorder overcome by eye movement desensitization: A case report. *Journal of Behavior Therapy and Experimental Psychiatry, 22*, 39-43.

Yehuda, R., Southwick, S. M., Krystal, J. H., Bremner, J. D., Charney, D. S. y Mason, J. W. (1993). Enhanced suppression of cortisol following dexamethasone administration in post-traumatic stress disorder. *American Journal of Psychiatry, 150*, 83-86.

LEITURAS PARA APROFUNDAMENTO

Davidson, J. R. T. y Foa, E. B. (1993). *Posttraumatic stress disorder: DSM-IV and beyond*. Washington, D. C.: American Psychiatric Press.

Foy, D. W. (1992). *Treating PTSD: Cognitive-behavioral strategies*. Nueva York: Guilford.

Freedy, J. R. y Hobfoll, S. E. (1995). *Traumatic stress: From theory to practice*. Nueva York: Plenum.

Resick, P. A. y Schnicke, M. K. (1993). *Cognitive processing therapy for rape victims: A treatment manual*. Newbury Park, Ca: Sage.

ANÁLISE E TRATAMENTO DO TRANSTORNO DE ANSIEDADE GENERALIZADA

Capítulo 7

Michel J. Dugas e Robert Ladouceur[1]

I. INTRODUÇÃO

O transtorno de ansiedade generalizada (TAG) encontra-se entre os transtornos de ansiedade mais freqüentes. Utilizando os critérios diagnósticos do *DSM-III-R*, Breslau e Davis (1985) constataram uma prevalência de 9% na população geral. Entretanto, dois estudos norte-americanos de grande escala chegaram a porcentagens mais baixas. O estudo do National Institute of Mental Health (NIMH) em diferentes lugares encontrou uma prevalência de 4% para o TAG (citado em Barlow, 1988) e o National Comorbidity Survey (NCS) obteve cifras semelhantes, mostrando uma prevalência, durante seis meses de 3,1% e ao longo da vida de 5,1% (Kessler et al., 1994). O NCS revelou também uma maior prevalência do TAG em mulheres que em homens ao longo da vida, com 6,6% e 3,6%, respectivamente.

Apesar da sua prevalência, os profissionais da saúde mental relatam que raramente vêm pacientes com TAG, em comparação com a maior freqüência de outros transtornos de ansiedade (Barlow et al., 1986; Bradwejn, Berner e Shaw, 1992). Esta aparente contradição pode ser explicada de duas maneiras. Em primeiro lugar, os indivíduos com TAG não costumam buscar ajuda para seu problema. Comparado a outros transtornos de ansiedade, como o transtorno de pânico, o TAG está associado a um mal-estar que apresenta menos sintomas e uma deterioração social inferior (Noyes et al., 1992). Por conseguinte, os pacientes com tal transtorno costumam esperar muitos anos antes de recorrer a um profissional da saúde mental (Rapee, 1991). Igualmente, 80% dos indivíduos com TAG não recordam seus primeiros sintomas e relatam ter estado preocupados e ansiosos durante toda a sua vida (Barlow, 1988; Rapee, 1991). Por este motivo, muitas vezes, os sintomas são interpretados como traços da personalidade que não podem ser modificados e, por isso, não procuram ajuda. Em segundo lugar, quando estes indivíduos decidem recorrer ao consultório de um profissional, pode ser que o TAG não seja diagnosticado apropriadamente. Muitas vezes, se recorre inicialmente ao médico de cabeceira e a exploração costuma limitar-se aos sintomas somáticos do TAG, como fadiga e insônia (Bradwejn et al., 1992). Além disso, os pacientes com TAG freqüentemente se sentem deprimidos, desmoralizados e se tornam socialmente ansiosos (Burler et al., 1991). Se estas conseqüências são graves o suficiente, podem ser consideradas como o problema principal e o TAG continuará sem ser descoberto.

---

[1] Université Laval Quebec (Canadá).

II. CLASSIFICAÇÃO

O TAG foi reconhecido oficialmente na terceira edição do *Manual diagnóstico e estatístico* da Associação Americana de Psiquiatria (*DSM-III*, APA, 1980). Foi considerado inicialmente como uma categoria diagnóstica residual, o que significou que não poderia ser disgnosticado na presença de outro transtorno. Em 1987, o *DSM-III-R* transformou o TAG numa categoria diagnóstica principal e propôs como característica primária uma preocupação excessiva ou pouco realista. O diagnóstico requeria também seis de 18 sintomas somáticos, divididos em três categorias: *tensão motora, hiperatividade autonômia e hipervigilância*. Embora o *DSM-III-R* tenha melhorado a confiabilidade diagnóstica do TAG, esta continuou sendo relativamente baixa comparada a de outros transtornos de ansiedade (Di Nardo et al., 1993; Williams et al., 1992).

A fim de esclarecer a definição do TAG e melhorar sua confiabildade diagnóstica, o *DSM-IV* (APA, 1994) fez mudanças significativas. O primeiro critério diagnóstico do TAG é agora "Ansiedade e preocupação [expectativa apreensiva] excessivas, que estão presentes por mais dias que ausentes, durante pelo menos seis meses, incidindo sobre uma série de acontecimentos ou atividades [como o desempenho no trabalho ou nos estudos]" (APA, 1994, p. 435). O preocupar-se tem que ser difícil de controlar e deve produzir uma deterioração ou mal-estar significativos em áreas importantes do funcionamento (p. ex., social, do trabalho, etc.). Para melhorar a especificidade diagnóstica do critério somático, o *DSM-IV* mudou os critérios diagnósticos de seis entre 18 a três entre seis sintomas: 1) inquietude ou sentir-se ativado; 2) fatigar-se facilmente; 3) dificuldade para concentrar-se ou ter a mente em branco; 4) irritabilidade; 5) tensão muscular e 6) perturbações do sono. Embora ainda precisem aparecer estudos sobre a confiabilidade diagnóstica do TAG, segundo o *DSM-IV*, nossa experiência clínica sugere que estas mudanças nos critérios do TAG proporcionarão um maior acordo no diagnóstico.

III. COMORBIDADE

Muitos estudos constatam elevadas taxas de comorbidade em pacientes que têm como diagnóstico principal o TAG. Sanderson et al. (1990) afirmam que 91% da sua amostra de pacientes com TAG tinha um diagnóstico acrescentado com base no *DSM-III-R*. Em um estudo preliminar, De Ruiter et al. (1989) informam acerca de uma taxa de comorbidade de 67% para o TAG. Nestes estudos, a maioria dos diagnósticos adicionais eram fobia social, transtorno de pânico, transtorno distímico e fobia simples (ou específica). Ao comparar o TAG e o transtorno de pânico, Noyes et al. (1992) constataram que a fobia específica era um diagnóstico secundário, freqüente entre os sujeitos com TAG. Em um estudo em grande escala que incluía 468 pacientes com um transtorno de ansiedade, Moras et al. (1991, citado em Brown e Barlow, 1992) indicaram o TAG e o transtorno de pânico com agorafobia como as principais categorias diagnósticas que possuíam as taxas de comorbidade mais elevadas.

Recentemente, foram encontradas também altas taxas de comorbidade para o TAG como transtorno secundário. Em seu extenso estudo, Moras et al. (1991, citado em Brown e Barlow, 1992) constataram que o TAG é o diagnóstico clínico adicional mais freqüente (23%) (com uma gravidade pelo menos moderada). Em um estudo de pacientes com um diagnóstico principal de depressão severa ou de distimia, Sanderson, Beck e Beck (1990) observam que o TAG e a fobia social são os dois diagnósticos adicionais mais freqüentes. Brown e Barlow (1992) sugerem que é de suma importância serem feitas mais pesquisas sobre comorbidade para a classificação diagnóstica e para os resultados do tratamento. Levando em conta a elevada taxa de comorbidade do TAG, estas considerações são especialmente relevantes.

IV. O CONCEITO DE PREOCUPAÇÃO

A equipe de pesquisa do estado de Pensilvânia (EUA) definiu preocupação inicialmente como "uma cadeia de pensamentos e imagens carregados de afeto negativo e relativamente incontroláveis. O processo da preocupação representa uma tentativa de solução mental de problemas sobre um tema cujo resultado é incerto, embora sugira a possibilidade de uma ou mais conseqüências negativas" (Borkovec et al., 1983a, p. 10). Após uma série de estudos empíricos, Borkovec et al. sugerem que a preocupação seja principalmente uma atividade verbal conceitual que pode ser utilizada como uma estratégia de enfrentamento (Barkovec e Lyonfields, 1993; Borkovec, Shadick e Hopkins, 1991; Roemer e Borkovec, 1993). No *DSM-IV,* a preocupação é considerada também como expectativa apreensiva, definida pelo grupo de pesquisa de Albany como "um estado de ânimo voltado para o futuro no qual se está disposto ou preparado para tentar enfrentar os acontecimentos negativos vindouros. A apreensão ansiosa associa-se a um estado de elevado afeto negativo e superexcitação crônica, uma sensação de incontrolabilidade e um centrar a atenção sobre estímulos relativos à ameaça (p. ex., alta atenção centrada em si mesmo ou preocupação consigo mesmo e hipervigilância)" (Brown, O´Leary e Barlow, 1993, p. 139). Nas duas definições anteriores, a preocupação consiste em pensamentos contínuos sobre o perigo futuro que são experimentados como aversivos e relativamente incontroláveis. Borkovec (1985) sugeriu também que a preocupação é melhor descrita pela frase "O que aconteceria se...". Deste modo, os sujeitos que se preocupam muito são espe- cialistas em descobrir possíveis problemas enquanto são incapazes de gerar soluções eficazes ou respostas de enfrentamento.

IV.1. *Temas de preocupação*

Sanderson e Barlow (1990) pesquisaram os temas de preocupação em 22 pacientes com TAG e constataram que se preocupavam principalmente com sua família (79%

dos sujeitos), questões econômicas (50%), o trabalho (43%) e as doenças (14%). Todas as preocupações que estavam sujeitas às avaliações de confiabilidade entre juízes caíam numa destas quatro categorias. Curiosamente, os pacientes com TAG relatavam mais preocupações com assuntos menores que outros grupos clinicamente ansiosos incluídos no estudo (fobia social, transtorno de pânico, fobia específica e transtorno obsessivo-compulsivo).

Craske et al. (1989) compararam os temas de preocupação de 19 pacientes com TAG com os temas de 26 sujeitos normais. Seus resultados mostram que os sujeitos com TAG têm mais preocupações com doença/saúde/ferimentos e aspectos variados enquanto se preocupam menos com questões econômicas que os sujeitos normais. As preocupações com a família, a casa e as relações interpessoais tinham a mesma freqüência em ambos os grupos. Os autores tentaram classificar todas as preocupações utilizando as quatro categorias identificadas por Sanderson e Barlow (1990), mas só conseguiram situar 74,8% das preocupações do TAG e 84,8% das preocupações normais nas categorias de família, finanças, trabalho e doenças. Craske et al. (1989) concluíram que estas quatro categorias eram nitidamente insuficientes para explicar a diversidade dos temas de preocupação em indivíduos com TAG.

Shadick et al. (1991) avaliaram os temas de preocupação em 31 pacientes com TAG, em 12 estudantes universitários não clínicos que satisfaziam os critérios diagnósticos do TAG ("sujeitos com alta preocupação") e em 13 sujeitos não ansiosos. Para os três grupos, os temas de preocupação mais freqüentes eram a família, a casa e as relações interpessoais. Entretanto, os pacientes com TAG e os de "alta preocupação" relatavam uma elevada porcentagem de preocupações com problemas variados que não podiam ser enquadrados em uma das quatro categorias preestabelecidas (família, finanças, trabalho e doenças). Os autores concluíram que estes dois grupos de sujeitos tinham preocupações com uma grande variedade de situações, incluindo problemas menores, e que estas situações múltiplas tinham que ser investigadas para se entender melhor o excesso de preocupação.

Os estudos descritos sugerem que os temas de preocupação normais e de sujeitos com TAG são relativamente similares. Estes resultados levaram alguns pesquisadores a argumentar que estes grupos não se diferenciavam significativamente quanto ao conteúdo das preocupações (p. ex., Brown et al., 1993; Wells, 1994). Entretanto, surgiram duas diferenças na literatura. Em primeiro lugar, os pacientes com TAG se preocupam com situações mais variadas que os sujeitos não clínicos (Craske et al., 1989; Shadick et al., 1991). Em segundo lugar, também se preocupam mais com questões menores que os sujeitos não ansiosos (Shadick et al., 1991) e que outros pacientes clinicamente ansiosos (Sanderson e Barlow, 1990). Um apoio indireto a esta observação foi proporcionado por Di Nardo (1991, citado em Brown et al., 1993), que mostrou que uma resposta negativa à pergunta "Você se preocupa em excesso com questões menores?" pode descartar de maneira eficaz um diagnóstico de TAG (poder de predição de 0,94). Nosso grupo de pesquisa também mostrou que a preocupação com assuntos menores é um sinal sensível, já que 86% dos sujeitos que satisfazem os critérios somáticos e cognitivos do TAG relatavam preocupar-se com coisas menores (Dugas, Freeston e Ladouceur, 1994b).

Em termos mais gerais, muitos autores sugerem que os temas de preocupação têm base como avaliação social (p. ex., Eysenck e Van Berkum, 1992; Borkovec et al. 1991; Sanderson e Barlow, 1990). Lovibond e Rapee (1993) mostraram que as conseqüências sociais temidas, e não as conseqüências físicas, correlacionavam com o *Penn State worry questionnaire*. Do mesmo modo, nossa equipe de pesquisa constatou que o "si mesmo" e a consciência corporal públicos eram melhores preditores das pontuações no *Penn State worry questionnaire* que o "si mesmo" e a consciência corporal privados (Letarte et al., 1995). Em outras palavras, perceber a si mesmo como um objeto de escrutínio público está relacionado mais intimamente com preocupar-se que o perceber os estados internos. Recentemente, mostramos que as preocupações sociais, comparadas às preocupações físicas ou econômicas, constituem um preditor mais poderoso da tendência geral com a preocupação (Freeston, Dugas e Ladouceur, 1995). Ainda não foi esclarecido se as preocupações do TAG e as preocupações normais se diferenciam no grau em que estão enraizadas na avaliação social.

IV.2. *A preocupação e a solução de problemas*

Muitos estudos indicam uma relação significativa entre a preocupação e a solução de problemas. Nossa equipe de pesquisa obteve coeficientes de correlação que iam de 0,31 a 0,51 entre medidas de preocupação e de solução de problemas em uma população não clínica (Dugas et al., 1995d). As subescalas que descreviam as habilidades de solução de problemas explicavam quantidades de variância muito pequenas ou não significativas das pontuações de preocupação, enquanto as subescalas de orientação ao problema, que descrevem as reações iniciais afetivas, cognitivas e comportamentais às situações problemáticas tinham mais poder de prever as pontuações de preocupação. Estes achados foram contestados em uma amostra clínica, já que pacientes com TAG e sujeitos que se preocupavam muito tinham pontuações mais baixas em orientação para o problema que os que se preocupavam de modo moderado (Blais et al., 1993). Tal como foi previsto, os três grupos eram similares em medidas de solução de problemas. Estes estudos sugerem que os pacientes com TAG e os que se preocupam muito não carecem do conhecimento sobre como solucionar problemas, mas têm dificuldades para aplicar seu conhecimento devido a reações contraproducentes diante das situações-problema. Por exemplo, um de nossos pacientes com TAG se preocupava muito com a possibilidade de sua namorada deixá-lo por estar muito insatisfeita com a relação. Durante a avaliação pré-tratamento, descreveu espontaneamente comportamentos que poderia adotar para melhorar a relação. Sabia com clareza que podia iniciar mais atividades sociais, explorar e sentir-se motivado por novos interesses mútuos e adotar, em geral, uma atitude mais ativa, o que ajudaria a melhorar a qualidade da relação e a aumentar a satisfação da sua namorada. Embora o terapeuta e o paciente percebessem que adotar estes comportamentos melhoraria a relação, este último não conseguiria agir conforme este conhecimento, devido a reações contraproducentes à situação-problema. De fato, expressou muitas dificuldades para perceber seus problemas de relação como desafios a serem superados. Tal como ele esperava, depois de dois meses de terapia, a relação não havia mudado e a namorada do paciente decidiu deixá-lo.

Em uma linha de pesquisa relacionada, três estudos mostraram que os sujeitos que se preocupam muito são mais lentos nas tarefas de categorização quando os estímulos são ambíguos e a resposta correta não está clara (Metzger et al., 1990; Tallis, 1989; Eysenck e Mathews, 1991). Estes últimos autores sugerem que os indivíduos que se preocupam muito, quando tentam solucionar problemas, se encontram obstaculizados por altas exigências sobre as evidências. Nosso grupo de pesquisa levantou a hipótese de que as exigências podem ser um componente de um fator de vulnerabilidade cognitiva nos sujeitos que se preocupam muito e nos pacientes com TAG, denominado "intolerância para a incerteza". A fim de comprovar a relação entre preocupar-se e este componente, construímos a *escala de intolerância para a incerteza* (*Intolerance of uncertainty scale*), que avalia as reações emocionais, cognitivas e comportamentais a situações ambíguas, as implicações de estar na incerteza e as tentativas de controle de conseqüências futuras. A seguir, demonstramos que as preocupações estão muito relacionadas com a intolerância para a incerteza e que a relação não é simplesmente uma conseqüência da variância compartilhada com o afeto negativo (Freeston et al., 1994c). Estes achados foram replicados em uma amostra clínica, encontrando-se que pacientes com TAG e sujeitos que se preocupavam muito eram mais intolerantes com a incerteza que os que se preocupavam de modo mais moderado (Ladouceur, Freeston e Dugas, 1993b). Assim, a intolerância para a incerteza parece ser um importante fator de vulnerabilidade cognitiva nos pacientes com TAG e em sujeitos que se preocupam muito.

IV.3. *A preocupação como comportamento de aproximação–evitação*

Embora muitos achados recentes sobre a preocupação sejam compatíveis entre si, outros são mais difíceis de reconciliar. Por um lado, a preocupação está associada ao comportamento de aproximação. Os sujeitos relatam que se preocupar os ajuda a encontrar uma solução ou um modo melhor de fazer as coisas e de aumentar suas sensações de controle (Freeston et al., 1994c). Preocupar-se leva também a uma atenção seletiva em relação à infomação ameaçadora (MacLeod e Mathews, 1988), atenção que pode manifestar-se sem que o indivíduo perceba (Mathews, 1990). Por outro lado, a preocupação está associada a diferentes tipos de evitação. Os pacientes com TAG afirmam que preocupar-se ajuda-os a evitar conseqüências negativas improváveis (Brown et al., 1993; Roemer e Borkovec, 1993) e os sujeitos não clínicos contam que se preocupar os distrai de pensar em coisas piores (Freeston et al., 1994c). A preocupação está relacionada também à evitação de imagens mentais associadas a experiências somáticas desagradáveis (Borkovec e Hu, 1990; Freeston, Dugas e Ladouceur, 1994a) e com a evitação de material ameaçador (Roemer et al., 1991a).

Recentemente, Krohne (1989, 1993) propôs um modelo geral sobre a ansiedade que pode ser útil para integrar estes achados e entender a preocupação. Krohne sugere que os padrões de enfrentamento individuais são o resultado de preferências de disposição para a vigilância (como conseqüência da intolerância da incerteza) e para a evitação (como um efeito da intolerância da excitação emocional). Os indivíduos com elevada ansiedade teriam fortes tendências para a aproximação e para a evitação, o que levaria a um comportamento de enfrentamento flutuante, que aumenta a ansiedade em situações de ameaça.

A fim de comprovar a adequação do modelo de Krohne especificamente para a preocupação, nossa equipe de pesquisa examinou a relação entre os padrões de enfrentamento, por um lado, e a tendência a preocupar-se e os sintomas somáticos do TAG, por outro (Dugas et al., 1995b). Foram formados grupos de sujeitos segundo quatro tipos de comportamento: 1) elevada tolerância para a incerteza e alta supressão (EI/AS); 2) elevada intolerância para a incerteza e baixa supressão (EI/BS); 3) baixa intolerância para a incerteza e alta supressão (BI/AS) e 4) baixa tolerância para a incerteza e baixa supressão (BI/BS). Tal como foi previsto, o grupo EI/AS obteve uma pontuação mais alta que todos os demais grupos no *Penn state questionnaire* e relatou sintomas somáticos mais intensos. Por conseguinte, é possível que os pacientes com TAG sejam intolerantes frente à incerteza e à excitação emocional. Como corretamente indica Krohne (1989, 1993), a incerteza e a excitação emocional não podem ser atenuadas simultaneamente, já que a vigilância diminui a incerteza, mas aumenta a excitação emocional enquanto a evitação diminui a excitação emocional, mas aumenta a incerteza.

Os pacientes com TAG mudariam de um modo de enfrentamento para outro, numa inútil tentativa de lidar com uma ameaça percebida. Desse modo, o preocupar-se seria visto como um comportamento de aproximação-evitação, resultante do desdobramento dos modos de enfrentamento de vigilância e de evitação.

V. O CONCEITO CLÍNICO DE PREOCUPAÇÃO NO TAG

Baseando-se nos estudos empíricos descritos e na nossa experiência clínica com pacientes com TAG, elaboramos um conceito clínico específico da preocupação no TAG. Comecemos com a percepção da ameaça. Considerando que a vida diária implica inúmeras situações ambíguas, os indivíduos que são intolerantes com a incerteza percebem mais situações ameaçadoras devido ao seu modo vigilante de enfrentamento (Krohne, 1989, 1993). A percepção da ameaça conduz à preocupação, a um aumento dos níveis de ansiedade (MacLeod e Mathews, 1988) e à depressão (Dugas et al., 1994a). O indivíduo estará especialmente atento à informação ameaçadora (Mathews, 1990), detectará em maior medida um risco subjetivo (Butler e Mathews, 1987), perceberá material ambíguo como ameaçador (Eysenck, MacLeod e Mathews, 1987; Eysenk et al., 1991; Mathews et al., 1989) e superestimará a probabilidade de resultados negativos (MacLeod, Williams e Bekerina, 1991). Por sua vez, este tratamento subjetivo da informação ambiental aumentará os níveis de ansiedade e preocupação.

Mesmo que a preocupação implique uma corrente de pensamentos negativos, a perda do controle mental e esteja relacionada com o afeto negativo (Borkovec et al., 1983a; Brown et al., 1993), pode ser avaliada em termos positivos. Os sujeitos que se preocupam muito (Freeston et al., 1994c) e os pacientes com TAG (Ladoceur et al., 1993b) afirmam que a preocupação os ajuda a evitar os acontecimentos negativos, a encontrar um modo melhor de fazer as coisas e a aumentar suas sensações de controle. Além disso, os pacientes com TAG podem considerar sua preocupação como uma parte tão importante de si mesmos que se perguntam como seriam se deixassem de preocupar-se (Brown et al., 1993). A preocupação pode ser mantida assim, parcialmente, pelo reforço positivo e pelo negativo, embora os benefícios de preocupar-se sejam muitas vezes sobrestimados (p. ex., os que se preocupam muito, muitas vezes, relatam que se preocupar ajuda-os a evitar acontecimentos que são, de fato, muito improváveis). Os dois exemplos seguintes ilustram como os pacientes com TAG podem perceber a preocupação como um modo de prevenir as consequências negativas. O primeiro é o caso de uma estudante de 24 anos, incluída no nosso programa de tratamento a qual relatou que continuamente havia se preocupado muito com seus estudos e sempre havia sido aprovada nas disciplinas. Não só acreditava que se preocupando menos não seria aprovada, como observava que outros estudantes que pareciam não se preocupar muito não funcionavam tão bem quanto ela nos estudos, "confirmando" assim sua crença errônea sobre a utilidade da preocupação. Na mesma perspectiva, uma mulher de meia idade, que havia sido tratada na nossa clínica, se preocupava com a saúde do seu neto, durante suas férias de três meses na Europa. Quando voltou, sentiu-se aliviada ao encontrá-lo com boa saúde. Infelizmente, duas semanas depois, seu neto ficou doente. A paciente interpretou esta sequência de acontecimentos da seguinte maneira: "Isto prova que minha preocupação realmente evitou que ele ficasse doente, porque quando deixei de me preocupar, ele adoeceu. Devo continuar me preocupando!"

Além de ser intolerante com a incerteza, se um indivíduo é também intolerante ante a excitação emocional, será vulnerável então a preocupar-se demais (Dugas et al., 1995b). Convém recordar que a incerteza e a excitação emocional não podem ser atenuadas simultaneamente (Krohne, 1989, 1993). Quando o indivíduo tenta diminuir a incerteza, empregando um estilo vigilante de enfrentamento, aumenta sua excitação emocional. Quando os indivíduos se preocupam muito, tentam utilizar a solução de problemas para lidar com a ameaça percebida, têm dificuldades para aplicar suas habilidades de solução de problemas por causa da inadequada orientação em relação ao problema (Blais et al., 1993; Davey, 1994; Dugas et al., 1995d).

Por outro lado, as tentativas de reduzir a excitação emocional por meio de um modo de enfrentamento por evitação levará a um aumento da incerteza. Os exemplos de enfrentamento por evitação incluem a evitação das imagens mentais associadas à preocupação. As preocupações são compostas principalmente de atividade cognitiva verbal-lingüística (Borkovec e Inz, 1990; Borkovec e Lyonfields, 1993; Freeston et al., 1994a) e freqüentemente não se referem aos piores temores do indivíduo. A evitação das imagens mentais leva a uma redução da atividade fisiológica periférica (Borkovec e Hu, 1990; Borkovec et al., 1993) e do processamento emocional de material ameaçador (Butler, Wells e Dewick, 1992; Foa e Kozak, 1986), o que leva a um reforço negativo e mantém a preocupação (Borkovec et al., 1991).

Os pacientes com TAG, que são intolerantes com a incerteza e com a excitação emocional, mudam de um modo de enfrentamento para o outro numa inútil tentativa de lidar com a ameaça percebida. A mudança constante de uma solução de problemas parcial para a evitação das imagens mentais e vice-versa contribui para o estabelecimento de uma espiral descendente na qual as preocupações e os níveis de ansiedade e de depressão se mantêm ou aumentam.

VI. ESTUDOS SOBRE O RESULTADO DO TRATAMENTO

Antes de apresentar uma descrição detalhada do nosso programa de avaliação e tratamento, faremos uma breve revisão dos estudos sobre os resultados do tratamento. A revisão será restrita em três sentidos: em primeiro lugar, não serão descritos os estudos sobre os resultados realizados antes do surgimento do *DSM-III-R* ou que não empregaram os critérios do *DSM-III-R* para diagnosticar os sujeitos (p. ex., Barlow et al., 1984; Butler et al., 1987; Durham e Turvey, 1987; Jannoun, Oppenheimer e Gelder, 1982). Antes do surgimento do *DSM-III-R*, o TAG era caracterizado por uma série de sintomas somáticos que não o discriminavam adequadamente de outros transtornos de ansiedade. Por conseguinte, incluir estes estudos pouco acrescentaria ao nosso conhecimento sobre os resultados do tratamento para o TAG, tal como descrito no *DSM-III-R* e no *DSM-IV*. A única exceção a esta primeira limitação será o estudo sobre o controle do estímulo realizado por Borkovec et al. (1983b), por ter sido um trabalho pioneiro que teve implicações teóricas e clínicas significativas para o tratamento da preocupação excessiva.

Em segundo lugar, já que este capítulo refere-se especificamente à preocupação do TAG, não serão descritos estudos sobre o tratamento que não abordem diretamente a preocupação do TAG (p. ex., Barlow, Rapee e Brown, 1992; Borkovec e Costello, 1993; Butler et al., 1991; Sanderson e Beck, 1991; White, Keenan e Brooks, 1992). Embora estes tratamentos abordem a preocupação indiretamente, por via de diferentes modos de restruturação cognitiva, não será discutida aqui a natureza específica das intervenções cognitivas correspondentes. Finalmente, os estudos sobre tratamento que incluem intervenções farmacológicas (p. ex., Lindsay et al., 1987; Hoehn-Saric, MacLeod e Zimmerli, 1988) também não serão descritos por ultrapassarem o alcance deste capítulo.

Borkovec et al., (1983b) foram uns dos primeiros pesquisadores a aplicar um tratamento que tinha como objetivo específico a preocupação. Em dois estudos diferentes, demonstraram o efeito de um tratamento de controle do estímulo para estudantes universitários que relataram preocupar-se durante mais de 50% do dia. Depois de identificar seus principais temas de preocupação, foi pedido aos estudantes que se preocupassem por um período diário de 30 minutos, sempre no mesmo lugar. Em ambos os estudos, os grupos experimentais apresentaram uma maior diminuição do tempo passado preocupando-se que os grupos de controle de lista de espera. Se considerarmos que as preocupações estão relacionadas com a evitação das imagens mentais (Borkovec e Inz, 1990; Borkovec e Lyonfields, 1993; Freeston et al., 1994a) e a excitação somática (Borkovec e Hu, 1990; Borkovec et al., 1993), um tratamento de controle do estímulo que se pareça com a exposição cognitiva pode ser um componente eficaz no tratamento para a preocupação do TAG. Entretanto, Borkovec et al. não instruíram seus sujeitos a expor-se especificamente a imagens mentais, o que poderia ser mais eficaz para a redução da preocupação. A generalização destes resultados também é limitada, porque os pesquisadores utilizaram sujeitos não clínicos e não avaliaram a manutenção do tratamento.

O´Leary, Brown e Barlow (1992) aplicaram uma forma de exposição cognitiva (controle da preocupação) a três pacientes com TAG num desenho de linha de base múltipla entre sujeitos. No controle da preocupação, pedia-se aos sujeitos que se expusessem às suas preocupações, evocando todas as possíveis conseqüências, incluindo as piores em potencial. Em dois, de cada três sujeitos, o tratamento produziu uma redução significativa da tendência a preocupar-se, medida pelo *Penn state worry questionnaire*. Quando indagados, todos os sujeitos relatavam uma diminuição do tempo passado preocupando-se e do mal-estar associado às preocupações, bem como um aumento do bem-estar diário. Os resultados mencionados por O´Leary et al. são especialmente interessantes se considerarmos que só aplicaram um componente de intervenção, o que sugere que a exposição cognitiva é realmente um ativo componente de tratamento. Utilizaram medidas específicas que avaliavam dimensões-chave do TAG, como a tendência a preocupar-se e o mal-estar associado à preocupação (*DSM-IV*, APA, 1994). Embora estes resultados sejam alentadores, são necessários mais estudos sobre a eficácia comparativa deste tratamento.

Recentemente, Brown et al. (1993) descreveram um pacote de tratamento multidimensional para o TAG. O tratamento implicava cinco componentes: 1) reestruturação cognitiva; 2) relaxamento muscular progressivo; 3) exposição cognitiva (controle da preocupação); 4) prevenção da resposta e 5) lidar com os problemas. Embora muitas histórias de caso sugiram que este pacote de tratamento seja eficaz, ainda é preciso realizar estudos empíricos comparativos. Considerando-se que a exposição cognitiva à pior imagem da preocupação leva a um aumento da excitação somática (Borkovec e Hu, 1990; Borkovec et al., 1993) e ao processamento emocional do material ameaçador (Foa e Kozak, 1986), a inclusão do controle da preocupação neste pacote de tratamento parece ser uma escolha acertada. Entretanto, dois aspectos da intervenção multidimensional são questionáveis. Em primeiro lugar, se considerarmos que a preocupação está associada a uma deficiente orientação em relação ao problema e não a uma falta de conhecimento sobre como solucionar problemas (Blais et al., 1993; Dugas et al., 1995b), por que os autores sugerem que sejam aplicados todos os subcomponentes do treinamento em solução de problemas? Poderia ser mais eficaz (e consumir menos tempo) ter como objetivo a orientação em relação ao problema e repassar brevemente as habilidades de solução de problemas com pacientes com TAG. Em segundo lugar, por que as preocupações deveriam ser abordadas por meio dos diferentes componentes do tratamento? O controle da preocupação e a solução de problemas deveriam ser aplicados indiscriminadamente a todas as preocupações? Se não for assim, de que modo o terapeuta deveria decidir quais são as preocupações que podem ser submetidas aos diferentes componentes do tratamento? Acreditamos que estas questões devem ser abordadas, a fim de facilitar a aplicação do tratamento e aumentar sua eficácia.

VII. TIPOS DE PREOCUPAÇÃO

Na Universidade de Laval, ficamos fascinados com os diferentes tipos de preocupação relatadas por nossos pacientes com TAG. Acreditamos que as preocupações do TAG podem ser divididas em três categorias distintas, e cada uma delas exige uma estratégia diferente de tratamento. Nossos pacientes descrevem preocupações referentes a: 1) problemas imediatos que estão ancorados na realidade e são modificáveis; 2) problemas imediatos que estão ancorados na realidade, mas que não são modificáveis e 3) acontecimentos muito improváveis que não se baseiam na realidade e que, por conseguinte, não são modificáveis. A seguir, descreveremos cada um destes tipos de preocupação. Também recomendaremos estratégias específicas de tratamento para cada tipo de preocupação que serão descritas mais adiante, no capítulo dedicado ao processo de tratamento.

O primeiro tipo de preocupação refere-se aos problemas imediatos que se baseiam na realidade e são modificáveis. Os exemplos incluem preocupações com conflitos interpessoais, vestir-se de modo apropriado para situações específicas e atribuições diárias, como chegar a tempo a uma reunião, consertar o carro e fazer pequenos reparos em casa. Convém recordar que os pacientes com TAG, ao enfrentar situações problemáticas, relatam reações cognitivas, afetivas e comportamentais iniciais que são ineficazes ou contraproducentes (Blais et al. 1993). Embora tenha sido empregado o treinamento em solução de problemas para o tratamento da preocupação excessiva e do TAG, foi acrescentado como elemento periférico a um tratamento preexistente tratamento de controle do estímulo (Borkovec et al., 1983b) ou foi incluído como um componente menor e inespecífico de um pacote de tratamento geral (Brown et al., 1993). Considerando que a preocupação está associada a uma deficiente solução de problemas, acreditamos que o treinamento em solução de problemas (TSP) deveria ser um dos principais componentes no tratamento do TAG. Sugerimos duas questões oportunas que servem de guia para o emprego do TSP. Em primeiro lugar, o terapeuta deveria adaptar o TSP, centrando-se na reação inicial do paciente quando este se depara com um problema, levando em conta as dimensões cognitivas, afetivas e comportamentais de cada reação. Como os pacientes com TAG não relatam uma falta de habilidades de solução de problemas (Blais et al., 1993), o treinamento de todas as fases da solução de problemas é inapropriado e pode, de fato, diminuir a motivação do paciente. Em segundo lugar, o TSP com objetivos centrados no problema deveria ser aplicado somente às preocupações com os problemas imediatos que se baseiam na realidade e são modificáveis.

O segundo tipo de preocupação que nossos pacientes experimentam envolve problemas imediatos baseados na realidade, mas que não são modificáveis. Os exemplos incluem preocupações sobre a doença de um ente querido ou o estado do mundo, como pobreza, guerras, aumento da violência e injustiças. Como estas situações não são modificáveis, o TSP com objetivos centrados no problema não levarão aos resultados desejados. Entretanto, como afirmam Nezu e D´Zurilla (1989), o TSP com objetivos centrados nas emoções pode ajudar os pacientes a adaptar-se a uma situação-problema não modificável. Por conseguinte, este tipo de preocupação pode ser tratado empregando-se o TSP com objetivos centrados nas emoções. O exemplo clínico seguinte ilustra uma preocupação envolvendo um problema imediato baseado na realidade, mas que não é modificável. Um homem de meia idade, que vem trabalhando para uma sólida e reconhecida companhia durante os últimos 25 anos, preocupava-se com a direção que a mesma tomou recentemente. Embora mantivesse um cargo importante na companhia e não estivesse de acordo com o novo rumo, não podia modificar as decisões tomadas nos escritórios centrais. Embora as preocupações dos pacientes com seu trabalho parecessem, a princípio, referir-se a uma situação modificável, pesquisas posteriores mostraram claramente que a situação encontrava-se realmente fora da sua faixa de influência e que, portanto, não era modificável.

Os pacientes com TAG se preocupam com acontecimentos altamente improváveis que não se baseiam na realidade e que, por conseguinte, não são modificáveis. As preocupações com a possibilidade de algum dia cair em ruína ou de ficar gravemente doente (na ausência de problemas econômicos atuais ou de saúde) são exemplos deste tipo de preocupação. Estas preocupações não se encontram ao alcance do TSP com objetivos centrados no problema ou nas emoções, porque não existe realmente uma situação-problema. Convém recordar que o conteúdo verbal da preocupação representa a evitação do temor provocado pela imaginação e que tal preocupação é reforçada negativamente por uma diminuição da excitação somática aversiva (Borkovec e Lyonfields, 1993; Roemer e Borkovec, 1993). Deste modo, as explicações atuais do papel da preocupação como comportamento de evitação das imagens de temor e a existência de preocupações com problemas que não existem realmente (e que não são tratáveis com o TSP) apontam para o emprego da exposição funcional cognitiva para as imagens que provocam temor.

Embora o grupo de Albany proponha a exposição direta para o componente das imagens de temor nas preocupações (p. ex., Brown et al., 1993; Craske, Barlow e O'Leary, 1992; O'Leary, Brown e Barlow, 1992), aparentemente aplicam a exposição cognitiva, indiscriminadamente, a todas as preocupações. Contrariamente a esta posição, acreditamos que a exposição às piores imagens deveria ser empregada somente com as preocupações que envolvam acontecimentos altamente improváveis. Craske et al. (1992) recomendam o emprego do relaxamento aplicado e da reestruturação cognitiva durante a exposição cognitiva, enquanto Brown et al. (1993) incluem a geração de alternativas para a pior imagem na fase final da prática da exposição. As explicações teóricas dos processos envolvidos na exposição com sucesso (Foa e Kozak, 1986), bem como nossa própria experiência utilizando a exposição com sujeitos "ruminantes" obsessivos (Freeston et al., 1994c; Ladouceur et al., 1994) sugerem, claramente, que a exposição às imagens de temor deveria ser realizada independentemente de outras estratégias de tratamento. O paciente poderia utilizar outras estratégias, como o relaxamento, a reestruturação cognitiva ou a geração de cenas alternativas, a fim de neutralizar a imagem de temor, diminuindo, assim, os efeitos benéficos da exposição (Freeston e Ladouceur, neste volume). Agora que já apresentamos os diferentes tipos de preocupação, voltemos a uma descrição mais detalhada do nosso programa de avaliação e tratamento.

VIII. AVALIAÇÃO

Considerando-se as importantes mudanças nos critérios diagnósticos do TAG pelo *DSM-III* (APA, 1980), não causa surpresa que a avaliação tenha sofrido também mudanças significativas. Considerando-se inicialmente um transtorno não específico, denominado freqüentemente ansiedade "de flutuação livre", o TAG foi avaliado com medidas globais de ansiedade. Embora estas medidas gerais continuem sendo importantes, as medidas específicas dos sintomas-chave deveriam ser o fundamento da avaliação do TAG. Recomendamos que a avaliação completa dos resultados do tratamento para o TAG inclua quatro níveis de medida: 1) entrevistas estruturadas para diagnóstico e avaliação dos resultados do tratamento; 2) medidas dos sintomas do TAG; 3) medidas das variáveis-chave associadas ao TAG e 4) medidas gerais da ansiedade e da depressão. Levando em conta que a avaliação do TAG foi relativamente esquecida no passado e que a avaliação deficiente contribuiu para a falta de especificidade e eficácia das intervenções de tratamento, esta sessão descreverá detalhadamente cada nível de avaliação que seja essencial para o planejamento do tratamento eficaz do TAG.

VIII.1. Entrevistas estruturadas

Devido à escassa confiabilidade diagnóstica do TAG, comparada a outros transtornos de ansiedade (p. ex., Di Nardo et al., 1993; Williams et al., 1992), o emprego de uma entrevista estruturada bem-estabelecida é de suma importância. O ideal seria que o diagnóstico fosse confirmado por uma segunda entrevista diagnóstica independente (ou seja, um clínico diferente que administrasse a mesma entrevista estruturada). A fim de avaliar adequadamente os resultados e a manutenção do tratamento, a entrevista diagnóstica estruturada deveria ser administrada também no pós-tratamento e no acompanhamento. Consideramos que a *Entrevista para os transtornos de ansiedade, segundo o DSM-IV (Anxiety disorders interview schedule for DSM-IV)* (*ADIS-IV*, Brown, Di Naro e Barlow, 1994), representa a entrevista mais prática e informativa disponível atualmente para os transtornos de ansiedade. Embora a *ADIS-IV* tenha sido elaborada para os transtornos de ansiedade, contém também itens que mostram transtornos do estado de ânimo, transtornos somatoformes, transtorno por consumo de substâncias psicoativas, transtornos psicóticos e problemas médicos. A sessão sobre o TAG inclui itens que cobrem os critérios diagnósticos do *DSM-IV*, bem como outros itens sobre temas das preocupações, porcentagem do dia que passa preocupando-se, ingestão de álcool e drogas, condições físicas, duração do transtorno, etc. A administração do *ADIS-IV* dura normalmente de uma a duas horas e proporciona informações sobre a presença de transtornos do Eixo I com pontuações sobre sua gravidade.

VIII.2. Medidas dos sintomas do TAG

A primeira medida dos sintomas do TAG é o *Questionário de ansiedade e preocupação (Worry and anxiety questionnaire, WAQ*, Dugas et al., 1995a). O *WAQ* é composto por 16 itens e procede do *Questionário para o transtorno de ansiedade generalizada (Generalized anxiety disorder questionnaire, GADQ*, Roemer, Posa e Borkovec, 1991b), que foi atualizado para incluir todos os critérios diagnósticos do *DSM-IV* para o TAG, bem como questões atuais de pesquisa sobre a preocupação. Os itens dicotômicos do *GADQ* foram substituídos por itens numa escala contínua (avaliados ao longo de uma escala de 9 pontos tipo Likert), eliminando problemas anteriores nas altas e instáveis pontuações de alguns itens (Freeston et al., 1994a). O *WAQ* faz perguntas, inicialmente, com uma lista de até seis temas de preocupação, que, a seguir, são avaliadas segundo sua natureza excessiva e realista. A seguir, haverá oito itens sobre a preocupação e a ansiedade, incluindo três itens do *GADQ* (preocupações menores, porcentagem de pensamentos e imagens e porcentagem do dia em que a pessoa não está se preocupando) e cinco dos critérios do *DSM-IV* para o TAG. O *WAQ* contém também quatro itens que são muito representativos de construtos relacionados, como a intolerância com a incerteza, a supressão do pensamento, a orientação em relação ao problema e o perfeccionismo. Cada um destes itens, foi extraído de medidas já existentes e que tinham a maior correlação item–escala total. O último item pergunta sobre a saúde física. Embora o *DSM-IV* só afirme que a preocupação não deveria ser sobre outro transtorno do Eixo I, como a hipocondria, a relação entre a preocupação com a saúde e a doença física real continua sendo importante ao se avaliar o TAG.

Recomendamos também utilizar o *Questionário de preocupação, do estado de Pensilvânia (Penn state worry questionnaire, PSWQ*; Meyer et al., 1990), composto por 16 itens que medem uma tendência estilo traço para a preocupação. Meyer et al. (1990) mostraram que o *PSWQ* é unifatorial, tem uma consistência interna e uma confiabilidade teste-reteste elevadas, bem como uma validade convergente e discriminante adequada. As pontuações no *PSWQ* distinguem os pacientes com TAG dos pacientes com outros transtornos de ansiedade (Brown, Antony e Barlow, 1992). Como o *PSWQ* e o *WAQ* são questionários breves muito informativos, recomendamos que sejam administrados a intervalos regulares durante o tratamento, a fim de avaliar o progresso dos pacientes. Estes deveriam completar também estas medidas no pré-teste, no pós-teste e no acompanhamento.

VIII.3. *Medidas de variáveis-chave associadas ao TAG*

A primeira medida de variáveis associadas que deveria ser passada é a *Escala de intolerância com a incerteza (Intolerance of uncertainty scale, iu*; Freeston et al., 1994c) composta de 28 itens sobre incerteza, reações emocionais e comportamentais ante situações ambíguas, implicações de insegurança e tentativas de controlar o futuro. A soma destes itens distingue os sujeitos que se preocupam e que satisfazem os critérios do TAG com o uso de um questionário, daqueles que não os satisfazem e que a relação entre medidas de preocupação e a *IU* não se explica pela variância compartilhada com o afeto negativo (Freeston et al., 1994c). A análise fatorial revelou cinco fatores que correspondiam às idéias de incerteza: 1) é inaceitável e deveria ser evitada; 2) prejudica-o seriamente; 3) provoca frustração; 4) induz ao estresse e 5) inibe a ação. A consistência interna da *IU* é excelente e mostra uma boa estabilidade temporária ao longo de um período de cinco semanas ($r = 0{,}78$) (Dugas, Ladouceur e Freeston, 1995c). Embora a *IU* não avalie os sintomas do TAG, proporciona uma informação válida sobre variáveis cognitivas importantes. Por conseguinte, sugerimos que seja administrada antes e depois do tratamento e no acompanhamento.

A segunda medida é o *Inventário de solução de problemas sociais (Social problem-solving inventory, SPSI,* D´Zurilla e Nezu, 1990). O *SPSI* é uma medida multidimensional de auto-relatório sobre a solução de problemas sociais, composto de 70 itens (avaliados numa escala tipo Likert de cinco pontos) divididos em duas escalas principais e sete subescalas. As duas escalas principais são a *Escala de orientação em relação ao problema (Problem orientation scale)* e a *Escala de habilidades para a solução de problemas (problem-solving skills scale)*. A primeira, que se refere a fatores motivacionais gerais, contém três subescalas: cognição, emoção e comportamento. A segunda escala divide-se em quatro subescalas: definição e formulação do problema, geração de soluções alternativas, tomada de decisões e pôr em prática e verificação da solução. O *SPSI* tem propriedades psicométricas adequadas e é uma boa medida multicomponente da solução de problemas sociais.

Como apontaram muitos pesquisadores, os pacientes com TAG e os sujeitos que se preocupam muito acreditam que se preocupar traz benefícios importantes (Brown et al., 1993; Dugas et al., no prelo; Roemer e Borkovec, 1993). O questionário *Por que se preocupar?* (*Why worry?*, *WW*, Freeston et al., 1994c) foi desenvolvido pela nossa equipe de pesquisa, a fim de examinar a avaliação das preocupações. O *WW* é composto por 20 itens que refletem motivos pelos quais as pessoas se preocupam. Baseando-nos na nossa experiência clínica com pacientes que sofrem de TAG, construímos um conjunto de itens e foram utilizados critérios empíricos para selecioná-los. A análise fatorial identificou dois tipos de crença: 1) preocupar-se tem efeitos positivos, como encontrar um modo melhor de fazer as coisas, aumentar o controle e encontrar soluções e 2) preocupar-se pode evitar que ocorram conseqüências negativas ou proporcionar distração das imagens de temor ou de pensar sobre coisas piores.

Embora alguns itens do *WW* trabalhem com a evitação de imagens ou com o material emocional, o questionário não foi elaborado exclusivamente para avaliar a supressão do pensamento. Recomendamos utilizar o *White bear suppression inventory* (*WBSI*, Wegner e Zanakos, 1992) para complementar o *WW* na avaliação da supressão do pensamento. O *WBSI*, que apresenta boas propriedades psicométricas, mede diferenças individuais na tendência a suprimir pensamentos indesejados. Embora o *WBSI* seja utilizado principalmente para propósitos de pesquisa, tem demonstrado ser muito útil para avaliar a supressão do pensamento nos nossos pacientes com TAG.

VIII.4. *Medidas gerais de ansiedade e depressão*

Embora as medidas gerais de psicopatologia já não sejam o fundamento da avaliação do TAG, continuam sendo úteis o *Inventário de ansiedade, de Beck* (*Beck anxiety inventory, BAI*; Beck et al., 1988) e o *Inventário de depressão, de Beck* (*Beck depression inventory, BDI*, Beck et al., 1979) devido às qualidades psicométricas demonstradas e à sua extensa utilização. O *BAI* é uma escala de 21 itens sobre a ansiedade, estado que mede a intensidade de sintomas cognitivos, afetivos e somáticos de ansiedade experimentados durante os últimos sete dias. Nossa equipe de pesquisa confirmou as adequadas propriedades psicométricas do *BAI* com amostras não clínicas, ambulatoriais e psiquiátricas (Freeston et al., 1994b).

O *BDI* é composto por 21 itens que avaliam os principais sintomas depressivos e vem sendo utilizado há 25 anos. Suas propriedades psicométricas foram amplamente estudadas

(Beck, Steer e Garbin, 1988; Bourque e Beaudette, 1982) e demonstraram ser excelentes. Do mesmo modo que o *WAQ* e que o *PSQW*, estes inventários deveriam ser administrados regularmente durante a terapia, no pré-teste, no pós-teste e no acompanhamento.

IX. ESQUEMA DO TRATAMENTO

Os principais objetivos do tratamento consistem em ajudar o paciente a reconhecer suas preocupações como um comportamento de aproximação-evitação, a discriminar entre diferentes tipos de preocupação e a aplicar a estratégia correta a cada tipo. Nossa intervenção desenvolve-se ao longo de aproximadamente 18 sessões de uma hora e implica quatro componentes: 1) apresentação do tratamento; 2) análise comportamental e treinamento em perceber; 3) intervenções específicas sobre a preocupação e 4) reavaliação da avaliação da preocupação. Embora sempre inclua estes quatro componentes, o programa de tratamento se adapta às necessidades individuais de cada paciente. Por exemplo, para os pacientes que relatam preocupar-se principalmente com problemas baseados na realidade, a principal intervenção específica sobre a preocupação seria o treinamento em solução de problemas (TSP) adaptado, com ênfase na orientação em relação ao problema. Para pacientes que se preocupam principalmente com acontecimentos muito improváveis, a exposição funcional cognitiva seria a principal intervenção específica sobre as preocupações.

O tratamento normalmente dura quatro meses, com sessões de acompanhamento ao longo de um período de um ano. O ideal é que as oito primeiras sessões sejam realizadas duas vezes por semana, a fim de se observar de perto o progresso inicial do paciente. A seguir, ocorrem oito sessões de uma vez por semana, seguidas por duas sessões de desvanecimento (normalmente de duas a quatro semanas mais tarde). Recomendamos também três sessões de acompanhamento ao longo do período de um ano, após 3, 6 e 12 meses. Embora as sessões durem habitualmente uma hora, as que incluem prática de exposição podem durar até uma hora e meia.

X. O PROCESSO DO TRATAMENTO

X.1. *Apresentação do tratamento*

Durante as duas primeiras sessões, o terapeuta apresenta em que vai se consistir o tratamento. Em primeiro lugar, descrevemos nosso modelo clínico sobre a preocupação no TAG e são abordadas todas as perguntas que o paciente venha a fazer sobre o modelo. Desde a primeira sessão, o terapeuta insiste em que a percepção de incerteza por parte do paciente é uma fonte importante de preocupação e ansiedade. Considerando que a incerteza está enraizada na vida diária de todos os indivíduos, o objetivo do tratamento não consiste em tentar eliminar a incerteza, mas, ao contrário,

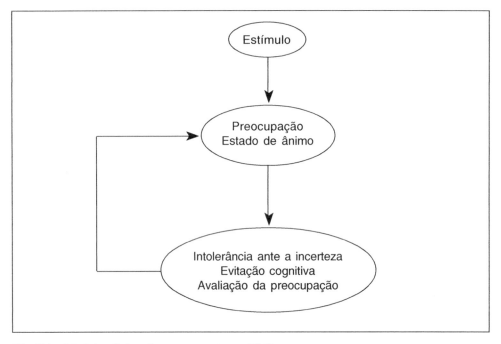

Fig. 7.1. *Modelo clínico da preocupação no TAG.*

fazer com que o paciente aprenda a aceitá-la e desenvolva estratégias de enfrentamento para quando se deparar com situações de incerteza. O modelo clínico, que é uma versão abreviada do nosso modelo descrito anteriormente (ver epígrafe V), é apresentado na figura 7.1.

Embora este modelo geral esteja muito simplificado, acreditamos que é importante apresentar inicialmente um modelo que os pacientes possam entender facilmente e ver-se nele. Consideramos o modelo muito adequado para esse propósito. O terapeuta apresenta então os três componentes seguintes, ou seja, a análise comportamental e o treinamento em perceber, as intervenções específicas para a preocupação e a reavaliação da avaliação da preocupação. Nesse ponto, são introduzidos e descritos brevemente os diferentes tipos de preocupação. O terapeuta apresenta também as intervenções para a preocupação e explica brevemente o porquê de serem utilizadas. Na apresentação do tratamento, tem se demonstrado ser útil um formato muito estruturado.

X.2. *Análise comportamental e treinamento em perceber*

Depois da apresentação do tratamento, o terapeuta e o paciente passam para a análise comportamental e para o treinamento em perceber as situações associadas às preocupações. Esse componente do tratamento é empregado para aumentar a consciência do paciente e lhe permite discriminar nitidamente entre três tipos de preocupações. Convém recordar que identificamos preocupações que se referem a: 1) os problemas imediatos baseados na realidade e modificáveis (p. ex., um conflito interpessoal atual com um colega de trabalho); 2) problemas imediatos que se baseiam na realidade, mas que não são modificáveis (p. ex., a doença de um ente querido); 3) acontecimentos muito improváveis que não se baseiam na realidade e que, por conseguinte, não são modificáveis (p. ex., a possibilidade de vir a arruinar-se algum dia). Como a maioria das preocupações estão relacionadas a situações que podem ser incluídas em mais de uma destas categorias, é necessário uma análise comportamental detalhada (p. ex., Ladouceur, Fontaine e Cottraux, 1993a) de cada situação. Também desenvolvemos uma série de perguntas feitas pelo terapeuta que ajudam os pacientes a classificar suas preocupações nessas dimensões críticas.

Para ajudar a determinar se uma preocupação se refere a um problema baseado na realidade, o terapeuta pode investigar o seguinte: 1) O paciente tem alguma prova real de que a preocupação versa sobre um problema imediato? 2) Tem alguma prova de que o problema que o preocupa surgirá num futuro próximo? 3) A preocupação reflete a tendência do paciente de preocupar-se mesmo quando não existe um problema real? Pode-se perguntar ao paciente se, baseando-se nas suas respostas anteriores, pensa que sua preocupação se refere a um problema baseado na realidade. Como os pacientes muitas vezes resistem a responder a esta pergunta em termos dicotômicos, recomendamos que se responda numa escala contínua. Constatamos que uma escala tipo Likert de 9 pontos (0 = nada, em absoluto; 8 = totalmente) é adequada para este propósito.

A seguir, o terapeuta e o paciente determinam se a preocupação se refere a um problema modificável. Podem ser úteis as seguintes perguntas: 1) O paciente já resolveu alguma vez um problema parecido com este? 2) Se reagisse melhor ao problema, poderia resolvê-lo? 3) Conhece alguém que poderia resolver este problema (porque reage melhor ou tem mais habilidades)? Finalmente, baseando-nos em suas respostas a estas perguntas, o paciente acredita que sua preocupação se refere a um problema modificável? Aqui voltamos a recomendar que esta última pergunta seja respondida numa escala contínua.

Embora este procedimento ajude os pacientes a serem mais objetivos ao avaliar suas preocupações com base nas dimensões críticas, é preciso chegar a um acordo entre o paciente e o terapeuta na escolha da estratégia de tratamento a ser aplicada à preocupação. Se o terapeuta não está de acordo com a avaliação do paciente, deveria discutir abertamente com ele, a fim de chegar a um acordo mútuo. No curso de um tratamento de pacientes com TAG, observamos que tendem a superestimar o grau no qual podem modificar as situações-problema. Embora esta observação clínica não fosse esperada no princípio, a reflexão posterior sobre as conseqüências da intolerância ante a incerteza levou-nos à seguinte conclusão: as situações-problema que não podem ser resolvidas por meio da solução de problemas instrumental (com objetivos centrados no problema) implicariam mais incerteza que aquelas que podem ser modificadas pela ação direta. Por exemplo, caso seja preciso contar com outros indivíduos para resolver um problema, suas ações nem sempre são previsíveis, e vêm a somar-se, por conseguinte, à incerteza do resultado desejado. Além disso, quando efeitos imprevistos, como os fenômenos naturais, encontram-se envolvidos na solução de um problema, o resultado se torna muito mais incerto. Por conseguinte, as situações-problema que não são modificáveis por meio da solução de problemas instrumental compreendem um maior grau de incerteza e são mais ameaçadoras para os pacientes com TAG que não toleram a incerteza. Sua avaliação subjetiva das situações-problema como mais modificáveis [do que realmente são pode ser resultado de seu desejo de] diminuir subjetivamente os níveis de incerteza em situações não modificáveis. É muito importante que os terapeutas ajudem os pacientes a reavaliar em que grau os problemas baseados na realidade são modificáveis. Por exemplo, pode-se pedir aos pacientes que avaliem o impacto de outros indivíduos e dos efeitos imprevistos na solução de um problema particular antes de avaliar seu próprio impacto. Não só a avaliação do grau em que um problema é modificável é o primeiro passo para aplicar a estratégia correta de tratamento, como também é terapêutico por si mesmo já que os pacientes começam a perceber com clareza e a aceitar, possivelmente, a incerteza envolvida nas situações-problema.

O componente da análise comportamental e o treinamento em perceber nosso tratamento dura, normalmente, de duas a quatro sessões. São avaliadas todas as principais preocupações nas dimensões básicas antes de iniciar as intervenções para a preocupação. Embora as intervenções seguintes possam ser aplicadas em qualquer ordem, recomendamos que o TSP adaptado com objetivos centrados no problema (para preocupações com problemas que estão baseados na realidade e são modificáveis) ou o TSP adaptado com objetivos centrados na emoção (para preocupações com problemas que estão baseados na realidade, mas que não são modificáveis) sejam empregados em primeiro lugar, a fim de aumentar a motivação e a aderência do paciente ao tratamento. Sugerimos insistentemente que as preocupações com acontecimentos muito improváveis, que não estão baseados na realidade, sejam tratadas ao final, já que a exposição cognitiva pode produzir temor em alguns pacientes (ver Freeston e Ladouceur, neste volume) e deveria ser aplicada, uma vez que outras preocupações tenham sido enfrentadas satisfatoriamente.

Os terapeutas deveriam sublinhar um último ponto antes de passar às intervenções específicas para as preocupações. Quando se chegou a um acordo sobre uma preocupação-objetivo e se começou a aplicar uma intervenção específica, a intervenção deveria ser levada até a sua conclusão lógica antes de se sugerir outra preocupação como objetivo. Como os pacientes com TAG normalmente se preocupam com muitos temas, os terapeutas deveriam esperar que seus pacientes desejassem lidar com uma [preocupação diferente quando começasse a diminuir a intensidade da preocupaçãoojetivo]. Por conseguinte, os terapeutas deveriam "advertir" seus pacientes de que, se uma intervenção é aplicada a uma preocupação determinada, será realizada até o final, mesmo no caso de que, com o tempo, outras preocupações possam parecer mais importantes que aquela sobre a qual se chegou a um acordo.

X.3. Intervenções específicas para a preocupação

O treinamento em solução de problemas adaptado – o treinamento em solução de problemas (TSP) adaptado se aplica a preocupações com problemas que se baseiam na realidade. Como já foi descrito, o TSP adaptado com objetivos centrados no problema é empregado no caso de problemas modificáveis enquanto o TSP adaptado com objetivos centrados na emoção é aplicado a problemas não modificáveis. Embora cada tipo de TSP adaptado inclua um conjunto diferente de objetivos de solução de problemas, ambos implicam o mesmo processo de solução de problemas. Por conseguinte, em ambos os casos, a estratégia de tratamento compreende dois componentes fundamentais:

Orientação em relação ao problema – a orientação em relação ao problema por parte do paciente envolve suas reações cognitivas, afetivas e comportamentais ante o mesmo. A orientação deficiente em relação ao problema está estreitamente vinculada à preocupação excessiva e, num nível mais específico, à percepção de falta de controle pessoal, que é um subcomponente da orientação em relação ao problema, associada à preocupação excessiva. Como os déficits em orientação são um grande obstáculo à aplicação das habilidades de solução de problemas, este componente é claramente o objetivo central do TSP adaptado. O terapeuta tem que ressaltar a importância de reconhecer as reações aos problemas que são contraproducentes e corrigi-las, utilizando técnicas de reavaliação cognitiva (Beck e Emery, 1985) e tarefas comportamentais para casa (p. ex., o registro diário das reações aos problemas). O paciente deveria perceber que suas reações contraproducentes às situações-problema são, muitas vezes, expressões da intolerância ante à incerteza (Dugas, Ladouceur e Freeston, 1995c). Por exemplo, quando se deparam com uma situação ambígua, costumam tender a interpretá-la como ameaçadora (Butler e Mathews, 1983).

Habilidades de solução de problemas – este componente inclui todos os comportamentos de solução de problemas e compreende os quatro passos seguintes: 1) definir o problema; 2) gerar soluções alternativas; 3) tomar uma decisão e 4) levá-la à prática e avaliar a solução. Como a orientação deficiente em relação ao problema afeta todas as fases da solução de problemas (Nezu e D'Zurilla, 1989), os passos comportamentais são revisados, enfatizando a reação do paciente à situação-problema. Por exemplo, perceber um problema como uma ameaça, em vez de como um desafio, pode representar um obstáculo às tentativas do paciente de defini-lo de modo operacional, desestimulando-o a gerar possíveis soluções, evitando que tome uma decisão e afastando-o de aplicar uma solução.

O terapeuta deveria apresentar brevemente os elementos-chave de cada passo comportamental. O primeiro passo, *definir o problema*, implica a descrição de problemas e objetivos pessoais com objetividade, especificidade e clareza. A definição do problema tem que proporcionar informações que otimizem a atuação nas etapas seguintes do processo de solução de problemas, mas excluindo as informações referentes à intolerância ante a incerteza ou ante a excitação. A seguir, a *geração de soluções alternativas* implica as seguintes regras do turbilhão de idéias: eliminam-se as críticas, favorece-se a expressão incontrolada de idéias, estimula-se a quantidade e se persegue a combinação e a melhora das alternativas. As expressões de intolerância ante a incerteza não têm que limitar a geração de soluções alternativas. O terceiro passo comportamental, a *tomada de decisões*, consiste em avaliar de modo realista as prováveis conseqüências de cada solução gerada, a fim de determinar a melhor estratégia para a situação particular. A decisão final não tem que refletir simplesmente o desejo do paciente de evitar a excitação emocional ou as situações relacionadas à incerteza. Finalmente, o *aplicar e avaliar a solução* implica verificar principalmente a observação e o registro das conseqüências das ações. Se o resultado não for satisfatório, o paciente deve começar novamente e tentar encontrar uma solução para os problemas. A avaliação da solução tem que ser feita com critérios que definam o resultado ótimo e não com critérios que reflitam uma diminuição da incerteza ou da excitação emocional.

A exposição funcional cognitiva–a exposição funcional cognitiva é empregada para preocupações referentes a acontecimentos altamente improváveis que não se apóiam na realidade e que, por conseguinte, não são modificáveis. Para uma descrição completa passo a passo do nosso tratamento de exposição, veja nosso capítulo sobre tratamento das obsessões (Freeston e Ladouceur, neste volume). Para os propósitos deste capítulo, descreveremos o componente de exposição que é específico do nosso programa de tratamento para a preocupação em sujeitos com TAG, ou seja, a técnica da flecha descendente, e revisaremos brevemente a idéia da prevenção da resposta encoberta.

O primeiro passo na exposição cognitiva para a preocupação no TAG consiste em identificar a pior imagem sobre a preocupação utilizando a flecha descendente ou a técnica da catastrofização (Beck e Emery, 1985; Burns, 1980; Vasey e Borkovec, 1992). Considerando-se que a preocupação serve para evitar as imagens de ameaça, a identificação da pior imagem é um passo fundamental para a exposição da preocupação. Basicamente, a catastrofização é realizada fazendo ao paciente uma série de perguntas semelhantes a "Se _____ fosse verdade, a que levaria? Ou "O que isso significaria para você?". O processo se repete até que o paciente seja incapaz de gerar outra resposta ou até que repita a mesma resposta por três vezes consecutivas. Uma vez que tenha sido descrita a imagem final para cada preocupação relevante, o terapeuta ajuda o paciente a colocá-las em ordem hierárquica, desde a menos até a mais ameaçadora. Como é difícil conseguir inicialmente a exposição funcional, recomendamos começar com a imagem menos ameaçadora até que o paciente domine a técnica da exposição.

Uma vez identificado o primeiro objetivo, o terapeuta ajuda o paciente a desenvolver a imagem até que haja detalhes suficientes. A seguir, o paciente descreve a imagem ameaçadora, que é gravada numa fita que dá voltas continuamente para que ocorra a exposição repetida, com um aparelho tipo *walkman*. A seguir se expõe o paciente à imagem que provoca ansiedade com a prevenção da resposta encoberta. Tal como foi descrito no nosso capítulo deste livro sobre o tratamento das obsessões, a prevenção da resposta encoberta implica a identificação e proscrição de toda atividade voluntária ou que implique esforço empregado pelo paciente para controlar a imagem, incluindo as estratégias normais de enfrentamento. Devido aos sujeitos se exporem a imagens mentais que provocam ansiedade, a exposição cognitiva aborda principalmente a evitação cognitiva e emocional.

X.4. *Reavaliação da valoração da preocupação*

Como os pacientes com TAG costumam superestimar as vantagens e subestimar as desvantagens de preocupar-se (Brown et al., 1993; Ladouceur et al., 1993b; Roemer e Borkovec, 1993), examina-se e reavalia-se sua avaliação da utilidade da preocupação. Embora esta sugestão não seja nova, devem ser esboçadas as diretrizes específicas da terapia para a identificação e correção da avaliação inapropriada das preocupações. Em primeiro lugar, os terapeutas deveriam examinar cuidadosamente as respostas dos seus pacientes aos itens do questionário *Why worry?* para identificar as crenças que possam contribuir para gerar preocupações específicas. É possível que os pacientes acreditem que se preocupar pode: 1) evitar conseqüências negativas; 2) diminuir a culpa; 3) evitar a frustração; 4) distraí-los de preocupar-se com coisas piores; 5) ajudá-los a encontrar uma solução ou um modo de fazer as coisas e 6) contribuir para o aumento do controle sobre suas vidas (Ladouceur et al., 1993b). Crenças como estas podem receber reforço negativo, como, por exemplo, pela não ocorrência de um acontecimento negativo. Por conseguinte, a avaliação do preocupar-se como uma atividade cognitiva útil pode contribuir significativamente para a manutenção da preocupação. Os clínicos deveriam começar com os itens que obtêm pontuação mais alta no questionário *Why worry?* A seguir, deveriam ajudar os pacientes a determinar qual das crenças identificadas no questionário se aplicam a cada preocupação específica. Os terapeutas podem também fazer perguntas sobre outras crenças a respeito da utilidade de cada preocupação.

Uma vez que sejam identificadas as crenças sobre a utilidade de cada preocupação específica, pode começar a reavaliação das crenças. Deveriam ser utilizadas técnicas cognitivas para corrigir crenças errôneas sobre as vantagens e desvantagens de cada preocupação específica. O questionamento socrático e a comprovação comportamental da hipótese são especialmente úteis para ajudar os pacientes com TAG a reavaliar a utilidade de preocupar-se. Como é possível que todo um conjunto de crenças errôneas contribua para cada preocupação, os terapeutas deveriam ajudar os pacientes a examinar e corrigir as avaliações das preocupações independentemente de cada preocupação. Posto que as crenças sobre a utilidade de cada preocupação podem estar sobrepostas em certo grau, não é rara a generalização de uma avaliação mais apropriada das preocupações. Entretanto, continua sendo importante examinar as crenças sobre a utilidade de cada preocupação específica, já que combinações distintas de crenças podem requerer intervenções cognitivas diferentes.

Por exemplo, um dos nossos pacientes com TAG relatou que suas duas preocupações mais incontroláveis e perturbadoras eram as seguintes: 1) ficar gravemente doente (p. ex., câncer, acidente cardiovascular, etc.) e 2) que um membro da família ficasse gravemente doente (p. ex., esclerose múltipla, câncer, etc.). Acreditava que as preocupações com sua própria saúde eram úteis porque o ajudariam a descobrir os primeiros sinais da doença. Caso se preocupasse menos com sua saúde, poderia passar por alto os primeiros sintomas de uma doença séria e então seria tarde demais para tratar da enfermidade. A fim de tratar com eficácia destas preocupações, o terapeuta utilizou várias técnicas cognitivas para ajudar o paciente a reavaliar a utilidade de estar constantemente preocupado com a saúde como um modo de prevenir a doença. Quanto às preocupações do paciente de que um membro da sua família ficasse gravemente doente, também as avaliava como muito úteis, mas por outras razões. Acreditava que, se um membro da família ficasse doente, se sentiria muito culpado se não tivesse se preocupado previamente com o desenrolar dos acontecimentos. Daí o paciente acreditar que estas preocupações o ajudariam a reduzir os futuros sentimentos de culpa e de vergonha. Alegava também que o não preocupar-se com esta eventualidade significaria que não se preocupava o suficiente com os membros da família. Por conseguinte, embora as duas preocupações principais específicas do paciente estivessem relacionadas à doença, suas crenças sobre a utilidade de cada preocupação eram muito diferentes. Ao contrário do que pensava quanto a preocupar-se com sua própria saúde, o paciente não acreditava que preocupar-se com a saúde dos membros da família evitasse que ficassem gravemente doentes, e nem em detectar os sintomas precocemente. Entretanto, acreditava que preocupar-se com a saúde deles provava que se preocupava com sua família e também o ajudaria a reduzir os sentimentos futuros de culpa.

Em suma, a reavaliação das vantagens e desvantagens de cada preocupação específica é um importante componente do tratamento. Embora a reavaliação das crenças que contribuem para uma preocupação possa ser generalizada, em alguns casos, a outras preocupações, os terapeutas não deveriam passar isto por alto e teriam que examinar as crenças específicas relativas a cada preocupação, a fim de otimizar o tratamento. Como sugere o bom senso, se os pacientes com TAG acreditam que uma preocupação específica é útil, serão mais resistentes em abandoná-la.

XI. A EFICÁCIA DO TRATAMENTO

Os pacotes de tratamento para o TAG têm produzido geralmente benefícios variáveis e limitados (Dugas et al., no prelo). Os pacientes melhoram, mas a preocupação continua sendo muitas vezes excessiva, e os sintomas somáticos não são totalmente eliminados. Acreditamos que os pacotes de tratamento que têm como objetivo direto a preocupação no TAG podem oferecer vantagens significativas. Os avanços teóricos e clínicos recentes apontam para duas estratégias básicas de tratamento. Em primeiro lugar, o treinamento em solução de problemas adaptado parece ser fundamental para abordar o componente da preocupação, que provém da intolerância diante da incerteza. Em segundo lugar, a exposição funcional cognitiva permitirá que os clínicos reduzam a intolerância da excitação emocional ao propor como objetivo o componente de evitação contido no ato de preocupar-se. A avaliação inicial do nosso pacote de tratamento está em curso neste momento e os resultados estarão disponíveis em breve.

REFERÊNCIAS

American Psychiatric Association (1980). *Diagnostic and statistical manual of mental disorders* (3ª edición) *(DSM-III)*. Washington, D. C.: APA.
American Psychiatric Association (1994). *Diagnostic and statistical manual of mental disorders* (4ª edición) *(DSM-IV)*. Washington, D. C.: APA.
Barlow, D. H. (1988). *Anxiety and its disorders: The nature and treatment of anxiety and panic*. Nueva York: Guilford.
Barlow, D. H., Blanchard, E. B., Vermilyea, B. B. y Di Nardo, P. A. (1986). Generalized anxiety and generalized anxiety disorder: Description and reconceptualization. *American Journal of Psychiatry, 143*, 40-44.
Barlow, D. H., Cohen, A. S., Waddell, M., Vermilyea, B. B., Klosko, J. S., Blanchard, E. B. y Di Nardo, P. A. (1984). Panic and generalized anxiety disorders: Nature and treatment. *Behavior Therapy, 15*, 431-449.
Barlow, D. H., Rapee, R. M. y Brown, T. A. (1992). Behavioral treatment of generalized anxiety disorder. *Behavior Therapy, 23*, 551-570.
Beck, A. T. y Emery, G. (1985). *Anxiety disorders and phobias: A cognitive perspective*. Nueva York: Basic Books.
Beck, A. T., Epstein, N., Brown, G. y Steer, R. A. (1988). An inventory for measuring clinical anxiety: Psychometric properties. *Journal of Consulting and Clinical Psychology, 56*, 893-897.
Beck, A. T., Rush, A. J., Shaw, B. F. y Emery, G. (1979). *Cognitive therapy of depression*. Nueva York: Guilford Press.
Beck, A. T., Steer, R. A. y Garbin, M. G. (1988). Psychometric properties of the Beck Depression Inventory: Twenty-five years of evaluation. *Clinical Psychology Review, 8*, 77-100.

Blais, F., Ladouceur, R., Dugas, M. J. y Freeston, M. H. (1993, noviembre). *Résolution de problèmes et inquiétudes: Distinction clinique* [Problem solving and worry: Clinical distinction]. Informe presentado en la conferencia anual de la Société Québécoise pour la Recherche en Psychologie, Quebec, Canadá.

Borkovec, T. D. (1985). Worry: A potentially valuable concept. *Behaviour Research and Therapy, 23*, 481-482.

Borkovec, T. D. y Costello, J. (1993). Efficacy of applied relaxation and cognitive behavioral therapy in the treatment of generalized anxiety disorder. *Journal of Consulting and Clinical Psychology, 61*, 611-619.

Borkovec, T. D. y Hu, S. (1990). The effect of worry on cardiovascular response to phobic imagery. *Behaviour Research and Therapy, 28*, 69-73.

Borkovec, T. D. e Inz, J. (1990). The nature of worry in generalized anxiety disorder: A predominance of thought activity. *Behaviour Research and Therapy, 28*, 153-158.

Borkovec, T. D. y Lyonfields, J. D. (1993). Worry: Thought suppression of emotional processing. En H. W. Krohne (dir.), *Attention and avoidance*. Seattle: Hogrefe and Huber.

Borkovec, T. D., Lyonfields, J. D., Wiser, S. L. y Deihl, L. (1993). The role of worrisome thinking in the suppression of cardiovascular response to phobic imagery. *Behaviour Research and Therapy, 31*, 321-324.

Borkovec, T. D., Robinson, E., Pruzinsky, T. y DePree, J. A. (1983a). Preliminary exploration of worry: Some characteristics and processes. *Behaviour Research and Therapy, 21*, 9-16.

Borkovec, T. D., Shadick, R. N. y Hopkins, M. (1991). The nature of normal and pathological worry. En R. M. Rapee y D. H. Barlow (dirs.), *Chronic anxiety: Generalized anxiety disorder and mixed anxiety-depression*. Nueva York: Guilford.

Borkovec, T. D., Wilkinson, L., Folensbee, R. y Lerman, C. (1983b). Stimulus control applications to the treatment of worry. *Behaviour Research and Therapy, 21*, 247-251.

Bourque, P. y Beaudette, D. (1982). Étude psychométrique du questionnaire de dépression de Beck auprès d'un échantillon d'étudiants universitaires francophones. [Psychometric study of the Beck Depression Inventory with French-Canadian university students]. *Revue Canadienne des Sciences de Comportement, 14*, 211-218.

Bradwejn, J., Berner, M. y Shaw, B. (1992). *Malade d'inquiétude: Guide du médecin pour le traitement et le counseling* [Sick of worrying: Doctor's guide for treatment and counselling]. Montreal, Quebec: Grosvenor.

Breslau, N. y Davis, G. C. (1985). DSM-III generalized anxiety disorder: An empirical investigation of more stringent criteria. *Psychiatry Research, 14*, 231-238.

Brown, T. A., Antony, M. M. y Barlow, D. H. (1992). Psychometric properties of the *Penn state worry questionnaire* in a clinical anxiety disorders sample. *Behaviour Research and Therapy, 30*, 33-37.

Brown, T. A. y Barlow, D. H. (1992). Comorbidity among anxiety disorders: implications for treatment and DSM-IV. *Journal of Consulting and Clinical Psychology, 60*, 835-844.

Brown, T. A., Di Nardo, P. A. y Barlow, D. H. (1994). *Anxiety disorders interview schedule for DSM-IV*. Albany, Nueva York: Graywind.

Brown, T. A., O'Leary, T. A. y Barlow, D. H. (1993). Generalized anxiety disorder. En D. H. Barlow (dir.), *Clinical handbook of psychological disorders*. Nueva York: Guilford.

Burns, D. D. (1980). *Feeling good: The new mood therapy*. Nueva York: New American Library.

Butler, G., Cullington, A., Hibbert, G., Klimes, I. y Gelder, M. (1987). Anxiety management for persistent generalized anxiety. *British Journal of Psychiatry, 151*, 535-542.

Butler, G., Fennell, M., Robson, P. y Gelder, M. (1991). A comparison of behavior therapy and cognitive behavior therapy in the treatment of generalized anxiety disorder. *Journal of Consulting and Clinical Psychology, 59*, 167-175.

Butler, G. y Mathews, A. (1983). Cognitive processes in anxiety. *Advances in Behaviour Research and Therapy, 5*, 51-62.

Butler, G. y Mathews, A. (1987). Anticipatory anxiety and risk perception. *Cognitive Therapy and Research, 11*, 551-565.

Butler, G., Wells, A. y Dewick, H. (junio de 1992). *Differential effects of worry and imagery after exposure to a stressful stimulus*. Comunicación presentada en el World Congress of Cognitive Therapy, Toronto, Canadá.

Craske, M. G., Barlow, D. H. y O'Leary, T. (1992). *Mastery of your anxiety and worry*. Albany, Nueva York: Graywind.

Craske, M. G., Rapee, R. M., Jackel, L. y Barlow, D. H. (1989). Qualitative dimensions of worry in DSM III-R generalised anxiety disorder subjects and nonanxious controls. *Behaviour Research and Therapy, 27*, 397-402.

D'Zurilla, T. J. y Nezu, A. M. (1990). Development and preliminary evaluation of the *Social problem-solving inventory*. *Psychological Assessment, 2*, 156-163.

Davey, G. C. L. (1994). Worrying, social problem solving abilities, and problem-solving confidence. *Behaviour Research and Therapy, 32*, 327-330.

De Ruiter, C., Ruken, H., Garssen, B., Van Schaik, A. y Kraaimaat, F. (1989). Comorbidity among the anxiety disorders. *Journal of Anxiety Disorders, 3*, 57-68.

Di Nardo, P. A., Moras, K., Barlow, D. A., Rapee, R. M. y Brown, T. A. (1993). Reliability of DSM-III-R anxiety disorder categories. *Archives of General Psychiatry, 50*, 251-256.

Dugas, M. J., Freeston, M. H., Blais, F. y Ladouceur, R. (1994a, noviembre). *Anxiety and depression in GAD patients, high and moderate worriers*. Comunicación presentada en la reunión anual de la Association for the Advancement of Behavior Therapy, San Diego, California.

Dugas, M. J., Freeston, M. H., Lachance, S., Provencher, M. y Ladouceur, R. (1995a, julio). *The "Worry and anxiety questionnaire": Initial validation in non-clinical and clinical samples*. Comunicación presentada en el World Congress of Behavioural and Cognitive Therapies, Copenhague, Dinamarca.

Dugas, M. J., Freeston, M. H., Doucet, C., Provencher, M. y Ladouceur, R. (1995b, noviembre). *Intolerance of uncertainty and thought suppression in worry*. Comunicación presentada en la reunión anual de la Association for the Advancement of Behavior Therapy, Washington, D. C.

Dugas, M. J., Freeston, M. H. y Ladouceur, R. (1994b, noviembre). *The nature of worry*. Comunicación presentada en la reunión anual de la Association for the Advancement of Behavior Therapy, San Diego, California.

Dugas, M. J., Ladouceur, R., Boisvert, J.-M. y Freeston, M. H. (en prensa). *Le trouble d'anxiété généralisée: Éléments fondamentaux et interventions psychologiques* [Generalized Anxiety Disorder: Fondamental elements and psychological interventions]. *Psychologie Canadienne*.

Dugas, M. J., Ladouceur, R. y Freeston, M. H. (1995c, julio). *Worry: The contribution of intolerance of uncertainty, problem solving and worry appraisal*. Comunicación presentada en el World Congress of Behavioural and Cognitive Therapies, Copenhague, Dinamarca.

Dugas, M. J., Letarte, H., Rhéaume, J., Freeston, M. H. y Ladouceur, R. (1995d). Worry and problem solving: Evidence of a specific relationship. *Cognitive Therapy and Research, 19,* 109-120.

Durham, R. C. y Turvey, A. A. (1987). Cognitive therapy vs behavior therapy in the treatment of chronic generalized anxiety. *Behaviour Research and Therapy, 25,* 229-234.

Eysenck, M. W., MacLeod, C. y Mathews, A. (1987). Cognitive functioning and anxiety. *Psychological Research, 49,* 189-195.

Eysenck, M. W., Mogg, K., May, J., Richards, A. y Mathews, A. (1991). Bias in interpretation of ambiguous sentences related to threat in anxiety. *Journal of Abnormal Psychology, 100,* 144-150.

Eysenck, M. W. y Van Berkum, J. (1992). Trait anxiety, defensiveness, and the structure of worry. *Personality and Individual Differences, 13,* 1285-1290.

Foa, E. B. y Kozak, M. J. (1986). Emotional processing of fear: Exposure to corrective information. *Psychological Bulletin, 99,* 20-35.

Freeston, M. H., Dugas, M. J. y Ladouceur, R. (1995, julio). *The social basis of worry.* Comunicación presentada en el World Congress of Behavioural and Cognitive Therapies, Copenhague, Dinamarca.

Freeston, M. H., Dugas, M. J. y Ladouceur, R. (1994a, noviembre). *Thoughts, images, worry, and anxiety.* Comunicación presentada en la reunión anual de la Association for the Advancement of Behavior Therapy, San Diego, California.

Freeston, M. H., Ladouceur, R., Thibodeau, N., Gagnon, F. y Rhéaume, J. (1994b). L'inventaire d'anxiété de Beck: Propriétés psychométriques d'une traduction française [The Beck Anxiety Inventory: Psychometric properties of a french translation]. *L'Encéphale, XX,* 47-55.

Freeston, M. H., Rhéaume, J., Letarte, H., Dugas, M. J. y Ladouceur, R. (1994c). Why do people worry? *Personality and Individual Differences, 17,* 791-802.

Hoehn-Saric, R., McLeod, D. R. y Zimmerli, W. D. (1988). Differential effects of alprazolam and imipramine in generalized anxiety. *Journal of Clinical Psychiatry, 49,* 293-301.

Jannoun, L., Oppenheimer, C. y Gelder, M. (1982). A self-help treatment for anxiety state patients. *Behavior Therapy, 13,* 103-111.

Kessler, R. C., McGonagle, K. A., Zhao, S., Nelson, C. B., Hughes, M., Eshleman, S., Wittchen, H.-U. y Kendler, K. S. (1994). Lifetime and 12-month prevalence of DSM-III-R psychiatric disorders in the United States. *Archives of General Psychiatry, 51,* 8-19.

Krohne, H. W. (1989). The concept of coping modes: Relating cognitive person variables to actual coping behavior. *Advances in Behaviour Research and Therapy, 11,* 235-247.

Krohne, H. W. (1993). Vigilance and cognitive avoidance as concepts in coping research. En H. W. Krohne (dir.), *Attention and avoidance.* Seattle: Hogrefe and Huber.

Ladouceur, R., Fontaine, O. y Cottraux, J. (1993a). *Thérapie comportementale et cognitive* [Behavioral and cognitive therapy]. París: Masson.

Ladouceur, R., Freeston, M. H. y Dugas, M. J. (1993b, noviembre). *L'intolérance à l'incertitude et les raisons pour s'inquiéter dans le Trouble d'anxiété généralisée* [Intolerance of uncertainty and reasons for worrying in Generalized Anxiety Disorder]. Comunicación presentada en la reunión anual de la Société Québecoise pour la Recherche en Psychologie, Quebec.

Ladouceur, R., Freeston, M. H., Gagnon, F., Thibodeau, N. y Dumont, J. (1993c). Idiographic considerations in the behavioral treatment of obsessional thoughts. *Journal of Behavior Therapy and Experimental Psychiatry, 24,* 301-310.

Ladouceur, R., Freeston, M. H., Gagnon, F., Thibodeau, N. y Dumont, J. (1994). Cognitive-behavioral treatment of obsessions. *Behavior Modification, 19,* 247-257.

Letarte, H., Freeston, M. H., Rhéaume, J. y Ladouceur, R. (1995). *Dispositional worry, beliefs, and self-focused attention.* Manuscrito enviado para publicación.

Lindsay, W. R., Gamsu, C. V., McLaughlin, E., Hood, E. M. y Espie, C. A. (1987). A controlled trial of treatments for generalized anxiety. *British Journal of Clinical Psychology, 26,* 3-15.

Lovibond, P. F. y Rapee, R. M. (1993). The representation of feared outcomes. *Behaviour Research and Therapy, 31,* 595-608.

MacLeod, C. y Mathews, A. (1988). Anxiety and the allocation of attention to threat. *Quarterly Journal of Experimental Psychology, 4,* 653-670.

MacLeod, A. K., Williams, M. G. y Bekerian, D. A. (1991). Worry is reasonable: The role in pessimism about future personal events. *Journal of Abnormal Psychology, 100,* 478-486.

Mathews, A. (1990). Why worry? The cognitive function of anxiety. *Behaviour Research and Therapy, 28,* 455-468.

Mathews, A., Mogg, K., May, J. y Eysenck, M. (1989). Implicit and explicit memory bias in anxiety. *Journal of Abnormal Psychology, 98,* 236-240.

Metzger, R. L., Miller, M. L., Cohen, M., Sofka, M. y Borkovec, T. D. (1990). Worry changes decision making: The effect of negative thoughts on cognitive processing. *Journal of Clinical Psychology, 46,* 78-88.

Meyer, T. J., Miller, M. L., Metzger, R. L. y Borkovec, T. D. (1990). Development and validation of the *Penn state worry questionnaire. Behaviour Research and Therapy, 28,* 487-496.

Nezu, A. M. y D'Zurilla, T. J. (1989). Social problem solving and negative affective conditions. En P. C. Kendall y D. Watson (dirs.), *Anxiety and depression.* San Diego: Academic.

Noyes, R., Woodman, C., Garvey, M. J., Cook, B., Suelzer, M., Clancy, J. y Anderson, D. J. (1992). Generalized anxiety disorder *versus* Panic disorder. *The Journal of Nervous and Mental Disease, 180,* 369-379.

O'Leary, T. A., Brown, T. A. y Barlow, D. H. (1992, noviembre). *The efficacy of worry control treatment in generalized anxiety disorder: A multiple baseline analysis.* Comunicación presentada en la reunión anual de la Association for the Advancement of Behavior Therapy, Boston, Massachusetts.

Rapee, R. M. (1991). Generalized anxiety disorder: A review of clinical features and theoretical concepts. *Clinical Psychology Review, 11,* 419-440.

Roemer, L. y Borkovec, T. D. (1993). Worry: Unwanted cognitive activity that controls unwanted somatic experience. En D. M. Wegner y J. W. Pennebaker (dirs.), *Handbook of mental control.* Englewood Cliffs, NJ: Prentice Hall.

Roemer, L., Borkovec, M., Posa, S. y Lyonfields, J. (1991a, noviembre). *Generalized anxiety disorder in an analogue population: The role of past trauma.* Comunicación presentada en la reunión anual de la Association for the Advancement of Behavior Therapy, Nueva York, NY.

Roemer, L., Posa, S. y Borkovec, T. D. (1991b, noviembre). *A self-report measure of generalized anxiety disorder.* Comunicación presentada en la reunión anual de la Association for the Advancement of Behavior Therapy, Nueva York, NY.

Sanderson, W. C. y Barlow, D. H. (1990). A description of patients diagnosed with DSM-III-R generalised anxiety disorder. *The Journal of Nervous and Mental Disease, 178,* 588-591.

Sanderson, W. C. y Beck, A. T. (1991, noviembre). *Cognitive therapy of generalized an-*

xiety disorder: A naturalistic study. Comunication presentada en la reunión anual de la Association for the Advancement of Behavior Therapy, Nueva York, NY.

Sanderson, W. C., Beck, A. T. y Beck, J. (1990). Syndrome comorbidity in patients with major depression or dysthimia: Prevalence and temporal relationships. *American Journal of Psychiatry, 147*, 1025-1028.

Sanderson, W. C., Di Nardo, P. A., Rapee, R. M. y Barlow, D. H. (1990). Syndrome comorbidity in patients diagnosed with a DSM-III-Revised anxiety disorder. *Journal of Abnormal Psychology, 99*, 308-312.

Shadick, R. N., Roemer, L., Hopkins, M. B. y Borkovec, T. D. (1991, noviembre). *The nature of worrisome thoughts*. Comunicación presentada en la reunión anual de la Association for the Advancement of Behavior Therapy, Nueva York, NY.

Tallis, F. (1989). *Worry: A cognitive analysis*. Tesis doctoral sin publicar. Universidad de Londres.

Tallis, F., Eysenck, M. y Mathews, A. (1991). Elevated evidence requirements and worry. *Personality and Individual Differences, 12*, 21-27.

Vasey, M. W. y Borkovec, T. D. (1992). A catastrophizing assessment of worrisome thoughts. *Cognitive Therapy and Research, 16*, 505-520.

Wegner, D. y Zanakos, S. (1992, noviembre). Individual differences in thought suppression and obsessional thinking. En R. J. McNally (presid.), *Cognitive aspects of obsessive-compulsive disorder*. Symposium celebrado en la reunión anual de la Association for the Advancement of Behavior Therapy, Boston, Massachusetts.

Wells, A. (1994). Attention and the control of worry. En G. C. L. Davey y F. Tallis (dirs.), *Worrying: perspectives on theory, assessment and treatment*. Chichester: Wiley.

White, J., Keenan, M. y Brooks, N. (1992). Stress control: A controlled comparative investigation of large group therapy for generalized anxiety disorder. *Behavioural Psychotherapy, 20*, 97-113.

Williams, J. B. W., Gibbon, M., First, M. B., Spitzer, R. L., Davies, M., Borus, J., Howes, M. J., Kane, J., Pope, H. G., Rounsaville, B. y Wittchen, H. (1992). The structured clinical interview for DSM-III-R (SCID), II: Multisite test-retest reliability. *Archives of General Psychiatry, 49*, 630-636.

LEITURAS PARA APROFUNDAMENTO

Barlow, D. H. (1988). *Anxiety and its disorders: The nature and treatment of anxiety and panic*. Nueva York: Guilford.

Borkovec, T. D., Shadick, R. N. y Hopkins, M. (1991). The nature of normal and pathological worry. En R. M. Rapee y D. H. Barlow (dirs.), *Chronic anxiety: Generalized anxiety disorder and mixed anxiety-depression*. Nueva York: Guilford.

Brown, T. A., O'Leary, T. A. y Barlow, D. H. (1993). Generalized anxiety disorder. En D. H. Barlow (dir.), *Clinical handbook of psychological disorders* (2ª edición). Nueva York: Guilford.

Craske, M. G., Barlow, D. H. y O'Leary, T. (1992). *Mastery of your anxiety and worry*. Albany, Nueva York: Graywind.

Rapee, R. M. (1995). Trastorno por ansiedad generalizada. En V. E. Caballo, G. Buela-Casal y J. A. Carrobles (dirs.), *Manual de psicopatología y trastornos psiquiátricos, vol. 1*. Madrid: Siglo XXI.

TREINAMENTO NO MANEJO DA ANSIEDADE GENERALIZADA

Capítulo 8

JERRY L. DEFFENBACHER[1]

I. INTRODUÇÃO

Este capítulo está centrado na aplicação do treinamento no manejo da ansiedade (TMA)[2] (*anxiety management training, AMT*) para a diminuição da ansiedade tanto específica quanto geral, com referência especial a esta última. Começa com uma breve descrição do transtorno de ansiedade generalizada (TAG) que, por sua vez, está associado à história e desenvolvimento do TMA. A seguir, revisamos a literatura empírica que apóia o emprego do TMA com a ansiedade e com outros transtornos emocionais e psicofisiológicos, para concluir que o TMA tem um apoio empírico sólido. A maior parte do capítulo é dedicada a descrever os procedimentos do TMA com um paciente individual, de modo que o clínico possa aplicar o TMA a seus próprios pacientes. O esquema do TMA individual vem acompanhado por sessões adaptadas a um formato de grupo para a aplicação do TMA, e de como o TMA pode ser integrado a outras intervenções.

II. CARACTERÍSTICAS DO TRANSTORNO DE ANSIEDADE GENERALIZADA (TAG)

Os indivíduos com um transtorno de ansiedade generalizada (TAG) caracterizam-se por apresentarem sintomas de ansiedade e de preocupação crônicos, experimentando falta de controle sobre as preocupações. Segundo os critérios diagnósticos do *Manual diagnóstico e estatístico dos transtornos mentais – 4ª edição (DSM-IV)* (APA, 1994) –, a ansiedade e a preocupação têm que estar mais dias presentes que ausentes durante um período de seis meses, e encontrarem-se associadas a três ou mais de seis sintomas, como inquietude, fatigar-se facilmente, dificuldade para concentrar-se, irritabilidade, tensão muscular e perturbações do sono.

Às vezes, o indivíduo com TAG experimenta expectativas e temores difusos, vagos e negativos. Em outros sujeitos, as preocupações centram-se e definem-se muito

---

[1] Colorado State University (EUA).
A preparação deste capítulo foi financiada, em parte, pelo Tri-Ethnic Center for Study of Drug Abuse Prevention grant #P50DA0707.

[2] *Anxiety management training (AMT)* foi traduzido por "treinamento no manejo da ansiedade" (TMA), embora talvez outra tradução correta fosse "treinamento no controle da ansiedade". Contudo, esta última expressão é mais geral e não oferece a especificidade da expressão TMA considerada neste capítulo equivalente à expressão em inglês AMT [*Nota do T.*].

mais, acerca do fracasso interpessoal, incapacidade em áreas fundamentais da vida, preocupações econômicas ou com a saúde, etc. O indivíduo tende a preocupar-se com estas questões, sendo incapaz de chegar a uma solução, de tomar decisões, de ter uma atuação decisiva e de viver com relativa tranqüilidade com as conseqüências. Ao contrário, costumam dar voltas e voltas, e a preocupar-se com as possibilidades negativas, os erros e enganos em potencial, e os fracassos e dificuldades reais e imaginários. É como se estivessem petrificados nas primeiras etapas de uma solução de problemas (Deffenbacher e Suinn, 1987). Entretanto, ao contrário da solução eficaz de problemas, o indivíduo não identifica soluções em potencial, não examina as probabilidades dos resultados positivos e negativos, e não traça soluções que estejam dispostos a tentar pôr em prática. Ao contrário, tendem a encerrar-se na identificação de, e na preocupação com, as potencialidades exclusivamente negativas. O resultado é uma apreensão crônica com os acontecimentos futuros negativos e a reciclagem de temores passados, erros e enganos, um tipo de tortura cognitiva agitadora. O indivíduo não pode descansar tranqüilamente porque sempre existe outro tipo de pensamento "o que acontecerá se...?" a ser considerado.

Há outras funções negativa cognitivas que também se encontram envolvidas. O indivíduo tem problemas para centrar-se nos parâmetros relevantes e tomar decisões e, ao contrário, preocupa-se constantemente com os possíveis equívocos e com os resultados negativos. Freqüentemente, dormir não serve como alívio. O sujeito pode experimentar insônia de início do sono, durante o qual persevera em equívocos e erros passados, ou antecipa todos os tipos de acontecimentos negativos futuros. Depois de um tempo variável para dormir, pode experimentar sonhos com ansiedade, nos quais os temas ansiógenos do dia voltam a ser representados, às vezes de uma forma mais vívida e extrema. A qualidade do sono também se encontra perturbada e a pessoa desperta com uma sensação de apreensão e de fadiga.

A preocupação crônica e a negatividade mental preparam continuamente o indivíduo para a ação; entretanto, não há situações a serem evitadas, já que os acontecimentos aversivos, reais ou imaginados, encontram-se na mente do sujeito. A fisiologia corporal está preparada para a ação. A ativação motora excessiva é experimentada freqüentemente sob a forma de sensações de tremor, de tensão e dor muscular, especialmente nas regiões do pescoço, costas e ombros, de uma espécie de inquietude difusa e de uma tendência a fatigar-se facilmente.

Podem ocorrer também sinais de ativação do sistema nervoso simpático. Alguns indivíduos apresentam ativação cardiovascular, sob a forma de uma alta taxa cardíaca, palpitações e sentir o coração bater com força. Outros podem sentir pressão no peito e dificuldade para respirar, experimentando habitualmente uma falta de ar e/ou uma sensação de afogar-se ou asfixiar-se. Podem alternar-se as extremidades suadas e úmidas com rajadas de calor e de frio. Igualmente podem estar presentes períodos com a boca seca nos quais os indivíduos necessitam umedecer os lábios freqüentemente e/ou experimentam dificuldade para engolir. São também comuns os problemas gastrointestinais, como freqüentes ataques de náusea, gastrite crônica e diarréia, o que poderia levar a um exame médico para problemas tais como úlceras e colites. Podem estar também presentes impulsos freqüentes de urinar e o indivíduo experimenta sintomas de ansiedade que são de natureza mais parassimpática, como tonturas e uma sensação de fraqueza ou de instabilidade física.

Em suma, os indivíduos com TAG sofrem de preocupações crônicas, excessivas e de uma série de índices cognitivos, emocionais e fisiológicos de ativação. Os indivíduos com TAG, muitas vezes, experimentam também outros problemas, sendo os mais comuns a depressão, de leve a moderada, ataques de pânico ocasionais, e um abuso de drogas ansiolíticas e de álcool (Barlow, 1988; APA, 1994). Embora o TAG raramente seja incapacitante, grande parte da qualidade de vida do indivíduo está deteriorada pela ansiedade e pelos problemas comórbidos.

O treinamento no manejo da ansiedade (TMA), o objetivo clínico deste capítulo, foi desenvolvido para lidar com esta classe de indivíduos, embora os problemas não fossem denominados "TAG" naquele momento.

III. O TREINAMENTO NO MANEJO DA ANSIEDADE: HISTÓRIA E FUNDAMENTOS

Nos anos sessenta, a dessensibilização sistemática, o primeiro tratamento comportamental para os transtornos de ansiedade, havia demonstrado que funcionava bem com as fobias. Entretanto, teórica e praticamente, a dessensibilização não era adequada para transtornos de ansiedade geral, difusa. A menos que os estímulos que provocassem ansiedade pudessem ser especificados e organizados hierarquicamente, não se poderia realizar a dessensibilização. Mas o que se poderia fazer com o paciente que estava sofrendo de ansiedade generalizada ou de ansiedade de flutuação livre, ou seja, aquelas pessoas que provavelmente seriam diagnosticadas atualmente com TAG? Não havia uma intervenção comportamental para esses indivíduos.

O TMA (AMT; Suinn e Richardson, 1971) foi desenvolvido para preencher esta lacuna da intervenção com tais sujeitos. O TMA baseava-se, inicialmente, na teoria do impulso sobre a ansiedade, na qual a ansiedade era conceitualizada como uma resposta aos estímulos internos e externos e como possuidora de propriedades estimulantes que influenciavam as respostas posteriores. Especificamente, numa cadeia de comportamento em desenvolvimento, a ansiedade era uma resposta aos estímulos precedentes e um estímulo para o comportamento posterior, e o indivíduo aprendia respostas que diminuíam as propriedades aversivas da ansiedade. Sugeria-se que os indivíduos poderiam ser treinados a discriminar propriedades estimulantes da ansiedade e aplicar novas habilidades de enfrentamento que diminuiriam a ansiedade. Por conseguinte, a TMA treina os indivíduos a identificar as sensações e sinais de ansiedade internos cognitivos, emocionais e fisiológicos, especialmente os primeiros sinais de ativação, e reagir então a estes sinais com um novo comportamento que está elaborado para diminuir a aversividade da resposta de ansiedade. Nos primeiros trabalhos (Suinn e Richardson, 1971), o TMA compreendia o emprego do relaxamento e de respostas de competência, como respostas de enfrentamento incompatíveis com a ansiedade. Posteriormente, o emprego de respostas de competência foi abandonado devido à dificuldade de localizá-las em pacientes ansiosos e de empregá-las em circunstâncias produtoras de ansiedade, e também por causa da facilidade de utilizar o relaxamento nas distintas situações e com diferentes indivíduos. O TMA foi redelineado também em termos de autocontrole ou de automanejo em meados dos anos setenta (Suinn, 1990), de modo que a explicação e os procedimentos enquadraram-se no treinamento do paciente para reconhecer o surgimento da ansiedade e em como automanejar a redução da mesma por meio da aplicação das habilidades de relaxamento, liberando, por conseguinte, o emprego de outras habilidades de enfrentamento.

IV. O TREINAMENTO NO MANEJO DA ANSIEDADE: BASE EMPÍRICA

Um tratamento teoricamente sólido, mas sem um apoio empírico, oferece poucos atrativos para ser recomendado. Esta parte do capítulo revisará alguns dos estudos publicados que apóiam o emprego do TMA. Em primeiro lugar, serão revisados os efeitos sobre temores específicos e problemas de ansiedade, continuando a seguir com as aplicações à ansiedade generalizada e a transtornos similares ao TAG. A seção terminará com um breve resumo da investigação que envolve outros temas emocionais e estresse.

O TMA mostra-se eficaz com uma série de ansiedades situacionais. Por exemplo, no primeiro estudo do TMA (Suinn e Richardson, 1971), quando esta estratégia foi comparada com uma condição-controle, mostrou-se tão eficaz quanto a dessensibilização sistemática para reduzir a ansiedade diante da matemática e dos exames em universitários com ansiedade diante da matemática. Estes mesmos efeitos foram encontrados em um estudo posterior (Richardson e Suinn, 1973) com universitários que ficaram ansiosos diante da matemática. Os resultados sugeriram também que o TMA melhorava alguns aspectos do desempenho nesta disciplina. O TMA também teve sucesso na diminuição da ansiedade diante dos exames. Por exemplo, Deffenbacher e Shelton (1978) mostraram que o TMA era tão eficaz quanto a dessensibilização sistemática para reduzir os níveis de ansiedade nos exames em estudantes que haviam recorrido a um centro de assessoramento universitário para a diminuição da referida ansiedade. O TMA também produziu uma maior redução da ansiedade-traço que a dessensibilização, sugerindo a superioridade do TMA na diminuição da ansiedade generalizada. Outro estudo (Deffenbacher et al., 1980) demonstrou que o TMA reduzia eficazmente os níveis de ansiedade geral e de ansiedade nos exames em estudantes que apresentavam este problema, em comparação com um grupo de controle. O TMA era também tão eficaz quanto a dessensibilização por meio do autocontrole, outro procedimento de relaxamento autodirigido. Este mesmo grupo de pesquisa (Deffenbacher et al., 1980) trabalhou com estudantes universitários que sofriam de ansiedade nos exames ou para falar em público. Alguns foram tratados em grupos homogêneos (ou seja, sujeitos com o mesmo tipo de ansiedade no grupo), enquanto que outros foram tratados em grupos heterogêneos (ou seja, uma mistura de sujeitos com ansiedade a uma ou outra situação no mesmo grupo). O TMA, num ou outro formato, reduziu a ansiedade não apenas nos exames ou ao falar em público, como também a ansiedade geral. Os grupos de sujeitos misturados eram tão eficazes, se não mais, que os grupos homogêneos, o que sugeria que os pacientes poderiam ser tratados eficazmente em grupos com indivíduos que não compartilhassem da mesma ansiedade. Os seguimentos realizados aos 12-15 meses (Deffenbacher e Michaels, 1981a, b) mostraram que as reduções na ansiedade específica nos exames ou ao falar em público e na ansiedade generalizada se mantinham a longo prazo. Finalmente, o TMA havia reduzido eficazmente tanto a ansiedade social (Hill, 1977) quanto a ansiedade acerca da indecisão profissional (Mendonca e Siess, 1976).

Os problemas de ansiedade geral também foram tratados com sucesso por meio do TMA. Por exemplo, em um estudo com universitários que sofriam de ansiedade geral (Hutchings et al., 1980), foi demonstrado que, ao ser comparado com uma condição-controle, o TMA produzia informes de redução da ansiedade geral, bem como dos sintomas fisiológicos da ansiedade, de neuroticismo e de ansiedade-estado. Os efeitos na ansiedade geral durante o TMA eram iguais ou superiores aos das condições de relaxamento ou placebo. Além disso, a redução da ansiedade geral por meio do TMA se manteve no seguimento de um ano. Daley et al. (1983) constataram também diminuições significativas na ansiedade geral e no neuroticismo em universitários com ansiedade geral. Cragan e Deffenbacher (1984) estenderam estes achados a pacientes ambulatoriais com ansiedade geral. Novamente, o TMA reduziu vários aspectos da ansiedade geral e produziu também uma diminuição da raiva e da depressão, comparado aos grupos de controle. Era também tão eficaz quanto outro procedimento de relaxamento autodirigido. Um estudo com pacientes ambulatoriais com ansiedade generalizada e com transtorno de pânico (Jannoun, Oppenheimer e Gelder, 1982) constatou que, comparado aos grupos de controle, o TMA diminuiu a ansiedade geral e a medicação para a ansiedade. Entretanto, a depressão não se modificou neste grupo. Finalmente, embora não estivesse relacionado ao TAG, o TMA reduziu a ansiedade geral e as avaliações por parte do terapeuta sobre a ansiedade e a raiva em pacientes ambulatoriais esquizofrênicos (Van Hassel, Bloom e González, 1982). O *status* psiquiátrico geral dos pacientes e sua capacidade para tirar proveito da psicoterapia foram avaliados como melhores. O TMA parece ser eficaz para uma série de pacientes com ansiedade geral que tem distintos graus de problemas psiquiátricos.

O TMA foi empregado com sucesso também numa série de outras condições de estresse. Por exemplo, serviu para diminuir o comportamento Tipo A (Kelly e Stone, 1987; Suinn e Bloom, 1978; Suinn, Brock e Edie, 1975), sendo comprovada também a redução da ansiedade-traço nos indivíduos com tal comportamento (Suinn e Bloom, 1978). Também foram demonstrados os efeitos do TMA para diminuir os níveis de pressão arterial sangüínea em pacientes ambulatoriais hipertensos (Drazen et al., 1982;

Jorgensen, Houston e Zurawski, 1981). Constatou-se igualmente reduções nos sintomas ginecológicos e na ansiedade geral em mulheres com dismenorréia tratadas com o TMA (Quillen e Denney, 1982) e pacientes ginecológicos ambulatoriais com estresse (Deffenbacher e Craun, 1985). Além disso, estes efeitos se mantinham por um período de seguimento de dois anos, em ambos os estudos. Finalmente uma série de estudos (Deffenbacher, Demm e Brandon, 1986; Deffenbacher e Stark, 1992, Hazaleus e Deffenbacher, 1986) mostraram que o TMA pode adaptar-se com sucesso ao tratamento da raiva e diminui-la, bem como à ansiedade geral em universitários com altos níveis de raiva. O TMA foi tão eficaz quanto as condições cognitiva e relaxamento/cognitiva, e os efeitos se mantiveram em períodos de seguimento de 12-15 meses (Deffenbacher et al., 1986; Deffenbacher e Stark, 1992; Hazaleus e Deffenbacher, 1986).

Finalmente, estudos recentes de procedimentos de relaxamento para o enfrentamento, similares ao TMA, embora não idênticos, têm se mostrado eficazes para pacientes com TAG. Por exemplo, os programas de dessensibilização por meio do autocontrole e de relaxamento aplicado de Borkovec (Borkovec e Costello, 1993; Borkovec et al., 1987) diminuíram a ansiedade em indivíduos com TAG e geralmente têm sido tão eficazes quanto outras intervenções cognitivo-comportamentais e mais eficazes que a terapia não diretiva. Butler e colaboradores (Butler et al., 1987; Butler et al., 1991) também alcançaram resultados similares, embora um dos estudos favorecesse a intervenção cognitiva. Barlow, Rapee e Brown (1992) compararam um programa de relaxamento aplicado com uma intervenção cognitiva e a combinação de ambos. Em todos os grupos houve diminuição da ansiedade, da medicação para a ansiedade e da depressão em pacientes com TAG. Entretanto, não havia diferenças entre os três grupos ativos de tratamento. Estes estudos apóiam indiretamente o valor do TMA porque se baseiam em métodos similares de "habilidades de enfrentamento por meio do relaxamento".

Em resumo, o TMA é uma intervenção bastante sólida e bem-estabelecida. Existe uma ampla literatura que mostra a diminuição de ansiedades específicas e, em vários outros estudos, os efeitos da generalização foram encontrados em outros tipos de ansiedade não previstos. As condições de ansiedade geral foram aliviadas eficazmente com o TMA e se produziu a generalização a outras emoções, como a raiva e a depressão, em alguns estudos. Também mostrou-se eficaz com uma série de outras condições de ansiedade e de estresse. Em geral, o TMA é tão eficaz ou mais que outras intervenções e, quando ocorrem períodos de seguimento, foram constatados efeitos a longo prazo. Parece existir uma sólida literatura empírica que apóia a eficácia do TMA. O restante do capítulo será dedicado a descrever os procedimentos clínicos do TMA.

V. PROCEDIMENTOS PARA O TMA INDIVIDUAL

Thomas Borkovec, um dos primeiros pesquisadores sobre o tratamento do TAG, revisou recentemente a pesquisa sobre este transtorno (Borkovec e Costello, 1993) e

sugeriu que as intervenções cognitivo-comportamentais para o TAG deveriam incluir as seguintes características:
1. Enfatizar a importância da auto-observação para descobrir os processos de ansiedade.
2. Prestar especial atenção aos pensamentos de preocupação, como um dos primeiros sinais fundamentais para dar início às habilidades de enfrentamento.
3. Proporcionar um treinamento completo em habilidades de relaxamento aplicado.
4. Empregar vários métodos de relaxamento.
5. Expor o paciente a imagens que provocam ansiedade.
6. Empregar a prática freqüente dentro das sessões das habilidades de enfrentamento.
7. Utilizar a terapia cognitiva para o pensamento catastrófico, de preocupação.

Como será apresentado mais adiante, o TMA proporciona um método consistente e seqüencial para o desenvolvimento das habilidades de enfrentamento por meio do relaxamento e satisfaz as seis primeiras condições, deixando unicamente de incluir a terapia cognitiva.

O TMA (ver Suinn [1990] e Suinn e Deffenbacher [1998] para mais detalhes) é introduzido geralmente no tratamento do TAG e de outros transtornos de ansiedade ou estresse quando a avaliação sugerir um comprometimento emocional e fisiológico significativo no transtorno. O TMA foi desenvolvido segundo um modelo de autocontrole progressivo sobre a ativação ansiosa por parte do paciente. É realizado treinando o paciente a reconhecer os sinais cognitivos, emocionais e fisiológicos da ativação ansiosa e a fazer uso das "habilidades de enfrentamento por meio do relaxamento" quando estes sinais se encontrarem presentes. Isto aumenta a sensação de tranqüilidade e clareza mental, liberando outras habilidades cognitivas e comportamentais de enfrentamento com as quais defrontar a situação externa ou as preocupações internas. Para conseguir isso, o TMA compreende seis objetivos combinados, que se complementam, procurando desenvolver:

1. Uma explicação convincente do autocontrole.
2. Um padrão de resposta de relaxamento básico com o qual desenvolver "habilidades de enfrentamento por meio do relaxamento".
3. "Habilidades de enfrentamento por meio do relaxamento" específicas, que possam ser aplicadas rápida e facilmente em situações reais.
4. Um aumento do perceber os sinais internos de ativação ansiosa, de modo que a percepção destes sinais possa servir como estímulo para a iniciação das "habilidades de enfrentamento por meio do relaxamento".
5. Competência e confiança dentro das sessões para chegar a perceber a ativação ansiosa e o emprego das "habilidades de enfrentamento por meio do relaxamento" para reduzir a ansiedade.

6. A aplicação segura das "habilidades de enfrentamento por meio do relaxamento" na vida diária, para controlar a ansiedade e outros estados emocionais negativos, como a raiva e a depressão.

Os procedimentos clínicos para atingir estes objetivos desenvolvem-se habitualmente ao longo de 6 a 10 sessões, uma vez por semana, dedicadas principalmente ao TMA. A passagem para uma sessão com novo conteúdo baseia-se no progresso individual. Considerando-se estes aspectos, o programa será descrito sessão por sessão. Depois da primeira delas, cada uma começa habitualmente com uma breve entrevista que revisa as tarefas para casa e o progresso alcançado entre sessões, e termina com outra breve entrevista para avaliar as experiências e os progressos dentro da sessão. Baseando-se no progresso dentro e entre sessões, propõe-se a tarefa a ser realizada durante a semana seguinte em casa.

V.1. Primeira sessão

A primeira sessão é dedicada a proporcionar explicações, começando com o desenvolvimento da resposta de relaxamento e continuando com o aumento da percepção sobre os sinais de ansiedade, embora a avaliação prévia provavelmente tenha começado a melhorar essa consciência.

A explicação deveria ser breve e ressaltar o aspecto de colaboração, associando o TMA às preocupações presentes, às experiências de ansiedade e às metáforas do paciente. Para melhorar a compreensão e o envolvimento do paciente, o TMA não deve ser descrito em termos técnicos. Deveria ser apresentado basicamente como um procedimento por meio do qual o paciente desenvolverá a capacidade para reconhecer o aumento da ansiedade e a seguir empregará o relaxamento para reduzi-lo. O paciente deve ser informado de que será feito um treinamento das primeiras habilidades de relaxamento. A seguir, dentro das sessões, este relaxamento será empregado para reduzir a ansiedade, que é induzida fazendo-se com que o paciente imagine situações que provocaram ansiedade no passado. Também informa-se que o nível de ansiedade, a princípio, será de baixo a moderado e que o terapeuta vai ajudá-lo consideravelmente a recuperar o relaxamento nas primeiras sessões. À medida que passa o tempo e a prática do relaxamento seja feita corretamente, o nível de ansiedade aumentará e a ajuda do terapeuta diminuirá. Informa-se ao paciente ainda que ele ao ir tendo sucesso na prática do relaxamento, deveria aplicar essas habilidades cada vez mais na vida diária para reduzir a ansiedade e outras emoções negativas. A seguir, apresenta-se, como exemplo, uma explicação dada a um paciente com TAG.

> Nas duas últimas sessões você descreveu esses períodos em que está verdadeiramente preocupado e ansioso, nos quais são produzidas todas as suas "feridas", em que se sente muito tenso, especialmente no estômago, nas costas e nos ombros, desencadeando, às vezes, esses episódios de diarréia e de dores de cabeça e, às vezes, entrando nessa espécie de estado desemparado e deprimido. Mencionou também que funciona melhor quando é capaz de relaxar,

mas que não sabe fazê-lo bem e que gostaria de aprender algumas estratégias para fazer melhor. Refleti sobre o assunto na semana passada e acho que existe um modo de chegar a isso, ou seja, vamos desenvolver habilidades de relaxamento. Gostaria de descrever para você e saber a sua opinião.

O primeiro passo será desenvolver um padrão de relaxamento e começaremos com isso um pouco mais tarde, se você estiver de acordo. No começo, levará uns 10 minutos aproximadamente, mas, à medida que você for praticando, conseguiremos uma série de formas rápidas para relaxar. O segundo passo será o controle da sua sensação de ansiedade, especialmente quando essa ansiedade estiver começando a aparecer, de modo que posteriormente você saiba quando empregar as habilidades de relaxamento. Já praticamos um pouco e você já pode perceber melhor a ansiedade, mas nos concentraremos ainda mais nesse ponto à medida que formos progredindo. O terceiro passo será, na verdade, juntar os dois primeiros. Nas sessões, vou ajudá-lo a aplicar o relaxamento à ansiedade que gerarmos fazendo com que imagine situações nas quais você esteve realmente preocupado e ansioso no passado, como no dia em que sentiu ansiedade por causa da entrevista de emprego que ia realizar. Ou seja, faremos com que você imagine a situação, que fique ansioso durante alguns segundos, a fim de poder prestar atenção, e que comece a seguir o relaxamento para reduzir a ansiedade. Faremos isto várias vezes até que você realmente domine a técnica. Depois aumentaremos o nível de ansiedade, de modo que você possa enfrentar níveis mais altos. À medida que você vá fazendo cada vez melhor, ajudarei cada vez menos, porque você não precisará de mim e poderá começar a utilizar o relaxamento quando começar a preocupar-se ou a ficar ansioso. Ambos precisaremos praticar e trabalhar muito, mas posso adiantar que dentro de 6 a 10 sessões você será capaz de relaxar quando começar a sentir que a preocupação e a ansiedade crescem interiormente. O que você acha dessa idéia?

Embora possam ser empregadas formas diferentes de relaxamento (p. ex., treinamento autógeno ou *biofeedback*), o TMA utiliza o treinamento em relaxamento progressivo. O relaxamento progressivo implica tensão e, a seguir, o relaxamento sistemático de vários grupos de músculos, por meio de algum dos procedimentos disponíveis na literatura (p. ex., Bernstein e Borkovec, 1973; Wolpe, 1973). Entretanto, antes de começarmos realmente com o treinamento em relaxamento progressivo, o clínico deveria desenvolver uma imagem relaxante para ser usada após os exercícios de relaxamento progressivo. Esta imagem será convertida numa das "habilidades de enfrentamento por meio do relaxamento". A imagem relaxante deveria ser um momento específico, concreto, da vida da pessoa que tranqüilizasse e produzisse relaxamento. Os acontecimentos baseados na fantasia, situações que o indivíduo pensa que poderiam ser relaxantes, mas que não chegou a experimentar realmente, ou situações que eram ao mesmo tempo relaxantes e ativantes deveriam ser evitadas, já que costumam criar problemas para entrar e para manter-se dentro da situação. A cena deveria ser como uma foto instantânea ou um momento muito breve da vida da pessoa. O clínico deveria perguntar primeiro sobre uma cena deste tipo e depois esclarecer todos os detalhes situacionais e das sensações sentidas que concretizem essa experiência e contribuam para que seja emocionalmente real. Ou seja, a descrição da cena deveria incluir o máximo possível de elementos emocionais, e todos os detalhes sensoriais, como sinais visuais, sons presentes, sensações de movimento, temperatura, etc. de modo que induzam uma sensação de tranqüilidade, relaxamento e sossego. A seguir, apresentamos um exemplo de uma cena de relaxamento.

> É uma situação ocorrida há dois anos. Você se encontrava de férias numa praia da Costa do Sol. São aproximadamente 10 horas da manhã, você saiu para dar um longo passeio sozinho/a e se sentou num montinho de areia, uma areia fina e branca. Está sozinho/a sem ninguém ao seu redor, embora possa ver outras pessoas que estão passeando ao longe e observar alguns edifícios distantes, à sua esquerda. Você está a uns vinte metros da beira do mar e está olhando para a água. As ondas se quebram diante de você e o azul brilhante do céu é salpicado por algumas pequenas nuvens brancas que estão se deslocando. Há quatro ou cinco gaivotas planando com a suave brisa sobre as ondas e você pode ouvi-las grasnar de vez em quando ao revolutear na brisa marinha [proporciona-se detalhes visuais e auditivos sobre o lugar]. Você se estende na areia, sentindo-se calmo/a e relaxado/a, sentindo essa sensação de "harmonia com o mundo". Está muito relaxado/a, misturando-se com a suave areia morna [são dados detalhes sobre a temperatura e as emoções]. A areia está morna. A situação é muito agradável e com uma temperatura suave, embora possa sentir no rosto o frescor proveniente da brisa marinha. Pode também sentir o aroma do mar, uma mistura de sal e algas no ar e pode ouvir as ondas que suavemente se quebram diante de você [são fornecidos mais detalhes auditivos, olfativos e sobre a temperatura]. Você está deitado/a na areia morna, muito tranqüilo/a e relaxado/a. Sente-se feliz, essa sensação de ser uno/a com a natureza, de não ter que se preocupa com nada no mundo [são fornecidos mais detalhes afetivos].

Depois de desenvolver a imagem de relaxamento, o que deveria levar entre cinco e dez minutos, fornece-se ao paciente uma breve descrição dos procedimentos de relaxamento progressivo e uma demonstração dos processos exatos de tensão–relaxamento pelos quais passará. Deve-se dizer aos pacientes que tensionarão cada grupo de músculos durante aproximadamente dez segundos e que têm que prestar atenção às sensações de tensão nos músculos que estão tensos. A seguir, pede-se que relaxem ou que relaxem os músculos rapidamente e que se concentrem no contraste entre as sensações de tensão e as sensações de relaxamento. Isto ajudará o paciente a aumentar sua percepção das sensações, das áreas de tensão no corpo e da diferença entre estas e as sensações de relaxamento. Depois o paciente deve concentrar-se nesse contraste entre as sensações de relaxamento e tensão durante 30 segundos, aproximadamente. Mais tarde, repete-se o processo de tensão–relaxamento nesse grupo de músculos ou passa-se ao grupo seguinte. Em geral, descreve-se simplesmente o treinamento de relaxamento progressivo como um meio de desenvolver uma resposta de relaxamento com a qual podem ser adquiridas as habilidades de enfrentamento baseadas no relaxamento.

Depois do exercício de tensão–relaxamento do relaxamento progressivo, o clínico fará uma revisão dos músculos fazendo com que o paciente concentre-se ainda mais neles, sem tensioná-los. Isto poderá ser feito com instruções como a seguinte:

> Repassemos agora os diferentes grupos de músculos e aumentemos ainda mais a sensação de relaxamento, mas desta vez sem tensionar os músculos de modo algum. Conforme descrevo cada grupo de músculos, quero que você concentre a atenção nele e faça com que relaxe um pouco mais. Poderia ser uma espécie de onda de relaxamento que percorre toda essa área. Agora concentre-se nas mãos... deixe que se soltem e relaxem ainda mais... que as mãos relaxem cada

vez mais... deixando que a sensação de relaxamento aumente... e agora suba em direção aos braços [continua-se com este tipo de instrução para os diferentes grupos de músculos].

Uma vez completada a revisão dos músculos, introduz-se a cena de relaxamento. Poderia ser feito do seguinte modo:

> Daqui a pouco, vou fazer com que você relaxe de um modo diferente, mudando desta vez sua cena de relaxamento, aquela em que você está numa praia da Costa do Sol [faz-se uma breve referência à cena do paciente para orientá-lo]. Quando eu pedir, quero que você entre na cena experimentando-a como se estivesse acontecendo neste momento. Quando a cena for vívida e estiver clara, avise-me levantando o dedo indicador direito. Agora mude a cena de relaxamento, entre nela... É uma situação... [o clínico começa a descrever a cena de relaxamento].

Depois do paciente indicar que a cena está clara e o terapeuta permitir, o paciente continuará visualizando a mesma durante outros trinta segundos enquanto o terapeuta fornece estímulos ocasionais de detalhes emocionais e situacionais. A seguir, a cena termina com uma instrução como "Muito bem, agora apague esta cena da sua cabeça e volte a concentrar sua atenção nas sensações corporais." Se o tempo permitir, repete-se a cena de relaxamento uma ou duas vezes mais, intercalada com três ou quatro respirações profundas entre as cenas ou outra revisão dos músculos.

Quando faltarem aproximadamente dez minutos para terminar a sessão, o terapeuta faz com que o paciente se ative e saia dos procedimentos de relaxamento progressivo e faz perguntas sobre as experiências do treinamento em relaxamento. Depois disto, o terapeuta lhe atribui tarefas para casa que devem ser realizadas durante a semana. O paciente é instruído a praticar o relaxamento progressivo diariamente e a registrar as experiências numa folha de relaxamento. Esta folha inclui normalmente a data e a hora da prática, áreas que eram difíceis de relaxar e uma avaliação da tensão antes e depois do período de relaxamento. As avaliações são realizadas normalmente numa escala de tensão de 0 a 100. A segunda tarefa para casa é o auto-registro da preocupação e da ansiedade às quais o paciente presta atenção e o registro não só dos detalhes situacionais externos, mas também dos sinais internos cognitivos, emocionais e fisiológicos da ativação ansiosa. Isto também será anotado numa folha de ansiedade na qual se inclue os detalhes situacionais e da experiência junto com uma avaliação da tensão na mesma escala de 0 a 100.

V.2. *Segunda sessão*

A segunda sessão amplia a primeira e proporciona treinamento em quatro "habilidades de enfrentamento por meio do relaxamento". Nos primeiros minutos da sessão, o terapeuta repassa a prática do relaxamento e a folha de auto-registro para casa, tomando o cuidado de fazer pequenos ajustes nos procedimentos de relaxamento durante a sessão e aumentando a compreensão do paciente sobre os sinais situacionais e experienciais da ativação ansiosa.

Constrói-se então uma cena de um nível moderado de ansiedade. Esta cena será empregada na sessão seguinte para provocar ansiedade no treinamento inicial ao aplicar as "habilidades de enfrentamento por meio do relaxamento". O nível de ansiedade da cena está geralmente em 50-60, numa escala de ansiedade de 0 a 100. Pode-se empregar um nível mais baixo de ansiedade se o paciente tiver baixas expectativas de eficácia para o controle da ansiedade ou se a revisão das tarefas para casa sugerir que o paciente tende a subestimar a experiência de ansiedade. Como na construção da cena de relaxamento, a cena de ansiedade deveria incluir detalhes situacionais e eperienciais de um momento real da vida da pessoa. A cena deveria incluir tantos detalhes quanto fosse possível sobre os acontecimentos externos e a experiência interna (detalhes cognitivos, emocionais e fisiológicos) da ansiedade. Podem ser incluídos elementos comportamentais desde que não incluam fuga, evitação ou outras qualidades defensivas. Se estes elementos fossem incluídos, poderiam produzir um ensaio encoberto da fuga da ansiedade quando a cena for empregada para ser enfrentada na sessão seguinte. Por exemplo, um elemento comportamental como "Estava realmente preocupado com a entrevista e queria ir embora, mas me obriguei a ficar ali e refletir sobre a situação" seria aceitável, enquanto "A entrevista me preocupava realmente e queria ir embora, de modo que me levantei, fui à geladeira pegar uma cerveja e me sentei para assistir televisão durante duas horas" não seria aceitável porque envolve elementos de fuga e de automedicação. A seguir, descrevemos um exemplo de uma cena de nível 70.

> Na quarta-feira passada de tarde, estava sozinho em casa, sentado à mesa da cozinha tomando notas para a entrevista para um emprego que ia ter. Estava ficando preocupado com a entrevista, pensando sobre todas as coisas que podiam sair mal, como me ligarem cancelando a entrevista, ficar tão ansioso a ponto de notarem externamente e fazer um papel ridículo, estar vestido de um modo inapropriado ou me comportar de modo pouco eficaz, me acharem chato e pouco interessante, e como seria terrível não conseguir o emprego. Não podia deixar de me preocupar com isso. Sabia que me comportaria bem, mas isto não parecia estar ajudando. Meus pensamentos eram um espécie de emaranhado e eu não podia organizá-los, nem sequer as notas [elementos cognitivos detalhados]. Fiquei ali durante um certo tempo, como se estivesse petrificado à mesa. Sentiu dor no estômago, dores intestinais breves e agudas e um pouco de náusea. O pescoço e os ombros estavam muito tensos e sentia como se fosse ter dor de cabeça, como uma espécie de faixa apertando ao redor da testa. Estava me sentindo fraco e trêmulo, e me encontrava bastante ansioso [elementos fisiológicos e emocionais da ativação ansiosa]. Queria me levantar e ir embora, mas não podia juntar forças para fazer isso [são dados detalhes comportamentais que não envolvem evitação real].

Depois da construção da cena de ansiedade, repetem-se os procedimentos de relaxamento progressivo, tensionando cada grupo de músculos uma vez. A isto seguem as instruções do terapeuta para quatro "habilidades de enfrentamento por meio do relaxamento" básicas:

1. Relaxamento sem tensão, ou seja, são revisados os músculos e relaxados sem tensionar (Sessão 1).
2. Relaxamento induzido pela respiração profunda, ou seja, respira-se lenta e profundamente três ou quatro vezes e a cada exalação se relaxa mais.
3. Imagens de relaxamento, ou seja, imagina-se a cena de relaxamento criada na Sessão 1.
4. Relaxamento controlado por sinais, ou seja, repete-se lentamene a palavra "relaxe" (ou alguma palavra ou frase similar como "tranqüilize-se", "calma"), fazendo com que o paciente relaxe ainda mais a cada repetição. Estas quatro habilidades são repetidas tantas vezes quanto o tempo permitir.

As tarefas para casa desta sessão incluem: 1) continuar com o auto-registro das reações de ansiedade a fim de melhorar a autoconsciência dos sinais situacionais e internos da ativação ansiosa; 2) praticar e registrar o relaxamento progressivo e as "habilidades de enfrentamento por meio do relaxamento" com finalidade de fortalecer as respostas de relaxamento e 3) prática diária de pelo menos uma "habilidade de enfrentamento por meio do relaxamento" em situações não estressantes (p. ex., assistir televisão ou viajar de ônibus), a fim de começar a transferência das habilidades de enfrentamento para o ambiente externo.

V.3. *Sessão 3*

A terceira sessão continua com o desenvolvimento do relaxamento e a melhora da percepção com respeito a sessões anteriores e introduz-se os ensaios iniciais da aplicação das "habilidades de enfrentamento por meio do relaxamento", para a redução da ansiedade. Isto se consegue fazendo com que o paciente imagine a cena de ansiedade, envolvendo-se completamente, prestando atenção à ativação ansiosa e depois recuperando o relaxamento por meio das instruções do terapeuta em uma ou mais das "habilidades de enfrentamento por meio do relaxamento".

Depois da revisão das tarefas para casa, no começo da sessão, o terapeuta relaxa o paciente por meio do relaxamento sem tensão. Quando o paciente indica a presença do estado de relaxamento, o terapeuta inicia o primeiro ciclo de ativação ansiosa e enfrentamento por meio do relaxamento. O paciente é instruído a imaginar a cena de ansiedade criada na sessão anterior e a entrar totalmente na cena, experimentando e prestando atenção à ativação ansiosa. A cena de ansiedade se mantém na imaginação de dez a vinte segundos na primeira exposição e trinta ou mais segundos nas exposições posteriores. A seguir, o terapeuta termina a cena de ansiedade e ajuda o paciente a recuperar um estado de tranqüilidade mediante do emprego de uma ou mais "habilidades de enfrentamento por meio do relaxamento". Geralmente é uma boa idéia utilizar a imagem relaxante como a primeira habilidade de enfrentamento no primeiro ou no segundo ensaio, já que costuma eliminar qualquer imagem ansiógena residual. Depois que os pacientes tiverem obtido um maior controle sobre a imagem de ansiedade, pode-se treinar misturar ao acaso as habilidades de enfrentamento. Quando o paciente indica outra vez a presença do estado de relaxamento, apresenta-se novamente a cena de ansiedade com outro ensaio de enfrentamento pelo relaxamento. Este processo é repetido tantas vezes quanto o tempo permitir. A seguir, são descritos alguns exemplos de instruções para iniciar as cenas de ansiedade e a recuperação do relaxamento nesta sessão.

> Daqui a pouco, você vai praticar o enfrentamento da ansiedade. Vou pedir que imagine a cena de ansiedade envolvendo... [uma frase geral ou uma referència ao conteúdo da cena]. Quando eu fizer isso, entre na cena. Fique realmente lá e experimente a ansiedade. Preste muita atenção à ansiedade, à preocupação e a como você se sente. Avise quando experimentar a ansiedade e a seguir mantenha essas sensações de ansiedade, deixe que aumentem e as perceba. Após alguns segundos, farei com que você termine a cena a vou ajudá-lo a utilizar as habilidades de relaxamento para reduzir a ansiedade. Avise quando estiver relaxado/a novamente e logo em seguida repetiremos o processo para você ter mais experiência no enfrentamento da ansiedade. Agora, entre na cena [o terapeuta descreve então a cena que produz ansiedade, utilizando a inflexão da voz para aumentar a atenção e a ansiedade]... Muito bem, estou observando seu aviso... mantenha esta ansiedade, deixe que ela aumente. Perceba-a. Preste atenção às preocupações, ao estômago [a cena é exposta durante 10 a 20 segundos no primeiro ensaio, e aproximadamente 30 segundos nos ensaios posteriores]... Agora elimine a cena da sua mente e volte novamente à cena relaxante... [o terapeuta descreve a cena de relaxamento]... [o terapeuta continua com outra "habilidade de enfrentamento por meio do relaxamento" tal como o relaxamento sem tensão, o relaxamento controlado por estímulos ou o relaxamento induzido pela respiração]. [O terapeuta faz um reconhecimento do aviso de relaxamento por meio de alguma afirmação como "estou vendo seu aviso", ou se a indicação de relaxamento não aparecer, o terapeuta pode estimulá-la com algum tipo de instrução como "e me avise quando estiver relaxado/a outra vez"]...

O trabalho para casa desta sessão inclui: 1) um auto-registro contínuo das experiências de ansiedade; 2) prática contínua das "habilidades de enfrentamento por meio do relaxamento" na seqüência completa, pelo menos uma vez por dia e 3) a aplicação das "habilidades de enfrentamento por meio do relaxamento" em qualquer ocasião em que for experimentada a ansiedade e o registro destas habilidades na folha de ansiedade. Deveria ser dito ao paciente que não se espera que ele tenha sucesso com as habilidades de relaxamento nesse momento, mas que é importante que comece a adquirir experiência na aplicação do relaxamento para reduzir a tensão da vida diária.

V.4. Sessão 4

Esta sessão é uma extensão e repetição da Sessão 3, com pequenas modificações. A primeira modificação encontra-se no desenvolvimento do relaxamento inicial. Pede-se ao paciente para iniciar por si mesmo o relaxamento, por meio do procedimento que funcione melhor para ele. Este é um passo a mais em direção à responsabilidade do paciente com respeito ao automanejo do relaxamento. Normalmente, costuma-se indicar um estado de relaxamento em um ou dois minutos aproximadamente, mas se não for indicado nesse período de tempo, pode ser que o terapeuta queira comprovar se o paciente está preparado, dando alguma instrução como "avise-me quando estiver relaxado". A segunda modificação encontra-se na ativação ansiosa e na seqüência da recuperação do relaxamento. O paciente é instruído a fazer aparecer a cena ansiógena e a experimentá-la, indicando a ativação da ansiedade, mantendo-a por um tempo e, a seguir, quando estiver preparado, que faça a cena desaparecer e recupere o relaxamento por meio das habilidades de relaxamento que funcionem melhor para ele. Quando se recupera o relaxamento, o paciente avisa ao terapeuta. Se o paciente teve dificuldade para recuperar o relaxamento na sessão anterior, então pode ser que o terapeuta não deseje fazer esta modificação na presente sessão, preferindo repetir os procedimentos da sessão anterior. Entretanto, as modificações aumentam o controle do paciente sobre a recuperação do relaxamento. Ao ser indicado o estado de relaxamento, o terapeuta inicia outro ensaio de "enfrentamento por meio do relaxamento" e este processo repete-se tantas vezes quanto o tempo permitir, normalmente de três a seis repetições de enfrentamento da ansiedade por meio do relaxamento. A entrevista que se segue ao enfrentamento concentra-se em descobrir quais são as habilidades de enfrentamento que funcionam melhor e na identificação dos primeiros sinais cognitivos, emocionais e fisiológicos da ativação ansiosa para a aplicação das habilidades de enfrentamento ao vivo. As tarefas para casa envolvem uma prática contínua dessas habilidades de enfrentamento (ou seja, em todas as situações perturbadoras) e seu registro na folha de auto-registro.

V.5. *Sessão 5*

A quinta sessão é um protótipo para as restantes. Há três modificações a mais nos procedimentos a fim de otimizar o autocontrole e a transferência. Em primeiro lugar, as tarefas para casa são mudadas, a fim de estimular a aplicação das habilidades de relaxamento não só à ansiedade, mas também a outras emoções perturbadoras, como a raiva e a depressão. A aplicação à ansiedade e a estas outras emoções perturbadoras é registrada na folha de auto-registro. Ou seja, a faixa de aplicação aumenta a todos os tipos de aspectos e emoções perturbadoras. Dependendo do paciente, podem ser construídas também cenas para algumas destas outras emoções negativas e empregá-las no mesmo formato do treinamento. Em segundo lugar, aumenta-se o nível de ansiedade das cenas. Se vai ser empregada apenas uma única cena nova, deve ser construída com um nível 90 numa escala de 0 a 100. Se forem empregadas várias cenas, sugere-se, então, que a intensidade da cena aumente aproximadamente 10-15 unidades da escala de cada vez (p. ex., cenas com níveis de intensidade 70, 80 e 90). O aumento do nível de intensidade da cena faz com que o paciente controle níveis de ansiedade cada vez maiores ao longo das sessões. Em terceiro lugar, são modificados os procedimentos para que o paciente vá adquirindo um controle total sobre a ativação ansiosa enquanto se encontra imerso na cena de ansiedade. Ou seja, o paciente imagina a cena, experimenta e presta atenção à ativação, e a seguir inicia o "enfrentamento por meio do relaxamento" enquanto está na cena. São modificadas as instruções da cena ansiógena e das formas de indicação para acomodar estas mudanças, tal como se pode notar no exemplo a seguir:

> Daqui a pouco, vou fazer com que reapareça a cena ansiógena envolvendo [menciona-se brevemente o conteúdo]. Quando eu fizer isso, gostaria que você entrasse na cena e prestasse muita atenção na ativação ansiosa. Quando experimentar a ativação ansiosa, avise-me, levantando o dedo. Entretanto, mantenha o dedo levantado enquanto estiver experimentando a ansiedade. A seguir, quando estiver preparado, inicie o relaxamento. Quando já estiver relaxado, enquanto continua na cena, avise-me, abaixando o dedo. Mais tarde vou ensiná-lo a fazer desaparecer a cena e a continuar relaxando.

São alternados os ensaios de enfrentamento da ansiedade neste formato, utilizando as duas cenas de ansiedade construídas mais recentemente. Como nas sessões anteriores, esta sessão termina com uma breve entrevista sobre o enfrentamento ocorrido durante a mesma e são estabelecidas as tarefas para casa tal como foram descritas anteriormente.

V.6. *Sessão 6 e seguintes*

As sessões posteriores são basicamente uma repetição e uma extensão do formato da Sessão 5. São criadas novas cenas, quando necessário, e elas são empregadas até que o paciente ganhe cada vez mais confiança e eficácia no relaxamento autocontrolado, tanto nas sessões quanto entre elas. Se o paciente tiver outros problemas emocionais importantes (p. ex., raiva, medo do ridículo, culpa, etc.), podem ser construídas cenas com este conteúdo ensaiadas no formato anterior. Esta prática não só ajuda a reduzir emoções negativas, mas também aumenta a transferência para outros problemas.

À medida que o paciente tenha mais sucesso, o terapeuta pode preferir alongar o tempo entre sessões, digamos a cada duas ou três semanas, a fim de dar ao paciente cada vez mais oportunidades para a prática ao vivo. Sessões de apoio mensais durante três ou quatro meses antes do término da terapia podem ajudar também a consolidar e ganhar auto-eficácia. Se o paciente com TAG tem dificuldade para registrar o aumento da tensão, então o terapeuta poderia estimulá-lo a aplicar as "habilidades de enfrentamento por meio do relaxamento" baseando-se no tempo ou em uma atividade. Ou seja, o paciente pode aplicar as habilidades de relaxamento em momento específico durante o dia, por exemplo, a cada duas horas, e/ou cada vez que estiver realizando uma atividade específica, como falar ao telefone, esperar um ônibus, etc. Estes procedimentos aumentam a freqüência da aplicação do relaxamento no decorrer do dia e o enfrentamento diante de aumentos graduais da tensão geral. O terapeuta pode também fazer um contrato para aplicações ou simulações específicas, na vida real, de experiências produtoras de ansiedade referentes a situações ou temas determinados que o indivíduo possa experimentar. Ou seja, o paciente com TAG pode ser estimulado a preocupar-se com temas específicos ou a enfrentar medos ou ansiedades concretos e a aplicar as habilidades de relaxamento ao vivo. A sugestão é relevante também para sujeitos com fobia, obsessões/compulsões e transtorno de pânico. O terapeuta e o paciente podem fazer um contrato para experiências específicas ao vivo, a fim de fomentar as aplicações e transferir as habilidades de enfrentamento. Quando considerar apropriado, o terapeuta pode acompanhar o paciente nos primeiros ensaios, com a finalidade de ajudar na recuperação do relaxamento e na estruturação das experiências. Finalmente, caso seja relevante, o terapeuta pode começar a integrar outras intervenções às "habilidades de enfrentamento por meio do relaxamento" neste momento da terapia. Normalmente sugere-se que o TMA preceda outras intervenções, já que o relaxamento é geralmente menos ameaçador e ajuda a formar rapidamente a relação terapêutica. Além disso, trata-se de uma intervenção que é consistente com a conceitualização que o paciente tem dos problemas, aumentando a aceitação por parte do paciente e diminuindo a rejeição a outras intervenções. Em outras palavras, o desenvolvimento de "habilidades de enfrentamento por meio do relaxamento" parece facilitar não só a redução da ansiedade diretamente, mas também outras intervenções que poderiam ser, em princípio, mais ameaçadoras.

VI. PROCEDIMENTOS DE GRUPO PARA O TMA

Vários dos estudos revisados neste capítulo mostraram que o TMA pode ser aplicado com eficácia a pequenos grupos de seis a oito pessoas. O TMA foi eficaz para grupos de indivíduos que compartilham do mesmo tipo de ansiedade (p. ex., Deffenbacher e Shelton, 1978; Suinn e Richardson, 1971) e para grupos de sujeitos com fontes de ansiedade e de estresse um pouco diferentes (p. ex., Cragan e Deffenbacher, 1984; Hutchings et al., 1980; Jannoun et al., 1982). Um estudo (Deffenbacher et al., 1980) mostrou que alguns pacientes pareciam beneficiar-se ainda mais quando estavam misturados a pacientes que tinham outros tipos de ansiedade. Deste modo, pareceria que o TMA poderia ser realizado eficazmente com pequenos grupos de pacientes que apresentam fontes diferentes de ansiedade. Entretanto, pode ser que esta eficácia não se estenda além do formato grupal, já que um estudo (Daley et al., 1983) mostrou que com um grupo grande ou com formato de oficina (*workshop*), que incluía aproximadamente 25 pacientes, o TMA, com sujeitos com ansiedade generalizada, não se mostrou tão eficaz quanto com um grupo pequeno.

Dado que num grupo de TMA participam vários pacientes, são recomendadas algumas modificações do TMA individual:

1. O terapeuta deveria considerar o aumento da duração da sessão de 20 a 30 minutos a mais, ou seja, que a sessão durasse aproximadamente 75 a 90 minutos. Isto proporciona o tempo adicional necessário para prestar atenção a todos os pacientes e

a seus problemas, para responder às suas perguntas, para adaptar os procedimentos de intervenção aos detalhes da vida do indivíduo e para ter tempo para perguntar ao paciente sobre as diferentes cenas de ansiedade e de relaxamento. Caso não seja possível aumentar a duração da sessão, o terapeuta deveria estar preparado para aumentar o número de sessões. Normalmente, um grupo de TMA leva aproximadamente de duas a quatro sessões a mais que o TMA individual. Entretanto, o grupo de TMA apresenta uma eficiência ou uma razão custo/benefício considerável, já que representa aproximadamente duas horas de terapeuta por paciente.

2. O ritmo do grupo de TMA deveria estar associado ao progresso do paciente mais lento. Isto é necessário a fim de garantir que todos os pacientes tenham sucesso antes de ir para o passo seguinte. Pode-se requerer a repetição de toda ou parte de uma sessão antes de seguir adiante. Caso um paciente seja constantemente mais lento ou não seguir o ritmo dos outros membros do grupo, pode ser conveniente tirá-lo do mesmo e tratá-lo individualmente.

3. Nas tarefas para casa são desenvolvidas mais partes das cenas de relaxamento e ansiedade. Ou seja, pede-se para o paciente identificar e descrever, antes das sessões, cenas que serão utilizadas nelas. Durante as sessões, o terapeuta entrevista o paciente e ajuda-o a esboçar os detalhes das propriedades estimulantes internas e situacionais das cenas. A seguir, estas cenas são escritas em pedaços de papel ou em cartões que o paciente pode consultar.

4. No TMA individual, o terapeuta é capaz de proporcionar detalhes consideráveis sobre as cenas de relaxamento e de ansiedade. Entretanto, no TMA em grupo, isto não é possível porque os diferentes membros têm cenas cujo conteúdo varia. Por conseguinte, o terapeuta pode utilizar instruções mais gerais para provocar as cenas de relaxamento ou de ansiedade. Especificamente, o terapeuta faz com que o paciente evoque sua cena de ansiedade ou de relaxamento que contenha o material que a pessoa escreveu no seu pedaço de papel ou cartão.

5. O terapeuta deveria estar preparado para fazer mais solicitações de indicações com a mão por parte dos pacientes, a fim de avaliar algumas questões. Por exemplo, se estes passaram por um ensaio de relaxamento, mas nem todos indicaram isso, o terapeuta não saberá se o sujeito experimentou o relaxamento, mas não indicou, ou se não relaxou. Por conseguinte, poderia utilizar uma instrução do tipo: "Se você está relaxado e confortável neste momento, por favor, indique, levantando a mão." Se não houver uma indicação pode parte de todos os pacientes, poderia fazer a pergunta inversa: "Se você não estiver experimentando tranqüilidade e relaxamento, por favor, indique levantando a mão". Deste modo, o terapeuta obtém uma informação importante sobre o progresso dos distintos pacientes durante a sessão.

6. Com um grupo, há uma grande probabilidade de que seja necessário aplicar o relaxamento a uma série de outros problemas emocionais e perturbadores. Estes aspectos deveriam receber atenção em sessões posteriores do grupo e podem ser abordados construindo "outras cenas de emoções perturbadoras" que podem ser utilizadas no mesmo formato da Sessão 5.

VII. INTEGRAÇÃO DO TMA A OUTROS ENFOQUES TERAPÊUTICOS

A terapia cognitiva é muito apropriada para os pacientes com TAG, levando em conta os importantes elementos cognitivos envolvidos, e o TMA pode ser facilmente integrado a ela. O TMA pode ser introduzido no início da terapia, a fim de reduzir os elementos de ativação emocional e fisiológica. À medida que o paciente obtenha controle emocional, encontra-se mais preparado para as mudanças cognitivas. O TMA ajuda, no mínimo, a formar uma relação terapêutica razoavelmente boa, o que proporcionará a base de uma integração posterior com a terapia cognitiva. Além disso, a reestruturação cognitiva e o ensaio das habilidades de enfrentamento cognitivos podem ser facilmente acrescentados em sessões posteriores do TMA. Em outras palavras, os pacientes podem praticar as habilidades de enfrentamento cognitivas e de relaxamento para reduzir a ansiedade produzida pelas cenas de ansiedade. Esta mistura de enfoques cognitivos e de relaxamento tem sido eficaz no tratamento do TAG (Borkovec e Costello, 1993), em indivíduos com ansiedade generalizada e transtorno de pânico (Barlow et al., 1984), na ansiedade social (Butler et al., 1984), no comportamento Tipo A (Kelly e Stone, 1987) e na raiva (Deffenbacher et al., 1987, 1988, 1990a, 1995; Deffenbacher e Stark, 1992).

O TMA pode ser integrado também a enfoques de aquisição de habilidades para indivíduos ansiosos e com déficit em habilidades. Para os indivíduos com TAG, os déficits em habilidades poderiam incluir a solução de problemas, a assertividade, etc. Sugere-se novamente que o TMA preceda os principais elementos do programa de aquisição de habilidades. Ter um conjunto eficaz de "habilidades de enfrentamento por meio do relaxamento" pode permitir que os pacientes enfrentem mais confortavelmente as situações e que se beneficiem mais das atividades de ensaio, habituais na maioria dos enfoques de aquisição de habilidades. Isto pode ser assim porque são mais capazes de reduzir sua ansiedade e envolver-se mais inteiramente na situação. Além disso, à medida que o paciente aprenda a controlar melhor sua ansiedade, pode ir mostrando mais habilidades, já que estas poderiam ter estado mascaradas pela interferência da ansiedade.

Obviamente, o TMA pode ser combinado com programas de aquisição de habilidades comportamentais e cognitivas. Isto foi realizado com sucesso no caso de ansiedades sociais (Pipes, 1982), de indivíduos indecisos e ansiosos no terreno do trabalho (Mendonca e Siess, 1976) e da raiva (Deffenbacher et al., 1990b).

Para muitos pacientes com TAG e outros transtornos de ansiedade, o TMA pode ser combinado de modo eficaz com a medicação ansiolítica. Sugere-se que a medicação seja prescrita ao início da terapia, a fim de reduzir os altos níveis de ativação ou de pânico. Isto proporciona ao paciente um alívio rápido. À medida que desenvolve mais habilidades de autocontrole da ansiedade com o TMA, pode-se reduzir a medicação e transferir o controle da ansiedade para o relaxamento ao desenvolver destreza e eficácia na aplicação das "habilidades de enfrentamento por meio do relaxamento".

O TMA pode ser empregado também conjuntamente a outras formas não comportamentais de terapia. As habilidades de relaxamento desenvolvidas no TMA permitem ao indivíduo ser capaz de relaxar e suportar melhor o material ansiógeno e funcionar terapeuticamente em outras propostas. Também pode permitir que não tenha que evitar os temas produtores de ansiedade, como abandonar a terapia, desenvolver resistências, mecanismos de defesa, etc. Um estudo com esquizofrênicos ansiosos (Van Hessel et al., 1982) sugeriu que o TMA produziu um maior progresso em outras terapias não comportamentais.

Finalmente, o TMA poderia ser empregado como parte de programas psicoeducativos e de prevenção. Ou seja, o TMA poderia ser utilizado em pequenos grupos para desenvolver "habilidades de enfrentamento por meio do relaxamento" em uma ampla faixa de indivíduos. Estas poderiam ser de ajuda para o indivíduo na sua vida diária ou ter como objetivo acontecimentos estressantes específicos próximos, como uma operação cirúrgica e suas seqüelas ou enfrentar estímulos estressantes no trabalho.

VIII. CONCLUSÕES

O TMA é uma intervenção eficaz, breve, para problemas de ansiedade geral e específica. Foi delineada para desenvolver habilidades de enfrentamento por meio do relaxamento para o autocontrole da ansiedade, proporcionando aos indivíduos com TAG ou outros transtornos de ansiedade uma maior capacidade para tranqüilizar-se e abordar os assuntos produtores de ansiedade com uma maior eficácia cognitiva e comportamental. Esperamos que este capítulo tenha descrito o TMA com detalhes suficientes para que os terapeutas possam empregá-lo para ajudar seus pacientes com distintos problemas.

REFERÊNCIAS

American Psychiatric Association (1994). *Diagnostic and statistical manual of mental disorders* (4ª edición) *(DSM-IV)*. Washington, D. C.: APA.
Barlow, D. H. (1988). *Anxiety and its disorders: The nature and treatment of anxiety and panic.* Nueva York: Guilford.
Barlow, D. H., Cohen, A. S., Wadell, M., Vermilyea, J. A., Klosko, J. S., Blanchard, E. B. y Di Nardo, P. A. (1984). Panic and generalized anxiety disorders: Nature and treatment. *Behavior Therapy, 15*, 431-449.
Barlow, D. H., Rapee, R. M. y Brown, T. A. (1992). Behavioral treatment of generalized anxiety disorder. *Behavior Therapy, 23*, 551-570.
Bernstein, D. A. y Borkovec, T. D. (1973). *Progressive relaxation training.* Champaign, Il: Research.
Borkovec, T. D. y Costello, E. (1993). Efficacy of applied relaxation and cognitive-behavioral therapy in the treatment of generalized anxiety disorder. *Journal of Consulting and Clinical Psychology, 61*, 611-619.

Borkovec, T. D., Mathews, A. M., Chambers, A., Ebrahimi, S., Lytle, R. y Nelson, R. (1987). The effects of relaxation training with cognitive therapy or nondirective therapy and the role of relaxation induced anxiety in the treatment of generalized anxiety. *Journal of Consulting and Clinical Psychology, 55*, 883-888.

Butler, G., Cullington, A., Hibbert, G., Klimes, I. y Gelder, M. (1987). Anxiety management for persistent generalized anxiety. *British Journal of Psychiatry, 151*, 535-542.

Butler, G., Cullington, A., Mumby, M., Amies, P. y Gelder, M. (1984). Exposure and anxiety management in the treatment of social phobia. *Journal of Consulting and Clinical Psychology, 52*, 641-650.

Butler, G., Fennell, M., Robson, P. y Gelder, M. (1991). Comparison of behavior therapy and cognitive behavior therapy in the treatment of generalized anxiety disorder. *Journal of Consulting and Clinical Psychology, 59*, 167-175.

Cragan, M. K. y Deffenbacher, J. L. (1984). Anxiety management training and relaxation as self-control in the treatment of generalized anxiety in medical outpatients. *Journal of Counseling Psychology, 31*, 123-131.

Daley, P. C., Bloom, L. J., Deffenbacher, J. L. y Steward, R. (1983). Treatment effectiveness of anxiety management training in small and large group formats. *Journal of Counseling Psychology, 30*, 104-107.

Deffenbacher, J. L. y Craun, A. M. (1985). Anxiety management training with stressed student gynecology patients: A collaborative approach. *Journal of College Student Personnel, 26*, 513-518.

Deffenbacher, J. L., Demm, P. M. y Brandon, A. D. (1986). High general anger: Correlates and treatment. *Behaviour Research and Therapy, 24*, 481-489.

Deffenbacher, J. L., McNamara, K., Stark, R. S. y Sabadell, P. M. (1990a). A comparison of cognitive-behavioral and process oriented group counseling for general anger reduction. *Journal of Counseling and Development, 69*, 167-172.

Deffenbacher, J. L., McNamara, K., Stark, R. S. y Sabadell, P. M. (1990b). A combination of cognitive, relaxation, and behavioral coping skills in the reduction of general anger. *Journal of College Student Development, 31*, 351-358.

Deffenbacher, J. L. y Michaels, A. C. (1981a). Anxiety management training and self-control desensitization — 15 months later. *Journal of Counseling Psychology, 28*, 459-462.

Deffenbacher, J. L. y Michaels, A. C. (1981b). A twelve-month follow-up homogeneous and heterogeneous anxiety management training. *Journal of Counseling Psychology, 28*, 463-466.

Deffenbacher, J. L., Michaels, A. C., Daley, P. C. y Michaels, T. (1980). A comparison of homogenous and heterogeneous anxiety management training. *Journal of Counseling Psychology, 27*, 630-634.

Deffenbacher, J. L., Michaels, A. C., Michaels, T. y Daley, P. C. (1980). Comparison of anxiety management training and self-control desensitization. *Journal of Counseling Psychology, 27*, 232-239.

Deffenbacher, J. L. y Shelton, J. L. (1978). A comparison of anxiety management training and desensitization in reducing test and other anxieties. *Journal of Counseling Psychology, 25*, 227-282.

Deffenbacher, J. L. y Stark, R. S. (1992). Relaxation and cognitive-relaxation treatments of general anger. *Journal of Counseling Psychology, 39*, 158-167.

Deffenbacher, J. L., Story, D. A., Brandon, A. D., Hogg, J. A. y Hazaleus, S. L. (1988). Cognitive and cognitive-relaxation treatments of anger. *Cognitive Therapy and Research, 12*, 167-184.

Deffenbacher, J. L., Story, D. A., Stark, R. S., Hogg, J. A. y Brandon, A. D. (1987). Cognitive-relaxation and social skills interventions in the treatment of general anger. *Journal of Counseling Psychology, 34*, 171-176.

Deffenbacher, J. L. y Suinn, R. M. (1987). Generalized anxiety syndrome. En L. Michelson y L. M. Ascher (comps.), *Anxiety and stress disorders: Cognitive-behavioral assessment and treatment*. Nueva York: Guilford.

Deffenbacher, J. L., Thwaites, G. A., Wallace, T. L. y Oetting, E. R. (1995). Social skill and cognitive-relaxation approaches to general anger reduction. *Journal of Counseling Psychology, 42,* 400-405.

Drazen, M., Nevid, J., Pace, N. y O'Brien, R. (1982). Worksite-based behavioral treatment of mild hypertension. *Journal of Occupational Medicine, 24,* 511-514.

Hazaleus, S. L. y Deffenbacher, J. L. (1986). Relaxation and cognitive treatments of anger. *Journal of Consulting and Clinical Psychology, 54*, 222-226.

Hill, E. (1977). A comparison of anxiety management training and interpersonal skills training for socially anxious college students. *Dissertation Abstracts International, 37,* (8-A), 4985.

Hutchings, D., Denney, D., Basgall, J. y Houston, B. (1980). Anxiety management and applied relaxation in reducing general anxiety. *Behaviour Research and Therapy, 18,* 181-190.

Jannoun, L., Oppenheimer, C. y Gelder, M. (1982). A self-help treatment program for anxiety state patients. *Behavior Therapy, 13*, 103-111.

Jorgensen, R., Houston, B. y Zurawaki, R. (1981). Anxiety management training in the treatment of essential hypertension. *Behaviour Research and Therapy, 19*, 467-474.

Kelly, K. y Stone, G. (1987). Effects of three psychological treatments and self-monitoring on the reduction of Type A behavior. *Journal of Counseling Psychology, 34*, 46-54.

Mendonca, J. y Siess, T. (1976). Counseling for indecisiveness: Problem-solving and anxiety-management training. *Journal of Counseling Psychology, 23*, 339-347.

Pipes, R. (1982). Social anxiety and isolation in college students: A comparison of two treatments. *Journal of College Student Personnel, 23*, 502-508.

Quillen, M. y Denney, D. (1982). Self-control of dysmenorrheic symptoms through pain management training. *Journal of Behavioral Therapy and Experimental Psychiatry, 13*, 123-130.

Richardson, F. y Suinn, R. (1973). A comparison of traditional systematic desensitization, accelerated massed desensitization, and anxiety management training in the treatment of mathematics anxiety. *Behavior Therapy, 4,* 212-218.

Suinn, R. M. y Bloom, L. (1978). Anxiety management training for Pattern A behavior. *Journal of Behavioral Medicine, 1*, 25-35.

Suinn, R. M., Brock, L. y Edie, C. (1975). Behavior therapy for Type A patients. *American Journal of Cardiology, 36,* 269.

Suinn, R. M. (1990). *Anxiety management training*. Nueva York: Plenum.

Suinn, R. M. y Deffenbacher, J. L. (1988). Anxiety management training. *The Counseling Psychologist, 16*, 31-49.

Suinn, R. y Richardson, F. (1971). Anxiety management training: A non-specific behavior therapy program for anxiety control. *Behavior Therapy, 2*, 498.

Van Hassel, J., Bloom, L. J. y González, A. C. (1982). Anxiety management training with schizophrenic outpatients. *Journal of Clinical Psychology, 38*, 280-285.

Wolpe, J. (1973). *The practice of behavior therapy* (2ª edición). Nueva York: Pergamon.

LEITURAS PARA APROFUNDAMENTO

Bernstein, D. A. y Borkovec, T. D. (1983). *Entrenamiento en relajación progresiva.* Bilbao: Desclée de Brouwer, 1983. (Orig.: 1973).
Deffenbacher, J. L. y Suinn, R. M. (1982). The self-control of anxiety. En P. Karoly y F. Kanfer (dirs.), *Self-management and behavior change from theory to practice.* Nueva York: Pergamon.
Lehrer, P. M. y Woolfolk, R. L. (1993). *Principles and practice of stress management* (2ª edición). Nueva York: Guilford.
Lichstein, K. L. (1988). *Clinical relaxation strategies.* Nueva York: Wiley.
Suinn, R. M. (1990). *Anxiety management training.* Nueva York: Plenum.

TRATAMENTO COGNITIVO-COMPORTAMENTAL DOS TRANSTORNOS SEXUAIS

TRATAMENTO COGNITIVO-COMPORTAMENTAL DAS DISFUNÇÕES SEXUAIS

Capítulo 9

Michael P. Carey[1]

I. REVISÃO HISTÓRICA E ESBOÇO DO CAPÍTULO

Em muitos sentidos, o tratamento das disfunções sexuais serviu como um importante campo de testes para as terapias cognitivo-comportamentais. Um dos fundadores do enfoque cognitivo-comportamental foi Albert Ellis, que começou sua carreira em sexologia e publicou trabalhos pioneiros como *The folklore of sex* (1951), *The American sexual tragedy* (1954) e *Sex without guilt* (1958). Embora seu enfoque inicial tenha sido a psicanálise, Ellis tirou proveito da pesquisa e treinamento adicional em sexologia; essas experiências levaram-no, finalmente, em 1955 a rechaçar a psicanálise e a desenvolver a terapia racional-emotiva, a primeira das terapias cognitivo-comportamentais (Ellis, 1992).

O tratamento cognitivo-comportamental das disfunções sexuais continuou sendo algo enigmático, especialmente durante as décadas de cinqüenta e sessenta. Contudo, as bases empíricas foram estabelecidas pela pesquisa e os escritos de Kinsey e seus colaboradores (Kinsey, Pomeroy e Martin, 1948; Kinsey et al., 1953), bem como por Masters e Johnson (1966, 1970). Com a publicação de *A inadequação sexual humana* (*Human sexual inadequacy*) por Masters e Johnson, em 1970, o campo da terapia sexual se firmou e, desde então, vem prosperando. Escritos posteriores por LoPiccolo et al. (1978, 1988), Leiblum e Rosen (1988, 1991) e outros autores melhoraram os procedimentos cognitivo-comportamentais sobre os quais muitos terapeutas estão de acordo que constituem o tratamento preferencial para as disfunções sexuais.

Neste capítulo, serão descritas as disfunções sexuais mais freqüentes, revisadas sua prevalência e etiologia, apresentadas as informações sobre o tratamento cognitivo-comportamental destes problemas, sugeridas as tendências futuras da terapia sexual cognitivo-comportamental e recomendadas algumas leituras para o terapeuta interessado neste campo.

---

[1] University of Syracuse (EUA).

Agradecimentos: A preparação deste capítulo foi financiada pela *Scientific Development Award* do National Institute of Mental Health a Michael P. Carey.

II. AS DISFUNÇÕES SEXUAIS

O conceito atual das disfunções sexuais baseia-se no ciclo da resposta sexual descrito em primeiro lugar por Masters e Johnson (1966) e mais tarde modificado por diferentes teóricos, incluindo Kaplan (1974). Masters e Johnson realizaram pesquisas de laboratório com adultos voluntários sadios e proporcionaram um modelo fisiológico do funcionamento sexual que incluía quatro etapas: excitação, platô, orgasmo e resolução. Kaplan (1974), baseando-se em sua experiência clínica, propôs que se deveria acrescentar uma etapa a mais, que denominou "desejo" e se refere ao interesse e à disponibilidade cognitiva e afetiva da pessoa com respeito à atividade sexual. Atualmente, a maioria dos modelos do funcionamento sexual saudável são centrados no desejo, na excitação e no orgasmo.

As definições e a classificação da disfunção sexual incluem a deterioração ou a perturbação de uma destas três etapas; a experiência de dor em qualquer momento da atividade sexual também é classificada como disfunção sexual. No *Manual diagnóstico e estatístico dos transtornos mentais* (4ª edição) (*DSM-IV*; APA, 1994), foram publicados critérios diagnósticos específicos para nove disfunções. Cada uma delas pode ser caracterizada dependendo se tem ocorrido *desde sempre* (ou seja, tem estado presente desde o início do funcionamento sexual) ou se foi *adquirida* (a disfunção sexual foi desenvolvida depois de um período de funcionamento normal), se é *generalizada* (ocorre em todas as situações, com todos os parceiros) ou *específica* (limita-se a determinados tipos de estimulação, situações ou parceiros), se é devida a fatores *psicológicos* ou a uma *combinação* de fatores psicológicos e uma doença médica ou abuso de substâncias psicoativas. Quando uma disfunção sexual ocorre exclusivamente como resultado de uma enfermidade médica (p. ex., a disfunção da ereção causada por uma neuropatia diabética em estágio avançado), a disfunção não será considerada um transtorno mental ou psicológico.

Segundo o *DSM-IV*, o diagnóstico formal requer que a disfunção "não ocorra durante o curso de outro transtorno do Eixo I", como o transtorno depressivo severo, e não seja provocada pelo consumo de uma substância psicoativa (p. ex., *cannabis*). O clínico deve determinar que a disfunção "provoque mal-estar ou problemas interpessoais significativos". Esta qualificação, nova na quarta edição do *DSM*, pode afetar o diagnóstico e a prevalência das disfunções sexuais; ou seja, os indivíduos que tenham sido classificados anteriormente como sofrendo de uma disfunção, com base unicamente nos sintomas físicos, já não serão diagnosticados assim se o sujeito e/ou o casal enfrenta razoavelmente bem o problema.

O *transtorno de desejo sexual hipoativo* refere-se a um transtorno no qual uma pessoa se encontra perturbada por baixos níveis percebidos de fantasias e atividades sexuais. Os clínicos devem fazer este julgamento baseando-se em fatores que possam afetar os níveis de desejo e atividade, como o gênero e o contexto de vida da pessoa. Este transtorno pode ser difícil de diagnosticar devido ao conceito do desejo não ser ainda bem compreendido ou definido e se encontrar sujeito a muitas interpretações. Devido à ampla variabilidade no que os indivíduos percebem como impulso "sexual" normal, é uma *mudança* no desejo o que geralmente faz com que o sujeito saia em busca de ajuda.

A inter-relação do comportamento, das cognições e do afeto são importantes para diagnosticar este transtorno. Os clínicos têm a liberdade de realizar este diagnóstico em diferentes situações – quando uma pessoa carece de desejo e fantasias sobre o sexo, mas tem relações sexuais regularmente em resposta às insinuações do seu parceiro; ou quando uma pessoa aos 20 anos não tem um parceiro regular, encontra-se desconfortável porque percebe que há uma carência significativa de interesse no sexo, tem pouco interesse na masturbação e experimenta fantasias pouco freqüentes sobre a atividade sexual. O resultado desta flexibilidade no diagnóstico é um problema em potencial da confiabilidade entre os clínicos.

O *transtorno de aversão ao sexo*, embora seja diagnosticado como uma síndrome diferente do transtorno de desejo sexual hipoativo, pode ser entendido como uma forma extrema de baixo desejo sexual. Os dois transtornos foram classificados como diagnósticos clínicos distintos devido, principalmente, a diferenças na apresentação clínica; os que sofrem de um transtorno de aversão sexual temem e evitam o contato sexual. Tem havido pouca pesquisa sistemática sobre o transtorno de aversão ao sexo, de modo que ainda é preciso constatar se as etiologias que subjazem a ambos os transtornos do desejo são comuns. Segundo o *DSM-IV*, um indivíduo com este transtorno experimenta uma aversão persistente ou recorrente a ele, e uma evitação de todo – ou quase todo – contato sexual genital com outra pessoa.

O *transtorno da ereção no homem (ou disfunção erétil)*, denominado muitas vezes "impotência" (que pode ser considerado involuntariamente de forma pejorativa) pelos médicos e pelas pessoas, deveria ser diagnosticado quando um homem é incapaz, de modo persistente ou periódico, de conseguir ou manter uma ereção até a finalização da atividade sexual. O *transtorno da excitação sexual na mulher* refere-se à falta de resposta à estimulação sexual; de modo específico, consiste numa incapacidade persistente ou periódica de conseguir ou manter a resposta de lubrificação-tumefação da excitação sexual até o término da atividade sexual.

O *transtorno orgásmico feminino (ou anorgasmia)* refere-se a uma demora persistente ou periódica, ou à ausência, do orgasmo após uma fase de excitação sexual normal. Os critérios permitem que as mulheres manifestem uma ampla variedade no tipo e intensidade da estimulação para o orgasmo; o clínico tem que julgar a capacidade orgásmica baseando-se na idade da mulher, na experiência sexual desta e na adequação da estimulação. O *transtorno orgásmico masculino* refere-se à demora persistente ou periódica, ou à ausência, de orgasmo durante a estimulação sexual que se considera adequada no objetivo, intensidade e duração enquanto a *ejaculação precoce* refere-se à ejaculação com uma estimulação sexual mínima, antes, no momento ou pouco tempo depois da penetração e "antes do que a pessoa desejaria". Este último ponto pode ser difícil de diagnosticar, porque não está claro o que deveria ser considerado como uma duração "normal" do contato sexual antes do orgasmo. É possível que alguns homens e mulheres tenham expectativas pouco realistas com respeito ao tempo que deve transcorrer antes do orgasmo, e os clínicos podem não estar de acordo sobre a definição precisa de "precoce". Entretanto, os casos mais claros incluem habitualmente ejaculação antes da introdução (quando se deseja o coito) ou imediatamente depois da penetração.

O critério do *DSM-IV* para a *dispareunia* é uma dor genital persistente ou recorrente associada à relação sexual (no homem ou na mulher) que não é causada exclusivamente pela falta de lubrificação ou pelo vaginismo e não é devida a uma enfermidade médica. O *vaginismo* refere-se a espasmos recorrentes ou persistentes da musculatura do terço externo da vagina que interfere no coito.

Lamont (1978) afirma que, quando os casais tentam o coito, a sensação é de que o pênis "esbarra num muro" que se encontra a uns dois centímetros no interior da vagina (p. 633). As repercussões deste problema podem ser significativas; devido à importância que muitos casais atribuem ao coito, o homem pode pensar que a mulher está resistindo a ter intimidade com ele. A mulher, apesar da natureza involuntária dos espasmos, pode sentir-se culpada pelo problema – é possível que a antecipação das ocorrências futuras provoque os espasmos antes de tentar o coito (ver Wincze e Carey, 1991).

Embora se recomende o conhecimento dos critérios e das categorias de diagnóstico formais, também se aconselha um sadio ceticismo sobre estes sistemas de classificação. Afinal, embora as disfunções sexuais no *DSM* sejam definidas como presentes ou ausentes, a saúde sexual é conceitualizada de modo mais preciso ao longo de um *continuum*. Além disso, embora as disfunções proporcionem heurísticos para o diagnóstico e para a comunicação, na prática clínica, o plano de tratamento deve abordar muitas vezes as complexidades biopsicossociais do funcionamento sexual. Por exemplo, os problemas numa determinada etapa podem exercer influência sobre o funcionamento numa etapa posterior (e vice-versa). Num estudo de 374 homens com problemas sexuais, Segraves e Segraves (1990) constataram que 20% dos homens com transtorno da ereção tinham também um transtorno do desejo. A enfermidade biológica não diagnosticada e fatores diádicos/interpessoais não descobertos podem desempenhar também papéis importantes no desenvolvimento e manutenção de uma disfunção sexual. Por conseguinte, embora o *DSM-IV* represente uma melhora notável em relação às edições anteriores, não deveria ser considerado a última palavra sobre a função ou disfunção sexual.

III. OS FUNDAMENTOS TEÓRICOS E EMPÍRICOS

A experiência clínica, a pesquisa empírica e as formulações teóricas desempenham um importante papel no nosso conhecimento das disfunções sexuais. Nesta sessão, será apresentada uma breve revisão dos enfoques teóricos e dos achados da pesquisa que exerceram influência sobre o tratamento cognitivo-comportamental das disfunções sexuais.

III.1. Fundamentos empíricos

Merecem destaque duas importantes tradições na pesquisa, ou seja, aquelas que se concentram: a) na prevalência e b) na etiologia das disfunções sexuais. A primeira é importante porque estabelece que as disfunções ocorrem freqüentemente e necessitam da atenção dos profissionais da saúde mental. A última também é importante porque sugere a adequação dos enfoques de tratamento cognitivo-comportamental.

Prevalência – a partir das observações clínicas de Freud, os terapeutas têm reconhecido a freqüência com que os problemas sexuais surgem como objetivos clínicos importantes. Entretanto, só recentemente se dispõe de estimativas com base empírica sobre a prevalência das disfunções sexuais. Como observam Spector e Carey (1990), grande parte dos dados existentes deve ser interpretada com precaução devido a limitações metodológicas como a inadequação das amostras, categorias imprecisas de diagnóstico e problemas de medição. Contudo, a literatura oferece algumas informações sobre a prevalência das disfunções sexuais.

As estimativas da freqüência do *tratamento de desejo sexual hipoativo* em estudos que procuram determinar sua prevalência na população geral sugerem que o baixo desejo sexual ocorre em cerca de 34% das mulheres e 16% dos homens (Frank, Anderson e Rubinstein, 1978). Entretanto, estas amostras não incluíam o diagnóstico dos clínicos, ao contrário, pequenas amostras de sujeitos respondiam afirmativamente a itens do tipo "atualmente o sexo não me interessa". Mais informações sobre a freqüência dos transtornos do desejo sexual provêm de estudos com base clínica. A pesquisa recente indica que os transtornos do desejo constituem a razão pela qual da metade a dois terços das pessoas recorrem às clínicas de terapia sexual (Segraves e Segraves, 1991). A recente introdução do *transtorno de aversão ao sexo* na nomenclatura diagnóstica torna difícil a diferenciação entre a freqüência do transtorno por aversão ao sexo e o transtorno por desejo sexual hipoativo. Entretanto, um relatório recente (Katz, Frazer e Wilson, 1993) indica que 6% dos universitários experimentavam uma séria ansiedade sexual, que pode ser um substituto da aversão sexual.

Entre 36 e 53% dos homens recorrem a clínicas especializadas devido ao *transtorno da ereção no homem* (Spector e Carey, 1990). Em um recente estudo, Feldman et al. (1994) empregaram uma amostra aleatória de homens sadios (de 40 a 70 anos), que não estavam internados em instituições clínicas, para determinar a prevalência do transtorno da ereção na população geral. Dos 1.290 homens entrevistados, 52% relataram uma "impotência" mínima, moderada ou completa (definida como problemas de ereção durante o coito, baixas taxas de atividade sexual e da ereção, e escassa satisfação em sua vida sexual): a prevalência da "impotência" total era de 9,6% e triplicava de 5 para 15% entre os 40 e os 70 anos. Baseando-se nestes e em outros estudos (p. ex., Kinsey et al., 1948), fica claro que os problemas de ereção são muito freqüentes. As provas sobre a prevalência do *transtorno da excitação sexual feminina* são escassas. Frank et al. (1976) constataram que 57% das mulheres que recorrem à terapia experimentam transtornos da excitação. As estimativas de diversos estudos apontam taxas de prevalência que vão de 11% (Levine e Yost, 1976) a 48% (Frank et al., 1976). Em todo caso, o transtorno da excitação feminina está pouco definido.

A freqüência do *transtorno orgásmico feminino* vai de 5% (Levine e Yost, 1976) a 20% (Ard, 1977: Hunt, 1974) em amostras da população normal. Os clínicos informam que entre 18 e 76% das mulheres nas clínicas de terapia sexual indicam a falta de orgasmo como queixa principal. Na prática clínica, o *transtorno orgásmico masculino* se observa raramente. Spector e Carey (1990) identificaram este problema como o transtorno menos freqüente, ocorrendo entre 4-10% dos homens. Estas porcentagens podem ser inclusive estimativas exageradas, já que a "demora" do orgasmo e a duração do tempo que se considera normal antes de ejacular não estão bem definidas. Ao contrário, muitos terapeutas sexuais estão de acordo que a *ejaculação precoce* é freqüente. Spector e Carey (1990) concluíram que de 36 a 38% dos homens na população geral podem sofrer deste problema, e dois estudos constataram que era o principal problema em 20% dos homens nas clínicas (Hawton, 1982: Renshaw, 1988).

Embora as pesquisas na população sugiram que até 30% das mulheres experimentam dor durante a atividade sexual (Glatt, Zinner e McCormack, 1990), só de 3 a 5% dos pacientes nas clínicas de terapia sexual se queixam de *dispareunia* (Hawton, 1982: Renshaw, 1988). Bachman, Leiblum e Grill (1989) utilizaram um questionário e pesquisaram diretamente a presença de problemas sexuais em 887 pacientes externas que haviam sido atendidas em consultório ginecológico. Apenas 3% apresentou problemas sexuais na pesquisa; entretanto, durante a pesquisa direta, 9% relatou dispareunia. A prevalência da dispareunia nos homens é desconhecida. O *vaginismo* pode ser a disfunção da qual menos se fala, devido à vergonha que se experimenta. Não há estimativas disponíveis sobre a prevalência na população geral, mas foi constatado entre 5 e 42% das mulheres que recorrem à terapia sexual (Spector e Carey, 1990).

Etiologia – O objetivo deste capítulo, e do livro, são os enfoques cognitivo comportamentais. A validade demonstrada por estas intervenções para muitos problemas, incluindo as disfunções sexuais, justificam esse objetivo. Entretanto, quando se fala sobre as disfunções sexuais, é especialmente importante reconhecer o grande papel desempenhado pela fisiologia. Muitos dos cientistas clínicos mais renomados adotam explicitamente um enfoque biopsicossocial que reconhece a importância da análise biológica. Assim sendo, apesar das limitações de espaço deste capítulo exigirem a concentração na análise psicológica e social, gostaria de recordar ao leitor a importância dos fatores de risco hormonais, neurológicos e vasculares na predisposição, desencadeamento e manutenção de muitas disfunções.

Os clínicos sugerem uma variedade de causas psicológicas para o baixo desejo sexual. A respeito dos fatores individuais, LoPiccolo e Friedman (1988) citam aspectos relativos à idade, ao medo de perder o controle sobre os impulsos sexuais manifestos, os conflitos de identidade de gênero, a escassa adaptação psicológica e o medo da gravidez ou das doenças sexualmente transmissíveis. As causas manifestadas com base na relação incluem falta de atração pela outra pessoa, diferenças nos parceiros sobre o grau ótimo de intimidade, e problemas conjugais (os níveis de hormônios da pituitária e das gônadas e vários agentes farmacológicos também podem exercer influência sobre o desejo).

Só recentemente os pesquisadores começaram a estudar as causas em potencial do desejo sexual hipoativo. Schreiner-Engel e Schiavi (1986) observaram que era duas vezes mais provável que pacientes com transtorno do desejo, comparados a sujeitos de controle, tivessem sofrido *anteriormente* uma perturbação afetiva. Donahey e Carrol (1993) compararam os casos de 47 homens e 22 mulheres que haviam sido tratados por apresentarem baixo desejo sexual e constataram que era mais provável as mulheres indicarem níveis mais elevados de estresse e mal-estar e de mais insatisfação com a relação do que os homens. Stuart, Hammond e Pett (1987) estudaram mulheres com baixo desejo sexual e sujeitos do grupo controle, e concluíram que a baixa qualidade da relação marital era o mais importante no desenvolvimento do transtorno.

Embora o *transtorno de aversão ao sexo* seja pouco estudado, as vítimas de traumas sexuais, como o estupro, podem ser mais vulneráveis ao desenvolvimento deste medo e de extrema evitação para com o sexo. Vários estudos proporcionam apoio preliminar a esta hipótese. Chapman (1989) determinou a freqüência da disfunção sexual em mulheres que haviam experimentado um ataque físico ou sexual (30 vítimas de violação e 35 vítimas de abuso). De dois a quatro anos após o evento, mais de 60% destas mulheres experimentavam alguma disfunção sexual. Katz et al. (1992) desenvolveram a *Escala de Aversão Sexual (Sexual Aversion Scale, SAS)* para avaliar os pensamentos, sentimentos e comportamentos consistentes com os critérios diagnósticos (p. ex., "Recentemente tenho evitado as relações sexuais devido ao meu medo do sexo"); as respostas dos estudantes secundários e universitários, bem como as das vítimas de ataques sexuais, sugerem uma relação positiva entre uma história de agressões sexuais, a ansiedade generalizada e um alto grau de aversão.

O *transtorno da ereção no homem* tem sido a disfunção sexual mais estudada. Como são necessários fluxo de sangue e o desaparecimento da tumefação adequados, os aspectos vasculares e neurológicos são importantes causas físicas do transtorno da ereção. No terreno psicológico, o afeto negativo, especialmente a ansiedade, foi sugerido como o fator causal. Barlow (1986) realizou uma série de estudos nos quais propunha dois supostos componentes principais nos homens com disfunção da ereção. Em primeiro lugar, costumam experimentar mais interferências cognitivas durante a atividade sexual, basicamente pensamentos negativos que geram ansiedade ante a atuação, e é mais provável que se concentrem em sua resposta de ereção, subestimando geralmente o grau da mesma. Em segundo lugar, os homens com problemas de ereção sofriam muitas vezes um ciclo de afeto negativo sobre sua disfunção.

Têm sido escassas as pesquisas que exploram a etiologia dos transtornos da excitação nas mulheres. Entretanto, do mesmo modo que com a excitação no homem, sabemos que a resposta de lubrificação-tumefação da mulher se apóia também no funcionamento vascular e neurológico correto. Acredita-se que os fatores relativos à relação são importantes para o desenvolvimento do transtorno da excitação feminina. Pode ser que o casal não proporcione uma estimulação adequada; devido a uma comunicação deficiente, é provável que o problema não seja solucionado. Uma mulher pode experimentar uma falta de atração pelo companheiro, apesar do desejo de realizar a atividade sexual.

Derogatis et al. (1979, 1986) sugerem que é possível que as mulheres com um *transtorno orgásmico* tenham uma pior adaptação psicológica, incluindo sentimentos de inferioridade e uma imagem corporal negativa. Entretanto, os fatores interpessoais e de técnica sexual podem ser mais importantes no surgimento deste problema. As mulheres com este transtorno, comparadas a sujeitos do grupo controle que experimentam o orgasmo de modo consistente, encontram-se muitas vezes mais insatisfeitas com sua relação e com o tipo e a qualidade da atividade sexual, e seus parceiros estavam menos informados das preferências sexuais da mulher (Kilmann et al., 1984).

Não sabemos muito sobre o *transtorno orgásmico masculino*. Os relatórios referem-se principalmente a estudos de caso com explicações individuais, que vão desde o medo da castração e um trauma sexual anterior até os efeitos secundários da medicação (Munjack e Kanno, 1979). A *ejaculação precoce* pode ser causada, pelo menos em parte, pela hipersensibilidade do pênis (Speiss, Geer e O'Donahue, 1984), razão pela qual o homem ejacula com um menor nível de excitação. Entretanto, como causa única para o problema, esta explicação serve apenas para uma pequena porcentagem de casos. Uma resposta condicionada poderia estar também implicada; pode haver sido adaptativa, nas primeiras experiências sexuais, para que a atividade sexual termine rapidamente (p. ex., evitar que o descubram). Possivelmente essas situações sexuais teriam sido também provocadoras de ansiedade. Dentro de um contexto diátese-estresse, a hipersensibilidade física, as respostas aprendidas e a reação excessiva de ambos os membros do casal ante a ejaculação rápida podem haver contribuído para o desenvolvimento e manutenção do problema.

A *dispareunia* poderia ser causada pela sensibilidade pós-operatória de uma intervenção cirúrgica vaginal, por endometriose, inflamação pélvica ou vestibulite vulvar e por outras enfermidades médicas (ver Sandberg e Quevillon, 1987). Quando a dispareunia não se deve exclusivamente aos efeitos fisiológicos, então encontram-se muitas vezes envolvidos fatores psicossociais como medo, afeto deprimido, baixa auto-estima, desconfiança, ira e comunicação inadequada. Com relação ao *vaginismo,* foram sugeridas várias causas. Deveriam ser avaliados como fatores em potencial as bordas dolorosas do hímen rígido, tumores pélvicos e a possível obstrução devida a uma intervenção vaginal anterior (Lamont, 1978). Silverstein (1989) revisou as histórias de 22 mulheres que havia tratado por vaginismo psicogênico; nestes casos, quase todas as mulheres tinham pais agressivos e dominadores. Segundo a opinião de Silverstein, o vaginismo era um sintoma que servia para proteger a mulher do coito, percebido como uma violação ou invasão. Curiosamente, na cultura irlandesa, em que são informadas algumas das porcentagens mais altas de vaginismo, vários autores constataram que as mulheres com vaginismo, muitas vezes, provêm de famílias nas quais o pai é uma figura ameaçadora (Barnes, 1986; O'Sullivan, 1979). O condicionamento sexual negativo, que implicava temas religiosos, também era relativamente freqüente. Baseando-se na observação clínica, foi sugerido que uma violação ou um trauma sexual anteriores podem levar ao vaginismo. Este fator causal se enquadra em um modelo de "resposta aprendida" (e de "autoproteção") para o desenvolvimento deste transtorno. Acredita-se que a dispareunia durante a violação ou as primeiras tentativas de coito causam a tensão involuntária dos músculos vaginais nas tentativas de penetração posteriores.

Como sugere esta rápida revisão dos fundamentos empíricos, a disfunção sexual pode ser provocada por uma série de diferentes fatores biopsicossociais. Embora a pesquisa sobre a etiologia continue incompleta, tem exercido influência sobre as formulações teóricas atuais das disfunções sexuais.

III.2. *Fundamentos teóricos*

No espaço de um único capítulo, é impossível revisar a grande quantidade de fundamentos teóricos propostos para explicar o início, o desencadeamento e a manutenção das disfunções sexuais. Por conseguinte, descreverei simplesmente vários fatores psicossociais-chave propostos pelos teóricos para influir sobre o curso das disfunções sexuais. Será oferecida uma breve lista de fatores individuais e de casal como um guia heurístico que ajude a explicar por que podem ser úteis certas estratégias de tratamento (apresentadas a seguir).

Os teóricos identificaram várias características dos indivíduos que podem predispor ou manter os problemas sexuais. A *falta de conhecimento* sobre a anatomia e a fisiologia sexuais pode ser motivo de dificuldades: por exemplo, a ignorância sobre a necessidade de um jogo prévio de certa duração ou de lubrificação exógena nas pessoas de mais idade poderiam produzir uma excitação inadequada ou um coito doloroso (Wincze e Carey, 1991). Tal ignorância mostra-se também como um terreno fértil para inúmeros *mitos ou crenças disfuncionais.* Por exemplo, Zilbergeld (1993), Heiman e LoPiccolo (1988) e outros nos vêm recordando há anos que, como cultura, respaldamos inconscientemente um modelo de sexualidade pouco saudável, baseado no desempenho. Neste modelo, os homens e as mulheres avaliam a si mesmos em relação a um conjunto de padrões não escritos, mas amplamente aceitos, que são inapropriados para a maioria de nós.

Os indivíduos podem sofrer também de *déficit em habilidades*; por exemplo, é possível que as pessoas não saibam como proporcionar prazer e/ou mostrar afeto ao seu parceiro, ou como otimizar seu próprio prazer sexual. Alguns indivíduos relatam um repertório sexual muito limitado que põe limites ao que possam tentar. Isto pode ser especialmente problemático quando a enfermidade crônica torna menos satisfatória sua prática habitual. Quando surgem os problemas sexuais, muitas vezes são transitórios. Entretanto, como assinalamos anteriormente, alguns indivíduos mantêm padrões muito altos para sua "atuação" sexual. Desenvolvem *ansiedade frente à atuação*, que pode inibir as respostas sexuais normais e o estar à vontade psicologicamente (Masters e Johnson, 1970).

Os indivíduos também podem levar *outros problemas psicológicos* para o quarto, que deterioram sua capacidade de participar totalmente de uma expressão sexual saudável. Os sujeitos que estão clinicamente deprimidos ou ansiosos, os que experimentam níveis excessivos de estresse ou aqueles que têm problemas de ingestão de álcool ou drogas possivelmente necessitem de terapia individual prévia à terapia sexual. Problemas psicológicos menos graves, como *imagem corporal pobre* ou uma *disforia leve*, podem ser tratados no contexto da terapia sexual. Os indivíduos que experimentaram um *trauma sexual anterior* podem precisar também de terapia individual para abordar os efeitos residuais do referido trauma.

Os fatores de casal desempenham também importante papel na satisfação e no funcionamento sexuais. Um *problema global da relação* representa grandes desafios; como os problemas conjugais constituem o conteúdo de outro capítulo no volume 2 desta obra, não serão descritos mais detalhadamente; gostaríamos de dizer apenas que os problemas globais devem ser solucionados antes que possam ser esperadas relações sexuais mutuamente satisfatórias. Os casais que têm uma relação sólida fora do dormitório podem sofrer problemas devido a *roteiros sexuais que não se encaixam entre si* (Rosen e Leiblum, 1988) e/ou uma *comunicação inadequada*. Estes problemas são freqüentemente abordados na terapia sexual.

Mais fatores poderiam ser citados, mas os expostos servem como uma breve lista dos fundamentos teóricos mais freqüentes subjacentes à prática da terapia sexual cognitivo-comportamental.

IV. TRATAMENTO COGNITIVO-COMPORTAMENTAL

Para começar será assinalada a importância de uma avaliação cuidadosa, destacando algumas considerações preliminares sobre a prática da terapia. A seguir, será dedicada uma grande parte à descrição dos principais componentes de um enfoque de tratamento cognitivo-comportamental.

IV.1. O papel da avaliação

O propósito deste capítulo é apresentar informações sobre o tratamento cognitivo-comportamental. Entretanto, é essencial indicar que uma avaliação cuidadosa tem que preceder e acompanhar o processo terapêutico. A avaliação tem vários objetivos: o diagnóstico, a formulação do caso e o planejamento do tratamento, e o acompanhamento do curso da intervenção. No contexto das disfunções sexuais, o objetivo inicial da avaliação é o diagnóstico, ou seja, determinar se há fatores de risco psicossociais ou do estilo de vida que desempenhem um papel significativo na manutenção do transtorno. Como foi mencionado, se uma "doença médica" (p. ex., uma patologia endócrina, vascular ou neurológica; APA, 1994) explica por si só o transtorno, então a disfunção não seria considerada um transtorno psicológico ou mental. Entretanto, se o paciente funcionar satisfatoriamente sob determinadas circunstâncias, então o processo de avaliação deveria levar ao desenvolvimento de uma ampla formulação do caso (p. ex., de uma hipótese de trabalho sobre a etiologia do problema de ereção). Esta formulação do caso deveria surgir de uma avaliação cuidadosa do papel dos fatores psicossociais de risco ou do estilo de vida, identificados previamente, no início e manutenção da disfunção, e levar ao desenvolvimento de um plano de tratamento (Carey et al., 1984). Um objetivo contínuo da avaliação será medir a eficácia da terapia. Também é fundamental recordar aos terapeutas que uma avaliação cuidadosa, biopsicossocial, precisa da colaboração de uma equipe multidisciplinar, que normalmente inclui um ou mais especialistas médicos (p. ex., urologista, neurologista, etc.). Mais informações sobre a colaboração com outros profissionais da saúde podem ser encontrados em outras fontes (p. ex., Carey, Lantinga e Krauss, 1994).

IV.2. Considerações preliminares

Há algumas considerações gerais que poderiam ser formuladas. Em primeiro lugar, é preferível – quando se trata de indivíduos que estão envolvidos atualmente numa relação íntima – trabalhar com casais, em vez de fazê-lo somente com o indivíduo. Existem alguns casos em que isso não é possível, mas a maioria dos terapeutas sexuais consideram que é possível um progresso mais eficaz e duradouro quando trabalham com ambos os membros do casal. Em segundo lugar, os procedimentos descritos aqui se aplicam tanto a homens quanto a mulheres e a casais hétero e homossexuais. Em terceiro lugar, constata-se que raramente é eficaz trabalhar com dificuldades sexuais quando existe um problema de ingestão de álcool ou drogas. Primeiro deveria ser tratado o problema de consumo de substâncias psicoativas antes de propor um programa eficaz para a disfunção sexual. Em quarto lugar, é preferível atender os pacientes uma vez por semana. Podem ser marcados encontros mais freqüentes durante a avaliação inicial, mas as sessões semanais permitem a prática em casa sem perder a continuidade. A distância entre as sessões deveria ser reavaliada regularmente, a fim de determinar se uma programação diferente seria mais útil para o casal, seja qual for o motivo, sem perturbar o curso da terapia. Uma vez que um casal ou um indivíduo tenha demonstrado poder seguir as instruções da terapia, provavelmente seja conveniente aumentar o espaço entre as sessões para várias semanas, especialmente depois que tenha se produzido um avanço significativo. Quando as sessões se distanciam, deveriam ser dadas instruções que permitissem um contato telefônico freqüente, se for apropriado. Em quinto lugar, para a maioria dos casais, poderia se esperar um progresso significativo entre 8 e 16 sessões. Os casos complicados (p. ex., a inclusão de um membro do casal com um história de abuso sexual ou de psicopatologia, ou ainda com problemas conjugais graves) podem requerer uma maior duração da terapia de casal ou terapia individual prévia.

IV.3. Componentes da terapia sexual cognitivo-comportamental

Aqui serão revisados vários procedimentos cognitivo-comportamentais que costumam ser úteis para a maioria das disfunções sexuais. O tratamento para cada uma destas disfunções inclui um ou mais destes procedimentos, adaptado ao contexto específico do problema. Por exemplo, a terapia para o transtorno orgásmico feminino pode incluir educação sobre a resposta sexual feminina e treinamento de habilidades de comunicação para ajudar o casal a tornar mais fácil a expressão de suas preferências sexuais.

IV.3.1. *Educação: diminuir a ignorância e melhorar o conhecimento*

Proporcionar a informação aos pacientes pode ser o procedimento mais freqüente da terapia sexual. Oferece-se informações básicas sobre as características sexuais primárias e secundárias, a anatomia e a fisiologia sexuais, o ciclo da resposta sexual e diferenças de gênero nas experiências e preferências sexuais. Poderia ser apropriada a informação sobre o planejamento familiar e o controle da natalidade. Pode-se utilizar a educação sobre as mudanças normais no funcionamento da mulher e do homem devido ao envelhecimento, a doenças crônicas, ao uso de medicação, etc., para apoiar o papel importante e "normal" do jogo amoroso prévio à atividade sexual adulta. Dados informativos sobre as experiências e práticas sexuais, as preferências e aversões podem ser compartilhados com os pacientes, a fim de ajudar a normalizar sua experiência e diminuir as preocupações que alguns indivíduos apresentam sobre sua "normalidade".

Muitos pacientes estão ávidos por aprender mais e alguns pedem indicação de leituras. Existem muitos livros excelentes. Para os homens, podemos considerar o livro de Zilbergeld (1993), *The new male sexuality: a guide to sexual fulfillment*; no caso das mulheres, pode ser útil o livro de Heiman e LoPiccolo (1988): *Becoming orgasmic: a sexual and personal growth program for women*[1]. Entretanto, há muitos livros bons publicados (incluindo manuais populares de sexualidade humana) e o terapeuta deveria fazer uma lista dos preferidos, bem como comprar vários exemplares dos livros que considera mais adequados e emprestá-los. Aconselhamos que o terapeuta leia os livros antes de recomendá-los a um/a paciente. É necessário estar preparado para discutir o conteúdo durante as sessões.

Desde os primeiros anos da década de oitenta, quando as doenças sexualmente transmissíveis (DST), incluindo o herpes e o vírus de imunodeficiência humana (HIV), se tornaram mais freqüentes, tem sido comum que os pacientes peçam informações sobre as DSTs e sobre práticas sexuais mais seguras. Os pacientes sem informação adequada evitam, às vezes, interações sexuais e oportunidades de relações íntimas, ou realizam atividades de alto risco sem saber – dois assuntos preocupantes. Assim, a prática ética da terapia sexual requer que os terapeutas estejam bem informados sobre o HIV e outras DSTs e que eduquem os pacientes sobre como reduzir os riscos.

IV.3.2. *Reestruturação cognitiva I: a proposta de objetivos realistas para a terapia*

Os pacientes, muitas vezes, recorrem à terapia com pensamentos mágicos sobre "curas" milagrosas ou fantasias sobre prazeres eróticos descritos na ficção popular. Os sujeitos que recorrem à terapia sexual são influenciados por relatos enganosos dos meios de comunicação de massa sobre proezas sexuais e experiências eróticas novas; muitos buscam remédios rápidos para problemas que existem há muito tempo. Ao contrário, a maioria dos terapeutas sexuais de orientação empírica *não* acreditam que o principal objetivo da terapia seja aumentar as ereções, controlar orgasmos simultâneos ou múltiplos ou descobrir pontos G. O terapeuta não deve estabelecer (ou reforçar) objetivos que aumentem a ansiedade de atuação (descrita mais adiante). Por exemplo, objetivos como "aumentar a firmeza da ereção", "conseguir um orgasmo" ou "controlar a ejaculação" podem realmente exacerbar o problema, especialmente se a ansiedade da atuação já estiver inibindo a satisfação sexual.

Os terapeutas têm a difícil tarefa de ajudar os pacientes a reformular seus objetivos e, muitas vezes, a desenvolver novos. Por exemplo, em algumas terapias estimula-se os pacientes a reproduzirem ou reestabelecerem o bem-estar e a satisfação sexual mútuos. Insistimos sobre a importância de obter uma sensação de estar à vontade com a própria sexualidade, de reservar mais tempo para a expressão sexual e fazer dela um elemento prioritário, e eliminar as pressões da atuação que podem bloquear a resposta sexual e obstaculizar o desfrute. Esforçamo-nos em ajudar o casal a entender tanto os fatores psicológicos quanto os mecânicos e técnicos que contribuem para o prazer e a satisfação sexuais. Estes objetivos terapêuticos têm que

---

[1] Existe tradução para o castelhano – *Para alcanzar el orgasmo: un programa de crecimiento sexual y personal para la mujer*, Barcelona, Grijalbo, 1989.

ser desenvolvidos em conjunto *com os pacientes*, de tal modo que o casal entenda que, a fim de atingir objetivos avançados (p. ex., o aumento do prazer sexual), têm que trabalhar primeiro em objetivos preliminares (p. ex., a melhora da comunicação). Além disso, é importante que o casal entenda que atingir estes objetivos preliminares pode ser mais lento que a "cura" que esperavam. Encorajamos os pacientes a conceitualizar estes objetivos preliminares como trampolins para objetivos mais avançados.

McCarthy (1993) indica que o estabelecimento de expectativas realistas ajuda também a prevenir as recaídas posteriores à terapia com êxito. Recorda-nos que o sexo tem diferentes propósitos para cada um de nós, e que estes propósitos podem diferir entre os membros do casal num momento determinado. Se o casal espera que o sexo funcione perfeitamente em todas as ocasiões (como acontece nos filmes), a frustração é altamente provável. Ao contrário, o casal deve ser estimulado a reconhecer a variabilidade inerente às experiências sexuais e a compreender que esta variabilidade não é normalmente um sinal de fracasso ou de incompatibilidade.

IV.3.3. *Reestruturação cognitiva II: a diminuição das crenças mal-adaptativas*

A disfunção sexual está associada, freqüentemente, a sentimentos e pensamentos negativos *globais* em relação ao sexo (em geral), para si mesmo ou para com o casal. Em alguns pacientes, observei também medo de desmaiar, de perder o controle ou um aumento da vulnerabilidade. Antes de empregar procedimentos para desenvolver habilidades sexuais específicas (p. ex., treinamento em masturbação, descrito mais adiante), o terapeuta deveria explorar primeiro detalhadamente se estas cognições negativas gerais estão presentes. Seria um erro de estratégia propor o treinamento em masturbação sem avaliar primeiro as crenças do casal sobre a natureza do problema e o grau de aceitação da masturbação. Podem ser úteis os procedimentos de reestruturação cognitiva empregados no tratamento da ansiedade e da depressão (ver os capítulos correspondentes neste volume).

Cognições desadaptativas muitas vezes acompanham disfunções específicas; ou seja, uma disfunção pode ser mal-interpretada de tal maneira que produza problemas ainda maiores. Por exemplo, um paciente de 35 anos estava preocupado com a "ejaculação precoce" e procurou ajuda para este transtorno. Seu "problema" era que ejaculava entre 2 a 3 minutos depois da penetração vaginal e os movimentos correspondentes. Havia aprendido durante sua educação que essa "ejaculação precoce" era um sinal de que era homossexual. Tanto a ejaculação rápida como a idéia de ser homossexual lhe causavam muito medo, levando-o a uma depressão clínica leve. Parte da intervenção incluiu oferecer-lhe informações sobre a latência do orgasmo em adultos e corrigir as idéias errôneas adquiridas sobre a ejaculação precoce e a orientação sexual. Existiam outros aspectos, mais complexos, deste paciente que requeriam mais atenção, mas essas preocupações poderiam ser solucionadas com informações normativas, de base científica.

De modo semelhante, os homens que sofrem de um transtorno da ereção podem estar se sentindo desconfortáveis e ter medo de fazer um papel ridículo diante da parceira. Em homens heterossexuais podem surgir temores em relação à homossexualidade, isto é, os homens heterossexuais interpretam, muitas vezes, que a dificuldade para conseguir ou manter uma ereção é um sinal de que são homossexuais. Independentemente dos fatores desencadeadores, a maioria dos casos de transtorno da ereção se mantém devido a pensamentos intrusos que podem preceder ou ocorrer durante as relações sexuais. Estes pensamentos não são eróticos e diminuem a excitação. Em homens sem disfunções sexuais, os pensamentos que precedem ou ocorrem durante as interações sexuais concentram-se normalmente em partes do próprio corpo ou do da parceira, em comportamentos de sedução e na antecipação da excitação e do prazer. O homem sexualmente disfuncional, ao contrário, pode ter preocupações sobre a firmeza da ereção, imagens da irritação ou da frustração da sua parceira e sentimentos de ansiedade e depressão.

O terapeuta deve abordar os pensamentos intrusos quando ocorrerem, ajudando o paciente a "reestruturar" os mesmos, ou seja, a centrar-se em pensamentos que facilitem a sexualidade em vez de pensamentos que a inibam. Um modo de ajudar os pacientes a mudar o centro de atenção dos seus pensamentos é fazer com que relembrem o conteúdo destes durante experiências sexuais passadas *satisfatórias*. Isto normalmente sensibiliza os sujeitos frente aos tipos de pensamentos positivos nos quais deveriam concentrar-se. Se tiverem dificuldades para recordar pensamentos sexuais positivos, o terapeuta deveria sugerir pensamentos de ajuda "típicos". Uma vez que os pacientes sejam capazes de identificar o processo do pensamento sexual positivo, o tratamento pode passar aos exercícios de aquisição de habilidades sexuais. Durante procedimentos como a focalização sensorial, o objetivo pode ser reformulado para centrar-se no pensamento sexual positivo (em vez de atingir ou manter a ereção). Embora seja possível que o paciente recaia no pensamento negativo, o terapeuta pode ajudá-lo estimulando-o a voltar a concentrar-se em pensamentos e imagens eróticos. Gradualmente, com a prática, os pensamentos e imagens perturbadores deveriam tornar-se cada vez menos invasivos.

Quando o outro membro do casal está envolvido no tratamento, é importante também considerar as cognições deste sobre a disfunção. Por exemplo, no caso de um homem com transtorno da ereção, pode-se esperar que o casal tenha cognições negativas. A mulher pode temer já não ser atraente, que o homem já não a ame ou que esteja tendo um caso extraconjugal, etc. Normalmente perguntamos ao casal o que pensa que é a causa do problema de ereção. É muito importante ajudar a esclarecer possíveis mal-entendidos antes de passar para uma intervenção comportamental, como os exercícios de focalização sensorial. Se não forem abordados os mal-entendidos em potencial, é provável que surjam outra vez e destruam o progresso do tratamento.

Como já mencionamos, existem *mitos culturais amplamente difundidos* que podem deteriorar o funcionamento sexual saudável e diminuir a satisfação sexual. Zilbergeld (1993) argumenta que, embora pensemos que estamos livres e aperfeiçoados sexualmente, nosso comportamento mostra o contrário. Com respeito à sexualidade masculina, identifica 12 mitos que muitos homens (e mulheres) apresentam:

1. Somos pessoas liberadas e nos sentimos muito tranqüilas com o sexo.
2. Um homem de verdade não se detém em coisas delicadas demais como os sentimentos e a comunicação.
3. Todo contato físico é sexual ou deveria levar ao ato sexual.
4. Um homem está interessado sempre em, e disposto constantemente para, o ato sexual.
5. Um homem de verdade atua bem no ato sexual.
6. O sexo está centrado em um pênis ereto e no que se faz com ele.
7. Sexo é a mesma coisa que coito.
8. Um homem deveria ser capaz de fazer a terra tremer sob os pés da sua parceira.
9. Um bom ato sexual exige o orgasmo.
10. Os homens não têm de escutar as mulheres durante o ato sexual.
11. Um bom ato sexual é espontâneo, sem planejamento e sem falar sobre isso.
12. Os homens de verdade não têm problemas sexuais.

Mitos como estes, especialmente quando são compartilhados por ambos os membros do casal, podem deteriorar o funcionamento e a satisfação sexual.

Existem outras crenças e mitos igualmente prejudiciais aos pacientes. Por exemplo, entre os pacientes mais velhos existe, às vezes, a crença de que o preâmbulo amoroso é para os "jovens" ou de que o coito é a única forma verdadeira de sexo. Essas crenças podem ser contraproducentes para um casal de meia-idade ou de pessoas idosas. Do mesmo modo, a crença de que a ereção tem que aparecer antes da atividade sexual, a fim de indicar interesse sexual, poderia limitar as oportunidades sexuais de uma pessoa. O efeito resultante destas crenças é que um homem que não consegue uma ereção antes do coito (e sem estimulação manual ou oral) não poderá participar do ato sexual.

Os aspectos cognitivos da terapia sexual podem implicar no questionamento de alguns ou de todos esses mitos, apresentando, às vezes, informações novas ou oferecendo pontos de vista alternativos. Os pacientes deveriam ser sempre estimulados a fazer perguntas durante a terapia sobre coisas que "sabem" que são verdades sobre o sexo. Não obstante, isto nem sempre será fácil. Por exemplo, uma paciente de meia-idade – que era muito ignorante sobre a sexualidade humana – vangloriou-se recentemente de saber tudo sobre o sexo, porque havia passado 4 anos no serviço militar e durante sua estada havia "visto de tudo". Sua arrogância era, na verdade, uma proteção pela vergonha do pouco que sabia.

IV.3.4. *O treinamento em habilidades comportamentais I: a melhora do repertório sexual do paciente*

Os componentes cognitivos da terapia podem ser complementados com componentes comportamentais que têm demonstrado ser úteis. Foram desenvolvidos procedimentos para ajudar os pacientes a ampliar o repertório restrito e para superar experiências anteriormente traumáticas. Nesta sessão nos concentraremos no primeiro.

O emprego de materiais audiovisuais eróticos – muitos pacientes tiveram uma exposição sexual limitada a modelos sexuais positivos. Muitas vezes, os meios de comunicação prestam atenção exclusivamente aos acontecimentos sexuais negativos, incluindo delitos sexuais sensacionalistas, a exploração sexual ou vários casos de extravagâncias sexuais. Quando são descritas experiências sexuais mais comuns, concentram-se muitas vezes na juventude e nas primeiras etapas do cortejo. Deste modo, os indivíduos têm poucas oportunidades para ampliar seu repertório ao longo do desenvolvimento de sua vida de forma tal que mantenha renovado o aspecto sexual.

O erotismo (definido como a manifestação artística de relações sexuais consensuais) pode ser empregado muitas vezes para fomentar atitudes mais tolerantes, para estimular o casal a pôr erotismo em práticas sexuais mais seguras, para encorajar experimentação sexual e para apresentar ao casal posições e comportamentos novos. O erotismo também pode ser utilizado quando o repertório sexual de um casal decaiu ou se tornou monótono. Em outro trabalho, sugerimos que o baixo desejo sexual num casal, que é feliz, pode refletir uma espécie de habituação sexual (Wincze e Carey, 1991); ou seja, os cônjuges que têm relações estáveis e duradouras, mas que sempre praticam o ato sexual da mesma maneira, podem chegar a entediar-se. Nestes casos, pode-se utilizar o erotismo (muitas vezes com outras mudanças comportamentais) para estimular o apetite sexual do casal. Se a utilização do erotismo for proposta como uma experiência sexual, deve-se prestar atenção ao estado de humor, ao lugar onde ocorre e a outros ingredientes importantes.

Os materiais eróticos deveriam ser usados unicamente depois de uma discussão completa entre o terapeuta e o paciente. Deveriam ser abordadas as objeções à pornografia, especialmente a degradação, e a consideração das mulheres como objetos, a fim de que não houvesse barreiras para aceitar e experimentar materiais eróticos não degradantes. Quando o terapeuta está seguro de que o paciente pode utilizar estímulos eróticos sem objeções negativas, então precisaríamos deter-nos na natureza e nos detalhes desses estímulos.

Como os gostos são diferentes, os terapeutas deveriam desenvolver sua própria biblioteca de materiais revistos previamente, de modo que possam com conhecimento fazer recomendações aos pacientes. Pode-se encorajá-los a dar uma olhada nas locadoras de vídeo ou solicitar catálogos montados por vendedores de confiança que distribuam materiais sexuais. A necessidade deste tipo de material mais seguro tem aumentado a aceitação social destes vendedores, o que pode fazer com que estas companhias, muitas vezes marginais, sobrevivam num mercado competitivo.

O treinamento em masturbação – Outra forma inofensiva de melhorar o repertório sexual do paciente inclui a masturbação, cada vez mais utilizada na terapia sexual. As duas aplicações mais freqüentes são com mulheres anorgásmicas e homens que sofrem de ejaculação precoce. O livro *Para Alcanzar el Orgasmo*, de Heiman e LoPiccolo (1988), proporciona a explicação gradual do treinamento em masturbação para as mulheres. De modo específico, alega-se que, para a maioria das mulheres, os orgasmos mais fáceis de atingir, mais intensos e mais confiáveis, ocorrem durante a masturbação. Para as mulheres que ainda não experimentaram um orgasmo, a masturbação proporciona um modo confiável de obter esta forma de prazer. Heiman e LoPiccolo descrevem um programa para ajudar as mulheres a empregar a masturbação como um veículo para a exploração e liberação de si mesma. Com o passar do tempo, as mulheres incluem seus parceiros, aos quais se ensina como tocar e proporcionar prazer às mulheres.

No caso de homens preocupados com a ejaculação precoce, a masturbação também pode ser utilizada para aumentar a percepção da excitação e a estimulação para o orgasmo. A masturbação é empregada, muitas vezes, junto com o método da compressão (Masters e Johnson, 1970) ou a técnica de *stop-start* (Semans, 1956), que será discutida mais adiante.

O treinamento em masturbação tem que ser abordado de modo semelhante ao emprego de materiais eróticos. Devem ser exploradas primeiro as cognições negativas e depois ser dada uma atenção detalhada à otimização de uma experiência sexual positiva. O terapeuta não deve supor que o paciente saiba como masturbar-se. Por exemplo, tivemos um paciente que informou não ter sucesso ao tentar fazê-lo. Quando indagado sobre como se masturbava, contou que o fazia com a mão aberta, de modo que a palma roçava a parte posterior do pênis. Também relatou que colocava mel no pênis, para que agisse como lubrificante. Achava que tinha lido em algum lugar que o mel era um bom lubrificante. Instruções específicas juntamente com ilustrações ajudaram este paciente a aprender a masturbar-se satisfatoriamente.

O treinamento em masturbação ajuda alguns pacientes a ser mais sensíveis às condições necessárias para uma experiência sexual positiva. Para os pacientes que tem ausência de desejo e da confiança ou segurança sexual, o treinamento em masturbação pode produzir experiências positivas que aumentem tanto o desejo quanto a segurança.

IV.3.5. *O treinamento em habilidades comportamentais II: a superação de experiências mal-adaptativas*

Além de experiências positivas restritas, alguns pacientes tiveram experiências sexuais negativas, cujo efeito residual é negativo. Foram desenvolvidas várias estratégias para ajudar esses pacientes a superar a aprendizagem negativa anterior.

A dilatação progressiva para o vaginismo e a dispareunia – a explicação psicológica mais comum sobre a etiologia do vaginismo e a dispareunia baseia-se num trauma sexual anterior e em mensagens sexuais negativas. A superação destes problemas compreende, muitas vezes, a complexa tarefa de rever e processar experiências sexuais negativas e cognições associadas. Os pacientes que não tenham sofrido um trauma sexual extremo muitas vezes tiram proveito do procedimento de dessensibilização ao vivo, o que inclui a inserção gradual de um dedo ou um dilatador na abertura vaginal. Alguns clínicos aconselham o emprego de um conjunto graduado de dilatadores para dessensibilizar a mulher antes da inserção vaginal. Os dilatadores podem ser obtidos numa empresa fornecedora de equipamentos médicos e vêm em espessuras graduadas. A mulher deve ser instruída a praticar, em particular, o emprego dos dilatadores, começando com o mais fino. A profundidade da penetração pode ser variada e, somente quando a mulher estiver confortável com a inserção do dilatador durante um período de cinco minutos, deve passar para o tamanho seguinte. Pode ser recomendado um lubrificante vaginal.

Um relatório recente de Hong Kong descreve o caso de uma mulher de 30 anos que não foi beneficiada pelo tipo habitual de objetos dilatadores (Ng, 1992). Esta mulher havia sido incapaz de consumar seu casamento de 3 anos e não tirou proveito da terapia sexual anterior. Curiosamente, a terapia de dessensibilização com uma tira de bolas de plástico de tamanho graduado teve sucesso e permitiu que a mulher pudesse realizar o coito após 12 semanas. Este exemplo nos recorda a necessidade de sermos criativos e flexíveis.

Entretanto, provavelmente seja mais conveniente e simples para a maioria das mulheres praticar a inserção empregando os próprios dedos. Novamente, a estratégia deveria ser amplamente discutida e repassada com a paciente antes de ser proposta realmente como sugestão. Pode ser útil abordar o tema dizendo "algumas mulheres que têm problemas com a penetração constataram que, com a prática da inserção, de modo muito gradual, podem superar o problema. O que você acha sobre a técnica de praticar a inserção enquanto estiver sozinha em casa?" Uma vez que a mulher tenha aceitado tentar, o terapeuta deve explicar que ela (a paciente) tem o controle completo dos procedimentos. Deve-se insistir que a profundidade da penetração e a duração da mesma podem ser controladas e modificadas pela paciente. Seria conveniente realizá-la quando se está no banho ou relaxada na cama e deveria ser iniciado inserindo seu dedo mínimo. Como muitas mulheres manifestarão objeções significativas a tocar os próprios genitais ou a masturbar-se, este exercício tem que ser destacado e distinguido da masturbação.

À medida que a mulher se encontre mais confortável com a inserção, seu parceiro pode ser incluído no procedimento. Novamente, se deveria insistir que a mulher tem que ter um controle completo do procedimento e que pode detê-lo a qualquer momento. O processo de inserção também deveria ser abordado de modo gradual, com uma penetração parcial e posterior retirada. Este processo começa habitualmente com a penetração por meio dos dedos; depois de uma série de sessões, o casal passa à inserção do pênis. O emprego de lubrificantes vaginais pode ser uma ajuda útil para os procedimentos de inserção.

A técnica da compressão para a ejaculação precoce – a técnica da compressão implica instruir o homem a masturbar-se até que a ejaculação seja inevitável, caso ele continue. Neste momento, deve-se fazer uma pausa na masturbação e pressionar a base da glande com os dedos, situando o polegar à altura do freio do pênis e os dedos indicador e médio na face oposta do pênis de ambos os lados da coroa da glande. A pressão deve ser firme e sustentada e deve durar uns 10 s. Se este processo for re-petido várias vezes antes de deixar que a ejaculação ocorra e o procedimento for praticado durante uma série de sessões, o homem aprenderá a controlar sua ejaculação.

Embora a técnica da compressão possa ser um procedimento eficaz para superar a ejaculação precoce, os terapeutas deveriam ter o cuidado de não propor esta "solução" se houver outros problemas na relação. As queixas de ejaculação precoce são, às vezes, "cortinas de fumaça" para os problemas de relacionamento. Por conseguinte, em muitos casos de ejaculação precoce, é útil voltar nossa discussão inicial para a pergunta: "Por que vocês têm relações sexuais?" Após pensarem mais um pouco, os pacientes sugerem uma série de motivos. A resposta mais freqüente pode ser "para obter prazer ou porque nos sentimos bem". Salientamos que os casais têm relações sexuais por uma série de razões, incluindo o prazer, a expressão de amor e afeto, para arrumar as coisas depois de uma discussão, para ter filhos, para sentir-se melhor, para agradar o outro, etc. Além disso, as razões também podem mudar, dependendo da situação. O objetivo desta discussão geral é mostrar a nossos pacientes que obter prazer, ou dar prazer, e todas as demais razões pelas quais temos relações sexuais *não* dependem do intervalo de tempo entre o intercurso e o orgasmo. A quantidade de tempo que um homem leva para ejacular deveria ser considerada unicamente como uma parte do intercâmbio sexual total. Realmente, o objetivo desta discussão é estimular o casal a centrar-se no prazer geral, e não no orgasmo. São estimulados a continuar realizando o coito inclusive após a ejaculação. Isto elimina a pressão do momento em que deve ocorrer a ejaculação e coloca adequadamente a ênfase na relação sexual total. Geralmente, este enfoque faz com que o casal relate uma relação mais satisfatória. Curiosamente, embora não nos concentremos na duração do tempo entre a introdução e a ejaculação, normalmente este intervalo aumenta.

Uma segunda pergunta que faço aos pacientes e aos seus parceiros é: "O que você acredita que causa o problema?" Em alguns casos de ejaculação precoce, o membro feminino do casal poderia expressar raiva porque suas necessidades sexuais não são satisfeitas. Do mesmo modo, pode ser que algumas mulheres acreditem que seus parceiros são capazes de controlar a ejaculação mais do que realmente o fazem; poderiam interpretar que a pressa dos seus companheiros é a forma masculina de ser descuidado ou sem consideração. Embora existam amantes insensíveis, é raro que um paciente possa controlar sua ejaculação a fim de ferir os sentimentos da sua parceira. Ao contrário, a maioria dos homens que procuram tratamento para a ejaculação precoce querem desesperadamente agradar suas companheiras. Costumam sentir-se mal e confusos por causa do seu problema.

IV.3.6. *Focalização sensorial: a diminuição da ansiedade ante a atuação*

Uma vez que tenha surgido a disfunção sexual, é freqüente que os homens e as mulheres se preocupem com o problema durante a atividade sexual. A preocupação leva a cognições de automenosprezo e desvia a atenção das cognições agradáveis e excitantes, criando um círculo vicioso de disfunção: preocupação, pensamentos de menosprezo para consigo, aumento da disfunção, etc.

Para abordar este círculo vicioso, Masters e Johnson (1970) desenvolveram a "focalização sensorial", um conjunto de procedimentos elaborados para ajudar o casal a desenvolver uma maior percepção, e *focalizar-se* nas *sensações* em vez de fazê-lo sobre a atuação. Um objetivo deste enfoque é reduzir a ansiedade do paciente, centrando-se em algo que é imediatamente atingível (p. ex., o tato agradável), em vez de tentar atingir um objetivo. Tentar obter uma ereção mais duradoura ou um orgasmo simultâneo, objetivos que podem falhar, aumenta o risco de "fracasso" e mal-estar.

A focalização sensorial é estruturada, mas flexível. A focalização sensorial é estruturada no sentido de que dá aos pacientes instruções explícitas sobre a intimidade; se forem seguidas estas instruções, o paciente/casal adquirirão gradualmente mais confiança em si mesmos e na relação. A focalização sensorial é flexível no aspecto de que pode adaptar-se às circunstâncias particulares de qualquer casal. Em geral, a focalização sensorial está desenhada para produzir a mudança de modo gradual. Reconhece-se que a mudança levará tempo e que não deve ser apressada. Como exemplo observamos que, muitas vezes, os pacientes são aconselhados a deixar de realizar o coito desde o início da terapia, de modo que possam reaprender os "fundamentos" de ser afetivo, receber prazer, etc. O enfoque gradual poderia ser frustrante para alguns pacientes por sua aparente lentidão, de modo que é preciso ter um cuidado especial em explicar a importância deste enfoque aos sujeitos.

É necessário que os exercícios de focalização sensorial para casa sejam realizados num ambiente que não seja ameaçador, no qual se possa compartilhar. O terapeuta deveria estimular o casal a "praticar" num local privado, física e psicologicamente confortável. As circunstâncias difíceis não levam a relações sexuais relaxadas nem a concentrar-se em desfrutá-las. É preciso dizer, às vezes, aos casais que minimizem as circunstâncias que possam interferir. Inclusive sugestões simples como contratar uma babá, limpar o dormitório ou pôr música de relaxamento podem ser úteis. Muitos casais, uma vez instalados comodamente na relação, não prestam atenção ao cortejo ou aos rituais românticos. Às vezes, é necessário lembrá-los dos esforços que fizeram durante o namoro para "criar o clima". Muitas vezes, encorajamos os pacientes a programarem um tempo para a atividade sexual e a planejarem com o mesmo esforço que dedicam a outros acontecimentos especiais de sua vida, recomendando-lhes que a antecipação alimenta o desejo.

Como já mencionamos, os *procedimentos* da focalização sensorial implicam em estimular a intimidade por meio de "exercícios sexuais" graduais, não ameaçadores. O procedimento geral de funcionamento inclui tarefas para casa, que fomentam que o casal realize exercícios relacionados à sexualidade e sessões de terapia sobre uma base fixa, empregada para falar dos exercícios, das emoções desencadeadas pelos exercícios, dos problemas, etc.

As tarefas para casa compreendem instruções explícitas que o terapeuta proporcionou ao paciente; estas instruções requerem a prática de alguns exercícios fora das sessões de terapia. Tanto o terapeuta como o paciente entendem que o trabalho para casa será revisado e modificado (conforme seja necessário) em cada sessão. Os exercícios para casa podem ser decompostos em quatro "passos"; estes passos costumam ser realizados de modo seqüencial, mas não existem verdades absolutas neste aspecto. Depende do parecer clínico incluir cada passo e a quantidade de tempo que deve ser dedicada a cada um deles.

O primeiro passo da focalização sensorial é o *tato não genital* (ou seja, dar e obter prazer), com o casal vestido com roupas confortáveis. As variações da quantidade de roupa a ser usada, a duração das sessões, quem inicia a atividade, os comportamentos incluídos, e a freqüência das sessões deveriam ser discutidas na terapia antes de um casal começar a praticar em casa. Os parceiros deveriam começar seu envolvimento físico de uma forma que seja aceitável para ambos os participantes.

Como muitos casais considerarão este método indireto e um pouco lento, o terapeuta tem que insistir desde o princípio que: *a)* seguirão um processo necessário a fim de atingir um objetivo a longo prazo, mas *b)* o objetivo a curto prazo consiste em focalizar (centrar-se) nas sensações e não na atuação. Deve-se falar com o casal da mecânica do enfoque, incluindo os aspectos estruturados *versus* os não estruturados, a freqüência, os fatores que podem interferir potencialmente, e a antecipação de qualquer problema.

Mesmo que o terapeuta ofereça uma explicação clara sobre os aspectos da falta de atuação da focalização sensorial, é possível que alguns sujeitos não entendam. Deste modo, diz-se aos pacientes: "a próxima vez que você vier à sessão de terapia, *não* vou fazer perguntas sobre ereções ou orgasmos; perguntarei sobre a capacidade de concentrar-se em receber e dar prazer e sobre sua capacidade para desfrutar do que estava fazendo". Repetimos esta mensagem porque a maioria dos casais se orientam em relação à atuação (ou seja, concentram-se na ereção e no orgasmo) e, salvo que o terapeuta questione esta idéia, continuarão mantendo os critérios de atuação durante os exercícios da focalização sensorial.

Neste ponto, o terapeuta poderia também falar com o paciente ou com o casal sobre os conceitos de ansiedade frente a atuação, sobre o pensamento "tudo ou nada" (p. ex., a atividade sexual é sinônimo de coito) e de outros fatores que interferem na relação sexual agradável. A focalização sensorial não pode começar até que o casal entenda estas idéias, reconheça sua importância e valorize a necessidade de um novo enfoque nos pensamentos e no comportamento.

O segundo passo refere-se habitualmente ao *prazer genital*. Durante esta fase da terapia, encoraja-se o casal a estender o tato delicado aos seios e às zonas genitais. Recomenda-se ao casal que se acariciem mutuamente, um de cada vez, proporcionando prazer. Do mesmo modo que antes, deve-se desaconselhar o casal a se centrar em objetivos relacionados à atuação (ou seja, a ereção, o orgasmo, etc.). À medida que se vai avançando na focalização sensorial, o terapeuta deveria repassar os fatores que facilitam ou inibam os objetivos. Falar destes fatores sem juízos de valor ajuda os parceiros a conseguir um maior controle do seu próprio progresso e a não se sentirem como alunos na sala de aula.

Uma vez que o casal se sinta confortável com o tato genital e esteja preparado para reiniciar o coito, muitas vezes é necessário insistir que o coito pode ser decomposto em várias condutas. Assim, alguns casais poderiam ser estimulados a realizar a *"introdução sem movimentos impulsivos"*. Ou seja, o membro receptor (a mulher, nos casais heterossexuais) permite a penetração e controla todos os aspectos deste exercício. Por exemplo, podem ser variadas a profundidade da penetração e a quantidade de tempo que se mantém. Novamente, estimula-se a flexibilidade e a variação, a fim de eliminar a pressão associada à tendência do casal a pensar em termos de "tudo ou nada".

Um problema freqüente nesta fase da focalização sensorial é que os terapeutas aferram-se rigidamente à proibição do coito (Lipsius, 1987). Se empregada de modo mecânico, a proibição do coito pode levar à perda de sentimentos eróticos, ao desaparecimento da espontaneidade, a frustrações desnecessárias e ao aumento da resistência. Nosso enfoque informa o casal sobre os benefícios e inconvenientes potenciais da proibição e lhe indicamos que está seguindo um processo voltado para o futuro.

Do nosso ponto de vista, um enfoque de proibição pode ajudar o casal a retomar o contato físico sob determinadas circunstâncias. Três das que nos vêm à mente são os casos em que: a) o casal esteja muito estressado pela "atuação sexual", b) ocorram muitos pensamentos orientados à atuação que interferem com esta e/ou c) o casal que tem evitado qualquer contato físico. Por outro lado, os casais, que não tenham abordado as relações sexuais de modo tão rígido ou com essas reações emocionais tão intensas, podem tirar proveito se têm um conhecimento geral da focalização sensorial, mas com uma atitude mais relaxada em relação à proibição.

O último passo da focalização sensorial inclui os movimentos impulsivos e o *coito*. Aqui, de novo, é habitualmente uma boa idéia estimular o membro receptor do casal a iniciar os movimentos e que estes sejam lentos e graduais. Como sempre, favorece-se que os cônjuges se concentrem nas sensações associadas ao coito e não se preocupem com o orgasmo. O casal poderia tentar diferentes posições e não só adotar a(s) mesma(s) que vinha empregando antes da terapia.

Estes são os procedimentos que constituem normalmente o que se conhece como focalização sensorial. Outros autores elaboraram mais, as bases aqui expostas (p. exemplo, Masters e Johnson, 1970; Wincze e Carey, 1991); talvez o terapeuta queira consultar estas referências depois de ter utilizado as diretrizes que acabamos de expor. Entretanto, neste ponto, queremos assinalar alguns dos problemas em potencial com os quais possivelmente o terapeuta venha a se deparar.

A focalização sensorial pode ser aplicada erroneamente e ser mal-interpretada tanto pelo terapeuta quanto pelo paciente. Não é raro que os casais que recorrem à terapia contem que tentaram "abster-se da relação sexual" e que não funcionou. Por exemplo, um casal que acabou de recorrer à terapia explicou que havia participado anteriormente de terapia sexual e que havia tentado a focalização sensorial. Da sua perspectiva, o enfoque utilizado foi "não ter relações sexuais". O casal não havia entendido o propósito do procedimento e, como conseqüência, abandonou a terapia insatisfeito.

McCarthy (1985) indicou uma série de erros freqüentes por parte do terapeuta no emprego da focalização sensorial. Um erro que freqüentemente o terapeuta comete é não envolver o casal no processo de tomada de decisões, o que leva muitas vezes à falta de adesão. Um segundo erro freqüente refere-se a que um terapeuta exija uma certa atuação do paciente como parte do procedimento – "o passo seguinte no procedimento consiste em estimular seu parceiro na área genital até que alcance o orgasmo". Este tipo de afirmação pode aumentar a ansiedade de atuação, especialmente numa pessoa vulnerável a essa resposta. Seria preferível dizer: "você fez bem concentrando-se nas suas sensações e sentimentos enquanto seu parceiro e você se estimulavam mutuamente. Até agora o procedimento incluiu as carícias genitais. Qual você acha que deveria ser o passo seguinte?" Este enfoque permite uma variedade de respostas sem uma antecipação do fracasso ou sem pressão sexual. Outro erro que os terapeutas cometem consiste no término prematuro do procedimento da focalização sensorial quando um casal não cumpre com ela ou encontra dificuldades. O término prematuro serve apenas para reforçar a evitação. Deveria falar-se das dificuldades ampla e extensamente, bem como identificar as barreiras ao progresso.

Outra dificuldade pode ocorrer quando a terapia é transferida para o campo dos "procedimentos das tarefas para casa". Neste momento, poderia ocorrer um conflito entre ser natural e não estruturado e ser mecânico e estruturado. A maioria dos casais e dos indivíduos expressam uma preferência em abordar as tarefas para casa de um modo "natural, não estruturado". Neste último enfoque, o terapeuta descreve os procedimentos envolvidos e os princípios subjacentes a estes, mas deixa que o casal programe outros detalhes, como a freqüência. Embora esta possa ser, intuitivamente, a estratégia preferida, o terapeuta constata que, às vezes, os casais voltam à terapia sem ter realizado a tarefa solicitada! A razão disto é que muitas vezes existe uma forte história de evitação; deste modo, o indivíduo, ou o casal, não pode começar sem provocar níveis de ansiedade demasiadamente altos.

Para evitar estes resultados, o terapeuta pode explicar as vantagens e os inconvenientes das estratégias estruturadas em comparação às não-estruturadas antes de apresentar os exercícios para casa. Então, o paciente escolherá uma estratégia e, ao fazê-lo, perceberá o que se pode esperar se não realizar as tarefas para casa. Às vezes, o paciente pode "tentar" uma estratégia determinada e, depois de fracassar, adotar um enfoque diferente. Além de explorar o tema da prática estruturada em comparação à não-estruturada, o terapeuta deveria verificar outros obstáculos em potencial para realizar os procedimentos de terapia, como, por exemplo, os familiares que vivem na mesma casa, os horários de trabalho, as preocupações médicas e os planos de viagem. Uma vez identificados estes obstáculos em potencial e sugeridas soluções, então se começa explicar as tarefas para casa com detalhes.

É possível obter muitos benefícios do procedimento da focalização sensorial. São aprendidos novos comportamentos, juntamente com novos procedimentos para as interações sexuais. Tratamos de alguns casais que tinham um enfoque muito limitado da relação sexual. Por exemplo, não é raro que um casal relate que não realiza nenhum comportamento de se tocar. Podem beijar-se uma vez e, em seguida, realizar o coito! Encontramos inclusive casais que consideram os jogos sexuais prévios como "uma coisa para jovens". Para um casal deste tipo, a focalização sensorial apresenta um oportunidade estruturada que questiona os hábitos estabelecidos que limitam o prazer e causam problemas sexuais.

A focalização sensorial pode servir também como instrumento de diagnóstico. Os problemas que surgem ao executá-la muitas vezes oferecem informações importantes sobre outros problemas do casal, que freqüentemente não podem ser abordados. Esta estratégia ajuda também a mudar a percepção de uma pessoa sobre seu parceiro. Um problema freqüente com o qual nos deparamos é o caso dos homens que abordam a intimidade sexual com o único objetivo de realizar o coito. Num casal heterossexual, a parte feminina pode começar a ver a si mesma como um objeto do prazer do seu parceiro e não como uma companheira a quem se ama. O procedimento da focalização sensorial pode ajudar um membro do casal a concentrar-se no outro com afeto mútuo, em vez de considerar-se como objeto que produz excitação.

IV.3.7. *O treinamento em comunicação: falar dos problemas comuns*

Às vezes, os casais não estão de acordo, brigam, não têm consideração um com o outro e se preocupam com o trabalho, o cuidado dos filhos ou com aspectos econômicos durante a relação sexual; em outras palavras, são humanos. Devem ser esperados todos os problemas normais que acompanham todos os aspectos de uma vida compartilhada. Entretanto, quando esses problemas ocorrem durante a relação sexual, existe uma maior probabilidade de que não se fale deles. Os papéis tradicionais atribuídos ao sexo ou outras limitações culturais podem impedir uma discussão saudável dos problemas sexuais. Para superar esses problemas, um casal precisa aprender a falar nesses momentos diários de desacordo. Deste modo, o treinamento em comunicação tem um papel essencial na terapia sexual.

O treinamento em comunicação deveria permear todos os aspectos da terapia. Ou seja, não é realmente um componente separado. Por meio da avaliação e da terapia, o clínico deveria servir como um modelo de boa comunicação. Isto se consegue por intermédio da escuta ativa, da manifestação de empatia, de pedir aos pacientes para se expressarem claramente e de outras habilidades sociais. O terapeuta deveria procurar continuamente melhorar as habilidades de comunicação, indicando ao casal quando esta melhora ocorrer. É útil informar aos parceiros que, na terapia, as habilidades de comunicação são importantes e que serão abordadas de modo habitual. Se isto for indicado no começo, um indivíduo não se sentirá incomodado quando um problema de comunicação se manifestar.

Em alguns casais, existem problemas de comunicação fora do "quarto" que envolvem todas as experiências compartilhadas. Nestes casos, o treinamento especializado seria uma necessidade imperiosa. Para uma discussão mais aprofundada, remetemos o leitor ao capítulo sobre problemas conjugais no segundo volume deste manual.

IV.3.8. *Roteiros sexuais: reconhecer e negociar as preferências sexuais*

Um *roteiro sexual* refere-se ao conjunto organizado de preferências relativas a distintas circunstâncias (quando, onde, por que, com quem) que rodeiam a atividade sexual. Foram identificados dois tipos de roteiros sexuais (Rose, Leiblum e Spector, 1994): a) o roteiro manifesto ou de atuação, que descreve as práticas comportamentais do casal, e b) o roteiro ideal ou de fantasias, que cada membro do casal tem separadamente.

Rosen, Leiblum e colaboradores descreveram várias formas pelas quais estes roteiros podem influir sobre a adaptação e a satisfação sexuais (Gagnon, Rosen e Leiblum, 1982: Leiblum e Rosen, 1991; Rosen e Leiblum, 1988; Rosen et al., 1994). Por exemplo, estes autores, sugerem que a disfunção sexual pode surgir de uma "falta de congruência dos parâmetros dos roteiros (sexuais) entre os membros do casal". (Rosen e Leiblum, 1988, p. 168). Um exemplo freqüente pode ser encontrado nos cônjuges com níveis de desejo distintos. Inicialmente, esta diferença pode estar mascarada porque um membro do casal (normalmente o que tem menos desejo) se acomoda ao outro. Entretanto, com o passar do tempo, desenvolve-se certo ressentimento e o problema aflora. Nesses casais, é freqüente que o cônjuge com menos desejo seja rotulado como o "paciente". Contudo, à medida que a situação vai sendo conhecida, o que ocorre simplesmente é uma discrepância entre um membro do casal com um baixo desejo sexual e outro com um alto desejo. Em tais casais, o terapeuta pode esperar que haja poucas habilidades de comunicação e de solução de problemas; será necessário que se preste atenção a essas habilidades antes de que o casal possa começar a negociar um padrão sexual que seja mutuamente satisfatório e aceitável.

Não se espera que as preferências sexuais individuais convirjam de forma perfeita, da mesma forma que não esperamos que as preferências em relação às férias, à comida ou à decoração de interiores seja perfeitamente compatível. Entretanto, parece que os casais têm menos problemas nestas áreas para expressar suas preferências e negociar um compromisso que seja aceitável para ambos os membros do casal. No caso das preferências sexuais, é possível que os indivíduos não tenham refletido sobre suas necessidades, ou talvez que se sintam culpados em relação a essas necessidades ou preferências eróticas. Pode ser útil encorajar cada membro do casal a gerar uma lista de "desejos" sobre atividades íntimas e que as discuta a seguir com seu parceiro. Por exemplo, em um caso, a mulher expressou um forte desejo de que a acariciasse sensualmente nas costas durante a relação sexual. Seu parceiro estava muito disposto a fazê-lo, mas nunca havia percebido esta preferência de sua companheira. No caso de outro casal, o homem achava irritante a estimulação oral, que além disso reduzia sua excitação; entretanto, resistia em manifestar sua preferência porque pensava que "devia" gostar de sexo oral.

Muitas vezes é útil na terapia estimular os casais a reconhecerem suas preferências e comunicá-las de modo eficaz. Quando existem pontos de desacordo como, por exemplo, a freqüência da atividade sexual, podem ser negociados em uma discussão franca e aberta.

Um segundo tipo de problemas, que implica em roteiros sexuais, ocorre quando o roteiro compartilhado é disfuncional. Rosen et al. (1994) estimulam os terapeutas a avaliar cuidadosamente os roteiros ideais e de atuação do casal, a analisar em seguida o roteiro de atuação com respeito à sua complexidade, rigidez e convencionalidade e a observar a satisfação resultante do casal. Estes autores observaram que, quando os roteiros de atuação são restritivos, repetitivos e inflexíveis, a satisfação é baixa para ambos os membros do casal. Sugerem então a introdução de técnicas de estimulação novas ou mais eficazes. Estas técnicas de estimulação podem incluir o emprego de materiais audiovisuais ou a discussão das fantasias e do roteiro ideal. Rosen et al. (1994) estimulam os casais a construir e em seguida fazer o intercâmbio de uma lista de fantasias sexuais. Este intercâmbio se faria por intermédio do terapeuta, que poderia prescrever modificações do roteiro nas tarefas para casa, de modo semelhante aos exercícios de focalização sensorial. Experimentá-las cuidadosamente e discuti-las posteriormente pode produzir roteiros revisados que ofereçam mais estimulação e conduzir a uma maior satisfação mútua. Este processo é útil como modelo para revisões futuras, sob a forma de um estilo de "prevenção das recaídas".

IV.3.9. *Prevenção das recaídas: preparando o futuro*

Os benefícios iniciais obtidos na terapia podem atrofiar-se com o passar do tempo, à medida que outras demandas têm prioridade ou que os membros do casal mudam devido a circunstâncias da vida. Isto se espera também e não é raro. Assim sendo, é aconselhável antecipar-se a estas "recaídas" e desenvolver sinais de aviso e estratégias de prevenção das mesmas. O maior objetivo das estratégias de prevenção das recaídas é otimizar a probabilidade de que as melhoras terapêuticas se mantenham durante um longo período de tempo e que os efeitos perturbadores dos novos estímulos estressantes sejam minimizados, quando ocorrerem.

McCarthy (1993) propôs um enfoque cognitivo-comportamental para a aplicação de estratégias de prevenção das recaídas ao tratamento das disfunções sexuais. Proporcionar várias diretrizes específicas para prevenir as recaídas e fomentar a generalização dos benefícios do tratamento:

1. Estimular os pacientes a reconsiderarem o tempo que haviam reservado à sessão de terapia (ou seja, o tempo empregado durante a terapia para reunir-se com o terapeuta) como tempo para desfrutar como casal depois do fim da intervenção. Isto é uma inversão na relação e um lembrete de que os membros do casal estão comprometidos com o sucesso da sua relação a longo prazo. Os cônjuges também poderiam ser estimulados a estabelecer momentos de intimidade e fins de semana sem filhos. Esses momentos eliminam a pressão num dos membros do casal, que pode sentir-se pressionado a iniciar ou estabelecer sempre esses "momentos".

2. Estabelecer sessões de seguimento *(follow-up)* aos seis meses durante pelo menos um ano e preferivelmente dois anos após o término. Isto comunica o compromisso contínuo do terapeuta com o casal, anima o casal a manter e melhorar os benefícios terapêuticos e proporciona um lembrete tangível para futuras sessões.

3. Programar a sessão de focalização sensorial pelo menos uma vez por mês. Este compromisso de prazer não exigente sem a pressão de realizar o coito ajuda a prevenir que o casal volte a cair num comportamento orientado para a atuação.

4. Ensinar os pacientes que, quando ocorre um problema, tem lugar uma pausa na aprendizagem, não um declive inevitável em direção à recaída. Inclusive nos casais mais adaptados com uma relação sexual magnífica, não é raro ter contratempos sexuais. Entretanto, estas divergências normais poderiam ser interpretadas erroneamente por casais vulneráveis, devido a um história de disfunções. É aconselhável anteciparse a isto e preparar também os casais. A estes se pode ensinar técnicas de enfrentamento para as comunicações errôneas inevitáveis ou para as relações sexuais que resultam frustrantes e medíocres.

5. São dados conselhos aos parceiros sobre como estabelecer formas íntimas e eróticas para conectar e reconectar. Muitos casais se apóiam em papéis sexuais restritivos e obsoletos, que requerem que o homem comece as relações sexuais e que as mulheres iniciem a expressão emocional. É preciso alentar os casais a abandonar este papel limitante e ajudar cada membro a defender suas necessidades de intimidade sexual e emocional.

McCarthy argumenta que o emprego destas e de outras estratégias ajudará o casal a desenvolver um estilo sexual que seja resistente e mutuamente satisfatório. É mais provável que os casais que recebam esta terapia fiquem vacinados contra a disfunção sexual no futuro.

V. CONCLUSÕES E TENDÊNCIAS FUTURAS

A compreensão do tratamento cognitivo-comportamental das disfunções sexuais vem progredindo consideravelmente desde o trabalho pioneiro de Albert Ellis. Apoiando-nos nesses avanços neste capítulo, apresentamos informações sobre a prevalência e a etiologia dos problemas sexuais e proporcionamos um guia para o tratamento por meio de procedimentos cognitivo-comportamentais. Entretanto, o progresso realizado não deveria decepcionar-nos ao considerar que ainda é necessário saber muito sobre o tratamento cognitivo-comportamental das disfunções sexuais.

Muitas áreas requerem mais pesquisa, mas queremos chamar a atenção sobre quatro delas. Em primeiro lugar, necessitamos saber mais sobre as disfunções sexuais que ocorrem nas mulheres. Relativamente poucas pesquisas exploram a etiologia da deterioração sexual na mulher. É preciso pesquisar mais sobre o tratamento das disfunções nas mulheres. Em segundo lugar, necessitamos saber mais sobre a comorbidade, ou seja, a freqüência em que as disfunções sexuais ocorrem no contexto de outro transtorno do Eixo I ou do Eixo II, e quais são as considerações especiais que se requerem nesses casos. Embora muitas vezes nos refiramos ao tratamento das disfunções sexuais como "terapia sexual", este rótulo pode desvirtuar a complexidade dos problemas de muitos sujeitos. Ou seja, a "terapia sexual" pode ser adequada para pacientes cujos problemas são relativamente concretos e não complicados por transtornos intrapsíquicos ou conflitos de casal que vão além do terreno sexual. Entretanto, muitos pacientes apresentam, nos anos noventa, uma variedade de problemas complexos que requerem estratégias terapêuticas que se encontram fora do terreno da terapia sexual tradicional. Os terapeutas sexuais vêm reconhecendo há uma década que a excelente taxa de sucesso da terapia sexual nos anos setenta e começo dos oitenta foi substituída por resultados mais próximos à prática geral da psicoterapia (Hawton, 1992). Em terceiro lugar, precisamos explorar a eficácia da combinação de tratamentos psicológicos e médicos. É provável que os tratamentos unidimensionais que se concentram em apenas uma parte da pessoa sejam menos eficazes que as intervenções multimodais. Em quarto lugar, continuamos necessitando de pesquisas de alta qualidade sobre os resultados dos tratamentos, que documentem as virtudes e os pontos fracos da terapia sexual cognitivo-comportamental. O apoio contínuo à pesquisa clínica aumentará o valor e a eficácia da terapia cognitivo-comportamental e afiançará a continuidade desta especialidade no século XXI.

REFERÊNCIAS

American Psychiatric Association (1994). *Diagnostic and statistical manual of mental disorders* (4ª edición) *(DSM-IV)*. Washington, D. C.: APA.
Ard, B. N. (1977). Sex in lasting marriages: A longitudinal study. *Journal of Sex Research, 13*, 274-285.
Bachman, G. A., Leiblum, S. R. y Grill, J. (1989). Brief sexual inquiry in gynecological practice. *Obstetrics and Gynecology, 73*, 425-427.
Barlow, D. H. (1986). Causes of sexual dysfunction: The role of anxiety and cognitive interference. *Journal of Consulting and Clinical Psychology, 54*, 140-148.
Barnes, J. (1986). Primary vaginismus (parte 2): Aetiological factors. *Irish Medical Journal, 79*, 62-65.
Bond, J. B. y Tramer, R. R. (1983). Older adult perceptions of attitudes toward sex among the elderly. *Canadian Journal on Aging, 2*, 63-70.
Carey, M. P., Flasher, L. V., Maisto, S. A. y Turkat, I. D. (1984). The a priori approach to psychological assessment. *Professional Psychology: Research and Practice, 15*, 515-527.
Carey, M. P., Lantinga, L. J. y Krauss, D. J. (1994). Male erectile disorder. En R. T. Ammerman y M. Hersen (dirs.), *Handbook of prescriptive treatments for adults*. Nueva York: Plenum.
Chapman, J. D. (1989). A longitudinal study of sexuality and gynecological health in abused women. *Journal of the American Osteopathic Association, 89*, 619-624.
Derogatis, L. R., Fagan, P. J., Schmidt, C. W., Wise, T. N. y Gilden, K. S. (1986). Psychological subtypes of anorgasmia: A marker variable approach. *Journal of Sex and Marital Therapy, 12*, 197-210.
Derogatis, L. R. y Meyer, J. L. (1979). A psychological profile of the sexual dysfunctions. *Archives of Sexual Behavior, 8*, 201-223.
Donahey, K. M. y Carroll, R. A. (1993). Gender differences in factors associated with hypoactive sexual desire. *Journal of Sex and Marital Therapy, 19*, 25-40.
Ellis, A. (1951). *The folklore of sex*. Nueva York: Charles Boni (edición revisada, 1961).
Ellis, A. (1954). *The American sexual tragedy*. Nueva York: Twayne (edición revisada, 1961; Nueva York: Lyle Stuart and Grove).
Ellis, A. (1958). *Sex without guilt*. Nueva York: Lyle Stuart.
Ellis, A. (1992). My early experiences in developing the practice of psychology. *Professional Psychology: Research and Practice, 23*, 7-10.
Feldman, H. A., Goldstein, I., Hatzichristou, G. G., Krane, R. J. y McKinlay, J. B. (1994). Impotence and its medical and psychosocial correlates: Results of the Massachusetts Male Aging Study. *Journal of Urology, 151*, 54-61.
Frank, E., Anderson, C. y Kupfer, D. J. (1976). Profiles of couples seeking sex therapy and marital therapy. *American Journal of Psychiatry, 133*, 559-562.
Frank, E., Anderson, C. y Rubinstein, D. (1978). Frequency of sexual dysfunction in «normal» couples. *New England Journal of Medicine, 299*, 111-115.
Gagnon, J. H., Rosen, R. C. y Leiblum, S. R. (1982). Cognitive and social aspects of sexual dysfunction: Sexual scripts in sex therapy. *Journal of Sex and Marital Therapy, 8*, 44-56.
Glatt, A. E., Zinner, S. H. y McCormack, W. M. (1990). The prevalence of dyspareunia. *Obstetrics and Gynecology, 75*, 433-436.
Hawton, K. (1982). The behavioural treatment of sexual dysfunction. *British Journal of Psychiatry, 140*, 94-101.

Hawton, K. (1992). Sex therapy research: has it withered on the vine. *Annual Review of Sex Research, 3,* 49-72.
Heiman, J. R. y LoPiccolo, J. (1988). *Becoming orgasmic: A sexual and personal growth program for women* (edición revisada y ampliada). Nueva York: Prentice-Hall.
Hunt, M. (1974). *Sexual behavior in the 1970's.* Chicago: Playboy.
Kaplan, H. S. (1974). *The new sex therapy.* Nueva York: Brunner/Mazel.
Katz, R. C., Frazer, N. y Wilson, L. (1993). Sexual fears are increasing. *Psychological Reports, 73,* 476-478.
Katz, R. C., Gipson, M. y Turner, S. (1992). Brief report: Recent findings on the Sexual aversion scale. *Journal of Sex and Marital Therapy, 18,* 141-146.
Kilmann, P. R., Mills, K. H., Caid, C., Bella, B., Davidson, E. y Wanlass, R. (1984). The sexual interaction of women with secondary orgasmic dysfunction and their partners. *Archives of Sexual Behavior, 13,* 41-49.
Kinsey, A. C., Pomeroy, W. B. y Martin, C. E. (1948). *Sexual behavior in the human male.* Filadelfia: Saunders.
Kinsey, A. C., Pomeroy, W. B., Martin, C. E. y Gebhard, P. H. (1953). *Sexual behavior in the human female.* Filadelfia: Saunders.
Lamont, J. A. (1978). Vaginismus. *American Journal of Obstetrics and Gynecology, 131,* 632-636.
Leiblum, S. R. y Rosen, R. C. (dirs.) (1988). *Sexual desire disorders.* Nueva York: Guilford.
Leiblum, S. R. y Rosen, R. C. (1991). Couples therapy for erectile disorders: Conceptual and clinical considerations. *Journal of Sex and Marital Therapy, 17,* 147-159.
Levine, S. B. y Yost, M. A. (1976). Frequency of sexual dysfunction in a general gynecological clinic: An epidemiological approach. *Archives of Sexual Behavior, 5,* 229-238.
Lipsius, S. H. (1987). Prescribing sensate focus therapy without proscribing intercourse. *Journal of Sex and Marital Therapy, 11,* 185-191.
LoPiccolo, J. y Friedman, J. M. (1988). Broad-spectrum treatment of low sexual desire: Integration of cognitive, behavioral, and systemic therapy. En S. R. Leibulm y R. C. Rosen (dirs.), *Sexual desire disorders.* Nueva York: Guilford.
LoPiccolo, J. y LoPiccolo, L. (dirs.) (1978). *Handbook of sex therapy.* Nueva York: Plenum.
Masters, W. H. y Johnson, V. E. (1966). *Human sexual response.* Boston: Little, Brown.
Masters, W. H. y Johnson, V. E. (1970). *Human sexual inadequacy.* Boston: Little, Brown.
McCarthy, B. W. (1985). Uses and misuses of behavioral homework exercises in sex therapy. *Journal of Sex and Marital Therapy, 11,* 185-191.
McCarthy, B. W. (1993). Relapse prevention strategies and techniques in sex therapy. *Journal of Sex and Marital Therapy, 19,* 142-146.
Munjack, D. J. y Kanno, P. H. (1979). Retarded ejaculation: A review. *Archives of Sexual Behavior, 8,* 139-150.
Ng, M. L. (1992). Treatment of a case of resistant vaginismus using a modified Mien-Ling. *Sexual and Marital Therapy, 7,* 295-299.
O'Sullivan, K. (1979). Observations on vaginismus in Irish women. *Archives of General Psychiatry, 36,* 824-826.
Renshaw, D. C. (1988). Profile of 2376 patients treated at Loyola Sex Clinic between 1972 and 1987. *Sexual and Marital Therapy, 3,* 111-117.
Rosen, R. C. y Leiblum, S. R. (1988). A sexual scripting approach to problems of desire. En S. R. Leiblum y R. C. Rosen (dirs.), *Sexual desire disorders.* Nueva York: Guilford.

Rosen, R. C., Leiblum, S. R. y Spector, I. P. (1994). Psychologically-based treatment for male erectile disorder: A cognitive-interpersonal model. *Journal of Sex and Marital Therapy, 20,* 67-85.
Sandberg, G. y Quevillon, R. P. (1987). Dyspareunia: An integrated approach to assessment and diagnosis. *Journal of Family Practice, 24,* 66-69.
Schreiner-Engel, P. y Schiavi, R. C. (1986). Life psychopathology in individuals with low sexual desire. *Journal of Nervous and Mental Disease, 174,* 646-651.
Segraves, R. T. y Segraves, K. B. (1990). Categorical and multi-axial diagnosis of male erectile disorder. *Journal of Sex and Marital Therapy, 16,* 208-213.
Segraves, R. T. y Segraves, K. B. (1991). Hypoactive sexual desire disorder: Prevalence and comorbidity in 906 subjects. *Journal of Sex and Marital Therapy, 17,* 55-58.
Semans, J. M. (1956). Premature ejaculation: A new approach. *Southern Medical Journal, 49,* 353-357.
Silverstein, J. L. (1989). Origins of psychogenic vaginismus. *Psychotherapy and Psychosomatics, 52,* 197-204.
Spector, I. P. y Carey, M. P. (1990). Incidence and prevalence of the sexual dysfunctions: A critical review of the literature. *Archives of Sexual Behavior, 19,* 389-408.
Speiss, W. F., Geer, J. H. y O'Donahue, W. T. (1984). Premature ejaculation: Investigacion of factors in ejaculatory latency. *Journal of Abnormal Psychology, 93,* 242-245.
Stuart, F. M., Hammond, D. C. y Pett, M. A. (1987). Inhibited sexual desire in women. *Archives of Sexual Behavior, 16,* 91-106.
Wincze, J. P. y Carey, M. P. (1991). *Sexual dysfunction: Guide for assessment and treatment.* Nueva York: Guilford.
Zilbergeld, B. (1993). *The new male sexuality.* Nueva York: Bantam Books.

LEITURAS PARA APROFUNDAMENTO

Carrobles, J. A. y Sanz, A. (1991). *Terapia sexual.* Madrid: Fundación Universidad-Empresa.
Heiman, J. R. y LoPiccolo, J. (1989). *Para alcanzar el orgasmo: Un programa de crecimiento sexual y personal para la mujer.* Barcelona: Grijalbo.
Leiblum, S. y Rosen, R. (dirs.) (1989). *Principles and practice of sex therapy: Update for the 1990's.* Nueva York: Guilford.
Schover, L. R. y Jensen, S. B. (1988). *Sexuality and chronic illness: A comprehensive approach.* Nueva York: Guilford.
Wincze, J. P. y Carey, M. P. (1991). *Sexual dysfunction: Guide for assessment and treatment.* Nueva York: Guilford.
Zilbergeld, B. (1993). *The new male sexuality.* Nueva York: Bantam Books.

ENFOQUES COGNITIVO-COMPORTAMENTAIS PARA AS PARAFILIAS: O TRATAMENTO DA DELINQÜÊNCIA SEXUAL

Capítulo 10

WILLIAM L. MARSHALL E YOLANDA M. FERNÁNDEZ[1]

I. INTRODUÇÃO

Segundo o *DSM-IV* (APA, 1994), as parafilias "causam um mal-estar ou deterioração, clinicamente significativos, no funcionamento social, no trabalho ou em outras áreas importantes" (p. 493). Suas características essenciais, segundo afirma o manual diagnóstico, "são intensos e recorrentes impulsos sexuais, comportamentos ou fantasias sexualmente excitantes, que incluem geralmente: 1) objetos não humanos, 2) o sofrimento ou humilhação de si mesmo ou do casal ou 3) crianças ou outras pessoas que não consentem" (p. 522-3). Entretanto, é importante salientar que o diagnóstico de parafilia aplica-se somente quando os impulsos, as fantasias ou os comportamentos "produzem um mal-estar ou deterioração clinicamente significativos (p. ex., são obrigados, provocam uma disfunção sexual, requerem a participação de indivíduos que não consentem, causam complicações legais, interferem nas relações sociais)" (p. 525). Deste modo, uma pessoa pode desfrutar do que poderiam ser consideradas condutas ou fantasias parafílicas enquanto nem ela e nenhuma outra pessoa sofra como conseqüência um mal-estar importante. No *DSM-IV,* são incluídas oito parafilias específicas: exibicionismo, fetichismo, froteurismo, pedofilia, masoquismo sexual, sadismo sexual, fetichismo transvésticos e voyeurismo. Inclui também uma categoria sem especificar, a "parafilia não especificada".

Os critérios diagnósticos do DSM-IV para as parafilias refletem uma melhora com respeito aos critérios do DSM-III-R. Por exemplo, no DSM-III-R, a condição necessária de "impulsos sexuais recorrentes e fantasias sexualmente excitantes" significava que, por exemplo, um homem que continuamente expunha seus genitais para mulheres que não consentiam, mas que não relatava fantasias associadas com essa conduta, não teria que receber um diagnóstico de parafilia. Mesmo assim, muitos exibicionistas, pelo menos em princípio, negam essas fantasias. Embora alguns cedam diante da insistência do terapeuta de que tem de ter tido essas fantasias, não se pode determinar claramente se isto reflete uma informação verdadeira ou obrigatória. O DSM-IV eliminou este problema fazendo com que o diagnóstico de uma parafilia dependa da presença de fantasias, impulsos ou comportamentos. Entretanto, ainda existem problemas com os critérios de diagnóstico atuais. Por exemplo, só uma porcentagem limitada de homens (menos de 50%

---

[1] Queen's university, Ontário (Canadá).

em nossos estudos) que abusam sexualmente de crianças preenchem os critérios diagnósticos para a pedofilia e menos de 20% dos estupradores satisfazem os critérios para o sadismo sexual. Estas observações implicam que muitos dos homens que, de modo constante, abusam de crianças ou estupram mulheres não têm um transtorno psiquiátrico, o que, no mínimo, deveria provocar inquietação nas pessoas que oferecem tratamento e inclusive nas que diagnosticam.

Aqueles que trabalham com delinqüentes sexuais ou sujeitos com desvios sexuais driblam estes problemas, seja evitando o emprego da nomenclatura do DSM, seja utilizando simplesmente as descrições do DSM (p. ex., exibicionistas, pedófilos, etc.), satisfazendo os pacientes ou não os critérios diagnósticos. Esta última tática muitas vezes provoca confusão, especialmente quando são feitas tentativas para reproduzir uma investigação que identificou uma determinada parafilia numa população-alvo. Por exemplo, na nossa tentativa (Marshall, Barbaree e Eccles, 1991) de reproduzir, ao menos em alguns aspectos, os achados de Abel et al. (1988) de amplas e múltiplas parafilias em delinqüentes sexuais percebemos imediatamente um possível problema diagnóstico. Abel et al. incluíram o estupro como uma parafilia e isto não aparece em nenhum lugar do DSM. Do mesmo modo, incluíram todos os que abusavam de crianças, sendo pouco provável que na sua amostra total fossem todos pedófilos, especialmente os delinqüentes incestuosos. Como também não especificaram claramente seus critérios para identificar outras parafilias, é possível que aplicassem normas igualmente amplas, o que pode ter resultado a elevada freqüência de parafilias múltiplas sobre as quais relataram. Como aplicamos critérios mais estritos, mais de acordo com as diretrizes do DSM, encontramos poucos parafílicos múltiplos entre nossa população de delinqüentes sexuais.

Em termos da prática clínica real com delinqüentes sexuais ou sujeitos com algum desvio sexual, parece ser irrelevante que um paciente cumpra os critérios do DSM. As previsões sobre o risco e a aceitação para tratamento não parecem encontrar-se influenciadas pelo *status* diagnóstico. Se um homem abusou de uma criança ou estuprou uma mulher, considera-se que existe um certo risco de que volte a cometer o delito no futuro e que necessita de tratamento, inclusive se nega categoricamente que tenha fantasias sexualmente excitantes e impulsos recorrentes e se apenas cometeu o delito uma ou duas vezes. Uma forma que os clínicos tentaram abordar este problema de diagnóstico foi avaliar falometricamente as preferências sexuais. Por exemplo, se um sujeito que abusa de crianças nega ter fantasias ou impulsos sexuais com crianças, mas abusou pelo menos de uma, é avaliado para saber que tipo de parceiro sexual prefere. Infelizmente, encontramos (Marshall, Barbaree e Butt, 1988: Marshall, Barbaree e Christophe, 1986) que cerca de 50% dos sujeitos que abusam de crianças que não são da própria família e mais de 70% dos ofensores incestuosos mostram preferências sexuais normais nas avaliações falométricas. Entre nossas populações de estupradores, apenas 30% manifestaram atração sexual pelo ato sexual não consentido (Barbaree e Marshall, 1993) e acrescentar uma agressão degradante maior aos roteiros não teria nenhum impacto (Eccles, Mar e Barbaree, 1994). Por conseguinte, estes achados questionam a validade das avaliações falométricas e nós pusemos em dúvida a utilização dessas avaliações (Marshall, 1994a, no prelo; Marshall e Eccles, 1991, 1993).

Tal como se apresentam atualmente, os critérios diagnósticos do DSM para as parafilias parecem ser pouco relevantes para a prática da maioria dos clínicos e um obstáculo para comparações precisas entre distintas investigações. Por conseguinte, na nossa prática clínica, ignoramos os critérios do DSM e classificamos simplesmente os sujeitos (com desvios e ofensas sexuais) com os quais trabalhamos em função do seu comportamento real. Se um homem abusou sexualmente de uma criança, o denominamos abusador de crianças; se estuprou uma mulher, chamamos de estuprador; se expôs seus genitais, denominamos exibicionista. De fato, o único caso no qual esses descritores de senso comum podem causar problemas refere-se aos homens que usam roupas de mulher. Está claro que os homens se vestem como mulheres por uma série de motivos, mas aqui nos interessam apenas aqueles que o fazem com o propósito de excitar-se sexualmente. O fetichismo transvéstico é o único caso no qual nossa prática clínica é similar aos critérios diagnósticos do DSM. A observação da maioria dos demais clínicos deste campo sugere que eles adotaram também esta política de senso comum. Sugerimos firmemente que os autores dos futuros manuais do diagnóstico reconsiderem os critérios restritivos atuais para as parafilias. Neste capítulo empregaremos os rótulos comportamentalmente descritivos da nossa prática clínica diária.

II. TRATAMENTO

II.1. *Uma breve história*

O tratamento dos sujeitos com desvios sexuais não delitivos (ou seja, aqueles cujas condutas desviadas não infringem a lei) tem uma longa história (ver Bancroft, 1974; Kilman et al., 1981; Travin e Protter, 1993, para uma revisão histórica) e esses tratamentos serviram como modelos para a intervenção com delinqüentes sexuais. Grande parte destes primeiros procedimentos se caracterizaram, infelizmente, por atitudes cheias de preconceito em relação a estas pessoas. Por exemplo, até meados dos anos setenta, um dos principais grupos de sujeitos considerados como alvos de tratamento eram os homens homossexuais, a maioria dos quais não manifestava traços egodistônicos. De modo similar, a terapia aversiva (que normalmente incluía ingestão de um emético ou a aplicação de uma descarga elétrica desagradável) era freqüentemente o método preferido de tratamento. Estes dois aspectos sobre a intervenção foram especialmente evidentes no nascimento do movimento da terapia comportamental desde o final dos anos cinqüenta até o começo dos anos setenta. Os relatórios sobre a terapia "elétrica" aversiva que tratavam de reduzir o interesse homossexual (p. ex., Bancroft, 1971; Feldman e MacCulloch, 1971) foram recebidos com grande entusiasmo. Entretanto, não passou muito tempo para que surgissem críticas dentro do movimento comportamental com respeito à ética de tratar os homossexuais, fossem ou não egodistônicos (Davison, 1977). Igualmente, foi questionada a ética da terapia elétrica aversiva (Erwim, 1978) e sua utilização não melhora a relação terapêutica. A maioria dos terapeutas abandonaram o tratamento dos homossexuais e já não empregam a terapia aversiva, embora haja comportamentalistas que continuam fazendo ambas as coisas (p. ex., McConaghy, 1993).

As primeiras aplicações da terapia comportamental ao desvio sexual e aos delinqüentes sexuais caracterizavam-se pelo emprego de métodos simples de tratamento (p. ex., Abel, Levis e Clancy, 1970; Bond e Evans, 1967; Eysenck e Rachman, 1965; Marks e Gelder, 1967) procedimentos de teorias simples de condicionamento sobre o desenvolvimento e manutenção do comportamento sexual anormal (McGuire, Carlisle e Young, 1965). As teorias de condicionamento foram criticadas por serem demasiado limitadas e carecer de apoio empírico (Marshall e Eccles, 1993; O'Donohue e Plaud, 1994), e foram substituídas por teorias mais completas (Finkelhor, 1984; Hall e Hirschman, 1991; Marshall e Barbaree, 1990a). Os enfoques de tratamento de um único componente foram questionados muito cedo no tratamento comportamental dos sujeitos com desvio sexual (Marshall, 1971) e foram substituídos posteriormente por programas cognitivo-comportamentais multicomponentes. Uma descrição detalhada do nosso próprio programa, que será descrito mais tarde neste capítulo, servirá como ilustração dos enfoques atuais cognitivo-comportamentais, mas o leitor que se interessar por este tema pode consultar também outras fontes (p. ex., Abel et al., 1992; Maletzky, 1991; Pithers, 1990).

II.2. Os desejos sexuais excêntricos

Estes pacientes (fetichistas, travestidos e pessoas que consentem atos sádicos e masoquistas) são descritos como sexualmente desviados (quando não são rotulados de parafílicos) e é difícil pensar num termo adequado que não seja pejorativo. Pode ser que nossa escolha de "desejos sexuais excêntricos" não agrade a todos, e nossa dificuldade para escolher um termo não pejorativo é, logicamente, um reflexo da parcialidade persistente e injustificada que temos em relação àqueles que manifestam desejos sexuais diferentes dos nossos. O enfoque adotado atualmente pela maioria dos terapeutas em relação aos homossexuais é assessorá-los sobre suas atitudes negativas para com seu próprio comportamento e para as prováveis pressões externas que criam estas abordagens negativas, em vez de tentar modificar as preferências sexuais desses pacientes. Acreditamos que este enfoque seja apropriado também para aqueles pacientes cujos interesses sexuais não representam um mal-estar ou prejuízo direto para os demais. Os fetichistas (travestidos ou outros) não fazem mal a ninguém pelo seu comportamento sexual. Embora suas preferências possam causar-lhes problemas interpessoais, é razão suficiente para desencorajar seu ardente entusiasmo com seu fetiche particular? Sugerimos que pelo menos os terapeutas devam explorar em profundidade as razões pelas quais um fetichista procura tratamento, antes de começar a eliminar seus interesses excêntricos. Os escassos relatórios publicados sobre o tratamento das excentricidades sexuais ao longo dos últimos vinte anos reflete supostamente as atitudes da maioria dos terapeutas em consonância com as nossas. Por exemplo, McConaghy (1993) sugere aos sujeitos travestis que busquem opções alternativas ao tratamento, como unir-se a um clube de travestidos, onde possam vestir-se com roupas do outro sexo livres da desaprovação social.

Relata-se que a terapia aversiva que utiliza apomorfina (Davies e Morgenstern, 1960; Morgenstern, Pearce e Rees, 1965) e descargas elétricas (Marks, Gelder e Bancroft, 1970) diminui significativamente o comportamento de vestir-se com as roupas do sexo oposto nos travestis. Estes e outros procedimentos similares serviram também para eliminar a conduta indesejada dos pacientes fetichistas (McGuire E Vallance, 1964; Raymond, 1956). Foi informada igualmente a eficácia de uma variação cognitiva da terapia aversiva denominada "sensibilização encoberta", para reduzir os interesses sexuais indesejados dos fetichistas (Kolvin, 1967), dos transvésticos (Gershman, 1970) e dos sádicos (Davison, 1968). Estes não são apenas procedimentos de tratamento com um único componente, mas também esquecem outros aspectos dos pacientes que podem restringir a satisfação das suas necessidades a formas mais aceitáveis.

Embora tanto Barlow (1973) como Marshall (1971) tenham indicado as limitações dos enfoques de tratamento de um único componente e, por conseguinte, a conveniência de que o tratamento dos delinqüentes sexuais tenha uma maior amplitude, pouco se fez na direção de um tratamento amplo para os sujeitos sexualmente excêntricos. Já mencionamos que se deu uma notável escassez de descrições de tratamento para este tipo de pacientes desde o início dos anos setenta, especialmente para os sádicos e os masoquistas. Uma exceção constitui o trabalho de Haydn-Smith et al. (1987) sobre o tratamento comportamental (sensibilização encoberta e treinamento em habilidades de enfrentamento) com êxito de um "asfixiofílico".

A maioria dos relatos sobre sádicos restringem-se aos que cometem atos de violação (McConaghy, 1993), com o grave esquecimento dos sádicos que executam sua conduta preferida com parceiros submissos. Mees (1966) descreveu um extenso programa de aversão elétrica com um sádico e Laws, Meyer e Holmen (1978) empregaram a aversão olfativa com um paciente similar. Os masoquistas também foram tratados utilizando a terapia aversiva (Marks et al., 1965).

Entretanto, embora durante os últimos 15-20 anos os programas para delinqüentes sexuais tenham se tornado mais amplos e com características multicomponentes, não parece que tenham sido produzidos avanços similares no caso dos sujeitos com excentricidades sexuais. Parece óbvio que muitos desses pacientes tenham problemas mais extensos que a simples atração sexual pelos seus atos excêntricos e que programas cognitivo-comportamentais amplos deveriam ser adaptados à complexidade desses problemas, como acontece no caso dos delinqüentes sexuais. Aguardamos a descrição, aplicação e avaliação de procedimentos deste tipo com fetichistas, travestis, sádicos e masoquistas. Para facilitar esta aplicação, revisaremos, a seguir, as estratégias de tratamento para os delinqüentes sexuais.

II.3. Os delinqüentes sexuais

Os esforços iniciais de tratamento com os delinqüentes sexuais, surgidos de uma perspectiva comportamental também tiveram um alcance limitado. Tal como se desenvolveram de procedimentos empregados com indivíduos com excentricidades sexuais, os primeiros tratamentos elaborados para os delinqüentes sexuais consideraram que o comportamento-problema tinha uma motivação exclusivamente sexual. Pensava-se que a delinqüência sexual era resultado de preferências sexuais aprendidas que tinham uma natureza desviada, de modo que se acreditava que, modificando simplesmente estas preferências, seriam eliminadas as predisposições a delinqüir. Bond e Evans (1967) chegaram tão longe que afirmaram que a redução da potência que provocava as imagens sexuais desviadas (neste aso, o exibicionismo) seria suficiente para eliminar o comportamento desviado. Por conseguinte, considerou-se que a terapia aversiva, que tinha como objetivo a diminuição do atrativo da imagem desviada, era tudo o que se necessitava para tratar os delinqüentes sexuais.

Como conseqüência desta simples conceitualização, houve vários relatórios que descreveram a aplicação da terapia aversiva (normalmente a aversão elétrica) ou a sensibilização encoberta a diferentes delinqüentes sexuais. Muitos destes primeiros estudos eram dedicados ao tratamento de exibicionistas (ver Cox e Daitzman, 1979, 1980 para uma revisão), mas havia também informes similares que incluíam sujeitos que abusavam de crianças que não pertenciam à sua família (p. ex., Barlow, Leitenberg e Agras, 1969; Quinsey, Bergersen e Steinman, 1976; Wijesinghe, 1977), ofensores incestuosos (Brownell e Barlow, 1976; Harbert et al., 1974) e *voyeurs* (Gaupp, Stern e Ratlieff, 1971). Em 1971, Marshall descreveu o tratamento de um sujeito que abusava de crianças, tratamento que incluía não só terapia aversiva para reduzir os interesses sexuais desviados, mas também o recondicionamento orgásmico para aumentar os interesses sexuais apropriados, bem como o treinamento em assertividade e a melhora das habilidades sociais, a fim de proporcionar as habilidades necessárias para pôr em prática as novas preferências. Marshall (1971) sugeriu que este enfoque amplo era aplicável a outros ofensores sexuais. Nos anos posteriores, os programas para delinqüentes sexuais incluíram progressivamente uma maior extensão dos objetivos de tratamento e estratégias de intervenção cada vez mais complexas. Entretanto, ainda há clínicos que continuam oferecendo-nos avaliações de transtornos limitados (p. ex., Rice, Quinsey e Harris, 1991) ou que tornam explícitas suas objeções a estes programas multicomponentes (McConaghy, 1993). Este último autor alegava que, no momento em que escrevia seu livro, não existiam provas de que estes programas amplos fossem eficazes, mas, de fato, havia pelo menos um informe sobre um estudo de resultados (Marshall e Barbaree, 1988a) que constatou taxas inferiores de recaídas, de modo significativo, entre os sujeitos que abusavam de crianças e que haviam sido tratados por meio de um programa cognitivo-comportamental amplo, que entre os indivíduos desse mesmo tipo, que não haviam sido tratados. Em todo caso, a maioria dos clínicos já adotou alguma variação do programa descrito a seguir.

II.4. *Um programa cognitivo-comportamental amplo*

Aqui descreveremos nosso programa, embora pareça que programas similares representam o enfoque mais popular para o tratamento dos sujeitos que cometem abusos sexuais. A variação principal entre os distintos programas está relacionada mais com a quantidade de tempo que os pacientes levam para terminar cada componente que o conteúdo real do tratamento. Nossa posição é que, posto que há tantos delinqüentes sexuais para serem tratados, temos que fazer com que nossos programas sejam tão econômicos em tempo e recursos quanto possível, enquanto, ao mesmo tempo, são consideradas todas as características que sejam necessárias dos delinqüentes.

Nosso programa de tratamento foi desenvolvido ao longo dos últimos 25 anos em prisões (Marshall e Williams, 1975) hospitais psiquiátricos (Marshall e McKnight, 1975) e ambulatórios (Marshall e Barbaree, 1988a, 1988b). Durante este tempo, nossos programas evoluíram de procedimentos com componentes limitados (Marshall 1971, 1973) até programas de ampla base (Marshall et al., 1983) e, finalmente, até os programas multicomponentes atuais (Hudson et al., no prelo; Marshall, 1993a, Marshall e Eccles, no prelo; Marshall, Eccles e Barbaree, 1991). A descrição a seguir proporciona um breve resumo do nosso programa atual.

II.4.1. *Estrutura do tratamento*

Descrevemos a estrutura global do nosso programa como "procedimento de três níveis" (Marshall, Eccles e Barbaree, 1993). O programa inclui os delinqüentes sexuais que se encontram encarcerados no presente momento, que estiveram presos ou que nunca tenham estado numa prisão. Por conseguinte, temos programas para prisões e para a comunidade.

Quando os delinqüentes sexuais entram pela primeira vez nas penitenciárias canadenses da região de Ontário, são avaliados para averiguar o risco de segurança e suas necessidades de tratamento. Caso seja considerado que existe um alto risco e que necessitam de tratamento intensivo, são transferidos para uma instituição na qual haja programa de Nível 1. Caso haja um risco baixo e tenham menos necessidades de tratamento, são enviados a uma instituição em que se realiza um programa de Nível 2. Depois de um tratamento com sucesso no Nível 1, alguns dos delinqüentes passam para o Nível 2 como parte do programa prévio à sua saída da prisão. Recentemente, foram desenvolvidos mais programas para o interior das prisões, como uma fase final prévia à saída, centrados no fortalecimento e aperfeiçoamento dos planos de prevenção das recaídas desenvolvidos nos programas de Nível 1 ou Nível 2. Entretanto, a maioria dos pacientes que terminaram o programa de Nível 1 sai imediatamente da prisão e não passa para o Nível 2 ou para programas de prevenção de recaídas prévios à saída, indo diretamente para um programa na comunidade (ou seja, um programa de Nível 3).

Os pacientes que entram nos programas de Nível 1 recebem todos os componentes específicos ao delito (que serão descritos mais adiante) e a maioria dos componentes relacionados ao delito. Participam de cinco sessões de terapia de grupo por semana, com 3 horas de duração cada sessão, ao longo de um período de 6 meses, com objetivos específicos ao delito, enquanto, ao mesmo tempo, participam dos programas relacionados ao delito que se considerem necessários. As avaliações pré e pós-tratamento determinam se o progresso foi satisfatório. Em caso positivo, passam para a etapa seguinte (ou seja, a saída da cadeia ou a transferência para um programa de Nível 2 ou de prevenção de recaídas). Caso o progresso seja considerado insuficiente, então passam por uma reciclagem no Nível 1.

Os delinqüentes que vão diretamente para o Nível 2 participam de um programa mais limitado. A terapia de grupo do Nível 2 é composta por duas sessões por semana de três horas cada uma e inclui uma versão abreviada dos componentes específicos do delito, embora a maioria dos delinqüentes esteja envolvida também em um ou mais dos componentes relacionados ao delito. Os programas do Nível 2 funcionam como grupos com final aberto, nos quais cada delinqüente permanece sob tratamento durante um tempo médio de três meses.

Uma vez que o delinqüente é reinserido na comunidade, exige-se habitualmente que participe de um programa para pacientes externos (Nível 3), que inclui novamente objetivos específicos para o delito bem como, quando necessário, aspectos relacionados ao mesmo. O tratamento na comunidade para delinqüentes sexuais saídos da prisão implica uma sessão semanal de grupo, de três horas de duração, e cada delinqüente permanece geralmente em tratamento durante seis meses. Estes delinqüentes que acabam de sair da prisão são supervisionados por policiais que vigiam a liberdade condicional e que foram treinados nos princípios de prevenção de recaídas. A estes policiais é proporcionado um detalhado plano de prevenção de recaídas desenhado para cada delinqüente, de modo que possam vigiar as condutas apropriadas.

A descrição a seguir dos componentes do nosso tratamento aplica-se a cada um dos três níveis.

II.4.2. *Componentes do tratamento*

Na descrição detalhada de Marshall e Eccles (no prelo) do seu amplo programa de tratamento cognitivo-comportamental para delinqüentes sexuais, os objetivos do tratamento foram divididos em duas áreas: objetivos específicos ao delito e relacionados com o mesmo. Os objetivos específicos ao delito incluem superar a negação e a minimização, melhorar a empatia com a vítima, mudar as crenças e atitudes distorcidas, modificar as fantasias inapropriadas e desenvolver um plano saudável de prevenção das recaídas. Recentemente acrescentamos o treinamento em intimidade a estes objetivos específicos ao delito e o incluímos depois do componente de mudança de atitudes. Marshall e Eccles (no prelo) sugerem que sejam abordados os temas nesta ordem particular porque é possível que não haja progresso em uma área específica até que não tenham sido abordados totalmente os temas anteriores. Por exemplo, seria muito difícil aumentar a empatia para com a vítima se um delinqüente está ainda negando ou minimizando o alcance da ação violenta ou a invasão sexual do seu comportamento. Entretanto, todos os componentes de tratamento encontram-se inter-relacionados, de modo que questões que têm a ver com crenças *distorcidas,* por exemplo, surgem e são respondidas ao longo de todos os componentes. À medida que o tratamento avança, são constantemente abordadas áreas importantes para cada delinqüente dentro de cada componente e se insiste na inter-relação de todos estes aspectos. Os "objetivos relacionados com o delito" referem-se a temas que poderiam ser considerados como precursores ou fatores que exercem influência sobre um delito, tais como habilidades de relação deficientes, dificuldade na solução de problemas, consumo de substâncias psicoativas, limitado controle da ira e habilidades inadequadas para a vida.

Uma característica fundamental do nosso enfoque refere-se à nossa crença de que, a fim de que um delinqüente mude numa direção pró-social, tem de ser melhorada sua auto-estima. Isto significa que ele precisa ver a si mesmo como uma pessoa capaz de mudar (o que é análogo à idéia de Bandura, 1977, sobre a auto-eficácia) e como um indivíduo que merece o afeto e as recompensas provenientes das relações adultas pró-sociais. Com esta finalidade, o terapeuta imprime um tom positivo ao tratamento e aos modelos, e estimula outros membros do grupo a realizar comportamentos de imitação, com um estilo colaborador, mas firme na hora de questionar e abordar cada delinqüente. Não é fácil conseguir um equilíbrio entre ser um claro apoio e ter uma relação de conivência com o delinqüente, por um lado, e entrar em confronto e ser enérgico desnecessariamente por outro, mas acreditamos que é a posição terapêutica mais adequada. A cada passo do programa recordamos a cada delinqüente suas virtudes e seu potencial, e lhe indicamos também as características destrutivas, para consigo e para com a vítima do seu comportamento violento anterior. É menos provável que os delinqüentes que pensem que estão em um ambiente de apoio (no qual não serão rejeitados) temam admitir atividades das quais se envergonham e se sintam incomodados. Um modo de facilitar isto é o terapeuta esclarer a diferença entre o paciente como pessoa e os comportamentos específicos que são prejudiciais e inapropriados. É importante que fique claro que é um comportamento específico (p. ex., o delito sexual) o que é inaceitável e não o paciente enquanto pessoa. Quando consideramos necessário, realizamos também procedimentos específicos de aumento da auto-estima (Marshall e Christie, 1982) para os delinqüentes cuja auto-estima é especialmente baixa.

a. Negação e minimização

A negação pode ser descrita como uma recusa a admitir ter cometido um delito, ou uma pretensão de que o ato foi por acordo mútuo, ou a insistência de que o delinqüente não é, de fato, um delinqüente sexual. Qualquer uma destas posições pode ter como conseqüência o negar-se a participar do tratamento. A minimização caracteriza-se como uma recusa em aceitar a responsabilidade do delito, uma negação do dano causado à vítima ou uma descrição do delito que limita a extensão, a freqüência, a violência ou o grau de invasão do mesmo. Embora haja estudos que mostram que a negação e a minimização são bastante freqüentes entre os delinqüentes sexuais (Scully e Marolla, 1984), existem poucos estudos sobre tratamentos elaborados para superar estes obstáculos. A consideração dessas questões como objetivos deveria constituir um primeiro passo fundamental no tratamento, já que muitos programas excluem os sujeitos que negam ou minimizam o delito como carentes de motivação. Pensamos que isto é inapropriado posto que um exame de nossos arquivos revela que, se excluíssemos estes delinqüentes, não só teríamos rejeitado para tratamento em torno de 60% dos nossos pacientes, como também teríamos deixado sem tratamento alguns dos mais perigosos delinqüentes sexuais. Acreditamos ter a responsabilidade de tentar tratar esses homens e convencê-los de que precisam de tratamento. De fato, aceitamos que é nosso trabalho tentar incluir todos os delinqüentes sexuais no tratamento. De acordo com isto, não temos critérios de exclusão e incluímos todos os sujeitos que negam e minimizam as conseqüências dos seus atos.

Outros trabalhos proporcionam descrições mais detalhadas dos nossos enfoques para lidar com a negação e a minimização (Barbaree, 1991; Marshall, 1994b; Marshall e Eccles, no prelo), de modo que a descrição aqui apresentada será necessariamente um breve resumo do nosso enfoque.

Após uma breve descrição dos objetivos e do conteúdo geral do programa, começamos fazendo com que cada delinqüente conte ao grupo sua versão do(s) estupro(s). Pede-se ao delinqüente para descrever não apenas o que fez realmente, mas também o estado emocional no momento do delito, as circunstâncias relevantes que o precederam, o consumo de substâncias psicoativas naquele momento, sua interpretação do comportamento da vítima e, finalmente, os pensamentos e sentimentos que o levaram ao estupro e os que teve durante o mesmo. Pode ser que cada paciente tenha que repetir sua descrição várias vezes antes de ser capaz de reconhecer e falar sobre todas estas características.

Outros membros do grupo são estimulados a questionar as áreas da descrição que considerem ambíguas ou imprecisas. O terapeuta modela a forma de fazer críticas construtivas e avalia os questionamentos propostos por outros membros. A explicação oficial ou a versão da vítima sobre o delito sempre se encontram disponíveis para o terapeuta, proporcionando-lhe uma base para pôr em dúvida a explicação do delinqüente. Esta informação é essencial para um tratamento eficaz. Qualquer inconsistência entre a versão oficial e a versão do delinqüente produz mais questionamentos por parte dos membros do grupo e do terapeuta.

Embora os delinqüentes, muitas vezes, realizem toda uma série de manipulações a fim de ter acesso a suas vítimas e assegurar sua discrição, muitos não percebem que suas ações servem exclusivamente para benefício próprio. A tarefa do terapeuta e dos outros membros do grupo consiste em esclarecer o que a versão do delinqüente revela sobre suas condutas, pensamentos e sentimentos. Do mesmo modo, os comentários e as críticas feitos por um membro do grupo sobre outro, muitas vezes, mostram a própria minimização do que critica e oferece assim uma oportunidade a mais para cada paciente explorar estes problemas. Como a maioria dos membros do grupo se apóia na sua própria experiência ao julgar outros pacientes, suas anotações proporcionam freqüentemente ao terapeuta dados para a compreensão dos próprios delitos. No grupo, além do terapeuta, que deve manter uma posição neutra, alguns membros se abstêm de criticar outros delinqüentes ou lhes oferecem apoio, tentando, deste modo, proteger claramente a si mesmos.

O terapeuta informa aos delinqüentes, que expressam negação e minimização, que isto é muito freqüente no começo da terapia, mas que espera que superem esta etapa. Outros membros do grupo que tenham completado satisfatoriamente sua auto-revelação podem descrever os benefícios de "serem claros", como, por exemplo, a sensação de alívio que se tem quando já não têm que mentir continuamente. O terapeuta se certifica de que o delinqüente compreende tanto as vantagens de uma auto-revelação honesta (p. ex., uma sensação de alívio por não ter que mentir, uma oportunidade para solucionar uma série de problemas da sua vida e poder sair antes da prisão ou acabar mais cedo com a liberdade condicional) quanto as desvantagens de continuar negando ou minimizando (p. ex., pode-se dizer a eles que, se abandonam o tratamento, podem continuar na prisão ou em liberdade condicional por mais tempo, e haveria um risco maior de voltar a delinqüir). São apresentados aos pacientes outras considerações mais realistas sobre a conduta delitiva para que as considere antes de continuar contando coisas sobre si mesmos.

O processo de auto-revelação é repetido e questiona-se constantemene até que a explicação seja considerada aceitável. Embora alguns pacientes ofereçam uma explicação completa e muito precisa durante sua primeira auto-revelação, a maioria mostra distorções distintas que tentam minimizar a extensão ou a natureza dos seus delitos. Nestes casos, é necessário repetir a auto-revelação.

Embora o questionamento e a auto-revelação procurem reduzir diretamente a negação e a minimização, outros componentes posteriores do procedimento de tratamento (p. ex., o componente de empatia para com a vítima) ajudam também a diminuir a minimização em delinqüentes que resistem ao questionamento. Como acontece com todos os temas abordados no nosso tratamento, cada componente não é uma unidade discreta, estando relacionado funcionalmente a todos os demais componentes; constantemente recordamos aos nossos pacientes este fato. Por conseguinte, não é fundamental eliminar toda a negação e minimização antes de passar para o componente seguinte do tratamento, embora o grosso destes temas deva ser tratado neste componente inicial.

Como a maioria dos programas excluem este tipo de homens, existem poucos estudos que avaliem diretamente os resultados do tratamento com a negação e a minimização. Entretanto, os escassos dados de que dispomos encorajam a confiança. Por exemplo, Barbaree (1991) informa que, num grupo de 40 abusadores de crianças e estupradores encarcerados, 54% dos estupradores e 66% dos abusadores negaram no começo ter cometido um delito. Dos estupradores, 42% e dos abusadores, 33% minimizaram notavelmente seu delito em termos de responsabilidade pelo mesmo, a extensão do delito ou o dano causado à vítima. Após o tratamento, o número de indivíduos que negavam reduziu-se de 22 para 3, embora 15 dos que finalmente admitiram ter cometido o delito continuassem subestimando o fato em alguma medida. Infelizmente, os resultados com os sujeitos que minimizavam foram menos esperançosos. Dos 15 que inicialmente minimizavam o delito, apenas 3 abandonaram totalmente esta conduta, uma vez finalizado o tratamento. Entretanto, Barbaree (1991) observou que o grau de minimização havia se reduzido consideravelmente e a motivação para o tratamento havia aumentado entre estes delinqüentes. Num estudo similar, Marshall (1994b) avaliou os efeitos do tratamento sobre a negação e a minimização em 81 delinqüentes sexuais encarcerados. Dos 25 sujeitos com negação antes do tratamento, apenas 2 continuavam negando categoricamente seus delitos após o término do tratamento. Igualmente, o número de sujeitos que minimizavam reduziu-se significativamente de 26 para 9 após a intervenção. Marshall (1994b) observou também que o grau de minimização destes últimos delinqüentes diminuiu de uma média de 3,7 (numa escala de 6 pontos) para 0,5 no pós-tratamento.

b. Empatia com a vítima

Embora pareça haver um consenso entre muitos teóricos acerca de que os déficits na empatia constituem um importante fator nos delitos sexuais, foram realizados poucos estudos que investiguem esta posição. As pesquisas anteriores apresentaram dados confusos e, às vezes, contraditórios sobre os déficits em empatia dos delinqüentes sexuais (para uma revisão da literatura, ver Marshall et al., 1995). Por exemplo, enquanto Rice et al. (1990) constataram uma clara diferença quanto à empatia entre delinqüentes sexuais e não delinqüentes, Seto (1992) observou que os violadores eram menos empáticos que outros homens da comunidade na *Escala de empatia de Hogan* (*Hogan empaty scale*; Hogan, 1969), mas não na *Escala de empatia emocional* (*Emotional empathy scale*) de Mehrabian e Epstein (1972). Quando foi empregada a educação como co-variável nas análises, as diferenças de Seto na *Escala de Hogan* desapareceram. Apesar destas inconsistências nos déficits de empatia observados, o treinamento em empatia aparece habitualmente como um importante componente da maioria dos programas de tratamento dos delinqüentes sexuais na América do Norte (Knopp, Freeman-Longo e Stevenson, 1992).

Estes achados contraditórios podem dever-se, em parte, à confusão existente sobre a natureza e a extensão da empatia. Marshall et al. (1995) sugerem que a empatia constitui um processo planejado que implica o reconhecimento do estado emocional de outra pessoa, a percepção do mundo do ponto de vista do outro, a reprodução do estado emocional do outro indivíduo e, finalmente, realizar alguma mudança comportamental como resposta ao mal-estar percebido (p. ex., deter a conduta prejudicial ou mostrar-se simpático). Um apoio parcial para esta conceitualização provém das evidências de que os delinqüentes sexuais são deficientes no reconhecimento das emoções nos demais (Hudson et al., 1993) e de que distinguem entre a identificação que fazem do mal-estar de uma pessoa que observam dos seus próprios sentimentos de mal-estar em resposta a esta observação (Marshall et al., 1994). Os delinqüentes sexuais parecem funcionar especialmente mal no reconhecimento da ira, da surpresa e do temor, que são as emoções que com maior probabilidade expressam as vítimas de uma violação (Marshall et al., 1993).

Outro problema com a pesquisa anterior é que não é capaz de identificar se os delinqüentes sexuais sofrem de um déficit geral, inespecífico, em empatia ou se seus déficits são limitados ao contexto ou são específicos da pessoa. Por exemplo, em um estudo recente (Marshall et al., 1994), constatamos que os sujeitos que abusam de crianças demonstraram um déficit em empatia para com as crianças que haviam sido vítimas de outros delinqüentes, em comparação com um grupo de homens não delinqüentes da comunidade, e que demonstraram déficits ainda maiores na empatia para com suas próprias vítimas; por outro lado, não manifestavam déficits de empatia para com as crianças em geral. Se estes últimos achados se confirmam de modo independente, então o tratamento deveria tentar melhorar a empatia em relação a estas duas classes especiais de pessoas – ou seja, para com as vítimas de abuso sexual em geral (p. ex., mulheres adultas vítimas de estupro e crianças vítimas de abusos sexuais) e para com as próprias vítimas do delinqüente – em vez de tentar melhorar a empatia para com todas as pessoas. Estes são os objetivos do nosso componente de treinamento em empatia.

Como muitos delinqüentes aprenderam ao longo da vida a reprimir seus sentimentos, pode ser que seja muito difícil para eles expressar emoções. Muitas vezes, é necessário, como um primeiro passo no tratamento dos déficits em empatia, treinar os pacientes a ser emocionalmente expressivos. Pede-se que descrevam um acontecimento da sua vida, diferente do que gerou a prisão, que recordem como emocionalmente perturbador. Solicita-se ao paciente para descrever a experiência como se a estivesse revivendo e para não reprimir nenhum sentimento ou emoção. Muitos participantes descrevem a morte de um ente querido, o fim de um relação importante, a rejeição que podem ter sentido por parte dos pais quando eram crianças ou sua própria experiência como vítimas de abuso sexual. Estas explicações têm normalmente um importante efeito sobre os outros membros do grupo e, muitas vezes, tanto o que fala quanto os que escutam ficam muito emotivos.

Quando o delinqüente que está relatando termina a descrição de sua experiência emocional perturbadora, pede-se aos demais para descrever como se sentiram durante o relato que escutaram e o que pensam sobre o estado emocional do primeiro.

Segue-se uma discussão sobre a adequação da expressão emocional do delinqüente que contou a história e uma avaliação da resposta dos demais participantes. O terapeuta salienta que, ao expressar emoções similares às que foram manifestadas, os outros pacientes estão, na realidade, mostrando empatia.

Depois que cada membro do grupo contar sua história emocionalmente perturbadora, falar sobre ela em profundidade e avaliá-la, o terapeuta lê o relato de uma vítima real ou apresenta um vídeo de uma vítima que descreve sua resposta à violação e as conseqüências que se seguiram em sua vida. A seguir, pede-se a cada um dos membros do grupo que descreva como se sentia enquanto escutava ou observava a vítima. Se um paciente não parece mostrar emoções adequadas ou parece não estar sendo honesto nas suas expressões, o grupo o questiona.

Após o terapeuta definir a empatia para o grupo, pede-se a cada participante para falar sobre o grau de empatia que sente agora para com sua própria vítima e para com outras vítimas de abuso sexual. Se necessário, pergunta-se aos pacientes como se sentiriam se alguém importante para eles fosse violado. O terapeuta pede a cada membro do grupo que descreva essa violação e que fale sobre o que sentiria em relação ao delinqüente e à vítima. Os outros delinqüentes são encorajados a dar *feedback* sobre a adequação das respostas de cada membro. O exercício se repete até que o grupo esteja de acordo.

No exercício seguinte, ensina-se os pacientes a reconhecer as emoções das vítimas de abuso sexual, adotando a perspectiva da vítima e tentando experimentar seu mal-estar. Pede-se a cada participante para descrever o que acredita serem os efeitos imediatos (durante o ato delitivo) do abuso sexual, os posteriores ao mesmo e os a longo prazo. O terapeuta escreve cada uma das sugestões na lousa e acrescenta as conseqüências conhecidas do abuso sexual que o grupo pode haver omitido. A lista será empregada para estimular a discussão geral seguida pela descrição, por parte de cada paciente, do grau em que acredita que sua própria vítima experimentará cada conseqüência. Continuamente insiste-se em que o paciente pode não ter percebido, no momento do delito, grau de sofrimento de sua vítima, mas isso não significa que esta não estivesse sofrendo. O terapeuta explica que provavelmente a vítima estava assustada demais para mostrar seus sentimentos ou que o delinqüente estava tão absorto em conseguir sua própria satisfação que não se deu conta da angústia da vítima. Pede-se a cada participante que descreva seu delito do ponto de vista da vítima. Se um delinqüente apresenta o relato de modo que favoreça a si mesmo, os outros membros do grupo o criticam. Muitos pacientes acham difícil observar seu delito da perspectiva da vítima. A importância deste exercício é que os sujeitos são forçados a considerar muitos aspectos do delito, de um ponto de vista muito diferente e com uma profundidade tal como antes nunca haviam feito.

Na final do treinamento em empatia para com a vítima, atribui-se aos participantes uma tarefa para casa, na qual se pede a eles que escrevam duas cartas, uma supostamente da vítima e outra como resposta à carta da vítima (que *não* tem que ser enviada, em absoluto). A carta da perspectiva da vítima deveria incluir toda a ira, culpabilização de si mesmo, perda de confiança e os diferentes problemas emocionais, cognitivos e comportamentais que nesses momentos o delinqüente deveria entender que são efeitos freqüentes do abuso sexual. O terapeuta lê esta carta em voz alta perante o grupo. Outros membros dão *feedback* e questionam quem escreveu a carta em qualquer parte em que achem que houve omissão ou que tenha favorecido quem a escreveu. O paciente revisa a carta seguindo o *feedback* do grupo. Este processo se repete até que o conteúdo e o estilo da carta satisfaça todo o grupo.

Uma vez terminada a carta da vítima, pede-se ao delinqüente que escreva uma carta para a vítima expressando a compreensão das conseqüências que esta sofreu, o que proporciona ao paciente uma oportunidade para continuar comunicando sua aceitação de toda a responsabilidade pelo delito e mostrar o que está fazendo para garantir que não voltará a delinqüir no futuro. Embora espere-se que os participantes se desculpem pelo delito, é dito a eles que não podem pedir perdão. Isto é considerado um pedido injusto à vítima. A carta é questionada também e revisada até satisfazer todo o grupo.

Dois estudos recentes mostram o valor desses tipos de procedimentos para aumentar a empatia nos delinqüentes sexuais. Pithers (1994) mostrou que uma estratégia de tratamento similar a que acaba de ser descrita aumentou eficazmente a empatia não específica de um grupo de delinqüentes sexuais encarcerados. Mais recentemente, Marshall, O'Sullivan e Fernández (no prelo) mostram que nossos procedimentos melhoraram consideravelmente a empatia que os sujeitos que abusam de crianças manifestam por suas próprias vítimas e por crianças vítimas de outros indivíduos abusadores.

c. Mudança de atitude

Geralmente, acredita-se que a maioria dos delinqüentes sexuais mantém atitudes e crenças que respaldam seu comportamento delitivo (Burt, 1980; Field, 1978; Malamuth, 1981; Rapaport e Burkhart, 1984; Tieger, 1981). Por exemplo, entende-se que os estupradores aceitam uma série de mitos sobre a sexualidade das mulheres, sobre os desejos das mesmas e sobre o estupro. Sugere-se também que os violadores acreditam que as mulheres deveriam adotar um papel de servilismo em relação aos homens e que a agressão às mulheres é aceitável. Embora a investigação realizada até o momento não apóie de modo consistente estes pontos de vista sobre os estupradores (Stermac, Segal e Gillis, 1990), isto pode dever-se a que os questionários utilizados para avaliar estas atitudes são relativamente transparentes e, por conseguinte, fáceis de falsear. Por exemplo, Scully e Marolla (1983) constataram que era muito mais provável que estupradores condenados, que negavam seu delito, defendessem crenças distorcidas sobre o estupro, que aqueles que admitiam ter cometido um delito. Os autores consideraram que isto indicava que os que negavam queriam justificar o estupro e, por conseguinte, parecer como menos culpáveis, de modo que aceitavam os mitos. Por outro lado, os indivíduos que admitiam seu delito podem ter querido mostrar sua compreensão pró-social da violação e, portanto, respondiam de um modo que tentava comprazer o pesquisador. No momento presente, este problema da transparência dos testes constitui um obstáculo que nenhuma medida das que dispomos atualmente é capaz de evitar. Entretanto, a maioria dos clínicos relata que os violadores expressam muitos pontos de vista favoráveis à violação nas primeiras fases do tratamento.

No mesmo sentido, acredita-se que os que abusam de crianças aceitam pontos de vista sobre as crianças e sobre o abuso sexual que favoreçam o delito. Abel et al. (1984) encontram-se entre os primeiros a propor que os que abusam de crianças mantêm crenças distorcidas e posteriormente (Abel et al. 1989) obtiveram dados que apoiavam este ponto de vista. Stermac e Segal (1989) constataram também que os que abusam de crianças defendem atitudes mais permissivas para com as relações sexuais entre adultos e crianças, e Howells (1978) informa que este tipo de indivíduo considerava que as crianças eram menos ameaçadoras, menos dominantes e era mais fácil manter uma relação com elas que no caso dos adultos. Novamente, as evidências não são muito claras e as medidas empregadas até o momento permitem facilmente uma apresentação desvirtuada das crenças dos abusadores, embora os clínicos observem habitualmente atitudes favoráveis ao abuso entre os que abusam de crianças.

No nosso programa, questionamos as atitudes e as crenças que apóiam o abuso quando elas surgem, embora também tratemos especificamente destas distorções. No componente que estamos abordando, fazemos com que cada delinqüente descreva suas crenças sobre as mulheres e as crianças e a natureza sexual das mesmas. Descrevemos também delitos hipotéticos nos quais é provável que se considere (incorretamente) que a responsabilidade do delinqüente é reduzida e nos quais se pode observar (outra vez de modo incorreto) que o comportamento da vítima convida a um delito sexual. Estes casos hipotéticos revelam em geral atitudes favoráveis ao delito sexual que, por outro lado, poderiam não surgir, e nos oferece a oportunidade de questionar tais atitudes, explicar suas implicações e oferecer alternativas pró-sociais. Evidentemente, os terapeutas precisam examinar em profundidade seus próprios pontos de vista antes de entrar neste processo.

Em essência, o procedimento denominado "reestruturação cognitiva", incluído neste modo de provocar, questionar e esboçar as implicações dessas atitudes e, a seguir, sugerir alternativas, é um enfoque bastante simples. Entretanto, ainda não foi demonstrada sua eficácia apesar de ser um procedimento muito utilizado (Murphy, 1990).

d. Treinamento em intimidade

Sugerimos (Marshall, 1989, 1993b, 1994c) que os delinqüentes sexuais podem adotar uma conduta de agressão sexual, não simplesmente para satisfazer necessidades sexuais, agressivas ou de poder, mas também para satisfazer, pelo menos em parte, necessidades de intimidade que não se vêm preenchidas em suas vidas. Propusemos que os delinqüentes sexuais são normalmente incapazes de satisfazer eficazmente suas necessidades de intimidade, que esta incapacidade surge como conseqüência dos laços afetivos deficientes com seus pais (Marshall, Hudson e Hodkinson, 1993) e tem como conseqüência relações afetivas adultas de baixa qualidade (Ward et al., no prelo). Uma investigação recente tem apoiado estas formulações (Bumby e Marshall, 1994; Garlick, 1991; Hudson, Ward e Marshall, 1994; Marshall e Hambley, 1994; Seidman et al., 1994) e propusemos um componente de tratamento para abordar esses problemas (Marshall, 1994d). Para uma descrição mais completa do nosso componente de treinamento em intimidade, remetemos o leitor a Marshall (1994d).

O primeiro passo deste componente consiste em proporcionar informação sobre a natureza da intimidade e da solidão e o valor de desenvolver uma maior intimidade. Ajudamos também os delinqüentes a identificar sua capacidade atual, ou a falta dela, para atingir a intimidade, e a origem das deficiências presentes. As descrições da origem dos seus problemas leva, muitas vezes, à necessidade de ajudá-los a solucionar os problemas que têm com seus pais ou com algumas das primeiras tentativas de experiências de intimidade.

A seguir, falamos sobre as relações sexuais e o papel que desempenham na intimidade. Com muita freqüência, estes delinqüentes pensam na relação sexual como o único caminho rumo à intimidade. Indicamos que a satisfação nas relações sexuais está muito ligada à satisfação de todos os aspectos da sua relação e que a intimidade e a satisfação sexual plena são conquistadas de modo ótimo em relações equitativas. Assim sendo, as relações sexuais forçadas e o sexo com crianças não podem produzir a satisfação que procuram.

Os ciúmes e o modo como nossos pacientes respondem à infidelidade real ou imaginária do seu parceiro são algo fundamental e constitui o objetivo seguinte deste componente. Embora reconheçamos que os ciúmes são uma resposta esperada e talvez adequada a um claro engano, a magnitude da resposta e a tendência a sentir ciúmes sem motivo são resultado da baixa estima do "traído", do grau da sua própria infidelidade e de inferências inapropriadas sobre o significado da mesma. Questionamos as atitudes inapropriadas dos pacientes com respeito a estes temas e os ajudamos a examinar por que suas parceiras anteriores foram infiéis. Com muita freqüência, a infidelidade da parceira parece ter sido um produto da própria conduta do delinqüente, como, por exemplo, ser volúvel, sua reserva, sua pouca comunicação, a distância emocional ou seus ciúmes excessivos.

Ensinamos aos nossos pacientes habilidades de relação, incluindo as habilidades necessárias para iniciar uma relação (p. ex., escolher uma parceira apropriada, desenvolver habilidades de conversação, não se precipitar no estabelecimento de relações com compromisso, etc.) e as habilidades necessárias para manter relações (p. ex., auto-revelação, solução de conflitos, expressão de sentimentos, habilidades de comunicação, para escutar, etc.). São identificadas e questionadas as distintas atitudes prejudiciais sobre as relações (p. ex., a crença no "amor à primeira vista", que os desacordos são necessariamente destrutivos, que o amor apaixonado deve ser mantido a um alto grau de energia, etc.). Quando consideramos útil, empregamos a representação de papéis como um meio de treinar as habilidades e de identificar as crenças inapropriadas.

Finalmente, abordamos neste componente o tema da solidão. Ajudamos os pacientes a identificar seu medo de ficar sozinhos e as conseqüências irracionais e auto-revelações destrutivas desse temor. Pede-se para que eles façam uma lista com todas as vantagens de estar sozinhos e explica-se que estar sozinho não é necessariamente a mesma coisa que se sentir só.

e. As preferências sexuais

Como mencionamos, nos primeiros programas de tratamento, as preferências sexuais eram consideradas freqüentemente como os principais, senão os únicos, objetivos da intervenção. Recentemente, sugerimos que se exagerava a importância deste componente de tratamento (Blader e Marshall, 1989; Marshall, no prelo b; Marshall e Eccles, 1991). Por exemplo, como já salientamos, nem todos os delinqüentes sexuais mostram preferências sexuais desviadas na avaliação falométrica, mesmo que tenham cometido um delito sexual. A maioria dos delinqüentes que mostram preferências sexuais normais na avaliação negam também ter fantasias desviadas recorrentes, de modo que está claro que não fomos capazes de demonstrar que as preferências sexuais desviadas caracterizem mais que um pequeno número destes homens.

A hipótese da preferência sexual (ver Barbaree, 1990 e Barbaree e Marshall, 1991, para uma análise detalhada das distintas formas desta hipótese) sugere que todos os delinqüentes sexuais preferem realmente atos sexuais desviados a qualquer outro modo de comportamento sexual e que suas fantasias sexuais centram-se exclusivamente em atos desviados. De fato, os atos sexuais consensuais com adultos se mantêm como um "disfarce" ou como uma resposta substitutiva em lugar dos atos desviados preferidos. Ao contrário, Marshall e Eccles (no prelo) sugerem que a idéia de que as preferências sejam fixas e invariáveis é tão pouco provável para o comportamento sexual como para qualquer outra conduta. Por exemplo, se as preferências na comida parecem ser muito variáveis e muitas vezes mudam de acordo com a disponibilidade e as experiências, então por que as preferências sexuais deveriam ser diferentes? Ainda que uma pessoa pudesse desfrutar especificamente de um tipo de ato sexual, é muito pouco provável que realize esse comportamento de modo exclusivo e não há nada que sugira que os delinqüentes sexuais não disfrutem de distintos atos sexuais. Foi constatado que os homens sentem-se fortemente atraídos pela variedade, em termos de parcerias e de atividades sexuais (Symons, 1979).

Em consonância com esta última observação, Marshall e Eccles (no prelo) sugerem que o comportamento sexual desviado pode, em certo grau, refletir uma busca da novidade ou simplesmente revelar que a pessoa tira proveito de uma oportunidade que de outro modo, se encontraria na parte inferior da sua hierarquia de preferências. Posto que uma série de circunstâncias contextuais, como problemas emocionais e o abuso de substâncias psicoativas, parece afetar a probabilidade de cometer um delito (Pithers et al., 1989), seria razoável inferir que fatores situacionais explicam pelo menos parte do comportamento e estes fatores estão, logicamente, em constante mudança.

Marshall e Eccles (1991) sugerem que as fantasias dos delinqüentes sexuais podem satisfazer distintas necessidades. Além de fazê-lo com características sexuais específicas, as fantasias desviadas tratam muitas vezes com questões de poder e controle, agressão e necessidade de humilhar, e também com a necessidade de admiração e respeito. Por conseguinte, no nosso programa, são ensinados a todos os delinqüentes sexuais procedimentos para diminuir a freqüência e a força das fantasias sexuais, quer manifestem ou não excitação sexual desviada durante a avaliação.

Evidentemente, outra alternativa, talvez mais em consonância com a incapacidade da pesquisa para demonstrar claramente a presença de preferências sexuais desviadas em muitos delinqüentes, seria ignorar o tema no tratamento. Inclusive Quinsey e Earls (1990), que são claros defensores da hipótese da preferência sexual, sugerem que outros procedimentos de tratamento (p. ex., treinamento em empatia, mudança de atitudes, controle da ira, etc.) podem produzir mudanças apropriadas nas preferências sexuais, evitando, por conseguinte, a necessidade de propô-los como um objetivo específico do tratamento. Acreditamos que isto seja uma possibilidade diferente e estamos atualmente realizando pesquisas que responderão a esta questão.

Os dois principais procedimentos que empregamos neste componente são a sensibilização encoberta e o recondicionamento por meio da masturbação. O objetivo principal da sensibilização encoberta é fazer com que as conseqüências desagradáveis do delito sexual estejam num primeiro plano no pensamento do delinqüente, especialmente nas etapas iniciais do encadeamento que conduz ao delito (p. ex., no momento em que um estuprador sente ira e está pensando em ir a um bar em busca de uma vítima). Embora alguns delinqüentes sexuais possam ter pensamentos de catástrofe após um delito, estas preocupações se desvanecem rapidamente quando não são seguidas por conseqüências negativas tangíveis. Infelizmente, os sentimentos de desagrado servem pouco para reduzir o risco de voltar a delinqüir quando seu impacto é tão fugaz. Por meio da dessensibilização encoberta, espera-se que, fazendo com que o delinqüente associe continuamente conseqüências negativas ao imaginar-se realizando o comportamento desviado, as atividades inapropriadas perderão seu atrativo e a intensidade e freqüência dos pensamentos desviados de incitação serão reduzidos.

O exercício inicia-se fazendo com que cada delinqüente apresente pelo menos três fantasias ou seqüências de ação desviadas. Uma das fantasias tem que descrever um delito real ou mostrar o ciclo delitivo característico do sujeito (ou seja, desde os primeiros pensamentos que levam ao delito, passando pelas distintas fases que finalmente culminam no delito). Estas fantasias são descritas num dos lados de um conjunto de cartões tipo de visita. O paciente apresenta então uma lista de todas as conseqüências negativas que acredita que poderiam acontecer a ele em conseqüência do delito. Essas conseqüências são escritas do outro lado dos cartões. O paciente é instruído a ler as seqüências dos delitos pelo menos três vezes ao dia, virando os cartões depois de cada ensaio a fim de ler as conseqüências. À medida que o exercício avança, é dito ao delinqüente que comece a ler as conseqüências cada vez mais cedo na seqüência da fantasia, até chegar a lê-las imediatamente depois do primeiro passo da cadeia que conduz ao delito. Uma vez que o paciente tenha terminado de ler as conseqüências negativas, pede-se que imagine uma seqüência de respostas positivas ou pró-sociais, como perder uma oportunidade para o comportamento desviado e realizar uma atividade alternativa e apropriada (talvez não sexual). A fim de assegurar-se de que os delinqüentes continuam com o exercício, alguns clínicos fazem com que o paciente grave uma fita de áudio ao praticar a sensibilização encoberta. Entretanto, isto pode ser tedioso e fazer com que o procedimento pareça rígido. Outra alternativa é solicitar a ajuda de outras pessoas (p. ex., outros presos ou membros da família) para recordar ao paciente diariamente que mantenha sua prática. Infelizmente, os dados que apóiam o emprego da sensibilização encoberta, em quaisquer das suas formas, são bastante limitados, mas o procedimento continua sendo excessivamente empregado. O que é urgentemente necessário é uma investigação cuidadosa com os sujeitos apropriados para determinar se a sensibilização encoberta, tal como é aplicada clinicamente, atinge os objetivos propostos.

O procedimento do recondicionamento por meio da masturbação combina o que se denomina "recondicionamento orgásmico" com a "terapia de saciedade". Thorpe, Schmidt e Castell (1963) foram os primeiros a descrever um procedimento envolvendo a masturbação até atingir o orgasmo, enquanto era mostrado ao sujeito, ou este imaginava, o comportamento sexual apropriado com uma parceira adequada. Foram descritas variações desse procedimento (Davison, 1968; Marquis, 1970; Maletzky, 1991), mas novamente existem escassas provas que apóiem a eficácia de tais estratégias (ver Laws e Marshall, 1991, para uma revisão das evidências). A terapia de saciedade foi descrita originalmente por Marshall e Lippens (1977) e posteriormente avaliada em dois estudos de caso único (Marshall, 1979). No seu primeiro formato, o paciente continuava masturbando-se após o orgasmo durante um período de tempo que podia chegar até a uma hora enquanto fantasiava com todas as variações que os seus comportamentos desviados podia gerar. Posteriormente, Abel e Annon (1982) eliminaram o requisito de masturbar-se depois do orgasmo e faziam apenas com que os pacientes gerassem fantasias desviadas. A saciedade verbal, como foi denominada esta variação, apresenta a vantagem de ser mais aceitável para os pacientes que a saciedade masturbatória. Embora a saciedade pareça ter um maior respaldo que os procedimentos de recondicionamento orgásmico (Alford et al., 1987; Johnson, Hudson e Marshall, 1992), as provas da eficácia da saciedade são, em geral, limitadas (Laws e Marshall, 1991) e é necessária mais investigação.

Law e Marshall (1991) sugerem que a "masturbação direta" parece ser o enfoque mais eficaz para melhorar a excitação apropriada e é o procedimento que utilizamos habitualmente. Neste procedimento, o paciente gera (com a ajuda do terapeuta) um conjunto de fantasias que incluem um parceiro adequado (homem ou mulher, dependendo da orientação sexual do sujeito). A seguir, o delinqüente é instruído a se masturbar até o orgasmo enquanto imagina atividades sexuais apropriadas com uma parceira, com consentimento. Se for difícil para ele excitar-se com as fantasias apropriadas ou se a excitação diminui durante a masturbação, diz-se ao paciente que empregue fantasias desviadas para reestabelecer a excitação e, a seguir, volte imediatamente à fantasia apropriada. Diz-se a ele que pode alternar as fantasias adequadas e as desviadas caso seja necessário, até que ocorra o orgasmo. O objetivo da masturbação direta é aumentar o atrativo sexual das fantasias apropriadas ao associar estas fantasias à excitação provocada por si mesmo.

Depois do orgasmo, o paciente começa com o segundo componente do recondicionamento masturbatório, ou seja, com a "terapia de saciedade". Imediatamente depois da ejaculação, os homens dificilmente podem responder aos estímulos sexuais (entram no que Masters e Johnson, 1966, denominam o "período refratário relativo"). Então, durante este período pós-orgásmico, o paciente é instruído a deixar de masturbar-se e a ensaiar em voz alta, se possível, cada variação das suas fantasias desviadas durante no mínimo 10 minutos, mas nunca mais de 20 minutos. O objetivo deste procedimento é associar as fantasias desviadas a um estado de falta de resposta sexual. Evidentemente, repetir as fantasias desviadas pode, por si mesmo, reduzir seu atrativo e, por sua vez, sua capacidade para produzir a excitação sexual.

Constatamos que, para alguns pacientes, a sensibilização encoberta e o recondicionamento masturbatório pode ser ineficaz. Estes pacientes queixam-se de que, apesar de utilizarem cuidadosamente os procedimentos, continuam experimentando freqüentemente pensamentos desviados com tanta força que não podem resistir a masturbar-se com eles. Em conseqüência, acreditam que os impulsos associados de voltar a cometer um delito sexual vão dominá-los. Nestes casos, podem ser adotadas outras técnicas.

Os tratamentos hormonais ou com antiandrógenos (acetato de ciproterona ou acetato de medroxiprogesterona) parecem reduzir a excitação hormonal, bem como a freqüência e a intensidade dos pensamentos desviados (Bradford, 1990; Bradford e Pawlak, 1993). Recentemente, Pearson et al. (1992) mostraram que a buspirona (uma droga serotoninérgica) conseguia manter sob controle os pensamentos indesejados, num paciente com impulsos desviados muito fortes e, aparentemente, incontroláveis. Alguns desses fármacos deveriam ser empregados somente como ajuda para um programa cognitivo-comportamental; caso contrário, o paciente não adquirirá o controle comportamental de si mesmo. Finalmente o paciente deveria desenvolver habilidades de enfrentamento adequadas que garantissem a retirada da medicação.

Outras alternativas que, às vezes, empregamos incluem a aversão olfativa e a aversão por meio do amoníaco. Na aversão olfativa, apresenta-se ao paciente um odor fétido que este inala enquanto escuta ou observa descrições das suas atividades desviadas. Utilizamos carne podre guardada num recipiente como estímulo aversivo. Embora tenhamos constatado que a aversão olfativa às vezes produz diminuições na excitação sexual após vários ensaios, o procedimento não é agradável. Além disso, não só é de pouca ajuda para fortalecer a relação terapeuta–paciente, como também os odores fétidos se espalham por toda a sala de tratamento e aderem à roupa, sendo desagradáveis também para a equipe de intervenção.

Por outro lado, a aversão por meio do amoníaco é administrada pelo próprio sujeito e, em conseqüência, é menos aversiva para o terapeuta. Faz-se com que o delinqüente carregue consigo uma garrafa de sais de amoníaco, que ele abre e inala pelo nariz imediatamente ao sentir um impulso ou ter um pensamento desviante persistente. O objetivo é interferir nos pensamentos desviados que ocorrem no contexto natural, e castigá-los. Ao final, muitos delinqüentes se sensibilizam ante impulsos e pensamentos de menor intensidade, e são aconselhados a controlá-los sem o emprego do amoníaco.

No passado, utilizamos terapia elétrica de aversão para reduzir a excitação desviada (Marshall, 1973); já não empregamos este procedimento. Como já comentamos, existem questões éticas importantes sobre o uso com delinqüentes encarcerados, sem mencionar que a relação paciente–terapeuta e a sensação de confiança podem ser seriamente comprometidas.

f. A prevenção das recaídas

O último componente dos nossos tratamentos específicos para o delito refere-se à necessidade de desenvolver planos adequados de prevenção de recaídas. As estratégias de prevenção de recaídas foram desenvolvidas inicialmente por Marlatt e seus colaboradores (Marlatt, 1982; Marlatt e George, 1984; Marlatt e Gordon, 1985) para o tratamento dos comportamentos aditivos. Posteriormente, estes princípios foram adaptados para serem usados com delinqüentes sexuais por Marques e Pithers e colaboradores (Marques et al., 1989; Pithers et al., 1983; Pithers, Martin e Cumming, 1989). A seguir, apresentamos nossa adaptação dos processos sugeridos por esses autores. O leitor poderá observar que nosso componente é muito menos extenso do que é aconselhado pela maioria das disciplinas de prevenção das recaídas (ver Laws, 1989, para uma revisão ampla deste enfoque) e, obviamente, não empregaremos a linguagem tão característica dos que esses tratamentos oferecem (p. ex., não utilizamos rótulos nem identificamos processos do tipo "efeito da violação da abstinência", "decisões aparentemente irrelevantes" ou o "problema da gratificação imediata"). Neste momento, constitui uma questão empírica não respondida se este componente necessita ser mais amplo.

Uma vez que os delinqüentes tenham adquirido as mudanças de comportamento e das atitudes que foram os objetivos dos componentes anteriores, o componente da prevenção das recaídas integra estas habilidades num grupo de planos de autocontrole que procura manter os benefícios depois de terminado o tratamento formal.

O primeiro passo neste processo requer que o delinqüente identifique as emoções, cognições e ações que constituem seu encadeamento delitivo habitual. Este seqüenciamento compreende fatores ameaçadores (p. ex., experiências da infância, estilo de vida, problemas emocionais, dificuldades com as relações, abuso de substâncias psicoativas e fontes de estresse) que servem para desinibir os controles pró-sociais. Fazer com que os pacientes preencham uma autobiografia facilita a identificação destes fatores antecedentes. Uma vez que o paciente encontre-se nesse estado de desinibição, as atitudes, crenças, distorções cognitivas, pensamentos e fantasias desviados que favorecem o delito iniciam um processo que faz com que o delinqüente prepare a oportunidade de cometer uma agressão sexual. O delinqüente pode então começar com a seqüência comportamental que normalmente segue quando está em busca de uma vítima (p. ex., dirigir o carro sem destino certo, perambular pelas proximidades de escolas, etc.) ou começar a preparar uma vítima e manipular os demais para que ele possa ter uma oportunidade de cometer o delito sexual. Portanto, o encadeamento que leva ao delito inclui fatores antecedentes, processos de pensamento e seqüências de comportamento que culminam no ato delitivo. Cada paciente apresenta os detalhes de seu seqüenciamento para o delito, o terapeuta os lê para o grupo e os demais participantes o questionam (caso seja necessário). São oferecidas sugestões e o paciente modifica posteriormente seu encadeamento para o delito até que seja considerado satisfatório.

A partir dessa seqüência para o delito, o sujeito identifica todos os fatores que aumentariam o risco de que pudesse voltar a cometer o delito e cria uma lista de estratégias para lidar com cada um desses fatores. O paciente indica de que modo evitará as situações de alto risco e como escapará delas se surgirem inesperadamente. Descreve várias estratégias alternativas para evitar ou lidar com os fatores antecedentes relevantes, e identifica formas diferentes de responder às atitudes ou fantasias que favoreçam a volta destas cognições desviadas. Esta lista detalhada de estratégias de evitação e enfrentamento é denominada "planos de prevenção da recaída". Finalmente, cada delinqüente faz uma lista de sinais de aviso que poderiam indicar que chegaria a cometer um delito sexual. São feitas duas listas de sinais de alerta: uma que mostra ao próprio delinqüente que o risco está aumentando (p. ex., fantasias, ruminações, impulsos, etc.) e outra que poderia alertar a um supervisor ou uma pessoa de apoio que o sujeito está correndo um risco.

Ao treinar os delinqüentes a desenvolver um encadeamento para o delito, um grupo de planos para a prevenção das recaídas e um conjunto de sinais de alerta constitui o que Pithers (1990) denominou o aspecto de "controle interno" do treinamento em prevenção de recaídas. Pithers sugere também que é necessário um componente para o "controle externo", no qual pessoas que possuem certos conhecimentos sobre os procedimentos da prevenção de recaídas supervisionem o paciente. Este será ajudado por nós a identificar um grupo de apoio que possa ajudá-lo depois que a intervenção tenha terminado (e durante o processo de tratamento na comunidade). Estes membros do grupo de apoio podem incluir o casal, os chefes e os/as amigos/as, embora insistamos também na inclusão dos supervisores da comunidade como as pessoas que se encarregam de vigiar sua liberdade condicional. Todos os supervisores ou pessoas de apoio recebem uma cópia dos planos de prevenção de recaídas para o delinqüente (ou seja, o encadeamento para o delito, os planos de prevenção e os sinais de alerta), bem como recomendações sobre as restrições sobre o comportamento (p. ex., não ficar a sós com crianças, não dirigir sem um objetivo, evitar o álcool e as drogas, etc.). A posse desses materiais supostamente aumenta a eficácia da supervisão, cria uma rede que pode ajudar as pessoas que vigiam a liberdade provisória e desenvolve uma relação de cooperação entre os membros significativos da comunidade do paciente (Pithers et al., 1987). Existem evidências de que a inclusão de um componente de prevenção das recaídas em um programa de tratamento reduz as recidivas (Marshall, Hudson e Ward, 1992), embora sejam necessárias muito mais pesquisas, especialmente sobre a necessidade da vigilância e da supervisão (abrangentes e caras) para depois do tratamento, empregadas por Marques e Pithers.

III. A EFICÁCIA DO TRATAMENTO

O desenvolvimento de programas amplos de tratamento cognitivo-comportamental para os delinqüentes sexuais é um fenômeno relativamente recente e, como salientamos, não se produziu um desenvolvimento comparável no tratamento dos indivíduos com excentricidades sexuais. Nestes temas, há dificuldades para determinar a eficácia dos programas atuais. A avaliação adequada dos programas de tratamento para os delinqüentes sexuais leva considerável tempo e esforço e está permeada por todo tipo de dificuldade em número superior às que se apresentam na avaliação de qualquer tratamento. Por exemplo, talvez o obstáculo mais importante para realizar uma avaliação refira-se à consecução de um grupo sem tratamento para comparação. Na sua forma ideal, esse grupo seria formado distribuindo ao acaso sujeitos voluntários em um grupo de tratamento ou em um grupo sem tratamento. Entretanto, isto não se consegue facilmente no caso de delinqüentes sexuais, ao contrário do que ocorre com outras populações de pacientes. Se um delinqüente sexual é designado aleatoriamente para um grupo sem tratamento, isto significará um alto custo, uma vez que o juiz encarregado de conceder-lhe a liberdade condicional não soltará um delinqüente sem ter sido tratado e pode ser que sua família e seus amigos não o aceitem se ele não tiver recebido tratamento. Por conseguinte, é pouco provável que os delinqüentes sexuais se prestem como voluntários para um estudo deste tipo. Inclusive, se o fizessem, o que nos preocuparia seria somente o consentimento dos delinqüentes sexuais em participar? Marshall e Pithers (1994) sugerem que, principalmente, sendo as mulheres e as crianças as vítimas em potencial dos delinqüentes sexuais não tratados, deveríamos buscar a aprovação das mesmas para realizar uma avaliação do tratamento com uma distribuição aleatória. Supomos que não a aprovariam. É claro que este problema ético deixa os avaliadores com pouca liberdade de escolha, exceto buscar em outro lugar uma estimativa da provável taxa de recaída dos sujeitos que tenham participado da intervenção e utilizá-la como o critério com o qual possam comparar a eficácia do tratamento. É evidente que isto não satisfará os puristas da metodologia.

Outros problemas ao avaliar os programas de tratamento para o delinqüente sexual surgem do fato de que temos que esperar até que tenha sido posto em liberdade um número apropriado de delinqüentes e assumir o risco de que passe o tempo suficiente para que se possa fazer uma avaliação da eficácia. As taxas-base são baixas o suficiente para que um grande número de delinqüentes esteja numa situação de risco durante pelo menos 4-5 anos antes que possa ser realizada uma avaliação satisfatória.

Infelizmente, muitos programas deixam de ser aplicados antes que estas condições possam ser cumpridas, resultando na avaliação de poucos, e até certo ponto seletivos programas. Entretanto, é animadora qualquer informação disponível a respeito.

Nós realizamos revisões da literatura sobre programas de tratamento (Marshall e Barbaree, 1990b; Marshall et al., 1991c; Marshall et al., 1991d) e também avaliamos nossos próprios programas (Marshall e Barbaree, 1988a, 1988b; Marshall et al., 1991b). A literatura não proporciona uma demonstração clara e cientificamente adequada da eficácia dos programas cognitivo-comportamentais para os delinqüentes sexuais, embora estejamos firmemente convencidos de que as provas são animadoras e apresentamos refutações (Marshall e Pithers, 1994) às conclusões pessimistas de outros autores (p. ex., Furby, Wienrott e Blackshaw, 1989; Quinsey et al., 1993).

Obviamente, necessitamos de mais avaliações dos resultados do tratamento e se requer que as investigações futuras tenham um nível de sofisticação metodológica tão elevado quanto possível, levando em conta as limitações inerentes a lidar com os delinqüentes sexuais. O caminho principal para conseguir isto é que os governos apóiem, ao longo de um amplo período de tempo, que programas de tratamento sejam postos em prática e avaliados.

IV. CONCLUSÕES E TENDÊNCIAS FUTURAS

Embora a literatura revisada neste capítulo se interesse principalmente pelo tratamento de homens delinqüentes sexuais adultos, recentemente vem se produzindo um aumento da atenção em relação aos delinqüentes juvenis (Barbaree, Marshall e Hudson, 1993; Ryan e Lane, 1991) e às mulheres delinqüentes (Knopp e Lackey, 1987; Mathews, Mathews e Speitz, 1989). Mesmo existindo claras diferenças nas características e na resposta adequada ao tratamento das mulheres e dos jovens, a maioria das observações feitas neste capítulo são também relevantes para estes delinqüentes. Sem dúvida, os próximos anos proporcionarão informações específicas da literatura para estes pacientes concretos e é provável que suceda o mesmo para outros subgrupos distintos de delinqüentes sexuais (p. ex., populações de minorias étnicas e delinqüentes com deficiências).

Como mencionamos anteriormente, é preciso muito mais pesquisas para avaliar a eficácia do tratamento dos delinqüentes sexuais e dos sujeitos com excentricidades sexuais. Entretanto, precisamos conhecer mais claramente os fatores que precisam ser abordados no tratamento, se nossos procedimentos produzem as mudanças propostas como objetivo, se estas mudanças podem ser atingidas por outros aspectos do tratamento diferentes dos componentes elaborados especificamente para produzir as mudanças planejadas e, finalmente, se as mudanças alcançadas estão funcionalmente relacionadas à diminuição das recaídas.

Só recentemente começamos o tratamento sistemático dos delinqüentes sexuais, mas acreditamos que os esforços realizados até agora são animadores o suficiente para sermos otimistas sobre os avanços futuros. Contudo, precisamos começar o processo de identificação das características dos delinqüentes que nos dê informações sobre o grau de extensão que o seu tratamento necessita e começar a adequar nosso processo de intervenção no mínimo necessário para reduzir o risco a um nível aceitável. Precisamos fazer economia de equipe e dos recursos de tratamento, de modo que *todos* os delinqüentes sexuais possam ser tratados. Atualmente, muitos programas aceitam apenas um pequeno número de delinqüentes sexuais da população total disponível, e estes pacientes podem ser selecionados com base em fatores que agradem os terapeutas ou satisfaçam as possibilidades dos recursos disponíveis, em vez de fazê-lo de acordo com o risco que apresentam em cometer dano a alguma mulher ou a alguma criança inocente.

REFERÊNCIAS

Abel, G. G. y Annon, J. S. (1982, abril). *Reducing deviant sexual arousal through satiation*. Taller presentado en la Ist National Conference on the Evaluation and Treatment of Sexual Aggressives, Denver, Co.

Abel, G. G., Becker, J. V., Cunningham-Rathner, J., Mittleman, M. S. y Rouleau, J. L. (1988). Multiple paraphilic diagnoses among sex offenders. *Bulletin of the American Academy of Psychiatry and the Law, 16*, 153-168.

Abel, G. G., Becker, J. V., Cunningham-Rathner, J., Rouleau, J. L., Kaplan, M. y Reich, J. (1984). *Treatment manual: The treatment of child molesters*. Atlanta: Emory University School of Medicine, Departmento de Psiquiatría.

Abel, G. G., Gore, D. K., Holland, C. L., Camp, N., Becker, J. V. y Rathner, J. (1989). The measurement of cognitive distortions of child molesters. *Annals of Sex Research, 2*, 135-152.

Abel, G. G., Levis, D. y Clancy, J. (1970). Aversion therapy applied to taped sequences of deviant behavior in exhibitionists and other sexual deviations: Preliminary report. *Journal of Behaviour Therapy and Experimental Psychiatry, 1*, 59-60.

Abel, G. G., Osborn, C., Anthony, D. y Gardos, P. (1992). Current treatments of paraphiliacs. *Annual Review of Sex Research, 3*, 255-290.

Alford, G. S., Morin, C., Atkins, M. y Schoen, L. (1987). Masturbatory extinction of deviant sexual arousal: A case study. *Behavior Therapy, 18*, 265-271.

American Psychiatric Association (1994). *Diagnostic and statistical manual of mental disorders* (4ª edición) *(DSM-IV)*. Washington, D. C.: APA.

Bancroft, J. (1971). The application of psychophysiological measures to the assessment and modification of sexual behaviour. *Behaviour Research and Therapy, 9*, 119-130.

Bancroft, J. (1974). *Deviant sexual behaviour: Modification and assessment*. Oxford: Clarendon.

Bandura, A. (1977). Self-efficacy: Toward a unifying theory of behavioral change. *Psychological Review, 84*, 191-215.

Barbaree, H. E. (1990). Stimulus control of sexual arousal: Its role in sexual assault. En W. L. Marshall, D. R. Laws y H. E. Barbaree (dirs.), *Handbook of sexual assault: Issues, theories, and treatment of the offender*. Nueva York: Plenum.

Barbaree, H. E. (1991). Denial and minimization among sex offenders: Assessment and treatment. *Forum on Corrections Research, 3*, 30-33.

Barbaree, H. E. y Marshall, W. L. (1991). The role of male sexual arousal in rape: Six models. *Journal of Consulting and Clinical Psychology, 59*, 612-630.

Barbaree, H. E. y Marshall, W. L. (1993). *Sexual preferences of rapists: An analysis of different response patterns*. Manuscrito sin publicar. Queen's University, Kingston, Ontario, Canadá.

Barbaree, H. E., Marshall, W. L. y Hudson, S. M. (dirs.) (1993). *The juvenile sex offender*. Nueva York: Guilford.

Barlow, D. H. (1973). Increasing heterosexual responsiveness in the treatment of sexual deviation: A review of the clinical and experimental evidence. *Behavior Therapy, 4*, 655-671.

Barlow, D. H., Leitenberg, H. y Agras, W. S. (1969). The experimental control of sexual deviation through manipulation of the noxious scene in covert sensitization. *Journal of Abnormal Psychology, 74*, 596-601.

Blader, J. C. y Marshall, W. L. (1989). Is assessment of sexual arousal in rapists worthwhile? A critique of current methods and the development of a response compatibility approach. *Clinical Psychology Review, 9*, 569-587.

Bond, I. y Evans, D. (1967). Avoidance therapy: Its use in the cases of underwear fetishism. *Canadian Medical Association Journal, 96*, 1160-1162.

Bradford, J. M. W. (1990). The antiandrogen and hormonal treatment of sex offenders. En W. L. Marshall, D. R. Laws y H. E. Barbaree (dirs.), *Handbook of sexual assault: Issues, theories, and treatment of the offender*. Nueva York: Plenum.

Bradford, J. M. W. y Pawlak, A. (1993). Double-blind placebo crossover study of cyproterone acetate in the treatment of the paraphilias. *Archives of Sexual Behavior, 22*, 383-402.

Brownell, K. D. y Barlow, D. H. (1976). Measurement and treatment of two sexual deviations in one person. *Journal of Behavior Therapy and Experimental Psychiatry, 7*, 349-354.

Bumby, K. y Marshall, W. L. (1994, noviembre). *Loneliness and intimacy dysfunction among incarcerated rapists and child molesters*. Comunicación presentada en la 13th Annual Research and Treatment Conference of the Association for the Treatment of Sexual Abusers, San Francisco.

Burt, M. R. (1980). Cultural myths and supports for rape. *Journal of Personality and Social Psychology, 38*, 217-230.

Cox, D. J. y Daitzman, R. J. (1979). Behavioral theory, research, and treatment of male exhibitionism. En M. Hersen, R. M. Eisler y P. M. Miller (dirs.), *Progress in behavior modification* (vol. 7). Nueva York: Academic.

Cox, D. J. y Daitzman, R. J. (dirs.) (1980). *Exhibitionism: Description, assessment, and treatment*. Nueva York: Garland STPM.

Davies, B. y Morgenstern, F. (1960). A case of cystercosis, temporal lobe epilepsy, and transvestism. *Journal of Neurology, Neurosurgery, and Psychiatry, 23*, 247-249.

Davison, G. C. (1968). Elimination of a sadistic fantasy by a client-controlled counterconditioning technique. *Journal of Abnormal Psychology, 73*, 84-90.

Davison, G. C. (1977). Homosexuality and the ethics of behavioral intervention: Paper 1. *Journal of Homosexuality, 2*, 195-204.

Eccles, A., Marshall, W. L. y Barbaree, H. E. (1994). Differentiating rapists and nonoffenders using the rape index. *Behaviour Research and Therapy, 32*, 539-546.

Erwin, E. (1978). *Behavior therapy: Scientific, philosophical and moral foundations.* Cambridge: Cambridge University Press.

Eysenck, H. J. y Rachman, S. (1965). *The causes and cures of neurosis.* Londres: Routledge and Kegan Paul.

Feldman, M. P. y MacCulloch, M. J. (1971). *Homosexual behaviour: Therapy and assessment.* Oxford: Pergamon.

Field, H. S. (1978). Attitudes toward rape: A comparative analysis of police, rapists, crisis counsellors, and citizens. *Journal of Personality and Social Psychology, 36,* 156-179.

Finkelhor, D. (1984). *Child sexual abuse: New theory and research.* Nueva York: Free Press.

Furby, L., Wienrott, M. R. y Blackshaw, L. (1989). Sex offender recidivism: A review. *Psychological Bulletin, 105,* 3-30.

Garlick, Y. (1991). *Intimacy failure, loneliness and the attribution of blame in sexual offending.* Tesis de máster inédita, University of Londres.

Gaupp, L. A., Stern, R. M. y Ratlieff, R. G. (1971). The use of aversion-relief procedures in the treatment of a case of voyeurism. *Behavior Therapy, 2,* 585-588.

Gershman, L. (1970). Case conference: A transvestite fantasy treated by thought-stopping, covert sensitization, and aversive shock. *Journal of Behavior Therapy and Experimental Psychiatry, 1,* 153-161.

Hall, G. C. N. y Hirschman, R. (1991). Toward a theory of sexual aggression: A quadripartite model. *Journal of Consulting and Clinical Psychology, 59,* 622-699.

Harbert, T. L., Barlow, D. H., Hersen, M. y Austin, J. B. (1974). Measurement and modification of incestuous behavior: A case study. *Psychological Reports, 34,* 79-86.

Haydn-Smith, P., Marks, I., Buchaya, H. y Repper, D. (1987). Behavioural treatment of life-threatening masochistic asphyxiation: A case study. *British Journal of Psychiatry, 150,* 518-519.

Hogan, R. (1969). Development of an empathy scale. *Journal of Consulting and Clinical Psychology, 33,* 307-316.

Howells, K. (1978). Some meanings of children for pedophiles. En M. Cook y G. Wilson (dirs.), *Love and attraction.* Londres: Pergamon.

Hudson, S. M., Marshall, W. L., Johnston, P., Ward, T. y Jones, R. L. (en prensa). Kia Marama: A cognitive behavioural programme for incarcerated child molesters. *Behaviour Change.*

Hudson, S. M., Marshall, W. L., Wales, D., McDonald, E., Bakker, L. W. y McLean, A. (1993). Emotional recognition skills of sex offenders. *Annals of Sex Research, 6,* 199-211.

Hudson, S. M., Ward, T. y Marshall, W. L. (1994). *Attachment style in sex offenders: A preliminary study.* Enviada para revisión.

Johnston, P., Hudson, S. M. y Marshall, W. L. (1992). The effects of masturbatory reconditioning with nonfamilial child molesters. *Behaviour Research and Therapy, 30,* 559-561.

Kilmann, P. R., Wanlass, R. L., Sabalis, R. F. y Sullivan, B. (1981). Sex education: A review of its effects. *Archives of Sexual Behavior, 10,* 177-205.

Knopp, F. H. y Lackey, L. B. (1987). *Female sexual abusers: A summary of data from forty-four treatment providers.* Orwell, Vt: Safer Society Press.

Knopp, F. H., Freeman-Longo, R. E. y Stevenson, W. (1992). *Nationwide survey of juvenile and adult sex-offender treatment programs.* Orwell, Vt: Safer Society Press.

Kolvin, I. (1967). "Aversive imagery" treatment in adolescents. *Behaviour Research and Therapy, 5,* 245-248.

Laws, D. R. (dir.) (1989). *Relapse prevention with sex offenders*. Nueva York: Guilford.
Laws, D. R. y Marshall, W. L. (1991). Masturbatory reconditioning: An evaluative review. *Advances in Behaviour Research and Therapy, 13*, 13-25.
Laws, D. R., Meyer, J. y Holmen, M. L. (1978). Reduction of sadistic sexual arousal by olfactory aversion. *Behaviour Research and Therapy, 16*, 281-285.
Malamuth, N. M. (1981). Rape proclivity among males. *Journal of Social Issues, 37*, 138-157.
Maletzky, B. M. (1991). *Treating the sexual offender*. Newbury Park, Ca: Sage.
Marks, I. M. y Gelder, M. G. (1967). Transvestism and fetishism: Clinical and psychological changes during faradic aversion. *British Journal of Psychiatry, 113*, 711-729.
Marks, I. M., Gelder, M. G. y Bancroft, J. (1970). Sexual deviants two years after electric aversion. *British Journal of Psychiatry, 171*, 173-185.
Marks, I. M., Rachman, S. y Gelder, M. G. (1965). Methods for assessment of aversion treatment in fetishism with masochism. *Behaviour Research and Therapy, 3*, 253-258.
Marlatt, G. A. (1982). Relapse prevention: A self-control program for the treatment of addictive behaviors. En R. B. Stuart (dir.), *Adherence, compliance and generalization in behavioral medicine*. Nueva York: Brunner/Mazel.
Marlatt, G. A. y George, W. H. (1984). Relapse prevention: Introduction and overview of the model. *British Journal of Addiction, 79*, 261-273.
Marlatt, G. A. y Gordon, J. R. (1985). *Relapse prevention: Maintenance strategies in the treatment of addictive behaviors*. Nueva York: Guilford.
Marques, J. K., Day, D. M., Nelson, C. y Miner, M. H. (1989). The Sex Offender Treatment and Evaluation Project: California relapse prevention program. En D. R. Laws (dir.), *Relapse prevention with sex offenders*. Nueva York: Guilford.
Marquis, J. (1970). Orgasmic reconditioning: Changing sexual object choice through controlling masturbatory fantasies. *Journal of Behavior Therapy and Experimental Psychiatry, 1*, 263-271.
Marshall, W. L. (1971). A combined treatment method for certain sexual deviations. *Behaviour Research and Therapy, 9*, 292-294.
Marshall, W. L. (1973). The modification of sexual fantasies: A combined treatment approach to the reduction of deviant sexual behavior. *Behaviour Research and Therapy, 11*, 557-564.
Marshall, W. L. (1979). Satiation therapy: A procedure for reducing deviant sexual arousal. *Journal of Applied Behaviour Analysis, 12*, 10-22.
Marshall, W. L. (1989). Invited essay: Intimacy, loneliness and sexual offenders. *Behaviour Research and Therapy, 27*, 491-503.
Marshall, W. L. (1993*a*). A revised approach to the treatment of men who sexually assault adult females. En G. C. N. Hall, R. Hirschman, J. R. Graham y M. S. Zaragoza (dirs.), *Sexual aggression: Issues in etiology, assessment and treatment*. Bristol, Pa: Taylor and Francis.
Marshall, W. L. (1993*b*). The role of attachment, intimacy, and loneliness in the etiology and maintenance of sexual offending. *Sexual and Marital Therapy, 8*, 109-121.
Marshall, W. L. (1994*a*). The perpetrator of child sexual abuse. En J. W. W. Neeb y S. J. Harper (dirs.), *Civil action for childhood sexual abuse*. Toronto: Butterworths.
Marshall, W. L. (1994*b*). Treatment effects on denial and minimization in incarcerated sex offenders. *Behaviour Research and Therapy, 32*, 559-564.
Marshall, W. L. (1994*c*). Pauvreté de liens d'attachment et déficiences dans les rapports intimes chez les agresseurs sexuels. *Criminologie, XXVII*, 55-69.
Marshall, W. L. (noviembre de 1994*d*). *Treatment of intimacy deficits*. Comunicación presentada en la 13th Annual Research and Treatment Conference of the Association for the Treatment of Sexual Abusers, San Francisco.

Marshall, W. L. (en prensa *a*). Assessment, treatment, and theorizing about sex offenders: Developments over the past 20 years and future developments. *Criminal Justice and Behavior*.

Marshall, W. L. (en prensa *b*). The treatment of sex offenders: Outcome data from a community clinic. En R. R. Ross, D. H. Antonowicz y G. K. Dhaliwal (dirs.), *Effective delinquency prevention and offender rehabilitation*. Ottawa: Centre for Cognitive Development.

Marshall, W. L. y Barbaree, H. E. (1988*a*). An outpatient treatment program for child molesters: Description and tentative outcome. *Annals of the New York Academy of Sciences, 528*, 205-214.

Marshall, W. L. y Barbaree, H. E. (1988*b*). The long-term evaluation of a behavioral treatment program for child molesters. *Behaviour Research and Therapy, 26*, 499-511.

Marshall, W. L. y Barbaree, H. E. (1990*a*). An integrated theory of sexual offending. En W. L. Marshall, D. R. Laws y H. E. Barbaree (dirs.), *Handbook of sexual assault: Issues, theories, and treatment of the offender*. Nueva York: Plenum.

Marshall, W. L. y Barbaree, H. E. (1990*b*). Outcome of comprehensive cognitive-behavioral treatment programs. En W. L. Marshall, D. R. Laws y H. E. Barbaree (dirs.), *Handbook of sexual assault: Issues, theories, and treatment of the offender*. Nueva York: Plenum.

Marshall, W. L., Barbaree, H. E. y Butt, J. (1988). Sexual offenders against male children: Sexual preferences. *Behaviour Research and Therapy, 26*, 383-391.

Marshall, W. L., Barbaree, H. E. y Christophe, D. (1986). Sexual offenders against female children: Sexual preferences for age of victims and type of behavior. *Canadian Journal of Behavioral Science, 18*, 424-439.

Marshall, W. L., Barbaree, H. E. y Eccles, A. (1991*a*). Early onset and deviant sexuality in child molesters. *Journal of Interpersonal Violence, 6*, 323-336.

Marshall, W. L. y Christie, M. M. (1982). The enhancement of social self-esteem. *Canadian Counsellor, 16*, 82-89.

Marshall, W. L., Earls, C. M., Segal, Z. V. y Darke, J. (1983). A behavioral program for the assessment and treatment of sexual aggressors. En K. Craig y R. McMahon (dirs.), *Advances in clinical behavior therapy*. Nueva York: Brunner/Mazel.

Marshall, W. L. y Eccles, A. (1991). Issues in clinical practice with sex offenders. *Journal of Interpersonal Violence, 6*, 68-93.

Marshall, W. L. y Eccles, A. (1993). Pavlovian conditioning processes in adolescent sex offenders. En H. E. Barbaree, W. L. Marshall y S. M. Hudson (dirs.), *The juvenile sex offender*. Nueva York: Guilford.

Marshall, W. L. y Eccles, A. (en prensa). Sexual offenders: A treatment manual. En V. M. B. van Hasselt y M. Hersen (dirs.), *Sourcebook of psychological treatment manuals for adult disorders*. Nueva York: Plenum.

Marshall, W. L., Eccles, A. y Barbaree, H. E. (1991*b*). Treatment of exhibitionists: A focus on sexual deviance versus cognitive and relationship features. *Behaviour Research and Therapy, 29*, 129-135.

Marshall, W. L., Eccles, A. y Barbaree, H. E. (1993). A three-tiered approach to the rehabilitation of incarcerated sex offenders. *Behavioral Sciences and the Law, 11*, 441-455.

Marshall, W. L., Fernández, Y. M., Lightbody, S. y O'Sullivan, C. (1994). *Victim specific empathy in child molesters*. Manuscrito sin publicar, Queen's University, Kingston, Ontario, Canadá.

Marshall, W. L. y Hambley, L. S. (1994). *Intimacy and loneliness, and their relationship to rape myth acceptance and hostility toward women among rapists*. Enviado para revisión.

Marshall, W. L., Hudson, S. M. y Hodkinson, S. (1993). The importance of attachment bonds in the development of juvenile sex offending. En H. E. Barbaree, W. L. Marshall y S. M. Hudson (dirs.), *The juvenile sex offender*. Nueva York: Guilford.

Marshall, W. L., Hudson, S. M., Jones, R. y Fernández, Y. M. (1995). Empathy in sex offenders. *Clinical Psychology Review, 15*, 99-113.

Marshall, W. L., Hudson, S. M. y Ward, T. (1992). Sexual deviance. En P. Wilson (dir.), *Principles and practice of relapse prevention*. Nueva York: Guilford.

Marshall, W. L., Jones, R., Hudson, S. M. y McDonald, E. (1993). Generalized empathy in child molesters. *Journal of Child Sexual Abuse, 2*, 61-68.

Marshall, W. L., Jones, R., Ward, T., Johnston, P. y Barbaree, H. E. (1991c). Treatment outcome with sex offenders. *Clinical Psychology Review, 11*, 465-485.

Marshall, W. L. y Lippens, K. (1977). The clinical value of boredom: A procedure for reducing inappropriate sexual interests. *Journal of Nervous and Mental Diseases, 165*, 283-287.

Marshall, W. L. y McKnight, R. D. (1975). An integrated treatment program for sexual offenders. *Canadian Psychiatric Association Journal, 20*, 133-138.

Marshall, W. L., O'Sullivan, C. y Fernández, Y. M. (en prensa). The enhancement of victim empathy among incarcerated child molesters. *Legal and Criminological Psychology*.

Marshall, W. L. y Pithers, W. D. (1994). A reconsideration of treatment outcome with sex offenders. *Criminal Justice and Behavior, 21*, 10-27.

Marshall, W. L., Ward, T., Jones, R., Johnston, P. y Barbaree, H. E. (1991d). An optimistic evaluation of treatment outcome with sex offenders. *Violence Update*, marzo, 1-8.

Marshall, W. L. y Williams, S. (1975). A behavioral approach to the modification of rape. *Quarterly Bulletin of the British Association for Behavioural Psychotherapy, 4*, 78.

Masters, W. H. y Johnson, V. E. (1966). *Human sexual response*. Boston: Little, Brown.

Mathews, R., Mathews, J. y Speitz, K. (1989). *Female sexual offenders — An exploratory study*. Orwell, Vt: Safer Society Press.

McConaghy, N. (1993). *Sexual behavior: Problems and management*. Nueva York: Plenum.

McGuire, R. J., Carlisle, J. M. y Young, B. G. (1965). Sexual deviations as conditioned behaviour: A hypothesis. *Behaviour Research and Therapy, 2*, 185-190.

McGuire, R. J. y Vallance, M. (1964). Aversion therapy by electric shock: A simple technique. *British Medical Journal, 1*, 151-152.

Mees, H. L. (1966). Sadistic fantasies modified by aversion conditioning and substitution: A case study. *Behaviour Research and Therapy, 4*, 317-320.

Mehrabian, A. y Epstein, N. (1972). A measure of emotional empathy. *Journal of Personality, 40*, 525-543.

Morgenstern, F. S., Pearce, J. P. y Rees, W. L. (1965). Predicting the outcome of behaviour therapy by psychological tests. *Behaviour Research and Therapy, 3*, 253-258.

Murphy, W. D. (1990). Assessment and modification of cognitive distortions in sex offenders. En W. L. Marshall, D. R. Laws y H. E. Barbaree (dirs.), *Handbook of sexual assault: Issues, theories, and treatment of the offender*. Nueva York: Plenum.

O'Donohue, W. y Plaud, J. J. (1994). The conditioning of human sexual arousal. *Archives of Sexual Behavior, 23*, 321-344.

Pearson, H. J., Marshall, W. L., Barbaree, H. E. y Southmayd, S. (1992). Treatment of a compulsive paraphiliac with buspirone. *Annals of Sex Research, 5*, 239-246.

Pithers, W. D. (1990). Relapse prevention with sexual aggressors: A method for maintaining therapeutic gain and enhancing external supervision. En W. L. Marshall, D. R.

Laws y H. E. Barbaree (dirs.), *Handbook of sexual assault: Issues, theories, and treatment of the offender*. Nueva York: Plenum.

Pithers, W. D. (1994). Process evaluation of a group therapy component designed to enhance sex offenders' empathy for sexual abuse survivors. *Behaviour Research and Therapy, 32*, 565-570.

Pithers, W. D., Beal, L. S., Armstrong, J. y Petty, J. (1989). Identification of risk factors through clinical interviews and analysis of records. En D. R. Laws (dir.), *Relapse prevention with sex offenders*. Nueva York: Guilford.

Pithers, W. D., Buell, M. M., Kashima, K., Cumming, G. y Beal, L. (mayo, 1987). *Precursors to relapse of sexual offenders*. Comunicación presentada en la 3rd Annual Research and Treatment Conference of the Association for the Behavioral Treatment of Sexual Abusers. Newport, Oregon.

Pithers, W. D., Martin, G. R. y Cumming, G. F. (1989). Vermont Treatment Program for Sexual Aggressors. En D. R. Laws (dir.), *Relapse prevention with sex offenders*. Nueva York: Guilford.

Pithers, W. D., Marques, J. K., Gibat, C. C. y Marlatt, G. A. (1983). Relapse prevention with sexual aggressives: A self-control model of treatment and maintenance of change. En J. G. Greer e I. R. Stuart (dirs.), *The sexual aggressor: Current perspectives on treatment*. Nueva York: Van Nostrand Reinhold.

Quinsey, V. L., Bergersen, S. G. y Steinman, C. M. (1976). Changes in physiological and verbal responses of child molesters during aversion therapy. *Canadian Journal of Behavioral Science, 8*, 202-212.

Quinsey, V. L. y Earls, C. M. (1990). The modification of sexual preferences. En W. L. Marshall, D. R. Laws y H. E. Barbaree (dirs.), *Handbook of sexual assault: Issues, theories, and treatment of the offender*. Nueva York: Plenum Press.

Quinsey, V. L., Harris, G. T., Rice, M. E. y Lalumière, M. L. (1993). Assessing treatment efficacy in outcome studies of sex offenders. *Journal of Interpersonal Violence, 8*, 512-523.

Rapaport, K. y Burkhart, B. R. (1984). Personality and attitudinal characteristics of sexually coercive college males. *Journal of Abnormal Psychology, 93*, 216-221.

Raymond, M. (1956). Case of fetishism treated by aversion therapy. *British Medical Journal, 2*, 854-856.

Rice, M. E., Chaplin, T. E., Harris, G. T. y Coutts, J. (1990). *Empathy for the victim and sexual arousal among rapists*. Penetanguishene Mental Health Centre, Research Report No. 7.

Rice, M. E., Quinsey, V. L. y Harris, G. T. (1991). Sexual recidivism among child molesters released from a maximum security psychiatric institution. *Journal of Consulting and Clinical Psychology, 59*, 381-386.

Ryan, G. D. y Lane, S. L. (1991). *Juvenile sexual offending: Causes, consequences and correction*. Lexington, Ma: Lexington Books.

Scully, D. y Marolla, J. (1983). *Incarcerated rapists: Exploring a sociological model*. Bethesda, Md.: National Rape Center, National Institute of Mental Health.

Scully, D. y Marolla, J. (1984). Convicted rapists' vocabulary of motive. *Social Problems, 31*, 530-554.

Seidman, B. T., Marshall, W. L., Hudson, S. M. y Robertson, P. J. (1994). An examination of intimacy and loneliness in sex offenders. *Journal of Interpersonal Violence, 9*, 518-534.

Seto, M. C. (1992). *Victim blame, empathy, and disinhibition of sexual arousal to rape in community males and incarcerated rapists*. Tesis de máster sin publicar, Queen's University, Kingston, Ontario.

Stermac, L. E. y Segal, Z. V. (1989). Adult sexual contact with children: An examination of cognitive factors. *Behavior Therapy, 20*, 573-584.
Stermac, L. E., Segal, Z. V. y Gillis, R. (1990). Social and cultural factors in sexual assault. En W. L. Marshall, D. R. Laws y H. E. Barbaree (dirs.), *Handbook of sexual assault: Issues, theories, and treatment of the offender*. Nueva York: Plenum.
Symons, D. (1979). *The evolution of human sexuality*. Oxford: Oxford University Press.
Tieger, T. (1981). Self-reported likelihood of raping and the social perception of rape. *Journal of Research in Personality, 15*, 147-158.
Thorpe, J. G., Schmidt, E. y Castell, D. A. (1963). A comparison of positive and negative (aversive) conditioning in the treatment of homosexuality. *Behaviour Research and Therapy, 1*, 357-362.
Travin, S. y Protter, B. (1993). *Sexual perversion: Integrative treatment approaches for the clinician*. Nueva York: Plenum.
Ward, T., Hudson, S. M., Marshall, W. L. y Siegert, R. (en prensa). Attachment style and intimacy deficits in sex offenders: A theoretical framework. *Sexual Abuse: A Journal of Research and Treatment*.
Wijesinghe, B. (1977). Massed aversion treatment of sexual deviance. *Journal of Behavior Therapy and Experimental Psychiatry, 8*, 135-137.

LEITURAS PARA APROFUNDAMENTO

Barbaree, H. E., Marshall, W. L. y Hudson, S. M. (dirs.) (1993). *The juvenile sex offender*. Nueva York: Guilford.
Hall, G. C. N., Hirschman, R., Graham, J. R. y Zaragoza, M. S. (dirs.) (1993). *Sexual aggression: Issues in etiology, assessment and treatment*. Bristol, Pa: Taylor and Francis.
Knopp, F. H. y Lackey, L. B. (1987). *Female sexual abusers: A summary of data from forty-four treatment providers*. Orwell, Vt: Safer Society Press.
Laws, D. R. (dir.) (1989). *Relapse prevention with sex offenders*. Nueva York: Guilford.
Maletzky, B. M. (1991). *Treating the sexual offender*. Newbury Park, Ca: Sage.
Marshall, W. L., Laws, D. R. y Barbaree, H. E. (dirs.) (1990). *Handbook of sexual assault: Issues, theories, and treatment of the offender*. Nueva York: Plenum.

Seção III

TRATAMENTO COGNITIVO-COMPORTAMENTAL DOS TRANSTORNOS SOMATOFORMES

TRATAMENTO COGNITIVO-COMPORTAMENTAL DA HIPOCONDRIA

Capítulo 11

CRISTINA BOTELLA E Mª PILAR MARTÍNEZ NARVÁEZ-CABEZA DE VACA[1]

> *MISOMEDION.* – É este o seu "Segredo para a Cura desta Doença penosa"?
> *PHILOPÉRIO.* – *Tenho vários. Dedico o tempo necessário para escutar e ponderar as Doenças dos meus Pacientes... (e) me dou ao trabalho de conhecer o modo de vida dos meus Pacientes..., não só para chegar às causas Procatárticas, mas também para estudar melhor as Circunstâncias, bem como (a) Idiossincrasia de cada Pessoa em particular.*
>
> MANDEVILLE (1711)[2]

I. INTRODUÇÃO

Um dos tópicos mais arraigados à caracterização da hipocondria é a dificuldade implícita em sua abordagem terapêutica. O transtorno hipocondríaco costuma ser considerado, pela maioria dos clínicos, como um transtorno resistente à mudança e com mal prognóstico. Várias razões são usadas como argumento para justificar esta impressão negativa (Barsky, Geringer e Wool, 1988a). Em primeiro lugar, os hipocondríacos costumam responder às intervenções médicas desenvolvendo complicações, exacerbando os sintomas ou apresentando novas queixas que substituem as anteriores. Em segundo lugar, apresentam uma grande resistência a receber tratamento psiquiátrico, dado que entendem que seu problema é única e exclusivamente físico. Finalmente, são pacientes que se mostram, por um lado, apegados e dependentes dos seus médicos e, por outro, hostis e com tendência a rejeitar as ofertas de ajuda destes, o que, inevitavelmente, entorpece o estabelecimento de uma adequada aliança terapêutica. Não obstante, mesmo reconhecendo que a hipocondria pode ser um problema clínico de difícil "cura", também não se deve esquecer que o desinteresse de alguns profissionais da saúde por este transtorno tem parte da responsabilidade no fomento da crença de que os hipocondríacos são pacientes intratáveis e, portanto, qualquer medida empreendida para atenuar sua condição está condenada ao fracasso.

Apesar da "lenda negra" que tem acompanhado durante anos o tratamento da hipocondria, por sorte, atualmente estamos presenciando um crescente entusiasmo pelo estudo deste transtorno em todas as suas vertentes, especialmente na terapêutica.

---

[1] Universitat Jaume I, Castellón e Universitat de València (Espanha).
[2] Citado em Baur (1988, p. 133).

Agradecimentos. Este trabalho faz parte de uma pesquisa mais ampla financiada através de uma bolsa de estudo concedida pela *Conselleria de Cultura, Educació I Ciència de la Generalitat Valenciana.*

Este "sangue novo" procede dos modelos teóricos de fundamentação cognitiva que gerarem estratégias terapêuticas promissoras. A partir destas considerações, e centrando-nos precisamente em tais enfoques, no presente trabalho pretendemos fazer um levantamento das contribuições mais relevantes à conceitualização e ao tratamento da hipocondria realizadas nos últimos anos.

II. CONCEITO E DIAGNÓSTICO

A noção atual de hipocondria como "preocupação excessiva com a saúde" é fruto de uma longa trajetória histórico-conceitual que remonta aos primórdios da medicina antiga. De fato, a hipocondria é um termo reconhecível há mais de dois mil anos, que tem sido revestido de diversos significados ao longo da sua prolongada existência. De fato, como acertadamente afirma Kellner (1986), "a história da hipocondria é mais a história de um termo que a de um transtorno ou síndrome" (p. 7).

Se nos ativermos única e exclusivamente ao conceito de hipocondria vigente na atualidade, é refererência obrigatória comentar as definições formuladas pelos dois sistemas nosológicos mais arraigados no âmbito clínico: a quarta edição do *Manual diagnóstico e estatístico dos transtornos mentais* (*Diagnostic and statistical manual of mental disorders*, 4ª ed. *DSM-IV*) publicado pela Associação Americana de Psiquiatria (APA, 1994) e a décima revisão da *Classificação internacional de doenças* (CID-10) (*International classification of diseases, 10ª revisão, ICD-10*) editada pela Organização Mundial da Saúde (WHO, 1992).

II.1. *A classificação da Associação Americana de Psiquiatria*

O *DSM-IV* (APA, 1994) classifica a hipocondria dentro da categoria geral de *transtornos somatoformes* e estima que o traço comum que caracteriza este grupo de transtornos é "a presença de sintomas físicos que sugerem uma enfermidade médica [...] e que não são explicados completamente por uma enfermidade médica, pelos efeitos diretos de uma substância psicoativa, ou por outro transtorno mental (p. ex., transtorno de pânico). Os sintomas devem causar um mal-estar clinicamente significativo ou uma deterioração social, no trabalho ou de outras áreas de funcionamento" (p. 445). Segundo sugerem Clark, Watson e Reynolds (1995), a definição que sustenta o *DSM-IV* dos transtornos somatoformes não justificaria a inclusão de transtornos como a hipocondria ou o transtorno dismórfico corporal, já que nestes a característica principal não é a sintomatologia física. Por isso, Clark et al. (1995) defendem a incorporação das percepções errôneas do sujeito acerca de suas sensações somáticas e suas características corporais na conceitualização dos transtornos somatoformes.

O aspecto nuclear que define a *hipocondria*, de acordo com o *DSM-IV,* é o medo ou a crença de estar sofrendo de uma enfermidade grave, baseando-se na interpretação incorreta dos sintomas corporais. Este temor ou convicção não tem um caráter delirante nem se restringe ao aspecto físico; é persistente, tem uma duração mínima de seis meses, não é possível explicá-lo de um modo mais adequado, apelando para outro transtorno mental, mantém-se apesar dos reconhecimentos físicos e explicações médicas, e provoca um nítido mal-estar e uma deterioração significativa em diversas facetas da vida da pessoa.

O *DSM-IV* continua mantendo praticamente invariável a noção de hipocondria sustentada pelo seu predecessor (*DSM-III-R*; APA, 1987), razão pela qual algumas das críticas realizadas à terceira edição revisada (Fallon, klein e Liebowitz, 1993; Salkovskis e Clark, 1993; Schmidt, 1994; Starcevic, 1991; Warwick e Salkovskis, 1989) são extensivas quase em sua totalidade à quarta edição (Chorot e Martínez, 1995; Martínez, Bellock e Botella, 1995; Martínez e Botella, 1996).

Salkovskis e Clark (1993) observaram dois aspectos problemáticos da definição de hipocondria contemplada no *DSM-III-R*. O primeiro deles alude à inclusão, na definição, tanto dos pacientes convencidos de que sofrem de uma doença quanto os que temem adoecer. Esta mesma crítica pode ser extensiva ao *DSM-IV*, já que, padecendo da mesma ausência de clareza, conceitualiza esta alteração como "medo de" ou "crença de" sofrer de doença grave. Não obstante, quanto ao aspecto conceitual de "medo" da doença, o *DSM-IV* acrescentou algumas mudanças com o propósito de esclarecer esta questão. Inclui a fobia referente à doença dentro da epígrafe de transtornos de ansiedade e, em particular, na categoria de fobia específica (outro tipo). Além disso, situa a fronteira entre a hipocondria e a fobia específica (de doença) na existência ou não de convicção de enfermidade: os pacientes com hipocondria mostram-se preocupados com medo de estar sofrendo um transtorno físico (que este já se encontre presente); por outro lado, os pa-cientes com fobia específica (de doença) temem contrair ou estar expostos a uma afecção.

O segundo aspecto conflitivo apontado por Salkovskis e Clark (1993) refere-se ao critério C do *DSM-III-R* (a preocupação com a doença se mantém apesar das explicações médicas). Estes autores censuram este elemento definitório com base nas seguintes considerações: 1) nem todos os pacientes podem ter acesso a informação médica tranqüilizadora; 2) alguns pacientes se recusam a consultar um médico; 3) muitas vezes os pacientes hipocondríacos procuram apaziguar seus medos por canais diferentes da consulta médica (p. ex., familiares, amigos, livros de medicina) e 4) este critério não especifica o tipo de informação tranqüilizadora que resulta ineficaz para estes sujeitos.

Na mesma linha crítica, Starcevic (1991) sustenta que o critério C para o diagnóstico da hipocondria do *DSM-III-R* é ambíguo, pois pode ser objeto de uma dupla interpretação. A primeira supõe considerar que existe algo de consubstancial à hipocondria que faria com que as explicações não produzissem os efeitos esperados. Se esta explicação fosse verdadeira, poderia colocar sob suspeita a validade de conceitualizar a hipocondria como fenômeno de caráter não delirante. A segunda interpretação implica assumir que as explicações ordinárias de "senso comum" são as que resultam estéreis neste transtorno. Embora esta interpretação esteja de acordo com as observações clínicas, os benefícios conseguidos com o atendimento médico das demandas de explicação do paciente (Kellner, 1982, 1983) levaram Starcevic a propor que, dependendo do tipo de explicações e da maneira que forem dadas, estas podem chegar a ser úteis para o transtorno da hipocondria.

Em relação a este ponto, o *DSM-IV* pode ser objeto das mesmas críticas que seu antecessor. Embora como novidade tenha incorporado no critério B uma redação simplificada dos critérios B e C do *DSM-III-R*, continua sem determinar quais são as explicações que não conseguem eliminar a preocupação do paciente. No nosso entender, a definição deste modelo diagnóstico resulta tão vaga e imprecisa que, na prática, sua operacionalização converte-se numa tarefa impossível ou dependente da subjetividade interpretativa de cada clínico.

Outro elemento polêmico da definição de hipocondria do *DSM-III-R*, apontado por Fallon et al. (1993), alude ao requisito da presença de sinais ou sensações somáticas, o que implica que os casos carentes deste tipo de sintomatologia não seriam aptos a receber o diagnóstico de hipocondria. O *DSM-IV* continua propondo um conceito restrito deste transtorno, excluindo aqueles pacientes fisicamente assintomáticos que, entretanto, mostram-se hipervigilantes e expectantes frente a um possível sinal corporal indicativo de patologia. Embora para os hipocondríacos seus sintomas somáticos representem a evidência mais contundente de que estão doentes, não é a única; assim sendo, as outras possíveis evidências (p. ex., a crença na vulnerabilidade pessoal à doença) podem, por si mesmas, justificar o diagnóstico. Na nossa opinião, a concepção atual da hipocondria leva a estabelecer uma primazia injustificada dos elementos fisiológicos sobre os cognitivos e/ou emocionais.

Finalmente, e na linha proposta por Schmidt (1994), pode-se apontar que a quarta questão conflitiva do modo como o *DSM-III-R* define a hipocondria refere-se a que contempla somente as preocupações com ter um transtorno físico, omitindo as referentes a enfermidades psíquicas associadas à interpretação errônea de manifestações psicológicas. O *DSM-IV* continua sem resolver esta carência, já que também não dá atenção ao conceito de "hipocondria psicológica". Ainda que seja verdade que estes casos são pouco freqüentes, esse dado não deveria condicionar sua inclusão na definição de hipocondria. Consideramos que não contemplar explicitamente a preocupação com a enfermidade mental grave entre os critérios diagnósticos do *DSM-IV* dá lugar a uma concepção parcial que impede considerar o transtorno hipocondríaco em todas as suas possibilidades fenomenológicas.

II.2. *A classificação da Organização Mundial da Saúde*

Os *transtornos somatoformes* do *DSM-IV* equivalem na CID-10 (OMS, 1992) aos agrupados sob a denominação de *transtornos somatomorfos* e *transtornos dissociativos (de conversão)* que, por sua vez, estão englobados na categoria de *transtornos neuróticos secundários a situações estressantes e somatomorfos*.

A CID-10 classifica o transtorno hipocondríaco dentro da categoria dos *transtornos somatomorfos*. A característica principal destes transtornos é "a apresentação reiterada de sintomas somáticos acompanhados de demandas persistentes de explorações clínicas, apesar de repetidos resultados negativos de tais explorações clínicas e de contínuas garantias por parte dos médicos de que os sintomas não têm uma justificativa somática" (p. 201).

De acordo com a CID-10, para estabelecer o diagnóstico de *transtorno hipocondríaco* é preciso que sejam cumpridos dois requisitos. Por um lado, a crença persistente na presença de, pelo menos, uma doença orgânica grave subjacente aos sintomas, apesar de que os reiterados exames não a tenham identificado, ou a preocupação incessante com uma suposta deformidade física; e, por outro lado, a negativa em aceitar as explicações dos médicos que descartam tal doença ou anormalidade.

À CID-10 podem ser feitas as mesmas observações críticas que foram dirigidas às últimas edições do DSM. A CID-10 também não distingue claramente o medo da convicção da doença, já que a categoria de transtorno hipocondríaco, definido como "crença", também inclui a nosofobia. Não obstante, e na mesma linha que o *DSM-IV*, a CID-10 localiza o temor de sofrer de uma grave patologia orgânica (nosofobia) na epígrafe de transtorno hipocondríaco; em compensação, classifica o medo de adoecer derivado do medo do contágio de uma infecção, de ser contaminado, das intervenções médicas ou dos locais de assistência sanitária como transtorno de ansiedade fóbica (fobia específica). A CID-10, do mesmo modo que o *DSM-IV*, contempla como critério diagnóstico do transtorno hipocondríaco a existência de explicações médicas ineficazes, mas não concretiza as características daquelas explicações que não surtem os efeitos esperados. Podemos afirmar que acrescenta um elemento a mais de confusão referente ao número de facultativos envolvidos no problema. Em relação ao terceiro e quarto inconvenientes detectados no *DSM-IV*, a CID-10 também exige a existência de sintomas somáticos e tampouco contempla o possível diagnóstico da modalidade "psicológica" de hipocondria.

III. MODELOS EXPLICATIVOS DE EMBASAMENTO COGNITIVO

Nos últimos anos, foram formuladas várias propostas explicativas da hipocondria baseadas na conceitualização deste transtorno como manifestação de uma alteração cognitiva. Na nossa opinião, as duas versões mais sólidas são, de um lado, aquela que estima que os hipocondríacos amplificam suas sensações corporais normais e, de outro, aquela que considera que estes pacientes interpretam erroneamente os sintomas somáticos que experimentam. Passemos a descrever o que cada uma delas sustenta.

III.1. *Amplificação somatossensorial*

Barsky (1002) sugeriu que o conceito de amplificação é útil para compreender as condições clínicas (psicológicas e físicas) caracterizadas por queixas somáticas desproporcionais em relação à patologia orgânica existente. Segundo este autor, a amplificação desempenha um papel etiopatogênico na hipocondria, mas pode adotar outra série de funções: 1) ser uma característica inespecífica associada a diversas alterações psicológicas que cursam com a sintomatologia física (p. ex., o transtorno de pânico); 2) ter um papel importante nos processos de somatização transitórios e não patológicos derivados de situações vitais estressantes e 3) explicar as diferenças de sintomatologia física detectadas nos sujeitos que apresentam a mesma condição médica (p. ex., artrite reumatóide).

De acordo com a proposta de Barsky (1992), os sujeitos hipocondríacos amplificam uma grande variedade de sintomas somáticos e viscerais tais como as sensações fisiológicas e anatômicas normais (p. ex., movimentos peristálticos intestinais, hipotensão postural, variações nos batimentos cardíacos), as disfunções benignas e doenças leves (p. ex., zumbidos passageiros, contrações nervosas das pálpebras, secura da pele) ou os concomitantes viscerais ou somáticos de um estado emocional (p. ex., excitação fisiológica que acompanha a ansiedade). O quadro 11.1 apresenta algumas sensações suscetíveis de serem amplificadas.

Segundo Barsky e cols. (Barsky, 1979, 1992; Barsky e Klerman, 1983; Barsky et al., 1988b; Barsky e Wyshak, 1990), os sujeitos hipocondríacos aumentam suas sensações físicas e tendem a experimentá-las como mais intensas, nocivas, ameaçadoras e perturbadoras do que as que experimentam os sujeitos sem este tipo de transtorno. O "estilo somático amplificador" do hipocondríaco caracteriza-se pelos seguintes elementos (Barsky et al., 1988b; Barsky, 1992): 1) uma propensão a vigiar em excesso o estado corporal, que está relacionada a um aumento da auto- avaliação e da focalização da atenção nas sensações corporais incômodas; 2) uma tendência a selecionar e centrar-se

Quadro 11.1. *Sensações sujeitas a amplificação* (Barsky, 1992)

Sensações fisiológicas e anatômicas normais

    Taquicardia resultante de uma mudança de postura (palpitações)
    Anomalia do tecido do peito (protuberância)
    Falta de ar durante um esforço

Disfunções benignas e doenças comuns

    Zumbido
    Soluço
    Diarréia
    Dor de cabeça

Concomitantes somáticos de um afeto intenso

    Diaforese com ansiedade
    Rubor com vergonha
    Arousal cardiovascular com raiva

Sintomas de doença médica

    Patologia orgânica grave

em determinadas sensações pouco freqüentes ou fracas e 3) uma inclinação a considerar tais sensações como perigosas e indicadoras de doença.

O modelo explicativo do desenvolvimento da hipocondria, que sustentam os autores de referência, afirma que a tendência dos sujeitos hipocondríacos a experimentar suas sensações corporais com grande intensidade e perturbação os leva a interpretá-las de modo errôneo como manifestação de uma patologia física grave em vez de atribui-las a uma causa benigna (p. ex., falta de exercícios físicos, excesso de trabalho). A suspeita de doença resultante desta má interpretação leva-os a estar constantemente vigiando seu corpo, examinando as sensações somáticas que notam, prestando atenção de forma seletiva à informação que ratifica sua hipótese explicativa dos sintomas e ignorando a que a desconfirma. Por outro lado, o aumento da ansiedade que se desencadeia origina novas sensações corporais que os sujeitos podem avaliar como prova de doença. Finalmente, tudo isso acaba intensificando a percepção de perigo, dando lugar a um círculo vicioso (Barsky e Wyshak, 1990). Nesta formulação, o restante das características clínicas da hipocondria são consideradas conseqüências derivadas da amplificação somática.

A amplificação, tal como é conceitualizada por estes autores, pode ser um traço destacável ou um estado transitório. Como traço, a amplificação é considerada um estilo perceptivo persistente adquirido durante a infância mediante experiências formativas e educativas, ou um fator constitucional presente no sistema nervoso do sujeito desde o nascimento. Como estado, a amplificação refere-se ao grau em que um indivíduo amplifica uma determinada sensação num momento concreto (Barsky et al., 1988b). A amplificação entendida como estado pode sofrer a influência de diversos fatores tais como as cognições (informação e conhecimentos, opinião e crenças a atribuições etiológicas), o contexto situacional (*feedback* de outras pessoas e expectativas futuras), a atenção e o estado de ânimo (ansiedade e depressão) (Barsky, 1992).

III.2. *Interpretações catastróficas dos sintomas*

Segundo a proposta de explicação de Salkovskis (1989), Warwick (1989) e Warwick e Salkovskis (1989, 1990) e Salkovskis e Clark (1993), a característica mais importante da hipocondria é a interpretação errônea dos sintomas físicos não patológicos como sinal de doença orgânica grave. De acordo com esta formulação, o processo pelo qual a hipocondria se desenvolve tem início nas experiências prévias relacionadas à doença vivenciadas pelo sujeito. Entre estas experiências, figuram as doenças físicas sofridas pelo próprio sujeito ou familiares e/ou ter sofrido algum erro médico. Estes acontecimentos negativos levam à formação de crenças ou supostos disfuncionais acerca dos sintomas, da saúde e da doença (p. ex., "as mudanças corporais habitualmente são um sinal de doença grave, já que todo sintoma tem que ter uma causa física identificável"). Essas crenças podem permanecer relativamente inativas até que sejam imobilizadas por um incidente crítico, que pode ser de caráter interno (p. ex., notar uma sensação física) ou externo (p. ex., a morte de algum familiar ou conhecido). Os supostos disfuncionais também podem dar lugar a um *viés confirmatório* ao fazer com que o paciente dirija sua atenção seletivamente para a informação que confirme a idéia de doença e que ignore aquela que evidencia seu bom estado de saúde. A ativação de crenças problemáticas provoca o surgimento de imagens desagradáveis e pensamentos automáticos negativos, cujo conteúdo implica uma interpretação catastrófica das sensações ou sinais corporais (p. ex., "minhas dores de estômago significam que tenho um câncer não detectado").

Finalmente, esta cadeia de elementos precipita a ansiedade em relação à saúde e suas correspondentes manifestação fisiológicas (p. ex., aumento da excitação fisiológica), cognitivas (p. ex., atenção autofocalizada), afetivas (p. ex., ansiedade) e comportamentais (p. ex., busca de informação tranqüilizadora). A figura 11.1 apresenta o esquema ilustrativo deste modelo de desenvolvimento da hipocondria.

Segundo a proposta destes autores, existe uma série de fatores que age perpetuando a preocupação com a saúde. O modelo de manutenção da hipocondria parte da consideração da existência de um estímulo desencadeante (p. ex., receber informação sobre uma doença) que, ao ser percebido pelo sujeito como ameaçador, provoca neste temor ou apreensão. Esta reação precipita uma série de processos fisiológicos, cognitivos e comportamentais. Em primeiro lugar, o aumento da excitação fisiológica implica um aumento das sensações somáticas mediadas pelo sistema nervoso autônomo (p. ex., palpitações), o que pode fazer com que o sujeito as atribua à existência de uma patologia orgânica. Segundo, o fato de estar permanentemente centrando a atenção no corpo pode originar que a pessoa se dê conta de mudanças normais de sua função corporal (p. ex., distensões gástricas depois de comer) ou aspectos da sua aparência física (p. ex., enrubescimento da pele) que, de outro modo, teriam passado despercebidas, e os interprete como anômalos. Além disso, o sujeito também presta atenção aos dados concordantes com a idéia de doença e com o *viés confirmatório* desenvolvido anteriormente. Finalmente, os comportamentos de auto-inspeção corporal e de busca de informação tranqüilizadora de fontes médicas e/ou não médicas contribuem também para aumentar a preocupação com a saúde. O modo como estes comportamentos operam é similar ao dos rituais compulsivos do transtorno obsessivo-compulsivo já que, embora inicialmente produzam um descenso momentâneo da ansiedade, posteriormente a aumentam (Warwick e Salkovskis, 1989). Este tipo de comportamento contribui para a perseveração das preocupações pelas seguintes vias (Warwick, 1989): 1) impedindo que o sujeito aprenda que aquilo que ele teme não está lhe acontecendo; 2) fazendo com que continue prestando atenção aos seus pensamentos negativos e 3) influindo diretamente nas mudanças corporais que produziram os pensamentos iniciais.

Os três mecanismos descritos (excitação fisiológica, focalização da atenção e comportamentos inadequados) fazem com que o sujeito se preocupe com as sensações físicas percebidas como patológicas e que as avalie como sinal de que sofre de uma doença grave, o que, por sua vez, aumenta a percepção de perigo. Estabelece-se assim uma relação circular que perpetua a hipocondria. A figura 11.2 mostra este modelo de manutenção da hipocondria.

Fig. 11.1. *Modelo cognitivo do desenvolvimento da hipocondria* (Warwick e Salkovskis, 1990)

Experiência prévia

Experiência e percepção de:
(i) Doença própria, familiar, erro médico
(ii) Interpretações de sintomas e reações adequadas
"Meu pai morreu de um tumor cerebral."
"Sempre que tenho qualquer sintoma vou ao médico porque pode ser algo grave."

↓

Formação de supostos disfuncionais
"Os sintomas corporais são sempre um sinal de que alguma coisa anda mal; eu deveria poder encontrar sempre uma explicação para os meus sintomas."

↓

Incidente crítico
Incidente ou sintoma que sugere doença
"Um amigo meu morreu de câncer há uns meses;
ultimamente tenho sentido mais dores de cabeça."

↓

Ativação de supostos

↓

Imagens/pensamentos automáticos negativos
Eu posso ter um tumor cerebral; não disse ao médico que perdi um pouco de peso.
Pode ser tarde demais.
Isto está piorando.
Vou precisar de uma intervenção cirúrgica cerebral"

ANSIEDADE COM A SAÚDE, HIPOCONDRIA

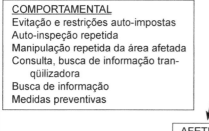

COMPORTAMENTAL
Evitação e restrições auto-impostas
Auto-inspeção repetida
Manipulação repetida da área afetada
Consulta, busca de informação tranqüilizadora
Busca de informação
Medidas preventivas

FISIOLÓGICA
Aumento do *arousal*
Mudanças na função corporal
Transtorno do sono

COGNITIVA
Focalização da atenção no corpo e aumento da percepção corporal
Observação das mudanças corporais
Prestar atenção à informação negativa
Desamparo
Preocupação, ruminação
Tirar a importância da informação positiva

AFETIVA
Ansiedade
Depressão
Ira

Fig. 11.2. *Fatores de manutenção da hipocondria* (Salkovskis, 1989).

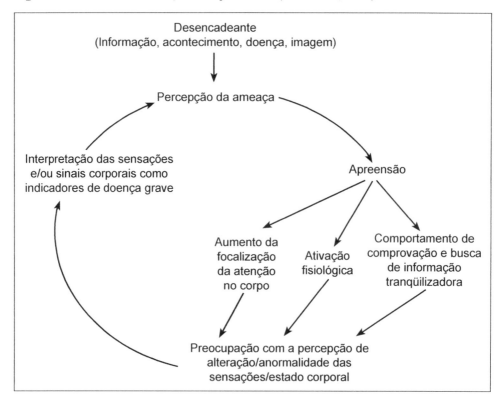

IV. TRATAMENTOS COMPORTAMENTAIS E COGNITIVO-COMPORTAMENTAIS

Como salientamos na introdução deste capítulo, a hipocondria foi considerada durante muito tempo como um transtorno intratável. Entretanto, os estudos elaborados (principalmente na última década), sobre a eficácia terapêutica das estratégias comportamentais e cognitivo-comportamentais em pacientes hipocondríacos, tornaram possível que esta afirmação tão contundente comece a ser rejeitada ou, no mínimo, questionada.

IV.1. *Técnicas comportamentais*

No contexto da intervenção da terapia comportamental, são utilizadas diversas técnicas para tratar o medo da doença, a crença de doença ou os comportamentos hipocondríacos presentes em outros quadros clínicos. Entre elas destacam-se as seguintes: *dessensibilização sistemática* (Floru, 1973; Rifkin, 1968), *parada de pensamento e relaxamento* (Kumar e Wilkinson, 1971), *terapia impositiva e hipnose* (O'Donnell,

1978), *relaxamento aplicado* (Johansson e Öst, 1981), *reforço positivo* (Mansdorf, 1981), *princípio de Premack* (Williamson, 1984) e *castigo* (Reinders, 1988).

Uma das linhas de intervenção mais fecundas é a que toma como ponto de referência as semelhanças existentes entre a hipocondria e os transtornos de ansiedade (concretamente as fobias e o transtorno obsessivo-compulsivo). Os pacientes hipocondríacos compartilham com os pacientes fóbicos os altos níveis de ansiedade que apresentam e os comportamentos de evitação que manifestam. Na hipocondria também, são freqüentes comportamentos similares aos rituais compulsivos do transtorno obsessivo-compulsivo, como a comprovação reiterada do estado corporal e a busca constante de informação tranqüilizadora. A partir destas apreciações e levando em conta que a exposição é útil para o tratamento dos transtornos fóbicos (Marks, 1987) e que a prevenção de resposta é eficaz na intervenção dos transtornos obsessivo-compulsivos (Emmelkamp, 1982), sugere-se que estes procedimentos possam ser benéficos para os pacientes hipocondríacos (Visser e Bouman, 1992).

A este respeito, convém dizer que os resultados obtidos em alguns estudos que utilizam técnicas de exposição e/ou prevenção de resposta (em certas ocasiões em combinação com outro tipo de procedimentos) parecem evidenciar sua eficácia para o tratamento desta condição. Furst e Cooper (1970) recorreram à *exposição a estímulos interoceptivos e imaginados* para a extinção do medo de sofrer um ataque do coração. Tearnan, Goetsch e Adams (1985) trataram com sucesso de um caso de fobia cardíaca mediante um *programa de exposição multifacetado*, mantendo-se a melhora alcançada após 6 a 12 meses de acompanhamento. Fiegenbaum (1986) aplicou a *exposição "in vivo" no meio natural às sensações temidas* a 33 pacientes com cardiofobia, conseguindo, em grande parte dos casos, uma melhora significativa que se manteve no acompanhamento realizado ao fim de três anos. Salkovskis e Warwick (1986) relataram resultados positivos no tratamento de dois pacientes hipocondríacos utilizando a *supressão da atenção das queixas dos pacientes*. Warwick e Marks (1988) obtiveram melhoras significativas na maioria dos 17 casos de hipocondria ou fobia à doença que foram tratados mediante *exposição in vivo aos estímulos temidos, saciedade, intenção paradoxal e proibição de solicitar informação tranqüilizadora*. Logsdail et al. (1991) fizeram uso da *exposição ("in vivo" e/ou na imaginação) às situações temidas e outros sinais desencadeadores de ansiedade e à prevenção de comportamentos de comprovação e limpeza*, na intervenção de sete pacientes com medo de AIDS, conseguindo com quase todos eles melhoras que se conservaram três meses depois de finalizada a terapia.

IV.2. *Programas cognitivo-comportamentais estruturados*

Nos últimos anos, têm sido elaborados diversos programas de orientação cognitivo-comportamental para a intervenção na hipocondria. No nosso entender, os mais promissores são os propostos por Barsky, Geringer e Wool (1988a), Salkovskis (1989), Warwick (1989), Warwick e Salkovskis (1989, 1990), House (1989), Stern e

Fernández (1991), Sharpe, Peveler e Mayou (1992) e Avia (1993). Destas propostas terapêuticas, descreveremos unicamente as duas primeiras por serem as que contam, no momento, com maior respaldo empírico.

IV.2.1. *O tratamento do "estilo somático amplificador"*

Barsky et al. (1988a) desenvolveram um programa terapêutico cognitivo-educativo baseado na conceitualização da hipocondria como um transtorno caracterizado por um "estilo somático amplificador". De acordo em esta proposta, o tratamento é realizado com grupos reduzidos de entre 6 a 8 pacientes que se reúnem uma vez por semana durante um mês e meio. A terapia se apresenta como um "curso" que lhes permitirá aprender sobre a percepção de sintomas físicos, e nela se propõe uma relação terapeuta–paciente semelhante à existente entre professor e aluno. O conteúdo do curso consiste em analisar os fatores envolvidos na amplificação ou atenuação dos sintomas somáticos:

1. *O papel da atenção e o uso do relaxamento* – tomando como ponto de partida a consideração de que a atenção pode ter um efeito amplificador sobre as sensações corporais e que a distração pode atenuá-las, apresenta-se material didático que ilustra esta afirmação e se incita os pacientes que exemplifiquem esses fenômenos com experiências pessoais. Utiliza-se a extrema sensibilidade dos hipocondríacos às sensações somáticas para ensinar-lhes a focalizar a atenção nas sensações de relaxamento e bem-estar e a não dar atenção aos sintomas desagradáveis. Para isso, se recorre à imaginação visual, ao relaxamento progressivo, ao relaxamento muscular, à respiração e a exercícios simples de yoga. Finalmente, são atribuídas tarefas para casa com o propósito de consolidar a aprendizagem.

2. *Cognição e reatribuição de sintomas benignos* – são apresentados dois possíveis modelos explicativos para as sensações corporais: o modelo cognitivo-perceptivo e o modelo de estresse. Em relação ao primeiro, sugere-se aos pacientes que considerem seu sistema nervoso como um receptor de rádio que possui um grau de sensibilidade tão alto que faz com que qualquer sinal recebido seja muito aumentado, chegando a ser incômodo. A seguir, são analisados e ilustrados, por um lado, os efeitos que têm sobre as sensações somáticas as atribuições causais que a pessoa faz destas e, por outro, a influência exercida pelas cognições de doença na percepção dos sintomas. Quanto ao segundo modelo, apresenta-se o conceito de estresse e as técnicas para seu controle, proporcionando informação acerca dos concomitantes somáticos do estresse e suas conseqüências sobre o sistema imunológico. Também é pedido aos pacientes que estimem os estímulos estressantes existentes na sua vida e identifiquem os recursos de que dispõem para enfrentá-los.

3. *Contexto situacional* – exemplifica-se o papel desempenhado pelo contexto que rodeia uma pessoa no aumento ou diminuição dos sintomas somáticos, na percepção destes, no significado que lhes seja atribuído e na geração de expectativas quanto ao

que a pessoa deveria sentir. Solicita-se aos sujeitos que, partindo das suas próprias observações, ilustrem os efeitos do contexto situacional. Esta análise permite que os sujeitos percebam que podem tentar entender seus sintomas corporais localizando-os num "ambiente" diferente. Assim, em vez de analisá-los dentro de um contexto de doença grave não diagnosticada, podem optar por aceitá-los e encará-los.

4. *O papel do afeto e dos conflitos de dependência* – são explicadas e ilustradas as repercussões que certos estados afetivos negativos (p. ex., ansiedade, depressão) têm na percepção das sensações somáticas. Não obstante, isto é proposto com o cuidado de não transmitir a idéia de que os sintomas físicos se devem ao mal-estar emocional. Além disso, pede-se aos pacientes para analisarem os estados emocionais que fazem os sintomas piorarem. Muitas vezes, esta tarefa permite que as necessidades de dependência aflorem.

Avia et al. (1996) realizaram um estudo controlado para submeter à prova a eficácia deste programa de tratamento. A amostra utilizada era composta por 17 sujeitos com pontuações elevadas em determinadas medidas de hipocondria (8 deles se enquadravam nos critérios diagnósticos do *DSM-III-R*), que foram distribuídos aleatoriamente em três grupos: dois grupos experimentais (de 4 e 5 pacientes cada um) e um grupo de controle de lista de espera (de 8 pacientes). Os grupos experimentais receberam terapia de grupo estruturada em seis sessões semanais de uma hora e meia cada uma. As cinco primeiras sessões foram dedicadas a discutir os fatores básicos que contribuem para o mal-estar somático: 1) atenção seletiva e inadequada; 2) tensão muscular/maus hábitos respiratórios; 3) fatores ambientais; 4) estresse e estado de ânimo disfórico e 5) explicações dos sinais somáticos. Na última sessão, foram revisados os temas abordados durante as sessões anteriores e preenchidos alguns questionários. Os sujeitos que permaneceram na lista de espera também receberam o mesmo tratamento, uma vez que este foi concluído nos grupos experimentais. Após a intervenção, os grupos experimentais obtiveram melhoras que não se evidenciaram no grupo de controle. Em conjunto, os sujeitos que foram tratados (incluindo os do grupo de lista de espera) mostraram melhoras que se mantiveram nos acompanhamentos realizados um mês e meio e um ano após terminada a intervenção.

IV.2.2. *O tratamento das interpretações catastróficas e dos supostos disfuncionais*

Warwick e Salkovskis (Salkovskis, 1989; Warwick, 1989 e Warwick e Salkovskis, 1989, 1990) elaboraram um programa de tratamento com base em sua formulação da hipocondria como um transtorno cujo componente nuclear é a interpretação catastrófica das sensações e sinais corporais. A intervenção consiste em ajudar o paciente a detectar e mudar os pensamentos automáticos negativos sobre seus sintomas físicos, as crenças mal-adaptativas sobre a saúde e a doença e os comportamentos problemáticos. Este programa de tratamento consta dos seguintes elementos:

1. *Obtenção do compromisso do paciente* – para isso, é oferecido ao paciente um novo modelo com o qual poderá entender seu problema. Concretamente, propõe-se a possibilidade de considerar durante um período de tempo limitado (em torno de quatro meses) que seus sintomas não são sinal de uma doença grave (hipótese antiga), e sim de um problema de ansiedade (nova hipótese). Esta última é considerada uma hipótese provisória que o sujeito poderá pôr à prova mediante a acumulação das evidências correspondentes.

2. *Auto-observação dos episódios de ansiedade com a saúde* – o paciente recebe instruções para registrar os estímulos, que agem como detonadores de um episódio de preocupação excessiva com a saúde, e identificar os pensamentos automáticos negativos e os comportamentos inadequados.

3. *Reatribuição dos sintomas* – o núcleo principal da intervenção consiste em modificar as atribuições negativas acerca da origem das sensações somáticas. Para este fim, é necessária a identificação dos pensamentos negativos e a evidência que os sustenta, bem como a elaboração e comprovação de explicações alternativas mais benignas dos sintomas. Este último ponto é realizado mediante técnicas verbais (p. ex., proporcionar quadros explicativos da informação existente, adotar o ponto de vista de outra pessoa) e experimentos comportamentais (p. ex., prestar atenção ao próprio corpo, manipular comportamentos que podem provocar sintomas).

4. *Mudanças dos comportamentos desadaptativos* – trata-se de mostrar a influência que determinados comportamentos do sujeito exercem sobre a manutenção das suas preocupações com a saúde. São feitas perguntas, demonstrações diretas e experimentos com comportamentos envolvidos no problema. Também utiliza-se, por um lado, a prevenção dos comportamentos de verificação do estado corporal e de busca de informação tranqüilizadora e, por outro lado, a retirada da atenção às perguntas e comentários sobre sintomas.

5. *Modificação das crenças disfuncionais sobre a saúde/doença* – para a modificação dessas crenças, recorre-se a procedimentos similares aos anteriores, centrados na reatribuição e nos experimentos comportamentais.

O programa terapêutico de Warwick e Salkovskis conta também com evidências a favor da sua utilidade. Até o momento, foi apresentada a descrição de diversos casos nos quais se mostrava sua eficácia (Warwick e Salkovskis, 1989), e um estudo em que um grupo experimental (ao qual foi aplicado o tratamento) foi comparado a um grupo de controle (lista de espera), observando-se que os pacientes tratados obtiveram uma melhora significativa (Warwick, Clark e Cobb, 1994; em Warwick, 1995a).

Recentemente, descrevemos a aplicação de uma versão adaptada e modificada do programa de tratamento desenvolvido por Salkovskis e Warwick a um caso de hipocondria primária (Martínez e Botella, 1995). Com a terapia, levada a cabo durante dez sessões de uma hora de duração e com periodicidade semanal, a paciente experimentou uma notável melhora que se manteve nos acompanhamentos realizados dois e seis meses depois.

V. PROTOCOLO DE INTERVENÇÃO

Esta seção será dedicada a descrever com alguns detalhes o programa de tratamento que estruturamos com base nas diretrizes sugeridas por Salkovskis e Warwick (Salkovskis, 1989, 1991; Salkovskis e Warwick, 1986; Warwick, 1989; Warwick e Salkovskis, 1989, 1990)[3].

O protocolo que apresentamos consta de duas fases: a primeira destina-se a avaliar o problema, e a segunda compreende o núcleo de intervenção propriamente dito.

V.1. Fase de avaliação

O processo de avaliação é realizado em três sessões seguindo, em linhas gerais, as indicações de Salkovskis (1989)[4] (ver Quadro 11.2).

As duas primeiras são dedicadas a aprofundar o conhecimento do problema mediante as informações verbais proporcionadas pelo paciente. Estas informações podem ser completadas utilizando-se uma anamnese clínica e um questionário biográfico que permitam ter uma perspectiva mais completa da sua situação vital.

Sessões I e II

AGENDA

1. Descobrir a atitude do paciente em relação ao tratamento psicológico.
2. Táticas para conseguir a cooperação do paciente.
3. Breve descrição do problema.
4. Início e curso do problema.
5. Descrição detalhada do problema.
6. Variáveis moduladoras.
7. Evitação.
8. Reação de outras pessoas significativas.
9. História de tratamentos anteriores.
10. Grau de *handicap*: social/ocupacional/de lazer.
11. Crenças acerca da origem, causa e curso do problema.
12. Crenças gerais sobre a natureza e o significado dos sintomas.
13. Situação psicossocial.

---

[3] Atendendo as indicações de Salkovskis (1989), foram também incorporadas algumas técnicas utilizadas no tratamento do transtorno do pânico (Clark, 1989).
[4] De acordo com as sugestões de Salkovskis (1989), também foram levados em conta os aspectos básicos da avaliação cognitivo-comportamental recolhidos por Kirk (1989). Num trabalho recente, Warwick (1995*b*) descreve com mais detalhes o processo de avaliação das preocupações hipocondríacas.

Quadro 11.2. *Resumo das principais áreas de avaliação* (Salkovskis, 1989)

Entrevista

Atitude do paciente ante o fato de ter sido enviado ao psicólogo e em relação ao problema.

Detalhes do problema: cognitivo, fisiológico, comportamental, afetivo; história de tratamentos anteriores.

Coisas que fazem com que o problema piore e coisas que fazem com que melhore.

Grau de *handicap*: social/ocupacional/de lazer.

Crenças acerca da origem, causa e curso da doença.

Crenças gerais sobre a natureza e o significado dos sintomas.

Auto-observação

Registros do problema, pensamentos associados, estado de ânimo, comportamentos, uso de medicação, conseqüências do problema.

Questionários

Ansiedade, depressão, questionários específicos.

Medidas fisiológicas

Medidas-critério específicas no caso.

Determinação das variações percebidas na função corporal envolvida.

1. Descobrir a atitude do paciente em relação ao tratamento psicológico

Explorar as crenças que o paciente pode ter com respeito à terapia e as suas possíveis conseqüências (p. ex., quando seu médico lhe disse que iria enviá-lo a um psicólogo, qual foi sua reação? Em que medida acredita que uma ajuda psicológica pode ter resultados benéficos para o seu caso?

2. Táticas para conseguir a cooperação do paciente

O propósito é conseguir que o paciente se envolva o suficiente para tornar factível a avaliação psicológica do problema. Uma forma de conseguir a cooperação é informar que o trabalho do psicólogo também inclui o tratamento de problemas que, embora sejam orgânicos (p. ex., úlceras de estômago, hipertensão), podem ver-se influenciados por distintos fatores psicológicos. Outra tática consiste em sugerir que o objetivo da entrevista reside em aprofundar o conhecimento do seu problema e que, portanto, não seria prudente decidir, neste momento, se a ajuda psicológica é conveniente e se deseja recebê-la, o que deve ser deixado para mais adiante, quando já tivessem sido obtidas todas as informações sobre o caso.

Se, apesar desses esclarecimentos, o paciente continuar fazendo objeções à avaliação, o terapeuta pode alegar que, mesmo compreendendo sua negativa – já que o paciente estima que seu problema é claramente orgânico –, sugere que ele se pergunte se nunca teve pelo menos 1% de dúvida de que pudesse estar enganado ("talvez eu não tenha *tal* doença"). Como o paciente costuma responder de modo afirmativo, propõe-se que considere a porcentagem de dúvida como um exercício para assegurar-se de ter abordado o problema de todas as maneiras possíveis.

3. Breve descrição do problema

Recorre-se a perguntas abertas tais como: você pode me explicar em poucas palavras qual é o seu problema principal? Para estabelecer uma boa relação, é útil recorrer a comentários que reflitam que o terapeuta compreende o mal-estar sofrido pelo paciente. Também é conveniente resumir e parafrasear a exposição que este faz do problema, a fim de ter certeza de que foi entendido corretamente.

4. Início e curso do problema

Identificação dos fatores que podem ter sido responsáveis pelo início do problema (p. ex., quando começou a preocupar-se em excesso com a saúde? Em que circunstâncias?) e das duas flutuações (p. ex., o problema vem piorando progressivamente? Há momentos nos quais a gravidade dos sintomas oscila?).

5. Descrição detalhada do problema

A fim de obter informações mais específicas sobre o estado do paciente, pode-se pedir a ele que descreva uma ocasião recente na qual tenha se preocupado com suas doenças físicas (descrição relativa do antes, durante e depois do episódio): situação (p. ex., quando aconteceu? Onde você estava? O que estava fazendo? Quem estava presente?); sintomas físicos (p. ex., Que sensações corporais você experimentou?); cognições (p. ex., quando você começou a sentir os sintomas, que pensamentos passaram pela sua mente? Que imagens mentais você teve? No momento mais crítico dos sintomas, o que pensou que seria o pior que poderia acontecer naquele momento? O que pensou que poderia ocorrer com o passar do tempo?); comportamentos (p. ex., O que você fez quando apareceram os sintomas? Fez alguma coisa para tentar deter o problema?); e emoções (p. ex., como você se sentiu quando o problema surgiu? – nervoso, alterado, triste, deprimido, enfadado, irascível, etc.).

Com relação à dimensão comportamental do problema, é necessário explorar a presença de comportamentos tais como deixar de realizar atividades, deitar-se, tomar pílulas, etc. Também é preciso avaliar especificamente as condutas de comprovação corporal e busca de informações tranquilizadoras de fontes médicas ou não (p. ex., comentar os sintomas com os familiares).

6. Variáveis moduladoras

Verificar quais são os fatores (situacionais, comportamentais, cognitivos, afetivos, interpessoais e/ou fisiológicos) que fazem com que o problema piore e quais fazem com que melhore, com perguntas como as seguintes: Você nota se há alguma coisa que faz com que os sintomas apresentem-se com mais força ou que sejam mais prováveis? Há algo que o ajude a controlar o problema, ou que diminua a probabilidade de que ele apareça? Nota alguma regra de acordo com o dia da semana, momento do mês ou do ano, etc.?

7. Evitação

Explorar os comportamentos, atividades, ações, etc. que o paciente deixou de fazer devido ao problema (evitação passiva), bem como as que realiza por considerar que o controlam ou melhoram (evitação ativa). Identificar também os pensamentos associados a tais comportamentos. Para isso se pode recorrer a perguntas como: Há alguma situação que você evite devido ao problema? Há coisas que o seu problema o impede de fazer? Há coisas que antes de o problema aparecer você costumava fazer e agora já não faz mais? Quando nota os sintomas, há alguma atividade que você não faria? Se não evitar essa atividade, o que acha que pode acontecer? Há algo que você faz, quando nota o problema, para evitar que ele se agrave? Quando nota os sintomas, o que faz para se proteger? Se não fizesse isso, o que acha que seria a pior coisa que poderia acontecer? Etc.

8. Reação de outras pessoas significativas

O que pensa X (p. ex., cônjuge, pais, filhos, amigos íntimos) sobre o seu problema? O que X faz quando você expressa seu mal-estar físico?

9. História de tratamentos anteriores

Explora-se mediante as seguintes perguntas: Já consultou algum médico sobre seu problema? Quantos médicos visitou? Quando? Acha que eram de confiança? Que exames clínicos fizeram? Acha que são adequados? Quais foram os resultados? O que disseram que você tinha? Ficou mais tranqüilo? Toma alguma medicação (prescrita ou não)?

10. Grau de *handicap*: social/ocupacional/de lazer

Avaliar o grau em que o problema perturba a vida do paciente nas relações sociais, no trabalho e nas atividades de lazer (p. ex., em que medida o problema afeta sua vida social habitual? Seu funcionamento no trabalho foi alterado? Seu problema influencia as atividades habituais que você realiza nos seu momentos de lazer? etc.).

11. Crenças acerca da origem, causa e curso do problema

Para isto, são utilizadas perguntas tais como: na sua opinião, qual é a causa do problema? O que você acha que produz os sintomas?, etc. Quando o paciente expuser explicitamente que acha que o fator responsável é a presença de algum problema orgânico, o terapeuta pode intervir do seguinte modo: Existe alguma coisa nos sintomas que o leva a pensar que são causados por uma doença grave? O que os sintomas têm que o induz a pensar que não possam ser devidos a outros fatores?

12. Crenças gerais sobre a natureza e significado dos sintomas

Determinar as crenças disfuncionais sobre a saúde e a enfermidade que podem ser pensadas pelo paciente que sofre uma grave enfermidade (p.ex., "os sintomas corporais são sempre sinais de enfermidade").

13. Situação psicossocial

Exploração de aspectos relativos às atividades profissionais, à família, às relações sociais, à sexualidade, aos gostos, etc.

Também é necessário obter informações sobre a história familiar de doenças sofridas e das atitudes em relação à enfermidade. Com este propósito, são formuladas perguntas como as seguintes: Que doenças importantes você teve? Em que época da sua vida? O que significou para você? Houve algum caso de doença na sua família que mereça ser mencionado ou que o tenha afetado especialmente? Que doença? Quem sofre dessa doença? Isto exerceu influência sobre você? Houve algum falecimento no seu meio próximo? Quem faleceu? Quando? Qual foi a causa da morte? Em que medida este fato o afetou? Qual foi a atitude familiar (pais, cônjuge, etc.) em relação à doença? (p. ex., de proteção, de despreocupação com a saúde), etc.

No final da 2ª sessão de avaliação, mostra-se ao paciente como preencher o *Diário de hipocondria (forma simples)*[5], insistindo na importância de preenchê-lo a fim coletar informações adicionais sobre seu estado. Este instrumento permite que o próprio paciente registre suas sensações corporais desagradáveis e estime a gravidade destas segundo uma escala que vai de 0 (ausência) a 5 (intensos, incapacitantes – não me deixam fazer nada –); a hora do dia e a situação que antecede o episódio em que são experimentadas (o que estava fazendo ou pensando); as atribuições causais dos sintomas e a estimativa do grau de crença em tais atribuições de acordo com uma escala de 0 (não acredito, em absoluto) a 100 (estou totalmente convencido de que é verdade); as emoções que geram e sua intensidade pontuadas segundo um intervalo de 0 (ausência) a 100 (extremamente

---

[5] Elaborado por C. Botella e P. Martínez baseado em Clark (1989) e Salkovskis (1989).

intensa); e, finalmente, os comportamentos que desencadeiam (o que faz ou deixa de fazer). No anexo 1 apresentamos uma amostra desse diário.

SESSÃO III

Esta sessão é dedicada a recolher dados complementares mediante questionários de auto-relatório que avaliam variáveis clínicas gerais e variáveis mais específicas da hipocondria. Assim, para a estimativa da ansiedade, pode-se recorrer ao *Inventário de ansiedade estado-traço (State-trait anxiety inventory, STAI*, Spielberger, Gorsuch e Lushene, 1970); para conhecer o grau de depressão, cabe utilizar o *Inventário de depressão de Beck (Beck depression inventory, BDI;* Beck et al. 1979); para explorar os sintomas somáticos, pode ser útil a *Escala de hipocondria do "Inventário multifásico de personalidade, de Minnesota" (Hypochondriasis Scale —Hs— Minnesota Multiphasic Personality Inventory, MMPI*; Hathaway e McKinley, 1967); e para determinar a perturbação ocasionada pelo problema, é uma boa opção a *Escala de adaptação* (Echeburúa e Corral, 1987, em Borda e Echeburúa, 1991).

Como instrumentos que permitem explorar variáveis mais diretamente envolvidas na psicopatologia da hipocondria, podem ser empregadas as *Escalas de atitude em relação à doença (Illness behaviour questionnaire, IBQ;* Pilowsky e Spence, 1983) e a *Escala de amplificação somatossensorial (Somato-sensory amplification scale, SSAS;* Barsky, Wyshak e Klerman, 1990).

Para a avaliação semanal das manifestações hipocondríacas do paciente, pode ser aplicado o *Questionário de avaliação do estado atual (CEEA)*[6]: explora o estado atual do problema a partir de nove itens aos quais o paciente tem que responder de acordo com uma escala compreendida entre 0 (nada) e 100 (muitíssimo). No anexo 2, apresentamos uma amostra deste instrumento.

V.2. *Fase de tratamento*

O tratamento pretende atingir os seguintes objetivos (Warwick, 1989; Warwick e Salkovskis, 1990): 1) detectar os supostos disfuncionais sobre a sintomatologia somática, a doença e os comportamentos de saúde, e substituí-los por outras crenças mais adaptativas; 2) conseguir a reatribuição dos sintomas corporais não patológicos a causas benignas com maior probabilidade de ocorrência e 3) suprimir os comportamentos problemáticos envolvidos na manutenção da preocupação exagerada com a saúde.

O programa de intervenção está desenhado para ser aplicado ao longo de dez sessões de aproximadamente uma hora de duração (com exceção da primeira que

---

[6] Elaborado por C. Botella e P. Martínez.

costuma durar um pouco mais) e com uma periodicidade semanal. As sessões são estruturadas em três fases diferenciadas: 1ª fase: formulação do modelo e obtenção do compromisso (sessões 1 e 2); 2ª fase: estratégias de intervenção (sessões 3, 4, 5, 6, 7 e 8) e 3ª fase: prevenção de recaídas (sessões 9 e 10).

É recomendável que a aplicação das diversas estratégias de intervenção que compõem o programa seja guiada pelos princípios gerais apresentados no quadro 11.3.

Formulação do modelo e obtenção do compromisso

1ª Sessão

AGENDA

1. Apresentar a hipótese considerada pelo paciente que explica o problema (transtorno orgânico).
2. Propor uma nova hipótese alternativa à anterior (problema de ansiedade).
   Explicar para o paciente:
   a) o que é a ansiedade.
   b) o valor adaptativo da ansiedade.

Quadro 11.3. *Princípios gerais do tratamento cognitivo-comportamental dos problemas somáticos relacionados à ansiedade* (Salkovskis, 1989)

---

1. O objetivo é ajudar o paciente a identificar em que consiste o problema e não o que não é.
2. Reconhecer que os sintomas existem realmente e que o tratamento aspira oferecer uma explicação satisfatória para os mesmos.
3. Distinguir entre dar informações relevantes em oposição a reafirmar com informações irrelevantes ou repetitivas.
4. As sessões de tratamento nunca devem ser combativas; perguntar e colaborar com o paciente é o estilo adequado, como em todas as terapias cognitivas em geral.
5. As crenças do paciente estão invariavelmente baseadas numa evidência que é convincente para ele; antes de desaprovar a crença, descubra a observação que o paciente toma como evidência e a trabalhe com a colaboração dele.
6. Estabeleça um contato por um período de tempo limitado que cubra as exigências do terapeuta enquanto leva em consideração os temores do paciente.
7. A atenção seletiva e a sugestionabilidade típica de muitos pacientes deve ser utilizada para demonstrar a forma como a ansiedade pode dar lugar à criação de sintomas e "informação" a partir de fatos inócuos.
8. O que os pacientes entenderem do que foi falado na sessão de tratamento deve ser *sempre* comprovado, pedindo-lhes que façam um resumo disso e da forma como repercute neles.

c) formas de manifestação da ansiedade.
   d) relação entre pensamento, emoção e comportamento.
   e) apresentação do modelo cognitivo-comportamental da hipocondria de Warwick e Salkovskis por meio de um exemplo de "fobia cardíaca".
   f) elaboração de um modelo similar para o caso do paciente.
3. Tarefas para casa.

1. *Sugerir a hipótese considerada pelo paciente que explica o problema (transtorno orgânico)*

A sessão inicia-se com um resumo das informações que o paciente proporcionou nos encontros anteriores (p. ex., sintomas que experimenta, o que pensa a respeito deles, o modo como o afetam), insistindo nos dados que este sugere como evidência da existência de uma doença física grave.

2. *Propor uma nova hipótese alternativa à anterior (problema de ansiedade)*

A hipótese explicativa alternativa pode ser introduzida fazendo o paciente ver que existem dados que não "se encaixam" na idéia de doença que ele sustenta. Para isso, se destaca o fato de que o médico não detectou nenhuma doença e que os testes, exames e reconhecimentos médicos realizados não evidenciaram a existência de nenhum problema físico. A seguir, e frente à hipótese explicativa inicial que o paciente mantém (encontra-se gravemente doente), o terapeuta propõe a possibilidade de contemplar o problema de uma perspectiva distinta, considerando-o como um problema de ansiedade.

Para ir introduzindo o paciente na compreensão desta nova proposta, são apresentados conceitos introdutórios gerais que são discutidos e ilustrados com diversos exemplos, que podem ser abstratos ou obtidos das suas próprias experiências cotidianas. A parte educativa desta sessão está destinada a comentar os seguintes pontos:

   a. *O que é a ansiedade?* Descreve-se a ansiedade como uma emoção que todos experimentamos e que funciona como um mecanismo de alarme que é ativado quando percebemos uma situação como sendo ameaçadora.

   b. *O valor adaptativo da ansiedade*. Insiste-se em que esta reação tem um valor adaptativo, pois permite que as pessoas ponham em funcionamento os meios necessários para enfrentar o perigo ou escapar dele. Não obstante, a ansiedade pode converte-se em problemática em determinadas circunstâncias como, por exemplo, quando é ativada em situações inofensivas.

   c. *Formas de manifestação da ansiedade*. A ansiedade expressa-se em três níveis: fisiológico, cognitivo e comportamental. Com respeito ao primeiro, propõe-se que quando a pessoa experimenta níveis elevados de ansiedade se produzem uma série de mudanças no seu corpo. Isto se deve ao aumento da excitação fisiológica do sistema nervoso autônomo, que é parte do sistema nervoso que controla o funcionamento de muitos dos nossos órgãos internos (p. ex., sistemas cardiovascular e gastrointestinal). Deste modo, quando uma pessoa se sente ansiosa, experimenta uma série de sintomas tais como o aumento dos batimentos cardíacos, dificuldade para respirar, sensação de tontura ou de vertigem, tensão muscular, aumento da sudorese, etc. Todas estas sensações associadas à excitação fisiológica, embora possam resultar incômodas, não representam nenhum perigo para a saúde da pessoa.

Quanto ao nível cognitivo, sugere-se que o modo como reagimos a uma determinada situação depende, em grande medida, de como a interpretamos, ou seja, do que pensamos sobre ela. Para ilustrar a influência dos pensamentos, expõe-se o seguinte exemplo: não reagiremos do mesmo modo a um comentário insultante de um conhecido se o interpretamos como uma demonstração intencional de hostilidade conosco em vez de atribuirmos a conseqüência de um mal dia do nosso interlocutor.

Finalmente, indica-se que a ansiedade também pode manifestar-se de forma comportamental, fazendo com que evitemos situações que, em ocasiões anteriores, tinham nos provocado ansiedade ou antecipemos que podem provocar-nos este estado emocional (comportamento de evitação), ou que abandonemos uma situação na qual começamos a nos sentir ansiosos (comportamento de escape).

d. *Relação entre pensamento, emoção e comportamento.* Esta relação pode ser ilustrada recorrendo a um exemplo na linha do que sugerem Beck et al. (1979, p. 138-139). Neste exemplo convida-se o paciente a imaginar que, estando sozinho em casa à meia-noite, escuta uma batida na outra sala. Utilizando uma série de perguntas (p. ex., como se sentiria se tivesse pensado...? o que teria feito?) faz-se com que veja que teria tido um pensamento negativo do tipo "entrou um ladrão", teria ficado ansioso e empreendido ações voltadas a minimizar o perigo (esconder-se ou chamar a polícia). Entretanto, se tivesse pensado "a janela está aberta e o vento bateu nela" teria se sentido tranqüilo e se comportado de modo diferente: simplesmente teria ido fechar a janela.

Para ilustrar a relação entre pensamentos, emoções e comportamentos pode ser útil recorrer a alguns dos episódios de preocupação com a saúde registrados pelo paciente no diário simples.

Ainda em relação à sintomatologia física, apresenta-se informações sobre a maneira como determinados fatores influem no surgimento e exacerbação das sensações e sinais corporais. Para ilustrar esta questão, são dados exemplos como o fato de notar um aumento das palpitações ou sofrer diarréia quando nos encontramos nervosos ou o processo de cura de uma ferida, que piora se é tocada constantemente.

e. *Apresentação do modelo cognitivo-comportamental da hipocondria de Warwick e Salkovskis* (desenvolvimento e mecanismos que mantêm o problema) *por meio de um exemplo de "fobia cardíaca".* A seguinte descrição pode servir como caso típico de "fobia cardíaca" (modificado de Warwick e Salkovskis, 1989):

> Um homem, desde a morte do seu pai por um tumor cerebral há 15 anos, começou a acreditar que "os sintomas corporais sempre indicam a presença de uma doença, já que do

contrário não existiriam". Recentemente, e a partir da morte repentina e inesperada de um amigo, devido a um infarto, começou a centrar-se em sintomas corporais, como o aumento das palpitações que, até esse momento, haviam passado despercebidas. Isto deu lugar à ativação da sua crença e ao surgimento de uma série de idéias em relação aos seus sintomas. Assim, começou a ter pensamentos negativos como: "posso ter uma doença do coração", "posso sofrer um infarto", "isto não tem solução", "vou morrer", etc.; e também imagens desagradáveis como ver a si mesmo num caixão e sua família chorando ao redor. Tudo isso produzia uma grande ansiedade e preocupação com sua saúde: constantemente observava os sintomas do seu peito, tomava o pulso, observava o formigamento do braço esquerdo, aplicando pressão aos músculos, perguntava para sua mulher para tranqüilizar-se, evitava exercícios físicos e quase todas as semanas ia ao médico, apesar de este ter lhe garantido, em várias ocasiões, que o estado do seu coração era absolutamente normal.

A partir do relato exposto e das perguntas formuladas ao paciente para que ele mesmo vá gerando as informações (p. ex., o que você acha deste caso? Que importância considera que teve a morte do amigo? Que influência o comportamento do paciente tem na sua preocupação com os sintomas?[7], Qual pensa que seja a causa do problema?), elabora-se um esquema explicativo da seqüência de desenvolvimento e dos fatores que mantêm a "fobia cardíaca" apresentada.

f. *Elaboração de um modelo similar para o caso do paciente.* As ilustrações esboçadas provocam uma boa disposição no paciente para que aceite analisar seu caso em termos semelhantes aos expostos. Para isso, tentando sempre conseguir uma participação ativa por parte do paciente, desenham-se esquemas explicativos que incluam a informação relevante recolhida durante a avaliação.

Nos casos em que o paciente não dê credibilidade à alternativa proposta, o terapeuta pode intervir perguntando-lhe se não pensou, nem por um só instante, que pudesse haver alguma outra explicação para seus sintomas diferente da de grave doença física; se nunca teve pelo menos 1% de dúvida de que sua crença sobre uma determinada doença possa ser incorreta.

3. *Tarefas para casa*

São entregues ao paciente as figuras elaboradas na sessão e se pede como tarefa para casa que reflita sobre elas e elabore uma lista de idéias com as que está de acordo e outra com as que não está, bem como qualquer comentário ou dúvida adicional que queira expor.

Um aspecto fundamental a ser levado em conta ao longo de todo o processo de intervenção é a tendência do paciente hipocondríaco a prestar atenção seletivamente às informações que concordam com sua crença na doença. Por isso, e a fim de manter um *feedback* constante, é aconselhável solicitar ao paciente que resuma as principais questões abordadas na sessão, bem como as idéias que acredita ter aprendido nela.

---

[7] Para que o paciente comprove como o comportamento pode influir na produção dos sintomas, pede-se que aperte fortemente o antebraço, o que faz com que perceba a parestesia dentro de pouco tempo.

2ª Sessão

AGENDA

1. Esclarecimento das dúvidas em relação ao modelo cognitivo-comportamental da hipocondria.
2. Comparação entre as duas hipóteses explicativas do problema.
3. Estabelecimento do contrato terapêutico.
4. A lógica do tratamento.
5. Tarefas para casa.

1. *Esclarecimento das dúvidas em relação ao modelo cognitivo-comportamental da hipocondria*

Este ponto é dedicado à revisão das questões fundamentais apresentadas na sessão anterior e à solução dos possíveis problemas que tenham surgido a respeito. É importante insistir reiteradamente ao longo das sessões no modelo proposto, já que este constitui a base que justifica o emprego das diversas estratégias de tratamento.

2. *Comparação entre as duas hipóteses explicativas do problema*

Avalia-se a lógica, utilidade, vantagens e inconvenientes de cada uma das hipóteses explicativas do problema (doença física *vs.* ansiedade). Esta questão pode ser discutida com perguntas como as seguintes: Quantas vezes você tentou abordar o problema como se fosse um transtorno orgânico? Desde quando tenta resolver o problema e livrar-se dos sintomas recorrendo exclusivamente a um meio médico? (como ir ao médico, fazer exames e reconhecimentos, etc.), Que eficácia tem tido a estratégia seguida pelo paciente até o momento? Alguma vez experimentou corretamente a aproximação psicológica alternativa proposta? Tentou alguma vez tratar o problema como se fosse ansiedade? Qual das duas hipóteses propostas parece ter mais sentido à luz dos dados existentes até o momento?

3. *Estabelecimento do contrato terapêutico*

Oferece-se ao paciente uma proposta que consiste em abordar o problema, de acordo com o esquema explicativo elaborado, durante um período de tempo limitado (8 semanas). Esta alternativa é oferecida como uma hipótese de trabalho que deve ser posta a prova mediante a acumulação das evidências correspondentes. Faz-se com que o paciente veja que a aceitação da proposta não implica nenhum prejuízo para ele, pois se a intervenção psicológica fracassar, ao menos terá a certeza que considerou todas as possíveis formas de abordar o problema e poderá retomar sua concepção somática inicial.

No hipotético caso de que o paciente se mostre reticente a iniciar uma intervenção psicológica a menos que se submeta a uma "prova final" (reconhecimento médico), podemos agir do seguinte modo:

    a. Um médico deve voltar a fazer-lhe um exame físico, para tranqüilizá-lo.
    b. Avaliar a ansiedade em relação à saúde, à convicção de doença e à necessidade de dados tranqüilizadores antes, imediatamente depois e transcorrido um período mais longo, após a intervenção do médico.

Este tipo de atuação permitirá mostrar ao paciente o papel desempenhado pela informação tranqüilizadora na manutenção da preocupação com a saúde e facilitará uma das facetas da intervenção: a prevenção de resposta. Neste caso, a técnica estará voltada à supressão da informação tranqüilizadora, tanto médica quanto não médica. Esta atividade pode ser proposta como experimento comportamental ao longo da terapia.

4. *A lógica do tratamento*

Partindo deste novo ponto de vista que pressupõe entender o problema do paciente como um problema de ansiedade, o tratamento será voltado a cortar o círculo vicioso que contribui para o aumento da preocupação com a saúde. Evidentemente, este enfoque não põe em dúvida a veracidade dos sintomas: pretende unicamente explorar explicações alternativas e buscar evidências que permitam pôr à prova se a nova conceituralização pode ser útil para o paciente.

5. *Tarefas para casa*

Solicita-se ao paciente que reflita sobre como acredita que vai ser o tratamento e que responda às seguintes perguntas: Por onde se poderia cortar o círculo vicioso da ansiedade com a saúde? Que coisas ele deveria fazer e que coisas não deveria fazer para ajudar a si mesmo?

Estratégias de intervenção

3ª Sessão

AGENDA

1. Esclarecimento das dúvidas acerca do tratamento.
2. Discussão do fator comportamental na manutenção do problema.
3. Lista de "autoproibições".
4. Regras de atuação para os familiares.
5. Tarefas para casa.

1. *Esclarecimento das dúvidas acerca do tratamento*

São comentadas as respostas do sujeito às perguntas propostas na sessão anterior como tarefa para casa e são expostos sucintamente os componentes do tratamento, insistindo em que a finalidade da terapia é analisar os fatores envolvidos na sua preocupação exagerada com a saúde e ensiná-lo a pensar de forma mais realista e adaptativa sobre seus sintomas.

2. *Discussão do fator comportamental na manutenção do problema*

O propósito desta discussão consiste em mostrar ao paciente as repercussões perniciosas que têm alguns dos comportamentos que realiza em relação aos seus sintomas somáticos e sua preocupação com estes. Entre tais comportamentos estão a evitação de determinadas atividades (p. ex., exercício físico, relações sexuais), as retrições auto-impostas, a auto-inspeção e a manipulação repetida da área afetada, a busca de informações tranqüilizadoras (p. ex., pedido de atendimento médico, repetição de exames e análises clínicas, comentar com familiares e amigos os sintomas físicos e suas crenças sobre o significado destes, leituras acerca de transtornos físicos graves). Mais especificamente, a análise do fator comportamental tem uma dupla finalidade: por um lado, pôr à prova a crença do paciente de que o comportamento "o mantém a salvo de uma doença grave" e, por outro, determinar se os comportamentos que o paciente acredita que aliviam seus sintomas realmente o fazem.

Um experimento comportamental útil para que o paciente compreenda os efeitos dos seus padrões comportamentais de evitação consiste em indicar-lhe que realize tais atividades (p. ex., esporte se tiver medo de um ataque do coração) e comprove se isto precipita o acontecimento fatal que ele antecipa.

Para mostrar as repercussões dos comportamentos de auto-inspeção corporal sobre os sintomas, pode-se pedir ao paciente que toque e pressione com força a parte do seu corpo que o preocupa para poder apreciar o aumento da dor e do mal-estar que isso origina.

A discussão do papel dos pedidos de consulta médica na manutenção do problema pode ser realizada utilizando os resultados do exercício da "prova final" descrito na sessão anterior. Com isso, se faz com que o paciente veja que este tipo de comportamento, embora inicialmente possa tranqüilizá-lo, a longo prazo aumenta a ansiedade e a preocupação com seu estado de saúde. Esta mesma lógica pode ser empregada para demonstrar a influência de comentar com os outros os sintomas, a fim de que estes o tranqüilizem.

Também pode ser útil ilustrar as conseqüências das freqüentes leituras sobre doenças pedindo ao paciente que leia durante a sessão um artigo sobre um transtorno orgânico grave (p. ex., câncer de mama, tumor cerebral, esclerose múltipla), explorando os pensamentos (imediatos ou demorados) que tal leitura provoca.

3. *Lista de "autoproibições"*

Após a discussão das questões anteriores, o paciente costuma estar disposto a elaborar junto com o terapeuta uma lista de atividades que não poderá realizar. As "proibições" auto-impostas costumam ser as seguintes: 1) realizar visitas desnecessárias a médicos e repetir exames clínicos; 2) falar dos seus sintomas com familiares, amigos e colegas de trabalho; 3) informar-se (leituras, TV, rádio) ou conversar com outras pessoas sobre assuntos relacionados a doenças e 4) observar-se ou tocar em áreas do seu corpo que sejam objeto das suas preocupações.

4. *Regras de atuação para os familiares*

Os amigos e demais pessoas significativas para o paciente também são envolvidas no tratamento. Concretamente, são informados sobre os efeitos negativos de suas tentativas em tranqüilizar o paciente e recebem a seguinte regra para atuação: "quando X falar sobre suas doenças físicas e de assuntos relacionados com a enfermidade diga-lhe, com tom de voz neutro (nem agressivo, nem suave demais) o seguinte: "não posso responder seus comentários". Se ele insistir novamente, volte a repetir a frase anterior e tente falar sobre outro assunto. Repita a frase tantas vezes quanto for necessário".

5. *Tarefas para casa*

A partir da 3ª sessão e até o final do tratamento, inclui-se como exercício semanal a elaboração de uma lista do que foi aprendido na sessão.

Caso o paciente apresente um componente fóbico significativo, também podem ser propostas tarefas de enfrentamento, a fim de que ele aprenda a controlar os estímulos (tanto internos quanto externos) relacionados com a doença e a morte.

4ª Sessão

AGENDA

1. Esclarecimento dos problemas com as "auto-proibições".
2. Questionamento verbal das interpretações negativas dos sintomas (I):
   a) Comprovação de hipóteses.
   b) Existem, portanto, interpretações alternativas para o que está acontecendo?
   c) Isso me ajuda a pensar na possibilidade de que o que eu temo vai acontecer ou, ao contrário, faz com que eu fique mais nervoso?
   d) Eu me propus metas pouco realistas e inatingíveis?
   e) Estou me esquecendo de fatos relevantes ou centrando-me demais em fatos irrelevantes?
   f) O que pensaria outra pessoa na minha situação?
3. Tarefas para casa.

1. *Esclarecimento dos problemas com as "auto-proibições"*

É bastante comum que os pacientes relatem que não respeitaram algumas das "proibições" propostas. O terapeuta pode responder a este tipo de situação de acordo com as indicações de Avia (1993): reforçar o paciente quanto às auto-proibições que ele pôde cumprir, explicar que, como este é um tipo de comportamento extremamente arraigado, será necessário tempo e prática para ir modificando-o e ir aprendendo outro modo mais adequado de agir, recordar as razões pelas quais seria aconselhável voltar novamente aos modelos iniciais de atuação e estimulá-lo a continuar trabalhando na linha proposta.

2. *Questionamento verbal das interpretações negativas dos sintomas (I)*

Para que o paciente aprenda a questionar suas idéias de doença, utiliza-se uma série de procedimentos que permitem que este analise e avalie com lógica e realismo o grau de veracidade ou falsidade contido em cada uma das hipóteses para explicar seu problema.

   a. *Comprovação de hipóteses.* Consiste em examinar a evidência a favor e contra a interpretação negativa dos sintomas e da explicação alternativa destes. Os passos a serem seguidos são os seguintes:

   1. Expor claramente o pensamento negativo do paciente, ou seja, a interpretação incorreta dos sintomas como indicadores da presença de uma doença física grave (p. ex., "sofro de exclerose múltipla").
   2. Estimativa por parte do paciente da crença no pensamento negativo numa escala de 0 a 100, onde 0 significa "não acredito em absoluto" e 100 "estou completamente convencido de que é verdade".
   3. Procurar, identificar e anotar as evidências a favor do pensamento negativo.
   4. Procurar, identificar e anotar as evidências contrárias ao pensamento negativo.
   5. Somar as evidências (que paciente e terapeuta estejam de acordo com o resultado).
   6. Gerar uma explicação alternativa para os sintomas por meio de perguntas e observações que sejam coerentes com a alternativa.
   7. Procurar, identificar e anotar as evidências a favor da explicação alternativa.
   8. Procurar, identificar e anotar as evidências contrárias à explicação alternativa.
   9. Somar as evidências (que paciente e terapeuta estejam de acordo com o resultado).

10. Estimar novamente o grau de crença no pensamento negativo em dois momentos: agora que está tranqüilo no consultório do terapeuta e ao notar os sintomas.
11. Estimativa da crença na explicação alternativa em dois momentos: agora que está tranqüilo no consultório do terapeuta e ao notar os sintomas.

O processo de ajudar o paciente a questionar seus próprios pensamentos negativos pode ser realizado por meio de outros tipos de reflexão como os sugeridos a seguir:

b. *Existem, portanto, interpretações alternativas para o que está acontecendo?* Pretende-se insistir que os sintomas não têm porque ser conseqüência, única e exclusivamente, da presença de uma grave doença: existem outras explicações diferentes, benignas e mais prováveis que podem dar conta deles.
c. *Isso me ajuda a pensar na possibilidade de que o que eu temo vai acontecer ou, ao contrário, faz com que eu fique mais nervoso?* Com esta pergunta pretende-se incidir na utilidade/inutilidade e possíveis benefícios/prejuízos de manter uma preocupação excessiva com a saúde.
d. *Eu me propus metas pouco realistas e inatingíveis?* Esta reflexão pode ajudar o paciente a perceber que é impossível ter certeza absoluta, sem nenhuma margem de dúvida, de que não estamos doentes.
e. *Estou me esquecendo de fatos relevantes ou centrando-me demais em fatos irrelevantes?* Com esta pergunta se procura fazer com que o paciente aprenda a contemplar outras fontes de informação que não sejam única e exclusivamente o mal-estar físico.
f. *O que pensaria outra pessoa na minha situação?* Este ponto destina-se a fazer com que o paciente adote o ponto de vista de outra pessoa para tratar de "ver" seu problema com mais objetividade.

Para que o paciente possa pôr em prática estes tipos de técnicas que facilitam a análise lógica do significado dos seus sintomas, propõe-se a ele (e se exemplifica) preencher o *Diário de hipocondria* (forma ampliada)[8]. Este instrumento é uma versão ampliada do diário simples descrito anteriormente. Inclui as respostas racionais (explicações alternativas e mais adaptativas sobre a origem dos sintomas corporais experimentados) e a avaliação do grau de crença nas mesmas numa escala de 0 (não acredito em absoluto) a 100 (estou completamente convencido de que é verdade), bem como a reavaliação, em função de uma escala de idênticas características, do grau de crença na interpretação negativa inicial (Anexo 3).

---

[8] Elaborado por C. Botella e P. Martínez baseando-se em Clark (1989) e Salkovskis (1989).

3. *Tarefas para casa*

Planejar um "experimento comportamental" que proporcione mais informações que permitam apoiar uma ou outra hipótese. Preencher o diário ampliado (esta tarefa será incluída a partir desta sessão e até o final do tratamento).

A partir da 4ª sessão, caso a problemática do paciente o requeira, realiza-se um treinamento em respiração lenta e/ou relaxamento muscular. Estas estratégias são utilizadas como modo de facilitar as atribuições causais benignas dos sintomas (p. ex., tensão muscular ou padrão respiratório inadequado).

5ª Sessão

AGENDA

1. Esclarecimento dos problemas com o questionamento das interpretações negativas dos sintomas (I).
2. Questionamento verbal das interpretações negativas dos sintomas (II).
3. Tarefas para casa.

1. *Esclarecimento dos problemas com o questionamento das interpretações negativas dos sintomas (I)*

Em geral, para o paciente hipocondríaco não é fácil desafiar seus pensamentos negativos, por isso é conveniente dedicar a primeira parte da sessão a discutir e propor respostas racionais aos sintomas a partir dos episódios que o paciente tiver registrado no diário ampliado.

2. *Questionamento verbal das interpretações negativas dos sintomas (II)*

Nesta sessão, prossegue-se com a discussão das interpretações catastróficas dos sintomas por meio da análise da possibilidade de se estar supervalorizando a probabilidade de estar doente. Com esta finalidade, são utilizados diagramas em forma de pizza e pirâmide invertida que permitem mostrar graficamente ao paciente que a probabilidade de ele ter a doença que teme, ou acredita ter, é muito baixa. Esta questão é trabalhada com uma tarefa que denominamos "Hora de preocupar-se"[9] (Anexo 4). A tarefa está estruturada como uma apostila composta por uma série de exercícios com os quais se pretende, por um lado, que o paciente realize um trabalho continuado de saciedade e exposição imaginada da possibilidade de estar sofrendo da doença que acredita ter e, por outro lado, que continue avançando na análise dos pensamentos negativos de doença.

De acordo com estes objetivos, num dos exercícios da apostila, o paciente recebe a instrução de que é muito importante dedicar uma hora diária a pensar e escrever

---

[9] Elaborado por C. Botella e P. Martínez.

sobre sua preocupação com seus sintomas físicos e todas as implicações destes (o progresso da doença, a morte, o luto familiar e a tristeza...). Os exercícios restantes estão voltados a reconsiderar os pensamentos negativos de doença, buscando explicações alternativas para os sintomas (utiliza-se um diagrama tipo pizza) e a analisar se está supervalorizando a probabilidade de sofrer de uma doença (utiliza-se uma pirâmide invertida).

3. *Tarefas para casa*

Preencher a apostila da "hora de preocupar-se" (esta tarefa será realizada até o final do tratamento) e o diário ampliado.

6ª Sessão

AGENDA

1. Esclarecimento dos problemas com o questionário das interpretações negativas dos sintomas (II).
2. O papel da auto-atenção na percepção das sensações corporais.
3. Efeitos paliativos da distração.
4. Treinamento em técnicas de distração.
5. Tarefas para casa.

1. *Esclarecimento dos problemas com o questionário das interpretações negativas dos sintomas (II)*

Emprega-se o mesmo procedimento que no passo 1 da sessão anterior.

2. *O papel da auto-atenção na percepção das sensações corporais*

O propósito é mostrar ao paciente como o fato de centrar a atenção no corpo e vigiá-lo em excesso pode fazer com que ele note sensações que para outras pessoas passariam despercebidas.

Além de ilustrar com exemplos a influência da atenção na detecção de sintomas corporais (entre eles os descritos por Barsky et al., 1988b), existem outras formas de demonstrar ao paciente este processo:

a. Manipular o centro da atenção durante a sessão. Pede-se ao paciente para fechar os olhos e concentrar-se no coração durante cinco minutos. O paciente perceberá que simplesmente prestando atenção no seu coração pode detectar o pulso em várias partes do corpo, sem tocá-las. Entretanto, quando estiver com os olhos abertos e se pedir que descreva a sala, deixa de perceber as batidas do seu coração.

b. Centrar-se nas observações de "dentro da sessão". Muitas vezes, os pacientes começam a perceber uma sensação corporal concreta depois de ter estado falando sobre ela por alguns minutos. O terapeuta deve aproveitar esta situação para ajudar o paciente a comprovar que se centrar numa sensação produz uma maior consciência dela.

3. *Efeitos paliativos da distração*

Mostra-se ao paciente os efeitos redutores, na percepção dos sintomas, de voltar a atenção para fontes externas ao corpo. Para isso, pode ser útil recorrer a materiais didáticos (exemplos de Barsky et al., 1988a).

4. *Treinamento nas técnicas de distração*

Uma vez exposta a importância da atenção corporal na intensificação dos sintomas corporais e dos efeitos paliativos da distração, treina-se o paciente em algumas técnicas de distração.

a. Centrar-se num objeto. Consiste em que o paciente focalize sua atenção visual em algum objeto externo e descreva-o com a maior riqueza de detalhes possível, por exemplo, em termos das suas características físicas, utilidade, posição, etc. Este procedimento é uma variante da técnica descrita a seguir.

b. Consciência sensorial. Trata-se de que o paciente preste atenção a todas as informações que possa detectar pelos seus órgãos dos sentidos (visão, audição, olfato, gosto e tato). É preciso que o terapeuta estime com cautela a utilidade desta técnica para cada caso em particular, dada a tendência do hipocondríaco a detectar sensações corporais.

c. Exercícios mentais. Consiste em realizar exercícios mentais com grau de dificuldade média (p. ex., contar de 1.000 a 0 de 6 em 6, dizer nomes de mulher que comecem com A, dizer nomes de animais mamíferos.

d. Atividades absorventes. Trata-se de que o paciente realize atividades que exijam sua atenção. Muitos *hobbies* podem servir como atividades absorventes (p. ex., fazer palavras cruzadas, pintar, praticar um esporte, jogar xadrez).

e. Lembranças e fantasias agradáveis. Consiste em que o paciente pense e gere imagens mentais sobre alguma situação ou acontecimento positivo real ou falseado.

5. *Tarefas para casa*

Preencher a apostila "hora de preocupar-se", o diário ampliado e praticar as técnicas de distração.

7ª e 8ª Sessões

AGENDA

1. Reestruturação das imagens espontâneas desagradáveis.
2. Aprofundar-se no conceito de crença disfuncional.
3. Identificação e discussão das crenças disfuncionais.
4. Tarefa para casa.

Muitas das técnicas cognitivas e comportamentais expostas anteriormente para questionar as interpretações catastróficas dos sintomas podem ser utilizadas para modificar as crenças subjacentes.

Além dos pensamentos automáticos negativos, também podem existir imagens de conteúdo desagradável relacionadas à doença que precisam ser reestruturadas, sendo substituídas por outras mais positivas.

O conteúdo das sessões 7 e 8 não está sistematizado como o das anteriores, pois, dependendo de como o paciente evolua ao longo da terapia, haverá uma maior ou menor incidência numa ou noutra das questões abordadas.

Prevenção de recaídas

9ª Sessão

AGENDA

1. Revisão do conteúdo das sessões anteriores.
2. Revisão da evolução do paciente ao longo da terapia.
3. Avaliação, por parte do paciente, da evolução.
4. Avaliação das crenças residuais do paciente.
5. Expectativas futuras do paciente com respeito à preocupação com a saúde.
6. Conveniência de generalizar o conteúdo da terapia a outras sensações corporais.
7. Conveniência de continuar praticando as técnicas aprendidas.
8. Tarefas para casa.

1. *Revisão do conteúdo das sessões anteriores*

Revisa-se brevemente o material educativo e os procedimentos cognitivos utilizados na terapia (p. ex., a ansiedade e suas manifestações, os fatores que contribuem para manter a preocupação com a saúde, a comprovação de hipótese), enfatizando aqueles que forem mais vantajosos para o paciente.

2. Revisão da evolução do paciente ao longo da terapia

Revisa-se a evolução do problema ao longo do processo terapêutico mediante o *Questionário de avaliação do estado atual* ou qualquer outro instrumento de características parecidas.

3. Avaliação, por parte do paciente, da evolução

Solicita-se ao paciente que descreva sua opinião sobre as mudanças experimentadas desde o início do tratamento. Também examina-se sua estimativa dos fatores responsáveis pelas mudanças positivas que ele detecta no seu estado.

4. Avaliação das crenças residuais do paciente

Avalia-se o grau de crença nas duas hipóteses explicativas do problema (doença física *vs.* ansiedade), pedindo-lhe que avalie, numa escala de 0 a 100, a probabilidade de que seus sintomas indiquem a presença de um transtorno orgânico grave (ou sejam conseqüência da ansiedade). Também se revisa, enumera e comenta a evidência acumulada a favor da explicação alternativa.

5. Expectativas futuras do paciente com respeito à preocupação com a saúde

São identificadas as possíveis preocupações futuras com o ressurgimento dos sintomas, explorando a possibilidade de que o paciente acredite que sua melhora seja transitória e similar às experimentadas antes do início do tratamento psicológico. Analisar as diferenças entre estas duas possíveis modalidades de melhora: a melhora atual devida ao tratamento e as ocorridas em momentos anteriores. Insistir em que agora existe um modelo diferente com o qual se pode compreender seu estado e que dispõe de estratégias eficazes para fazer frente ao problema.

6. Conveniência de generalizar o conteúdo da terapia a outras sensações corporais

Insiste-se na possibilidade de poder aplicar as estratégias aprendidas durante a terapia às preocupações que possam surgir no futuro em relação a outro tipo de sintoma.

7. Conveniência de continuar praticando as técnicas aprendidas

Há a necessidade de seguir exercitando as estratégias aprendidas como um modo de consolidar as conquistas alcançadas.

8. *Tarefas para casa*

Solicita-se ao paciente que responda por escrito a estas questões:

a. O que é a ansiedade? Que fatores intervêm na manutenção da preocupação com a saúde?
b. Que pensamentos negativos eu tinha ou tenho em relação aos meus sintomas? Evidências a favor e contra.
c. Que crenças inadequadas eu tinha ou tenho em relação à saúde? Evidências a favor e contra.
d. Que aspectos da terapia me ajudaram mais?
e. Como posso fazer frente às preocupações com a saúde?

10ª Sessão

AGENDA

1. Comentário das respostas do paciente às perguntas formuladas.
2. Resolução de dúvidas finais a respeito do tratamento.
3. Avaliação final da tarefa.
4. Insistência na conveniência de praticar as estratégias aprendidas, a fim de conservar e generalizar a melhora.
5. Programação das avaliações de pós-tratamento e acompanhamento.

VI. CONCLUSÕES E TENDÊNCIAS FUTURAS

O tratamento comportamental e/ou cognitivo-comportamental da hipocondria encontra-se atualmente num período de desenvolvimento marcado, do nosso ponto de vista, por um prudente otimismo. O otimismo justifica-se pelos bons resultados relatados na literatura científica acerca da eficácia deste tipo de estratégia. Pode-se afirmar que o emprego das técnicas de exposição e/ou prevenção de resposta, bem como dos programas centrados na modificação da tendência a amplificar as sensações corporais e a interpretá-las de modo dramático, constituem alternativas adequadas de intervenção. A prudência obedece à consideração de que ainda existem inúmeras questões que devem ser resolvidas antes de afirmar, com uma margem razoável de confiança, que estas orientações terapêuticas são as mais adequadas para os pacientes com preocupações desmesuradas com a saúde.

Entre as questões derivadas de uma atitude cautelosa em relação à adequação deste tipo de tratamento estariam as referentes aos seguintes âmbitos:

a. Grau de eficácia: quais as taxas de sucesso conseguidas? Quantos abandonos gera? Os benefícios se mantêm estáveis a médio e longo prazo? Os resultados são generalizados para outras questões não abordadas diretamente na terapia? Que componentes contribuem em maior medida para o êxito do tratamento? Etc.

b. Eficácia diferencial: representa mais benefícios que as intervenções de caráter farmacológico? É mais eficaz que outras intervenções psicológicas procedentes de modelos teóricos diferentes? Oferece mais possibilidades de mudança que outro tipo de estratégia cognitivo-comportamental? Etc.

c. Tipologia de pacientes: as diversas modalidades de hipocondria requerem diferentes estratégias de intervenção? As estratégias preferíveis para o tratamento do medo da doença são a exposição e a prevenção de resposta? A crença de doença pode ser modificada mediantes as técnicas de desafio verbal e reatribuição? Etc.

d. Conceitualização da hipocondria: no momento não se chegou a um acordo unânime acerca de onde deveria estar localizado este transtorno nas classificações diagnósticas (Chorot e Martínez, 1995) e, obviamente, isto passa por se chegar a uma compreensão adequada do problema. Assim sendo, deveríamos perguntar se, do ponto de vista psicopatológico, na base da hipocondria existe uma alteração da atenção, percepção, memória ou pensamento? Ou que combinação de processos está alterado e de que modo? As ferramentas terapêuticas a serem utilizadas em cada caso seriam bastante diferentes.

As respostas a estas questões nos permitirão preencher lacunas que ainda estão pendentes no nosso conhecimento do fenômeno hipocondríaco e, obviamente, vão nos proporcionar estratégias para superá-las.

REFERÊNCIAS

American Psychiatric Association (1987). *Diagnostic and statistical manual of mental disorders (3ª ed. rev.)*. Washington, D. C.: APA.
American Psychiatric Association (1994). *Diagnostic and statistical manual of mental disorders (4ª ed.)*. Washington, D. C.: APA.
Avia, M. D. (1993). *Hipocondría*. Barcelona: Martínez Roca.
Avia, M. D., Ruiz, M. A., Olivares, M. E., Crespo, M., Guisado, A. B., Sánchez, A. y Varela, A. (1996). The meaning of psychological symptoms: effectiveness of a group intervention with hypochondriacal patients. *Behaviour Research and Therapy, 34*, 23-31.
Barsky, A. J. (1979). Patients who amplify bodily sensations. *Annuals of International Medicine, 91*, 63-70.
Barsky, A. J. (1992). Amplification, somatization, and the somatoform disorders. *Psychosomatics, 33*, 28-34.

Barsky, A. J., Geringer, E. y Wool, C. A. (1988a). A cognitive-educational treatment for hypochondriasis. *General Hospital Psychiatry, 10,* 322-327.
Barsky, A. J., Goodson, J. D., Lane, R. S. y Cleary, P. D. (1988b). The amplification of somatic symptoms. *Psychosomatic Medicine, 50,* 510-519.
Barsky, A. J. y Klerman, G. L. (1983). Overview: hypochondriasis, bodily complaints, and somatic styles. *American Journal of Psychiatry, 140,* 273-283.
Barsky, A. J. y Wyshak, G. (1990). Hypochondriasis and somatosensory amplification. *British Journal of Psychiatry, 157,* 404-409.
Barsky, A. J., Wyshak, G. y Klerman, G. L. (1990). The somatosensory amplification scale and its relationship to hypochondriasis. *Journal of Psychiatric Research, 24,* 323-334.
Baur, S. (1988). *Hypochondria: Woeful imaginings.* Los Ángeles: University California Press (Barcelona, Gedisa, 1990).
Beck, A. T., Rush, A. J., Shaw, B. F. y Emery, G. (1979). *Cognitive therapy of depression.* Nueva York: Guilford (Bilbao, Desclée de Brouwer, 1983).
Borda, M. y Echeburúa, E. (1991). La autoexposición como tratamiento psicológico en un caso de agorafobia. *Análisis y Modificación de Conducta, 17,* 993-1012.
Clark, D. M. (1989). Anxiety states. Panic and generalized anxiety. En K. Hawton, P. M. Salkovskis, J. Kirk y D. M. Clark (dirs.), *Cognitive-behaviour therapy for psychiatric problems: A practical guide.* Oxford: Oxford University Press.
Clark, L. A., Watson, D. y Reynolds, S. (1995). Diagnosis and classification of psychopathology: challenges to the current system and future directions. *Annual Review of Psychology, 46,* 121-153.
Chorot, P. y Martínez, M. P. (1995). Trastornos somatoformes. En A. Belloch, B. Sandín y F. Ramos (dirs.), *Manual de psicopatología* (Vol. 2). Madrid: McGraw-Hill.
Emmelkamp, P. M. G. (1982). *Phobic and obsessive-compulsive disorders: Theory, research and practice.* Nueva York: Plenum.
Fallon, B. A., Klein, B. W. y Liebowitz, M. R. (1993). Hypochondriasis: treatment strategies. *Psychiatric Annals, 23,* 374-381.
Fiegenbaum, W. (1986). Long-term efficacy of exposure in-vivo for cardiac phobia. En I. Hand y H. U. Wittchen (dirs.), *Panic and phobias.* Berlín: Springer-Verlag.
Floru, L. (1973). Attempts at behavior therapy by systematic desensitization. *Psychiatria Clinica, 6,* 300-318.
Furst, J. B. y Cooper, A. (1970). Combined use of imaginal and interoceptive stimuli in desensitizing fear of heart attacks. *Journal of Behaviour Therapy and Experimental Psychiatry, 1,* 57-61.
Hathaway, S. R. y McKinley, J. C. (1967). *Minnesota Multiphasic Personality Inventory. Manual Revised 1967.* Nueva York: The Psychological Corporation (Madrid, TEA, 1988).
House, A. (1989). Hypochondriasis and related disorders: assessment and management of patients referred for a psychiatric opinion. *General Hospital Psychiatry, 11,* 156-165.
Johansson, J. y Öst, L. G. (1981). Applied relaxation in treatment of "cardiac neurosis": a systematic case study. *Psychological Reports, 48,* 463-468.
Kellner, R. (1982). Psychotherapeutic strategies in hypochondriasis: a clinical study. *American Journal of Psychotherapy, 36,* 146-157.
Kellner, R. (1983). Prognosis of treated hypochondriasis: a clinical study. *Acta Psychiatrica Scandinavica, 67,* 69-79.
Kellner, R. (1986). *Somatization and hypochondriasis.* Nueva York: Praeger.

Kellner, R. (1987). *Abridged manual of the Illness Attitude Scales.* Department of Psychiatry, University of New Mexico, Estados Unidos.

Kirk, J. (1989). Cognitive-behavioural assessment. En K. Hawton, P. M. Salkovskis, J. Kirk y D. M. Clark (dirs.), *Cognitive-behaviour therapy for psychiatric problems: A practical guide.* Oxford: Oxford University Press.

Kumar, K. y Wilkinson, J. C. M. (1971). Thought stopping: an useful technique in phobias of internal stimuli. *British Journal of Psychiatry, 119,* 305-307.

Logsdail, S., Lovell, K., Warwick, H. M. C. y Marks, I. (1991). Behavioural treatment of AIDS-focused illness phobia. *British Journal of Psychiatry, 159,* 422-425.

Mandeville, B. (1730). *Treatise of the hypochondriac and hysteric diseases.* (1ª ed., 1711). Londres: Tonson.

Mansdorf, I. J. (1981). Eliminating somatic complaints in separation anxiety through contingency management. *Journal of Behavior Therapy and Experimental Psychiatry, 12,* 73-75.

Marks, I. M. (1987). *Fears, phobias and rituals.* Nueva York: Oxford University Press (Barcelona, Martínez Roca, 1991).

Martínez, M. P., Belloch, A. y Botella, C. (1995). Hipocondría e información tranquilizadora. *Revista de la Asociación Española de Neuropsiquiatría, 15,* 411-430.

Martínez, M. P. y Botella, C. (1995). Aplicación de un tratamiento cognitivo-conductual a un caso de hipocondría primaria. *Análisis y Modificación de Conducta, 21,* 697-734.

Martínez, M. P. y Botella, C. (1996). Evaluación y tratamiento psicológico de la hipocondría: revisión y análisis crítico. *Psicología Conductual, 4,* 29-62.

O'Donnell, J. M. (1978). Implosive therapy with hypnosis in the treatment of cancer phobia: a case report. *Psychotherapy: Theory, Research and Practice, 15,* 8-12.

Pilowsky, I. y Spence, N. D. (1983). *Manual for the Illness Behaviour Questionnaire.* Department of Psychiatry, University of Adelaide, Australia.

Reinders, M. (1988). Behavioural treatment of a patient with hypochondriacal complaints. *Gedragstherapie, 21,* 45-55.

Rifkin, B. G. (1968). The treatment of cardiac neurosis using systematic desensitization. *Behaviour Research and Therapy, 6,* 239-240.

Salkovskis, P. M. (1989). Somatic problems. En K. Hawton, P. M. Salkovskis, J. Kirk y D. M. Clark (dirs.), *Cognitive-behaviour therapy for psychiatric problems: A practical guide.* Oxford: Oxford University Press.

Salkovskis, P. M. (1991). Aspectos cognitivo-conductuales de problemas con presentación somática: ansiedad por la salud, hipocondría, fobia a la enfermedad y problemas psicosomáticos. *Cuadernos de Medicina Psicosomática, 18,* 42-55.

Salkovskis, P. M. y Clark, D. M. (1993). Panic disorder and hypochondriasis. *Advances in Behaviour Research and Therapy, 15,* 23-48.

Salkovskis, P. M. y Warwick, H. M. C. (1986). Morbid preoccupations, health anxiety and reassurance: a cognitive-behavioural approach to hypochondriasis. *Behaviour Research and Therapy, 24,* 597-602.

Schmidt, A. J. (1994). Bottlenecks in the diagnosis of hypochondriasis. *Comprehensive Psychiatry, 35,* 306-315.

Sharpe, M., Peveler, R. y Mayou, R. (1992). The psychological treatment of patients with functional somatic symptoms: a practical guide. *Journal of Psychosomatic Research, 36,* 515-529.

Spielberger, C. D., Gorsuch, R. L. y Lushene, R. E. (1970). *STAI, Manual for the State-Trait Anxiety Inventory (Self Evaluation Questionnaire).* Palo Alto, California: Consulting Psychologists Press (Madrid, TEA, 1988).

Starcevic, V. (1991). Reassurance and treatment of hypochondriasis. *General Hospital Psychiatry, 13,* 122-127.
Stern, R. y Fernández, M. (1991). Group cognitive and behavioural treatment for hypochondriasis. *British Medical Journal, 303,* 1229-1231.
Tearnan, B. H., Goetsch, V. y Adams, H. E. (1985). Modification of disease phobia using a multifaceted exposure program. *Journal of Behavior Therapy and Experimental Psychiatry, 16,* 57-61.
Visser, S. y Bouman, T. K. (1992). Cognitive-behavioural approaches in the treatment of hypochondriasis: six single case cross-over studies. *Behaviour Research and Therapy, 30,* 301-306.
Warwick, H. M. C. (1989). A cognitive-behavioural approach to hypochondriasis and health anxiety. *Journal of Psychosomatic Research, 33,* 705-711.
Warwick, H. M. C. (1995a). Trastornos somatoformes y facticios. En V. E. Caballo, G. Buela-Casal y J. A. Carrobles (dirs.), *Manual de psicopatología y trastornos psiquiátricos* (Vol. 1). Madrid: Siglo XXI.
Warwick, H. M. C. (1995b). Assessment of hypochondriasis. *Behaviour Research and Therapy, 33,* 845-853.
Warwick, H. M. C. y Marks, I. M. (1988). Behavioural treatment of illness phobia and hypochondriasis: a pilot study of 17 cases. *British Journal of Psychiatry, 152,* 239-241.
Warwick, H. M. C. y Salkovskis, P. M. (1989). Hypochondriasis. En J. Scott, J. M. G. Williams y A. T. Beck (dirs.), *Cognitive therapy in clinical practice: An illustrative casebook.* Londres: Routledge.
Warwick, H. M. C. y Salkovskis, P. M. (1990). Hypochondriasis. *Behaviour Research and Therapy, 28,* 105-117.
Warwick, H. M. C., Clark, D. M. y Cobb, A. (1994). A controlled trial of cognitive-behavioural treatment for hypochondriasis. (Manuscrito remitido para publicación.)
Williamson, P. N. (1984). An intervention for hypochondriacal complaints. *Clinical Gerontologist, 3,* 64-68.
World Health Organization (1992). *Classification of mental and behavioural diseases: clinical descriptions and diagnostic guidelines (10ª ed.).* Ginebra: WHO (Madrid, Meditor, 1992).

LEITURAS PARA APROFUNDAMENTO

Avia, M. D. (1993). *Hipocondría.* Barcelona: Martínez Roca.
Barsky, A. J., Geringer, E. y Wool, C. A. (1988a). A cognitive-educational treatment for hypochondriasis. *General Hospital Psychiatry, 10,* 322-327.
Martínez, M. P. y Botella, C. (1996). Evaluación y tratamiento psicológico de la hipocondría: revisión y análisis crítico. *Psicología Conductual, 4,* 29-62.
Salkovskis, P. M. (1989). Somatic problems. En K. Hawton, P. M. Salkovskis, J. Kirk y D. M. Clark (dirs.), *Cognitive-behaviour therapy for psychiatric problems: A practical guide.* Oxford: Oxford University Press.
Warwick, H. M. C. y Salkovskis, P. M. (1989). Hypochondriasis. En J. Scott, J. M. G. Williams y A. T. Beck (dirs.), *Cognitive therapy in clinical practice: An illustrative casebook.* Londres: Routledge.

Anexo 1. DIÁRIO SIMPLES

NOME: _____ SEMANA: _____

HORA DO DIA	SITUAÇÃO (o que está fazendo ou pensando)	SENSAÇÕES CORPORAIS (estimativa da gravidade de 0-5) (a)	PENSAMENTOS ASSOCIADOS (estimativa de crença de 0-100) (b)	EMOÇÕES (estimativa de intensidade de 0-100) (c)	COMPORTAMENTOS ASSOCIADOS (o que faz ou deixa de fazer)
SEGUNDA-FEIRA					
TERÇA-FEIRA					
QUARTA-FEIRA					
QUINTA-FEIRA					
SEXTA-FEIRA					
SÁBADO					
DOMINGO					

(Continuação do Diário Simples)

(a) Estime as *sensações corporais* (mal-estar ou dor) que você experimenta de acordo com a seguinte escala:

0   Ausência de sensação
1   Muito leve, só às vezes a percebo
2   Leve, durante alguns momentos posso ignorá-la
3   Bastante incômoda, mas posso continuar trabalhando
4   Grave, dificulta a realização das atividades habituais
5   Intensa, incapacitante (não me permite fazer nada)

(b) Estime sua crença nos *pensamentos associados* (explicação que dá) às sensações corporais experimentadas utilizando esta escala:

0____10____20____30____40____50____60____70____80____90____100
Não acredito   Acredito   Estou
em absoluto   moderadamente   completamente
                         convencido
                      de que é verdade

(c) Estime a intensidade das *emoções* que você sente neste momento (ansiedade, tristeza, ira, etc.), levando em conta a seguinte escala:

0____10____20____30____40____50____60____70____80____90____100
Ausência   Emoção   Emoção
de emoção   moderadamente   extremamente
             intensa   intensa

Anexo 2. QUESTIONÁRIO DE AVALIAÇÃO DO ESTADO ATUAL

NOME: _____ DATA: _____

A seguir, é apresentada uma série de perguntas relacionadas ao seu problema. Por favor, responda a todas elas marcando com um X o número que considerar que reflete melhor seu *estado atual*.

1. Encontra-se preocupado com sua saúde geral?

0____10____20____30____40____50____60____70____80____90____100
Não   Um pouco   Moderadamente   Bastante   Muitíssimo

2. Encontra-se preocupado com certas dores e/ou doenças físicas?

0____10____20____30____40____50____60____70____80____90____100
Não   Um pouco   Moderadamente   Bastante   Muitíssimo

3. A possibilidade de ter alguma doença física grave o assusta?

0____10____20____30____40____50____60____70____80____90____100
Não   Um pouco   Moderadamente   Bastante   Muitíssimo

4. Acredita que sofre de alguma doença física grave?

0____10____20____30____40____50____60____70____80____90____100
Não   Um pouco   Moderadamente   Bastante   Muitíssimo

5. Você se observa (toca, olha) para ver o que nota ou sente no seu corpo?

0____10____20____30____40____50____60____70____80____90____100
Não   Um pouco   Moderadamente   Bastante   Muitíssimo

6. Você lê (ou se interessa por programas de televisão ou rádio) sobre doenças físicas graves?

0____10____20____30____40____50____60____70____80____90____100
Não   Um pouco   Moderadamente   Bastante   Muitíssimo

7. Comenta suas dores e/ou doenças físicas com familiares ou amigos?

0____10____20____30____40____50____60____70____80____90____100
Não   Um pouco   Moderadamente   Bastante   Muitíssimo

8. Tem comportamentos como ficar de cama, usar o termômetro, tomar o pulso, modificar sua dieta alimentar, tomar medicação, etc.?

0____10____20____30____40____50____60____70____80____90____100
Não   Um pouco   Moderadamente   Bastante   Muitíssimo

9. Evita realizar atividades como sair de casa, participar de reuniões sociais, divertir-se, praticar esportes, viajar, ter relações sexuais, etc.?

0____10____20____30____40____50____60____70____80____90____100
Não   Um pouco   Moderadamente   Bastante   Muitíssimo

Anexo 3. DIÁRIO AMPLIADO

NOME: _____ SEMANA: _____

	HORA DO DIA	SITUAÇÃO (o que está fazendo ou pensando)	SENSAÇÕES CORPORAIS (estimativa da gravidade de 0-5) (a)	INTERPRETAÇÃO NEGATIVA (estimativa de crença de 0-100) (b)
SEGUNDA-FEIRA				
TERÇA-FEIRA				
QUARTA-FEIRA				
QUINTA-FEIRA				
SEXTA-FEIRA				
SÁBADO				
DOMINGO				

(Continuação do Diário Ampliado)

	EMOÇÕES (estimativa de intensidade de 0-100) (c)	COMPORTAMENTOS ASSOCIADOS (o que faz ou deixa de fazer)	RESPOSTA RACIONAL (estimativa de crença de 0-100) (d)	REESTIMATIVA DA CRENÇA NA INTERPRETAÇÃO NEGATIVA (de 0-100) (e)
SEGUNDA-FEIRA				
TERÇA-FEIRA				
QUARTA-FEIRA				
QUINTA-FEIRA				
SEXTA-FEIRA				
SÁBADO				
DOMINGO				

(Continuação do Diário Ampliado)

(a) Estime as *sensações corporais* (mal-estar ou dor) que você experimenta de acordo com a seguinte escala:

0   Ausência de sensação
1   Muito leve, só às vezes a percebo
2   Leve, durante alguns momentos posso ignorá-la
3   Bastante incômoda, mas posso continuar trabalhando
4   Grave, dificulta a realização das atividades habituais
5   Intensa, incapacitante (não me permite fazer nada)

(b) Estime sua crença na *interpretação negativa* às sensações corporais experimentadas utilizando esta escala:

0____10____20____30____40____50____60____70____80____90____100
Não acredito   Acredito   Estou
em absoluto   moderadamente   completamente
                                                    convencido de que é verdade

Lembre-se de que tanto nesta escala quanto nas seguintes você pode escolher qualquer número entre 0 e 100, não só os representados graficamente.

(c) Estime a intensidade das *emoções* que sente neste momento (ansiedade, tristeza, ira, etc.), levando em conta a seguinte escala:

0____10____20____30____40____50____60____70____80____90____100
Ausência de   Emoção   Emoção
Emoção   moderadamente intensa   extremamente intensa

(d) Estime sua crença na *resposta racional* frente às sensações corporais de acordo com a escala abaixo:

0____10____20____30____40____50____60____70____80____90____100
Não acredito   Acredito   Estou
em absoluto   moderadamente   completamente
                                                    convencido de que é verdade

(e) Volte a estimar sua crença na *interpretação negativa* das sensações corporais, seguindo esta escala:

0____10____20____30____40____50____60____70____80____90____100
Não acredito   Acredito   Estou
em absoluto   moderadamente   completamente convencido
                                                              de que é verdade

Anexo 4. HORA DE PREOCUPAR-SE

NOME: _____ DATA: _____

Esta apostila contém uma série de exercícios. Por favor, faça estes exercícios seguindo as instruções dadas para cada um deles. Embora esta tarefa represente um esforço considerável, lembre-se da importância do trabalho diário para o processo de melhora do seu problema.

A. A seguir apresentamos uma série de perguntas. Por favor, responda a todas elas marcando com um X o número que você considera que melhor reflete seu *estado atual*.

1. Sente-se nervoso?

   0____10____20____30____40____50____60____70____80____90____100
   Não   Um pouco   Moderadamente   Bastante   Muitíssimo

2. Sente-se triste?

   0____10____20____30____40____50____60____70____80____90____100
   Não   Um pouco   Moderadamente   Bastante   Muitíssimo

3. Encontra-se preocupado com sua saúde em geral?

   0____10____20____30____40____50____60____70____80____90____100
   Não   Um pouco   Moderadamente   Bastante   Muitíssimo

4. Encontra-se preocupado com certas dores e/ou doenças físicas?

   0____10____20____30____40____50____60____70____80____90____100
   Não   Um pouco   Moderadamente   Bastante   Muitíssimo

5. Poder ter alguma doença grave o assusta?

   0____10____20____30____40____50____60____70____80____90____100
   Não   Um pouco   Moderadamente   Bastante   Muitíssimo

6. Você acredita que sofre de alguma doença física grave?

```
0____10____20____30____40____50____60____70____80____90____100
Não        Um pouco        Moderadamente      Bastante       Muitíssimo
```

B. Chegou o *momento de preocupar-se*. Você dedicará *uma hora* para pensar acerca de tudo aquilo que o preocupa nos seus sintomas. Escreva nesta folha *com detalhes* o que pensa sobre o que significam esses sintomas, as conseqüências decorrentes, para você e para sua família, do fato de você sofrer da doença que teme, como seria o processo da sua doença, a sua morte, etc. Provavelmente a realização deste exercício faça com que você se sinta incomodado. Se isso acontecer, não o abandone, continue até se sentir melhor.

C. A seguir, apresentamos uma série de perguntas. Por favor, responda a todas elas marcando com um X o número que considere que reflete melhor seu *estado atual* depois de ter realizado o exercício anterior.

1. Sente-se nervoso?

```
0____10____20____30____40____50____60____70____80____90____100
Não        Um pouco        Moderadamente      Bastante       Muitíssimo
```

2. Sente-se triste?

```
0____10____20____30____40____50____60____70____80____90____100
Não        Um pouco        Moderadamente      Bastante       Muitíssimo
```

3. Encontra-se preocupado com sua saúde em geral?

   0____10____20____30____40____50____60____70____80____90____100
   Não   Um pouco   Moderadamente   Bastante   Muitíssimo

4. Encontra-se preocupado com certas dores e/ou doenças físicas?

   0____10____20____30____40____50____60____70____80____90____100
   Não   Um pouco   Moderadamente   Bastante   Muitíssimo

5. Poder ter alguma doença grave o assusta?

   0____10____20____30____40____50____60____70____80____90____100
   Não   Um pouco   Moderadamente   Bastante   Muitíssimo

6. Você acredita que sofre de alguma doença física grave?

   0____10____20____30____40____50____60____70____80____90____100
   Não   Um pouco   Moderadamente   Bastante   Muitíssimo

D. A seguir, escreva seu pensamento negativo acerca dos seus sintomas. Faça uma lista com todas as possíveis explicações alternativas para os sintomas. Considerando que no diagrama tipo pizza encontram-se incluídas estas explicações alternativas (100%), dedique para cada uma delas uma porção do diagrama (uma determinada porcentagem).

Pensamento negativo: _____

Lista de explicações alternativas:
1) _____
2) _____
3) _____
4) _____
5) _____
6) _____
etc.

E. Escreva a doença que você teme ou acredita ter. Elabore uma lista com todos os dados contrários a esta idéia. Levando em conta que o nível superior da pirâmide invertida representa 100% de probabilidade de ter a doença que teme, utilize cada dado contrário para ir reduzindo a probabilidade de realmente sofrer dessa doença.

Doença que teme ou acredita ter: _____

Lista de dados contrários a esta idéia:
1) _____
2) _____
3) _____
4) _____
5) _____
6) _____
   etc.

100%

F. Finalmente, apresentamos novamente uma série de perguntas. Por favor, responda a todas elas marcando com um X o número que considere que reflete melhor seu *estado atual* depois de ter realizado os dois exercícios anteriores.

1. Sente-se nervoso?

   0____10____20____30____40____50____60____70____80____90____100
   Não   Um pouco   Moderadamente   Bastante   Muitíssimo

2. Sente-se triste?

   0____10____20____30____40____50____60____70____80____90____100
   Não   Um pouco   Moderadamente   Bastante   Muitíssimo

3. Encontra-se preocupado com sua saúde em geral?

   0____10____20____30____40____50____60____70____80____90____100
   Não   Um pouco   Moderadamente   Bastante   Muitíssimo

4. Encontra-se preocupado com certas dores e/ou doenças físicas?

   0____10____20____30____40____50____60____70____80____90____100
   Não   Um pouco   Moderadamente   Bastante   Muitíssimo

5. Poder ter alguma doença grave o assusta?

   0____10____20____30____40____50____60____70____80____90____100
   Não   Um pouco   Moderadamente   Bastante   Muitíssimo

6. Você acredita que sofre de alguma doença física grave?

   0____10____20____30____40____50____60____70____80____90____100
   Não   Um pouco   Moderadamente   Bastante   Muitíssimo

TRATAMENTO COGNITIVO-COMPORTAMENTAL PARA O TRANSTORNO DISMÓRFICO CORPORAL

Capítulo 12

James C. Rosen[1]

I. INTRODUÇÃO

A percepção e a avaliação da própria aparência física, ou imagem corporal, é um construto psicológico muito relacionado à imagem de si mesmo como um todo, à personalidade e ao bem-estar psicológico. Não só é normal que as pessoas sejam conscientes da sua aparência, como também é freqüente se preocupar e estar insatisfeito com ela. Segundo estudos sobre estresse entre norte-americanos de meia-idade, dois entre dez contratempos cotidianos mais freqüentes são as preocupações com o peso e a aparência física (Kanner et al., 1981). A maioria das pessoas gostaria de mudar algo no seu aspecto (Harris, 1987) e cerca de um terço está insatisfeita com sua aparência global (Cash, Winstead e Janda, 1986). A beleza e a boa forma física são onipresentes nos meios de comunicação de massa e verdadeiramente as pessoas hoje em dia preocupam-se mais com a aparência que nas últimas décadas.

O transtorno dismórfico corporal (TDC) constitui uma intensificação das preocupações normais com a aparência física. Alguns sintomas de TDC, tal como a sensação subjetiva de feiúra e a preocupação com uma aparência pouco atraente ou até repulsiva para os demais, podem ser descritos como características cognitivas e perceptivas da imagem corporal desenvolvidas até um extremo disfuncional. Como as atitudes em relação à imagem encontram-se fortemente influenciadas pela aprendizagem e por fatores sócio-culturais, o transtorno dismórfico corporal deveria ser abordado pelas terapias psicológicas que tratassem destes processos formadores.

O TDC diagnosticável toma muitas formas. As pessoas com um transtorno dismórfico corporal freqüentemente apresentam, ou tiveram, fobia social, depressão, transtorno obsessivo-compulsivo ou transtornos da alimentação (Hollander, Cohen e Simeon, 1993; Phillips et al., 1994). O TDC é conceitualizado como uma variante do transtorno obsessivo-compulsivo (Hollander et al., 1989; Phillips et al., 1993), da fobia social (Marks, Takahashi, 1989) ou da hipocondria (Munro e Chmara, 1982). Todos estes transtornos relacionados foram tratados satisfatoriamente com a terapia cognitivo-comportamental, o que indica que se pode ajudar as pessoas com TDC com métodos similares. Neste capítulo, será revisado o que se sabe atualmente sobre a eficácia das terapias psicológicas aplicadas ao problema do TDC. Também serão apresentados o conteúdo de um programa de avaliação

---

[1] University of Vermont (EUA).

e o tratamento do TDC que emprega procedimentos similares aos utilizados no tratamento cognitivo-comportamental das fobias e dos transtornos obsessivo-compulsivos. Os clínicos que trabalham com o TDC podem deparar-se com pacientes que não preenchem os critérios diagnósticos para o TDC, mas que precisam de tratamento para outras classes de perturbações da imagem corporal. Assim, na medida do possível, descreveremos um enfoque de tratamento que possa ser amplamente utilizado.

II. CARACTERÍSTICAS CLÍNICAS DO TRANSTORNO DISMÓRFICO CORPORAL

A característica essencial do TDC é a "preocupação com um defeito imaginário da aparência. Caso se encontre presente uma pequena anomalia física, a preocupação da pessoa é claramente excessiva" (APA, 1994, p. 468). A contrário das preocupações normais com o próprio aspecto, a preocupação com a aparência no TDC consome um tempo excessivo e provoca um mal-estar significativo ou uma deterioração considerável em situações sociais.

II.1. Tipos de queixas sobre a aparência

A freqüência das queixas sobre a aparência numa série de cinco casos é apresentada no Quadro 12.1. Esta é uma comparação tosca, já que os estudos se diferenciam na razão homem/mulher, no número de queixas informadas por cada sujeito e nas categorias ou descrições empregadas pelos autores. Os resultados indicaram que os pacientes com TDC podem se incomodar com praticamente qualquer aspecto da sua aparência física. Alguns pacientes se queixam de ser feios, disformes ou de aspecto estranho, mas não são capazes de localizar ou especificar a natureza do defeito. Em compensação, outros centram sua preocupação exatamente em pequenos traços ou imperfeições, como um nariz grande, uma boca torta, peito assimétrico, pênis pequeno, uma marca de nascença, cabelo muito fino, acne, cicatrizes, etc. Por outro lado, preocupação com o corpo de modo global não é rara, sendo freqüente não estar de acordo com o peso corporal ou a forma de grandes áreas da parte inferior do corpo.

Do ponto de vista diagnóstico, a localização do defeito não é um fator significativo, embora possa haver algumas exceções a esta afirmação. Uma delas é a questão dos pacientes que se queixam exclusivamente de odores corporais imaginários e deveriam ser diagnosticados com transtorno delirante somático em vez de TDC. Autores como Gómez-Pérez, Marks e Gutiérrez-Fisac (1994) afirmam que seus pacientes com queixas de odor corporal eram "dismorfofóbicos" em vez de hipocondríacos com idéias delirantes, já que, relatavam não sentir o próprio cheiro, ou seja, não tinham idéias delirantes e compartilhavam do mesmo tipo de evitação social que os pacientes típicos com um TDC.

Outra consideração é que as preocupações com o peso e a aparência que ocorrem exclusivamente durante a anorexia ou a bulimia nervosas não se diagnosticariam, isoladamente, como TDC. Não obstante, um paciente com um transtorno da alimentação, que acredita ter um nariz defeituoso, por exemplo, poderia satisfazer o diagnóstico acrescentado de TDC. Às vezes, ocorre que os pacientes podem mudar de um

Quadro 12.1. *Tipos de queixas sobre a aparência em pacientes com transtorno dismórfico corporal* (% de sujeitos com cada queixa)

ZONA	Phillips et al., 1993 N = 31 17 homens 13 mulheres	Hollander et al., 1993 N = 50 31 homens 19 mulheres	Gómez-Pérez et al., 1994 N = 30 15 homens 15 mulheres	Rosen et al., 1995 N = 54 0 homens 54 mulheres	Neziroglu et al., 1996 N = 17 7 homens 10 mulheres
Corpo					
coxas/pernas	13	18	—	38	18
abdomen	17	10	—	35	29
peito	10	8	—	20	—
nádegas	7	—	—	15	24
corpo em geral	20	38	—	9	—
altura	—	—	—	6	—
braços	7	14	—	3	—
quadril	3	—	—	5	—
pescoço	3	—	—	—	—
ombros	3	—	—	—	—
outros	—	—	8	—	—
Traços faciais					
nariz	50	32	23	—	47
olhos	27	16	7	—	35
forma da cabeça	20	—	—	—	—
lábios	17	—	7	—	6
queixo	17	18	—	—	—
traços faciais	—	—	—	12	—
dentes	13	—	—	4	12
rosto	13	34	—	—	—
orelhas	7	—	—	—	—
bochechas	7	—	—	—	—
pescoço	3	—	—	—	—
Outros					
pele	50	26	7	25	41
envelhecimento	—	—	—	7	—
cabelo	63	34	10	7	29
genitais	7	12	—	—	12
simetria	—	30	—	—	—
secreção/odor	—	6	30	—	—

Nota: O total é superior a 100% para a maioria dos estudos porque os sujeitos relataram mais de um defeito.

diagnóstico para outro, o que indica que o transtorno dismórfico e os transtornos da alimentação encontram-se relacionados (Hollander et al., 1993; Pantano e Santonastaso, 1989; Sturmey e Slade, 1986). O essencial da anorexia e da bulimia nervosas, em pessoas com uma aparência normal, pode ser um transtorno dismórfico corporal somado a uma patologia da alimentação.

II.2. Características cognitivas e afetivas

A diferença da autoconsciência normal sobre a aparência física e o TDC implica em uma preocupação que consome muito tempo, é incômoda e interfere na vida do indivíduo. Embora possa ocorrer ao longo do dia, a preocupação com a aparência é ainda mais intensa em situações sociais, nos quais a pessoa sente-se consciente de si mesma e espera que outras pessoas a observem. Esta atenção faz com que o paciente sinta-se ansioso, ridículo e envergonhado, já que acredita que o defeito revela certa inadequação pessoal. Embora a característica surpreendente do TDC seja a convicção, por parte do paciente, da existência (ou gravidade) do defeito físico, esta percepção distorcida é apenas o primeiro passo de uma seqüência de crenças do TDC. Normalmente, o padrão de pensamento seria: aparento um defeito, os demais percebem e se interessam pelo meu defeito, me consideram pouco atraente (feio/a, deformado/a, estranho/a, etc.) e me avaliam negativamente como pessoa e, conseqüentemente, minha aparência demonstra algo negativo sobre minha personalidade e valor frente aos outros. O exagerar um defeito na aparência é apenas uma conseqüência do TDC, já que conduz outras crenças desadaptativas.

As crenças do TDC foram descritas inconsistentemente como obsessões, idéias supervalorizadas ou idéias delirantes (De Leon, Bott e Simpson, 1989). Na verdade, parece que não há um único tipo de processo de pensamento que sirva para todos os pacientes com TDC. Segundo o *DSM-IV*, os pacientes com TDC, que têm idéias delirantes, podem além disso, receber o diagnóstico de transtorno delirante tipo somático. Entretanto, Phillips e seus colaboradores (Phillips et al., 1994) não constataram diferenças clínicas substanciais entre pacientes com TDC com e sem idéias delirantes. Ao constatar que os processos de pensamento do TDC variam ao longo de um *continuum*, de uma consciência adequada a uma idéia delirante, concluíram que é questionável a existência e a importância das variantes delirante e não-delirante.

O pensamento obsessivo nos transtornos da imagem corporal refere-se a pensamentos repetitivos e intrusivos sobre a aparência. Os pacientes com TDC podem reconhecer suas obsessões e admitir que sua preocupação é excessiva, mesmo estando totalmente convencidos de que sua aparência é anormal. Um paciente poderia queixar-se da seguinte maneira: "*Sei que pareço repugnante, mas gostaria de poder deixar de pensar nisso o tempo todo; não posso me concentrar quando estou com outras pessoas; sei que elas não se preocupam quanto com a minha aparência quanto eu"*. Alguns pacientes têm mais consciência e são capazes de reconhecer que é possível que as crenças sólidas e sensatas não sejam verdade. Por exemplo, uma mulher com aparência normal queixava-se de que as pessoas no trabalho não a respeitavam porque tinha baixa estatura e bochechas grandes. Dizia "pareço uma adolescente desajeitada, não alguém que sabe o que está fazendo; percebo que a aparência não é tudo para as pessoas, mas o que realmente importa é o que sinto sobre mim mesma".

Claramente, nem todas as atitudes negativas sobre a imagem corporal são sintomas de um transtorno dismórfico corporal. O que parece uma preocupação excessiva com a aparência pode ser apropriado para alguém que se dedica a trabalhos como a dança, posar para escultores e atletas que têm padrões físicos estritos. Em geral, a beleza física é um estado símbolo do sucesso e de outras virtudes. Além disso, é freqüente que as pessoas utilizem a aparência como uma desculpa para alguns eventos cotidianos. Deste modo, reduzidas à sua forma básica, as crenças do TDC não são totalmente incompreensíveis, considerando nossa cultura que dá tanta importância à aparência (McKenna, 1984). A diferença é que as crenças do TDC são exageros pouco razoáveis de idéias normais e perturbam o funcionamento normal do indivíduo.

II.3. *Características comportamentais*

O Quadro 12.2 mostra uma estimativa da prevalência dos sintomas comportamentais do TDC em cinco amostras de pacientes. A característica mais consistente é a evitação das situações sociais, normalmente porque o paciente espera que se preste uma atenção negativa à sua aparência. A evitação pode chegar a ser tão extrema a ponto do paciente se fechar em casa (Phillips et al., 1993). Entretanto, a maioria dos pacientes são capazes de, ao menos, manter um funcionamento social e ocupacional limitado, empregando formas de evitar uma exposição total da sua aparência em público por meio da roupa, adornos, retorcer a postura corporal ou fazer movimentos de modo a ocultar o defeito. São freqüentes alguns tipos de postura de exame do corpo tais como passar revista ao defeito diante do espelho, enfeitar-se ritualisticamente, comparar a própria aparência com a de outras pessoas e pedir aos demais palavras tranqüilizadoras. Em alguns casos extremos, é difícil resistir ao exame do corpo que pode consumir várias horas diárias. Contudo, também é freqüente que os pacientes evitem olhar para sua aparência. Finalmente, os pacientes com transtorno dismórfico corporal estão convencidos de que a única forma de melhorar sua auto-estima seria melhorando seu aspecto. Assim sendo, a maioria dos pacientes com TDC empreendem iniciativas para melhorar a beleza tais como tratamentos de cabelo ou de pele, cirurgia estética, redução do peso e outras formas de eliminar o defeito, que costumam ser desnecessárias e ineficazes para eliminar os sintomas do TDC.

Quadro 12.2. *Sintomas comportamentais em pacientes com transtorno dismórfico corporal* (% de sujeitos com cada comportamento)

COMPORTAMENTO	Phillips et al., 1993 N = 31	Hollander et al., 1993 N = 50	Gómez-Pérez et al., 1994 N = 30	Rosen et al., 1995 N = 54	Neziroglu et al., 1996 N = 17
Exame do corpo	73	32*	—	78	88
Camuflagem do corpo	63	—	—	78	—
exame e/ou camuflagem			66		
Comparação com outros	—	—	—	72	—
Esquiva de atividades sociais	97	52	100	63	82
Esquiva de outras pessoas que podem ver seu corpo nu	—	—	—	51	—
Movimentos ou postura encurvados para ocultar o defeito	—	—	—	42	—
Esquiva de olhar p/sua própria aparência	40	—	77	37	29
Busca de palavras tranqüilizadoras	33	—	—	21	—
Esquiva do ato sexual	30	—	—	17	—
Corte/penteado do cabelo	—	25	—	—	65
Rituais de maquiagem	—	—	—	—	—
Excessivas visitas ao médico	—	25	—	—	—
Tirar espinhas do rosto	—	—	—	—	18

* Somente exame diante do espelho.

III. A PESQUISA SOBRE A PSICOTERAPIA PARA O TRANSTORNO DISMÓRFICO CORPORAL

As evidências que sustentam a eficácia das terapias psicológicas para o TDC estão aumentando continuamente, mas, com uma exceção, a pesquisa sobre a psicoterapia tem se limitado a estudos de caso.

III.1. *Estudos de caso da psicoterapia não comportamental*

Bloch e Glue (1988) relataram o tratamento com terapia psicodinâmica de uma jovem que se preocupava com suas sombrancelhas e as considerava repulsivas. A preocupação foi interpretada como uma desculpa para evitar as relações heterossexuais e como uma projeção defensiva da sua própria auto-imagem negativa. Informaram que a preocupação desapareceu depois de um ano e meio de terapia semanal. Philippopoulos (1979) aplicou psicanálise de duas a três vezes por semana durante aproximadamente um ano numa adolescente com problemas de pensamentos irracionais de ser feia e gorda. A preocupação foi interpretada como um disfarce de desejos sexuais inconscientes. Considerou que a terapia ajudou a eliminar sua preocupação. Finalmente, Braddock (1982) fomentou habilidades sociais mais eficazes uma adolescente tímida. A paciente passou a ser mais assertiva com outras pessoas, mas a crença sobre sua testa anormal não diminuiu.

III.2. Estudos de caso das terapias comportamentais

Um jovem preocupado com sua pele avermelhada foi submetido a treino em relaxamento e depois exposto, por imaginação a uma hierarquia de comentários incômodos e à avaliação, por parte dos demais, sobre seu aspecto avermelhado (Munjack, 1978). Por exemplo, o paciente imaginou uma pessoa do trabalho que lhe incomodava dizendo-lhe que seu rosto parecia uma camisa vermelha. Depois de onze sessões de dessensibilização sistemática, o paciente já não se sentia mal em relação ao seu rosto vermelho.

Marks e Mishan (1988) foram os primeiros a informar sobre o emprego de procedimentos como a exposição ao vivo e a prevenção da resposta. A exposição incluía fazer com que o paciente se aventurasse gradualmente a situações públicas cada vez mais difíceis, sem tentar ocultar partes do seu corpo. Quando se combinava com a prevenção de respostas, o paciente praticava, deixando de examinar sua aparência ao ser exposto a sinais que provocavam os rituais. Os cinco pacientes melhoraram significativamente após o tratamento. À medida que a evitação social decrescia, diminuía também a convicção dos pacientes na sua crença de ter um aspecto defeituoso, mesmo não tendo sido empregado um questionamento direto do seu pensamento (ou seja, terapia cognitiva). Apenas dois dos casos foram tratados exclusivamente com terapia de comportamento, sem medicação. Numa série de casos tratados mais tarde no mesmo centro clínico, Gómez-Pérez et al. (1994) informaram que em torno da quarta parte dos pacientes abandonaram o tratamento e cerca da metade havia melhorado no acompanhamento.

Em comparação com os estudos de Marks et al., Neziroglu e colaboradores (Neziroglu et al., 1996; Neziroglu e Yaryura-Tobias, 1993) examinaram a exposição e a prevenção de respostas sem medicação. Acrescentaram a terapia cognitiva para ajudar o paciente a refutar os pensamentos irracionais (necessidade de aprovação e de ser perfeito) que desencadeavam a atitude de arrumar-se ritualisticamente ou a necessidade de ocultar sua aparência. Dos 17 casos atendidos, 12 melhoraram.

Outros estudos de caso atendidos com sucesso empregando a terapia cognitivo-comportamental foram os de Cromarty e Marks (1995), Newell e Shrubb (1994), Schmidt e Harrington (1995) e Watts (1990).

III.3. Estudos com grupo de controle

O único estudo de tratamento com grupo de controle para o transtorno dismórfico corporal até o momento foi desenvolvido por Rose, Reiter e Orosan (1995), utilizando o tratamento cognitivo-comportamental, descrito na seção seguinte. Foram designadas aleatoriamente 54 pacientes mulheres para serem submetidas a condições de terapia de comportamento cognitivo ou de ausência de tratamento. Nenhuma das pacientes tomou medicamento durante o estudo. As queixas sobre a aparência e as características comportamentais são demonstradas nos Quadros 12.1 e 12.2. As pacientes foram tratadas em grupos pequenos durante oito sessões de duas horas cada uma quando foram proporcionadas tarefas para casa e fitas cassete sobre a mudança da imagem corporal. Os sintomas do TDC diminuíram significativamente nos sujeitos que seguiram a condição de terapia e o transtorno desapareceu em 82% dos casos no pós-tratamento e em 77% quatro meses após o acompanhamento. Nos sujeitos que se submeteram à condição de terapia também foram constatadas melhoras em relação aos sintomas psicológicos e à auto-estima.

III.4. Conclusão

Foram feitas as seguintes observações sobre o *status* dos resultados dos tratamentos: não existem informações suficientes sobre os enfoques de psicoterapia não comportamental que permitam concluir que sejam eficazes. Embora dois dos três casos informados tenham melhorado, o tempo de duração da terapia foi excessivo.

A terapia cognitivo-comportamental tem recebido um apoio muito mais forte. A maioria dos estudos de caso apresentou melhora e, no estudo com grupo de controle ¾ dos casos tratados teve o seu transtorno eliminado enquanto os sujeitos do grupo de controle não melhoraram. Apesar da longa duração dos sintomas dismórficos corporais destes pacientes, a terapia cognitivo-comportamental parece ser eficaz num tempo tão curto como dois meses, embora alguns pacientes tenham necessitado de sessões de terapia de exposição para extinguir sua ansiedade. Essa taxa de melhora deveria animar os clínicos que se deparam com pacientes com TDC. Deve-se trabalhar com a terapia comportamental mesmo que muitos indivíduos que buscam atendimento clínico tenham uma história de fracasso em psicoterapia (Phillips et al., 1993). Entretanto, é importante reconhecer que a terapia cognitivo-comportamental não é uniformemente eficaz, já que o transtorno não foi eliminado em cerca de um quarto dos pacientes que completaram o tratamento. Pesquisas sobre o tratamento do TDC, podem levar a uma melhora destes dados.

Ainda não foram identificados os ingredientes mais importantes da terapia cognitivo-comportamental. Marks et al. defendem a exposição. Ellos e Munjack também ajudaram os pacientes a tolerar os pensamentos sobre ter um aspecto imperfeito, porém a terapia era mais comportamental do que cognitiva. Rosen et al. (1995) e os autores de outros estudos de caso proporcionaram, de modo mais extenso, terapia cognitiva para questionar as falsas suposições sobre a aparência. É difícil comparar estes vários procedimentos comportamentais e cognitivos, especialmente porque o tratamento, no estudo de Marks e Mishan, era acompanhado por medicação. O mais provável é que os dois tipos de procedimentos interajam para facilitar a mudança.

Todos os pacientes nos estudos de caso foram tratados individualmente, mas Rosen et al. realizaram seu trabalho com grupos de pacientes. É provável que haja vantagens e desvantagens em ambos os formatos, embora os resultados publicados não favoreçam nenhum dos dois. A maioria dos estudos sobre mudança das crenças e evitação social baseiam-se em impressões clínicas. Em alguns casos, foi utilizada uma escala numérica simples da porcentagem de crença no defeito. Neziroglu e Yaryura-Tobias empregaram uma versão modificada da *Escala para obsessões compulsões, de Yale Brown (Yale-Brown obsessive compulsive scale)* (Phillips, 1993) para medir o tempo ocupado pelos pensamentos e as atividades relacionadas à aparência. A única medida psicometricamente válida do transtorno dismórfico corporal, o *Exame do transtorno dismórfico corporal (Body dysmorphic disorder examination;* Rosen e Reiter, 1996) empregado por Rosen et al. (1995), demonstrou que o tratamento tem como resultado uma melhora clínica objetivamente definida.

IV. DIRETRIZES PARA A AVALIAÇÃO E O TRATAMENTO DO TRANSTORNO DISMÓRFICO CORPORAL

O propósito desta seção é proporcionar uma revisão dos procedimentos de terapia cognitivo-comportamental. Realizamos esta terapia em vários formatos, incluindo a terapia individual e de grupo, grupos com pessoas de ambos os sexos, grupos que incluíam também pacientes com problemas de imagem corporal, mas sem TDC (p. ex., defeitos da aparência mais significativos), terapeutas do mesmo sexo ou do sexo oposto ao dos pacientes e como tratamento de apoio de outra intervenção psicoterápica. Cada uma destas circunstâncias apresenta oportunidades e desafios únicos e exige certas adaptações da terapia.

É provável que um clínico que aceite para tratamento pacientes com TDC, enviados por outros profissionais, depare-se com outros tipos de problemas de imagem corporal. Além de pacientes com TDC, consideramos que este programa básico é eficaz para pessoas obesas que têm uma imagem corporal negativa (Rosen et al., 1990; Saltzberg e Srebnik, 1989). Em pacientes com sintomas de transtorno da alimentação, a terapia da imagem corporal pode, por si só, fazer com que diminuam os problemas com as atitudes negativas em relação a comer, com as restrições desnecessárias da dieta e com as comilanças, ainda que o comer não seja o objetivo do tratamento. Mesmo não recomendando a terapia da imagem corporal como o único tratamento para a anorexia ou a bulimia nervosas, utilizamos este programa habitualmente como ajuda no tratamento dos transtornos da alimentação. Aparentemente os programas cognitivo-comportamentais, direcionados aos transtornos da alimentação, provocam apenas uma modesta mudança da imagem corporal, e prestam pouca atenção à terapia para este problema (Rosen, 1996). Um trabalho mais sistemático com a imagem corporal seria útil para os pacientes com transtorno da alimentação.

Nosso programa é realizado uma vez por semana durante dois meses (Apêndice

1). A maioria dos outros estudos de caso com terapia comportamental chegou a bons resultados com um tratamento de curta duração. Neziroglu et al. (1996) programaram seu tratamento ao longo de quatro semanas de sessões diárias que duravam 90 minutos, dos quais 60 eram dedicados à exposição e à prevenção de resposta, e 30 minutos à reestruturação cognitiva.

Além do trabalho nas sessões de terapia, atribuímos ao paciente a tarefa de segui-las com um livro de auto-ajuda sobre a terapia da imagem corporal (Cash, 1995). Esses materiais proporcionam uma grande quantidade de informação básica sobre a imagem corporal, incluindo vinhetas de casos clínicos, exercícios cognitivos e comportamentais para a mudança. Embora empregar o livro de auto-ajuda disponibilize tempo para as sessões de terapia e seja algo benéfico, é fundamental proporcionar também ajuda direta ao paciente. Os pacientes com TDC estão apegados demais às crenças distorcidas sobre sua imagem corporal para tentar fazer as tarefas para casa sem persuasão, direção e correção por parte do terapeuta. Não recomendamos utilizar exclusivamente a biblioterapia com pacientes com TDC.

IV.1. *Fase inicial de tratamento*

IV.1.1 *Avaliação*

Antes de começar a terapia, é importante um exame completo dos sintomas do TDC e das queixas sobre a aparência. Desenvolvemos o *Exame do transtorno dismórfico corporal (Body dysmorphic disorder examination, BDDE*; Rosen e Reiter, 1996) com este propósito. O *BDDE* tem boa confiabilidade e validade, incluindo a concordância de diagnósticos independentes do TDC e é sensível à mudança após o tratamento. Até o momento, é a única medida avaliada psicometricamente em pacientes com TDC. Embora muitas outras medidas da imagem corporal se encontrassem disponíveis no momento em que desenvolvemos o *BDDE*, todas estavam voltadas para um gênero ou para queixas de peso, ou da aparência corporal ou não avaliavam os sintomas clinicamente sérios do TDC. Phillips (1993) modificou a *Escala para as obsessões compulsões, de Yale-Brown (Y-BOCS)* para medir obsessões e compulsões no TDC. Não se dispõe de um estudo psicométrico formal da *Y-BOCS* em pacientes com TDC e limita-se a sintomas do tipo obsessivo-compulsivo.

Além de apresentar perguntas-padrão probatórias para o TDC, o *BDDE* foi construído para complementar os critérios diagnósticos do DSM, que são vagos e subjetivos. Para desenvolver o *BDDE*, foi apresentada a um grupo de clínicos uma ampla lista de sintomas do TDC tirados da literatura. Foram selecionados os itens que melhor correspondiam aos critérios diagnósticos e às descrições clínicas. Foram identificados um subgrupo de perguntas do *BDDE* e pontuações de corte que podiam ser utilizadas para o diagnóstico. No Quadro 12.3, apresentamos uma breve descrição dos itens do *BDDE* (sem as perguntas probatórias exatas ou as escalas de avaliação). O BDDE encontra-se disponível em versões de entrevista e de auto-administração (pode-se obter uma cópia com o autor). Como faz

Quadro 12.3. *Breve descrição dos itens do Exame do Transtorno Dismórfico Corporal (Body dysmorphic disorder examination)*

1. Descrição por parte do sujeito do/s defeitos/s na aparência física
2. Avaliações por parte do entrevistador da aparência física do sujeito
3. Presença de outros tipos de queixas somáticas distintas da aparência
4. Anormalidade percebida do defeito (grau em que o sujeito acredita que o defeito é freqüente ou raro)
5. Freqüência do exame do corpo
6. Insatisfação com o defeito da aparência
7. Insatisfação com a aparência geral
8. Freqüência da busca de palavras tranqüilizadoras sobre a aparência proveniente de outras pessoas
9. Freqüência com que o sujeito experimenta preocupações *incômodas* com a aparência
10. Consciência de si mesmo e sentir-se ridículo com a aparência em situações *públicas* (ex., ruas da cidade, restaurantes)
11. Consciência de si mesmo e sentir-se ridículo com a aparência em situações *sociais* (ex., no trabalho)
12. Freqüência com que o sujeito pensava que outras pessoas avaliam seu defeito
13. Mal-estar quando outras pessoas prestam atenção ao defeito
14. Freqüência com que o sujeito recebeu comentários de outras pessoas sobre sua aparência
15. Mal-estar quando outras pessoas fazem comentários sobre sua aparência
16. Freqüência com que o sujeito se sente tratado de modo diferente devido a sua aparência
17. Mal-estar quando outras pessoas o tratam de modo diferente devido a sua aparência
18. Grau de importância da aparência física na auto-avaliação
19. Amplitude da auto-avaliação negativa, num sentido não físico, devido ao defeito na aparência
20. Amplitude da avaliação negativa pelos outros, num sentido não físico, devido ao defeito na aparência
21. Atrativos físicos percebidos
22. Grau de convicção no defeito físico
23. Evitação de situações públicas devido à aparência (ex., restaurantes, banheiros, ruas)
24. Evitação de situações sociais devido à aparência (ex., festas, falar com pessoas, com autoridade)
25. Evitação de contato físico íntimo devido à aparência (ex., abraçar, beijar, dançar colado, sexo)
26. Evitação de atividades físicas (p. ex., exercícios ou atividades de lazer) devido à aparência
27. Freqüência com que o sujeito camufla ou oculta o defeito da sua aparência com roupa, maquiagem, etc.
28. Freqüência com que o sujeito contorce a postura corporal a fim de ocultar o defeito (ex., enfiando as mãos no bolso)
29. Inibição do contato físico com os demais (mudanças nos movimentos ou na postura do corpo durante o contato, a fim de ocultar o defeito como, por exemplo, não deixar que o parceiro toque em determinadas áreas corporais)
30. Evitação de olhar para o próprio corpo
31. Evitação que os outros olhem para o seu corpo nu
32. Freqüência com que o sujeito compara sua aparência com a de outras pessoas
33. Remédios que a pessoa tenha tentado para modificar o defeito da aparência

uma amostragem da maioria dos sintomas do TDC, o BDDE pode ajudar o terapeuta a selecionar os objetivos do tratamento. Durante o tratamento, será necessária uma avaliação comportamental mais detalhada das situações desencadeantes e das respostas. Nas seções seguintes, apresentaremos algumas sugestões.

IV.1.2. *Atitudes em relação à terapia*

Em nossa sociedade, tão consciente da aparência, nos ensinam que se queremos nos sentir melhor com nosso aspecto deveríamos perder peso, fazer exercícios, submeter a cirurgia plástica, etc. Em outras palavras, deveríamos eliminar ou corrigir o defeito. Por conseguinte, é difícil para a maioria dos pacientes imaginar, em um primeiro momento, como poderia se contemplar de forma diferente no fim da terapia psicológica, se o traço da aparência ofensiva ainda continuasse presente. Os pacientes poderiam alegar que nada os convencerá de que têm um bom aspecto quando sabem, e o restante da sociedade aponta, que têm má aparência. Poderiam estar também preocupados com a questão de que aprender a aceitar a si mesmos faria com que abandonassem o autocontrole e desenvolvessem um problema pior, como se não agradar a si mesmos fosse necessário para continuarem motivados a melhorar o próprio aspecto.

Para lidar com o ceticismo sobre a terapia e obter a cooperação do paciente, é importante ter claro o seu objetivo. É preciso estar preparado para reiterar que, embora o paciente seja livre de recorrer a métodos para melhorar a beleza, esta terapia foi elaborada para mudar a imagem corporal, não sua aparência. Explica-se que a imagem corporal é um construto psicológico e que, por ser subjetivo, pode ser surpreendentemente independente da aparência real (Cash e Pruzinsky, 1990; Feingold, 1992). Utilizam-se exemplos, preferentemente da sua própria experiência, que demonstram que corrigir um defeito ou recorrer a um método para melhorar a beleza nem sempre leva a uma mudança da própria imagem, que é possível sentir-se melhor a respeito da própria aparência sem mudar realmente o aspecto e que outras pessoas podem perceber a aparência do paciente de uma forma muito diferente da que ele percebe. Salienta-se que, além de algum "problema" físico que possa existir, ele/ela desenvolveu hábitos que interferem em seu funcionamento. O objetivo da terapia não será fazer com que sua própria aparência o agrade, mas que passe a tolerá-la e elimine tendências auto-derrotistas. Não é necessário convencer o paciente de que o defeito é imaginário, a fim de que ele participe da terapia. De fato, é melhor evitar um confronto com esta crença e centrar-se na interferência provocada pela preocupação. Poderia servir de ajuda tranqüilizar o paciente, pois, segundo as pesquisas, a maioria dos participantes deste tipo de terapia cognitivo-comportamental é capaz, de fato, de mudar, independentemente da gravidade do defeito e não abandonam os hábitos sadios voltados à beleza ou a estar em forma. Por exemplo, em um estudo sobre a terapia cognitivo-comportamental para a imagem corporal com pessoas obesas, nossos pacientes superaram a imagem corporal negativa sem perder peso, mas ao mesmo tempo sua auto-aceitação não lhes causou um aumento de peso, nem fez com que abandonassem as restrições em uma dieta (Rose, Orosan e Reiter, 1995).

IV.1.3. *História do desenvolvimento da imagem corporal*

É útil fazer com que o paciente escreva uma breve história do desenvolvimento das suas preocupações com a aparência. O paciente deveria considerar separadamente a primeira infância (até os 7 anos), a infância posterior (antes da puberdade), os primeiros anos da adolescência, os últimos anos da adolescência, os primeiros anos da idade adulta e o momento presente. Em cada um desses períodos, pede-se ao paciente que descreva sua aparência física e as experiências ou acontecimentos importantes que exerceram influência sobre sua imagem corporal.

É provável que a preocupação do paciente com TDC em relação à aparência física tenha começado durante a adolescência (Andreasen e Bardach, 1977; Munro e Stewart, 1991; Phillips, 1991; Thomas, 1984), quando as preocupações com o desenvolvimento físico e social atingem seu ponto máximo (Pliner, Chaiken e Flett, 1990). A própria consciência da aparência pode ser mais intensa para adolescentes que sejam fisicamente distintos, como ser alto ou baixo de modo pouco habitual, amadurecer mais cedo ou mais tarde, ter nariz comprido, sofrer de acne de modo notório, ter peito muito grande ou muito pequeno, sofrer de excesso de peso, etc. Na verdade, muitos pacientes com TDC possuem algumas anomalias físicas reais, mas sem importância, que desencadeiam uma atenção mais acentuada das pessoas (Hay, 1970; Thomas e Goldberg, 1995).

O risco de desenvolver um transtorno dismórfico corporal é ainda maior se o traço da aparência vier acompanhado de incidentes traumáticos. O mais freqüente é ser incomodado por causa da aparência (ex., verificar casos apresentados por Braddock, 1982; Hay, 1970; Munjack, 1978; Philippoulos, 1979). Alguns pacientes com TDC são submetidos a freqüentes críticas sobre seu aspecto, geralmente pelos membros da família. Para outros, a origem da preocupação remonta a um único momento, uma observação passada que talvez não tivesse a intenção de ser crítica. Outros incidentes incluem ser marginalizado ou rejeitado por causa da aparência, ser agredido fisicamente ou sofrer abusos sexuais ou físicos, fracassar em atletismo e ter uma lesão ou uma doença (Orosan, Rosen e Tang, 1996). Mais tarde, o mal-estar com a imagem corporal pode ser desencadeado por acontecimentos ou situações parecidos com os primeiros eventos. É natural também as pessoas procurarem explicar as experiências que lhes causaram profundos sentimentos de humilhação. Infelizmente, os pacientes com TDC chegam a acreditar que ter um "defeito" em sua aparência os tornam pessoas deficientes.

Ao examinar a história do TDC poderia ser útil ajudar os pacientes a reconhecerem que seus sintomas são racionais até certo ponto, levando em conta suas experiências pessoais. Entretanto, o paciente tem que compreender que, embora as mensagens culturais sobre a aparência e os acontecimentos da história pessoal (ex., ser molestado quando criança) poderiam ter sido importantes para o desenvolvimento do seu TDC, a terapia terá que estar centrada em superar os comportamentos e atitudes atuais que mantém o transtorno. Em geral, são uma linguagem negativa sobre o corpo, suposições falsas sobre a aparência, comportamentos de esquiva e exames contínuos do próprio corpo.

IV.2. Reestruturação cognitiva

A terapia requer uma avaliação comportamental detalhada, a fim de identificar as atitudes disfuncionais e as situações nas quais ocorrem. Um diário de auto-registro, como o utilizado na depressão (Beck et al., 1979), pode facilitar muito a reestruturação cognitiva. O paciente deveria registrar qualquer situação que provocasse uma autoconsciência sobre a aparência – positiva ou negativa, crenças ou pensamentos sobre a imagem corporal e o efeito destes sobre o estado de ânimo e o comportamento. Utiliza-se um formato de diário, no qual o paciente analisa a experiência numa seqüência *A-B-C*: 1) Acontecimentos ativadores (a situação e o desencadeante da autoconsciência física ou da insatisfação com o corpo); 2) Crenças ("Beliefs") (pensamentos sobre a situação ou sobre si mesmo) e 3) Conseqüências (resultado da situação ou reações emocionais e comportamentais).

IV.2.1. *Linguagem negativa sobre o corpo*

Pode-se passar muito tempo falando extensamente sobre pensamentos invasivos, repetitivos, relativos à insatisfação pessoal. "Meu rosto é realmente desagradável; é largo e sem contorno como uma melancia com duas manchas; me faz parecer repulsivo". Na terapia isto é denominado "linguagem negativa sobre o corpo". Estas afirmações são só comentários negativos sobre a estética da aparência, não se referem a implicações específicas desta aparência. Altas taxas de linguagem negativa sobre o corpo durante o dia perpetuam a autoconsciência e as emoções negativas. Para começar a mudar a imagem corporal, é necessário mudar a forma como a pessoa fala a si mesma sobre seu próprio corpo. O paciente é ajudado a construir descrições mais objetivas, neutras ou sensatas de si mesmo, em que se possa acreditar razoavelmente sem carga emocional de autocrítica. Por exemplo, o paciente poderia praticar chamando seu rosto de "redondo" e "branco" em vez de "desagradável" e "repulsivo". Pede-se ao paciente que pratique uma fala normal consigo durante o dia, quando ocorram elementos recordatórios como ver-se cara a cara ou uma linguagem invasiva negativa sobre o corpo. A nova descrição deveria ser ensaiada enquanto se realiza a exposição diante do espelho, em casa, que prescrevemos no início da terapia (ver mais adiante). As autodescrições positivas são desnecessárias no começo e, geralmente, os pacientes as rejeitam. O terapeuta deveria evitar discutir com o paciente sobre a realidade do defeito, mas tratar de eliminar a linguagem negativa sobre o corpo que provoca mal-estar (ex., Terapeuta: "Independentemente da largura do seu rosto, parece que o modo como você fala de si mesmo é outro problema"). Um retrocesso em direção à autocrítica deveria ser um sinal para que o paciente fizesse, em seguida, uma autoverbalização corretora. A questão é distrair a si mesmo da autocrítica contínua, em vez de tentar deter a produção do pensamento. Se o paciente se queixar de que continua não gostando do que vê, deve ser dito a ele, para tranqüilizá-lo, que certa insatisfação com o corpo é normal e pode ser apropriada à medida que ele possa superar a autodegradação desnecessária.

IV.2.2. *Suposições e pensamentos autoderrotistas*

A avaliação cognitiva deveria ir além da linguagem negativa sobre o corpo, tentando fazer com que o paciente explique com mais detalhes sua avaliação das situações nas quais tem lugar a insatisfação. Utilizando o diário, ajuda-se o paciente a acompanhar a linguagem negativa do corpo com outros pensamentos sobre a situação ou com suposições sobre a importância da sua aparência. Por exemplo, pode-se perguntar a ele: "Em que o incomodava a sua cara "larga" nessa situação? O que você imaginou que as pessoas estavam pensando quando o viram?". Um padrão de pensamento freqüente é: "Estava com um mau aspecto, as pessoas percebiam e prestavam atenção na minha aparência, me julgavam negativamente como pessoa. Por conseguinte, minha aparência demonstra alguma coisa negativa sobre mim." (ex., sou insuportável, bobo, preguiçoso, pouco masculino ou pouco feminina, estranho, ofensivo, extragavante, agressivo demais, imoral, etc.). Outras suposições freqüentes (Cash, 1995) são: "Se pudesse ter a aparência que desejo, minha vida seria muito mais feliz. Se as pessoas conhecessem meu aspecto real, eu lhes agradaria menos. Minha aparência é responsável por grande parte do que me aconteceu na vida. O único jeito de eu gostar do meu aspecto seria mudando-o". Estes são os tipos de crenças que explicam os profundos sentimentos de vergonha e ridículo nos pacientes com TDC. Finalmente, o terapeuta deveria considerar outras qualidades das cognições como: serem pouco razoáveis, a preocupação (a freqüência do pensamento), o mal-estar (quando se insiste nos pensamentos), a convicção (com que grau de firmeza se mantém a crença), o esforço e o grau de controle percebidos para resistir ao pensamento (Lowe e Chadwick, 1990; Kozak e Foa, 1994).

A reestruturação cognitiva das convicções menos razoáveis e mais perturbadoras sobre a aparência pode ser realizada por meio de técnicas-padrão empregadas no tratamento da depressão e dos transtornos de ansiedade (Barlow, 1988; Beck et al., 1979). Assim, pelo menos no início incentiva-se o paciente a avaliar as evidências a favor e contrárias à crença, e a questionar as evidências em vez da mesma crença. Por exemplo, uma mulher se preocupava que as pessoas não a achassem atraente, que tinha uma pele suja e um aspecto desalinhado, embora ela se vestisse meticulosamente, tivesse um aspecto elegante e sua pele fosse normal. A discussão poderia centrar-se nos comentários que as pessoas fazem sobre sua aparência, em vez do que as pessoas poderiam pensar. Se não puder se lembrar de nenhum ou parecerem subjetivos, deveria registrar no seu diário de imagem corporal qualquer *feedback* novo. A seguir, pergunta-se se estes exemplos ou qualquer outra coisa ocorrida entre as sessões de terapia modificou sua crença. Talvez ela descubra que as pessoas lhe fazem elogios ou não estão interessadas na sua aparência. São feitas perguntas que a estimulem a examinar suas suposições: "Que importância tem seu aspecto comparado a outras características? O que aconteceria se você tivesse uma aparência diferente? Você teria que fazer alguma outra coisa além de ter uma aparência diferente para fazer com que as coisas acontecessem como você deseja, ou ter um aspecto diferente bastaria? Se você não esconde sua aparência, o que imagina que aconteceria? Alguma vez comprovou esta previsão? Existem outras explicações para acontecimentos que tenham ocorrido que sejam diferentes da explicação da aparência? Mudar seu aspecto sempre a leva a sentir-se melhor sobre sua aparência? Você é realmente capaz de mudar sua aparência da forma que quiser? O problema é o seu corpo ou a sua imagem corporal?".

O paciente deveria desenvolver autoverbalizações alternativas que reflectissem a situação de sua imagem corporal de modo mais preciso (ex., "As pessoas pensam na verdade que tenho um aspecto agradável. Sou uma pessoa limpa e organizada"). Muda-se o diário da imagem corporal A-B-C para um formato *A-B-C-D-E*. A seção *D* será o lugar adequado para que o paciente escreva uma alternativa, debatendo os pensamentos para corrigir as crenças que ele identifica como derrotistas, incorretas ou pouco razoáveis. O debate ou o questionamento dos pensamentos deveria ser ensaiado durante e antes das situações que envolvem a imagem corporal. São estabelecidos pensamentos razoáveis e o paciente é incentivado a praticá-los até que se tornem familiares passíveis de serem acreditados. As mudanças graduais de atitude podem ser medidas pedindo que o paciente avalie a credibilidade, em uma escala de 0 a 100, após ter escrito o pensamento de debate no diário. A seguir, na seção *E* do diário, deveria-se escrever os *E*feitos positivos do pensamento corretor. Para os pacientes que têm problemas em reconhecer os pensamentos irracionais ou as alternativas construtivas, Cash (1995) sugere um modelo do processo para a auto-avaliação dos erros cognitivos típicos e das suposições autoderrotistas.

É preciso concentrar-se, no começo, nas crenças que sejam, de algum modo, menos convincentes (serão mais fáceis de modificar) e depois avançar na direção das convicções mais firmes. Por exemplo, a paciente pode estar desejando perguntar se os desconhecidos ou os colegas de trabalho se preocupam muito com sua aparência (da paciente), mas está convencida de que seu marido quer abandoná-la porque não é atraente. Isto *parece* ser mais justificável porque um marido deveria estar mais interessado na aparência da sua mulher que os desconhecidos. Estas convicções mais sólidas são aprofundadas depois que o paciente tiver realizado alguns progressos nas outras.

Do mesmo modo que outros pacientes com transtorno somatoforme, as pessoas com TDC atribuem a maior parte dos seus problemas ao defeito físico percebido. Se a paciente puder identificar explicações para o mal-estar que sejam diferentes das que se referem à sua aparência, a recuperação será facilitada. Por exemplo, para a paciente que se preocupa em ser rejeitada pelas pessoas devido ao seu peso se poderia perguntar de que outra forma ela poderia diminuir o interesse de outras pessoas. Talvez ela não saiba manter conversas ou se sinta desconfortável em situações de intimidade. Poderia ser pedido a ela que comparasse a importância das habilidades sociais com a aparência na hora de estabelecer relações sociais. Chegar a outras explicações é um ponto importante em que a paciente pode abandonar a idéia de que tem que mudar de aparência a fim de ser mais feliz e ter mais sucesso. Embora pudesse ser incômodo admitir outra disfunção, ao menos poderia tratar-se de uma situação que fosse mais modificável que a aparência física.

IV.2.3. Percepções distorcidas da aparência

Uma discrepância entre a aparência real e a imagem mental do paciente sugere um transtorno perceptivo. Sugere-se que a percepção incorreta da informação sensorial sobre o corpo (visual, cinestésica, tátil, olfativa) poderia ser responsável por estas experiências (Lacey e Birtchnell, 1986). O único estudo controlado da percepção do tamanho de áreas do corpo em pacientes com um TDC mostrou, surpreendentemente, que estes eram *mais* precisos ao julgar o tamanho dos seus traços faciais que pacientes submetidos a rinoplastia e controles normais (Thomas e Goldberg, 1995), sugerindo que as queixas dos pacientes poderiam representar uma distorção da atitude e não da percepção.

Dispomos de poucas informações sobre como modificar as percepções ou crenças na existência de um defeito na aparência ou quando se deveria confrontar este traço central. Schmidt e Harrington (1995) pediram a um paciente com TDC, que sofria de obsessões pelo fato de ter mãos pequenas, que buscasse estatísticas sobre o tamanho das mãos nos homens e comparasse suas mãos com as de um tamanho normal. Finalmente, a crença do paciente no tamanho anormal das suas mãos desapareceu. Foram relatadas técnicas similares de *feedbak* corretor do tamanho de partes corporais na terapia sobre imagem corporal, empregadas com pacientes que sofriam de um transtorno da alimentação e em mulheres insatisfeitas com seu peso, que eram instruídas a comparar seu peso com a norma ou a comparar as dimensões corporais que elas estimavam com medidas reais (Rosen et al., 1990). Podem ser criadas muitas experiências ou experimentos comportamentais para dar ao paciente mais *feedbacks* objetivos sobre sua aparência, o que poderia ajudá-lo a questionar suas imagens distorcidas.

Em estudos com pacientes sem TDC, os exercícios corretores produziram menos distorção da aparência (Goldsmith e Thompson, 1989; Norris, 1994; Rosen, Saltzberg e Srebnik, 1989), mas não necessariamente mais satisfação com a aparência (Biggs, Rosen e Summerfield, 1980; Fernández e Vandereycken, 1994). Além disso, o treinamento em percepção não se soma ao benefício global dos programas cognitivo-comportamentais básicos (Rosen et al., 1990). A principal vantagem do *feedback* corretor poderia ser o fato de facilitar a aquisição de uma maior consciência sobre o transtorno, em vez de modificar a imagem corporal em si mesmos (Garner e Bemis, 1982). Por exemplo, Vandereycken mostra a suas pacientes com anorexia nervosa uma fita de vídeo sobre o aspecto que elas têm biquíni quando dão entrada na clínica, a fim de ajudá-las a parar com a negação da aparência (Vandereycken, Probst e Van Bellinghen, 1992).

Marks (Cromarty e Marks, 1995; Marks, 1995) e Newell e Shrubb (1994) recomendam enfrentar a crença no defeito diretamente, representando um debate ou questionamento por meio do qual o paciente tem que encontrar evidências para refutar o defeito percebido. Por exemplo, um homem que se queixava de que sua cabeça era grande demais representou o papel de advogado de defesa num julgamento de brincadeira (Cromarty e Marks, 1995):

Terapeuta: "O promotor observa ao juiz que sua cabeça é tão grande que não cabia direito na porta quando o senhor entrou!"
Paciente: "Minha cabeça pode ser grande, mas isso não é verdade, não chegou nem sequer a tocar nos lados da porta."
Terapeuta: "[...] o promotor alega que sua cabeça é tão grande que nunca poderá usar chapéu."
Paciente: "Isso não é verdade! Já usei chapéu no passado e tenho fotografias para provar!"
Terapeuta: "Mas o senhor mandou que fossem feitos especialmente para poderem encaixar no tamanho da sua cabeça!"
Paciente: "Não! Eu os comprei numa loja, como todo mundo."

Newell e Shrubb (1994) empregaram este tipo de questionamento para romper a resistência dos seus pacientes à terapia de exposição.

Embora o enfrentamento do defeito tenha o potencial de ser terapêutico, o momento em que é feito é importante. Oferecer ao paciente um *feedback* objetivo representa uma demanda implícita de que aceita a realidade do clínico sobre a sua própria. Muitas vezes é mais eficaz começar a reestruturação cognitiva com crenças que são menos sólidas. Neste caso, é preciso ter o cuidado de não discutir se o suposto defeito existe realmente. Na medida do possível se deveria validar, em vez de degradar a percepção do paciente ("Já sei ao que você está se referindo. O estômago não é tão plano quanto você quer, mas curvado e redondo"). É preciso desenvolver a tolerância do paciente em admitir imperfeições físicas, mas o que é ainda mais importante: as implicações percebidas do defeito devem ser questionadas. Nossa experiência nos mostra que a crença no defeito começa a desvanecer-se por si mesma e o terapeuta pode questioná-la melhor à medida que o paciente abandona convicções secundárias de estar submetido à avaliação ou ser avaliado negativamente por outras pessoas.

IV.2.4. *Tipo de queixa sobre a aparência*

Uma das características mais fascinantes do TDC é o tipo de queixa sobre a aparência. A localização do defeito e o significado que o paciente lhe atribui podem constituir uma abertura para outras disfunções ou imagens de si mesmo e, por conseguinte, pode ser útil no diagnóstico ou no tratamento. Por exemplo, Birtchnell, Whitfield e Lacey (1990) constataram que se sentir incômodo com a sexualidade é freqüente entre mulheres que pedem uma diminuição do peito. Nestes casos, devem ser identificados os pensamentos ou as conotações sexuais e modificá-los por meio do diário de auto-registro. Poderia ser necessária uma terapia complementar para abordar a disfunção sexual. O paciente de Schmidt e Harrington (1995) com as "mãos anormalmente pequenas" sentia-se uma pessoa fraca e pouco masculina. Entretanto, é preciso ter cuidado ao aplicar interpretações estereotipadas a partes do corpo. Tivemos pacientes que pensavam que seus traços faciais faziam com que parecessem promíscuos e outras pacientes com obsessões em relação ao peito que não tinham conotações sexuais. A interpretação tem que ser apoiada em evidências.

Outra dimensão da aparência é a visibilidade do defeito. Muitos pacientes com TDC possuem anomalias perceptíveis (Thomas e Goldberg, 1995), enquanto outros se queixam de defeitos totalmente imperceptíveis. A característica essencial do TDC é o fato de que a queixa física é excessiva com respeito à evidência objetiva. Ambos os tipos de queixas, imaginárias ou exageradas, podem ser diagnosticadas como transtorno dismórfico corporal. É tentador pensar que o paciente que sofre de algum defeito real, embora sempre com uma aparência normal, tem mais justificativa para sentir-se incomodado e se encontra menos perturbado, já que ele não "distorce" sua aparência. Mas a distorção perceptiva da aparência é somente uma faceta da imagem corporal perturbada. O TDC também é composto de características cognitivas e comportamentais. Nem todos os pacientes manifestam os três tipos de disfunções. Considere o seguinte exemplo de um sujeito sem TDC: um homem com um braço amputado se sente sem valor, evita estar em público e age de modo hostil se alguém comenta alguma coisa sobre o membro que lhe falta. A vergonha deste homem é perturbadora, causa interferências e exige tratamento, mesmo tendo uma deformidade real e estando exposto a uma rejeição real. Do mesmo modo, no TDC, o terapeuta deve abordar a interpretação do paciente sobre sua aparência e as adaptações feitas no seu comportamento, independentemente do aspecto real.

Atualmente não existe nenhum estudo sobre o TDC que tenha examinado as diferenças na gravidade dos sintomas, na psicopatologia ou na resposta ao tratamento, quando se agrupam segundo as partes do corpo ou as características da aparência. Como em outros transtornos somatoformes, o problema no TDC pode ser que não seja o tamanho do defeito ou a parte do corpo em que o paciente o vê, mas sim o próprio fato do paciente estar preocupado.

IV.2.5. *O enfrentamento dos estereótipos e do preconceito*

Os sintomas de uma imagem corporal negativa são muito freqüentes nas pessoas com excesso de peso devido à discriminação social que experimentam. Embora seja possível que não satisfaçam os critérios do TDC devido a seu defeito "real", a reestruturação cognitiva da preocupação com a aparência continua sendo apropriada. Os pensamentos realistas sobre encontros, onde se dá a discriminação, não deveriam ser passados por alto. Entretanto, é preciso ajudar o paciente a aprender mais formas de responder, aumentando a auto-estima e o enfrentamento do estigma da obesidade. Em primeiro lugar, os pacientes deveriam ser desestimulados a procurar defeitos em si mesmos para explicar as atitudes negativas de outras pessoas. Em vez de aceitar a crítica como pessoalmente relevante, o paciente deveria reconhecê-la como um tipo de preconceito, um tratamento ignorante e desconsiderado de uma parte da sociedade. Além disso, como a maioria das pessoas obesas aceita os estereótipos sobre a obesidade e culpam demais a si mesmas pelo excesso de peso, é importante fomentar sua resistência, proporcionando-lhes informações sobre as causas não comportamentais, genéticas e fisiológicas da obesidade. Também se poderia estimular a pessoa a encontrar exemplos da sua própria experiência que contrastem esses estereótipos (ex., a pessoa não pode ser fraca e indisciplinada, já que é resoluta e competente em muitas outras áreas da vida).

Segundo, os participantes terão que aprender a diminuir a importância das características segundo as quais são julgados, ou seja, sua aparência de excesso de peso. Embora seus iguais julguem as pessoas com excesso de peso como menos atraentes, essas avaliações não mostram diferenças entre obesos e não obesos na magnitude da satisfação ou na competência social percebida (Jarvie et al., 1983; Miller et al., no prelo).

Terceiro, os pacientes deveriam ser desestimulados a só se compararem com pessoas mais magras que eles. As comparações num único sentido perpetuam os sentimentos de diferença. Ao contrário, os participantes deveriam comparar-se com uma faixa mais diversa e representativa de tipos corporais. Desde que não se torne excessivo, as comparações sociais deveriam ser feitas com outras pessoas com excesso de peso. Tivemos sucesso em reduzir os sintomas da imagem corporal, clinicamente graves, em homens e mulheres obesos, até níveis normais, utilizando unicamente esta terapia para a imagem corporal, sem nenhuma instrução nem ajuda para controlar o peso (Rosen, Orosan e Reiter, 1995).

IV.3. *Procedimentos comportamentais*

As fortes emoções de ansiedade, o comportamento de esquiva que as acompanha, o exame do corpo e os rituais de arrumar-se fazem com que o transtorno dismórfico corporal seja adequado para as técnicas de exposição e de prevenção da resposta.

IV.3.1. *A exposição e as situações evitadas*

Recomendamos que antes de enfrentar em público as situações que provocam ansiedade o paciente deveria começar com a exposição à contemplação do próprio corpo, sem supervisão, na intimidade da sua própria casa. Pode ser desenvolvida uma hierarquia das partes corporais, da mais satisfatória para a mais perturbadora, entrevistando o paciente ou utilizando uma simples escala de satisfação corporal como a *Escala de catexis corporal (Body cathexis scale;* Secord e Jourard, 1953). O paciente deveria praticar a contemplação de cada passo da hierarquia durante um minuto ou dois, até ser capaz de fazê-lo sem um mal-estar significativo e sem linguagem negativa em relação ao corpo. A exposição seria realizada vestido/a e depois nu/a diante de um espelho de corpo inteiro. Cash (1995) recomenda que o sujeito aprenda primeiro a relaxar e progrida a seguir, ao longo da hierarquia, utilizando a dessensibilização sistemática. Giles (1988) relatou uma terapia similar de dessensibilização com uma mulher com bulimia nervosa, que se imaginava contemplando uma hierarquia de áreas corporais perturbadoras em um espelho.

O paciente deveria assegurar-se de contemplar as áreas satisfatórias e ligeiramente insatisfatórias a fim de obter uma imagem completa de si mesmo, em vez de centrar-se imediatamente nos locais ofensivos. Muitos pacientes com TDC evitam olhar para seu defeito e podem considerar esta tarefa muito penosa. É possível que seja necessário realizar a exposição ao longo de várias semanas. Praticar vários dias por semana facilitará a habituação. Outros pacientes com TDC já se examinam diante do espelho. Nestes casos, deveria igualmente ser realizada a tarefa de exposição, mas o paciente seria instruído a praticar uma linguagem neutra, objetiva, em relação ao corpo enquanto contempla a si mesmo. O objetivo não é convencer o paciente de que sua aparência é atraente, mas simplesmente tolerar a visão da própria imagem.

Após a tarefa com espelho em casa, muitas vezes ampliamos a exposição para incluir a contemplação de si mesmo em situações mais públicas, como ver-se refletido nas vitrines da lojas, ver-se nos espelhos dos provadores, nos espelhos dos banheiros, etc. Ver sua própria imagem num contexto público parece ser mais problemático, talvez porque o paciente esteja pensando que sua aparência está sendo exposta também a outras pessoas.

Alguns pacientes com TDC evitam completamente os passeios em público e se encontram bastante incapacitados. Outros funcionam socialmente, mas evitam uma participação total ou uma exposição total do defeito. Como as técnicas de exposição podem ser sutis, é necessária uma avaliação completa. Quanto mais hábitos de esquiva possam ser identificados, mais oportunidades o terapeuta pode arranjar para que o paciente desaprenda o excesso de autoconsciência de si mesmo. A esquiva serve unicamente para perpetuar o transtorno, porque o paciente nunca tem uma oportunidade de extinguir as respostas de ansiedade diante dos estímulos desencadeantes.

O diário de auto-registro da imagem corporal pode revelar hábitos de esquiva. O *Exame do transtorno dismórfico corporal* traz perguntas sobre categorias gerais de esquiva (p. ex., locais públicos e sociais, vestir-se, nudez, atividades físicas, tocar o próprio corpo). Deveriam ser obtidos exemplos detalhados destes tipos de esquiva. Observar o paciente poderia revelar tipos de disfarces sob a forma de comportamentos não-verbais ou o modo de vestir-se (p. ex., colocar as mãos sobre a boca), que o paciente não percebe ou não o faz voluntariamente. Quando finalmente se consiga uma hierarquia de situações perturbadoras, deveriam ser levados em conta os sinais de contexto que influenciam o grau de dificuldade, como a familiaridade das pessoas, a proximidade física dos outros e o tipo de interação social (p. ex., falar diante de um grupo comparado a falar com um indivíduo). Munjack (1978) apresentou o exemplo de uma hierarquia quando aplicou a dessensibilização num homem preocupado com a atenção prestada à cor avermelhada do seu rosto.

Alguns pacientes com TDC evitam, com sucesso, a atenção indesejada à sua aparência durante tanto tempo que não se dão conta das situações que são difíceis de controlar. Nestas circunstâncias, poderia ser útil começar com uma série de testes de esquiva comportamental para comprovar o mal-estar. Thompson, Heinberg e Marshall (1994) apresentaram um exemplo desta avaliação, que implicava fazer com que o sujeito avaliasse o mal-estar a uma proximidade cada vez maior do espelho e medisse a distância a que era capaz de chegar.

Exemplos de tarefas de exposição que utilizamos são os seguintes: usar roupas justas em vez de vestidos soltos, desnudar-se diante do cônjuge, não tapar os traços do rosto com as mãos ou com o penteado, vestir-se de modo a deixar as cicatrizes visíveis, fazer exercícios em público usando agasalho esportivo, tomar banho na academia e não em casa, chamar a atenção sobre a aparência com roupas mais modernas, acentuar um traço perturbador (p. ex., as sombrancelhas) com maquiagem ou não utilizá-la para mascarar o traço, ficar mais perto das pessoas, fazer contato ocular com desconhecidos e experimentar roupas ou maquiagem em lojas e pedir ao vendedor *feedback* sobre seu aspecto.

Um exemplo de exposição graduada com um paciente que era muito autoconsciente das suas mãos foi trabalhar da seguinte forma: permanecer com as mãos fora dos bolsos na presença de outras pessoas, deixar que um desconhecido o cumprimentasse com um aperto de mão, usar um relógio de pulso e fazer com que toque o alarme para chamar mais atenção para suas mãos, assinar um cheque diante de um empregado de banco, experimentar anéis numa joalheria diante do vendedor e, finalmente, deixar que um supervisor no trabalho veja suas unhas sujas.

Um dos casos de Marks e Mishan (1988) tinha preocupações com sua pele e lábios avermelhados. O paciente foi se reintroduzindo gradualmente nas situações sociais evitadas, desde pegar um ônibus até senta perto dos outros, para finalmente deixar um pouco de pasta de dentes nos lábios para chamar mais a atenção sobre eles. Neziroglu e Yaryura-Tobias (1993) descreveram vários pacientes com preocupações com os cabelos aos quais foi pedido que passeassem em público com o cabelo despenteado enquanto o terapeuta questionava seus pensamentos sobre a necessidade de ser perfeito e de aprovação.

Um aspecto autoderrotista de evitação no TDC é que os esforços para camuflar ou ocultar o defeito podem piorar a aparência, encerrando o paciente em um rígido estilo de vida de inibição ao se vestir, se arrumar, no comportamento não-verbal, nas atividades físicas, etc. Muitos dos nossos pacientes que temiam ser considerados pouco atraentes, pouco interessantes, feios, estranhos, etc. criaram sua própria realidade evitando os próprios comportamentos que poderiam torná-los mais atraentes. No curso da terapia de exposição, os pacientes normalmente descobrem que não só podem tolerar a ansiedade, como também experimentam um sensação de liberação ao incorporar novos estilos de vestir e de atividades físicas ao seu repertório.

IV.3.2. *Prevenção da resposta de examinar-se e arrumar-se*

A maioria dos pacientes com transtorno dismórfico corporal realizam alguma forma de exame do corpo, o que representa esforços deliberados de inspecionar, submeter à avaliação, medir ou corrigir sua aparência. Comportamentos típicos são inspecionar a si mesmo diante do espelho, pesar e medir partes do corpo com fitas métricas. É freqüente a conduta de arrumar-se excessivamente associada ao examinar a si mesmo. Exemplos disso são observar-se com diferentes roupas antes de vestir-se de manhã, alisar o cabelo inúmeras vezes, maquilar-se muitas vezes durante o dia, cortar as unhas excessivamente e arrancar pelos superficiais.

Como acontece nas compulsões, em alguns casos, o paciente com TDC se dedicará ao exame do corpo como um ritual para deter o pensamento incômodo sobre o defeito. Por exemplo, um paciente poderia correr para o espelho e examinar-se detalhadamente ao ter o pensamento de parecer repugnante a alguém com quem acaba de falar. Em outros casos, o comportamento necessita de características compulsivas, mas examinar-se perpetua uma preocupação negativa com a aparência. Por exemplo, uma paciente brigava consigo enquanto se pesava, fazendo isso três vezes ao dia.

O comportamento de examinar-se pode ser rapidamente avaliado no TDC por meio do *Exame do transtorno dismórfico corporal* ou da *Y-BOCS* modificada, que avalia também o grau de interferência provocada pela conduta. Nenhum estudo de caso do TDC utilizou amplamente medidas comportamentais da freqüência e do tempo passado enfeitando-se ritualisticamente e examinando-se, embora esta avaliação possa ser útil no decorrer do tratamento. Também poderiam ser utilizados teste de evitação comportamental a fim de medir a capacidade do paciente para resistir ao comportamento. Por exemplo, poderia ser medido o tempo em que um paciente se contempla no espelho enquanto se abstém de ajeitar o cabelo. Estas avaliações comportamentais poderiam ajudar o terapeuta a elaborar uma redução planejada das condutas e proporcionar, além disso, uma medida objetiva dos benefícios do tratamento.

Os comportamentos de enfeitar-se e de examinar-se podem normalmente ser reduzidas, empregando técnicas simples de autocontrole. Exemplos disso são: diminuir a freqüência com que se pesa, cobrir os espelhos, sair de casa sem o estojo de maquiagem, estabelecer um tempo fixo para vestir-se, permitir apenas duas mudanças de roupa, abster-se de inspecionar manchas na pele, etc. Uma avaliação situacional destes comportamentos, anotadas no diário de auto-registro da imagem corporal, é útil para identificar os sinais que desencadeiam o comportamento de examinar-se e para incorporá-los no plano de mudança e comportamento. Por exemplo, um paciente poderia contar que se pesa depois de cada refeição, além de fazê-lo de manhã e de tarde. Baseando-se no grau de impulso para realizar a conduta, o paciente poderia começar eliminando a pesagem de noite e de manhã e, mais tarde, comer sem se pesar. Geralmente, estas intervenções podem ser realizadas sem a supervisão do terapeuta. Depois, o terapeuta deveria revelar o objetivo da tarefa, perguntando ao paciente sobre o efeito real de não examinar-se comparado ao da previsão temida. Por exemplo, uma paciente poderia sentir alívio ao descobrir que seu peso permaneceu estável, mesmo não tendo sido vigiado de perto. Outra paciente poderia achar que as pessoas não a tratavam de um jeito diferente mesmo ao aventurar-se sair sem maquiagem. Cash (1995) apresentou um formato de auto-registro no qual a paciente podia identificar a conduta, seu plano para se arranjar sem ela, e o efeito de não realizar o comportamento. Uma folha de trabalho como esta constitui um duplo sinal, um para a mudança na paciente e outro para a avaliação do progresso pelo terapeuta.

Nos casos em que a freqüência é alta ou o impulso para executar a conduta é forte, será necessária uma exposição supervisionada acompanhada da prevenção da resposta. Marks e Mishan (1988) descreveram uma mulher que se preocupava com o cheiro horrível do seu suor. Acompanharam-na no início nas saídas para locais públicos sem banhar-se e sem usar desodorante. Para aumentar a resistência ao comportamento, poderia ser útil acentuar, em primeiro lugar, o desejo de corrigir o defeito e logo prevenir a conduta. Por exemplo, Neziroglu e Yaryura-Tobias (1993) fizeram com que uma mulher exagerasse as marcas vasculares ao redor do nariz com uma caneta e que se abstivesse de usar maquiagem enquanto se olhava no espelho. Despentear-se e abster-se de pentear-se diante do espelho foi utilizado em vários casos (Neziroglu e Yaryura-Tobias, 1993). Um dos nossos pacientes estava obcecado com o fato de suas unhas serem desiguais, e constantemente as comia e mordia as bordas da pele. Nas sessões de terapia, cortava uma unha e se abstinha de comer as outras.

IV.3.3. *A eliminação da busca de palavras tranqüilizadoras*

Outra variação do comportamento de examinar-se consiste em buscar palavras tranqüilizadoras em outras pessoas, perguntando normalmente se o defeito é muito notado ou se está pior do que antes. A busca de palavras tranqüilizadoras pode atingir uma freqüência muito elevada, até o ponto de que uma paciente pode perguntar ao marido dezenas de vezes se está com boa aparência antes de sair de casa. Esta conduta é outro exemplo de linguagem negativa em relação ao corpo, só que verbalizada em voz alta diante dos outros. Buscar palavras tranqüilizadoras é autoderrotista porque não elimina a preocupação (o paciente não acredita nas palavras), treina, sem perceber, outras pessoas a terem mais interesse pela aparência do paciente e pode tensionar as relações com o cônjuge e com membros da família. Geralmente é possível e desejável eliminar esta conduta completamente. Poderia ser necessário convencer a paciente a cooperar com a intervenção, enfatizando as conseqüências negativas da busca de palavras tranqüilizadoras sobre suas relações. Igualmente é útil explicar que a terapia tem o propósito de fazer os pacientes sentirem mais confiança em si mesmos e, para conseguir isso, têm que aprender a não depender das opiniões alheias. Na maioria dos casos, podemos simplesmente instruir o paciente a deixar de perguntar a fim de obter *feedback*. Também é necessário eliminar as tentativas indiretas de obter palavras tranqüilizadoras. Por exemplo, uma paciente deveria abster-se de dizer em voz alta "Amor, estou com o cabelo tão desajeitado...". Pode ser necessária também a exposição somada à prevenção da resposta. Por exemplo, a paciente poderia praticar passeando diante do seu cônjuge, vestida de modo descuidado e abster-se de pedir sua opinião. A busca de tranqüilidade médica, como as contínuas consultas ao dermatologista, deveria ser eliminada, como se faria no tratamento cognitivo-comportamental da hipocondria (Warwick e Salkovskis, 1989).

IV.3.4. *Aceitar elogios*

Relacionado à busca de palavras tranqüilizadoras, encontra-se o problema dos pacientes com TDC de recusar a *feedbak* positivo que recebem espontaneamente. Infelizmente, devido a processos cognitivos distorcidos, o paciente normalmente passa por alto ou rejeita qualquer *feedback* que discorde da sua imagem corporal negativa. Como outras pessoas podem ser mais objetivas, e normalmente mais positivas, sobre a aparência do paciente, seria desejável que este prestasse atenção a esta informação e a incorporasse a sua auto-imagem. Para atacar este problema de forma comportamental, treinamos os pacientes por meio da representação de conversas para absterem-se de recusar elogios (ex., Não, não é verdade. Hoje estou com uma aparência horrível"). Ao contrário, o paciente pratica a aceitação dos elogios (ex., "Obrigada. *É um novo penteado*") e o ensaia em voz baixa, para facilitar sua absorção.

IV.3.5. *Enfrentar o estigma social*

Alguns pacientes sem TDC, mas com defeitos reais de aparência, como deformidades ou uma obesidade grave, precisam de ajuda quanto a gerar respostas comportamentais de enfrentamento em situações que compreendem ser incomodados, postos em ridículo ou observados fixamente por outras pessoas. Além da reestruturação cognitiva, já apresentada, estimulamos os pacientes a identificar e modificar os comportamentos desadaptativos. Os problemas típicos que encontramos são: insultar o desconhecido aos gritos ou começar uma briga em represália, fazer cara ou gestos ameaçadores, evitar locais públicos, chorar, etc. Por exemplo, uma mulher obesa se queixava de que as crianças diziam em público: "Mãe, olha só essa gorda!". Ela se irritava com a criança ou evitava sair de casa. Ensinamos a paciente a aproximar-se mais das crianças nas lojas e a sorrir. Deixou de sentir-se incomodada e descobriu que as observações negativas por parte de desconhecidos diminuíam à medida que ela se comportava de modo mais amável.

IV.3.6. *A eliminação do excesso de comparações*

Um passo final do comportamento de examinar-se é comparar os próprios defeitos com a mesma área do corpo de outras pessoas. O paciente poderia estar em busca da confirmação da sua autopercepção negativa ou do alívio no conhecimento de que não são os únicos. Seja qual for o motivo, é fácil preocupar-se com estas comparações e a freqüência pode atingir níveis elevados, até o ponto de o paciente ser incapaz de olhar para outras pessoas sem centrar-se na sua aparência. Olhar fotografias das revistas de moda e de fisiculturismo é outro sinal freqüente de comparação. Estas comparações normalmente estão condenadas ao fracasso. Ou estão voltadas para pessoas que têm uma aparência melhor, em vez de comparar-se com a faixa de pessoas normais, ou o paciente percebe que todo o mundo tem um aspecto melhor, independentemente da comparação em termos objetivos. Devido à carga de autoderrotismo que representa, deveria ser feito um esforço por controlar esta forma de exame. Podem ser elaboradas estratégias de autocontrole adaptadas ao hábito do paciente. Pode ser pedido que não compre revistas de moda, fique na primeira fila na aula de aeróbica, onde não será possível observar os outros participantes e não verbalize em voz alta as comparações com outras pessoas (p. ex., "Você está tão bem... eu gostaria de ter o seu tipo"). Uma dificuldade na redução das comparações é que normalmente se manifesta de forma mais cognitiva que comportamental. As estratégias cognitivas poderiam incluir: centrar-se num aspecto da aparência da pessoa que seja diferente ao que se relaciona com o defeito do paciente (ex., olhar para o sorriso em vez de olhar para o tamanho do nariz), interromper as comparações negativas ("Eu gostaria de ter um corpo como o seu") com expressões de auto-aceitação, apreciar a beleza em outras pessoas ("Que silueta bonita você tem!") em vez de deter-se em pensamentos hostis, de ciúmes ("Não posso suportar essas mulheres tão magras.") e centrar-se em traços não relacionados à aparência em outros indivíduos ("Ele parece ser tão amável!").

V. CONCLUSÕES

Embora o transtorno dismórfico corporal tenha sido descrito na literatura psiquiátrica há muitos anos, os enfoques psicológicos para seu tratamento têm uma história muito curta. O conhecimento sobre o tratamento eficaz é muito limitado atualmente, devido principalmente aos escassos estudos que se baseiam numa metodologia experimental e em uma avaliação rigorosa. O único estudo com grupo de controle proporciona uma sólida evidência em apoio à terapia cognitivo-comportamental. Entretanto, este estudo precisa ser replicado por outros pesquisadores. Muitas perguntas sobre a eficácia do tratamento continuam sem resposta. Algumas delas referem-se à manutenção da melhora no seguimento a longo prazo, à eficácia do tratamento com os homens, ao tratamento em grupo comparado ao tratamento individualizado, à comparação de diferentes terapias psicológicas e aos resultados do tratamento de acordo com características clínicas, como o tipo de queixas sobre a aparência e a presença de pensamentos delirantes. O sucesso dos enfoques comportamentais sugere que os sintomas do transtorno dismórfico corporal sejam hábitos sujeitos à extinção por meio do autocontrole e do condicionamento. Embora estes dados demonstrem que a aprendizagem é importante na manutenção dos sintomas, não estão claros os antecedentes do transtorno dismórfico corporal. As teorias sobre as causas têm ido a reboque dos modelos de tratamento.

O transtorno dismórfico corporal é um desafio para os clínicos porque precisa ser distinguido de outros tipos de preocupação com a imagem corporal, porque a maioria dos portadores são resistentes inicialmente à intervenção psicológica e porque os sintomas são diversos e, às vezes, profundos. Algumas características do transtorno dismórfico corporal, como as compulsões, são conhecidas dos clínicos que trabalham com outros transtornos similares. Entretanto, mudar a atitude ou imagem mental do paciente sobre sua aparência pode ser pertubador. Felizmente, as pessoas possuem dentro de si a capacidade de mudar sua imagem corporal, sem mudar sua aparência física, se o terapeuta proporcionar diretrizes concretas e sistemáticas.

REFERÊNCIAS

American Psychiatric Association. (1994). *Diagnostic and statistical manual of mental disorders*, 4ª edición *(DSM-IV)*. Washington, D.C.: APA.
Andreasen, N. C. y Bardach, J. (1977). Dysmorphophobia: Symptom or disease? *American Journal of Psychiatry, 134*, 673-676.
Barlow, D. H. (1988). *Anxiety and its disorders: The nature and treatment of anxiety and panic*. Nueva York: Guilford Press.
Beck, A. T., Rush, A. J., Shaw, B. F. y Emery, G. (1979). *Cognitive therapy of depression*. Nueva York: Guilford Press.
Biggs, S. J., Rosen, B. y Summerfield, A. B. (1980). Video-feedback and personal attribution in anorexic, depressed, and normal viewers. *British Journal of Medical Psychology, 53*, 249-254.
Birtchnell, S., Whitfield, P. y Lacey, J. (1990). Motivational factors in women requesting augmentation and reduction mammaplasty. *Journal of Psychosomatic Research, 34*, 509-514.
Bloch, S. y Glue, P. (1988). Psychotherapy and dysmorphophobia: A case report. *British Journal of Psychiatry, 152*, 271-274.
Braddock, L. E. (1982). Dysmorphophobia in adolescence: A case report. *British Journal of Psychiatry, 140*, 199-201.
Cash, T. F. (1995). *What do you see when you look in the mirror?: Helping yourself to a positive body image*. Nueva York: Bantam Books.

Cash, T. F. y Pruzinsky, T. (dirs.) (1990). *Body images: Development, deviance and change*. Nueva York: Guilford Press.

Cash, T. F., Winstead, B. A. y Janda, L. H. (1986, abril). Body image survey: The great American shape-up. *Psychology Today, 20*, 30-44.

Cromarty, P. y Marks, I. (1995). Does rational roleplay enhance the outcome of exposure therapy in dysmorphophobia? A case study. *British Journal of Psychiatry 167*, 399-402.

De Leon, J., Bott, A. y Simpson, G. M. (1989). Dysmorphophobia: Body dysmorphic disorder of delusional disorder, somatic subtype? *Comprehensive Psychiatry, 30*, 457-472.

Feingold, A. (1992). Good-looking people are not what we think. *Psychological Bulletin, 111*, 304-341.

Fernández, F. y Vandereycken, W. (1994). Influence of video confrontation on the self-evaluation of anorexia nervosa patients: A controlled study. *Eating Disorders, 2*, 135-140.

Garner, D. M. y Bemis, K. M. (1982). A cognitive-behavioral approach to anorexia nervosa. *Cognitive Therapy and Research, 6*, 123-150.

Giles, T. R. (1988). Distortion of body image as an effect of conditioned fear. *Journal of Behaviour Therapy and Experimental Psychiatry, 19*, 143-146.

Goldsmith, D. y Thompson, J. K. (1989). The effect of mirror confrontation and size estimation feedback on perceptual inaccuracy in normal females who overestimate body size. *International Journal of Eating Disorders, 8*, 437-444.

Gómez-Pérez, J. C., Marks, I. M y Gutiérrez-Fisac, J. L. (1994). Dysmorphophobia: Clinical features and outcome with behavior therapy. *European Psychiatry, 9*, 229-235.

Harris L. (1987). *Inside America*. Nueva York: Vintage Books.

Hay, G. G. (1970). Dysmorphophobia. *British Journal of Psychiatry, 116*, 399-406.

Hollander, E., Cohen, L. J. y Simeon, D. (1993). Body dysmorphic disorder. *Psychiatric Annals, 23*, 359-364.

Hollander, E., Liebowitz, M. R., Winchel, R., Klumer, A. y Klein, D. F. (1989). Treatment of body-dysmorphic disorder with serotonin reuptake blockers. *American Journal of Psychiatry, 146*, 768-770.

Jarvie, G. J., Lahey, B., Graziano, W. y Farmer, E. (1983). Childhood obesity and social stigma: What we know and what we don't know. *Developmental Review, 3*, 237-273.

Kanner, A. D., Coyne, J. C., Schaefer, C. y Lazarus, R. S. (1981). Comparison of two modes of stress measurement: Daily hassles and uplifts versus major life events. *Journal of Behavioral Medicine, 4*, 1-39.

Kozak, M. J. y Foa, E. B. (1994). Obsessions, overvalued ideas, and delusions in obsessive-compulsive disorder. *Behaviour Research and Therapy, 32*, 343-353.

Lacey, J. H. y Birtchnell, S. A. (1986). Body image and its disturbances. *Journal of Psychosomatic Research, 30*, 623-631.

Lowe, C. F. y Chadwick, P. D. J. (1990). Verbal control of delusions. *Behavior Therapy, 21*, 461-479.

Marks, I. (1995). Advances in behavioral-cognitive therapy of social phobia. *Journal of Clinical Psychiatry, 56*, 25-31.

Marks, I. y Mishan, J. (1988). Dysmorphophobic avoidance with disturbed bodily perception: A pilot study of exposure therapy. *British Journal of Psychiatry, 152*, 674-678.

McKenna, P. J. (1984). Disorders with overvalued ideas. *British Journal of Psychiatry, 145*, 579-585.
Miller, C. T., Rothblum, E. D., Felicio, D. y Brand, P. (en prensa). Compensating for stigma: Obese and nonobese women's reactions to being visible. *Personality and Social Psychology Bulletin.*
Munjack, D. J. (1978). The behavioral treatment of dysmorphophobia. *Journal Behavior Therapy and Experimental Psychiatry, 9*, 53-56.
Munro, A. y Chmara, J. (1982). Monosymptomatic hypochondriacal psychosis: A diagnostic checklist based on 50 cases of the disorder. *Canadian Journal of Psychiatry, 27*, 374-376.
Munro, A. y Stewart, M. (1991). Body dysmorphic disorder and the DSM IV: The demise of dysmorphophobia. *Canadian Journal of Psychiatry, 36*, 91-96.
Newell, R. y Shrubb, S. (1994). Attitude change and behaviour therapy in body dysmorphic disorder: Two case reports. *Behavioural and Cognitive Psychotherapy, 22*, 163-169.
Neziroglu, F. A., McKay, D., Todaro, J. y Yaryura-Tobias, J. A. (1996). Effect of cognitive behavior therapy on persons with body dysmorphic disorder and comorbid Axis II diagnoses. *Behavior Therapy, 27*, 67-77.
Neziroglu, F. A. y Yaryura-Tobias, J. A. (1993). Body dysmorphic disorder: Phenomenology and case descriptions. *Behavioural Psychotherapy, 21*, 27-36.
Norris, D. L. (1984). The effects of mirror confrontation on self-estimation in anorexia nervosa, bulimia and two control groups. *Psychological Medicine, 14*, 835-842.
Orosan, P., Rosen, J. C. y Tang, T. (1996, abril). Critical incidents in the development of body image. Presentation in symposium on body image, 7th International Conference on Eating Disorders, New York City, Nueva York.
Pantano, M. y Santonastaso, P. (1989). A case of dysmorphophobia following recovery from anorexia nervosa. *International Journal of Eating Disorders, 8*, 701-704.
Philippopoulos, G. S. (1979). The analysis of a case of dysmorfophobia. *Canadian Journal of Psychiatry, 24*, 397-401.
Phillips, K. A. (1991). Body dysmorphic disorders: The distress of imagined ugliness. *American Journal of Psychiatry, 148*, 1138-1149.
Phillips, K. A. (1993). *Body dysmorphic disorder modification of the YBOCS, McLean version*. Belmont, Massachusetts: McLean Hospital.
Phillips, K. A., McElroy, S. L., Keck, P. E., Pope, H. G. y Hudson, J. I. (1993). Body dysmorphic disorder: 30 cases of imagined ugliness. *American Journal of Psychiatry, 150*, 302-308.
Phillips, K. A., McElroy, S. L., Keck, P. E., Hudson, J. I. y Pope, H. G. (1994). A comparison of delusional and nondelusional body dysmorphic disorder in 100 cases. *Psychopharmacology Bulletin, 30*, 179-186.
Pliner, P., Chaiken, S. y Flett, G. L. (1990). Gender differences in concern with body weight and physical appearance over the life span. *Personality and Social Psychology Bulletin, 16*, 263-273.
Rosen, J. C. (1996). Body image assessment and treatment in controlled studies of eating disorders. *International Journal of Eating Disorders, 19*.
Rosen, J. C., Cado, S., Silberg, S., Srebnik, D. y Wendt, S. (1990). Cognitive behavior therapy with and without size perception training for women with body image disturbance. *Behavior Therapy, 21*, 481-498.
Rosen, J. C., Orosan, P. y Reiter, J. (1995). Cognitive behavior therapy for negative body image in obese women. *Behavior Therapy, 26*, 25-42.

Rosen, J. C. y Reiter, J. (1996). Development of the Body Dysmorphic Disorder Examination. *Behaviour Research and Therapy*.

Rosen, J. C., Reiter, J. y Orosan, P. (1995). Cognitive behavioral body image therapy for body dysmorphic disorder. *Journal of Consulting and Clinical Psychology, 63*, 263-269.

Rosen, J. C., Saltzberg, E. y Srebnik, D. (1989). Cognitive behavior therapy for negative body image. *Behavior Therapy, 20*, 393-404.

Schmidt, N. B. y Harrington, P. (1995). Cognitive-behavioral treatment of body dysmorphic disorder: A case report. *Journal of Behaviour Therapy and Experimental Psychiatry, 26*, 161-167.

Secord, P. F. y Jourard, S. M. (1953). The appraisal of body-cathexis: Body-cathexis and the self. *Journal of Consulting Psychology, 17*, 343-347.

Sturmey, P. y Slade, P. D. (1986). Anorexia nervosa and dysmorphophobia. *British Journal of Psychiatry, 149*, 780-782.

Takahashi, T. (1989). Social phobia syndrome in Japan. *Comprehensive Psychiatry, 30*, 45-52.

Thomas, C. S. (1984). Dysmorphophobia: A question of definition. *British Journal of Psychiatry, 144*, 513-516.

Thomas, C. S. y Goldberg, D. P. (1995). Appearance, body image and distress in facial dysmorphophobia. *Acta Psychiatria Scandinavica, 92*, 231-236.

Thompson, J. K, Heinberg, L. J. y Marshall, K. (1994, enero). The Physical Appearance Behavioral Avoidance Test (PABAT): Preliminary findings. *Behavior Therapist*, 9-10.

Vandereycken, W., Probst, M. y Van Bellinghen, M. (1992). Treating the distorted body experience of anorexia nervosa patients. *Journal of Adolescent Health, 13*, 403-405.

Warwick, H. M. C. y Salkovskis, P. M. (1989). Hypochondriasis. En J. Scott, J. M. G. Williams y A. T. Beck (dirs.), *Cognitive therapy: A clinical casebook*. Londres: Routledge.

Watts, F. N. (1990). Aversion to personal body hair: A case study in the integration of behavioural and interpretative methods. *British Journal of Medical Psychology, 63*, 335-340.

LEITURAS PARA APROFUNDAMENTO

Beck, A. T., Rush, A. J., Shaw, B. F. y Emery, G. (1979). *Cognitive therapy of depression*. Nueva York: Guilford Press.

Cash, T. F. (1995). *What do you see when you look in the mirror?: Helping yourself to a positive body image*. Nueva York: Bantam Books.

Cash, T. F. y Pruzinsky, T. (dirs.) (1990). *Body images: Development, deviance and change*. Nueva York: Guilford Press.

Rosen, J. C., Reiter, J. y Orosan, P. (1995). Cognitive behavioral body image therapy for body dysmorphic disorder. *Journal of Consulting and Clinical Psychology, 63*, 263-269.

Rosen, J. C., Saltzberg, E. y Srebnik, D. (1989). Cognitive behavior therapy for negative body image. *Behavior Therapy, 20*, 393-404.

Apêndice 1. Esquema do programa cognitivo-comportamental para o transtorno dismórfico corporal

Sessão 1:	Educação sobre a imagem corporal e a terapia da imagem corporal Definir a imagem corporal Proporcionar informações básicas sobre a psicologia da aparência física Definir o transtorno dismórfico corporal e o transtorno da imagem corporal e proporcionar informações sobre os fatores que causam e mantêm o transtorno Falar das atitudes do paciente em relação à terapia
Sessão 2:	Conseguir um histórico do desenvolvimento do transtorno da imagem corporal Treinar os pacientes no auto-registro das situações, pensamentos e comportamentos que tenham a ver com a imagem corporal
Sessão 3:	Ensinar técnicas para controlar a linguagem corporal negativa Elaborar uma hierarquia de características da aparência ou áreas corporais perturbadoras Proporcionar diretrizes no relaxamento Começar a exposição não supervisionada à visão da aparência no espelho, em casa
Sessão 4:	Identificar e começar a avaliar as suposições mal-adaptativas sobre a aparência Continuar a exposição à aparência no espelho, em casa
Sessão 5:	Continuar com a reestruturação cognitiva das suposições mal-adaptativas sobre a aparência Praticar a exposição da aparência em espelhos ou superfícies refletoras, em público
Sessão 6:	Começar a exposição a situações de imagem corporal que representem um desafio Continuar com a reestruturação cognitiva
Sessão 7:	Continuar com a exposição a situações de imagem corporal que representem um desafio Começar com a prevenção da resposta do comportamento excessivo sobre a imagem corporal
Sessões 8 a 10:	Continuar com a exposição a situações de imagem corporal que representem um desafio Continuar com a prevenção da resposta do comportamento excessivo sobre a imagem corporal Preparação para o final da terapia e para os acontecimentos que poderiam desencadear uma recaída

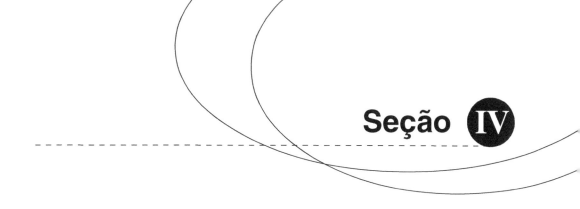

Seção IV

**TRATAMENTO COGNITIVO-COMPORTAMENTAL
DOS TRANSTORNOS DE CONTROLE DE IMPULSOS**

JOGO PATOLÓGICO
Capítulo 13

Louise Sharpe[1]

I. INTRODUÇÃO

A literatura descreve os níveis problemáticos do comportamento de jogar utilizando terminologias distintas. A empregada para descrever o jogo patológico tem normalmente apresentado uma grande carga teórica. Os termos incluem descrições da conduta de jogar como aditiva (Braown, 1987), compulsiva (Dickerson, 1990) ou patológica (Dickerson e Hinchey, 1988). Cada um dos termos faz suposições implícitas sobre a natureza problemática do comportamento de jogar. Por exemplo, tanto o *DSM-III-R* quanto o *DSM-IV* (American Psychiatric Association, 1987, 1994) a denominam como jogo patológico e a colocam na categoria dos transtornos de controle de impulsos. No momento atual, não existem provas suficientes para determinar categoricamente a natureza do comportamento problemático de jogar como impulsivo, aditivo ou compulsivo. Até certo ponto, a terminologia empregada para referir-se a níveis excessivos de jogo é arbitrária. Entretanto, neste capítulo se propiciará o conceito de jogo problemático para evitar argumentos teóricos sobre a natureza do mesmo, o que se encontra além do alcance que se pretende no momento (ver Dickerson, 1989 e Walker, 1989, para uma discussão sobre este tema). O jogo problemático será definido segundo os critérios teóricos apresentados no *DSM-IV* (APA, 1994) para o jogo patológico.

Segundo o *DSM-IV* (APA, 1994), o jogo patológico pode ser diagnosticado quando os pacientes possuem um "comportamento de jogo desadaptativo e persistente", caracterizado por pelo menos cinco entre dez possíveis critérios: 1) Preocupação com o jogo. Isto pode incluir preocupar-se com reviver as experiências passadas de jogo, planejar a aventura seguinte ou pensar no modo de obter dinheiro para jogar; 2) Necessidade de jogar cada vez com mais dinheiro para obter o mesmo nível de ativação; 3) Repetidos esforços sem sucesso para reduzir ou deixar de jogar; 4) Inquietação ou irritabilidade caso não possam jogar; 5) O jogo serve para fugir dos problemas da vida; 6) Comportamento conhecido como "recuperar" as próprias perdas, ou seja, o jogador volta a jogar para tentar recuperar o dinheiro perdido; 7) Mentir para pessoas do próprio meio que são importantes para si, incluindo os membros da família, o terapeuta ou outras pessoas, na tentativa de ocultar o grau de envolvimento no jogo; 8) Cometer atos ilegais ou delitos para financiar o problema de jogar; 9) Arriscar ou perder elementos importantes do estilo de vida (como família, amigos, trabalho) como conseqüência direta da conduta

---

[1] West Middlesex University Hospital (Reino Unido).

de jogo; 10) Contar com indivíduos ou instituições que proporcionem dinheiro para aliviar uma situação econômica desesperada que surge como resultado da conduta de jogar. Os critérios do *DSM-IV* excluem especificamente episódios da conduta de jogar que estão associados a um episódio maníaco. Entretanto, um diagnóstico de jogo patológico, segundo o *DSM-IV*, não elimina outro diagnóstico desse sistema de classificação.

II. BASES EMPÍRICAS DO TRATAMENTO

A prevalência do jogo problemático estimada por diferentes estudos chega a cifras entre 1 e 3% da população (Lesieur e Rosenthal, 1991), mas, apesar disso, as pesquisas sobre o tratamento têm sido relativamente escassas. As primeiras intervenções se centraram em enfoques psicodinâmicos para o tratamento dos jogadores-problema (Bergler, 1958) ou ocorreram em unidades especializadas de pacientes internados (p. ex., Russo et al., 1984). Evidentemente, esta última alternativa não costuma ser factível para a maioria dos clínicos. Além disso, os estudos nesta direção geralmente utilizaram um enfoque multivariado e sem grupo-controle, o que faz com que os resultados sejam de difícil interpretação.

Mais tarde, os enfoques comportamentais se popularizaram. Seager (1970) utilizou o treinamento em aversão com catorze jogadores e constatou que cinco deles continuavam sem jogar após três anos. Em seguida, Greenberg e Marks (1982) trataram uma série de casos (7 pacientes) com dessensibilização por meio da imaginação e constataram reduções no comportamento de jogar em três dos pacientes seis meses depois. Entretanto, isto representa menos de 50% de sua pequena amostra. Em um amplo estudo, sem grupos de controle, com 26 jogadores-problema, Greenberg e Rankin (1982) utilizaram uma série de técnicas comportamentais e obtiveram resultados similares. Ou seja, no acompanhamento (de 9 meses a 4,5 anos), cinco sujeitos tinham seu comportamento de jogo sob controle, sete tinham melhorado com recaídas ocasionais e, para os catorze restantes, o comportamento de jogo continuava sendo problemático. Embora isso indique que podem ser conseguidas estratégias úteis de tratamento derivadas de um enfoque comportamental, esses resultados estão longe de serem atraentes, já que menos da metade dos sujeitos destes estudos tinham obtido uma melhora significativa.

Continuando com o objetivo destes estudos comportamentais, McConaghy et al. (1983) realizaram um estudo no qual comparavam a dessensibilização por meio da imaginação com o treinamento aversivo num grupo de jogadores-problema. Os resultados indicaram que a dessensibilização por meio da imaginação foi superior ao treinamento aversivo. Um ano mais tarde, dos 10 sujeitos que receberam o primeiro tratamento, dois tinham deixado de jogar e cinco jogavam de modo controlado, comparado com oito sujeitos que tinham ainda um jogo problemático no grupo de treinamento aversivo. Num acompanhamento a longo prazo (de 2 a 9 anos), sem grupos-controle, dos sujeitos que participaram do programa com pacientes internos, 10 de 33 indivíduos tratados com dessensibilização sistemática haviam deixado de jogar e 16 foram capazes de controlar seu jogo (McConaghy, Blaszczynski e Frankova, 1991). Embora estes dados proporcionem um forte apoio ao emprego da dessensibilização sistemática no tratamento do jogo problemático, existe ainda muito campo para a melhora destes resultados. McConaghy e colaboradores receberam críticas pelo seu enfoque mecanicista de tratamento com um único procedimento (Dickerson, 1990). Esperava-se que fossem incluídos outros fatores importantes no tratamento, como as habilidades cognitivas, que poderiam melhorar a eficácia do mesmo.

Entretanto, são escassos os estudos que empregam e aplicam um enfoque cognitivo ou cognitivo-comportamental para o tratamento do jogo problemático. Sem exceção, a literatura disponível não utiliza grupos-controle e limita-se a estudos de caso que documentam o sucesso de um enfoque cognitivo. Existem poucos estudos que descrevem o emprego de um enfoque cognitivo ou cognitivo-comportamental no jogo problemático. Isto pode ser devido, pelo menos parcialmente, ao limitado conhecimento teórico do jogo problemático do ponto de vista cognitivo-comportamental. Ladouceur et al. (1989) publicaram um interessante estudo, no qual se pedia aos jogadores que falassem em voz alta e que questionassem suas verbalizações irracionais no momento em que jogassem. Este enfoque baseia-se em evidências, cada vez mais claras, de que os jogadores de máquinas caça-níqueis têm mais verbalizações irracionais que racionais durante o jogo (Gabourey e Lado, 1988; Walker, 1992). Estes autores ensinaram quatro jogadores de máquinas caça-níqueis a identificar e questionar seus pensamentos enquanto jogavam. Parece que este é um enfoque que poderia ser mais pesquisado. Entretanto, não está claro se a natureza intensiva deste enfoque requer que o terapeuta realize sessões ao vivo, para atingir os resultados desejados. Versões da terapia cognitiva baseadas mais na clínica tradicional podem igualmente produzir mudanças nas cognições do jogador.

Assim, os estudos de caso utilizaram um elemento cognitivo em sessões clínicas, nas quais se pedia aos pacientes que aplicassem estas habilidades entre sessões. Em tais casos, os jogadores haviam abandonado o jogo no período de seguimento (Tonneatto e Sobell, 1990; Sharpe e Tarrier, 1992). Estes enfoques podem ser mais facilmente desenvolvidos na clínica. Uma diferença importante entre estes trabalhos e o de Ladouceur et al. (1989) é que os estudos anteriores utilizavam um enfoque cognitivo-comportamental mais amplo. Embora todos estes estudos nos informassem sobre tratamentos de caso único e os resultados não pudessem ser generalizados, os tratamentos tiveram sucesso em eliminar o comportamento de jogo. Mais recentemente, foi examinado o enfoque desenvolvido por Sharpe e Tarrier (1992) para investigar sua eficácia quando utilizado com pequenos grupos de jogadores-problema. O estudo comparou um enfoque cognitivo-comportamental em oito sessões com um grupo de controle de lista de espera. Infelizmente, ainda não estão disponíveis os resultados a longo prazo. Entretanto, só três dos dez pacientes do grupo de tratamento continuavam jogando no pós-tratamento, embora todos tivessem melhorado. Na verdade, dois de cada três sujeitos haviam reduzido seu comportamento de jogo em mais de dois terços. Um dado interessante é que todos os jogadores, exceto um, do grupo de lista de espera relataram que seu comportamento de jogo piorou durante o período de tratamento. Nestes momentos, se acompanhou durante seis meses, três jogadores e os três continuavam sem jogar desde o início do tratamento (Sharpe et al., 1994). Embora sejam necessárias mais pesquisas sobre os enfoques cognitivo-comportamentais, os resultados presentes são animadores e sugerem que esses enfoques têm muito a oferecer ao tratamento do jogo problemático. O objetivo do presente capítulo é proporcionar informações sobre os tipos de procedimentos que são úteis em um tratamento cognitivo-comportamental para o jogo problemático e demonstrar como poderiam ser aplicados em casos individuais.

III. AVALIAÇÃO DO JOGO PROBLEMÁTICO

Ao avaliar os jogadores-problema para um enfoque de tratamento cognitivo-comportamental, é necessário realizar uma análise do comportamento, do mesmo modo que se faria com outro transtorno. Entretanto, há aspectos específicos desta população que também necessitam ser analisados e estão relacionados com: 1) as funções do comportamento de jogar; 2) as habilidades de enfrentamento adaptativas e maladaptativas que o paciente tem; 3) a presença e natureza dos impulsos de jogar; 4) os pensamentos irracionais que o jogador mantém em relação à probabilidade de ganhar; 5) a presença de outros problemas; 6) a motivação e 7) o objetivo do paciente ao se submeter ao tratamento.

III.1. *Análise funcional*

Em primeiro lugar, o jogo costuma ter muitas funções para as pessoas. Certos dados preliminares sugerem que estas funções variam dependendo do tipo de jogo envolvido. Por exemplo, Cocco, Sharpe e Blaszczynski (1994) encontraram provas que sugerem que os jogadores das corridas de cavalo parecem jogar a fim de aumentar seu nível de ativação enquanto é mais provável que os jogadores de máquinas caça-níqueis joguem para escapar de acontecimentos estressantes. Por isso, é importante avaliar a natureza precisa da função de jogar em cada indivíduo. Para fazer isso, é essencial identificar não só os aspectos negativos do comportamento de jogo sobre o estilo de vida de uma pessoa, mas também os aspectos positivos. Para a maioria dos jogadores, são levantadas as conseqüências negativas, mas raramente as positivas. Somente descobrindo as funções positivas e encontrando métodos alternativos para atingir os mesmos objetivos se pode manter, a longo prazo, o abandono do comportamento de jogar. O tratamento varia, dependendo se o paciente joga para evitar o estresse, para reduzir o tédio, para obter uma alta ativação ou por algum outro motivo. É necessário averiguar quais são as outras formas que o paciente tem para satisfazer estas mesmas funções.

III.2. Habilidades de enfrentamento

Sharpe e Tarrier (1993), em uma recente formulação cognitivo-comportamental sobre o comportamento de jogo, tem argumentado que habilidades de enfrentamento eficazes são importantes para atuar como mediadoras nos níveis problemáticos de jogo. Especificamente, é necessário avaliar: a) a capacidade de um paciente de vigiar e controlar seus níveis de ativação; b) a capacidade para adiar sua gratificação; c) a capacidade de questionar seus pensamentos e d) a capacidade para solucionar problemas. Muitas vezes, os pacientes possuem algumas habilidades de enfrentamento adaptativas que podem ser melhoradas com a terapia. Entretanto, é importante também examinar as estratégias de enfrentamento mal-adaptativas, como o consumo de álcool, que precisam ser diminuídas e substituídas por alternativas mais adaptativas. Também não são raros os níveis baixos de habilidades sociais ou de assertividade nos jogadores problemáticos. Uma nítida fraqueza nestas áreas dificulta que os jogadores formem círculos sociais. Como a socialização pode ser uma função do jogo para muitos jogadores, é necessário identificar os problemas em tal área. Pode ser necessário que alguns pacientes recebam treinamento em habilidades sociais como uma ajuda para trabalhar com seu comportamento de jogo.

III.3. Os impulsos de jogar

A maioria dos jogadores-problema, relata impulsos freqüentes de jogar, que muitas vezes os levam a realizar o comportamento de jogo. Entretanto, a natureza dos impulsos difere nitidamente nos diferentes indivíduos. Para alguns jogadores, seus impulsos são principalmente cognitivos e estão associados a pensamentos tais como "Hoje sinto que estou com sorte". Outros jogadores descrevem os impulsos em termos de sensações físicas, como um aumento dos batimentos cardíacos, mãos suadas, um nó no estômago ou náuseas. Alguns jogadores negam, inicialmente, a presença de qualquer forma de impulso de jogar. Parece haver uma pequena minoria de jogadores que tem o jogo tão automatizado que não se associa a impulsos identificáveis. Entretanto, a maioria destes pacientes que não pode identificar os impulsos passa a ter consciência deles ao longo do tratamento. Por conseguinte, pode ser necessário centrar-se nos impulsos, mesmo quando o jogador negue inicialmente a presença dos mesmos. A conclusão de que um paciente não tem impulsos identificáveis pode levar a um tratamento que não seja adequado, caso a pessoa simplesmente não perceba o impulso.

III.4. As crenças irracionais

A percepção é também um tema importante em relação às crenças que os jogadores mantêm sobre a probabilidade de ganhar ou perder com sua forma de jogo. Embora as probabilidades variem para diferentes tipos de jogo, em todas as suas formas, as possibilidades de ganhar são inferiores às possibilidades de perder. Novamente, é imperativo não aceitar as alegações do jogador de que "sabe que vai ganhar", pois muitas vezes passa a perceber mais as distorções cognitivas à medida que o tratamento progride. Sabemos, com as pesquisas de Gabourey e Ladouceur (1989) e de Walker (1989), que as verbalizações irracionais são mais freqüentes que as afirmações racionais durante o jogo numa máquina caça-níqueis. Na verdade, Coulombe et al. (1992) forneceram provas sobre a relação entre o pensamento irracional e a ativação, medindo-se a freqüência cardíaca. Ou seja, a freqüência cardíaca do jogador estava correlacionada positivamente com o número de verbalizações irracionais durante o jogo. Há outros estudos que documentam a importância do tipo de atribuição ao determinar a estratégia para apostar numa corrida de cavalos entre uma população de não jogadores (Atlas e Peterson, 1990). Assim vão sendo acumuladas provas sobre a importância das cognições no comportamento de jogar e como elemento mediador na ativação associada ao jogo, mas pode ser necessário que alguns pacientes vigiem ativamente seu pensamento em situações da vida real, antes de que percebam as distorções que mantêm.

III.5. Diagnósticos concorrentes

A avaliação dos jogadores para determinar a presença de um diagnóstico de jogo patológico pode ser feita utilizando os critérios do *DSM-IV* (APA, 1994). Entretanto, é importante destacar que um diagnóstico de jogo patológico não descarta outros diagnósticos concorrentes. A literatura demonstra que os jogadores-problema experimentam níveis muito mais elevados de depressão (p. ex., Blaszczynski, McConaghy e Frankova, 1990) e de ansiedade (p. ex., Blaszczynski e McConaghy, 1989) comparados aos grupos de controle. Na verdade, as pesquisas indicam que a prevalência de outros transtornos entre os jogadores-problema é muito elevada. McCormick et al. (1984) pesquisaram a prevalência de outros transtornos e constataram que um terço dos pacientes satisfazia, de forma concorrente os critérios para um episódio de depressão maior. Algo ainda mais alarmante, descrito por Linden, Pope e Jonas (1986) sobre a prevalência ao longo da vida com membros dos Jogadores Anômimos (JA), foi que cerca de três quartos da sua amostra (72%) haviam experimentado algum episódio depressivo maior na vida. Linden et al. (1986) observaram também uma elevada taxa de transtorno de pânico (20%) e mais da metade da sua amostra sofria também de dependência de álcool (52%). Estes dados são consistentes com os resultados de que 1 em cada 3 jogadores-problema tentou suicidar-se ao longo da vida (Moran, 1970).

Assim, a necessidade de detectar transtornos afetivos, comportamento suicida, transtornos de ansiedade e outras dependências é imperativa nesta população. Em alguns casos, pode ser apropriado tratar o transtorno concorrente antes de abordar o problema do jogo. Entretanto, existem certas provas que sugerem que a ansiedade e a depressão também diminuem com as intervenções comportamentais e/ou cognitivo-comportamentais que têm sucesso para melhorar o problema de jogo (McConaghy et al., 1983; Sharpe et al., 1994). Por conseguinte, é importante reconhecer que provavelmente, na maioria dos casos, reduzir ou eliminar o problema do jogo produz melhoras significativas no estado de ânimo.

III.6. *A motivação*

Finalmente, é necessário avaliar o nível de motivação do paciente e seus objetivos com respeito ao tratamento. Os jogadores, muitas vezes, recorrem ao tratamento por insistência de outra pessoa (p. ex., o cônjuge) como resultado de estarem envolvidos em delitos ou por algum outro problema. O enfoque de Miller (1983) de aumentar a motivação, por meio da entrevista, pode ser muito útil para envolver e motivar os pacientes quanto ao tratamento. Os quatro princípios básicos destacados por Miller para ajudar a promover a motivação são:

1. Tirar a ênfase dos rótulos. Ou seja, o rótulo de "dependência" ou "compulsão" não é um pré-requisito para o tratamento. O paciente deveria ser estimulado a ver que a necessidade de tratamento é produzida pelo efeito do comportamento sobre seu estilo de vida e não porque ele tenha alguma "doença" que precise ser "curada".
2. Condizente com o ponto anterior, o paciente necessita considerar que a responsabilidade pessoal do seu comportamento encontra-se nele mesmo.
3. O paciente precisa fazer atribuições internas que lhe permitam considerar que o problema é potencialmente controlável e não uma parte integral ou não modificável dele.
4. O terapeuta precisa encorajar a dissonância cognitiva. Ou seja, o paciente precisa descobrir que há uma inconsistência entre seu pensamento racional e o comportamento de jogo contínuo.

O emprego conjunto destes princípios pode ser útil para envolver e motivar o paciente.

Entretanto, existe uma tendência a supor que, tendo em vista que o paciente esteja suficientemente motivado, continuará motivado para deixar de jogar. Esta suposição simplesmente não é correta. Acredita-se que a motivação seja fásica em vez de constante, e isto é o que acontece no caso dos jogadores. A análise é de custo-benefício por parte do paciente, que invariavelmente muda com o tempo. Deste modo, pode ser necessário continuar utilizando algumas técnicas durante o tratamento para manter um alto grau de motivação. Sem uma atenção freqüente às questões de motivação, é provável que ocorram elevados níveis de abandono e rejeição ao tratamento. Um estudo recente sugere que jogadores que rejeitaram o tratamento, por meio de um programa cognitivo-comportamental em grupo, indicaram, quando se voltou a entrar em contato com eles, que a escassa motivação foi a razão principal para o abandono (Sharpe et al., 1994). Outra razão importante mantida por muitos jogadores foi a demora entre as sessões de grupo (que, além disso, não duravam mais de oito semanas para cada sujeito). Assim, é clinicamente importante ver os jogadores no momento em que sua motivação está alta e facilitar tal motivação por meio do tratamento. Nas primeiras etapas, pode ser especialmente útil sessões freqüentes para atingir esse objetivo e assegurar que a motivação seja duradoura e estável.

É importante também colaborar com o paciente no objetivo da abstinência ou do jogo controlado. Nossa experiência tem indicado que a maioria dos jogadores escolhe inicialmente um objetivo de abstinência, mas alguns deles mudam de idéia mais adiante. Independentemente de que o objetivo seja a abstinência ou o jogo controlado, é aconselhável certo período de abstinência para permitir que os padrões desenvolvidos sejam dissipados enquanto as habilidades são adquiridas e consolidadas (Sharpe e Tarrier, 1992).

IV. TRATAMENTO

IV.1. *Estabilização*

O primeiro passo, ao se tratar o jogo problemático, consiste em estabilizar o comportamento de jogo. Nitidamente, se os pacientes fossem capazes de abandonar ou de diminuir facilmente seu comportamento de jogo, não precisariam recorrer ao tratamento. Inicialmente são utilizados métodos muito práticos que tornem difícil ou impossível o jogador ter acesso a: a) dinheiro para jogar ou b) locais de jogo. O ideal seria envolver alguém da família para que se responsabilizasse pelas finanças do paciente. Isto pode ser problemático, quando a pessoa tem pouco apoio social e, por conseguinte, ninguém possa fazer isto por ela ou quando existem problemas conjugais importantes, que não são raros nesta população. Entretanto, um enfoque adequado sobre solução de problemas normalmente pode resolver as dificuldades neste sentido. Por exemplo, as pessoas podem mudar com freqüência seus costumes em relação aos bancos, de modo a limitar a disponibilidade do dinheiro em moeda aos caixas automáticos. Também podem modificar a forma de pagamento do seu salário, de modo que o dinheiro vá diretamente para uma conta bancária e as faturas sejam pagas pelo banco, antes que possa ficar tentado a usar o dinheiro para propósitos de jogo. Quanto mais difícil for o acesso ao dinheiro para jogar, mais provável será o desaparecimento do comportamento de jogo, num primeiro momento.

Quando se escolhe um membro da família para que se responsabilize pelos aspectos econômicas do paciente, deve ficar claro – para o paciente e para o membro da família – que isto é uma solução a curto prazo e não se trata de uma intervenção duradoura. Os cônjuges, em particular, podem ter dificuldades, em etapas posteriores do tratamento, para permitir que seus parceiros retomem um certo controle, por medo de que os pacientes voltem a jogar. Entretanto, retomar a independência econômica, a longo prazo, é essencial para a manutenção dos benefícios do tratamento. A menos que o indivíduo comece gradualmente a levar dinheiro consigo, será produzido um comportamento de esquiva e, quando ele se deparar, casualmente, com uma situação de risco, o referido comportamento de esquiva pode agir como estímulo desencadeante que aumentará sua probabilidade de voltar a jogar. Pode ser necessário pedir ao cônjuge que compareça à clínica no iníco do tratamento para explicar-lhe isto, ou quando o paciente estiver preparado para começar a retomar o controle econômico.

Deve-se instruir o jogador não apenas a reduzir ou eliminar o acesso ao dinheiro a curto prazo, mas também aos locais de jogo. Pode ser necessário mudar o caminho de ida e volta ao trabalho ou encontrar atividades que sejam incompatíveis com o comportamento de jogar nos períodos perigosos. Podem ser sugeridos passos para reduzir o acesso ao dinheiro e aos locais de jogo, a maioria dos jogadores não terão grandes dificuldades para eliminar ou diminuir consideravelmente seu comportamento de jogo a curto prazo. Entretanto, isto é só o primeiro passo.

IV.2. *A construção de um repertório comportamental alternativo*

Para todos os jogadores-problema, a atividade de jogar converteu-se num ato que ocupa uma grande parte do seu tempo antes de iniciar o tratamento. Atingir com sucesso o objetivo da abstinência deixará uma grande quantidade de tempo livre que ele não tinha anteriormente. Por conseguinte, é muito importante planejar esta eventualidade no começo do tratamento, construindo um repertório comportamental de atividades alternativas. Se não for dado este passo, o jogador pode com freqüência retomar o jogo após longos períodos de abstinência, devido ao tédio ou à falta de interação social, especialmente se estas eram algumas das funções originais para as quais servia o comportamento de jogo do paciente. Os comportamentos alternativos têm o propósito de ser uma estratégia ativa de enfrentamento para obter o controle sobre o impulso de jogar.

Pode ser útil, no começo do tratamento, conseguir que os pacientes façam uma lista das conseqüências positivas e negativas da sua conduta de jogo. Isto não serve apenas para fortalecer a motivação dos jogadores, mas também é útil para apresentar diretrizes sobre as funções do jogo. Estas funções proporcionam então um bom guia para escolher atividades alternativas apropriadas que cumpram as mesmas funções para jogador. Por exemplo, se as funções do comportamento de jogar são: a) escapar do tédio, b) enfrentar o estresse e, então, c) conseguir uma ativação elevada, uma atividade como a leitura seria de pouca utilidade, já que poderia servir só para uma dessas funções (o alívio do tédio). Entretanto, uma atividade como algum tipo de

Fig. 13.1. *Diário de jogo*

Preencher ao meio-dia	Preencher às 6 da tarde	Preencher na hora de deitar-se
Impulso de jogar presente sim/não	Impulso de jogar presente sim/não	Impulso de jogar presente sim/não
Em caso afirmativo, avalie: 0 1 2 3 4 5 6 7 8 9 10 de duração (em horas)	Em caso afirmativo, avalie: 0 1 2 3 4 5 6 7 8 9 10 de duração (em horas)	Em caso afirmativo, avalie: 0 1 2 3 4 5 6 7 8 9 10 de duração (em horas)
Intensidade: 0 1 2 3 4 5 6 7 8 9 10 sem impulso impulso mais intenso	Intensidade: 0 1 2 3 4 5 6 7 8 9 10 sem impulso impulso mais intenso	Intensidade: 0 1 2 3 4 5 6 7 8 9 10 sem impulso impulso mais intenso
Capacidade de resistir ao impulso: 0 1 2 3 4 5 6 7 8 9 10 fácil impossível	Capacidade de resistir ao impulso: 0 1 2 3 4 5 6 7 8 9 10 fácil impossível	Capacidade de resistir ao impulso: 0 1 2 3 4 5 6 7 8 9 10 fácil impossível
O que você estava fazendo?	O que você estava fazendo?	O que você estava fazendo?
Qual foi o primeiro sinal?	Qual foi o primeiro sinal?	Qual foi o primeiro sinal?
O que estava pensando?	O que estava pensando?	O que estava pensando?
Sintomas físicos?	Sintomas físicos?	Sintomas físicos?
O que você sentiu?	O que você sentiu?	O que você sentiu?
Como enfrentou isto?	Como enfrentou isto?	Como enfrentou isto?
Você jogou? sim/não	Você jogou? sim/não	Você jogou? sim/não
Grau de controle sobre o jogo: 0 1 2 3 4 5 6 7 8 9 10 controle sem total controle	Grau de controle sobre o jogo: 0 1 2 3 4 5 6 7 8 9 10 controle sem total controle	Grau de controle sobre o jogo: 0 1 2 3 4 5 6 7 8 9 10 controle sem total controle

exercício físico pode produzir realmente uma afluência física de adrenalina, aliviar o tédio e ajudar também a reduzir o estresse. A natureza de uma atividade apropriada está relacioanda com a função que o jogo tem para cada indivíduo. Quanto mais atividades substituam as funções do jogo, menos necessidade terá o paciente de voltar ao comportamento de jogar para atingir essas conseqüências positivas.

IV.3. A percepção

O próximo passo importante é o perceber. Os pacientes se diferenciam no grau em que percebem os pensamentos e as sensações físicas associados à conduta de jogo. A maioria será capaz de percebê-los por meio do registro-padrão dos impulsos de jogar entre sessões. Normalmente, pode-se registrar a presença ou ausência do impulso, a duração e a intensidade do mesmo, o que o sujeito estava fazendo quando começou o impulso, o primeiro sinal dele, se o jogador havia jogado e o nível de controle que tinha sobre o comportamento de jogo. Estas informações permitirão estabelecer um amplo padrão sobre o comportamento de jogo por meio da colaboração entre o paciente e o terapeuta (ver Fig. 13.1).

Em certas ocasiões, o registro não é suficiente para provocar os pensamentos e os sentimentos associados ao jogo, especialmente quando a pessoa eliminou o comportamento de jogo durante as primeiras etapas de tratamento. Nesses casos, pode ser necessário utilizar a imaginação para produzir as cognições. Alguns pacientes começam a percebê-las ao registrar posteriormente seus impulsos durante o tratamento, quando se apresentam em locais de jogo como tarefas para a exposição.

IV.4. O treinamento em relaxamento aplicado

Um dos déficits das habilidades de enfrentamento, que se supõe ser importante para o desenvolvimento de comportamentos problemáticos de jogo é a incapacidade em controlar níveis elevados de ativação (Sharpe e Tarrier, 1992). Acredita-se que este seria o caso com jogadores de máquinas caça-níqueis (Cocco et al., 1994). Desta forma, pode ser importante aprender formas de controlar as sensações subjetivas de ativação. Isto pode ser especialmente importante, dado que existem muitos estudos que apresentam provas de que a ativação está associada com a conduta de jogo (Anderson e Brown, 1984; Leary e Dickerson, 1985; Blaszczynski, Winter e McConaghy, 1989; Coulombe et al., 1992). Recentemente foi demonstrado empiricamente que os sinais do comportamento de jogar estão associados com o aumento da ativação autônoma na ausência do comportamento de jogo (Sharpe et al., 1995). Provavelmente será necessário aprender a enfrentar estes níveis de ativação quando se tiver que aprender a enfrentar os impulsos de jogar.

A importância das habilidades de relaxamento reside em ser capaz de empregar este relaxamento em situação de vida real. Por conseguinte, é importante assegurar-se de que inicialmente não sejam dadas apenas instruções de relaxamento prolongado para ajudar os pacientes a aprender esta habilidade, mas também substituí-lo por um relaxamento mais breve, a fim de que os pacientes possam empregá-lo no momento em que necessitem.

IV.5. A solução de problemas

Os jogadores-problema freqüentemente dão a impressão de serem incapazes de considerar as conseqüências das ações a longo prazo e respondem, ao contrário, à gratificação imediata. Esta dificuldade, que observamos clinicamente, pode ser conceitualizada dentro de um contexto de solução de problemas. Ensinar aos jogadores habilidades básicas em solução de problemas, como as exemplificadas por D'Zurilla e Goldfried (1971), pode ser muito importante para ajudá-los a considerar outras alternativas distintas de envolver-se de forma impulsiva no comportamento de jogar, da qual mais tarde se arrependerão. A solução de problemas pode proporcionar uma estratégia útil de enfrentamento para ajudar os jogadores patológicos a falar sobre si mesmos nas situações difíceis, podendo-se incorporar dentro dos elementos de tratamento com uma orientação mais cognitiva.

IV.6. A exposição

IV.6.1. *A exposição imaginativa*

Os resultados de McConaghy et al. (1983, 1991) proporcionam um forte apoio ao emprego da exposição, por meio da imaginação, para o tratamento do jogo problemático. As razões teóricas para utilizar a exposição imaginativa são também claras. Os estudos que pesquisam o papel da ativação autônoma no jogo problemático tem encontrado indicação, sem exceção, de que todas as formas de jogo estão associadas a esta ativação (Anderson e Brown, 1984; Coulombe et al., 1992; Eves e Moore, 1991a, Sharpe et al., 1995). Por conseguinte, se poderia esperar que quando o indivíduo se expõe, pela imaginação, a uma cena que está associada à ativação, irá se habituar a esta ativação com apresentações sucessivas. Em consonância com esta hipótese, McConaghy (1988) constatou que quanto menor for o nível de ansiedade que se manifestava depois do tratamento, melhor o prognóstico a longo prazo.

A fim de proporcionar uma exposição imaginativa adequada, é necessário trabalhar com um exemplo de uma cena relacionada ao comportamento de jogo. É importante conseguir uma cena que inclua não só o local físico onde ocorre o comportamento, mas também as mudanças internas associadas à situação. Portanto, deveriam ser incluídos os pensamentos e as sensações físicas. A cena deveria ser gravada durante a sessão e, depois, executada na prática durante a semana seguinte como tarefa para casa. Pode ser conveniente empregar a exposição imaginativa como um ensaio para a exposição ao vivo, que ocorrerá mais tarde, e para consolidar as habilidades do paciente. Sugerir, por meio da imaginação, o emprego de diferentes habilidades para obter o controle sobre as sensações físicas, os pensamentos ou outros aspectos da cena geralmente facilita a aquisição de respostas adaptativas de enfrentamento na situação de vida real.

IV.6.2. *A exposição ao vivo*

Sharpe e Tarrier (1992) têm também reservado um papel para as tarefas de exposição ao vivo. Estas tarefas proporcionam uma série de oportunidades para o paciente, como 1) a habituação; 2) a prática das estratégias de enfrentamento aprendidas e 3) o aumento de uma sensação de controle, de domínio e de auto-eficácia nas situações difíceis. Como acontece com outros transtornos, é necessário construir uma hierarquia de situações sobre o jogo com as quais o paciente possa praticar. Ao construir a hierarquia, é necessário que o paciente ofereça uma estimativa da sua capacidade para entrar na situação *sem jogar*. Podem ser estabelecidas situações como tarefas para casa, uma vez que o paciente tenha aprendido as habilidades necessárias. Normalmente, as tarefas podem ser recomendadas quando os pacientes tiverem 75% de certeza de que são capazes de entrar na situação proposta e não jogar. É apropriado assegurar-se de que os pacientes não tenham grandes somas de dinheiro disponíveis durante as primeiras práticas. Entretanto, uma vez completadas com sucesso as tarefas mais simples, pode ser um bom momento para começar a devolver gradualmente, aos pacientes, um certo controle sobre suas próprias economias. Isto é especialmente útil porque tem a dupla finalidade de proporcionar uma exposição de 24 horas e uma experiência normatizadora, que possivelmente reduzirão a probabilidade de recaída.

IV.7. *As estratégias cognitivas*

Existem cada vez mais provas de que as cognições têm um papel importante no jogo problemático (Gabourey e Ladouceur, 1989; Walker, 1992). Quando existem crenças irracionais sobre a probabilidade de ganhar, é necessário examinar a base destes pensamentos. Também é importante tentar mudar qualquer estilo de pensamento que aumente a probabilidade de que os pacientes continuem jogando. Sharpe e Tarrier (1992) recomendam utilizar princípios baseados no texto de Beck et al. (1979) que descreve o emprego da terapia cognitiva com transtornos emocionais. Com estas técnicas como base do estilo de terapia cognitiva, pode ser útil oferecer alguns exemplos das distorções cognitivas que são freqüentes nesta população.

IV.7.1. *A falácia do jogador*

Este termo foi inicialmente utilizado por Leopard (1978), que constatou que mais de três quartos de sua amostra relatavam esta crença, o que é coerente com o comportamento conhecido como "caçar as perdas" (recuperar as perdas). A falácia do jogador refere-se à crença de que quanto mais perder mais probabilidade de ganhar terá da próxima vez. Um exemplo deste tipo de pensamento é: "A máquina não está dando dinheiro porque o prêmio grande está virando a esquina, se eu continuar jogando o suficiente, minha sorte vai mudar, de modo que dobrarei minhas apostas para que, quando ganhar, ganhe muito". Como conseqüência deste pensamento, o jogador aumenta a aposta com a esperança de recuperar suas perdas. De fato, o que normalmente ocorre é que perde muito mais.

Uma das razões pelas quais isto acontece é que a suposição empregada pelo jogador neste exemplo simplesmente é falsa. Por exemplo, nas máquinas caça-níqueis, os pagamentos são feitos pelo computador ao acaso. Por conseguinte, a probabilidade de que a máquina pague depois de ter ganho é idêntica à probabilidade de fazê-lo depois de ter perdido. De fato, o resultado de cada aposta é completamente independente da aposta anterior.

IV.7.2. *A falácia do talento especial*

Muitos jogadores consideram que têm um talento especial para certos tipos de jogo. Os que apostam nas corridas de cavalos falam do "seu sistema infalível"; os jogadores de cassino dizem ter um método especial para contar as cartas ou os que jogam nas máquinas caça-níqueis dizem sentir "vibrações especiais" com uma determinada máquina. Entretanto, a verdade é que os jogadores não iriam a tratamento se tivessem sistemas infalíveis e ganhassem muito dinheiro. Por definição, todos os jogadores-problema, segundo o *DSM-IV* (APA, 1994), têm problemas na sua vida em conseqüência direta ao seu comportamento de jogar e não seria assim se ganhassem continuamente.

A educação sobre a natureza do jogo é o ponto de partida natural para comprovar a veracidade dessa suposição. Talvez o melhor exemplo esteja nas máquinas caça-níqueis. O sistema é determinado exclusivamente pelo azar ou pela sorte e os resultados são predeterminados. Todas as máquinas caça-níqueis devolvem menos dinheiro que o que se aposta e muitos desses pagamentos são feitos numa série de créditos que acostumam os jogadores a ter que jogar na máquina. Deste modo, a possibilidade de ganhar é virtualmente nula. Em compensação, a probabilidade de perder é certa.

Embora, em alguns tipos de aposta, as habilidades possam ter uma maior influência, a verdade é que, em todas as formas de aposta, a habilidade tem um papel muito menor que a sorte. Todas as formas de jogo se desenvolvem com o fim de oferecer programas de reforços variáveis e intermitentes, ou seja, há pequenos ganhos depois da aposta inicial. Este ganho acontece a intervalos variáveis, não podendo ser previsto com precisão. Os jogadores aprendem a esperar que têm que perder a fim de ganhar. Além do reforço monetário, a ativação associada à aposta garante que cada uma seja reforçada por meio do emparelhamento da aposta com as sensações de ativação. Isto leva a um padrão no qual se dá uma rápida aquisição do comportamento e uma grande resistência à extinção (Sharpe e Tarrier, 1993).

Igualmente, o reforço positivo ocorre muito próximo ao tempo da resposta real enquanto as conseqüências negativas não parecem claras até que se tenha passado um período prolongado de jogo. As condições do mesmo foram estabelecidas desta maneira propositalmente, a fim de garantir que as pessoas adquiram rapidamente a conduta de jogar. Isto favorece nitidamente o jogo, pois suas leis asseguram que, quanto mais gente apostar, maiores serão os benefícios para as empresas de jogo. Ao contextualizar a política do jogo deste modo, os jogadores-problema sentem muitas vezes que foram "enganados" para desenvolver o hábito e consideram que caíram diretamente na armadilha armada para eles. Isto pode ser muito importante para os jogadores, cuja auto-estima está ligada ao seu potencial para ganhar, pois começam a considerar-se ganhadores quando têm sucesso em não cair na velha armadilha (ou seja, em não jogar).

Além destes exemplos, podem ser utilizadas as ferramentas da terapia cognitiva tradicional para fazer com que os pacientes façam uma retrospectiva do padrão dos seus próprios ganhos e perdas. As evidências costumam ser muito claras: não existe um sistema infalível, perde-se muito mais dinheiro do que se ganha. Para aqueles que continuam mantendo certo nível de crenças após uma análise retrospectiva, os experimentos comportamentais podem ser muito úteis quando colocados de modo apropriado. Por exemplo, pode-se fazer com que o jogador de corridas de cavalos escolha os cavalos pelo sistema que ele pensa ser infalível e, sem apostar realmente, fazer um registro dos acertos que venha a ter. Entretanto, é essencial escolher um experimento comportamental apropriado, a fim de que sejam mantidas as leis da probabilidade em uma ampla amostra de apostas. É importante também que o experimento não implique que o jogador se coloque em uma situação que não seja ainda capaz de controlar se não jogar.

IV.7.3. *A falácia do controle reversível*

As pessoas que desenvolvem problemas com o jogo geralmente avaliam incorretamente seu nível de controle sobre os resultados. Suas estimativas também variam visivelmente dependendo se as conseqüências são positivas ou negativas. Quando ganham, os jogadores costumam pensar: "Bem, eu sabia que o velho sistema conseguiria finalmente o prêmio". Em compensação, quando perdem, dizem: "Você deve estar preparado para perder, às vezes. Não se pode ganhar sempre, é só uma onda de azar". O problema com este sistema é que assegura que, quando ganham, acreditam que se deve a algum talento permanente que estará sempre presente ao fazerem as apostas. Entretanto, quando perdem, isso é atribuído à má sorte e esta é modificável. Conseqüentemente, sempre vale a pena jogar até que a má sorte desapareça, de modo que as habilidades naturais possam ajudá-los a ganhar. Este padrão de pensamento garante que as pessoas continuarão jogando até perderem todo o dinheiro disponível que tenham para jogar.

Os fatos mostram um panorama muito diferente do sugerido pelos jogadores. Embora os diferentes tipos de jogo possam variar sobre o nível de habilidades envolvidas, alguns jogos são pura sorte (p. ex., as máquinas caça-níqueis), mas nenhum depende totalmente da habilidade. Em *todas* as formas de jogo, a sorte tem um papel mais importante do que a habilidade na hora de determinar o resultado. Além disso, a sorte e a habilidade afetam igualmente o ganhar e o perder.

IV.7.4. *O resplendor de ganhar*

Esta distorção refere-se à situação na qual os jogadores prestarão mais atenção aos resultados positivos, mas se "esquecerão" dos negativos. Os jogadores costumam chegar em casa das corridas, do clube ou do cassino e "contam papo" sobre a grande aposta que ganharam. Ao mesmo tempo, raramente mencionam a quantia que perderam, mesmo que esta quantia seja superior aos ganhos. Isto muitas vezes é interpretado como uma mentira do jogador para sua esposa ou para os seus amigos, constituindo um dos critérios do *DSM-IV* para o jogo problemático. Entretanto, muitos jogadores são realmente incapazes de registrar as perdas, mesmo em seu próprio interesse. Aqueles que reconhecem que perdem mais do que ganham, muitas vezes, subestimam a extensão das suas perdas. Freqüentemente constitui uma surpresa para eles a quantidade de dinheiro que perderam quando se pede que controlem suas perdas. Os jogadores precisam que lhes digam que se concentrem tanto nos ganhos quanto nas perdas, a fim de avaliar com mais precisão o nível do seu próprio jogo. O registro pode proporcionar, muitas vezes, um meio de fácil acesso para comprovar este tipo particular de pensamento. Esta discrepância é, com freqüência, abordada ao início do tratamento, com a introdução do auto-registro.

IV.7.5. *Raciocínio emocional*

Beck et al. (1979) descreveram o raciocínio emocional como uma distorção cognitiva que sempre se encontra em pacientes deprimidos. Esta forma de pensamento está também presente nos jogadores-problema, mas ao contrário. Os pacientes deprimidos se centram nas emoções negativas e supõem que as emoções negativas representam fatos. Por exemplo, "Estou me sentindo mal, portanto sou mau". Os jogadores, por sua vez, utilizam os estados de ânimo positivos como prova da probabilidade de ganhar, se jogarem. Por exemplo, "Hoje sinto que estou com sorte, por isso é mais provável que eu ganhe". Isto simplesmente não é verdade. O diálogo seguinte mostrou-se útil para examinar este aspecto num jogador que tinha este problema:

Terapeuta: O chão que você pisa, ao caminhar, parece redondo ou plano?
Jogador: Plano.
Terapeuta: Então você acredita que o mundo é plano?
Jogador: Claro que não, é redondo.
Terapeuta: Isso não o faz pensar sobre a questão de que você sempre pode confiar nas suas sensações, porque elas são sempre corretas?
Jogador: Bom, obviamente não se pode confiar.

IV. 8. *A prevenção das recaídas*

Ao final do tratamento, a maioria dos jogadores terá experimentado uma abstinência prolongada do jogo. Entretanto, a importância da manutenção eficaz não deve ser subestimada. O enfoque de Marlatt e Gordon (1985) sobre a prevenção das recaídas com alcoólicos proporciona um modelo muito útil para a prevenção das recaídas com jogadores (ver Marlatt e Gordon, 1985, para uma descrição detalhada). O aspecto mais importante é fazer com que os jogadores entendam que uma queda não é igual a uma recaída. Esta observação reduz o efeito de violação da abstinência e assegura que os pacientes deixem de pensar com a mentalidade de "uma dose, uma bebedeira" (*one drink, one drunk*) que favorece o risco de recaída.

É importante também descobrir situações de alto risco que podem estar associadas a que voltem a jogar. A identificação destas, faz com que os jogadores planejem de que modo poderiam ser capazes de controlar essas situações com suas novas habilidades, o que é um exercício muito útil. Não só se permite ao jogador desenvolver um plano para enfrentar as situações difíceis, como também se facilita, para o terapeuta, determinar em que grau o jogador foi capaz de aprender e de consolidar as habilidades.

Além disso, são aconselháveis sessões de ajuda (*booster sessions*) durante um período de doze meses, pelo menos, para garantir o desenvolvimento de uma rede segura, pois está suficientemente reconhecido que os jogadores não voltam a entrar em contato com o terapeuta com a rapidez suficiente quando surgem dificuldades. Pode ser útil também um acordo adiantado sobre o critério que deverá ser seguido pelo jogador para voltar a entrar em contato com o terapeuta. A estratégia diretriz aqui é assegurar-se de que os jogadores aprendam a enfrentar pequenos contratempos por si mesmos, mas sejam capazes de reconhecer contratempos mais importantes antes que se convertam em recaídas completas. Um contrato verbal ou escrito aumentará a probabilidade de que os jogadores voltem a entrar em contato num momento apropriado e, por conseguinte, minimizem a probabilidade de uma recaída completa.

No quadro 13.1 apresentamos um esboço, sessão a sessão, do programa padrão que aplicamos para o tratamento dos sujeitos que têm problemas com o jogo.

Quadro 13.1. *Programa de tratamento sessão a sessão*

Sessão 1: Introdução
Regras básicas
Objetivos do programa
Guia sessão a sessão
Como o jogo se transforma num problema?
O que é um impulso?
Conseqüências de jogar
O círculo vicioso do jogo
O que se pode fazer?
Por onde começamos?

Sessão 2: Treinamento em perceber
Prós e contras do jogo
Estabelecimento de objetivos
Treinamento em relaxamento
O que é o treinamento em relaxamento?
Controle da respiração
Exercícios de relaxamento

Sessão 3: Treinamento em perceber: 1º sinal do impulso
Estabelecimento de objetivos
Treinamento em relaxamento
Solução de problemas

Sessão 4: Solução de problemas
Estabelecimento de objetivos
Relaxamento breve
Aplicação das habilidades: prática ao vivo

Sessão 5: Prática ao vivo
Estabelecimento de objetivos
O papel dos pensamentos
Estilos freqüentes de pensamento

Sessão 6: Prática ao vivo
Mudança dos pensamentos que não são úteis
Questionamento dos pensamentos
Enfrentamento das questões difíceis
Estabelecimento das situações difíceis

Sessão 7: Prática ao vivo
Mudança dos pensamentos que não são úteis
Treinamento assertivo
Tipos de asserção
Quando se deve empregar um comportamento assertivo

Sessão 8: A manutenção das novas habilidades
Por que é importante manter as habilidades?
Retrocessos *versus* recaídas
Resumo do programa

IV.9. Tratamentos complementares

O tratamento que acaba de ser descrito, busca proporcionar um programa amplo voltado especificamente ao comportamento de jogar. Entretanto, como mencionamos na sessão de avaliação, muitos jogadores têm outros problemas ao mesmo tempo que necessitam de uma intervenção independente. Embora os tratamentos pudessem abordar simultaneamente alguns dos sintomas da depressão ou da ansiedade, é pouco provável que outros transtornos diminuam centrando-se unicamente no comportamento de jogar. A natureza dos tratamentos complementares dependerá em grande parte da natureza do transtorno e da decisão de tratá-lo de forma independente, realizando uma análise cognitivo-comportamental das interações entre o jogo e os outros problemas. Entretanto, alguns transtornos comórbidos surgem com freqüência suficiente quando se trata os jogadores-problema e merecem uma descrição mais ampla.

IV.9.1. *O papel do cônjuge do jogador*

Não é raro encontrar problemas importantes com os casais de jogadores-problema (Lesieur e Rosenthal, 1991). Independentemente de que estes problemas precedam o jogo ou sejam uma conseqüência do mesmo, é provável que interfiram no sucesso do tratamento. As duas razões mais freqüentes de interferência são se o comportamento de jogar está sendo empregado como um mecanismo de enfrentamento, para os estímulos estressantes dentro do casamento, ou se cônjuges bem-intencionados temam que o outro volte a jogar, obstaculizando os esforços do jogador para aprender a enfrentar as situações de jogo e retomar a independência econômica.

Se os problemas conjugais estão contribuindo para o jogo, poderia ser necessário avaliá-los e tratá-los antes de qualquer treinamento em habilidades para o próprio comportamento de jogar. Durante esta fase, o objetivo do tratamento com respeito ao comportamento de jogo será conter as perdas, em vez de mudar a conduta. Entretanto, é importante assegurar-se de que a inclusão do cônjuge na terapia conjugal não implica que este compartilhe da responsabilidade do comportamento de jogar. A menos que haja aspectos conjugais importantes, seria útil favorecer o tratamento individual, de modo que a responsabilidade repouse sobre os ombros do próprio jogador.

Pode ser útil, também, dar ao cônjuge a oportunidade de expressar sua ira em relação ao paciente e seu comportamento, para aprender como se desenvolvem os problemas no jogo e formas eficazes de reforçar o comportamento de não jogar do seu parceiro. Embora não existam dados com respeito à inclusão do cônjuge ou quando devem acontecer as sessões com este, nossa prática opta por vê-lo separadamente. Isto permite a ele expressar sua ira sem "culpar" abertamente o jogador. Em particular, quando os jogadores se sentem culpados pelos efeitos do comportamento de jogar sobre o estilo de vida de sua família, culpá-los é ineficaz e pode ir contra os esforços terapêuticos, mas também pode ser importante para o cônjuge do jogador expressar esta ira ou, do contrário, pode continuar sendo um problema para a relação.

Os componentes educativos deveriam ser os mesmos proporcionados aos jogadores. É importante ressaltar o papel dos programas de reforço na aquisição inicial do comportamento de jogo. Também deve ser enfatizado o papel da ativação e dos pensamentos no jogo, o que proporcionará uma explicação do tratamento que está sendo oferecido ao paciente. Um dos aspectos mais importantes consiste em ajudar o cônjuge a compreender a necessidade de que o jogador se coloque novamente na situação de jogo a fim de aprender a enfrentar a situação sem jogar. Isto pode ser difícil, já que o cônjuge – o que é compreensível – terá medo de que o seu parceiro volte a jogar, especialmente quando observou que a esquiva funcionou a curto prazo. Entretanto, é mais difícil que os jogadores completem essas tarefas se os parceiros se opõem, já que muitas vezes encontrarão algum modo de desencorajar ativamente sua conclusão. Não obstante, os cônjuges costumam responder favoravelmente a uma sessão que lhes proponha claramente os objetivos do tratamento e, muitas vezes, podem perceber a utilidade do apoio.

IV.9.2. *O treinamento em habilidades sociais*

Os jogadores alegam que a interação social é uma das causas mais freqüentes que os induz a jogar. Muitos jogadores são pouco habilidosos socialmente e, por conseguinte, pode ser problemático para eles encontrar modos alternativos eficazes de relação. Outros podem ter seus pares também envolvidos também no jogo por razões sociais e tratem muitas vezes de que o jogador volte à cena, sem perceber que ele tem um problema com o jogo. Quando isto acontece, pode ser muito útil empregar o treinamento em habilidades sociais para complementar as outras habilidades de enfrentamento e tornar mais fácil a disponibilidade de atividades alternativas.

IV.9.3. *Outros problemas*

Um número consideravelmente pequeno de jogadores parece ter transtornos mais generalizados, que mantêm não só seu comportamento de jogar, como também outros problemas na sua vida. Quando existirem esses padrões, raramente será útil abordar um comportamento isolado, como o de jogar.

Por exemplo, Blaszczynski, McConaghy e Frankova (1989) investigaram a incidência do transtorno anti-social da personalidade (TAP) num grupo de jogadores patológicos. Os resultados indicaram que 15% da sua amostra satisfaziam os critérios do *DSM-III* (APA, 1980) para o TAP. Embora a pesquisa não incluísse grupo de controle, esta porcentagem é elevada e deve ser considerada. O estudo constatou que era mais provável que o grupo com TAP tivesse cometido delitos associados ao jogo e delitos independentes do jogo. Havia uma menor incidência de TAP em jogadores que só haviam cometido delitos relacionados ao jogo ou naqueles que haviam cometido somente outros delitos. No caso dos primeiros, o surgimento das características do TAP ocorria somente depois da adolescência. Os autores afirmam que isto indicava a natureza secundária do TAP nesse grupo. O grupo que havia cometido delitos tanto relacionados como não relacionados ao jogo parecia ter apresentado traços anti-sociais antes da adolescência, indicando que estas características podem ter sido as primárias.

Esta distinção, embora precise replicação e extensão, pode ser especialmente útil para aqueles que trabalham em locais de serviço social. Parece intuitivo sugerir que, para os indivíduos com uma estrutura de personalidade anterior consistente com um TAP, tratar o comportamento de jogo seria insuficiente para produzir benefícios a longo prazo e seria necessário abordar o problema principal. Entretanto, quando as características de personalidade se desenvolvem como conseqüência do comportamento de jogar, pode também ser necessária uma intervenção específica uma vez que o comportamento de jogar esteja sob controle. Infelizmente, existem poucas diretrizes para os terapeutas, com atual compreensão, para o tratamento dos fatores que complicam o jogador-problema. As decisões que devem ser tomadas a este respeito dependerão do próprio clínico.

V. CONCLUSÃO

O jogador-problema é freqüentemente considerado resistente ao tratamento. Isto ficou comprovado nos primeiros estudos de caso que relataram sucesso em menos da metade das amostras tratadas (p. ex., Greenberg e Marks, 1982). Entretanto, recentemente novos avanços no tratamento de jogadores problemáticos produzem certo otimismo. Em primeiro lugar, o trabalho de McConaghy et al. (1983, 1991) demonstrou a importância potencial da dessensibilização, por meio da imaginação, no tratamento dos problemas de jogo. Os resultados a longo prazo de um dos estudos mais recentes, embora sem grupo-controle, são decididamente animadores, mas precisam ser replicados.

A pesquisa sobre o papel das cognições no desenvolvimento e manutenção do jogo-problema fez com que percebêssemos melhor a necessidade de programas mais amplos para facilitar a resposta a estes primeiros enfoques. Estudos de casos que demonstram a eficácia do enfoque cognitivo-comportamental estão começando a surgir. Um estudo piloto que pesquisou a utilidade deste enfoque sugere que este programa possui um grande potencial para aumentar a eficácia de tratamentos mais limitados (Sharpe et al., 1994).

O presente capítulo tentou apresentar as estratégias de tratamento que foram utilizadas e eficazes em estudos anteriores. Não obstante, com nosso nível atual de conhecimento empírico, grande parte da informação contida neste capítulo provém da experiência clínica da autora, mais do que da pesquisa. Embora existam algumas pesquisas preliminares com respeito à eficácia a curto prazo desse enfoque, os benefícios a longo prazo aguardam confirmação. Até o momento, ainda não está claro qual das muitas estratégias que formam a base do tratamento cognitivo-comportamental para os jogadores-problema são componentes ativos.

Há necessidade de mais estudos que investiguem a utilidade, não só de programas amplos, mas também de técnicas individuais a fim de determinar quais são os elementos eficazes no tratamento. É importante também, para a pesquisa futura, considerar as diferenças potenciais entre subtipos de jogadores, evidenciado por pesquisas recentes (p. ex., Cocco et al., 1994), que podem ser generalizadas a uma resposta diferencial ao tratamento. Entretanto, até que sejam realizados estudos que proporcionem mais informações sobre a natureza do jogo-problema e os tratamentos que ajudem a melhorá-lo, os resultados continuam sendo especulativos. O objetivo do presente capítulo consistiu em indicar que, enquanto a literatura sobre o tema continua engatinhando, há cada vez mais provas sugerindo os benefícios dos enfoques cognitivo-comportamentais para o tratamento do jogo-problema. Os resultados a curto prazo demonstram que podem ser atingidas reduções significativas no comportamento de jogar e que, na maioria dos casos, é possível sua eliminação. Embora, longe de serem definitivos, estes resultados proporcionam um sensato otimismo.

REFERÊNCIAS

American Psychiatric Association (1980). *The Diagnostic and Statistical Manual for Mental Disorders* (3ª edición). Washington D.C.: APA.
American Psychiatric Association (1987). *The Diagnostic and Statistical Manual for Mental Disorders* (3ª edición-revisada). Washington D.C.: APA.
American Psychiatric Association (1994). *The Diagnostic and Statistical Manual for Mental Disorders* (4ª edición). Washington D.C.: APA.
Anderson, G. y Brown, R. I. F. (1984). Real and laboratory gambling, sensation seeking and arousal. *British Journal of Clinical Psychology, 75*, 401-410.
Atlas, G. D. y Peterson, C. (1990). Explanatory style and gambling: How pessimists respond to losing wagers. *Behaviour Research and Therapy, 28*, 523-530.
Beck, A. T., Rush, A. J., Shaw, B. F. y Emery, G. (1979). *Cognitive therapy for depression*. Nueva York: Guilford.
Bergler, E. (1958). *The psychology of gambling*. Nueva York: International Universities Press.
Blaszczynski, A. y McConaghy, N.(1989). Anxiety and/or depression in the pathogenesis of addictive gambling. *The International Journal of the Addictions, 24*, 335-350.
Blaszczynski, A., McConaghy, N. y Frankova, A. (1989). Crime, antisocial personality and pathological gambling. *Journal of Gambling Behavior, 5*, 137-152.
Blaszczynski, A., McConaghy, N. y Frankova, A. (1990). Boredom proneness in pathological gambling. *Psychological Reports, 67*, 35-42.

Blaszczynski, A., Winter, S. y McConaghy, N. (1989). Plasma endorphin levels in pathological gambling. *The Journal of Gambling Behaviour, 2*, 3-14.

Brown, R. I. F. (1987). Gambling addictions, arousal, and an affective/decision-making explanation of behavioural reversions or relapses. *The International Journal of the Addictions, 22*, 1053-1067.

Cocco, N., Sharpe, L. y Blaszczynski, A. (1994; enviado para publicación). Differences in the preferred level of arousal in two sub-groups of problem gamblers.

Coulombe, A., Ladouceur, R., Deshairnais, R. y Jobin, J. (1992). Erroneous perceptions and arousal among regular and irregular video poker machine players. *Journal of Gambling Studies, 8*, 235-244.

Dickerson, M. (1989). Gambling: A dependence without a drug. *International Review of Psychiatry, 1*, 157-172.

Dickerson, M. (1990). Gambling: The psychology of a non-drug compulsion. *Drug and Alcohol Review, 9*, 187-199.

Dickerson, M. y Hinchey, J. (1988). The prevalence of excessive and pathological gambling in Australia. *Journal of Gambling Studies, 4*, 135-151.

D'Zurilla, T. J. y Goldfried, M. R. (1971). Problem solving and behaviour modification. *Journal of Abnormal Psychology, 78*, 107-126.

Eves, F. y Moore, S. (1991a, junio). Phasic and tonic heart rate and electrodermal activity during gambling on horses. Comunicación presentada en el I European Congress of Psychophysiology, Tilburg, Países Bajos.

Eves, F. y Moore, S. (1991b, diciembre). Heart rate and electrodermal activity during gambling on horses: The effects of excitement. Comunicación presentada en el 18ª Annual Conference of the Psychophysiology Society, Londres.

Gabourey, A. y Ladouceur, R. (1989). Erroneous perceptions and gambling. *Journal of Social Behaviour and Personality, 4*, 411-420.

Greenberg, D. y Marks, I. (1982). Behavioural psychotherapy of uncommon referrals. *British Journal of Psychiatry, 141*, 148-153.

Greenberg, D. y Rankin, H. (1982). Compulsive gamblers in treatment. *British Journal of Psychiatry, 140*, 364-366.

Ladouceur, R., Sylvain, C., Duvall, C. y Gabourey, A. (1989; abstract). Correction des verbalisations irrationalles chez des joueurs de poker-video. *International Journal of Psychology, 24*, 43-56.

Leary, K. y Dickerson, M. (1985). Levels of arousal in high-and low- frequency gamblers. *Behaviour, Research and Therapy, 23*, 635-640.

Leopard, D. (1978). Risk preference in consecutive gambling. *Journal of Experimental Psychology: Human Perception and Performance, 4*, 521-528.

Lesieur, H. R. y Rosenthal, R. J. (1991). Pathological gambling: A review of the literature (prepared for the American Psychiatric Association Task Force on DSM-IV Committee for Disorders of Impulse Control Not Elsewhere Classified). *Journal of Gambling Studies, 7*, 5-39.

Linden, R. D., Pope, H. G. y Jonas, J. M. (1986). Pathological gambling and major affective disorder: Preliminary findings. *Journal of Clinical Psychiatry, 47*, 201-203.

Marlatt, G. A. y Gordon, J. (1985). *Relapse prevention: maintenance strategies in the treatment of addictive behaviours.* Nueva York: Guilford.

McConaghy, N. (1988). Assessment and management of pathological gambling. *British Journal of Hospital Medicine, 40*, 131-135.

McConaghy, N., Armstrong, M. S., Blaszczynski, A. y Allcock, C. (1983). Controlled comparison of aversive therapy and imaginal desensitisation in compulsive gambling. *British Journal of Psychiatry, 142*, 366-372.

McConaghy, N., Blaszczynski, A. y Frankova, A. (1991). Comparison of imaginal desensitisation with other behavioural treatments of pathological gambling: A two- to none- year follow-up. *British Journal of Psychiatry, 159*, 390-393.
McCormick, R. A., Russo, A. M., Ramírez, L. F. y Taber, J. I. (1984). Affective disorders among pathological gamblers seeking treatment. *American Journal of Psychiatry, 141*, 215-218.
Miller, W. R. (1983). Motivational interviewing with problem drinkers. *Behavioural Psychotherapy, 11*, 147-172.
Morán, E. (1970). Pathological gambling. *British Journal of Hospital Medicine, 4*, 59-70.
Russo, A. M., Taber, J. I., McCormick, R. A. y Ramírez, L. F. (1984). An outcome study of an inpatient treatment programme for pathological gamblers. *Hospital and Community Psychiatry, 35*, 823-827.
Seager, C. P. (1970). Treatment of compulsive gamblers by electrical aversion. *British Journal of Psychiatry, 117*, 545-553.
Sharpe, L., Livermore, N., McGregor, J. y Tarrier, N. (1994). A controlled evaluation of cognitive behavioural treatment for problem gambling: A preliminary investigation. Manuscrito en preparación.
Sharpe, L. y Tarrier, N. (1992). A cognitive behavioural treatment approach for problem gambling. *Journal of Cognitive Psychotherapy: An International Quarterly, 6*, 193-203.
Sharpe, L. y Tarrier, N. (1993). Towards a cognitive behavioural model for problem gambling. *British Journal of Psychiatry, 162*, 193-203.
Sharpe, L., Tarrier, N., Schotte, D. y Spence, S. H. (1995). The role of autonomic arousal in problem gambling. *Addiction, 90*, 1529-1540.
Tonneatto, T. y Sobell, L. C. (1990). Pathological gambling treated with cognitive behavior therapy: A case report. *Addictive Behaviours, 15*, 497-501.
Walker, M. (1989). Some problems with the concept of "Gambling Addictions": Should theories of addiction be generalised to include excessive gambling. *Journal of Gambling Studies, 5*, 179-200.
Walker, M. (1992). Irrational thinking among slot machine players. *Journal of Gambling Studies, 8*, 245-261.

LEITURAS PARA APROFUNDAMENTO

Becoña, E. (dir.) (1993). Pathological gambling. *Psicología Conductual*, vol. 1, núm. 3. (Monográfico.)
Brown, R. I. F. (1987). Gambling addictions, arousal, and an affective/decision-making explanation of behavioural reversions or relapses. *The International Journal of the Addictions, 22*, 1053-1067.
Lesieur, H. R. y Rosenthal, R. J. (1991). Pathological gambling: A review of the literature (prepared for the American Psychiatric Association Task Force on DSM-IV Committee fon Disorders of Impulse Control Not Elsewhere Classified). *Journal of Gambling Studies, 7*, 5-39.
Marlatt, G. A. y Gordon, J. (1985). *Relapse prevention: maintenance strategies in the treatment of addictive behaviours*. Nueva York: Guilford.
Miller, W. R. (1983). Motivational interviewing with problem drinkers. *Behavioural Psychotherapy, 11*, 147-172.
Sharpe, L. y Tarrier, N. (1993). Towards a cognitive behavioural model for problem gambling. *British Journal of Psychiatry, 162*, 193-203.

OUTROS TRANSTORNOS DO CONTROLE DE IMPULSOS COM ÊNFASE NA TRICOTILOMANIA

Capítulo 14

Dan Opdyke e Barbara O. Rothbaum[1]

I. INTRODUÇÃO

O *DSM-IV* (APA, 1994) mantém uma seção dedicada aos transtornos do controle de impulsos. As cinco categorias específicas incluídas nestes transtornos sofreram apenas ligeiras modificações em relação ao *DSM-III-R*. Neste capítulo falamos do transtorno explosivo intermitente, da cleptomania, da piromania e da tricotilomania. O jogo patológico foi tratado no capítulo anterior. Transtornos que não satisfazem os critérios estabelecidos, mas compartilham características dos transtornos do controle de impulsos, como as compras compulsivas (Faber, 1992) e a impulsividade sexual (Barth e Kinder, 1987) foram categorizados como transtornos do controle de impulsos não especificados (NES).

Os transtornos do controle de impulsos caracterizam-se pela incapacidade do paciente para resistir a um impulso que produz um comportamento prejudicial. Geralmente, o impulso é experimentado como um aumento da excitação ou da tensão, culminando no ato que se sente como alívio ou gratificação, ou seja, que é negativamente reforçador. Pode manifestar-se culpa ou remorso depois do comportamento. Os comportamentos impulsivos ocorrem no contexto de inúmeros transtornos do Eixo I e do Eixo II, e os transtornos do controle de impulsos devem ser distinguidos daqueles prestando-se muita atenção ao diagnóstico diferencial. Podem surgir como comórbidos aos transtornos do controle de impulsos uma alta taxa de transtornos do estado de humor e de transtornos de ansiedade (McElroy et al., 1992).

Este capítulo descreverá o tratamento dos transtornos do controle de impulsos de uma perspectiva empírica, cognitivo-comportamental. Será proposto um protocolo detalhado para a tricotilomania como modelo para o tratamento destes transtornos tão pouco estudados.

II. TRANSTORNO EXPLOSIVO INTERMITENTE

II.1. *Descrição*

As explosões agressivas vêm suscitando o interesse dos clínicos há muito tempo. O diagnóstico de transtorno explosivo intermitente é feito somente após terem sido des-

---

[1] Georgia State University (EUA) e Emory University School of Medicine (EUA), respectivamente.

cartados outros diagnósticos. Doenças médicas e a intoxicação por substâncias psicoativas podem resultar em comportamentos agressivos. Os transtornos psicóticos, os transtornos de comportamento e alguns dos transtornos de personalidade podem ter como característica as explosões agressivas. Um transtorno específico da cultura denominado *Amok* caracteriza-se por explosões agressivas com amnésia (APA, 1994). Simon (1987) descreveu a síndrome da raiva cega ou do "bárbaro" como uma subseção do transtorno explosivo intermitente que requer mais estudos. Sintomas da "raiva cega" há séculos vêm atraindo a imaginação do público.

A legitimidade de se considerar o transtorno explosivo intermitente como transtorno separado tem sido defendida, especialmente devido à série de estudos que indicam anormalidades na função serotoninérgica, nas crises parciais complexas e nas histórias familiares de alcoolismo (McElroy et al., 1992). Os ataques de raiva são considerados uma variante do transtorno de pânico (Fava, Anderson e Rosenbaum, 1990) e relacionados com a depressão (Lion, 1992). Embora estas questões pareçam discutíveis, a defesa legal do "impulso irresistível" destaca a importância da nosologia deste transtorno.

Os casos puros do transtorno explosivo intermitente são bastante raros (APA, 1987), embora faltem informações confiáveis. O surgimento costuma ser na segunda ou terceira década da vida e é mais freqüente em homens (APA, 1994). Houve um tempo em que se chegou a considerar que os pacientes com explosões de cólera sofriam de uma disfunção do sistema límbico. Os sintomas do transtorno explosivo intermitente aparecem em tantos transtornos que se pode propor um diagnóstico de exclusão (Lion, 1992). A categoria se mantém no *DSM-IV*, mas foi eliminado o critério que indica uma falta de impulsividade generalizada ou regressão entre episódios. Na nova classificação são aceitos sinais neurológicos menores *(soft)* e determinados traços de personalidade (p. ex., narcisista, paranóide, obsessivo, esquizóide) são incluídos como fatores predisponentes (APA, 1994).

Os estudos sobre o transtorno explosivo intermitente são escassos e muito diferentes, a maioria deles concentra-se nas intervenções farmacológicas e nas especulações neurológicas como elementos etiológicos. Um amplo estudo realizado por Bach-y-Rita et al. (1971), examinou há vários anos 130 pacientes que recorreram ao setor de emergências psiquiátricas de um hospital. Os exames neuropsicológicos convencionais chegaram a resultados negativos, embora muitas vezes se encontrassem histórias de doenças produtoras de coma como a meningite, as convulsões febris e lesões na cabeça. Também foi constatada uma alta incidência de violência familiar e alcoolismo e 25 dos pacientes sofriam efeitos idiossincráticos do álcool com violentas explosões após algumas doses. A piromania estava presente em 21 casos. A idade média era de 28 anos.

A amostra de pacientes de Bach-y-Rita era composta principalmente de homens dependentes que se identificavam com um papel sexual hipermasculino e que estavam cronicamente ansiosos e inseguros. Foram observadas poucas habilidades de enfrentamento e havia defesas inadequadas do ego. Tinham também sua importância a privação na infância e o empobrecimento cultural. Normalmente havia um período prodômico muito curto de aumento da ansiedade e de medo da perda de controle. Pequenas estimulações podiam então precipitar ataques de raiva completos.

Vinte e cinco anos mais tarde, Linnolia e George (1994) descreveram uma amostra de pacientes com um transtorno explosivo intermitente, sujeitos que "perdem o controle" e que são fisicamente violentos em relação ao cônjuge ou a outras pessoas próximas do seu ambiente. Seus quatro casos relatavam sentir-se presos, criticados, rejeitados e inseguros antes de perder o controle. As explosões agressivas eram acompanhadas por alterações somáticas. A agressão verbal normalmente precedia as explosões. Esses pacientes relatavam uma elevada sensação de excitação antes do incidente, produzindo-se uma impressão de alívio e fadiga imediatamente depois. Muitas vezes seguiam-se também sentimentos de culpa. Bitler et al. (1994) sugeriram que a pré-exposição à violência na infância poderia ter levado a fenômenos do transtorno de estresse pós-traumático desencadeados ao sentir-se "preso". Em todos os casos, a reação estava fora de magnitude frente aos estímulos ambientais estressantes. Os sintomas autônomos, como palpitações, sentir-se sem controle, etc., sugeriam um transtorno de pânico. Esses casos lançam luz sobre a topografia desse transtorno peculiar.

A natureza dos transtornos do controle de impulsos é tal que os comportamentos impulsivos são intermitentes em diferentes graus. Os acontecimentos provocadores e as contingências associadas aos comportamentos passam muitas vezes sem serem notados pela observação direta. A avaliação pode mostrar-se difícil, especialmente em casos nos quais o próprio comportamento é um acontecimento reforçador. No caso do transtorno explosivo intermitente, pode parecer que não há estímulos precipitantes, mas, muitas vezes, existem estados internos incômodos que precedem as explosões. O reforço negativo é produzido quando ocorre a fuga destes estados internos aversivos. A própria conduta (explosão) é o reforço.

Sentir-se encurralado, criticado e rejeitado podem constituir os "eventos de cultivo" do comportamento explosivo (Wahler e Graves, 1983). Os eventos de cultivo são semelhantes ao que Michael (1982) descreve como "operações estabelecedoras". Privar um pombo de alimento aumentará as respostas, se o reforço for a comida. Do mesmo modo, a probabilidade de uma explosão agressiva pode ser aumentada com o número de rejeições e críticas percebidos. Estas estimulações aversivas são as operações estabelecedoras ou "eventos de cultivo" para os comportamentos de fuga e evitação. No caso do transtorno explosivo intermitente, a estimulação aversiva é principalmente interna e prejudicial (sente-se preso). A fuga, na ausência de uma história de aprendizagem para modular os próprios estados de humor, é uma explosão violenta. Havendo exigências sobre o indivíduo ou apenas leves insinuações, a verdade é que estes estímulos se desvanecem uma vez que ele tenha explodido. Uma função secundária da explosão de raiva pode ser a de se manter as pessoas dentro de certos limites.

II.2. Tratamento

Os pacientes de Bach-y-Rita receberam tratamento farmacológico e foram encaminhados à psicoterapia para enfrentar o controle da raiva e da ansiedade (Bach-y-Rita et al., 1971). Os fármacos foram utilizados durante muito tempo para este tipo de comportamento. É provável que tenham um efeito paliativo porque reduzem os estímulos internos. Embora os remédios possam funcionar durante um curto espaço de tempo, a natureza intermitente do transtorno poderia apontar no sentido do emprego contínuo da medicação. Entretanto, este pode ser um tratamento caro e ineficaz porque não produz aprendizagem. O comportamento de fuga, como por exemplo a violência, deve ser bloqueado na presença da estimulação aversiva para que ocorra a extinção. O tratamento que não seja farmacológico caracteriza-se pela identificação dos estímulos estressantes psicossociais e sinais afetivos. Os eventos precipitantes, tanto externos quanto internos são minuciosamente explorados com o paciente, de modo que os estímulos desencadeantes da raiva possam ser enfraquecidos (Lion, 1992).

Se existisse um protocolo para o tratamento do transtorno explosivo intermitente, poderia incluir a apresentação de estímulos que provocassem o comportamento de fuga e ao mesmo tempo que bloqueassem a seqüência de comportamentos violentos. Em muitos casos, isto poderia implicar no uso da limitação física em um local de internamento. Esta forma de tratamento tem precedentes na aplicação a indivíduos com retardo mental. Os estudos com crianças que sofrem de retardo mental indicam que as explosões agressivas muitas vezes são mantidas por meio do reforço negativo, já que a criança escapa das situações em que é exigida, agindo agressivamente. A prevenção do comportamento de fuga extinguirá a conduta agressiva. Como alternativa, reduzir as demandas sobre a criança de forma contingente ao comportamento não agressivo é igualmente eficaz (Carr, Newson e Binkoff, 1980).

Entretanto, nos casos em que a extinção é aplicada sem se prestar atenção aos eventos de cultivo, continua necessária a tarefa de reduzir a estimulação interna por outros meios. O enfoque do reforço diferencial de outros comportamentos (RDO) teve sucesso no tratamento do comportamento autolesivo (Steege et al., 1990). O RDO é geralmente mais eficaz quando combinado à extinção da conduta objetivo. Deste modo, necessita-se modelar e reforçar métodos alternativos de modulação emocional para os pacientes com transtorno explosivo intermitente. Evidentemente, tudo isso precisa ser feito com o acordo e a colaboração do sujeito. Apesar das especulações anteriores para o tratamento do transtorno explosivo intermitente, os autores não foram capazes de encontrar esse tipo de intervenção na literatura sobre o tema.

III. CLEPTOMANIA

III.1. *Descrição*

A cleptomania caracteriza-se pela incapacidade recorrente de resistir aos impulsos de furtar objetos de que não se necessita ou que não tenham um valor monetário. Há uma sensação de tensão antes e de prazer ou alívio durante o ato, seguida muitas vezes de um sentimento de culpa (APA, 1994). A cleptomania é rara, representada em apenas 5% de todos os ladrões de lojas. Além do furto comum, a cleptomania deveria ser distinguida do furto que ocorre durante os episódios maníacos ou como conseqüência da demência (APA, 1994).

A cleptomania é, muitas vezes, concomitante com os transtornos do estado de humor (McElroy et al., 1991a). Muitos pacientes relatam flutuações no estado de humor antes e depois do roubo impulsivo. Alguns indicam uma "descarga" que alivia uma sensação crônica de desespero e disforia. Esta "descarga" pode ser o resultado do comportamento de arriscar-se (Fishbain, 1987). Um estudo de 20 pacientes com cleptomania constatou que 80% satisfazia os critérios de um transtorno de ansiedade, 60% tinha transtornos da alimentação e a metade sofria de transtornos por consumo de substâncias psicoativas. Entre os familiares de primeiro grau destes sujeitos, 20% sofriam de transtorno do estado de humor e 21%, transtornos por consumo de substâncias psicoativas (McElroy et al., 1991b). Um estudo recente examinou 1.649 casos de furto em lojas e constatou que apenas 29 (3,2%) apresentavam um transtorno mental. Destes últimos, somente quatro foram considerados cleptomaníacos (Lamontagne et al., 1994).

A cleptomania pode iniciar-se na adolescência e não ser descoberta durante anos. A experiência clínica sugere que o estado de humor deprimido predispõe ao furto, como um esforço para obter uma compensação simbólica frente a uma perda. A maioria dos pacientes expressa sentir-se culpada depois do ato e não mostram condutas anti-sociais (Goldan, 1992). Alguns autores relacionam o desenvolvimento da cleptomania ao abuso na infância e outros fatores dos primeiros anos de vida (Goldman, 1992).

III.2. *Tratamento*

Existem poucos estudos de tratamentos disponíveis para a cleptomania e estes são estudos de caso. Schwartz e Hoellen (1991) contam sobre o emprego da terapia cognitivo-comportamental ao longo de 39 sessões. Estimulavam sua paciente, uma mulher de 42 anos, a questionar suas autoverbalizações irracionais. Os pensamentos sobre infrações, como, por exemplo, "Não tenho que roubar. Isto é condenável", foram substituídos por "Não quero roubar". O terapeuta trabalhou também a assertividade da paciente com seu relacionamento conjugal (Schwartz e Hoellen, 1991).

A história de outro caso (Marzagao, 1972) detalha o emprego da dessensibilização sistemática no tratamento da cleptomania. Neste caso, as situações de alta ansiedade foram dessensibilizadas em 16 sessões e, mais tarde, houve remissão dos furtos na fase de seguimento. Gauthier e Pellerin (1982) tiveram um sucesso moderado com o treinamento em sensibilização encoberta. Seu paciente, uma mulher de meia-idade, imaginava incidentes de roubos seguidos de prisão, julgamento, encarceramento e outras conseqüências aversivas. Tinha que praticar imaginar estas cenas 10 vezes por dia e utilizar a técnica quando surgisse o impulso. A freqüência dos impulsos era de 14 na linha base e de 0 ao final do tratamento. Os benefícios se mantiveram no seguimento *(follow-up),* embora tenha relatado que furtou em certa ocasião enquanto estava de férias (Gauthier e Pellerin, 1982). Glover (1985) e Guidry (1975) relataram casos similares do emprego bem-sucedido da sensibilização encoberta para a cleptomania.

Foi utilizada também a dessensibilização por meio da imaginação para tratar a cleptomania. O relatório de um caso tratado por McConaghy e Blaszczynski (1988) descreve o tratamento com sucesso de duas mulheres cleptomaníacas. A ambas foi ensinado o relaxamento simples e pediu-se que imaginassem cenas nas quais estivessem incluídos os objetos que iam furtar, mas se detinham no último minuto. Cinco sessões diárias deste método simples de tratamento resultaram no fim do comportamento, o que se manteve por um seguimento de três semanas.

Os cleptomaníacos raramente recorrem a tratamento, salvo se forem surpreendidos furtando (Murray, 1992). Em dois dos casos anteriores, os pacientes enfrentavam acusações de furto. A elevada comorbidade encontrada com os transtornos de humor (McElroy et al., 1992) sugere que somente o tratamento do furto compulsivo seja insuficiente. Deve-se destacar que fármacos têm sido utilizados com sucesso para o diagnóstico da cleptomania. McElroy et al. (1991a) estudaram as respostas à medicação e constataram que em mais de 50% dos pacientes tratados produzia-se um desaparecimento completo do comportamento de furto enquanto estavam sendo medicados. Evidentemente, é preciso pesquisar mais, combinando ou comparando talvez métodos comportamentais com fármacos para aqueles pacientes com diagnóstico duplo, de transtorno do estado de humor e de cleptomania. Atualmente, o procedimento psicológico que recebe maior apoio empírico é a sensibilização encoberta. O clínico que goste de aventura pode querer explorar o tratamento ao vivo para os impulsos de furtar, acompanhando seu paciente nas incursões às lojas.

IV. PIROMANIA

IV.1. *Descrição*

Com um potencial devastador, a piromania é definida como um comportamento que consiste em provocar incêndios de modo deliberado e repetido. Como acontece com outros transtornos do controle de impulsos, há excitação antes e alívio após o evento. Pode haver uma fascinação com o fogo e estímulos relacionados. Os sujeitos com piromania não incendeiam para obter um benefício ou a fim de destruir a propriedade. A verdadeira piromania não é resultado de retardo mental ou da demência. O diagnóstico não ocorre se a conduta é um sintoma de outro transtorno, como o transtorno de comportamento ou o transtorno anti-social da personalidade (APA, 1994).

A piromania normalmente surge na infância. Kolko e Kazdin (1988) constataram que 20% de uma amostra de pacientes externos haviam provocado incêndios. As crianças que provocam incêndios muitas vezes tinham pessoas adultas como modelo, sofriam de estresse familiar e possuíam poucas habilidades sociais. Bach-y-Rita et al. (1971) constataram uma alta taxa de episódios de incêndios deliberados na sua amostra de adultos com falta de controle ocasional.

A provocação de incêndios é consequência de várias causas. É pouco entendida, raramente é identificada em adultos e poucas vezes é tratada. A maioria dos relatos de casos dizem respeito a crianças. Kolko e Kazdin (1994) pediram a 95 crianças que descrevessem seus incidentes de provocação de incêndios. Muitas vezes, estes eram produzidos dentro e nos arredores da casa, com materiais incendiários facilmente acessíveis. Os colegas estavam envolvidos em muitos dos incidentes longe de casa. A maioria das crianças mostravam pouco remorso e poucos relatavam ira. Foi observado que era mais provável que aqueles que provocavam incêndios continuamente, durante dois anos de seguimento, houvessem planejado os mesmos. As crianças que provocam incêndios não se distinguem das demais durante o tratamento e poderiam representar um subgrupo de delinqüentes (Hanson et al., 1994). Showers e Pickrell (1987) constataram, num estudo com 186 juvens ateadores de incêndios, que mais de 60% deles tinham um diagnóstico primário de transtorno de comportamento. Outros 20% foram diagnosticados com transtorno de déficit de atenção. Entre as características familiares destes jovens, destacavam-se a ausência do progenitor e o abuso de álcool e drogas por parte dos pais. Dos sujeitos, 38% tinham histórias de vivência em lares adotivos. O abuso físico e a falta de cuidados constituíam fatores que contribuíam para o transtorno. Os autores concluíram que os sujeitos que provocavam incêndios eram virtualmente indistinguíveis dos indivíduos com transtorno de comportamento, exceto pelo fato de que os primeiros incendiavam. É urgente a intervenção precoce com crianças que sofreram abuso e com as que não receberam cuidados (Showers e Pickrell, 1987).

Leong (1992) estudou 29 sujeitos incendiários submetidos a julgamento e encontrou uma elevada taxa de psicose (52%). O diagnóstico de piromania era muito raro. Geller (1987) sugeriu que a provocação de incêndios por parte dos pacientes psiquiátricos adultos está associada a uma maior probabilidade à esquizofrenia, ao transtorno obsessivo compulsivo e aos transtornos de personalidade. O abuso do álcool e o retardo mental podem ser fatores que contribuam para a provocação de incêndios. Segundo Geller (1987), os sujeitos incendiários muitas vezes têm déficit em habilidades sociais e empregam o comportamento de incendiar como meio de comunicação. As intervenções baseadas nos modelos de aprendizagem social são apropriadas em tais casos. Este enfoque é apoiado por Rice e Harris (1991), cujos resultados indicam que a falta de competência e isolamento sociais eram antecedentes importantes. As intervenções que tenham como objetivo as habilidades sociais e o apoio social podem prevenir, em alguns casos, que continuem provocando incêndios (Rice e Harris, 1991).

IV.2. Tratamento

Os relatos de tratamento da literatura são predominantemente estudos de caso centrados em crianças. Normalmente se aplica alguma forma de treinamento aos pais e de procedimento de hipercorreção. Os pais passam tempo com a crianças ateando fogos de forma "segura". Os pais ensinam métodos alternativos de solução de problemas. Pode-se ensinar diretamente, mas muitas vezes se impõem contratos comportamentais, como a forma de atear fogo de modo seguro, em que os bombeiros são apresentados como modelos positivos. A terapia de família aborda o contexto mais amplo em que se encontra a provocação de incêndios (Soltys, 1992).

O enfoque detalhado de Bumpass, Fagelman e Brix (1983) fez com que os terapeutas recapitulassem na sessão o comportamento de provocar incêndios, fazendo com que a criança repassasse o evento e descrevesse os sentimentos e pensamentos que surgiam enquanto ateava fogo. Estes pensamentos e sentimentos eram representados graficamente para a criança e a família, num esforço por aumentar a percepção dos estados de ânimo e os comportamentos que levavam à provocação de incêndios. Explorar as condições antecedentes e sugerir alternativas era tudo o que aparentemente se precisava, já que 27 dos 29 pacientes não provocaram incêndios nos dois anos que se seguiram ao tratamento (Bumpass et al., 1983).

Existem dados que demonstram a utilidade das intervenções cognitivo-comportamentais em relação aos comportamentos incendiários em alguns casos. O treinamento em habilidades sociais combinado com a saciedade, a sensibilização encoberta, o relaxamento e o custo de resposta, sob a forma de programa de tratamento, mostrou-se eficaz (Koles e Jensen, 1985). A saciedade e o reforço positivo de comportamentos alternativos tiveram sucesso em deter o comportamento incendiário recorrente (Kolko, 1983).

A literatura sobre a provocação de fogo é muito limitada. A prevalência deste transtorno é ainda uma questão em aberto. A maioria dos trabalhos limita-se a estudos de caso, com exceção do trabalho de Kolko e Kazdin (1994). São necessários mais trabalhos deste tipo.

V. TRICOTILOMANIA

V.1. Descrição

A tricotilomania (do grego "loucura de arrancar os cabelos") é um termo empregado por Hallopeau há um século (Hallopeau, 1989) e mantém sua classificação como um transtorno do controle de impulsos (APA, 1994). Os critérios diagnósticos para a tricotilomania requerem o comportamento repetido de arrancar os cabelos com uma notável perda do mesmo, uma sensação de tensão antes de arrancá-lo ou de tentar resistir ao impulso, e alívio ou prazer quando se arranca o cabelo. O comportamento não pode ser causado por outro transtorno ou por uma doença de pele e deve provocar um mal-estar importante no funcionamento social ou ocupacional (APA, 1994). Existem poucos dados disponíveis sobre a prevalência, já que a maioria dos sujeitos ocultam seu comportamento. Um recente estudo com universitários de primeiro ano revela uma taxa de prevalência de 1 a 2% para a tricotilomania (Rothbaum et al., 1993). Em um estudo com 60 sujeitos que sofriam de forma crônica do comportamento de arrancar os cabelos, Christenson, MacKenzie e Mitchell (1991) constataram que 17% não preenchia o critério de redução da tensão (critérios B e C do *DSM-III-R*). Estes critérios não mudaram significativamente no *DSM-IV* (APA, 1994).

A tricotilomania pode ser muito incapacitante dada a época do desenvolvimento em que ocorre. A idade de surgimento é muitas vezes na infância, com períodos de máxima incidência entre os 5-8 anos e ressurgimento aos 13 (APA, 1994). O curso do transtorno é freqüentemente crônico, tendo sido encontrado num estudo uma duração média de 21 anos (Christenson et al., 1991). A comorbidade é muito comum. Reeve, Bernstein e Christenson (1992) tentaram descrever todos os transtornos do Eixo I em um grupo de crianças que arrancavam os cabelos. Foram incluídos no estudo crianças que não relatavam aumento da tensão nem alívio ao arrancar os cabelos. Dez crianças passaram por 3-4 horas de testes psicométricos. Sete das dez tinham pelo menos um diagnóstico do Eixo I. Seis sofriam de um transtorno de ansiedade excessiva, dois sofriam de distimia, um tinha transtorno de ansiedade de separação com fobia simples e transtorno de excesso de ansiedade. Ninguém preenchia os critérios para o transtorno obsessivo-compulsivo. Só uma criança cumpria os critérios de satisfação do impulso. O estresse foi considerado um importante fator precipitante (Reeve et al., 1992).

Alguns pesquisadores clínicos sugerem que a tricotilomania pode ser uma forma de transtorno obsessivo-compulsivo (TOC) devido à sua resposta frente aos inibidores da recaptação da serotonina (Jenike, 1989). Entretanto, uma grande porcentagem de sujeitos com tricotilomania arrancam os cabelos sem perceber totalmente (Christenson et al., 1991; Christenson, Ristvedt e Mackenzie, 1993), em vez de reduzir a ansiedade ou responder a uma obsessão. O TOC é mantido pelo reforço negativo enquanto a tricotilomania parecer ser um impulso apetitivo modulado pela saciedade. Em um estudo, foram comparados sujeitos com tricotilomania com outros que sofriam de transtorno obsessivo-compulsivo (TOC) e um terceiro grupo de sujeitos não clínicos que arrancavam os cabelos (Stanley et al., 1992). Os sujeitos que arrancavam os cabelos, tanto clínicos quanto não clínicos, diferenciavam-se do grupo de TOC em escalas que mediam depressão, extroversão e sintomas do TOC. O grupo com TOC aparecia como o mais perturbado nestas medidas. Entre os três grupos, parece ser freqüente um alto nível de ansiedade generalizada (Stanley et al., 1995).

V.2. Tratamento

Como acontece com a maioria dos outros transtornos do controle de impulsos, relata-se a eficácia de uma série de intervenções farmacológicas no tratamento a curto prazo da tricotilomania (Ratner, 1989). Muitos destes estudos apresentam controles escassos e não têm acompanhamentos adequados (Rothbaum e Ninan, 1994). Uma comparação recente da terapia cognitivo-comportamental (TCC) com a clomipramina, em um estudo de duplo cego com um grupo placebo, indicou que a TCC era significativamente mais eficaz que a clomipramina ou o placebo (Ninan et al., 1995).

O tratamento comportamental da tricotilomania tem sido promissor. Azrin e Nunn (1973, 1978) desenvolveram a inversão de hábito como um método para controlar os tiques e outros hábitos, como roer as unhas e arrancar os cabelos. Implica o aumento da percepção, por parte do paciente, sobre cada ocorrência do hábito e sua interrupção por meio de uma resposta que compita com ele. Em uma pesquisa sem grupo de controle, informou-se que os hábitos foram "virtualmente eliminados" após uma sessão de tratamento. Entretanto, apenas um dos sujeitos tinha tricotilomania (Azrin e Nunn, 1973). A inversão de hábito eliminou a tricotilomania de forma muito rápida em quatro sujeitos em outro estudo sem grupo de controle (Rosenbaum e Ayllon, 1981). No tratamento da tricotilomania, foram aplicados satisfatoriamente componentes distintos ou modificações da inversão de hábito (Miltenberger e Fuqua, 1985; Rodolfa, 1986; Rothbaum, 1990, 1992; Tarnowski et al., 1987).

Taylor (1963) foi o primeiro a relatar um tratamento comportamental para a tricotilomania. Ensinou seu paciente a observar o comportamento e a dizer às suas mãos para pararem. Esta simples intervenção foi satisfatória, com breves recaídas no seguimento de três meses. Muitos dos estudos de caso, desde o de Taylor (1963), relatam bons resultados com o auto-registro e as contingências auto-impostas (Friman, Finney e Christophersen, 1984).

Alguns estudos recentes com pacientes jovens não se atem aos aspectos da motivação e do autocontrole tão necessários, muitas vezes, para o sucesso de um tratamento. Blum, Barone e Friman (1993) propuseram o acompanhamento físico dos pais juntamente com o *time-out* e a prevenção da resposta (pôr luvas nas mãos) para reduzir o arrancar os cabelos. É provável que não sejam necessários programas com componentes múltiplos ou prolongados para crianças com tricotilomania sem complicações. Entretanto, pode ser que as intervenções breves não funcionem sempre nestes casos. Vitulano et al. (1992) trataram jovens que arrancavam os cabelos por meio de um programa de seis sessões com auto-registro, relaxamento, interrupção do hábito (apertar o punho), hipercorreção (escovar os cabelos), revisão dos inconvenientes causados pelo comportamento e reforço. Uma questão conflitiva foi a adesão ao tratamento e, muitas vezes, surgiram conflitos entre pais e filhos. Os autores sugerem que se elimine o papel que o arrancar dos cabelos tem nos conflitos pais-filhos e que esteja atento às questões relativas ao desenvolvimento e ao sistema familiar (Vitulano et al., 1992). Algumas crianças que respondem a intervenções familiares breves podem precisar de um tratamento cognitivo-comportamental completo e intensivo, tal como sugere Hamdan-Allen (1991). Pode-se ensinar a criança a observar de perto o comportamento enquanto reconhece os sinais e os efeitos mal-adaptativos. Em seguida, são ensinadas respostas manifestas e encobertas incompatíveis, tais como auto-verbalizações positivas, apertar o punho, relaxamento e respostas que utilizam a imaginação (Hamdan-Allen, 1991).

Yung (1993) relata um estudo de caso, na China, de uma criança que arrancava os cabelos. Os pais chineses consideram tradicionalmente os problemas de comportamento como questões de disciplina. Neste caso, realizou-se um procedimento aversivo porque os pais recusaram um tratamento com economia de fichas. Aplicou-se uma solução amarga de ervas no dedo polegar da criança, já que chupar o dedo ocorria ao mesmo tempo que arrancar os cabelos. Os dois comportamentos foram eliminados em seis dias. Este enfoque, aceito pela cultura, teve sucesso, em parte, ao modificar um comportamento que covariava com a resposta-objetivo. Em um estudo de Altman, Grabs e Friman (1982), tratou-se a tricotilomania de uma criança de três anos de modo similar, centrando-se na resposta variante de chupar o dedo. Aplicou-se uma substância aversiva ao dedo polegar direito (o que era chupado) da menina, três vezes ao dia, resultando na diminuição significativa de ambos os comportamentos. A economia de fichas, o tempo fora, a atenção contingente dos pais, a hipercorreção por meio de escovar os cabelos e estratégias comportamentais similares para o tratamento em casa das crianças que arrancam os cabelos chegaram a resultados díspares devido, principalmente, à falta de adesão aos procedimentos por parte dos pais (Friman et al., 1984). O grau de aceitação do tratamento é um importante fator em qualquer intervenção. O procedimento da inversão do hábito (Azrin e Nunn, 1973) parece o mais aceitável para as crianças e suas famílias (Tarnowski et al., 1987).

A prática negativa, baseada nos princípios da saciedade e no aumento da percepção, foi aplicada aos hábitos nervosos, incluindo a tricotilomania. Na prática negativa, ensina-se o paciente a realizar os movimentos de puxar os cabelos durante trinta segundos, de hora em hora, sem arrancá-los de fato. Azrin, Nunn e Franz (1980) compararam a prática negativa com a inversão do hábito e constataram que esta última era duas vezes mais eficaz. A inversão de hábito parece ter o maior apoio empírico para o tratamento da tricotilomania (Friman et al., 1984; Rosenbaum e Ayllon, 1981).

A seguir, apresenta-se um programa de tratamento para a tricotilomania desenvolvido por Rothbaum. O componente de controle do estresse baseia-se em um pacote de tratamento construído por Kilpatrick, Veronen e colaboradores e adaptado por Foa, Rothbaum e colaboradores (Foa et al., 1991).

V.2.1. *Tratamento cognitivo-comportamental da tricotilomania*

Este programa tem nove sessões de tratamento de 45 minutos, uma vez por semana, no qual se ensina ao paciente a inversão de hábito (baseado em Azrin e Nunn,

1978), o controle de estímulo e técnicas de manejo do estresse (ver Quadro 14.1 para um resumo do programa de tratamento). Em seguida, descreve-se de forma abreviada o manual de tratamento (Rothbaum, 1992).

Quadro 14.1. *Esquema do programa de tratamento*

Sessão 1:	Coleta de informações, incluindo a descrição da resposta, detecção da mesma (treinamento da percepção), identificação dos precursores da resposta (primeiro aviso), identificação das situações que predispõem ao hábito e ao auto-registro.
Sessão 2:	Treinamento na inversão de hábito, incluindo a explicação do tratamento, a revisão dos inconvenientes do hábito, a prática de uma resposta incompatível, treinamento em prevenção e ensaio simbólico. Controle do estímulo, o auto-registro continua ao longo do tratamento, segue-se com a coleta de informações para a avaliação geral.
Sessão 3:	Relaxamento muscular profundo.
Sessão 4:	Relaxamento diferencial mais treinamento da respiração.
Sessão 5:	Parada de pensamento.
Sessão 6:	Reestruturação cognitiva de Beck/Ellis.
Sessão 7:	Autodiscurso (p. ex., preparando-se para um estímulo estressante).
Sessão 8:	Modelagem encoberta e desempenho de papéis.
Sessão 9:	Continuação da sessão 8. Prevenção das recaídas. Término.

Sessão 1: Coleta de informações

Toda intervenção clínica começa por uma avaliação completa. Além do objetivo principal da mesma, ou seja, conhecer a amplitude do comportamento de arrancar os cabelos, a avaliação cuidadosa pode proporcionar mais informações importantes. Não só a quantidade de cabelos arrancados deveria ser explorada, mas também o padrão do comportamento de arrancar os cabelos, a hora do dia em que tal conduta é mais provável, as situações que estão mais associadas, os pensamentos que a acompanham e se arrancar os cabelos ocorre em resposta a um forte impulso ou sem que se perceba.

Auto-registro – o auto-registro compreende fazer com que o paciente registre cada episódio de arrancar os cabelos, a quantidade de cabelos arrancados, além de outras informações relevantes, incluindo a data e a hora, a situação, os pensamentos e o impulso. Guardar todos os cabelos arrancados é uma boa forma de auto-registro. Implica fazer com que o paciente conserve todos os cabelos que arrancou, pondo-os num envelope ou num recipiente e levando-os consigo ao terapeuta para que este os veja. Isto serve também como uma medida da adesão ao tratamento, pois muitos pacientes consideram aversivo colecionar cabelos.

A entrevista – uma entrevista clínica sensível conterá todos os aspectos relacionados com o arrancar os cabelos, assim como assuntos motivacionais e de adaptação geral. A avaliação psicossocial global incluirá uma história de arrancar os cabelos, os resultados de tratamentos prévios, outros problemas, a história familiar e o desenvolvimento psicossocial. Mais especificamente, deve-se recolher informações sobre o que o paciente faz exatamente. "Arranquei os cabelos" é insuficiente. É necessário saber quando (p. ex., somente quando estou sozinho, normalmente à tarde), como (p. ex., com os dedos indicador e polegar, só com a mão direita), o que faz (p. ex., examina os cabelos depois de tê-los arrancado, enfia-os na boca, morde a raiz), etc.

Detectar a resposta – o paciente sempre percebe que está arrancando os cabelos? Se isso não acontecer, o terapeuta pode treiná-lo durante a sessão, indicando-lhe quando sua mão se dirige à cabeça. O paciente precisará dar-se conta de cada vez que arranca os cabelos, a fim de evitar.

Deve-se ajudar o paciente a identificar cada passo envolvido no ato de arrancar um único fio de cabelo, começando com o primeiro indicador (p. ex., uma contração nos dedos da mão direita, comichão na cabeça, um pensamento). Deve-se listar também cada situação na qual ocorre o arrancar os cabelos. O terapeuta ensinará o paciente a estar preparado para quando se encontrar nessas situações.

Tricofagia – alguns pacientes com tricotilomania enfiam na boca ou mordem os cabelos. Isto pode até produzir tricobezoares (bolas de cabelo), além de interferir na avaliação do número de cabelos arrancados. Deve-se perguntar aos pacientes sobre este comportamento.

Avaliação por meio da observação – o terapeuta, muitas vezes, inspecionará visualmente as áreas calvas e fará uma avaliação. Esta é a base da *Escala de melhora global* realizada pelo clínico (*Clinician's global improvement scale, CGI;* Guy, 1976) e da *Escala de deterioração por tricotilomania* (*Trichotillomania impairment scale*; Swedo et al., 1989), entre outras escalas de avaliação. São úteis também as fotografias das áreas sem cabelos que podem ser comparadas desde o pré-tratamento até o pós-tratamento, como um indicador objetivo do sucesso do mesmo (Rosenbaum e Ayllon, 1981). Entretanto, a privacidade pode proibir a observação das áreas calvas. Obviamente, se uma paciente arranca os pelos pubianos, o terapeuta confiará no auto-registro da paciente. Se um sujeito utiliza complicados estilos de penteado para camuflar as partes que têm pelos arrancados, pode ser razoável pedir-lhe que desfaça o penteado na clínica.

O relatório de outras pessoas significativas – os relatórios de outras pessoas próximas ao paciente podem ser importantes quando este é, por alguma razão, pouco confiável. Alguns pacientes são informantes pouco confiáveis; aqui incluímos as crianças, as pessoas com deficiência ou retardo mental e os pacientes que não estão motivados para o tratamento. Quando os cabelos dos pacientes voltam a crescer, muitas vezes é agradável que os outros percebam sua melhora e se pode fazer com que outras pessoas façam elogios significativos ao paciente.

Medidas padronizadas – atualmente não há uma medida única padronizada para a tricotilomania. Os clínicos utilizam os métodos que acabamos de descrever, principalmente a entrevista e o auto-registro do paciente. Não há critérios objetivos-padrão para a avaliação das áreas calvas. Provavelmente a medida mais utilizada ou adaptada para a tricotilomania seja a *Escala para as obsessões e compulsãoes de Yale-Brown (Yale-Brown obsessive compulsive scale, Y-BOCS;* Goodman et al., 1992), uma escala de dez itens que avalia a gravidade das obsessões e das compulsões no transtorno obsessivo-compulsivo (TOC). Derivadas da *Y-BOCS,* são utilizadas as escalas do *NIMH sobre a deterioração e a gravidade da tricotilomania (NIMH-Trichotillomania severity and impairment scales, NIMH-TSS, NIMH-TIS*; Swedo et al., 1989) nos estudos de tricotilomania. Fornecem uma pontuação de gravidade *(NIMH-TSS)* e outra de deterioração *(NIMH-TIS).*

Problemas da avaliação – os pacientes muitas vezes ocultam os efeitos do arrancar os cabelos por meio de estilos de penteado e da maquiagem. A reatividade pode ser um problema, fazendo com que o auto-registro seja uma medida de linha de base pouco segura. Entretanto, isto pode ser utilizado terapeuticamente. Como acontece com qualquer outro transtorno, podem haver fatores que mantenham os comportamentos que a pessoa não perceba facilmente. Muitos dos sujeitos que sofrem de tricotilomania encontram-se estressados e envergonhados por seu comportamento e aparência. Portanto, em alguns deles, especialmente crianças e adolescentes, podem estar envolvidos benefícios secundários. Por exemplo, arrancar os cabelos pode ser empregado como um castigo contra os pais, para obter atenção da família ou como uma desculpa para evitar a participação em atividades não desejadas (p. ex., prática da natação). Às vezes, é necessário avaliar a resposta da família diante do comportamento de arrancar os cabelos, pois podem ocorrer padrões de interação que mantêm o transtorno. Mesmo no caso de adultos com problemas, podem estar em funcionamento outros fatores, como a evitação de determinadas relações, da intimidade ou de certas atividades (p. ex., eventos sociais).

O comportamento objetivo – às vezes é difícil também especificar o comportamento objetivo. Embora arrancar os cabelos seja a questão de fundo, a avaliação poderia centrar-se no número de fios arrancados, na duração dos episódios, na alopecia resultante, no impulso de puxar os cabelos e nos pensamentos e comportamentos precipitantes. Além disso, as áreas principais de onde foram arrancados os cabelos afetarão o nível de gravidade que este comportamento aparenta. Por exemplo, pode haver um efeito extremo se o paciente arranca principalmente as sobrancelhas ou os cílios. Assim sendo, alguns pacientes arrancam totalmente as sobrancelhas e/ou os cílios e aparentam, deste modo, menos gravidade que alguém que arranque os pêlos da cabeça, onde existe um maior número de pêlos que podem ser arrancados.

Sessão 2: *Treinamento da inversão de hábito*

Avaliação do auto-registro – o terapeuta deveria examinar sempre o auto-registro do paciente e responder em seguida. O componente do auto-registro é um meio de coletar dados e aumentar a percepção do comportamento. Se o paciente deixou de arrancar os cabelos, deve-se elogiá-lo muito e perguntar como ele conseguiu isso. Se o paciente continua com seu comportamento-problema, deve-se indagar em busca de padrões. Por exemplo, arranca mais os cabelos durante a semana ou nos fins de semana? Acontece a qualquer hora do dia? Em situações determinadas? O terapeuta deveria poder identificar as situações de alto risco para o paciente a partir do seu auto-registro.

Explicação do tratamento – o terapeuta explica a inversão do hábito, segundo a argumentação de Azrin e Nunn (1973):

> Os hábitos nervosos que surgem inicialmente como uma reação normal [...] se transformam em hábitos fortemente estabelecidos que posteriormente escapam à consciência pessoal devido à sua natureza automática. [Para ser tratada] a pessoa deveria perceber cada vez que o hábito ocorre. Deveria interromper cada ocorrência do hábito, de modo que não continue fazendo parte de uma cadeia de movimentos normais. Teria que ser estabelecida uma resposta para competir fisicamente, interferindo no hábito [p. 620].

Por conseguinte, ensina-se ao paciente a inversão do hábito, a fim de ajudar a controlar o impulso de arrancar os cabelos. Para isso, examinaremos as técnicas do controle de estímulo. Como a maioria dos comportamentos de arrancar os cabelos ocorrem, aumentam ou reaparecem com o estresse, o paciente tem que aprender formas eficazes de controlar esse estresse. Portanto, além da inversão do hábito e do controle de estímulo, devem ser ensinadas técnicas de controle de estresse. Finalmente, com o objetivo de manter os benefícios do tratamento, serão incluídos procedimentos de prevenção das recaídas antes de se dar alta ao paciente.

Revisão dos inconvenientes do hábito – o objetivo de formular esta questão é aumentar a motivação. O paciente faz uma lista dos inconvenientes, da vergonha e do sofrimento provenientes de arrancar os cabelos. Os mais freqüentes incluem o ridículo social, a restrição de atividades (p. ex., nadar, ir ao cabeleireiro), a evitação das situações de intimidade, a diminuição da auto-estima, etc. O terapeuta registra e revisa os itens com o paciente, que deve ser estimulado a buscar fontes de reforço positivo associadas ao controle do seu comportamento.

A prática de uma resposta que possa competir com o comportamento-problema – procura-se uma resposta que seja incompatível com o arrancar os cabelos. Deve poder ser mantida durante pelo menos dois minutos, não chamar a atenção e ser fácil de realizar. Deveria produzir um aumento da percepção do hábito de utilizar os mesmos músculos que no caso de arrancar os cabelos. Apertar os punhos e mantê-los assim durante dois minutos é uma resposta oposta freqüente. O terapeuta pratica esta resposta com o paciente na sessão durante dois minutos seguidos.

O treinamento em prevenção – ensina-se o paciente a empregar a resposta oposta quando surge o primeiro sinal do hábito, dizendo-lhe que a utilize se estiver nervoso, se sentir impulsos em arrancar os cabelos ou encontrar-se em situação de alto risco.

O ensaio simbólico – ensina-se o paciente a fechar os olhos e imaginar que está usando a inversão do hábito com sucesso em situações que predispõem freqüentemente ao hábito. Pode-se pedir que fale em voz alta sobre situações comuns de alto risco. Durante essa discussão, o terapeuta pode pedir-lhe para vigiar os impulsos, identificando-os a primeira vez que aparecerem. É possível que seja necessária uma pequena ajuda. O paciente deveria ensaiar simbolicamente a resposta oposta enquanto mantém a conversação com o terapeuta. Ele deveria aprender a praticar a resposta que compete com o comportamento-problema durante o tempo de terapia, bem como fora da clínica.

Controle de estímulo – o controle de estímulo é utilizado para diminuir as chances de arrancar os cabelos. As técnicas habituais são detalhadas no Quadro 14.2.

O apoio social – o apoio social é abordado como uma ajuda importante para a terapia. Uma vez que o paciente tenha mostrado certo controle sobre o impulso, a família e os amigos poderiam ser incluídos como agentes da mudança. As outras pessoas significativas do meio do paciente podem prevenir as recaídas comentando simplesmente a ausência de episódios. Os membros da família estimulariam o paciente a praticar os exercícios, a fazer as tarefas para casa, etc. Entretanto, é necessário conhecer o sistema familiar para que estas tentativas não venham a fracassar.

Quadro 14.2. *Sugestões para o controle de estímulo.*

- Não tocar nos cabelos, exceto ao pentear-se.
- Manter-se longe do espelho; não olhar para os cabelos.
- Usar protetores nos dedos utilizados para arrancar os cabelos.
- Usar coberturas de borracha nos dedos utilizados para arrancar os cabelos.
- Comer sementes com casca nas situações de alto risco.
- Cobrir os cabelos em situações de alto risco.
- Aplicar alguma coisa nos cabelos (p. ex., fixador, gel).
- Fazer alguma coisa com os dedos (pintar, cortar, plantar).
- Estar com pessoas.
- Levantar-se e colocar-se em movimento, sair para dar um passeio, ter alguma coisa para beber.
- Mudar de situação.
- Fazer exercícios regularmente.
- Ir à biblioteca e estudar (especialmente no caso dos estudantes).
- Lavar os cabelos com mais freqüência.
- Usar luvas.
- Manter as mãos ocupadas: podem ser usadas agulhas para bordado, *videogames*, etc.

Sessões 3 e 4: Relaxamento

Todas as sessões começam com uma revisão do auto-registro, da inversão do hábito, do controle de estímulo, da atividade da sessões anterior e da revisão das tarefas para casa do paciente. Ensina-se os pacientes a praticar as habilidades pelo menos duas vezes ao dia, entre sessões.

O terapeuta ensina o relaxamento muscular profundo no começo da sessão 3. Durante a quarta sessão, repete-se o treinamento em relaxamento, empregando os procedimentos de "contrair-se" e "soltar-se", acrescentando o treinamento da respiração ao final. As instruções para o *treinamento da respiração* são as seguintes:

> Por favor, tente respirar *normalmente* em vez de profundamente. Respire de forma normal através do nariz. A menos que estejamos fazendo exercícios vigorosos, deveríamos sempre respirar pelo nariz. Depois de respirar de modo normal, pedirei para você se concentrar em expulsar o ar. Enquanto você faz isso lentamente, diremos também a palavra CALMA em silêncio, só para si enquanto expulsa o ar, e eu direi em voz alta enquanto você pratica aqui [pode-se utilizar também a palavra RELAXE, se o paciente preferir]. CALMA é uma palavra que pode ser utilizada corretamente porque na nossa cultura está associada a coisas agradáveis. Se estamos incômodos e alguém nos diz "calma", geralmente está associada à satisfação e ao apoio. Soa bem e pode ser pronunciada ao mesmo tempo que uma exalação longa e lenta: c-a-a-a-a-l-m-a.
>
> Além de se concentrar na exalação enquanto diz CALMA, quero que você torne sua respiração mais lenta. Muitas vezes, as pessoas se assustam ou ficam perturbadas, sentem como se precisassem de mais ar e então podem hiperventilar. Entretanto, a hiperventilação não tem o efeito de tranqüilizar. De fato, causa sensações de ansiedade. A menos que estejamos nos preparando para lutar, fiquemos imóveis ou fujamos diante de um perigo real, não precisamos de mais ar do que estamos aspirando. Quando hiperventilamos, indicamos ao nosso corpo que

estamos nos preparando para uma das atividades anteriores e o mantemos energizados com oxigênio. Isto se parece com a atividade de um corredor, que respira profundamente para abastecer seu corpo com oxigênio antes de uma corrida e continua respirando profunda e rapidamente ao longo da corrida. Normalmente, quando hiperventilamos, estamos enganando nosso corpo. E o que precisamos fazer, realmente, é tornar nossa respiração mais lenta e com *menos* ar. Realizamos isto fazendo pausas entre as respirações, a fim de espaçá-las mais. Depois de tornar a expulsão de ar mais lenta, mantenha a respiração enquanto conta até quatro [pode-se ajustar para o que for necessário] antes de respirar novamente.

O terapeuta deveria ensinar o paciente a respirar de forma normal e expulsar o ar muito lentamente enquanto diz a si mesmo as palavras CALMA ou RELAXE. Ele é treinado a fazer uma pausa e contar até quatro antes de respirar novamente. Repete-se a seqüência completa de 10 a 15 respirações. Tenta-se observar o peito ou o abdome do paciente, a fim de seguir seu próprio ritmo natural de respiração. Até o final do exercício, o terapeuta deveria ir esvanecendo as instruções enquanto o paciente continua praticando.

Ensina-se relaxamento diferencial depois do relaxamento muscular profundo. Isto implica treinar o paciente a reconhecer os músculos necessários às atividades específicas e empregar a mínima quantidade de tensão destes músculos para executar a atividade. Tem que permitir o relaxamento dos músculos que não sejam necessários. Exemplos a serem utilizados na sessão incluem sentar-se, ficar de pé e andar. Deve-se enfatizar a prática das atividades diárias dos pacientes (p. ex., dirigir, escrever).

Sessão 5: A parada de pensamento

A parada de pensamento, descrita originalmente por Wolpe (1958), é empregada para compensar o pensamento obsessivo ou de preocupação. O auto-registro pode descobrir pensamentos que estabelecem a ocasião para arrancar os cabelos. Esses pensamentos podem ocorrer muito cedo na cadeia de respostas. Os pacientes informam, muitas vezes, que determinados pensamentos ocorrem antes de arrancar os cabelos. Pode-se treinar então o sujeito com tricotilomania a inibir esses pensamentos. Se um paciente relata tais pensamentos na sua revisão semanal, estes podem ser empregados para ensinar o método da parada de pensamento. Pede-se simplesmente ao sujeito para fechar os olhos e ter os pensamentos problemáticos normais que ocorrem geralmente antes de um episódio. Após 30-40 segundos, o terapeuta dá um golpe na mesa com um livro ou com a palma da mão, gritando em voz alta "PARE". Os pensamentos são interrompidos nesse momento e o paciente deve perceber esse fato. Repete-se o processo completo várias vezes antes de fazer com que o paciente o tente por si mesmo. A ordem de "PARE" deveria ser internalizada neste ponto e permanecer a um nível subvocal e encoberto. Muitos pacientes utilizam a imaginação, visualizando um grande sinal vermelho enquanto gritam "PARE" em silêncio. A chave é substituir o pensamento desagradável por outra distração, enquanto a cadeia de comportamentos que leva a arrancar os cabelos é interrompida. A simples distração pode ter a mesma função desde que não produza ansiedade. Qualquer pensamento servirá desde que não cause mal-estar ao paciente, mas o envolva ativamente na atividade de pensar. Ajuda-se o paciente a decidir qual será o pensamento distrativo antes que ele saia da sessão.

Sessão 6: *Reestruturação cognitiva*

O terapeuta introduz a reestruturação cognitiva (Beck et al., 1979; Ellis e Harper, 1961), centrando-se na forma como nossos pensamentos afetam nossas reações. São apresentados exemplos e o terapeuta ajuda o paciente a avaliar a racionalidade das crenças, questionando-as e substituindo-as por autoverbalizações (racionais) positivas.

Como os pensamentos negativos têm uma grande importância nos transtornos de ansiedade e no controle de impulsos, a reestruturação cognitiva é útil como antídoto. Grande parte da terapia consiste em falar e o paciente verbalizará expressões absurdas diante das quais o terapeuta tem que oferecer um questionamento saudável. Como foi apresentada ao paciente a idéia de que os pensamentos afetam o comportamento, não é mera questão de fé supor que mudando o que pensamos podemos mudar o que fazemos.

Ensina-se os pacientes a reconhecer o automatismo dos seus pensamentos e como estes podem levar a sentimentos e comportamentos específicos. Tais pensamentos são, muitas vezes, irracionais e mal-adaptativos. O terapeuta questiona imediatamente os pensamentos na sessão, com perguntas como "Quais são as evidências que sustentam isso? Existe outra forma de considerá-los? Como podemos comprová-los? Qual é a pior coisa que poderia acontecer? O que você poderia fazer, então?". Os ataques contínuos aos pensamentos disfuncionais muitas vezes põem em evidência crenças básicas sobre si mesmo. Estas crenças centrais ou "esquemas" consistem normalmente em distorções e supergeneralizações inconscientes que podem ser muito autoderrotistas. Muitas vezes, encontram-se incluídas crenças como "os sentimentos são perigosos, tenho que ter controle sempre, sou uma pessoa sem valor". O terapeuta questiona esses pensamentos enquanto destaca as características positivas do paciente. O componente mais importante é ensinar o paciente a mudar seus próprios padrões de pensamento.

O "reposicionamento" é uma técnica que serve para estimular os pacientes a adotar uma visão diferente das coisas. Em vez de pensar "Não fiz o trabalho. Sou um fracasso", propõe-se "Eu não tinha as qualificações necessárias para esse trabalho, de modo que é normal ele não ter saído. Posso considerá-lo como uma prática de entrevista para o trabalho que realmente quero!". Outro exemplo muito utilizado com pacientes ansiosos é considerar a ansiedade uma fonte de energia criativa, amigável. "Use os pensamentos ansiosos para inspirar sua apresentação perante o público. Sinta a energia fluir dentro de você. Faça gestos de entusiasmo, bata na mesa, essa ansiedade é a energia de que você precisa. Não lute contra ela: comemore!". Em suma, os pensamentos negativos quase sempre têm uma contrapartida igualmente válida.

Sessão 7: *Autodiscurso*

Durante o autodiscurso, o terapeuta ensina o paciente a centrar-se na fala consigo. Os diálogos irracionais, errôneos ou negativos são substituídos por cognições racionais, positivas, de melhora da tarefa. Ensina-se o paciente a propor e responder a uma série de perguntas ou a responder a uma série de afirmações. O modelo para o diálogo consigo foi tomado de Meichenbaum (1974). As quatro categorias de diálogo incluem verbalizações para 1) preparação, 2) enfrentamento e controle, e) enfrentamento das sensações de ver-se apreensivo e 4) o reforço.

Em primeiro lugar, quando se prepara para um estímulo estressante, o paciente tem que se centrar nos requisitos comportamentais, ou seja, "O que eu tenho que fazer?". Aborda-se o pensamento negativo, "Qual é a probabilidade de que aconteça alguma coisa ruim? Quão ruim será?". Os pensamentos são voltados a autoverbalizações positivas como "Posso enfrentar isso. Já o fiz outras vezes. Tenho o apoio de um/a esposo/a que me ama. Vou vencer!".

Em segundo lugar, deve-se explicar ao paciente que, quando se enfrenta um estímulo estressante, é importante manter a reação de estresse dentro de limites. "O estresse poderia ser uma indicação para você utilizar a técnica de recontextualizar que praticamos. Concentre-se em tudo o que você ensaiou. Você pode fazer isso. Mas não faça mais do que o necessário. Um passo de cada vez. Respire".

O terapeuta ensina o paciente, quando este estiver angustiado, a respirar e expulsar o ar lentamente, conforme se concentra no presente. Pode surgir medo, mas é possível controlá-lo. Pense consigo: "Isto já vai terminar". Você pode sentir que precisa arrancar os cabelos, mas não tem por que fazer isso. Relaxe e deixe que as coisas se tranqüilizem um pouco. Use o tempo que precisar antes de responder.

Finalmente, o terapeuta explica, "à medida que você contempla retrospectivamente sua experiência estressante, realize verbalizações auto-reforçadoras tais como "Foi mais fácil do que eu pensava. Estou fazendo progresso. Vou me arranjar bastante bem. Estou funcionando bastante bem nisso". Ensaie o diálogo com seu paciente antes que ele o internalize. Pratique-o na sessão e empregue os estímulos estressantes diários dele como oportunidades para ensiná-lo a dominar o diálogo interior.

Sessões 8 e 9: *Modelagem encoberta e desempenho de papéis, e prevenção das recaídas*

Desempenho de papéis – durante o desempenho de papéis, o paciente e o terapeuta representam cenas nas quais o paciente enfrenta situações difíceis. Normalmente, o terapeuta representa primeiro o papel do paciente e obtém retroalimentação; a seguir, invertem-se os papéis. Depois da representação de papéis vem a retroalimentação e isso se repete até que o paciente atue satisfatoriamente. O autodiscurso pode fornecer idéias para estas representações de papéis.

Modelagem encoberta – a modelagem encoberta é análoga ao desempenho de papéis na imaginação. Ensina-se o paciente a praticar esta técnica, imaginando outra pessoa (p. ex., um amigo competente) que realiza a atividade satisfatoriamente, mudando a seguir para ele mesmo na cena. Muitas vezes, é difícil para o paciente imaginar a si mesmo realizando com sucesso uma atividade temida, mas pode visualizar alguém que a faz bem. Desta forma, uma vez que imagina outra pessoa realizando a tarefa, é mais fácil substituí-la por si mesmo.

Prevenção de recaída – a discussão centra-se em como controlar os retrocessos, que são muito prováveis. Ensina-se a interpretação de que não é uma catástrofe, mas uma oportunidade de continuar praticando as habilidades que acabam de ser aprendidas. Revisar as habilidades que funcionaram no passado ajudará. Muitas vezes, um rápido passeio pelas técnicas do controle de estímulo é tudo o que se precisa. Apoio e ânimo são sempre úteis. É preciso lembrar o paciente de que seu objetivo é passar, em cada ocasião, um dia sem ter arrancado os cabelos.

Pode ser necessário explorar as crenças sobre as recaídas, especialmente se são de autopunição. O pensamento dicotômico poderia indicar uma experiência de fracasso enquanto uma recaída poderia ser uma oportunidade de fortalecer a aprendizagem ocorrida. Os deslizes podem ser preparados e prevenidos. Poderiam até mesmo ser "planejados", como uma estratégia paradoxal para manter um nível elevado de percepção. Quando ocorre uma recaída, deveria ser revisada na sessão, de uma forma explicitamente detalhada, do princípio ao fim. As situações de recaída proporcionam uma oportunidade excelente para revisar o programa de tratamento completo.

VI. CONCLUSÕES E TENDÊNCIAS FUTURAS

Muitos pacientes terminam o programa anterior com sucesso. Em um estudo sem grupo de controle, este programa diminuiu o comportamento de arrancar os cabelos mais que a clomipramina ou pílulas de placebo (Ninan et al., 1995). Isto parece ser um programa de tratamento promissor para a tricotilomania. Como existem poucos programas de tratamento cognitivo-comportamental para os transtornos do controle de impulsos, poderia valer a pena adaptar este programa de tratamento para a cleptomania, a piromania e outros transtornos deste tipo. O presente programa de tratamento foi desenvolvido para o tratamento da tricotilomania, mas pode ser facilmente adaptado para ser aplicado a outros transtornos do controle de impulsos. Os ingredientes essenciais incluem: 1) avaliação do comportamento; 2) ensinar ao paciente formas de controlar o comportamento, inclusive quando há o impulso; 3) técnicas de controle do estímulo, delineadas para diminuir a probabilidade do comportamento; 4) técnicas de controle do estresse para ajudar o paciente a enfrentar o estresse de forma mais adaptativa e 5) prevenção das recaídas para ajudar a manter os ganhos do tratamento.

Os transtornos do controle de impulsos representam, talvez, a categoria de transtornos menos investigada do *DSM-IV*. Ainda não está clara a relação destes problemas com os transtornos de ansiedade e do estado de humor, que são co-ocorrentes. Alguns destes transtornos – como a piromania e o transtorno explosivo intermitente – trazem sérias conseqüências para os indivíduos e para a sociedade, o que torna necessária a avaliação da eficácia dos tratamentos atuais. Esta é uma tarefa difícil no caso dos transtornos do controle de impulsos, já que são intermitentes, estão ocultos, são negados e pouco freqüentes.

REFERÊNCIAS

Altman, K., Grabs, C. y Friman, P. (1982). Treatment of unobserved trichotillomania by attention-reflection and punishment of an apparent covariant. *Journal of Behavior Therapy and Experimental Psychiatry, 13*, 337-340.

American Psychiatric Association (1987). *Diagnostic and statistical manual of mental disorders* (3ª edición-revisada) *(DSM-III-R)*. Washington, D.C.: APA.

American Psychiatric Association (1994). *Diagnostic and statistical manual of mental disorders* (4ª edición) *(DSM-IV)*. Washington, D.C.: APA.

Azrin, N. H. y Nunn, R. G. (1973). Habit-reversal: A method of eliminating nervous habits and tics. *Behavior Research and Therapy, 11*, 619-628.

Azrin, N. H. y Nunn, R. G. (1978). *Habit control in a day*. Nueva York: Simon and Schuster.

Azrin, N. H., Nunn, R. G. y Frantz, S. E. (1980). Treatment of hairpulling (Trichotillomania): A comparative study of habit reversal and negative practice training. *Behavior Therapy and Experimental Psychiatry, 11*, 13-20.

Bach-y-Rita, G., Lion, J. R., Climent, C. E. y Ervin, F. R. (1971). Episodic dyscontrol: A study of 130 violent patients. *American Journal of Psychiatry, 127*, 1473-1478.

Barth, R. J. y Kinder, B. N. (1987). The mislabeling of sexual impulsivity. *Journal of Sex and Marital Therapy, 13*, 15-23.

Beck, A. T., Rush, A. J., Shaw, B. F. y Emery, G. (1979). *Cognitive therapy of depression: A treatment manual*. Nueva York: Guilford.

Bitler, D. A., Linnoila, M. y George, D. T. (1994). Psychological and diagnostic characteristics of individuals initiating domestic violence. *The Journal of Nervous and Mental Disease, 182*, 583-585.

Blum, N. J., Barone, V. J. y Friman, P. C. (1993). A simplified behavioral treatment of trichotillomania: Report of two cases. *Pediatrics, 91*, 993-995.

Bumpass, E. R., Fagelman, F. D. y Brix, R. J. (1983). Intervention with children who set fires. *American Journal of Psychotherapy, 37*, 328-345.

Carr, E. G., Newsom, C. y Binkoff, J. (1980). Escape as a factor in the aggressive behavior of two retarded children. *Journal of Applied Behavior Analysis, 13*, 101-117.

Christenson, G. A., Mackenzie, T. B. y Mitchell, J. B. (1991). Characteristics of 60 adult chronic hair pullers. *American Journal of Psychiatry, 148*, 365-370.

Christenson, G. A., Ristvedt, S. L. y Mackenzie, T. B. (1993). Identification of trichotillomania cue profiles. *Behaviour Research and Therapy, 31*, 315-320.

Ellis, A. y Harper, R. A. (1961). *A guide to rational living*. Englewood Cliffs, NJ: Prentice-Hall.

Faber, R. J. (1992). Money changes everything: Compulsive buying from a biopsychosocial perspective. *The American Behavioral Scientist, 35*, 809-818.

Fava, M., Anderson, K. y Rosenbaum, J. F. (1990). "Anger attacks": Possible variants of panic and major depressive disorders. *American Journal of Psychiatry, 147*, 867-870.

Fishbain, D. A. (1987). Kleptomania as risk-taking behavior in response to depression. *American Journal of Psychotherapy, 41*, 598-603.

Foa, E. B., Rothbaum, B. O., Riggs, D. y Murdock, T. (1991). Treatment of Posttraumatic Stress Disorder in rape victims: A comparison between cognitive-behavioral procedures and counseling. *Journal of Consulting and Clinical Psychology, 59*, 715-723.

Friman, P. C., Finney, J. W. y Christophersen, E. R. (1984). Behavioral treatment of Trichotillomania: An evaluative review. *Behavior Therapy, 15*, 249-265.

Friman, P. C. y Rostain, A. (1990). Trichotillomania. *New England Journal of Medicine, 322*, 471.

Gauthier, J. y Pellerin, D. (1982). Management of compulsive shoplifting through covert sensitization. *Journal of Behaviour Therapy and Experimental Psychiatry, 13*, 73-75.

Geller, J. L. (1987). Firesetting in the adult psychiatric population. *Hospital and Community Psychiatry, 38*, 501-506.

Glover, J. (1985). A case of kleptomania treated by covert sensitization. *British Journal of Clinical Psychology, 24*, 213-214.

Goldman, M. J. (1992). Kleptomania: An overview. *Psychiatric Annals, 22*, 68-71.

Goodman, W. K., Mcdougle, C. J. y Price, L. H. (1992). Pharmacotherapy of obsessive-compulsive disorder. *Journal of Clinical Psychiatry, 53*, 29-37.

Guidry, L. S. (1975). Use of a covert punishing contingency in compulsive stealing. *Journal of Behaviour Therapy and Experimental Psychiatry, 6*, 169.

Guy, W. (1976). *ECDEU assessment manual for psychopharmacology Revised*. 217-222. NIMH Publ. DHEW Publ No (Adm) 76-338.

Hallopeau, M. (1989). Alopecie par grattage (Trichomanie ou trichotillomanie). *Annual of Dermatology and Venereology, 10*, 440-441.

Hamdan-Allen, G. (1991). Trichotillomania in childhood. *Acta Psychiatrica Scandinavica, 83*, 241-243.

Hanson, M., MacKay-Soroka, S., Staley, S. y Poulton, L. (1994). Delinquent firesetters: A comparative study of delinquency and firesetting histories. *Canadian Journal of Psychiatry, 39*, 230-232.

Jenike, M. A. (1989). Obsessive-compulsive and related disorders: A hidden epidemic. *New England Journal of Medicine, 321*, 539-541.

Koles, M. R. y Jensen, W. R. (1985). Comprehensive treatment of chronic fire setting in a severely disordered boy. *Journal of Behavior Therapy and Experimental Psychiatry, 16*, 81-85.

Kolko, D. J. (1983) Multicomponent parental treatment of firesetting in a six-year-old boy. *Journal of Behavior Therapy and Experimental Psychiatry, 14*, 349-353.

Kolko, D. (1990). Matchplay and firesetting in children: Relationship to parent, marital, and family dysfunction. *Journal of Clinical Child Psychology, 19*, 229-238.

Kolko, D. J. y Kazdin, A. E. (1988). Prevalence of firesetting and related behaviors among child psychiatric patients. *Journal of Consulting and Clinical Psychology, 4*, 628-630.

Kolko, D. y Kazdin, A. (1994). Children's descriptions of their firesetting incidents: Characteristics and relationship to recidivism. *Journal of American Academy of Child and Adolescent Psychiatry, 33*, 114-122.

Lamontagne, Y., Carpentier, N., Hetu, C. y Lacerte-Lamontagne, C. (1994). Shoplifting and mental illness. *Canadian Journal of Psychiatry, 39*, 300-302.
Leong, G. B. (1992). A psychiatric study of persons charged with arson. *Journal of Forensic Sciences, 37* (5), 1319-1326.
Lion, J. R. (1992). The intermittent explosive disorder. *Psychiatric Annals, 22*, 64-66.
Marzagao, L. R. (1972). Systematic desensitization treatment of kleptomania. *Journal of Behaviour Therapy and Experimental Psychiatry, 3*, 327-328.
McConaghy, N. y Blaszczynski, A. (1988). Imaginal desensitization: A cost-effective treatment in two shop-lifters and a binge-eater resistant to previous therapy. *Australian and New Zealand Journal of Psychiatry, 22*, 78-82.
McElroy, S. L., Hudson, J. I., Pope, H. G. y Keck, P. E. (1991a). Kleptomania: Clinical characteristics and associated psychopathology. *Psychological Medicine, 21*, 93-108.
McElroy, S. L., Hudson, J. I., Pope, H. G., Keck, P. E. y Aizley, H. G. (1992). The *DSM-III-R* impulse control disorders not elsewhere classified: Clinical characteristics and relationships to other psychiatric disorders. *American Journal of Psychiatry, 149*, 318-327.
McElroy, S. L., Pope, H. G., Hudson, J. I., Keck, P. E. y White, K. L. (1991b). Kleptomania: A report of 20 cases. *American Journal of Psychiatry, 148*, 652-657.
Meichenbaum, D. (1974). Self-instructional methods. En F. H. Kanfer y A. P. Goldstein (dirs.), *Helping people change*. Nueva York: Pergamon.
Michael, J. L. (1982). Distinguishing between discriminative and motivational functions of stimuli. *Journal of the Experimental Analysis of Behavior, 37*, 149-155.
Miltenberger, R. G. y Fuqua, R. W. (1985). A comparison of contingent vs. non-contingent competing response practice in the treatment of nervous habits. *Journal of Behavior Therapy and Experimental Psychiatry, 16*, 195-200.
Murray, J. B. (1992). Kleptomania: A review of the research. *The Journal of Psychology, 126*, 131-138.
Ninan, P. T., Rothbaum, B. O., Marsteller, F., Knight, B. y Eccard, M. (1995). A placebo controlled trial of cognitive behavior therapy and clomipramine in trichotillomania. Manuscrito sin publicar, enviado para revisión.
Ratner, R. A. (1989). Trichotillomania. En T. B. Karasu (dir.), *Treatments of psychiatric disorders, vol. III*. Washington, D.C.: APA.
Reeve, E. A., Bernstein, G. A. y Christenson, G. A. (1992). Clinical characteristics and psychiatric comorbidity in children with trichotillomania. *Journal of American Academy of Child and Adolescent Psychiatry, 31*, 132-138.
Rice, M. E. y Harris, G. T. (1991). Firesetters admitted to a maximum security psychiatric institution: Offenders and offenses. *Journal of Interpersonal Violence, 6*, 461-475.
Rodolfa, E. R. (1986). The use of hypnosis in the multimodal treatment of Trichotillomania: A case report. *Psychotherapy in Private Practice, 4*, 51-58.
Rosenbaum, M. S. y Ayllon, T. (1981). The habit-reversal technique in treating Trichotillomania. *Behavior Therapy, 12*, 473-481.
Rothbaum, B. O. (1990, noviembre). *Trichotillomania Treatment Program*. Presentación en la reunión anual de la Association for the Advancement of Behavior Therapy, SIG Section, San Francisco, Ca.
Rothbaum, B. O. (1992). The behavioral treatment of trichotillomania. *Behavioral Psychotherapy, 20*, 85-90.
Rothbaum, B. O. y Ninan, P. T. (1994). The assessment of trichotillomania. *Behaviour Research and Therapy, 32*, 651-662.
Rothbaum, B. O., Shaw, L., Morris, R. y Ninan, P. T. (1993). Prevalence of trichotillomania in a college freshman population (letter). *Journal of Clinical Psychiatry, 54*, 72.
Schwartz, D. y Hoellen, B. (1991). "Forbidden fruit tastes especially sweet". Cognitive-

behavior therapy with a kleptomaniac woman-A case report. *Psychotherapy in Private Practice, 8,* 19-25.

Showers, J. y Pickrell, E. (1987). Child firesetters: A study of three populations. *Hospital and Community Psychiatry, 38,* 495-501.

Simon, A. (1987). The berserker/blind rage syndrome as a potentially new diagnostic categoría for the DSM-III. *Psychological Reports, 60,* 131-135.

Soltys, S. M. (1992). Pyromania and firesetting behaviors. *Psychiatric Annals, 22,* 79-83.

Stanley, M. A., Borden, J. W., Mouton, S. G. y Breckenridge, J. K. (1995). Nonclinical hair-pulling: Affective correlates and comparison with clinical samples. *Behaviour Research and Therapy, 33,* 179-186.

Stanley, M. A., Swann, A. C., Bowers, T. C., Davis, M. L. y Taylor, D. J. (1992). A comparison of clinical features in trichotillomania and obsessive-compulsive disorder. *Behaviour Research and Therapy, 30,* 39-44.

Steege, M. W., Wacker, D. P., Cigrand, K. C. y Berg, W. K. (1990). Use of negative reinforcement in the treatment of self-injurious behavior. *Journal of Applied Behavior Analysis, 23,* 459-467.

Swedo, S. E., Leonard, H. L., Rapoport, J. L., Lenane, M. C., Goldberger, B. A. y Cheslow, B. A. (1989). A double-blind comparison of clomipramine and desipramine in the treatment of trichotillomania (hair pulling). *New England Journal of Medicine, 321,* 497-501.

Tarnowski, K. J., Rosen, L. A., McGrath, M. L. y Drabman, R. S. (1987). A modified habit reversal procedure in a recalcitrant case of trichotillomania. *Journal of Behavior Therapy and Experimental Psychiatry, 18,* 157-163.

Taylor, J. G. (1963). A behavioral interpretation of obsessive compulsive neurosis. *Behaviour Research and Therapy, 1,* 237-244.

Vitulano, L. A., King, R. A., Scahill, L. y Cohen, D. J. (1992). Behavioral treatment of children and adolescents with trichotillomania. *Journal of American Academy of Child and Adolescent Psychiatry, 31,* 139-146.

Wahler, R. G. y Graves, M. G. (1983). Setting events in social networks: ally or enemy in child behavior therapy? *Behavior Therapy, 14,* 19-36.

Wolpe, J. (1958). *Psychotherapy by reciprocal inhibition.* Stanford, Ca: Stanford University.

Yung, P. (1993). Treatment for trichotillomania (letter). *Journal of American Academy of Child and Adolescent Psychiatry, 32,* 878.

LEITURAS PARA APROFUNDAMENTO

Azrin, N. H. y Nunn, R. G. (1987). *Tratamiento de hábitos nerviosos.* Barcelona: Martínez Roca. (Orig: 1978).

Carrasco, I. (1995). Trastornos del control de los impulsos: Trastorno explosivo intermitente, cleptomanía, piromanía y tricotilomanía. En V. E. Caballo, G. Buela-Casal y J. A. Carrobles (dirs.), *Manual de psicopatología y trastornos psiquiátricos, vol. 1.* Madrid: Siglo XXI.

Davis, M., McKay, M. y Eshelman, E. R. (1985). *Técnicas de autocontrol emocional.* Barcelona: Martínez Roca. (Orig.: 1982).

Rothbaum, B. O. (1992). The behavioral treatment of trichotillomania. *Behavioral Psychotherapy, 20,* 85-90.

Rothbaum, B. O. y Ninan, P. T. (1994). The assessment of trichotillomania. *Behaviour Research and Therapy, 32,* 651-662.

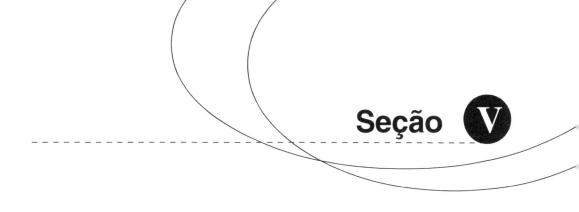

Seção V

**TRATAMENTO COGNITIVO-COMPORTAMENTAL
DOS TRANSTORNOS DO ESTADO DE ÂNIMO**

TRATAMENTO COMPORTAMENTAL DA DEPRESSÃO UNIPOLAR

Capítulo 15

Peter M. Lewinsohn, Ian H. Gotlib e Martin Hautzinger[1]

I. INTRODUÇÃO

Ao escrever este capítulo nos propusemos quatro objetivos. Em primeiro lugar, a fim de situar os enfoques cognitivo-comportamentais atuais para a conceitualização e o tratamento da depressão num contexto apropriado, descreveremos brevemente a história e o desenvolvimento das primeiras teorias comportamentais da depressão. A seguir, resumiremos algumas das formulações comportamentais mais recentes. Em segundo lugar, apresentaremos vários enfoques para a avaliação de distintos aspectos da depressão unipolar e descreveremos diferentes tratamentos comportamentais para a depressão. Nesta sessão, nos centraremos especialmente em dois pacotes de tratamento para a depressão unipolar desenvolvidos na Unidade de Pesquisa da Depressão da Universidade de Oregon: um enfoque de terapia individual e uma intervenção psicoeducativa de grupo. Em terceiro lugar, descreveremos extensões recentes desta intervenção em diferentes lugares e distintas populações, como adolescentes deprimidos e idosos. Finalmente, vamos nos deter no que consideramos ser as tendências importantes para as pesquisas futuras neste campo.

II. TEORIAS COMPORTAMENTAIS DA DEPRESSÃO

Há quatro décadas, Skinner (1953) postulou que a depressão era o resultado de um debilitamento do comportamento devido à interrupção de seqüências estabelecidas do mesmo que haviam sido reforçadas positivamente pelo ambiente social. Esta conceitualização da depressão, como um fenômeno de extinção e como uma redução da freqüência de emissão do comportamento, foi básica para todas as posições comportamentais. Ferster (1966) proporcionou mais detalhes sugerindo que fatores tais como mudanças ambientais repentinas, o castigo e o controle aversivo e mudanças nas contingências de reforço podem dar lugar à depressão, ou seja, a uma taxa reduzida de comportamento. Destacou que o fracasso depressivo para produzir comportamentos adaptativos pode ser devido a uma série de fatores, incluindo: a) mudanças ambientais repentinas que exigem o estabelecimento de novas fontes de reforço;

---

[1] Oregon Research Institute (EUA), Northwestern University (EUA) e Johannes Gutenberg University (Alemanha), respectivamente.

b) o envolvimento em comportamentos aversivos ou punitivos que evita a oportunidade do reforço positivo e c) a observação errônea do ambiente, que produz um comportamento socialmente inapropriado e uma baixa freqüência de reforço positivo. Ferster recorreu ao conceito de encadeamento para explicar a possibilidade de generalização da resposta ao que, muitas vezes, constitui uma perda circunscrita do reforço (ex., a perda do emprego). Este autor sugere que a perda de uma fonte central de reforços levaria a uma diminuição de todos os comportamentos que estão "encadeados" a ela ou organizados em torno do reforço perdido. Por exemplo, a aposentadoria poderia levar a uma diminuição de todos os comportamentos que estavam encadeados ao trabalho. Deste modo, um indivíduo que se aposenta poderia ter problemas para levantar-se pela manhã, arrumar-se e ver os amigos ou colegas, se todos estes comportamentos estivessem organizados em torno do trabalho que, por sua vez, era uma fonte central de reforços.

Como uma variante desta posição, Costello (1972) distingue entre uma diminuição no número de reforços disponíveis para o indivíduo e uma redução da eficácia de tais reforços. Costello propôs que a depressão era devida a uma ruptura da cadeia de comportamentos causada, provavelmente, pela perda de um dos reforçadores da cadeia. O autor sugere que a eficácia do reforço, para todos os componentes da cadeia de comportamentos, é contingente ao término da cadeia. Assim, quando uma cadeia de comportamentos é rompida, há uma perda de eficácia do reforço associada a todos os componentes da cadeia. Costello afirma que a perda de interesse geral no ambiente, por parte do sujeito deprimido, constitui uma manifestação desta diminuição da eficácia do reforçador.

Lewinsohn e colaboradores (Lewinsohn e Shaw, 1969; Lewinsohn, 1974, Lewinsohn, Youngren e Grosscup, 1979) refinaram e elaboraram estas posições. Lewinsohn mantinha que uma baixa taxa de reforço positivo contingente à resposta constituía uma explicação suficiente sobre certos aspectos da síndrome depressiva, especialmente da baixa taxa de comportamento. Lewinsohn et al. ampliaram a posição comportamental por meio de mais três hipóteses:

1. Há uma relação causal entre a baixa taxa de reforço positivo contingente à resposta e a sensação de disforia.
2. Os comportamentos depressivos são mantidos pelo ambiente social, que proporciona contingências em forma de simpatia, interesse e preocupação.
3. As deficiências no funcionamento das habilidades sociais são um antecedente importante da baixa taxa de reforço positivo.

Lewinsohn hipotetizou que uma baixa taxa de "reforço positivo contingente à resposta" em áreas importantes da vida, e/ou uma alta taxa de experiências aversivas, conduz a uma diminuição do comportamento e à experiência de disforia. Lewinsohn sugeriu três fatores principais que poderiam levar a uma baixa taxa de reforço. O primeiro consiste em deficiências no repertório comportamental ou habilidades do indivíduo, o que impede que obtenha reforços ou diminua a capacidade do sujeito para enfrentar experiências aversivas. O segundo fator que poderia levar a uma baixa taxa de reforço é a falta de reforços potenciais no ambiente do indivíduo devido ao empobrecimento ou à perda dos mesmos ou a um excesso de experiências aversivas. Por exemplo, uma pessoa que se encontra confinada em casa enquanto se recupera de uma longa doença pode realizar poucas atividades seguidas de reforço. A morte ou o desaparecimento social de um indivíduo que havia proporcionado reforço social poderia ter como conseqüência uma perda de reforços. Finalmente, a depressão pode provir de uma diminuição da capacidade de uma pessoa para desfrutar das experiências positivas ou de um aumento da sensibilidade de um indivíduo diante de acontecimentos negativos (Lewinsohn, Lobits e Wilson, 1973).

A proposição de Lewinsohn centrou-se, assim, na diminuição de reforço social que o indivíduo deprimido obtinha de outras pessoas importantes de seu ambiente. Lewinsohn sugeriu que os indivíduos deprimidos poderiam carecer das habilidades sociais adequadas e, por conseguinte, ser-lhes útil obter reforços do seu ambiente social, o que os levaria a experimentar uma diminuição da taxa de reforço positivo. Libet e Lewinsohn (1973) definiram a habilidade social como "[...] a capacidade complexa de executar comportamentos que são reforçados positiva ou negativamente, e de não executar comportamentos que são castigados ou extinguidos pelos demais" (p. 304). Deste modo, considera-se que um indivíduo é socialmente habilidoso na medida em que provoque conseqüências positivas (e evite as negativas) do meio social. Devido ao reforço positivo insuficiente, é difícil para as pessoas deprimidas iniciar ou manter o comportamento instrumental. A formulação centra-se também na *manutenção* do comportamento deprimido (ex., pensamentos de suicídio) ao sugerir que o meio social reforça muitas vezes esses comportamentos ao proporcionar simpatia, interesse a preocupação.

Completando esta formulação, Coyne (1976) afirmou que a depressão é uma resposta às preocupações do contexto social do indivíduo. Especificamente, Coyne sugeriu que a depressão se mantém por meio das respostas negativas de outras pessoas significativas ao comportamento sintomático do sujeito deprimido. Coyne mantinha que os indivíduos deprimidos criam um ambiente social negativo fazendo com que os demais se envolvam de tal modo que perdem o apoio ou, ao menos, tornam este apoio ambíguo. São provocadas reação tanto de apoio como hostis. Coyne postulou uma seqüência de comportamento que começa com a demonstração inicial, por parte da pessoa deprimida, de sintomas de depressão, normalmente em resposta ao estresse. Os indivíduos do meio social da pessoa deprimida respondem imediatamente a estes sintomas de depressão com um apoio e um interesse verdadeiros. O comportamento do sujeito deprimido se torna cada vez mais exigente, por exemplo, expressando cada vez com mais freqüência os comportamentos sintomáticos. Consequentemente, o comportamento do sujeito deprimido se torna aversivo para os demais e provoca sentimentos de ressentimento e de ira. Ao mesmo tempo, o mal-estar óbvio da pessoa deprimida provoca também sentimentos de culpa que servem para inibir a expressão manifesta desta hostilidade. Numa tentativa de diminuir tanto a culpa quanto a ira, os membros da família respondem à pessoa deprimida com uma hostilidade velada e com um apoio falso. Percebendo e sentindo-se rejeitado por estas mensagens discrepantes ou incongruentes, a pessoa deprimida desenvolve mais sintomas, numa tentativa de obter apoio, tornando, desta maneira, a interação com ela até mais aversiva. Este processo de "desvio-amplificação" continua até o ponto em que as pessoas se retiram das interações com o sujeito deprimido ou fazem com que a pessoa se retire pela hospitalização.

Rehm (1977) propôs um modelo de autocontrole para a depressão que tentou integrar os aspectos cognitivos e comportamentais do transtorno. Rehm sugeriu que o modelo de Kanfer (1977) sobre a auto-regulação poderia servir como um modelo heurístico para o estudo da etiologia, sintomatologia e tratamento da depressão. Segundo este modelo, os déficits específicos na auto-observação, na auto-avaliação e no auto-reforço podem explicar os diferentes sintomas da depressão. De modo concreto, Rehm postulou que o comportamento das pessoas deprimidas poderia ser caracterizado por um ou mais déficits no comportamento de autocontrole. Em primeiro lugar, com respeito à auto-observação, os indivíduos deprimidos prestam atenção seletiva aos acontecimentos negativos que seguem seu comportamento, com a exclusão relativa dos eventos positivos, um estilo cognitivo que poderia explicar seu pessimismo e ponto de vista desesperançado. Em segundo lugar, as pessoas deprimidas prestam atenção, também de forma seletiva, às conseqüências imediatas do seu comportamento, com a exclusão relativa dos resultados a mais longo prazo e, por conseguinte, deixam de ver além das demandas atuais quando realizam escolhas comportamentais.

O terceiro déficit no comportamento de autocontrole das pessoas deprimidas implica a auto-avaliação, que consiste basicamente numa comparação entre uma estimativa da atuação (que provém da auto-observação) e um critério ou padrão interno. Rehm assinalou que os indivíduos deprimidos se propõem padrões pouco realistas, perfeccionistas e globais, fazendo com que seja pouco provável satisfazê-los. Como conseqüência, avaliam-se a si mesmos de forma negativa e de um modo global, supergeneralizando. As pessoas deprimidas podem manifestar também um déficit na auto-avaliação com respeito a seu estilo de atribuição. Rehm hipotetizou que as pessoas deprimidas podem distorcer sua percepção da causalidade a fim de denegrir a si mesmas. Por exemplo, se sua atuação é satisfatória, as pessoas deprimidas podem atribuir seu sucesso a fatores externos como a sorte e a simplicidade da tarefa, negando, por conseguinte, atribuir a si mesmas o mérito. De maneira similar, as pessoas deprimidas podem atribuir a causa de uma atuação insatisfatória a fatores internos, como a falta de habilidade e de esforço, atribuindo a si mesmas uma responsabilidade excessiva pelo fracasso.

Finalmente, Rehm (1977) postulou que as pessoas deprimidas não são capazes de proporcionar a si mesmas suficientes recompensas contingentes para manter seus comportamentos adaptativos. Esta baixa auto-recompensa pode explicar, em parte, as baixas taxas de comportamento manifesto, o baixo nível de atividade geral e a falta de persistência que caracteriza a depressão. Além disso, existe a hipótese de que as pessoas deprimidas se autopunem em excesso, o que suprime o potencial comportamento produtivo no princípio de uma cadeia de respostas, gerando, conseqüentemente, uma inibição excessiva.

II.1. *Enfoques recentes*

Lewinsohn et al. (1985) sugeriram que as teorias comportamentais e cognitivas da depressão haviam sido demasiado limitadas e simples. Propuseram um modelo integrado, multifatorial, da etiologia e manutenção da depressão que tenta refletir a complexidade deste transtorno. Neste modelo, que se apresenta na figura 15.1, a ocorrência da depressão é considerada como um produto tanto de fatores ambientais quanto disposicionais. Mais especificamente, a depressão se conceitualiza como o resultado final de mudanças, iniciadas pelo meio no comportamento, no afeto e nas cognições. Enquanto os fatores situacionais são importantes como "desencadeantes" do processo depressogênico, os fatores cognitivos são essenciais como "moderadores" dos efeitos do meio.

Em suma, neste modelo se sugere que a cadeia de acontecimentos que conduz ao surgimento da depressão começa com os fatores antecedentes de risco (A), que iniciam o processo depressogênico transtornando importantes padrões de comportamento adaptativo (B). O conceito geral de estímulos estressantes aos níveis do macro (p. ex., eventos estressantes negativos) e micro (p. ex., conflitos diários) constituem provavelmente os melhores exemplos de tais antecedentes. Estes estímulos estressantes alteram os padrões de comportamento que são necessários para as interações diárias do indivíduo com o meio. Assim, por exemplo, sugere-se que os eventos vitais estressantes conduzam à depressão uma vez que perturbam as relações pessoais importantes ou as responsabilidades do trabalho (C). Esta mesma perturbação pode produzir uma reação emocional negativa, combinada a uma incapacidade para inverter o impacto dos estímulos estressantes, conduzindo a uma alta consciência de si mesmo (D). Esta elevada percepção faz com que sobressaia a sensação de fracasso por parte do indivíduo para satisfazer os padrões internos e leva, por conseguinte, a um aumento da disforia e a muitos outros sintomas cognitivos, comportamentais e emocionais da depressão (E). Finalmente, este aumento dos sintomas da depressão serve para manter e exacerbar o estado deprimido (F), fazendo mais acessível, em parte, a informação negativa sobre si mesmo (Gotlib e McCabe, 1992) e diminuindo a confiança do indivíduo deprimido para enfrentar seu ambiente (p. ex., Jacobson e Anderson, 1982).

É importante salientar que o modelo de Lewinsohn et al. (1985) reconhece que as diferenças individuais estáveis, como as características de personalidade, podem moderar o impacto dos eventos antecedentes, tanto para iniciar o ciclo que conduz à

Fig. 15.1. Um modelo integrador da depressão

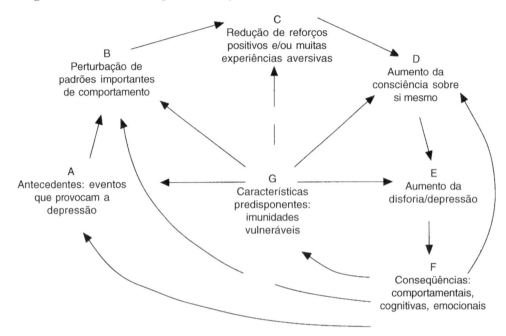

Fonte: P. M. Lewinsohn, H. Hoberman, L. Teri e M. Hautzinger (1985). Na integrative theory of depression. Em S. Reiss e R. R. Bootzin (orgs.), *Theoretical issues incêndio behavior therapy*. Nova York, Academic.

depressão quanto para mantê-la uma vez que começa. Estas características da pessoa podem ser classificadas como *vulnerabilidades*, que aumentam a probabilidade de ocorrência da depressão, e como *imunidades*, que diminuem a probabilidade do transtorno (G). Lewinsohn et al. (1985) sugerem que os fatores de vulnerabilidade poderiam incluir ser mulher, ter uma história de depressões anteriores e possuir uma baixa auto-estima. Por outro lado, exemplos de imunidades incluem uma elevada competência social autopercebida, a disponibilidade de uma pessoa em quem confiar e habilidades de enfrentamento eficazes. Finalmente, é importante destacar que o modelo de Lewinsohn et al. enfatiza a operação de "cachos de retroalimentação" entre os distintos fatores. Estes cachos de retroalimentação permitem um "círculo vicioso" ou um "círculo sadio". Ao inverter qualquer dos componentes do modelo, a depressão irá melhorar progressivamente.

Está claro, com esta revisão, que as teorias comportamentais da depressão evoluíram desde formulações E-R relativamente simples e limitadas que enfatizavam o reforço contingente à resposta e os efeitos comportamentais desestimulantes do castigo, até conceitualizações mais complexas que põem mais ênfase nas características do indivíduo e nas interações da pessoa com o ambiente. Acredita-se que os indivíduos deprimidos, muitas vezes reagem melhor em ambientes exigentes e estressantes. Além disso, alguns pesquisadores afirmam que as mesmas pessoas deprimidas podem ser responsáveis pela produção de grande parte desse estresse (Gotlib e Hammen, 1992). Considerando-se esta perspectiva variável, é claro que os pesquisadores comportamentais têm que avaliar os indivíduos deprimidos no contexto do seu ambiente. Como veremos a seguir, os procedimentos de avaliação comportamental caracterizam-se agora por um interesse mais amplo, não só nas pessoas deprimidas, mas também no seu meio social.

III. AVALIAÇÃO COMPORTAMENTAL DA DEPRESSÃO

Os enfoques comportamentais para a avaliação da depressão centram-se normalmente nas características manifestas do transtorno, como o comportamento psicomotor e verbal. Considerando o interesse das teorias comportamentais da depressão nas contingências ambientais, os clínicos e os pesquisadores de orientação comportamental tratam também de avaliar aspectos do ambiente e da interação pessoa-ambiente que podem estar relacionados com o início ou com a manutenção da depressão. Deste modo, a avaliação comportamental pode incluir uma exploração de fatores tais como as habilidades sociais do indivíduo deprimido, o comportamento daqueles com quem o paciente deprimido interage e as atividades reforçadoras para a pessoa deprimida. Como veremos posteriormente, as informações podem ser colhidas por meio de entrevistas, auto-relatórios e observação direta.

III.1. As entrevistas

Ao avaliar as *habilidades sociais* das pessoas deprimidas, Becker e Heimberg (1985) recomendam que se efetue uma entrevista clínica na qual o entrevistador e o paciente deprimido representem situações-objetivo problemáticas identificadas pelo paciente. Durante esta representação, o entrevistador deveria observar cuidadosamente a atuação do paciente, em termos de conteúdo da fala, volume, tom, contato visual, postura, etc. (ver também Lewinsohn, Biglan e Zeiss, 1976). Além disso, testes de representação de papéis padronizados, como o *Teste comportamental de assertividade (Behavioral assertiveness test, BAT,* Eisler et al., 1975), podem servir para incrementar as situações propostas pelo paciente.

III.2. Os auto-relatos

Existe toda uma série de medidas de auto-relato da sintomatologia depressiva que é utilizada freqüentemente, como o *Inventário de depressão de Beck (Beck Depression*

Inventory, BDI; Beck et al., 1961), a *Escala do Centro de Estudos Epidemiológicos para a Depressão (Center for Epidemiologic Studies Depression Scale, CES-D,* Radloff, 1977) e a *Lista de adjetivos para a depressão (Depression adjective check List, DACL;* Lubin, 1967). Há alguns anos foram publicadas várias revisões detalhadas destes instrumentos (p. ex., Gotlib e Cane, 1989; Lewinsohn e Rohde, 1987). Além destas medidas da sintomatologia, foi desenvolvida uma série de questionários de auto-relato para avaliar outros aspectos do fenômeno da depressão. Em particular, existem várias medidas de auto-relato disponíveis para avaliar o funcionamento social das pessoas deprimidas. Por exemplo, Youngren, Zeiss e Lewinsohn (1977) desenvolveram o *Inventário de acontecimentos interpessoais (Iinterpersonal events schedule, IES),* uma medida de auto-relato para avaliar a interação social das pessoas deprimidas.

Outra medida de auto-relato da interação social é o *Teste de autoverbalizaçoes na interação social (Social interaction self-statement test, SISST;* Glass et al., 1982). Este instrumento é composto por 30 itens que compreendem quatro escalas: 1) automenosprezo, 2) antecipação positiva, 3) medo da avaliação negativa e 4) enfrentamento. Glass et al. informam de propriedades psicométricas aceitáveis para o *SISST.* Finalmente, Weissman, Prusoff e Thompson (1978) desenvolveram a *Escala de auto-relato de adaptação social (Social adjustment scale-Self-report, SAS-SR).* Este instrumento é uma versão de auto-relato da *Escala de adaptação social* avaliada pelo entrevistador (*SAS*; Weissman e Paykel, 1974). O *SAS-SR* contém 42 perguntas que medem o comportamento afetivo e instrumental no papel ocupacional, nas atividades sociais e de lazer, nas relações com a família, no papel de cônjuge, no papel de pais, na unidade familiar e na independência econômica.

III.3. *Os diários comportamentais*

De um perspectiva um pouco diferente da medição por meio do auto-relato, muitos terapeutas comportamentais requerem que os pacientes deprimidos mantenham um registro dos acontecimentos. Estes registros ou "diários" podem ser úteis para avaliar as conseqüências frente à resposta dos comportamentos sociais do paciente deprimido e para proporcionar informações sobre o meio social deste e sobre os reforços sociais disponíveis. Por exemplo, MacPhillamy e Lewinsohn (1982) desenvolveram o *Inventário de acontecimentos agradáveis (Pleasant events schedule, PES)* para facilitar o delineamento de programas comportamentais voltados a aumentar a quantidade de reforço positivo recebido pelas pessoas deprimidas. O *PES* é um inventário construído para ser empregado na avaliação, no acompanhamento e na modificação do nível de atividades positivas em pessoas deprimidas.

De forma similar, o *Inventário de acontecimentos desagradáveis (Unpleasant events schedule, UES)* foi desenvolvido para avaliar a freqüência e o impacto subjetivo de uma ampla faixa de acontecimentos vitais estressantes (Lewinsohn et al., 1985). O *UES* é empregado para construir listas de atividades desagradáveis individualizadas para os pacientes com a finalidade de um registro diário. Este instrumento é composto de 320 itens que avaliam a taxa de ocorrência e a aversão experimentada perante acontecimentos vitais estressantes.

Foram desenvolvidas versões mais curtas do *PES* para serem empregadas com idosos (Teri e Lewinsohn, 1982) e com adolescentes (Carey, Kelley e Buss, 1986; Cole, Kelley e Carey, 1988; Lewinsohn e Clarke, 1986). O *PES* e o *UES* podem ser utilizados também para gerar programas individualizados de atividades, com a finalidade de registrar as atividades agradáveis diárias e de identificar atividades agradáveis potencialmente interessantes para a mudança. Finalmente, Teri e Longsdon (1991) modificaram o *PES* a fim de construir um *Inventário de acontecimentos agradáveis (Pleasant Events Schedule, AD)* para ser empregado com pacientes que sofrem do mal de Alzheimer e para os familiares que cuidam destes pacientes.

Fica claro, por conseguinte, que há uma série de medidas de auto-relato sobre os aspectos comportamentais do funcionamento depressivo. Embora estas medidas proporcionem informações importantes, é provável que estejam fortemente influenciadas pelo conjunto geral de respostas negativas característico de muitos indivíduos deprimidos. Em conseqüência, alguns pesquisadores se voltaram para procedimentos de medição por meio da observação, afirmando que é mais provável que as medidas baseadas em dados objetivos representem déficit em habilidades "reais", devendo converter-se então em objetivos para a intervenção.

III.4. *Procedimentos de observação*

Uma série de pesquisadores observou o comportamento manifesto das pessoas deprimidas. Em um estudo realizado há tempo, Williams, Barlow e Agras (1972) desenvolveram uma escala utilizada pelo observador para avaliar os comportamentos dos pacientes gravemente deprimidos internados em um hospital. Basicamente, esta escala avaliava o comportamento verbal dos pacientes deprimidos, as interações sociais, os sorrisos e a atividade motora, como ler, costurar, arrumar-se, etc. Esta medida produz um registro longitudinal dos comportamentos deprimidos dos pacientes e se correlaciona altamente com as avaliações dos clínicos sobre a gravidade da depressão.

Pesquisadores posteriores examinaram os comportamentos das pessoas deprimidas em interações com desconhecidos. Os resultados destes estudos indicam que, comparados com sujeitos-controles não deprimidos, os indivíduos deprimidos mostram uma série de déficits nas suas habilidades sociais. De forma específica, observou-se que os indivíduos deprimidos sorriem menos freqüentemente (Gotlib, 1982; Gotlib e Robinson, 1982), fazem menos contato ocular com quem interagem (Gotlib, 1982), falam mais lenta e monotonamente (Gotlib e Robinson, 1982; Libet e Lewinsohn, 1973; Youngren e Lewinsohn, 1980), levam mais tempo para responder aos outros numa conversação (Libet e Lewinsohn, 1973) e fazem mais comentários centrados em si mesmos e em tom negativo (Blumberg e Hokanson, 1983; Gotlib e Robinson,

1982; Jacobson e Anderson, 1982). Considerando estas diferenças tanto no comportamento de conversação quanto no conteúdo da mesma, constatou-se, com poucas exceções (p. ex., Gotlib e Meltzer, 1987; Youngren e Lewinsohn, 1980), que os comportamentos interpessoais das pessoas deprimidas são avaliados por observadores como menos competentes socialmente que as dos indivíduos não deprimidos (p. ex., Dykman et al., 1991; Lewinsohn et al., 1980; ver Feldman e Gotlib, 1993, para uma revisão mais detalhada destes estudos).

Fica claro, por conseguinte, que as pessoas deprimidas mostram déficits nas suas habilidades sociais ao interagir com desconhecidos. Entretanto, Gotlib e Hooley (1988) sugerem que os problemas de habilidades sociais em indivíduos deprimidos são ainda mais pronunciados nas suas interações conjugais e familiares.

Os resultados de outros pesquisadores são consistentes ao informar que as interações das pessoas deprimidas e com cônjuges estão associadas a comportamentos verbais e não-verbais mais negativos. Por exemplo, foi constatado que as interações conjugais dos casais nos quais um membro está deprimido caracterizam-se por altos níveis de perturbação, explosões emocionais negativas e uma incongruência entre as mensagens verbais e os comportamentos não-verbais (Hinchliffe, Hooper e Roberts, 1978), e também que os indivíduos deprimidos emitem um maior número de comportamentos nos quais a comunicação não-verbal é mais negativa que a mensagem verbal que a acompanha (Ruscher e Gotlib, 1988). Quando interagem com o cônjuge, constata que os deprimidos emitem menor proporção de comportamentos verbais positivos e maior de comportamento verbal negativo que os indivíduos não deprimidos (Hautzinger, Linden e Hoffman, 1982; Ruscher e Gotlib, 1988). Kowalik e Gotlib (1987) informam que este padrão de comportamento negativo por parte dos indivíduos deprimidos pode ser deliberado; neste estudo, as pessoas deprimidas codificavam, intencionalmente, suas comunicações com os cônjuges como mais negativas e menos positivas que os casais não deprimidos. Outros achados também sugerem que os indivíduos deprimidos muitas vezes são manifestamente agressivos quando interagem com seus cônjuges (Biglan et al., 1985; Rehm, 1987).

Finalmente, existem dados, baseados na avaliação dos estudos de observação, de que as pessoas deprimidas experimentam também interações problemáticas com seus filhos. Uma série de investigadores constatou que as mulheres deprimidas mantêm uma maior distância e/ou são manifestamente negativas nas interações com os filhos.

Também foram encontrados resultados que indicam interações comportamentais negativas similares entre pais deprimidos e seus filhos (p. ex., Goodman e Burmley, 1990; Gordon et al., 1989; Mills et al., 1985; ver Gotlib e Leee, 1990, e Hammen, 1991, para uma revisão mais detalhada da literatura sobre este tema).

Por conseguinte, com estes resultados fica claro que os comportamentos manifestos das pessoas deprimidas são problemáticos nos hospitais e nas interações com desconhecidos, cônjuges e filhos. Uma contribuição importante dos enfoques à avaliação do funcionamento social das pessoas deprimidas foi identificar e enfatizar comportamentos específicos que parecem ser especialmente problemáticos. Em seguida, vamos nos deter nos enfoques comportamentais para o tratamento das pessoas deprimidas.

IV. TRATAMENTO COMPORTAMENTAL DA DEPRESSÃO

Considerando a atenção dada pelas teorias comportamentais da depressão aos reforçadores e às contingências ambientais, um objetivo principal das terapias de orientação comportamental para a depressão implica o aumento do reforço positivo que o indivíduo deprimido recebe. Neste contexto, foram descritas uma série de enfoques de tratamento, todos compartilhando deste objetivo comum (p. ex., Antonuccio, Ward e Tearnan, 1989). Como assinalou Hoberman e Lewinsohn (1985), também existe uma série de outros elementos comuns associados aos enfoques comportamentais para o tratamento da depressão. Por exemplo, exige-se que os pacientes observem normalmente suas atividades, estado de ânimo e pensamentos. Os pacientes são estimulados a fixar objetivos atingíveis, a fim de assegurar-se de experiências satisfatórias e conceder a si mesmos recompensas por atingir seus objetivos. Finalmente, a maioria dos enfoques comportamentais implica um treinamento planejado para remediar diferentes déficits de habilidades e da atuação dos pacientes deprimidos (p. ex., treinamento de habilidades sociais, treinamento de assertividade), que são de tempo limitado, desenvolvidos para durar normalmente de quatro a doze semanas.

IV.1. *Aumento das atividades agradáveis e diminuição das desagradáveis*

Lewinsohn e colaboradores (p. ex., Lewinsohn, Sullivan e Grosscup, 1980; Libet e Lewinsohn, 1973) salientaram a relação significativa da depressão com baixas taxas de reforço positivo e com altas taxas de experiências aversivas. Como mencionamos anteriormente, estes pesquisadores sugeriram que a depressão pode ser devida, em parte, a uma baixa taxa de reforço positivo contingente à resposta. Baseando-se nesta formulação, Lewinsohn , Sullivan e Grosscup (1980) desenvolveram um programa comportamental bastante estruturado, de 12 sessões, visando mudar a qualidade das interações dos pacientes deprimidos com seu meio. Especificamente, por meio do emprego de táticas de intervenção cognitivas e comportamentais conjuntas, incluindo o treinamento em assertividade, o relaxamento, o autocontrole, a tomada de decisões, a solução de problemas, a comunicação e o manejo do tempo, os pacientes deprimidos eram ensinados a controlar e reduzir a intensidade e a freqüência dos acontecimentos aversivos e a aumentar a taxa de envolvimento em atividades agradáveis. Uma descrição mais detalhada deste programa de tratamento, com exemplos clínicos, pode ser encontrada em Leinsohn, Sullivan e Grosscup (1982).

As táticas, mostradas no Quadro 15.1, caem dentro de três categorias: 1) aquelas que se centram em mudar as condições ambientais; 2) as que se centram em ensinar aos indivíduos deprimidos habilidades que podem ser empregadas para mudar os padrões problemáticos de interação com o ambiente; e 3) as centradas em melhorar a satisfação e diminuir a aversão das interações pessoa-ambiente.

As intervenções ambientais são especialmente úteis quando o meio do paciente está muito empobrecido e/ou é altamente aversivo, ou quando o indivíduo tem poucos recursos pessoais. Um tipo de intervenção ambiental compreende alterar o contexto físico e social do paciente, ajudando-o a mudar-se para um novo meio. Por exemplo, no tratamento de uma anciã deprimida com uma história de esquizofrenia paranóide, a avaliação diagnóstica sugeriu que o isolamento social era o principal fator que contribuía para sua depressão. Ela aceitou a recomendação de mudar-se de um pequeno apartamento em uma casa isolada para uma residência com muitas atividades de lazer. Sua depressão melhorou substancialmente, com o conseqüente aumento dos acontecimentos sociais e

Quadro 15.1. *Táticas de aprendizagem social*

Intervenções ambientais

1. Mudanças ambientais
2. Manejo das contingências

Treinamento em habilidades

1. Métodos de mudança por si mesmo
   a. Especificação do problema
   b. Auto-observação e "estabelecimento da linha de base"
   c. Descoberta dos antecedentes
   d. Descoberta das conseqüências
   e. Estabelecer um objetivo útil
   f. Auto-reforço
   g. Avaliação do progresso
   h. Planejamento do tempo
2. Habilidades sociais
   a. Asserção
   b. Estilo interpessoal do comportamento expressivo
   c. Atividade social
3. Relaxamento
4. Manejo do estresse

Habilidades cognitivas

1. Diminuição do pensamento negativo por meio da interrupção do pensamento, utilização do princípio de Premack, tempo para a preocupação, procedimentos de fala consigo, identificação e questionamento dos pensamentos irracionais.
2. Aumento dos pensamentos positivos por meio da instigação, da percepção das conquistas, de pensamentos de auto-reforço, de projeções no tempo.

de lazer da sua vida. Outros exemplos de modificações ambientais incluem mudar-se para outra cidade, separar-se do cônjuge e mudar de emprego.

O manejo das contingências é outro tipo de intervenção ambiental. Tal intervenção implica a mudança das conseqüências de certos comportamentos. No caso de pacientes externos, o terapeuta pode ensinar os membros da família a prestar atenção e dar demonstrações de afeto físico contingentemente aos comportamentos adaptativos e a ignorar os comportamentos depressivos (Liberman e Raskin, 1971).

As táticas do treinamento em habilidades centram-se em ensinar às pessoas deprimidas habilidades que possam ser empregadas para mudar os padrões problemáticos de interação com o ambiente, bem como as habilidades que necessitem para manter estas mudanças após terminada a terapia. As intervenções específicas do treinamento em habilidades variam de caso para caso: vão desde programas muito estruturados e padronizados a procedimentos delineados individualmente *ad hoc*.

Ao escolher métodos de autocontrole, fizemos um uso considerável dos procedimentos e técnicas descritos por Goldfried e Merbaum (1973), por Mahoney e Thoresen (1974), por Thoresen e Mahoney (1974) e por Watson e Tharp (1972). O livro de Lakein (1973), *Como conseguir o controle do seu tempo e da sua vida*, é útil também porque apresenta um formato sistemático para organizar o tempo e as atividades, de modo que permite cumprir as responsabilidades e ter, além disso, mais tempo para atividades agradáveis.

As táticas, que têm como objetivo permitir que o paciente mude a qualidade e a quantidade das suas relações interpessoais, cobrem normalmente três aspectos do comportamento interpessoal: asserção, estilo interpessoal do comportamento expressivo e atividade social.

As habilidades cognitivas tratam de facilitar mudanças na forma como os pacientes pensam sobre a realidade. Pode-se identificar claramente que o *locus* de controle sobre os pensamentos se encontra no paciente, pois só este pode observar seus pensamentos.

As habilidades de controle de estresse incluem o treinamento em relaxamento (Benson, 1975; Rosen, 1977).

Cada pessoa deprimida é única e, portanto, as táticas de tratamento devem ser flexíveis. Por conseguinte, para ajudar os terapeutas a aplicar táticas específicas, desenvolvemos vários manuais do terapeuta. Estes manuais se chamam *Aumente os acontecimentos agradáveis e diminua os desagradáveis e Diminua os acontecimentos desagradáveis e aumente os agradáveis*[2].

Tal como indicam os títulos, a primeira parte do tratamento é dedicada a ajudar o paciente a diminuir a freqüência e a aversão subjetiva dos acontecimentos desagradáveis na sua vida. A segunda fase concentra-se em aumentar as atividades agradáveis.

O tratamento divide-se em 12 sessões. As primeiras cinco sessões centram-se em

---

[2] Este manual pode ser obtido a preço de custo, escrevendo para Peter M Lewinsohn, Ph. D., Oregon Research Institute, 1715, Franklin Boulevard, Eugene, Oregon 97403-1983, EUA.

diminuir a freqüência e a aversão dos acontecimentos desagradáveis. As cinco sessões seguintes são dedicadas a aumentar a freqüência e o desfrute das atividades agradáveis. O objetivo da sessão final de tratamento consiste em fomentar a capacidade do paciente para manter seu nível de estado de ânimo e prevenir a depressão futura. Cada sessão apresenta atividades específicas para o terapeuta e para o paciente, a fim de atingir estes objetivos. São sugeridos limites temporais para cada atividade. Qualquer tempo extra deveria ser empregado em outras preocupações do paciente.

São utilizados diferentes procedimentos para atingir os objetivos do tratamento. Eles incluem o registro diário, o treinamento em relaxamento, lidar com acontecimentos aversivos e aumentar as atividades agradáveis.

IV.1.1. *Primeiro passo: registro diário*

Ensinamos os pacientes, em primeiro lugar, a colocar sob a forma de gráficos seus dados de registro diário e a interpretá-los. Eles parecem entender intuitivamente a relação entre acontecimentos desagradáveis e estado de ânimo. A relação entre os acontecimentos agradáveis e o estado de ânimo é normalmente uma descoberta para os pacientes. *Observar* estas relações sobre uma base diária os impressiona consideravelmente, descobrindo que a quantidade e a qualidade das suas interações diárias têm um impacto importante sobre sua depressão. Esta já não é uma força misteriosa, e sim uma experiência que pode ser entendida. Os gráficos e sua interpretação proporcionam aos pacientes um modelo para compreender sua depressão e sugerem formas de lidar com ela. O registro de acontecimentos específicos ajuda os sujeitos a centrar-se no enfrentamento de determinados aspectos desagradáveis da sua vida diária e, de igual importância, faz com que percebam a faixa de experiências agradáveis que lhes são potencialmente acessíveis. Os pacientes, num sentido muito real, aprendem a diagnosticar sua própria depressão.

IV.1.2. *Segundo passo: treinamento em relaxamento*

A explicação para o treinamento em relaxamento é introduzida ao final da primeira sessão. Indica-se aos pacientes como a tensão pode exacerbar a aversão de situações desagradáveis e como interfere com o desfrute das atividades agradáveis. Ao final da primeira sessão, dá-se ao paciente a tarefa de ler um folheto (p. ex., *"Como aprender a relaxar profundamente"*) ou um livro (p. ex., Benson, 1975; Rosen, 1977) e se ensina a ele como familiarizar-se com os principais grupos de músculos e como tensioná-los e relaxá-los. Grande parte da segunda sessão é dedicada ao relaxamento muscular progressivo, a fim de mostrar aos pacientes o grau de relaxamento que podem sentir. Estimula-se o paciente a praticar o relaxamento duas vezes ao dia e a fazer o registro sobre o mesmo. Tarefas posteriores implicam identificar as situações específicas nas quais se sentem tensos.

IV.1.3. *Terceiro passo: lidar com os acontecimentos aversivos*

A terapia passa, a seguir, a ensinar os pacientes a enfrentar os acontecimentos aversivos. Freqüentemente, os pacientes têm uma reação exagerada em relação aos acontecimentos desagradáveis e permitem que interfiram com o desfrute das atividades agradáveis. Por conseguinte, o treinamento em relaxamento é introduzido precocemente no tratamento com o objetivo de ensinar aos pacientes a ficarem mais relaxados em geral, mas especialmente nas situações específicas em que se sintam tensos.

O componente "diminuição dos acontecimentos desagradáveis" continua indicando um pequeno número de interações ou situações negativas que desencadeia a disforia do paciente. A fim de reduzir a aversão destas situações, o terapeuta dispõe de uma ampla faixa de táticas, que poderia incluir ensinar os pacientes a ter conscientemente pensamentos mais positivos e construtivos entre o acontecimento excitante e o sentimento de disforia; a aprender a não tomar as coisas de modo pessoal; a preparar-se para os encontros aversivos; a utilizar as auto-instruções; a enfrentar o fracasso e a aprender outras formas de tratar mais objetivamente as situações aversivas. Estas táticas são descritas em maior detalhe por Beck et al. (1979), Ellis e Murphy (1975), Kranzler (1974), Mahoney (1974), Meichenbaum e Turk (1976) e Novaco (1977).

IV.1.4. *Quarto passo: manejo do tempo*

O planejamento diário e o treinamento no manejo do tempo é outra tática geral incluída neste módulo. Nesta fase, fazemos com que os pacientes leiam e façam um emprego considerável de capítulos selecionados do livro *Como controlar seu tempo e sua vida,* de Lakein (1973).

Os indivíduos deprimidos normalmente fazem um mau uso do seu tempo, não planejam nada com antecipação e, por conseguinte, não arranjam as coisas (p. ex., conseguir uma babá) para aproveitar as oportunidades agradáveis que se apresentem. O treinamento tem também como objetivo ajudar os pacientes a atingir um melhor *equilíbrio* entre as atividades que querem realizar e as atividades que pensam que têm que fazer. Utilizando uma programação diária do tempo, pede-se aos pacientes que planejem com antecipação cada dia e cada semana. Inicialmente, este planejamento é feito dentro das sessões com a ajuda do terapeuta; espera-se que gradualmente os pacientes façam o planejamento em casa.

IV.1.5. *Quinto passo: aumento das atividades agradáveis*

O planejamento diário é útil também para programar acontecimentos agradáveis específicos, que se transformam no centro da fase do módulo seguinte. Ao ajudar os pacientes a aumentar sua taxa de envolvimento em atividades agradáveis, enfatiza-se o planejamento de objetivos concretos para conseguir esse aumento e para desenvolver planos específicos sobre as coisas que os pacientes farão. Estes começam avaliando seus estados de ânimo e registrando diariamente as ocorrências das atividades agradáveis e desagradáveis nos seus Programas de Atividades. Continuam com este registro diário enquanto durar o tratamento.

Para registrar a ocorrência dos acontecimentos, os pacientes empregam uma escala de três pontos para cada um dos 80 acontecimentos agradáveis do seu programa personalizado: 0 – não ocorreu hoje; 1 – ocorreu, mas foi neutro; e 2 – ocorreu e foi agradável. Os pacientes têm uma escala similar para os acontecimentos desagradáveis no seu programa, exceto que indicam se o acontecimento foi neutro ou desagradável no caso de ter ocorrido. Isto proporciona facilmente pontuações para os acontecimentos agradáveis e desagradáveis experimentados nesse dia. A pontuação média dos acontecimentos agradáveis numa população normal é de 17,6, com um desvio-padrão de 10,3. A pontuação média dos acontecimentos desagradáveis numa população normal é de 5,1 com um desvio-padrão de 3,9. A freqüência diária dos diferentes acontecimentos proporciona uma *feedback* imediata sobre o impacto do tratamento para cumprir os objetivos intermediários de modificar a taxa global de acontecimentos reforçadores e punitivos.

O programa de atividades de uma pessoa pode ser construído com suas respostas no *PES* e no *UES*. O programa de cada paciente inclui 80 acontecimentos avaliados como mais agradáveis. Os programas de atividade podem ser criados de uma das seguintes maneiras: *a*) Das respostas do paciente no *PES* e no *UES*, listando os acontecimentos desagradáveis avaliados pelo paciente como mais aversivos e os acontecimentos agradáveis avaliados como mais apetitivos; ou *b*) utilizando a lista de programas de atividades mostrada na Figura 15.2. Os acontecimentos incluídos nesta lista são os que se considera que estejam relacionados com o estado de ânimo numa grande parte da população (Lewinsohn e Amenson, 1978).

Ensina-se o paciente a seguir a pista da ocorrência diária, o nível de satisfação ou insatisfação com relação a 160 atividades e o seu estado de ânimo diário. Baseando-se nestas respostas, o paciente representa em gráficos sua taxa de realização de atividades agradáveis e desagradáveis e o estado de ânimo, a fim de observar a relação entre suas atividades e seu estado de ânimo diário. Este é avaliado utilizando uma escala de 9 pontos, que vai de 1 – muito feliz – até 9 – muito deprimido. Um exemplo do formato de avaliação do estado de ânimo é mostrado na Figura 15.3. Os gráficos para seguir a pista das atividades e o estado de ânimo estão incluídos no material de tratamento.

Proporciona-se aos pacientes *feedback* sobre sua taxa de envolvimento e o grau de desfrute das atividades agradáveis e desagradáveis e a relação com seu estado de ânimo. Também lhes é dada *feedback* sobre atividades ou acontecimentos específicos que melhor se correlacionam com seu estado de ânimo. Isto proporciona mais

Fig. 15.2. *Programa de atividades*

– Parte A –

Nome: _____ Data: _____

Por favor, anote dentro do parêntese os itens que correspondam às atividades do dia de hoje. Só devem ser marcadas as atividades que foram pelo menos um pouco agradáveis.

Atividade	Freqüência (anote)	Atividade	Freqüência (anote)
1. Rir	( )	40. Ouvir os sons da natureza	( )
2. Estar relaxado/a	( )	41. Observar animais selvagens	( )
3. Falar sobre outras pessoas	( )	42. Dirigir com habilidade	( )
4. Pensar sobre algo bom do futuro	( )	43. Falar sobre esportes	( )
5. Conseguir que as pessoas mostrem interesse pelo que digo	( )	44. Conhecer alguém do mesmo sexo	( )
		45. Planejar viagens ou férias	( )
6. Estar com amigos	( )	46. Comer com amigos ou colaboradores	( )
7. Comer bem	( )	47. Estar com animais	( )
8. Respirar ar puro	( )	48. Ir a uma festa	( )
9. Ver uma linda paisagem	( )	49. Sentar-se ao sol	( )
10. Pensar nas pessoas que me agradam	( )	50. Ser elogiado pelas pessoas a quem admiro	( )
11. Ter uma conversa franca e aberta	( )	51. Fazer um projeto do meu jeito	( )
12. Usar roupa limpa	( )	52. Que me digam que precisam de mim	( )
13. Tomar café, chá, um refrigerante, etc. com os amigos	( )	53. Observar homens ou mulheres atraentes	( )
14. Usar roupa informal	( )	54. Que me digam que me amam	( )
15. Ser reconhecido como sexualmente atraente	( )	55. Ver velhos amigos	( )
16. Estar tranqüilo e em paz	( )	56. Ficar fora de casa até tarde	( )
17. Sorrir para as pessoas	( )	57. Vagabundear	( )
18. Dormir bem à noite	( )	58. Passear de trenó ou carro de praia	( )
19. Sentir a presença de Deus na minha vida	( )	59. Acariciar, abraçar	( )
		60. Ouvir música	( )
20. Beijar	( )	61. Visitar amigos	( )
21. Fazer bem um trabalho	( )	62. Que outras pessoas me façam convites	( )
22. Ter uma conversa amena	( )	63. Ir a um restaurante	( )
23. Ver que acontecem coisas boas com a família ou com os amigos	( )	64. Falar sobre filosofia ou religião	( )
		65. Cantar sozinho	( )
24. Ser popular numa reunião	( )	66. Pensar sobre mim mesmo ou sobre meus problemas	( )
25. Dizer algo claramente	( )		
26. Ler histórias, romances, poemas ou obras de teatro	( )	67. Resolver um problema, um quebra-cabeças, palavras cruzadas	( )
27. Planejar ou organizar algo	( )	68. Terminar uma tarefa difícil	( )
28. Aprender a fazer algo novo	( )	69. Ter uma idéia original	( )
29. Fazer elogios a alguém	( )	70. Beber acompanhado	( )
30. Divertir as pessoas	( )	71. Que alguém me faça massagens ou me coce as costas	( )
31. Estar com alguém a quem amo	( )		
32. Observar as pessoas	( )	72. Conhecer alguém do sexo oposto	( )
33. Fazer uma nova amizade	( )	73. Estar no campo	( )
34. Receber elogios ou que me digam que fiz algo bem	( )	74. Ver ou cheirar uma flor ou planta	( )
		75. Que me peçam ajuda ou conselho	( )
35. Expressar meu amor a alguém	( )	76. Fazer as tarefas da casa; limpar coisas	( )
36. Ter relações sexuais com uma pessoa do sexo oposto	( )	77. Dormir até tarde	( )
		78. Brincar na areia, no rio, na grama, etc.	( )
37. Ter tempo livre	( )	79. Estar com gente alegre	( )
38. Ajudar alguém	( )	80. Olhar as estrelas ou a lua	( )
39. Que os amigos venham me visitar	( )		

Fonte: P. M. Lewinsohn, J. M. Sullivan e S. J. Grosscup (1982). Behavioral Therapy: Clinical applications. Em A. J. Rush (Org.), *Short term psychotherapies for the depressed patient.* Nova York: Guilford.

– Parte B –

Nome: _____ Data: _____

Por favor, anote dentro dos parênteses os itens que correspondam às atividades do dia de hoje. Só devem ser marcadas as atividades que foram pelo menos um pouco agradáveis.

Atividade	Freqüência (anote)	Atividade	Freqüência (anote)
1. Estar insatisfeito/a com meu parceiro/a	( )	41. Que me repreendam	( )
2. Trabalhar em algo quando estou cansado	( )	42. Que me incomodem com papeladas, assuntos administrativos, etc.	( )
3. Discussões com meu parceiro	( )	43. Estar longe de alguém que amo	( )
4. Estar incapacitado	( )	44. Escutar as pessoas se queixarem	( )
5. Ter uma doença pouco importante (dor de dentes, ataque de alergia, resfriado, gripe, ressaca, ataque de acne, etc.)	( )	45. Ter um amigo ou um familiar que mora em ambientes pouco satisfatórios	( )
6. Que meu parceiro esteja insatisfeito comigo	( )	46. Saber que um amigo íntimo ou um familiar próximo trabalham em condições adversas	( )
7. Trabalhar em alguma coisa que não gosto	( )	47. Ficar sabendo de notícias locais, nacionais ou internacionais (corrupção, decisões do governo, delitos, etc.)	( )
8. Receber notas ou ser avaliado	( )	48. Estar sozinho	( )
9. Ter muito o que fazer	( )	49. Castigar uma criança	( )
10. Perceber que não posso fazer o que pensava que poderia	( )	50. Dizer alguma coisa pouco clara	( )
11. Fazer um exame	( )	51. Mentir para alguém	( )
12. Procurar emprego	( )	52. Respirar ar poluído	( )
13. Deixar uma tarefa sem terminar; adiar uma decisão	( )	53. Que me perguntem algo que não quero ou não posso responder	( )
14. Trabalhar em alguma coisa que não é importante para mim	( )	54. Estar fazendo muito calor	( )
15. Que me apressem	( )	55. Que me acordem quando estou tentando dormir	( )
16. Estar perto de gente desagradável (bêbados, fanáticos, sem consideração, etc.)	( )	56. Fazer algo embaraçoso diante dos outros	( )
17. Que alguém não esteja de acordo comigo	( )	57. Ser inábil (deixar cair ou derramar algo, tropeçar em alguma coisa, etc.)	( )
18. Que me insultem	( )	58. Receber informações contraditórias	( )
19. Ter ultrapassado o prazo de um projeto ou de uma tarefa	( )	59. Que amigos ou alguém da família façam alguma coisa que me envergonhe	( )
20. Quebrar alguma coisa ou fazer com que funcione mal (o carro, eletrodomésticos, etc.)	( )	60. Ser excluído ou marginalizado	( )
21. Morar num lugar sujo ou desarrumado	( )	61. Perder ou não saber onde coloquei algo (a carteira, as chaves, etc.)	( )
22. O mal tempo	( )	62. Saber que alguém passará por cima de tudo e de todos para avançar no seu caminho	( )
23. Não ter dinheiro suficiente para gastos extras	( )	63. Estar num lugar sujo ou empoeirado	( )
24. Ser suspenso em algo	( )	64. Não ter tempo suficiente para estar com as pessoas importantes para mim (parceiro, amigo íntimo)	( )
25. Ver animais que se comportam mal (fazer confusão, perseguir os carros, etc.)	( )	65. Cometer um erro (nos esportes, no trabalho etc.)	( )
26. Não ter privacidade	( )	66. Ficar sem dinheiro	( )
27. Comer comida que não me agrada	( )	67. Que um amigo ou alguém da família tenha um problema de saúde mental	( )
28. Trabalhar sob pressão	( )	68. Perder um amigo	( )
29. Não funcionar no atletismo	( )	69. Escutar alguém que não pára de falar, que não consegue manter-se num tema ou que só fala sobre o mesmo assunto	( )
30. Falar com uma pessoa desagradável (teimosa, pouco razoável, agressiva, convencida, etc.)	( )	70. Morar com um familiar ou um colega de quarto que tem má saúde física ou mental	( )
31. Perceber que eu e alguém que gosto estamos nos distanciando	( )	71. Estar com gente triste	( )
32. Fazer algo que não quero fazer a fim de agradar outra pessoa	( )	72. Que as pessoas ignorem o que digo	( )
33. Fazer mal um trabalho	( )	73. Estar incomodado fisicamente (estar enjoado, resfriado, com prisão de ventre, dor de cabeça, etc.)	( )
34. Ficar sabendo que um amigo ou um parente ficou doente, foi hospitalizado ou precisa ser operado	( )	74. Que alguém importante para mim falhe em alguma coisa (estudos, trabalho) que é importante para ele (a)	( )
35. Que me digam o que tenho que fazer	( )	75. Estar com gente que não compartilha dos meus interesses	( )
36. Dirigir sob condições adversas (muito trânsito, mal tempo, à noite, etc.)	( )	76. Que alguém me deva dinheiro ou alguma outra coisa que é minha	( )
37. Ter uma grande despesa inesperada (conta do conserto do carro, consertos em casa, etc.)	( )	77. Que algum conhecido beba, cheire cocaína ou consuma drogas	( )
38. Que amigos ou membros da família façam algo que desaprovo (abandonar os estudos, beber, consumir drogas, etc.)	( )	78. Não ser entendido ou que me entendam mal	( )
39. Ficar sabendo que alguém tem raiva de mim ou quer me prejudicar	( )	79. Ser forçado a fazer algo	( )
40. Que me enganem, mintam ou zombem de mim	( )		

Fig. 15.3. *Uma escala visual para a depressão*

Formato de avaliação do estado de ânimo diário
Por favor, avalie o estado de ânimo de cada dia (se sentiu-se bem ou mal), utilizando a escala de 9 pontos abaixo. Se você se sentiu muito bem (melhor que nunca), anote um 9. Se sentiu-se muito mal (pior que nunca), anote 1. Se o dia foi "mais ou menos"(ou uma mistura), marque 5.
Se você se sentiu pior que "mais ou menos", marque um número de 2 a 4. Se você se sentiu melhor que "mais ou menos", marque um número de 6 a 9. Lembre-se que um número baixo significa que você se sentiu mal, e um número alto que se sentiu bem.

Muito deprimido ——————————————————— Muito contente
       1   2   3   4   5   6   7   8   9

Anote a data em que começaram as avaliações do estado de ânimo na segunda coluna a seguir e a pontuação do seu estado de ânimo na terceira coluna

Dia de registro	Data	Pontuação do estado de ânimo	Dia de registro	Data	Pontuação do estado de ânimo
1			16		
2			17		
3			18		
4			19		
5			20		
6			21		
7			22		
8			23		
9			24		
10			25		
11			26		
12			27		
13			28		
14			29		
15			30		

Fonte: P. M. Lewinsohn, J. M. Sullivan e S. J. Grosscup (1982). Behavioral Therapy: Clinical applications. Em A. J. Rush (Org.), Short term psychotherapies for the depressed patient. Nova York: Guilford.

informação para indicar atividades específicas que o paciente pode aumentar ou diminuir para atingir o estado de ânimo ótimo.

O tratamento inclui proporcionar aos indivíduos ajuda para planejar sua vida diária de forma a minimizar a taxa de envolvimento em acontecimentos desagradáveis, otimizar a taxa de envolvimento em atividades agradáveis e conseguir um melhor equilíbrio entre ambas.

No final do tratamento, o terapeuta e o paciente desenvolvem um programa de manutenção/prevenção. Tal programa pode incluir a realização de um esforço ativo para continuar com os comportamentos e habilidades aprendidos durante o tratamento, bem como uma comprovação periódica (por meio do registro diário) das atividades agradáveis e desagradáveis e o nível de estado de ânimo diário. Igualmente, ao final do tratamento, o paciente deve ter uma clara compreensão das atividades que experimenta como especialmente agradáveis e que correlaciona com sentir-se bem; e dos acontecimentos que experimenta como especialmente aversivos que correlaciona com o estado de ânimo deprimido. Além disso, deve ter desenvolvido habilidades que lhe permitam controlar seu estado de ânimo, aumentando as atividades agradáveis e diminuindo a taxa de ocorrência dos acontecimentos desagradáveis. Deve também ter desenvolvido um plano para manter os benefícios do tratamento fora da clínica.

Lewinsohn e colaboradores informaram que este programa, para diminuir as atividades desagradáveis e aumentar o envolvimento em atividades agradáveis, foi eficaz na redução dos níveis de depressão (ver também Hammen e Glass, 1975; Zeiss, Lewinsohn e Muñoz, 1979).

IV.2. *Terapia de habilidades sociais*

Levando em conta o achado consistente das escassas habilidades sociais das pessoas deprimidas (p. ex., Gotlib, 1982; Libet e Lewinsohn, 1973; Youngren e Lewinsohn, 1980), uma série de pesquisadores (p. ex., Sánchez, Lewinsohn e Larson, 1980) descreveu programas de tratamento de orientação comportamental para a depressão, centrados especificamente no treinamento das habilidades sociais. Um destes programas de tratamento foi descrito por Becker, Heimberg e Bellack (p. ex., Becker e Heimberg, 1985; Becker, Heimberg e Bellack, 1987; Bellack, Hersen e Himmelloch, 1981). Este programa baseia-se nas seguintes suposições:

1. A depressão é o resultado de um programa inadequado de reforço positivo contingente com o comportamento não depressivo da pessoa.
2. Uma parte substancial dos reforços positivos mais importantes no mundo adulto são de natureza interpessoal.
3. Uma parte significativa das recompensas na vida adulta pode ser entregue ou negada, contingentemente com o comportamento interpessoal da pessoa.
4. Por conseguinte, um tratamento que ajude o paciente deprimido a aumentar a

qualidade do seu comportamento interpessoal deve atuar para incrementar a qualidade de reforço positivo contingente à resposta e, em conseqüência, diminuir o afeto depressivo e aumentar a taxa de "comportamento não depressivo" (Becker e Heimberg, 1985, p. 205).

Becker e Heimberg sugerem que o comportamento interpessoal inadequado pode dever-se a uma série de fatores, como a exposição insuficiente a modelos habilidosos de contato interpessoal, a aprendizagem de comportamentos interpessoais maladaptativos, oportunidades insuficientes para praticar hábitos interpessoais importantes, a diminuição progressiva das habilidades comportamentais específicas devido à falta de utilização ou o fracasso em reconhecer os sinais ambientais para comportamentos interpessoais específicos.

O programa de treinamento centra-se principalmente em três repertórios comportamentais específicos que parecem ser especialmente relevantes para os indivíduos deprimidos: 1) a asserção negativa, 2) a asserção positiva e 3) as habilidades de conversação. A asserção negativa envolve os comportamentos que permitem que as pessoas defendam seus direitos e ajam segundo seus interesses. A asserção positiva refere-se à expressão de sentimentos positivos sobre outras pessoas, como o afeto, a aprovação, os elogios e o apreço, bem como apresentar as desculpas apropriadas. O treinamento em habilidades de conversação inclui iniciar conversações, fazer perguntas, realizar auto-revelações apropriadas e encerrar as conversações adequadamente. Em todas estas áreas, treina-se diretamente o comportamento dos pacientes deprimidos e se proporciona também treinamento em percepção social. Os pacientes são estimulados a praticar as habilidades e os comportamentos ao longo de diferentes situações.

O tratamento estende-se por 12 sessões de uma hora por semana, nas quais os pacientes recebem treinamento nas quatro áreas-problema descritas anteriormente. Estas sessões de tratamento são seguidas de seis a oito sessões de manutenção ao longo de um período de seis meses, sessões nas quais se dá ênfase à revisão e à solução de problemas. Bellack e colaboradores (p. ex., Bellack, Hersen e Himmelhock, 1983; Hersen et al., 1984) demonstraram a eficácia deste enfoque no tratamento da depressão. Os resultados destes estudos indicam que o treinamento em habilidades sociais é mais eficaz que a medicação psicotrópica e que a psicoterapia de orientação introspectiva para aumentar o nível de habilidade social. Além disso, os benefícios obtidos pelos pacientes nos grupos de treinamento em habilidades sociais se mantinham num acompanhamento de seis meses.

McLean (1976, 1981) descreve um enfoque similar para o tratamento da depressão que se centra também no treinamento das habilidades sociais. Como McLean considera que a depressão é o resultado da perda de controle percebida por parte dos indivíduos sobre seu ambiente interpessoal, o tratamento que propõe para a depressão tem como objetivo o treinamento em habilidades sociais e de enfrentamento. McLean apresenta um programa de tratamento estruturado, de tempo limitado, voltado à melhora dos comportamentos sociais que são incompatíveis com a depressão. Emprega-se a prática graduada e a modelagem para obter melhoras nas seguintes seis áreas de habilidades: 1) comunicação, 2) produtividade comportamental, 3) interação social, 4) assertividade, 5) tomada de decisões e 6) autocontrole comportamental. Exige-se que os pacientes realizem atividades diárias para o desenvolvimento das habilidades e que empreguem folhas com um formato estruturado para registrar suas conquistas. Os pacientes também são preparados para a experiência de futuros episódios depressivos e são estabelecidos e ensaiados com o paciente planos de contingência para o enfrentamento.

McLean e Hakstian (1979) avaliaram a eficácia deste tratamento comportamental com 178 pacientes ambulatoriais com depressão unipolar, distribuídos ao acaso em quatro condições de tratamento: 1) terapia de comportamento, 2) psicoterapia "tradicional" de orientação introspectiva, 3) treinamento em relaxamento e 4) amitriptilina. Os dados apresentados por McLean e Hakstian (1990), num acompanhamento de dois anos, indicam que a terapia de comportamento foi superior aos outros tratamentos e este padrão de resultados é estável: ao longo de um período de 27 meses de acompanhamento, constatou-se que os pacientes da condição de terapia de comportamento tinham melhorado significativamente seu estado de ânimo, eram mais ativos socialmente e mais produtivos pessoalmente que os pacientes das outras condições de tratamento, especialmente da condição de treinamento em relaxamento.

IV.3. *Terapia de autocontrole*

A terapia de autocontrole, desenvolvida do modelo de auto-controle de Rehm (1977) sobre a depressão, enfatiza a conquista progressiva de objetivos, o auto-reforço e estratégias de controle da contingência e a produtividade comportamental (Antonuccio et al., 1989). Como mencionamos anteriormente, o modelo de autocontrole sugere que a depressão está associada aos déficits no auto-registro, na auto-avaliação e no auto-reforço. Por conseguinte, estas áreas de funcionamento são o centro da terapia de autocontrole. Esta terapia apresenta-se como um tratamento estruturado, de tempo limitado e em formato grupal. Consta de seis a doze sessões divididas em três partes, cada uma delas centrando-se numa das três áreas deficitárias descritas anteriormente. Com respeito ao auto-registro, requer-se que os pacientes façam um registro diário e representem graficamente as experiências positivas e seu estado de ânimo associado. Na fase de auto-avaliação, ensina-se aos pacientes a desenvolver objetivos específicos, manifestos e atingíveis em termos de atividades positivas e produtividade comportamental. Além disso, os pacientes conferem pontos a estes objetivos à medida que vão atingindo suas metas. Finalmente, ensina-se os pacientes a identificar os reforçadores e a administrar a si mesmos estas recompensas quando atingem seus objetivos específicos.

Rehm demonstrou a eficácia deste tratamento de autocontrole para a depressão numa série de estudos. Numa das primeiras avaliações desta terapia, Fuchs e Rehm (1977) informaram que o tratamento de autocontrole era mais eficaz que uma terapia de grupo não específica, ou que uma condição de controle de lista de espera para reduzir a depressão num amostra de mulheres clinicamente deprimidas. Rehm et al. (1979) informaram, posteriormente, que a terapia de autocontrole era mais eficaz no treinamento dos pacientes deprimidos que o treinamento em assertividade (ver também Roth et al., 1982). Curiosamente, Rehm (1990) destaca que a eficácia do tratamento não depende da inclusão dos três componentes; os resultados não parecem modificar-se pela omissão das partes de auto-avaliação ou de auto-reforço do programa. Finalmente, Rehm salienta também que esta terapia parece ser igualmente eficaz para alterar os aspectos cognitivos e comportamentais da depressão, sugerindo uma falta de especificidade dos efeitos do tratamento (Zeiss et al., 1979).

IV.4. *Terapia de solução de problemas*

O modelo de solução de problemas para a depressão (Nezu, 1987; Nezu, Nezu e Perri, 1989) centra-se nas relações entre os principais acontecimentos negativos da vida, os problemas atuais, o enfrentamento por meio da solução de problemas e a sintomatologia depressiva. Assim, as estratégias e os procedimentos de tratamento que foram desenvolvidos deste modelo foram planejados para reduzir a sintomatologia depressiva por meio do treinamento em habilidades de solução de problemas. Nezu et al. (1989) sugerem quatro objetivos da terapia de solução de problemas para os indivíduos deprimidos: 1) ajudá-los a identificar as situações da sua vida anteriores e atuais que podem ser antecedentes de um episódio depressivo; 2) minimizar o impacto negativo dos sintomas depressivos sobre as tentativas de enfrentamento atuais e futuros; 3) aumentar a eficácia dos esforços de solução de problemas no enfrentamento das situações atuais, e 4) ensinar habilidades gerais para lidar mais eficazmente com futuros problemas. Inclui-se também o treinamento na manutenção e generalização neste programa.

A terapia de solução de problemas de Nezu et al. (1989) consiste num programa de intervenção de 10 semanas no qual são empregadas técnicas terapêuticas tais como a instrução, a modelagem, o ensaio comportamental, as tarefas para casa, o reforço e a *feedback* para aumentar a capacidade de solução de problemas e diminuir a sintomatologia depressiva. Os resultados de vários estudos sugerem que a terapia de solução de problemas pode ser eficaz para o tratamento da depressão (Nezu, 1986; Nezu e Perri, 1989).

IV.5. *A terapia comportamental cognitiva*

O enfoque cognitivo-comportamental de tratamento baseia-se nos modelos mais recentes das teorias comportamentais da depressão (Lewinsohn et al., 1985) e inclui elementos descritos anteriormente para o aumento das atividades agradáveis, para a diminuição de acontecimentos desagradáveis e para o treinamento de habilidades sociais e interpessoais, em combinação com a terapia cognitiva de Beck (Beck et al.,

1979). Dispõe-se de um manual específico de tratamento (Hautzinger, Stark e Treiber, 1992). A explicação que se encontra por trás desta intervenção é mostrado na Figura 15.4. A depressão é vista como o resultado de vários fatores, incluindo as experiências aversivas e os problemas crônicos (antecedentes), que têm como conseqüência a disforia e a depressão se o sujeito apresenta vulnerabilidades que a predisponham, processos cognitivos negativos, déficit de habilidades sociais e interpessoais, falta de experiências positivas e uma diminuição das atividades e reforços positivos. Conseqüentemente, o enfoque cognitivo-comportamental centra-se na programação de atividades para aumentar as atividades reforçadoras, na representação de papéis e no treinamento em habilidades sociais, na reestruturação cognitiva e na influência do pensamento automático negativo e das suposições disfuncionais básicas.

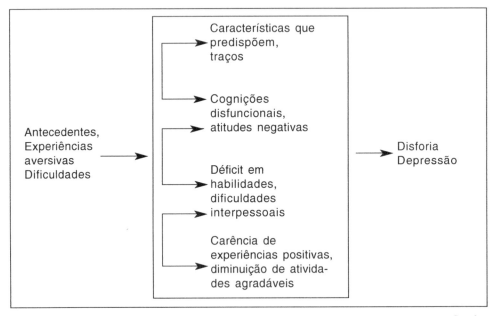

Fig. 15.4. *Modelo explicativo para a terapia da depressão Fonte: M. Hautzinger, W. Stark e R. Treiber (1992). Kognitive Verhaltenstherapie bei Depressionen. Psychologie Verlags Union, Weinheim.*

A eficácia deste enfoque foi posta recentemente à prova em dois estudos em grande escala realizados em diferentes centros, de pacientes com diagnóstico de depressão maior, com e sem preencher os critérios de melancolia segundo o *DSM-III-R* (Hautzinger, 1993; Hautizinger et al., 1992; DeJong-Meyer et al., 1992). O primeiro estudo avaliou a eficácia da terapia cognitivo-comportamental em comparação com um tratamento farmacológico padrão (amitriptilina) e com a combinação de drogas e terapia cognitiva de comportamento. Em conjunto, foram tratados 191 pacientes depressivos unipolares (depressão maior ou distimia), seja como pacientes ambulatoriais ou como pacientes internos ao longo de oito semanas de tratamento ativo, realizando-se um acompanhamento de um ano. Os três tratamentos tinham a mesma eficácia na diminuição da sintomatologia depressiva. Em um acompanhamento de um ano, o grupo farmacológico havia sofrido recaídas com mais freqüência e mostrava um maior nível de sintomas depressivos. Esta diferença era mais pronunciada no grupo de pacientes ambulatoriais. Curiosamente, a gravidade da sintomatologia no pré-tratamento não teve uma influência diferencial sobre os resultados. Finalmente, havia uma taxa de abandonos muito maior e uma taxa de resposta menor na condição de somente fármacos.

O segundo estudo incluía exclusivamente pacientes com depressão unipolar que preenchiam os critérios do *DSM-III-R* para a melancolia (depressão endógena). Os 155 pacientes ambulatoriais e internos foram distribuídos aleatoriamente ou a um tratamento farmacológico padrão (amitriptilina) mais apoio psicológico ou a uma combinação de tratamento farmacológico e terapia comportamental cognitiva. Infelizmente, e de acordo com considerações éticas, não foi possível incluir uma condição sem fármacos neste estudo. Um dos objetivos desta pesquisa era comprovar a hipótese de que, com respeito ao tratamento farmacológico exclusivo, um tratamento combinado era mais eficaz para reduzir os sintomas depressivos e para manter o funcionamento livre de sintomas num período mais prolongado. Os resultados deste estudo indicaram que ambos os tratamentos eram igualmente eficazes, com vantagens para o tratamento combinado no acompanhamento de um ano. Novamente, este efeito no acompanhamento não era significativo para o grupo de pacientes internos.

IV.6. *A terapia conjugal/familiar*

Levando em conta a associação consistente, descrita anteriormente, entre depressão e problemas no funcionamento conjugal e familiar, não é surpreendente que tenha sido desenvolvida uma série de terapias com o objetivo simultâneo de reduzir os níveis de depressão e melhorar as relações conjugais/familiares. As intervenções conjugais/familiares foram revisadas detidamente em outros trabalhos (p. ex., Gotlib, Wallace e Colby, 1990; Gotlib e Beach, 1995); por isso, simplesmente destacamos que alguns estudos recentes forneceram provas da eficácia da terapia conjugal ou familiar de orientação comportamental para a depressão.

Por exemplo, O'Leary e Beach (1990) distribuíram aleatoriamente casais com a mulher deprimida para a terapia cognitivo-comportamental (TC), a terapia conjugal comportamental (TMC) conjunta ou uma condição de lista de espera de 15 semanas. Nas avaliações realizadas ao terminar a terapia e após um ano de acompanhamento, O'Leary e Beach constataram que a TC e a TMC obtinham a mesma eficácia para reduzir a sintomatologia depressiva. Entretanto, constatou-se que só a TMC era eficaz para melhorar a relação conjugal. Ao terminar a terapia, apenas 25% das pessoas que receberam a TC, comparadas com 83% das que receberam TMC, tinham pelo menos um aumento de 15 pontos numa medida de adaptação conjugal do pré-tratamento ao pós-tratamento. O mesmo padrão geral de resultados se manteve no acompanhamento. Os resultados deste estudo sugerem que a terapia conjugal pode reduzir com eficácia a sintomatologia depressiva enquanto, ao mesmo tempo, melhora a satisfação conjugal, ao menos para aqueles casais nos quais ocorre a depressão e o conflito conjugal (O'Leary, Risso e Beach, 1990).

Jacobson et al. (1991) chegaram a resultados similares no tratamento de casais deprimidos, com conflitos conjugais. Novamente, embora tanto a terapia cognitiva individual quanto a terapia conjugal comportamental fossem igualmente eficazes para reduzir a depressão nestes casais, constatou-se que só a terapia conjugal obtinha sucesso para melhorar a satisfação do casal. Atualmente, a vantagem de utilizar intervenções conjugais para a depressão, em vez de enfoques individuais, parece residir principalmente na sua maior eficácia para pacientes com depressão e conflitos conjugais ao mesmo tempo.

IV.7. O curso de enfrentamento da depressão (CED)

O *Curso de enfrentamento da depressão para adultos (Coping with depression course for adults, CWD*, Lewinsohn et al., 1984) foi desenvolvido de uma série de pesquisas anteriores (p. ex., Lewinsohn e Atwood, 1969; Lewinsohn e Shaffer, 1971; Lewinsohn e Shaw, 1969; Lewinsohn, Weinstein e Alper, 1970; Lewinsohn, Weinstein e Shaw, 1969), nas quais foi incluído um grupo de tratamento comportamental para a depressão. Entretanto, mais diretamente relacionado com o CAD foram os resultados do estudo de Zeiss et al. (1979), que compararam a eficácia de três tratamentos para a depressão (terapia cognitiva, aumento das atividades agradáveis e treinamento em habilidades sociais). Os resultados desta pesquisa indicaram que, embora os três tratamentos tivessem a mesma eficácia para reduzir os níveis de depressão, as mudanças nas variáveis dependentes não eram específicas para o tipo de tratamento recebido. Por exemplo, as cognições dos pacientes que recebiam o treinamento em habilidades sociais mudavam tanto quanto as cognições dos pacientes que se encontravam no grupo de terapia cognitiva. Igualmente, as atividades agradáveis dos pacientes no tratamento de "atividades agradáveis" aumentaram tanto quanto as dos pacientes do tratamento cognitivo. Deste modo, parece que nenhum dos tratamentos era necessário para que ocorresse a mudança terapêutica e que os efeitos dos tratamentos não eram específicos, afetando todas as áreas avaliadas do funcionamento psicossocial que se mostraram relacionadas à depressão.

Com base nestes resultados, Zeiss et al. (1979) adiantaram as seguintes hipóteses relativas a o que poderia ser os componentes essenciais para uma terapia cognitivo-comportamental, bem-sucedida, da depressão:

a. A terapia deveria começar com uma explicação elaborada e bem planejada. Esta explicação teria que proporcionar a estrutura inicial que levasse o paciente à crença de que pode controlar sua próprio comportamento e, por conseguinte, mudar sua depressão.
b. A terapia deveria proporcionar treinamento em habilidades que o paciente pu-

desse utilizar a fim de sentir-se mais eficaz para controlar sua vida diária. As habilidades devem ter certa importância para o paciente e devem encaixar na explicação que tenha sido apresentada.
c. A terapia deveria enfatizar o emprego independente dessas habilidades por parte do paciente fora do contexto de terapia e proporcionar uma estrutura suficiente para que seja possível para o paciente desempenhar habilidades independentes.
d. A terapia deveria fomentar a atribuição, por parte do paciente, de que a melhora no estado de ânimo é causada por um aumento das suas habilidades e não pela habilidade do terapeuta.

O *CAD* foi construído incorporando estas hipóteses. O curso (e cada uma das modificações posteriores para populações especiais) foi delineado para ser oferecido como programa educativo ou pequeno seminário, ensinando às pessoas técnicas e estratégias para enfrentar os problemas que, supõe-se, estão relacionadas à sua depressão. Especificamente, o *CAD* aborda vários comportamentos-alvo (habilidades sociais, pensamento depressogênico, atividades agradáveis e relaxamento), bem como componentes mais gerais supostos como essenciais para a terapia cognitivo-comportamental bem-sucedida da depressão (p. ex., auto-registro, estabelecimento da linha de base, mudança dirigida por si mesmo).

Na sua configuração atual, o *CAD* para adultos consiste em 12 sessões de uma hora, realizadas ao longo de 8 semanas. As sessões podem ocorrer duas vezes por semana durante as quatro primeiras. Os grupos são compostos normalmente por seis a dez adultos (com 18 anos ou mais) e um único coordenados (embora possam ser empregados dois terapeutas). Também são planejadas sessões de acompanhamento um mês e seis meses depois ("reuniões de classe") para estimular a manutenção dos benefícios do tratamento e para recolher informações sobre a melhora ou as recaídas.

As primeiras duas sessões do *CAD* são dedicadas à apresentação das regras do curso, à explicação do tratamento, à análise da depressão segundo a aprendizagem social e o ensino de habilidades para a mudança de si mesmo. Ensina-se aos participantes que estar deprimido não significa estar "louco". Ao contrário: sugere-se o conceito de que sua depressão deve-se à sua dificuldade para enfrentar os acontecimentos estressantes das suas vidas. O *CAD* apresenta-se como uma forma de aprender novas habilidades para permitir aos participantes lidar mais eficazmente com os estímulos estressantes que contribuíram para a sua depressão. A seguir, ensinam-se habilidades para a mudança de si mesmos, incluindo o registro de comportamentos específicos propostos para a mudança, o estabelecimento de uma linha de base, propor objetivos realistas e o desenvolvimento de um plano e um contrato para realizar mudanças no seu comportamento. As oito sessões seguintes são dedicadas a ensinar-lhes habilidades específicas, incluindo o relaxamento, o aumento de atividades agradáveis, o controle do pensamento irracional ou negativo e habilidades sociais. Duas sessões são dedicadas a ensinar cada área de habilidades.

As sessões de relaxamento centram-se basicamente no método de Jacobson (1929), que requer que os participantes tensionem primeiro e a seguir relaxem os principais grupos de músculos até que todo o corpo esteja relaxado. A explicação para ensiná-los a relaxar reside na co-ocorrência claramente demonstrada da depressão e da ansiedade (p. ex., Maser e Cloninger, 1990). As sessões de relaxamento ocorrem no começo do *CAD*, já que, por ser uma habilidade relativamente fácil de aprender, proporciona aos participantes uma experiência inicial. Empregando o *Programa de acontecimentos agradáveis*, descrito anteriormente, as sessões sobre as atividades prazerosas centram-se em identificar, estabelecer uma linha de base e aumentar as atividades agradáveis. As sessões de terapia cognitiva incorporam elementos das intervenções desenvolvidas por Beck et al. (1979) e Ellis e Harper (1961) para identificar e questionar os pensamentos irracionais e negativos. Finalmente, as sessões de habilidades sociais centram-se na asserção, em planejar mais atividades sociais e em estratégias para fazer mais amigos.

As duas sessões do *CAD* são dedicadas a integrar as habilidades aprendidas, a manter os benefícios da terapia e a prevenir as recaídas. Os participantes identificam as habilidades que consideram mais eficazes para superar seu estado de ânimo deprimido. Ajudado pelo terapeuta, cada participante desenvolve um "plano de emergência" personalizado, por escrito, no qual são detalhados os passos a serem seguidos para resistir aos sentimentos de depressão no caso de voltar a tê-los novamente.

Todas as sessões encontram-se muito estruturadas e utilizam o texto *Controle sua depressão (Control your depression*, Lewinsohn et al., 1986) e um *Caderno do participante* (Brown e Lewinsohn, 1979). Além disso, um *Manual do instrutor* (Lewinsohn et al., 1984) proporciona formatos, exercícios e diretrizes. Cada sessão inclui uma palestra, a revisão das tarefas para casa, uma discussão e a representação de papéis. Um descanso de 10 minutos no meio de cada sessão permite que os participantes se socializem e pratiquem as novas habilidades aprendidas. Uma característica importante do *CAD* é que não produz estigma. Como é apresentada e realizada como uma aula em vez de como uma terapia, evita a rejeição e a resistência habituais do paciente, aspectos que podem fazer com que muitos sujeitos deprimidos não procurem ajuda. O curso representa também um enfoque voltado à comunidade, com uma boa relação custo/benefício que tenta chegar à grande maioria de indivíduos depressivos que não fazem uso dos serviços das clínicas e dos profissionais da saúde mental. Para uma descrição mais detalhada do *CAD*, remetemos o leitor a Lewinsohn et al. (1984).

A eficácia do *CAD* ficou demonstrada em vários estudos. Por exemplo, Brown e Lewinsohn (1984), Steinmetz, Lewinsohn e Antonuccio (1983) e Hoberman, Lewinsohn e Tilson (1988) que constataram ser o *CAD* mais eficaz para o tratamento da depressão que uma condição de controle de lista de espera e tão eficaz quanto a terapia de comportamento individual. Curiosamente, Hoberman et al. (1988) constataram que as percepções positivas da coesão do grupo constituíam um preditor significativo dos resultados do tratamento, confirmando a eficácia do formato de grupo para este enfoque.

IV.8. Ampliações do CAD para diferentes populações

Adolescentes – tomando como modelo o *CAD*, foi desenvolvido o novo *Curso de enfrentamento da depressão para adolescentes (CAD-A) (Adolescent coping with depression course, CWD-A*; Clarke, Lewinsohn e Hops, 1990). O conteúdo dos grupos do *CAD-A*, embora similar ao conteúdo do *CAD* para adultos, foi substancialmente simplificado, dando mais ênfase à aprendizagem por meio da experiência e menos tarefas para casa. Tanto para os adolescentes quanto para seus pais são dados "cadernos do participante" simples que incluem tarefas para casa, formatos de autorregistro, informações breves e leituras. Estes cadernos do participante encontram-se muito integrados às sessões de grupo. Além das áreas de habilidades incluídas no *CAD* para adultos, o *CAD-A* foi ampliado para incorporar o ensino de habilidades básicas de comunicação, negociação e solução de conflitos. Acrescentar as habilidades de comunicação baseou-se nas suposições de que a adolescência é um período no qual muitos conflitos pais–filhos surgem quando os adolescentes defendem a independência com respeito às famílias e que a solução não satisfatória dos conflitos leva a transações pais–filhos reciprocamente punitivas. A negociação específica e as técnicas de comunicação foram adaptadas de materiais desenvolvidos por Robin (p. ex., Robin, 1979; Robin et al., 1977; Robin e Weiss, 1980), Gottman (p. ex., Gottman et al., 1976) e Alexander (p. ex., Alexander e Parsons, 1973; Alexander et al., 1976).

O *CAD-A* fundamenta-se na premissa de que ensinar estratégias e novas habilidades de enfrentamento para adolescentes lhes permitirá compensar os fatores supostamente causais que contribuem para seu episódio depressivo e enfrentar com mais eficácia os problemas propostos pelo seu ambiente. O tratamento tem como objetivo ajudar os adolescentes a superar a depressão e permitir-lhes enfrentar com eficácia os futuros casos de supostos fatores de risco.

O modelo teórico subjacente da depressão é o modelo multifatorial proposto por Lewinsohn et al. (1985). Este modelo supõe que existem diferentes fatores etiológicos e/ou de risco que podem contribuir para o resultado final da depressão, nenhum dos quais, por si mesmos, pré-condições necessárias ou suficientes. Hipotetiza-se que a depressão é o resultado de múltiplos elementos causais que agem de acordo ou conjuntamente; a mistura ou combinação exata dos fatores que contribuem difere nos casos individuais. Considera-se que a depressão ocorre dentro do contexto pessoa–ambiente, dando-se uma interação contínua e recíproca entre as variáveis da pessoa e do ambiente. O modelo supõe a existência de *vulnerabilidades* (características da pessoa que aumentam a probabilidade de chegar a deprimir-se, como as cognições depressotípicas, morar em ambientes estressantes e conflitivos) e *imunidades* (características da pessoa como o enfrentamento eficaz, as habilidades sociais e outras, o envolvimento em atividades agradáveis, a auto-estima elevada) que reduzem a probabilidade de chegar a deprimir-se.

O modelo hipotetiza que o processo depressogênico começa com uma perturbação de importantes padrões de comportamento adaptativos. Os acontecimentos indesejáveis da vida, macro (acontecimentos vitais estressantes) e micro (conflitos diários), são bons exemplos de acontecimentos que podem causar perturbações sérias nos padrões de comportamento importantes para as interações diárias do indivíduo com o ambiente. Se essas perturbações representam um aumento das experiências aversivas, têm como resultado uma mudança negativa da qualidade de vida da pessoa. Postula-se que a incapacidade para inverter essas perturbações leva à disforia e a outras manifestações cognitivas (p. ex., pessimismo) e comportamentais (p. ex., passividade).

O CAD-A foi adaptado da versão para adultos do CAD (Lewinsohn et al., 1984). A relevância do CAD para adolescentes deprimidos está proposta pela pesquisa que indica que os adolescentes deprimidos mostram um padrão de problemas psicossociais muito similar ao manifestado por adultos deprimidos (Lewinsohn et al., 1994). Os aspectos importantes e únicos do curso como forma de terapia incluem: a) Sua natureza psicoeducativa, não estigmatizante; b) Sua ênfase no treinamento em habilidades para fomentar o controle sobre o próprio estado e melhorar a própria capacidade para enfrentar as situações problemáticas; c) O uso de atividades de grupo e da representação de papéis, e d) Seu custo/eficácia. Ao modificar o curso para usá-lo com adolescentes, o material foi simplificado, dando mais ênfase à aprendizagem por meio da experiência. As tarefas para casa ficaram mais curtas e, ao contrário do CAD para adultos, não são pedidas leituras entre sessões.

O CAD-A inclui 16 sessões de duas horas que são realizadas ao longo de um período de oito semanas para grupos de até dez adolescentes. Cada participante recebe um caderno que lhe proporciona leituras breves, exames curtos, tarefas de aprendizagem estruturadas e formatos das tarefas de casa para cada sessão. Ao final de cada uma delas, os adolescentes recebem tarefas de casa que são revisadas na sessão seguinte. A intenção destas tarefas é que os adolescentes pratiquem as habilidades fora do local de tratamento, aumentando, por conseguinte, a probabilidade de generalização às situações da vida diária. Embora tenha sido avaliado num formato de grupo, o CAD-A pode ser empregado como terapia individual.

Um curso paralelo para os pais dos adolescentes deprimidos (Lewinsohn et al., 1991) é derivado do conceito de que os pais constituem uma parte integrante do sistema social do adolescente e que os conflitos pais–adolescentes não resolvidos contribuem para o surgimento e a manutenção dos episódios depressivos. Os objetivos do curso para os pais consistem em ajudá-los a acelerar a aprendizagem das novas habilidades dos adolescentes, com apoio e reforço positivo e assisti-los no emprego destas habilidades nas situações diárias. Os pais se reúnem com o terapeuta duas horas por semana durante as quais são descritas as habilidades ministradas nos cursos para adolescentes. Ensina-se também aos pais as habilidades de comunicação e de solução de problemas que os adolescentes aprendem. São mantidas duas sessões conjuntas durante as quais os adolescentes e os pais praticam estas habilidades em temas que são importantes para cada família. Foram elaborados cadernos para os pais, a fim de guiá-los ao longo das sessões.

IV.8.1. *Componentes do CAD para adolescentes*

Na primeira sessão, são apresentadas as diretrizes do grupo, a explicação do tratamento e o "ponto de vista" da aprendizagem social para a depressão (Lewinsohn et al., 1985). Desde o começo, ensina-se os adolescentes a observarem seu estado de ânimo para obter uma linha de base e um método para mostrar as mudanças no estado de ânimo como conseqüência da aprendizagem de novas habilidades e o envolvimento em atividades. As sessões seguintes centram-se em ensinar as diferentes habilidades. Como se apresenta na Figura 15.5, embora sejam introduzidas habilidades específicas em sessões concretas, a discussão e a prática continuam ao longo das sessões para facilitar a aquisição do comportamento.

Aumento das habilidades sociais – o treinamento em habilidades sociais, uma deficiência básica em muitos indivíduos deprimidos (p. ex., Liber e Lewinsohn, 1973), ocorre ao longo do curso a fim de proporcionar uma base sobre a qual construir outras habilidades essenciais (p. ex., a comunicação). Incluídas no treinamento em habilidades sociais encontram-se as técnicas de conversação, o planejamento de atividades sociais e as estratégias para fazer amigos.

Aumento das atividades agradáveis – as sessões planejadas para aumentar as atividades agradáveis baseiam-se na suposição de que taxas relativamente baixas de reforço positivo (p. ex., interações sociais positivas, participação em atividades prazerosas) são antecedentes críticos dos episódios depressivos (ver Lewinsohn , Biglan e Zeiss, 1976). Deste modo, os indivíduos deprimidos são estimulados a aumentar as atividades agradáveis. Para atingir este objetivo, são ensinadas aos adolescentes habilidades básicas para mudarem a si mesmos, como o auto-registro para estabelecer uma linha de base, a proposta de objetivos realistas, desenvolver um plano e um contrato para a mudança de comportamento e o auto-reforço para atingir os objetivos do contrato. O *Programa de acontecimentos agradáveis (Pleasant events schedule, PES*, MacPhillamy e Lewinsohn, 1982), uma ampla lista de atividades agradáveis adaptada para ser usada com adolescentes, proporciona a cada participante uma lista individualizada de atividades que ele tem que aumentar.

A diminuição da ansiedade – proporciona-se treinamento em relaxamento por meio do procedimento de Jacobson (1929). Posteriormente, ensina-se um método menos visível que não exige a tensão e o relaxamento progressivo dos músculos (Benson, 1975) para ser empregado em locais públicos como as salas de aula. Proporciona-se treinamento em relaxamento porque muitos indivíduos deprimidos estão também ansiosos, o que pode reduzir o desfrute potencial de muitas atividades agradáveis. Além disso, a tensão e a ansiedade interferem, muitas vezes, com a atuação em situações sociais. As habilidades de relaxamento são ensinadas ao princípio do curso pelas razões que mencionamos.

Fig. 15.5. *Programa de habilidades e sessões*

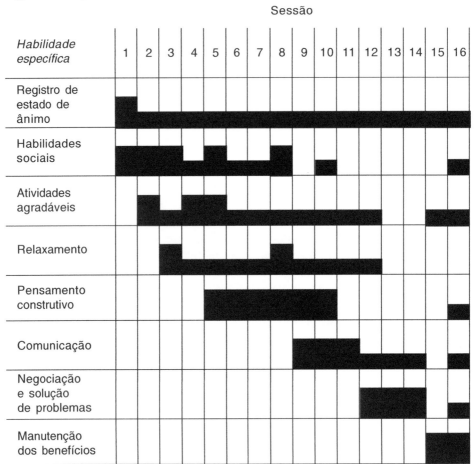

Legenda: ▌ = Ensina-se a habilidade.
∎ = Discute-se sobre a habilidade como parte da prática para casa.

Fonte: G. N. Clarke, P. M. Lewinsohn e H. Hops, (1990). *Adolescent coping with depression course* (Leader's manual for adolescent groups). Eugene, Or: Castalia.

Redução das cognições depressogênicas – incluem-se sessões centradas nas cognições depressogênicas com base na suposição de que a depressão é causada e mantida por esquemas cognitivos irracionais ou negativos. Como vimos, o curso inclui elementos adaptados e simplificados das intervenções desenvolvidas por Beck e colaboradores (p. ex., Beck et al., 1979), por Ellis e Harper (1961) e por Kranzler (1974) para identificar, questionar e mudar os pensamentos negativos e as crenças irracionais. São empregadas histórias em quadrinhos que atraiam os adolescentes (p. ex., Mafalda, Garfield e Snoopy) para ilustrar os pensamentos negativos depressogênicos e os pensamentos positivos que podem ser empregados para compensá-los.

Solução de conflitos – há sessões dedicadas a ensinar habilidades de comunicação, de negociação e de solução de conflitos para serem utilizadas com pais e os pares. Os conflitos adolescente-pais aumentam à medida que os adolescentes defendem sua independência (Steinberg e Silverberg, 1986). A solução não satisfatória, de problemas juntamente com o aumento dos conflitos familiares pode contribuir para o surgimento da depressão nesta faixa etária. As técnicas específicas utilizadas no curso provêm das técnicas empregadas na terapia conjugal comportamental (p. ex., Gottman, 1979; Jacobson e Margolin, 1979; Weiss, Hops e Patterson, 1973) e suas adaptações para serem utilizadas com pais e filhos (p. ex., Forgatch, 1989; Robin e Foster, 1989). O treinamento em comunicação centra-se na aquisição de comportamentos positivos, como parafrasear para verificar a mensagem, a resposta ativa, o contato visual apropriado e a eliminação e correção de comportamentos não-produtivos, como as acusações, interromper e humilhar a outra pessoa. Ensina-se os adolescentes técnicas de negociação e solução de problemas, como definir o problema sem criticar, a tempestade cerebral para soluções alternativas, avaliar e chegar a um acordo mútuo sobre uma solução e especificar o acordo com a inclusão de consequências positivas e negativas para o cumprimento e não cumprimento do mesmo, respectivamente. Todas estas técnicas são praticadas durante duas sessões conjuntas pais–adolescentes, das quais os terapeutas participam como facilitadores.

O planejamento do futuro – as duas sessões finais centram-se na integração das habilidades, na antecipação de futuros problemas, no desenvolvimento de um plano e de objetivos de vida e na prevenção das recaídas. Ajudado pelo terapeuta do grupo, cada adolescente desenvolve um "plano de emergência" personalizado, por escrito, no qual detalha os passos que dará para compensar os sentimentos de depressão que voltem a se apresentar no futuro.

Três estudos examinaram a eficácia do *CAD-A*. O primeiro estudo (Clarke, 1985) foi realizado com uma amostra de 21 adolescentes. Os resultados deste estudo inicial foram promissores. No segundo estudo, (Lewinsohn et al., 1990), foram distribuídos aleatoriamente 59 adolescentes deprimidos em três condições: 1) um grupo cognitivo-comportamental, psicoeducativo, só para adolescentes; 2) um grupo para adolescentes, cujos pais estavam incluídos num grupo específico idêntico para pais e 3) uma condição de lista de espera. Os adolescentes e seus pais participaram de amplas entrevistas no momento do ingresso, no pós-tratamento e aos 1, 6, 12 e 24 meses de acompanhamento, uma vez finalizado o tratamento. Os resultados deste estudo demonstraram que, comparados com os sujeitos de lista de espera, os indivíduos tratados melhoraram significativamente da depressão. Estes ganhos se mantiveram dois anos após o tratamento.

Uma terceira comprovação da eficácia do programa de tratamento foi realizada com 96 adolescentes que preenchiam os critérios do *DSM-III-R* (APA, 1987) para a depressão maior ou a distimia (Lewinsohn et al., no prelo). Para este estudo, o protocolo do curso foi escrito novamente, de modo que os componentes foram apresentados de um modo hierárquico, mais sistemático, a fim de que a aquisição das habilidades básicas ocorresse antes que as habilidades mais complexas. Por exemplo, as habilidades de comunicação foram estabelecidas antes das habilidades de solução de conflitos, porque as primeiras são pré-requisitos básicos para a negociação bem-sucedida, que requer o parafrasear e o envio e recepção eficaz de mensagens. O curso tornou-se mais apropriado à idade, acrescentando componentes como histórias em quadrinhos, etc., que seriam atraentes para os adolescentes. Este estudo examinou também o poder das sessões de apoio para prevenir as recaídas e manter os ganhos dos adolescentes. Os 96 adolescentes foram distribuídos aleatoriamente e colocados sob as mesmas condições de tratamento que no estudo anterior.

Os resultados foram muito parecidos ao daquele estudo. Os dois grupos de tratamento mostraram uma melhora significativamente maior que o grupo de controle de lista de espera, tanto nas taxas de recuperação quanto na diminuição das pontuações do *Inventário de depressão de Beck*. Dos adolescentes tratados, 67% já não preenchiam os critérios no pós-tratamento, comparados com só 48% dos sujeitos da lista de espera. Além disso, não havia diferenças significativas na recuperação ou nas taxas de recaída dependendo do sexo ou das três condições de acompanhamento. De 12 a 24 meses após o tratamento, 81,3% e 97,5% dos adolescentes haviam se recuperado, respectivamente.

IV.8.2. *Componentes do CAD para idosos*

As intervenções cognitivo-comportamentais foram utilizadas no tratamento de idosos deprimidos (p. ex., Evans, Werkhoven e Fox, 1982; Hautzinger, 1992; Steuer e Hammen, 1983; Teri e Uomoto, 1986; Waller e Griffin, 1984; Yost et al., 1986). Numa recente revisão da literatura, Teri, Curtis e Gallagher-Thompson (1991) concluíram que todas as variantes das intervenções cognitivo-comportamentais (só cognitiva, só comportamental e combinada) parecem ser eficazes para reduzir a depressão, não apenas em idosos fisicamente sãos, mas também em outros subgrupos menos sadios, como os que sofrem de doenças crônicas ou de demência. Também parece que os benefícios do tratamento permanecem em todas as modalidades.

O *CAD* foi modificado para ser empregado com pessoas idosas (Breckenridge et al.,

1985; Hedlund e Thompson, 1980). Thompson et al. (1983) avaliaram o curso modificado, o *Curso para a satisfação na vida (CSV) (Life satisfaction course, LSC)* no tratamento de pessoas idosas deprimidas. De seis a oito participantes por grupo se reuniam duas horas por semana ao longo de seis semanas. As sessões centravam-se na observação e avaliação do estado de ânimo, em identificar atividades agradáveis e acontecimentos desagradáveis nas suas vidas e em aprender a observá-los e registrá-los diariamente. Eram apresentados aos participantes exercícios para ajudá-los a experimentar a associação entre o nível de atividade e o estado de ânimo e para obter certo controle sobre seu estado de ânimo, por meio da realização de atividades agradáveis. Na quarta sessão, foram ensinadas técnicas de auto-reforço e cada paciente foi instruído a identificar um problema pessoal específico que parecesse possível mudar. Na quinta sessão, foi identificado um segundo objetivo possível. A sexta sessão centrou-se na forma de manter e generalizar o progresso alcançado no curso. Os achados indicam que o enfoque foi eficaz para reduzir o mal-estar em pessoas idosas. Os participantes que completaram o curso relataram menos sintomas de depressão, menos freqüência de pensamentos negativos sobre si mesmos e sobre o futuro e um aumento do desfrute e da freqüência dos acontecimentos agradáveis na vida diária.

IV.8.3. *Componentes do CAD para pessoas que cuidam de idosos*

Alguns pesquisadores (Lovett, 1984; Lovett e Gallagher, 1988; Teri e Uomoto, 1986; Teri e Gallagher-Thompson, 1991) desenvolveram variações do *CAD/CSV* para empregá-lo com pessoas que cuidam de idosos com estado de saúde delicado ou com demência. Esta aplicação é potencialmente importante porque esses cuidadores têm um alto risco de cair em depressão. O *CSV* para cuidadores inclui 10 sessões de duas horas, uma vez por semana, durante as quais eles são ensinados a observar seu estado de ânimo e as atividades agradáveis, a identificar atividades agradáveis que desejam realizar mais freqüentemente, a propor objetivos realistas, passo a passo, para aumentar sua taxa de acontecimentos agradáveis e a empregar técnicas de auto-registro e de auto-reforço para atingir esses objetivos. A participação máxima em cada grupo é limitada a 10 cuidadores, com dois co-terapeutas. Resultados preliminares deste programa indicam que os níveis de depressão dos cuidadores e de pessoas idosas com depressão não clínica foram reduzidos do pré ao pós-tratamento, enquanto os grupos de controle de lista de espera não relataram nenhuma mudança significativa (Lovett e Gallagher, 1988).

IV.9. *A prevenção da depressão*

Finalmente, o *CAD* foi adaptado e examinado também como um meio de prevenir episódios de depressão entre indivíduos com um alto risco de desenvolver esse tipo de episódios. Muñoz et al. (1987) modificaram o *CAD* e o empregaram com um grupo que se sabia possuir um alto risco de transtornos depressivos futuros: baixos salários, pacientes ambulatoriais pertencentes a minorias. As pessoas que já sofriam de um episódio de depressão foram eliminadas do estudo. Os membros do grupo experimental foram comparados com os de dois grupos de controle: um grupo sem intervenção e um grupo só de informação que recebia uma apresentação das idéias do *CAD* por meio de vídeo. Os resultados deste estudo indicaram que os participantes que recebiam o *CAD* mostravam uma diminuição significativa no nível de sintomas depressivos, tal como o medido pelo *Inventário de depressão de Beck* (Muñoz et al., 1988; Muñoz e Ying, 1993).

Manson e colaboradores (Manson, 1988; Manson, Mosely e Brenneman, 1988) modificaram de forma similar o *CAD* para empregá-lo para a prevenção de índios americanos de 45 anos ou mais. O curso foi reestruturado a fim de que fosse culturalmente relevante para as tribos de três reservas do Noroeste e simplificado para incluir as limitações impostas pela doença física dos participantes. Finalmente, Clarke et al. (1990) modificaram o *CAD* para ajudar adolescentes ligeiramente deprimidos a não deprimirem-se mais seriamente. Os sujeitos ligeiramente deprimidos são uma população alvo especialmente relevante para a prevenção, porque se sabe que esses indivíduos têm um alto risco de desenvolver um episódio de depressão mais grave (Lewinsohn, Hoberman e Rosenbaum, 1988). Clarke et al. (1990) realizaram um estudo com adolescentes institucionalizados que tinham um alto risco de depressão, baseando-se num programa de prevenção de terapia cognitiva em formato de grupo para reduzir a incidência futura de sintomatologia e transtornos afetivos unipolares. O *status* de risco para este estudo fundamentou-se uma definição de desmoralização, ou níveis subdiagnósticos de sintomas depressivos, proposta por Roberts (1987).

Foram identificados adolescentes de três institutos, que tinham um risco potencial para a depressão, por meio de um procedimento de duas fases. A primeira fase de seleção consistia numa escala de auto-relato para a depressão, a *Escala do Centro Epidemiológico para a Depressão (CEE-D)*, que era administrada a uma amostra inicial de 1.640 adolescentes do instituto. Empregando um ponto de corte da *CEE-D* de 24 ou mais, como uma definição operacional da desmoralização (ver Roberts, 1987; Rohde, Lewinsohn e Seeley, 1991), foram identificados 222 adolescentes com um risco potencial que foram entrevistados posteriormente na segunda fase do procedimento para descobrir casos clínicos. Esta segunda fase determinou os candidatos adolescentes que estavam deprimidos atualmente (critérios do *DSM-III-R* para a depressão maior e/ou a distimia) e não eram, portanto, candidatos para a prevenção. Constatou-se que 39% dos adolescentes entrevistados (17,6%) preenchiam os critérios para o transtorno afetivo unipolar segundo o *DSM-III-R* e foram enviados para tratamento não experimental. A amostra restante de 183 adolescentes não sofria de depressão atualmente, mas corria o risco de sofrer uma depressão no futuro, devido ao seu *status* de desmoralização. Destes adolescentes e seus pais, 88% (n = 150) aceitaram o convite de entrar na fase de intervenção do estudo. Embora houvesse alguns casos de ansiedade ou de transtorno de comportamento entre estes adolescentes, a maioria (> 85%) tinha apenas sintomas de depressão subdiagnóstica sem um diagnóstico atual segundo o *DSM-III-R*.

Os 150 adolescentes desmoralizados foram distribuídos aleatoriamente em: a) um grupo de intervenção cognitivo-comportamental de 15 sessões que ocorriam ao terminarem as aulas (n = 76) ou b) uma condição de controle de "cuidado habitual" (n = 74). A intervenção ativa foi denominada curso de "enfrentamento do estresse" e consistiu em quinze sessões de 45 minutos cada uma, nas quais se ensinava os adolescentes com alto risco técnicas de terapia cognitiva para identificar e questionar pensamentos irracionais ou negativos que poderiam contribuir para o desenvolvimento de um futuro transtorno afetivo. A intervenção de prevenção foi modificada da terapia cognitiva para adultos deprimidos (Beck et al., 1979) e do *CAD* (Clarke et al., 1990). Os grupos de prevenção eram dirigidos por psicólogos e por assessores escolares com uma formação mínima em de especialização em psicologia clínica, de assessoramento ou escolar.

Na condição de "cuidado habitual", os adolescentes tinham liberdade de continuar com a intervenção já existente ou buscar uma nova ajuda durante o período de estudo. Era permitido aos adolescentes incluídos na intervenção ativa continuar com o tratamento já existente e/ou buscar outro tratamento, a fim de igualar os serviços de intervenção extra-experimental em todas as condições.

Permanência dos sujeitos – dos 150 sujeitos distribuídos nas diferentes condições, o estudo conseguiu taxas de permanência de 125 ao final da intervenção, 120 no acompanhamento de 6 meses e 109 no de 12 meses, verificando-se uma taxa total de abandonos de 27,3% (41 de 150). Os sujeitos que permaneceram foram comparados aos que abandonaram em variáveis psicopatológicas e demográficas, incluindo as pontuações de depressão no ingresso no *CEE-D*; não foram constatados efeitos principais ou de interação para o abandono.

Foi empregado o método de análise de sobrevivência para comparar os resultados a longo prazo nos dois grupos, utilizando uma entrevista para especificar o momento do surgimento do episódio. Havia menos casos de depressão maior e/ou de distimia na condição experimental ao longo do período de acompanhamento. As taxas de incidência global da depressão maior ou da distimia ao longo do período de acompanhamento foram de 25,7% (18 para 70) para o grupo controle e de 14,5% (8 de 55) para o grupo experimental.

V. TENDÊNCIAS FUTURAS

Neste capítulo, apresentamos uma revisão das teorias comportamentais da depressão e descrevemos uma série de procedimentos comportamentais para a avaliação e tratamento deste transtorno. Fica claro que há uma série de intervenções comportamentais eficazes para a depressão, todas tentando modificar as interações do paciente com o ambiente social, a fim de diminuir o nível de depressão. Estes programas centram-se de forma diferente em ajudar os pacientes deprimidos a realizar mais freqüentemente atividades agradáveis, a melhorar suas habilidades sociais, a ser mais precisos na auto-observação, menos rígidos na auto-avaliação e mais liberais no auto-reforço, e a aprender habilidades de enfrentamento e de solução de problemas mais eficazes. Apesar desta diversidade, é aparente que um objetivo principal destes programas implica o aumento da quantidade de reforço positivo recebido pelos pacientes deprimidos; é evidente também que atingir estes objetivos leva normalmente a uma diminuição significativa na sintomatologia depressiva.

Salientamos anteriormente que foram realizados progressos significativos na evolução das teorias comportamentais da depressão. Avanços similares são também visíveis com respeito tanto à avaliação da depressão quanto às intervenções comportamentais para este transtorno. Entretanto, existe uma série de áreas nas quais nitidamente são necessários mais trabalhos. Por exemplo, embora os pesquisadores tenham demonstrado a eficácia geral dos enfoques comportamentais para o tratamento da depressão, sabemos comparativamente pouco sobre que componentes destas intervenções são responsáveis pela mudança e nível da depressão ou sobre os mecanismos envolvidos no processo de mudança.

Como aspecto relacionado, é importante salientar que os pesquisadores geralmente não constataram que os resultados das terapias para a depressão sejam específicos para o tratamento que pesquisamos. Por conseguinte, parece que, independentemente do suposto objetivo específico da intervenção (p. ex., cognições, comportamento, afeto), todos eles encontram-se afetados pelo tratamento e, além disso, é provável que se influenciem reciprocamente. Com respeito às intervenções comportamentais, esta falta de especificidade sugere questões importantes sobre o papel que desempenham realmente as mudanças dos comportamentos-alvo (p. ex., aumento das atividades agradáveis, aumentos das habilidades sociais, incremento do auto-reforço) na melhora da depressão. Será necessário examinar de forma mais explícita este tema nas pesquisas futuras. Neste contexto, os pesquisadores deveriam considerar o emprego de análise do modelo causal, a fim de proporcionar maior clareza com respeito aos mecanismos de mudança na psicoterapia (p. ex., Hollon, DeRubeis e Evans, 1987).

Vale a pena comentar quatro áreas finais para a pesquisa futura. Em primeiro lugar, embora as intervenções comportamentais tenham demonstrado ser razoavelmente eficazes para reduzir a sintomatologia depressiva ao final do tratamento, está relativamente claro que a depressão é um transtorno recorrente (Belsher e Costello, 1988; González, Lewinsohn e Clark, 1985). Angst et al. (1973) informaram que o número médio de episódios ao longo da vida em pacientes com depressão unipolar é de cinco a seis. Levando em conta a alta taxa de recaídas, seria importante que os pesquisadores desenvolvessem intervenções comportamentais que não só diminuíssem os níveis de depressão imediatamente depois do tratamento, como também prevenissem a recorrência de episódios futuros de depressão. A evitação de recaídas por meio do emprego de sessões de apoio depois da conclusão do tratamento (p. ex., Baker e Wilson, 1985) deve converter-se numa área de pesquisa ativa. Esta atenção sobre a prevenção (p. ex., Muñoz et al., 1987; Muñoz e Ying, 1993) será especialmente importante no tratamento das pessoas deprimidas que têm um alto risco de recaídas: pacientes com uma história de episódios depressivos (Lewinsohn, Zeiss e Duncan, 1989), pacientes com depressão secundária enquanto oposta à primária (Keller et al., 1982) e pacientes que vivem com familiares hostis ou muito críticos (Hooley e Teasdale, 1989).

Em segundo lugar, a maioria dos pesquisadores, que examinaram a eficácia das intervenções comportamentais com a depressão, selecionou pacientes com "depressão pura" para a inclusão nos seus estudos. Concretamente, excluíram pacientes deprimidos com outros transtornos comórbidos. Entretanto, os resultados de estudos recentes indicam que uma parte substancial de indivíduos deprimidos apresentam tratamentos psiquiátricos comórbidos, como a ansiedade e o abuso de substâncias, e o transtorno de comportamento em crianças e adolescentes (Maser e Cloninger, 1990; Lewinsohn et al., 1991; Rohde, Lewinsohn e Seeley, 1991). Por conseguinte, é essencial que os pesquisadores examinem o impacto dos transtornos comórbidos sobre a eficácia das intervenções comportamentais para a depressão.

Em terceiro lugar, são necessários estudos para identificar as características que distinguem os que se beneficiam mais dos que o fazem menos, das intervenções comportamentais. Por exemplo, há cinco variáveis surgidas como preditoras da melhora para os participantes deprimidos do CAD (Brown e Lewinsohn, 1979; Steinmetz et al., 1983; Teri e Lewinsohn, 1982): a melhora esperada, a maior satisfação com a vida, a falta de psicoterapia concorrente ou de medicação antidepressiva, os elevados níveis de apoio social percebido e serem mais jovens. Uma série de escritores discutiu sobre o valor potencial de combinar os componentes do tratamento com as características do paciente, a fim de proporcionar um enfoque específico ao problema para o tratamento da depressão (p. ex., Biglan e Dow, 1981; McLean, 1981). Por exemplo, McKnight et al. (1984) compararam a eficácia relativa de tratamentos que estavam relacionados diretamente com as áreas-alvo iniciais e constataram que os pacientes deprimidos com problemas de habilidades sociais ou cognições irracionais melhoraram mais depois de receberem intervenções específicas para estes déficits que no caso dos pacientes que receberam intervenções não relacionadas com suas atuais áreas de problema. Em anos recentes, Rude e Rehm (1991) discutiram algumas das questões teóricas subjacentes a esta área e remetemos o leitor interessado a este artigo.

Finalmente, encontra-se bem documentado, na literatura da depressão, que há aproximadamente duas vezes mais mulheres que homens que experimentam este transtorno (p. ex., Nole-Hoeksema, 1990; Weissman et al., 1984). Apesar da consistência deste achado, prestou-se pouca atenção à possibilidade de que os homens e as mulheres manifestem distintos problemas psicossociais e que possam responder de forma diferente às intervenções comportamentais. Em um dos poucos estudos que abordam este problema, Wilson (1982) informou que as mulheres e os homens deprimidos mostravam respostas comparáveis aos tratamentos comportamentais. Entretanto, é possível que os mecanismos responsáveis pela mudança sejam diferentes nos homens e nas mulheres. Por exemplo,

McGrath et al. (1990) sugerem que os tratamentos comportamentais podem ser eficazes com as mulheres deprimidas "porque ensinam as mulheres a enfrentar e superar o papel passivo, dependente, que pode ter sido ensinado a elas desde a infância e que pode estar alimentando suas depressões" (p. 59). Não fica claro que isto seja, de fato, um mecanismo ativo das intervenções comportamentais para as mulheres deprimidas, nem tampouco está claro que este processo não seja o mesmo nos homens. Não obstante, é possível que o tratamento comportamental tenha um efeito diferente sobre as mulheres e sobre os homens deprimidos. Certamente, esta é uma área que necessita ser mais explorada. Nossa esperança é que este capítulo sirva de impulso para essas pesquisas.

REFERÊNCIAS

Alexander, J. F. y Parsons, B. V. (1973). Short-term behavioral intervention with delinquent families: Impact on family process and recidivism. *Journal of Abnormal Psychology, 81*, 219-225.

Alexander, J. F., Barton, C., Schiavo, R. S. y Parsons, B. O. (1976). Systems-behavioral intervention with families of delinquents: Therapist characteristics, family behavior and outcome. *Journal of Consulting and Clinical Psychology, 44*, 656-664.

Angst, J., Baastrup, P. C., Grof, P., Hippius, H., Poeldinger, W. y Weiss, P. (1973). The course of monopolar depression and bipolar psychoses. *Psychiatrie, Neurologie et Neurochirurgie, 76*, 246-254.

Antonuccio, D. O., Ward, C. H. y Tearnan, B. H. (1989). The behavioral treatment of unipolar depression in adult outpatients. En M. Hersen, R. M. Eisler y P. M. Miller (dirs.), *Progress in behavior modification*, vol. 24. Nueva York: Sage.

Baker, A. L. y Wilson, P. H. (1985). Cognitive-behavior therapy for depression: The effects of booster sessions on relapse. *Behavior Therapy, 16*, 335-344.

Beck, A. T., Rush, A. J., Shaw, B. F. y Emery, G. (1979). *Cognitive therapy of depression*. Nueva York: Guilford.

Beck, A. T., Ward, C. H., Mendelson, M., Mock, J. y Erbaugh, J. (1961). An inventory for measuring depression. *Archives of General Psychiatry, 4*, 561-571.

Becker, R. E. y Heimberg, R. G. (1985). Social skills training approaches. En M. Hersen y A. S. Bellack (dirs.), *Handbook of clinical behavior therapy with adults*. Nueva York: Plenum.

Becker, R. E., Heimberg, R. G. y Bellack, A. S. (1987). *Social skills training treatment for depression*. Nueva York: Pergamon.

Bellack, A. S., Hersen, M. y Himmelhoch, J. (1981). Social skills training compared with pharmacotherapy and psychotherapy in the treatment of unipolar depression. *American Journal of Psychiatry, 138*, 1562-1567.

Bellack, A. S., Hersen, M. y Himmelhoch, J. (1983). A comparison of social skills training, pharmacotherapy, and psychotherapy for depression. *Behavior Research and Therapy, 21*, 101-107.

Belsher, G. y Costello, C. G. (1988). Relapse after recovery from unipolar depression: A critical review. *Psychological Bulletin, 104*, 84-96.

Benson, H. (1975). *The relaxation response*. Nueva York: William Morrow.

Biglan, A. y Dow, M. G. (1981). Toward a "second generation" model of depression treatment: A problem specific approach. En L. P. Rehm (dir.), *Behavior therapy for depression: Present status and future directions*. Nueva York: Academic Press.

Biglan, A., Hops, H., Sherman, L., Friedman, L. S., Arthur, J. y Osteen, V. (1985). Problem-solving interactions of depressed women and their husbands. *Behavior Therapy, 16,* 431-451.

Blumberg, S. R. y Hokanson, J. E. (1983). The effects of another person's response style on interpersonal behavior in depression. *Journal of Abnormal Psychology, 92,* 196-209.

Breckenridge, J. S., Zeiss, A. M., Breckenridge, J. y Thompson, L. (1985). Behavioral group therapy with the elderly: A psychoeducational model. En D. Upper y S. Ross (dirs.), *Handbook of behavioral group therapy*. Nueva York: Plenum.

Brown, M. A. y Lewinsohn, P. M. (1979). *Coping with depression workbook*. Universidad de Oregón, Eugene.

Brown, R. A. y Lewinsohn, P. M. (1984). A psychoeducational approach to the treatment of depression: Comparison of group, individual, and minimal contact procedures. *Journal of Consulting and Clinical Psychology, 52,* 774-783.

Carey, M. P., Kelley, M. L. y Buss, R. R. (1986). Relationship of activity of depression in adolescents: Development of the adolescent activities checklist. *Journal of Consulting and Clinical Psychology, 54,* 320-322.

Clarke, G. N. (1985). *A psychoeducational approach to the treatment of depressed adolescents*. Universidad de Oregón, sin publicar.

Clarke, G. N., Lewinsohn, P. M. y Hops, H. (1990). *Adolescent coping with depression course*. Eugene, Or: Castalia.

Cole, T. L., Kelley, M. L. y Carey, M. P. (1988). The adolescent activities checklist: Reliability, standardization data and factorial validity. *Journal of Abnormal Child Psychology, 16,* 475-484.

Costello, C. G. (1972). Depression: Loss of reinforcers or loss of reinforcer effectiveness? *Behavior Therapy, 3,* 240-247.

Coyne, J. C. (1976). Toward an interactional description of depression. *Psychiatry, 39,* 28-40.

DeJong-Meyer, R., Hautzinger, M., Rudolf, G. A. E. y Strauss, W. (1992, junio). *Effectiveness of combined behavioral-cognitive and antidepressant treatment of inpatients and outpatients with endogenous depression*. Comunicación presentada en el World Congress of Cognitive Therapy, Toronto, Canadá.

Dykman, B. M., Horowitz, L. M., Abramson, L. Y. y Usher, M. (1991). Schematic and situational determinants of depressed and nondepressed students' interpretation of feedback. *Journal of Abnormal Psychology, 100,* 45-55.

Eisler, R., Hersen, M., Miller, P. y Blanchard, E. (1975). Situational determinants of assertive behavior. *Journal of Consulting and Clinical Psychology, 43,* 330-340.

Ellis, A. y Harper, R. A. (1961). *A guide to rational living*. Hollywood, Ca: Wilshire Books.

Ellis, A. y Murphy, R. (1975). *A bibliography of articles and books on rational-emotive therapy and cognitive behavior therapy*. Nueva York: Institute for Rational Living.

Evans, R. L., Werkhoven, W. y Fox, H. R. (1982). Treatment of social isolation and loneliness in a sample of visually impaired elderly persons. *Psychological Reports, 51,* 103-108.

Feldman, L. y Gotlib, I. H. (1993). Social dysfunction. En C. G. Costello (dir.), *Symptoms of depression*. Nueva York: Wiley.

Ferster, C. B. (1966). Animal behavior and mental illness. *Psychological Record, 16,* 345-356.

Forgatch, M. S. (1989). Patterns and outcome with family problem solving: The disrupting effect of negative emotions. *Journal of Marriage and the Family, 51*, 115-124.
Fuchs, C. Z. y Rehm, L. P. (1977). A self-control behavior therapy program for depression. *Journal of Consulting and Clinical Psychology, 45*, 206-215.
Glass, C. R., Merluzzi, T. V., Bierer, J. L. y Larsen, K. H. (1982). Cognitive assessment of social anxiety: Development and validation of a self-statement questionnaire. *Cognitive Therapy and Research, 6*, 37-55.
Goldfried, M. R. y Merbaum, M. (dirs.) (1973). *Behavior change through self-control*. Nueva York: Holt, Rinehart and Winston.
Gonzales, L. R., Lewinsohn, P. M. y Clarke, G. N. (1985). Longitudinal follow-up of unipolar depressives: An investigation of predictors of relapse. *Journal of Consulting and Clinical Psychology, 33*, 461-469.
Goodman, S. H. y Brumley, H. E. (1990). Schizophrenic and depressed mothers: Relational deficits in parenting. *Developmental Psychology, 26*, 31-39.
Gordon, D., Burge, D., Hammen, C., Adrian, C., Jaenicke, C. y Hiroto, D. (1989). Observations of interactions of depressed women with their children. *American Journal of Psychiatry, 146*, 50-55.
Gotlib, I. H. (1982). Self-reinforcement and depression in interpersonal interaction: The role of performance level. *Journal of Abnormal Psychology, 91*, 3-13.
Gotlib, I. H. y Beach, S. R. H. (1995). A family discord model of depression: Implications for therapeutic intervention. En N. S. Jacobson y A. S. Gurman (dirs.), *Clinical handbook of couple therapy*. Nueva York: Guilford.
Gotlib, I. H. y Cane, D. B. (1989). Self-report assessment of depression and anxiety. En P. C. Kendall y D. Watson (dirs.), *Anxiety and depression: Distinctive and overlapping features*. Orlando, Fl: Academic Press.
Gotlib, I. H. y Hammen, C. L. (1992). *Psychological aspects of depression: Toward a cognitive-interpersonal integration*. Chichester, Inglaterra: Wiley.
Gotlib, I. H. y Hooley, J. M. (1988). Depression and marital distress: Current status and future directions. En S. Duck (dir.), *Handbook of personal relationships*. Chichester, Inglaterra: Wiley.
Gotlib, I. H. y Lee, C. M. (1990). Children of depressed mothers: A review and directions for future research. En C. D. McCann y N. S. Endler (dirs.), *Depression: New directions in theory, research, and practice*. Toronto: Wall and Thompson.
Gotlib, I. H. y McCabe, S. B. (1992). An information-processing approach to the study of cognitive functioning in depression. En E. F. Walker, B. A. Cornblatt y R. H. Dworkin (dirs.), *Progress in experimental personality and psychopathology research*, vol. 15. Nueva York: Springer.
Gotlib, I. H. y Meltzer, S. J. (1987). Depression and the perception of social skill in dyadic interaction. *Cognitive Therapy and Research, 11*, 41-53.
Gotlib, I. H. y Robinson, L. A. (1982). Responses to depressed individuals: Discrepancies between self-report and observer-rated behavior. *Journal of Abnormal Psychology, 91*, 231-240.
Gotlib, I. H., Wallace, P. M. y Colby, C. A. (1990). Marital and family therapy for depression. En B. B. Wolman y G. Stricker (dirs.), *Depressive disorders: Facts, theories, and treatment methods*. Nueva York: Wiley.
Gottman, J. M. (1979). *Marital interaction: Empirical investigations*. Nueva York: Academic.
Gottman, J., Notarius, C., Gonso, J. y Markman, H. (1976). *A couple's guide to communication*. Champaign, Il: Research.
Hammen, C. L. (1991). *Depression runs in families: The social context of risk and resilience in children of depressed mothers*. Nueva York: Springer-Verlag.

Hammen, C. L. y Glass, D. R. (1975). Depression, activity, and evaluation of reinforcement. *Journal of Abnormal Psychology, 84,* 718-721.
Hautzinger, M. (1992). Behavior therapy for depression in the elderly. *Verhaltenstherapie, 2,* 217-221.
Hautzinger, M. (1993, septiembre). *Cognitive-behavior therapy and pharmacotherapy in depression: Results of two collaborative treatment outcome studies with endogenous and non-endogenous depressed in- and out-patients.* Comunicación presentada en el Symposium about interpersonal factors in origin and course of affective disorders, Heidelberg, Alemania.
Hautzinger, M., Linden, M. y Hoffman, N. (1982). Distressed couples with and without a depressed partner: An analysis of their verbal interaction. *Journal of Behavior Therapy and Experimental Psychology, 13,* 307-314.
Hautzinger, M., Stark, W. y Treiber, R. (1992). *Kognitive Verhaltenstherapie bei Depressionen* (2ª edición). Weinheim, Alemania: Psychologie Verlags Union.
Hautzinger, M., DeJong-Meyer, R., Treiber, R. y Rudolf, G. A. E. (1992, junio). *Cognitive behavior therapy versus pharmacotherapy in depression: Collaborative treatment outcome study with "neurotic-depressed" in- and out-patients.* Comunicación presentada en el World Congress of Cognitive Therapy, Toronto, Canadá.
Hedlund, B. y Thompson, L. W. (1980, agosto). *Teaching the elderly to control depression using an educational format.* Comunicación presentada en la reunión de la American Psychological Association, Montreal, Canadá.
Hersen, M., Bellack, A. S., Himmelhoch, J. M. y Thase, M. E. (1984). Effects of social skills training, amitriptyline, and psychotherapy in unipolar depressed women. *Behavior Therapy, 15,* 21-40.
Hinchliffe, M., Hooper, D. y Roberts, F. J. (1978). *The melancholy marriage.* Nueva York: Wiley.
Hoberman, H. M. y Lewinsohn, P. M. (1985). The behavioral treatment of depression. En E. E. Beckham y W. R. Leber (dirs.), *Handbook of depression: Treatment, assessment, and research.* Homewood, Il: Dorsey.
Hoberman, H. M., Lewinsohn, P. M. y Tilson, M. (1988). Group treatment of depression: Individual predictors of outcome. *Journal of Consulting and Clinical Psychology, 56,* 393-398.
Hollon, S. D., DeRubeis, R. J. y Evans, M. D. (1987). Causal mediation of change in treatment for depression: Discriminating between nonspecificity and noncausality. *Psychological Bulletin, 102,* 139-149.
Hooley, J. M. y Teasdale, J. D. (1989). Predictors of relapse in unipolar depressives: Expressed emotion, marital distress, and perceived criticism. *Journal of Abnormal Psychology, 98,* 229-237.
Jacobson, E. (1929). *Progressive relaxation.* Chicago: University of Chicago Press.
Jacobson, N. S. y Anderson, E. (1982). Interpersonal skills deficits and depression in college students: A sequential analysis of the timing of self-disclosures. *Behavior Therapy, 13,* 271-282.
Jacobson, N. S., Dobson, K., Fruzzetti, A. E., Schmaling, K. B. y Salusky, S. (1991). Marital therapy as a treatment for depression. *Journal of Consulting and Clinical Psychology, 59,* 547-557.
Jacobson, N. S. y Margolin, G. (1979). *Marital therapy: Strategies based on social learning and behavior exchange principals.* Nueva York: Brunner/Mazel.
Kanfer, F. H. (1977). The many faces of self-control, or behavior modification changes its focus. En R. B. Stuart (dir.), *Behavioral self-management.* Nueva York: Brunner/Mazel.

Keller, M. B., Shapiro, R. W., Lavori, P. W. y Wolfe, N. (1982). Recovery in major depressive disorder: Analysis with the life table and regression models. *Archives of General Psychiatry, 39,* 905-910.

Kowalik, D. L. y Gotlib, I. H. (1987). Depression and marital interaction: Concordance between intent and perception of communication. *Journal of Abnormal Psychology, 96,* 127-134.

Kranzler, G. (1974). *You can change how you feel.* Eugene, Or: RETC Press.

Lakein, A. (1973). *How to get control of your time and your life.* Nueva York: New American Library.

Lewinsohn, P. M. (1974). A behavioral approach to depression. En R. J. Friedman y M. M. Katz (dirs.), *The psychology of depression: Contemporary theory and research.* Nueva York: Wiley.

Lewinsohn, P. M. y Amenson C. (1978). Some relations between pleasant and unpleasant mood-related events and depression. *Journal of Abnormal Psychology, 87,* 644-654.

Lewinsohn, P. M., Antonuccio, D. O., Steinmetz, J. L. y Teri, L. (1984). *The Coping with Depression course: A psychoeducational intervention for unipolar depression.* Eugene, Or: Castalia.

Lewinsohn, P. M. y Atwood, G. E. (1969). Depression: A clinical research approach. *Psychotherapy: Theory, Research, and Practice, 6,* 166-171.

Lewinsohn, P. M., Biglan, A. y Zeiss, A. M. (1976). Behavioral treatment of depression. En P. O. Davidson (dir.), *The behavioral management of anxiety, depression and pain.* Nueva York: Brunner/Mazel.

Lewinsohn P. M. y Clarke, G. N. (1986). *Pleasant events schedule for adolescents.* Sin publicar.

Lewinsohn, P. M., Clarke, G. N., Hops, H. y Andrews, J. (1990). Cognitive-behavioral treatment for depressed adolescents. *Behavior Therapy, 21,* 385-401.

Lewinsohn, P. M., Hoberman, H. y Rosenbaum, M. (1988). A prospective study of risk factors for unipolar depression. *Journal of Abnormal Psychology, 97,* 251-264.

Lewinsohn, P. M., Hoberman, H., Teri, L. y Hautzinger, M. (1985). An integrative theory of depression. En S. Reiss y R. Bootzin (dirs.), *Theoretical issues in behavior therapy.* Nueva York: Academic.

Lewinsohn, P. M., Lobitz, W. C. y Wilson, S. (1973). "Sensitivity" of depressed individuals to aversive stimuli. *Journal of Abnormal Psychology, 81,* 259-263.

Lewinsohn, P. M., Mermelstein, R. M., Alexander, C. y MacPhillamy, D. J. (1985). The unpleasant events schedule: A scale for the measurement of aversive events. *Journal of Clinical Psychology, 41,* 483-498.

Lewinsohn, P. M., Mischel, W., Chaplin, C. y Barton, R. (1980). Social competence and depression: The role of illusory self-perceptions. *Journal of Abnormal Psychology, 89,* 203-217.

Lewinsohn, P. M., Muñoz, R. F., Youngren, M. A. y Zeiss, A. M. (1986). *Control your depression* (2ª edición). Englewood Cliffs, NJ: Prentice-Hall.

Lewinsohn, P. M., Roberts, R. E., Seeley, J. R., Rohde, P., Gotlib, I. H. y Hops, H. (1994). Adolescent psychopathology: II. Psychosocial risk factors for depression. *Journal of Abnormal Psychology, 103,* 302-315.

Lewinsohn, P. M. y Rohde, P. (1987). Psychological measurement of depression: Overview and conclusions. En A. J. Marsella, R. M. A. Hirschfeld y M. M. Katz (dirs.), *The measurement of depression.* Chichester: Wiley.

Lewinsohn, P. M., Rohde, P., Hops, H. y Clarke, G. N. (1991). *Leaders manual for parent groups: Adolescent coping with depression course.* Sin publicar.

Lewinsohn, P. M., Rohde, P., Hops, H. y Seeley, J. R. (en prensa). A cognitive-behavioral approach to the treatment of adolescent depression. En E. Hibbs y P. Jensen (dirs.), *Psychosocial treatment research of child and adolescent disorders*. Washington, DC: American Psychological Association.

Lewinsohn, P. M., Rohde, P., Seeley, J. R. y Hops, H. (1991). Comorbidity of unipolar depression: I. Major depression with dysthymia. *Journal of Abnormal Psychology, 100*, 205-213.

Lewinsohn, P. M. y Schaffer, M. (1971). The use of home observations as an integral part of the treatment of depression: Preliminary report of case studies. *Journal of Consulting and Clinical Psychology, 37*, 87-94.

Lewinsohn, P. M. y Shaw, D. A. (1969). Feedback about interpersonal behavior as an agent of behavior change: A case study in the treatment of depression. *Psychotherapy and Psychosomatics, 17*, 82-88.

Lewinsohn, P. M., Sullivan, J. M. y Grosscup, S. J. (1980). Changing reinforcing events: An approach to the treatment of depression. *Psychotherapy: Theory, Research, and Practice, 47*, 322-334.

Lewinsohn, P. M., Sullivan, J. M. y Grosscup, S. J. (1982). Behavioral therapy: Clinical applications. En A. J. Rush (dir.), *Short-term psychotherapies for the depressed patient*. Nueva York: Guilford.

Lewinsohn, P. M., Weinstein, M. y Alper, T. (1970). A behavioral approach to the group treatment of depressed persons: A methodological contribution. *Journal of Clinical Psychology, 26*, 525-532.

Lewinsohn, P. M., Weinstein, M. y Shaw, D. (1969). Depression: A clinical-research approach. En R. D. Rubin y C. M. Frank (dirs.), *Advances in behavior therapy*. Nueva York: Academic.

Lewinsohn, P. M., Youngren, M. A. y Grosscup, S. J. (1979). Reinforcement and depression. En R. A. Depue (dir.), *The psychobiology of the depressive disorders: Implications for the effects of stress*. Nueva York: Academic.

Lewinsohn, P. M., Zeiss, A. M. y Duncan, E. M. (1989). Probability of relapse after recovery from an episode of depression. *Journal of Abnormal Psychology, 98*, 107-116.

Liberman, R. P. y Raskin, D. E. (1971). Depression: A behavioral formulation. *Archives of General Psychiatry, 24*, 515-523.

Libet, J. y Lewinsohn, P. M. (1973). The concept of social skill with special reference to the behavior of depressed persons. *Journal of Consulting and Clinical Psychology, 40*, 304-312.

Lovett, S. y Gallagher, D. (1988). Psychoeducational interventions for family caregivers: Preliminary efficacy data. *Behavior Therapy, 19*, 321-330.

Lovett, S. (1984). *Caregiver research program: "Increasing life satisfaction" class for caregivers manual*. Sin publicar.

Lubin, B. (1967). *Manual for depression adjective check lists*. San Diego, Ca: Educational and Industrial Testing Service.

MacPhillamy, D. J. y Lewinsohn, P. M. (1982). The Pleasant Events Schedule: Studies on reliability, validity, and scale intercorrelations. *Journal of Consulting and Clinical Psychology, 50*, 363-380.

Mahoney, M. J. (1974). *Cognition and behavior modification*. Cambridge, Ma: Ballinger.

Mahoney, M. J. y Thoresen, C. E. (1974). *Self-control: Power to the person*. Monterey, Ca: Brooks/Cole.

Manson, S. M. (1988). American Indian and Alaska Native mental health research. *The Journal of the National Center, 1*, 1-64.

Manson, S. M., Mosely, R. M. y Brenneman, D. L. (1988). *Physical illness, depression,*

and older American Indians: A preventive intervention trial. Manuscrito sin publicar, Oregon Health Sciences University.
Maser, J. D. y Cloninger, C. R. (dirs.) (1990). *Comorbidity in anxiety and mood disorders.* Washington, D.C.: American Psychiatric Press.
McGrath, E., Keita, G. P., Strickland, B. R. y Russo, N. F. (dirs.) (1990). *Women and depression: Risk factors and treatment issues.* Washington, DC: American Psychological Association.
McKnight, D. L., Nelson, R. O., Hayes, S. C. y Jarrett, R. B. (1984). Importance of treating individually-assessed response classes in the amelioration of depression. *Behavior Therapy, 15*, 315-335.
McLean, P. (1976). Therapeutic decision-making in the behavioral treatment of depression. En P. O. Davidson (dir.), *The behavioral management of anxiety, depression, and pain.* Nueva York: Brunner/Mazel.
McLean, P. (1981). Remediation of skills and performance deficits in depression: Clinical steps and research findings. En J. Clarkin y H. Glazer (dirs.), *Behavioral and directive strategies.* Nueva York: Garland.
McLean, P. D. y Hakstian, A. R. (1979). Clinical depression: Comparative efficacy of outpatient treatments. *Journal of Consulting and Clinical Psychology, 47*, 818-836.
McLean, P. D. y Hakstian, A. R. (1990). Relative endurance of unipolar depression treatment effects: Longitudinal follow-up. *Journal of Consulting and Clinical Psychology, 58*, 482-488.
Meichenbaum, D. y Turk, D. (1976). *The cognitive-behavioral management of anxiety, depression, and pain.* Nueva York: Brunner/Mazel.
Mills, M., Puckering, C., Pound, A. y Cox, A. (1985). What is it about depressed mothers that influences their children's functioning? En J. E. Stevenson (dir.), *Recent research in developmental psychopathology.* Oxford, Inglaterra: Pergamon.
Muñoz, R. F. y Ying, Y. W. (dirs.) (1993). *The prevention of depression: Research and practice.* Baltimore, Md: The Johns Hopkins University Press.
Muñoz, R. F., Ying, Y. W., Armas, R., Chan, F. y Guzza, R. (1987). The San Francisco Depression Prevention Project: A randomized trial with medical outpatients. En R. F. Muñoz (dir.), *Depression prevention: Research directions.* Washington D.C.: Hemisphere.
Muñoz, R. F., Ying, Y. W., Bernal, G., Pérez-Stable, E. J., Sorensen, J. L. y Hargreaves, W. A. (1988). *The prevention of clinical depression: A randomized controlled trial.* Manuscrito sin publicar, Universidad de California, San Francisco.
Nezu, A. M. (1986). Efficacy of a social problem-solving therapy approach for unipolar depression. *Journal of Consulting and Clinical Psychology, 54*, 196-202.
Nezu, A. M. (1987). A problem-solving formulation of depression: A literature review and proposal of a pluralistic model. *Clinical Psychology Review, 7*, 121-144.
Nezu, A. M., Nezu, C. M. y Perri, M. G. (1989). *Problem-solving therapy for depression: Theory, research, and clinical guidelines.* Nueva York: Wiley.
Nezu, A. M. y Perri, M. G. (1989). Social problem-solving therapy for unipolar depression: An initial dismantling investigation. *Journal of Consulting and Clinical Psychology, 57*, 408-413.
Nolen-Hoeksema, S. (1990). *Sex differences in depression.* Stanford, Ca: Stanford University Press.
Novaco, R. W. (1977). Stress inoculation: A cognitive therapy for anger and its application to a case of depression. *Journal of Consulting and Clinical Psychology, 45*, 600-608.
O'Leary, K. D. y Beach, S. R. H. (1990). Marital therapy: A viable treatment for depression. *American Journal of Psychiatry, 147*, 183-186.

O'Leary, K. D., Risso, L. P. y Beach, S. R. H. (1990). Attributions about the marital discord/depression link and therapy outcome. *Behavior Therapy, 21,* 413-422.
Radloff, L. S. (1977). The CES-D Scale: A new self-report depression scale for research in the general population. *Applied Psychological Measurement, 1,* 385-401.
Rehm, L. P. (1977). A self-control model of depression. *Behavior Therapy, 8,* 787-804.
Rehm, L. P. (1987). The measurement of behavioral aspects of depression. En A. J. Marsella, R. M. A. Hirschfeld y M. M. Katz (dirs.), *The measurement of depression.* Chichester: Wiley.
Rehm, L. P. (1990). Cognitive and behavioral theories. En B. B. Wolman y G. Stricker (dirs.), *Depressive disorders: Facts, theories, and treatment methods.* Nueva York: Wiley.
Rehm, L. P., Fuchs, C. Z., Roth, D. M., Kornblith, S. J. y Romano, J. M. (1979). A comparison of self-control and assertion skills treatments of depression. *Behavior Therapy, 10,* 429-442.
Roberts, R. E. (1987). Epidemiologic issues in measuring preventative effects. En R. F. Muñoz (dir.), *Depression prevention: Research directions.* Washington, D.C.: Hemisphere.
Robin, A. L. (1979). Problem-solving communication training: A behavioral approach to the treatment of parent-adolescent conflict. *American Journal of Family Therapy, 7,* 69-82.
Robin, A. L. y Foster, S. L. (1989). *Negotiating parent-adolescent conflict: A behavioral family systems approach.* Nueva York: Guilford.
Robin, A. L., Kent, R. N., O'Leary, K. D., Foster, S. y Prinz, R. J. (1977). An approach to teaching parents and adolescents problem solving skills: A preliminary report. *Behavior Therapy, 8,* 639-643.
Robin, A. L. y Weiss, J. G. (1980). Criterion-related validity of behavioural and self-report measures of problem-solving communication skills in distressed and nondistressed parent-adolescent dyads. *Behavioural Assessment, 2,* 339-352.
Rohde, P., Lewinsohn, P. M. y Seeley, J. R. (1991). Comorbidity of unipolar depression: Comorbidity with other mental disorders in adolescents and adults. *Journal of Abnormal Psychology, 100,* 214-222.
Rosen, G. M. (1977). *The relaxation response.* Englewood Cliffs, NJ: Prentice Hall.
Roth, D., Bielski, R., Jones, J., Parker, W. y Osborn, G. (1982). A comparison of self-control therapy and combined self-control therapy and antidepressant medication in the treatment of depression. *Behavior Therapy, 13,* 133-144.
Rude, S. S. y Rehm, L. P. (1991). Response to treatments for depression: The role of initial status on targeted cognitive and behavioral skills. *Clinical Psychology Review, 11,* 493-514.
Ruscher, S. M. y Gotlib, I. H. (1988). Marital interaction patterns of couples with and without a depressed partner. *Behavior Therapy, 19,* 455-470.
Sánchez, V. C., Lewinsohn, P. M. y Larson, D. W. (1980). Assertion training: Effectiveness in the treatment of depression. *Journal of Clinical Psychology, 36,* 526-529.
Skinner, B. F. (1953). *Science and human behavior.* Nueva York: Free Press.
Steinberg, L. y Silverberg, S. (1986). The vicissitudes of autonomy in adolescence. *Child Development, 57,* 841-851.
Steinmetz, J. L., Lewinsohn, P. M. y Antonuccio, D. O. (1983). Prediction of individual outcome in a group intervention for depression. *Journal of Consulting and Clinical Psychology, 51,* 331-337.
Steuer, J. L. y Hammen, C. L. (1983). Cognitive-behavioral group therapy for the depressed elderly: Issues and adaptations. *Cognitive Therapy and Research, 7,* 285-296.

Teri, L., Curtis, J. y Gallagher-Thompson, D. (1991, noviembre). *Cognitive-behavior therapy with depressed older adults*. Comunicación presentada en el National Institute of Mental Health Consensus Development Conference on the Diagnosis & Treatment of Depression in Late Life.

Teri, L. y Gallagher-Thompson, D. (1991). Cognitive-behavioral interventions for treatment of depression in Alzheimer's patients. *Gerontologist, 31*, 413-416.

Teri, L. y Lewinsohn, P. M. (1982). Modification of the pleasant and unpleasant events schedules for use with the elderly. *Journal of Consulting and Clinical Psychology, 50,* 444-445.

Teri, L. y Logsdon, R. G. (1991). *Identifying pleasant activities for individuals with Alzheimer's disease: The pleasant events schedule-AD*. Sin publicar.

Teri, L. y Uomoto, J. (1986). *Alzheimer's disease: Teaching the caregiver behavioral strategies*. Presentado en la reunión anual de la American Psychological Association.

Thompson, L. W., Gallagher, D., Nies, G. y Epstein, D. (1983, noviembre). *Cognitive-behavioral vs. other treatments of depressed alcoholics and inpatients*. Comunicación presentada en la 17 Annual Convention of the Association for the Advancement of Behavior Therapy, Washington, D.C.

Thoresen, C. E. y Mahoney, M. J. (1974). *Behavioral self-control*. Nueva York: Holt, Rinehart and Winston.

Waller, M. y Griffin, M. (1984). Group therapy for depressed elders. *Geriatric Nursing, 7,* 309-311.

Watson, D. L. y Tharp, R. G. (1972). *Self-directed behavior: Self-modification for personal adjustment*. Belmont, Ca: Wadsworth.

Weiss, R. L., Hops, H. y Patterson, G. R. (1973). A framework for conceptualizing marital conflict, a technology for altering it, some data for evaluating it. En L. A. Hamerlynck, L. C. Handy y E. J. Mash (dirs.), *Behavior change: Methodology, concepts, and practice*. Champaign, Il: Research.

Weissman, M. M., Leaf, P. J., Holzer, C. E., Myers, J. K. y Tischler, G. L. (1984). The epidemiology of depression: An update on sex differences in rates. *Journal of Affective Disorders, 7,* 179-188.

Weissman, M. M. y Paykel, E. S. (1974). *The depressed woman: A study of social relationships*. Chicago: University of Chicago Press.

Weissman, M. M., Prusoff, B. A. y Thompson, W. E. (1978). Social adjustment by self-report in a community sample and in psychiatric outpatients. *Journal of Nervous and Mental Disease, 166,* 317-326.

Williams, J. G., Barlow, D. H. y Agras, W. S. (1972). Behavioral measurement of severe depression. *Archives of General Psychiatry, 27,* 330-333.

Wilson, P. H. (1982). Combined pharmacological and behavioral treatment of depression. *Behavior Research and Therapy, 20,* 173-184.

Yost, E., Beutler, L., Corbishley, M. A. y Allender, J. (1986). *Group cognitive therapy: A treatment approach for depressed older adults*. Nueva York: Pergamon Press.

Youngren, M. A. y Lewinsohn, P. M. (1980). The functional relationship between depression and problematic behavior. *Journal of Abnormal Psychology, 89,* 333-341.

Youngren, M. A., Zeiss, A. M. y Lewinsohn, P. M. (1977). *Interpersonal events schedule*. Mimeografiado sin publicar, Universidad de Oregón.

Zeiss, A. M., Lewinsohn, P. M. y Muñoz, R. F. (1979). Nonspecific improvement effects in depression using interpersonal, cognitive, and pleasant events focused treatments. *Journal of Consulting and Clinical Psychology, 47,* 427-439.

LEITURAS PARA APROFUNDAMENTO

Gotlib, I. H. y Hammen, C. L. (1992). *Psychological aspects of depression: Toward a cognitive-interpersonal integration*. Nueva York: Wiley.
Lewinsohn, P. M., Muñoz, R. F., Youngren, M. A. y Zeiss, A. M. (1986). *Control your depression*. Englewood Cliffs, NJ: Prentice Hall.
Lewinsohn, P. M., Antonuccio, D., Steinmetz, J. y Teri, L. (1984). *The coping with depression course*. Eugene, Or: Castalia.
Clarke, G. N., Lewinsohn, P. M. y Hops, H. (1990). *Adolescent coping with depression course*. Eugene, Or: Castalia.
Hautzinger, M., Stark, W., y Treiber, R. (1992). *Kognitive Verhaltenstherapie bei Depressionen* (2ª edición). Weinheim, Alemania: Psychologie Verlags Union.
Gotlib, I. H. y Colby, C. A. (1987). *Treatment of depression: An interpersonal systems approach*. Nueva York: Pergamon.

TERAPIA COGNITIVA DA DEPRESSÃO

Capítulo 16

ARTHUR FREEMAN E CAROL L. OSTER[1]

I. INTRODUÇÃO

A depressão é um problema humano tão freqüente em tantas culturas que foi denominada de "o resfriado comum dos transtornos emocionais". A resposta depressiva pode constituir uma reação perante um estímulo estressante externo (p. ex., uma perda) ou ser mais característica do padrão de respostas de uma pessoa frente ao mundo. Poderia acontecer como episódio único ou ser parte de uma série recorrente de episódios, ocorrendo com diferentes níveis de gravidade. Entretanto, quando surge, pode contribuir para problemas que vão desde a disforia ou o mal-estar, que deterioram o funcionamento de um indivíduo, até desejos e ações que têm como objetivo final a morte causada pelo próprio indivíduo. Embora a depressão pareça ser uma resposta universal, constitui, entretanto, uma resposta que pode ter uma gravidade limitada, freqüência reduzida e um impacto que não chegue a ameaçar a pessoa durante toda a vida.

A terapia cognitiva de Beck foi desenvolvida especificamente em resposta à necessidade de tratamento da depressão (Beck, 1967; Beck, 1976; Beck et al., 1979); assim sendo, a eficácia da terapia cognitiva tem sido muito estudada nas suas aplicações à depressão.

Independentemente das variações na manifestação dos sintomas e no curso da depressão, o enfoque cognitivo sobre a conceitualização e sobre o tratamento da depressão começa com a observação dos processos, estruturas e produtos cognitivos comuns que parecem mediar e moderar todos os casos de depressão (Beck, 1991). Este capítulo descreve o conceito cognitivo da depressão e as estratégias de tratamento surgidos desta conceitualização.

O papel das cognições na depressão, da perspectiva da terapia cognitiva, é muitas vezes interpretado erroneamente como um enfoque causal linear simples, ou seja, que as cognições (pensamentos) negativas causam a depressão. Se fosse assim, as implicações para o tratamento seguiriam um raciocínio linear igualmente simples, ou seja, o pensamento positivo cura a depressão. Outro freqüente mal-entendido é considerar que a perspectiva cognitiva centra-se exclusivamente nos processos internos da depressão, excluindo os acontecimentos externos ou ambientais. A implicação deste equívoco seria que uma pessoa poderia ser resistente à depressão,

---

[1] Universidade da Pensilvânia e Universidade de Illinois (EUA), respectivamente.

independentemente da gravidade dos acontecimentos de perda que ocorram em sua vida. O conceito cognitivo da depressão considera que nenhum destes dois modelos causais simples seja correto. Ao contrário, a perspectiva cognitiva é um modelo de diátese-estresse, ou seja, os acontecimentos da vida, os pensamentos, os comportamentos e os estados de ânimo estão intimamente ligados entre si, e se influenciam reciprocamente. As cognições, os comportamentos e os estados de ânimo têm funções de *feedback* e de alimentação para adiante, num complexo processo de processamento da informação, de regulação comportamental e de motivação. Além disso, a perspectiva cognitiva envolve os primeiros acontecimentos e aprendizagens da vida na criação de padrões de processamento da informação denominados "esquemas". Estes esquemas podem predispor as pessoas a vulnerabilidades específicas e manter os problemas emocionais, uma vez que tenham sido iniciados os padrões comportamentais, cognitivos e do estado de ânimo.

É provável que a cognição esteja relacionada à *mediação* (vulnerabilidade) e à *moderação* (manifestação e manutenção) da depressão. Estas duas classificações podem ser descritas facilmente como cognições profundas e cognições superficiais, respectivamente (Dobson e Shaw, 1986; Hollon e Bemis, 1981; Kwon e Oei, 1994).

As cognições profundas são consideradas fatores que predispõem à vulnerabilidade e que mediam o desenvolvimento da depressão. Estas cognições receberam uma série de rótulos, que incluem os esquemas, as atitudes, as suposições básicas e as crenças centrais. Kwon e Oei (1994) descrevem que este nível de cognição é composto por componentes básicos, estáveis e transituacionais da organização cognitiva. Tais componentes se desenvolvem em resposta às primeiras experiências da vida, por meio da aprendizagem social e operante, e precedem ou acompanham o primeiro episódio de depressão. Os esquemas podem operar ativamente, determinando a maioria dos comportamentos diários da pessoa, ou podem ser latentes, desencadeados por acontecimentos específicos. Podem ser insistentes e difíceis de resistir, ou não insistentes ou facilmente contrabalançados ou resistíveis (Beck et al., 1990; Freeman e Leaf, 1989).

O desenvolvimento dos esquemas é um processo natural e necessário. Os esquemas são teorias ou hipóteses simples que dirigem o processo por meio do qual uma pessoa organiza e estrutura a informação sobre o mundo. Guiam a seleção da informação que a pessoa procura ou à qual dá atenção, dirigem os procedimentos-padrão de busca e proporcionam "valores-padrão" quando falta informação (Hollon e Garber, 1990). Afetam não apenas a codificação da informação, mas também os processos de recuperação da mesma. Ao dirigir a codificação e a recuperação da informação, comandam a interpretação por parte da pessoa da experiência ou da construção de significados. São um nexo para organizar a informação.

Tal como funciona o cérebro humano para processar a informação, compara, contrasta, cria categorias e organiza estas categorias em hierarquias ou conjuntos agrupados. Estes conjuntos não são normalmente estáticos e imodificáveis, nem tampouco instáveis ou volúveis. Se fossem de alguma dessas formas, não poderia ocorrer a aprendizagem. No processo de adaptação descrito por Piaget (1954; Rosen, 1985; 1989), a informação que chega é comparada em primeiro lugar com o conhecimento, as categorias e hierarquias existentes. A primeira tentativa da pessoa para lidar com os estímulos internos ou externos consiste em perguntar "O que é e onde se encaixa no meu conhecimento/experiência passados?" Caso sejam encontradas semelhanças suficientes entre os estímulos e as estruturas de conhecimento existentes, o cérebro permanece "em equilíbrio", dando-se por satisfeitos os procedimentos de busca do processamento da informação. O novo acontecimento é assimilado pelo conhecimento existente. Entretanto, se existirem diferenças suficientes, as regras e as estruturas do conhecimento são modificadas para acomodar os contrastes descobertos. Se as alterações forem muito pequenas, provavelmente o indivíduo necessitará fazer mudanças mínimas necessárias para o enfrentamento. Por outro lado, se as diferenças forem grandes, podem ser criadas categorias totalmente novas, baseadas em contextos que já têm seu lugar ou por novos subconjuntos de um conhecimento existente.

Tanto conteúdo do conhecimento-base quanto as regras adquiridas e aprendidas que dirigem o processamento de informação de uma pessoa formam a "massa perceptiva", ou seja, as suposições que a pessoa faz sobre o mundo e que determinam o comportamento desse indivíduo diante de novas situações.

Este processo não é apenas normativo: também é eficaz. Uma pessoa não pode prestar atenção a todas as informações disponíveis, presentes inclusive nas circunstâncias mais simples. Algumas informações precisam ser excluídas. Outros elementos informativos têm que ser colocados em ordem de prioridade e importância com respeito às decisões que a pessoa tem que tomar nessa situação. Na maioria das circunstâncias, este nível eficiente, global, do processamento proporciona um encaixe "suficientemente bom" para dirigir o comportamento, as cognições superficiais, a auto-regulação e o estado de ânimo da pessoa. É, normalmente, um processo adaptativo.

II. AS DISTORÇÕES COGNITIVAS

Entretanto, algumas coisas podem ir mal – e de fato vão. Embora toda cognição seja distorcida pelos processos de construção de significados e pela eficiência e o conservadorismo básicos do processamento da informação, as cognições das pessoas deprimidas se distorcem, de modo a gerar mal-estar e interferir no comportamento adaptativo. Os esquemas resistentes à mudança e à adaptação tornam o indivíduo vulnerável às dificuldades de adaptação. Os esquemas são formados nos primeiros anos da vida, em situações de elevada carga emocional, e reforçados, muitas vezes, por agentes ou instâncias com credibilidade e autoridade. Tornam-se poderosos para influir nas cognições, comportamentos e estados de ânimo da pessoa quando desencadeados por um evento da vida que a pessoa considera, de certo modo, similar ao acontecimento original. Mesmo que a semelhança seja insignificante, podem ser aplicados os esquemas, embora não se encaixe neles.

Como os esquemas comandam as estratégias de busca da pessoa e a construção de significados (ou seja, as estratégias de interpretação), a informação incoerente com os esquemas desencadeados pode ser ignorada ou interpretada de um modo que não seja coerente com as interpretações validadas por consenso. Esquemas com elevada carga afetiva podem usurpar esquemas mais adaptativos e, possivelmente, obtidos de modo mais lógico, por meio do que Beck denomina "uma mudança cognitiva negativa" (Beck, 1991). Esta mudança seria explicada pelos efeitos de primazia e pela aprendizagem dependente do estado.

Para começar, um esquema pode ser incorreto. Mesmo na situação original, o significado que uma pessoa atribui a um acontecimento pode representar um equívoco, ou uma compreensão incompleta da causa, do efeito ou das suas implicações. Em especial, quando os esquemas são adquiridos na primeira infância (antes dos 7-8 anos), as limitações cognitivas e de experiência garantiriam, mesmo sem a ocorrência de outros problemas, que alguns esquemas precoces que persistem na idade adulta sejam imaturos e constituirão a base de interpretações incorretas.

Somado a isto, encontra-se o impacto de fontes altamente influentes de interpretação, estabelecimento de regras e construção de significados na infância, ou seja, os pais do indivíduo. O poder dos pais e a exposição repetida da criança à construção de significados por parte deles garante que a referida construção de significados exerça uma grande influência sobre a dos filhos. Mesmo em situações aparentemente intranscendentes, o comentário de um dos pais pode ter um efeito duradouro sobre o ponto de vista da pessoa sobre si mesma, o mundo e a experiência. As crenças e as atitudes que os pais comunicam às crianças são distorcidas pela aprendizagem e pela experiência de vida dos pais. O esquema pode fazer parte de um padrão de regras familiares ou culturais que seria quase indetectável pelas próprias pessoas. Se as atitudes sobre si mesmo, o mundo e a experiência que os pais comunicam à pessoa são muito distorcidas ou são codificados com uma forte carga afetiva, podem converter-se no que Young (1994) identifica como "esquemas precoces mal-adaptativos".

As pessoas interpretam suas experiências de formas sistematicamente distorcidas. No momento de situar as experiências numa dimensão relevante, freqüentemente são ignoradas outras características dimensionais. Foram identificados uma série de erros de processamento resultantes (Beck et al., 1979; Burns, 1980; Freeman e Zake-Greenburg, 1989). Cinco erros cometidos freqüentemente pelas pessoas deprimidas são: 1) a interferência arbitrária, 2) a personalização, 3) a abstração seletiva, 4) a supergeneralização e 5) a magnificação/minimização (Beck, 1976; Simon e Fleming, 1985). Cada um deles representa a aplicação apropriada de esquemas existentes, sem a adaptação aos aspectos únicos da experiência que traria respostas comportamentais e emocionais mais adaptativas. A *inferência arbitrária* ocorre quando a pessoa tira conclusões que não estão em consonância com a evidência objetiva. Uma pessoa que está deprimida faz interpretações negativas dos acontecimentos, quando seriam mais apropriadas as interpretações neutras ou positivas. Por exemplo, uma garota de 15 anos concluiu que as pessoas que decoraram seu armário da escola a haviam "escolhido" para castigá-la, porque não gostavam dela. Entretanto, os decoradores de armários eram considerados na escola como um indicador de favor social. Dois tipos de inferência são o *leitor de mentes*, em que o sujeito conclui que alguém está reagindo negativamente a ele e não se dá ao trabalho de comprovar isso ("Ele/ela pensa que eu sou chato") e o *erro do adivinho do futuro*, em que se antecipa que as coisas vão sair mal e o sujeito está convencido de que sua previsão é um fato já estabelecido ("Vou me esquecer do que tenho que dizer. Vai me dar branco. Farei um papel ridículo").

A *personalização* implica a atribuição inapropriada de significados de auto-avaliação às situações. Uma pessoa deprimida atribui as experiências de fracasso e de perda a si mesma, descartando os fatores atribuíveis à situação ou aos outros. A mesma garota de quinze anos chegou à conclusão que um amigo a estava assediando por telefone porque uma terceira pessoa não gostava dela.

A *abstração seletiva* ocorre quando uma pessoa presta muita atenção às informações coerentes com o esquema e não presta atenção às informações não coerentes com estas suposições. É um exemplo de distorção confirmatória no processamento da informação. Na depressão, a pessoa busca informações consistentes com seus pontos de vista negativos sobre si mesma, o mundo e o futuro, e não busca, nem percebe, nem vê como válida a informação que contrasta com este ponto de vista. Uma paciente considerava que os problemas que seu filho tinha na escola eram indicativos do seu fracasso como mãe. Não se lembrava de modo espontâneo da competência do seu filho em outros temas, sua ternura para com os demais e sua confiança em si mesmo, apesar dos problemas de aprendizagem. Quando a recordavam estas questões, ela não as via como sinais de que era uma boa mãe, mas como evidência da resistência do filho ao seu mal comportamento como mãe.

A *supergeneralização* refere-se a aplicar conclusões apropriadas para um caso específico a todo um grupo de experiências, baseando-se nas semelhanças percebidas. É um exemplo de raciocínio global. Na depressão, uma pessoa pode afirmar: "Tudo está perdido. Toda a minha vida está arruinada. Todo o mundo tem a mesma atitude". Um paciente concluiu que todas as pessoas associadas a uma religião determinada abusavam das crianças, devido à experiência que teve com algumas pessoas.

A *magnificação* e a *minimização* ocorrem quando a pessoa dá muita atenção aos aspectos negativos da experiência, exagerando sua importância e descartando ou subestimando a relevância da experiência positiva. Um paciente se deprimia depois de cada avaliação que os estudantes lhe faziam, dando mais atenção aos poucos comentários críticos que aos muitos comentários de apreço que os mesmos faziam.

Outros erros cognitivos que as pessoas deprimidas costumam cometer são:

a. O *pensamento dicotômico* ou pensamento de "tudo ou nada", que se refere à tendência a classificar todas as experiências segundo uma ou duas categorias opostas (p. ex., "ou tenho um sucesso total ou sou um fracasso"). Para descrever a si mesmo, o paciente emprega as categorias do extremo negativo.

b. O *raciocínio emocional*, que se refere à suposição, por parte das pessoas, de que suas emoções negativas refletem necessariamente a forma como as coisas são: " Sinto que isso é assim; por conseguinte, tem que ser verdade" (p. ex., "sinto-me incompetente, logo sou incompetente").
c. A *desqualificação das coisas positivas, que se refere à recusa das experiências positivas,* insistindo que "isso não conta" por algum motivo (p. ex., "o elogio não foi merecido"). Desta forma, o indivíduo mantém crenças negativas que são desmentidas pelas experiências diárias.
d. As *afirmações de "deveria"*. Refere-se à pessoa tentar motivar a si mesma com "você deve" e "você deveria", como se tivesse que ser açoitada e punida antes de que se pudesse esperar que fizesse algo (p. ex., "deveriam ser mais amáveis comigo"). Os "tenho que" e "teria que" constituem também infrações. A conseqüência emocional é a culpa. Quando a pessoa dirige os "deveria" a outras pessoas, sente raiva, frustração e ressentimento.
e. A *externalização do próprio valor* (p. ex., "o que valho depende do que os outros pensam de mim").
f. O *perfeccionismo* (p. ex., "tenho que fazer tudo perfeitamente ou vão criticar-me e serei um fracasso").
g. A *falácia do controle* (p. ex., "tenho que ser capaz de controlar todas as contingências da minha vida").
h. A *comparação* (p. ex., "não sou tão competente quanto meus colegas ou supervisores").

III. OS ACONTECIMENTOS ESTRESSANTES E OS ESQUEMAS

Os esquemas determinam quais as situações consideradas relevantes para a pessoa e quais os aspectos da experiência são importantes para a tomada de decisões. É mais provável que as pessoas confiem no conhecimento passado e nos padrões de comportamento (esquemas) nas situações em que a informação não confirmadora não se encontra imediatamente presente, quando a situação é abstrata em vez de concreta e quando a situação é ambígua (Beck et al., 1979; Beck, 1991; Kwon e Oei, 1994; Riskind, 1983). É mais provável também que as pessoas deprimidas interpretem de forma negativa as situações com as características anteriores, especialmente quando a pessoa considera que a situação é relevante para seu próprio valor. Além disso, os acontecimentos negativos têm um maior impacto sobre as pessoas que as atitudes ou esquemas disfuncionais (Stiles, 1990). Deste modo, quando um acontecimento requer uma análise mais crítica, pode ser que seja menos provável que a pessoa se adapte e mais provável que tente incorporar a nova situação ao repertório de conhecimento e de respostas existentes. Nas melhores circunstâncias, isto tem um propósito adaptativo: uma rápida avaliação de uma situação desconhecida, utilizando o velho conhecimento, pode salvar a própria vida. Mas chega a constituir um problema quando a avaliação não leva em conta informações essenciais que exigiriam uma resposta diferente.

IV. A AVALIAÇÃO DOS ESQUEMAS

As regras da pessoa para o processamento das informações e a distorção inerente a estas regras não são diretamente observáveis pelos demais ou a pessoa não pode dar informações sobre elas. Embora existam algumas medidas de atitudes disfuncionais ou suposições básicas, uma limitação de muitas delas é que confiam em procedimentos de auto-relato tipo inventário. Por exemplo, a *Escala de atitudes disfuncionais (EAD) (Dysfunctional attitudes scale, DAS;* Weissman, 1979) foi criticada por recolher cognições supostamente superficiais em vez de cognições profundas e por estar afetada pelo desejo social. Portanto, as atitudes disfuncionais medidas pela *EAD* podem ser dependentes do estado (Miranda e Persons, 1988). Uma razão pela qual a *EAD* pode ter acesso às cognições superficiais em vez de aos esquemas centrais é que os esquemas – pelo menos os disfuncionais – costumam ser codificados afetivamente. Numa situação emocionalmente neutra, podem predominar no relato da pessoa esquemas mais adaptativos. Algumas medidas corrigem a distorção do auto-relato dando primazia ao afeto, incluindo vinhetas que descrevam situações sobre as quais se pede aos sujeitos que manifestem ou respaldem atitudes (Barber e DeRubeis, 1992).

Independentemente do nível de cognições que está sendo avaliado pelos instrumentos existentes, a pesquisa não apóia a conexão entre a tendência à depressão e as atitudes, incluindo as medidas pelo *EAD* (Thase et al., 1992).

V. AS COGNIÇÕES SUPERFICIAIS

As cognições superficiais (ou "pensamentos automáticos"), ao contrário das cognições profundas, são pensamentos relativamente instáveis, transitórios e específicos para a situação (Beck et al., 1979; Kwon e Oei, 1994). Surgem rápida e automaticamente, e parecem ser um hábito ou um reflexo. Aparentemente não estão sujeitas ao controle da pessoa e são aceitas sem crítica por parte desta, a quem lhe parecem perfeitamente plausíveis. Com muita freqüência, o indivíduo não se dá conta do pensamento fugaz, embora possa perceber claramente a emoção que o precede, acompanha-o ou segue-se a ele (Beck, 1991).

Ao contrário dos esquemas, que são relativamente inacessíveis à introspecção, estes pensamentos automáticos são acessíveis por meio da introspecção e do auto-relato. Representam as conclusões obtidas pela pessoa, baseando-se nas regras do processamento da informação seguidas, ou seja, são os produtos dos processos e estruturas que compreendem os esquemas (Beck, 1963; 1967; 1976; Freeman, 1986). Como as regras sobre o modo em que se processa a informação (esquemas) estão distorcidas pela experiência e a aprendizagem anteriores, os pensamentos automáticos tendem a girar sobre temas centrais; costumam ser repetitivos no conteúdo e no tom emocional.

Existe uma série de medidas dos pensamentos automáticos ou cognições superficiais, embora nem todos estes instrumentos tenham sido desenhados com esse construto em mente. Entre tais instrumentos incluem-se o *Questionário de pensamentos automáticos (Automatic thoughts questionnaire, ATQ;* Hollon e Kendall, 1980), o *Inventário de depressão de Beck (IDB) (Beck depression inventory, BDI*; Beck et al., 1961), a *Escala de desesperança de Beck (Beck hopelessness scale, HS;* Beck et al., 1974), o *Inventário de ansiedade de Beck (Beck anxiety inventory, BAI;* Beck et al., 1988) e outros.

Os pensamentos automáticos são, muitas vezes, avaliados perguntando-se diretamente à pessoa sobre eles. Quando o terapeuta ou o paciente notam uma mudança no afeto, uma simples pergunta, "O que você está pensando neste momento?", interrompe o pensamento automático e facilita à pessoa refletir sobre seu pensamento (metacognição) (Beck, 1991; Hollon e Garber, 1990).

VI. A TRÍADE COGNITIVA

As pessoas deprimidas não só processam a informação de modos, caracteristicamente, distorcidos, como também o conteúdo dos seus pensamentos é caracteristicamente negativo e gira em torno de determinados temas. Estes temas são pensamentos sobre si mesmo, o mundo ou a experiência, e o futuro. O tom afetivo é normalmente negativo tanto na atribuição (explicação causal após o fato) como na expectativa (predição). As atribuições costumam ser globais ("É assim que eu sou"), estáveis ("Sempre fui assim. Nunca vou mudar") e internas ("Tem que haver algo que não funciona em mim") (Abramson, Seligman e Teasdale, 1978). O conteúdo de cada área é evidente nas cognições manifestas e encobertas da pessoa e se mostra no comportamento verbal e não-verbal da mesma (Freeman et al., 1990). Embora todas as pessoas tenham pensamentos negativos de vez em quando, para pessoas gravemente deprimidas estes pensamentos já não são irrelevantes, quase imperceptíveis ou pensamentos fugazes, mas predominam no seu conhecimento consciente (Beck, 1991). Os indivíduos deprimidos não acreditam que têm o direito ou a capacidade de responder a estes pensamentos negativos de um modo positivo ou adaptativo. O pensamento negativo permanece "tal como foi formulado", sem uma resposta que possa melhorar a verbalização negativa.

Não se supõe que os três componentes da tríade cognitiva (visão negativa de si mesmo, do mundo/da situação e do futuro) contribuam na mesma medida para a depressão de uma pessoa (Freeman et al., 1990). Por exemplo, em um estudo constatou-se que as visões negativas de si mesmo e do mundo eram mais freqüentes no pensamento das pessoas deprimidas que as visões negativas do futuro (Blackburn e Eunson, 1989). As visões negativas do futuro são características do pensamento das pessoas suicidas (Salkovskis, Atha e Storer, 1990). As pessoas que experimentam uma ira elevada juntamente com a depressão relatam com mais freqüência visões negativas do mundo (Blackburn e Euson, 1989).

Estas diferenças na contribuição dos componentes da tríade cognitiva para a depressão, requerem que a combinação idiossincrática dos pensamentos automáticos que compreende a tríade seja avaliada em conjunto. Desta forma, podem ser identificadas as áreas específicas de interesse para o sujeito e a terapia pode ser adaptada às necessidades idiossincráticas da pessoa.

VII. O MODELO INTEGRADOR

Os esquemas, os pensamentos automáticos e as distorções evidentes neles se combinam para contribuir distal e proximalmente à experiência da depressão por parte da pessoa. Os esquemas, como processos e estruturas distais, dão como resultado um estilo depressogênico de atribuições negativas globais, internas e estáveis (Abramson et al., 1978). Tal estilo media o desenvolvimento da depressão ao criar uma vulnerabilidade cognitiva que age conjuntamente com os acontecimentos negativos da vida num modelo de diástese-estresse. Os esquemas contribuem, juntamente com os acontecimentos da vida, para o desenvolvimento do conteúdo cognitivo negativo em relação aos pensamentos automáticos.

Os pensamentos automáticos, nas pessoas deprimidas, são acontecimentos proximais coerentes com as atribuições negativas e as expectativas sobre si mesmo, o mundo ou a experiência, e o futuro. Neste nível, as cognições operam conjuntamente com os acontecimentos negativos da vida, com o estado de ânimo (mal-estar) e com o comportamento para manter e moderar a manifestação de uma depressão existente.

VIII. A TERAPIA COGNITIVA DA DEPRESSÃO

O enfoque adotado na terapia cognitiva da depressão é normalmente uma intervenção a curto prazo. Os ensaios clínicos geralmente incluem períodos de tempo que vão de 12 a 20 semanas como uma prova razoável da terapia cognitiva (Blacksburn et al., 1981; Murphy et al., 1984; Rush et al., 1977; Thase et al., 1991). Na prática, o período de tempo se adapta às circunstâncias particulares da pessoa, incluindo a co-ocorrência de transtornos do Eixo I (p. ex., ansiedade), transtornos do Eixo II ou outros transtornos psicológicos e os acontecimentos da vida experimentados ou antecipados durante a terapia. Embora a maior parte da melhora seja observada nas primeiras semanas de terapia (p. ex., Berlin, Mann e Grossman, 1991; Kavanagh e Wilson, 1989), a prevenção das recaídas pode requerer sessões além da décima-sexta ou da vigésima (Shea et al., 1992; Thase et al., 1991; Thase et al., 1992).

Os terapeutas cognitivos são ativos e diretivos. O trabalho é, muitas vezes, de natureza psicoeducativa, ou seja, são ensinados de forma ativa habilidades, comportamentos ou métodos para modificar as cognições. O terapeuta adota uma posição ativa para estabelecer a ordem do dia ou determinar a direção do trabalho; também estrutura a terapia de forma ativa, entretanto, existem limites para a diretividade do terapeuta. A terapia cognitiva é um modelo de colaboração. Posto que um dos principais objetivos é que a pessoa adquira a capacidade de abordar as cognições e os comportamentos por si mesma, o curso da terapia tem que levar a um aumento da capacidade da pessoa para estabelecer a direção, o conteúdo e o ritmo da terapia, e é este o seu ponto de partida. O enfoque de colaboração aumenta a sensação de eficácia da pessoa e compensa as atribuições negativas sobre si mesma, o mundo e o futuro.

Existem fatores não específicos que têm impacto sobre a terapia cognitiva, como ocorre também com todas as outras terapias (Frank, 1985). Entre eles se incluem o desenvolvimento de uma boa relação de trabalho, a empatia manifestada pelo terapeuta, a experiência de universalidade da pessoa e a experiência de esperança dentro da terapia por parte do sujeito. A terapia cognitiva da depressão consiste num modelo de enfrentamento ou de aquisição de habilidades, em vez de um modelo de cura. Os esquemas não são suprimidos: são modificados. Os pensamentos automáticos não são detidos, mas controlados e compensados. O terapeuta ajuda a pessoa a desenvolver estratégias comportamentais e cognitivas de enfrentamento para as exigências presentes e futuras da vida e, deste modo, modificar o estado de ânimo. A capacidade dos indivíduos para controlar as cognições negativas e a percepção de auto-eficácia para conseguir isso ao final da terapia predizem a manutenção da resposta à terapia cognitiva (Kavanagh e Wilson, 1989).

Os principais objetivos da terapia cognitiva para a depressão são os pensamentos automáticos negativos que mantêm a depressão e os esquemas (suposições e crenças), que predispõem a pessoa a tal transtorno num primeiro momento (Kwon e Oei, 1994). O conteúdo principal consiste em ajudar os sujeitos a perceber e a avaliar as formas como constroem o significado das suas experiências e a experimentar novas formas de responder, tanto cognitiva quanto comportamentalmente. Embora a cognição seja um objetivo básico da terapia, os terapeutas cognitivos utilizam também uma grande variedade de enfoques comportamentais para atingir os objetivos cognitivos e comportamentais (Freeman et al., 1990; Stravynski e Greenberg, 1992).

Modificar as cognições disfuncionais, tanto a superficial quanto a profunda, parece seguir um padrão típico, seja dirigido pelo terapeuta ou pelo paciente. Uma análise da tarefa, feita por Berlin, Mann e Grossman (1991), identificou três necessidades seqüenciais:

1. Considerar as avaliações cognitivo-emocionais como hipotéticas ou subjetivas e, por conseguinte, sujeitas a comprovação, investigação ou exame;

2. Gerar avaliações alternativas, e empregá-las como base para a ação e para mais pensamentos, ou como base para a busca de padrões ou a identificação de esquemas; e
3. Gerar suposições básicas mais adaptativas, úteis ou precisas, e utilizá-las como base para a cognição e a ação.

VIII.1. *A avaliação e a socialização para o modelo de terapia cognitiva*

Tanto o curso da terapia em geral quanto uma única sessão de terapia cognitiva seguem uma seqüência específica de acontecimentos. As primeiras tarefas da terapia cognitiva consistem na avaliação da pessoa e das suas circunstâncias, na conceitualização do problema segundo o modelo cognitivo, em socializar a pessoa ao modelo cognitivo e em identificar os objetivos e as intervenções apropriadas em consonância com o modelo. Estas tarefas se sobrepõem e se entrecruzam entre si. A avaliação, muitas vezes, é – e assim deveria ser – cognitiva. Socializar uma pessoa ao modelo de terapia é uma intervenção que, por si mesma, produz uma mudança significativa e retroalimenta a avaliação e a conceitualização.

A preparação da pessoa para a terapia deve levar em conta o processamento depressotípico de informação da pessoa, incluindo as distorções habituais da mesma. A baixa eficácia da pessoa deprimida pode levá-la a esperar que nada do que faça contribuirá para aliviá-la e que qualquer melhora virá dos outros. Ao mesmo tempo, pode atribuir qualquer fracasso a si mesma (interno), à permanência do seu estado de ânimo (estável) e ao seu temperamento (global). Possivelmente espera um alívio imediato, automático e total e define qualquer resultado diferente deste como um fracasso (Abramson et al., 1978).

Uma preparação estruturada e educativa para a terapia cognitiva pode afetar positivamente a capacidade da pessoa para envolver-se na terapia e melhorar seus resultados. A preparação pode ser realizada por meio de explicações didáticas, de folhetos ou de livros (Burns, 1980; Freeman e DeWolf, 1989) ou por intermédios de vídeos (Schotte et al., 1993). A gravidade da depressão do sujeito, tal como é medida pelo *Inventário de depressão de Beck*, tem um impacto negativo sobre a sensação de estar indefeso percebida diante dos procedimentos preparatórios, como pode ser previsto pelo modelo. Os pacientes informam que a maioria dos aspectos úteis da preparação são explicações sobre os sintomas, as causas e a terapia da depressão e exemplos de pensamentos, ações e sentimentos freqüentes da mesma (Schotte et al., 1993).

A avaliação cognitiva do indivíduo deprimido inclui uma série de medidas, além dos procedimentos de avaliação habituais formais e informais. Presta-se uma atenção específica à visão triádica de si mesmo, do mundo e do futuro, às distorções evidentes no seu estilo atribucional e de expectativas e à história de desenvolvimento dos esquemas da pessoa. Deve-se destacar que a avaliação não tem como objetivo ajudar o terapeuta ou o paciente a rotular a pessoa ou seu estilo, mas determinar os pontos de intervenção com potencial para a mudança e os métodos para iniciar a modificação desejada.

São investigados os acontecimentos da vida que podem ter desencadeado o episódio atual de depressão. A presença de apoio social está relacionada à prevenção da recaída e da recorrência. O conflito ou o apoio do cônjuge estão fortemente relacionados com a recaída ou com a recuperação das pessoas casadas. São explorados os mediadores, os precipitantes e as conseqüências dos pensamentos, dos comportamentos e dos estados de ânimo relatados pela pessoa.

Como conseqüência da avaliação, desenvolve-se uma conceitualização da depressão do sujeito. O processo para a formação desta conceitualização segue os passos da observação, da formação e da comprovação de hipóteses, passos que pedimos que a pessoa siga na própria terapia:

1. Qual é o problema? Como afeta o indivíduo? A pessoa e o terapeuta desenvolvem uma lista exaustiva de problemas. Supõe-se que os esquemas que criam a vulnerabilidade para a depressão manifestam uma série de cognições, comportamentos e emoções, que afetam a vida do sujeito de muitas maneiras. Examinar o tipo de problemas pode indicar os esquemas subjacentes.

2. Como a pessoa explica o problema para si mesma? Qual é o seu modelo causal? Quais são suas atribuições com respeito à depressão? Estas estão relacionadas às estruturas e aos processos cognitivos que, supostamente, criam a vulnerabilidade à depressão (esquemas) e que afetam a expressão (esquemas e pensamentos automáticos).

3. Como a depressão produz a interação das cognições, dos comportamentos e dos acontecimentos da vida do indivíduo? São exploradas as fontes de estresse e de apoio no meio em que sujeito vive e como este responde a elas e as utiliza. Que explicações diferentes das fornecidas pela pessoa poderiam explicar estas conexões?

4. Que provas existem do modelo da pessoa e de qualquer outro modelo ou hipótese? Como as cognições, comportamentos e o contexto do sujeito estão mantendo a depressão?

5. Como a pessoa chegou a pensar e a comportar-se desta forma? O terapeuta e o sujeito levantam uma hipótese sobre como se desenvolvem as distorções cognitivas do indivíduo –normalmente examinando as experiências infantis relacionadas aos esquemas. Esta é uma procura pelos antecedentes, pelas primeiras conexões estímulo-resposta e pelos episódios de aprendizagem social.

6. Como esta hipótese explicaria os acontecimentos atuais e os passados? Que previsões poderiam ser feitas sobre a forma com que os pensamentos automáticos e os esquemas da pessoa se tornarão evidentes e afetarão os sentimentos e os comportamentos do sujeito dentro e fora da terapia? Qual seria a evidência?

7. Caso a hipótese esteja correta, o que sugere em termos da intervenção? (Persons, 1989).

O terapeuta e o sujeito podem ter teorias ou modelos diferentes sobre a depressão. O objetivo não é convencer o indivíduo de que o modelo do terapeuta é adequado, e sim ajudá-lo a perceber que seu próprio modelo é uma teoria ou hipótese sobre si mesmo, sobre o mundo e sobre o futuro; que as teorias e os modelos podem ser avaliados quanto à sua adequação à informação e à experiência; e que os modelos podem ser revisados quando tal adequação não for suficientemente boa ou útil, ou seja, o objetivo consiste em ajudá-lo a distanciar-se do seu modelo, a fim de avaliá-lo. Isto é, de fato, o primeiro objetivo da primeira etapa da terapia.

VIII.2. *A estrutura de uma sessão típica*

Uma sessão típica de terapia cognitiva começa com o estabelecimento da ordem do dia. Uma pessoa deprimida freqüentemente tem dificuldades para organizar a si mesma a fim de solucionar os problemas. Ao estabelecer tal ordem conjuntamente, o terapeuta fornece um modelo de enfoque de solução de problemas. Uma ordem do dia típica pode incluir:

1. Revisão das avaliações que a pessoa tenha preenchido durante a semana, antes de ir à sessão, como o *Inventário de depressão de Beck*, o *Inventário de ansiedade de Beck* e outras escalas. Isto permite que sejam incluídos temas específicos na ordem do dia.

2. Uma breve revisão das interações e dos problemas da semana. Pode-se pedir ao sujeito que descreva os aspectos específicos dos acontecimentos da semana, incluindo a reação à última sessão.

3. Uma revisão das tarefas para casa, do que funcionou, do que foi aprendido, dos problemas encontrados e das emoções, comportamentos e cognições que acompanharam o trabalho.

4. Um problema específico como centro da sessão. As prioridades são determinadas conjuntamente, de acordo com as preferências do paciente e em consonância com o modelo. Isto poderia implicar a identificação e o questionamento dos pensamentos automáticos relacionados a um acontecimento da semana, à aquisição de habilidades, à comprovação de hipóteses, etc. Isto apontaria para a necessidade de mais informações ou para os passos seguintes na solução de problemas, dirigindo assim a atenção para a "lição de casa" seguinte que seja necessário realizar.

5. Um resumo e uma revisão da sessão e *feedback* para o terapeuta. Deixa-se sempre um pouco de tempo antes de terminar a sessão a fim de pedir à pessoa que revise e resuma o que obteve da mesma. São identificados os objetivos e as conquistas desta e são repassadas as tarefas para casa da sessão seguinte, ligando-as aos objetivos. Pergunta-se ao sujeito pela sua resposta à sessão, o que dá o toque final e solidifica os benefícios conseguidos.

VIII.3. As primeiras sessões

Há uma série de fatores que afetam o plano de tratamento no começo da terapia. A gravidade da depressão avaliada pelo *Inventário de depressão de Beck* ou pela *Escala para a avaliação da depressão de Hamilton* (*Hamilton depression rating scale, HDRS;* Hamilton, 1960) e a *Escala de desesperança* podem indicar a necessidade de medicação. Uma série de estudos sugere que as pessoas com uma depressão mais grave respondem mais rapidamente à terapia cognitiva associada à farmacoterapia que à terapia isoladamente (Browers, 1990; Shea et al., 1992). Em geral, quanto mais gravemente deprimida a pessoa estiver, maior será a necessidade de avaliação farmacológica e de intervenções iniciais mais comportamentais e específicas.

O objetivo das primeiras intervenções é ajudar a pessoa a interromper o processamento automático da informação, que contém pensamentos negativos disfuncionais, habituais e aceitos sem críticas. O terapeuta ensina a pessoa a perceber, capturar e interromper os pensamentos automáticos (Beck et al., 1979; Freeman et al., 1990). Isto se realiza freqüentemente fazendo perguntas por meio de alguma forma de *Registro diário de pensamentos (RDP) (Daily thought record, DTR)* (ver Quadro 16.1). O emprego do *RDP* é ensinado passo a passo, praticado nas sessões e depois utilizado como tarefa para casa. O *RDP* ajuda a conseguir exemplos dos pensamentos automáticos ao vivo para serem empregados na avaliação, para facilitar a metacognição independente (pensar sobre o próprio pensamento), para aumentar a auto-eficácia e a esperança, para facilitar a geração e a transferência da aprendizagem e para diminuir a ansiedade concomitante por meio da distração.

O *RDP* não é totalmente realizado nas primeiras sessões em que é introduzido, e sim quando a pessoa já é capaz e tem a necessidade de fazê-lo. Pode ser adaptado à situação do indivíduo e às características do mesmo. Habitualmente "descobrimos" o formato do *RDP* junto com o sujeito, empregando o descobrimento dirigido, perguntando o que valeria a pena conhecer e que informações poderiam ser úteis mais tarde. Também modificamos os cabeçalhos das colunas para problemas específicos, para crianças ou adolescentes. Entretanto, os objetivos básicos e o formato (situação, pensamentos, comportamentos) são mantidos.

Outras intervenções precoces são voltadas, de modo semelhante, para a avaliação e a formação de hipóteses, para estimular o movimento, a distração e para interromper o processamento automático. Por exemplo, pede-se às pessoas severamente deprimidas para preencherem um *programa de atividades*. O indivíduo segue a pista das suas atividades no decorrer de uma semana, de vários dias ou de um único dia. Sua percepção de "não posso conseguir fazer nada" é um exemplo de baixa auto-eficácia, expectativas negativas, minimização das coisas positivas e maximização das negativas. O programa de atividades neutraliza estes pensamentos, permitindo que a pessoa e o terapeuta examinem o que realmente ela fez ao longo de vários dias. Além disso, o programa de atividades descobre a freqüência das atividades reforçadoras ou recompensadoras.

Quadro 16.1. *Folha de auto-registro para a identificação de pensamentos disfuncionais*

Registro diário de pensamentos

Data	Situação	Emoção	Pensamento(s) automático s)	Distorção(ões) cognitivas	Resposta(s) racional(is)	Resultado(s)
	1. Descreva brevemente o acontecimento real que motivou a emoção desagradável, ou 2. A corrente de pensamentos ou a lembrança que motivou a emoção desagradável.	1. Especifique: triste, zangado(a), ansioso(a), etc. 2. Avalie a intensidade da emoção de 1 a 100.	1. Anote o(s) pensamento(s) automático(s) que precede(m) ou acompanha(m) a(s) emoção(ões) 2. Avalie o grau de crença no(s) pensamento(s) automático(s), de 0 a 100.	1. Identifique a(s) distorção(ões) presente(s) em cada pensamento automático. 2. De que modo estou personalizando, abstraindo seletivamente, minimizando, etc.?	1. Anote a(s) resposta(s) racional(is) ao(s) pensamento(s) automático(s), de 0 a 100. 2. Avalie o grau de crença nas respostas racionais, de 0 a 100.	1. Avalie novamente o grau de crença nos pensamentos automáticos, de 0 a 100. 2. Especifique e avalie de 0 a 100 as emoções que o acompanham.

Esse programa de atividades é empregado também para programar tarefas, aumentar a auto-eficácia e neutralizar a desesperança, dividir tarefas complexas em pequenos passos e resistir ao comportamento e aos padrões de pensamento de "tudo ou nada". Podem ser programadas atividades agradáveis para aumentar o reforço. Os indivíduos deprimidos têm dificuldades para identificar alternativas. Suas lembranças são congruentes com seu estado de ânimo (Bradley e Mathews, 1988; Gotlib, 1981; Pace e Dixon, 1993). Muitas vezes, têm dificuldades para identificar as atividades agradáveis que realizaram. É importante que o terapeuta avalie o potencial do sujeito para a satisfação e a variedade das atividades e que estimule a lembrança ou a criação de alternativas agradáveis que possam ser empregadas como auto-reforçadores.

O programa de atividades pode incluir, mais tarde, avaliações da satisfação e da destreza. Embora sejam freqüentemente descritas como técnicas comportamentais, o propósito dessas avaliações, da perspectiva da terapia cognitiva, é ter um efeito sobre as expectativas. Solicita-se ao indivíduo que faça previsões sobre sua capacidade para realizar e desfrutar das atividades ou acontecimentos antecipados. Isto avalia as expectativas negativas da pessoa. Os sujeitos deprimidos habitualmente superestimam as dificuldades da tarefa e subestimam tanto sua capacidade para realizá-la como seu potencial para obter prazer com ela.

Depois dos acontecimentos programados, pede-se à pessoa que volte a avaliar seu domínio da tarefa ou acontecimento e o prazer que lhe foi proporcionado. A diferença entre expectativas e experiência demonstra o efeito das cognições sobre o comportamento e o estado de ânimo. Muitas vezes, a atividade avaliada é uma das que o sujeito teria se retirado ou teria evitado, devido às previsões negativas. Como freqüentemente o domínio e a satisfação do paciente são maiores que os antecipados, estimula-se no sujeito a idéia de que "o que se sente não é a realidade" e a decisão de agir de determinado modo afasta-se um pouco do processamento automático com base emocional.

Por meio desses registros e explorações do pensamento e do comportamento do indivíduo, entre e dentro das sessões, procuramos, padrões de pensamento e de comportamento, pôr a descoberto, de acordo com o modelo cognitivo integrador.

As mudanças do afeto dentro da sessão são sinais para comprovar os pensamentos automáticos, perguntando: "O que você está pensando neste momento?". São identificados os padrões do conteúdo, do estímulo e das conseqüências comportamentais ou emocionais (modelo ABC ou E-O-R-C). Isto pode ser exemplificado pelos dois casos seguintes.

Caso A: Uma mulher de 35 anos ficava chorosa, deprimida e ansiosa cada vez que sua mãe telefonava para ela. A mãe havia sido muito crítica e havia maltratado a paciente quando esta era criança. A mãe batia, beliscava e repreendia sua filha adulta por qualquer deficiência percebida. As ligações telefônicas da mãe (antecedente) sempre tinham como resultado pensamentos suicidas e de autodesprezo na paciente. Estes eram tanto pensamentos automáticos ("Não posso suportar isso. Estaria melhor morta") quanto crenças básicas ("Não sou boa. Para que? Nunca serei melhor. É culpa minha"). Respondia com um isolamento significativo e um aumento da dependência em relação ao marido (conseqüência).

Caso B: Um menino de dez anos identificava qualquer atuação na escola que não fosse perfeita (antecedente) como um fracasso e como prova da sua falta de valor (crença básica sobre os fundamentos do valor). Tornou-se pessimista e mal-humorado e se isolava em fantasias detalhadas que giravam em torno de temas de morte e imortalidade (conseqüência).

Nas primeiras sessões de terapia, são utilizadas técnicas específicas, como a *técnica da flecha descendente* (Burns, 1980), para trazer à consciência os processos de construção de significados e das suposições subjacentes da pessoa. A técnica da flecha descendente implica fazer à pessoa uma série de perguntas sobre o significado e as atribuições causais dos seus pensamentos ou experiências. "E o que significaria isto? E se fosse assim, implicaria em quê? E se fosse esse o caso, o que aconteceria então?".

Esclarecer o significado idiossincrático implica também tornar explícito o raciocínio e a construção de significados do sujeito. O terapeuta interrompe o emprego, por parte do paciente, das generalizações e expressões globais e lhe pede que seus termos sejam específicos e descritivos. O paciente é encorajado e recebe ajuda para esclarecer palavras que expressam juízos absolutos, como "sempre" e "nunca", ou categorias globais de pessoas, como "todos", para desarticular o pensamento global.

Estas técnicas ajudam o sujeito a tornar explícitos sua cadeia de associações e seu raciocínio causal. Expõem o modelo ou a hipótese da pessoa e a estimulam a ser metacognitiva: a pensar e a fazer perguntas sobre seu processo de construção de significados. Embora seja muito possível que mude os esquemas somente por meios comportamentais ou experienciais, a terapia cognitiva assume que o distanciamento cognitivo das suposições básicas e o fato de considerá-las como hipotéticas e subjetivas, em vez de verdadeiras, tornam mais fácil o processo de mudança (Meichenbaum e Turk, 1987).

Outra intervenção utilizada com freqüência pelos terapeutas cognitivos no começo da terapia é *rotular* as distorções cognitivas do paciente, e ajudá-lo a fazer o mesmo. Existem diferentes listas de distorções, definições e exemplos (Burns, 1980; Freeman e Zaken-Greenburg, 1989). O propósito de dar nome às distorções não é diagnosticar a pessoa ou seu pensamento, mas sim indicar padrões ou distorções na interpretação e busca de informações por parte do indivíduo, interromper o processamento automático e proporcionar à pessoa uma ferramenta para pensar sobre seu próprio pensamento, de modo que o processamento da informação seja, pelo menos temporariamente, mais deliberado. A técnica da coluna tripla (ver Quadro 16.2) é utilizada para rotular a distorção cognitiva e propor, além disso, uma resposta mais racional.

A primeira fase da terapia traz à luz o modelo de explicação da pessoa (esquemas, crenças básicas, estilo atribucional), as distorções na sua busca de informações e nos seus hábitos de seleção, e as formas como as cognições, o comportamento, os acon-

Quadro 16.2. *Técnica das três colunas por meio da qual são rotulados os erros cognitivos, e os pensamentos automáticos são substituídos por outros mais racionais*

Pensamento automático negativo	Distorção cognitiva	Resposta racional
Os problemas sempre aparecem quando estou com pressa	Personalização	Os problemas podem aparecer a qualquer momento
Se eu for a uma festa, as conseqüências serão terríveis	Catastrofização	Não há por que acontecer nada terrível. Simplesmente vou procurar me divertir
Nunca faço nada bem	Supergeneralização	Realmente faço algumas coisas bem
Deveriam ser amáveis comigo	Afirmações de "deveria"	Eu gostaria que eles fossem amáveis comigo, mas eles têm liberdade para agir
Isso foi devido à sorte. Não conta	Desqualificação das coisas positivas	Foi devido ao meu esforço. Muito bem!

tecimentos da vida e o estado de ânimo encontram-se relacionados no indivíduo. Embora seja uma tarefa complicada, normalmente pode ser efetuada logo em seguida. Tornar manifesto o processo heurístico da pessoa é uma experiência terapêutica por si só, causando mudanças e alívio dos sintomas. De fato, habitualmente se identifica uma maior redução dos sintomas auto-informados da depressão nas primeiras quatro semanas da terapia cognitiva (Berlin et al., 1991).

VIII.4. *A fase intermediária da terapia*

O centro de atenção da segunda fase da terapia é gerar, analisar e praticar comportamentos, atribuições, expectativas e hipóteses alternativas, ou seja, o objetivo consiste em modificar os padrões de comportamento e os pensamentos automáticos desadaptativos e os esquemas subjacentes. Isto requer que a pessoa torne-se consciente do seu processamento das informações e das suas atividades de construção de significados (Hollon e Garber, 1990). Criar este nível de conhecimento é o mesmo que pedir para uma pessoa que modifique seu jeito de andar, que crie uma nova forma de mover-se fisicamente. Ela vai se comportar de um modo desajeitado que, normalmente, será incômodo. Os sintomas auto-informados da depressão na fase intermediária podem flutuar (Berlin et al., 1991).

Muitas vezes, utilizamos a *metáfora* para explicar e prever tal experiência. Quando uma pessoa aprende pela primeira vez a dirigir um carro, com freqüência dá instruções a si mesma. À medida que domina o ato de dirigir, o "falar sozinho" manifesto se desvanece e se torna intermitente. Finalmente, dirigir transforma-se num processo automático que mal exige que se pense ou que se tome decisões conscientemente. Entretanto, se o carro começa a apresentar problemas, ocorre um acidente ou o tempo piora, reaparecem o exame e o falar consigo. Modificar os pensamentos automáticos e os esquemas exige metacognição e auto-instruções manifestas. Predizer esta experiência e o mal-estar que a acompanha é uma técnica paradoxal voltada a normalizar a experiência do indivíduo e a eliminar seus incômodos secundários.

Uma série de intervenções pode ser utilizada para gerar, analisar e praticar atribuições, expectativas e comportamentos alternativos. As respostas aos pensamentos automáticos e aos esquemas enquadram-se nas categorias desenhadas para interromper o processamento automático, aumentar a metagonição, melhorar a solução de problemas e redistribuir a atribuição.

Na etapa intermediária da terapia, ensina-se o paciente a descobrir, combater ou neutralizar os pensamentos automáticos, primeiro em retrospectiva e, a seguir, conforme forem surgindo ao vivo. Quando são identificados, examinados e interrompidos tais pensamentos automáticos (primeiro nas sessões, depois como tarefa para casa), ensina-se o paciente a "discutir o assunto". Os pensamentos automáticos são neutralizados perguntando-se ao sujeito pelas provas que existem a favor e contra suas atribuições e expectativas; apresentando uma hipótese alternativa e examinando as evidências a favor e contra essa alternativa; ou, ainda, propondo a atribuição como específica em vez de global, como situacional em vez de interna e como transitória em vez de estável.

Entretanto, a persistência nesta linha de descobrimento dirigido, muitas vezes, faz com que a pessoa experimente uma forte emoção. Isto pode significar que o sujeito chegou ao exame de uma crença básica, normalmente de relevância para a percepção de si mesmo. Este é um momento ideal para a intervenção: encontram-se ativados tanto a aprendizagem emocionalmente codificada, dependente do estado, como *o estado*. Com a ativação em que foi codificada a primeira aprendizagem, existe a oportunidade de criar um novo esquema inconsistente com o esquema original ou modificar de forma significativa este esquema. As expectativas, atribuições e explicações alternativas descobertas ou adquiridas neste momento têm o máximo de impacto. O esquema original pode transformar-se em condicional em vez de ser algo absoluto. Examinar alternativas ou gerar opções para os pensamentos, as emoções e os comportamentos implica considerar a existência de outros possíveis pontos de vista ou explicações das situações das quais o indivíduo participa, e então explorá-los. Utilizamos tanto perguntas socráticas ("Eu me pergunto: que outras explicações você considerou?") quanto perguntas estocásticas ("Outra explicação poderia ser...") para ajudar o paciente a desenvolver uma lista de alternativas. Esta lista desarma o pensamento de "tudo ou nada" característico das pessoas deprimidas, inicia a reatribuição e interrompe o término prematuro dos comportamentos de busca de dados.

Solicita-se à pessoa que investigue e avalie os pensamentos sobre suas atribuições e expectativas. É importante pedir ao sujeito que considere as provas a favor e contra suas próprias hipóteses. Também é muito importante questionar as evidências a favor e contra os modelos alternativos, mesmo que para o terapeuta pareçam ser nitidamente mais adaptativos.

É provável que a exigência de um abandono imediato ou apressado do modelo causal do sujeito, ou uma lealdade imediata a uma explicação alternativa, resulte em fracasso. A pessoa precisa explorar e considerar as conseqüências sociais, emocionais, pessoais e comportamentais de modificar seu modelo causal (Berlin et al., 1991). Os esquemas transformam-se em características definidoras da pessoa e se mantêm firmemente porque constituem a própria base com que são tomadas as decisões, tanto triviais quanto importantes. Abandonar atribuições mantidas durante muito tempo poderia mudar o próprio sentido de identidade do indivíduo. Além disso, não se pode rejeitar uma hipótese ou um esquema disfuncional até que seja proposto ou aceito um modelo de funcionamento igual ou melhor.

A *descatastrofização* é empregada quando a pessoa prediz importantes conseqüências negativas para os acontecimentos e atribui a si mesma pouco poder para o enfrentamento. Constitui um método para neutralizar as expectativas negativas. O centro de atenção da descatastrofização é a previsão do futuro. Pergunta-se para o sujeito: "O que aconteceria, então?" "E, então, o que você faria?". Se a atenção for mantida no comportamento de enfrentamento, em vez de no significado que a pessoa atribui ao acontecimento, esta chegará, muitas vezes, à conclusão de que pode enfrentar a situação.

Caso C: Uma paciente ficou deprimida quando ela e o marido tiveram problemas econômicos. Seus pensamentos automáticos incluíram: "Vamos perder o negócio. Vamos à bancarrota. Como vamos alimentar as crianças? Todo o mundo saberá que fracassamos". Seu estado de ânimo era de depressão e de ansiedade. Afastou-se dos amigos e parou de comer "para economizar dinheiro". Foram utilizados dois enfoques para diminuir seu raciocínio catastrófico. Em primeiro lugar, insistiu-se para que ela obtivesse informações sobre o verdadeiro estado das suas finanças. Isto lhe permitiria empregar atribuições específicas e expectativas específicas, em vez de globais. Em segundo lugar, pediu-se para que ela imaginasse que estava acontecendo o que temia e que fizesse planos contingentes, respondendo à pergunta "E então, o que você faria?". O desenvolvimento de um plano de atuação, mudando o centro de atenção de perguntar-se o que isto significava para ela, o marido, seu casamento ou o futuro neutralizou sua personalização e as expectativas globais negativas.

"*Colocar a situação numa escala*" emprega-se para terminar com o pensamento exagerado ou dicotômico. Para uma pessoa que expressa um ponto de vista exagerado, ou pensamento categorial, pede-se que determine os extremos de um contínuo relevante (de 0 a 10, de 1 a 3 ou de 1 a 100) com algum acontecimento da vida que represente um extremo da característica e que depois coloque a experiência atual nesse contínuo. Por exemplo, a vez que mais e a vez que menos raiva sentiu especifica os extremos do contínuo e a raiva de hoje é comparada com esses extremos. O uso repetido, ao longo do tempo, de situar numa escala os acontecimentos pode ajudar a pessoa a prestar atenção na melhora dos sintomas.

Caso D: Uma paciente descrevia continuamente a si mesma como "totalmente deprimida", apesar do relatório subjetivo (melhora das pontuações no *Inventário de depressão de Beck*), das provas objetivas (fazia mais trabalhos em casa) e do relatório do seu marido sobre a melhora no estado de ânimo e no nível de atividade. Foi perguntado a ela: "Qual o dia em que se sentiu mais deprimida?" e descreveu o dia em que sua querida irmã recebeu um diagnóstico de câncer. A esse dia foi atribuído o valor de 100. O dia em que esteve menos deprimida, o dia em que se casou, atribuiu o valor de 1. Empregando estas âncoras e fazendo um registro dos acontecimentos ou de dias avaliados nesta escala de referência, foi capaz de situar sua experiência diária de depressão em perspectiva.

As pessoas deprimidas costumam ter um pensamento dicotômico, ou seja, tendem a descrever as experiências como pertencendo a uma de duas categorias opostas e mutuamente excludentes, como a perfeição ou o fracasso. Os sujeitos podem ser ajudados a considerar as variáveis como contínuas. Por exemplo, a paciente no Caso D concluiu "Não posso confiar de jeito nenhum no meu filho". Usar uma escala ajudou-a a descobrir que, embora não pudesse confiar totalmente no filho, também não era uma pessoa na qual não se podia confiar de jeito nenhum. Isto levou à discussão dos fatores específicos (em vez de globais), externos (em vez de internos), situacionais (em vez de permanentes) que estavam correlacionados a exemplos de honestidade e desonestidade no filho.

A *exteriorização das vozes* é um método para identificar os esquemas e os pensamentos automáticos, a fim de avaliá-los, examiná-los ou neutralizá-los. Também pode ajudar a identificar a origem dos esquemas que, juntamente com os acontecimentos da vida, geram os pensamentos. A exteriorização das vozes torna manifesto o diálogo interior que flutua entre esquemas disfuncionais e esquemas mais razoáveis. É utilizada quando o sujeito relata ou demonstra certo conhecimento de pontos de vista alternativos, mas tem problemas para manter-se no ponto de vista mais útil ou adaptativo. Solicita-se ao indivíduo que informe sobre o pensamento automático e sobre a resposta racional ou mais adaptativa para esse pensamento. A seguir, estas duas "vozes" se tornam mais explícitas. Ao destacar o "raciocínio" dos dois pontos de vista, o sujeito é capaz de processar dados ou provas de modo mais deliberado a favor de um lado ou do outro.

Às vezes, o terapeuta representa o papel da mais fraca das duas vozes, a fim de que o "raciocínio" seja sustentado por tempo suficiente para o exame deliberado das informações. Mais tarde, na terapia, pode-se utilizar a exteriorização das vozes para ajudar a pessoa a praticar a interrupção do processamento automático e envolver-se num processamento das informações mais deliberado, e a representar os acontecimentos estressantes antecipados.

VIII.4.1. *A comprovação de hipóteses*

O processo que implica o desenvolvimento de hipóteses serve para ensinar um dos passos da solução de problemas e melhora a sensação de eficácia da pessoa. Fazer uma lista das vantagens e desvantagens, oralmente ou por escrito. Desenvolver o processo no papel torna a solução de problemas mais concreta, possibilita mais deliberações sobre alternativas e permite a comparação de ambos os lados da situação. Também cria um registro do processo que a pessoa pode empregar como modelo numa futura solução de problemas. Novamente, é importante pôr em uma lista as vantagens dos comportamentos ou atribuições disfuncionais do sujeito, bem como as desvantagens de alternativas mais adaptativas.

O exame das experiências da vida por meio de experimentos cognitivos e comportamentais permite ao sujeito pôr à prova atribuições e expectativas sobre si mesmo e sua situação. Isto pode ser realizado dentro das sessões mediante representação de papéis, procedimentos que utilizam a imaginação ou a aquisição e prática da habilidade. A comprovação de hipóteses, muitas vezes, inclui tarefas da terapia (tarefas para casa) que requerem que as pessoas observem a si mesmas e aos outros, ou que ajam de modo diferente daqueles que são coerentes com os esquemas, para recolher informações sobre a validade das expectativas e das atribuições. Estas comprovações têm que incluir mecanismos "à prova de falhas" que permitam êxitos parciais, predigam dificuldades e proporcionem à pessoa uma maneira de responder aos problemas que vierem a ocorrer.

A paciente do Caso A recebeu ajuda para desenvolver uma hipótese alternativa sobre o comportamento cruel e de maus tratos da sua mãe, uma hipótese centrada em atribuir o comportamento da mãe à necessidade de um controle absoluto e resistir desse modo, à atribuição interna da paciente. Durante as sessões, a paciente pôs em uma lista as diferentes táticas de controle empregadas pela mãe durante as ligações telefônicas e a ordem em que as utilizava. Ela também aventou hipóteses sobre as razões das distintas táticas, e sua ordem. Colocou essa lista perto do telefone. Durante as ligações seguintes da mãe, contrastou as táticas e a ordem com a previsão escrita e a hipótese do "controle ditatorial da mãe". Isto era útil por si mesmo, pois ajudava a paciente a interromper seus pensamentos automáticos e a submergir num processamento deliberado das informações. A paciente praticou a comprovação das afirmações da mãe (p. ex., "Você é uma péssima dona de casa") frente à evidência. A paciente explorou, a seguir, modos alternativos de responder ao comportamento da mãe, utilizando a reatribuição. Estabeleceu um método firme, mas sem enfrentamentos, de terminar as conversações tão logo a comunicação com a mãe se transformasse em injuriosa. Isto foi generalizado mais tarde para as interações cara a cara entre a paciente e a mãe, e o comportamento e a comunicação entre a mãe e os filhos da paciente.

Durante a comprovação da hipótese e a produção de soluções alternativas, os pacientes, muitas vezes, são pessimistas sobre as conseqüências de mudar os padrões existentes. É preciso identificar as conseqüências e as reações realistas dos outros e devem ser feitos planos para minimizar os efeitos negativos para os pacientes e outras pessoas importantes nas suas vidas. Isto tem um interesse prático: é pouco provável que sejam mantidas as alternativas que são seguidas de conseqüências negativas, mesmo que se possa demonstrar que são mais sadias ou úteis em outros aspectos.

Quando podem ser antecipados os pensamentos automáticos e os hábitos ou padrões comportamentais que requerem mudanças, ajuda-se os pacientes a desenvolver comportamentos, imagens e pensamentos alternativos. Imaginar com detalhes o estado dos objetivos ou os resultados desejados e desenvolver autoverbalizações de enfrentamento para empregar na perseguição do objetivo e, em especial, para resistir aos pensamentos automáticos negativos antecipados, é essencial para realizar uma mudança cognitiva e comportamental fora da sala de terapia. Este processo começa pedindo para que a pessoa considere o pedágio, o impacto ou o preço que paga pelos comportamentos ou pensamentos negativos ou que investiguem o valor global de manter as cognições, emoções ou comportamentos presentes. Pode-se ajudar o paciente a desenvolver autoverbalizações ou comportamentos que exijam um preço menor ou que sejam mais úteis.

Embora a terapia cognitiva conceitualize o processo de mudança calcando-o na interação entre as cognições, o estado de ânimo, o comportamento e os acontecimentos da vida com ênfase na cognição, as técnicas comportamentais sempre foram empregadas na terapia cognitiva. Este processo de mudança não está completo até que sejam afetados os padrões comportamentais do indivíduo. A *programação de atividades, as técnicas que utilizam a imaginação* e outros procedimentos já mencionados envolvem aspectos tanto comportamentais quanto cognitivos.

As técnicas consideradas comportamentais, mas muitas vezes utilizadas pelo terapeuta cognitivo, incluem o *treinamento em habilidades sociais*, o *treinamento em assertividade*, a *atribuição de tarefas graduadas para a aproximação sucessiva*, o *ensaio de comportamento*, a *exposição ao vivo* e o *treinamento em relaxamento*. Estas são utilizadas para melhorar as estratégias de enfrentamento por meio do ensino direto e a prática de habilidades específicas de funcionamento interpessoal, de solução de problemas e de autorregulação. Nas mãos de um terapeuta cognitivo são destacados os aspectos cognitivos de cada um destes procedimentos, ou seja, presta-se atenção – na terapia – nas autoverbalizações de atribuição e de expectativa que acompanham a introdução e o domínio de cada técnica ou habilidade, além da atuação comportamental.

VIII.4.2. *O emprego da emoção em terapia*

A emoção e o estado de ânimo são aspectos centrais da terapia cognitiva. A teoria sustenta que os esquemas emocionalmente codificados são mais poderosos que a aprendizagem codificada de forma lógica. Além disso, os esquemas codificados emocionalmente são predominantes para dirigir a resposta da pessoa em situações que têm um significado emocional para o sujeito. Por conseguinte, os esquemas são mais bem modificados quando se ativa o afeto que acompanhou sua codificação e que atualmente acompanha sua expressão. A ativação emocional ocorre de modo natural no relato das histórias da sua vida. Se um indivíduo narra dificuldades sem afeto, a emoção pode ser ativada empregando-se a técnica da flecha descendente ou pedindo à pessoa que relate o incidente que descreva melhor o problema que está propondo (um indicidente crítico).

A nova aprendizagem estará sujeita à mudança cognitiva negativa se não for codificada afetivamente. É essencial assegurar-se de que isto aconteça, codificando a aprendizagem junto com estados afetivos análogos, como aconteceu com os esquemas desadaptativos. A codificação da aprendizagem, dependendo do estado que entra em conflito com os esquemas originais, debilita a associação entre as características críticas da situação e os padrões de comportamento e pensamento que a seguem. Ou seja, a conexão original estímulo-resposta se debilita ao criar uma resposta alternativa igualmente viável. Isto torna mais provável que a pessoa disponha na realidade de pelo menos uma alternativa para o padrão problemático de cognições e comportamentos.

Caso E: Uma paciente com uma história de abuso grave por parte do pai decidiu cortar relações com a família quando seu irmão e sua mãe preferiram continuar com o pai depois de ela ter sofrido o abuso. Esta decisão tão difícil e a tranqüilidade por parte da família diante da sua partida foi experimentada por ela como abandono, uma atribuição global e estável. Descreveu a si mesma como órfã e experimentou esta perda com uma severa depressão. Definia a si mesma como uma vítima, não só do abuso do pai, mas também do abandono por parte da mãe e do irmão. Descreveu a última experiência de rejeição, e sua experiência quando fez com que a mãe enfrentasse o relato que contava os abusos do pai, numa sessão comovente e cheia de lágrimas. Depois de ouvir e de responder à sua dor e perda, o terapeuta fez uma pausa e afirmou: "Estou um pouco confuso. Parece-me que, em vez de ser abandonada, marginalizada, aconteceu algo muito diferente. Acho que você tomou uma decisão para salvar a si mesma".

Esta intervenção demonstrou ser essencial na terapia da paciente. A nova atribuição era interna no seu *locus* de controle, situacional em vez de estável, e específica para a circunstância em vez de global. Foi apresentada num momento em que a pessoa estava fazendo uma recontagem de forma ativa e afetiva da atribuição negativa original. A nova atribuição competiu com sucesso diante dos velhos esquemas quando posteriormente a paciente pensou na família e teve contato com ela.

VIII.4.3. *As tarefas para casa*

A terapia cognitiva pode ser distinguida pelo seu enfoque da transferência e da generalização com o emprego das tarefas para casa, entre sessões. A extensão sistemática do trabalho da terapia para as horas sem terapia tem com resultado uma melhora mais rápida e mais ampla (Burns e Auerbach, 1992; Meichenbaum, 1977; Neimeyer e Feixas, 1990). As habilidades, as novas cognições e os novos comportamentos têm que ser aplicados à vida real. A aprendizagem e as mudanças relativas a uma situação devem ser generalizados de modo ativo para situações semelhantes. Desta forma, a nova aprendizagem transforma-se em aspectos naturais e automáticos do repertório cognitivo e comportamental da pessoa.

As tarefas para casa podem ser especificamente cognitivas ou comportamentais, na maioria das vezes, são ambas. As tarefas para casa das primeiras sessões da terapia são centradas em ajudar o paciente a interromper os comportamentos automáticos e a observar as conexões entre os pensamentos, o comportamento e o estado de ânimo. Deste modo, as primeiras tarefas para casa poderiam incluir a observação dos pensamentos automáticos por meio da utilização do *RDP,* da programação de atividades, do levantamento de evidências favoráveis e contrárias às atribuições e expectativas da pessoa e as avaliações da destreza e da satisfação. Na metade da terapia, as tarefas para casa incluem tentar novos comportamentos pela realização de tarefas graduadas; agir de modo diferente a fim de colher informações sobre hipóteses alternativas; perceber, capturar, interromper e responder aos comportamentos e aos pensamentos negativos; e traçar um plano para atingir um objetivo específico.

"Tarefas para casa" pode ser uma expressão infeliz para descrever as coisas que uma pessoa faz entre sessões, a fim de estender a terapia para a vida real. Implica conotações que, para alguns, pode parecer autoritário, sugerindo que se "manda fazer" tarefa para casa. Na terapia cognitiva, as tarefas para casa deveriam surgir de modo natural do conteúdo da sessão e estar relacionadas com a conceitualização do terapeuta (e do paciente) sobre a depressão do sujeito e com o modelo clínico. Ou seja, as tarefas deveriam ser algo que se soubesse que facilita as mudanças desejadas.

A adesão dos pacientes às recomendações de que ajam entre sessões para estender a terapia é afetada pela forma em que forem concebidas as "tarefas para casa", pelo acompanhamento dado e pela complexidade das próprias tarefas. Meichenbaum e Turk (1987) proporcionam uma série de sugestões para aumentar a adesão.

1. As tarefas para casa deveriam ser propostas em conjunto. O terapeuta pode "dirigir" a discussão de tal modo que os próprios pacientes desenvolvam idéias para o trabalho que se necessita. O terapeuta examina o terreno fazendo perguntas, refletindo o que já conhece ou as habilidades que a pessoa tem e o que falta, e "tornando públicas" suas explicações ou teorias.

2. As tarefas deveriam ser simples. Para tarefas que estejam acima do nível de habilidade do sujeito, quanto menor for a tarefa e maior for a possibilidade de êxito, melhor. Para um paciente mais habilidoso, é melhor propor tarefas mais desafiadoras. Além disso, deve-se poder realizar a tarefa num período de tempo e com um esforço razoáveis.

3. O paciente deve poder escolher. Se existir mais de um método para registrar os comportamentos ou os pensamentos, empregar o que a pessoa prefere aumenta a probabilidade de que ela o siga. Escolher, ou a percepção de poder escolher, melhora a sensação de controle e a auto-eficácia de um indivíduo.

4. Especificar o que vai ser feito, quando e como. Os planos moderadamente específicos aderem melhor que os muito específicos, especialmente com objetivos a longo prazo. Os planos moderadamente específicos permitem que o sujeito escolha e implicam tomar decisões.

5. Quando possível, outras pessoas do seu meio devem participar da tarefa, reforçando o sujeito a realizar ou completar a tarefa e determinar a mesma.

6. De modo direto, e passo a passo, ensinar as habilidades de observação, incluindo o registro, a interpretação e a utilização dos resultados.

7. Especificar as contingências que acompanham a adesão ou a falta dela. Especificar os resultados que podem ser esperados da tarefa ou o propósito da mesma. "Tornar pública" a explicação fundamentada da tarefa. Melhor ainda: fazer com que a pessoa descubra o raciocínio como parte de um projeto da tarefa feito em colaboração.

8. Oferecer pequenos contra-argumentos sobre a conclusão da tarefa. Por exemplo, antecipar dificuldades, retrocessos, obstáculos com os quais seja provável que a pessoa se defronte ao tentar realizar a tarefa. Ajudar o sujeito a planejar respostas comportamentais e cognitivas diante dos obstáculos, e a identificar o êxito ou a realização parciais como úteis.

9. Proporcionar ao sujeito *feedback* sobre a adesão e sobre a precisão da sua realização da tarefa. É preciso esquecer do produto e concentrar-se na tentativa: o esforço e as novas informações são mais importantes que os resultados específicos.

10. Registrar os comportamentos positivos em vez dos negativos. Atribuir tarefas para "fazer" em vez de tarefas para "não fazer". Planejar uma cognição ou tarefa substitutiva, especialmente quando a tarefa implica a interrupção de um velho hábito.

Na ausência de um plano melhor, a pessoa voltará a cair em velhas cognições e comportamentos.

11. Ajudar o sujeito a atribuir internamente o sucesso e as melhoras resultantes da adesão. As pessoas deprimidas costumam atribuir a culpa a si mesmas e considerar que os bons resultados ou acontecimentos devem-se a forças externas, incontroláveis. Shelton e Levy (1981) sugerem que a atribuição de uma tarefa para casa deve especificar o que a pessoa teria que fazer, com que freqüência ou quantas vezes, como deve registrar seus esforços, o que deve levar para a sessão seguinte (p. ex., o registro) e as conseqüências ou contingências esperadas da adesão ou da não adesão.

Um exemplo de tarefa para casa é o aplicado no Caso A, quando se pediu que a paciente observasse e registrasse o comportamento verbal abusivo da sua mãe, a fim de verificar que a percepção do comportamento da mãe e seu propósito estavam corretos. A paciente fazia o registro e um *RDP* dos seus sentimentos e pensamentos automáticos antes e depois das ligações da mãe. A conexão entre as expectativas, as atribuições e a depressão ficou clara em seus registros. Ficou mais claro, inclusive, que, ao considerar que a forma como a mãe se comportava fornecia informações sobre esta, mas não sobre a própria paciente, diminuiu significativamente seus pensamentos e estado de ânimo deprimidos.

A segunda fase da terapia ajudou a pessoa a gerar, avaliar e praticar comportamentos, atribuições, expectativas e hipóteses alternativas. Foram modificados os pensamentos automáticos e os padrões de comportamento desadaptativos, assim como os esquemas subjacentes. A paciente esteve consciente, de forma contínua, do seu processo de informação e das suas atividades de construção de significados. Foram praticados novos padrões de comportamento e de pensamento, ao vivo, em uma série de situações que se tornaram automáticos.

VIII.5. *A última fase da terapia*

A última fase da terapia é dedicada à generalização e à transferência da aprendizagem, à auto-atribuição pelos benefícios obtidos e à prevenção das recaídas. A conclusão começa, na terapia cognitiva, na primeira sessão. Como o objetivo da terapia cognitiva não é curar, e sim um enfrentamento mais eficaz, esta terapia é considerada limitada no tempo. Quando avaliações formais como o *IDB*, os sintomas informados pelo paciente, as observações de outras pessoas significativas e a observação por parte do terapeuta confirmam a diminuição da depressão, uma maior atividade, níveis mais altos de funcionamento adaptativo e um aumento das habilidades, a terapia pode encaminhar-se para a conclusão.

A finalização é realizada de um modo planejado, graduado, com um intervalo de duas semanas entre as sessões, passando a seguir para um mês e, mais tarde, sessões de acompanhamento para uma avaliação dos resultados ou como parte de uma estratégia de prevenção das recaídas. O contato entre o paciente e o terapeuta entre sessões pode ser programado ou simplesmente ocorrer quando for necessário. Os pacientes podem telefonar para obter reforço sobre um comportamento em particular, para informar sobre o êxito, para conseguir informações, etc. O papel de colaboração que tem o terapeuta cognitivo permite que isso aconteça como algo apropriado e importante.

Parece inclusive que as pessoas que recaem em episódios de depressão continuam, durante certo tempo, depois da conclusão da terapia, tentando aplicar as habilidades e métodos aprendidos na mesma. Deste modo, os indivíduos nos quais foi aplicada a terapia cognitiva demoram mais tempo para recair que os sujeitos submetidos a outras terapias ou à farmacoterapia. Os correlatos das recaídas incluem uma história de episódios depressivos anteriores, uma maior gravidade dos sintomas no ingresso, uma resposta mais lenta à terapia, o estado de solteiro(a) e maiores pontuações no *Inventário de depressão de Beck* e na *Escala de atitudes disfuncionais*, quando terminam a terapia (Beach e O´Leary, 1992; Clarke et al., 1992; Evans et al., 1992).

As estratégias de prevenção das recaídas abordam uma série de fatores-chave. São repassados os objetivos da terapia e os sintomas iniciais. O progresso é avaliado em contraste com os sintomas iniciais e com os objetivos. É importante que a pessoa descubra quão longe chegou e que desenvolva uma escala com a qual comparar as preocupações e os estados de ânimo atuais.

Solicita-se ao sujeito que explique as mudanças que se produziram: o que mudou? Como aconteceu? O que o indivíduo fez para que a mudança ocorresse? O propósito consiste em atribuir a si mesmo os sucessos experimentados. Além disso, pede-se para que a pessoa identifique a nova aprendizagem e as novas atitudes e habilidades e que as compare com as antigas. Muitas vezes, pedimos para que os pacientes façam listas com as coisas que levarão da terapia e que planejem onde guardarão esta lista para ter uma referência e um memorizador fáceis.

Solicita-se ao indivíduo que antecipe os estímulos estressantes. O terapeuta certifica-se de que a lista inclua acontecimentos semelhantes aos que levaram a pessoa à terapia, acontecimentos parecidos com os que, supostamente, encontram-se na origem dos esquemas depressogênicos subjacentes e acontecimentos da vida antecipados, como transições evolutivas com as quais tanto o paciente quanto sua família vão se deparar. Pede-se ao sujeito que se imagine, tão vividamente quanto possível, que estes acontecimentos estão ocorrendo ou já ocorreram, e que identifique as habilidades, as reatribuições e os novos padrões e comportamentos ou cognições que podem ser mencionados para suportar o evento estressante. Este ensaio comportamental e na imaginação deve ser realizado com o máximo de detalhes possível, com ênfase nos comportamentos e pensamentos de enfrentamento, na atribuição a si mesmo dos esforços e do êxito, e em recorrer ao emprego de novos recursos. Estimula-se a utilização da criatividade e do que foi aprendido na terapia.

Finalmente, aborda-se o significado da terapia para o sujeito e para sua vida, e o significado da relação com o terapeuta. O objetivo consiste em integrar a experiência de terapia na história pessoal, de modo que seja vista como parte da pessoa, em vez de como algo que está fora da sua vida.

IX. CONCLUSÕES

A terapia cognitiva de Beck foi desenvolvida especificamente como resposta à depressão. O enfoque cognitivo da conceitualização e tratamento da depressão começa com a observação das estruturas, processos e produtos cognitivos que parecem mediar e moderar todos os casos de depressão. O papel das cognições na depressão muitas vezes foi mal interpretado como uma causalidade linear simples: as cognições negativas causam a depressão. Outro mal-entendido do modelo de terapia cognitiva é que esta perspectiva implica os processos internos da depressão, incluindo os acontecimentos do meio. A perspectiva cognitiva é um modelo de diátese–estresse no qual os acontecimentos da vida, os pensamentos, os comportamentos e o estado de ânimo estão intimamente ligados entre si, de modo recíproco. As cognições, os comportamentos e os estados de ânimo servem para funções de feedback e de informação seguidos de um complexo processo de processamento da informação. A perspectiva cognitiva implica também a aprendizagem e os acontecimentos precoces da vida na criação dos padrões do processamento da informação. Estes padrões podem predispor as pessoas a vulnerabilidades emocionais específicas e manter os problemas emocionais uma vez que se tenham iniciado os padrões comportamentais, cognitivos e do estado de ânimo.

O modelo cognitivo amadureceu significativamente nas últimas décadas. Iniciando-se como um modelo periférico que era visto como uma derivação mecaniscista e centrado nas técnicas procedentes da terapia de comportamento, a terapia cognitiva transformou-se num modelo importante e central no tratamento de uma grande variedade de transtornos emocionais. O interesse transcultural na terapia cognitiva é uma expressão da natureza do modelo voltado para o processo enquanto oposto a modelos voltados para o conteúdo e que podem não se adaptar a diferentes culturas. Transformou-se numa expressão do *zeitgeist* da terapia e serve como ponto de encontro para muitos terapeutas de diferentes orientações teóricas.

REFERÊNCIAS

Abramson, L. Y., Seligman, M. E. P. y Teasdale, J. D. (1978). Learned helplessness in humans: Critique and reformulation. *Journal of Abnormal Psychology, 87,* 49-74.

Barber, J. P. y DeRubeis, R. J. (1992). The ways of responding: A scale to assess compensatory skills taught in cognitive therapy. *Behavioral Assessment, 14,* 93-115.

Beach, S. R. H. y O'Leary, K. D. (1992). Treating depression in the context of marital discord: Outcome and predictors of response of marital therapy versus cognitive therapy. *Behavior Therapy, 23,* 507-528.

Beck, A. T. (1963). Thinking and depression: I. Idiosyncratic content and cognitive distortions. *Archives of General Psychiatry, 9,* 324-333.

Beck, A. T. (1967). *Depression: Causes and treatment.* Filadelfia: University of Pennsylvania.

Beck, A. T. (1976). *Cognitive therapy and the emotional disorders*. Nueva York: International Universities Press.
Beck, A. T. (1991). Cognitive therapy: A 30-year retrospective. *American Psychologist, 46*, 368-375.
Beck, A. T., Epstein, N., Brown, G. y Steer, R. A. (1988). An inventory for measuring clinical anxiety: Psychometric properties. *Journal of Consulting and Clinical Psychology, 56*, 893-897.
Beck, A. T., Freeman, A. y colaboradores (1990). *Cognitive therapy of personality disorders*. Nueva York: Guilford.
Beck, A. T., Rush, A. J., Shaw, B. F. y Emery, G. (1979). *Cognitive therapy of depression*. Nueva York: Guilford.
Beck, A. T., Ward, C. H., Mendelson, M., Mock, J. E. y Erbaugh, J. K. (1961). An inventory for measuring depression. *Archives of General Psychiatry, 4*, 561-571.
Beck, A. T., Weissman, S., Lester, D. y Trexler, L. (1974). The measurement of pessimism: The hopelessness scale. *Journal of Consulting and Clinical Psychology, 42*, 861-865.
Berlin, S. B., Mann, K. B. y Grossman, S. F. (1991). Task analysis of cognitive therapy for depression. *Social Work Research and Abstracts, 27*, 3-11.
Blackburn, I. M., Bishop, S., Glen, A. I. M., Walley, L. J. y Christie, J. E. (1981). The efficacy of cognitive therapy in depression: A treatment using cognitive therapy and pharmaco therapy, each alone and in combination. *British Journal of Psychiatry, 139*, 181-189.
Blackburn, I. M. y Eunson, K. M. (1989). A content analysis of thoughts and emotions elicited from depressed patients during cognitive therapy. *British Journal of Medical Psychology, 62*, 23-33.
Bowers, W. A. (1990). Treatment of depressed in-patients: Cognitive therapy plus medication, relaxation plus medication, and medication alone. *British Journal of Psychiatry, 156*, 73-78.
Bradley, B. P. y Matthews, A. (1988). Memory bias in recovered clinical depressives. *Cognition and Emotion, 2*, 235-245.
Burns, D. D. (1980). *Feeling good*. Nueva York: William Morrow.
Burns, D. D. y Auerbach, A. H. (1992). Does homework compliance enhance recovery from depression. *Psychiatric Annals, 22*, 464-469.
Clarke, G., Hops, H., Lewinsohn, P. M., Andrews, J. R. y Williams, J. (1992). Cognitive-behavioral group treatment of adolescent depression: Prediction of outcome. *Behavior Therapy, 23*, 341-354.
Coyne, J. C. y Gotlib, I. H. (1983). The role of cognition in depression: A critical appraisal. *Psychological Bulletin, 94*, 472-505.
Dobson, K. y Shaw, B. F. (1986). Cognitive assessment with major depressive disorders. *Cognitive Therapy and Research, 10*, 13-29.
Evans, M. D., Hollon, S. D., DeRubeis, R. J., Piasecki, J. M., Grove, W. M., Garvery, M. J. y Tuason, V. B. (1992). Differential relapse following cognitive therapy and pharmacotherapy for depression. *Archives of General Psychiatry, 49*, 802-808.
Frank, J. (1985). Therapeutic components shared by all psychotherapies. En M. Mahoney y A. Freeman (dirs.), *Cognition and psychotherapy*. Nueva York: Plenum Press.
Freeman, A. (1986). Understanding personal, cultural, and family schema in psychotherapy. En A. Freeman, N. Epstein y K. M. Simon (dirs.), *Depression in the family*. Nueva York: Haworth.
Freeman, A. y DeWolf, D. (1989). *Woulda, coulda, shoulda*. Nueva York: Morrow.
Freeman, A. y Leaf, R. (1989). Cognitive therapy of personality disorders. En A. Free-

man, K. M. Simon, L. Beutler y H. Arkowitz (dirs.), *Comprehensive handbook of cognitive therapy*. Nueva York: Plenum.

Freeman, A., Pretzer, J., Fleming, B. y Simon, K. M. (1990). *Clinical applications of cognitive therapy*. Nueva York: Plenum.

Freeman, A. y Reinecke, M. (1994). *Cognitive therapy of suicidal patient*. Nueva York: Springer.

Freeman, A. y Zaken-Greenburg, F. (1989). Cognitive family therapy. En C. Figley (dir.), *Treatment studies in families*. Nueva York: Bruner/Mazel.

Gotlib, I. H. (1981). Self-reinforcement and recall: Differential deficits in depressed and non-depressed psychiatric inpatients. *Journal of Abnormal Psychology, 90,* 521-530.

Hamilton, M. (1960). A rating scale for depression. *Journal of Neurology, Neurosurgery, and Psychiatry, 23,* 56-62.

Hollon, S. D. y Bemis, K. M. (1981). Self-report and the assessment of cognitive functions. En M. Hersen y A. S. Bellack (dirs.), *Behavioral assessment: A practical handbook*. Nueva York: Pergamon.

Hollon, S. D. y Garber, J. (1990). Cognitive therapy for depression: A social cognitive perspective. *Personality and Social Psychology Bulletin, 16,* 58-73.

Hollon, S. D. y Kendall, P. (1980). Cognitive self-statements in depression: Development of an automatic thoughts questionnaire. *Cognitive Therapy and Research, 4,* 383-395.

Kavanagh, D. J. y Wilson, P. H. (1989). Prediction of outcome with group cognitive therapy for depression. *Behavior Research Therapy, 27,* 333-343.

Kwon, S. y Oei, T. P. S. (1994). The roles of two levels of cognitions in the development, maintenance, and treatment of depression. *Clinical Psychology Review, 14,* 331-358.

Meichenbaum, D. (1977). *Cognitive-behavior modification: An integrative approach*. Nueva York: Plenum Press.

Meichenbaum, D. y Turk, D. C. (1987). *Facilitating treatment adherence*. Nueva York: Plenum.

Miranda, J. y Persons, J. B. (1988). Dysfunctional attitudes are mood-state dependent. *Journal of Abnormal Psychology, 97,* 76-79.

Murphy, G. E., Simons, A. D., Wetzel, R. D. y Lustman, P. J. (1984). Cognitive therapy versus tricyclic antidepressants in major depression. *Archives of General Psychiatry, 41,* 33-41.

Neimeyer, R. A. y Feixas, G. (1990). The role of homework and skill acquisition in the outcome of group cognitive therapy for depression. *Behavior Therapy, 21,* 281-292.

Pace, T. M. y Dixon, D. N. (1993). Changes in depressive self-schemata and depressive symptoms following cognitive therapy. *Journal of Counseling Psychology, 40,* 288-294.

Persons, J. B. (1989). *Cognitive therapy in practice: A case formulation approach*. Nueva York: Norton.

Piaget, J. (1954). *The construction of reality in the child*. Nueva York: Ballantine Books.

Riskind, J. (1983). Misconceptions of the cognitive model of depression. Comunicación presentada en la 91 Annual Convention of the American Psychological Association, Anaheim, Ca.

Rosen, H. (1985). *Piagetian concepts of clinical relevance*. Nueva York: Columbia University.

Rosen, H. (1989). Piagetian theory and cognitive therapy. En A. Freeman, K. M. Simon, L. Beutler, y H. Arkowitz (dirs.), *Comprehensive handbook of cognitive therapy*. Nueva York: Plenum.

Rush, A. J., Beck, A. T., Kovacs, M. y Hollon, S. (1977). Comparative efficacy of cogni-

tive therapy and imipramine in the treatment of depressed outpatients. *Cognitive Therapy and Research, 1,* 17-37.
Salkovskis, P. M., Atha, C. y Storer, D. (1990). Cognitive-behavioural problem solving in the treatment of patients who repeatedly attempt suicide: A controlled trial. *British Journal of Psychiatry, 157,* 871-876.
Schotte, C., Maes, M., Beuten, T., Vandenbossche, B. y Cosyns, P. (1993). A videotape as introduction for cognitive behavioral therapy with depressed inpatients. *Psychological Reports, 72,* 440-442.
Segal, Z. V. (1988). Appraisal of the self-schema construct in cognitive models of depresion. *Psychological Bulletin, 103,* 147-162
Shea, M. T., Elkin, I., Imber, S. D., Sotsky, S. M., Watkins, J. T., Collins, J. F., Pilkonis, P. A., Beckham, E., Glass, D. R., Dolan, R. T. y Parloff, M. B. (1992). Course of depressive symptoms over follow-up: Findings from the National Institute of Mental Health treatment of depression collaborative research program. *Archives of General Psychiatry, 49,* 782-787.
Shelton, J. L. y Levy, R. L. (1981). *Behavioral assignments and treatment compliance: A handbook of clinical strategies.* Champaign, Ill: Research.
Simon, K. M. y Fleming, B. M. (1985). Beck's cognitive therapy of depression: Treatment and outcome. En R. M. Turner y L. M. Ascher (dirs.), *Evaluating behavior therapy outcome.* Nueva York: Springer.
Stiles, T. (1990). *Cognitive vulnerability factors in the development and maintenance of depression.* Tesis doctoral. University of Trondheim, Trondheim, Noruega.
Stravynski, A. y Greenberg, D. (1992). The psychological management of depression. *Acta Psychiatrica Scandinavica, 85,* 407-414.
Thase, M. E., Simons, A. D., Cahalane, J. F., McGeary, J. y Harden, T. (1991). Severity of depression and response to cognitive behavior therapy. *American Journal of Psychiatry, 148,* 784-789.
Thase, M. E., Simons, A. D., McGeary, J., Cahalane, J. F., Hughes, C., Harden, T. y Friedman, E. (1992). Relapse cognitive behavior therapy of depression: Potential implications for longer courses of treatment. *American Journal of Psychiatry, 149,* 1046-1052.
Weissman, M. M. (1979). *The Dysfunctional Attitudes Scale: a validation study.* Tesis doctoral, Universidad de Pennsylvania.
Young, J. E. (1994). *Cognitive therapy for personality disorders: A schema-focused approach* (edición revisada). Sarasota, Fl.: Professional Resource.

LEITURAS PARA APROFUNDAMENTO

Bas Ramallo, F. y Andrés Navia, V. (1994). *Terapia cognitivo-conductual de la depresión: un manual de tratamiento.* Madrid: Fundación Universidad-Empresa.
Beck, A. T., Rush, A. J., Shaw, B. F. y Emery, G. (1983). *Terapia cognitiva de la depresión.* Bilbao: Desclée de Brouwer. (Or.: 1979.)
Fennell, M. (1989). Depression. En K. Hawton, P. M. Salkovskis, J. Kirk y D. M. Clark (dirs.), *Cognitive behaviour therapy for psychiatric problems.* Oxford: Oxford University Press.
Freeman, A. y Davis, D. D. (1990). Cognitive therapy of depression. En A. S. Bellack, M. Hersen y A. E. Kazdin (dirs.), *International handbook of behavior modification and therapy* (2ª edición). Nueva York: Plenum.
Young, J. E., Beck, A. T. y Weinberger, A. (1993). Depression. En D. H. Barlow (dir.). *Clinical handbook of psychological disorders* (2ª edición). Nueva York: Guilford.

TRATAMENTO COGNITIVO-COMPORTAMENTAL DOS TRANSTORNOS BIPOLARES

Capítulo 17

MÓNICA RAMÍREZ-BASCO E MICHAEL E. THASE[1]

I. O QUE É O TRANSTORNO BIPOLAR?

O transtorno bipolar é um transtorno mental grave, recorrente e incapacitante. Caracteriza-se por episódios de depressão e mania durante os quais ocorrem mudanças extremas no estado de ânimo, nas cognições e nos comportamentos. Segundo a quarta edição do *Manual diagnóstico e estatístico dos transtornos mentais (DSM-IV)* (APA, 1994), o transtorno bipolar I é definido como a ocorrência de pelo menos um episódio maníaco ou misto. Os indivíduos que sofrem de transtorno bipolar I normalmente experimentam também episódios de depressão maior durante o curso do transtorno. Os Quadros 17.1, 17.2 e 17.3 resumem os critérios do *DSM-IV* para os episódios maníaco, depressivo maior e misto, respectivamente.

Embora este capítulo seja centrado na terapia cognitivo-comportamental para o tratamento do transtorno bipolar I, existem outras variações do transtorno bipolar que vale

Quadro 17.1. *Critérios do DSM-IV para o episódio maníaco*

A. Um estado de ânimo anormal e persistentemente elevado, expansivo ou irritável, que dura pelo menos uma semana ou requer hospitalização.
B. Três ou mais dos sintomas seguintes (quatro, se o estado de ânimo for irritável):

  1. Auto-estima ou grandiosidade excessivas.
  2. Diminuição da necessidade de dormir.
  3. Mais falador que o habitual ou necessita falar continuamente.
  4. Fuga de idéias ou pensamentos que se sucedem a grande velocidade.
  5. Distraibilidade.
  6. Aumento da atividade ou agitação psicomotora.
  7. Envolvimento excessivo em atividades que implicam risco.

C. Não existe um episódio misto.
D. Deterioração do funcionamento ou necessidade de hospitalização.
E. Não se deve a uma doença, ao abuso de substâncias psicoativas ou a tratamentos antidepressivos.

Fonte: Adaptado do *DSM-IV* (APA, 1994).

---

[1] University of Texas (EUA) e University of Pittsburg (EUA), respectivamente.

Quadro 17.2. *Critérios do DSM-IV para o episódio depressivo maior*

A Cinco ou mais sintomas presentes durante o período de duas semanas (durante a maior parte do tempo), incluindo um estado de ânimo deprimido ou uma perda do interesse ou da capacidade para o prazer. Os sintomas representam uma mudança com respeito aos níveis prévios de funcionamento e não são devidos a uma doença médica ou a sintomas psicóticos:

1. Estado de ânimo deprimido.
2. Notável diminuição do interesse ou do prazer.
3. Uma mudança significativa (aumento ou diminuição) do apetite e/ou de peso.
4. Insônia ou hipersonia.
5. Retardo ou agitação psicomotores.
6. Perda de energia ou fadiga.
7. Sentimentos de inutilidade ou culpa excessiva.
8. Indecisão ou diminuição da capacidade para concentrar-se.
9. Pensamentos recorrentes de morte ou de suicídio ou tentativa de suicídio.

B. Não existe um episódio misto.
C. Os sintomas provocam uma deterioração no funcionamento ou um mal-estar clinicamente significativo.
D. Não se deve a uma doença nem ao abuso de substâncias psicoativas.
E. Não há luto.

Fonte: Adaptado do *DSM-IV* (APA, 1994).

Quadro 17.3. *Critérios do DSM-IV para o episódio misto*

A Durante o período de uma semana, são satisfeitos os critérios do episódio maníaco e do episódio depressivo maior.
B. Deterioração do funcionamento ou necessidade de hospitalização.
C. Não é devido a uma doença, ao abuso de substâncias psicoativas ou a tratamentos anti-depressivos.

Fonte: Adaptado do *DSM-IV* (APA, 1994).

a pena ressaltar. Assim sendo, podemos assinalar especialmente o transtorno bipolar II, no qual o indivíduo experimenta episódios recorrentes de depressão maior e de hipomania (ver Quadro 17.4) e o transtorno esquizoafetivo, tipo bipolar, no qual o indivíduo apresenta notórios sintomas psicóticos durante os episódios de depressão ou de mania, que persistem depois da remissão dos episódios do estado de ânimo. Um diagnóstico de transtorno bipolar II ou de transtorno depressivo maior recorrente pode mudar para transtorno bipolar I quando ocorre pelo menos um episódio maníaco ou misto.

O transtorno bipolar I afeta cerca de 1% da população adulta dos Estados Unidos (Robins et al., 1984). Normalmente dura toda a vida, uma vez começado, com recorrências episódicas que constituem uma ameaça para a vida, para os vínculos familiares e a estabilidade econômica. Os episódios recorrentes de depressão e de mania são a norma para

Quadro 17.4. *Critérios do* DSM-IV *para o episódio hipomaníaco*

A. Um estado de ânimo anormal e persistentemente elevado, expansivo ou irritável, que dura pelo menos quatro dias.
B. Três ou mais dos seguintes sintomas (quatro, se o estado de ânimo for irritável):
   1. Auto-estima ou grandiosidade excessivas.
   2. Diminuição da necessidade de dormir.
   3. Mais falador que o habitual ou necessita falar continuamente.
   4. Fuga de idéias ou pensamentos que se sucedem a grande velocidade.
   5. Distraibilidade.
   6. Aumento da atividade ou agitação psicomotora.
   7. Envolvimento excessivo em atividades que implicam risco.
C. Os sintomas constituem-se uma troca inequívoca em relação ao funcionamento normal da pessoa.
D. O estado de ânimo e os sintomas podem observar os demais.
E. Não existe uma deterioração importante do funcionamento, não requer hospitalização nem tem sintomas psicóticos.
F. Não se deve a uma doença, ao abuso de substâncias psicoativas ou a tratamentos antidepressivos.

Fonte: Adaptado do *DSM-IV* (APA, 1994).

mais de 95% dos pacientes com transtorno bipolar (ver as revisões de Goodwin e Jamison, 1990; Zis e Goodwin, 1979). Um quarto dos pacientes afetados tentam suicidar-se (Weissman et al., 1988). Não só cada episódio de depressão ou de mania é potencialmente devastador por si mesmo, como existem também evidências de que a duração do ciclo (o período de tempo que transcorre entre o início de um período concreto e o surgimento do seguinte) diminui durante o curso do transtorno (Angst, 1981; Kraepelin, 1921; Roy-Byrne et al., 1985; Zis et al., 1980) e que a probabilidade de recorrência aumenta a cada novo episódio (Gelenberg et al., 1989; Keller et al., 1982). Post (1992) descreve este processo como um tipo de sensibilização neurobiológica (*kindling*). Uma implicação prática deste fenômeno é uma aparente falta de coincidência dos episódios do transtorno com os acontecimentos vitais estressantes à medida que este transtorno avança, verificando-se surgimentos aparentemente autônomos ou não provocados. Outra conseqüência potencial é o desenvolvimento de recaídas rápidas que se seguem à retirada do lítio, em algumas ocasiões em dias ou até horas depois da descontinuação da medicação (Suppes et al., 1991). Em conjunto, estas mudanças no curso do transtorno podem reforçar a percepção desmoralizante de estar fora de controle e/ou ser notoriamente vulnerável.

Durante os episódios de maior depressão, o estado de ânimo pode mudar de um estado eutímico, de tranqüilidade, para um neutro, entediado, triste, melancólico, de vazio, de desesperança ou irritável. Quando se encontram deprimidos, os indivíduos com transtorno bipolar descrevem a si mesmos como impacientes, intolerantes, nervosos, perdidos, incompreendidos, desinteressados, sensíveis, zangados e/ou "embotados". Os estados de ânimo deprimidos são normalmente muito claros para a pessoa que os sofre, mas pode ser que não sejam tão óbvios para os outros se os recursos de enfrentamento internos do indivíduo compensam a depressão. Por sua vez, as mudanças do estado de ânimo na mania costumam ser claramente observáveis pelos demais, mas podem ser menos evidentes para o paciente. As mudanças do estado de ânimo na mania são descritos como positivos, inspiradores, esperançosos, alegres, ativantes, eufóricos, "no topo do mundo", ou otimistas. Embora o maníaco típico seja alegre e simpático, poucos pacientes têm episódios maníacos sempre agradáveis. A mania pode fazer com que a pessoa sinta-se muito irritável, agitada, ansiosa, tensa e temerosa. Para alguns pacientes, o estado de ânimo agradável e eufórico evolui para a irritabilidade à medida que a mania progride e piora. Para outros, inclusive, predomina uma mistura perturbadora de pensamentos e sentimentos maníacos e depressivos.

Muitas das mudanças cognitivas associadas à depressão são evidentes para os outros só quando o paciente as verbaliza. De fato, os pacientes deprimidos, muitas vezes, não percebem suas próprias mudanças de pontos de vista ou de crenças, porque tais mudanças cognitivas são sutis no início (p. ex., menos otimismo e mais pessimismo) e, diversas vezes, são reforçadas por acontecimentos negativos da vida. As mudanças cognitivas na depressão incluem distorções negativas na percepção de si mesmo, do mundo e do futuro (Beck et al., 1979). Mudanças cognitivas mais observáveis incluem um pensamento mais lento, problemas para encontrar as palavras e escassa concentração. Alguns pacientes relatam uma virtual paralisia na tomada de decisões e uma perda ou inibição da atividade volitiva.

As mudanças cognitivas observadas na mania são qualitativamente diferentes das observadas na depressão. Os "sintomas" cognitivos da mania podem incluir mudanças no conteúdo e no processo de pensamento. As distorções na percepção de si mesmo, dos outros e do futuro são ilustradas, muitas vezes, por um aumento da confiança em si mesmo, pela grandiosidade, o estar absorto em si mesmo, o otimismo e a temeridade. As manias irritáveis podem vir acompanhadas de uma grande suspeita para com os outros, idéias de referência e paranóia. À medida que o episódio piora, estas mudanças cognitivas podem evoluir para idéias delirantes de grandiosidade e/ou de perseguição.

Juntamente com as mudanças no conteúdo das cognições, muitas vezes altera-se o processo do pensamento. Isto inclui aumento na velocidade do pensamento, distração, deterioração do julgamento e alucinações auditivas e visuais. Tais mudanças no processamento cognitivo são normalmente desagradáveis para o indivíduo com transtorno bipolar e podem levar a comportamentos com um alto potencial para causar danos a si mesmo.

Os observadores, como os amigos ou os membros da família, podem geralmetente identificar os sintomas comportamentais da depressão e da mania, especialmente quando estes indivíduos tiverem visto o paciente com ambos os grupos de sintomas. A fase depressiva do transtorno bipolar caracteriza-se habitualmente por uma diminuição da atividade psicomotora. As atividades voltadas para um objetivo diminuem, a postura apresenta-se "decaída" e pode ocorrer uma notável diminuição dos movimentos motores espontâneos, incluindo os dos braços, e uma menor expressividade facial. Exceto no caso de serem capazes de compensar esta fase, as pessoas deprimidas podem esquecer suas responsabilidades diárias (p. ex., tarefas domésticas), deixar de praticar as atividades que gostam ou atividades sociais habituais e distanciar-se dos demais. Como mencionamos anteriormente, podem mover-se ou falar mais lentamente que o habitual. Outros sintomas que se manifestam com as mudanças comportamentais na depressão incluem alterações do sono, modificação dos hábitos alimentares, diminuição do impulso sexual e escassa energia. Embora tanto a insônia quanto a hipersonia sejam freqüentes, dormir em excesso é especialmente problemático para os pacientes mais jovens.

Em claro contraste encontra-se o aumento da atividade associado à mania. Os pacientes, nas primeiras fases da mania ou da hipomania, mostram muitas vezes mais idéias e interesses que mudanças reais na atividade. Conforme o transtorno progride, sua atividade física pode aumentar. A inquietação ou a agitação tornam-se evidentes por meio de atividades como passear, caminhar longas distâncias e buscar atividades fora de casa. Enquanto se encontram sob um episódio maníaco, os sujeitos podem ter um forte impulso para ser mais ativos social ou sexualmente. Costumam começar novas tarefas que nunca terminarão. Cada nova oportunidade parece uma boa idéia à qual vale a pena dedicar tempo, energia e dinheiro. A deterioração concomitante na capacidade de julgamento social, muitas vezes, impede que as ações inapropriadas sejam inibidas.

As notáveis flutuações no estado de ânimo, na personalidade, no pensamento e no comportamento inerentes ao transtorno bipolar têm, freqüentemente, efeitos profundos sobre as relações interpessoais dos pacientes. A labilidade afetiva, o esbanjamento econômico, as flutuações nos níveis de sociabilidade, as imprudências sexuais e os comportamentos violentos constituem uma notória fonte de confusão, conflitos e preocupação para os pacientes e para as outras pessoas importantes do seu meio (Goodwin e Jamison, 1990; Murphy e Beigel, 1974; Spalt, 1975; Winokur, Clayton e Reich, 1969).

Considerando a natureza recorrente do transtorno bipolar e suas conseqüências muitas vezes devastadoras indica-se geralmente o tratamento de manutenção (ou seja, profilático), depois da contenção dos episódios agudos, mas freqüentemente sem sucesso. O tratamento de manutenção eficaz pode diminuir o sofrimento do paciente, sua hospitalização e o custo, e melhorar o funcionamento psicossocial. Embora seja possível que a terapia farmacológica não elimine completamente as recorrências de mania ou de depressão, pode diminuir a freqüência, duração e gravidade dos episódios maníacos e depressivos (Baastrup e Schou, 1967).

A medicação de manutenção mais utilizada e mais bem estudada é o lítio. Sete estudos com pacientes com transtorno bipolar (Baastrup et al., 1970; Coppen et al., 1971, 1973; Cundall, Brooks e Murray, 1972; Fieve, Kumbaraci e Dunner, 1976; Prien, Caffey e Klett, 1973a; Prien, Klett e Caffey, 1973b; Stallone et al., 1973) demonstraram efeitos profiláticos superiores do lítio em relação ao placebo para diminuir a freqüência das recaídas. Entretanto, estes estudos ilustram também que o lítio sozinho não é suficiente para conseguir a profilaxia a longo prazo em muitos pacientes. É freqüente o reaparecimento dos sintomas e, sem uma intervenção imediata, produzem-se, muitas vezes, recaídas ou recorrências da depressão ou da mania.

As estratégias de medicação alternativas incluem os anticonvulsivantes carbamazepina (Luznat, Murphy e Nonn, 1988; Small et al., 1991) e o valproato de sódio (Bowden et al., 1994; Calabrese e Delucchi, 1990), os bloqueadores do canal de cálcio (Dubovsky et al., 1986) e, para pacientes com características psicóticas persistentes, os fármacos antipsicóticos (Goodwin e Jamison, 1990). Apesar deste espectro de medicamentos, aproximadamente de 10 a 20% dos pacientes continuam cronicamente doentes durante meses ou anos.

II. A QUE SE DEVE O FRACASSO DA TERAPIA FARMACOLÓGICA DE MANUTENÇÃO?

A escassa adesão põe em risco a eficácia da terapia farmacológica de manutenção nos transtornos bipolares (Goodwin e Jamison, 1990). Dependendo do delineamento do estudo, constata-se que entre 15 e 46% dos pacientes com transtorno bipolar têm níveis de lítio no plasma que ficam fora da faixa terapêutica, um freqüente indicador da falta de adesão à medicação (Connely, 1984; Conelly, Davenport e Nurnberger, 1982; Danion et al., 1987; Kucera-Bozart, Beck e Lyss, 1982; Schwarcz e Silbergeld, 1983). É freqüente também o abandono do tratamento (Prien et al., 1973a, 1973b; Stallone et al., 1973).

É difícil prever quais pacientes com transtorno bipolar têm mais probabilidade de aderir ao tratamento, baseando-se em características clínicas ou demográficas deste transtorno (Basco e Rush, 1995). Entretanto, os estudos sobre a adesão ao tratamento sugerem que é menos provável que os pacientes com transtorno de personalidade comórbidos ou problemas de abuso de substâncias psicoativas adiram às recomendações do tratamento (Aagaard e Vestergaard, 1990; Danion et al., 1987).

Outra razão freqüente pela qual a terapia farmacológica tradicional de manutenção fracassa é que as exacerbações dos sintomas não são identificadas a tempo e/ou não são tratadas de forma apropriada. Deste modo, uma parte dos pacientes desenvolve episódios de surto dos sintomas apesar de uma adesão adequada ou mesmo exemplar. Os aparecimentos dos sintomas podem ser precipitados por fatores ambientais, médicos, sazonais ou desconhecidos. Por exemplo, a perturbação do sono causada por acontecimentos tais como uma doença, estudar demais para um exame, mudanças nas atividades do dia ou nos planos de viagem constitui uma das diferentes vias que podem interferir nos episódios de surto (Wehr, Sack e Rosenthal, 1987). Os estímulos psicossociais estressantes também podem precipitar o surgimento de episódios de mania e de depressão (p. ex., Aronson e Skukla, 1987; Bidzinska, 1984; Dunner et al., 1979; Glassner e Haldipur, 1983; Kennedy et al., 1983; Kraepelin, 1921), especialmente no começo do curso do transtorno (Goodwin e Jamison, 1990; McPherson, Herbison e Romans, 1993; Post, 1992). Fatores ambientais e outros podem interagir: por exemplo, a preocupação com problemas pode fazer com que os pacientes esqueçam-se de tomar a medicação, pode provocar uma perturbação do sono, ou a preocupação pode vir acompanhada de um mal-estar emocional prolongado e grave que, por sua vez, produzirá recaídas/recorrências da depressão ou mania.

III. COMO UM TRATAMENTO PSICOSSOCIAL PODE AJUDAR A MODIFICAR UM TRANSTORNO "BIOLÓGICO"?

Os pacientes e suas famílias, às vezes, sentem-se incomodados devido à nossa posição de que o transtorno bipolar é uma doença biomédica, e supõem que, para resumir, "a biologia é o destino". Desta perspectiva distorcida, os pacientes podem ver a si mesmos como vítimas impotentes de um Deus injusto ou de um destino cruel. Outros pacientes podem reagir com alívio, já que lhes foi dada permissão para "deixar de" tentar ser responsáveis por algo que não podem controlar. Seja qual for o caso, a reação emocional do paciente durante a discussão pode revelar seus pensamentos e sentimentos sobre o transtorno e/ou o tratamento, abrindo caminho para uma discussão mais sincera. Além disso, o peso da responsabilidade pode agora se deslocar para fatores mais controláveis que influenciam o resultado, incluindo a adesão ao tratamento, a manutenção de um estilo de vida sadio, o registro dos sintomas e o emprego de meios mais ativos para enfrentar e/ou superar os problemas. Uma intervenção terapêutica, como a terapia cognitivo-comportamental, pode aumentar o controle médico mediante:

a. A melhora da adesão à farmacoterapia;

b. Ajudar os pacientes a identificar sintomas subsindrômicos, de modo que uma intervenção precoce possa evitar uma recorrência ou recaída total ou limite, talvez, a potência de um novo episódio;

c. Proporcionar aos pacientes técnicas que ajudem a deter o agravamento dos sintomas subsindrômicos;

d. Ensinar aos pacientes estratégias para enfrentar os estímulos sociais e interpessoais estressantes que possam ser fatores desencadeantes ou exacerbantes nas manifestações dos sintomas.

Existe certa evidência preliminar de que as intervenções psicoeducativas e psicoterapêuticas podem aumentar o efeito profilático da medicação, melhorando a adesão ao tratamento e o funcionamento psicossocial (Basco e Rush, 1995; Cochram, 1984). Alguns desses estudos incluíam pacientes com depressão unipolar (Jacob et al.,1987), mas proporcionam um modelo que pode ser aplicável ao transtorno bipolar.

III.1. Melhora do funcionamento psicossocial e prevenção da recorrência

Pacientes com transtorno bipolar que recorreram a tratamento, depois de uma fase aguda, foram acompanhados durante 12 meses (Davenport et al., 1977). Eles foram designados para três grupos, um grupo de psicoterapia de casal, um grupo de manutenção por lítio (n = 11) e outro cujos cuidados eram oferecidos pela comunidade. Constatou-se que os pacientes com transtorno bipolar que foram encaminhados ao grupo de psicoterapia de casais tinham menos casos de reinternação e menos fracassos conjugais, bem como um funcionamento social e interação familiar melhores que os grupos de comparação. Clarkin et al. (1990) encontraram resultados semelhantes em pacientes femininos com transtornos afetivos, embora o tratamento dos casais não tenha obtido melhora com os pacientes masculinos. Estes estudos sugerem que os tratamentos psicossociais proporcionam um melhor resultado quanto aos pacientes bipolares.

Outros estudos, que descrevem terapias de grupo a curto e longo prazo (combinadas com farmacoterapia), sugerem também que o tratamento psicossocial pode ser útil para reduzir a freqüência e a duração das recaídas e/ou a necessidade de hospitalização em pacientes bipolares (Benson, 1975; Powell, Othmer e Sinkhorn, 1977; Shakir, Volkmar e Bacon, 1979; Wulsin, Bachop e Hoffman, 1988). Por exemplo, embora não seja um ensaio clínico com grupo de controle, Shakir et al. (1979) encontraram, nos dois anos anteriores ao início da "psicoterapia de grupo a longo prazo", que 10 dos 15 membros do grupo com transtorno bipolar tinham sido hospitalizados por um total de 16,2 semanas e somente cinco tinham estado empregados de forma contínua. Durante os dois anos seguintes ao início da terapia de grupo, apenas três pacientes foram reinternados por um total de 3,2 semanas. Além disso, dez pacientes tinham conservado o emprego durante, pelo menos, seis meses. Powell et al. (1977) constataram, igualmente, que proporcionar terapia de grupo aos pacientes com transtorno bipolar limitou a recaída de apenas 15% dos 40 participantes do grupo ao longo de 12 meses.

III.2. A melhora da adesão ao tratamento

Altamura e Mauri (1985) (n = 14) e Youssel (1983) (n = 36) examinaram a eficácia da educação dos pacientes na adesão ao tratamento em indivíduos depressivos unipolares ambulatoriais. Ambos os estudos constataram um aumento da adesão ao tratamento depois da intervenção psicoeducativa, tendo como medida a contagem das pílulas (Youssel, 1983) ou o nível do fármaco no sangue (Altamura e Mauri, 1985).

Existem provas de que a educação do paciente pode melhorar a adesão ao aumentar a aceitação do transtorno e a adaptação a ele. Peet e Harvey (1991) distribuíram aleatoriamente 60 pacientes clínicos tratados com lítio a duas condições: 1) Um grupo educativo que assistia a uma fita de vídeo de 12 minutos com um palestra sobre o transtorno com lítio e recebia uma cópia escrita, ou 2) Um tratamento como condição habitual que não abordava, de modo sistemático, questões educativas. As avaliações das atitudes dos pacientes sobre o lítio e a compreensão do tratamento mostraram uma melhora significativa nas atitudes e no conhecimento dos mesmos sobre a doença e a intervenção.

Van Gent e Zwart (1991) proporcionaram sessões educativas a 14 pacientes com transtorno bipolar e aos seus cônjuges. Após cinco sessões, os cônjuges dos pacientes mostraram mais compreensão do transtorno, do tratamento e das estratégias sociais para enfrentar os sintomas do parceiro. Um seguimento de seis meses indicou que eram mantidas estas mudanças benéficas. Os níveis de lítio no soro também permaneciam estáveis nos pacientes durante o ano seguinte ao programa educativo, em comparação com os níveis atingidos durante o programa. Isto sugere que o programa educativo pode ter ajudado a prevenir a deterioração da adesão com o passar do tempo, o que se observa nos pacientes tratados com lítio. Realizou-se um seguimento de cinco anos do grupo educativo (Van Gent e Zwart, 1991), numa amostra mais ampla (n = 26), a fim de avaliar as taxas de abandono na profilaxia do lítio e o número de hospitalizações psiquiátricas. Utilizando um delineamento no qual as comparações eram feitas com respeito à própria linha de base dos pacientes, houve 50% de melhora no número de pacientes que continuavam com o lítio e 60% de redução das admissões no hospital.

Seltzer, Roncari e Garfinkel (1980) realizaram um estudo mais amplo sobre a educação dos pacientes. O estudo era composto por três grupos de sujeitos (esquizofrênicos, n = 44; transtorno bipolar, n = 16; deprimidos unipolares, n = 7). Cada grupo recebeu nove palestras sobre o diagnóstico, o curso do tratamento, a medicação, os efeitos secundários, as recaídas e a importância do apoio. Em um seguimento de 5 meses, os pacientes que assistiram as palestras mostraram mais adesão ao tratamento (91% comparado a 32%) e tinham menos medo dos efeitos secundários do desenvolvimento de dependência dos fármacos que os pacientes que não receberam a intervenção.

Myers e Calvert (1984) distribuíram ao acaso pacientes externos deprimidos em três grupos (n = 120). Um grupo recebeu informações escritas e verbais sobre os efeitos secundários da medicação. O segundo recebeu informações escritas e verbais sobre os efeitos benéficos do tratamento. O terceiro grupo não recebeu nenhum ensino sistemático. A comparação dos três grupos nas três semanas de seguimento mostrou que não havia diferenças significativas entre eles no nível de adesão ou nos efeitos secundários. Entretanto, num seguimento de seis semanas, os dois grupos que receberam as informações verbais e escritas relataram menos efeitos secundários e apresentaram maior adesão ao tratamento, que o grupo de controle que não tinha recebido.

A fim de avaliar a utilidade da terapia cognitiva para melhorar a adesão e os resultados do tratamento, Cochran (1984) designou aleatoriamente pacientes com transtorno bipolar com manutenção por lítio ao tratamento clínico padrão ou a uma intervenção cognitiva individual breve (seis semanas). Era menos provável que os pacientes, aos quais tinha sido designada a intervenção cognitiva de seis semanas, tivessem problemas de adesão ao tratamento comparados com o grupo de cuidado padrão, incluindo uma menor probabilidade de abandonar o lítio contra recomendação médica. Ao longo de um período de 3 a 6 meses de seguimento, o grupo de terapia cognitiva teve menos episódios provocados pela falta de adesão ao tratamento e menos hospitalizações. Embora esta tenha sido uma intervenção breve com um período de seguimento a curto prazo, os achados de Cochran (1984) proporcionam certa evidência da utilidade da terapia cognitivo-comportamental como uma ajuda para a terapia farmacológica no tratamento da depressão bipolar.

Portanto, parece estar claro que as intervenções psicoeducativas têm um valor tangível no controle a longo prazo dos transtornos do estado de ânimo recorrentes. Já que a terapia cognitiva comportamental é, entre outras coisas, inerentemente educativa, pode ser especialmente apropriada para este propósito.

III.3. Controle do reaparecimento dos sintomas

A ocorrência de sintomas subsindrômicos relativos ao estado de ânimo, em um grupo de pacientes com transtorno bipolar, multiplica por quatro o risco de episódios recorrentes do estado de ânimo (Keller et al., 1992). A hipomania era seguida, com mais freqüência, de uma recorrência afetiva maior, principalmente mania, que a depressão menor: 75% dos pacientes que desenvolveram hipomania sofreram um episódio recorrente. Estes fatos sugerem que a identificação precoce de "incursões" do estado de ânimo sub-sindrômicas poderia facilitar intervenções preventivas que diminuíssem o risco de desenvolver um episódio "completo", ou que permitissem uma contenção mais rápida dos sintomas. Os pacientes que recebem terapia cognitivo-comportamental aprendem a observar seus sintomas mais de perto, de modo que o seu reaparecimento possa ser detectado nos primeiros momentos do desenvolvimento, permitindo assim a intervenção precoce e evitando uma recorrência do transtorno.

IV. TERAPIA COGNITIVO-COMPORTAMENTAL PARA OS TRANSTORNOS BIPOLARES

A terapia cognitivo-comportamental (TCC) mostra-se eficaz no tratamento agudo (Murphy et al., 1984; Rush et al., 1977) e na possível continuação do mesmo (Blacksburn, Evanson e Bishop, 1986) na depressão maior. Na depressão grave, começar com terapia cognitivo-comportamental em combinação com a terapia farmacológica, enquanto os pacientes encontram-se ainda hospitalizados, e continuar com o tratamento durante cinco meses depois de receberem alta, pode melhorar os resultados (Miller, Norman e Keitner, 1989). A vantagem do tratamento combinado da TCC com a terapia farmacológica era mais evidente nos pacientes com pontuações elevadas na *Escala de atitudes disfuncionais* (Miller et al., 1990) e nas medidas de desesperança e de distorções cognitivas (Whishman et al., 1991). O tratamento da depressão unipolar com TCC parece transmitir benefício profilático duradouro (p. ex., Hollon, Shelton e Loosen, 1991). As recaídas que se produzem depois de uma intervenção com TCC foram associadas aos sintomas residuais (Thas et al., 1992). Jarret et al. (1993) encontraram que o período de tempo sem transtorno é significativamente mais longo para os que respondem à TCC quando a terapia "aguda" é complementada com um amplo curso de terapia de "continuação". Embora nunca tenha sido comprovado com os sintomas prodrômicos da mania, a TCC tem demonstrado sucesso no tratamento dos sintomas residuais, físicos, cognitivos e comportamentais associados à depressão (Fava et al., 1994).

As técnicas da TCC foram padronizadas para a depressão em locais de consulta ambulatoriais e de internamento (Beck et al., 1979; Thase e Wright, 1991). Os procedimentos foram definidos objetivamente com detalhes suficientes para que os terapeutas os sigam, permitindo assim tratamentos padronizados por meio de diferentes terapeutas. Isto viabiliza realizar a ampliação da TCC e a comprovação da sua eficácia como parte do tratamento padrão (no caso da TCC ser considerada eficaz). Estes avanços na quantificação da qualidade do tratamento experimental serão estendidos, logicamente, aos estudos do transtorno bipolar.

A terapia cognitivo-comportamental (TCC) para o tratamento da fase de manutenção do transtorno bipolar amplifica, não substitui, o controle farmacológico deste transtorno. Os principais objetivos da TCC para o transtorno bipolar são:
1. Educar os pacientes e as pessoas importantes do seu meio sobre o transtorno, seu tratamento e as freqüentes dificuldades associadas ao mesmo.
2. Ensinar aos pacientes métodos para registrar a ocorrência, a gravidade e o curso dos sintomas maníacos e depressivos que permitam uma intervenção precoce se os sintomas se agravarem.
3. Facilitar a adesão à medicação prescrita, eliminando os obstáculos que interferem com a referida adesão.
4. Proporcionar estratégias não farmacológicas para enfrentar os sintomas comportamentais e cognitivos da mania e da depressão.
5. Ensinar habilidades para enfrentar os problemas psicológicos que desencadeiam os episódios depressivos e maníacos ou são suas seqüelas. A seguir apresentamos um resumo dos procedimentos para abordar cada um destes objetivos. Uma discussão mais completa destes métodos pode ser encontrada em Basco e Rush (no prelo).

IV.1. *Educação do paciente e da família*

Como demonstraram os estudos descritos anteriormente, a educação dos pacientes é uma parte essencial do tratamento. Um paciente bem-informado pode ser um participante mais ativo no processo de tratamento. Os pacientes podem ser seus próprios advogados se entenderem o que devem esperar do tratamento, do profissional da saúde e da própria doença. Os estudos que envolvem a educação da família apóiam a sua inclusão no cuidado do paciente.

A educação do paciente pode tomar muitas formas. O profissional da saúde pode falar com ele sobre o transtorno bipolar, responder às suas perguntas e encaminhá-lo para outros recursos educativos. Existem vários organismos nacionais nos Estados Unidos para conseguir informações sobre o transtorno bipolar, como a National Depressive and Manic Depressive Association, a National Alliance for the Mentally Ill, o National Institute of Mental Health e a National Mental Health Association (os endereços destas associações encontram-se no final do capítulo). Qualquer que seja o modo de tratamento, é essencial à educação do paciente; não é suficiente assegurar-se da adesão, do controle dos sintomas e da prevenção das recaídas. A educação deveria ser um processo contínuo, especialmente à medida que se vai sabendo mais sobre este transtorno mental.

Embora a maioria dos folhetos sobre o transtorno bipolar descrevam os sintomas e os tratamentos mais freqüentes para a depressão e a mania, estes materiais não estão adaptados às experiências únicas de cada pessoa que sofre do transtorno. Os profissionais da saúde podem ajudar os pacientes a identificar e rotular os sintomas, os comportamentos, as emoções e as cognições que têm lugar durante as fases ativas da depressão, da mania, da hipomania e dos estados mistos. Esta personalização da educação do paciente prepara o cenário para o componente seguinte da TCC – a observação dos sintomas.

IV.2. *A detecção dos sintomas*

O reaparecimento dos sintomas é freqüente entre as pessoas com transtorno bipolar, mesmo quando tomam medicação continuamente. Infelizmente, essas exacerbações moderadas podem – o que acontece às vezes – evoluir para episódios completos de mania ou de depressão, com freqüência antes que possa ser realizado algum esforço para controlar os sintomas. É necessário um sistema de aviso precoce para ajudar os pacientes e os membros da família a detectar esses sintomas e agir nos primeiros momentos da sua evolução. A intervenção precoce pode aumentar a probabilidade de prevenção da recaída. Existem três níveis de detecção dos sintomas, cada um dos quais é descrito a seguir:

1. Representações gráficas de episódios do transtorno ao longo da vida – uma linha histórica que represente os episódios do transtorno.
2. Um resumo dos sintomas, uma lista de sintomas físicos, cognitivos, emocionais e comportamentais que ocorrem durante os episódios de depressão, mania e mistos.
3. Representações gráficas do estado de ânimo, avaliações diárias do estado de

ânimo ou outros sintomas que provavelmente mudem nos primeiros momentos durante o curso de um episódio do transtorno.

IV.3. Representações gráficas de episódios do transtorno ao longo da vida

Post e colaboradores (Post, 1992; Altshuler et al., 1995) demonstraram a utilidade das representações gráficas de episódios do transtorno ao longo da vida para entender as interações entre os episódios do transtorno, o início e o abandono do tratamento e os acontecimentos significativos da vida nos distintos pacientes. Para cada indivíduo, uma representação gráfica ao longo da vida mostra o curso do transtorno desde seu surgimento até o momento presente. Para a construção do gráfico se requer, no mínimo, a data aproximada do início e desaparecimento de cada episódio depressivo, maníaco, hipomaníaco e misto. É útil acrescentar as datas de início e término dos tratamentos, incluindo as hospitalizações, as visitas de urgência ao hospital, as terapias farmacológicas e as terapias psicológicas. É conveniente dar informações sobre os acontecimentos importantes da vida como as transições (p. ex., mudanças de trabalho, casamento, nascimento dos filhos) e as principais perdas (p. ex., mortes, divórcios), especialmente se estiverem relacionadas com as recaídas e as recorrências do transtorno. Com estas informações materializadas numa representação gráfica ao longo do tempo podem surgir padrões entre os sintomas, o estresse e o tratamento.

A figura 17.1 mostra o exemplo de um homem de 40 anos com uma história de transtorno bipolar durante 15 anos. Seu primeiro episódio maníaco começou pouco tempo depois do tratamento da depressão maior com um antidepressivo tricíclico. Começou a tomar lítio aos 26 anos. Deixou de tomar a medicação duas vezes, aos 27 e aos 30 anos, quando acreditava que o transtorno já havia desaparecido. Sofreu um episódio grave de depressão maior aos 35 anos, quando sua mãe faleceu. Embora continuasse tendo surtos leves quando se encontrava sob um estresse considerável, não teve uma recorrência da depressão ou da mania desde os 36 anos, quando começou a tomar valproato de sódio.

As pessoas com transtorno bipolar podem começar a viver a vida como uma luta diária para conter os sintomas, esperando a cada dia a queda na depressão ou o retorno à mania. É possível que comecem a sentir-se indefesas, sem controle, e temam as coisas que estão por vir. Alguns deixam de planejar o futuro. O passado se desvanece, pois a lembrança de cada episódio do transtorno se mistura com o seguinte. A construção de um gráfico ajuda os pacientes a ter em uma perspectiva mais clara de suas experiências com o transtorno. À medida que trabalham com o terapeuta para construir a representação gráfica, começam a ver padrões, épocas de eutimia, respostas ao tratamento e ocasiões de vulnerabilidade. Os pacientes relatam que este processo é terapêutico. Ajuda-os a dar significado ao que sentem como uma vida de contínua doença.

Figura 17.1. *Gráfico de um período de vida*

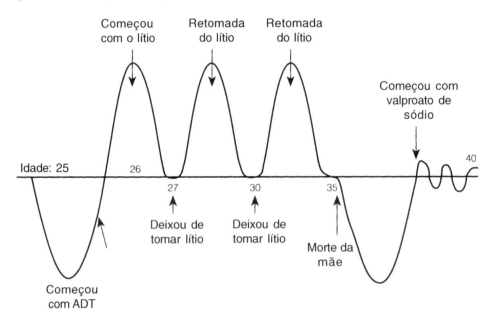

A representação gráfica é realizada sobre um eixo horizontal que representa o tempo. Esta linha pode representar a normalidade do estado de ânimo ou eutimia. As elevações acima da linha representam aumentos do estado de ânimo em direção à euforia ou à mania. Abaixo da linha encontram-se as diminuições do estado de ânimo, representando os pontos mais baixos da depressão grave. Deste modo, no caso representado na figura 17.1, o primeiro episódio do transtorno foi uma depressão maior. Foi se tornando mais grave com o tempo e depois remitiu com o tratamento, com o estado de ânimo voltando para um nível mais eutímico. Períodos de abuso de substâncias psicoativas, de ansiedade ou doenças físicas podem ser acrescentados à linha que representa a passagem do tempo. Alguns pacientes preferem omitir a representação gráfica dos episódios, incluindo apenas uma lista de acontecimentos em ordem cronológica sobre a linha do tempo.

Na figura 17.1, uma vez terminado o gráfico, o paciente pode ver como o abandono da medicação levou ao imediato surgimento de outro episódio. Também é capaz de fazer uma associação entre as épocas de um aumento do estresse e uma desestabilização do seu estado de ânimo e dos sintomas. Novos episódios do transtorno, a mudança do tratamento ou a ocorrência de outros acontecimentos importantes da vida podem ser acrescentados à representação gráfica, conforme forem surgindo. Os clínicos e os pacientes podem utilizar o gráfico para observar mudanças globais no curso do transtorno que ocorram com a idade, com as modificações do tratamento ou para uma vigilância mais constante dos sintomas.

IV.4. A folha de resumo dos sintomas

O segundo passo na detecção dos sintomas consiste em sensibilizar os indivíduos com transtorno bipolar às mudanças que normalmente experimentam durante os episódios de depressão, de mania, de hipomania e mistos. Uma folha de resumo dos sintomas, tal como a mostrada no quadro 17.5 pode facilitar este processo. Os pacientes fazem uma lista dos sintomas físicos, emocionais, cognitivos e comportamentais que ocorrem durante os episódios maníacos e depressivos. Inclui-se uma terceira coluna para indicar o que o indivíduo experimenta quando não tem sintomas. Por exemplo, na coluna de depressão, o paciente indica que dorme dez horas ou mais com sestas ocasionais à tarde. A coluna da mania indica que o sono se reduz a 4-3 horas por noite, despertando geralmente mais cedo que o normal, sem necessidade de mais sono. Na coluna do estado normal, o paciente indica o padrão de sono habitual, quando não tem sintomas. No quadro 17.5, este paciente indicou que normalmente não dormia mais de oito horas por noite e que não dormia durante o dia. Cada sintoma incluído na lista é comparado e contrastado com os outros estados de ânimo e com os períodos de eutimia. Os membros da família e os amigos contribuem com a lista, acrescentando suas observações sobre o paciente durante os períodos com sintomas.

Quadro 17.5. *Lista resumida dos sintomas que ocorrem durante os episódios maníaco e depressivo*

Lista resumida dos sintomas		
Estado normal	**Depressão**	**Mania**
6-8 horas de sono, sem dormir durante o dia Mais introvertido A vida parece ter sentido Acho que estou bem Seguro O pensamento é claro Visito alguns amigos íntimos Sinto-me bem	Durmo dez horas à noite e durmo durante o dia Afastado e solitário Pensamentos de suicídio Não valho nada Não posso me concentrar As pessoas não me interessam O estado de ânimo é negro	Preciso de 5 horas de sono Extrovertido, sociável A vida é maravilhosa Sou brilhante Ambicioso Muito criativo Quero estar com as pessoas Estou entusiasmado com a vida

IV.5. A representação gráfica do estado de ânimo

Os gráficos do estado de ânimo podem ser utilizados para observar as mudanças diárias no estado de ânimo, nas cognições e no comportamento que poderiam indicar o aparecimento de um novo episódio de mania e depressão. O gráfico pode ser empregado para avaliar o estado de ânimo ou outros sintomas que o paciente percebe e que costumam aparecer no começo do episódio. Algumas pessoas são mais sensíveis às mudanças nas atitudes (mais otimistas ou mais pessimistas). Outras percebem as mudanças nos padrões de sono (aumentados ou interrompidos) ou na atividade (mais ativos ou mais afastados socialmente). A folha de resumo dos sintomas pode ajudar o clínico e o paciente a decidir quais sintomas são mais úteis de registrar.

Quadro 17.6. *Gráfico do estado de ânimo*

Nome do paciente: _____ Semana: _____
Preenchido por: _____ Relação com o paciente: _____

Gráfico do estado de ânimo

Dia 1 Dia 2 Dia 3 Dia 4 Dia 5 Dia 6 Dia 7

Data:

Maníaco

+ 5
+ 4
+ 3 Momento de intervir
+ 2 Observar de perto
+ 1
0 Normal
−1
−2 Observar de perto
−3 Momento de intervir
−4
−5

Deprimido

A fila da metade do gráfico apresentava no quadro 17.6. representa a eutimia, de modo semelhante à linha média da figura 17.1. Os pontos acima da linha média, de +1 a +5 representam níveis de mania, e +5 indica um episódio maníaco grave. Os pontos abaixo da linha média, de −1 a −5 representam níveis de depressão, e os pontos mais baixos indicam um episódio grave de depressão maior. O estado de ânimo provavelmente variará de −1 a +1 nos dias mais eutímicos. As avaliações +2 e −2 alertam os pacientes a observar seus sintomas um pouco mais de perto e tomar as medidas de proteção que forem necessárias (p. ex., normalizar o sono, lembrar de tomar a medicação). Uma pontuação −3 ou +3 indica que é o momento de intervir para evitar que os sintomas se agravem. Isto pode requerer que se chame o médico e que se utilize as técnicas da TCC descritas mais adiante.

É melhor adaptar o gráfico do estado de ânimo às necessidades especiais de cada paciente. Por exemplo, para aqueles sujeitos que sofrem de mudanças do estado de ânimo na metade do dia (p. ex., quando as crianças voltam do colégio para casa), pode-se delinear um gráfico com as avaliações da manhã e da tarde. O paciente pode incluir anotações sobre qualquer circunstância relacionada com a mudança no estado de ânimo. Esta informação pode ajudar os clínicos a desenvolver intervenções que evitem o agravamento do referido estado. Por exemplo, os pacientes podem observar que seu estado de ânimo muda quando chegam ao trabalho, quando dirigem com muito trânsito, quando vêm seus cônjuges ou quando têm fome. Estas mudanças de humor não requerem intervenção farmacológica, mas podem ser abordadas com técnicas de TCC.

IV.6. *Procedimentos para melhorar a adesão ao tratamento*

Outro objetivo da TCC para os transtornos bipolares consiste em otimizar a adesão à terapia farmacológica e outras formas de intervenção durante o tempo total em que o paciente estiver sob tratamento. A ênfase na otimização da adesão supõe que, mesmo sob as circunstâncias mais favoráveis, a maioria das pessoas será incapaz de seguir o tratamento perfeitamente em todas as ocasiões, especialmente se este durar grande parte da vida. Se os objetivos e os procedimentos da intervenção forem aceitáveis para os pacientes, o esforço da TCC centra-se em aumentar a probabilidade de que os pacientes possam seguir o tratamento tal como está prescrito, identificando e eliminando os fatores que interfiram com a adesão.

O enfoque começa com a estrutura do contrato comportamental, refinado e ampliado pela identificação e a eliminação dos obstáculos à adesão. Este elemento crítico do contrato se diferencia dos métodos-padrão de contrato comportamental por ajudar os pacientes a antecipar os problemas com a adesão antes que ocorram. Este processo de "eliminação de problemas" permite que os pacientes e os clínicos discutam abertamente a adesão ao tratamento como um objetivo, em vez de uma ordem ou um comportamento inapropriado, tal como se faz habitualmente. Os clínicos introduzem a idéia de que a adesão total ao tratamento é um objetivo, proporcionando uma explicação fundamentada sobre a necessidade do emprego consistente da medicação para otimizar sua eficácia, mas deveriam comprovar se os pacientes entendem e aceitam essa explicação. Se isso não ocorrer, será necessário uma discussão maior para esclarecer como funciona a medicação psicotrópica e para determinar se os pacientes têm idéias errôneas sobre a terapia farmacológica. Não é raro que pessoas com transtorno bipolar tenham tido experiências ruins com a medicação no passado, especialmente se seus sintomas foram tão graves que necessitassem de uma hospitalização ou um tratamento de emergência, ou se o diagnóstico não estava claro no momento em que foi iniciado o tratamento. Este tipo de experiência pode fazer com que os pacientes tenham algumas suspeitas sobre as intenções dos seus psiquiatras e sobre a utilidade da farmacoterapia.

Outra diferença entre o enfoque da TCC sobre a adesão e o contrato comportamental tradicional é que habitualmente não se proporciona uma recompensa externa pela adesão. A atenção concentra-se em fazer com que os pacientes assumam a responsabilidade total da adesão ao tratamento. Os clínicos podem ajudá-los a entender o porquê é importante ser consistente no momento de tomar a medicação e a trabalhar para uma otimização da adesão, mas tomar a medicação regularmente é, em última análise, responsabilidade do paciente. As conseqüências da falta de adesão são internas, pessoais, e as recompensas pela adesão também devem sê-lo. A metamensagem desta intervenção é que deveria haver uma atribuição interna quanto ao grau em que as pessoas aderem ao tratamento e aos resultados da adesão (p. ex., "Sigo este tratamento corretamente porque acho que é útil para mim e se reverte no meu próprio interesse"). As recompensas externas, que podem ser convenientes nas intervenções breves, como a perda de peso, não criariam nem manteriam as mudanças comportamentais necessárias no tratamento profilático, prolongado, do transtorno bipolar.

Como acontece com outras intervenções de contrato comportamental para melhorar a adesão, a TCC começa com uma clara definição dos objetivos do tratamento. Estes objetivos materializam-se de modo específico como são os programas das doses (p. ex., tomar 300 mg de lítio pela manhã, ao meio-dia e na hora de se deitar), nos planejamentos das reuniões (p. ex., ir à consulta com o médico na próxima segunda-feira, freqüentar as reuniões dos Alcoólicos Anônimos três vezes na próxima semana), e/ou nas tarefas para casa (p. ex., ler o folheto sobre o transtorno bipolar). Para ter sucesso, o paciente e o profissional da saúde têm que entender os objetivos do tratamento e estar de acordo quanto a isso. Uma vez que esses objetivos tenham sido definidos, deve ser dado um documento por escrito ao paciente e ao clínico. O Quadro 17.7 oferece um exemplo da primeira parte de um contrato comportamental no qual são especificados os planos de tratamento.

A segunda parte do tratamento comportamental consiste em identificar os fatores que podem interferir no tratamento. Isto inclui aspectos internos do indivíduo (p. ex., estado de ânimo, temores sobre a medicação, esquecimento) e influências externas (p. ex., membros da família que desaconselham o uso de medicamentos, conselhos

Quadro 17.7. *Contrato de adesão: Parte I. Plano de tratamento*

Eu, *(nome do paciente)*, estou de acordo em seguir os planos de tratamento descritos a seguir:

1. Tomar 300 mg de lítio três vezes ao dia (manhã, tarde e noite).
2. Tomar 1 mg de Somnovit antes de me deitar para que me ajude a dormir.
3. Ir ao médico uma vez por mês.
4. Ligar para o médico se achar que estou começando a ter mais sintomas ou se pensar que é necessário mudar de medicação. Estou de acordo em telefonar antes de fazer mudanças por conta própria.

---

médicos em desacordo). O quadro 17.8 descreve alguns dos obstáculos à adesão ao tratamento.

O contrato comportamental inclui, numa segunda sessão, uma lista de fatores que o paciente identifica como elementos que interferem potencialmente na adesão ao tratamento (ver Quadro 17.9). O clínico ajuda o paciente a antecipar problemas com respeito a cada um dos objetivos da intervenção (p. ex., "O que poderia acontecer para que você não tomasse a medicação?" O que poderia acontecer para você não fazer isso até a sua próxima consulta com o médico?"). Alguns pacientes que querem agradar seus médicos dirão que nada evitará que tomem a medicação. Embora este entusiasmo normalmente seja verdadeiro, o profissional da saúde não deveria omitir a discussão dos obstáculos que, embora não planejados, poderiam surgir. Nestes casos, pode ser útil revisar as experiências passadas nas quais os pacientes apresentaram

Quadro 17.8. *Obstáculos à adesão*

A. *Variáveis pessoais*
   1. Ocorre a remissão dos sintomas e não vê necessidade de continuar com o tratamento.
   2. A medicação do paciente termina. Não pede outra receita.
   3. Nega ter um transtorno/estigma crônico associado à doença bipolar.
   4. Esquecimento.

B. *Variáveis do tratamento*
   1. Efeitos secundários da medicação.
   2. O programa de medicação não se ajusta ao programa pessoal do paciente.
   3. O paciente é encaminhado para outro médico, que muda os planos do tratamento.

C. *Variáveis do sistema social*
   1. Estímulos psicossociais estressantes.
   2. Conselhos médicos contraditórios.
   3. Dissuasão por parte da família ou de amigos.
   4. Relatos públicos de outras pessoas que tiveram experiências ruins com a medicação.

D. *Variáveis interpessoais*
   1. Relação deficiente com o terapeuta e/ou com o psiquiatra.
   2. Contexto clínico massificado, incômodo ou desagradável.

E. *Variáveis cognitivas*
   1. O paciente não gosta da idéia de ter de depender dos fármacos.
   2. O paciente acredita que deveria ser capaz de controlar, por si mesmo, as mudanças e humor.
   3. O paciente atribui erroneamente os sintomas do transtorno bipolar a outra fonte.
   4. O paciente suspeita das intenções do psiquiatra.

Fonte: Adaptado de M. R. Basco e A. J. Rush (1996). *Cognitive-behavior for bipolar disorder.* Nova York: Guilford.

problemas para continuar com o tratamento tal como havia sido prescrito (p. ex., "Houve momentos no passado em que foi difícil sempre tomar a medicação prescrita ou nos quais você mudou a forma de tomá-la? O que aconteceu quando você acrescentou remédios por conta própria para ajudar no controle dos sintomas?").

Quadro 17.9. *Contrato de adesão. Parte II. Obstáculos à adesão*

Para seguir meu plano de tratamento, antecipo os problemas relacionados abaixo:

1. Poderia ganhar peso com o lítio.
2. Um comprimido de Somnovit poderia não ser suficiente, de modo que eu teria que tomar dois.
3. Poderia não ter um carro para ir à próxima consulta.
4. Poderia precisar de mais remédios antes de ir novamente à consulta.

A última sessão do contrato de adesão consiste em planos para evitar ou superar os obstáculos descritos na sessão anterior. Para cada obstáculo, o paciente e o profissional da saúde elaboram um plano que reduza a probabilidade de que o problema se manifeste, ou para enfrentar o obstáculo quando este surgir. Os pacientes provavelmente possuam estratégias usadas no passado com diferentes graus de sucesso. O plano para superar cada obstáculo deve ser escrito na terceira parte do contrato de adesão. O quadro 17.10 oferece um exemplo:

Quadro 17.10. *Contrato de adesão. Parte III. Plano para reduzir os obstáculos à adesão*

Para superar os obstáculos, planejo fazer o seguinte:

1. Pedir ao médico uma lista de comidas com gorduras. Limitar a ingestão de alimentos gordurosos em cada refeição. Comer doces só duas vezes por semana.
2. Melhorar o sono não tomando café ou outras bebidas com cafeína após as quatro da tarde.
3. Planejar antecipadamente. Pedir à família para me levar à consulta com o médico pelo menos uma vez por semana. Separar dinheiro para tomar um táxi ou um ônibus, caso seja necessário.
4. Se não puder ir ao médico antes de acabarem os remédios, vou limitar os fármacos extras àqueles que meu médico e eu estivermos de acordo que são seguros e úteis. Vou telefonar para minha assistente social, se precisar de ajuda.

O contrato pode ser desenvolvido por quaisquer dos profissionais da saúde que trabalhem com o paciente e que estejam a par do plano de tratamento com a medicação. Para escrever o contrato pela primeira vez, leva-se uns 45 minutos. Ele deve ser revisado a cada visita posterior, a fim de modificar os objetivos da intervenção, avaliar qualquer problema com a adesão e modificar o plano para abordar os obstáculos ao tratamento, caso seja necessário. Às vezes, os pacientes sentem-se mais à vontade admitindo a falta de adesão ao tratamento com outros clínicos que não sejam seus médicos. Desejam causar uma boa impressão ou têm medo das conseqüências, de decepcionar seus médicos. Um/a enfermeiro/a, um/a assistente social ou um terapeuta podem revisar o contrato durante os encontros regulares com os pacientes. O psiquiatra pode revisar o contrato mais brevemente, modificando o plano, quando necessário.

IV.7. *O controle dos sintomas cognitivos sub-sindrômicos*

Os sintomas de depressão e mania incluem mudanças no conteúdo, na clareza e no número de pensamentos. Em ambos os estados emocionais, as cognições parecem ser tanto um produto do estado de ânimo quanto uma variação que afeta o mesmo. Os pontos de vista ou as atitudes sobre si mesmo, o mundo ou o futuro mudam, muitas vezes, de modo não realista. O processamento da informação pode ficar nitidamente mais lento quando a concentração encontra-se deteriorada pela depressão ou quando o fluxo de pensamentos e a distração sobrecarregam o sistema com um excesso de dados. Os níveis de criatividade alteram-se com a hipomania e a mania, estimulando, muitas vezes, um excesso de novas idéias e inspirações, enquanto na depressão a falta de geração de novas idéias pode vir a ser um extremo angustiante. Tanto na depressão quanto na mania, a comprovação da realidade pode estar deteriorada, especialmente quando os episódios dos transtornos encontram-se em níveis mais graves. O conteúdo das idéias delirantes e das alucinações são geralmente congruentes com o estado de ânimo.

A intervenção da TCC na deterioração da concentração na depressão e na mania é semelhante. A tarefa consiste em reduzir o ruído ou o excesso de estimulação e centrar o pensamento num objetivo de cada vez. Na mania, isto não é realizado com facilidade porque o controle interno sobre o fluxo de pensamentos é limitado em muitas pessoas. Algumas acham que as técnicas de relaxamento e o controle da estimulação ambiental diminuem o fluxo de pensamentos. Fixar-se nos sintomas ajudará os pacientes a descobrirem as mudanças cognitivas no começo do desenvolvimento, quando são mais fáceis de controlar.

IV.8. *Avaliação e modificação das distorções cognitivas*

A análise lógica dos pensamentos emocionalmente distorcidos, sejam pensamentos automáticos negativos associados à depressão ou de suspeita ou de raiva que acompanham a irritabilidade, ou pensamentos manifestamente positivos que acompanham a mania, pode ser feita com técnicas da terapia cognitiva tradicional, como a avaliação da sua validade, examinando as provas que os apóiam e os questionam, ou gerando explicações alternativas. No caso de pensamentos de irritação, de cólera ou paranóides, pode ser especialmente útil ensinar os pacientes a conseguir uma distância emocional com respeito ao estímulo do pensamento antes de tentar avaliar sua validade. Este distanciamento emocional pode ser poderoso o suficiente para ajudar o indivíduo a conseguir uma perspectiva menos emocional e mais precisa da situação.

Com respeito aos pensamentos distorcidos positivamente, o habitual é que não seja o paciente e, sim, as pessoas do seu meio que se queixem dos pensamentos otimistas demais e pouco realistas. O paciente que está desenvolvendo um episódio hipomaníaco ou maníaco pode sentir-se melhor que o habitual, ter mais criatividade e mais confiança em si mesmo e não ver nada de patológico sobre estas mudanças positivas. Por conseguinte, o sinal para avaliar a validade destes pensamentos será provavelmente um terapeuta, um membro da família ou as pessoas do ambiente de trabalho do paciente. Quando lhes é pedido para avaliarem os pensamentos com inclinações positivas, os pacientes, muitas vezes, se ofendem ou se irritam. A mensagem desta sugestão é "você não é criativo, e sim doente". Os indivíduos que temem ter outro episódio de mania, e estão sensíveis às mudanças cognitivas que possam ocorrer, questionarão seu próprio pensamento quando este adquirir um viés positivo. Os pensamentos automáticos negativos, que se manifestavam na depressão ou em uma mania ou hipomania irritáveis, são acompanhados por uma desagradável mudança no estado de ânimo. Este mal-estar, que não está presente em uma mania ou hipomania eutímicas, servirá como sinal para observar e avaliar os pensamentos automáticos negativos.

A seguir, apresentaremos uma breve revisão de alguns métodos para avaliar os pensamentos positivos e negativos distorcidos. Os diários de pensamentos automáticos, como o *Registro diário dos pensamentos disfuncionais* (Beck et al., 1979; Wright et al., 1993), proporcionam uma estrutura para a avaliação. Quando ocorre uma mudança no estado de ânimo, indica-se a data e as circunstâncias nas quais ocorreu a mudança de humor. O estímulo pode ser um acontecimento do ambiente da pessoa ou algo interno, como a lembrança de um acontecimento passado. Será necessária certa prática para ser capaz de identificar o estímulo específico de uma mudança do estado de ânimo. Como os episódios do transtorno bipolar são desencadeados muitas vezes biologicamente, pode ser que não haja estímulos identificáveis para uma mudança no estado de ânimo. Logo, o paciente descreve os tipos de emoções que está experimentando (p. ex., tristeza, raiva, ansiedade). Se várias emoções forem encontradas simultaneamente (p. ex., tristeza misturada com ansiedade), descreve-se cada uma delas. Emprega-se uma escala de 0 a 100 para avaliar a intensidade aproximada destas emoções quando forem experimentadas inicialmente (ou seja, no momento de produzir-se o evento). Nesta escala, o 0 é a ausência de emoção e o 100 é a maior intensidade da emoção que tenha sido experimentada alguma vez. Reavaliar a intensidade destas mesmas emoções quando são experimentadas no momento em que se tenta o exercício da análise lógica. Estas duas avaliações são realizadas porque normalmente há uma mudança na intensidade da emoção desde o momento da mudança de humor inicial até o momento em que se começa o exercício. Pode produzir-se um aumento na intensidade da emoção causado por um conjunto de problemas (p. ex., os estímulos estressantes tornam-se mais complicados ou difíceis) ou pela volta do evento estimulante. Do mesmo modo, pode ocorrer uma diminuição na intensidade da emoção com o passar do tempo e a distância emocional com relação ao estímulo, ou pensando no problema e tentando uma solução. As mudanças na direção da intensidade emocional e suas causas ajudarão os terapeutas a entender melhor como os pacientes enfrentarão internamente as mudanças emocionais. Faz-se com que o paciente escreva os pensamentos que estavam associados a cada emoção descrita. Utilizando a mesma escala de 0 a 100, avalia-se a intensidade com a qual, segundo se acredita, dava-se o pensamento automático no momento de ocorrência do evento. Neste caso, o 0 significa uma ausência total de crença na idéia e 100 uma certeza absoluta. Faz-se com que o paciente reavalie a intensidade com a qual acredita dar-se o pensamento automático no momento em que se inicia o exercício da análise lógica.

Para começar a diminuir a intensidade da mudança emocional, seleciona-se um dos pensamentos automáticos que está associado à mudança emocional mais intensa ou um que o paciente identifique como especialmente perturbador. A tarefa da análise lógica consiste em gerar, em primeiro lugar, evidências que apóiem e questionem o pensamento automático e, em seguida, revisar de forma objetiva as provas e tirar uma conclusão. O paciente descreve as evidências que apóiem e questionem o pensamento automático sob análise em duas colunas. É consideravelmente mais eficaz que o paciente gere as provas, em vez de aceitar a palavra do terapeuta. O terapeuta pode fazer perguntas para estimular o paciente a considerar outras provas e proporcionar algumas sugestões.

Depois do paciente examinar as evidências a favor e contra o pensamento, pode chegar à conclusão de que o pensamento não é válido, de que as provas não são concludentes ou de que o pensamento é realmente válido. Caso o pensamento não seja válido, ajuda-se o paciente a revisar o pensamento automático original para torná-lo mais correto. Por exemplo, "Sou um completo perdedor" poderia ser modificado para "Cometi um erro". Novamente, é mais eficaz quando o paciente revisa o pensamento. Se este for válido (p. ex., "Meu esquecimento fez com que a empresa perdesse o contrato"), o paciente deveria avaliar as conseqüências em potencial que o seguem assim como a probabilidade de que essas conseqüências venham a ocorrer ("Poderia perder o emprego" – 50% de probabilidade). Se a probabilidade é elevada e as conseqüências são importantes, adota-se um enfoque de solução de problemas a fim de gerar um plano para diminuir a probabilidade de conseqüências negativas e/ou para enfrentar sua ocorrência (p. ex., "Conversar com o chefe sobre o meu erro. Falar sobre até que ponto meu emprego está garantido. Ler anúncios de novos trabalhos em potencial no caso de me despedirem. Encontrar formas de compensar minha pouca concentração e memória").

Se as evidências não forem concludentes, determinar que tipo de provas seriam necessárias para confirmar ou descartar o pensamento (p. ex., "Não tenho certeza de que a culpa foi minha. Vou precisar perguntar para o meu chefe para ter certeza"). Gerar um plano para recolher mais provas (p. ex., "Conversarei primeiro com um colega de trabalho em quem confio. A seguir, falarei com meu chefe sobre o ocorrido"). Terminado o exercício, reavaliar a intensidade de cada emoção descrita no começo. Reavaliar a intensidade da crença em cada pensamento automático. Se o exercício foi útil, deveria diminuir a intensidade da emoção. Se esta continuar elevada, explorar os pensamentos automáticos associados agora à emoção e repetir o exercício.

Na mania, uma preocupação freqüente entre os pacientes e os membros da sua família, os amigos e os companheiros de trabalho é o estado de ânimo eufórico e o desejo de fazer mudanças extremas no trabalho ou nas relações. O paciente maníaco ou hipomaníaco pode ter mais confiança em si mesmo e acreditar que suas idéias têm garantia de sucesso enquanto os demais acham que os planos são arriscados ou inapropriados. Uma estratégia para tornar mais lento o processo e reduzir a adoção de riscos excessivos consiste em avaliar a validade de que estas novas idéias tenham, de fato, garantido o sucesso, empregando o método descrito anteriormente. Talvez um procedimento mais útil para avaliar novas idéias seja examinar as vantagens e desvantagens de realizar o novo plano (p. ex., mudar de trabalho, fazer um investimento econômico, terminar ou começar uma relação amorosa) e as vantagens e desvantagens de não fazê-lo (p. ex., conservar o *status quo*). Se o paciente, a família ou o terapeuta não têm claro se as novas idéias são planos criativos ou são um sintoma da mania que está condenada ao fracasso, os sintomas continuam sendo registrados, usando um gráfico do estado de ânimo antes de realizar alguma mudança (p. ex., "Se for uma boa idéia hoje, também será uma boa idéia na semana que vem"). É preciso lembrar ao paciente de que forma a urgência de agir pode ser um sintoma da hipomania.

IV.9. *O controle dos sintomas comportamentais subsindrômicos*

As intervenções que ativam o comportamento empregadas na terapia cognitiva tradicional para a depressão funcionam também na contenção da atividade na hipomania ou nas primeiras fases da mania. Na depressão, muitas vezes, ocorre uma autocrítica sobre a falta de atividade que deveria ser avaliada enquanto são realizadas as intervenções comportamentais. O aumento da atividade deveria melhorar a visão negativa de si mesmo e a sensação de incômodo. Na mania, as cognições que rodeiam o excesso de atividade e a desorganização que a acompanha estão relacionadas com temas de auto-controle. O sucesso, por meio da contenção comportamental, não só ajuda a reduzir a estimulação que perturba o sono e faz progredir a mania, mas pode ajudar também a melhorar a sensação de auto-eficiência dos pacientes.

As intervenções comportamentais, tanto para a depressão quanto para a mania, implicam estabelecer objetivos, planejar e pôr em prática uma série limitada de atividades. O aumento da estimulação mental na mania pode fazer com que o paciente se sobrecarregue com planos demais, em sua maioria pouco organizados. Na depressão, o paciente encontra-se normalmente cansado demais para organizar e iniciar atividades, acumulando-se, por conseguinte, as responsabilidades do trabalho ou da casa. Sentir-se incomodado com as responsabilidades só serve para piorar a inércia. O estabelecimento de objetivos ajuda a organizar os pensamentos e os planos do paciente. Existem muitas formas para estabelecer objetivos. Normalmente começam fazendo com que o paciente faça uma lista de todas as atividades ou comportamentos que quer ou tem que realizar. Esta parte da intervenção pode ser iniciada durante a sessão de terapia e terminar como tarefa para casa. Tanto o paciente maníaco quanto o deprimido criarão listas com mais atividades do que podem realizar imediatamente.

O segundo passo consiste em pôr em ordem de prioridade as atividades propostas. Primeiro se procura fazer as de maior prioridade. Na depressão, a quantidade de atividade atribuída dependerá do nível de energia do paciente. Será solicitada só a atividade que possa ser executada de forma realista antes da sessão de terapia seguinte. Isto pode ser perturbador para alguns pacientes que se consideram culpados da sua inércia e sentem a necessidade de pôr-se em dia tão logo possam fazê-lo.

Na hipomania, a quantidade de atividade pedida como tarefa para casa precisa ser limitada. Embora o paciente possa pensar que é capaz de fazer tudo o que lhe for pedido, o surgimento contínuo de novas idéias juntamente com a distração normalmente conduzem a começar novos projetos, mas concluir poucos. O aumento da atividade durante o dia significa excesso de estimulação e menos sono à noite. Este processo alimenta a hipomania que, por sua vez, alimenta a atividade mental e física, empurrando o episódio em direção à mania.

Uma forma de satisfazer o paciente deprimido, perseguido pela culpa, e o paciente hipomaníaco, entusiasta, consiste em delimitar dois grupos de atividades, uma "lista A" e uma "lista B". A "lista A" inclui atividades prioritárias. Se o paciente terminar as tarefas ou atividades da "lista A", pode seguir com as tarefas da "lista B". O clínico deve empregar seu juízo sobre o quanto pode ser executado de modo razoável entre sessões sem que o paciente perca o sono. O paciente deprimido deve começar com poucos elementos (um ou dois) da "lista A" que possam ser facilmente terminados. No caso da pessoa que se encontra em estado hipomaníaco, a idéia é proporcionar a atividade suficiente de modo que seja satisfatória e concentre a energia extra, mas evitar a superestimulação ou o "queimar as pestanas". A ênfase deve ser posta em terminar um projeto antes de começar outro.

IV.10. *A redução dos estímulos psicossociais estressantes*

O último componente do enfoque de TCC para o tratamento do transtorno bipolar consiste na redução dos estímulos psicossociais estressantes. Os episódios de depressão e de mania interferem no funcionamento em casa, no trabalho e nas relações sociais por comprometer, em parte, a capacidade da pessoa para solucionar os problemas da vida diária. Sintomas como a inatividade, a irritabilidade, a adoção de riscos ou a impulsividade agravam o estresse do paciente e o dos membros da família. A emocionalidade do sujeito e as reações dos outros perturbam as relações. Antes que os membros da família ou os amigos reconheçam os comportamentos do indivíduo como sintomas de uma doença, é mais provável que considerem os comentários do paciente de forma superficial. Isto servirá para cultivar ressentimentos, que não desaparecem quando o episódio de depressão ou de mania do sujeito termina. Os problemas residuais podem ser negativos para todos e contribuem para o desenvolvimento de um ambiente estressante que pode predispor a algum outro episódio do transtorno. A terapia, por conseguinte, tem que trabalhar para solucionar estímulos psicossociais estressantes que já existem, ensinar habilidades para enfrentar os novos problemas conforme forem se apresentando e proporcionar aos pacientes *feedback* corretivo sobre suas habilidades de comunicação interpessoal, de modo que possam manter relações saudáveis.

IV.11. *A solução de problemas psicossociais*

Para alguns pacientes, a intervenção na crise pode ser a razão pela qual recorreram à terapia. Assim sendo, propõe-se que os terapeutas abordem os problemas presentes enquanto procuram ensinar as habilidades da TCC descritas anteriormente. É fácil distrair-se com temas que se pensa que estão pressionando o indivíduo e sua família. Se o número de sessões for limitado por questões econômicas, pode ser que não haja tempo suficiente para um treinamento em habilidades completo. Entretanto, à medida que o terapeuta ajuda o sujeito a solucionar as crises, pode ensinar habilidades de solução de problemas. Isto permite que o paciente tenha uma estrutura para abordar problemas futuros quando o terapeuta não puder estar presente.

A identificação e a definição do problema são o primeiro passo para a solução, mas ele pode estar distorcido ou encoberto pelo estado de ânimo do paciente. Ele deveria ser estimulado a ser específico sobre o comportamento, a situação, o momento e/ou as circunstâncias que são problemáticas. Se houver mais de um participante na terapia, pode ser necessária certa discussão até que haja um acordo sobre o problema (p. ex., "As faturas vencem amanhã e não temos dinheiro para pagar todas"). O segundo passo do processo consiste em gerar possíveis soluções para o problema. É mais útil começar por fazer uma lista de todas as soluções em potencial sem avaliar sua qualidade ou viabilidade. Depois de revisar cada uma delas e de eliminar as soluções menos desejáveis ou razoáveis, as soluções restantes podem ser ordenadas em função da sua probabilidade de sucesso. Se uma solução não se apresenta como a mais adequada, as restantes são avaliadas em função das suas vantagens e desvantagens. Deve-se especificar como, quando e por quem será executada a solução e isto é pedido como tarefa para casa. Avaliam-se os resultados e, se não são completamente satisfatórios, revisa-se o plano existente para abordar melhor o problema.

IV.12. A comunicação interpessoal

Um dos obstáculos mais freqüentes para uma boa comunicação é a emoção. Esta constitui um filtro pelo qual as mensagens podem ser distorcidas. O transtorno bipolar caracteriza-se por mudanças emocionais extremas acompanhadas por mudanças na visão de si mesmo e dos outros. Tanto as mudanças cognitivas ou de atitude quanto as mudanças emocionais afetarão o envio e a recepção das mensagens. Isto tem como resultado que o ouvinte escute coisas diferentes das que se tentou enviar. As respostas refletem, por sua vez, o que foi ouvido, em vez do que se tentou comunicar. Nestas situações, não demora muito tempo para que surjam tensão e conflitos. O objetivo da terapia consiste em reduzir os filtros que distorcem a comunicação, de modo que o paciente possa enviar mensagens aos outros de maneira eficaz e recebê-las sem interpretá-las mal. A seguir, apresentamos um resumo das regras de comunicação que ajudarão no processo:

- *Permaneça tranqüilo/a.* A raiva guia a escolha das palavras e das soluções oferecidas. É melhor esperar até que a emoção se acalme que se arriscar a tomar decisões erradas no calor da raiva.
- *Organize-se.* Gaste o tempo necessário para pensar sobre um problema e uma possível solução antes de discuti-lo com os outros.
- *Seja específico.* As queixas globais (p. ex., "Não agüento mais isso", "Você não me apóia") não são facilmente solucionadas e levam normalmente a um maior conflito, pois força quem recebe a queixa defender-se, muitas vezes contra-atacando. Especifica-se a ação, o acontecimento ou o processo problemático.
- *Seja claro.* Tentar ser amável por meio de expressões vagas deixa muito espaço para interpretações erradas.
- *Seja um bom ouvinte.* A escuta ativa sem interrupções significa tentar compreender a perspectiva de quem fala em vez de usar o tempo de fala da outra pessoa como uma oportunidade para preparar uma resposta (ou defender-se).
- *Seja flexível.* Considere as idéias dos outros antes de escolher uma solução.
- *Seja criativo/a.* Ao gerar uma solução para um problema específico, é útil ir além das estratégias empregadas no passado. Seja imaginativo. Tente novos planos. Se não funcionarem, você pode usar outro método.
- *Torne as coisas mais simples.* Resista ao impulso de colocar em discussão outros problemas ou assuntos que lhe venham à cabeça. Vigie a conversa para não se afastar do ponto principal. Solucione um problema de cada vez.

Embora estas regras pareçam bastante fáceis de serem seguidas, é necessário prática para ser um bom comunicador, especialmente se o tema for conflitivo ou se a pessoa estiver sentindo-se deprimida, irritável ou ansiosa. A chave para o treinamento em comunicação com sucesso reside em tornar o processo mais lento, de modo que se possa mostrar ao sujeito as virtudes e os defeitos das suas habilidades de comunicação. O paciente, e às vezes os membros da sua família, necessitam de uma avaliação objetiva dos seus comportamentos de comunicação. A auto-observação, embora útil, está distorcida pela visão sobre si mesmo de quem fala e o grau de adequação das suas mensagens. As observações objetivas do terapeuta podem ser muito valiosas se o paciente estiver preparado para ouvi-las.

V. CONCLUSÕES E TENDÊNCIAS FUTURAS

Pode-se defender com vigor o emprego da TCC como auxílio à terapia farmacológica em pacientes com transtorno afetivo bipolar. Felizmente, são esperados mais dados empíricos para estabelecer a razão custo/benefício do acréscimo desta estratégia. No caso do transtorno bipolar, centrar-se exclusivamente na farmacoterapia é econômico nos pequenos detalhes, mas na realidade é um esbanjamento nos aspectos importantes. A falta de atenção às questões psicossociais que afetam o modo como os pacientes enfrentam este transtorno crônico e devastador dará como resultado episódios recorrentes da doença e a necessidade de tratamentos mais caros como as hospitalizações e as consultas de urgência. Enquanto isso, a capacidade dos pacientes para funcionar continua diminuindo e eles contribuem cada vez menos nos seus papéis ocupacionais e sociais. Também é necessário que haja mais pesquisas para determinar quais são os elementos da intervenção da TCC para o transtorno bipolar que mais ajudam os pacientes, a fim de controlar os sintomas o máximo possível ao longo das suas vidas. O desafio que se apresenta aos clínicos é proporcionar um tratamento amplo, como o exposto aqui, num contexto para o cuidado da saúde, no qual quanto mais barato seja o tratamento, melhor será.

REFERÊNCIAS

Aagaard, J. y Vestergaard, P. (1990). Predictors of outcome in prophylactic lithium treatment: A 2-year prospective study. *Journal of Affective Disorders, 18,* 259-266.

Altamura, A. C. y Mauri, M. (1985). Plasma concentration, information and therapy adherence during long-term treatment with antidepressants. *British Journal of Clinical Pharmacology, 20,* 714-716.

Altshuler, L. L., Post, R. M., Leverich, G. S., Mikalauskas, K., Rosoff, A. y Ackerman, L. (1995). Antidepressant-induced mania and cycle acceleration: A controversy revisited. *American Journal of Psychiatry, 152,* 1130-1138.

American Psychiatric Association (1994). *Diagnostic and statistical manual of mental disorders* (4ª edición) *(DSM-IV).* Washington, D.C.: APA.

Angst, J. (1981). Clinical indications for a prophylactic treatment of depression. *Advances in Biological Psychiatry, 7,* 218-229.

Aronson, T. A. y Skukla, S. (1987). Life events and relapse in bipolar disorder: The impact of a catastrophic event. *Acta Psychiatrica Scandinavica, 75,* 571-576.

Baastrup, P. C. y Schou, M. (1967). Lithium as a prophylactic agent: Its effect against recurrent depression and manic-depressive psychosis. *Archives of General Psychiatry, 16,* 162-172.

Baastrup, P. C., Poulsen, J. C., Schou, M., Thomsen, K. y Amdisen, A. (1970). Prophylactic lithium: Double-blind discontinuation in manic-depressive and recurrent depressive disorders. *Lancet, 2,* 326-330.

Basco, M. R. y Rush, A. J. (1996). Compliance with pharmacotherapy in mood disorders. *Psychiatry Annals, 25,* 78-82.

Basco, M. R. y Rush, A. J. (1996). *Cognitive-behavior therapy for bipolar disorder.* Nueva York: Guilford.

Beck, A. T., Rush, A. J., Shaw, B. F. y Emery, G. (1979). *Cognitive therapy of depression.* Nueva York: Guilford.

Benson, R. (1975). The forgotten treatment modality in bipolar illness: Psychotherapy. *Disorders of the Nervous System, 35,* 634-638.

Bidzinska, E. J. (1984). Stress factors in affective diseases. *British Journal of Psychiatry, 144,* 161-166.

Blackburn, I. M., Evanson, K. M. y Bishop, S. (1986). A two year naturalistic follow-up of depressed patients treated with cognitive therapy, pharmacotherapy and a combination of both. *Journal of Affective Disorders, 10,* 67-75.

Bowden, C. L., Brugger, A. M., Swann, A. C., Calabrese, J. R., Janicak, P. G., Petty, F., Dilsaver, S. C., Davis, J. M., Rush, A. J., Small, J. G., Garza-Trevino, E. S., Risch, S. C., Goodnick, P. J. y Morris, D. D. (1994). Efficacy of divalproex sodium vs. lithium and placebo in the treatment of mania. *Journal of the American Medical Association, 271,* 918-924.

Calabrese, J. R. y Delucchi, G. A. (1990). Spectrum of efficacy of valproate in 55 patients with rapid-cycling bipolar disorder. *American Journal of Psychiatry, 147,* 431-434.

Clarkin, J. F., Glick, I. D., Haas, G. L., Spencer, J. H., Lewis, A. B., Peyser, J., DeMane, N., GoodEllis, M., Harris, E. y Listell, V. (1990). A randomized clinical trial of inpatient family intervention. V. Results for affective disorders. *Journal of Affective Disorders, 18,* 1728.

Cochran, S. D. (1984). Preventing medical noncompliance in the outpatient treatment of bipolar affective disorders. *Journal of Consulting and Clinical Psychology, 52,* 873-878.

Connelly, C. E. (1984). Compliance with outpatient lithium therapy. *Perspectives in Psychiatric Care, 22,* 44-50.

Connelly, C. E., Davenport, Y. B. y Nurnberger, J. I. (1982). Adherence to treatment regimen in a lithium carbonate clinic. *Archives of General Psychiatry, 39,* 585-588.

Coppen, A., Noguera, R., Bailey, J., Burns, B. H., Swani, M. S., Hare, E. H., Gardner, R. y Maggs, R. (1971). Prophylactic lithium in affective disorders: Controlled trial. *Lancet, 2,* 275-279.

Coppen, A., Peet, M., Baily, J., Noguera, R., Burns, B., Swani, M., Maggs, R. y Gardner, R. (1973). Double-blind and open prospective studies of lithium prophylaxis in affective disorders. *Psychiatry, Neurology and Neurochirurgy, 75,* 500-510.

Cundall, R. L., Brooks, P. W. y Murray, L. G. (1972). A controlled evaluation of lithium prophylaxis in affective disorders. *Psychological Medicine, 2,* 308-311.

Danion, J. M., Neureuther, C., Krieger-Finance, F., Imbs, J. L. y Singer, L. (1987). Compliance with long-term lithium treatment in major affective disorders. *Pharmacopsychiatry, 20,* 230-231.

Davenport, Y. B., Ebert, M. H., Adland, M. L. y Goodwin, F. K. (1977). Couples group therapy as an adjunct to lithium maintenance of the manic patient. *American Journal of Orthopsychiatry, 47,* 495-502.

Dubobsky, S. I., Franks, R. D., Allen, S. y Murphy, J. (1986). Calcium antagonists in mania: A double blind study of verapamil. *Psychiatry Research, 18,* 309-320.

Dunner, D. L., Murphy, D., Stallone, R. y Fieve, R. R. (1979). Episode frequency prior to lithium treatment in bipolar manic-depressive patients. *Comprehensive Psychiatry, 20,* 511-515.

Fava, G. A., Grandi, S., Zielezny, M., Canestrari, R. y Morphy, M. A. (1994). *American Journal of Psychiatry, 151,* 1295-1299.

Fieve, R. R., Kumbaraci, T. y Dunner, D. L. (1976). Lithium prophylaxis of depression in bipolar I, bipolar II, and unipolar patients. *American Journal of Psychiatry, 133,* 925-930.

Gelenberg, A. J., Carroll, J. A., Baudhuin, M. G., Jefferson, J. W. y Greist, J. H. (1989). The meaning of serum lithium levels in maintenance therapy of mood disorders: A review of the literature. *Journal of Clinical Psychiatry, 50 (Suppl.),* 17-22.

Glassner, B. y Haldipur, C. V. (1983). Life events and early and late onset of bipolar disorder. *American Journal of Psychiatry, 140,* 215-217.

Goodwin, F. K. y Jamison, K. R. (1990). *Manic-depressive illness.* Nueva York: Oxford University Press.

Hollon, S. D., Shelton, R. C. y Loosen, P. T. (1991). Cognitive therapy and pharmacotherapy of depression. *Journal of Consulting and Clinical Psychology, 59,* 88-99.

Jacob, M., Frank, E., Kupfer, D. J., Cornes, C. y Carpenter, L. L. (1987). A psychoeducational workshop for depressed patients. *Hospital and Community Psychiatry, 38,* 968-972.

Jarrett, R. B., Basco, M. R., Ramanan, J. y Rush, A. J. (1993). *Is there a role for continuation phase cognitive therapy for depressed outpatients?* (manuscrito sin publicar).

Keller, M. B., Shapiro, R. W., Lavori, P. W. y Wolfe, N. (1982). Relapse in major depressive disorder: Analysis with the life table. *Archives of General Psychiatry, 39,* 911-915.

Keller, M. B., Lavori, P. W., Kane, J. M., Gelenberg, A. J., Rosenbaum, J. F., Walzer, E. A. y Baker, L. A. (1992). Subsyndromal symptoms in bipolar disorder: A comparison of standard and law serum levels of lithium. *Archives of General Psychiatry, 49,* 371-376.

Kennedy, S., Thompson, R., Stancer, H., Roy, A. y Persad, E. (1983). Life events precipitating mania. *British Journal of Psychiatry, 142,* 398-403.

Kraepelin, E. (1921/1976). Manic depressive insanity and paranoia. En G. M. Robertson (dir.), *Textbook of Psychiatry.* Nueva York: Arno Press. (Traducido por R. M. Barclay, trabajo original publicado en 1921.)

Kucera-Bozarth, K., Beck, N. C. y Lyss, L. (1982). Compliance with lithium regimens. *Journal of Psychosocial Nursing and Mental Health Services, 20,* 11-15.

Luznat, R., Murphy, D. P. y Nonn, C. M. H. (1988). Carbamazapine vs lithium in the treatment and prophylaxis of mania. *British Journal of Psychiatry, 153,* 198-204.

McPherson, H., Herbison, P. y Romans, S. (1993). Life events and relapse in establishe bipolar affective disorder. *British Journal of Psychiatry, 163,* 381-385.

Miller, I. W., Norman, W. H. y Keitner, G. I. (1989). Cognitive-behavioral treatment of depressed inpatients: Six- and twelve-month follow-ups. *American Journal of Psychiatry, 146,* 1274-1279.

Miller, I. W., Norman, W. H. y Keitner, G. I. (1990). Treatment response of high cognitive dysfunction depressed inpatients. *Comprehensive Psychiatry, 30*, 62-71.

Murphy, D. L. y Beigel, A. (1974). Depression, elation, and lithium carbonate responses in manic patient subgroups. *Archives of General Psychiatry, 31*, 643-648.

Murphy, G. E., Simons, A. D., Wetzel, R. D. y Lustman, P. J. (1984). Cognitive therapy and pharmacotherapy. Singly and together in the treatment of depression. *Archives of General Psychiatry, 41*, 33-41.

Myers, E. D. y Calvert, E. J. (1984). Information, compliance and side-effects: A study of patients on antidepressant medication. *British Journal of Clinical Pharmacology, 17*, 21-25.

Peet, M. y Harvey, N. S. (1991). Lithium maintenance: A standard education program for patients. *British Journal of Psychiatry, 158*, 197-200.

Post, R. M. (1992). Transduction of psychosocial stress into the neurobiology of recurrent affective disorder. *American Journal of Psychiatry, 149*, 999-1010.

Powell, B. J., Othmer, E. y Sinkhorn, C. (1977). Pharmacological aftercare for homogeneous groups of patients. *Hospital and Community Psychiatry, 28*, 125-127.

Prien, R. F., Caffey, E. M., Jr. y Klett, C. J. (1973a). Prophylactic efficacy of lithium carbonate in manic-depressive illness. *Archives of General Psychiatry, 26*, 146-153.

Prien, R. F., Klett, C. J. y Caffey, E. M., Jr. (1973b). Lithium carbonate and imipramine in prevention of affective episodes: A comparison in recurrent affective illness. *Archives of General Psychiatry, 29*, 420-425.

Robins, L. N., Helzer, J. E., Weissman, M. M., Orvaschel, H., Gruenberg, E., Burke, J. D. y Regier, D. A. (1984). Lifetime prevalence of specific psychiatric disorders in three sites. *Archives of General Psychiatry, 41*, 949-958.

Roy-Byrne, P., Post, R. M., Uhde, T. W., Porcu, T. y Davis, D. (1985). The longitudinal course of recurrent affective illness: Life chart data from research patients at the NIMH. *Acta Psychiatrica Scandinavica, 71* (Suppl. 317), 1-34.

Rush, A. J., Beck, A. T. y Kovacs, M. (1977). Comparative efficacy of cognitive therapy and pharmacotherapy in the treatment of depressed outpatients. *Cognitive Therapy and Research, 1*, 17-37.

Schwarcz, G. y Silbergeld, S. (1983). Serum lithium spot checks to evaluate medication compliance. *Journal of Clinical Psychopharmacology, 3*, 356-358.

Seltzer, A., Roncari, I. y Garfinkel, P. (1980). Effect of patient education on medication compliance. *Canadian Journal of Psychiatry, 25*, 638-645.

Shakir, S. A., Volkmar, F. R. y Bacon, S. (1979). Group psychotherapy as an adjunct to lithium maintenance. *American Journal of Psychiatry, 136*, 455-456.

Small, J. G., Klapper, M. H., Milstein, V., Kellams, J. J., Miller, M. J., Marhenke, J. D. y Small, I. F. (1991). Carbamazapine compared with lithium in the treatment of mania. *Archives of General Psychiatry, 48*, 915-921.

Spalt, L. (1975). Sexual behavior and affective disorders. *Disorders of the Nervous System, 36*, 974-977.

Stallone, F., Shelley, E., Mendlewicz, J. y Fieve, R. R. (1973). The use of lithium in affective disorders: Ill.: A double blind study of prophylaxis in bipolar illness. *American Journal of Psychiatry, 130*, 1006-1010.

Suppes, T., Baldessarini, R. J., Faedda, G. L., y Tohen, M. (1991). Risk of recurrence following discontinuation of lithium treatment in bipolar disorder. *Archives of General Psychiatry, 48*, 1082-1088.

Thase, M. E., Simons, A. D., McGeary, J., Cahalane, J. F., Hughes, C., Hrden, T. y Friedman, E. (1992). Relapse after cognitive behavior therapy of depression: Potential implications of longer-term courses of treatment. *American Journal of Psychiatry, 149*, 1046-1052.

Thase, M. E. y Wright, J. H. (1991). Cognitive behavior therapy with depressed inpatients: An abridged treatment manual. *Behavior Therapy, 22,* 595.

Van Gent, E. M. y Zwart, F. M. (1991). Psychoeducation of partners of bipolar manic patients. *Journal of Affective Disorders, 21,* 15-18.

Wehr, T. A., Sack, D. A. y Rosenthal, N. E. (1987). Sleep reduction as a final common pathway in the genesis of mania. *American Journal of Psychiatry, 144,* 201-204.

Weissman, M. M., Leaf, P. F., Bruce, M. L. y Florio, L. (1988). The epidemiology of dysthymia in 5 communities: Rates, risk, comorbidity and treatment. *American Journal of Psychiatry, 145,* 815-819.

Whisman, M. A., Miller, I. W., Norman, W. H. y Keitner, G. A. (1991). Cognitive therapy with depressed inpatients: Side effects on dysfunctional cognitions. *Journal of Consulting and Clinical Psychology, 59,* 282-288.

Winokur, G., Clayton, P. J. y Reich, T. (1969). *Manic depressive illness.* St. Louis: C.V. Mosby.

Wulsin, L., Bachop, M. y Hoffman, D. (1988). Group therapy in manic-depressive illness. *American Journal of Psychotherapy, 2,* 263-271.

Youssel, F. A. (1983). Compliance with therapeutic regimens: A follow-up study for patients with affective disorders. *Journal of Advances in Nursing, 8,* 513-517.

Zis, A. P. y Goodwin, F. K. (1979). Major affective disorders as a recurrent illness: A critical review. *Archives of General Psychiatry, 36,* 835-839.

Zis, A. P., Grof, P., Webster, M. y Goodwin, F. K. (1980). Prediction of relapse in recurrent affective disorder. *Psychopharmacology Bulletin, 16,* 47-49.

LEITURAS PARA APROFUNDAMENTO

Basco, M. R. y Rush, A. J. (1996). *Cognitive-behavior therapy for bipolar disorder.* Nueva York: Guilford.

Beck, A. T., Shaw, B. F., Rush, A. J. y Emery, G. (1979). *Cognitive therapy of depression.* Nueva York: Guilford.

Cochran, S. D. (1984). Preventing medical noncompliance in the outpatient treatment of bipolar affective disorders. *Journal of Consulting and Clinical Psychology, 52,* 873-878.

Goodwin, F. K. y Jamison, K. R. (1990). *Manic-depressive illness.* Nueva York: Oxford University Press.

Palmer, A. G., Williams, H. y Adams, M. (1995). CBT in a group format for bi-polar affective disorder. *Behavioural and Cognitive Psychotherapy, 23,* 153-168.

Wright, J. H., Thase, M. E., Beck, A. T. y Ludgate, J. W. (1993). *Cognitive therapy with inpatients: Developing a cognitive milieu.* Nueva York: Guilford.

FONTES DE MATERIAIS EDUCATIVOS

National Mental Health Information Center
National Mental Health Association
1021 Prince St.
Alexandria, Virginia, USA
(800) 969-6642
(703) 684-7722

National Institute of Mental Health and the D/ART Program
National Institute of Mental Health
Public Inquiries Branch, Room 15C-05
5600 Fishers Lane
Rockville, MD 20857
USA
(800) 2234427

National Depressive and Manic Depressive Association
53 West Jackson Boulevard, Room 618
Chicago, Il 60604
USA
(312) 642-0049
(312) 93902442

National Alliance for the Mentally Ill
2101 Wilson Boulevard, Suite 302
Arlington, Va 22201
USA
(800) 950-6264

TRATAMENTO COGNITIVO-COMPORTAMENTAL DOS TRANSTORNOS PSICÓTICOS E ORGÂNICOS

TRATAMENTO COGNITIVO-COMPORTAMENTAL DA ESQUIZOFRENIA

Capítulo 18

Kim T. Mueser[1]

I. INTRODUÇÃO

A esquizofrenia é um transtorno psiquiátrico grave que afeta aproximadamente 1% da população mundial. A esquizofrenia surge normalmente no final da adolescência ou nos primeiros anos da vida adulta e costuma ter um curso episódico, interrompido por exacerbações dos sintomas, que requerem hospitalizações breves no decorrer de toda a vida toda. Embora a prevalência da esquizofrenia seja semelhante em homens e mulheres, estas experimentam um curso mais leve do transtorno, incluindo um aparecimento mais tardio dos sintomas, menos tempo passado no hospital e um melhor funcionamento social. Apesar da natureza grave e duradoura da esquizofrenia, muitos pacientes melhoram progressivamente com o decorrer do tempo e, em alguns, ocorre uma remissão total dos sintomas nos seus últimos anos.

II. OS SINTOMAS E A DETERIORAÇÃO DO FUNCIONAMENTO NA ESQUIZOFRENIA

A esquizofrenia caracteriza-se por dois tipos de sintomas abrangentes: os positivos e os negativos. Os *sintomas positivos* referem-se às cognições, experiências sensoriais e comportamentos presentes nos pacientes, mas que normalmente estão ausentes nas pessoas sem o transtorno. Exemplos comuns de sintomas positivos incluem as alucinações (p. ex., ouvir vozes), as idéias delirantes (p. ex., acreditar que pessoas o perseguem) e o comportamento estranho (p. ex., manter uma postura estranha sem motivo aparente). Os *sintomas negativos* referem-se à ausência ou diminuição das cognições, emoções ou comportamentos que normalmente estão presentes nas pessoas sem o transtorno. Sintomas negativos comuns incluem uma expressividade afetiva embotada ou plana (p. ex., diminuição da expressividade facial), pobreza da fala (p. ex., diminuição da comunicação verbal), anedonia (p. ex., incapacidade de experimentar prazer), apatia, retardo psicomotor (p. ex., lentidão ao falar) e inércia física.

Os sintomas positivos da esquizofrenia costumam flutuar ao longo do curso do transtorno e, muitas vezes, encontram-se em remissão entre os episódios do mesmo.

---

[1] New Hampshire-Darmouth Psychiatric Research Center (EUA).

Além disso, tais sintomas normalmente respondem aos efeitos da medicação antipsicótica. Os sintomas negativos, por sua vez, costumam ser estáveis ao longo do tempo e têm uma menor resposta aos fármacos antipsicóticos.

Além dos sintomas que acabamos de apontar, muitos pacientes com esquizofrenia experimentam emoções negativas em conseqüência da doença. A depressão e as idéias suicidas são sintomas freqüentes da esquizofrenia e aproximadamente 10% das pessoas com este transtorno morrem por suicídio. São freqüentes também os problemas por ansiedade, devido, muitas vezes, aos sintomas positivos como as alucinações ou as idéias delirantes paranóides. Finalmente, a ira e a hostilidade podem estar também presentes, especialmente quando o paciente é paranóide.

Além dos sintomas característicos da esquizofrenia, muitos pacientes sofrem de deteriorações cognitivas que podem limitar sua capacidade para participar dos tratamentos cognitivo-comportamentais tradicionais. Encontram-se presentes freqüentemente deficiências cognitivas em áreas tais como a atenção, a memória e o pensamento abstrato. Estas deteriorações requerem procedimentos clínicos especiais desenvolvidos para remediar ou compensar estas deficiências básicas.

Uma importante característica final da esquizofrenia é a deterioração no funcionamento social. Áreas problemáticas freqüentes incluem estabelecer e manter relações interpessoais, a incapacidade de trabalhar e dificuldades nas habilidades do cuidado de si mesmo, como o arrumar-se e fazer a higiene pessoal. Na verdade, acredita-se que a deterioração no funcionamento social é uma característica tão essencial da esquizofrenia que muitos sistemas diagnósticos (p. ex., o *DSM-IV*, APA, 1994) requerem esse tipo de deterioração para estabelecer um diagnóstico de esquizofrenia.

Como fica claro com a revisão das áreas deterioradas e dos sintomas característicos da esquizofrenia, este transtorno causa múltiplas deficiências, produzindo um impacto em todas as esferas do funcionamento da vida. O tratamento cognitivo-comportamental tem como objetivo melhorar grande variedade de problemas experimentados pelos pacientes com esquizofrenia.

III. O MODELO DE VULNERABILIDADE–ESTRESSE–HABILIDADES DE ENFRENTAMENTO

O modelo de vulnerabilidade-estresse-habilidades de enfrentamento da esquizofrenia proporciona aos clínicos um valor heurístico no momento de guiar seus esforços de tratamento. Este modelo propõe que a gravidade, o curso e os resultados da esquizofrenia são determinados por três fatores interativos: 1) vulnerabilidade, 2) estresse e 3) habilidades de enfrentamento. Acredita-se que a *vulnerabilidade biológica* seja causada por uma combinação de influências genéticas e ambientais precoces (p. ex., complicações obstétricas que causem danos cerebrais sutis no recém-nascido). Sem a vulnerabilidade biológica necessária, os sintomas da esquizofrenia nunca iriam se desenvolver.

O segundo fator, que produz um impacto sobre a vulnerabilidade biológica, é o *estresse sócio-ambiental*. O estresse pode ser definido como contingências ou acontecimentos que requerem uma adaptação do indivíduo a fim de reduzir ao mínimo os efeitos negativos. Fontes comuns de estresse incluem determinados acontecimentos da vida (p. ex., a morte de um ente querido) e a exposição a altos níveis de críticas e comportamentos invasivos por parte dos familiares. Quanto maior é a quantidade de estresse ao qual está exposto o paciente, mais vulnerável ele será às recaídas e às rehospitalizações.

O terceiro fator que pode exercer influência no curso e nas conseqüências da esquizofrenia refere-se às *habilidades de enfrentamento*. Estas habilidades são definidas como a capacidade para reduzir ao mínimo os efeitos negativos do estresse sobre a vulnerabilidade biológica ou, em outras palavras, à capacidade para eliminar ou escapar dos estímulos estressantes que atingem o paciente. Por exemplo, um sujeito que experimenta a morte de um ente querido pode utilizar boas habilidades de enfrentamento para falar sobre a perda com pessoas próximas, conseguindo aceitação e apoio e diminuindo os efeitos negativos deste evento da vida. Igualmente, um paciente, que enfrenta a crítica de um familiar por ter se esquecido de comprar o que lhe foi pedido, pode expressar suas habilidades sociais reconhecendo o mal-estar do familiar e solucionando, por conseguinte, o conflito e o estresse que o acompanha. Deste modo, boas habilidades de enfrentamento mediam os efeitos negativos do estresse sobre a vulnerabilidade biológica.

O modelo de vulnerabilidade-estresse-habilidades de enfrentamento tem algumas implicações para o tratamento cognitivo-comportamental da esquizofrenia. Com respeito à vulnerabilidade, as medicações antipsicóticas costumam reduzir eficazmente o risco de recaída. Entretanto, é necessário esforçar-se para melhorar a aderência ao tratamento, que constitui um problema importante nessa população. O abuso do álcool e das drogas agravam a vulnerabilidade biológica, produzindo um ressurgimento dos sintomas. Por conseguinte, podem ser aplicadas estratégias cognitivo-comportamentais para diminuir o comportamento de abuso de substâncias psicoativas. O papel do estresse na produção de recaídas indica a importância de reduzir o estresse. As intervenções cognitivo-comportamentais visam freqüentemente à diminuição do estresse na família, embora também outros tipos de estresse ambiental possam constituir o objetivo do tratamento. Finalmente, pode-se empregar uma série de diferentes estratégias para melhorar as habilidades de enfrentamento dos pacientes com esquizofrenia, diminuindo, por conseguinte, sua vulnerabilidade às recaídas, provocadas pelo estresse e melhorando sua capacidade de funcionamento.

IV. AS INTERVENÇÕES COGNITIVO-COMPORTAMENTAIS

Existe uma ampla gama de estratégias cognitivo-comportamentais aplicáveis à esquizofrenia. Encontra-se fora dos objetivos deste capítulo descrever cada possível intervenção. O centro de atenção estará em descrever como realizar as intervenções utilizadas com mais freqüência e para as quais há apoio empírico sobre sua eficácia clínica (para uma revisão, ver Penn e Mueser, 1995; Mueser e Bellack, no prelo). Serão descritas as seguintes intervenções: treinamento em habilidades sociais, terapia familiar comportamental, treinamento em habilidades de enfrentamento para controlar os sintomas psicóticos e um tratamento integrado para os transtornos por consumo de substâncias psicoativas.

A intervenção cognitivo-comportamental não trabalha no vazio. Assim, a fim de que o tratamento psicossocial seja eficaz para a esquizofrenia, devem ser levados em conta os ingredientes de um tratamento amplo (Bellack e Mueser, 1986). Os pacientes com esquizofrenia requerem um tratamento farmacológico com medicação antipsicótica, que precisa ser vigiado continuamente durante o curso da doença. Deve-se prestar atenção às necessidades básicas e médicas desses pacientes. Este transtorno interfere freqüentemente com a capacidade dos pacientes para reconhecer e buscar ajuda diante das doenças físicas, ou para buscar condições adequadas de alojamento, de alimentação ou de cuidado de si mesmo. Finalmente, é crucial que os pacientes recebam um controle individual para integrar os diferentes aspectos do programa de tratamento e para assegurar a continuidade do cuidado ao longo do tempo. Se não forem atendidos estes elementos básicos de um programa amplo, é pouco provável que as intervenções cognitivo-comportamentais tenham sucesso.

IV.1. *O treinamento em habilidades sociais (THS)*

Mesmo com um controle adequado da medicação, as taxas anuais de recaídas chegam a atingir com freqüência até 40%. Além disso, os neurolépticos não melhoram as habilidades sociais necessárias para a vida em comunidade. Os déficits em habilidades sociais refletem as influências conjuntas de: sintomas que dificultam as habilidades, a história inadequada de aprendizagem antes do surgimento do transtorno, a falta de estimulação ambiental e a perda de habilidades devido à falta de utilização (Liberman, DeRisi e Mueser, 1989). O treinamento em habilidades sociais (THS) é um conjunto de técnicas baseadas na teoria da aprendizagem social, que constitui um pacote de intervenção para ensinar de modo sistemático novas habilidades interpessoais aos indivíduos. Foi constatado continuamente que os pacientes com esquizofrenia têm pouca competência interpessoal. O THS é uma estratégia eficaz para retificar esses problemas.

IV.1.1. *A avaliação das habilidades sociais*

As habilidades sociais são definidas como um conjunto de comportamentos com componentes específicos necessário para as interações sociais eficazes. As habilidades sociais podem ser divididas em quatro categorias amplas: 1) habilidades não-verbais, 2) características paralingüísticas, 3) equilíbrio interativo e 4) conteúdo verbal.

As *características não-verbais* referem-se a habilidades tais como a adequação da expressão facial, o emprego dos gestos, da postura e do contato visual, comportamentos que estão envolvidos na comunicação do afeto e dos intercâmbios interpessoais. As *características paralingüísticas* referem-se a qualidades da voz, incluindo o volume, o timbre, o tom, a velocidade da fala e as inflexões vocais. De modo semelhante às habilidades não-verbais, as características paralingüísticas transmitem informações críticas sobre o afeto da pessoa e seu envolvimento na interação. O *equilíbrio interativo* refere-se a como se entrelaçam as respostas durante uma interação ou a sua latência, e também à quantidade de fala do paciente em comparação com seu parceiro de interação. Um equilíbrio interativo deficiente indica problemas, como por exemplo uma lenta latência de resposta ou uma fala mínima que essa transmite à outra pessoa uma falta de envolvimento na conversação e não é recompensadora. O *conteúdo verbal* refere-se à escolha de palavras e construção de frases, independentemente da maneira pela qual são ditas as palavras.

Há uma série de estratégias disponíveis para o clínico avaliar déficits específicos em habilidades sociais. É melhor ir do geral para o específico fazendo, em primeiro lugar, perguntas aos pacientes, a pessoas próximas e aos que realizam o tratamento. A seguir, quando tiverem sido identificadas as áreas específicas, pode-se realizar uma avaliação comportamental mais detalhada. Perguntas úteis para avaliar a presença de uma deterioração do funcionamento social incluem:

- O paciente está sozinho?
- É capaz de iniciar conversações com os outros?
- É capaz de fazer com que os outros respondam positivamente?
- É capaz de solucionar conflitos?
- É capaz de expressar seus sentimentos?
- Deseja amigos/as ou relações mais íntimas?
- Está freqüentemente muito isolado?

Estas perguntas não constituem uma lista exaustiva de todas as áreas possíveis de disfunção que precisam ser avaliadas. Por exemplo, a capacidade do paciente para negociar questões de medicação com seu médico, as habilidades para a entrevista de trabalho ou a capacidade para resistir às ofertas dos outros para usar drogas ou álcool são outras possíveis áreas que necessitam ser avaliadas.

Uma vez identificadas as áreas problemáticas, pode-se realizar uma avaliação mais precisa dos déficits das habilidades sociais. Existe uma série de procedimentos para avaliar a habilidade social. A estratégia mais prática é realizar avaliações por meio da representação de papéis. As *representações de papéis* são interações sociais simuladas nas quais o paciente interage como ajudante do terapeuta durante uma situação interpessoal breve elaborada para avaliar uma área específica das habilidades sociais. As representações de papéis costumam ser curtas, de três a dez intercâmbios, e construídas de modo a serem parecidas com situações reais com as quais freqüentemente o paciente se depara. A este se pede que mostre como lidaria com essa situação na vida real. Os pacientes participam de várias representações de papéis de cada situação-problema, a fim de avaliar os déficits consistentes da habilidade. A avaliação mais confiável da habilidade social pode ser conseguida quando tais representações são gravadas em vídeo ou em cassete e, a seguir, são avaliados os componentes das habilidades sociais.

As habilidades de percepção social também devem ser avaliadas. A percepção social e/ou elementos receptivos da habilidade social referem-se às habilidades envolvidas na percepção do significado das comunicações interpessoais. A interação social eficaz depende da capacidade para perceber, interpretar e responder adequadamente ao que, muitas vezes, constitui sutis sinais interpessoais. Incluem-se, aqui, uma ampla variedade de sinais, desde estados afetivos não-verbais até indicadores mais complexos das intenções. Um pré-requisito importante é centrar a atenção, ou seja, o indivíduo tem que ser capaz de prestar atenção aos sinais complexos interpessoais das emoções e/ou das intenções e tem que decodificar com precisão o significado desses sinais. Como a deterioração da atenção é freqüente entre os sujeitos com esquizofrenia e pode ser especialmente grave entre os pacientes com sintomas negativos, muitos deles precisarão de um tratamento prolongado para poderem prestar atenção em sinais interpessoais relevantes. Constatou-se também que os esquizofrênicos sofrem de uma deterioração severa em habilidades de percepção da expressão facial, especialmente na área da discriminação e reconhecimento das emoções. Entretanto, não foi considerada de forma adequada a relação entre este reconhecimento e outras medidas das habilidades sociais.

Embora se possa realizar uma avaliação detalhada dos déficits das habilidades sociais antes de aplicar THS ao paciente, é possível também incluí-lo imediatamente no tratamento depois de identificar áreas gerais de deterioração social. Tal como revisaremos na sessão seguinte, o THS implica a avaliação contínua e o treinamento de novas habilidades sociais. Entretanto, se o clínico deseja avaliar de modo mais rigoroso os efeitos do THS sobre a competência interpessoal do paciente, as avaliações por meio da representação de papéis antes e depois do treinamento em habilidades proporcionará a medida mais confiável.

IV.1.2. *Os formatos do treinamento em habilidades sociais*

O THS pode ser executado num formato individual ou de grupo. Há algumas vantagens em realizar o treinamento num formato de grupo. Em primeiro lugar, o treinamento em grupo é mais econômico, porque podem participar vários pacientes ao mesmo tempo. Segundo, o formato de grupo proporciona vários modelos ao paciente, facilitando a aquisição das habilidades sociais. Terceiro, realizar representações de papéis em grupo, em vez de individualmente, é mais fácil porque há mais pessoas que podem participar nas representações. Quando o treinamento em habilidades é realizado em grupos, é melhor que sejam feitas duas ou três sessões por semana, já que a "prática massiva" produz uma aprendizagem mais rápida que a prática espaçada em períodos de tempo mais longos.

Apesar das vantagens do THS em grupo, as habilidades sociais podem ser ensinadas no contexto das sessões de terapia individual. Nestas sessões, o treinamento em habilidades é combinado, geralmente, com educação psicológica, com treinamento em lidar com o estresse e com o ensino de habilidades de enfrentamento para controlar os sintomas residuais. Como a maioria de THS ocorre em grupos, a seguir descrevemos os procedimentos clínicos para pôr em prática esse treinamento.

IV.1.3. *Técnicas do treinamento em habilidades sociais*

O THS é composto por um conjunto padronizado de procedimentos resumidos no quadro 18.1. As sessões de THS começam estabelecendo a importância de aprender a habilidade-objetivo. Esta explicação pode ser obtida dos participantes do grupo, fazendo-se perguntas chave ("Por que você acha que poderia ser importante aprender a expressar os sentimentos negativos de modo construtivo?") e proporcionando motivos adicionais. Propor uma explicação razoável da habilidade é fundamental para motivar os pacientes a participar de forma ativa no treinamento.

Após apresentar uma explicação fundamentada, descreve-se e discute-se os diferentes passos da habilidade. As habilidades são separadas em diferentes componentes a fim de facilitar a aprendizagem gradual ao longo da repetição de representação de papéis. O quadro 18.2 proporciona um exemplo dos componentes de quatro habilidades sociais. Depois de revisar os passos da habilidade, os treinadores oferecem um modelo em uma representação de papéis. O objetivo da demonstração da habilidade é ajudar os participantes do grupo a compreender como são combinados os diferentes componentes da habilidade para produzir uma comunicação geral eficaz. Depois de dar um modelo da habilidade, estimula-se uma breve discussão sobre os passos específicos que contribuem para sua expressão e avalia-se a eficácia geral do treinador na representação de papéis.

Imediatamente depois de os treinadores terem dado um modelo de uma habilidade social em uma representação de papéis, faz-se com que um paciente participe da representação da habilidade. O propósito desta atividade é dar aos pacientes a oportunidade de praticar a habilidade que acabam de observar. Os pacientes são instruídos a "fazerem o melhor que puderem ao tentar utilizar esta habilidade". Ao terminar a representação de papéis, o treinador pede *feedback* positivo dos membros do grupo e fornece mais *feedback* para os componentes específicos da habilidade que foi bem representada. A seguir, proporciona *feedback* corretor sob a forma de sugestões sobre como o paciente poderia representar a habilidade de forma mais eficaz da próxima vez. O esforço é sempre reforçado e o treinador procura certificar-se de que todo o *feedback* seja construtivo e específico.

Quadro 18.1. *Esquema de uma sessão de treinamento em habilidades sociais*

1. *Propor uma explicação razoável da atividade*
   - Estimular razões para a aprendizagem da habilidade no grupo de participantes.
   - Reconhecer todas as contribuições.
   - Proporcionar mais motivos não mencionados pelos membros do grupo.

2. *Descrever os passos da habilidade*
   - Decompor a habilidade em 3 ou 4 passos.
   - Escrever os passos na lousa.
   - Propor as razões para cada passo.
   - Comprovar que cada passo foi entendido.

3. *Dar um modelo da habilidade por meio da representação de papéis*
   - Explicar que o treinador vai demonstrar a habilidade numa representação do papel.
   - Planejar antecipadamente a representação de papéis.
   - Usar os treinadores para dar um modelo da habilidade.
   - Tornar a representação de papéis uma coisa simples.

4. *Repassar a representação de papéis com os participantes*
   - Discutir se foi usado cada passo da habilidade na representação de papéis.
   - Pedir para que membros do grupo avaliem a eficácia do modelo que fez a representação.
   - Fazer com que a revisão seja breve e vá ao ponto.

5. *Introduzir um paciente numa representação de papéis da mesma situação*
   - Pedir para que o paciente tente praticar a habilidade com um dos treinadores numa representação de papéis.
   - Fazer perguntas ao paciente para ter certeza de que ele compreendeu seu objetivo.
   - Instruir os membros do grupo para que observem o paciente.
   - Começar com um paciente que seja mais habilidoso ou aceite se expor com maior probabilidade.

6. *Proporcionar "feedback" positivo*
   - Estimular *feedback* positivo nos membros do grupo sobre as habilidades do paciente.
   - Estimular para que o *feedback* seja específico.
   - Cortar qualquer *feedback* negativo.
   - Elogiar o esforço e dar dicas aos membros sobre a boa atuação.

7. *Proporcionar "feedback" corretor*
   - Estimular sugestões sobre como o paciente poderia representar melhor a habilidade da próxima vez.
   - Limitar o *feedback* a uma ou duas sugestões.
   - Procurar comunicar as sugestões de um modo positivo, de apoio.

8. *Introduzir o paciente em outra representação de papéis da mesma situação*
   - Pedir para que o paciente mude um comportamento na representação de papéis.
   - Comprovar, fazendo perguntas, que o paciente compreendeu a sugestão.
   - Tentar trabalhar com comportamentos que sejam importantes e modificáveis.

9. *Proporcionar mais "feedback"*
   - Centrar-se primeiro no comportamento que foi pedido para que o paciente mudasse.
   - Envolver o paciente em 2-4 representações de papéis com *feedback* após cada uma.
   - Utilizar outras estratégias de modelagem do comportamento para melhorar as habilidades, como a instrução verbal, e indicar um modelo suplementar.
   - Ser generoso, mas específico, ao proporcionar *feedback* negativo.

10. *Atribuir tarefas para casa*
    - Proporcionar tarefas para casa com o objetivo de praticar a habilidade.
    - Pedir aos membros do grupo que identifiquem situações nas quais poderiam empregar a habilidade.
    - Quando for possível, adaptar as tarefas para casa, considerando o nível de habilidade de cada paciente.

Quadro 18.2. *Componentes de habilidades sociais específicas*

Começar uma conversação

Passos da habilidade

1. Escolher o momento e o lugar adequados.
2. Apresentar-se ou cumprimentar a pessoa com quem você quer falar.
3. Falar de coisas superficiais (p. ex., do tempo, de esportes, etc.)
4. Determinar se a outra pessoa está escutando ou quer falar.

Expressar sentimentos negativos

1. Olhar para a pessoa e falar com firmeza.
2. Dizer exatamente o que a pessoa fez que o/a incomodou.
3. Dizer ao outro como você se sentiu.
4. Sugerir como a outra pessoa poderia evitar que isso voltasse a acontecer.

Expressar sentimentos positivos

1. Escolher o momento e o lugar adequados em que você possa falar com a pessoa em particular.
2. Determinar se a pessoa parece interessada.
3. Expressar afeto com um tom de voz quente, suave.
4. Dizer à outra pessoa o porquê você se sente dessa maneira.

Compromisso e negação

1. Expressar seu ponto de vista.
2. Escutar o ponto de vista da outra pessoa.
3. Repetir o que você ouviu.
4. Sugerir um compromisso.

Depois do *feedback* positivo e corretor, o treinador envolve o paciente em outra representação de papéis da mesma situação, pedindo-lhe que faça uma ou duas mudanças pequenas na habilidade, baseadas no *feedback* proporcionado. É fundamental que os membros do grupo participem de pelo menos duas representações de papéis, porque é na prática, do *feedback* e de mais prática que a habilidade social pode melhorar com o decorrer do tempo. Quando o paciente tiver terminado a segunda representação de papéis, proporciona-se mais *feedback* positivo e corretor, seguido por uma terceira representação de papéis opcional se o paciente estiver disposto e ainda for possível melhorar. Depois que o paciente já tiver tido a oportunidade de praticar a habilidade em várias representações de papéis, o treinador dirige-se a um segundo paciente e o envolve numa nova representação, e assim sucessivamente, até que todos os pacientes tenham participado da representação. No final de cada sessão de treinamento das habilidades sociais, o treinador dá aos participantes tarefas para casa, fazendo com que pratiquem a habilidade por si mesmos. Às vezes, é útil dar aos participantes folhas de tarefa para casa ou lembretes de que têm que realizar tais tarefas. No começo da sessão seguinte, revisa-se o trabalho para casa e propõe-se representações de papéis baseadas nas experiências reais em que os pacientes estiveram utilizando as habilidades ou nas situações nas quais poderiam tê-las utilizado. Normalmente são empregadas de duas a cinco sessões na aprendizagem de uma habilidade específica antes de passar à seguinte.

Embora a principal estratégia para ensinar as habilidades sociais inclua a modelagem, o ensaio de comportamento, o *feedback* e a representação de papéis adicional também podem ser utilizados outros procedimentos. Por exemplo, a instrução (*coaching*) (proporcionar ajuda verbal) e a instigação (*prompting*) (proporcionar sinais com a mão), durante a representação de papéis, podem ajudar os pacientes a melhorar sua atuação. O treinamento na percepção social não segue uma seqüência diferente de atividades, integrando-se normalmente no treinamento das respostas. O objetivo é treinar o sujeito a prestar atenção e interpretar os sinais interpessoais que descobrem os sentimentos e os motivos das outras pessoas e as variáveis do ambiente que determinam a adequação de diferentes respostas. Este treinamento pode ser realizado durante as representações de papéis, introduzindo variações sutis no comportamento do terapeuta e examinando os possíveis significados dessas variações. Por exemplo, durante a representação de papéis de uma conversação, o terapeuta pode manifestar sinais não-verbais que indicam falta de interesse e vontade de ir embora. Depois de cada representação de papéis, pode-se perguntar sobre as possíveis interpretações desse comportamento e quais as respostas apropriadas a ele. Com respeito aos sinais do ambiente, o treinamento se realiza por meios didáticos. Pode-se dedicar uma parte de cada sessão a discutir as regras sociais que dirigem o emprego adequado das habilidades que estão sendo consideradas.

Mais informações sobre as técnicas para ensinar e a estrutura das sessões do THS podem ser obtidas em Liberman, DeRisi e Mueser (1989). Existe uma ampla variedade de áreas da disfunção social que podem ser o objetivo do THS. Algumas das áreas temáticas mais freqüentes estão resumidas no quadro 18.3.

Quadro 18.3. *Áreas que são objetivo do treinamento em habilidades sociais*

Assertividade
Habilidades de conversação
Controle da medicação
Busca de trabalho
Habilidades recreativas e de tempo livre
Habilidades para fazer amigos/as e marcar um encontro com alguém
Comunicação com a família
Solução de conflitos

Como a maioria dos sujeitos com transtornos psicóticos sofrem de estados que remetem e reaparecem de forma crônica, o THS deveria estar continuamente disponível, já que os objetivos e as competências de um indivíduo se desenvolvem e mudam com o passar do tempo. Do mesmo modo que é necessária a terapia farmacológica de manutenção para o controle dos sintomas a longo prazo, assim também o THS deveria estar disponível sob a forma de sessões de apoio (*booster sesions*) ou de manutenção.

IV.2. Terapia comportamental familiar

Como já foi mencionado, as relações familiares estressantes podem ter um impacto negativo sobre o curso da esquizofrenia. A esquizofrenia também tem um efeito perturbador e oneroso sobre a vida dos familiares. Por conseguinte, os objetivos da intervenção comportamental familiar consistem em reduzir o estresse de todos os membros da família e melhorar a capacidade da mesma para vigiar o curso da doença. Estes objetivos são alcançados na terapia comportamental familiar por meio de uma combinação de educação, treinamento em comunicação e habilidades de solução de problemas. Uma explicação detalhada do modelo de terapia familiar comportamental é descrita em Mueser e Glynn (1995).

IV.2.1. Formato

A terapia comportamental familiar é aplicada a famílias individuais ao longo de períodos de tempo prolongados, mas limitados. As sessões normalmente duram uma hora, incluem o paciente e os familiares e ocorrem com base em contatos cada vez mais espaçados ao longo de seis a nove meses (p. ex., semanalmente durante os três primeiros meses, a cada duas semanas durante os seis meses seguintes, mensalmente durante os três meses posteriores). Apresenta certas vantagens realizar pelo menos algumas sessões em casa, pois proporcionam informações válidas sobre o ambiente natural no qual os pacientes e os familiares vivem ou interagem, e provavelmente diminuirão o cancelamento de reuniões com o terapeuta, por facilitar a participação dos membros da família.

Os familiares e os pacientes podem participar da terapia comportamental familiar em qualquer fase do transtorno. Uma participação precoce, por exemplo, pouco tempo depois da primeira ou segunda manifestação, pode ter a vantagem de proporcionar as informações e as habilidades necessárias para os membros da família antes de que se frustrem e se "queimem" ao tentar controlar a doença. Um momento adequado para começar a intervenção familiar é pouco depois de uma exacerbação aguda que requer hospitalização. Os familiares e os pacientes, com freqüência, estão motivados, depois de uma recaída, a participar de um programa que tenha o objetivo de reduzir recaídas posteriores e melhorar o funcionamento e a independência do paciente.

IV.2.2. *A estrutura das sessões com a família*

A terapia comportamental familiar divide-se em cinco etapas seqüenciais, embora cada etapa repita-se uma série de vezes ao longo da terapia: 1) avaliação, 2) educação, 3) treinamento em habilidades de comunicação, 4) treinamento em solução de problemas e 5) problemas especiais. A quantidade de tempo passado em cada etapa de treinamento depende tanto das necessidades específicas da família quanto do ritmo de aquisição das habilidades-objetivo.

Na fase de avaliação, realizam-se avaliações de cada membro individual da família bem como da família como uma unidade. Nas entrevistas com cada um dos membros, é útil obter informações com perguntas do tipo: "Como você entende a esquizofrenia e suas causas?", "Como se trata dessa doença?", "Quais são seus objetivos pessoais?", "Há outros membros da família que apóiam esses objetivos?" e "O que interfere na sua capacidade para atingir esses objetivos?". É essencial avaliar o conhecimento e os objetivos de cada membro individual da família a fim de assegurar-se de que a intervenção melhorará o funcionamento de cada um dos membros. Na terapia comportamental familiar, supõe-se que, a fim de diminuir de modo eficaz o estresse da família, seja preciso melhorar a auto-eficácia de cada um dos membros. Normalmente, uma ou duas entrevistas com cada pessoa antes de começar a terapia comportamental familiar é suficiente para completar as avaliações individuais.

Além das avaliações individuais, o terapeuta observa as interações reais entre os membros da família, para avaliar suas habilidades de comunicação. Presta-se especial atenção aos estilos estressantes de comunicação, como levantar a voz, menosprezar, as expressões de culpa freqüentes e a falta de especificidade comportamental. É também útil para a família participar de uma avaliação de solução de problemas, que o terapeuta utiliza para identificar virtudes e deficiências na habilidade de solução de problemas do grupo familiar. Esta avaliação pode ser realizada fazendo com que a família trabalhe em solucionar um problema durante um período de 10-15 minutos enquanto o clínico senta e observa. Quando a discussão da solução de problemas termina, o terapeuta discute suas observações com a família e pede aos seus membros que descrevam outros exemplos de problemas que tenham tentado resolver recentemente. Podem ser realizadas avaliações de solução de problemas rotineiras a cada 3-4 meses para se conhecer o progresso na aprendizagem de habilidades de solução de problemas.

IV.2.3. *A educação*

Normalmente são realizadas de três a quatro sessões educativas. Em geral, estas sessões informam sobre o transtorno psiquiátrico, a medicação e o modelo de vulnerabilidade da esquizofrenia. As sessões educativas são mais eficazes quando se ensina por um estilo interativo, estimulando a expressão das experiências do paciente e de seus familiares, fazendo perguntas freqüentes para comprovar que foi entendido, evitando o enfrentamento ou o conflito sempre que possível. Podem ser utilizados cartazes, folhetos e livros (p. ex., Mueser e Gingerich, 1994) para facilitar a comunicação das informações sobre o transtorno psiquiátrico aos membros da família.

A educação sobre a esquizofrenia inclui informações sobre como se chega a um diagnóstico, os sintomas característicos, os mitos freqüentes, o curso e os resultados. As sessões centradas na medicação discutem os efeitos principais para diminuir os sintomas e prevenir as recaídas, os nomes dos medicamentos utilizados com freqüência, as doses, os efeitos secundários da medicação psicotrópica e as estratégias para lidar com os problemas freqüentes dessa medicação. A educação sobre o modelo de vulnerabilidade-estresse centra-se em ajudar as famílias a compreender como o controle do estresse, a medicação, a diminuição do abuso de substâncias psicoativas e o aumento das habilidades de enfrentamento podem melhorar o curso a longo prazo da esquizofrenia. Ao final das sessões educativas, os membros da família desenvolvem um plano para a prevenção de recaídas, a fim de responder aos primeiros sinais de alerta.

IV.2.4. *O treinamento em habilidades de comunicação*

Uma vez descrito o material educativo básico sobre o transtorno, as sessões são dedicadas ao treinamento em habilidades de comunicação. Estas são ensinadas enfatizando o emprego de expressões em primeira pessoa, produzindo-se manifestações verbais claras dos sentimentos e fazendo referências a comportamentos específicos. Devido à deterioração cognitiva característica da esquizofrenia, insiste-se na importância de tornar a comunicação breve e direta. Habitualmente são ensinadas até seis habilidades diferentes de comunicação ao longo de 4-8 sessões: a expressão de sentimentos positivos, expressão de sentimentos negativos, fazer solicitações positivas, a escuta ativa, o compromisso e a negociação, e solicitar um "time out". Como no treinamento de habilidades sociais, cada habilidade é decomposta em vários passos que são o centro do treinamento.

Os procedimentos utilizados para o treinamento em habilidades de comunicação são os mesmos que os descritos na seção sobre as habilidades sociais. Os membros da família ensaiam as habilidades-objetivo por meio da representação de papéis, seguidas de *feedback* e de mais representações de papéis. Ao final de cada sessão, atribui-se aos membros da família tarefas para casa que serão repassadas na sessão seguinte, a fim de que pratiquem as habilidades por si mesmos.

O objetivo do treinamento em habilidades de comunicação consiste em diminuir as interações tensas e negativas entre os membros da família, substituindo-as por habilidades sociais construtivas e mais específicas comportamentalmente. Os terapeutas não deveriam passar para a fase seguinte do treinamento em solução de problemas até que os membros da família demonstrem alguma melhora da competência. Uma suposição básica da terapia comportamental familiar é que as famílias não serão capazes de participar de uma solução de problemas satisfatória se forem incapazes de discutir os problemas com o mínimo de sentimentos negativos.

IV.2.5. *O treinamento de solução de problemas*

Na maioria das famílias, especialmente quando o paciente mora em casa, é preciso dedicar mais sessões ao treinamento das habilidades de solução de problemas que a qualquer outra fase da terapia comportamental familiar. Normalmente são dedicadas de 5 a 15 sessões ao treinamento em solução de problemas, mas podem ser dedicadas mais sessões se a duração do trabalho com a família se prolongar (p. ex., mais de dois anos). O objetivo principal desse treinamento consiste em ensinar à família as habilidades necessárias para resolver os problemas e atingir os objetivos sem a ajuda do terapeuta. A meta deste plano é reduzir a dependência do terapeuta e preparar a família para o fim da terapia.

O treinamento em solução de problemas implica ensinar os membros da família a seguir uma seqüência de passos básica e comportamental, resumidos no quadro 18.4. Ensina-se aos membros a escolher um chefe que dirija a família por meio dos diferentes passos da solução de problemas. Pode-se também escolher um/a secretário/a, cuja responsabilidade consiste em registrar as decisões tomadas em cada passo da solução de problemas. Os membros da família são estimulados a estabelecer uma reunião semanal, na qual podem ser discutidos os problemas e lidar com eles, e se pode repassar o progresso feito com problemas anteriores. Os registros da solução de problemas são guardados num caderno familiar, que é colocado num lugar acessível a todos os membros da família.

Quadro 18.4. *Passos da solução de problemas*

---

1. Definir o problema de um modo que satisfaça a todos.
2. Fazer uma lista de possíveis soluções para o problema.
3. Avaliar as vantagens e as desvantagens de cada solução.
4. Escolher a "melhor" solução ou uma combinação de soluções.
5. Formular um plano para executar a solução escolhida.
6. Repassar, num momento posterior, os progressos realizados para solucionar o problema e fazer mais passos para a solução de problemas se for necessário.

No início do treinamento em solução de problemas, o terapeuta representa o papel de chefe e conduz toda a família pelos passos da solução de problemas, explicando o propósito de cada passo ao longo do processo. Depois que os membros da família conhecerem a seqüência da solução de problemas, assumem os papéis de chefe e de secretário/a, enquanto o terapeuta coloca-se em seu papel de treinador, em vez de ser um participante ativo da solução de problemas. No começo do treinamento, são selecionados temas fáceis, com pouca carga afetiva, a fim de garantir a competência da família para resolvê-los. Gradualmente, com o passar do tempo, são abordados problemas mais difíceis quando as habilidades da família estão suficientemente desenvolvidas. O progresso na solução de problemas é observado habitualmente por meio de avaliações, tal como descrevemos anteriormente.

Uma grande variedade de problemas e objetivos podem ser abordados nesta fase do tratamento. Por exemplo, as tarefas domésticas, como lidar com sintomas incômodos, procurar um trabalho e planejar férias constituem problemas ou objetivos que podem ser resolvidos ou atingidos por meio da solução de problemas. Algumas famílias não precisam de mais intervenções uma vez terminada esta fase do tratamento. Entretanto, há famílias que podem passar por dificuldades que não respondem ao enfoque de solução de problemas. Para essas famílias, pode ser adequada a última fase da terapia comportamental familiar.

IV.2.6. Problemas especiais

Nesta fase final do tratamento, o terapeuta pode empregar uma ampla variedade de estratégias para ajudar as famílias a enfrentar problemas persistentes. Os terapeutas cognitivo-comportamentais possuem habilidades clínicas específicas para lidar com dificuldades que as famílias são incapazes de resolver por meio da solução de problemas. O terapeuta aplica suas habilidades para abordar esses obstáculos e, sempre que possível, ensina os membros da família a usar e registrar as estratégias básicas. Exemplos de problemas especiais que podem ser abordados nesta fase incluem o estabelecimento de uma economia de fichas em casa para melhorar a higiene do paciente, ensinar estratégias de relaxamento para reduzir a tensão, o contrato comportamental para o comportamento suicida, o treinamento dos pais para os problemas de educação dos filhos e programas de atividades agradáveis para a depressão.

IV.3. Habilidades de enfrentamento para os sintomas psicóticos residuais

Aproximadamente de 25 a 40% dos pacientes com esquizofrenia experimentam sintomas psicóticos residuais crônicos entre episódios do transtorno. Apesar do ótimo tratamento farmacológico, para alguns pacientes, são inevitáveis os sintomas psicóticos. Estes sintomas estão freqüentemente associados a altos níveis de mal-estar, incluindo a depressão, o suicídio, a ira e a ansiedade. Embora se acreditasse que pouco poderia ser feito para ajudar estes pacientes, avanços recentes no tratamento cognitivo-comportamental constataram que os pacientes podem aprender estratégias de enfrentamento para lidar de modo mais eficaz com estes sintomas problemáticos.

Os estudos sobre como realmente os pacientes respondem aos sintomas psicóticos indicam que uma alta porcentagem relata a utilização de diferentes estratégias de enfrentamento. O emprego de distintas estratégias, bem como o número total de estratégias empregadas, está relacionado a níveis mais baixos de mal-estar diante da presença de sintomas psicóticos. O objetivo de ensinar habilidades de enfrentamento é ampliar o repertório de habilidades que os pacientes possuem, melhorando, por conseguinte, a auto-eficácia e diminuindo o mal-estar. O critério principal que faz com que os pacientes se beneficiem ao aprender estratégias para enfrentar seus sintomas psicóticos é a motivação e a disposição de aprender essas estratégias. Assim sendo, os pacientes que experimentam pouco mal-estar pelos seus sintomas psicóticos ou que não têm vontade de trabalhar esses sintomas não são bons candidatos a este treinamento.

O processo geral de ensino de habilidades de enfrentamento implica realizar uma cuidadosa análise comportamental dos sintomas problemáticos, seguida do ensino sistemático de estratégias de enfrentamento por meio do emprego de instrução, prática e tarefas para casa. Mais detalhes sobre o treinamento de habilidades de enfrentamento podem ser encontrados em Tarrier (1992). A seguir, apresentamos um resumo dos princípios deste procedimento.

IV.3.1. *Descrever e realizar uma análise funcional do sintoma psicótico*

Em primeiro lugar, o sintoma específico que deve ser abordado é descrito de modo tão concreto quanto possível, incluindo a forma, a freqüência da ocorrência, a duração e a intensidade. Embora o paciente possa sofrer de vários sintomas psicóticos persistentes, só se aborda um sintoma de cada vez ao ensinar as habilidades de enfrentamento. É melhor começar trabalhando com um sintoma que ocorra com freqüência e esteja associado a um elevado nível de mal-estar.

Depois de descrever o sintoma problemático, explora-se as informações relativas aos antecedentes do sintoma, suas conseqüências e como o paciente reage a ele. O propósito dessa análise consiste em identificar as situações nas quais é mais provável que os sintomas se manifestem, o nível de mal-estar associado a eles e suas possíveis conseqüências, tanto positivas quanto negativas. As informações sobre os antecedentes e as conseqüências dos sintomas psicóticos persistentes são obtidas geralmente do próprio paciente, embora outros informantes (p. ex., membros da família) também possam ser úteis.

IV.3.2. *Avaliar os esforços atuais de enfrentamento*

Uma vez terminada a análise funcional do sintoma psicótico, são identificadas as estratégias de enfrentamento específicas empregadas pelo paciente. A maioria dos sujeitos tentou uma série de diferentes métodos de enfrentamento, alguns dos quais tiveram mais sucesso que outros na redução do estresse associado ao sintoma. Para cada estratégia de enfrentamento, o terapeuta obtém uma descrição detalhada da estratégia específica, da freqüência com a qual foi utilizada e sua eficácia na diminuição do mal-estar associado ao sintoma. Também são explorados os obstáculos ao emprego de estratégias de enfrentamento concretas. Por exemplo, pode-se constatar que um paciente, para o qual as interações sociais diminuem a gravidade das alucinações auditivas, está muitas vezes isolado socialmente e carece de oportunidades para iniciar conversações com outras pessoas.

IV.3.3. *Escolher e ensaiar uma estratégia de enfrentamento na sessão*

Após revisar os esforços de enfrentamento do paciente, escolhe-se uma estratégia com a qual começar a trabalhar. A estratégia escolhida pode ser uma que o paciente já tenha utilizado anteriormente e com sucesso, mas que atualmente emprega com pouca freqüência. Uma alternativa é escolher uma nova estratégia que se sabe que será útil.

As estratégias de enfrentamento são incluídas em três amplas categorias: 1) métodos cognitivos, 2) comportamento de mudança e 3) modificação dos estímulos sensoriais recebidos. Exemplos de estratégias cognitivas incluem a fala positiva consigo, desviar a atenção (p. ex., montar um quebra-cabeças), ignorar e focalizar a atenção no sintoma. Exemplos de estratégias comportamentais incluem iniciar conversações, dar um passeio e jogar com alguém. Exemplos de estratégias para a modificação dos estímulos sensoriais incluem relaxamento, escutar música, escutar e cantar uma canção de forma encoberta.

Após selecionar uma estratégia de enfrentamento, ensaia-se na sessão. Podem ser praticadas estratégias cognitivas de enfrentamento demonstrando a estratégia ao paciente em voz alta, fazendo com que ele a pratique e, por último, fazendo com que a pratique de forma encoberta. Depois de selecionada uma estratégia de enfrentamento para ser ensaiada, são feitos planos para que o paciente pratique a habilidade em situações específicas nas quais é provável que ele experimente o sintoma considerado. Elabora-se uma folha de avaliação das tarefas para casa que inclua informações sobre a situação na qual ocorreu o sintoma, o emprego por parte do paciente da estratégia de enfrentamento e a eficácia da estratégia para diminuir o mal-estar e a gravidade do sintoma.

IV.3.4. *Acompanhamento das tarefas para casa*

Durante a sessão seguinte, o terapeuta repassa as tarefas para casa e elogia os esforços e tentativas do paciente de solução de problemas empregados para superar os obstáculos apresentados no momento de realizar a estratégia de enfrentamento. A eficácia destas estratégias aumenta normalmente com a prática e a familiaridade. Por conseguinte, é necessário estimular os pacientes a continuar praticando uma estratégia de enfrentamento específica, mesmo que os primeiros esforços tenham produzido benefícios aparentemente mínimos. Se, depois de várias semanas de tentar uma estratégia de enfrentamento, observa-se pouca melhora, o terapeuta tem que explorar com o paciente uma estratégia de enfrentamento alternativa. Se ensaios repetidos de diferentes estratégias não conseguirem reduzir o mal-estar ou a gravidade do sintoma, apesar dos esforços conjuntos para realizar as referidas estratégias, é importante tentar limitar ou redefinir o sintoma-objeto ou passar para um sintoma problemático diferente. Por exemplo, se as tentativa repetidas para enfrentar as alucinações auditivas não tiveram sucesso, o terapeuta poderia trabalhar com o paciente com o objetivo de reduzir o mal-estar associado apenas às alucinações auditivas que são fundamentalmente de menosprezo.

IV.3.5. *O desenvolvimento de uma segunda estratégia de enfrentamento para o sintoma*

Um achado consistente nos estudos de enfrentamento com sintomas crônicos foi que o número de estratégias de enfrentamento empregadas está relacionado com menores níveis de mal-estar associados a estes sintomas. Por conseguinte, após ensinar com sucesso uma estratégia de enfrentamento para um sintoma particular, o terapeuta ajuda o paciente a desenvolver pelo menos uma estratégia de enfrentamento a mais para o mesmo sintoma. Pode ser útil desenvolver uma segunda estratégia que empregue uma modalidade diferente de enfrentamento comparada à primeira estratégia. Por exemplo, se uma estratégia de enfrentamento foi primeiro escolhida e treinada, então se pode escolher uma outra estratégia das modalidades comportamental ou sensorial. Isto otimiza a variedade de estratégias de enfrentamento usada para tratar de um sintoma psicótico persistente. Depois que tiverem sido desenvolvidas pelo menos duas estratégias de enfrentamento para controlar um sintoma, realiza-se uma avaliação para determinar se é preciso melhorar a estratégia de enfrentamento de um segundo sintoma.

IV.4. *Tratamento do abuso de substâncias psicoativas*

Os estudos epidemiológicos indicam que a prevalência do abuso de substâncias psicoativas em pacientes com esquizofrenia é bastante superior à da população geral (Regier et al., 1990; Mueser, Bennett e Kushner, 1995). O abuso de substâncias psicoativas pode pôr em perigo os efeitos da medicação antipsicótica e provocar o reaparecimento dos sintomas e a hospitalização. Devido à alta prevalência de transtornos por consumo de substâncias psicoativas nos pacientes com esquizofrenia e os efeitos clínicos negativos desse excesso, é necessário que o terapeuta mantenha um bom indicador do abuso dessas substâncias ao trabalhar com pacientes esquizofrênicos e que procure abordar os problemas quando surgirem.

Não existe um único método que seja melhor para avaliar a presença de um transtorno por consumo de substâncias psicoativas. Os pacientes, muitas vezes, negam esse abuso de substâncias, seja devido às sanções associadas a tal abuso ou à negação dos efeitos negativos do consumo de álcool e de drogas. Na ausência de uma estratégia de avaliação que seja "melhor", os terapeutas deveriam tentar recolher informações sobre o abuso de substâncias com uma série de informantes. As fontes de informação mais válidas costumam ser os auto-relatórios dos pacientes, os relatórios dos clínicos que trabalham com eles e outras pessoas importantes do seu ambiente. Examinar a urina e o sangue para detectar o consumo de substâncias psicoativas ajuda o terapeuta a identificar um transtorno por consumo dessas substâncias.

Uma vez descoberto o abuso de substâncias, a intervenção clínica precisa guiar-se entendendo que a recuperação de um transtorno por consumo de substâncias psicoativas progride ao longo de uma série de etapas (Drake et al., 1993). Identificar a etapa de tratamento de um paciente é o primeiro passo para escolher intervenções clínicas desenvolvidas para ajudar o indivíduo a progredir para a etapa seguinte de recuperação. A falta de emparelhamento entre o tratamento e a etapa de recuperação pode ter como conseqüência uma intervenção pouco eficaz, que em alguns casos pode piorar o abuso de substâncias pelo paciente.

A seguir descreveremos etapas específicas de recuperação para um transtorno por abuso de substâncias psicoativas. Em cada etapa de recuperação, o primeiro objetivo de tratamento consiste em ajudar o paciente a passar para a etapa seguinte.

IV.4.1. *Compromisso*

Nesta etapa de recuperação, o paciente está consumindo ativamente drogas ou álcool e não se encontra envolvido numa relação de ajuda com um profissional da saúde mental. Antes que possam ser realizadas tentativas para mudar o comportamento de consumo de substâncias, deve ser estabelecida uma relação com o terapeuta. Por conseguinte, o objetivo da etapa de compromisso consiste em envolver o paciente numa relação com o clínico. Naturalmente, o centro de atenção desta relação não é reduzir o comportamento de consumo de substâncias nesta etapa de tratamento.

A fim de estabelecer uma relação com o paciente, os terapeutas têm, muitas vezes, que fazer um trabalho assertivo em locais da comunidade, como em suas residências, em restaurantes ou parques. Ajudar os sujeitos a evitar as crises ou a lidar com uma crise aguda serve, freqüentemente, como uma base inicial para a relação terapêutica. O objetivo principal do clínico consiste em mostrar ao paciente que pode ser-lhe útil e, ao proporcionar essa ajuda, são lançadas as sementes de uma relação terapêutica.

IV.4.2. *Persuasão*

Uma vez que tenha sido estabelecida a relação terapêutica, os objetivos do clínico são dois: persuadir o paciente de que abusar de substâncias psicoativas constitui um problema e trabalhar para reduzir esse abuso. Negar as conseqüências negativas do excesso de substâncias é uma característica comum dos transtornos por consumo de substâncias. Por conseguinte, o processo de persuasão é também uma parte integrante do tratamento.

Pode-se empregar uma grande variedade de técnicas educativas e cognitivo-comportamentais na etapa de persuasão. Evita-se o enfrentamento, mas é importante a persistência. Proporciona-se educação sobre os efeitos do consumo de substâncias sobre os sintomas da esquizofrenia, como o fato de que o abuso pode provocar recaídas e reinternações. Além da educação, podem ser úteis técnicas motivacionais de entrevista (Miller e Rollnick, 1991) para persuadir os pacientes a abordarem seu comportamento de consumo de substâncias.

A entrevista motivacional refere-se a estratégias para ajudar os pacientes a entender a discrepância entre seus objetivos pessoais e o consumo de drogas e álcool. As habilidades de escuta empática, procurar compreender as percepções do sujeito, lidar com a resistência e explorar os objetivos pessoais a longo prazo desempenham um importante papel para ajudar os pacientes a considerar os efeitos do seu comportamento de consumo de substâncias.

Embora o objetivo principal da etapa de persuasão seja animar o indivíduo a começar a trabalhar para reduzir o consumo de substâncias, é importante também estabelecer uma aliança de trabalho com outros membros da rede social do sujeito. Os familiares do paciente com transtorno por consumo de substâncias psicoativas e esquizofrenia, muitas vezes, não reconhecem os efeitos negativos do abuso de substâncias. Estabelecer uma relação de trabalho com os membros da família permite ao clínico começar a abordar aspectos desse abuso que podem contribuir para o comportamento do paciente.

IV.4.3. *Tratamento ativo*

O tratamento ativo refere-se à etapa na qual os sujeitos aceitam o objetivo de reduzir seu consumo de substâncias ou de chegar à abstinência total das drogas ou do álcool. Podem ser empregadas muitas estratégias cognitivo-comportamentais diferentes para ajudá-los a reduzir o consumo de substâncias. Algumas procuram diminuir diretamente esse consumo enquanto outras abordam fatores que contribuem para mantê-lo.

Existem três fatores de motivação que contribuem para a vulnerabilidade dos pacientes com esquizofrenia ao abuso de substâncias. Em primeiro lugar, podem consumir substâncias psicoativas numa tentativa de automedicação para os sintomas incômodos. Em segundo lugar, o abuso de substâncias pode ocorrer num contexto social, satisfazendo assim as necessidades de contato e aceitação social. Em terceiro lugar, o consumo de substâncias pode ser uma forma confortável de procurar prazer. Pode-se descobrir o papel dos diferentes fatores motivacionais por meio de entrevistas com o paciente e outras pessoas significativas do seu meio. A identificação dos fatores motivadores leva a intervenções específicas para reduzir o abuso de substâncias psicoativas.

O abuso de substâncias, que é secundário à automedicação, pode ser reduzido se forem desenvolvidas estratégias de enfrentamento alternativas para o controle dos sintomas problemáticos. Por exemplo, a um paciente que bebe em excesso devido a alucinações auditivas persistentes poderiam ser ensinadas estratégias para enfrentar com mais eficácia essas alucinações. Os motivos sociais do abuso de substâncias psicoativas podem ser abordados por meio do treinamento em habilidades sociais, no qual são ensinados aos pacientes os rudimentos para estabelecer e aprofundar as relações com iguais que não abusam dessas substâncias. Finalmente, o abuso de substâncias que ocorre como uma forma de busca de prazer pode ser reduzido ensinando-se aos pacientes habilidades alternativas ou fazendo com que participem de atividades recreativas e de tempo livre.

IV.4.4. *Prevenção das recaídas*

O treinamento de prevenção das recaídas é uma etapa de recuperação de um transtorno por consumo de substâncias psicoativas na qual o indivíduo consegue abster-se e seu esforço é voltado a reduzir a vulnerabilidade às recaídas do abuso. Os indivíduos com transtorno por consumo de substâncias psicoativas, principal ou comórbido, flutuam freqüentemente entre diferentes etapas de recuperação ao longo do curso do transtorno. Por conseguinte, é freqüente que os indivíduos abandonem o consumo de substâncias e cheguem à abstinência, mas continuam sendo vulneráveis às recaídas. O objetivo da etapa de prevenção das recaídas consiste em apoiar as habilidades do paciente para evitá-las.

Um dos componentes mais importantes da prevenção de recaídas é ajudar os pacientes a manter um alto nível de percepção da sua vulnerabilidade às recaídas por consumo de substâncias. Após um período de abstinência com sucesso, muitos pacientes sentem-se cada vez mais seguros de que agora serão capazes de lidar com um consumo moderado de álcool ou de drogas. Entretanto, inúmeras pesquisas indicam que os pacientes com esquizofrenia têm uma extraordinária dificuldade em consumir quantidades moderadas de drogas ou de álcool. Por conseguinte, ajudar os pacientes a manter uma consciência de que são vulneráveis às recaídas do seu transtorno por consumo de substâncias constitui um elemento importante da prevenção de recaídas.

Além de manter um alto nível de consciência da sua vulnerabilidade, pode-se empregar uma grande variedade de estratégias clínicas para facilitar a prevenção das recaídas. Um plano de prevenção de recaídas deveria incluir informações sobre as situações associadas às recaídas no passado, sobre os primeiros indícios de uma recaída e um plano específico para responder a esses sinais de alerta. Este plano é semelhante ao proposto para responder à recaída dos sintomas psicóticos e serve ao propósito principal de antecipar as situações estressantes e formular um plano para responder a essas situações.

Além de manter a consciência e desenvolver um plano de prevenção das recaídas, é fundamental nesta etapa de tratamento que os esforços concentrem-se em atingir os objetivos interpessoais e desenvolver as competências que melhorarão a qualidade de vida dos pacientes e diminuirão sua suscetibilidade ao abuso de substâncias psicoativas. Por exemplo, a melhora das habilidades interpessoais, a capacidade para controlar o estresse, as habilidades para o lazer e as atividades recreativas, a saúde e a boa forma física podem ajudar os pacientes a sentir-se melhor consigo e menos dispostos a recorrer ao consumo de álcool e de drogas. Deste modo, a essência de uma prevenção eficaz das recaídas implica abordar fatores relacionados à vulnerabilidade ao consumo de substâncias psicoativas, em vez do próprio comportamento de consumo de substâncias.

V. CONCLUSÕES

A esquizofrenia é um transtorno grave e debilitante. Apesar das várias desvantagens associadas a esta desordem, as intervenções cognitivo-comportamentais parecem ter um impacto significativo e benéfico sobre o curso do transtorno e a qualidade de vida dos pacientes. Uma ampla gama de estratégias cognitivo-comportamentais pode ser útil no tratamento da esquizofrenia. Entre essas estratégias destacam-se o treinamento em habilidades sociais, a terapia familiar comportamental, o treinamento no enfrentamento dos sintomas psicóticos e um tratamento por etapas do transtorno por consumo de substâncias psicoativas. Por meio dos esforços de colaboração dos terapeutas, pacientes e familiares, há boas razões para sermos otimistas sobre a capacidade para controlar com sucesso esta doença mental crônica.

REFERÊNCIAS

American Psychiatric Association (1994). *Diagnostic and statistical manual of mental disorders*, 4ª edición *(DSM-IV)*. Washington, D. C.: APA.

Bellack, A. S. y Mueser, K. T. (1986). A comprehensive treatment program for schizophrenia and chronic mental illness. *Community Mental Health Journal, 22,* 175-189.

Drake, R. E., Bartels, S. B., Teague, G. B., Noordsy, D. L. y Clark, R. E. (1993). Treatment of substance abuse in severely mentally ill patients. *Journal of Nervous and Mental Disease, 181,* 606-611.

Liberman, R. P., DeRisi, W. J. y Mueser, K. T. (1989). *Social skills training for psychiatric patients.* Needham Heights, Ma: Allyn and Bacon.

Miller, W. R. y Rollnick, S. (1991). *Motivational interviewing: preparing people to change addictive behavior.* Nueva York: Guilford.

Mueser, K. T. y Bellack, A. S. (en prensa). Psychotherapy for schizophrenia. En S. R. Hirsch y D. Weinberger (dirs.), *Schizophrenia.* Oxford: Blackwell.

Mueser, K. T., Bennett, M. y Kushner, M. G. (1995). Epidemiology of substance use disorders among persons with chronic mental illnesses. En A. F. Lehman y L. Dixon (dirs.), *Double jeopardy: chronic mental illness and substance abuse.* Nueva York: Harwood.

Mueser, K. T. y Gingerich, S. L. (1994). *Coping with schizophrenia: A guide for families.* Oakland, CA: New Harbinger.
Mueser, K. T. y Glynn, S. M. (1995). *Behavioral family therapy for psychiatric disorders.* Needham Heights, Ma: Allyn and Bacon.
Penn, D. L. y Mueser, K. T. (1995). Cognitive-behavioral treatment of schizophrenia. *Psicología Conductual, 3,* 5-34.
Regier, D. A., Farmer, M. E., Rae, D. S., Locke, B. Z., Keith, S. J., Judd, L. L. y Goodwin, F. K. (1990). Comorbidity of mental disorders with alcohol and other drug abuse. *Journal of the American Medical Association, 264,* 2511-2518.
Tarrier, N. (1992). Management and modification of residual positive psychotic symptoms. En M. Birchwood y N. Tarrier (dirs.), *Innovations in the psychological management of schizophrenia.* Londres: Wiley.

LEITURAS PARA APROFUNDAMENTO

Bellack, A. S. (dir.) (1989). *A clinical guide for the treatment of schizophrenia.* Nueva York: Plenum.
Birchwood, M. y Tarrier, N. (1995). *El tratamiento psicológico de la esquizofrenia.* Barcelona: Ariel. (Orig.: 1992).
Liberman, R. P., DeRisi, W. J. y Mueser, K. T. (1989). *Social skills training for psychiatric patients.* Needham Heights, Ma: Allyn and Bacon.
Mueser, K. T. y Gingerich, S. L. (1994). *Coping with schizophrenia: A guide for families.* Oakland, Ca: New Harbinger.
Mueser, K. T. y Glynn, S. M. (1995). *Behavioral family therapy for psychiatric disorders.* Needham Heights, Ma: Allyn and Bacon.
Rebolledo, S. (1993). El programa de rehabilitación en los servicios de salud mental. *Boletin da Asociacion Galega de Saude Mental* (Monográfico n° 5).

TERAPIA COGNITIVA PARA AS ALUCINAÇÕES E AS IDÉIAS DELIRANTES

Chris Jackson e Paul Chadwick[1]

I. INTRODUÇÃO

Recentemente foi gerada uma progressiva insatisfação entre clínicos e pesquisadores acerca do emprego de categorias diagnósticas amplas como a esquizofrenia (Costello, 1993; Bentall, Jackson e Pilgrim, 1988). O maior conhecimento dos processos cognitivos normais (Brewin, 1988) e a aplicação da psicoterapia cognitiva a uma ampla categoria de transtornos clínicos (Hawton et. al., 1989) têm motivado um aumento do interesse pelo estudo e tratamento dos sintomas psicóticos em si mesmos (Bentall, 1994; Chadwick e Lowe, 1990; Tarrier, 1992). No presente capítulo, descrevemos nossa própria pesquisa e prática clínica no estabelecimento de um enfoque cognitivo para a compreensão e o controle das idéias delirantes e das alucinações auditivas.

II. UM ENFOQUE COGNITIVO DAS ALUCINAÇÕES AUDITIVAS

Ainda que as alucinações possam ocorrer sob distintas modalidades, incluindo as visuais, tácteis e olfativas, em uma revisão de 15 estudos com pessoas que sofriam de uma psicose funcional, Slade e Bentall (1988) observaram que, em média, as alucinações auditivas estavam presentes em 60% dos pacientes. Isto pode ser comparado com somente 29% que experimentavam alucinações visuais que, em geral, se considera estarem mais associadas às síndromes cerebrais orgânicas (Goodwin, 1971). Por estes motivos e pela falta de espaço, esta revisão será centrada no trabalho com pessoas que sofrem de alucinações auditivas ("vozes").

As alucinações auditivas são associadas tradicionalmente ao diagnóstico de esquizofrenia. No estudo-piloto sobre a esquizofrenia da Organização Mundial da Saúde (OMS, 1973), 73% das pessoas que passavam por um episódio agudo de esquizofrenia relataram alucinações auditivas. Indivíduos que tenham sido vítimas de abusos sexuais, que tenham perdido um ente querido, e sujeitos diagnosticados com um transtorno maníaco-depressivo ou uma psicose afetiva também podem sofrer deste tipo de alucinações. Na verdade, considerando que é uma característica de muitos transtornos diferentes, duvida-se da importância diagnóstica das alucinações auditivas (Asaad e Shapiro, 1986).

---

[1] All Saints Hospital, Birmingham e Royal South Hants Hospital, Southampton (Reino Unido), respectivamente.

Além disso, parece que as alucinações auditivas não se restringem a grupos clínicos. Podem ser manifestadas por indivíduos que, embora demonstrem sinais de um transtorno clínico específico, apresentam sintomas insuficientes para se poder fazer um diagnóstico preciso (Cochrane, 1983). Novamente, parece que, sob condições de laboratório, muitas pessoas normais revelam uma propensão a contar que ouvem sons que não existem, o que incita os pesquisadores a especular que a tendência a ter alucinações poderia ser uma predisposição distribuída por toda a população (Slade e Bentall, 1988). As opiniões atuais em psicologia parecem aceitar a possibilidade de que as alucinações sejam encontradas em um *continuum* paralelo à normalidade (Strauss, 1969).

As alucinações auditivas podem ser um ruído, música, palavras soltas, uma frase breve ou toda uma conversação. O presente capítulo é centrado unicamente nas vozes, ou seja, nas alucinações que são experimentadas como se alguém estivesse falando. A experiência de ouvir vozes é tão poderosa que provoca uma reação. Entretanto, a experiência é também muito pessoal. Embora se saiba que uma primeira reação comum às vozes é a perplexidade (Maher, 1988), os indivíduos desenvolvem diferentes formas de interação com suas vozes. Por exemplo, algumas pessoas as experimentam como extremamente ameaçadoras e temíveis e que blasfemam e gritam com elas. Em compensação, outros sujeitos podem ouvir vozes que os tranqüilizam e os divertem e realmente procuram ter contato com elas. No caso das vozes imperativas, muitos indivíduos resistem desesperadamente às ordens e as cumprem somente em momentos de grande necessidade, enquanto que outros as acatam voluntária e totalmente.

Esta variedade na forma como as pessoas se relacionam com suas vozes ilustra a questão de que as vozes não constituem necessariamente um problema para o indivíduo que as tem na verdade é bastante freqüente que os indivíduos acreditem que suas vozes sejam a solução para um problema. Isto, por sua vez, dirige a atenção para o tema de que a perturbação grave associada com as vozes, assim como acontece com tantos outros sintomas, tende a materializar-se na forma como um indivíduo se sente e se comporta. As pessoas que escutam vozes geralmente são remetidas aos nossos serviços porque estão desesperadas, deprimidas, coléricas, indefesas, isoladas, têm tendências suicidas, prejudicam a si próprias, são violentas, etc. Esta questão está implícita nos enfoques tradicionais de tratamento, que normalmente têm tratado de diminuir o mal-estar e modificar o comportamento (p. ex., métodos de redução da ansiedade, procedimentos de castigo), assim como eliminar a experiência alucinatória (medicação, tampões nos ouvidos, fones de ouvido). Esses tratamentos baseiam-se na premissa de que o afeto e o comportamento de enfrentamento de um indivíduo determinado surgem necessariamente da natureza da sua alucinação (p. ex., Benjamin, 1989).

Entretanto esta explicação pode ser simplista. As pesquisas têm demonstrado como as vozes com conteúdos semelhantes podem provocar comportamentos diferentes de enfrentamento (Tarrier, 1992). Igualmente, um estudo original de Romme e Escher (1989) revela que as vozes não costumam provocar uma reação suficientemente forte a ponto de fazer com que o indivíduo procure a ajuda de serviços médicos, mesmo quando o conteúdo chega a ser muito grave. Parece que a natureza e a força da resposta de um indivíduo às vozes são mediadas por processos psicológicos.

Sugerimos que o grau de temor, aceitação e cumprimento demonstrado ante as vozes pode estar mediado por *crenças* sobre o poder e a autoridade delas, as conseqüências da desobediência, etc. (Chadwick e Birchwood, 1994). Por exemplo, um indivíduo que acredita que a voz provém de um espírito poderoso e vingativo pode ficar aterrorizado e acatar suas ordens de prejudicar aos demais; entretanto, se acreditasse que a referida voz é gerada por ele mesmo, seria pouco provável que se produzisse terror e obediência.

Em outras palavras, as vozes podem ser consideradas de uma perspectiva cognitiva. A característica que define o modelo cognitivo, dentro da psicologia clínica, é a premissa de que os sentimentos e o comportamento das pessoas são mediados por seus pensamentos e que, portanto, não são conseqüências inevitáveis de acontecimentos antecedentes, como uma alucinação auditiva.

II.1. *A aplicabilidade do modelo cognitivo às vozes*

Para que a perspectiva cognitiva seja aplicável às vozes deve-se confirmar duas hipóteses. A primeira é que o modelo cognitivo explique por que os indivíduos respondem de forma diferente às suas vozes; de modo específico, as respostas afetivas e comportamentais têm que ser compreendidas em relação às diferenças nas crenças que os indivíduos mantêm sobre suas vozes. Em segundo lugar, o modelo cognitivo tem que aumentar nossa compreensão sobre as vozes; ou seja, se as diferenças no conteúdo das vozes são explicadas por diversos sentimentos e comportamentos das pessoas, então o modelo cognitivo seria supérfluo do ponto de vista explicativo (ainda que possa continuar tendo importantes implicações estratégicas para o tratamento).

Num experimento recente (Chadwick e Birchwood, 1994), encontramos apoio para as duas hipóteses anteriores. Entrevistamos 26 pessoas que haviam escutado vozes durante pelo menos dois anos, a fim de avaliar suas respostas comportamentais, cognitivas e afetivas às vozes persistentes. Todos os participantes preenchiam os critérios do *DSM-III-R* para a esquizofrenia ou o transtorno esquizoafetivo (APA, 1987). Todos, exceto um, recebiam medicação neuroléptica no All Saints Hospital, em Birmingham; um dos pacientes estava internado no hospital e os restantes eram pacientes ambulatoriais. Todos ofereceram-se voluntariamente para o estudo.

As informações foram recolhidas empregando uma entrevista semi-estruturada que incluía as propriedades formais das vozes, inclusive o conteúdo; as crenças sobre a identidade, o poder e o propósito das vozes e as conseqüências da obediência; os sintomas secundários que, segundo se pensava, mantinham as crenças; outras evidências confirmatórias e a influência sobre a voz. As provas confirmatórias referiam-se a acontecimentos reais que se percebia que mantinham uma crença; por exemplo, a crença de que as vozes proporcionavam bons conselhos era fortalecida se, obedecendo a uma ordem, possibilitasse chegar a uma conseqüência desejada. A influência se concretizaria se o indivíduo pudesse determinar o surgimento e o desaparecimento da voz e pudesse dirigir o que dizia. Também eram provocadas respostas comportamentais e afetivas. Era necessário normalmente mais de uma entrevista para coletar todas as informações relevantes.

II.2. Crenças sobre as vozes: onipotência, malevolência e benevolência

Acreditava-se que todas as vozes eram extraordinariamente poderosas ou onipotentes, e esta crença parecia apoiar-se em quatro tipos de provas. Em primeiro lugar, 19 sujeitos (73%) relatavam sintomas secundários que contribuíam para a sensação de onipotência. Por exemplo, um homem recebia ordens da voz para matar a filha; lembrava-se de uma ocasião em que a filha estava ao lado de uma janela aberta e sentiu que seu corpo se movia até ela. Outro homem ouvia uma voz que dizia que ele era filho de Noé e, de vez em quando, ao ouvir essa voz, experimentava alucinações visuais nas quais se encontrava vestido com uma túnica branca e passeava sobre a água. Em segundo lugar, 11 pessoas (42%) ofereceram exemplos de como atribuíam acontecimentos às suas vozes e depois citavam esses acontecimentos como uma prova do grande poder das vozes. No mesmo sentido, dois sujeitos que cortaram os pulsos por vontade própria deduziram posteriormente que as vozes, de alguma maneira, obrigaram-nos a fazê-lo. Igualmente, um homem atribuiu às suas vozes satânicas a responsabilidade de haver blasfemado em voz alta na igreja. Em terceiro lugar, 21 pessoas (81%) eram incapazes de influenciar o aparecimento e o desaparecimento de suas vozes ou do que diziam, o que era também representativo do poder das vozes.

Finalmente, todas as vozes deram a impressão de saber tudo sobre as histórias passadas das pessoas, seus pensamentos, sentimentos e ações presentes e o que o futuro lhes reservava. Com freqüência, as vozes referiam-se a comportamentos e a pensamentos de elevada natureza pessoal e emotiva, como uma ação criminosa ou uma fraqueza pessoal, que o sujeito temia que os outros viessem a saber. Devido talvez a esta falta de privacidade, os indivíduos atribuíam muitas vezes mais conhecimentos à voz que ao conteúdo que ela manifestava realmente; por exemplo, pensava-se que afirmações gerais como "Sabemos tudo sobre você" referiam-se a ações específicas. Logicamente, esta aparência de onisciência fazia com que muitos indivíduos se sentissem expostos e vulneráveis.

Entretanto, como em nossa amostra encontrava-se onipresente uma crença de onipotência, não servia para explicar as diferenças de comportamento e de afeto. Com base em suas crenças acerca da identidade e o propósito das vozes, a pessoa as considerava como *malévolas* ou *benévolas*. Treze pessoas acreditavam que sua voz (ou suas vozes) era(m) malévola(s). As crenças acerca da malevolência poderiam apresentar-se sob duas formas: ou a voz era um castigo por uma má ação ou era uma perseguição não merecida. Por exemplo, um homem acreditava que o Diabo o estava castigando por haver cometido um homicídio e outro homem pensava que um antigo chefe o estava perseguindo sem uma boa razão. Seis pessoas acreditavam que suas vozes eram benevolentes. Por exemplo, uma mulher acreditava que ouvia a voz de um profeta que a estava ajudando a ser melhor mãe e esposa e um homem pensava que as vozes provinham de Deus e ajudavam-no a desenvolver um poder especial. Quatro pessoas acreditavam que ouviam uma mistura de vozes benévolas e malévolas; paradigmático deste grupo era o caso de um homem que era, por um lado, atormentado por um grupo de perversos viajantes do espaço e, por outro, protegido por um anjo guardião.

Três pessoas não tinham certeza sobre suas vozes devido a inconsistência ou incongruência do que diziam. A incerteza era caracterizada por uma grande dúvida sobre a identidade, o significado ou o poder das vozes, e esta dúvida era resultado da dedução das pessoas. Por exemplo, um homem tinha certeza de que suas vozes queriam ajudá-lo, mas observava que elas faziam com que as coisas piorassem: queriam que ele se matasse e passasse para outra vida melhor, mas sua religião dizia-lhe que o suicídio era pecado e que os suicidas iam para o inferno.

II.3. *A conexão entre as crenças, o comportamento de enfrentamento e o afeto*

As respostas comportamentais e emocionais às vozes organizavam-se em três categorias. O *compromisso* incluía comportamento de cooperação (p. ex., escuta e obediência voluntárias, busca de contato com as vozes, tentativa de que se apresentassem) e afeto positivo (p. ex., alegria, segurança, diversão). A *resistência* incluía comportamento combativo e de resistência (p. ex., discutir, blasfemar e gritar contra, de forma manifesta ou mascarada, desobedecer ou obedecer de modo renitente quando a pressão era extrema, evitação dos estímulos que desencadeavam as vozes e distração) e afeto negativo (p. ex., temor, ansiedade, ira, depressão). A *indiferença* definia-se como a falta de envolvimento com a voz. Num estudo anterior (Chadwick e Birchwood, 1994), constatamos que as vozes consideradas malévolas eram repudiadas enquanto as vozes benévolas eram aceitas.

A fim de estabelecer a confiabilidade e a validade destes conceitos, desenvolvemos o *Questionário de crenças acerca das vozes* (*Beliefs about voices questionnaire, BAVQ*) com 30 itens (ver Apêndice 1) para medir a malevolência (6 itens), a benevolência (6 itens), a resistência (9 itens), o compromisso (8 itens) e o poder (1 item). Uma análise estatística realizada com os resultados de uma amostra preliminar de 60 sujeitos que responderam ao questionário mostrou que o BAVQ era confiável e válido (ver Chadwick, Birchwood e Trower, 1996) e foram estabelecidas diretrizes provisórias para a pontuação a fim de definir a malevolência (uma pontuação de quatro ou mais), a benevolência (três ou mais), compromisso (cinco ou mais) e a resistência (seis ou mais). Os dados deste estudo apóiam firmemente as conexões que propusemos entre a malevolência e a resistência, por um lado, e a benevolência e o compromisso, por outro (ver Quadro 19.1).

Quadro 19.1. *Conexões entre a malevolência, a benevolência, o compromisso e a resistência*

	Resistência	Compromisso	Nenhum	Ambos
Malevolente (n = 26)	17 (66%)	2 (8%)	3 (11%)	4 (15%)
Benevolente (n = 17)	0	13 (76%)	3 (18%)	1 (6%)
Neutro (n = 16)	3 (19%)	4 (25%)	8 (50%)	1 (6%)

II.4. *A conexão entre malevolência, benevolência e o conteúdo das vozes*

Tendo constatado que as diferenças no mal-estar e no comportamento de enfrentamento tornavam-se compreensíveis por referência às crenças sobre malevolência e benevolência, deveria ser demonstrado que o conteúdo das vozes não poderia explicar estas diferenças com a mesma clareza. Em outras palavras, a diferença entre a malevolência e a benevolência necessitava dizer algo sobre a permanência das vozes que não poderia ser dito somente com o exame do conteúdo das mesmas.

Fica claro que há uma conexão entre o conteúdo das vozes e o comportamento e os sentimentos correspondentes da pessoa e, por conseguinte, em muitos casos, a resistência e o compromisso poderiam ser previstos com base no conteúdo. Entretanto, o tipo de crença nem sempre era compreendido à luz unicamente do conteúdo da voz, ou seja, em 8 casos (31%), as crenças pareciam não concordar com o que a voz dizia. Pensava-se que duas vozes com conteúdo benevolente eram malevolentes; por exemplo, uma dessas vozes insistia simplesmente com o indivíduo para que "tivesse cuidado", que "vigiasse por onde ia" e que "prestasse atenção em como iria". O contrário também ocorria; duas vozes ordenavam a seus ouvintes que se suicidassem, mas ambos acreditavam que referidas vozes eram benevolentes. Três vozes ordenavam a seus ouvintes que assassinassem (em dois casos a familiares próximos) e mesmo assim eles acreditavam que eram benevolentes. O caso mais surpreendente é o de uma mulher que escutava uma voz que se identificava como proveniente de Deus, mas a mulher acreditava que era uma força maligna.

Em resumo, constatamos que o significado que os indivíduos atribuem às vozes torna seu afeto e seu comportamento de enfrentamento compreensíveis; quando as crenças não são levadas em conta, muitas respostas parecem incompreensíveis ou incongruentes (ver também Strauss, 1991).

II.5. Terapia cognitiva para as vozes

O enfoque cognitivo dentro da psicologia clínica (p. ex., Trower, Casey e Dryden, 1988) pressupõe, em primeiro lugar, que o comportamento e os sentimentos extremos (p. ex., depressão e suicídio) são conseqüências de crenças determinadas (p. ex., "não valho nada") em vez de acontecimentos (p. ex., divórcio) e, em segundo lugar, que, se estas crenças forem enfraquecidas por meio da terapia cognitiva, então o mal-estar e o estresse associados diminuirão. Embora normalmente aplicada a transtornos não psicóticos (Hawton et al., 1989), as pesquisas mais recentes indicam que a terapia cognitiva tem um papel a desempenhar no controle da esquizofrenia (ver Birchwood e Tarrier, 1992) e das idéias delirantes (Chadwick e Lowe, 1990).

Os tratamentos tradicionais para as vozes tentaram diminuir a experiência alucinatória (p. ex., medicação, tampões para os ouvidos) ou suas conseqüências (p. ex., métodos para a redução da ansiedade, procedimentos de castigo). O propósito de empregar a terapia cognitiva para as vozes é suavizar o mal-estar e o comportamento problemático reduzindo as *crenças* sobre a onipotência, a malevolência ou a benevolência, e a obediência. A importância potencial deste novo enfoque é considerável, já que mesmo o tratamento mais eficaz para as vozes, a medicação neuroléptica, não modifica em absoluto muitas das mesmas (Slade e Bentall, 1988).

A terapia cognitiva que empregamos para as pessoas que ouvem vozes apóia-se consideravelmente no trabalho de Beck (Beck et al., 1979; Hole, Rush e Beck, 1973), embora tenhamos considerado necessário adaptar e desenvolver modificações na terapia cognitiva tradicional, a fim de ajudar esses indivíduos de maneira eficaz e cooperativa.

Observamos que pode ser difícil que a pessoa se envolva na terapia cognitiva para as vozes, devido às suas fortes emoções e crenças sobre as mesmas. Por conseguinte, desenvolvemos uma série de estratégias para facilitar o compromisso e a confiança. Uma destas estratégias consiste em empregar nosso conhecimento acerca das conexões entre a malevolência, a benevolência, a resistência e o compromisso com a finalidade de antecipar como é possível que se sinta, pense e comporte-se um indivíduo em relação à voz. Este conhecimento parece produzir nos indivíduos uma sensação de alívio. Sempre informamos aos pacientes que podem abandonar a terapia em qualquer ponto sem sofrerem nenhuma penalização e isto pode reduzir também a ansiedade e facilitar o compromisso. Os sujeitos podem conhecer outras pessoas com alucinações e observar num vídeo indivíduos que terminaram a terapia com êxito e que falam sobre sua experiência; a descoberta de que outras pessoas têm problemas similares – "a universalidade" (Yalom, 1970) – constitui um importante processo terapêutico.

A princípio são definidas as crenças centrais juntamente com as provas utilizadas para mantê-las, e discutimos de que maneira quaisquer mal-estar e perturbação atribuídos às vozes são realmente uma conseqüência das crenças mantidas pelo indivíduo. Insistimos em que os sujeitos são livres para seguir mantendo suas crenças e que podem abandonar a terapia no momento que desejarem; o clima é de "empirismo colaborador" (Beck et al., 1979), considerando-se as crenças como possibilidades que podem ser ou não razoáveis.

O questionamento da veracidade de algumas crenças implica o emprego de técnicas cognitivas padrão (ver Chadwick e Lowee, 1990). Num primeiro momento, são questionadas as provas de cada crença; este processo começa com as evidências que o indivíduo considera menos importantes e prossegue até as mais importantes. A seguir, o terapeuta questiona a crença diretamente. Isto implica apontar, primeiramente, exemplos de inconsistência e irracionabilidade e, em segundo lugar, oferecer uma explicação alternativa dos acontecimentos. A alternativa é sempre que as crenças constituem uma reação compreensível às vozes, e uma tentativa de entender o seu sentido. Em nossa experiência, isto faz que a pessoa tente compreender o significado das alucinações. Sugerimos o conceito de que as vozes são geradas pela própria pessoa e tentamos explorar a possível conexão, o significado pessoal, entre o conteúdo das vozes e a história do indivíduo.

Empregamos dois enfoques para comprovar as crenças de forma empírica. Por um lado, temos um conjunto de procedimentos para pôr à prova a crença generalizada de "Não posso controlar minhas vozes". Em primeiro lugar, isto se reformula como "Não posso fazer com que as vozes apareçam e desapareçam". A seguir, o terapeuta propõe situações para aumentar e depois diminuir a probabilidade de ouvir vozes. Uma avaliação cognitiva inicial deveria identificar os sinais que servem para provocar as vozes e uma técnica que tem uma elevada probabilidade de eliminar as vozes de modo duradouro é a *verbalização concorrente* (Birchwood, 1986). A pessoa aviva e reprime as vozes várias vezes, com a finalidade de proporcionar uma prova completa.

No caso das demais crenças, a comprovação empírica é negociada entre o paciente e o terapeuta. É fundamental certificar-se previamente de que as implicações da prova não confirmem a crença, caso ela deva ser modificada ou adaptada, ou se o paciente tem uma explicação já pronta dos resultados que mantenha a crença intacta.

II.5.1. *Exposição de um caso*

R.P. era um técnico de laboratório desempregado, de 43 anos, com uma longa história psiquiátrica que remontava a 1979. Admitiu ter ouvido vozes durante os últimos quinze anos e, no último período, ocorriam diariamente. Descreveu que as alucinações apresentavam-se em rajadas de 45 a 60 minutos durante o dia. Além das vozes, R. P. sofria de um estado de ânimo deprimido e de idéias delirantes secundárias. Era difícil para ele sair de casa devido às suas idéias de referência e à ansiedade associada. Havia tido três tentativas sérias de suicídio.

O conteúdo das vozes

R.P. ouvia dois grupos de vozes aos quais referia-se como "bem" e "mal". A voz "maligna" costumava tratar de temas acerca dos quais R. P. sentia-se culpado, como a morte de seu avô (p. ex., "deveria ter estado lá") e a pouca ajuda que presta à sua avó quando esta vai comprar comida ("você não a ajuda"). A voz "malvada" era também de menosprezo e, muitas vezes, o insultava ("você não presta para nada", "é um estúpido"). R.P. muitas vezes interpretava que provinham de desconhecidos da rua. Em compensação, as vozes "boas" o "libertavam", dizendo-lhe "não as escute" e "estamos aqui para protegê-lo".

As crenças acerca das vozes

Identidade: R.P. acreditava que a voz "malvada" era masculina, muito poderosa e responsável por toda a "maldade do mundo". Por outro lado, pensava que as vozes boas (uma mistura de vozes masculinas e femininas) haviam sido enviadas por Deus para protegê-lo. Em geral, as vozes "malvadas" eram descritas como as mais dominantes das duas.

Significado: R.P. acreditava que a voz malvada havia sido enviada "para frustrá-lo, para destruí-lo e arruinar sua sanidade mental". As vozes boas estavam ali para "animar, ajudar e apoiá-lo". Pensava que não tinha *controle* sobre nenhuma das vozes e era incapaz de influir em seu aparecimento ou desaparecimento. As vozes lhe haviam dito, às vezes, durante o período de linha base, que se matasse ("por que você não acaba com tudo ?"), mas ele não havia obedecido. Entretanto, acreditava que as vozes malvadas estavam exercendo uma influência notável sobre ele e, como conseqüência, mantinha uma série de pensamentos de auto-avaliação negativos ("Sou um inútil", "Sou mau") com uma convicção mais ou menos absoluta.

O afeto e o comportamento

As vozes malvadas onipotentes tinham um profundo impacto sobre R.P., fazendo com que se sentisse ameaçado, ansioso e deprimido quando lhe falavam. As vozes "boas" nem sempre eram capazes de neutralizar esta influência. Quando se encontrava fora de casa, comportava-se de forma paranóica e hipervigilante e, às vezes, sofria ataques de pânico. Por conseguinte, evitava sair, salvo se fosse absolutamente necessário, tornando-se uma pessoa socialmente isolada.

A terapia cognitiva

O primeiro autor deste trabalho viu R. P. em casa a cada duas ou três semanas. As sessões duravam em média uma hora. Ao longo de um período de cinco meses, visitou-o em oito ocasiões.

O compromisso

Foi desenvolvido um programa de empirismo colaborador. O primeiro autor deste trabalho foi apresentado a R.P. pela assistente social encarregada do seu caso. Realizou uma avaliação e negociaram os objetivos da intervenção. Foi dada ênfase à redução do mal-estar produzido pela voz malvada, algo muito diferente da eliminação ou desaparecimento das alucinações.

O questionamento

O acontecimento ativante (A) para R.P. era a presença da alucinação auditiva que denominava a voz "maligna". A voz era desencadeada normalmente por ruídos como portas que se fecham com estrondo, o "estresse e/ou o falar sobre a voz (esta encontrava-se normalmente presente durante as sessões). A voz malvada fez surgir finalmente a crença (B) de que R.P. era um "inútil" e um "fracassado", o que por sua vez fazia com que ele se sentisse ansioso e deprimido (C). Isto pode ser observado no quadro 19.2.

Quadro 19.2. *Modelo cognitivo da experiência alucinatória de R.P.*

Antecedente (A)	Crenças (B)	Conseqüências (C)
A porta fecha-se de repente e desencadeia uma voz "malvada" que diz a R.P. que ele é um "fracassado" e um indivíduo "sem valor".	R.P. acredita que a voz é externa e que está dizendo a verdade. Como conseqüência, está convencido de que é um indivíduo fracassado e sem valor.	Deprimido e ansioso.

A fim de questionar esta crença e de gerar outras alternativas ("alternative Beliefs" [aB]), sugeriu-se a R.P. que estas crenças eram hipóteses e não verdades óbvias, e também que, quando alguém dissesse algo, não teria porque ser verdade (foi dado um exemplo neutro). O terapeuta e R. P. discutiram possíveis alternativas à idéia de que estas vozes fossem "reais". Foi tirada a importância do modelo médico de transtorno em favor de uma discussão sobre o significado pessoal das vozes. R.P. recordava ter tido sempre uma sensação de fracasso porque acreditava que havia decepcionado os demais, especialmente seu pai. Todos seus irmãos eram profissionais e tinham trabalhos de elevado *status*. R.P. aceitou essa idéia e a admitiu como uma explicação viável para a voz malvada.

A comprovação

Durante a entrevista de avaliação, R. P. mencionou que no passado havia sido capaz de controlar a atividade da voz malvada por meio do emprego de um toca-fitas (um "walkman"), mas que havia se quebrado fazia tempo. Um novo lhe foi dado e, em duas semanas, a crença de que as vozes "malvadas" eram muito poderosas e tinham o controle total caiu de 100 para apenas 40%; finalmente esta crença foi repelida totalmente e as vozes não deixaram mais sensação de onipotência.

Os resultados

As crenças de inutilidade e fracasso de R.P., geradoras de depressão, diminuíram consideravelmente, tendo como conseqüência aumento da auto-estima e redução da ansiedade e dos sintomas de depressão. Sentia-se mais capaz e estava mais disposto a aventurar-se a sair (quando as vozes eram mais perturbadoras) e em dado momento foi capaz de sair de férias com sua mãe. Como foi mencionado anteriormente, estava menos convencido do poder da voz malvada e, por conseguinte, sentia-se menos ameaçado e assustado por ela.

R.P. continuava acreditando que suas vozes eram externas e que tentavam destruí-lo (convencido da realidade da voz), mas, ao contrário do que acontecia antes, era mais capaz de manter um ponto de vista neutro acerca das mesmas, isto é, já não voltou a dar por certo que eram reais. Somente tratava-se de suas teorias ou hipóteses. Reconheceu que podia haver outras explicações para as alucinações.

Deste modo, embora a terapia cognitiva tenha tido uma influência direta sobre esta crença de *controle*, o impacto sobre suas crenças de *identidade* e *significado* não foi tão grande. Pode ser que uma pequena mudança nestas duas classes de crenças fosse o mais normal e é possível que não seja necessariamente um pré-requisito para a diminuição dos níveis de estresse. Isto necessita, obviamente, mais pesquisas, mas ilustra de forma adequada a questão de que o objetivo da terapia cognitiva não é tentar convencer o paciente da irracionalidade das suas crenças sobre se a voz é ou não real, e sim questionar as crenças que mantêm seu mal-estar.

O significado pessoal das vozes

Na nossa experiência, um componente básico da terapia cognitiva para as vozes é, muitas vezes, obter o significado pessoal das vozes – ou seja, estabelecer provisoriamente uma conexão entre o conteúdo da voz e as crenças, por um lado, e a história do indivíduo, por outro. Na verdade, neste capítulo mostramos que as vozes são uma experiência poderosa, uma experiência que os indivíduos sentem-se obrigados a entender. As crenças sobre as vozes são o resultado deste empenho e implicam força psicológica para reduzir uma sensação de perplexidade e incômodo. Nossa experiência nos diz que ainda que muitos indivíduos sejam capazes de reconhecer que todas ou algumas de suas crenças sobre as vozes estão equivocadas, continua existindo a questão de tentar compreender o fato de estarem sofrendo de alucinações.

Uma possível resposta que se apresenta ante o terapeuta é rotular a voz como um sinal de "doença". Entretanto, existem razões para não fazê-lo. Em primeiro lugar, conceitos como esquizofrenia não têm uma validade científica clara (Bentall et al., 1988). Em segundo lugar, e talvez o mais importante, atribuir as vozes à doença é uma explicação tão impessoal que raramente satisfaz as pessoas. O que os indivíduos parecem valorizar é a conexão provisória do conteúdo de suas vozes com suas próprias histórias. Por exemplo, no caso de R.P., foi sugerido que a voz poderia dar pistas sobre os aspectos depressivos subjacentes. A suposição foi que as experiências infantis de R. P. estabeleceram uma forte necessidade de conseguir o respeito de seu pai e que, sendo já adulto, havia experimentado uma sensação crescente de fracasso e de inadequação.

III. UM MODELO COGNITIVO PARA AS IDÉIAS DELIRANTES

Nossa terapia cognitiva para as vozes é uma adaptação específica de um enfoque geral da terapia cognitiva para as idéias delirantes (Chadwick e Lowe, 1994), isto é, tentamos reduzir o mal-estar e a perturbação associados a um tipo de idéias delirantes secundárias (p. ex., crenças de identidade, de significado, etc.) sobre um acontecimento freqüente – uma alucinação auditiva.

Até há pouco tempo, havia relativamente pouca pesquisa sobre as idéias delirantes. Isto é surpreendente, levando-se em conta a riqueza dos estudos que abordam a formação e a manutenção das crenças ordinárias e a estrutura de tais crenças (Tesser e Shaffer, 1990), assim como o papel central que as idéias delirantes desempenham nos sistemas de diagnóstico e nas definições gerais de loucura (Winters e Neale, 1983). Por exemplo, as idéias delirantes sempre estão presentes na definição legal do transtorno mental (Sims, 1991).

Definir as idéias delirantes é francamente difícil. O enfoque tradicional baseia-se em estabelecer diferenças qualitativas entre as idéias delirantes e outras crenças. A Associação Americana de Psiquiatria oferece a seguinte definição na última edição de seu *Manual diagnóstico e estatístico* (*DSM-IV*; APA,1994):

> Uma crença pessoal falsa baseada em inferências incorretas sobre a realidade externa, crença que se mantém com firmeza, apesar do que crêem quase todos os demais e apesar de que constitui uma prova ou evidência óbvia e indiscutível do contrário. A crença não é aceita normalmente pelos outros membros da cultura ou subcultura a que pertence a pessoa [p. 765].

Como outros autores (Garety, 1985; Harper, 1992), consideraremos estes critérios por partes. Definir uma idéia delirante como uma "crença falsa" é criticável em dois aspectos. Em primeiro lugar, considerando o simples ponto de vista de que a verdade e a falsidade são termos claros, as idéias delirantes não serão necessariamente falsas. Pode-se dizer que um indivíduo que acredita (corretamente) que seu parceiro é infiel tem uma idéia delirante de ciúmes se não tiver boas razões para fazer a acusação (Brockington, 1991). Em segundo lugar, definir a verdade ou a falsidade é tão problemático que um estudioso concluiu que "é quase inútil para um único clínico tentar julgar se uma crença é uma idéia delirante por meio da determinação do seu grau de verdade" (Heise, 1988, p.266).

O critério de estar fundamentada na "inferência incorreta" também foi fortemente questionado; na verdade, uma das teorias mais importantes sobre a formação de ilusões sugere que as idéias delirantes são tentativas *fundamentadas* de explicar a experiência anormal (Maher, 1988). A prova mais concreta contra a proposição de Maher provém do descobrimento de que as pessoas com idéias delirantes guiam-se por um raciocínio distorcido (ver Bentall, Kinderman e Kaney, 1994). Foi constatado que, sob certas condições experimentais, parece que as pessoas com idéias delirantes demonstram distorções em seu estilo atribucional, em seu julgamento sobre a covariação e no seu raciocínio probabilístico (Garety, 1991).

Todavia, isto sugere uma série de considerações. Em primeiro lugar, às vezes é difícil interpretar estes achados sobre a racionalidade. Por exemplo, Huq, Garety e Hemsley (1988), utilizando uma tarefa neutra que requeria que os sujeitos fizessem inferências sobre as razões prováveis de diferentes contas coloridas em uma jarra, pesquisaram o raciocínio probabilístico de um grupo de pessoas com idéias delirantes, um grupo de pacientes psiquiátricos variados que não tinham idéias delirantes e um grupo de controle. Constatou-se que as pessoas com idéias delirantes eram as que requeriam que fossem tiradas menos contas da jarra antes de formar suas conclusões e também as que expressavam mais segurança em suas decisões e, mesmo este "pular para as conclusões", encontrava-se mais perto do raciocínio ótimo que a precaução manifestada por outros sujeitos. Igualmente, nem sempre está claro que os achados específicos de estudos análogos possam ser aplicados ao pensamento delirante. Por exemplo, como se poderia estabelecer se as idéias delirantes são formadas com base em menos informações que, digamos, as crenças religiosas ou as depressivas? Em segundo lugar, as provas são para a distorção, não para os déficits; poderia ser inferido razoavelmente que a distorção observada é uma conseqüência do comportamento delirante, em vez de que a idéia delirante fosse conseqüência da distorção.

O critério "ser mantido com firmeza" muda o centro de atenção da formação para a manutenção. A implicação é que todas as idéias delirantes mantêm-se com uma convicção inquebrantável e total (ou quase total). Mesmo que isto possa ser verdade para muitas idéias delirantes (Chadwick e Lowe, 1990), não o é para todas; Brett-Jones, Garety e Hemsley (1987) mostraram que pode ser que a convicção esteja longe de ser total e que pode sofrer extremas flutuações. No mesmo sentido, Harrow, Rattenbury e Stoll (1988) constataram numa amostra de 34 pessoas diagnosticadas como esquizofrênicas que, mesmo no ponto culminante do transtorno, 6 indivíduos (18%) demonstravam somente uma convicção parcial. Igualmente, seria estranho que as idéias delirantes não estivessem firmemente estabelecidas, porque isto parece ser o *sine qua non* das crenças básicas de qualquer tipo.

O critério de que as idéias delirantes não são modificáveis ou sejam totalmente insensíveis à razão é talvez a noção mais associada às idéias delirantes. Entretanto, existem fortes razões empíricas para rejeitar esta associação. Um número modesto de estudos, incluindo os nossos, relatam tentativas de debilitar as idéias delirantes com resultados geralmente favoráveis (Alford, 1986; Beck, 1952; Chadwick e Lowe, 1990; Chadwick *et al.*, 1994; Fowler e Morley, 1989; Hartman e Cashman, 1983; Hole *et al.*, 1973; Johnson, Ross e Mastria, 1977; Lowe e Chadwick, 1990; Milton, Patwa e Haffner, 1978). Seria mais razoável afirmar que as idéias delirantes são difíceis de modificar, às vezes diabolicamente difíceis. Esta posição reconhece que a classe de crenças denominadas idéias delirantes varia consideravelmente ao longo de uma série de dimensões e estimula o exame de vários fatores que poderiam influenciar os resultados terapêuticos. Incita também a investigar se as idéias delirantes são mais difíceis de modificar que as idéias políticas ou religiosas, ou que as principais idéias associadas ao abuso sexual ou à anorexia, para citar alguns exemplos.

O critério final "apesar do que quase todo o mundo acredita" refere-se ao conteúdo pouco habitual, ou estranho, das idéias delirantes. A grande maioria das pessoas do grupo ao qual o indivíduo pertence não compartilha dessas crenças. Entretanto, pode-se questionar por *razões empíricas* para questionar o emprego deste critério como um ponto da definição, já que pesquisas demonstraram a dificuldade de avaliar a "estranheza" das idéias delirantes (Kendler, Glazer e Morgenstern, 1983), e por *razões conceituais*, porque o que as pessoas acreditam em distintas culturas, grupos e períodos da história é um terreno instável (Harper, 1992).

Outro enfoque para identificar as idéias delirantes, que mantém o caráter da posição tradicional, consiste em propor uma definição disjuntiva. Desta maneira, Oltmanns (1988) descreve oito características que definem as idéias delirantes e sugere que nenhuma deva ser vista como necessária ou suficiente. A pesquisa poderia então começar a resolver o problema de que características são mais importantes. Uma vantagem desta estratégia é que reconhece as diferenças individuais e a necessidade da pesquisa empírica. Entretanto, se os critérios individuais não distinguem as idéias delirantes de outras idéias, então até uma definição disjuntiva fracassaria em seu propósito.

Os critérios tradicionais são questionados também por um chamamento radical e atraente para definir as idéias delirantes (e as alucinações) como pontos de um *continuum* até a normalidade, cuja posição neste *continuum* é influenciada por dimensões do pensamento e do comportamento, como o grau de convicção da crença e o nível de preocupação em relação à mesma (Strauss, 1969). Em vez de negar a importância das diferenças individuais e da semelhança com outras crenças, a perspectiva de Strauss as adota e as eleva à posição de características definidoras. Este ponto de vista tem moldado notavelmente nossa visão das idéias delirantes e das alucinações.

Nos últimos vinte anos produziu-se uma mudança na ênfase, indo da descontinuidade à continuidade, e das diferenças qualitativas às quantitativas. Por exemplo, sabe-se que os indivíduos com idéias delirantes paranóides pensam e se comportam como poderiam fazê-lo as pessoas normais.

III.1. Terapia cognitiva para as idéias delirantes

Brett-Jones et al., (1987), em nove estudos de caso único, tentaram medir variáveis que descrevessem a relação entre aquele que acredita e a crença. Constataram que era possível avaliar a certeza, a preocupação com a idéia delirante e a interferência comportamental decorrente. Levando em conta também que havia pouca covariação entre as diferentes dimensões, seria possível levantar a hipótese de que existem numerosos fatores que poderiam influenciar os resultados terapêuticos.

Watts, Powell e Austin (1973) estudaram as idéias delirantes de três pacientes com esquizofrenia paranóide. Utilizando um estilo de não confrontação, estes autores abordaram primeiro aquelas partes das idéias delirantes mantidas com menos força. Pediu, a seguir, aos pacientes que considerassem um ponto de vista alternativo para a idéia delirante em vez de forçá-los a ter uma visão determinada. Utilizaram tantas provas quanto lhes foi possível e incitaram os sujeitos a reconhecer os argumentos contrários às idéias delirantes. O terapeuta apoiou e discutiu ainda mais os referidos argumentos. Depois de seis sessões, os três pacientes apresentaram uma diminuição significativa na força das idéias delirantes, embora nenhum dos sujeitos as tenha abandonado totalmente.

Como mencionamos anteriormente, Watts et al., (1973) são contra o emprego da confrontação. Milton et al. (1978) proporcionaram mais apoio a esta posição, tendo constatado, numa comprovação empírica, que a modificação da crença (segundo adaptação de Watts et al., 1973) traz mais benefícios que a confrontação direta. Estes autores observaram também que era mais provável que a confrontação produzisse um aumento superior da perturbação que um enfoque de não confrontação.

Apoiados no modelo de Maher sobre as experiências anômalas e no enfoque de Beck da terapia cognitiva, Chadwick e Lowe (1990, 1994) desenvolveram um enfoque cognitivo para medir e modificar as idéias delirantes, a fim de conhecer mais sobre as contribuições relevantes de duas intervenções determinadas aplicadas num clima de empirismo colaborador (Beck et al., 1979). Deste modo, como na terapia cognitiva para as vozes, em vez de dizer aos sujeitos que eles estavam enganados, incitavam-nos a verem suas idéias delirantes apenas como uma possível interpretação dos acontecimentos e pedia-lhes que considerassem e avaliassem um ponto de vista alternativo. Novamente, e pelas razões citadas anteriormente, foram evitados rótulos como esquizofrenia ou idéia delirante.

Estimulados por estes avanços, Chadwick e Lowe (1990, 1994) começaram sua fase de desafio verbal questionando somente a evidência da crença, numa ordem inversamente relacionada à sua importância para a idéia delirante. Parte desta discussão implicava que o terapeuta esclarecesse aos indivíduos como estas crenças que se mantêm com firmeza podem exercer uma profunda influência sobre seu comportamento e seu afeto. O terapeuta questionava, a seguir, a própria crença em três etapas: em primeiro lugar, apontava e discutia qualquer inconsistência e irracionalidade; em segundo lugar, oferecia uma explicação alternativa, isto é, que a idéia delirante formou-se em resposta a determinadas experiências, e como uma forma de tentar de explicá-las (ver Maher, 1974); isto incluía, muitas vezes, o envolvimento de um sintoma principal, mas em alguns pacientes postulou-se que a idéia delirante era, em parte, uma resposta a acontecimentos importantes da vida. Finalmente, à luz desta nova informação, eram reavaliadas a interpretação do indivíduo e a alternativa do terapeuta.

Depois do questionamento verbal, o terapeuta colaborava com o paciente em elaborar e pôr em prática uma comprovação empírica da crença. É uma tradição das terapias cognitivo-comportamentais, como a terapia racional emotiva (TRE), estimular o emprego de técnicas comportamentais para apoiar e confirmar o questionamento cognitivo inicial (Dryden, 1990). Beck et al. (1979) aludiram a este ponto, enquanto falavam da terapia cognitiva, comentando:

> Não existe uma maneira fácil de "convencer o paciente" de que suas conclusões são frágeis, inadequadas ou vazias [...]. Ajudando o paciente a mudar certos comportamentos, o terapeuta pode demonstrar-lhe que suas conclusões negativas generalizadas eram incorretas [p. 118].

A principal característica da comprovação da realidade consiste no planejamento e na realização de uma atividade que possa invalidar a idéia delirante, ou parte dela (Hole et al., 1979). Beck et al., (1979) denominaram estas atividades "experimentos comportamentais", indicando que eram realizadas para comprovar hipóteses.

III.1.1. *Um estudo de caso*

D.D. era um homem de 46 anos com uma história de esquizofrenia e várias internações no hospital que remontavam a 1971. Católico devoto desde a infância, D. D. estava totalmente convencido de que era o "Filho de Deus", a quem Deus havia encarregado a tarefa de "redimir as almas do inferno e ao diabo e a seus anjos". Como conseqüência disto, e porque era o "Filho de Deus", acreditava de forma intermitente que a equipe do hospital e os desconhecidos eram robôs humanos enviados para persegui-lo e finalmente matá-lo, o que naturalmente era muito estressante. A responsabilidade de ser o "Filho de Deus", longe de agradá-lo, era considerada um estorvo, e D. D. falava sobre o alívio que sentiria se lhe tirassem essa responsabilidade. Mantinha esta idéia delirante desde 1972. No momento da avaliação, não havia provas de que estivesse alucinando e a medicação (clorpromazina, prociclidina) permanecia estável ao longo da linha de base e dos períodos de intervenção.

As avaliações da linha de base ao longo de um período de quatro semanas indicavam que a convicção em sua crença de que era o "Filho de Deus" era absoluta (ou seja, 100%). Declarava ficar preocupado com a referida crença de 2 a 3 vezes por dia e negava que houvesse alguma evidência durante o período de quatro semanas que o fizesse modificá-la. Num ambiente de colaboração empírica, foi perguntado a

D.D. sobre as provas que apoiavam sua idéia delirante. Dividiam-se em três partes principais. Em primeiro lugar, o aparecimento da idéia delirante ocorreu após um período de psicose aguda, quando contou que "Jesus havia lhe falado" dizendo-lhe "ame os seus inimigos". A confirmação de que foi Jesus quem lhe falou provinha do fato de que estas palavras estão na Bíblia.

Foi mostrado a D.D. que "ame os seus inimigos" é uma frase bastante comum, utilizada em determinadas ocasiões por um grande número de pessoas. Ele concordou com isto. Perguntaram-lhe também se poderia haver outra explicação possível para suas experiências. Sugeriu que ele "poderia ter sido mau nessa época". O resultado disto foi que, mesmo mantendo uma convicção de 100% em sua crença, começou a duvidar da confiabilidade das evidências.

A segunda prova citada a favor da sua idéia delirante era que a Bíblia continha uma descrição do "Filho de Deus" que D.D. pensava que era uma imagem fiel de si mesmo. A pesquisa desta alegação revelou uma inequívoca distorção de confirmação e D.D. reconheceu que escolheu as partes do texto que eram coerentes com sua crença e ignorou todas as outras. Nessa fase, sua idéia delirante enfraqueceu ainda mais até o ponto em que passou a ter sérias dúvidas sobre se sua crença era realmente verdadeira e sua porcentagem de convicção baixou para 55%.

Esta porcentagem de convicção baixou mais depois de questionadas as inconsistências de sua prova de que Deus lhe havia concedido o poder de curar as pessoas (porque ele era o "Filho do Homem"). Quatro anos antes, quando se encontrava como paciente interno, estivera convencido de que havia acabado com a "confusão" de outra paciente simplesmente tocando-a. Quando lhe foi perguntado por explicações alternativas destes acontecimentos, admitiu que não podia recordar com uma precisão de 100% se realmente a havia curado ou se ela simplesmente havia lhe contado. Novamente a característica principal havia sido questionar suas crenças baseando-nos na confiabilidade das provas que apoiavam a idéia delirante.

Entre sessões, ao longo de um período de uma semana, D.D. informou que já não acreditava ser o "Filho de Deus". Sua pontuação de convicção de 3% refletia talvez os últimos resíduos de dúvida acerca da crença. Nas palavras de D.D.: "Agora estou convencido de que é falsa".

Como comprovação final da evidência de que lhe haviam outorgado poderes especiais, foi proposto um experimento comportamental. Como pensamos que seria pouco ético tentar "curar" outra pessoa, D. D. esteve de acordo em comprovar a crença sobre si mesmo, em "dar a Jesus a oportunidade de melhorar sua visão". D. D. sofria de uma doença congênita dos olhos que fazia com que tivesse vista curta e tinha que usar óculos com um desenho especial. Combinou-se que D. D. fosse a um oftalmologista para examinar sua visão (o que costumava fazer regularmente), a fim de proporcionar uma linha de base com a qual seria medida qualquer melhora. Se, em qualquer momento, durante um período de teste combinado, pensasse que lhe haviam concedido poderes especiais para melhorar sua própria visão, voltaria ao oftalmologista para fazer uma avaliação independente. Até o presente momento, perto do final do período combinado, não foi informada nenhuma melhora. A crença de D. D. de que era o "Filho de Deus" havia baixado para 0%.

IV. CONCLUSÃO

Apresentamos uma introdução ao nosso trabalho utilizando um enfoque cognitivo das vozes e idéias delirantes. Esta perspectiva supõe que as idéias delirantes e as vozes residam num *continuum* com a normalidade e que qualquer mal-estar e perturbação associadas a elas seja o resultado de uma busca ativa de significados. Além de aumentar nossa compreensão sobre a manutenção destes fenômenos, um enfoque cognitivo permite aos clínicos trabalhar em colaboração com seus pacientes para reduzir o mal-estar e a perturbação associadas a estes sintomas psicóticos positivos.

REFERÊNCIAS

Alford, B. A. (1986). Behavioral treatment of schizophrenic delusions: a single case experimental analysis. *Behavior Therapy, 17,* 637-644.
American Psychiatric Association (1987). *Diagnostic and statistical manual of mental disorders* (3ª edición revisada) *(DSM-IIII-R)*. Washington, D. C.: APA.
American Psychiatric Association (1994). *Diagnostic and statistical manual of mental disorders* (4ª edición) *(DSM-IV)*. Washington, D. C.: APA.
Asaad, G. y Shapiro, M. D. (1986). Hallucinations: Theoretical and clinical overview. *American Journal of Psychiatry, 143,* 1088-1097.
Beck, A. T. (1952). Successful outpatient psychotherapy of a chronic schizophrenic with a delusional based on borrowed guilt. *Psychiatry, 15,* 305-312.
Beck, A. T., Rush, A. J., Shaw, B. F. y Emery, G. (1979). *Cognitive therapy of depression.* Nueva York: Guilford.
Benjamin, L. S. (1989). Is chronicity a function of the relationship between the person and the auditory hallucination? *Schizophrenia Bulletin, 15,* 291-230.
Bentall, R. P. (1994). Cognitive biases and abnormal beliefs: towards a model of persecutory delusions. En A. S. David y J. Cutting (dirs.), *The neuropsychology of schizophrenia.* Londres: Erlbaum.
Bentall, R. P., Jackson, H. F. y Pilgrim, D. (1988). Abandoning the concept of schizophrenia: Some implications of validity arguments for psychological research into psychotic phenomena. *British Journal of Clinical Psychology, 27,* 303-324.
Bentall, R. P., Kinderman, P. y Kaney, S. (1994). The self, attributional processes and abnormal beliefs: towards a model of persecutory delusions. *Behaviour Research and Therapy, 32,* 331-341.
Birchwood, M. J. (1986). Control of auditory hallucinations through occlusion of monoaural auditory input. *British Journal of Psychiatry, 149,* 104-107.

Birchwood, M. J. y Tarrier, N. (1992). *Innovations in the psychological management of schizoprhenia*. Chichester: Wiley.

Brett-Jones, J., Garety, P. A., y Hemsley, D. R. (1987). Measuring delusional experiences: a method and its application. *British Journal of Clinical Psychology, 26*, 257-265.

Brewin, C. R. (1988). *Cognitive foundations of clinical psychology*. Londres: Erlbaum.

Brockington, I. F. (1991). Factors involved in delusion formation. *British Journal of Psychiatry, 159* (supl.), 42-46.

Chadwick, P. D. J. y Birchwood, M. J. (1994). Challenging the omnipotence of voices: A cognitive approach to auditory hallucinations. *British Journal of Psychiatry, 164*, 190-201.

Chadwick, P. D. J., Birchwood, M. J. y Trower, P. (1996). *Cognitive therapy for delusions, voices and paranoia*. Chichester: Wiley.

Chadwick, P. D. J. y Lowe, C. F. (1990). Measurement and modification of delusional beliefs. *Journal of Consulting and Clinical Psychology, 58*, 225-232.

Chadwick, P. D. J. y Lowe, C. F. (1994). A cognitive approach to measuring and modifying delusions. *Behaviour Research and Therapy, 32*, 355-367.

Chadwick, P. D. J., Lowe, C. F., Horne, P. J. y Higson, P. J. (1994). Modifying delusions: the role of empirical testing. *Behavior Therapy, 25*, 35-49.

Cochrane, R. (1983). *The social creation of mental illness*. Essex: Longman.

Costello, C. G. (1993). *Symptoms of schizophrenia*. Nueva York: Wiley.

Dryden, W. (1990). *Rational-emotive therapy in action*. Londres: Sage.

Fowler, D. y Morley, S. (1989). The cognitive behavioural treatment of hallucinations and delusions: a preliminary study. *Behavioural Psychotherapy, 17*, 267-282.

Garety, P. A. (1985). Delusions: Problems in definition and measurement. *British Journal of Medical Psychology, 58*, 25-34.

Garety, P. A. (1991). Reasoning and delusions. *British Journal of Psychiatry, 159* (supl.), 14-18.

Goodwin, D. W. (1971). Clinical significance of hallucinations in psychiatric disorders. *Archives of General Psychiatry, 24*, 76-80.

Harper, D. J. (1992). Defining delusions and the serving of professional interests: The case of "paranoia". *British Journal of Medical Psychology, 65*, 357-369.

Harrow, M., Rattenbury, F. y Stoll, F. (1988). Schizophrenic delusions: An analysis of their persistence, of related premorbid ideas, and of three major dimensions. En T. F. Oltmanns y B. A. Maher (dirs.), *Delusional beliefs*. Nueva York: Wiley.

Hartman, L. M. y Cashman, F. E. (1983). Cognitive behavioural and psychopharmacological treatment of delusional symptoms: a preliminary report. *Behavioural Psychotherapy, 11*, 50-61.

Hawton, K., Salkovskis, P., Kirk, J. y Clark, D. M. (dirs.) (1989). *Cognitive behavioural therapy for psychiatric problems*. Oxford: Oxford University Press.

Heise, D. R. (1988). Delusions and the construction of reality. En T. Oltmanns y B. H. Maher (dirs.), *Delusional beliefs*. Nueva York: Wiley.

Hole, R. W., Rush, A. J., y Beck, A. T. (1979). A cognitive investigation of schizophrenic delusions. *Psychiatry, 42*, 312-319.

Huq, S. F., Garety, P. A. y Hemsley, D. R. (1988). Probabilistic judgments in deluded an non-deluded subjects. *Quarterly Journal of Experimental Psychology, 40A*, 801-812.

Johnson, W. G., Ross, J. M. y Mastria, M. A. (1977). Delusional behavior: an attributional analysis. *Journal of Abnormal Psychology, 86*, 421-426.

Kendler, K. S., Glazer, W. M. y Morgenstern, H. (1983). Dimensions of delusional experience. *American Journal of Psychiatry, 140*, 466-469.
Lowe, C. F. y Chadwick, P. D. J. (1990). Verbal control of delusions. *Behavior Therapy, 21*, 461-479.
Maher, B. A. (1974). Delusional thinking and perceptual disorder. *Journal of Individual Psychology, 30*, 98-113.
Maher, B. A. (1988). Anomalous experience and delusional thinking: The logic of explanation. En T. F. Oltmanns y B. A. Maher (dirs.), *Delusional beliefs*. NuevaYork: Wiley.
Milton, F., Patwa, K. y Haffner, R. J. (1978). Confrontation vs. belief modification in persistently delude patients. *British Journal of Medical Psychology, 51*, 127-130.
Oltmans, T. F. (1988). Approaches to the definition and study of delusions. En T. F. Oltmans y B. A. Maher (dirs.), *Delusional beliefs*. Nueva York: Wiley-Interscience.
Organización Mundial de la Salud (OMS) (1973). *The international pilot study of schizophrenia*. Ginebra: OMS.
Romme, M. A. y Escher, S. (1989). Hearing voices. *Schizophrenia Bulletin, 15*, 209-216.
Sims, A. (1991). Delusions and awareness of reality. Proceedings of the Fourthieth Psychopathology Symposium. *The British Journal of Psychiatry, 159*, 14.
Slade, P. D. y Bentall, R. P. (1988). *Sensory deception: A scientific analysis of hallucination*. Baltimore: The Johns Hopkins University.
Strauss, J. S. (1969). Hallucinations and delusions as points on continua functions. *Archives of General Psychiatry, 21*, 581-586.
Strauss, J. S. (1991). The person with delusions. *British Journal of Psychiatry, 159* (supl.), 57-62.
Tarrier, N. (1992). Management and modification of residual positive pschotic symptoms. En M. Birchwood y N. Tarrier (dirs.), *Innovations in the psychological management of schizophrenia*. Chichester: Wiley.
Tesser, A. y Shaffer, D. R. (1990). Attitudes and attitude change. *Annual Review of Psychology, 41*, 479-523.
Trower, P., Casey, A. y Dryden, W. (1988). *Cognitive behavioural counselling in action*. Bristol: Sage.
Watts, F. N., Powell, E. G. y Austin, S. V. (1973). The modification of abnormal beliefs. *British Journal of Medical Psychology, 46*, 359-363.
Winters, K. C. y Neale, J. M. (1983). Delusions and delusional thinking in psychotics: A review of the literature. *Clinical Psychology Review, 3*, 227-253.
Yalom, I. (1970). *The theory and practice of group psychotherapy*. NuevaYork: Basic Books.

LEITURAS PARA APROFUNDAMENTO

Beck, A. T., Rush, A. J., Shaw, B. F. y Emery, G. (1979). *Cognitive therapy of depression*. Nueva York: Guilford.
Chadwick, P. D. J. y Birchwood, M. J. (1994). Challenging the omnipotence of voices: A cognitive approach to auditory hallucinations. *British Journal of Psychiatry, 164*, 190-201.
Chadwick, P. D. J., Birchwood, M. J. y Trower, P. (1996). *Cognitive therapy for hallucinations, delusions and paranoia*. Chichester: Wiley.

Chadwick, P. D. J. y Lowe, C. F. (1990). Measurement and modification of delusional beliefs. *Journal of Consulting and Clinical Psychology, 58,* 225-232.

Chadwick, P. D. J. y Lowe, C. F. (1994). A cognitive approach to measuring and modifying delusions. *Behaviour Research and Therapy, 32,* 355-367.

Oltmanns, T. F. y Maher, B. A. (dirs.) (1988). *Delusional beliefs.* NuevaYork: Wiley.

Apêndice 1. Questionário de Crenças sobre as Vozes (Beliefs about Voices Questionnaire, BAVQ)

Há muitas pessoas que ouvem vozes. Seria muito útil sabermos como você se sente com suas vozes. Para isto, responda ao seguinte questionário, simplesmente fazendo um círculo ao redor de SIM ou NÃO em cada uma das perguntas.
Se escutar mais de uma voz, responda ao questionário para a mais importante.

1. Minha voz está me castigando por algo que eu fiz.	SIM	NÃO
2. Minha voz quer me ajudar.	SIM	NÃO
3. Minha voz está me perseguindo sem uma razão lógica.	SIM	NÃO
4. Minha voz quer proteger-me.	SIM	NÃO
5. Minha voz é má.	SIM	NÃO
6. Minha voz está ajudando a manter-me sadio.	SIM	NÃO
7. Minha voz quer prejudicar-me.	SIM	NÃO
8. Minha voz está me ajudando a desenvolver capacidades ou poderes especiais.	SIM	NÃO
9. Minha voz quer que eu faça coisas más.	SIM	NÃO
10. Minha voz está me ajudando a atingir meus objetivos na vida.	SIM	NÃO
11. Minha voz está tentando corromper-me ou destruir-me.	SIM	NÃO
12. Estou agradecido à minha voz.	SIM	NÃO
13. Minha voz é muito poderosa.	SIM	NÃO
14. Minha voz me dá segurança.	SIM	NÃO
15. Minha voz me assusta.	SIM	NÃO
16. Minha voz me alegra.	SIM	NÃO
17. Minha voz me deprime.	SIM	NÃO
18. Minha voz me deixa irritado.	SIM	NÃO
19. Minha voz me tranqüiliza.	SIM	NÃO
20. Minha voz me deixa ansioso.	SIM	NÃO
21. Minha voz faz com que eu me sinta seguro.	SIM	NÃO
QUANDO ESCUTO MINHA VOZ, *NORMALMENTE*...		
22. Eu lhe digo para me deixar em paz.	SIM	NÃO
23. Tento tirá-la da minha mente.	SIM	NÃO
24. Tento detê-la.	SIM	NÃO
25. Faço coisas para evitar que ela fale.	SIM	NÃO
26. Eu me nego a obedecê-la.	SIM	NÃO
28. Faço com prazer o que a minha voz me manda fazer.	SIM	NÃO
29. Fiz coisas para conseguir entrar em contato com a voz.	SIM	NÃO
30. Procuro conselhos da minha voz.	SIM	NÃO

INTERVENÇÃO COMPORTAMENTAL NOS COMPORTAMENTOS PROBLEMÁTICOS ASSOCIADOS À DEMÊNCIA

Capítulo 20

BARRY EDELSTEIN, LYNN NORTHROP E NATALIE STAATS[1]

I. INTRODUÇÃO

A porcentagem de idosos na população está aumentando rapidamente. Embora os terapeutas comportamentais tenham-se mostrado um pouco lentos nas suas tentativas de abordar os problemas de saúde mental dos idosos, evidencia-se um crescente interesse que começou nos anos setenta (ver Carstersen, 1988). Um dos transtornos mais perturbadores que acometem os idosos é a demência, especialmente a do tipo Alzheimer. Embora a demência seja, por definição (ver nota), um transtorno orgânico que os terapeutas comportamentais não podem abordar diretamente, muitos dos comportamentos-problema associados às demências (p. ex., incontinência urinária, deterioração da memória, deambulação/desorientação, comportamento agressivo/agitado e incapacidade para realizar as atividades da vida diária) são sensíveis às intervenções comportamentais. Neste capítulo, definiremos a demência, indicaremos as mudanças fisiológicas associadas à idade que deveriam ser consideradas para se avaliar e desenvolver programas de tratamento, descreveremos os enfoques comportamentais para os problemas freqüentemente associados às demências e apresentaremos um estudo de caso para ilustrar a aplicação dos princípios comportamentais.

O termo *demência* é empregado para descrever um conjunto de sintomas cognitivos e comportamentais que são característicos de uma série de transtornos cerebrais orgânicos, incluindo a demência tipo Alzheimer (DTA), a demência vascular, a síndrome de Wernicke-Korsakoff e muitos mais. A demência caracteriza-se por "múltiplos déficits cognitivos que incluem a deterioração da memória e pelo menos uma das perturbações cognitivas seguintes: afasia, apraxia, agnosia ou uma deterioração no funcionamento executivo. Os déficits cognitivos têm que ser suficientemente severos para causar uma deterioração no funcionamento social ou ocupacional e devem representar um declínio em relação a um nível de funcionamento anteriormente superior" (APA, 1994, p. 134).

Além da identificação das características comportamentais ou cognitivas, o diagnóstico de demência requer comprovação com exame médico (p. ex., ressonância magnética, tomografia axial computadorizada, etc.) de base orgânica para as perturbações cognitivas ou comportamentais observadas, exceto em caso de suspeita de DTA. É possível fazer um diagnóstico de DTA sem uma evidência sólida de organicidade, desde

---

[1] West Virginia, Morgantown (EUA).

que tenham sido descartados outros transtornos que causam a demência por meio da história clínica, do exame físico e/ou de exames laboratoriais (APA, 1994). Cada um dos transtornos cerebrais orgânicos específicos incluídos sob o título de demência tem sua etiologia, curso e prognóstico próprios característicos, alguns dos quais são reversíveis com o tratamento. Por conseguinte, o diagnóstico diferencial do transtorno específico que causa os sintomas da demência é essencial para o tratamento apropriado. Uma compreensão ampla da apresentação e das características da demência ajudará o clínico a desenvolver objetivos e planos de tratamento realistas e eficazes. Ao leitor interessado recomendamos o *Manual diagnóstico e estatístico dos transtornos mentais* – IV edição (APA, 1994) para mais informações sobre o diagnóstico.

A demência é, na maioria dos casos, um transtorno dos idosos. Os terapeutas comportamentais que desejem trabalhar com este grupo de pessoas deveriam compreender que as mudanças na fisiologia e na conduta dos adultos são inevitáveis conforme envelhecem. Conseqüentemente, existem muitos fatores associados ao envelhecimento que complicam a avaliação e, às vezes, também o tratamento dos idosos. Embora este capítulo centre-se na demência, acreditamos que cabe ao terapeuta comportamental compreender algumas das características fisiológicas mais importantes dos idosos que deveriam ser consideradas quando se avalia e se trata de idosos com ou sem demência.

II. CONSIDERAÇÕES FISIOLÓGICAS

II.1. *Sistema sensorial*

A maioria dos indivíduos ao envelhecer sofre diminuição de todos os sistemas sensoriais, embora o grau de deterioração varie de acordo com as pessoas. As mudanças no sistema visual incluem uma diminuição do tamanho da pupila (miose), respostas pupilares mais lentas às mudanças de iluminação, pigmentação (opacidade), espessamento das lentes e diminuição da capacidade e da rapidez de acomodação. As mudanças anteriores e outras mais resultarão na diminuição da acuidade visual (normalmente presbita), um aumento da suscetibilidade a olhar fixamente, um aumento do tempo requerido para a adaptação à escuridão, uma redução da sensibilidade à cor, uma pior percepção da profundidade e aumento da necessidade de iluminação. Além disso, distintas doenças e medicações podem acelerar o desenvolvimento destas mudanças. Por exemplo, a taxa de opacidade pode ser acelerada pelo diabetes melito, o hipoparatireoidismo, a distrofia miotônica, a doença de Wilson e o consumo de clorpromazina ou corticosteróides (Hunt e Lindley, 1989).

A sensibilidade auditiva também se deteriora conforme se envelhece, começando ao redor dos 25 anos (Zarit e Zarit, 1987). A discriminação do tom diminui progressivamente até cerca de os 55 anos. Perdas mais extremas ocorrem nas freqüências mais altas depois dessa idade. Um, em cada três indivíduos maiores de 60 anos, sofre de uma expressiva deterioração do sentido da audição (Zarit e Zarit, 1987). Tudo isto pode produzir problemas na percepção da fala, em geral, e uma deterioração significativa da capacidade para entender a fala rápida ou entrecortada, e/ou da capacidade para ouvir nitidamente o que se fala quando há um ruído de fundo.

A sensibilidade olfativa diminui com a idade, o que pode afetar as preferências e prazeres do paladar e aumentar o risco de o indivíduo sofrer algum dano devido à redução da capacidade para detectar sinais olfativos de perigo (p. ex., fumaça, gás natural). As mudanças nas preferências alimentares e a diminuição do prazer de comer podem ter conseqüências graves para o estado nutritivo de um sujeito. Além disso, como freqüentemente os alimentos preferidos são utilizados como reforçadores, a consideração da sensibilidade olfativa é de grande importância. A diminuição da sensibilidade aos odores pode reduzir também os prazeres experimentados anteriormente em relação às fragrâncias das flores e dos perfumes. Os próprios hábitos de cuidado pessoal podem mudar em função de estar menos sensível aos odores dos desodorantes, dos perfumes e dos odores corporais.

A sensibilidade do paladar também diminui com a idade (p. ex., DeGraaf, Polet e Van Staveren, 1994). Parece ocorrer uma redução da sensibilidade aos sabores salgados, doces, ácidos e amargos conforme se envelhece (Whitbourne, 1985), variando também em função dos sabores de alimentos especiais. Esta variação da sensibilidade pode ter como resultado uma diminuição do prazer palatal. Schiffman e Warwick (1993) observaram que os idosos consumiam mais alimentos que tinham seu sabor melhorado que alimentos sem sabor melhorado. A redução da sensibilidade do paladar, juntamente com a diminuição da sensibilidade olfativa, podem levar a um déficit nutritivo. Deveriam ser consideradas estas mudanças ao selecionar alimentos que potencialmente podem servir como reforçadores e quando nos deparamos com aparentes perturbações do apetite entre os idosos.

As sensações somestésicas também não escapam ao processo de envelhecimento, embora os efeitos sejam menos abruptos que os das outras modalidades sensoriais. Estas sensações incluem informações sobre o tato, a pressão, a dor e a temperatura ambiental. A sensação do tato nas áreas lisas (sem pêlo) da pele se deteriora com o envelhecimento. Este também afeta as sensações do movimento e a orientação corporal (Laidlaw e Hamilton, 1937; Whitbourne, 1985), o que deve ser levado em consideração ao abordar problemas e formular programas de tratamento que impliquem o movimento e a coordenação. A sensibilidade ao calor e ao frio também diminuem com a idade. Estas mudanças podem incluir o risco de dano devido a temperaturas muito altas ou muito baixas. Finalmente, embora se espere escutar mais queixas de dores dos idosos, as evidências com respeito às mudanças nos limiares da dor não são conclusivas (Whitbourne, 1985). É difícil separar as mudanças na sensibilidade total à dor das mudanças nos limiares para informar a dor.

II.2. Sistema músculo-esquelético

Ao considerar o movimento nos idosos, não se deve levar em conta apenas a força e coordenação musculares, mas também a força e a resistência dos ossos e as condições implicadas no movimento (Whitbourne, 1985). Parece haver pouca diminuição da força muscular até os 40 ou 50 anos e a perda até os 60 ou os 70 anos parece ser mínima (de 10 a 20%). A partir dos 70 anos, dá-se uma maior redução da força dos músculos (de 30 a 40%), e a perda é maior nas pernas que nos braços e mãos (Shepherd, 1981, citado em Whitbourne, 1985).

As cartilagens e os ligamentos podem calcificar-se com o envelhecimento. A degeneração das cartilagens das juntas pode provocar dor quando os sujeitos se movem. Os ossos perdem massa com a idade, aumentando a probabilidade de fraturas (Lindley, 1989).

II.3. Sistema cardiovascular

Com o envelhecimento, ocorrem mudanças nas câmaras do coração, nas válvulas do mesmo e nos vasos sangüíneos. A quantidade de sangue bombeado a cada contração do coração é reduzida e os batimentos cardíacos diminuem com o tempo. O coração também perde a capacidade de gerar elevadas taxas de batimento cardíaco em resposta ao aumento da atividade e às exigências do estresse (Leventahl, 1991; Lindley, 1989; Morley e Reese, 1989; Simpson e Wicks, 1988).

As limitações causadas por um sistema cardiovascular que envelhece têm implicações para a capacidade do indivíduo em realizar atividades que anteriormente eram gratificantes e fisicamente exigentes. Os dois efeitos mais importantes da idade sobre o sistema cardiovascular são a redução do poder aeróbico (o consumo máximo de oxigênio) e uma diminuição da taxa máxima de batimentos cardíacos.

II.4. O sistema respiratório

O sistema pulmonar muda com o envelhecimento, ocorrendo uma diminuição da capacidade de funcionamento, já que os músculos lisos dos brônquios, do diafragma e os músculos estriados da parede do peito enfraquecem (Lindley, 1989). A quantidade de oxigênio obtida do sangue durante o exercício aeróbico diminui com a idade. O efeito do envelhecimento sobre o sistema respiratório são as limitações na capacidade de realizar exercícios musculares devido a mudanças nos sistemas muscular e cardiovascular (Whitbourne, 1985).

II.5. O sistema excretor

São produzidas mudanças significativas na bexiga e nos rins com o aumento da idade (Zarit e Zarit, 1987). A capacidade da bexiga diminui e as infecções do trato urinário aumentam em freqüência. A bexiga de um sujeito jovem expande-se para reter a urina entre os momentos de evacuação e esvazia completamente. Ambas as funções deterioram-se com a idade. Por conseguinte, os idosos podem necessitar esvaziar a bexiga mais vezes e é menos provável que a esvaziem completamente. A sensação de necessidade de urinar que se manifesta quando a bexiga está meio cheia nos adultos mais jovens também pode deteriorar-se nos idosos. É possível que experimentem esta sensação até que a bexiga esteja quase cheia ou que não tenham nenhuma sensação (Whitbourne, 1985).

Como conseqüência, freqüentemente, recorre-se aos clínicos para que desenvolvam programas de controle do comportamento para a incontinência urinária. Precisam ser consideradas as mudanças fisiológicas decorrentes da idade, bem como o repertório comportamental que se desenvolve para enfrentar estas mudanças, antes de desenvolver programas de intervenção comportamental para problemas associados à evacuação.

III. INTERVENÇÃO COMPORTAMENTAL

III.1. Incontinência urinária

A incontinência urinária (IU) constitui um problema para mais de 10 milhões de pessoas nos Estados Unidos, a maioria das quais são idosos (Urinary Incontinence Guideline Panel, 1992). A IU afeta entre 15-30% dos adultos não internados em instituições com mais de 60 anos e pelo menos 750.000 internados em clínicas (National Center for Health Statistics, 1979). A prevalência da IU entre as mulheres é o dobro que entre os homens. A incontinência pode ter conseqüências importantes, incluindo um aumento na probabilidade de desenvolver úlceras de decúbito e infecções do trato urinário, e pode contribuir para a depressão, a ansiedade e o isolamento social (Burgio e Burgio, 1991).

Existem vários tipos de incontinência que podem manifestar-se de forma individual ou combinada. A *incontinência por impulso* é a "perda involuntária de urina associada a um forte desejo repentino de urinar (urgência)" (Urinary Incontinence Guideline Panel, 1992, p. QR-3). Esta incontinência pode ocorrer quando é experimentado um impulso de urinar e não se pode chegar a tempo ao banheiro. Os impulsos manifestam-se, muitas vezes, depois de beber uma pequena quantidade de líquido, de ouvir correr ou tocar na água. A *incontinência por pressão* é a "perda involuntária de urina enquanto a pessoa tosse, assoa o nariz, ri ou executa outra atividade física" (Urinary Incontinence Guideline Panel, 1992, p. QR-3). As atividades que produzem um aumento da pressão abdominal aumentam a probabilidade da incontinência por pressão. A *incontinência por transbordamento* refere-se à "perda involuntária de urina associada ao excesso de distensão da bexiga (transbordamento)" (Urinary Incontinence Guideline Panel, 1992, p. QR-3). A *incontinência funcional* é a "perda de urina resultante da incapacidade para utilizar o banheiro de forma adequada, ou de não querer fazê-lo" (Burgio e Burgio, 1991, p. 321). Estes últimos autores classificaram os fatores que contribuem para a incontinência funcional como déficit da mobilidade, estado mental, motivação e barreiras ambientais. A *incontinência mista* é uma combinação de dois ou mais tipos de incontinência (Urinary Incontinence Guideline Panel, 1992, p. QR-3). Por exemplo, os idosos com saúde delicada podem apresentar componentes de incontinência por impulso, por pressão e funcional.

Causas da incontinência: algumas das causas da incontinência urinária incluem a debilidade dos músculos que mantêm a bexiga em seu lugar, a fraqueza da bexiga e dos músculos do esfíncter da uretra, músculos muito ativos da bexiga, bloqueio da uretra (possivelmente pelo aumento da próstata), desequilíbrio hormonal nas mulheres, transtornos neurológicos, infecção (infecção com sintomas do trato urinário), fármacos hipnóticos sedativos, medicações diuréticas, agentes anticolinérgicos, agentes alfa-adrenérgicos, bloqueadores do canal do cálcio, produção excessiva de urina, repercussões do defecar, restrição dos movimentos, pouca motivação, busca de atenção e comportamento de evitação.

III.1.1. *Avaliação*

É preciso uma avaliação médica completa antes de começar a avaliação comportamental, uma vez que numerosos fatores podem influenciar na incontinência urinária. A avaliação básica deveria incluir um histórico social e médico, um exame físico com provas complementares e uma análise da urina (Urinary Incontinence Guideline Panel, 1992, p. QR-3). É possível recolher mais informações por meio de um registro de evacuação, pela avaliação do ambiente (p. ex., acesso aos banheiros) e dos fatores sociais (p. ex., condições do lugar onde se mora, contatos sociais, envolvimento da pessoa encarregada de pacientes com estes problemas), exame de sangue e citologia da urina.

A realização de mais avaliações dependerá das variáveis que se supõe que estejam controlando a evacuação. Uma análise funcional é apropriada para determinar o controle dos antecedentes e das conseqüências. Virtualmente, qualquer estímulo no ambiente de um indivíduo pode proporcionar a ocasião para evacuar. Os estímulos externos vão desde o banheiro e seus acessórios até o som da água corrente. A pressão que provém de uma bexiga cheia pode também proporcionar a ocasião para a evacuação, especialmente se o indivíduo é incapaz de agüentar sensações de urgência. Deve-se considerar também as conseqüências da evacuação. Os sujeitos podem perceber que a evacuação inadequada produz a atenção desejada. Esta evacuação poderia ser também uma função de um fraco controle de estímulos em indivíduos que sofrem depressão ou confusão. Nestes casos, possivelmente esteja ausente o valor punitivo da evacuação inapropriada (Burgio e Burgio, 1991). Pode-se evacuar também de modo inadequado porque é mais cômodo que urinar no receptáculo apropriado (Hussian, 1981). Finalmente, este tipo de evacuação pode ser uma conseqüência do controle inapropriado de estímulo. Embora o urinar possa vir em decorrência das atitudes prévias apropriadas, como a exposição dos genitais, muitas vezes ocorre próximo de objetos que compartilham algumas das características físicas de um vaso sanitário. Essa evacuação costuma ocorrer em áreas que não estão sob observação direta, ao contrário do que acontece quando se evacua para chamar a atenção. Este controle inapropriado do estímulo manifesta-se na demência progressiva e freqüentemente constitui o problema pelo qual o paciente é encaminhado ao clínico (Hussian, 1981).

III.1.2. *Intervenção*

As três principais categorias de intervenção são o controle do comportamento, o tratamento farmacológico e a intervenção cirúrgica. A menos invasiva e menos perigosa é normalmente a mais apropriada, que habitualmente se concretiza em um ou mais procedimentos de intervenção comportamental. Focalizaremos exclusivamente no controle do comportamento de evacuação. As intervenções comportamentais incluem o treinamento do hábito para a incontinência por impulso e funcional, o treinamento da bexiga para a incontinência por impulso e por pressão, o manejo das contingências para a incontinência funcional, sinais que indicam o vaso sanitário para a incontinência por impulso e neurogênica e o *biofeedback* para a incontinência por impulso e por pressão.

Treinamento do hábito: este procedimento é útil quando a evacuação não se encontra sob um adequado controle de estímulo, tanto no caso de um estímulo interno (p. ex., a bexiga cheia) quanto no de um estímulo externo (p. ex., a presença do banheiro). O treinamento do hábito implica evacuar, segundo um programa, aproximadamente a cada quatro horas, independentemente de estar presente a urgência de evacuar (Clay, 1980). O objetivo do treinamento do hábito consiste em evitar a evacuação inapropriada por meio da programação freqüente dos momentos de urinar. O programa pode ser modificado dependendo da capacidade do indivíduo. Por exemplo, pode-se começar com um programa que se aproxime da freqüência atual da evacuação inapropriada e aumentar ou diminuir a freqüência do programa de evacuação, dependendo da capacidade do sujeito para vencer a incontinência com o programa. É possível combinar também o controle das contingências com o treinamento do hábito, em que é reforçada a evacuação apropriada (Burgio e Burgio, 1991). O sucesso obtido com o emprego de um retreinamento oscila de 50% (p. ex., Spangler, Risley e Bilyet, 1984) até 85% (p. ex.,

Songbein e Awad, 1982), e depende, às vezes, dos níveis de deterioração física e psicológica. A adesão do pessoal no hospital parece ser um fator determinante no êxito deste procedimento.

Treinamento da bexiga: o propósito do treinamento da bexiga consiste em aumentar sua capacidade, encorajando o indivíduo a ampliar os intervalos entre as evacuações, resistindo ou inibindo a sensação de urgência e preterindo a evacuação. Este treinamento pode incluir também procedimentos que provoquem a distensão da bexiga (p. ex., adequar a ingestão de líquidos e retardar a evacuação) (Keating, Schulte e Miller, 1988). O treinamento da bexiga poderia incluir materiais escritos, visuais ou verbais que expliquem a fisiologia e a patofisiologia do trato urinário inferior. Os procedimentos do manejo das contingências costumam ser incluídos para reforçar a ampliação dos intervalos de evacuação. Como conseqüência deste procedimento, temos intervalos maiores entre os momentos de evacuação, aumento da capacidade para suprimir a instabilidade da bexiga, diminuição da urgência (Burgio e Burgio, 1991) e a redução da incontinência por pressão (Fantl et al., 1990). Estes autores, utilizando o treinamento da bexiga, reduziram totalmente os episódios de incontinência em 12% de seus sujeitos e reduziram à metade em 75% deles. Frewen (1982) atingiu 97% de êxito com pacientes ambulatoriais empregando o procedimento anterior.

O manejo das contingências: esta estratégia implica a manipulação sistemática dos antecedentes e das conseqüências da evacuação inapropriada para diminuir a freqüência deste comportamento. Por exemplo, a evacuação inapropriada, mantida pela atenção da equipe médica, pode ser modificada se forem dadas instruções a seus membros para que se comportem de forma apropriada com os indivíduos que sofrem de incontinência após episódios de IU. A incontinência devida à "comodidade" pode ser conceitualizada como um comportamento que não é controlado pelas conseqüências, como ocorre com o comportamento da maioria dos indivíduos. Pode ser que as conseqüências da incontinência não sejam tão aversivas quanto o comportamento requerido para evitar um episódio de incontinência. Um arranjo cuidadoso das conseqüências positivas para a evacuação apropriada pode modificar o equilíbrio entre conseqüências positivas e negativas para a "comodidade" da evacuação.

É possível combinar também múltiplos procedimentos de manejo das contingências. Por exemplo, Schnelle et al. (1983) estabeleceram comprovações horárias da incontinência combinadas com lembretes para evacuar. A aprovação social coincidia com as comprovações de que a pessoa não se encontrava molhada e com os pedidos do paciente para ser ajudado a ir ao banheiro. A incontinência levava a uma desaprovação social leve. O comportamento adequado de ir ao banheiro aumentou até 45% e a incontinência foi reduzida em 49% entre onze pacientes geriátricos, muitos dos quais tinham diagnósticos de demência senil ou de síndrome cerebral orgânica.

O procedimento anterior é denominado também *evacuação estimulada* e implica a vigilância por parte dos cuidadores para que os pacientes se mantenham secos, estimulando os indivíduos a utilizarem o banheiro, empregando a recompensa social pelas tentativas de evacuação apropriada e a manutenção deste comportamento. A evacuação estimulada nas clínicas foi avaliada em pelo menos dois estudos: um com grupo controle (Hu et al.,1989; Schnelle, 1990) e outro sem (Engel et al., 1990). Os autores destes estudos informam uma redução média de 1 a 2,2 episódios de evacuação inapropriada por paciente e por dia.

Biofeedback: o *biofeedback* (ou biorretroalimentação) é empregado para modificar as respostas fisiológicas da bexiga e dos músculos do pavimento pélvico que mediam a incontinência (Burgio e Burgio, 1991; Burgio e Engel, 1990). São empregados procedimentos de condicionamento operante para ensinar os indivíduos a controlar as respostas da bexiga e do esfíncter, observando os resultados dos seus esforços com demonstrações auditivas ou visuais. As medidas da resposta incluíram o EMG e medidas monométricas da atividade do músculo detrusor. Constatou-se que *biofeedback* foi eficaz para a incontinência por impulso (p. ex., Burgio, Whitehead e Engel, 1985) e por pressão (p. ex., Kegel, 1956; Shepherd, Montgomery e Anderson, 1983). A eficácia do *biofeedback* foi de 54 a 95% de melhora na incontinência em diferentes tipos de pacientes (Urinary Incontinence Guideline Panel, 1992).

III.2. *A memória*

A deterioração da memória de curto e longo prazo que caracteriza a demência interfere, muitas vezes, de forma significativa no funcionamento diário dos indivíduos que sofrem de demência e, ao mesmo tempo, representa problemas para seus cuidadores. Nas demências progressivas, o declínio do funcionamento da memória durante as primeiras etapas e as etapas intermediárias do transtorno são acompanhadas, geralmente, por ansiedade e medo associados a perdas cognitivas. A deterioração da memória transforma também a vida cotidiana em um grande desafio para os sujeitos que sofrem de demência quando grande parte do que costumavam fazer apoiava-se na memória. O aumento da freqüência e a complexidade dos problemas no controle do comportamento podem ser acompanhados também por mudanças na memória conforme fica cada vez mais deteriorado o nível cognitivo do indivíduo. Apesar do prejuízo das capacidades cognitivas do paciente, é possível elaborar estratégias que aproveitem as virtudes do sujeito e o emprego de auxílios ambientais externos, minimizando, por conseguinte, as limitações impostas pelos déficits cognitivos. Nesta seção, apresentaremos uma breve discussão dos tipos de perda de memória como as que se deparam os idosos e os pacientes com demência, seguida por uma discussão das estratégias comportamentais para abordar os problemas associados ao déficit de memória.

O déficit de memória é comum a muitos idosos, embora seu grau pareça variar segundo o tipo de tarefa memorística (p. ex., Craik, 1984; Poon et al., 1986). Por exemplo, o reconhecimento dos estímulos diminui menos com a idade que a recordação do material (p. ex., Craik, 1984). Além disso, os idosos funcionam pior em tarefas memorísticas complexas, em comparação com tarefas simples (p. ex., Cerella, Poon e Williams, 1980; Craik, Morris e Glick, 1990; Salthouse, Babcok e Shaw, 1991). Desempenham também pior as tarefas que requerem memória de trabalho (*working memory*), ou seja, tarefas que exigem que as informações sejam conservadas e empregadas para solucionar problemas (Craik e Jennings, 1992). A memória de eventos específicos também diminui com a idade.

O acréscimo da demência às mudanças normais da memória, com o passar do tempo, aumenta a gravidade dos problemas. Por exemplo, os indivíduos com uma DTA ao menos moderada experimentam dificuldades de concentração e memória. De modo mais específico, para estes indivíduos é difícil manter a atenção nas tarefas complexas e nas que requerem uma flexibilidade cognitiva (La Rue, 1992). A DTA afeta também a memória principal, e os indivíduos apresentam dificuldades para reter informações novas. Os sujeitos com DTA têm também problemas com a memória secundária, funcionando precariamente em tarefas que requerem a recordação de material que desapareceu da percepção consciente. A DTA também não respeita a memória de reconhecimento. De fato, os indivíduos com DTA comportam-se freqüentemente como se ainda reconhecessem estímulos, mesmo que estes não sejam corretos (erros de falsos positivos). A memória autobiográfica normalmente é conservada nas primeiras fases da DTA. Entretanto, outras formas de memória remota, que requerem a recordação de acontecimentos públicos ou de pessoas importantes do passado distante, podem deteriorar-se. O material mais remoto parece ser melhor lembrado que o mais recente, embora a lembrança dos acontecimentos mais remotos esteja deteriorada nas pessoas com DTA moderada e grave.

III.2.1. *Avaliação*

Uma discussão dos diferentes enfoques da avaliação da memória ultrapassa os objetivos deste capítulo. Os leitores interessados em enfoques padronizados da avaliação da memória poderão encontrá-los no trabalho de Crook e seus colaboradores (p. ex., Crook e Youngjohn, 1993) para uma discussão da avaliação e tratamento da memória diária, e em Poon (1986) e Zarit e VandenBos (1990), para uma discussão dos aspectos conceituais e práticos da avaliação clínica da memória. Na seção seguinte, apresentaremos as intervenções para abordar a deterioração da memória. Em muitos casos, a única avaliação requerida será uma completa análise funcional das condições nas quais a deterioração da memória afeta o comportamento de um indivíduo.

III.2.2. *A intervenção*

Os indivíduos com demências progressivas não parecem se beneficiar muito das técnicas cognitivas de melhora ou de autocontrole da memória que se mostraram eficazes nos idosos sadios. É mais provável que os pacientes com demência se beneficiem de auxílios externos para a memória, que proporcionem sinais para a lembrança de informações e/ou funcionem como instrumentos de armazenamento da memória. Um bom auxílio para a memória é "aquele que está facilmente disponível no momento adequado, é específico para a tarefa, não é complicado utilizá-lo e seu emprego é reforçador" (Duke, Haley e Berquist, 1991, p. 260).

Os problemas de habilidade e de memória podem ser analisados, muitas vezes, como problemas dos antecedentes e suas conseqüências. Os estímulos que normalmente estabelecem a ocasião para a lembrança de material relevante são incapazes de exercer seu controle original de estímulo. As razões para a perda do controle de estímulo podem ser desde mudanças no nível dos antecedentes (p. ex., incapacidade para prestar atenção ao estímulo) a mudanças nas conseqüências por executar o comportamento associado anteriormente ao estímulo (p. ex., redução ou perda do reforço por responder).

A incapacidade para recordar a localização de objetos é um problema freqüente nos pacientes com demência. Por exemplo, os indivíduos podem esquecer ou não ter claro onde haviam colocado artigos específicos de vestir. É possível melhorar o controle de estímulo em caso de perda de roupa, assegurando simplesmente uma constância do estímulo que está associado à roupa. Colocá-la sempre no mesmo lugar pode aumentar a probabilidade de encontrá-la. É possível também que os sujeitos se esqueçam ou não tenham claro a localização de seu próprio aposento numa instituição ou casa. É possível fazer com que o estímulo para ir ao banheiro sobressaia colocando uma determinada cor na porta (Harria, 1980), pendurando uma espécie de bandeira na parede com a inscrição "banheiro" ou desenhando uma seta colorida no piso ou na parede que indique a direção do banheiro. É possível fazer também com que os estímulos sejam mais familiares para o indivíduo ou pelo menos mais compatíveis com o conhecimento anterior (Craik e Jennings, 1992). Por exemplo, um sinal que indique a presença de uma camisa vermelha preferida numa caixa poderia incluir um elemento dessa camisa, como ter o mesmo tom de vermelho.

Proporcionar estes estímulos externos de auxílio, às vezes, é insuficiente para melhorar o funcionamento. Pode ser necessário treinar os indivíduos a prestar atenção aos estímulos relevantes, como foi dito anteriormente. Por exemplo, Hanley (1986) achou que treinar os pacientes a prestar atenção aos sinais que indicavam a localização do aposento era mais eficaz que a simples colocação de sinais.

A lembrança das informações pode ser melhorada proporcionando auxílios externos para a memória e instrumentos para o armazenamento, como cadernos, calendários, etiquetas, relógios, marcadores tipo cartão, pastas para guardar notas e mapas (p. ex., Bourgeois, 1990; Smith, 1988 [citado em Bourgeois, 1991]; Wilson e Moffat, 1984). Por exemplo, Bourgeois (1990) ensinou com êxito indivíduos com a doença de Alzheimer a utilizarem um auxílio para a memória (uma pasta) quando conversava com familiares. Na conversação, os sujeitos fizeram mais afirmações reais e menos ambíguas e geraram outras novas.

Durante as primeiras etapas de uma demência progressiva, é provável que o indivíduo esteja especialmente consciente de seus déficits de memória até o ponto de estar constantemente preocupado com a deterioração cognitiva. Este é um bom momento para fazer uma análise dos tipos de problemas que o sujeito está sofrendo e desenvolver programas de intervenção para ajudá-lo. Esse treinamento pode aliviar também parte da ansiedade e do medo associados à progressiva perda da memória cognitiva. À medida que progride a demência, o indivíduo pode dar-se menos conta da gravidade e da extensão dos déficits de memória (Burgeois, 1991) e requerer a utilização dos auxílios externos comentados anteriormente.

III.3. *A deambulação e a desorientação*

O comportamento de deambulação encontra-se muito relacionado às demências e outras formas de deterioração orgânica (Hussian, 1987). A estimativa da prevalência do comportamento de deambulação entre os indivíduos com deterioração orgânica varia, dependendo do grupo específico do paciente (p. ex., demência tipo Alzheimer, demência vascular, lesão cerebral, etc.), da gravidade da deterioração orgânica e dos limites de definição da deambulação que é utilizado. Apesar de diferentes estimativas da prevalência, existe muita literatura que sugere que o comportamento de deambulação apresenta problemas para os pacientes e para as pessoas que cuidam deles, sendo muitas vezes necessária a intervenção. Foi demonstrado que o comportamento de deambulação tem sérias conseqüências, incluindo o fato de os pacientes se perderem ou sofrerem lesões físicas (Carstensen e Fisher, 1991), de ser aumentado o emprego de restrições químicas e físicas (Lam et.al., 1989), um aumento da carga e do estresse dos cuidadores (Chiverton e Caine, 1989; Pinkston e Linsk, 1984) e um aumento da probabilidade de que o paciente entre em uma instituição ou permaneça nela (Moak, 1990).

O comportamento de deambulação pode ser definido como o deambular que ocorre independentemente dos sinais ambientais *habituais* e que pode parecer a um observador casual que é um comportamento aleatório ou sem controle (Hussian, 1987). Por meio da observação e da análise funcional do comportamento de deambulação, normalmente são notados os estímulos ambientais e intrapessoais que dão ocasião para este comportamento, assim como as conseqüências que reforçam ou castigam o comportamento deambulatório. Por isso, são recomendadas intervenções que estejam baseadas na análise funcional dos antecedentes e das conseqüências do comportamento de deambulação (Carstensen e Fisher, 1991; Hussian, 1987; Hussian, 1988).

Com o intuito de definir ainda mais a deambulação e facilitar a análise funcional e o planejamento da intervenção, foram desenvolvidas categorias deambulatórias apoiadas nas causas e/ou funções do comportamento observado. Por exemplo, depois de realizar registros sistemáticos de 13 pacientes geriátricos em um estabelecimento psiquiátrico, Hussian e Davis (1985) identificaram quatro tipos diferentes de deambulação. O primeiro tipo, a deambulação por acatisia, foi observado em pacientes que recebiam altas doses de neurolépticos. Este tipo de pacientes tem por hábito demonstrar uma freqüência relativamente elevada de comportamento deambulatório e era pouco provável que tentasse abandonar o lugar ou dedicar-se ao comportamento de auto-estimulação (Hussian e Davis, 1985). A *busca da saída* era acompanhada, às vezes, por pedidos verbais de abandonar o lugar. Este tipo de sujeitos (os "buscadores de saída") tem por hábito aproximar-se das portas de saída com mais freqüência que de outras portas (p. ex., armários, escritórios) e era pouco provável que realizassem comportamento de auto-estimulação. A *deambulação com auto-estímulação* implicava tocar, bater nas portas ou girar as maçanetas freqüentemente, sem que houvesse preferência pelas portas de saída em comparação com outros tipos de portas. Este tipo de sujeitos ("auto-estimuladores") realizavam outros tipos de comportamento de auto-estímulo, como friccionar as mãos pelas paredes, aplaudir ou fazer ruídos repetitivos. A *deambulação estimulada por um modelo* teria lugar só em presença de outro sujeito deambulando. Embora este tipo de sujeitos realizasse certo comportamento de auto-estimulação (p. ex., dar pequenos golpes nas maçanetas das portas, aplaudir), ocorria geralmente só como uma resposta de imitação em presença de outro sujeito com comportamento de auto-estimulação.

A desorientação é outro fenômeno empregado muitas vezes para categorizar algumas respostas de deambulação. É um termo utilizado para referir-se à capacidade de uma pessoa para 1) responder perguntas relativas à sua identidade, momento ou localização atuais e/ou 2) localizar fisicamente áreas ao seu redor (Hussian, 1987). Acredita-se que a *deambulação por desorientação* ocorre devido a uma deterioração da memória ou de outros aspectos cognitivos. O indivíduo perde a capacidade de se guiar pelos sinais ao seu redor para passear.

Hope e Fairburn (1989) proporcionaram outra classificação da deambulação após a observação de 29 pacientes com demência identificados como deambuladores pelos membros da família que cuidavam deles. Estes pacientes foram distribuídos em categorias baseadas nos seguintes comportamentos: quantidade global de comportamento de passeio, tendência a evitar estar só, deterioração da capacidade de guiar-se, comportamento inadequado dirigido a um objeto e grau de perturbação do ritmo diurno. Pode ser que os leitores queiram utilizar as tipologias ou classificações que foram apresentadas para ajudar a identificar os fatores que causam ou controlam o comportamento deambulatório. Entretanto, devemos salientar que as categorias anteriores não são exaustivas nem estão totalmente convalidadas e não deveriam ser empregadas em lugar de uma avaliação ideográfica do comportamento do indivíduo.

III.3.1. *Avaliação*

Recomenda-se um exame médico antes de realizar a avaliação comportamental da conduta de deambulação. Como foi mencionado, os fármacos neurolépticos, as perturbações do sono e outros transtornos médicos e físicos podem contribuir para o comportamento deambulatório. Determinar a influência dessas variáveis e desenvolver estratégias para enfrentá-las constitui um elemento básico para a potencial precisão da avaliação comportamental e para a eficácia da intervenção comportamental.

A avaliação do comportamento deambulatório é realizada com o objetivo de identificar as variáveis antecedentes e conseqüentes que controlam o comportamento. A *análise funcional* é o processo utilizado habitualmente na coleta de informações que possam ser empregadas para desenvolver planos de intervenção comportamental eficazes. Uma análise funcional do comportamento de deambulação está completa quando forem atingidos três objetivos principais: 1) uma descrição completa e operacional do comportamento deambulatório, 2) a identificação dos momentos e das situações nos quais ocorre normalmente o comportamento de deambulação (ou seja, quando, onde, com quem, em que situação) e 3) a definição da(s) função(ões) do comportamento de deambulação (ou seja, o que reforça ou mantém o comportamento).

Existe uma série de estratégias que podem ajudar a recolher informações para uma análise funcional (O'Neill et al., 1990). Em primeiro lugar, as classificações do comportamento deambulatório desenvolvidas por Hussian (1987) e por Hope e Fairburn (1989) podem ser utilizadas para levantar hipóteses sobre as variáveis que poderiam controlar o comportamento de deambulação nos sujeitos com demência. É possível entrevistar os cuidadores ou talvez inclusive o próprio paciente com o propósito de limitar o número de variáveis que poderiam afetar ou controlar o comportamento de deambulação. Além disso, é possível observar o paciente em sua rotina diária durante um longo período de tempo. A observação direta pode ser feita de modo a não perturbar ou influenciar o comportamento do paciente. Uma estratégia final consiste em manipular ou adaptar as situações ao redor que se acredite possam provocar, mudar ou eliminar o comportamento deambulatório. A finalidade da estratégia de manipulação é compreender suficientemente tal comportamento e as variáveis que o determinam para prevê-lo e controlá-lo. Este é o passo final antes de se desenvolver uma intervenção eficaz.

III.3.2. *A intervenção*

Foram aplicadas com êxito distintas intervenções comportamentais para o controle do comportamento deambulatório em pacientes com demência. As melhores intervenções implicaram normalmente a manipulação dos antecedentes e/ou das conseqüências. Por exemplo, Hussian (1988) combinou os auxílios verbais e físicos com uma série de estímulos ambientais, como símbolos ou sinais no chão, para diminuir o comportamento deambulatório e aumentar a orientação em cinco pacientes psicogeriátricos. Mesmo depois que se desvencilharam dos auxílios, os sujeitos mantinham ao menos 86% de mudança do comportamento na direção desejada.

Namazi, Rosner e Calkins (1989) colocaram coberturas de lona sobre as maçanetas das portas para mudar as propriedades estimulantes das mesmas. No mesmo sentido, Mayer e Darby (1991) puseram um espelho na porta de saída para mudar suas propriedades estimulantes e reduziram notavelmente os "comportamentos de fuga" para fora da instituição de 76,2% para 35,7%. É possível abordar diferentes tipos de comportamento de deambulação modificando a aparência das portas e das maçanetas e, desta forma, eliminar os estímulos discriminativos para tocar e/ou abrir as portas. Como conseqüência de camuflar a porta e/ou as maçanetas, os indivíduos não serão estimulados a sair ao ver a porta ou a maçaneta e os "buscadores de estímulo" não sairão, sem perceber, ao manipular as maçanetas das portas.

Observar o comportamento deambulatório do indivíduo e determinar em qual das categorias ou tipos de deambulação descritos anteriormente ele se encaixa melhor (se é que pode ser incluído em algum) pode ajudar na escolha das intervenções apropriadas. Por exemplo, enquanto tudo que se necessita para a *deambulação por acatisia* é um ajuste na medicação, a *deambulação com estímulo* pode ser reduzida com a modificação do ambiente físico do paciente, de maneira que o estímulo esteja disponível só em áreas limitadas, seguras, e não disponível em áreas mais distantes ou perigosas. A *deambulação por desorientação* é tratada muitas vezes com o aumento da disponibilidade e do atrativo dos estímulos ambientais relevantes (p. ex., colocando o nome das pessoas na porta de seu dormitório ou pintando setas no piso para dirigir os pacientes até a sala de jantar).

O comportamento deambulatório nem sempre deve ser considerado um comportamento-problema ou o objetivo da intervenção, por implicar benefícios em potencial, proporcionando exercícios e aumento da estimulação. A deambulação pode também diminuir o isolamento ou até aumentar as probabilidades de socialização. Kikuta (1991) chegou a estimular a deambulação na tentativa de diminuir o comportamento agressivo. Este autor apresentou o estudo de caso de um paciente com demência controlada por meios químicos e, às vezes, físicos, que tinha um histórico de gritos e agressão física. Quando foram diminuídos os controles químicos e físicos e foi estabelecida uma área segura de deambulação, os gritos reduziram-se à metade e foram eliminadas as agressões físicas. Além disso, aumentaram outros indicadores do bem-estar e da qualidade de vida, como um maior relaxamento, o aumento do estar alerta, uma maior tendência a dormir à noite e uma perda de peso adequada. Deste modo, no caso deste paciente, o comportamento deambulatório tranformou-se em solução em vez de um problema.

Estimulamos os leitores a serem criativos e a utilizarem seus conhecimentos sobre os princípios básicos do comportamento e os obtidos da análise funcional, a desenvolverem intervenções comportamentais que sejam adequadas especificamente a cada paciente de demência.

III.4. *O comportamento agressivo e agitado*

O comportamento agressivo e agitado dos pacientes com demência é muito estressante e problemático para as pessoas que cuidam deles. A equipe médica e os membros da família descrevem, muitas vezes, esse comportamento como o mais difícil de controlar (Haley, Brown e Levine, 1987). O comportamento agressivo também é citado freqüentemente como a razão mais freqüente para a admissão nas unidades de geriatria psiquiátrica (Cohen-Mansfield et al., no prelo). A agressão física e a agitação extrema são encontradas entre os comportamentos mais perigosos nas clínicas com pacientes internos

(Fisher et al., 1993) e as conseqüências podem incluir danos para o idoso, para outros residentes e/ou para os cuidadores. O comportamento agressivo e agitado muitas vezes tem como conseqüência limitações, medicação e outras medidas restritivas (Hussian, 1981).

O comportamento agressivo: na ausência de uma definição amplamente aceita de comportamento agressivo, utilizaremos a de Patel e Hope (1993): "é um ato manifesto que implica a apresentação de estímulos nocivos frente (ainda que não necessariamente dirigidos a outro objeto, a um organismo ou a si mesmo, que claramente não é acidental" (p. 458). O comportamento agressivo pode ser classificado utilizando as seguintes dimensões: a) topografia do comportamento, como agressão verbal, física ou sexual (Ryden, 1988), b) o objetivo da ação (contra si mesmo ou contra os demais) e c) o grau de perturbação (incomodar *versus* pôr em perigo) (Winger, Schirm e Stewart, 1987; Cohen-Manfield et al., no prelo). Estas dimensões não têm limites claramente definidos nem são mutuamente exclusivas. Por exemplo, o comportamento verbal agressivo e perturbador poderia consistir em afirmações sexuais dirigidas a um dos cuidadores ou o comportamento fisicamente agressivo e perigoso poderia ser dirigido contra si mesmo.

As estimativas da prevalência do comportamento agressivo nos pacientes com demência apresenta um panorama variado, devido talvez às definições discrepantes. Entretanto, em geral, o comportamento verbalmente agressivo é o mais freqüente, seguido pelos comportamentos físico e sexualmente agressivos e pelos comportamentos de agressão contra si mesmo. Os comportamentos fisicamente agressivos mais freqüentes nos idosos com demência são o morder, arranhar, cuspir, bater e dar chutes (Patel e Hope, 1992b).

Assim como a definição do comportamento agressivo varia, a literatura que aborda as variáveis que predizem tal comportamento em idosos com demência é equívoca. Em geral, quanto maior é o grau de deterioração cognitiva experimentada pelos idosos, mais freqüentes e graves são seus comportamentos agressivos (Cohen-Mansfield, Werner e Marx, 1990). Tudo indica que os homens sejam mais agressivos que as mulheres (Cohen-Mansfield et al., no prelo). Além disso, os indivíduos com demência que sofrem de sintomas psicóticos são mais agressivos fisicamente que aqueles que não têm este tipo de sintoma (Hussian, 1981). Finalmente, uma maior freqüência de comportamento agressivo pré-mórbido é preditiva do comportamento agressivo em pacientes que sofrem de demência.(Hamel et al., 1990).

O comportamento agitado: os termos "agitação" e "comportamento agitado" incluem normalmente várias topografias de comportamento aversivo para os cuidadores, como podem ser o ir e vir, gritar, vangloriar-se, pôr apelidos, explosões emocionais e fazer perguntas continuamente. Os comportamentos agitados ocorrem de forma mais freqüente que os comportamentos fisicamente agressivos (Cohen-Manfield e Billig, 1986; Patel e Hope, 1992b). As variáveis que predizem o comportamento agitado são uma alta deterioração cognitiva, redes sociais pobres e grande deterioração nas atividades da vida diária (Cohen-Mansfield et al., 1990). Entretanto, não existe uma relação clara entre a idade ou o sexo dos pacientes e a freqüência do comportamento agressivo (Donat, 1986); também não há nenhuma relação clara entre essa freqüência e o grau de dependência do paciente da equipe que cuida dele.

III.4.1. *Avaliação*

Embora a topografia e o objetivo do comportamento agitado e do agressivo possam ser diferentes, ambos os tipos de comportamento podem ter funções semelhantes. Como conseqüência, trataremos os dois comportamentos como membros de uma mesma classe e sua avaliação e tratamento ao mesmo tempo.

Como provavelmente os antecedentes e as conseqüências que controlam o comportamento agressivo/agitado diferem entre os distintos indivíduos, é necessário uma completa análise funcional ideográfica. A avaliação deve incluir o registro da freqüência, duração, antecedentes e conseqüências do comportamento, bem como o nível de funcionamento do indivíduo, a capacidade cognitiva e as ocorrências passadas do comportamento agressivo ou agitado (Cohen-Mansfield et al., no prelo). As informações da avaliação podem ser obtidas por meio da observação direta e das respostas dos cuidadores a vários instrumentos psicométricos. Por exemplo, é possível utilizar instrumentos como a *Escala de observação da agressão por parte da equipe médica* (*Staff observation aggression scale;* Palmstierna e Wistedt, 1987) ou o *Instrumento para classificar o comportamento de agitação* (*Agitation behavior mapping instrument*; Cohen-Mansfield, Werner e Marx, 1989) a fim de facilitar a observação direta na coleta de dados. É possível conseguir as avaliações dos cuidadores usando instrumentos como a *Escala de agressão de Ryden* (*Ryden aggression scale;* Ryden, 1988), a *Escala de avaliação do comportamento agressivo nos idosos* (*Rating scale for aggressive behavior in the elderly*; Patel e Hope, 1992a, b) e o *Inventário de agitação de Cohen-Mansfield* (*Cohen-Mansfield agitation inventory;* Cohen-Mansfield et al., 1989). Estas medidas são apenas uma amostra dos instrumentos disponíveis. Por conseguinte, o avaliador comportamental tem que determinar se estas medidas são confiáveis, válidas e apropriadas no seu caso específico.

Virtualmente qualquer estímulo no ambiente de um indivíduo pode favorecer o comportamento agressivo e/ou agitado. Alguns antecedentes estão relacionados à deterioração produzida pela própria doença. Por exemplo, a incapacidade para terminar as tarefas, a deterioração da capacidade para comunicar-se (Leibovici e Tariot, 1988) e a confusão (Rapp et al., 1992) podem estabelecer a ocasião para o comportamento agressivo ou agitado. Além disso, é possível que o dano neurológico associado à demência severa tenha também uma função de desinibição, especialmente em indivíduos com uma alta freqüência de comportamento agressivo premórbido (Cohen-Mansfield et al., no prelo). Os rompantes extremos (de grande emoção), as idéias delirantes e/ou as alucinações que acompanham a demência podem propiciar a manifestação do comportamento agressivo e agitado (Rapp et al., 1992).

A interpretação errônea ou a alta sensibilidade aos estímulos ambientais constitui outro antecedente comum ao comportamento agressivo ou agitado. A percepção errônea das ações do cuidador (Silliman, Sternberg e Fretwell, 1988), os pedidos freqüentes ou confusos da pessoa que cuida deles ou a aproximação de outro paciente costumam provocar o comportamento agressivo e agitado (Meyer, Schalock e Genaidy, 1991). A freqüência deste tipo de comportamento costuma aumentar quando as atividades do cuidador são mais freqüentes (p. ex., pela manhã, quando prepara os idosos para o dia) e intrusivas para os pacientes (p. ex., banhá-los, vesti-los) (Patel e Hope, 1992b).

As pesquisas que descrevem outros antecedentes ambientais do comportamento agressivo e agitado são contraditórias. Por exemplo, alguns autores informam que o excesso de estímulo, o ruído excessivo, a iluminação inadequada e ser transferido para um local não familiar (Silliman et al., 1988) costumam ocasionar o comportamento agressivo e agitado. Por outro lado, Hussian (1981) afirma que os comportamentos agitados repetitivos, como ir de um lugar para o outro ou gritar, constituem normalmente uma resposta à pobreza de estímulos ambientais, especialmente em pacientes com demência avançada. Uma vez mais, a análise funcional deveria levar em conta como variáveis ambientais específicas afetam um determinado indivíduo.

Há uma série de conseqüências que possivelmente mantenham o comportamento agressivo/agitado dos sujeitos com demência. O comportamento pode ter uma função específica. Por exemplo, o comportamento agressivo/agitado é reforçado muitas vezes com a atenção, elementos preferidos ou a ajuda numa tarefa (Cohen-Mansfield et al., no prelo; Hussian, 1981). Em outros casos, este comportamento agressivo/agitado pode desempenhar uma função de fuga ou de evitação. Por exemplo, membros da equipe médica que se sintam frustrados podem reduzir o número de banhos requeridos na semana por um residente específico para não suportar as múltiplas explosões agressivas.

As restrições físicas e químicas são conseqüências freqüentes do comportamento agressivo e/ou agitado. Entretanto, nenhuma destas conseqüências é desejável. Os idosos normalmente tomam muitos medicamentos e correm um alto risco de desenvolver efeitos secundários adversos por esses fármacos. Por conseguinte, tratar farmacologicamente o comportamento agressivo e agitado poderia produzir efeitos iatrogênicos. Por exemplo, os medicamentos podem aumentar a probabilidade de quedas, exacerbar a confusão ou fazer com que o comportamento piore. As restrições físicas podem produzir também um aumento da freqüência, duração ou intensidade do comportamento agressivo/agitado (Werner, Cohen-Mansfield, Braun e Marx, 1989). Além disso, o uso da restrição física está associado à atrofia muscular, a osteoporose, a esquemia dos membros e ao estrangulamento (Fisher et al., 1993).

III.4.2. *A intervenção*

As técnicas de modificação do comportamento proporcionam aos cuidadores alternativas eficazes, humanas e éticas para lidar com os comportamentos agressivos e agitados. As intervenções comportamentais são freqüentemente a opção de tratamento menos invasiva, estabelecendo poucos (ou menos) efeitos secundários graves em comparação com as intervenções farmacológicas.

As manipulações ambientais tem se mostrado satisfatórias para modificar os comportamentos agressivos e agitados (Rabins, 1989). Por exemplo, Cleary et al. (1988) estabeleceram uma "unidade de estímulos reduzida". As cores dos quadros e das paredes eram de desenho e tons neutros e foram eliminadas as televisões e os rádios. Era permitido aos pacientes passear por qualquer lugar e comer e descansar quando quisessem. O acesso da equipe médica e dos visitantes à unidade era controlado, e eram programadas atividades em pequenos grupos ao longo do dia. Este ambiente reduziu a freqüência dos comportamentos agitados e diminuiu o uso das restrições.

O comportamento agressivo e agitado também é abordado proporcionando a indivíduos com demência leve um modelo a ser seguido (Rabins, 1989). É eficaz apresentar ao idoso instruções fáceis de seguir decompostas em passos menores, pedindo-lhe que realize só uma tarefa de cada vez. Outras técnicas satisfatórias são: passar lentamente pelo campo visual do paciente, interagir frente a frente com ele, assegurar-se de que tem um sono adequado durante a noite e diminuir o consumo de medicação e neurolépticos (Hussian, 1981). Da mesma maneira, é possível reduzir a probabilidade de comportamento agressivo aproximando-se de um sujeito calmamente, adotando uma voz tranquilizadora e suave, e utilizando o tato e posturas não ameaçadoras (Teri e Logsdon, 1990). O abandono do aposento de um paciente que está mostrando um comportamento agitado pode ser eficaz se a presença de alguém está reforçando seu comportamento agitado. O tempo fora é eficaz também para diminuir a freqüência dos comportamentos agressivos e agitados (Hussian, 1981; Vaccaro, 1988b).

Poucos estudos empíricos exploram sistematicamente a eficácia do enfoque comportamental para reduzir o comportamento agressivo e agitado, possivelmente porque o primeiro passo habitual para modificar esta conduta é farmacológico (Vaccaro, 1988b). Entretanto, alguns estudos aplicaram técnicas comportamentais a idosos sem demência que manifestavam comportamentos agressivos. Por exemplo, Vaccaro (1988b) utilizou procedimentos operantes com um idoso de 69 anos, física e verbalmente agressivo, num estudo de caso. Posteriormente à fase de linha de base inicial, foi reforçado o comportamento não agressivo (com sucos, frutas, massas ou uma barra de chocolate) segundo um programa adaptado de reforço diferencial a outros comportamentos mais adequados. Depois de cada resposta agressiva, o idoso era tirado da atividade ou do lugar e colocado em um aposento durante 10 minutos. Após uma segunda fase de linha de base, foi incluída uma segunda condição experimental. Esta fase implicava a diminuição gradual sistemática dos reforçadores tangíveis, passando a elogios verbais e sociais. Ambas condições experimentais produziram reduções significativas dos comportamentos agressivos físicos e verbais, diminuições que se mantinham no período de acompanhamento. Como o idoso deste estudo não sofria de demência, não está clara a réplica sistemática com pacientes que sofrem dessa doença. Entretanto, este procedimento parece promissor, independente do nível de funcionamento cognitivo do indivíduo. Outros estudos que exploram o emprego de técnicas comportamentais em idosos sem demência que manifestam comportamento agressivo e que podem ser aplicáveis a sujeitos com demência é possível encontrar em Vaccaro, 1988a; Rosberger e Mclean, 1983 e Colenda e Hamer, 1991, por exemplo.

III.5. Comportamentos para o cuidado pessoal

À medida que a demência avança e os indivíduos apresentam mais deterioração cognitiva, muitos deles requerem um aumento de assistência nas habilidades de cuidado pessoal ou nas atividades da vida diária (AVDs). As AVDs básicas incluem vestir-se, banhar-se, utilizar o banheiro, arrumar-se, escovar os dentes, beber e comer. O cuidado pessoal inadequado constitui um problema e pode contribuir para que o indivíduo seja levado às clínicas e à internação (McEvoy e Patterson, 1987).

Nas primeiras etapas da demência, os idosos podem demonstrar uma leve deterioração dos comportamentos de cuidado pessoal devido à perda da memória. Por exemplo, um indivíduo poderia calçar dois sapatos diferentes entre si ou esquecer-se continuamente de escovar os dentes. As etapas intermediária e severa da demência podem incluir problemas tais como esquecer-se do funcionamentos das torneiras e de utensílios para comer. Os indivíduos severamente comprometidos podem ser incapazes de comunicar fome ou sede, ou esquecer-se de como satisfazer suas necessidades básicas. Por exemplo, sujeitos internos podem ser incapazes de beber um copo d'água de água mesmo que se encontrem desidratados (Knapp e Shaid, 1991).

As conseqüências negativas de serem incapazes de realizar AVDs ou de apresentarem comportamentos de cuidado pessoal ineficazes podem ser frustração, redução da autonomia e da dignidade, comportamento agressivo/agitado, culpar os outros indivíduos por suas dificuldades e um aumento da dependência dos cuidadores.

III.5.1. *Avaliação*

É necessária uma análise funcional completa do repertório de cuidados pessoais e das variáveis que controlam o indivíduo para determinar as suas capacidades e as fontes potenciais da influência ambiental. Por exemplo, uma análise adequada poderia determinar se o enfoque de tratamento deveria incluir um maior controle ambiental, de modo que sejam otimizadas as habilidades existentes ou sejam centradas na eliminação das situações que requeiram habilidades que se encontrem distantes das capacidades do indivíduo (Carstensen e Fisher, 1991; Horgas, Wahl e Baltes, no prelo). Por exemplo, servir alimentos que possam ser comidos com as mãos aos pacientes que são capazes de se alimentarem sozinhos, mas que não podem utilizar talheres, pode favorecer o comportamento de comer. Aumentar a quantidade de roupas que podem ser vestidas facilmente (em vez de roupas com muitos zíperes ou botões) poderia otimizar as habilidades no repertório para vestir-se sozinho.

A incapacidade para manter as AVDs pode provir também de variáveis ambientais. É possível que os cuidadores, especialmente a equipe médica da instituição, reforcem os comportamentos dependentes com atenção e apoio (Baltes e Werner-Wahl, 1987; Carstensen e Fisher, 1991). Os comportamentos AVD independentes, por sua vez, podem ser ignorados ou desestimulados.

III.5.2. *A intervenção*

A eficácia do enfoque comportamental para manter ou melhorar os comportamentos de cuidado pessoal em idosos com demência precisa ainda ser convalidada por meio de pesquisa empírica. Entretanto, existem argumentos que fundamentam a adoção de uma estratégia comportamental. A literatura apóia a idéia de que alguns comportamentos de cuidado pessoal bem aprendidos e muito praticados podem, às vezes, ser restituídos e/ou mantidos, mesmo em idosos com deterioração cognitiva (Carstensen e Fisher, 1991; McEvoy e Patterson, 1987; Patterson et al., 1982). A perda de habilidades para o cuidado pessoal independente pode decorrer de incapacidades físicas e condições ambientais (Baltes e Werner-Wahl, 1987). Além disso, é possível utilizar com idosos que sofrem de demência várias técnicas que implicam lidar com as conseqüências, utilizadas freqüentemente com êxito para modificar os comportamentos de AVD de indivíduos com deficiências do desenvolvimento (Whitney e Barnard, 1966; Lemke e Mitchell, 1972).

Grande parte da literatura centrada na modificação dos comportamentos AVD de indivíduos com deficiências físicas implica lidar com as conseqüências para aumentar comportamentos não existentes ou de baixa freqüência, ou ainda reduzir comportamentos impróprios. Por exemplo, para aumentar o comportamento de alimentação pessoal é possível romper a cadeia de comportamentos de comer em componentes menores que são moldados e logo encadeados, para formar combinações mais complexas de comportamentos (p. ex., Van Hasselt, Ammerman e Sisson, 1990). Foram empregados com sucesso procedimentos de encadeamento para a frente e para trás com o objetivo de estabelecer ou manter a capacidade de pacientes fisicamente incapacitados para vestir-se e alimentar-se (Whitney e Barnard, 1966; Lemke e Mitchell, 1972; Azrin, Schaffer e Wesolowski, 1976; Risley e Edwards, 1978).

Apoiando-se na técnica do encadeamento para a frente e incluindo um guia manual e reforços de alta densidade, utiliza-se também satisfatoriamente a guia graduada para estabelecer ou manter a capacidade de vestir e alimentar a si mesmos em pacientes com deficiências físicas (Azrin et al., 1976; Stimbert, Minor e McCoy, 1977).

Foi demonstrado com êxito a modelagem de vários comportamentos de cuidado pessoal utilizando fichas como reforçadores em indivíduos com várias deficiências. A entrega da ficha é feita, em um primeiro momento, coincidindo com a conclusão de uma tarefa (p. ex., ir ao banheiro, tomar banho, vestir-se, escovar os dentes, limpar o espaço em que vive e retirar a roupa de cama). Posteriormente, a entrega de fichas ocorre só quando estiverem terminados todos os comportamentos-objetivo (Jarman, Iwata e Lorentzson, 1983).

Finalmente, o tempo fora (p. ex., Sisson e Dixon, 1986; Baltes e Zerbe, 1976), a restituição (p.ex., o paciente limpa o que derramou) e a hipercorreção positiva é usada, às vezes, de forma eficaz com indivíduos que sofrem de deficiências físicas (Azrin e Armstrong, 1973) e poderiam ser empregados também com êxito nos idosos com demência.

Como as técnicas comportamentais para melhorar as AVDs foram convalidadas empiricamente com outras populações (p. ex., deficientes físicos ou idosos sem deterioração cognitiva), os pesquisadores parecem supor que a eficácia do tratamento estende-se claramente aos indivíduos com demência. Isto pode explicar, em parte, a escassez de pesquisas nesta área. Entretanto, é possível que o grau de deterioração cognitiva do idoso interaja com as variáveis ambientais e influencie os resultados do tratamento. Por exemplo, Carstensen e Fisher (1991) indicaram que é possível empregar a instrução verbal e o auxílio com ordens de um único passo para conseguir comportamentos de cuidado pessoal em indivíduos com uma deterioração cognitiva leve. Baltes e Zerbe (1976) utilizaram auxílios verbais combinados com procedimentos de controle de estímulo, reforço imediato e um procedimento de tempo fora para a recusa a comer e condutas de jogar comida no chão, com a finalidade de aumentar o comportamento de comer numa mulher de 67 anos. O comer por si mesma aumentou consideravelmente com uma freqüência na linha de base próxima de zero. Entretanto, a idosa não sofria de deterioração cognitiva, de modo que a generalização dos resultados para indivíduos com este tipo de deterioração deveria ser feita com precaução. No mesmo sentido, Rinke et al., (1978) utilizaram estímulos e reforços na forma de elogios, *feedback* visual e elementos de comida para aumentar a freqüência do comportamento de tomar banho em seis idosos. Uma vez mais, esta intervenção deveria ser repetida em idosos com demência antes de se fazer recomendações incondicionais.

Embora a literatura que descreve técnicas comportamentais para estabelecer e manter as AVDs em idosos com demência seja escassa, é animadora. Carstensen e Fisher (1991) indicam que um procedimento de tempo fora pode ser eficaz para aumentar as AVDs em idosos com demência. A técnica pode ser empregada para reduzir comportamentos impróprios, como a recusa de comida, pegar a comida dos outros e jogar comida ou utensílios. As estratégias de tempo sugeridas são retirar a cadeira do paciente da mesa, o alimento ou o reforço social proporcionado pelos cuidadores. Além disso, McEvoy e Patterson (1987) utilizaram uma combinação de um grupo muito estruturado e exercícios de treinamento individual incluindo instruções verbais, modelagem e prática das habilidades de higiene pessoal, como tomar banho e escovar os dentes, para aumentar as AVDs em pacientes idosos com demência. Os autores empregaram a menor quantidade de incitações necessária para provocar o comportamento e foram atenuando essas incitações até chegar a realizar as habilidades das AVDs de forma independente. O elogio social e as fichas foram reforçadores eficazes neste estudo. Os indivíduos com demência, tanto leve quanto severa, demonstraram melhora nas medidas dos resultados do tratamento (pontuações na escala de avaliação da aparência geral média).

Considerando que a incapacidade para manter as AVDs pode provir também de variáveis ambientais, os cuidadores devem ser treinados nos princípios comportamentais. Por exemplo, educar um cuidador para que ele arrume o ambiente, de modo que os comportamentos verbais e sociais independentes dos idosos (em vez dos comportamentos dependentes) sejam reforçados de maneira tangível, propiciando o futuro comportamento independente.

A falta de pesquisa sobre os idosos com demência e sua incapacidade para manter habilidades de cuidado pessoal é frustrante. O embasamento da escolha de procedimentos em técnicas comportamentais que obtiveram êxito com outras populações constitui uma estratégia heurística útil; entretanto, os estudos empíricos deveriam começar a investigar se estas técnicas são apropriadas com uma população de idosos com deterioração cognitiva. A escolha entre construir sobre as habilidades já existentes ou eliminar os obstáculos que requerem habilidades que estão além das capacidades do indivíduo é um componente necessário da análise funcional e, por conseguinte, uma escolha de tratamento.

IV. CONCLUSÕES

Os sujeitos que sofrem de demência apresentam vários comportamentos problemáticos difíceis, mas manejáveis. As mudanças fisiológicas que muitas vezes surgem com a idade, juntamente com a deterioração da aprendizagem e da memória que acompanha a demência, são apresentadas como grandes, mas excitantes desafios para os terapeutas comportamentais. Embora estes tenham demorado em abordar os problemas de comportamento associados à demência, revisamos as informações que a literatura fornece sobre vários enfoques promissores no manejo dos problemas mais freqüentes. Procuramos também apresentar informações ao leitor sobre aspectos fisiológicos do envelhecimento que poderiam exercer influência sobre os processos de avaliação e tratamento. Finalmente, oferecemos nas linhas seguintes o estudo de um caso que ilustra o processo de avaliação e tratamento. Estamos convencidos, pela nossa revisão da literatura e nossa própria experiência com os problemas dos sujeitos que sofrem de demência, que virtualmente todos os comportamentos-problema associados à demência são sensíveis à intervenções comportamentais. O segredo do sucesso das intervenções reside numa cuidadosa análise funcional e na comprovação contínua de hipóteses sobre as variáveis controladoras. Esperamos que haja mais terapeutas comportamentais que experimentem as recompensas e os desafios de trabalhar com idosos, em geral, e com aqueles que sofrem de demência em particular.

IV.1. Ilustração de um caso hipotético

Alberto é um idoso de 73 anos da raça branca. Freqüentou o colégio e dois anos de universidade e esteve casado por 53 anos com Sofia, com quem tem quatro filhos e dez netos. Durante seus 43 anos de trabalho para uma companhia de utilidade pública, Alberto trabalhou principalmente em cargos intermediários de direção. Desfrutava de seu trabalho com seus colegas e era reconhecido como um empregado responsável e capaz. Alberto aposentou-se na companhia aos 65 anos. Embora tenha dito à sua família e aos seus amigos que estava se aposentando porque "já tinha feito por merecer um descanso", depois admitiu que sua decisão de aposentar-se baseou-se, em boa medida, na sua progressiva dificuldade para "seguir as coisas" no trabalho.

Os problemas de memória de Alberto progrediram e aos 67 anos diagnosticaram-lhe uma provável demência do tipo Alzheimer (DTA). Infelizmente, na época do diagnóstico, ofereceram pouco assessoramento a Alberto e à sua mulher sobre o que poderiam esperar conforme a doença progredia, ou o que podiam fazer para enfrentar os problemas que surgiriam como conseqüência da enfermidade.

Alberto encontra-se agora nas etapas moderadas da DTA. Sofia recorreu recentemente à consulta do médico de família com sintomas físicos associados ao estresse (estado de ânimo disfórico, acidez no estômago, dificuldade para dormir, fadiga). O médico de Sofia, reconhecendo que ela estava sobrecarregada pela tarefa de cuidar do marido, encaminhou-a a um terapeuta geriátrico. Durante o curso da intervenção, o terapeuta ensinou a Sofia técnicas básicas para lidar com o estresse, ofereceu-lhe uma educação mais completa sobre a DTA e arrumou as coisas para que os filhos e os netos mais velhos de Alberto não lhe dessem muito trabalho. Além disso, o terapeuta ensinou a Sofia várias estratégias para enfrentar os comportamentos de Alberto que eram especialmente perturbadores para ela. Entre eles incluía-se que Alberto acendia todas as bocas do fogão, pegava coisas da cozinha e dos armários do banheiro ("sem nenhuma razão"), e que deambulava pela casa e às vezes abria a porta principal e saía à rua. Com uma menor freqüência, Alberto apresentava "arrebatamentos" ocasionais de choro e/ou a agressão verbal.

Sofia e o terapeuta deram prioridade aos problemas objetivos e decidiram abordar em primeiro lugar os comportamentos que colocavam a Alberto e/ou Sofia em perigo físico. O terapeuta começou a fazer a simples sugestão de eliminar os botões do fogão, exceto quando estivesse cozinhando, e fazer com que fosse instalada uma maçaneta na porta principal que precisasse de uma chave para abri-la pelo lado de dentro ou de fora. Incitou Sofia a dar outros passos simples que tornariam a casa mais segura. Além disso, ensinou-lhe os aspectos básicos da análise funcional (p. ex., registrar os antecedentes, os comportamentos e as conseqüências), e enviou à sua casa várias folhas de registro em branco (ver Fig. 20.1) com instruções para registrar o comportamento deambulatório de Alberto.

Na semana seguinte, Sofia observou que os episódios de Alberto abrir e fechar as gavetas e os armários coincidia com sua deambulação, e incluiu estes comportamentos na folha de registro. Esta e outras informações obtidas por meio da observação permitiram ao terapeuta e a Sofia completar uma análise funcional dos comportamentos de Alberto.

Os comportamentos de deambulação de Alberto foram agrupadas em duas categorias, baseadas nos antecedentes, nas conseqüências e na topografia do comportamento de deambulação. Os episódios 1º e 3º cronologicamente pareciam corresponder à "deambulação com busca de estímulos" de Hussian (1987) (ver seção correspondente neste capítulo). Nestes episódios, a deambulação de Alberto

Fig. 20.1. Extratos do registro de Sofia sobre os comportamentos de deambulação de Alberto.

Formato de registro de comportamento

Comportamento objetivo: a deambulação.
Definição geral: comportamento de deambulação, quando Alberto ronda pela casa ou por um só cômodo, tocando às vezes as coisas conforme vai andando, saindo em determinadas ocasiões pela porta principal no caso de ser capaz de fazê-lo.

NOTA: Use tantos detalhes quanto lhe seja possível quando descrever o comportamento objetivo e seus antecedentes e conseqüências. Descreva de tal maneira que alguém que não conheça a situação possa reproduzi-la exatamente.

Data/ Hora	Antes: o quê, onde, com quem?	Comportamento-objetivo (descrição detalhada de cada incidente)	Depois: o quê, onde, com quem?
4-2/ 17:10	A* estava sentado no quarto pequeno olhando pela janela... estava escuro lá fora... S estava na cozinha preparando o jantar... não havia luzes no aposento...	A levantou-se e foi do quarto pequeno até a cozinha; no caminho entrou e saiu do banheiro... Uma vez na cozinha, andou pelo cômodo, abriu e fechou duas gavetas e três armários... passou as mãos pelas paredes e pelos móveis enquanto andava e dizia constantemente "huh, huh, huh".	A jogou uma xícara de ervilhas no aparador quando passava sua mão por ele... S apressou-se a recolhê-las, sentou A numa cadeira da mesa da cozinha, deu-lhe uma xícara de ervilhas e uma faca para manteiga... A cortou as ervilhas em pedaços pequenos, comendo muitos grãos durante o processo...
4-2/ 18:45	A estava vendo TV com S... as luzes estavam acesas no quarto pequeno... no programa de TV soou a campainha de uma porta	A levantou-se, foi até a porta principal e a abriu, permaneceu durante uns momentos olhando para fora, como se estivesse confuso; depois saiu da casa.	S seguiu A, perguntou-lhe onde ia (respondeu "buscar as crianças")... S disse "já estão em casa" e levou A de volta para casa sem resistência.
5-2/ 7:00	A despertou na cama sozinho... não havia luz no dormitório... Fazia uma hora que S havia se levantado, e estava na cozinha preparando o café da manhã.	A levantou-se da cama, foi até o banheiro, colocou todas as coisas da caixa de primeiros socorros no cesto de lixo, foi até o quarto pequeno, mudou de lugar alguns objetos das estantes, foi até a cozinha e começou a tirar coisas da despensa e a colocar na aparador. Passava as mãos pelas paredes e emitia sons repetitivos, como se estivesse cantando.	S estava frustrada quando viu que A tirava um produto da despensa, gritou com ele e sentou-o à mesa e deu-lhe uma rosca. A partiu a rosca em pequenos pedaços e amassou-os entre os dedos.
5-2/ 12:25	Em seu caminho de volta do banheiro para o quarto pequeno, A foi até a porta principal, olhou e tocou a maçaneta... S encontrava-se a uns passos atrás dele; acabara de ajudá-lo no banheiro.	A girou a maçaneta e abriu a porta, saiu, fechou a porta e caminhou em direção à rua.	S saiu atrás dele rapidamente e perguntou-lhe onde ia (ele respondeu "trabalhar") e levou-o de volta para casa, sem resistência.

* A = Alberto; * S = Sofia.

e os comportamentos associados (p. ex., passar as mãos pela parede, tocar nos objetos enquanto passava, dar pancadas nos interruptores de luz, abrir os armários, bater nas maçanetas, dizer "huh, huh, huh", etc.) pareciam ter a função de proporcionar estímulos, ou seja, o terapeuta levantou a hipótese de que estes comportamentos eram mantidos pelos estímulos que proporcionavam. Foi observada também a consistência nos estímulos antecedentes nestes episódios. Nos episódios 1 e 3, a deambulação começava quando Alberto estava sozinho, num lugar escuro ou quase escuro e relativamente inativo.

Nos episódios 2 e 4, Alberto escapava pela porta principal da casa e poderíamos classificá-los como "busca da saída", segundo a tipologia de Hussian. Nestes dois episódios, ocorriam como antecedentes do comportamento estímulos que incitavam a abrir a porta principal (p. ex., o som da campainha, a visão da maçaneta da porta). O ato de abrir a porta dava a oportunidade de sair e sair dava a oportunidade de andar pela rua. As respostas de Alberto às perguntas de Sofia sobre onde ia eram confabulações[2]. Os dois episódios de busca da saída foram seguidos pelas conseqüências de que Sofia apressava-se em segui-lo, fazia perguntas, expressava preocupação, dava-lhe atenção, etc. Deste modo, a permanência deste comportamento poderia ter ocorrido em função dos estímulos antecedentes e da atenção.

O plano de tratamento incluiu vários componentes. Sofia e o terapeuta concluíram que a deambulação somente era um problema quando colocava alguém em perigo ou quando produzia a quebra de objetos, colocação inadequada deles, etc. Deste modo, o objetivo da intervenção foi eliminar a "deambulação perigosa" em vez de fazer desaparecer a deambulação. Com esta finalidade, foram colocados fechos de segurança nos armários da cozinha, na caixa de primeiros socorros, nos armários e nas gavetas de roupas, etc. Os objetos que poderiam ser quebrados (pratos de cristal, etc.) foram colocados em um lugar que não era fácil de ser alcançado e os quadros das paredes colocados de forma mais segura, de modo que Alberto não podesse atirá-los ao chão quando passava as mãos sobre eles. Além disso, foram colocadas maçanetas de segurança na porta principal para evitar que Alberto abandonasse a casa inadvertidamente.

Esperava-se que a maçaneta de segurança da porta principal eliminasse o comportamento de busca da saída. Entretanto, quando Alberto via ou tocava a porta e/ou a maçaneta, continuava fazendo tentativas de sair. Quando encontrava a porta principal fechada se irritava muito, inclusive ficava agressivo. Na intenção de diminuir a atração da porta como estímulo para sair, Sofia colocou um forro branco de tecido sobre a maçaneta e pendurou na porta um quadro do pintor favorito de Alberto. A busca da saída por parte de Alberto diminuiu até quase zero enquanto ao mesmo tempo, foram eliminadas as saídas reais não supervisionadas.

---

[2] Confabulações: a substituição de uma lacuna na memória de uma pessoa por meio de uma informação falsa que ela acredita ser verdadeira (N. do T.).

A busca de estímulos foi abordada de várias formas. Em primeiro lugar, devido à escuridão que parecia dar oportunidade para o comportamento deambulatório, as luzes do dormitório e da sala de estar passaram a ser controladas por reguladores para reduzir a probabilidade de que Alberto ficasse sozinho na escuridão. Além disso, foram dados a ele materiais que lhe proporcionavam um estímulo seguro. Por exemplo, foram colocadas uma gaita e um xilofone sobre seu criado mudo, sob a luz de uma abajur controlado por um regulador. Durante duas semanas, Sofia reforçou que Alberto tocasse a gaita ou o xilofone ao acordar pela manhã. Deste modo, não só ele obtinha um estímulo seguro ao levantar-se, como o som da "música" avisava Sofia que ele já estava acordado. Finalmente, Sofia instituiu o hábito diário de sair para dar um passeio com Alberto, fora de casa, depois de tomar o café da manhã e antes do jantar. O objetivo era proporcionar estímulo seguro a Alberto. Tinha também o efeito secundário agradável de proporcionar a Sofia e a Alberto algum tempo para estarem juntos sozinhos, bem como exercício físico para ambos.

Embora Alberto continuasse deambulando pela casa, tocando as coisas várias vezes ao dia, os episódios de deambulação perigosa ou destrutiva foram reduzidos a quase zero no período de um mês, a partir do começo do tratamento. Como conseqüência das mudanças no comportamento de Alberto, da maior sensação de controle sobre seu ambiente e do aumento de exercício e do tempo passado a sós com ele, Sofia relatou uma diminuição do estresse e um aumento da qualidade de vida. Antes de terminar, Sofia e o terapeuta se reuniram durante várias sessões em que falaram sobre como poderia ela aplicar os princípios comportamentais que havia aprendido para abordar os futuros comportamentos problemáticos de Alberto. Ela se animou a voltar a consultar o terapeuta se considerasse necessário.

REFERÊNCIAS

American Psychiatric Association (1994). *Diagnostic and statistical manual of mental disorders* (4ª edición) *(DSM-IV)*. Washington, D.C.: APA.

Azrin, N. H. y Armstrong, P. M. (1973). The "mini-meal"- A method for teaching eating skills to the profoundly retarded. *Mental Retardation, 11*, 9-13.

Azrin, N. H., Schaeffer, R. M. y Wesolowski, M. D. (1976). A rapid method of teaching profoundly mentally retarded persons to dress by a reinforcement-guidance method. *Mental Retardation, 14*, 29-33.

Baltes, M. M. y Zerbe, M. B. (1976). Re-establishment of self-feeding in a nursing home resident. *Nursing Research, 25*, 24-26.

Baltes, M. M. y Werner-Wahl, H. (1987). Dependence in aging. En L. L. Carstensen y B. A. Edelstein (dirs.), *Handbook of clinical gerontology*. Nueva York: Pergamon.

Bourgeois, M. S. (1990). Enhancing conversation skills in patients with Alzheimer's disease using a prosthetic memory aid. *Journal of Applied Behavior Analysis, 23*, 29-42.

Bourgeois, M. S. (1991). Communication treatment for adults with dementia. *Journal of Speech and Hearing Research, 34*, 831-844.

Burgio, K. L. y Burgio, L. D. (1991). The problem of urinary incontinence. En P. Wisocki (dir.), *Handbook of clinical behavior therapy with elderly clients*. Nueva York: Plenum.

Burgio, K. L. y Engel, B. T. (1990). Biofeedback-assisted behavioral training for elderly men and women. *Journal of the American Geriatrics Society, 38*, 338-340.

Burgio, K. L., Whitehead, W. E. y Engel, B. T. (1985). Urinary incontinence in the elderly: Bladder-sphincter biofeedback and toileting skills training. *Annals of Internal Medicine, 103*, 507-515.

Carstensen, L. L. (1988). The emerging field of behavioral gerontology. *Behavior Therapy, 19*, 259-281.

Carstensen, L. L. y Fisher, J. E. (1991). Treatment applications for psychological and behavioral problems of the elderly in nursing homes. En P. Wisocki (dir.), *Handbook of clinical behavior therapy with the elderly client*. Nueva York: Plenum.

Cerella, J., Poon, L. W. y Williams, D. (1980). Age and the complexity hypothesis. En L. W. Poon (dir.), *Aging in the 1980s: Psychological issues*. Washington, D.C.: American Psychological Association.

Chiverton, P. y Caine, E. D. (1989). Education to assist spouses in coping with AD: A controlled trial. *Journal of the American Geriatrics Society, 37*, 593-598.

Clay, E. C. (1980). Promoting urine control in older adults: habit retraining. *Geriatric Nursing, 1*, 252-254.

Cleary, T. A., Clamon, C., Price, M. y Shullaw, G. (1988). A reduced stimulation unit: effects on patients with Alzheimer's disease and related disorders. *The Gerontologist, 28*, 511-514.

Cohen-Mansfield, J. y Billig, N. (1986). Agitated behaviors in the elderly, a conceptual review. *Journal of the American Geriatrics Society, 34*, 711-721.

Cohen-Mansfield, J., Werner, P. y Marx, M. S. (1989). An observational study of agitation in agitated nursing home residents. *International Psychogeriatrics, 1*, 153-165.

Cohen-Mansfield, J., Werner, P. y Marx, M. S. (1990). Screaming in nursing home residents. *Journal of the American Geriatrics Society, 38*, 785-792.

Cohen-Mansfield, J., Werner, P., Culpepper, W. J., Wolfson, M. A. y Bickel, E. (en prensa). Wandering and aggression. En L. L. Carstensen, B. A. Edelstein y L. Dorbrand (dirs.), *The practical handbook of clinical gerontology*. Beverly Hills, Ca: Sage.

Colenda, C. C. y Hamer, R. M. (1991). Antecedents and interventions for aggressive behavior of patients at a geropsychiatric state hospital. *Hospital and Community Psychiatry, 42*, 287-292.

Craik, F. I. M. (1984). Age differences in human memory. En J. E. Birren y K. W. Schaie (dirs.), *Handbook of the psychology of aging*. Nueva York: Van Nostrand Reinhold.

Craik, F. I. M. y Jennings, J. M. (1992). Human memory. En F. I. M. Craik y T. A. Salthouse (dirs.), *The handbook of aging and cognition*. Hillsdale, NJ: Lawrence Erlbaum.

Craik, F. I. M., Morris, R. G. y Glick, M. L. (1990). Adult age differences in working memory. En G. Vallaar y T. Shallice (dirs.), *Neuropsychological impairments of short-term memory*. Cambridge, Inglaterra: Cambridge University Press.

Crook, T. H. y Youngjohn, J. R. (1993). Development of treatments for memory disorders: The necessary meeting of basic and everyday memory research. *Applied Cognitive Psychology, 7*, 619-630.

De Graaf, C., Polet, P. y Van Staveren, W. A. (1994). Sensory perception and pleasantness of food flavors in elderly subjects. *Journal of Gerontology: Psychological Sciences, 49*, P93-P99.

Donat, D. C. (1986). Altercations amongst institutionalized psychogeriatric patients. *The Gerontologist, 26*, 227-228.

Duke, L. W., Haley, W. E. y Bergquist, T. F. (1991). Cognitive-behavioral interventions for age-related memory impairment. En P. Wisocki (dir.), *Handbook of clinical behavior therapy with the elderly client*. Nueva York: Plenum.

Engel, B. T., Burgio, L. D., McCormick, K. A., Hawkins, A. M., Scheve, A. S. y Leahy, E. (1990). Behavioral treatment of incontinence in the long-term care setting. *Journal of the American Geriatrics Society, 38*, 361-363.

Fantl, J. A., Wyman, J. F., Harkins, S. W. y Hadley, E. C. (1990). Bladder training in the management of lower urinary tract dysfunction in women: A review. *Journal of the American Geriatrics Society, 38*, 329-332.

Fisher, J. E., Carstensen, L. L., Turk, S. E. y Noll, J. P. (1993). Geriatric patients. En A. Bellack y M. Hersen (dirs.), *Handbook of behavior therapy in the psychiatric setting*. Nueva York: Plenum.

Frewen, W. K. (1982). A reassessment of bladder training in detrusor dysfunction in the female. *British Journal of Urology, 54*, 372-373.

Haley, W. E., Brown, S. L. y Levine, E. G. (1987). Family caregiver appraisals of patient behavioral disturbance in senile disturbance. *Clinical Gerontologist, 6*, 25-34.

Hamel, M., Gold, D., Andres, D., Reis, M., Dastoor, D., Grauere, H. y Bergman, H. (1990). Predictors and consequences of aggressive behavior by community-based dementia patients. *The Gerontologist, 30*(2), 206-211.

Hanley, I. (1986). Reality orientation in the care of the elderly patient with dementia -three case studies. En I. Hanley y M. Gilhooly (dirs.), *Psychological therapies for the elderly*. Washington Square, NY: New York University.

Harris, J. E. (1980). Memory aids people use: Two interview studies. *Memory and Cognition, 8*, 31-38.

Hope, R. A., y Fairburn, C. G. (1989). The nature of wandering in dementia: a community based study. *International Journal of Geriatric Psychiatry, 5*, 239-245.

Horgas, A. L., Wahl, H. y Baltes, M. (en prensa). Dependency in late life. En L. L. Carstensen, B. A. Edelstein y L. Dornbrand (dirs.), *The practical handbook of clinical gerontology*. Beverly Hills, Ca: Sage.

Hu, T. W., Igou, J. F., Kaltreider, D. L., Yu, L. C., Rohner, T. J., Dennis, P. J., Craighead, W. E., Hadley, E. C. y Ory, M. G. (1989). A clinical trial of a behavioral therapy to reduce urinary incontinence in nursing homes: Outcome and implications. *Journal of the American Medical Association, 261*, 2656-2662.

Hunt, T. y Lindley, C. J. (dirs.) (1989). *Testing older adults*. Austin, Tx: Pro-ed.

Hussian, R. A. (1981). *Geriatric psychology: a behavioral perspective*. Nueva York: Van Nostrand Reinhold.

Hussian, R. A. (1987). Wandering and disorientation. En L. L. Carstensen y B. A. Edelstein (dirs.), *Handbook of clinical gerontology*. Nueva York: Pergamon.

Hussian, R. A. (1988). Modification of behaviors in dementia via stimulus manipulation. *Clinical Gerontologist, 8*, 37-43.

Hussian, R. A. y Davis, R. L. (1985). *Responsive care: Behavioral interventions with elderly persons*. Champaign, Il: Research.

Jarman, P. H., Iwata, B. A. y Lorentzson, A. M. (1983). Development of morning self-care routines in multiply handicapped persons. *Applied Research in Mental Retardation, 4*, 113-122.

Keating, J. C., Jr., Schulte, E. A. y Miller, E. (1988). Conservative care of urinary incontinence in the elderly. *Journal of Manipulative and Physiological Therapeutics, 11*, 300-308.

Kegel, A. H. (1956). Stress incontinence of urine in women: Physiologic treatment. *Journal of the International College of Surgeons, 25*, 487-499.

Kikuta, S. C. (1991). Clinically managing disruptive behavior on the ward. *Journal of Gerontological Nursing, 17*, 4-8.
Knapp, M. S. y Shaid, E. C. (1991). Innovations in managing difficult behaviors. *Provider*, noviembre, 17-24.
Laidlaw, R. W. y Hamilton, M. A. (1937). A study of thresholds in apperception of passive movement among normal control subjects. *Bulletin of the Neurological Institute, 6*, 268-273.
Lam, D., Sewell, M., Bell, G. y Katona, C. (1989). Who needs psychogeriatric continuing care? *International Journal of Geriatric Psychiatry, 4*, 109-114.
La Rue, A. (1992). *Aging and neuropsychological assessment*. Nueva York: Plenum.
Leibovici, A. y Tariot, P. N. (1988). Agitation associated with dementia: a systematic approach to treatment. *Psychopharmacology Bulletin, 24*, 49-53.
Lemke, H. y Mitchell, R. D. (1972). Controlling the behavior of a profoundly retarded child. *American Journal of Occupational Therapy, 26*, 261-264.
Leventhal, E. A. (1991). Biological aspects. En J. Sadavoy, L. W. Lazarus y L. F. Jarvik (dirs.), *Comprehensive review of geriatric psychiatry*. Washington, D.C.: American Psychiatric Press.
Lindley, C. J. (1989). Who is the older person? En T. Hunt y C. J. Lindley (dirs.), *Testing older adults: A reference guide for geropsychological assessments*. Austin, Tx: Pro-ed.
Mayer, R. y Darby, S. J. (1991). Does a mirror deter wandering in demented older people? *International Journal of Geriatric Psychiatry, 6*, 607-609.
McEvoy, C. L. y Patterson, R. L. (1987). Behavioral treatment of deficit skills in dementia patients. *The Gerontologist, 26*, 475-478.
Meyer, J., Schalock, R. y Genaidy, H. (1991). Aggression in psychiatric hospitalized geriatric patients. *International Journal of Geriatric Psychiatry, 6*, 589-592.
Moak, G. S. (1990). Characteristics of demented and non-demented geriatric admissions to a state hospital. *Hospital and Community Psychiatry, 41*, 799-801.
Morley, J. E. y Reese, S. S. (1989). Clinical implications of the aging heart. *American Journal of Medicine, 86*, 77-86.
Namazi, K. H., Rosner, T. T. y Calkins, M. P. (1989). Visual barriers to prevent ambulatory Alzheimer's patients from exiting through an emergency door. *Gerontologist, 29*, 699-702.
National Center for Health Statistics (1979). The national nursing home survey: 1977 summary for the United States by Van Nostrand, J. F. *et al.* (DHEW) Publication No. 79-1794). *Vital and health statistics*. Series 13, No. 43. Washington, D.C.: Health Resources Administration, U.S. Government Printing Office.
O'Neill, R. E., Horner, R. H., Albin, R. W., Storey, K. y Sprague, J. R. (1990). *Functional analysis of problem behavior*. Sycamore, Il: Sycamore Publishing Company.
Palmstierna, T. y Wistedt, B. (1987). Staff Observation Aggression Scale, SOAS: Presentation and evaluation. *Acta Psychiatrica Scandinavia, 76*, 657-663.
Patel, V. y Hope, R. A. (1992a). A rating scale for aggressive behavior in the elderly-the RAGE. *Psychological Medicine, 22*, 211-221.
Patel, V. y Hope, R. A. (1992b). Aggressive behavior in elderly psychiatric inpatients. *Acta Psychiatrica Scandinavia, 85*, 131-135.
Patel, V. y Hope, T. (1993). Aggressive behaviour in elderly people with dementia: a review. *International Journal of Geriatric Psychiatry, 8*, 457-472.
Patterson, R. L., Dupree, L. W., Eberly, D. A., Jackson, G. W., O'Sullivan, M. J., Penner, L. A. y Dee-Kelly, C. (1982). *Overcoming deficits of aging: a behavioral approach*. Nueva York: Plenum.

Pinkston, E. M. y Linsk, N. L. (1984). *Care of the elderly: A family approach*. Elmsford, NY: Pergamon.

Poon, L. W. (dir.) (1986). *Handbook for clinical memory assessment of older adults*. Washington, D.C.: American Psychological Association.

Poon, L. W., Gurland, B. J., Eisdorfer, C., Crook, T., Thompson, L. W., Kaszniak, A. W. y Davis, K. L. (1986). Integration of experimental and clinical precepts in memory assessment: A tribute to George Talland. En L. Poon (dir.), *Handbook for clinical memory assessment of older adults*. Washington, D.C.: American Psychological Association.

Rabins, P. V. (1989). Behavior problems in the demented. En E. Light y B. D. Lebowitz (dirs.), *Alzheimer's disease treatment and family stress: directions for research*. Rockville, Md: U.S. Dept of Health and Human Services.

Rapp, M. S., Flint, A. J., Herrmann, N. y Proulx, G. (1992). Behavioural disturbances in the demented elderly: Phenomenology, pharmacotherapy, and behavioural management. *Canadian Journal of Psychiatry, 37*, 651-657.

Rinke, C. L., Williams, J. J., Lloyd, K. L. y Smith-Scott, W. (1978). The effects of prompting and reinforcement on self-bathing by elderly residents of nursing homes. *Behavior Therapy, 6*, 873-881.

Risley, T. R. y Edwards, K. A. (mayo, 1978). *Behavioral technology for nursing home care: Toward a system of nursing home organization and management*. Comunicación presentada en the Nova Behavioral Conference on Aging, Port St. Lucie, Florida.

Rosberger, Z. y MacLean, J. (1983). Behavioral assessment and treatment of "organic" behaviors in an institutionalized geriatric patient. *International Journal of Behavioral Geriatrics, 1*, 33-46.

Ryden, M. B. (1988). Aggressive behavior in persons with dementia living in the community. *Alzheimer's Disease and Associated Disorders: International Journal, 2*, 342-355.

Salthouse, T. A., Babcock, R. L. y Shaw, R. J. (1991). Effects of adult age on structural and operational capacities in working memory. *Psychology and Aging, 6*, 118-127.

Schnelle, J. F. (1990). Treatment of urinary incontinence in nursing home patients by prompted voiding. *Journal of the American Geriatrics Society, 38*, 356-360.

Schnelle, J. F., Traughber, B., Morgan, D. B., Embry, J. E., Binion, A. E. y Coleman, A. (1983). Management of geriatric incontinence in nursing homes. *Journal of Applied Behavior Analysis, 16*, 235- 241.

Shepherd, R. J. (1981). Cardiovascular limitations in the aged. En E. L. Smith y R. C. Serfass (dirs.), *Exercise and aging: The scientific basis*. Hillside, NJ: Enslow.

Shepherd, A. M., Montgomery, E. y Anderson, R. S. (1983). Treatment of genuine stress incontinence with a new perineometer. *Physiotherapy, 69*, 113.

Shiffman, S. S. y Warwick, Z. S. (1993). Effect of flavor enhancement for the elderly on nutritional satus: Food intake, biochemical measures, anthropometric mesures. *Physiology and Behavior, 53*, 395-402.

Silliman, R. A., Sternberg, J. y Fretwell, M. D. (1988). Disruptive behavior in demented patients living within disturbed families. *Journal of the American Geriatic Society, 39*, 617-618.

Simpson, D. M. y Wicks, R. (1988). Spectral analysis of heart rate indicates reduced baroreceptor-related heart rate variability in elderly persons. *Journal of Gerontology, 43*, M21-M24.

Sisson, L. A. y Dixon, M. J. (1986). Improving mealtime behaviors of a multihandicapped child using behavior therapy techniques. *Journal of Visual Impairment and Blindness, 80*, 855-858.

Smith, W. L. (1988, mayo). *Behavioral interventions in gerontology: Management of behavior problems in individuals with Alzheimer's disease living in the community.* Comunicación presentada en la reunión de la Association for Behavior Analysis, Filadelfia, Pa.
Songbein, S. K. y Awad, S. A. (1982). Behavioral treatment of urinary incontinence in geriatric patients. *Canadian Medical Association Journal, 127*, 863-864.
Spangler, P. F., Risley, T. R. y Bilyet, D. P. (1984). The management of dehydration and incontinence in non- ambulatory geriatric patients. *Journal of Applied Behavior Analysis, 17*, 397-401.
Stimbert, V. E., Minor, J. W. y McCoy, J. F. (1977). Intensive feeding training with retarded children. *Behavior Modification, 1*, 517-530.
Teri, L. y Logsdon, R. (1990). Assessment and management of behavioral disturbances in Alzheimer's disease. *Comprehensive Therapy, 16*, 36-42.
Urinary Incontinence Guideline Panel (1992, marzo). *Urinary incontinence in adults: Clinical practice guidelines.* AHCPR Pub. No. 92-0038. Rockville, Md: Agency for Health Care Policy and Research, Public Health Service, U.S. Department of Health and Human Services.
Vaccaro, F. J. (1988a). Application of operant procedures in a group of institutionalized aggressive geriatric patients. *Psychology and Aging, 3*, 22-28.
Vaccaro, F. J. (1988b). Successful operant conditioning procedures with an institutionalized aggressive geriatric patient. *International Journal of Aging and Human Development, 26*, 71-79.
Van Hasselt, V. B., Ammerman, R. T. y Sisson, L. A. (1990). Physically disabled persons. En A. S. Bellack, M. Hersen y A. E. Kazdin (dirs.), *International handbook of behavior modification and therapy* (2ª edición). Nueva York: Plenum.
Werner, P., Cohen-Mansfield, J., Braun, J. y Marx, M. S. (1989). Physical restraints and agitation in nursing home residents. *Journal of the American Geriatrics Society, 37*, 1122-1126.
Whitbourne, S. K. (1985). *The aging body: Physiological changes and psychological consequences.* Nueva York: Springer-Verlag.
Whitney, L. R. y Barnard, K. E. (1966). Implications of operant learning theory for nursing care of the retarded child. *Mental Retardation, 4*, 26-29.
Wilson, B. A. y Moffat, N. (1984). *Clinical management of memory problems.* Londres: Aspen.
Winger, J., Schirm, V. y Stewart, D. (1987). Aggressive behavior in long-term care. *Journal of Psychosocial Nursing, 25*, 28-33.
Zarit, S. H. y VandenBos, G. R. (1990). Effective evaluation of memory in older persons. *Hospital and Community Psychiatry, 41*, 9-16.
Zarit, J. y Zarit, S. (1987). Molar aging: The physiology and psychology of normal aging. En L. Carstensen y B. Edelstein (dirs.), *Handbook of clinical gerontology.* Nueva York: Pergamon.

LEITURAS PARA APROFUNDAMENTO

Carstensen, L. y Edelstein, B. (dirs.) (1989). *Gerontología clínica. El envejecimiento y sus trastornos.* Nueva York: Pergamon.
Carstensen, L., Edelstein, B. y Dorbrand, L. (dirs.) (en prensa). *The practical handbook of clinical gerontology.* Beverly Hills, Ca: Sage.
Espert, R. y Navarro, J. F. (1995). Demencias degenerativas: Enfermedad de Alzheimer

En V. E. Caballo, G. Buela-Casal y J. A. Carrobles (dirs.), *Manual de psicopatología y trastornos psiquiátricos, vol. 1*. Madrid: Siglo XXI.

Fernández-Ballesteros, R., Izal, M., Montorio, I., González, J. L. y Díaz, P. (1992). *Evaluación e intervención psicológica en la vejez*. Barcelona: Martínez-Roca.

Junqué, C. y Jurado, M. A. (1994). *Envejecimiento y demencias*. Barcelona: Martínez-Roca.

Wisocki, P. (dir.) (1991). *Handbook of clinical behavior therapy with the elderly client*. Nueva York: Plenum.

ÍNDICE

Abstração seletiva, 53, 527
Abuso de substâncias psicoativas, 608-612
　prevenção de recaídas, 611-612
　suscetibilidade, 611
　tratamento, 608-612
Acontecimentos agradáveis, 487-492, 499-500, 503, 507, 605
Acontecimentos desagradáveis, 486-488, 496, 507
　lidar com, 487
Acontecimentos vitais e/ou estressantes, 20, 142, 502, 528, 534, 580, 593
Aderência, 548-549, 562-564, 621, 624
　obstáculos, 573
　procedimentos para aumentá-la, 548-549, 571-575
Afirmações de "você deveria", 528, 540
Agorafobia, 89-108, 114, 117
　alterações cognitivas, 92
　avaliação, 90
　critérios diagnósticos, 90
　curso, 89
　definição, 89
　prevalência, 90
　temores em, 89
Alcoólicos anônimos, 572
Alprozolam, 97-99
Alucinações, 575, 608, 611
　auditivas (vozes), 615-626
　　crenças, 618-623
　　respostas comportamentais, 619
　　respostas emocionais, 619
　enfoque comportamental, 615-616
　　modelo, 624
　　significado pessoal das vozes, 62
　terapia cognitiva, 621-626
　visuais, 615
Amitriptilina, 494, 496, 497
Amok, 426

Análise funcional, 606, 648, 649, 654, 656, 659
　do comportamento agressivo/agitado, 654
　do comportamento de deambulação, 650
　do cuidado pessoal, 656
Ansiedade diante da atuação, 276
Antidepressivos tricíclicos, 97
Antipsicóticos, 660, 593, 594
Aparência pessoal, 68-69
Apertão, técnica do, 284, 286-287
Apoio social, 460, 534
Asserção
　negativa, 492
　positiva, 493
Assertividade, 494
Ativação autônoma, 6-7
Atribuições errôneas, 57-59
Autocontrole, 57-59, 454, 476-477, 483, 454, 495
　auto-avaliação, 59, 426
　auto-observação, 456, 494-495
　auto-reforço, 59, 456-457, 484, 494-495, 507
Auto-eficácia, 532, 538
Auto-observação, 58, 65, 71, 247, 348, 350, 366, 484
Auto-registro, 45, 62, 143, 146-147, 186, 190, 191, 193, 198, 407, 454, 457, 486, 499, 501, 504, 507, 537
Auto-regulação, 525, 546,
Auto-verbalizações, 51-52
Avaliação negativa, 26, 34
Aversão, 319
　olfativa, 319
　por meio do amoníaco, 319-320
　treinamento em, 424

Benzodiazepinas, 97
Biofeedback, 102, 177, 180, 249, 645
Bloqueadores do canal de cálcio, 560

Carbamazepina, 560
Castigo, 473, 478, 621
Catastrofização, 127, 540
Center for Stress and Anxiety Disorders, 122
Claustrofobia, 46
Cleptomania, 449-450
　descrição, 449
　início, 449
　tratamento, 449-450
Clomipramina, 452, 465
Clorpromazina, 638
Cognições profundas, 524, 532
Cognições superficiais, 524, 525, 529, 530, 532
Comparação, 528
Comportamento agitado, 651, 652-655
　antecedentes, 653
　avaliação, 653-654
　conseqüências, 654
　intervenção, 654-655
　nas demências, 652-655
Comportamento agressivo, 70-72, 651-655
　definição, 652
　dimensões, 652
　nas demências, 651-655
　　antecedentes, 653
　　avaliação, 653-654
　　conseqüências, 654
　　intervenção, 654-655
　　prevalência, 652
Comportamento assertivo, 70-72
　diferenças de outros comportamentos, 70-72
　modelo bidirecional, 71
Comportamento não assertivo, 70-72
Comportamentos para os cuidados pessoais, 656-657
　avaliação, 656
　intervenção, 657
　na demência, 656-657
Comprovação da hipótese, 363, 544-546
　passos, 363-364
Comprovação da realidade, 63
Compulsões, 138
　definição, 138
Condicionamento interoceptivo, 115
Confabulação, 662
Contato físico, 68
Conteúdo
　da fala, 70
　situacional, 346
Contraste adaptativo, 57

Contrato comportamental, 571-573, 605
Contrato de aderência, 572, 574
Controle das contingências, 494
Controle do estímulo, 220, 456, 460, 658
　sugestões, 461
Controle percebido, 6
Curso de enfrentamento da depressão (CAD), 498-509
　aplicação a adolescentes, 501-506
　aplicação a pessoas idosas, 506-507
　aplicação as pessoas que cuidam, 507
　aspectos únicos, 502
　componentes, 503-506
　componentes, 506
　componentes essenciais, 498-499
　comportamentos-objetivo, 499
Curso para a satisfação na vida, 507
　componentes, 507
Custo de resposta, 78, 452

Deambulação, 648-651
　avaliação, 649-650
　categorias, 648-649
　　busca da saída, 649
　　com auto-estimulação, 649
　　conseqüências, 648
　　estimulado por um modelo, 649
　　por acatisia, 648
　　por desorientação, 649
　definição, 648
　intervenção, 650-651
Delinqüência sexual, 299-331
　componentes do programa, 306-322
　　empatia com a vítima, 310-313
　　mudança de atitude, 313-314
　　negação e minimização, 308-310
　　preferências sexuais, 316-320
　　prevenção de recaídas, 320-322
　　treinamento em intimidade, 314-316
　estrutura do programa, 305-306
　programa de tratamento, 305-331
Demência, 637-669
　definição, 637
　tipo Alzheimer, 637
　vascular, 637
Depressão, 473-554
　avaliação comportamental da, 479-483
　　auto-relatórios, 479-480
　　entrevistas, 479
　　observação, 481

curso de enfrentamento da, 498-509
e habilidades sociais, 482
escala visual para a, 491
melancolia, 497
modelo integrador, 478
modelo para a terapia, 496
prevenção, 507-509
programa de atividades, 489-490, 536, 538, 545
terapia cognitiva, 531-550
  conceitualização da depressão, 534
  objetivos, 532
  sessão típica, 535
tratamento comportamental, 483-509
Descatastrofizar, 542
Desorientação, 648, 649
  características, 649
Desqualificação das coisas positivas, 528, 540
Dessensibilização, 178, 180
  por meio da imaginação, 424, 450
  sistemática, 178, 180, 440, 450
    ao vivo, 178
    in vitro, 178
Detenção do pensamento, 456, 462-463
Diabetes melito, 666
Diálogo consigo mesmo, 464
  dirigido, 466
Diários comportamentais, 480-481
Diátese-estresse, modelo, 524, 551, 592-593
  estresse sócio-ambiental, 593
Diazepam, 101
Direitos de papel, 59
Direitos humanos básicos, 59-61, 74
Disfunções sexuais, 267-298
  avaliação, 277
  classificação, 268
  conceito atual, 268
  definição, 268
  dispareunia, 270
  e a ansiedade ante a atuação, 276
  e déficit de habilidades, 276
  e falta de consentimento, 275
  e mitos ou crenças disfuncionais, 275-276
  e os mitos sexuais masculinos, 282
  ejaculação precoce, 269-270, 280
  etiologia, 272-275
  prevalência, 271-272
  transtorno da ereção no homem, 269
  transtorno da excitação sexual na mulher, 269
  transtorno de aversão ao sexo, 269
  transtorno de desejo sexual hipoativo, 268-269
  transtorno orgásmico feminino, 269
  transtorno orgásmico masculino, 269
  tratamento de, 276-294
  vaginismo, 270
Dispareunia, 270
  dilatação progressiva para a, 285
  etiologia, 274-275
  prevalência, 272
Distância, 68
Distorções cognitivas, 53, 525, 528, 564, 575-578
  abstração seletiva, 53, 527
  afirmações de "você deveria", 528, 540
  comparação, 528
  desqualificação das coisas positivas, 528, 540
  externalização do próprio valor, 528
  falácia do controle, 528
  inferência arbitrária, 53, 527
  magnificação e minimização, 53, 527
  pensamento absolutista dicotômico, 53, 527
  perfeccionismo, 548
  personalização, 53, 527, 540
  raciocínio emocional, 527
  supergeneralização, 527, 540
Distração, 6-7, 10, 367
  centro, 10
  qualidade afetiva do estímulo, 10
  tipo, 10
  treinamento, 367
Distrofia miotônica, 638
Doença de Wilson, 638

Ecological Catchment Area Survey, 138
Economia de fichas, 455, 605,
Efeito "camelo", 150
Ejaculação precoce, 269-270, 280
  prevalência, 272
Encadeamento, 474
  para frente, 685 para trás, 685
Ensaio de comportamento, 71-76, 495, 546
Entonação, 69
Entrevista clínica estruturada para o *DSM-III-R* (*Structured Clinical Interview for DSM-III-R, SCID*), 36
Entrevista dirigida para habilidades sociais, 36

Entrevista estruturada para os transtornos de
   ansiedade (*Anxiety Disorders Interview
   Schedule*), 36
Entrevista estruturada sobre neutralização
   (*Structured Interview on Neutralization*),
   144
Entrevista motivacional, 610
Entrevista para os transtornos de ansiedade,
   segundo o DSM-IV (*Anxiety Disorders
   Interview Schedule for DSM-IV*, ADIS-
   IV), 224
Envelhecimento, 638
   e sistema cardiovascular, 640
   e sistema excretor, 641
   e sistema músculo esquelético, 640
   e sistema respiratório, 640
   e sistema sensorial, 638-639
Escala de adaptação, 354
Escala de adaptação social – tipo auto-relatório
   (*Social Adjustment Scale – Self-Report,
   SAS-SR*), 480
Escala de agressão, de Ryden (*Ryden
   Aggression Scale*), 653
Escala de amplificação somatosensorial
   (*Somatosensory Amplification Scale,
   SSAS*), 354
Escala de ansiedade ante a interação social (*Social Interaction Anxiety Scale, SIAS*), 36
Escala de ansiedade e evitação social (*Social
   Avoidance and Distress Scale, SAD*), 37
Escala de ansiedade social, de Liebowitz
   (*Liebowitz Social Anxiety Scale, LSAS*), 36
Escala de atitudes disfuncionais (*Dysfuncional
   Attitudes Scale, DAS*), 529, 564
Escala de avaliação do comportamento agressivo nos anciãos (*Rating Scale for
   Aggressive Behavior incêndio the
   Elderly*), 653
Escala de aversão sexual (*Sexual Aversion Scale,
   SAS*), 273
Escala de catexis corporal (*Body Catexis Scale,
   BCS*), 406
Escala de desesperança de Beck (*Beck
   Hopelessness Scale, HS*), 530, 536, 564
Escala de deterioração por tricotilomania (*Tricotillomania Impairment Scale, TIS*), 457
Escala de empatia de Hogan (*Hogan Empathy
   Scale*), 310
Escala de empatia emocional (*Emotional
   Empathy Scale*), 310

Escala de fobia social (*Social Phobia Scale,
   SPS*), 36
Escala de intolerância para a incerteza
   (*Intolerance of Uncertainty Scale*), 216,
   225
Escala de melhora global realizada pelo clínico
   (*Clinician's Global Improvement Scale,
   CGI*), 457
Escala de observação da agressão por parte da
   equipe médica (*Staff Observation
   Aggression Scale*), 653
Escala de unidades subjetivas de ansiedade ou
   mal-estar (*Subjective Units of Discomfort
   Scale, SUDS*), 42-45, 65, 79, 179, 201
Escala do centro de estudos epidemiológicos
   para a depressão *(Center for
   Epidemiologic Studies Depression Scale,
   CES-D*), 480, 508
Escala para a avaliação da depressão, de Hamilton (*Hamilton Depression Rating Scale,
   HDRS*), 536
Escala para a validade das cognições (*Validity of
   Cognitions Scale, VoC*), 201, 202
Escala para as obsessões compulsões, de Yale-
   Brown (*Yale-Brown Obsessive-
   Compulsive Scale, Y-BOCS*), 143, 146,
   164, 395, 396, 409
Escalas de atitudes frente à doença (*Illness
   Attitude Scales, IAS*), 354
Escalas do NIMH sobre a deterioração e a gravidade da tricotilomania (*NIHM-
   Trichotillomania Severity and Impairment
   Scales, NIMH-TTS, NIMH-TIS*), 458
Esclarecer, 539
Escrever diante de outras pessoas, 79
Escuta empática, 610
Esquemas, 31, 324-329, 524-526, 528-532,
   539-542, 546, 549
   avaliação, 529
   codificados emocionalmente, 546
Esquizofrenia, 591, 621
   avaliação habilidades sociais, 594-596
      conteúdo verbal, 595
      equilíbrio interativo, 595
      habilidades não verbais, 595
      habilidades paralingüísticas, 595
      perguntas úteis, 595
   deterioração no funcionamento social, 592
   deteriorações cognitivas, 592
   e abuso de substâncias psicoativas, 618-622

Índice

e terapia comportamental familiar, 601-605
    educação, 602-603
    estrutura, 602
    formato, 601
    habilidades de comunicação, 603-604
    problemas especiais, 605
    solução de problemas, 604-605
e treinamento em habilidades sociais, 594-595
    áreas objetivo, 600
    componentes molares, 599
    esquema de uma sessão, 598
    formatos, 596-597
    técnicas, 597-601
prevalência, 591
sintomas negativos, 591-592
sintomas positivos, 591-592
Estabelecimento de relações sociais, 79
Estresse da vida, 20
Exageração da responsabilidade, 158-161
Exame do transtorno dismórfico corporal (*Body dysmorphic disorder examination, BDDE*), 395-397, 407, 409
Exposição, 10-11, 34, 76-79, 93-104, 141, 151-157, 406-408, 417, 432-433
    ao vivo,10, 58, 59, 76-79, 95, 345, 433, 546
    auto-exposição, 93-101, 110-112
    funcional cognitiva, 223, 232-233
    graduada, 63-65, 76, 408
    guia de ajuda, 94
    interoceptiva, 19, 121-122, 127-130, 345
        exercícios, 19
    na imaginação, 10, 95, 253, 345, 432-433
    práticas, 14, 16-18
    prolongada, 178-180
    sistemática, 13-14
    tarefas, 408
Expressão
    corporal, 599
    facial, 67
Expressividade emocional espontânea, 32
Externalização
    das vozes, 544
    do próprio valor, 528
Extinção, 6, 7, 473

Falácia do controle, 528
    reversível, 435
Falácia do jogador, 434
Falácia do talento especial, 434

Falar em público, 79
Feedback, 75, 598, 645
    corretora, 580, 598, 599
    visual, 658
Flashbacks, 172, 180, 181
Flecha descendentes,157, 539
Fluidez, 69
Fobia cardíaca, 357-358
Fobia específica, 3-24
    começo do temor, 12
    comportamentos associados, 12
    de cobras, 15, 18, 21
    de dirigir, 13, 16, 17
    de pássaros, 17
    de voar, 15, 18
    definição, 3
    e estratégias cognitivas, 18-19
    e estresse da vida, 20
    e evitação, 13
    e exposição, 14, 16-18
    e manutenção dos benefícios do tratamento, 20-21
    e sinais de segurança, 12-13
    e tensão muscular aplicada, 19-20
    epidemiologia, 4-5
    hierarquia, 15, 16
    interoceptiva,19
    pensamentos associados, 12, 13, 18-19
        pensamentos catastróficos, 18-19
        superestimação da probabilidade, 18
    reação emocional, 12
    sentimentos associados, 12
    tipos, 3
        de animais, 3-4, 16
        de sangue/injeções/ferimentos, 4, 10-11, 16, 20
        do ambiente natural, 4
        outros tipos, 5
        tipo situacional, 4
    variáveis de possível influência, 15
Fobia social, 25-87
    avaliação, 35-38
        auto-registro, 37
        entrevistas semi-estruturados, 36
        instrumentos de auto-relatório, 36-37
        medidas comportamentais, 37-38
        medidas fisiológicas, 38
    avaliação negativa na, 26
    definição, 26
    distribuição por sexos, 28

e a apresentação de si mesmo, 31
e auto-observação, 58
e consciência pública de si mesmo, 30
e direitos humanos básicos, 56-61
e estilo de vida, 29
e exposição, 34
e habilidades sociais, 25, 66-70
e reestruturação cognitiva, 34
e relaxamento, 34-41
e sinais de ansiedade, 43
e tipos de condicionamento, 29-30
e transtorno da personalidade por evitação, 28, 29
e TREC, 46-50
e treinamento em habilidades sociais, 34
e vulnerabilidade, 31-32
esquemas, 31
expressividade emocional espontânea, 32
idade de aparecimento, 28
inibição comportamental, 32
modelo de aquisição, 32-33
prevalência, 28
programa de tratamento, 38-80
respostas primárias, 32
sintomas cognitivos, 27-28
    distorções cognitivas, 31
sintomas comportamentais, 27
sintomas somáticos, 27
situações mais temidas, 27
tipos, 28
    atuação, 28
    discreta, 28
    generalizada, 28
    interação limitada, 28
    medo de falar em público, 28
    não generalizada, 28
Focalização da atenção, 366
Focalização sensorial, 281, 287-591, 294
    procedimentos, 288-290
Folha ABC, 185-189, 192
Folha de perguntas para o questionamento, 190, 192
Folha de trabalho para o questionamento das crenças, 192-200

Generalização excessiva, 53
Gestos, 67

Habilidades de comunicação, 501, 504, 506, 580-582, 603

Habilidades de conversação, 493
Habilidades de enfrentamento, 247, 425, 431, 478, 501, 580, 592-593, 605, 608
    definição, 593
    por meio do relaxamento, 247-260
Habilidades sociais, 451, 475, 479, 482, 484, 489, 593, 594-601, 603
    componentes, 599
    definição, 475
    formato, 596-597
    técnicas, 597-601
Habituação, 5, 7
Heterosocial Adequacy Test, 37
Hipercorreção, 454, 455
    positiva, 657
Hiperventilação, 102, 116, 121, 124-125
Hipocondria, 335, 386
    amplificação sensorial, 339, 341
        como estado, 341
        como traço, 341
        sensações, 340
        tratamento, 346-347
    auto-proibições, 360, 362, 633
    conceito, 336, 371
    definição, 336, 337
    diagnóstico, 336, 338
    diário de hipocondria, 353, 364
    fatores de manutenção, 344
    interpretação catastrófica, 341, 343
        mecanismos, 342
        modelo, 342-343
        tratamento, 347, 348
    problemas, 337-338
    programa de tratamento, 349-386
        avaliação, 350
        princípios gerais, 355
Hipoparatiroidismo, 666

Idéias delirantes, 575, 615, 626-632
    definição, 626
    modelo cognitivo, 626-632
    razões conceituais, 628
    razões empíricas, 628
Imaginação visual, 346, 455
Imipramina, 97-98
Imunidades, 498, 501
Incontinência urinária, 641-645
    avaliação, 642-643
    causas, 642
    funcional, 642

Índice

intervenção, 643-645
    manejo das contingências, 644-645
    treinamento da bexiga, 644
    treinamento do hábito, 643, 644
  mista, 642
  por impulso, 641
  por pressão, 641
  por transbordamento, 642
  prevalência, 641
Indefensão aprendida, 58
  atribuições, 58
Inervação vagal, 120
Inferência arbitrária, 53, 526, 527
  erro do adivinhador do futuro, 527
  leitor de mentes, 527
Inibição comportamental, 32
Inoculação do estresse, 175-177
  primeira fase, 175
  segunda fase, 176
  terceira fase, 176
Instigação, 600, 658
Instrução, 600
Instrumento para classificar o comportamento de agitação (*Agitation Behavior Mapping Instrument*), 653
Intenção paradoxal, 345
Interrrupção do hábito, 454
Inundação, 178
Inventário de acontecimentos agradáveis (*Pleasant Events Schedule, PES*), 480, 481
Inventário de acontecimentos desagradáveis (*Unpleasant Events Schedule, UES*), 480, 481
Inventário de acontecimentos interpessoais (*Interpersonal Events Schedule, IES*), 480
Inventário de agitação, de Cohen-Mansfield (*Cohen-Mansfield Agitation Inventory*), 653
Inventário de agorafobia, 92
Inventário de ansiedade, de Beck (*Beck Anxiety Inventory, BAI*), 143, 226, 530, 535
Inventário de ansiedade e fobia social (*Social Phobia and Anxiety Inventory, SPAI*), 37, 91
Inventário de ansiedade estado-traço (*State-Trait Anxiety Inventory, STAI*), 354,
Inventário de crenças sobre as obsessões (*Inventory of Beliefs Related Osessions, IBRO*), 144-145

Inventário de depressão, de Beck (*Beck Depression Inventory, BDI*), 143, 226, 324, 479, 480, 506, 508, 530, 533, 535, 536, 543, 549, 550
Inventário de mobilidade (*Mobility Inventory, MI*), 91
Inventário de Pádua (*Padua Inventory*), 143
Inventário de solução de problemas sociais (*Social Problem-Solving Inventory, SPSI*), 225-226
Inventário Multifásico de Personalidade, de Minnesota (*Hypochondriasis Scale-Hs-Minnesota Multiphasic Personality Inventory, MMPI*), 354
Inversão de hábito, 454-456, 459

Jogo patológico, 421-444
  avaliação, 424, 428
    análise funcional, 424, 425
    crenças irracionais, 426
    habilidades de enfrentamento, 425
    impulsos para jogar, 425
    motivação, 427
  diagnóstico, 421
  e treinamento em habilidades sociais, 440
  falácia do controle reversível, 435
  falácia do jogador, 434
  falácia do talento especial, 434
  papel do cônjuge, 439
  prevalência, 422
  raciocínio emocional, 436
  resplendor de ganhar, 436
  tratamento, 428-441
    construção do repertório, 429-431
    estabilização, 428
    percepção, 431

Lista de adjetivos para a depressão (*Depression Adjective Check List, DACL*), 480
Lítio, 559, 560, 562-563, 572
Locus de controle, 485, 547

Magnificação e minimização, 53, 527
Manejo das contingências, 644-645
Manejo do tempo, 483, 487
Medo da avaliação negativa (*Fear of Negative Evaluation, FNE*), 37
Medo de falar em público, 28
Memória, 645
  na demência, 645-648

avaliação, 646
   intervenção, 646-648
Metáfora, 541
Mitos sexuais masculinos, 282
Modelagem, 74, 75, 485, 495, 657
   encoberta, 176, 456, 465
Motivação, 427, 454, 610
   na esquizofrenia, 610
   o jogo patológico, 427
   princípios, 427
Mudança cognitiva negativa, 526

Neurolépticos, 617, 649, 655
Neutralização, 140-142, 149, 151
Noradrenalina, 7

Obsessões, 137-169
   definição, 138
   modelo, 140
      estabelecimento de, 147
   tratamento, 145-165
      características, 145
      hierarquia, 153
Orientação, 68

Padrões errôneos de pensamento, 191
Parafilias, 299-331
   definição, 299
   tipos, 299
   tratamento, 301-323
      história, 301-302
Pensamento absolutista dicotômico, 53, 527
Pensamento mágico, 158
Pensamentos automáticos, 51-52, 529-530, 541, 547, 578
   negativos, 532, 540
Pensamentos desadaptativos, 52
   características, 52
Perceber, 431, 454, 455, 476, 477
   treinamento em, 228-231
Percepção social, habilidades de, 596
   expressão facial, 596
   treinamento em, 596, 600
Perfeccionismo, 161-162, 528
Perguntas estocásticas, 542
Perguntas socráticas, 542
Personalização, 53, 527, 540
Piromania, 450, 452
   descrição, 450-452
Planejamento do futuro, 505-506

Ponto G, 279
Pontos de bloqueio, 184, 187-194
Postura, 67-68
Prática negativa, 455
Predição da exposição, 6
Preocupação, 213-223, 242-243, 247
   conceito, 213
   e a reavaliação da avaliação, 233-234
   e comportamento aproximação-evitação, 216-217
   e padrões de enfrentamento, 217-219
   e solução de problemas, 215-216, 231-232
   temas, 213-215
   tipos, 221-223
Prevenção da resposta, 141, 409, 410, 417
   treinamento, 460
Prevenção de recaídas, 162-163, 437, 456, 464-465, 550, 611-612
Princípio de Premack, 484
Processamento emocional, 6-7
Programa de acontecimentos agradáveis, 500, 503
Programa de atividades, 536, 538
Projeção no tempo, 484

Questionário de ansiedade e preocupação (*Worry and Anxiety Questionnaire,* WAQ), 224-225
Questionário de avaliação do estado atual (QAEA), 354, 369
Questionário de cognições agorafóbicas (*Agoraphobic Cognitions Questionnaire, ACQ*), 91
Questionário de comportamento de doença (*Illness Behaviour Questionnaire, IBQ*), 354
Questionário de crenças sobre as vozes (*Beliefs about voices questionnaire, BAVQ*), 647, 664
Questionário de invasões cognitivas (*Cognitive Intrusions Questionnaire*), 144
Questionário de medos (*Fear Questionnaire, FQ*), 91
Questionário de Pensamentos Automáticos (*Automatic Thoughts Questionnaire*), 530
Questionário de preocupação do estado da Pensilvânia (*Penn State Worry Questionnaire, PSWQ*), 215, 217, 220, 225
Questionário de sensações psicofisiológicas

(*Body Sensations Questionnaire, BSQ*), 91
Questionário "Por que se preocupar?" (*Why worry?, WW*), 226

Raciocínio emocional, 436, 528
Reatribuição, 346,348
　dos sintomas, 346, 348
Recondicionamento
　orgásmico, 318
　por meio da masturbação, 317-319
Reestruturação cognitiva, 34, 51-59, 120-121, 176, 456, 463, 496
Reflexo tranqüilizante, 176
Reforço, 474, 475
　baixa taxa de, 474-475
　contingente à resposta, 474, 478
　　de outros comportamentos, 448
　diminuição do número, 474
　redução da eficácia, 474
　social, 658
Registro Diário de Pensamentos (RDP) (*Daily Thought Record, DTR*), 536-537, 547, 576
Relaxamento, 34, 41, 119-120, 176, 177, 247-257, 346, 438, 452, 454-456, 461-462, 483, 485, 486, 494, 499, 503-504, 546, 575, 605, 627
　aplicado,119-120, 431-432
　diferencial, 51, 56, 456
　progressivo, 249-257, 346, 486, 499-500
　rápido, 42
Reposicionamento, 463
Representação de papéis, 54, 176, 464, 496, 500, 595, 598, 599
Respiração, 346
　diafragmática, 176
Restituição, 657
Retreinamento da respiração, 102, 118-119, 481
Rinoplastia, 403
Roteiros sexuais, 292-293
　definição, 292

Saciedade, 345, 452
Sensibilização
　encoberta, 317-319
　neurobiológica, 557
Simulated Social Interaction Test (SSIT), 37
Sinais de segurança, 6, 12-13
Sinais neurológicos menores, 446

Solução de conflitos, 505-506
Solução de problemas, 74, 176, 221-222, 432, 438, 452, 483, 595, 504-505, 535, 541, 546, 602, 607
　adaptado, 231-232
　psicossociais, 580
　treinamento, 604-605
　　passos, 604
Superestimação, 126, 158
Superestimulação, 575
Supergeneralização, 527, 540
Supressão de atenção das queixas, 345

Taped Situation, 37
Técnica das três colunas, 56
Técnica de pára-continua, 284
Tempode fala, 69-70
Tensão muscular aplicada, 11, 19-20
　exercício prático, 20
Teoria bifatorial de Mowrer, 6, 29, 63, 174
Terapia cognitiva de Beck, 523, 531-551, 576
　avaliação, 533-535
　fatores não específicos, 532
　para a depressão, 531-550
　para as alucinações auditivas, 621-626
　para as idéias delirantes, 629-632
　seqüência específica, 533
　socialização, 533-535
Terapia conjugal, 497-498
Terapia de processamento cognitivo, 182-200
　e confiança, 192, 194-195
　e estima, 192, 196-197
　e intimidade, 192, 197-199
　e poder/controle, 192, 195-196
　e segurança, 192, 194
　pontos de bloqueio, 184
Terapia de processamento e dessensibilização por meio de movimentos oculares (*Eye Desensitization and Reprocessing Therapy, EMDR*), 200-203
Terapia de saciedade, 318-319
Terapia familiar, 452, 497-498, 601-605, 612
　educação, 602-603
　estrutura, 602
　formato, 601
　habilidades de comunicação, 603-604
　problemas especiais, 605
　solução de problemas, 604-605
Terapia racional emotivo comportamental (TREC), 46-50, 267, 400, 630

auto-punição, 47, 54
baixa tolerância à frustração, 47, 54
catastrofismo, 47, 54
conclusões, 47
debate comportamental, 54
debate por meio da imaginação, 54
debates cognitivos, 53-54
diferenças entre crenças, 52-53
exigências absolutistas, 47, 54
folhas ABC, 185-189, 192
imagens racional emotivas, 55
inversão do papel racional, 54
modelo ABC, 47, 49, 185, 400, 402
passos para o questionamento, 49-50
pensamentos irracionais, 48
regras, 48-49
Terapia sexual cognitivo-comportamental, 278-294
dilatação progressiva, 285
educação, 278-279
focalização sensorial, 287-293
método do apertão, 284
prevenção das recaídas, 293-294
diretrizes, 294
reestruturação cognitiva, 279-284
roteiros sexuais, 292-293
técnica de pára-continua, 284
treinamento em comunicação, 291-292, 603, 604
treinamento em habilidades comportamentais, 283-287
treinamento em masturbação, 284
Teste comportamental de assertividade (*Behavioral Assertiveness Test, BAT*), 479
Teste de aproximação comportamental (TAC), 14
Teste de auto-verbalizações na interação social (*Social Interaction Self-Statement Test, SISST*), 480
Teste de avaliação comportamental, 37-38
Time-out, 455, 655, 657, 658
Tiques, 474
Tomada de decisões, 483
Transtorno da ereção no homem, 269, 281
etiologia, 273-274
prevalência, 271-272
Transtorno da excitação sexual na mulher, 269
etiologia, 274
prevalência, 272

Transtorno da personalidade por evitação, 28, 29
Transtorno de ansiedade generalizada, 211-240, 241-263
avaliação, 223-227
entrevistas estruturadas, 224
características, 241-243
comorbidade, 212-213
definição, 212
diagnóstico, 212
e o conceito de preocupação, 213, 217-219
e tratamento, 227-235
modelo clínico de preocupação, 228
prevalência, 211
sintomas, 212
Transtorno de aversão ao sexo, 269
etiologia, 273
prevalência, 271
Transtorno de desejo sexual hipoativo, 268-269
prevalência, 271
Transtorno de estresse pós-traumático, 171-209
diagnóstico, 171
e a teoria da aprendizagem, 174-175
e a teoria do processamento da informação, 180-183
e a teoria do processamento emocional, 177-180
porcentagem sem remissão, 173
sintomas, 171-172
Transtorno de pânico, 96, 100, 113-136
ataques de pânico, 113-131
definição, 113-114
tipos, 114
definição, 113
Transtorno dismórfico corporal, 387-417
avaliação, 396-398
características, 388-392
afetivas, 390-391
cognitivas, 390-391
comportamentais, 391-392
e a eliminação de comparações, 412
e aceitar elogios, 411
e enfrentar o estigma social, 411
e palavras tranquilizadoras, 410, 411
estudos de caso, 392-393
tipos de queixas, 388-390, 404-405
tratamento, 395-403, 417
diretrizes, 395-402

Transtorno explosivo intermitente, 445-448
   descrição, 445-447
   tratamento, 448
Transtorno obsessivo-compulsivo, 137-169
   comorbidade, 138-139
   definição das compulsões, 138
   definição das obsessões, 138
   diagnóstico diferencial, 138
   e neutralização, 140-142
   e prevenção de recaídas, 162-163
   prevalência, 137
Transtorno orgásmico feminino, 269
   etiologia, 274
   prevalência, 272
Transtorno orgásmico masculino, 269
   etiologia, 274
   prevalência, 272
Transtornos bipolares, 555-587
   curso, 556, 560
   definição, 555
   detecção de sintomas, 566, 567
      níveis, 566, 567
   e a comunicação interpessoal, 581-582
      regras, 581
   e terapia cognitivo-comportamental, 564-582
      objetivos principais, 565
   episódio depressivo maior, 556
      critérios diagnósticos, 556
   episódio hipomaníaco, 557, 559, 576
      critérios diagnósticos, 557
   episódio maníaco, 555, 558, 559, 576
      aumento da estimulação mental, 578
      critérios diagnósticos, 555
   episódio misto, 556
      critérios diagnósticos, 556
   folha resumo de sintomas, 569
   prevalência, 556
   representações gráficas, 557-568
   transtorno bipolar I, 556
   transtorno bipolar II, 556
Transtornos do controle de impulsos, 445-469
   conceito, 445
Transtornos somatoformes, 336, 338, 339
   traço comum, 336
Treinamento
   assertivo, 438, 449, 483, 546
   da bexiga, 644
   de pais, 605
   do hábito, 643-644
   em comunicação, 291-292, 603, 604
   em habilidades de enfrentamento, 594, 605-608, 612
      categoria, 607
      definição em esquizofrenia, 617
      estratégias em esquizofrenia, 617
   em intimidade, 314-316
   em masturbação, 284
Treinamento em habilidades sociais, 34, 66-70-76, 440, 452, 485, 492-496, 503, 504, 545, 594, 601, 612
   áreas objetivos, 600
   avaliação, 594-596
   componentes molares, 599
   componentes moleculares, 66-70
   esquema de uma sessão, 598
   para a depressão, 492-494
Treinamento em lidar com a ansiedade, 243-260
   base empírica, 244-246
   características, 247
   histórias e fundamentos, 243-244
   integração com outros enfoques, 259-260
   procedimentos de grupo, 257-258
Tríade cognitiva, a, 530-531 componentes, 530-531
Tricofagia, 457
Tricotilomania, 452-465
   curso, 453
   descrição, 452, 543
   idade de surgimento, 453
   tratamento, 454-465

Vaginismo, 270
   dilatação progressiva para a, 285
   etiologia, 275
   prevalência, 272
Valproato de sódio, 560
Verbalização concorrente, 650
Volume de voz, 69
Vulnerabilidade, 31-32, 115-117, 478, 496, 501, 524, 531, 551, 592-593, 602, 603, 610
   definição, 31, 115

Yoga, 346

Zeitgeist, 25, 551